Holzspanwerkstoffe

Holzspanplatten und Holzspanformlinge
Rohstoffe, Herstellung, Plankosten
Qualitätskontrolle usw.

In Zusammenarbeit mit

Obering. K. Engels, Mannheim · Ing. W. Enzensberger, Herrsching
Ing. F. Fahrni, Zürich · Dipl.-Ing. F. Fessel, Hildesheim · A. Fischer, Wendlingen
Ing. H. Gerlach, München · Dipl.-Ing. E. Greten, Springe · Ing. H. Haas, Oberstenfeld
Dipl.-Ing. M. Himmelheber, Baiersbronn · Dipl.-Ing. K. van Hüllen, Krefeld
Dr. W. Klauditz †, Braunschweig · H. Kliem, Wilhelmshaven · O. Kreibaum, Lauenstein · Ing. W. Kull, Freudenstadt · Prof. Dr.-Ing. E. Mörath, Maria Enzersdorf
Dr. D. Noack, Reinbek · Dr. E. Schnitzler, Karlsruhe
Dipl.-Ing. K. Steiner, Baiersbronn · Dr. R. Teichgräber, München
Obering. E. Wehner, Hamburg · Dipl.-Kfm. G. Wüst, Frankfurt

bearbeitet und herausgegeben von

Professor Dr.-Ing. **Franz Kollmann**

Direktor des Institutes für Holzforschung und Holztechnik
der Universität München

Mit 409 Abbildungen

Springer-Verlag
Berlin/Heidelberg/New York
1966

ISBN 978-3-642-50248-4 ISBN 978-3-642-50247-7 (eBook)
DOI 10.1007/978-3-642-50247-7

Softcover reprint of the hardcover 1st edition 1966

Library of Congress Catalog Card Number 65-25421

Titel-Nr. 1263

Holzspanwerkstoffe

Vorwort

Der Gedanke, Holzspanplatten herzustellen, findet sich in verschiedenen Spielarten in der Patentliteratur seit etwa 80 Jahren. Erste Ansätze zur industriellen Herstellung von Spanplatten sind seit 1935 zu verzeichnen, aber erst 1946 wurde ein modernes Spanplattenwerk in der Schweiz errichtet. Der eigentliche Aufschwung der Spanplattenindustrie begann erst nach 1950 und erfolgte nach etwa 1958 stürmisch.

Über die Technologie der Spanplattenerzeugung liegt eine große Anzahl von Einzelveröffentlichungen vor. Zahlreiche Erfinder waren auf diesem Gebiet mit großen Erfolgen schöpferisch tätig. Zusammenfassende Bücher über Herstellung und Verwendung von Spanplatten gibt es, aber es handelt sich teils um überholte oder lückenhafte, teils um sehr gedrängte Darstellungen.

Es bestand deshalb das Bedürfnis, ein Werk über Holzspanwerkstoffe unter Beteiligung der führenden Pioniere und Fachleute auf diesem Gebiet herauszubringen. Darin lag natürlich eine große Schwierigkeit; denn diese Männer sind alle bis zum Äußersten belastet und können sich kaum Zeit für Veröffentlichungen nehmen. Trotzdem gelang der Versuch, wofür der Herausgeber allen Beteiligten seinen aufrichtigen Dank ausspricht. Aufrichtig verbunden ist der Herausgeber auch Herrn Ing. K. A. Sorg, der mit größter Umsicht und unermüdlich Unterlagen beschaffte, das Werk mit zusammenstellte und korrigierte, sowie Herrn Dr. R. Teichgräber, der den Hauptteil des Namen- und Sachwortverzeichnisses bearbeitete. Besonderen Dank schuldet der Herausgeber Herrn Dr. G. Stegmann, der nach dem tragischen Tod von Herrn Dr. W. Klauditz das von diesem verfaßte erste Kapitel fertig bearbeitete. Der Dank ist auf den Springer-Verlag auszudehnen, der das vorliegende Buch in der weltweit bekannten, hervorragenden Ausstattung herausbringt.

München, im Juli 1965

Franz Kollmann

Inhaltsverzeichnis

Anhang

1. Entwicklung der Herstellung, der Eigenschaften, der Produktion und des Verbrauches von Spanplatten

Von **Wilhelm Klauditz †**, Braunschweig

1.1 Einführung

Die Entwicklung der Spanplattenherstellung und der schnell fortschreitende Aufbau der Spanplattenindustrie im vergangenen Jahrzehnt ist eines der bedeutsamsten Ergebnisse der modernen Holztechnik. Für die Holzwirtschaft, die Holzindustrie, aber auch für die Forstwirtschaft wurden dadurch beachtliche Fortschritte erzielt, nicht zuletzt durch die ersprießliche Zusammenarbeit zwischen Forschung, Technik und Praxis auf internationaler Ebene.

Unter diesen Gesichtspunkten soll die Spanplattenherstellung in ihren Entwicklungsabschnitten kurz dargestellt und in ihrem derzeitigen technisch-wirtschaftlichen Stand gekennzeichnet werden (Klauditz [*1.20*, *1.24*]).

1.2 Entwicklung der Spanplattenindustrie

1.2.1 Entwicklung bis 1946

Zur Herstellung von Spanplatten, d. h. plattenförmigen Werkstoffen mit vorwiegend flächig-isotroper Festigkeitsausbildung durch überlappende Verleimung von spanförmigen Einzelteilen des Holzes, insbesondere aus Industrie-Restholz (Abfallholz aus der Industrie) oder sonstigen verholzten Rohstoffen sind in der älteren Patentliteratur zahlreiche Vorschläge gemacht worden. Bei aller Anerkennung der Bedeutung dieser Vorarbeiten gelang es jedoch bis zum Jahre 1940 nicht, technisch-wirtschaftlich brauchbare Ergebnisse zu erzielen. Industrie-Restholz und geringwertige Holzsortimente standen zwar in beträchtlicher Menge preiswert zur Verfügung. Bei verhältnismäßig hohem Kostenaufwand für Bindemittel auf der Grundlage härtbarer Kunstharze fehlte jedoch bei unzureichender Verfahrenstechnik damals noch eine klare Zielsetzung in der Auswahl vorteilhafter Einsatz- und Anwendungsgebiete für Spanplatten und ihrer darauf einzustellenden Eigenschaften, um auf einer fortschrittlich technisch-wirtschaftlichen Grundlage die Erzeugung von Spanplatten aufnehmen zu können. In diesem Zusammenhang sind unter den zahlreichen Angaben in der *Patentliteratur* die wichtigen, der Zeit vorauseilenden Arbeiten von F. PFOHL hervorzuheben, der 1935/36 vorschlug, für die Fertigung ein- und dreischichtiger Spanplatten flächig-dünne prismatische Holzspäne bzw. Holzstäbchen aus Stückholz herzustellen und zu verwenden, um dadurch bei geringem Bindemittelaufwand leichte und feste Platten für ein hochwertiges Einsatzgebiet, den Möbelbau, zu gewinnen (PFOHL [*1.35*]).

Durch zeitbedingte Anspannung der holzwirtschaftlichen Verhältnisse wurde erstmalig im Jahr 1941 in Deutschland die technische Fabrikation von Spanplatten in den Torfit-Werken G. A. Haseke aufgenommen. Aus getrockneten Fichten-Sägespänen wurden mit 8 bis 10% *Phenolharz-Bindemittel* in einer hydraulischen Einetagenpresse in den Abmessungen 3 m × 2 m mit einem spezifischen Preßdruck von 80 bis 100 kp/cm² bei einer Heizplattentemperatur um 160°C Spanplatten mit Dicken von 4 bis 25 mm und einer Rohdichte von 0,8 bis 1,1 g/cm³ hergestellt, die eine Biegefestigkeit von 200 bis 500 kp/cm² besaßen und u. a. zum Bau von Schränken verwendet wurden. Verfahrenstechnisch ist bemerkenswert, daß erstmalig *Spezialmaschinen* wie Trockner, Beleimungs- und Streumaschinen, hydraulische Pressen usw. entwickelt und verwendet wurden. Die beleimten Späne wurden in Formkästen eingestreut und darin in der Presse zu Platten verleimt.

In den folgenden Jahren ging man dazu über, als Bindemittel wäßrig-kolloide Lösungen von *Harnstoff-Formaldehyd-Kunstharzen* zu verwenden. Dadurch konnten nicht nur die Kosten gesenkt, sondern auch die Temperatur beim Aushärten des Bindemittels während des Preß- und Verleimungsvorganges herabgesetzt werden. Im Jahre 1942 wurde in Deutschland durch W. ROOS und Mitarbeiter in den Westdeutschen Sperrholzwerken eine Spanplattenanlage errichtet, in der grobsplittrige Holzspäne, sog. *Reißspäne*, die durch Zerkleinerung von Buchenfurnierresten mittels Schlagkreuzmühlen hergestellt waren, nach Zugabe von 8 bis 10% Harnstoff-Formaldehyd-Kunstharz zu Spanplatten verleimt wurden. In diesem Falle wurden erstmalig aus stückigem Industrie-Restholz hergestellte Späne und eine hydraulische Mehr-Etagenpresse verwendet. Die beleimten Späne wurden ebenfalls in Formkästen eingestreut und in diesen der Etagenpresse zugeführt; in Zusammenhang mit Blechbeschickung und Blechumlauf war bereits eine gewisse Fließfertigung erreicht. Die hergestellten Erzeugnisse wurden in einer Dicke von 12 mm und einer Dichte von 0,7 bis 0,8 g/cm³ mit einer Biegefestigkeit von 60 bis 100 kp/cm² vorwiegend als *Täfelungs- und Wandplatten* verwendet. In Deutschland nahmen noch einige andere Werke in den Jahren 1942/1943 die Holzspanplattenfertigung in begrenztem Umfang auf, so daß, was historisch bemerkenswert ist, für das Jahr 1943 nach statistischen Aufzeichnungen eine Jahresproduktion von 10000 t Holzspanplatten ausgewiesen wurde.

Vom verfahrenstechnischen Standpunkt ist es erwähnenswert, daß, soweit bekannt ist, von der Dynamit A. G., in Zusammenarbeit mit der Firma Becker & van Hüllen[1], bei Arbeiten zur Herstellung dünner, fester Holzspanplatten aus *Sägespänen* in einer Versuchsanlage um das Jahr 1942/43 durch Vorpressen der maschinell gestreuten Spanmatten Formlinge hergestellt wurden, die ohne seitliche Begrenzungsrahmen auf den Blechunterlagen der Etagenpresse durch eine besondere Vorrichtung zugeführt wurden.

Außerhalb der damals schon recht umfangreichen Patentliteratur wurde im Jahre 1943 von F. FAHRNI erstmalig in einer technisch-wissenschaftlichen Zeitschrift über den Stand der Holzspanplattenherstellung berichtet, wobei auf die noch zu lösenden Probleme, aber auch bereits auf die zukünftige Bedeutung der Spanplattenherstellung hingewiesen wurde (FAHRNI [*1.6*]). F. FAHRNI erkannte, daß der konstruktive Aufbau der Platten im Zusammenhang mit dem Bindemittelaufwand, der Rohdichte der Erzeugnisse und dem besonderen Verwendungsbereich der Platten für die Spanplattenherstellung von entscheidender technisch-wirtschaftlicher Bedeutung ist. Er entwickelte feste, leichte, dreischichtige Spanplatten mit einer Rohdichte um 0,6 g/cm³, die in ihrer Mittelschicht aus grobstückigen mit Mühlen gewonnenen Holzspänen, sog. Reißspänen, bestanden und deren festere und dichtere etwa 1 bis 1,5 mm dicke Außenschichten aus *dünnen, flächigen Spezialspänen* gebildet wurden, die aus Vollholz maschinell hergestellt waren. Durch die Beplankung der wenig festen Mittelschicht mit den recht festen, geschlossenen Außenschichten gelang es, Platten mit so hohem Verwendungswert herzustellen, daß diese als Verkleidungs-, Täfelungs- und auch als Möbelbauplatten einzusetzen waren.

Nach diesem Verfahren, dem sogenannten *Novopan-Verfahren*, wurde im Sperrholzwerk der Firma Keller 1946 ein Spanplattenwerk errichtet. Die Voraussetzung dafür schuf ein schneller Aufschwung der Verfahrenstechnik durch Entwicklung und Bau von *Spezialmaschinen* (Zerspanungsmaschinen, Trockner, Beleimungsmaschinen, Streuvorrichtungen usw.) auf Grund der Anregungen von F. FAHRNI. Die Bildung der Spanmatte erfolgte in Formkästen in drei Arbeitsgängen (Streuen der unteren Außenschicht, der Mittelschicht und der oberen Außenschicht). Die Spanmatten wurden vorgepreßt und auf Blechunterlagen in die beheizte hydraulische Etagenpresse eingebracht. Diese erste mechanisierte Anlage war imstande, etwa 60 m³ in 24 Stunden zu erzeugen. Damit wurde in

[1] Im gesamten weiteren Text und in den Bildunterschriften dieses Buches sind aus Platzgründen die Hersteller von Maschinen und maschinellen Anlagen stets nur mit der Firmenkurzbezeichnung genannt. Auf den Seiten 737 bis 738 ist ein alphabetisches Verzeichnis aller genannten Hersteller mit ihrer vollständigen Anschrift aufgeführt.

den Jahren 1946/48 die moderne Spanplattenherstellung eingeleitet (Fahrni [*1.7*]).

Auch in anderen europäischen und außereuropäischen Ländern wurden vorbereitende Arbeiten zur Spanplattenerzeugung aufgenommen, ohne daß jedoch diese, soweit bekannt ist, bis zum Jahre 1946 zu praktisch verwertbaren Ergebnissen führten.

1.2.2 Entwicklung von 1946 bis 1955

Bis zum Jahre 1946 fehlte eine *technisch-wissenschaftliche Bearbeitung* der grundlegenden Fragen der Spanplattenherstellung. Diese wurde 1946 vom Institut für Holzforschung des Vereins für technische Holzfragen e. V., Braunschweig (seit 1953 an der Technischen Hochschule Braunschweig), aufgenommen, wobei mit dem Institut für Maschinenkonstruktion und Leichtbau der Technischen Hochschule Braunschweig (H. Winter) und anderen in- und ausländischen Forschungsstellen sowie insbesondere mit der einschlägigen Industrie einschließlich der Maschinen- und Kunststoffindustrie Verbindung gehalten wurde (Inst. f. Holzf. Braunschweig [*1.13*]).

Zur gleichen Zeit wurden in Deutschland Entwicklungsarbeiten zur Herstellung von damals als Kunstholzplatten bezeichneten Holzspanplatten zum ersten Mal aus besonders im Schneidverfahren hergestellten Holzspänen mit vorausbestimmten Abmessungen bei der Fa. Holig-Homogenholzwerke GmbH (O. Herdey sen., M. Himmelheber, K. Steiner u. Mitarbeiter) durchgeführt (Himmelheber [*1.11*], Interwood [*1.14*], Triangel [*1.40*]).

In Deutschland, aber auch in anderen europäischen Ländern, wie der Schweiz und England, ergaben sich 1946 schwierige forst- und holzwirtschaftliche Verhältnisse, die es erforderlich machten, die vermehrte und verbesserte technische Verwertung noch verfügbaren schwachen Waldholzes und Industrie-Restholzes vordringlich zu bearbeiten (Klauditz [*1.15*]). Im Jahre 1947 wurde unter der Obmannschaft von W. Klauditz beim Verein für technische Holzfragen e. V., Braunschweig, ein Arbeitskreis „Holzwerkstoffe" gebildet, der dann als Arbeitsausschuß „Entwicklung und Herstellung von Holzspanplatten" der Deutschen Gesellschaft für Holzforschung den Erfahrungsaustausch zwischen Forschung und Praxis auch international in den nachfolgenden Jahren pflegte (DGfH [*1.5*]).

Vom Institut für Holzforschung in Braunschweig wurden in den Jahren 1946 bis 1952 *grundlegende Untersuchungen über die Festigkeitsausbildung und Güte von Spanplatten* sowie über maßgebende *technisch-wirtschaftliche Faktoren der Spanplattenherstellung* in Abhängigkeit von der Eigenart der Rohstoffe, der physikalisch-morphologischen Beschaffenheit der Holzspäne, der Menge und Art der Kunstharz-Bindemittel sowie der Rohdichte der Platte durchgeführt. Das wichtigste Ergebnis für die spätere technische Entwicklung der Holzspanplattenherstellung war, daß *Form, Beschaffenheit* und *Abmessungen der Holz-*

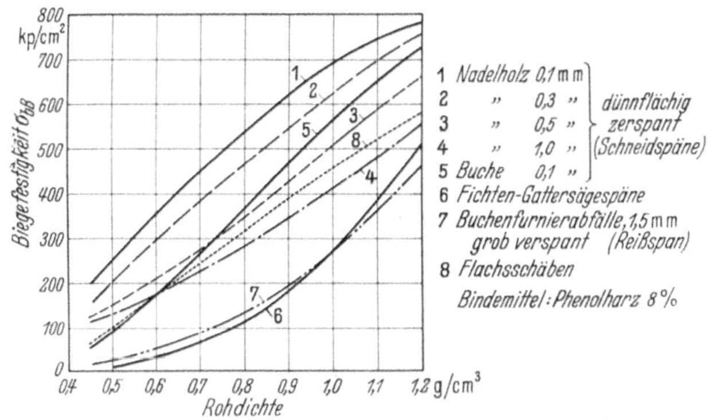

Bild 1.1. Biegefestigkeit von Holzspanplatten in Abhängigkeit von Spanart, Holzart und Rohdichte der Platten.

späne, insbesondere in der Beziehung zwischen Dicke, Länge und Breite sowie der dadurch gegebenen Ober- und Verleimungsfläche, nicht nur für die Festigkeitsausbildung, sondern auch für den technisch-wirtschaftlichen Fortschritt bei der Spanplattenherstellung von entscheidender Bedeutung waren. Unter Verwendung dünner, flächiger aus Stückholz maschinell hergestellter *Schneidspäne* in einer Dicke von 0,2 bis 0,4 mm und einer Länge von 20 bis 30 mm sowie einer Breite von 5 bis 10 mm konnten bei einem Aufwand von 7 bis 8% Kunstharz-Bindemittel in einem Rohdichtegebiet von 500 bis 700 kg/m³, d. h. im Bereich sog. mittelschwerer Platten, aus verschiedenen Holzarten hochwertige und gut verarbeitbare Erzeugnisse gewonnen werden (Bilder 1.1 u. 1.2) (Klauditz [*1.16*, *1.20*]).

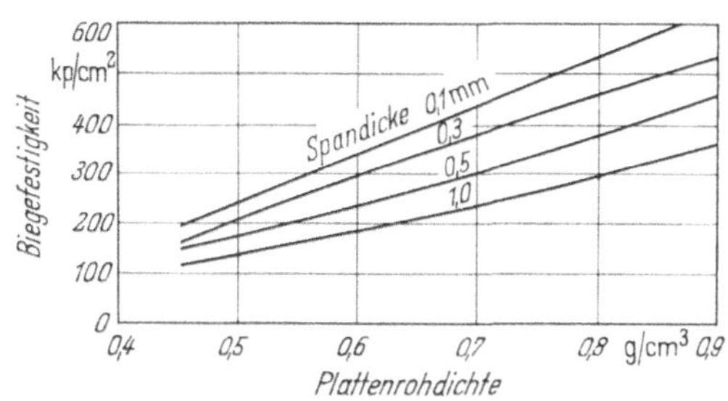

Bild 1.2. Biegefestigkeit von Holzspanplatten als Funktion der Rohdichte bei verschiedener Spandicke. Spanmaterial: Nadelholz-Schneidspäne, Bindemittelaufwand: 8 g Festharz je 100 g atro Späne.

Die Platten wiesen bei einer *Biegefestigkeit* von 180 bis 350 kp/cm² hinsichtlich ihrer verschiedenen *technologischen Eigenschaften* (Biegefestigkeit, Dicken- und Längsquellung, Querzugfestigkeit, Nagel- und Schraubenhaltevermögen, Oberflächenbeschaffenheit, Stehvermögen usw.) einen recht hohen Verwendungswert auf, so daß sie unter Berücksichtigung ihrer verarbeitungstechnischen Vorteile für verschiedene Anwendungsgebiete, u. a. für den Möbelbau, als geeignet befunden wurden (Bild 1.3) (Inst. f. Holzf. Braunschweig [*1.13*]). Ferner ergab sich der Vorteil, aus solchen flächigdünnen Schneidspänen in Anlehnung an die Vorarbeiten von F. PFOHL, F. FAHRNI und M. HIMMELHEBER und Mitarbeitern dreischichtige Spanplatten herzustellen, deren *Oberflächengüte und Festigkeit* durch die Verwendung recht dünner Schneidspäne von etwa 0,2 mm Dicke für die Außenschichten verbessert wurde. Von der rohstoffwirtschaftlichen Seite war damit ein weiterer Vorteil verbunden, da für die Herstellung der sog. Mittelschicht, die rund 70% des Plattengewichtes ausmachte, etwas dickere Schneidspäne aus geringeren Holz-

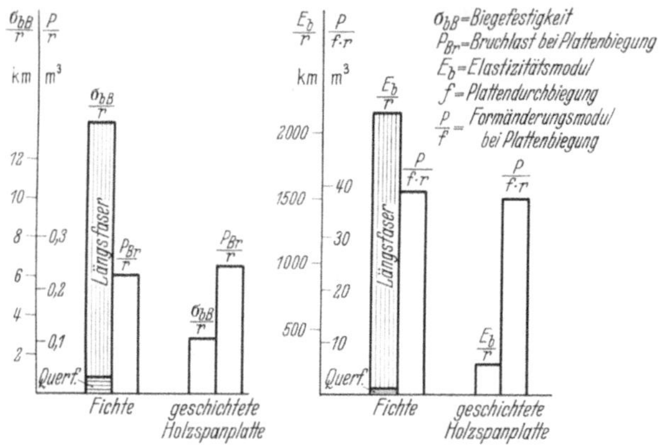

Bild 1.3. Plattenbiegung von Fichtenholz und einer dreischichtigen Holzspanplatte.

sortimenten eingesetzt werden konnten. Die gute Oberflächenbeschaffenheit der Platten ermöglichte es ferner, sie ohne vorherige Absperrung mit dünnen Edelfurnieren zu beplanken und dadurch weitere technisch-wirtschaftliche Vorteile zu erzielen.

Die wirtschaftlich schwerwiegende Frage des Kostenaufwandes für Kunstharz-Bindemittel wurde in dieser Zeit so entschieden, daß für die Verwendung von Spanplatten im Innenbau, Möbelbau usw. die preiswerten Harnstoff-Formaldehyd-Kunstharze herangezogen wurden, da sie, bezogen auf die aufgewendete Menge, hinsichtlich Festigkeitsausbildung die gleiche Wirkung erbrachten wie andere, nicht so preiswerte Kunstharz-Bindemittel. Ferner wurden Feststellungen über die zweckmäßige *Durchführung des Beleimungsvorganges* unter weitgehender Ausnutzung der Bindemittel durch gleichmäßige Verteilung der tröpfchenförmigen Kunstharzlösung auf der verhältnismäßig großen Oberfläche der Holzspäne getroffen (KLAUDITZ u. M. [*1.27*]).

Auch der Einfluß der verschiedenen *Holzarten*, insbesondere ihrer Rohdichte, auf die Festigkeitsausbildung von Holzspanplatten wurde erfaßt und auf die Möglichkeit der gemischten Verarbeitung von Holzarten sowie auf die vermehrte Heranziehung noch verfügbaren Laubholzes zur Gewinnung einer breiten Rohstoffgrundlage für die Spanplattenherstellung hingewiesen (Bilder 1.4 und 1.5) (KLAUDITZ [*1.18*]).

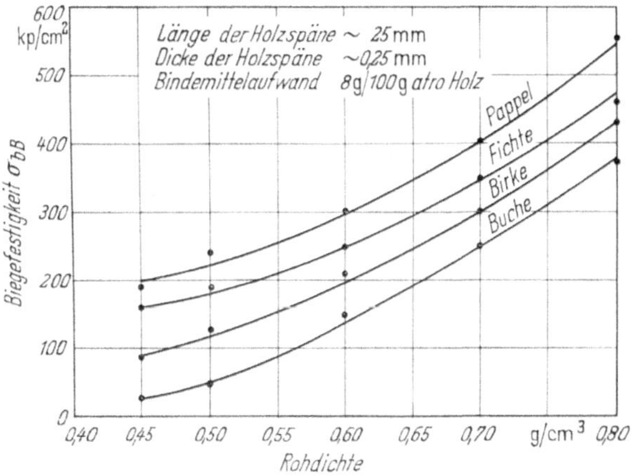

Bild 1.4. Biegefestigkeit von Holzspanplatten aus verschiedenen Holzarten.

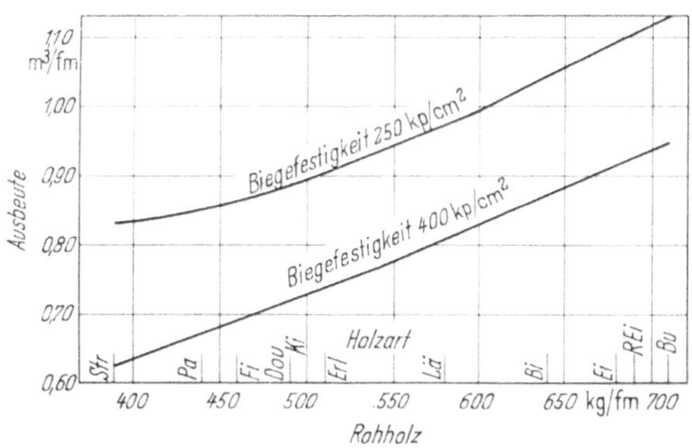

Bild 1.5. Ausbeute (in m³) an Holzspanplatten je Festmeter Rohholz bei Verwendung verschiedener Holzarten.

Aus den grundlegenden Untersuchungen sowie gleichlaufenden Entwicklungsarbeiten der Praxis, insbesondere der früheren Holig-Homogenholz-Werke GmbH (M. HIMMELHEBER, K. STEINER, O. HERDEY sen. und Mitarbeiter) (HIMMELHEBER [*1.11*], Interwood [*1.14*], Triangel [*1.40*]) sowie der Firma E. Behr (A. FISCHER und Mitarbeiter), wurde um die Jahre 1950/51 praktisch nachgewiesen, daß die Spanplattenherstellung auf der Grundlage abfallender Holzspäne, wie z. B. *Hobelspäne*, *Schälspäne*, *Sägespäne* usw., oder grobstückiger Reißspäne zu keiner oder nur unzureichender Wirtschaftlichkeit führen konnte, da es selbst bei recht geringen Rohholzkosten nicht möglich war, in diesem Falle Herstellungskosten und Verwendungswert der Erzeugnisse zu einer wirtschaftlich tragbaren Übereinstimmung zu bringen. Dies machte eine grundsätzliche Umstellung der Spanplattenherstellung erforderlich. Es mußte dazu übergegangen werden, aus Stückholz, insbesondere *schwachem Waldholz*, gut geeignete Schneidspäne maschinell zu erzeugen, um auf Grund der einstellbaren Spanbeschaffenheit, insbesondere auch bei der Fertigung dreischichtiger Platten, zu entsprechend hochwertigen und gleichmäßigen Erzeugnissen mit einem so hohen Verwendungswert zu gelangen, der einen technisch-wirtschaftlichen Fortschritt gewährleistete. Es bestanden damals gewisse Schwierigkeiten, um diese Erfordernisse, die technisch-wissenschaftlich, aber auch technisch-praktisch bereits begründet waren, der Praxis zu übermitteln, da mit der Lösung der vorgenannten Aufgabe die Entwicklung und Verwendung von Spezialmaschinen verbunden war, die einen höheren Investitionsaufwand bei der Errichtung von Spanplattenwerken voraussetzten. Man mußte daher auch von der anfänglichen Zielsetzung, kleine Spanplattenanlagen mit geringer Produktionskapazität von 3 bis 6 t täglich zu betreiben, absehen und zur Errichtung bereits maschinell betriebener Anlagen mit erhöhter Produktionskapazität übergehen. Hierzu war es erforderlich, die benötigten Spezialmaschinen zu entwickeln und die Verfahrenstechnik zweckmäßiger durchzubilden.

Von Bedeutung war es, daß in den Jahren 1949/51 die Firma E. Behr (A. Fischer) als angesehene Möbelfabrik nicht nur die Herstellung von hochwertigen einschichtigen Spanplatten aus Schneidspänen erstmalig industriell aufnahm, sondern auch den Nachweis erbrachte, daß solche Platten für den Möbelbau geeignet sind, d. h. einen verhältnismäßig hohen Markt- und Verwendungswert im Vergleich mit sonstigen Holzwerkstoffen für den Möbelbau besaßen.

In Deutschland wurde als erstes größeres, modernes Holzspanplattenwerk mit einer Produktionskapazität von 20 t täglich im Jahre 1949, aufbauend auf den Entwicklungsarbeiten von M. Himmelheber, O. Herdey sen. und K. Steiner sowie der einschlägigen Maschinenindustrie, unter Verwendung von Spezialmaschinen, wie Zerspanungsmaschinen, Trocknern, Beleimungsmaschinen usw. das Spanplattenwerk der späteren Triangel Holzwerkstoff Gesellschaft mbH errichtet (Bild 1.6). Verfahrenstechnisch ist bemerkenswert, daß die Formung der Spanmatten erstmalig *kontinuierlich im Bandstreuverfahren* erfolgte. Die abgelängten und besäumten Spanmattenabschnitte wurden dann nach der Vorpressung auf Blechunterlagen der hydraulischen Etagenpresse zugeführt. In diesem Falle wurde trotz vorhandener technischer Möglichkeit zunächst noch von der Herstellung dreischichtiger Spanplatten Abstand genommen, da man anstrebte, aus fadenförmigen Holzspänen, die mit Spezialmaschinen aus schwachem Kiefern-Waldholz gefertigt wurden, 8 bis 10 mm dicke einschichtige Spanplatten als Fußbodenbelag mit einer Rohdichte von 0,8 bis 0,9 g/cm³ zu erzeugen. Später ging man jedoch dazu über, Spanplatten für den Möbelbau aus den vorgenannten *Fadenspänen*, sog. *S-Spänen (S-Wolle)*, herzustellen.

Gestützt auf die beim Novopan-Verfahren gewonnenen Erkenntnisse wurde mit einer anerkennenswerten technisch-wirtschaftlichen Initiative

Bild 1.6. Fertigungsstrang der ersten maschinell durchgebildeten Holzspanplattenanlage der jetzigen Triangel Holzwerkstoff GmbH., im Jahre 1950.

von der Südostholz GmbH Metz & Co., der späteren Deutschen Novopan Gesellschaft mbH & Co. (K. Metz, J. Steeger, K. Grunow, A. Oberlein), in Zusammenarbeit mit F. Fahrni in den Jahren 1950/51 erstmalig ein größeres Werk mit einer Tageskapazität von 60 t bzw. 100 m³ Holzspanplatten erstellt (Bild 1.7). Es wurden dreischichtige Holzspanplatten gefertigt, deren Mittelschicht aus splittrigen Spänen bestand, die durch Zerkleinerung von *schwachem Waldholz*, insbesondere *Nadelbrennholz*, aber auch *Buchenholz* mittels Schlagkreuz- und Zahnscheibenmühlen erzeugt wurden; die dünnen, flächigen, recht breiten Schneidspäne für die Außenschichten wurden vornehmlich aus Fichtenholz mit Spezialzerspanern hergestellt. Die Arbeitsgänge wurden auch in dieser Anlage bereits automatisiert, wobei die Formung der

Spanmatten im gesteuerten Taktverfahren ablief, an das sich Vorpressung und Fertigstellung der Spanplatten in einer 14-etagigen Presse mit den Abmessungen von 4,10 m × 1,83 m anschlossen.

Die Firma E. Behr übertrug 1951/53 ihre Erfahrungen bei Herstellung von einschichtigen Spanplatten für den Möbelbau in einige andere Werke, in denen einschichtige Erzeugnisse aus dünnen, flächigen Spänen, insbe-

Bild 1.7. Fertigungsablauf im Holzspanplattenwerk der vorm. Südostholz GmbH., Metz & Co., jetzigen Deutschen Novopangesellschaft mbH. & Co., im Jahre 1951.

sondere aus Kiefernholz, mit einer Produktionskapazität von 5 bis 25 m³ täglich gefertigt wurden (F. Schenck AG, Joh. Jac. Vowinckel, Moser, Gebr. Aicher).

In den Jahren 1950/54 wurde von einigen weiteren kleineren und mittleren deutschen Werken die Erzeugung von Spanplatten und Möbelbauplatten aufgenommen (z. B. H. Rottmann, Bild 1.8). Aber auch Spanplatten mit dekorativer Oberfläche (Neoplax GmbH) sowie Leichtbauplatten für den Hausinnenbau (Holzwerke H. Wilhelm) wurden entwickelt. Die Verarbeitung anderer verholzter Rohstoffe, insbesondere Flachsschäben, zu Spanplatten wurde im industriellen Maßstab begonnen (W. Connemann). Dabei ergab sich, daß auch diese recht preiswürdigen Rohstoffe infolge ihrer morphologischen Eigenart zur Spanplattenherstellung gut geeignet sind.

Bereits um die Jahre 1948/49 begann O. KREIBAUM die Entwicklung und Herstellung von Spanplatten nach dem *kontinuierlich* arbeitenden *Strangpreßverfahren*. Die beleimten Späne, insbesondere Reißspäne, wurden dabei vornehmlich senkrecht zur Plattenebene gelagert und miteinander verleimt (KREIBAUM [*1.32*]). Durch die Ausbildung dieses Verfahrens und die Entwicklung der dafür benötigten Maschinen wurde von O. KREIBAUM und seinen Mitarbeitern ein wertvoller Beitrag zur Herstellung von Spezial-Spanplatten geleistet. Furnierte Strangpreß-Platten

Bild 1.8. Misch-, Form- und Schüttstation im Holzspanplattenwerk H. Rottmann, im Jahre 1953/54.

(Okal-Platten), die auch als Röhrenplatten herstellbar waren, wurden bereits in den Jahren 1950/51 im Möbel- und Wohnungsbau eingeführt.

In den Jahren 1949 bis 1953 brachte auch in europäischen und außereuropäischen Ländern die Spanplattenherstellung erste praktische Ergebnisse, z. B. in Belgien, Frankreich, Großbritannien, Italien, Japan, den Niederlanden, Österreich, der Tschechoslowakei und den USA. In Großbritannien begann die Herstellung von Spanplatten aus Abfallholzspänen, insbesondere Hobelspänen, im einschichtigen Aufbau in den Jahren 1949/51. So wurden von der Firma The Airscrew Company & Jicwood Ltd. solche Platten im Rohdichtegebiet um 0,75 g/cm^3 hergestellt, die vorwiegend beim Innenausbau von Wohnungen und Häusern als Fußböden und Wandplatten verwendet wurden. Zu dieser Zeit entwickelte auch die Firma Vere Engineering Company Ltd., eine kontinuierlich arbeitende hydraulische Presse (*Bartrev-Presse*) zur Herstellung von Spanplatten und nahm unter Verwendung von Hobelspänen als Rohstoff 1953 die Produktion auf (Fischbein [*1.10*]).

Die Jahre 1952 und 1953 brachten für die junge Holzspanplattenindustrie, insbesondere in Deutschland, noch recht beachtliche Schwierigkeiten, da es notwendig war, die Güte der Erzeugnisse weiter zu verbessern, die Wirtschaftlichkeit zu erhöhen und die anfangs durchaus verständliche Zurückhaltung der Verbraucher beim Einsatz der neuen Erzeugnisse zu überwinden (Klauditz [*1.19*]). Um so mehr gebührt den Firmen und Werken der einschlägigen Holz- und Maschinenindustrie mit ihren Ingenieuren und Wirtschaftlern hohe Anerkennung für die geleistete Pionierarbeit.

Bis 1952 wurden unter ausschließlicher Verwendung hergestellter, dünner, flächiger Schneidspäne nur *einschichtige Platten* gefertigt. Nachdem versuchsmäßig erzeugte, dreischichtige Musterplatten, bei denen die Mittelschicht und die Deckschichten aus verschiedenen Schneidspänen bestanden, sowohl von der Fa. Holig-Homogenholz GmbH als auch vom Institut für Holzforschung, Braunschweig, 1948 vorgelegt worden waren, erfolgte die erste halbtechnische Fabrikation von *dreischichtigen Platten* aus Schneidspänen, u. a. auch aus Buchenholz, in Zusammenarbeit mit dem Institut für Holzforschung, Braunschweig, im Jahre 1951 durch die Firma J. Brüning & Sohn A.-G. im Versuchsbetrieb der Firma E. Holle (Himmelheber [*1.11*], Inst. f. Holzf. Braunschweig [*1.13*], Interwood [*1.14*], Klauditz [*1.20*], Triangel [*1.40*]). Dabei wurden die Vorteile der Erzeugung dreischichtiger Platten aus Schneidspänen eindeutig nachgewiesen. Die Firma Ferdinand Schenck A.-G. (E. Schnitzler, K. Paulus) war ebenfalls zur technischen Fertigung von dreischichtigen Spanplatten unter Verwendung von nachzerkleinerten, dünnen Deckschichtspänen, die auf einer Spezialmaschine erzeugt wurden, übergegangen. Der Entschluß, unter wirtschaftlich noch schwierigen und nicht eindeutig übersehbaren Verhältnissen die Erstanlage der Triangel Holzwerkstoff GmbH, die 1952 durch Brand zerstört wurde, in den Jahren 1953/54 wieder aufzubauen und dabei unter Nutzung der gewonnenen technischen Erfahrungen zur Herstellung von dreischichtigen Platten aus Kiefern-Schneidspänen in einer 50 t-Anlage überzugehen, war für die technisch-wirtschaftliche Weiterentwicklung der Spanplattenfabrikation von weittragender Bedeutung (Bild 1.9). Bei der Errichtung des neuen Werkes in Triangel (M. Koebisch, K. Henze) gelang es, erfahrene Ingenieure wie M. Himmelheber, K. Steiner und W. Kull mit der einschlägigen Maschinenindustrie zu einer ersprießlichen Zusammenarbeit zu vereinigen. Das neue Werk Triangel (Niedersachsen) sowie das bald darauf fertiggestellte Werk der Firma August Moralt (Bayern) erfüllten in hohem Maße die gestellten Erwartungen.

Damit wurden um die Jahre 1954/55 die Zweckmäßigkeit und der technisch-wirtschaftliche Fortschritt der Herstellung dreischichtiger, mittelschwerer Spanplatten aus Schneidspänen, in maschinell gut durchgebildeten Anlagen mit einer Produktionskapazität von 50 bis 100 t täglich nachgewiesen bzw. in seiner gesamtwirtschaftlichen Bedeutung bestätigt. Dies führte dazu, daß in der Folgezeit die noch bestehenden Werke von der Herstellung einschichtiger Platten auf die Fertigung dreischichtiger Erzeugnisse umgestellt wurden und nicht nur in der Bundesrepublik Deutschland, sondern auch in anderen europäischen und überseeischen

Bild 1.9. Fertigungsstrang nach NHG-Behr-Band-Formverfahren, im Jahre 1954, im Werk der vorm. Norddeutschen Holzwerkstoff GmbH. und jetzigen Triangel Holzwerkstoff GmbH.

Ländern die Errichtung von Spanplattenwerken auf der Grundlage von Schneidspänen nach dem fortgeschrittenen Stand der Technik erfolgte.

Darüber hinaus wurden in diesen Jahren noch weitere Entwicklungen durchgeführt, z. B. die Herstellung von dreischichtigen Platten mit kombinierter Gewichts-Volumen-dosierter Streuung (E. Schnitzler) sowie die Entwicklung wurfgeschütteter (Himmelheber u. M [*1.12*]) und windgeschütteter Platten (E. Greten)[1].

Ende 1955 war damit die erste, teilweise recht schwierige Entwicklungsperiode der Spanplattenherstellung, deren technisch-maschineller

[1] Wurfgeschüttete und windgeschüttete Spanplatten weisen einen stetigen Übergang der Spandicken von innen nach außen auf. Im englischen Sprachgebrauch werden solche Platten als „graded board" bezeichnet, so daß sich im Hinblick auf eine einheitliche internationale Terminologie der deutsche Begriff „graduierte Spanplatten" anbietet, der auch im folgenden verwendet ist. Der Herausgeber.

Ablauf nach den verschiedenen Verfahren bereits in einer Reihe von Veröffentlichungen beschrieben wurde (KOLLMANN [*1.31*]), insofern abgeschlossen, als zu dieser Zeit für hochwertige Spanplatten, die nach dem Flachpreß- oder Strangpreßverfahren gefertigt waren, eine technisch-wirtschaftlich gesicherte Fabrikation und Verwendung vorhanden war. Mit der rationellen Erzeugung von Spanplatten und ihrer vorteilhaften Verwendung im Möbelbau, im Innenbau und auf angrenzenden Gebieten zeichnete sich bereits eine schnelle zukünftige Weiterentwicklung dieses neuen Zweiges der Holzwerkstoffindustrie ab. Geeignetes und auch preiswertes Rohholz war genügend vorhanden. Die Herstellungsverfahren hatten in ihrer maschinellen Durchbildung und Wirksamkeit die erste Probe bestanden, die Güte von Spanplatten war seit 1953 wesentlich verbessert worden, und insbesondere waren die verarbeitungstechnischen Vorteile homogener großflächiger Spanplatten unter Beweis gestellt worden.

Die Produktion von Spanplatten betrug im Jahre 1950 in Europa lediglich 12000 t. Bis zum Jahre 1955 stieg sie auf 350000 t an. Das Schwergewicht der Produktion lag in Westeuropa mit rd. 330000 t, wovon etwa 110000 t auf die Bundesrepublik Deutschland entfielen. Die Herstellung von Spanplatten wurde in dieser Zeit in den nord-, ost- und südosteuropäischen Ländern erst aufgenommen, so daß dort, soweit feststellbar, im Jahre 1955 erst insgesamt 20000 t produziert wurden. Auch in den außereuropäischen Ländern faßte die Spanplattenherstellung Fuß, z. B. in Japan und den USA. In den USA stand jedoch die neuzeitliche Spanplattenherstellung aus Schneidspänen noch in den Anfängen.

1.2.3 Entwicklung von 1956 bis 1965

Zu Ende des Jahres 1956 waren die Grundlagen der Herstellung von Spanplatten bekannt. Die neuere Entwicklung der Spanplattenherstellung ist durch folgende hervortretende Merkmale gekennzeichnet:

1. *Ergänzung und Erweiterung der technisch-wissenschaftlichen Grundlagen* in Verbindung mit verfahrenstechnischen und rohstoffwirtschaftlichen Problemen.

2. Allgemeine *Vervollkommnung der Verfahrenstechnik* und *Rationalisierung der Fertigung* — Ergänzung, Verbesserung und Vereinheitlichung der Herstellungsverfahren — *Erhöhung der Güte der Erzeugnisse.*

3. *Ausdehnung der Verwendung für Spanplatten* im Möbelbau, im Innenausbau von Wohnungen und Häusern sowie auf angrenzenden Gebieten. Nähere Erfassung und Festlegung der technologischen Eigenschaften von Spanplatten.

4. *Zunahme der Spanplattenwerke* sowie der Produktion *und des Verbrauchs von Spanplatten.*

Das *Schrifttum über Spanplatten* nahm stark zu. In den Jahren 1956 bis 1962 erschienen etwa 1500 Veröffentlichungen über Spanplatten in den verschiedenen Ländern, worin die zunehmende Mitarbeit von Wissenschaft, Forschung und Praxis an der Weiterentwicklung der Spanplattenherstellung zum Ausdruck kam (Anonymus [*1.1*]). Ferner wurden auf Kongressen und Tagungen Fragen der Spanplattenherstellung behandelt. Wesentlich war es u. a., daß im Januar 1957 von der Organisation für Ernährung und Landwirtschaft (FAO) der Vereinten Nationen (UNO) eine *Konsultation über Spanplatten und Faserplatten in Genf* veranstaltet wurde, in der die wichtigsten technischen und wirtschaftlichen Probleme der noch jungen Spanplattenindustrie auf internationaler Ebene eingehend erörtert wurden (FAO [*1.9*]). Zur gegenseitigen technischen Unterrichtung wurde im Jahre 1958 eine *internationale Organisation der Verbände der Holzspanplattenhersteller* (FESYP) gegründet, die mittlerweile eine ersprießliche Tätigkeit entfaltet hat.

Unter Hinweis auf das vorliegende umfangreiche Schrifttum sowie die vielseitigen Erfahrungen der Spanplattenwerke und der einschlägigen Maschinenindustrie kann die Weiterentwicklung der Spanplattenherstellung seit 1955 nur kurz an Hand der wesentlichen Ergebnisse in Abschn. 1.3 gesondert behandelt werden.

1.3 Entwicklung der Verfahrenstechnik

1.3.1 Rohstoffe

Fast alle Holzarten sind zur Herstellung von Spanplatten geeignet. Ausschlaggebend für die Festigkeitsausbildung von Spanplatten ist die Rohdichte der Holzarten (Klauditz [*1.18*], Klauditz u. M. [*1.26*]). Die Holzarten können gemischt verwendet werden (Bilder 1.4 u. 1.10). Zum Vorteil der Forstwirtschaft hat die Verarbeitung von Laubholz zugenommen, was für diejenigen Länder wichtig ist, die über keine oder nur geringe Vorräte von Nadelholz verfügen. Auf Grund der gewonnenen technischen Erfahrungen war es möglich, mehr Restholz aus der Industrie mitzuverarbeiten. Auch die Verwertung von verholzten Rohstoffen aus der Landwirtschaft, wie Flachs- und Hanfschäben, Bagasse usw., hat zugenommen, so daß auf der Grundlage dieser preiswerten Rohstoffe in verschiedenen Ländern Spanplattenwerke errichtet wurden oder bestehende Werke ihre Produktion erhöhten.

1.3.2 Herstellung der Späne

Im allgemeinen haben sich die Holzspäne in ihren Abmessungen in den letzten 6 Jahren wenig geändert. Die Dicke liegt meist zwischen 0,2 und 0,5 mm. Dünne, etwa 0,2 mm dicke Späne werden vorwiegend zur Herstellung von Deckschichten für mehrschichtige Platten verwendet. Grundsätzlich kann festgestellt werden, daß, zumindest in Europa, sogenannte ***Reißspäne***, wie sie durch Zerkleinerung von Holz mit Mühlen anfallen, nicht mehr oder nur noch in Ausnahmefällen zur Spanplattenherstellung verwendet werden.

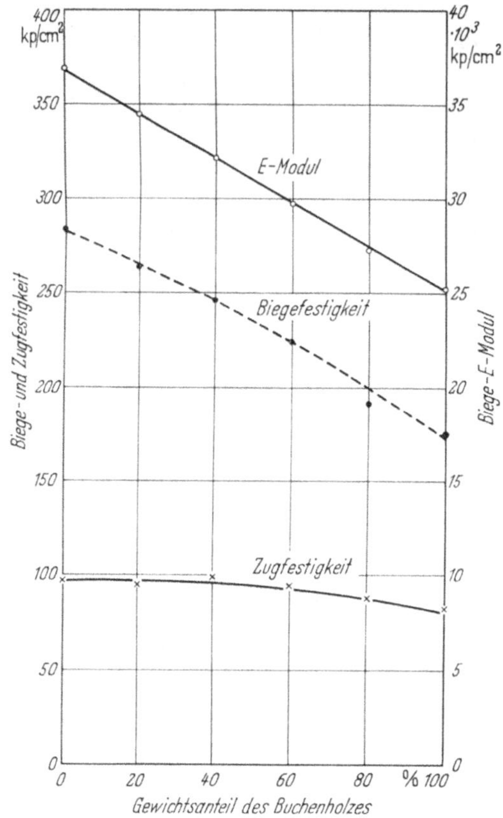

Bild 1.10. E-Modul (Biegung), Biege- und Zugfestigkeit von Spanplatten (r_u = 0,56 g/cm³) aus dünnen, flächigen Fichten- und Buchenspänen (Dicke 0,2 mm).

Die verschiedenen Typen von Zerspanern wurden hinsichtlich der Produktionsleistung und der Güte der Späne in Anpassung an die Art des Rohholzes weiter entwickelt. Zur Herstellung von typischen *Schneidspänen* wurden die bekannten *Flachscheiben-* und *Messerwellenzerspaner* vervollkommnet. Dabei wurde auf die zweckmäßigere, teilweise automatisierte Zubringung des Rohholzes zur Maschine Wert gelegt. In diesem Zusammenhang war man bestrebt, das Rohholz in größerer Länge zu verarbeiten. Es stehen jetzt Maschinen zur Verfügung, die Holz mit 50 und 100 cm, aber auch mit 6 bis 8 m Länge zerspanen. Die Standzeit der Messer wurde erhöht und die Zeit zum Wechseln der Messer herabgesetzt. Die sog. *Messermühlen* haben sich bei der Zerspanung von Hackschnitzeln aus Waldholz und Industrie-Restholz zur Gewinnung von Schneidspänen mit 0,5 bis 1 mm Dicke gut bewährt. Die Produktionsleistung moderner Zerspanungsmaschinen bewegt sich je nach Typ, Holzart, Dicke und Beschaffenheit der Späne zwischen 0,5 und 3,0 t je Stunde.

Es ist üblich, das Holz mit einem *Feuchtigkeitsgehalt* um 35 bis 50% (bezogen auf das Darrgewicht) zu zerspanen, da in diesem Bereich der Energieaufwand beim Zerspanen niedrig, der Feinanteil gering und der Wärmebedarf für die Trocknung der Späne nicht zu hoch ist. In den letzten Jahren sind auch erste technisch-wissenschaftliche Untersuchungen über die Vorgänge der Spanherstellung mit Flachscheiben-Zerspanern durchgeführt worden (PAHLITZSCH u. M. [*1.34*]).

1.3.3 Trocknung und Sichtung

Für die *Bunkerung der Späne* wurden verschiedene Typen von Bunkern mit gleichmäßig arbeitenden Austrag- und Dosiervorrichtungen ausgestattet. Die bekannten Typen von *Trocknern* wurden in ihrem Wirkungsgrad und ihrer Leistung verbessert. Die Suspensionstrocknung der Späne mittels unmittelbar zugeführter Heizgase aus Öl- und Gasfeuerungen, in denen auch abfallendes Spanmaterial mitverbrannt werden kann, hat zugenommen. Im allgemeinen werden die Mittelschichtspäne auf einen Feuchtigkeitsgehalt von 3 bis 4 % getrocknet, die Deckschichtspäne im allgemeinen auf einen Feuchtigkeitsgehalt von 6 bis 10%.[1] Es ist erforderlich, einen möglichst gleichbleibenden Feuchtigkeitsgehalt, selbst bei unterschiedlicher Feuchtigkeit des Ausgangsholzes, genau einzustellen. Kontroll- und Steuereinrichtungen sind hierfür entwickelt worden.

Die Holzspäne oder sonstige Rohstoffe werden vor oder nach der Trocknung in an sich bekannter Weise gesichtet, um zu grobe und zu feine Anteile abzuscheiden. Bei der Verarbeitung von unentrindetem Holz wird teilweise nach der Trocknung eine größere Menge von Feinanteil ausgeschieden und dabei gleichzeitig auch ein großer Teil der Rinde entfernt. Es hat sich als zweckmäßig erwiesen, in Anpassung an die besondere Bauweise neuzeitlicher Trockner, die Sichtung mit dem Trocknungsvorgang zu verbinden. Im allgemeinen wird angestrebt, die Güte der Späne bei der Zerspanung zu verbessern, um dadurch die Verluste bei der Sichtung und Siebung zu vermindern.

1.3.4 Kunstharz-Bindemittel und Beleimung

Als Bindemittel werden vorwiegend *Harnstoff-Formaldehyd-Kunstharze* in etwa 50 bis 60%iger Lösung verwendet. Der Anteil der Harnstoffharze am Gesamtverbrauch von Bindemitteln in der Spanplattenindustrie wird auf mindestens 90% geschätzt. Für bestimmte Zwecke, z. B. bei der Herstellung von Platten für den Innenausbau von Schiffen, werden Mischungen von Melaminharzen mit Harnstoffharzen eingesetzt. In den USA und anderen Ländern wird ein Teil der Platten mit *Phenolharzen* hergestellt. Andere Kunstharzbindemittel haben bisher keine

[1] Der Feuchtigkeitsgehalt der getrockneten Späne muß sorgfältig dem Feuchtigkeitshaushalt der Platte während des Preßvorganges angepaßt werden, der von einer Vielzahl von Faktoren beeinflußt wird. Die Werte können deshalb je nach Verfahren, Plattendicke und anderen Einflußgrößen in weiten Grenzen veränderlich eingestellt werden.

größere Bedeutung erlangt. Die einschlägige Kunstharzindustrie hat bei der Herstellung von Bindemitteln Fortschritte gemacht, z. B. durch Fertigung von Typen mit bestimmten Eigenschaften, mit erhöhter Lagerfähigkeit, geringer Geruchsbildung usw. Für den Transport über weitere Entfernungen werden Kunstharzbindemittel in fester Form hergestellt.

Bei der Austragung und Zuführung der Späne zur Beleimung durch *gewichtsmäßige Dosierung*, z. B. mit Bandwaagen oder Taktwaagen, wurde eine höhere Gleichmäßigkeit erzielt. Die Aufbereitung und Dosierung der Kunstharzbindemittel erfolgt in größeren Werken automatisch.

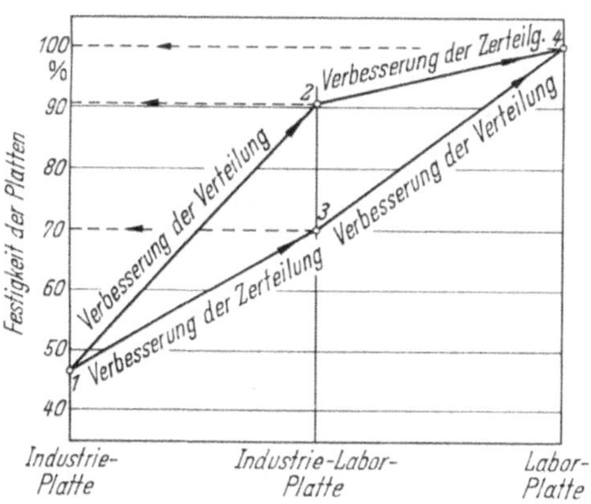

Bild 1.11. Einfluß der Bindemittelverteilung und Bindemittelzerteilung auf die Festigkeitseigenschaften von Holzspanplatten.

Der *Beleimungsvorgang* mit seinen komplexen physikalisch-technischen Vorgängen wurde näher untersucht, um den Aufwand an Kunstharzbindemitteln herabzusetzen und die Gleichmäßigkeit der Verleimung zu erhöhen (Bild 1.11) (Meinecke u. M. [*1.33*]). Der Verteilungsgrad der Bindemittellösung auf der Oberfläche der Späne muß genügend hoch sein, um eine wirksame Beleimung zu gewährleisten. Seit 1958 wurden die technischen Beleimungsmaschinen wesentlich verbessert und dabei vergrößert und verlängert. Vorherrschend sind Maschinen, die nach dem Sprüh-Umwälz-Verfahren arbeiten. Der kontinuierlichen Beleimung wird gegenüber der diskontinuierlichen Arbeitsweise der Vorzug gegeben. Neuere stetig arbeitende Maschinen haben eine Länge von etwa 8 bis 14 m. Es lassen sich damit $1^1/_2$ bis 8 t Späne je Stunde beleimen. Ferner sind Sondermaschinen entwickelt worden, bei denen die Bindemittellösung durch Fliehkraft zerteilt und auf die Oberfläche der Späne in Form feiner Tröpfchen aufgebracht wird.

Im allgemeinen werden Spanplatten mit einem *Bindemittelgehalt* von 6 bis 7% hergestellt. Die Deckschichten von drei- oder mehrschichtigen Platten haben einen etwas höheren Bindemittelgehalt von etwa 8 bis 11%. Die Härter werden meist den Bindemitteln zugesetzt. In einigen Werken werden die Härterlösungen auch getrennt auf die Späne aufgesprüht.

Seit 1956 werden in vermehrtem Umfange *Hydrophobierungsmittel* vorwiegend in Form von wäßrigen Emulsionen von Paraffin und ähnlichen Stoffen bei der Beleimung eingebracht, um die Wasseraufnahme und

Dickenquellung der Platten zu verzögern. Diese Emulsionen werden entweder den Kunstharzleimen zugesetzt oder getrennt auf die Späne aufgesprüht. Die Menge des Hydrophobierungsmittels beträgt etwa 0,4 bis 0,6% vom Plattengewicht. Daneben ist es möglich, *Schutzmittel*, z. B. *gegen Entflammung und Angriff durch Pilze und Insekten*, bei der Beleimung einzubringen. Hier liegen Untersuchungen und auch praktische Ergebnisse vor, ohne daß jedoch diese Sonderbehandlungen bisher größere praktische Bedeutung erlangt haben.

1.3.5 Formung, Pressung und Endfertigung der Platten

Die Arbeitsweisen zur Herstellung von Spanplatten nach dem *Flachpreßverfahren* haben sich in den letzten 10 Jahren in ihren Grundlagen kaum verändert. Bei der Herstellung dreischichtiger Platten nach gängigen Verfahren werden *Preßtemperaturen* von 130 bis 160 °C und je nach Plattendicke *Preßzeiten* von 5 bis 12 min angewendet. Die *Feuchtigkeit der Späne* (Mittelschicht- und Decklagenspäne werden häufig gemeinsam getrocknet) beträgt nach dem Beleimen bei den Mittelschichtspänen etwa 9 bis 11%, bei den Deckschichtspänen zuzüglich Sprühwasser 10 bis 16%; dabei stellt sich eine mittlere Feuchtigkeit des Spänekuchens vor dem Pressen von 10 bis 13%, der fertig gepreßten Platte von durchschnittlich etwa 8% ein. Es sind jedoch beachtliche Fortschritte in der Verbesserung der Spezialmaschinen und der Verfahrenstechnik durch die zweckmäßigere Kombination der einzelnen Arbeitsgänge sowie ihrer Automatisierung und Kontrolle erzielt worden.

Es war erforderlich, die Späne genauer zu dosieren und die Spanmatten gleichmäßiger herzustellen. Daher wurde in den Werken die Anzahl der Streumaschinen mit verbessertem Wirkungsgrad erhöht. Dies war auch durch die Zunahme der Produktion und Produktionsgeschwindigkeit bedingt.

Bei der *diskontinuierlichen Vorpressung* der geformten oder abgelängten Abschnitte der Spanmatten wurden einige Verbesserungen eingeführt, z. B. eine Längs- oder Querbesäumung der Spanmatte vor der Vorpresse. Auch in der Durchführung des üblichen Umlaufs der Bleche liegen gewisse Neuerungen vor (Kühlung der Bleche, Speichervorrichtungen für Bleche usw.), durch die ein zweckmäßiger und verkürzter Ablauf der Fertigung erzielt wird. Bedeutsam ist es, den Vorpreßlingen eine solche Beschaffenheit zu geben, daß sie von dem Unterlagsblech getrennt und ohne Bleche der Fertigungspresse zugeführt werden können. Dadurch entfällt der Umlauf der erwärmten Bleche, womit eine Reihe verfahrenstechnischer Fortschritte verbunden ist. Auf diesem Gebiet liegen Entwicklungsarbeiten und erste praktische Ergebnisse vor. Die *Beschickungs- und Entleerungsvorrichtungen* sowie die hydraulischen Etagenpressen sind in den vergangenen Jahren in ihrer Wirksamkeit vervollkommnet worden. Im Zusammenhang mit der erhöhten Produktionsgeschwindigkeit wurden auch die *Arbeitstakte* dieser Maschinen beschleunigt, z. B. wurde die Schließzeit der hydraulischen Etagenpressen verkürzt. Weiterhin sind der Bau von Pressen, die simultan geschlossen werden, sowie die Installierung automatischer Geräte zum Schließen der Pressen als technische Fortschritte hervorzuheben.

Vom allgemeinen verfahrenstechnischen Standpunkt ist grundsätzlich bemerkenswert, daß es in den vergangenen Jahren gelang, die *Preß- und Verleimungszeit für Spanplatten* bei Anwendung üblicher Harnstoffharze durch Erhöhung der Heizplattentemperatur stark zu beschleunigen (Klauditz [*1.17*], Klauditz u. M. [*1.28*], Rackwitz [*1.37*]). F. Fahrni [*1.8, 1.39*] hatte bereits früher auf die Vorteile feuchter oder angefeuchteter Deckschichten und der dadurch erzielten rascheren Durchwärmung des Platteninneren hingewiesen; dieser Effekt konnte bei *gleichzeitiger* Anwendung höherer Heizplattentemperaturen erheblich gesteigert werden, wie auf Grund technisch-wissenschaftlicher Entwicklungsarbeit im Jahr 1955 nachgewiesen wurde. Bei gleichzeitiger Einstellung zweckmäßiger Feuchtigkeitsverhältnisse im beleimten Spangut und Aufbringung einer genau dosierten Wassermenge auf die Spanmatten sowie bei einer Temperatur der Heizplatten von 170 bis 180 °C gelingt es, die Fertigungszeit in der Heizpresse gegenüber dem technischen Stand der Jahre 1955/56 auf etwa ein Drittel zu verkürzen (Klauditz [*1.22, 1.25*], Klauditz u. M. [*1.29*]). Die entwickelte Arbeitsweise (Dampfstoßverfahren) gehört mittlerweile zum praktischen Stand der Technik und hat zur Beschleunigung der Produktionsgeschwindigkeit und damit zur Rationalisierung der Spanplattenherstellung wesentlich beigetragen (Bild 1.12). Es sind weiterhin technisch-wissenschaftliche Untersuchungen über die zusätzliche *Anwendung von Hochfrequenzwärme* bei der Herstellung von Spanplatten, insbesondere dickerer Platten, durchgeführt worden. Wenn auch dieser Technik für die Zukunft größere Bedeutung zukommen kann, so befindet sie sich doch noch in der Entwicklung.

Flachpreßplatten werden in modernen Anlagen von den Blechunterlagen vorwiegend automatisch abgehoben. *Besäumen und Schleifen der Platten* erfolgt in größeren Werken in automatisierten Fertigungsstraßen. Die zweckmäßig auf einen Endfeuchtigkeitsgehalt von etwa 8% eingestellten, noch warmen Platten werden größtenteils erst einige Zeit in Stapeln gelagert. Sie durchlaufen dann die Maschinen zum Besäumen und Schleifen. Zum schnelleren Abkühlen der Platten sind besondere Kühlanlagen geschaffen worden, die sich z. T. noch in der praktischen Erprobung befinden. Durch Wende- und Fördervorrichtungen, durch Steuer- und Kontrollapparate zur Einstellung und Überwachung der

Dicke der Platten sowie durch automatisierte Stapel- und Ablagetische ist die Endfertigung von Spanplatten in den letzten Jahren, insbesondere in größeren Werken, fortschreitend automatisiert worden. Zur Vermeidung von Schleifverlusten war man bestrebt, besser maßhaltige Platten

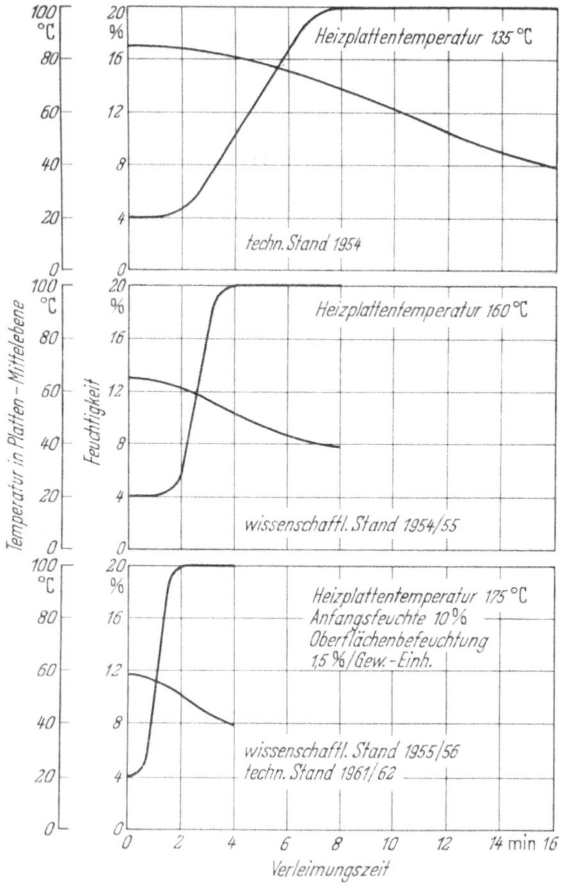

Bild 1.12. Entwicklung der Produktionsgeschwindigkeit von Holzspanplatten (Preßzeitverkürzung) bei einer Plattendicke von 19 mm und einer Rohdichte von rd. 0,6 g/cm³.

herzustellen; dies gelang in einem gewissen Umfange durch zweckmäßigere Durchbildung der technischen Einrichtungen.

Zur *Oberflächenvergütung von Spanplatten* besitzt bisher das Furnieren die größte Bedeutung. Daneben ist in den letzten Jahren die Beschichtung von Spanplatten mit Kunstharzfolien weiter entwickelt worden, wobei Erfahrungen und apparative Einrichtungen aus der Faserplattenindustrie übernommen werden konnten. Im allgemeinen wird jedoch noch so verfahren, daß Furnieren und Beschichten der Spanplatten nicht in den Spanplattenwerken, sondern in gesonderten Betrieben oder an der Verarbeitungsstelle der Spanplatten durchgeführt werden.

1.3.6 Spezielle Flachpreßverfahren

Neben den im Flachpreßverfahren herstellbaren einschichtigen und dreischichtigen Holzspanplatten wurde durch die Firma Bähre-Metallwerk KG (E. Greten) um die Jahre 1954/1955 ein neuer Plattentyp entwickelt und im Möbelbau eingesetzt. Dabei wurde angestrebt, unter vereinfachten Fertigungsbedingungen Platten zu erzeugen, die neben guten technologischen Eigenschaften auch eine gute Oberflächenbeschaffenheit aufweisen. Dies wurde dadurch erreicht, daß man das beleimte Spangut beim Bilden der Spanmatte einer nach zwei Richtungen erfolgenden *Windsichtung* unterwirft und damit eine „windgeschüttete“ Platte mit besonderer Struktur gewinnt, d. h. eine solche mit einem stufenlosen Übergang von den dünneren Spänen in den Außenzonen zu den dickeren Spänen in der Mittelzone. Nach diesem Verfahren wurden sowohl in der Bundesrepublik Deutschland als auch in anderen europäischen und überseeischen Ländern eine Reihe von Anlagen errichtet, die sich mittlerweile bewährt haben.

Im Jahre 1956 wurden, fußend auf früheren Entwicklungsarbeiten der Fa. Laboratorium Himmelheber GmbH. [*1.12*], unter Einsatz besonderer Streumaschinen und Verwendung dünner, flächiger Schneidspäne, die mit in gewissen Grenzen unterschiedlicher Dicke beim Zerspanen erzeugt werden, über den ganzen Plattenquerschnitt einheitlich *„wurfgeschüttete“ Holzspanplatten* gefertigt (W. Rottmann), bei denen durch die dünneren Späne in den Außenzonen der Platten gute Oberflächenbeschaffenheit und gute technologische Eigenschaften gewährleistet wurden.

Ab 1957/58 hat noch das Flachpreß-Verfahren der Hermal GmbH Eingang in die Industrie gefunden, bei dem die Rückführung der Preßbleche durch den unteren, als Kühlaggregat ausgebildeten Teil der Presse erfolgt.

Zur Herstellung von Platten mit besonderem Aufbau, z. B. guter Oberflächenbeschaffenheit und -wirkung, erwies es sich, in Fortbildung der konstruktiven Durchbildung von dreischichtigen Holzspanplatten, als zweckmäßig, vielschichtige, d. h. *fünfschichtige Platten* zu fertigen. Dabei tragen die inneren, dickeren Deckschichten mehr der konstruktiven Durchbildung der Platte Rechnung, während die äußeren, recht dünnen Deckschichten eigens auf die Oberflächenausbildung eingestellt sind. Die Herstellung von fünfschichtigen Platten wurde, soweit bekannt ist, zuerst von der Deutschen Novopan GmbH & Co. aufgenommen.

Durch die starke Verkürzung des Preßvorganges war es möglich, mittels einetagiger Pressen bei *verminderten Investitionskosten*, jedoch bei einer ausreichend hohen Produktionskapazität von 25 bis 40 m³ täglich im automatisierten Ablauf zu einer wirtschaftlich tragbaren Erzeugung von Spanplatten in kleinen oder mittleren Werken zu gelangen (KLAUDITZ [*1.22*]). Von Vorteil ist es dabei, daß die gesamte Fertigung der Spanplatte, d. h. ihre Formung und Pressung im automatisierten Taktverfahren, nach einer Arbeitsweise von E. GRETEN auf einem endlosen, bei Öffnung der Presse jeweils vorlaufenden Stahlband erfolgt. Ab 1958/1959 haben diese Anlagen mit einetagigen Pressen als mittlere und kleinere Anlagen zunehmende Bedeutung erlangt. Auf Grund neuerer Entwicklungen kann durch Vergrößerung der Abmessungen der einetagigen Spezialpressen, z. B. auf 7,20 m × 1,80 m bei sehr kurzen Umtriebszeiten der Presse (z. B. von rd. 4 min bei 19 mm dicken Platten), mit solchen Anlagen eine Produktionskapazität von 80 bis 90 m³/Tag erreicht werden.

Unter Verwendung von einetagigen Pressen gelang es auch, nach Vorschlägen von A. FISCHER und G. MERKLE im Taktverfahren endlose Spanplatten zu fertigen, die dann auf die gewünschten Längen zugeschnitten werden können.

1.3.7 Strangpreßverfahren

Wie beim Flachpreßverfahren, so sind auch beim *Strangpreßverfahren* Fortschritte zu verzeichnen. In den vergangenen Jahren ist man teilweise dazu übergegangen, statt Reißspänen Schneidspäne zu verwenden, wie sie durch Zerspanung von Hackschnitzeln mit Messermühlen gewonnen werden. Dadurch wurden die technologischen Eigenschaften von Strangpreßplatten wesentlich verbessert. Die Arbeitsbreite sowie auch die Produktionsgeschwindigkeit von Strangpressen wurden erhöht. Vorherrschend sind jedoch Strangpreßplatten in einer Breite von 1,25 und 1,85 m. Auch die Gleichmäßigkeit der Platten wurde verbessert. Strangpreßplatten werden ungeschliffen verwendet. Für den Möbelbau und ähnliche Verwendungsgebiete werden die Platten furniert. In besonderen Fällen werden auch Faserplatten oder Sperrholz als Deckschichten auf die Platten aufgeleimt. Man hat auch vorgeschlagen, Strangpreßplatten zur Absperrung mit nach dem Flachpreßverfahren hergestellten Deckschichten aus Holzspänen zu verleimen. Die Rohstoffgrundlage und die Verwendungsgebiete für Strangpreßplatten haben sich erweitert. Neuerdings werden auch *Sägespäne* als Rohstoff verwendet. Es werden daraus meist Platten mit 30 bis 40 mm Dicke als Röhrenplatten hergestellt, die vornehmlich zur Herstellung dickerer Platten als Wandplatten und Bauelemente für vorgefertigte Häuser eingesetzt werden. Zum Teil ist auch der Bindemittelgehalt der Platten von früher 4 bis 5% auf 6 bis 8% erhöht worden, so daß dadurch die technologischen Eigenschaften von Strangpreßplatten verbessert wurden.

1.4 Plattentypen, Produktionskapazität

In die Betrachtung der neueren technischen Entwicklung der Herstellung von Spanplatten ist eine quantitative Beurteilung der Plattentypen einzubeziehen, um dadurch die Schwerpunkte der Entwicklung hervorzuheben. Auch die Produktionskapazität der Werke ist dabei zu berücksichtigen.

Die Herstellung von *Flachpreßplatten* überwiegt mit schätzungsweise *90% der Gesamtproduktion.* Der Rest entfällt auf Strangpreßplatten. Der Anteil der *mittelschweren Platten* mit einer Rohdichte von 0,4 bis 0,7 g/cm³ beträgt etwa 90% der Gesamtproduktion. Davon entfällt wiederum der größte Teil auf Spanplatten mit einer Rohdichte von etwa 0,55 bis 0,65 g/cm³. Der Anteil der leichteren und schweren Platten ist vorläufig noch gering.

Wenn auch Platten von 4 bis 25 mm Dicke und darüber hergestellt werden, so überwiegen doch die Platten mit 12 bis 19 mm Dicke mengenmäßig. Dies ergibt sich daraus, daß Spanplatten zum größten Teil im Möbelbau, im Innenausbau von Wohnungen und in ähnlichen Gebieten verwendet werden und dafür Platten in dieser Dicke gut geeignet sind.

Bei den Flachpreßplatten überwiegen wiederum mit 60 bis 70% dreischichtige bzw. mehrschichtige Platten oder Platten mit ähnlichem Aufbau. Die Erzeugung von wind- und wurfgeschütteten (graduierten) Platten hat in den letzten 6 Jahren zugenommen, während sich der Anteil einschichtiger, nicht graduierter Platten vermindert hat.

Durch die technische und wirtschaftliche Entwicklung hat sich allgemein die durchschnittliche Produktionskapazität bestehender Werke erhöht. Wenn auch Spanplatten in kleineren und mittleren Werken mit einer Produktionskapazität von 30 bis 50 m³/Tag unter Berücksichtigung der besonderen Verhältnisse der Werke und Länder wirtschaftlich zu fertigen sind, so hat sich doch das Schwergewicht der Produktion in verschiedenen Ländern, insbesondere in Westeuropa, in größere, vollmechanisierte Werke mit einer *Produktionskapazität* von 100 bis 400 m³/Tag verlagert. Von Bedeutung war die Entwicklung der Fabrikation von graduierten Spanplatten in einetagigen Pressen, durch welche die Wirtschaftlichkeit kleinerer und mittlerer Werke mit einer Produktionskapazität von 30 bis 50 m³/Tag, insbesondere unter Anwendung des Windstreuverfahrens, verbessert wurde. Bei der Herstellung dreischichtiger Platten wird man unter Berücksichtigung des maschinellen Aufwandes und der Investitionskosten voraussichtlich eine Produktionskapazität von 35 bis 100 m³/Tag nicht unterschreiten können, um eine ausreichende Wirtschaftlichkeit und Wettbewerbsfähigkeit gewährleisten zu können. Die zweckmäßigste Produktionskapazität wird hier je nach den besonderen Verhältnissen der Länder bei 100 bis 500 m³/Tag liegen.

Bei der Herstellung von Strangpreßplatten bewegt sich die Produktionskapazität größtenteils zwischen 20 und 90 m³/Tag. In einigen Fällen werden in größeren Werken in getrennten Anlagen verschiedene Plattentypen, z. B. Flach- und Strangpreßplatten, zusammen hergestellt.

Die Produktionskapazität der Werke wird durch Abmessungen und Zahl der Etagen der Pressen bestimmt; z. B. ist in Europa das Format 3,50 m × 1,70 m vorherrschend. Daneben werden auch größere Formate, z. B. 4,10 m × 1,80 m und kleinere Formate, z. B. 2,50 m × 1,25 m benutzt. Für die Herstellung von Spanplatten in Ein-Etagen-Pressen werden zur Erzielung einer höheren Produktion auch größere Formate verwendet, z. B. 5,0 m × 2,0 m oder 7,20 m × 1,80 m. Kleinere Anlagen werden mit Drei-Etagen-Pressen betrieben, mittlere Anlagen arbeiten mit 8 bis 12 Etagen, größere Werke, die eine Produktionskapazität von 100 bis 500 m³/Tag erreichen, verwenden 15- bis 20-Etagen-Pressen.

Die *Produktionsgeschwindigkeit* hängt vorwiegend von der mittleren Dicke der hergestellten Platten sowie vom Format und der Etagenzahl der Pressen ab. Durch die Beschleunigung des Preßvorganges werden in neueren, größeren Werken bei der Herstellung von 19 mm dicken Platten, bezogen auf die Geschwindigkeit der Plattenformung nach dem Bandstreuverfahren, Produktionsgeschwindigkeiten von 7 bis 10 m/min erreicht. Im Durchschnitt ist die Produktionsgeschwindigkeit der Spanplattenfabrikation seit 1956 auf annähernd das dreifache erhöht worden.

1.5 Technologische Eigenschaften und Gütekennzeichnung der Platten, Verwendungsgebiete

Im Zusammenhang mit der Entwicklung der Spanplattenherstellung erstreckten sich in den letzten Jahren zahlreiche Untersuchungen auf die nähere *Kennzeichnung der technologischen Eigenschaften von Spanplatten*, die *Weiterentwicklung von Prüfverfahren* und die *Beurteilung der Eignung von Spanplatten für die verschiedenen Verwendungsgebiete*. Auf diesem Gebiet ist eine umfangreiche und anerkennenswerte Arbeit geleistet worden. Wesentlich ist es, daß in den verschiedenen Ländern mittlerweile Normen für Prüfverfahren und zur *Gütekennzeichnung* von Spanplatten geschaffen wurden (in der Bundesrepublik Deutschland dient DIN 68761 Holzspanplatten auch als Grundlage für die Gütekennzeichnung) und dabei eine gute internationale Zusammenarbeit entstand. Für die Herstellung von Spanplatten ergaben sich dadurch klare und übersichtliche Verhältnisse, die es gestatten, einerseits den Fertigungsgang und die Verfahrenstechnik in Einstellung auf die geforderten Eigenschaften noch zweckmäßiger zu gestalten, anderseits dem Verarbeiter und Verbraucher Erzeugnisse gleichmäßiger Qualität zur Verfügung zu stellen.

Da die Spanplattenindustrie trotz ihrer stürmischen Entwicklung noch sehr jung ist, konnte bisher eine Klassifizierung der Plattentypen noch nicht stattfinden; sie ist aber zu erwarten. Erwähnt sei, daß eine Spanplatte auf den Markt kommt, deren Oberfläche so dicht geschlossen ist, daß sie fast der einer Faserhartplatte gleicht [*1.3, 1.4*]. Spanplatten mit sehr dicht geschlossenen Oberflächen, die auch bei stärkerer Befeuchtung nicht „apfelsinenhautartig" werden, bilden die Voraussetzung für das Beschichten mit Folien.

Die *Hauptverwendungsgebiete* für Spanplatten sind: der Möbel-, Tonmöbel-, Geräte- und Behälterbau, der Innenausbau von Räumen und Wohnungen, Schiffen und Fahrzeugen, sowie angrenzende Gebiete. In den letzten Jahren ist ein fortschreitender Einsatz von Spanplatten im Hausbau und für konstruktive Zwecke festzustellen. Die Verwendungsgebiete sind hinsichtlich ihres Anteils in den einzelnen Ländern unterschiedlich. Vorwiegend werden in den genannten Verwendungsgebieten mittelschwere Holzspanplatten eingesetzt, jedoch haben auch leichtere und schwerere Platten Bedeutung erlangt.

1.6 Entwicklung der Produktion und des Verbrauchs von Spanplatten

Auf Grund der technisch-wirtschaftlichen Erfahrungen, die bei der Herstellung von Spanplatten gewonnen wurden, haben Erzeugung und Verbrauch von Spanplatten in den letzten Jahren in den verschiedenen Ländern schnell zugenommen. Die Entwicklung der *Produktion in Europa* in den Jahren 1950 bis 1964 ist in Tab. 1.1 dargestellt (Klauditz [*1.24*]). Die *Welterzeugung* von Spanplatten betrug im Jahre 1963 etwa 3,5 Mill. t, von denen etwa 2,7 Mill. auf die europäischen Länder, etwa 0,6 Mill. auf die USA und etwa 0,2 Mill. auf andere außereuropäische Länder entfielen

Tabelle 1.1. *Entwicklung der Produktion von Spanplatten in Europa 1950 bis 1964*

	1950		1955		1960		1964 rd.	
	1000 t	1000 m³	1000 t	1000 m³	1000 t	1000 m³	1000 t	1000 m³
Nordeuropa	—	—	7	10	140	230	280	460
Westeuropa	12	20	330	550	920	1530	2070	3430
Osteuropa	—	—	7	10	150	250	500	830
Südosteuropa	—	—	6	10	70	110	350	580
Europa	12	20	350	580	1280	2120	3200	5300

(vgl. auch Bild 1.13). Die Zahl der im Jahre 1965 in Betrieb befindlichen Holzspanplattenwerke wird auf 562 geschätzt. In Tab. 1.2 ist als Beispiel die Zunahme der Erzeugung von Holzspanplatten in der Bundesrepublik Deutschland wiedergegeben. Daraus ist auch zu ersehen, in welch hohem Maße sich seit der Aufnahme der Spanplattenherstellung in den Jahren 1950/52 durch die Verbesserung der Verfahrenstechnik die Arbeitsproduktivität erhöht und ferner die mittlere Jahresproduktion je Werk zugenommen hat. Durch die Schaffung der Holzspanplattenindustrie wurde auch die technische Verwertung von schwachem Waldholz zum Nutzen der Forstwirtschaft und von Industrie-Restholz zum Nutzen der holzverarbeitenden Industrie vorangebracht.

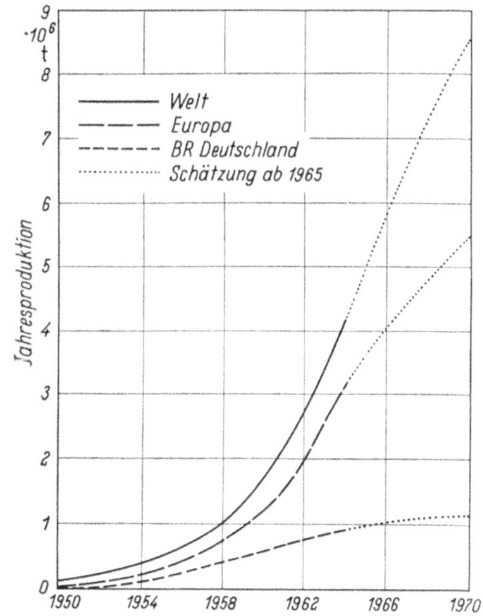

Bild 1.13. Entwicklung der Spanplattenproduktion 1950 bis 1965.

Tabelle 1.2. *Technisch-wirtschaftliche Entwicklung der Herstellung von Spanplatten in der Bundesrepublik Deutschland 1950 bis 1964*

	Anzahl d. Werke	Erzeugung (1000 m³)	Mittl. Jahresproduktion (m³) je Werk rd.	Mittlere Arbeitsproduktivität Erzeugung (m³) je Beschäftigten jährlich rd.
1950	7	12	1700	40
1952	14	28	2000	54
1954	28	97	3500	95
1956	44	280	6400	127
1958	58	525	9000	170
1960	66	875	13000	220
1962	74	1120	15000	250
1964	75	1530	20000	300

1.7 Ausblick

Die Spanplattenherstellung wird sich in den kommenden Jahren weiter ausdehnen. Rohholz in Form von schwachem Waldholz, insbesondere Laubholz, sowie von Restholz aus der Industrie, ist in den meisten Ländern vorhanden (KLAUDITZ [*1.23*]). Ferner können zusätzlich verholzte Rohstoffe aus der Landwirtschaft, wie Flachs-, Hanfschäben, Bagasse usw. zur Spanplattenherstellung eingesetzt werden. Kunstharzbindemittel, insbesondere Harnstoffharz, aber auch Melamin- und Phenolharz sind vorhanden oder können verfügbar gemacht werden. Die Verwendungsmöglichkeiten von Spanplatten und ihre Aufnahmefähigkeit durch den Markt sind noch nicht erschöpft. Ferner lassen sich durch Forschung und Technik noch weitere Fortschritte in der wirtschaftlicheren Herstellung von Spanplatten und der Anpassung ihrer Eigenschaften an verschiedene Verwendungsgebiete erzielen. Es ist anzunehmen, daß gerade im Haus- und Wohnungsbau der Einsatz von Spanplatten noch erhöht werden kann, wenn die Eigenschaften der Erzeugnisse noch mehr diesem großen Verwendungsgebiet angepaßt werden und dabei auch weiteren Möglichkeiten der konstruktiven Durchbildung von Spanplatten oder sonstigen Spanwerkstoffen (KLAUDITZ u. M. [*1.30*]) Rechnung getragen wird.

Die Produktion von Spanplatten hat sich in Europa von 1955 bis 1965 verzehnfacht (vgl. Tab. 1.1). Die Zuwachsrate der Produktion betrug in Europa 1962/65 durchschnittlich 25%. In einigen europäischen Ländern, z. B. der Schweiz und der Bundesrepublik Deutschland, ist mittlerweile der Verbrauch von Holzspanplatten auf 15 kg und darüber je Kopf der Bevölkerung angestiegen. Die Spanplattenindustrie als jüngster Zweig der Holzwerkstoffindustrie wird sich in den nächsten 10 Jahren voraussichtlich noch verhältnismäßig schnell weiter entfalten, so daß gegenüber dem Stand des Jahres 1960 voraussichtlich mit einer Verdopplung der Weltproduktion im Jahre 1965 zu rechnen ist. Auch über diese Zeit hinaus sind für eine positive Weiterentwicklung der Spanplattenherstellung in jeder Hinsicht günstige Voraussetzungen gegeben.

Aufbauend auf ersten technisch-wissenschaftlichen und technisch-praktischen Vorarbeiten in den Jahren 1942 bis 1952 sowie auf den in den Jahren 1952 bis 1960 gewonnenen technisch-wirtschaftlichen Erfahrungen sind durch die Spanplattenherstellung und die Schaffung der Spanplattenindustrie beachtliche holz- und forstwirtschaftliche Fortschritte auf internationaler Grundlage erzielt worden, so daß auch für die Zukunft auf diesem Gebiet in Zusammenarbeit zwischen Forschung, Technik und Praxis weitere Erfolge nicht ausbleiben werden.

2. Rohstoffe

2.1 Rohholz und lignocellulosehaltige Stoffe

Von **Franz Kollmann**, München

2.1.0 Allgemeine Gesichtspunkte

Unter den gesamten Produktionskosten für Spanplatten nehmen die *Holzkosten* eine wichtige Stellung ein. Allerdings ist es nicht möglich, dafür allgemein gültige Zahlen anzugeben, da die Größe und die Lage der Spanplattenwerke und die Art der verarbeiteten Hölzer entscheidende und sehr verschiedene Einflußgrößen sind. Vergleicht man jedoch die Kostenstruktur von Spanplatten mit jener von *Tischlerplatten* (Bild 2.1), so sieht man, daß nicht nur bei gleicher Plattendicke und Betriebsleistung die gesamten Herstellungskosten der Tischlerplatten wesentlich höher liegen als jene der Spanplatten, sondern daß die Holzkosten bei letzteren erheblich niedriger liegen als bei ersteren (HÖCHLI [*2.59*]). Von O. WYSS [*2.149*] stammen die in Tab. 2.1 wiedergegebenen Vergleichszahlen für die verschiedenen Kostenarten. Man sieht, daß in den von ihm untersuchten Werken die Holzkosten zwischen 8 und 23,3% schwankten.

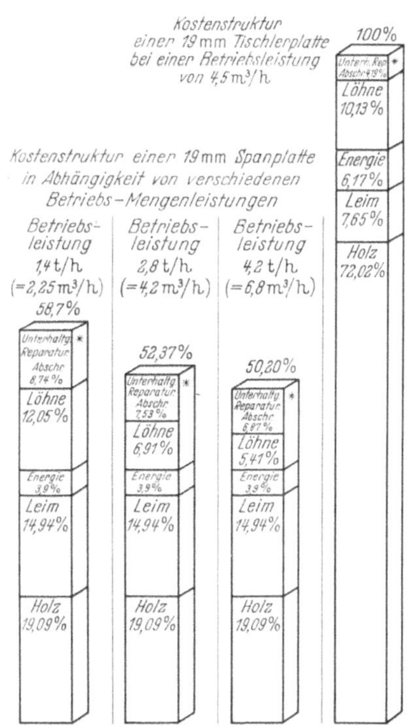

Bild 2.1. Vergleich der Kostenstruktur bei Span- und Tischlerplatten (alle Werte auf die Gesamtkosten der Tischlerplatten [= 100%] bezogen). (Nach O. HÖCHLI.)

Aus Erhebungen der FAO [*2.42*] lassen sich für Europa und die Vereinigten Staaten Holzkosten zwischen 24,2 und 31,7% errechnen. Allgemein gilt, daß der Anteil der Holzkosten mit zunehmender Betriebsgröße steigt, da sich die Lohnkosten und Gemeinkosten verringern. Aus der erwähnten FAO-Studie sind folgende Zahlen entnommen:

Kapazität t/8h	5,3	10,7	16,5	29,7
Holzkostenanteil %	27	34	37	40

Tabelle 2.1. *Vergleich der Kostenverteilung in Spanplattenwerken verschiedener Länder*

Kostenart	Werk A %	Werk B %	Werk C %	Werk D %
1. Holz	20	8	16	23,30
2. Bindemittel	16	17	17	16,66
3. Dampf	4	2,7	3	3,33
4. Strom	3,5	3,5	1,8	2,00
5. Löhne und Gehälter (einschl. soz. Lasten)	10	12	10	12
6. Abschreibungen	5	7	11	6
7. Reparaturen, Hilfsmaterial, sonstige Gemeinkosten (Versicherungen, Zinsen)	10	12	8,3	10,7
8. Vertriebskosten, Skonti, Delcredere	31	37,8	32,4	26,66

Während man zu Spanplatten ursprünglich in erster Linie *Durchforstungsholz, Brennholz, Schwarten und Säumlinge aus Sägewerken, Restrollen* und *Furnierabfälle* verarbeitete, überwiegt jetzt in vielen Werken und bei bestimmten Verfahren der Verbrauch von *Faserholz*. Bei der Herstellung von *Schneidespänen*, die heute als Ausgangsstoff zur Erzeugung hochwertiger Spanplatten hauptsächlich in Betracht kommen, müssen zerspanungsfähige Holzstücke von vorwiegend 300 bis 500 mm Länge und mindestens etwa 20 mm Durchmesser zur Verfügung stehen. *Schlag-, Reiß- oder Mahlspäne* können auch aus kleinerstückigen Holzabfällen gewonnen werden. Hobel- und Sägespäne wurden in Europa lange Zeit kaum verarbeitet, wohl aber in den USA bei der Herstellung von Bau-Spanplatten. In der letzten Zeit laufen aber auch in Europa Bestrebungen, *Sägespäne* in größerem Umfang in die Produktion von Spanplatten und Spankörpern hereinzunehmen (KLAUDITZ u. M. [*2.76*]).

Günstig ist die hohe *Holzausbeute* bei der Spanplattenherstellung, die, bezogen auf fertig besäumte und geschliffene Platten, zwischen etwa 75 und 90% liegt, während man bei Sperrholz nur mit etwa 45 bis 50% rechnen kann. Hinzu kommt, daß Schälholz und Rundholz für die Erzeugung der Mittellagen von Tischlerplatten teurer ist als das übliche Rohholz der Spanplattenindustrie. Bedenkt man weiter das rasche Ansteigen der Preise für Qualitätshölzer, so liegt auch darin eine der Antriebskräfte für den schnellen und bedeutenden Aufschwung der Spanplattenindustrie.

Wie schon erwähnt, sind die einzelnen Verfahren, nach denen Spanplatten hergestellt werden können, in den *Ansprüchen an das Holz* unterschiedlich. Bei einem bekannten Verfahren wurde in der Bundesrepublik Deutschland in den letzten Jahren durchschnittlich 92 bis 93%

Faserholz verarbeitet, während es bei einem anderen Verfahren nur etwa 55% waren. Unter den verarbeiteten Industrie-Resthölzern waren bis zu etwa 30% Späne. Örtlich und zeitlich treten je nach den Marktverhältnissen in der Holzversorgung der Spanplattenwerke erhebliche Schwankungen auf.

Die *Holzarten*, die von der Spanplattenindustrie verarbeitet werden, wechseln je nach deren Standorten. In Westeuropa werden als *Nadelhölzer* vorwiegend (und mit etwa gleichem Mengenanteil) Fichte und Kiefer verbraucht; in geringerem Umfang stößt man auch auf Tanne, Sitkafichte und Douglasie. Unter den *Laubhölzern* steht Buchenholz an erster Stelle, Pappel und Birke haben etwa die gleiche Bedeutung. Im großen Durchschnitt entfielen in der Spanplattenindustrie der Bundesrepublik Deutschland in den fünfziger Jahren vom gesamten Holzverbrauch etwa 75% auf Nadelhölzer, 7% auf Buchenholz, 7 bis 8% trafen auf Tropenhölzer in Form von Abfällen der Sperrholzindustrie. In einem mitteldeutschen Spanplattenwerk (Gernrode/Eichsfeld) werden Platten aus 90% Buchenspänen sowie 10% Spänen aus Kiefern-, Fichten- und Birken-Restrollen der Furnierschälerei erzeugt. Zu nennen sind für Westeuropa noch folgende Laubhölzer: Erle, Roßkastanie und Weide. Übersichten über die wichtigsten Rohhölzer für die Spanplattenerzeugung in allen Teilen der Welt hat die FAO [*2.42*] in der schon erwähnten Studie „Fibreboard and Particle Board“ gegeben.

2.1.1 Industrie-Restholz

Unter den industriellen Resthölzern stehen als Rohstoffe für die Spanplattenindustrie die *großstückigen Sägewerksabfälle* an erster Stelle. Praktisch handelt es sich, wenn man von Anhängerbetrieben an Sägewerken absieht, in denen auch End- oder Kappscheiben verarbeitet werden können, ausschließlich um Schwarten, Spreißel und Säumlinge. Nimmt man an, daß in Sägewerken beim Rundholzeinschnitt etwa 15% der Stammholzmasse zwangläufig als Schwarten und Spreißel anfallen, so ergibt dies bei einem Jahreseinschnitt von 8500000 fm o. R. nicht weniger als 1 275 000 fm o. R. oder umgerechnet (1 fm = 1,75 rm) 2 231 000 rm o. R. Derartige Sägewerksabfälle sind wertvoller Rohstoff, nicht nur für die Spanplattenindustrie, sondern vor allem auch für die Faserplattenindustrie sowie für die Zellstoff- und Papierindustrie.

Qualität und Sortierung sind auch *bei Schwarten und Spreißeln* heute wichtige Begriffe. Am besten geeignet für die Verarbeitung ist gut gebündelte Ware. Reine Fichtenbündel rechtfertigen einen höheren Preis als Mischware wie Fichte/Tanne und Kiefer, u. U. noch vermengt mit Lärche und Douglasie [*2.9*]. Die Qualitätsunterschiede für Sägewerksabfälle sind in der Bundesrepublik Deutschland recht erheblich.

Einheitlich auf 1 m Länge gekappte Schwarten, sauber gebündelt, sind für ein Spanplattenwerk ein besserer Rohstoff als unordentlich gebündelte Ware. Bemerkenswert ist, daß in Österreich Sägewerksabfälle nach Mindestdicken, Mindestbreiten am schmaleren Ende, Rindenfreiheit usw. sortiert werden. Die Preise für Industrie-Restholz aus Sägewerken schwanken in der Bundesrepublik nach Sorte, Qualität, Kappung, Bündelart (Juli 1965) etwa zwischen 15 und 20 DM je rm ab Sägewerk.

Die *Entwicklung des Verbrauchs an Industrie-Resthölzern* in der Bundesrepublik Deutschland gibt Tab. 2.2 wieder.

Tabelle 2.2. *Verbrauch von Schwarten und Spreißeln (Industrie-Restholz) in den Forstwirtschaftsjahren 1957 und 1959 in rm o. R., 1961 und 1964 in Nrm.* (Nach Bundesministerium für Ernährung, Landwirtschaft und Forsten)

	Fwj. 1957	Fwj. 1959	Fwj. 1961	Fwj. 1964
Zellstoff-und Papierindustrie	447000	688000	794271	1167300
Faserplattenwerke	565873	492123	763835	716000
Spanplattenwerke	319569	641981	200000	350000
	1332442	1822104	1758106	2233300

Der Verbrauch an Industrie-Restholz ist somit innerhalb von 7 Jahren auf etwa das Doppelte gestiegen, während die Schnittholzerzeugung im gleichen Zeitraum nur um etwa 13% anstieg. Ein Ausfuhrverbot für Schwarten und Spreißel diente dazu, die als einheimischer Rohstoff

Tabelle 2.3. *Festmetergehalt eines Raummeters verschiedener Sorten von Industrie-Restholz*

	Festgehalt fm/rm
1. Restholz aus Sägewerken	
a) End- oder Kappscheiben (in Haufen)	0,37
b) Schwarten	0,51 bis *0,58* bis 0,64
c) Spreißel und Säumlinge (1 m lang)	
mitteldick (Nach P. Aaro [*2.1*])	0,47 bis *0,56* bis 0,63
dünn (Nach P. Aaro [*2.1*])	0,47 bis *0,52* bis 0,57
Fichte und Tanne (Nach J. H. Flatscher [*2.45*])	0,44 bis *0,47* bis 0,49
d) Sägespäne (Nach M. Levon [*2.94*])	*0,33*
2. Restholz aus Hobelwerken	
Maschinenhobel- und Frässpäne	0,18 bis *0,20* bis 0,25
3. Restholz aus Sperrholzwerken	
a) Randstreifen von Schälfurnieren	0,45
Randstreifen von Messerfurnieren	0,55
b) Restrollen (Nach M. Jalava [*2.64*] und P. Aaro [*2.1*])	0,78 bis 0,91
einmal gespalten (Nach P. Aaro [*2.1*])	0,69 bis *0,70* bis 0,71

wichtigen Schwarten und Spreißel der deutschen Industrie zuzuführen [*2.8*]. Der *Festmeter-Gehalt* eines Raummeters gewerblicher Holzabfälle ist infolge der Vielzahl der Holzarten, der Formen und Größen starken Schwankungen unterworfen. Mittelwerte sind deshalb mit Vorsicht zu gebrauchen. Tab. 2.3 gibt ein durchschnittliches Bild aus der Fülle der vorliegenden Beobachtungen, zusammengestellt von F. KOLLMANN [*2.87*].

Mit Hilfe dieser Angaben und der mittleren Rohdichte lassen sich Mittelwerte für die Raumeinheitsgewichte bzw. Schüttgewichte verschiedener Sortimente von Industrie-Restholz berechnen, die als ziemlich zuverlässig gelten können (KOLLMANN [*2.87*]) und in Tab. 2.4 zusammengestellt sind:

Tabelle 2.4. *Raumeinheitsgewichte und Schüttgewichte verschiedener Sortimente von Industrie-Restholz (Rechnerische Mittelwerte, auf 5kg/rm abgerundet)* (Nach F. KOLLMANN)

Sortiment / Holzart	Holzfeuchtigkeit u %	Raumeinheits- bzw. Schüttgewicht kg/rm						
		Fichte, Tanne $\rho_0 = 0{,}42$ g/cm³	Kiefer $\rho_0 = 0{,}49$ g/cm³	Lärche $\rho_0 = 0{,}55$ g/cm³	Espe, Pappel $\rho_0 = 0{,}40$ g/cm³	Birke $\rho_0 = 0{,}61$ g/cm³	Buche $\rho_0 = 0{,}69$ g/cm³	Eiche $\rho_0 = 0{,}65$ g/cm³
Nutzrollen und -scheiter	grün	675	690	795	—	—	865	850
Nutzrollen und -scheiter	50	420	490	545	410	595	655	625
Nutzrollen und -scheiter	30	375	430	480	360	530	580	560
Brennscheiter, gerade	30	360	410	460	345	505	555	530
Brennscheiter, krumm	30	330	375	420	315	460	510	490
Faserholz, $d > 14$ cm, Kl. A	30	380	435	—	365	—	585	—
Faserholz, $d = 10$ bis 14 cm, Kl. B	30	370	420	—	355	—	570	—
Faserholz, $d = 7$ bis 10 cm, Kl. C	30	355	405	—	340	—	550	—
Faserholz, $d < 7$ cm, Kl. D	30	300	340	—	290	—	460	—
Abfallreisig, Stammreisig	30	—	115	—	—	—	185	—
Abfallreisig, Äste	30	75	75	—	—	125	130	110
Schwarten, Spreißel, Säumlinge	30	275	315	350	—	—	425	405
Schwarten, Spreißel, Säumlinge	12	245	285	320	—	—	405	375
Hackschnitzel	50	225	260	—	215	315	350	—
Hackschnitzel	30	190	215	—	180	265	290	—
Gemischte Stückabfälle	12		310			440		
Sägespäne	50	185	215	235	180	260	290	275
Sägespäne	30	165	190	210	160	230	255	245
Sägespäne	12	150	170	195	140	215	245	225
Maschinenhobel- und Frässpäne	30	100	115	125	—	—	155	150
Maschinenhobel- und Frässpäne	12	90	105	115	—	—	145	135

K. U. WEDDING [*2.148*] sowie G. STEGMANN und W. STORCK [*2.136*] gebrauchen einheitlich folgende *Umrechnungszahlen für den Rohholzverbrauch:*

Reguläres Faserholz:
1 N-rm = 0,7 fm
1 fm = 1,43 N-rm

Schwarten und Spreißel
1 N-rm = 0,7 fm
1 fm = 1,43 N-rm
1 fm = 2 Z-rm
1 Z-rm = 0,5 fm
1 Z-rm = 0,715 N-rm
1 N-rm = 1,40 Z-rm

Hobel- und Schälspäne
(bei 20% Anteil Schälspäne)
1 N-rm = 0,7 fm
1 fm = 1,43 N-rm
1 fm = 3 Z-rm
1 Z-rm = 0,33 fm
1 Z-rm = 0,47 N-rm
1 N-rm = 2,13 Z-rm
1 t = 1,6 fm

Mit diesen Zahlen haben G. Stegmann und W. Storck Tab. 2.5 berechnet:

Tabelle 2.5. *Rohholzverbrauch 1954 und 1961 zur Herstellung von Span-, Faserplatten und Zellstoff/Holzschliff (in Mill. fm o. R.), Gegenüberstellung der Holzmengen und Sortimente in der Bundesrepublik Deutschland*

Erzeugnis	Waldholz Mill. fm o. R.			Industrieholz Mill. fm o. R.			Σ	%-Anteil
	Laub-holz	Nadel-holz	zus.	Stück-Reste	Hobel- u. Schäl-späne	zus.		
1954								
Holzspanplatten	0,02	0,07	0,09	0,04	0,01	0,05	0,14	3,0
Holzfaserplatten	—	0,07	0,07	0,24	—	0,24	0,31	6,5
Holzzellstoff/ Holzschliff	0,82	3,37	4,19	0,08	—	0,08	4,27	90,5
Σ in Mill. fm o. R.	0,48	3,51	4,35[1]	0,36	0,01	0,37	4,72	100
% Anteil	17,8	74,4	92,2	7,6	0,2	7,8	100	
1961								
Holzspanplatten	0,24	0,61	0,85	0,20	0,40	0,60	1,45	21,5
Holzfaserplatten	0,06	0,10	0,16	0,38	—	0,38	0,54	8,0
Holzzellstoff/ Holzschliff	1,32	2,84	4,16	0,57	—	0,57	4,73	70,5
Σ in Mill. fm o. R.	1,62	3,55	5,17[2]	1,15	0,40	1,55	6,72	100
% Anteil	24,2	52,8	77	17	6	23	100	
Mehrverbrauch im Jahre 1961 gegenüber 1954								
Holzspanplatten	0,22	0,54	0,76	0,16	0,39	0,55	1,31	65,5
Holzfaserplatten	0,06	0,03	0,09	0,14	—	0,14	0,23	11,5
Holzzellstoff/ Holzschliff	0,50	0,53	0,03	0,49	—	0,49	0,46	23,0
Σ in Mill. fm o. R.	0,78	0,04	0,82	0,79	0,39	1,18	2,00	100
% Zunahme gegen 1954	93	1,15	18,8	219	3900	319	42,4	

[1] davon rund 26% aus Import. [2] davon rund 16% aus Import.

Aus den Werten der Tab. 2.5 geht hervor, daß sich das anteilige Verhältnis von Waldholz und Industrie-Restholz, bezogen auf den Gesamtverbrauch im Festmeter ohne Rinde wie folgt veränderte:

1954	rd. 92%	Waldholz
	8%	Industrie-Restholz.
1961	rd. 77%	Waldholz
	23%	Industrie-Restholz.

Es ist einleuchtend, daß die steigende Verwertung von Industrie-Restholz durch die Spanplatten-, Faserplatten-, Zellstoff- und Holzschliffindustrie Verbesserungen in der Verfahrenstechnik voraussetzte. Bemerkenswert ist in Tab. 2.5 auch, daß sich zwischen 1954 und 1960 der Verbrauch an

1. Nadelholz sich zwar absolut geringfügig erhöhte, jedoch anteilmäßig von rd. 74 auf 53% sank,
2. Laubholz sich absolut fast verdoppelte, anteilmäßig von 18 auf rd. 24% stieg,
3. Industrie-Restholz sich mengenmäßig mehr als vervierfachte und anteilmäßig von etwa 8% auf 23% erhöhte,
4. Spänen beim Industrie-Restholz die stärkste relative Erhöhung aufwies.

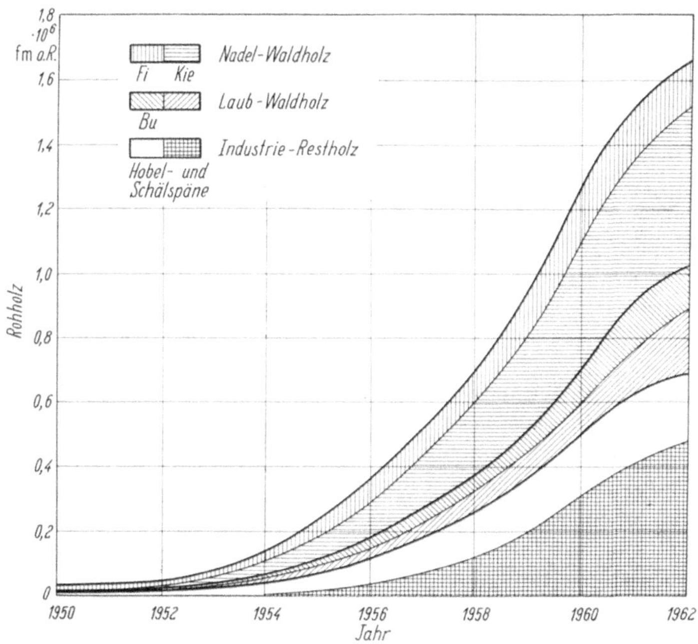

Bild 2.2. Rohholzverbrauch der Holzspanplattenindustrie 1950 bis 1962 in der Bundesrepublik Deutschland. (Nach G. STEGMANN und W. STORCK.)

Den *Rohholzverbrauch der deutschen Holzspanplattenindustrie* von 1950 bis 1962 zeigt sehr anschaulich Bild 2.2. Die wahrscheinliche Entwicklung des Rohholzverbrauchs in den genannten Industrien von 1961 bis 1970 gibt Tab. 2.6 wieder:

Tabelle 2.6. *Rohholzverbrauch (Inland und Import) 1961 und Rohholzbedarf 1970 (geschätzt) zur Herstellung von Spanplatten, Faserplatten und Zellstoff/Holzschliff in der Bundesrepublik Deutschland*

1961

Erzeugnis	Waldholz Mill. fm o. R. Laubholz	Nadelholz	zus.	Industrie-Restholz Mill. fm o. R.	insgesamt Mill. fm o. R.	% Anteil
Holzspanplatten	0,24	0,61	0,85	0,60	1,45	21,5
Holzfaserplatten	0,07	0,09	0,16	0,38	0,54	8,0
Holzzellstoff/Holzschliff	1,32	2,84	4,16	0,57	4,73	70,5
Σ in Mill. fm o. R.	1,63	3,54	5,17	1,55	6,72	100

1970 geschätzt

Erzeugnis	Waldholz Laub- und Nadelholz	Industrie-Restholz	insgesamt	% Anteil
Holzspanplatten	1,80 ... 2,00	0,70 ... 0,80	2,5 ... 2,8	33
Holzfaserplatten	0,35 ... 0,30	0,40 ... 0,45	0,65 ... 0,75	8
Holzzellstoff/Holzschliff	4,20 ... 4,50	0,60 ... 0,70	4,80 ... 5,20	59
Σ in Mill. fm o. R.	6,25 ... 6,80	1,70 ... 1,95	7,95 ... 8,75	100

Erwarteter Mehrbedarf 1970 gegenüber dem Verbrauch 1961

Holzspanplatten	0,95 ... 0,15	0,10 ... 0,20	1,05 ... 1,35	
Holzfaserplatten	0,09 ... 0,14	0,02 ... 0,07	0,11 ... 0,21	
Holzzellstoff/Holzschliff	0,04 ... 0,34	0,03 ... 0,13	0,07 ... 0,47	
Σ in Mill. fm o. R.	1,08 ... 1,63	0,15 ... 0,40	1,23 ... 2,03	

Zu beachten ist bei Rohholzverbrauchs-Schätzungen für die Spanplattenindustrie, daß deren Wachstumsrate langsam und entsprechend der Gompertz-Kurve, nachdem der Wendepunkt auf ihr etwa 1962 erreicht wurde, abnehmen wird und daß anderseits die Spanplattenimporte steigen werden, wie auch aus Tab. 2.7 geschlossen werden kann.

Anderseits werden *neue Produkte*, seien es z. B. hinsichtlich Stehvermögen, Wetterbeständigkeit oder durch Fäulnissicherheit oder Schwerentflammbarkeit höher veredelte Platten, auf den Markt kommen, Spanplatten werden in Verbundplatten verarbeitet werden, Montage-Fertigteile und der Fertighausbau werden als Abnehmer auftreten. G. Stegmann und

W. STORCK [*2.136*] rechnen, daß die Wachstumsraten der Spanplattenindustrie in der Bundesrepublik von 1962 bis 1970 von jährlich 10% auf etwa 5% abfallen werden.

Tabelle 2.7.
Einfuhr und Ausfuhr von Spanplatten in der Bundesrepublik Deutschland 1959 bis 1962

	Spanplatten	
	Einfuhr m^3	Ausfuhr m^3
1959	40000	39000
1960	78000	47000
1961	131000	45000
1962	165000	54000

Bild 2.2 läßt erkennen, wie in der *Struktur der Rohholzversorgung der Spanplattenindustrie in der Bundesrepublik* Laubholz und Industrierestholz immer stärker hervortreten. Die Gründe dafür sind klar. Laubholz und Industrie-Restholz waren bisher leicht zu beschaffen und billiger einzukaufen; Industrie-Restholz in Form von Schäl- und Hobelspänen verbürgt eine hohe Ausbeute und bietet, da es schon weitgehend mechanisch aufgeschlossen ist, verfahrenstechnische Vorteile. Das Aufkommen an Industrie-Restholz wird sich jedoch kaum mehr nennenswert steigern lassen, so daß für die Zukunft mit einer größeren Nachfrage nach Laubholz und schwachem Waldholz zu rechnen sein dürfte. Wichtig ist in diesem Zusammenhang, daß sich die Waldfläche der Bundesrepublik Deutschland durch Aufforstung und Umwandlungen von landwirtschaftlichen Böden in Wälder im Laufe eines Jahrzehnts um etwa 1 Mill. ha vergrößern dürfte und daß durch bessere Bewirtschaftung vor allem der kleineren Privatwälder mit einer echten Ertragssteigerung zu rechnen ist. Hinzu kommen als Sondermaßnahme Pappelaufforstungen. G. STEGMANN und W. STORCK ziehen den Schluß, daß durch die erwähnten Maßnahmen auf kurze Sicht mit einer Mehrerzeugung von Nutzholz in Höhe von rd. 2 Mill. fm, auf längere Sicht mit einer nachhaltigen Mehrerzeugung von sogar 9 Mill. fm zu rechnen ist.

Der unterschiedliche Gehalt von Festmasse je rm Restholz oder Rundholz kommt auch in der *Ausbeute an Spänen* zum Ausdruck. Rechnet man für Fichtenschwarten und -spreißel nach J. H. FLATSCHER [*2.45*] (Tab. 2.3) 0,47 fm/rm und nimmt man als Dichte im Darrzustand für Fichte (nach Tab. 2.4) 420 kg/fm und als Ausbeute beim Zerspanen 80% an, so kommt man bei Schwarten und Spreißeln auf eine Erzeugung von 158 kg/rm, für Fichtenrundholz (Faserholz Klasse B) mit 0,75 fm/rm auf 252 kg/rm Späne. Diese Zahlen entsprechen sehr genau Meßwerten der Praxis, die von der Firma Erwin Behr vor Jahren an zwei Waggons Rohholz erhalten wurden[1], bei denen man fand, daß aus 1 rm Spreißeln und Schwarten etwa 150 bis 160 kg Späne atro, aus 1 rm Rundholz 250 bis 260 kg Späne atro erzeugt werden können.

Ganz allgemein ist damit zu rechnen, daß die Spanplattenwerke in der Bundesrepublik Deutschland alle nur greifbaren Resthölzer der Industrie

[1] Nach brieflicher Mitteilung von Herrn A. FISCHER vom 9. 2. 1962.

zu erfassen versuchen und daß sogar schon *Abfallspäne aus dem Ausland* eingeführt wurden. Es ist zu erwarten, daß solche Einfuhren zunehmen werden. Zwar haben bisher Fremdspäne im allgemeinen die Güte der Platten etwas herabgesetzt, aber durch geeignete Aufbereitung der Fremdspäne (Nachmahlen, Befreiung von Staub, Splittern und Fremdkörpern, Trennung in getrennt einzusetzende Fraktionen) läßt sich dieser Nachteil weitgehend beseitigen. Beispielsweise kann durch Windsichtung aus vielen Fremdspan-Sortimenten wertvolles Deckschichtenmaterial gewonnen werden.

Sägespäne wurden zum ersten Mal im Jahre 1941 von den Torfit-Werken in Bremen-Hemelingen als Rohstoff für die Herstellung von Holzspanplatten verwendet. Unter Beigabe von 8 bis 10% Phenol-Formaldehydharz wurden verhältnismäßig dünne, spezifisch schwere ($r = 0{,}8$ bis 1,0 g/cm³) Platten erzeugt [*2.86*], die im Bauwesen (Türen, Dächer) und zur Herstellung von Spezialmöbeln Verwendung fanden. Nach dem Zweiten Weltkrieg wurde die Fertigung nicht wieder aufgenommen, da sie unter normalen Umständen unwirtschaftlich ist. Auch die Bemühungen der Dynamit A.-G., harte Fußbodenplatten auf der Grundlage von Sägespänen mit Phenolharzen zu erzeugen [*2.73*], erweckten nur vorübergehende Hoffnungen. Versuche im Institut für Holzforschung, Braunschweig, in den Jahren 1947/48 und später lieferten den Beweis, daß sich aus Sägespänen mit 8 bis 10% Bindemittel keine mittelschweren Holzspanplatten mit ausreichenden mechanischen Eigenschaften herstellen lassen. Das Problem verlor aber keineswegs seine Bedeutung, da nach W. Klauditz [*2.71*] in der Bundesrepublik Deutschland jährlich Nadelholz-Sägespäne anfallen, die einer Holzmasse von rd. 1,2 Mill. fm (550000 t) entsprechen und Laubholz-Sägespäne (hauptsächlich Buche), die einer Holzmasse von 0,4 Mill. fm (250000 t) entsprechen. Davon wird technisch nur ein kleiner Anteil verarbeitet, z. B. 50000 t zu Holzmehl. Die in Krisenzeiten mögliche Hydrolyse zu Holzzucker ist im Frieden ebenfalls nicht wirtschaftlich, das Aufnahmevermögen des *Thermodyn-Verfahrens* für Buchenspäne nach R. O. H. Runkel [*2.122*] zur Herstellung harter, spezifisch schwerer Formteile ist sehr beschränkt. Die *Verfeuerung von Sägespänen* erfolgt mit schlechter Nutzwirkung.

Die mangelnde Eignung von Sägespänen zur Erzeugung mittelschwerer Holzspanplatten beruht auf ihren morphologischen Eigenschaften. Während übliche technische Schneidespäne, die ausgezeichnete Holzspanplatten ergeben, im Verhältnis zur Dicke d eine große Länge l besitzen ($l/d = 40 \ldots 80$) ist der Schlankheitsgrad l/d von Sägespänen nur etwa 2 bis 10. Außerdem ist die Oberfläche von Schneidespänen ziemlich glatt, die von Sägespänen aber rauh, wodurch die Verleimungseigenschaften leiden. Tab. 2.8 gibt das Ergebnis einer Siebanalyse von Gattersägespänen wieder.

Tabelle 2.8. *Gewichtsanteil, mittlere Länge, Breite und Dicke der Siebfraktionen von Gattersägespänen aus Nadelholz*
(Nach W. KLAUDITZ und A. BURO [*2.76*])

Fraktion	Gewichts-anteil %	Mittlere Länge mm	Mittlere Breite und Dicke mm	Schlankheits-grad Länge/Dicke
R_1	2	6,00	3,30	1,8
R_2	11	3,40	1,70	2,0
R_3	35	2,10	0,90	2,3
R_4	34	0,90	0,30	3,0
R_5	13	0,90	0,18	5,0
D	5	0,80	0,10	8,0

Für die Ausbildung der Festigkeit an Spanplatten ist nach W. KLAUDITZ u. M. [*2.77*] die spezifische Oberfläche der Späne (m^2/100 g Holz) maßgebend. Der für die Zahlen von Tab. 2.8 berechnete Oberflächenanteil ist in Bild 2.3 dargestellt. Legt man die Hauptfraktionen R_3 und R_4 mit zusammen 69 Gewichtsprozent zugrunde, so kommt man auf eine spezifische Oberfläche von 2,5 m^2/100 g gegenüber rd. 1,5 m^2/100 g bei

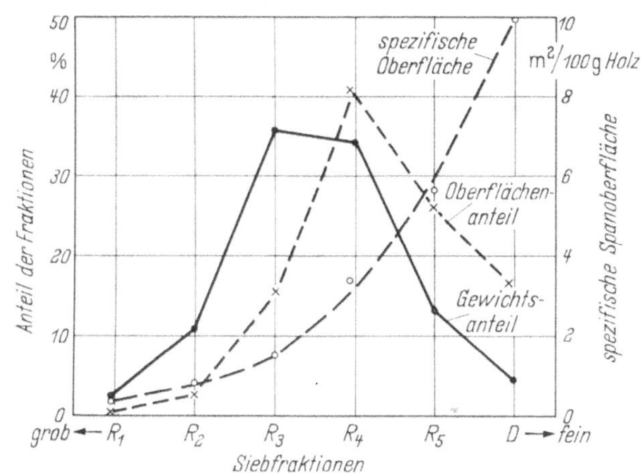

Bild 2.3. Gewichts- und Oberflächenanteil sowie spezifische Oberfläche der Siebfraktionen von Gattersägespänen aus Nadelholz. (Nach W. KLAUDITZ und A. BURO.)

Fichten-Schneidespänen. Hinzu kommt, daß die Sägespäne teilweise im Winkel zur Holzfaser geschnitten sind. Beleimungsversuche von W. KLAUDITZ und A. BURO [*2.76*] erwiesen, daß die groben Spanfraktionen im allgemeinen zu wenig Leim, die feinen zu viel Leim aufnehmen. Eine wirksame Beleimung erfordert deshalb eine besondere Verfahrenstechnik. Zusammenfassend ergab sich, daß sich Sägespäne wahrscheinlich bei der Herstellung von Strangpreßplatten, in Mittelschichten von

Dreischichtplatten mit Deckschichten aus Schneidespänen und zur Erzeugung dicker, leichter Holzspanplatten für Bauzwecke einsetzen lassen. Als brauchbarer Ausgangsstoff für die Herstellung von einwandfreien Spanplatten erwiesen sich auch zwecks Gewinnung von Gerbstoff extrahierte Hackschnitzel von Edelkastanienholz[1].

2.1.2 Rund- und Scheitholz

Die wesentlich höhere Ausbeute an Spänen aus einem rm Rundholz im Vergleich zu Schwarten und Spreißeln wurde im vorangegangenen Abschnitt mit Zahlen belegt. Besonders hochwertig ist als Rundholz *Faserholz*, das seiner Beschaffenheit nach zur Herstellung von Zellstoff oder Holzschliff geeignet sein muß. Für die Spanplattenerzeugung kommt vornehmlich auf 1 m abgelängtes Faserholz in Frage. Für berindetes Faserholz gelten nach der Holzmeßanweisung (Homa) folgende Klassen:

Klasse A: Rollen von über 14 cm Durchmesser m. R. am schwächeren Ende, gesund, nicht grobästig,

Klasse B: Rollen von über 10 bis 14 cm Durchmesser m. R. am schwächeren Ende, gesund, nicht grobästig,

Klasse C: Rollen von über 7 bis 10 cm Durchmesser m. R. am schwächeren Ende, gesund, nicht grobästig,

Klasse D: Mit Fehlern behaftete Rollen und Spaltstücke von über 7 cm Durchmesser m. R. am schwächeren Ende sowie alle Rollen mit weniger als 7 cm Durchmesser am schwächeren Ende.

Für entrindetes Faserholz verringern sich die angegebenen Durchmesserklassen um jeweils 1 cm. Als zugelassene Fehler in Klasse D gelten:

Hartrotholz, d. h. beginnende Rotfäule, aber noch beil- und nagelfestes Holz, vereinzelte kleine Faulstellen an höchstens drei Knüppeln je 1 rm;

beil- und nagelfestes Dürrholz, schwache Schälschäden, Fraßschäden von Rinden- und Bastkäfern, Äste bis 4 cm Durchmesser, in kleinerer Zahl auch größere, bei Kiefernholz leichte Bläue, Harzgallen, Krümmungen bis zu 4 cm je lfm.

Bei der Verarbeitung von Rundholz spielt wieder der Festmetergehalt eines rm eine wichtige Rolle. E. Schmidt [*2.127*] fand die nachstehenden Zahlen bei 1 m langen Rundlingen:

Mittlere Durchmesser der Rundlinge

cm

4	5	6	8 ··· 10	11 ··· 12	13 ··· 15
0,50	0,59	0,65	0,72	0,74	0,75

[1] Mündliche Mitteilung von M. Himmelheber am 4. 12. 1963.

P. Aaro [2.1] bestimmte für 16 bis 18 cm dicke Kiefernrundlinge einen Festmetergehalt von 0,76 fm/rm.

Theoretisch ergibt sich daraus, daß aus dickerem Rundholz mehr Späne je rm erzeugt werden können als aus dünnem, allerdings werden die Unterschiede rasch kleiner, wenn der Rundlingsdurchmesser über 8 cm ansteigt. In der Praxis der Spanplattenindustrie hat sich herausgestellt, daß die Unterschiede ziemlich unbedeutend sind. Daraus folgt für den Einkäufer, daß er Rundhölzer mit geringerem Durchmesser kaufen soll, wenn diese erheblich preisgünstiger zu erhalten sind als Rundholz mit 20 bis 25 cm Durchmesser. Betriebswirtschaftlich sind allerdings auch die höheren Kosten für Transport und Einlegen von schwachen Hölzern zu berücksichtigen. Bei der Verwendung von Zerspanern mit automatischer Beschickung (eine solche Maschine wurde von der Firma Albert Bezner entwickelt) dürften sich aber die höheren Kosten für das Einlegen von schwachen Hölzern im wesentlichen vermeiden lassen. Eingeschaltet sei, daß die Zerspanungskosten bei neuzeitlichen Hochleistungszerspanern bemerkenswert niedrig sind. A. Fischer[1] hat die Kosten der Zerspanung je 1 t 0,2 mm dicker Späne zu 16 DM berechnet. Diese Zahl wurde von der Praxis bestätigt (Februar 1962).

Da die Fichtenrinde glatt ist, spielt es keine Rolle, ob die Prügel mit oder ohne Rinde aufgesetzt sind. Die erwähnten Zahlen gelten auch für Kiefer mit glatter Rinde. Für rauhborkiges Kiefernholz werden die Festgehaltszahlen etwas niedriger. Laubholzrundlinge, mit Ausnahme von Erlenholz, haben, da sie weniger gut geformt sind als Nadelholzrundlinge, im Durchschnitt einen um etwa 8% kleineren Festgehalt als Nadelhölzer. Bei krummem und knorrigem Holz sinkt der Festgehalt von Nadelholz für 7 bis 10 cm Durchmesser m. R. auf 0,64 fm/rm, für 10 bis 14 cm Durchmesser auf 0,67 fm/rm. Die entsprechenden Werte für Laubholz sind 0,57 bis 0,64 fm/rm.

Einmal gespaltenes Rundholz hat je rm einen größeren Festgehalt als ungespaltenes; durch mehrfaches Spalten vergrößern sich die Lufthohlräume im Stapel wieder und der Festmetergehalt sinkt. Für gerades, glattes Nutz- und Brennscheitholz mit 14 bis 30 cm Durchmesser beträgt der Festgehalt 0,72 bis 0,75 fm/rm, mit über 30 cm 0,75 bis 0,80 fm/rm. Bei knorrigen, krummen Scheitern sind die entsprechenden Zahlen 0,60 bzw. 0,69 fm/rm.

2.1.3 Rinde

Technologisch lassen sich aus unentrindetem Fichten- und Kiefernholz einwandfreie Spanplatten herstellen, wenn der Rindengehalt nicht mehr als etwa 10 Gewichtsprozent beträgt. Eine Reihe von Spanplattenwerken zerspanen für die Mittelschicht von Dreischichtplatten unentrindetes

[1] Nach brieflicher Mitteilung von Herrn A. Fischer vom 9. 2. 1962.

Holz, während andere gereppeltes oder nur oberflächlich maschinell entrindetes Holz dafür verwenden. Werden die Späne für die Deckschichten aus nicht oder nur mäßig entrindetem Holz erzeugt, dann sind zahlreiche dunkle, von der Rinde herrührende Flecken auf den Oberflächen unvermeidlich. Aus diesem Grunde wird heute allgemein Rinde in den Plattenoberflächen nicht mehr zugelassen, obwohl dies bei Platten, die überfurniert werden, ohne Bedeutung wäre, da die Verleimbarkeit nicht leidet (die von A. Fischer seit Jahren geforderte Typisierung von Spanplatten könnte dem Rechnung tragen). Da es aber Vorteile böte, in größerem Umfange unentrindetes Holz zu verarbeiten, haben sich viele Spanplattenhersteller zur Errichtung von Zweistrang-Anlagen entschlossen. Die Mittelschichtspäne werden dann aus unentrindetem Scheitholz erzeugt; Spreißel und Schwarten werden in der Bundesrepublik Deutschland meist schon rindenfrei vom Sägewerk geliefert. Das Holz für die Deckschichtspäne von Dreischichtplatten wird in der Regel weißgeschält. Soweit das Holz nicht schon geschält eingekauft wird, erfolgt die Entrindung im Werk (s. Abschn. 3.1.3).

Nadelholz für im Wurfschicht- oder Windschichtverfahren hergestellte Einschichtplatten wird in manchen Werken weißgeschält, in anderen wird es nur oberflächlich mit der Cambio-Entrindungsmaschine entrindet, oder es wird gereppeltes Holz verarbeitet. Da die Späne für Einschichtplatten in Mühlen stark nachzerkleinert werden, wird auch die Rinde so fein zerteilt, daß sie weniger in Erscheinung tritt. Allgemein stört Laubholzrinde in geringerem Maße als Nadelholzrinde. Gelegentlich wird Holz von jungen Pappeln oder Birken auch zu Einschichtplatten unentrindet zerspant.

2.1.4 Flachsschäben

Flachs oder Lein ist eine krautige Kulturpflanze mit bis zu 1 m Höhe, ungestielten Blättern und fünfblätterigen blauen Blüten. Der Flachs wird teils wegen seines Fasergehalts, teils wegen seines Ölreichtums angebaut. Kurz vor Samenreife (Juli) wird der Flachs durch Herausziehen mit den Hauptwurzeln aus dem Boden (Raufen) geerntet. Nach der Trocknung wird der Flachs in Riffelmaschinen mittels schwingender Stahlkämme oder in Walzen-Entsamungsmaschinen geriffelt und entsamt. Dann werden in den Stengeln die Fasern im parenchymatischen Gewebe und von der Rinde durch das Rösten gelöst. Das Rösten ist ein Gärvorgang, bei dem die Flachsstengel drei bis fünf Tage in ein warmes Wasserbad mit 35 °C Temperatur gelegt werden. Unter der Einwirkung von Bakterien kommt es zu einem biologischen Abbau der Bindestoffe (Pektin) zwischen Faser und Stengel. Der geröstete und wiedergetrocknete Flachs wird in Flachsbrechmaschinen gebrochen, wobei das mürbe Holz vom Bast gelöst wird und gleichzeitig die Fasern voneinander getrennt werden. Schließlich werden in Flachs-Schwingmaschinen mittels umlaufender Schläger die Holzteile völlig von den Fasern getrennt. Diese Holzteile, die Flachsschäben oder Flachsspäne, die früher nutzlos verbrannt wurden, sind heute der Ausgangsrohstoff für Flachsspanplatten. Die Herstellung von Flachsspanplatten ist für Länder, in denen das Holzaufkommen nicht für Holz- und Holzwerkstoffindustrien ausreicht, gleichzeitig aber Flachs kultiviert wird, notwendig und wirtschaftlich vorteilhaft. Die technologischen Vorgänge bei der Erzeugung von Holzspanplatten und Flachsspanplatten sind teilweise wegen der unterschiedlichen Beschaffenheit der Rohstoffe sehr verschieden. Die folgenden Ausführungen gelten für die Verfahrenstechnik nach dem belgischen Linex-Verkor-Verfahren (SWIDERSKI [*2.139*]).

Die *Flachsschäben* fallen bereits in Spanform an, so daß Zerspaner nicht erforderlich sind, wohl aber bedürfen sie einer gründlichen *Reinigung*, wobei Staub, Fasern und gröbere Teilchen ausgesondert werden

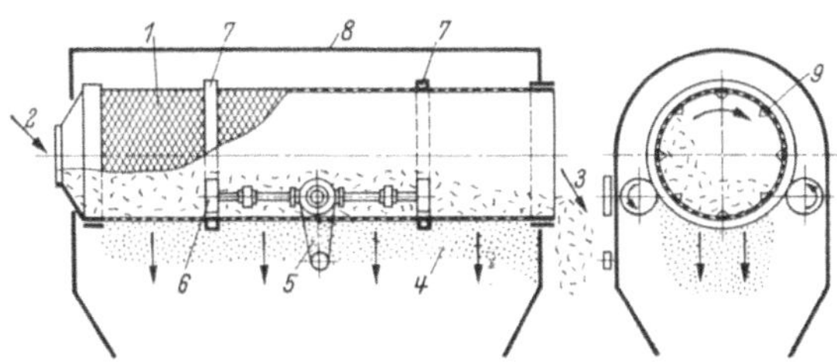

Bild 2.4. Schema der Entstaubungseinrichtung für Flachsschäben. (Nach J. SWIDERSKI.)

müssen. Die Schäben kommen mit einem geringen Feuchtigkeitsgehalt von 11 bis 14% gegenüber 30 bis 50% bei Holz in das Werk, wodurch die Wärmewirtschaftlichkeit günstig beeinflußt wird. Die Güte der Flachsspanplatte hängt wesentlich von der einwandfreien Reinigung der Flachsschäben ab, da sie noch etwa 25% unerwünschte Bestandteile (15% Wurzeln, 5% Fasern, 5% Staub) enthalten. Die Flachsschäben werden zunächst entstaubt. Die Entstaubungsmaschine (Bild 2.4) arbeitet mit einem umlaufenden Siebzylinder *1*; seine Rollenschienen *7* werden vom Antrieb *5* über die gummibezogenen Reibräder *6* in Rotation versetzt. Die rohen Flachsschäben werden durch die Zuführöffnung *2* in den Zylinder eingebracht und in ihm durch die Leisten *9* nach oben mitgenommen, bis sie herabfallen. Dabei wird der Staub *4* locker und fällt durch den Siebzylinder nach unten. Die Maschine besitzt ein staubdichtes Blechgehäuse *8*. Die entstaubten Flachsschäben verlassen den Zylinder durch die Öffnung *3*. Der aus den Schäben entfernte Staub wird mittels Schnecke und dann pneumatisch zur Dampfkessel-Feuerung befördert.

Die entstaubten Schäben kommen nun in einen *Faserabscheider* (Bild 2.5). Er besteht aus einem halbzylindrischen Blechgehäuse *1*, in dem eine

Kammtrommel *3*, die mit Zähnen *4* bestückt ist, vom Antrieb *5* in Umlauf versetzt wird. Gummitätzchen an den Zähnen kämmen aus den Schäben, die bei *6* zugeführt werden, die Fasern heraus und werfen sie in

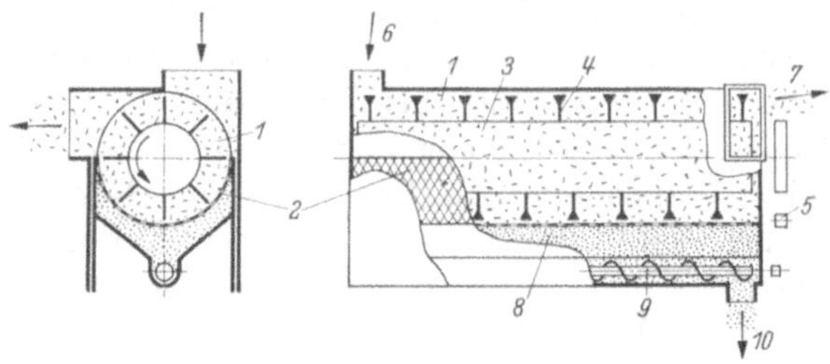

Bild 2.5. Schema des Faserabscheiders für Flachsschäben. (Nach J. SWIDERSKI.)

kleinen Knäueln durch die Öffnung *7* aus der Maschine. Die Schäben *8* fallen durch das halbzylindrische Sieb *2* in einen Behälter, aus dem sie durch die Schnecke *9* zur Öffnung *10* gebracht werden. Die aus den Flachsschäben ausgekämmten Faserknäuel können der Papierverarbeitung zugeführt werden, müssen aber zuerst noch weiter von Wurzelteilen, Stengeln und sonstigen gröberen Verunreinigungen befreit werden. Die dazu dienenden Maschinen sind ähnlich wie die Faserabscheider gebaut.

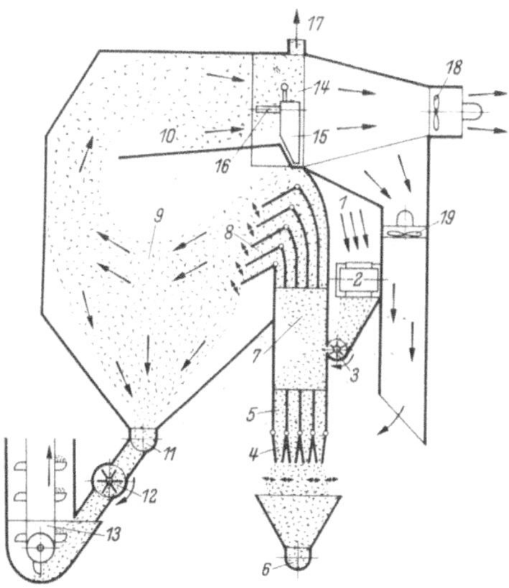

Bild 2.6. Schema der pneumatischen Sortiereinrichtung für Flachsschäben. (Nach J. SWIDERSKI.)

Die gereinigten Schäben gelangen über einen Zyklon und einen Zwischenbunker in die *pneumatische Sortieranlage* (Bild 2.6), in der noch vorhandener Staub, stärkere Splitter und Wurzelteilchen abgeführt werden. Die zugeführten Späne *1* übernimmt ein Rechenförderer *2*, der sie gleichmäßig in die Schleusenkammer einführt, von wo sie durch die Schleusenwalze *3* in die eigentliche Sortieranlage geschoben werden. Die luftdichten Schleusen beim Einführen bzw. Abführen der Flachsschäben sind unentbehrlich, da in der Sortierkammer ein Unterdruck herrscht. In der ersten Windsichtkammer *7* fallen die gröberen Fremdkörper *5* nach unten und gelangen über die einstellbaren Spalten *4* in eine Förderschnecke *6*, die sie an eine pneumatische Leitung zur Kesselfeuerung abgibt. Die Geschwindigkeit der durch die Spalten *4* in die Sortiereinrichtung eintretenden Luft wird durch Einstellen der Spaltenflügel geregelt. Die leichten Teilchen gelangen durch die einstellbaren Spalten *8*, in denen der Luftstrom umgelenkt wird, in die Kammer *9*, in welcher der Staub *10* nach oben getragen wird, während die gereinigten Späne nach unten fallen und von

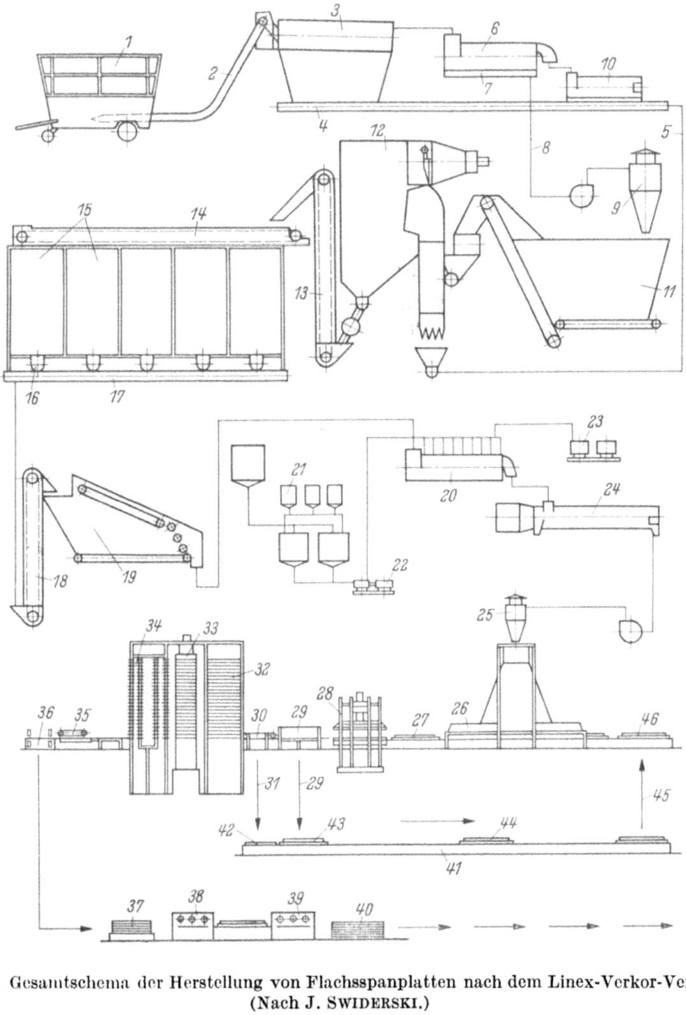

Bild 2.7. Gesamtschema der Herstellung von Flachsspanplatten nach dem Linex-Verkor-Verfahren. (Nach J. SWIDERSKI.)

1 Wagen; *2* Rechenförderer; *3* Entstaubung; *4, 7, 16* Schneckenförderer; *5* pneumatischer Förderer; *6* Faserabscheider; *8* Absaugleitung; *9, 25* Zyklon; *10* Faserreinigung; *11, 19* Dosierbunker; *12* pneumatische Sortiereinrichtung; *13, 18* Becherförderer; *14* Förderband; *15* Konditionierungskammer; *17* Längsförderer; *20* Beleimungsmaschine; *21* Leimzubereitung; *22* Pumpen; *23* Kompressor; *24* Trommeltrockner; *26* Schüttstation; *27* Schüttform; *28* Vorpresse; *29* Formrahmenförderer; *30* Kettenförderer; *31* Querförderer; *32* Beschickungsvorrichtung; *33* Presse; *34* Entleerungsvorrichtung; *35, 36* Besäumen; *37* Konditionierung; *38, 39* Zylinderschleifmaschinen; *40* Lagerung; *41* Rücklauf; *42* Bleche; *43* Rahmen; *44, 46* Blech und Rahmen; *45* Querförderer.

einer Förderschnecke *11* an die Schleusenwalze *12* abgegeben werden, die sie einem Becher-Förderwerk *13* zuteilt. Der Staub wird von einem Filter *14* zurückgehalten. Ein umlaufender Staubabsauger *15* schützt das Filter vor Verstopfung. Der abgesaugte Staub entweicht durch die Hohlachse *16* des Staubabsaugers und verläßt die Sortiereinrichtung durch die Öffnung *17*. Die staubfreie Luft wird teils durch das Gebläse *18* nach außen gedrückt, teils durch das Gebläse *19* als Umluft zurückgeführt.

Die Erzeugung einwandfreier Flachsspanplatten gelingt nur, wenn die Flachsschäben auf eine *Feuchtigkeit* von 12% mit der geringen Toleranz von $\pm$ 0,5% gebracht sind. Hierzu dienen Konditionierungskammern mit einem Fassungsvermögen von beispielsweise 1000 t, in denen die Späne mehrere Tage lagern. Die weitere Fertigung: *Dosierung*, *Beleimung* (wodurch sich die Feuchtigkeit der Schäben auf 14 bis 15% erhöht), *Trocknung* (auf wieder 12%), *Vor- und Hauptpressung*, *Besäumen*, *Konditionieren*, beidseitig *Schleifen* und *Sortieren* ist aus Bild 2.7 zu ersehen. Von der Verarbeitung von Holzspänen weicht die von Flachsschäben in folgenden Punkten ab: Die Flachsschäben lassen sich leichter schütten als Holzspäne. Durch die Trocknung der zuvor beleimten Späne erhöht sich die Viskosität des Leims; infolgedessen, und da mit höherem Vorpreßdruck von 20 kp/cm² (bei Holzspanplatten nur etwa 10 kp/cm²) gearbeitet wird, erhalten die Vorpreßlinge eine hohe Festigkeit und lassen sich ohne Bleche pressen. Die *Ausbeute* beträgt bei der Herstellung von Flachsspanplatten rd. 75%, bezogen auf das Rohmaterialgewicht. Anlagen zur Herstellung von Flachsspanplatten gibt es bisher in Belgien, Frankreich, der Bundesrepublik Deutschland, in den Niederlanden, in Polen, Schweden und Ägypten.

2.1.5 Bagasse

Bei der Herstellung von Rohrzucker wird das Zuckerrohr unter Wasserzusatz zwischen Walzen ausgepreßt; der Rohrrückstand, die Bagasse, diente lange Zeit ausschließlich als Brennstoff in den Kesselfeuerungen, wird aber neuerdings mehr und mehr als Rohstoff für die Herstellung von Zellstoff, Faserplatten und Spanplatten herangezogen. Die *Eigenschaften der Bagasse* sind etwas klima- und standortbedingt und hängen auch davon ab, ob das Zuckerrohr vorgebrochen oder nicht vorgebrochen der Mühle zugeführt wird. Das Anfallen der Bagasse erstreckt sich auf sehr verschiedene Zeiträume. Die Zuckerkampagne dauert in den verschiedenen Ländern über zwei bis fünf Monate. Bei der industriellen Verarbeitung von Bagasse muß deshalb in einer verhältnismäßig kurzen Zeitspanne die für eine Jahresproduktion ausreichende Rohstoffmenge zu Ballen gepreßt und gestapelt werden. Die *Bagassekosten* errechnen sich demnach wie folgt: Brennstoffkosten als Ersatz für die bisher verheizte Bagasse + Kosten für Manipulation (Pressen zu Ballen, Anlage der Mieten und Stapeln). Die Zusammensetzung der Bagasse geht aus Tab. 2.9 hervor.

Tabelle 2.9. *Rohrzucker- und Bagassegewinnung in Kuba 1955 und 1956* (Nach „Cuban Sugar Manual 1957")

	1955	1956
Beginn der Ernte	30. Januar	18. Januar
Ende der Ernte	13. Mai	11. April
Dauer der Ernte	103 Tage	83 Tage
Zuckerrohr % Zucker	14,38	14,65
Zuckerrohr % Faser	13,77	14,03
Bagasse % Zucker	2,45	2,56
Bagasse % Faser	48,51	48,60
Bagasse % Wasser (x)	48,21	48,06
Bagasse % Wasser (u)	92	92

Der *Feuchtigkeitsgehalt* der grünen Bagasse nach der Zuckermühle liegt im allgemeinen bei etwa $x = 48\%$, bezogen auf das Naßgewicht. Daraus errechnet sich ein Feuchtigkeitsgehalt von $u = 92\%$, bezogen auf das Darrgewicht. Bagasse von neuartigen und sehr hochwertigen Eigenschaften liefert das Diffusions-Entzuckerungsverfahren der Firma Buckau R. Wolf. Während Zuckerrüben-Schnitzel schon seit Jahrzehnten im Diffusions-Verfahren entzuckert werden, kam man bisher bei der Rohrentzuckerung nicht über das uralte primitive Auspressen hinaus. Die erste Diffusions-Entzuckerungsanlage für Bagasse mit 500 t Tagesleistung wurde im Jahre 1964 in Ägypten in Betrieb genommen. Es handelt sich um ein Naßverfahren, bei dem das Mark durch einen Waschprozeß völlig von der Faser getrennt wird, die mit nur mehr etwa 1% Restzuckergehalt anfällt. Die so gewonnene Bagasse-Faser ist länger und in der Farbe heller als die bisher in der Spanplattenherstellung eingesetzte. Weitere Vorteile sind eine minimale Fermentation in den Bagasse-Ballen und das Wegfallen der Verrottungsgefahr durch biologische Schädlinge, die in erster Linie das Mark angreifen. Da in der Rohrzuckerindustrie seit Jahren der Hang besteht, auf Heizung durch Öl oder Erdgas umzustellen, wird die bisher verbrannte Bagasse für andere Verwendungszwecke frei. Es ist anzunehmen, daß vor allem in Entwicklungsländern in zunehmendem Maße Spanplatten, Faserplatten, Zellstoff und Papier aus Bagasse erzeugt werden. Die grüne Bagasse wird üblicherweise in den Zuckerfabriken mittels Strangpressen zu Ballen gepreßt, die beispielsweise eine Größe von $18'' \times 22'' \times 36''$ (entsprechend 45,7 cm $\times$ 55,8 cm $\times$ 91,4 cm $= 0{,}23\ m^3$) haben. Diese Ballen werden in großen Stapeln mit bis zu 200 m Länge und bis zu 15 m Höhe mit entsprechenden Belüftungsschlitzen (meist durch Palmblätter abgedeckt) gelagert. Der gewöhnlich etwa 2% betragende Restzucker wird durch eine rasch einsetzende Gärung (Fermentation) abgebaut. Das System von Belüftungsschlitzen ist erforderlich, um die Gärungswärme, das Kohlendioxyd und die Alkoholdämpfe abzuleiten. In diesen Stapeln oder Mieten trocknet die Bagasse im Laufe einjähriger Lagerung auf $u = 20$ bis 40% herab. Die Bagasseballen sind ziemlich hart gepreßt; ihr Gewicht schwankt zwischen 70 und 110 kg, so daß man mit der obenerwähnten Zahl des Rauminhalts auf eine Dichte von etwa 300 bis 480 kg/m³ kommt. Für den Transport sind die Ballen vielfach mit Draht gebunden; besser wäre Ver-

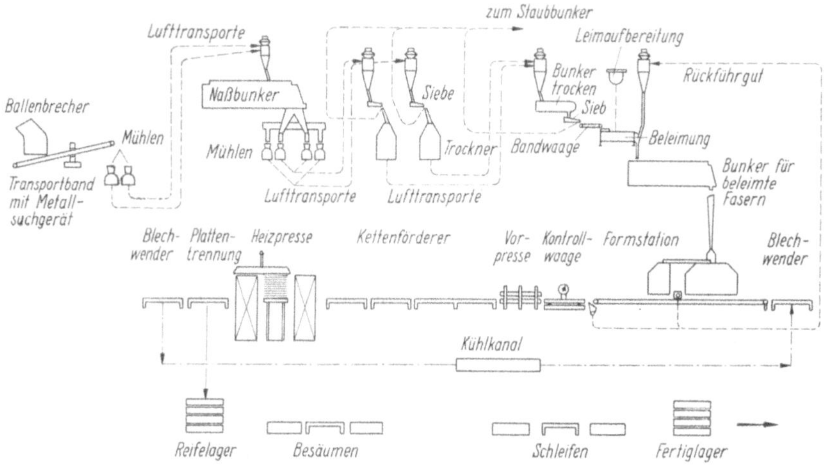

Bild 2.8. Gesamtschema der Herstellung von Bagasse-Spanplatten. (Nach Laboratorium Himmelheber GmbH.)

schnürung. Beim Stapeln der Bagasseballen im Spanplattenwerk sind wieder ausreichende Belüftungskanäle von großer Wichtigkeit, da sich sonst Pilzbefall und Fäulnis einstellen. Unter Umständen kann dem Befall durch Schimmel- und Fäulnispilze durch Zugabe von Borsäure entgegengewirkt werden. Regenschutz läßt sich wieder am besten und billigsten mit Palmblättern über einer leichten Dachsparrenkonstruktion erzielen. Die Lagerfläche sollte eine feste Decke und leichtes Gefälle erhalten, damit der Regen in um die Stapel gezogene Entwässerungskanäle ablaufen kann.

Bei *richtigem Aufschluß* und *einwandfreier Entstaubung* (*Entmarkung*; es müssen etwa 25% des Trockengewichts als Staub entfernt werden) läßt sich Bagasse mit den normalen Maschinenanlagen zur Herstellung von Spanplatten (z. B. System Behr-Himmelheber, Bild 2.8, oder Bähre-Bison) ohne Änderungen verarbeiten. Die Güte der erzeugten Bagasse-

Bild 2.9. Ansicht des Ballenreißers, Bauart Condux BR 8.

Bild 2.10. Ansicht der Schneidmühle, Bauart Condux CS 50/100 LA II.

Spanplatten hängt allerdings vom Aufschluß ab. Von den Ballen, die möglichst nahe dem Werk gestapelt werden sollen, um die Transportkosten niedrig zu halten, werden zunächst die Drähte oder Schnüre abgenommen, dann werden sie durch *Ballenbrecher* zu verhältnismäßig groben Klumpen zerteilt. In der Bagasse-Industrie übliche Ballenbrecher besitzen ein Zuführungsband, dessen Geschwindigkeit regelbar ist und auf das mehrere Ballen gelegt werden können. Bild 2.9 zeigt einen Condux-Ballenreißer,

Bild 2.11. Schneidmühle, Bauart Condux CS 50/100 LA II, aufgeklappt.

eine robuste, einfache Maschine. Der weiträumige Aufgabetrichter ermöglicht die Zuführung ganzer Ballen, die durch die Reißnocken der Rotorwalzen stetig aufgerissen werden. Die Leistung dieser Maschine beträgt bis zu 6 t/h.

Die aufgebrochene *Rohbagasse* wird meist über einen Gurtförderer zu einem *Naßbunker* gebracht. Ein entsprechend großes *Metallsuchgerät* ist dabei einzuschalten. Zweckmäßigerweise endet das folgende Förderband in einer Schwergutabscheidung (für Steine u. dgl.), da Fremdkörper die Schneidmesser der sich anschließenden Schneidmühlen unwirtschaftlich stark abnutzen oder sogar beschädigen könnten. Eine wesentliche

Entlastung der unter dem Naßbunker aufgestellten *Mühlen* (z. B. Condux-Schlagkreuzmühlen oder Bauer-Mühlen) läßt sich erreichen, wenn nach den Ballenbrechern, die roh aufschließen und vor allem Fremdkörper freilegen, Schneidmühlen (Bilder 2.10 bis 2.12) verwendet werden. Die Ballen werden durch sie sehr fein aufgelöst, und ein Teil der Bagassefasern wird schon kurz geschnitten. Da die Schneidemühlen mit verschieden perforierten Siebeinlagen ausgestattet werden können, hat man Einfluß auf die Faserlänge und kann auf diese Weise auch der unterschiedlichen

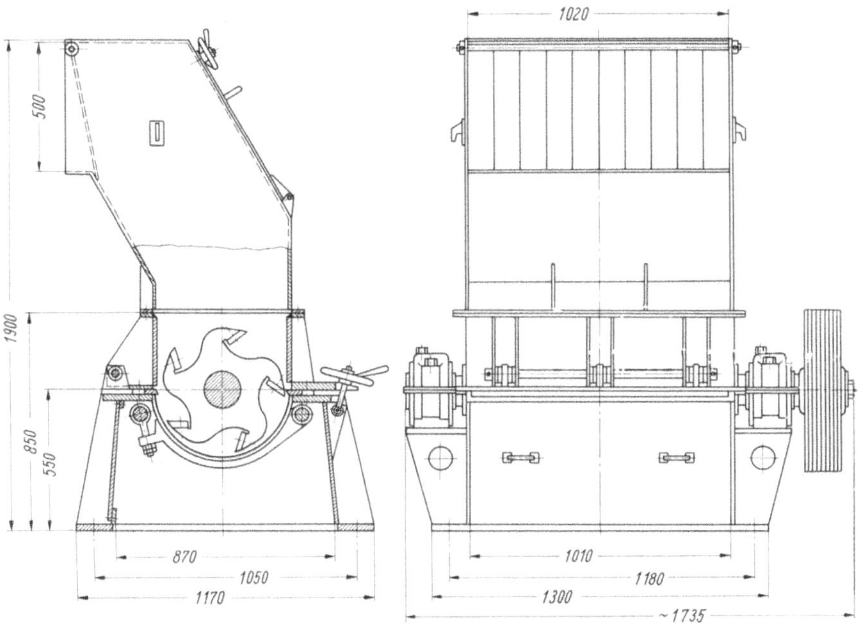

Bild 2.12. Schnitt durch die Schneidmühle, Bauart Condux CS 50/100 LA II.

Feuchtigkeit der Bagasse Rechnung tragen. Es ist denkbar — nach Plänen von M. Himmelheber — daß der Aufschluß so weit getrieben wird, daß an die Schneidmühle ein Dreidecksieb angeschlossen wird, wodurch einerseits bereits ein erheblicher Staubanteil abgeführt (und zum Kesselhaus geleitet), anderseits ein beträchtlicher Anteil von Nutzfasern über einen Zwischendosierbunker unmittelbar dem Trockner zugeführt werden kann. Nur die noch zu groben Teile gelangen in den Hauptbunker für nasse Bagasse und von dort in die darunter stehenden Condux-Schlagkreuzmühlen (Bilder 2.13 bis 2.15). Die Schneidmühlen besitzen in einem Gußgehäuse zwei eingesetzte Stator-Messer, gegen welche die drei Schneidemesser des Rotors ($n = 320$ m/min) arbeiten. Der Schneideraum ist nach unten durch ein Sieb abgeschlossen. Der Energiebedarf der

Schneidmühlen liegt bei einer Leistung von 300 bis 500 kg/h bei 30 bis 38 kW.

Bild 2.8 gibt das Schema einer Bagasse-Spanplattenfabrik, die nur mit Condux-Schlagkreuzmühlen arbeitet, wieder. Nach der Aufschluß-station mit Doppeldecksieb folgen Schilde-Rotationstrockner, ein kleiner

a

b

Bild 2.13 a u. b. Ansicht der Schlagkreuzmühle, Bauart Condux CSK 65/36.

Zwischenbunker, dann nach einer Bandwaage eine Stetig-Beleimmaschine, Bauart Drais. Die beleimte Bagasse wird erneut gebunkert und der Drillings-Schüttstation zugeteilt. Die erste und dritte Maschine arbeiten mit Wurfsichtung, die mittlere ohne diesen Effekt. Die Formstraße ist vollautomatisch vom Blecheinschub bis zum Entleerungskorb der Heiz-presse.

Sorgfältige Laboruntersuchungen haben ergeben, daß Bagasse-Spanplatten bei gleicher Dichte und gleichem Bindemittelgehalt, wenn der Aufschluß des Materials einwandfrei erfolgte, etwa gleiche *Festigkeitseigenschaften* haben wie Holzspanplatten. In der Praxis sollte man aber vorsichtshalber bei gleichem Bindemittelgehalt eine um 10% höhere *Dichte* für Bagasse-Spanplatten fordern, um mit Sicherheit gleiche Eigenschaften zu erhalten. Vorteilhaft ist bei den Bagasse-Platten die geringere Empfindlichkeit gegen Wasser, vorausgesetzt, daß das Mark weitgehend entfernt wurde. Man kann daraus schließen, daß die Bagasse-Fasern offenbar weniger quellfähig sind als die Holzfasern. Vorzüglich ist die Oberflächengüte. Für 1 t fertige Bagasse-Spanplatten werden in einem Werk etwa 3 t Rohbagasse (mit $u = 92\%$) benötigt. Die rechnerische *Ausbeute* beträgt dann nur 57%; sie sollte aber etwa 65% nicht unterschreiten. Anlagen zur Herstellung von Bagasse-Spanplatten gibt es in Kuba, in Haina (Dominikanische Republik), Venezuela, Louisiana (USA) und auf Formosa.

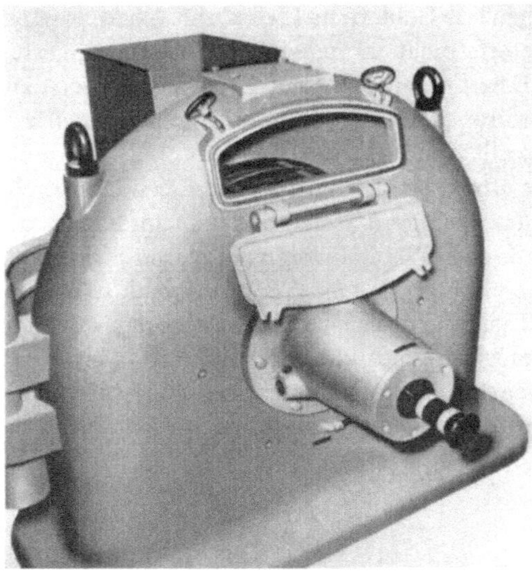

Bild 2.14. Reinigungsklappe in der Gehäuserückwand einer Condux-Schlagkreuzmühle.

Bild 2.15. Auswechselbarer Siebkorb für Condux-Schlagkreuzmühlen.

2.1.6 Sonstige pflanzliche Stoffe

Aus *Baumwollstauden oder -stengeln* lassen sich Spanplatten herstellen, jedoch ist die Ausbeute gering. Immerhin kann ihre Verarbeitung für gewisse Gebiete in Afrika und Asien, wo andere lignocellulosehaltige Rohstoffe nicht in ausreichenden Mengen verfügbar sind, lohnend erscheinen. Den Fragen der Ernte, des Verpressens zu Ballen und der Beförderung wären noch besondere Untersuchungen zu widmen. Platten aus Baumwollstauden lassen sich gut z. B. zu Möbeln verarbeiten. Auch *Palmblattrippen* führten zu befriedigenden Ergebnissen, desgleichen *Kokosnußfasern*. Ihre Fasern sind fein und lang, die Ausbeute ist aber ebenfalls niedrig. Wenig erfolgreich waren bisher Versuche mit *Palmblättern, Reisstroh und Bambus*, entmutigend solche mit *Erdnuß- und Reisschalen*. Technologisch ist die Verwertung von Einjahrpflanzen in vielen Fällen möglich und kann in Zukunft weitere Bedeutung gewinnen. Gegenwärtig ist die Verarbeitung von Rundholz, Spreißeln und Schwarten sowie sonstigen Resthölzern wirtschaftlich mehr lohnend.

2.2 Bindemittel

Von **Edgar Mörath,** Maria Enzersdorf

2.2.0 Allgemeine Gesichtspunkte

Die Bindemittel haben neben der Form der Späne den größten Einfluß auf nahezu alle Eigenschaften der Spanplatten und haben daher vom Beginn dieser Industrie an Anlaß zu einer großen Zahl sowohl von praktischen Versuchen als auch von wissenschaftlichen Forschungsarbeiten gegeben (Blomquist [*2.17, 2.18, 2.19, 2.20*]; Hadert [*2.53*]; Herdey [*2.57*]; Klauditz [*2.74*]; Kollmann [*2.88*]; Marra [*2.96*]; Marian [*2.97*]; Meinecke [*2.101*]; Neusser [*2.108*]; Rackwitz [*2.119*]).

In diesen praktischen und wissenschaftlichen Untersuchungen spiegelt sich die gesamte Entwicklung der Leime wieder, die bis zur Jahrhundertwende von den tierischen Leimen beherrscht wurde. Um diese Zeit begann das Streben nach billigeren Leimen in den Stärke-, Blutalbumin- und Caseinleimen, von denen die letzten zwei bereits eine beachtliche Widerstandsfähigkeit gegen die Einwirkung von Feuchtigkeit aufwiesen. Um 1920 fanden dann Soja- und ähnliche Eiweißleime weite Verbreitung im Innenausbau, während die um 1910 beginnenden Forschungen auf dem Gebiet der Kunststoffleime (Phenol- und Harnstoffleime) kaum Beachtung fanden, bis 1929 die ersten Phenolharzleimfilme, um 1930 die Harnstoffharzleime, die heute mindestens 90% der Spanplattenerzeugung beherrschen, um 1938 die Melaminharzleime und schließlich etwa 1943 die Resorcinharzleime Eingang in die Holzindustrie fanden.

Bei der Spanplattenerzeugung wurden alle diese Leime sowie Silikatleime, Sulfitablaugenkleber und verschiedene Zemente erprobt, bis schließlich die Kunstharzleime durch ihre höhere Widerstandsfähigkeit gegen Feuchtigkeits- und allgemeine klimatische Einflüsse, gute Bindefestigkeit sowie Einfachheit der Anwendung alle anderen Bindemittel aus dem Felde schlugen, obwohl ihre Preise zumindest im Anfang weit über denen der oben genannten „natürlichen" Leime lagen, die hauptsächlich in der Sperrholz- und Möbelindustrie mit dem Ziel eines möglichst niedrigen Verleimungspreises je Flächeneinheit verarbeitet wurden.

Der *Kostengesichtspunkt* ist aber für die Spanplattenindustrie mindestens ebenso wichtig, ja meist noch wichtiger als in anderen holzverarbeitenden Industrien, da die Bindemittel mit Härter und Hydrophobierungszusätzen einen hohen, in manchen Ländern sogar den höchsten Kostenfaktor bilden, wie Tab. 2.10 in einer überschlägigen Zusammenstellung der Produktionskostenprozente zeigt, die natürlich starken Schwankungen je nach den örtlichen Verhältnissen unterliegen.

Tabelle 2.10. *Anteile der Produktionskosten von Spanplatten in % bei verschiedener Tagesleistung*

Kostenstelle	Bundesrepublik Deutschland	England [2.46]	
	30 m^3/Tag	54 m^3/Tag	110 m^3/Tag
Holz	35	22,6	24,6
Binde- und Hydrophobierungsmittel	30	35,1	37,9
Dampf und Elektrizität	15	8,6	9,3
Werkzeuge, Ersatzteile usw.	1,8	6,6	6,9
Löhne und Gehälter	8,2	13,6	10
Allgem. einschließlich Amortisation	10	13,5	11
	100	100	99,7

Wenn man von den thermoplastischen Kunstharzleimen absieht, die bisher nur eine zusätzliche Verwendung bei der Herstellung von Spanholzformkörpern gefunden haben, ist der wichtigste Vorgang das Abbinden der aus Vorkondensaten bestehenden *härtbaren Kunstharze.* Es besteht in einem Abwandern des Lösungsmittels (praktisch immer Wasser) in die Späne und seinem Verdunsten, wodurch der Leim aus dem Sol- in den Gelzustand übergeht, und einer chemischen Reaktion, nämlich der Weiterkondensation der Vorkondensate mit der Vernetzung der gebildeten Großmoleküle, zu der immer noch ein Teil des Lösungsmittels vorhanden sein muß. Der ganze physikalisch-chemische Vorgang muß richtig abgestimmt werden, wozu innerhalb bestimmter Grenzen mehrere

Faktoren eingehalten werden müssen, die sich teils auf die Späne, teils auf die Leimlösung sowie schließlich auf den Preßvorgang beziehen, der aber hier nicht zu erörtern ist.

Bei den Spänen sind die Form und der Feuchtigkeitsgehalt (Mittelschichtspäne vor der Beleimung 3 bis 4%, Deckschichtspäne 8 bis 10%) von größter Wichtigkeit. Mit steigender Spanlänge nimmt die Biegefestigkeit zuerst sehr rasch, über 25 mm aber langsam zu, die Querzugfestigkeit dagegen etwas ab (BRUMBAUGH [*2.26*]). Abnehmende Spandicke und damit wachsender Schlankheitsgrad beeinflussen die Biegefestigkeit (innerhalb bestimmter Grenzen, etwa 0,2 bis 0,5 mm) nur wenig, dagegen steigen mit der Zunahme der Spandicke die Querzugfestigkeit und die Dickenquellung nach 24stündiger Wasserlagerung an.

Untersuchungen (FREEMAN [*2.49*]; KITAZAWA [*2.70*]; SANDERMANN u. M. [*2.125*]; TROOP u. M. [*2.142*]), die Hölzer mit Rohdichten von 0,40 bis 1,16 g/cm³ und mit pH-Werten der wäßrigen Auszüge von 3,58 bis 5,77 umfaßten, zeigten, daß die Bindefestigkeit von Harnstoffharzverleimungen in erster Linie mit der Rohdichte der Hölzer bis etwa 0,8 g/cm³ wächst und dann ziemlich konstant bleibt, daß der Einfluß der Benetzbarkeit im gleichen Sinne folgt und daß der Einfluß des pH-Werts bis zu dieser Dichte an letzter Stelle folgt, bei noch schwereren Hölzern aber der wichtigste Faktor wird (ein Umstand, der aber für die Spanplattenerzeugung nicht mehr von Bedeutung ist). Der pH-Wert des Holzes wirkt in dem Sinne, daß stärker sauer reagierende Hölzer, z. B. Kiefer mit pH $\sim$ 4,8, die Weiterkondensation anregen, d. h. bei längerem Pressen Harnstoffharze unmittelbar aushärten, bzw. weniger Härterzusatz erfordern als Hölzer mit höherem pH-Wert (z. B. Buche mit pH $\sim$ 5,8). Die besten Anzeiger für den richtigen *Härterzusatz* und damit das völlige Abbinden geben die Querzugfestigkeit und die Dickenquellung.

Von der Leimlösung muß ein bestimmter *Viskositätsbereich* (zur richtigen Tröpfchenbildung einerseits, zur Vermeidung des Absinkens des Leimes in die Holzzellen anderseits) sowie ein sich innerhalb gewisser Grenzen haltender pH-Wert verlangt werden. Die richtige Einstellung des pH-Werts wird durch die „Härter" (meist Ammoniumsalze starker, auch organischer Säuren) durch temperaturabhängige Pufferwirkung schnell und genau erzielt und dann durch Wärme geregelt, die in Sonderfällen auch durch Hochfrequenzheizung erzeugt werden kann.

Eine sehr wirksame Art, die Wärme rasch in das Platteninnere zu leiten, ist die der Verdampfung des etwas höheren Wassergehaltes der Deckschichten (zusätzlich etwa 1 bis 1,5 g Wasser je 100 g zu verleimendes Spangut). Durch dieses Dampfstoßverfahren werden besonders kurze Abbindungszeiten erreicht (vgl. Abschn. 1.3.5). Tab. 2.11 gibt *Preßzeiten* für das Abbinden von mit Harnstoffharz verleimten Spanplatten mit einer Anfangsfeuchtigkeit des Spangutes von 9,5 bis 10,5%, die durch äußere Wasseraufbringung auf 10,5 bis 11,5% gebracht wurde und einer Endfeuchtigkeit von 7,5 bis 8,5% (KLAUDITZ [*2.75*]).

Tabelle 2.11. *Kürzestmögliche Preßzeiten nach dem Dampfstoßverfahren*

Plattendicke mm	Heizplattentemperatur °C 140	160	180	Aufzubringende Wassermenge rd. g/m² Oberfläche bei Plattenrohdichte rd. 0,6 g/cm³	rd. 0,4 g/cm²
	Verleimungszeit min				
12	3	2	$1^1/_2$	40	25
16	5	$3^1/_2$	$2^1/_2$	70	40
20	6	4	3	90	60
30	8	6	5	140	90
40	14	11	9	190	130

Von ausschlaggebender Bedeutung ist schließlich die feine und gleichmäßige *Zerteilung der Bindemittellösung* in Tröpfchen von 8 bis 35 μm Durchmesser, die auf den Spänen eine geschlossene Bindemittelschicht ergeben (vgl. Abschn. 3.4).

Vergleiche von Platten mit industrieller und labormäßiger Beleimung ergaben für letztere unter sonst gleichen Bedingungen Steigerungen der Biegefestigkeit um 32 bis 36%, der Querzugfestigkeit um über 200% und Verminderung der Dickenquellung um 30 bis 40% (KLAUDITZ u. M. [*2.78*]).

Während gegenwärtig in Mitteleuropa noch die größten Mengen von Spanplatten von der Möbelindustrie und zum Innenausbau verbraucht werden, muß doch, besonders auch in den Tropen, die Bauindustrie als der potentiell größte Abnehmer angesehen werden; ihre Forderungen verdienen deshalb sorgfältigste Beachtung; die wichtigsten sind hohe Wetterbeständigkeit und Widerstandsfähigkeit gegen Feuer, die in Abschn. 2.3.4 besprochen werden.

Die *Prüfung der Dauerbeständigkeit* gegen klimatische Einflüsse durch Kurzzeitversuche im Labor (z. B. Rundläufe um Bogenlampen, welche die Oberflächentemperatur bis auf 70 °C ansteigen lassen und Wassersprühkästen (sog. Bewitterungsräder) (RUFFIN [*2.121*]; TAYLOR u. M. [*2.140*]) hat bisher trotz zahl- und umfangreicher Untersuchungen noch keine zuverlässigen Aussagen über die Haltbarkeit im Freien geliefert, so daß man Kochwechselteste mit Zyklen von 15 min Kochen und 40 min Trocknung bei 105 °C vorzog. Dabei fielen tierische Leime und Polyvinylacetatemulsionen schon beim ersten Zyklus aus, während Harnstoffharzverleimungen meist 2 bis 3 Zyklen überstanden und Phenolformaldehydharzleime 10 und mehr Zyklen ohne Schwächungserscheinungen aushielten. Ausgedehnte Versuche nach dem ASTM D 1037 Prüfverfahren (6 Zyklen mit Wässern, Dämpfen, Kälte- und Wärmeeinwirkung) erwiesen im wesentlichen, daß Holzspanplatten mit Phenol- und Resorcinharzbindung die höchste Widerstandsfähigkeit haben (MAXWELL [*2.99*]), während Melaminharze — meist in Mischung mit Harnstoffharzen — eine bemerkenswerte Widerstandsfähigkeit gegen heißes Wasser und längeres Kochen besitzen, so daß sie mit Vorliebe bei Spezialspanplatten für Schiffsbauten verwendet werden.

Ein wichtiger Punkt bei der *Wahl des Bindemittels* ist mit Ausnahme von Sonderzwecken, für die nur spezielle Leime in Frage kommen, der Preis, der bei Großbezug[1] etwa bei den Werten der Tab. 2.12 und 2.13 liegt.

Tabelle 2.12. *Preise von Spanplattenleimen in DM je kg Festharz*

	Bundesrepublik Deutschland	England
Harnstoff-Harze	0,80...1,10	0,72...1,05
Melaminharze	—	4,20...5,00
kochfestes Melamin 40% Harnstoff-Harze	2,00...2,50	—
Kresolharze	—	1,03...1,20
Phenolharze	—	1,60...1,70
Resorcinharze	—	5,20...6,00
Phenol-Resorcinharze	4,90	—

Tabelle 2.13. *Preise von Spanplattenleimen in verschiedenen Ländern**
(*soweit nichts anderes vermerkt: Harnstoffharzleime*)

Land	Preis in Währung/kg	für % Festharz	Marke oder Hersteller	SFr/kg Festharz
Argentinien	Pesos 35.—	52		2.02
	Pesos 70.—	100	CIBA	2.10
Irland	£ Irl. 72.3/t	100	BASF	—.87
Kanada	Can. $ —.177	65		1.09
	Can. $ —.305	100	Borden UF	1.22
	Can. $ —.596	100	Borden Phenol	2.39
USA	US $ —.188	65		1.25

* Briefliche Mitteilung des Fahrni Instituts A. G. an den Herausgeber vom 13. 12. 1963.

Die *Wirtschaftlichkeit* eines Leimes hängt aber nicht nur von seinem Preis, sondern in hohem Maß auch von anderen Eigenschaften wie Lagerfähigkeit, Einfachheit der Verarbeitung, erforderliche Preßzeiten und Drücke sowie den bereits besprochenen Beständigkeitswerten ab, die noch bei den einzelnen Leimgruppen behandelt werden.

[1] Nach privaten Mitteilungen.

2.2.1 Harnstoff-Formaldehydharze

Die *Harnstoff-Formaldehydharze*, die sich unter den Kunstharzleimen durch *niedrigsten Preis, gute Lagerbeständigkeit, kurze Abbindezeiten* und *Widerstandsfähigkeit gegen die in Innenräumen zu erwartenden klimatischen Bedingungen* auszeichnen, beherrschen die Spanplattenherstellung fast ausschließlich (in Mitteleuropa über 90%).

Im wesentlichen erfolgt zur Zeit die Herstellung der Harnstoff-Formaldehydharze durch Auflösen von Harnstoff in neutralem Formaldehyd im Molverhältnis 1:1,5 bis 2. Diese Lösung wird zur Vermeidung der Bildung unlöslicher Verbindungen erst schwach alkalisch gemacht (etwa pH = 8 bis 9) und kurze Zeit erwärmt, dann unter Zusatz von Katalysatoren schwach angesäuert (etwa auf pH = 5) und am Rückflußkühler bei Raumtemperatur polymerisiert, bis ein bestimmter Wasserzusatz in einer entnommenen Probe Trübung hervorruft. Dann wird wieder neutralisiert und im Vakuum bis zur gewünschten Viskosität eingedampft.

Harnstoff-Formaldehyd-Harzleime sind praktisch für alle Holzarten sowie andere für die Spanplattenherstellung verwendete Rohstoffe wie Flachs, Bagasse usw. geeignet. Bei einzelnen Holzarten, z. B. Birken-, Kastanien-, Linden- und Teakholz ist allerdings wegen der *Inhaltstoffe* (insbes. solche mit alkalischer Reaktion und Wachse) und der Oberflächenstruktur der Späne die Verleimung schwieriger. Einen wichtigen Hinweis gibt der pH-Wert des wäßrigen Auszuges [*2.49*, *2.125*], da sich, wie schon erwähnt, stärker saure Hölzer leichter und mit weniger Härter verleimen lassen als solche mit höheren pH-Werten. Durch Anpassung des Vorkondensats und des Härters, Erhöhung der Härtermenge, Verlängerung der Abbindezeit sowie Steigerung des spezifischen Preßdruckes lassen sich aber auch die schwierigsten Fälle meistern.

Bezüglich der *Holzfeuchtigkeit* ist auf die Ausführungen in Abschn. 1.3.3 Bezug zu nehmen. Bei hohen Feuchtigkeiten besteht, insbesondere bei hohen Drücken und großen Formaten, die Gefahr der Bildung von *Blasen*, die oft von außen kaum sichtbar sind, aber die Querzugfestigkeit der Spanplatten stark herabsetzen.

Die für die Spanplattenherstellung geeigneten Harnstoff-Formaldehydharze kommen meist als *Vorkondensate* in wäßriger Lösung mit einem Festharzgehalt von etwa 65 bis 72% in den Verkehr. Sie sollen in gut verschlossenen Gefäßen aus Stahl, Aluminium, Kunststoffen, Email, Steingut, Glas oder Holz (nicht aus Kupfer oder Messing) kühl gelagert werden. Ferner ist darauf zu achten, daß weder das Bindemittel noch der Härter mit alkalischen oder säurebindenden Stoffen in Berührung kommt. Bei Temperaturen bis zu 20 °C beträgt die *Lagerbeständigkeit* je nach dem Kondensationsgrad etwa 6 Monate bei niedrig viskosen Leimen (etwa 700 bis 1000 cP bei 20 °C) und etwa 2 Monate bei hoch viskosen (etwa 2500 bis 6000 cP bei 20 °C). Frost schadet den Leimen nicht, wenn sie vor dem Fertigansatz auf Raumtemperatur gebracht werden, dagegen kürzt die Einwirkung höherer Temperatur die Lagerbeständigkeit durch Beschleunigung der Weiterpolymerisation sehr ab. Bei 30 °C sinkt z. B. die Lagerbeständigkeit niedrig viskoser Leime von etwa 6 auf 2 bis 3 Monate ab. Die Lagervorräte sind daher insbesondere im Sommer ständig zu überprüfen.

Bei der Spanplattenherstellung werden die Leime zur Herabsetzung der Viskosität durch Zusatz von Wasser und einer Härterlösung auf etwa 100 bis höchstens 400 cP bei 20 °C *verdünnt* sowie meist auch mit einem *Hydrophobierungsmittel* versetzt. Dies erfolgt am besten in Gefäßen und Leitungen aus rostfreiem oder korrosionsfestem Stahl.

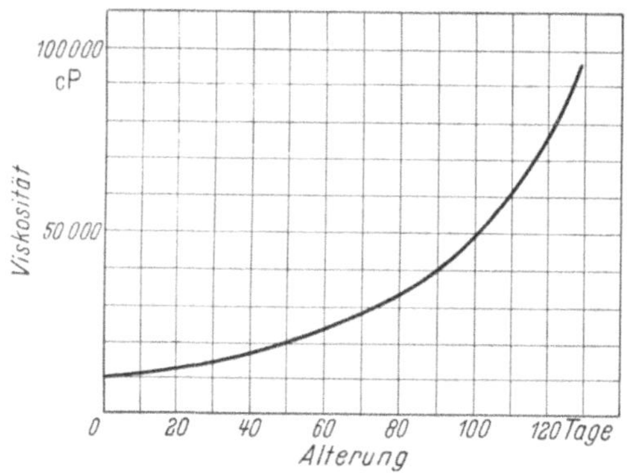

Bild 2.16. Viskositätsanstieg einer Harnstoff-Harzlösung bei natürlicher Alterung (20 °C). (Nach K. Holzer.)

Die *Härter* sind meist Ammoniumsalze starker Säuren, die mit dem freien Formaldehyd in der Leimlösung reagieren und Säuren bilden, die ihrerseits den pH-Wert der Gesamtlösung auf einen vorher festgelegten Wert zwischen 5 und 1 herabsetzen, wodurch die Härtungsreaktionen beschleunigt und unter Bildung von Methylolharnstoffen mit stark verzweigten Ketten und Querverbindungen der Makromoleküle zu Ende geführt werden. Sehr bemerkenswerte Untersuchungen (Plath [*2.115*]; Neusser [*2.107*]) erlauben es, den Einfluß der Hauptbestandteile, Ammoniumchlorid und Ammoniak sowie den von Puffersubstanzen (Bild 2.16) und Harnstoffzusätzen auf das Abbinden abzuschätzen (Nakaroy u. M. [*2.106*]).

Es ist möglich, Späne, insbesondere von Holzarten mit etwas höherem Säuregehalt (z. B. Kiefer), auch ohne Härter zu verleimen, wenn man Harnstoffharze ohne puffernde Zusätze sowie höhere Temperaturen, Drücke und längere Preßzeiten anwendet. Derartige Versuche haben sich aber als nicht wirtschaftlich erwiesen, zumal da die Härter nur in geringen Mengen (meist 10% des Festharzgewichts) zugesetzt werden und ihre Hauptbestandteile (Ammoniumchlorid, Ammoniak, unter Umständen Hexamethylentetramin) billig sind. Eine 4%ige Ammoniumchloridlösung ist ohne Zweifel der billigste Härter, der, wenn dafür gesorgt wird, daß die angesetzte Lösung innerhalb einer Schicht sicher aufgebraucht wird, auch genügt.

Es steht jedoch fest, daß man *optimale Ergebnisse* nur durch ein eingehendes Studium der Leimeigenschaften (Viskosität, pH-Wert und Gelierzeit) und ihrer Veränderungen während Mischung, Beleimung, Vorpressen und Pressen erzielen kann. Die dazu notwendigen Analysen- und Meßverfahren (De Bruyne u. M. [*2.27*]; Clad [*2.33, 2.34*]; Kollmann [*2.87*]) sind aber zu verwickelt, um hier im einzelnen erläutert werden zu können. Aus diesem Grunde sollen sich die Spanplattenwerke, soweit sie nicht eigene Leimprüfungslaboratorien betreiben, der Mitarbeit anerkannter Forschungsinstitute sowie der Laboratorien der ein-

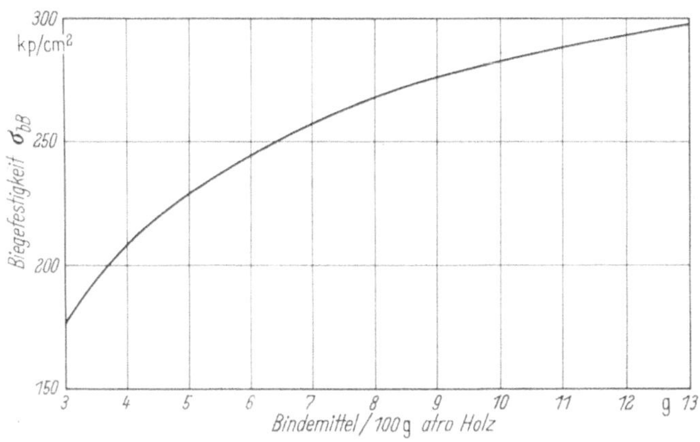

Bild 2.17. Abhängigkeit der Biegefestigkeiten von Spanplatten mit der Dichte 0,58 g/cm³ aus flächigen etwa 0,35 mm dicken Nadelholzspänen vom Bindemittelgehalt. (Nach W. Klauditz und W. Kratz.)

schlägigen chemischen Fachindustrie versichern, die aus ihren umfangreichen Erfahrungen heraus in den meisten Fällen wertvolle Ratschläge erteilen können.

Einen Anhalt zur Beurteilung des Einflusses der Leimmenge auf die mechanischen Eigenschaften der Spanplatten gibt Bild 2.17.

Die Kurve in Bild 2.17 bestätigt die allgemeine Erfahrung, daß für Einschichtspanplatten ein festigkeitsmäßig-wirtschaftliches Optimum etwa bei 9% Harnstoffharzgehalt liegt; höherer Bindemittelaufwand bringt nur mehr einen sehr kleinen Festigkeitszuwachs. Bei mehrschichtigen Platten hat sich eine Abstufung des Bindemittelgehalts bewährt; die Grenzen sind stark von den Spanformen beeinflußt, liegen aber etwa bei 6% für die Innenschicht und 12% für die Deckschichten oder bei 8% für die Innenschicht und 10% für die Deckschichten.

Die beste Gewähr für ausreichende Eigenschaften auf fast allen Verwendungsgebieten liegt in der Einhaltung des „*Gütezeichens*" für Spanplatten gemäß DIN 68761, das für verschieden dicke Platten Werte nach Tab. 2.14 vorschreibt.

Tabelle 2.14. *Güteanforderungen an Spanplatten nach DIN 68761*

Plattendicke mm	6···13	13···20	20···25
Biegefestigkeit kp/cm²	200 u. darüber	180 u. darüber	150 u. darüber
Querzugfestigkeit kp/cm²	4 u. darüber	3,5 u. darüber	3 u. darüber
Dickenquellung % nach 2 h gem. DIN 52364 E		unter 6,2	

Die Bedingungen nach DIN 68761 genügen auch den Ansprüchen der britischen und USA-Normen und dürften voraussichtlich im wesentlichen in die noch in Ausarbeitung befindlichen internationalen Normen für Spanplatten aufgenommen werden (Brit. Stand. Inst. [*2.24*]; I.S.O. [*2.62*]; U.S. Dept. of Commerce [*2.143*]).

Mit Harnstoff-Formaldehydharzen richtig verleimte Spanplatten besitzen eine für alle normalen Innenverwendungen vollkommen ausreichende *Beständigkeit* und eignen sich im gemäßigten Klima sogar für *Außenverwendungen* bei üblichem *Oberflächen- und Kantenschutz.*

In einem Haus in Ludwigshafen wurde im Jahre 1948 eine Fensteröffnung durch eine Spanplatte ohne jeden Anstrich oder sonstige Schutzbehandlung abgeschlossen; die Platte hatte nach $12^1/_2$ Jahren noch gute Kratzfestigkeit, eine Querzugfestigkeit von 5,22 kp/cm² und war nur oberflächlich durch Ruß und leichte Verwitterung verfärbt (Schmidt-Hellerau [*2.128*]).

Prüfungen normaler harnstoffharzverleimter Platten (8%), die in Thailand 14 Monate und in Schweden über 2 Jahre ohne jeden Schutz der Witterung ausgesetzt waren, ergaben dem Lieferungszustand gleiche Werte, so daß der Untersuchende zu dem Schluß kam, daß harnstoffharzverleimte Spanplatten witterungsbeständiger sind als ebenso verleimte Furnierplatten. Dies dürfte auf die Schwind- und Quellspannungen zurückzuführen sein, die bei den Furnierplatten viel höhere Werte erreichen als bei den in unzählige kleine Flächen aufgeteilten Spanplatten.

Vergleiche der technologischen Eigenschaften (Quellung, Querzug- und Biegefestigkeit) von Spanplatten mit einer Dichte von 0,5 bis 0,7 g/cm³, die mit dem gleichen Aufwand von Hydrophobierungsmitteln und insgesamt gleichen Kosten, aber mit reinem Harnstoffharz, Harnstoff-Melaminharz und Phenolharz hergestellt wurden, ergaben, daß bei der Kaltwasserlagerung, der kalten Wechselbeanspruchung und selbst bei der 3 h dauernden Lagerung in heißem Wasser von 67 °C die günstigsten Quellungs-, Querzug- und Biegefestigkeitswerte mit den mit Harnstoffharz verleimten Spanplatten erzielt wurden. Erst bei Temperaturen von 70 °C und mehr, bei gleichzeitiger hoher Luftfeuchtigkeit (97%) oder unmittelbarer Wassereinwirkung beginnt bei den Aminoplasten eine Lockerung des Molekularverbandes und Quellung des Harzes, die langsam zum Versagen der Bindung führt. Über 80 °C tritt eine rasche Zersetzung ein, während Temperaturen um 27 °C und Luftfeuchtigkeiten um 65% unbeschränkte Zeit vertragen werden (BERGIN [*2.15*]; KRAMES [*2.91*]).

Der *Preßdruck* wird nach der Holzart, mit seiner Rohdichte steigend, und nach der gewünschten Dichte des Enderzeugnisses meist zwischen 7 und 35 kp/cm² gewählt; er hat einen nur geringen Einfluß auf die Abbindezeit, dagegen ebenso wie der Harzgehalt einen großen auf die Bearbeitbarkeit der fertigen Platte (MARZYMSKI [*2.98*]). So steigt z. B. die Zerspanungsarbeit bei dem meist üblichen Preßdruck von 7 bis 15 kp/cm² bei Nadelholzspanplatten mit dem Harzgehalt, wie in Tab. 2.15 vermerkt, an.

Tabelle 2.15. *Zusammenhang zwischen Harzgehalt und Zerspanungsarbeit bei Spanplatten*

Harzgehalt %	Zerspanungsarbeit kpmm/cm³
4	4000
6	5000
10	6000

Wesentlich wichtiger für die Abbindezeit ist — geeignete Feuchtigkeitsverhältnisse und optimale technologische Werte, also Biegefestigkeit 280 bis 300 kp/cm², Querzugfestigkeit etwa 6 kp/cm² vorausgesetzt — die *Preßplattentemperatur*.

Bei 19 mm dicken Platten der Rohdichte von 0,6 g/cm³ aus flächigen, dünnen Fi-Kie-Spänen von 5 ± 0,5% Feuchtigkeit vor der Beleimung ergaben sich beste Werte bei Anwendung eines Harnstoff-Formaldehydharzleimes von 65% Festgehalt und etwa 1500 cP Viskosität, der im Ansatz mit 10 T. Härterlösung und 18 T. Zusatzwasser auf eine Viskosität von 100 bis 150 cP gebracht wurde, durch das Aufdüsen von 90 bis 120 g Wasser je m² Oberfläche auf eine Seite. Die dabei erzielten Aushärtezeiten nahmen mit steigender Temperatur nach Tab. 2.16 ab.

Tabelle 2.16. *Zusammenhang zwischen Preßplattentemperatur und Mindestpreßzeit*

Preßplattentemperatur °C	Mindestpreßzeit min
115	20
125	16
140	12
155	6
170	6
185	5
200	4

Auf die Preßzeitverkürzung wirkt die Befeuchtung der Oberfläche durch den als *Dampfstoß* bezeichneten Wärmetransport ins Platteninnere sowie die Anwendung von Härtern, die bei bestimmter Temperatur rasch dissoziieren (besonders wichtig für kontinuierliche Preßverfahren) ein (BUSCHBECK u. M. [*2.31*]; KLAUDITZ u. M. [*2.80*]; PETZ u. M. [*2.114*]).

Während man im ersten Jahrzehnt der Spanplattenherstellung mit niedrigen Temperaturen von 100 bis 120 °C und Grundzeiten von 3 min + 1 min je 1 mm Plattendicke arbeitete — also etwa 20 min für 3/4″

Platten — ist man jetzt allgemein zu Temperaturen von 140 bis 160 °C übergegangen, wobei man mit 2 min Grundzeit + $^1/_2$ min je 1 mm Plattendicke rechnet; in Einzelfällen werden auch schon 180 °C dauernd industriell angewendet.

Bei diesen hohen Temperaturen ist die *Abspaltung von Formaldehyd* besonders groß; daher sind Absaugvorrichtungen sowohl über der Heizpresse als auch über der Entleervorrichtung notwendig, zumal da die deutschen Arbeitsschutzvorschriften höchstens eine Konzentration von 5 cm^3 Formaldehyd in 1 m^3 Luft am Arbeitsplatz zulassen.

Man hat sich auch bemüht, geruchsarme Leime mit niedrigem Gehalt an freiem Formaldehyd (etwa 0,3 bis 0,5% statt etwa 1 bis 1,5%) herzustellen, doch erfordern diese eine andere Härterzusammensetzung, wobei man meist anstelle des billigen, technisch reinen Salmiakgeists das teurere Hexamethylentetramin als Härterzusatz verwenden muß. Bei den Harnstoffharzen mit höheren Gehalten an freiem Formaldehyd hat sich der Zusatz von Harnstoff und Härterpulver in gleichen Gewichtsmengen zum Härteransatz bewährt. Dabei reagiert der zugefügte Harnstoff mit dem freien Formaldehyd und trägt dadurch sowohl zur Erhöhung der Bindewirkung als auch zur Verringerung der Geruchsbelästigung bei. Alle Einzelheiten müssen aber je nach dem angewendeten Verfahren, Leim und Holz sorgfältig erprobt werden. Der Zusatz von Harnstoff erscheint bei dem Streben nach den kürzest möglichen Preßzeiten nicht angezeigt.

Schließlich ist bei der Verarbeitung von Harnstoff-Formaldehyd-Leimen auf die persönlich verschiedene *Empfindlichkeit der Haut* gegen Berührungen mit dem Leim zu achten. Zweckmäßige Hautpflege, besonders der Hände und Unterarme mit Hautcreme, peinlichste Sauberkeit am Arbeitsplatz und sofortige Behandlung auch der kleinsten Hautverletzungen sind unbedingt erforderlich.

Versuche, die Verleimungskosten durch *Aufschäumen* (BORNSTEIN [*2.23*]; KOCEL'ZER [*2.83*]) oder Beimischen von Streckmitteln zu verbilligen, sind in der Spanplattenfertigung bisher noch nicht zu überzeugenden Erfolgen gelangt.

Zusammenfassend kann gesagt werden, daß die Harnstoff-Formaldehyd-Harze für alle Spanplatten, die nicht zu starken Einwirkungen von Hitze und Witterung unmittelbar ausgesetzt sind, z. Z. die wirtschaftlichsten Bindemittel darstellen.

2.2.2 Phenol-Formaldehydharze

Die *Phenol-Formaldehydharze* sind die ältesten als Bindemittel verwendeten Kunststoffe, deren Klebefähigkeit bereits 1907 in den Originalpatenten von L. H. BAEKELAND u. a. erwähnt wurde. Sie wurden auch als erste in der Holzindustrie verwendet, und zwar zunächst (1926) in Mischungen mit Naturstoffen (Blutalbumin, Sojabohneneiweiß) als Yavan-Leim der Th. Goldschmidt A.-G. Im Jahre 1929 brachte dann diese Firma den TEGO-Film auf den Markt. Die Verleimung von Flugzeugsperrholz mit Phenol-Flüssigharzen wurde erst während des 2. Weltkriegs begonnen. Die Phenol-Formaldehydharz-Leime trugen durch ihre heute noch unübertroffenen Eigenschaften der Beständigkeit gegen Hitze, Wettereinflüsse, kochendes Wasser und die meisten Chemikalien wie Alkohol, Benzin, Benzol, Äther, Mineralöle, Fette, Terpentinöl, Ester, chlorierte Kohlenwasserstoffe, Säuren (darunter bis zu 30%ige Schwefelsäure) und verdünnte Alkalien sowie Pilze und Insekten wesentlich dazu bei, das Vertrauen in die Kunstharzverleimung zu begründen.

Das Haupthindernis für ihre weitere Verbreitung ist ihr hoher Preis, der aber in einigen Ländern, z. B. USA, schon ziemlich gesenkt wurde (Phenolharz 0,165 \$/Pfund = 1,46 DM/kg) [*2.4*] und hoffentlich noch weiter gesenkt werden kann, so daß man erwarten darf, daß Entwicklung und Anwendung dieser wertvollen Leimgruppe weiter fortschreiten werden.

Zusammengefaßt seien in dieser Gruppe alle Phenol- und Resorcin-Formaldehydharze, da die Unterschiede verhältnismäßig gering sind und sich fast nur auf die Reaktionsgeschwindigkeit beziehen, die bei ersteren stark durch die Härterzusammensetzung beeinflußt wird.

Die Phenol- und Kresolharze (vorwiegend m-Kresol oder auch m-Xylol) werden meist durch vorsichtiges Erhitzen von Mischungen von Phenol bzw. Kresol mit 40%igem Formaldehyd im Molverhältnis 1:1,1 bis 2 in alkalischer Lösung in großen, mit Rührwerken und Rückflußkühlern versehenen Retorten hergestellt, worauf das Wasser im Vakuum abdestilliert wird, bis ein Muster, das in der gleichen Gewichtsmenge Aceton gelöst wird, eine bestimmte Viskosität erreicht. Dann werden Paraformaldehyd und Aceton zugesetzt, und der Prozeß läuft weiter, bis die vorgeschriebene Endviskosität einer Lösung von 2 Teilen Harz in 1 Teil Aceton erreicht ist und das Vorkondensat hauptsächlich aus mittelgroßen, linearen Molekülen mit reaktionsfähigen Methylolgruppen besteht.

Bei Einwirkung von Temperaturen zwischen 110 und 180 °C tritt durch die Kondensation von zwei benachbarten Methylolgruppen unter Wasseraustritt die Bildung der auch quer vernetzten Großmoleküle ein, die den unlöslichen und unschmelzbaren Resitzustand charakterisieren; er kann durch die Einwirkung starker Säurehärter auch bei niedrigen Temperaturen erzielt werden. Festzuhalten ist nur, daß die Härtung um so schneller erfolgt, je höher die Temperatur und je saurer das Medium ist, doch hat sich in der Spanplattenindustrie nur das Verfahren der Hitzehärtung im Temperaturbereich von 130 bis 180 °C ohne Härterzusätze eingebürgert.

Die Resorcin-Formaldehydharze, die schon früh (durch W. Kleeberg, 1891, u. andere) studiert und als sehr schnell härtend erkannt wurden, fanden erst 1943 Eingang in die holzverarbeitende Industrie. Sie werden in ähnlicher Weise wie bei den Phenolharzen geschildert, nur mit wesentlich weniger Formaldehyd hergestellt, da die in *o*- und *p*-Stellung befindlichen Hydroxylgruppen eine sehr rasche Reaktion bewirken, die leicht zur Gelbildung führen könnte. Die Erwärmung auf 95 bis 100 °C im Rückflußkühler und die Wasserverdampfung unter Vakuum erfolgt daher ebenfalls sehr rasch, bis ein pH-Wert von annähernd 7 und die gewünschte Viskosität von etwa 300 bis 600 cP erreicht ist. In die Spanplattenindustrie fanden die sehr teueren Resorcinharze bisher nur beschränkten Eingang.

Der *Versand* der Phenol-Formaldehydharze erfolgt in Form etwa 50%iger Lösungen, die gar kein oder nur wenig (etwa 10%) Wasser benötigen, um gut auf die Späne versprüht werden zu können. In manchen Betrieben werden die beleimten Späne vor der Vliesbildung und Pressung bei Temperaturen von 80 bis 100°C zwischengetrocknet, um ein Versinken der niedrig viskosen Harzlösung in das Innere der Späne und damit eine Schwächung des Verbandes zu vermeiden.

Bei den billigeren Kresolharzen hat sich in Versuchen von L. Buschbeck und E. Kehr [*2.30*] für Fi-Kie-Spänegemische, die auf 4% heruntergetrocknet wurden und nach der Beleimung 8% Feuchtigkeit hatten, herausgestellt, daß die geringste Dickenquellung mit einer Bindemittelkonzentration von 40%, die höchsten Biege- und Querzugfestigkeiten aber bei einer solchen von 35% erreicht wurden. Sinkende Viskosität der Harzlösung verbesserte die Verteilung des Harzes auf den Spänen, bedingte aber ein gewisses Versickern desselben in die Späne, so daß schließlich als die für den Betrieb günstigste Konzentration 40% bei einer Viskosität von ungefähr 300 cP, eine Feuchtigkeit der Deckschichtspäne von 17,5%, der Mittellagenspäne von 6% und eine Preßplattentemperatur von 170 °C vorgeschrieben wurden. Bei noch höheren Temperaturen zeigten die verwendeten Aluminium-Zulagebleche Deformierungen. Den Einfluß der Preßzeit auf Dickenquellung, Querzug- und Biegefestigkeit gibt Tab. 2.17 wieder. Es handelt sich dabei um ausgesprochen lange, in der Spanplattenindustrie heute weit unterschrittene Preßzeiten.

Tabelle 2.17. *Einfluß der Preßzeit auf Dickenquellung, Querzug- und Biegefestigkeit*

Eigenschaften	Preßzeit in min		
	20	25	30
Dicke mm	20,7	20,7	20,7
Rohdichte g/cm³	0,61	0,60	0,60
Dickenquellung nach 24 h %	13,2	12,4	12,1
Querzugfestigkeit kp/cm²	5,09	5,63	6,07
Biegefestigkeit kp/cm²	336	339	338

Die Lagerbeständigkeit der Kresolharze ist geringer als die der Harnstoffharzleime; meist liegt sie bei etwa 1 Monat, bei 20 °C.

Die in dieser Gruppe am meisten verwendeten Phenolharze werden gewöhnlich als wäßrige Lösungen mit 50 bis 65% Trockengehalt versandt; sie haben bei 20 °C eine Lagerbeständigkeit von 6 Monaten bis zu einem Jahr. Verarbeitet werden sie in Zusatzmengen von 7 bis 15 g je 100 g Holz bei Preßdrücken von 10 bis 15 kp/cm² für Weichholz- und 15 bis 25 kp/cm² für Hartholzspäne.

Die Harze können im Anlieferungszustand versprüht werden, jedoch kann zum Einstellen der gewünschten Viskosität von Leimen, die bei längerem Lagern langsam weiterkondensierten, bis zu 20% Verdünnungswasser zugemischt werden. Keinesfalls soll aber die Leimkonzentration unter 33% und die Preßtemperatur unter 130 °C (bei manchen Harzen 140 °C) gesenkt werden.

Bei 140 °C werden in England vorwiegend die in Tab. 2.18 angegebenen *Preßzeiten* angewendet.

Tabelle 2.18. *Preßzeiten für Spanplatten mit Phenolharzen als Bindemittel*

Plattendicke	Gesamtpreßzeit
1/4″ (6,3 mm)	8 ··· 9 min
1/2″ (12,7 mm)	11 ··· 12 min
3/4″ (19 mm)	14 ··· 15 min
1″ (25,4 mm)	17 ··· 18 min

Durch Steigerung der *Preßplattentemperatur* und stärkere *Anfeuchtung der Deckschichten* (nicht über 16 bis 18%) können diese Preßzeiten verringert werden, sie bleiben aber jedenfalls wesentlich über denen bei der Verleimung mit Harnstoffharzen (Buschbeck u. M. [*2.31*]). Die ausgehärteten Harze dieser Gruppe haben dunkelrote Farbe; die Beständigkeit gegen trockene Hitze ist wie die gegen Kochen und sehr ungünstige klimatische Verhältnisse ausgezeichnet (Chugg u. M. [*2.32*]).

Die Preßzeiten sind für die neuzeitliche, sehr kapitalintensive Spanplattenindustrie reichlich hoch und drängen dazu, für hochwetterfeste Platten (AW 100 lt. DIN 68705 und WBP lt. Brit. Standard 1455) die wesentlich höher reaktionsfähigen und daher schneller abbindenden Resorcin-Formaldehydharze zu verwenden, die aber beträchtlich teurer sind.

Sie werden daher oft als Phenol-Resorcin-Mischleime verwendet; damit hergestellte Verbindungen widerstehen ebenfalls allen wettermäßigen und Kochangriffen und entsprechen sämtlichen Abnahmevorschriften auf das Beste. Diese Mischleime haben auch eine ausgezeichnete Lagerbeständigkeit (etwa 1 Jahr bei 20 °C).

Die Anwendung ist praktisch dieselbe wie bei den reinen Phenolharzen. Da oft zur Aushärtung noch etwas Paraformaldehyd zugesetzt wird, das die zur Vollendung der Vernetzungsbindungen nötigen Methylengruppen liefert und da die Gelierzeit bei pH = 7 bis 7,5 am niedrigsten ist, empfiehlt es sich, die Verarbeitungsvorschriften und den Rat der Herstellerfirma einzuholen, um beste Ergebnisse mit diesen hochwertigen Bindemitteln zu erreichen. Auf möglichst kurze Beschick- und Schließzeiten der Presse ist zu achten.

Gegen alle Leime dieser Gruppe sind manche Personen besonders empfindlich und können *Hautschäden* sowie Reizungen der Augen- und Nasenschleimhäute (durch Formaldehyddämpfe) erleiden. Durch sachgemäße Hautpflege, Vermeidung des Arbeitens mit nassen Händen, Eincremen, ausreichende Absaugung von freiwerdendem Formalin sowie Sauberkeit bei der Verarbeitung und sofortige Behandlung auch der kleinsten Hautverletzungen werden Schwierigkeiten vermieden.

Eine bemerkenswerte, wenngleich in der Spanplattenindustrie noch nicht erprobte Möglichkeit, das Abbinden dieser teuren Bindemittel zu beschleunigen, besteht vielleicht darin, den Härter in Mikrokapseln von 20 bis max. 150 μm Durchmesser einzuschließen, die in der Leimflotte gleichmäßig verteilt werden und dann bei der Einwirkung von Hitze und Druck aufbrechen und so den Härter raschestens in der ganzen Leimschicht verteilen [*2.3*].

2.2.3 Melamin-Formaldehydharze

Obwohl LIEBIG bereits im Jahre 1834 das *Melamin* (2.4.6-Triamino-1.3.5-Triazin) entdeckte und eingehend beschrieb, wobei er auch den hohen Schmelzpunkt von 354 °C, bei dem Sublimation und Zersetzung eintreten, erwähnte, wandte sich die Aufmerksamkeit der Bindemittelindustrie diesem wertvollen Stoff erst verhältnismäßig spät zu (POLLAK [*2.117*]).

Die *Herstellung* des Melamins erfolgt heute in großem Maßstabe meist aus Dicyandiamid, das aus Calciumcarbid über Kalkstickstoff gewonnen wird und das mit Ammoniak bei erhöhter Temperatur unter Druck fast quantitativ in Melamin übergeht (KLEMA u. M. [*2.82*]). Außerdem bestehen wichtige Verfahren, die von Ammoniak und Kohlensäure ausgehen, sowie solche, die Blausäure benützen, und in jüngster Zeit auch solche, die aus Harnstoff durch Erhitzen bei hohen Drücken unter Zusatz von Ammoniak Melamin gewinnen.

Für das Bindemittelgebiet wirkten die Kondensationsuntersuchungen von W. HENTRICH und R. KÖHLER im Labor der Henkel-Werke, Düsseldorf, bahnbrechend. Aus ihnen gingen bedeutungsvolle Patente (Henkel [*2.55, 2.56*]) hervor, denen etwa zu gleicher Zeit auf Grund der Untersuchungen von G. WIDMER (CIBA A.-G.) und W. ZERWECK (I. G. Farbenindustrie A.-G., Mainkur) entsprechende Patente dieser Firmen und der I. G. Farbenindustrie A.-G., Höchst, folgten.

Um 1938 begann die industrielle Verwendung der Melaminharzleime in Deutschland und der Schweiz, die von den genannten Werken durch eine lebhafte Durchforschung der Verwendungsmöglichkeiten und der Eigenschaften der mit ihnen erzielten Verbindungen gefördert wurde (KLEMA [*2.81*]).

Die Herstellung der Melaminvorkondensate erfolgt zur Zeit meist durch Kondensation von Melamin mit 40%igem Formaldehyd im

Molekularverhältnis 1 zu 3 bei einem durch verdünnte Natronlauge eingestellten pH-Bereich von 8 bis 9 unter Erwärmung auf etwa 60 °C. Dann tritt eine exotherme Kondensationsphase ein, durch welche die Temperatur auf etwa 80 °C gesteigert und auf dieser Höhe bis zum Abschluß der Reaktion gehalten wird. Dabei wird ein Molekulargewicht von etwa 1000 bis 1200 erreicht. Es bilden sich Methylolverbindungen, und zwar hauptsächlich Hexamethylolmelamin, das die stabilste von den sechs möglichen Verbindungen ist. Da diese Melaminharze an ihren Triazingerüsten nach drei Seiten hin reaktionsfähige und vernetzbare Gruppen besitzen, können sie sowohl durch Ätherbindungen polymerisieren als auch unter Verlust von Wasser und Formaldehyd Kondensations-Polymerisationsreaktionen eingehen. Dabei bleiben aber stets die Triazinringe erhalten, woraus sich die hohe thermische Stabilität dieser Harze und ihrer Alkylderivate erklärt, die sich in einer weit höheren hydrolytischen Stabilität und einer Verringerung der Quellungseigenschaften der mit ihnen hergestellten Harze auswirkt.

Aus den reaktionsfähigen Gruppen erklärt es sich auch, daß diese Harze bei Temperaturen über 90 bis 100 °C allein durch Wärmezufuhr aushärten. Will man aber bei niedrigeren Temperaturen arbeiten oder sehr hohe Abbindegeschwindigkeiten erreichen, so muß man Härter anwenden, z. B. saure Salze oder organische Säuren. Bei steigenden Härtermengen wird der Verband aber zunehmend spröde, weshalb man es bei der Spanplattenfertigung vorzieht, ohne Härterzusatz bei Preßplattentemperaturen von etwa 140 °C zu arbeiten (KÖHLER [*2.84*]).

Die mit Melaminharzen verleimten Spanplatten besitzen besonders *geringe Quellungsneigung* und sehr gute *Widerstandsfähigkeit gegen hohe Temperaturen* sowie gegen *Wasserlagerung* und sogar vielstündiges *Kochen*. Sie genügen einwandfrei den Bedingungen der Prüfung A 100, aber nicht ganz denjenigen der Prüfung AW 100, die zur Zeit als ein Maßstab für absolute Wetterfestigkeit gilt.

Bei hohen Ansprüchen an die Wasserfestigkeit, wie sie z. B. von den Werften gestellt werden, verwendet man mit wesentlich geringeren Kosten Melamin-Harnstoffharz-Gemische mit einem Melaminharzgehalt von 30 bis 50% (meist 40%), deren Härtergemischen außer Ammonchlorid auch noch Melamin zugesetzt wird.

Mischkondensationsprodukte von Melamin und Harnstoff mit Formaldehyd befinden sich, nachdem die Laborversuche befriedigend verliefen, noch in der betriebsmäßigen und praktischen Dauererprobung.

Weitere *Modifikationen* betreffen Zusätze von 0,3 bis 4% Acetanilid und die Bindung aliphatischer Alkohole mit mehr als 4 Kohlenstoffatomen an reaktionsfähige Gruppen der Melaminmethylolverbindungen. Dadurch wird gute Löslichkeit in Kohlenwasserstoffen sowie — nach der Antrocknung — erhöhte Widerstandsfähigkeit gegen Chemikalien, besonders Alkali, Dauerhaftigkeit und Kratzfestigkeit der Oberflächen erzielt.

Die Melamin-Formaldehydharzleime werden entweder in Pulverform ausgeliefert oder als wäßrige, klare Suspensionen mit etwa 40 bis 44% Trockengehalt. Die Melaminharzpulver sind im trockenen Zustand bei normalen Raumtemperaturen unbegrenzt haltbar. Sie werden mit 50 bis 65 Gew.-% Wasser in schnell laufenden Rührwerken gelöst, worauf sie sofort gebrauchsfertig sind, aber bei normaler Raumtemperatur in 1 bis 3 Stunden verbraucht werden müssen.

Zum *Ansetzen und Aufbewahren* der Melaminharzleime, die praktisch wie die Harnstoffharzleime verwendet werden (Köhler u. M. [*2.85*]), eignen sich Gefäße aus allen üblichen Werkstoffen mit Ausnahme solcher aus Kupfer oder Messing.

Für *Sonderzwecke*, insbesondere für die Imprägnierung von *Dekorfilmen*, werden auch kolloide Lösungen der Vorkondensate in verdünntem Alkohol verwendet. Sie haben meist einen Trockengehalt von 41 bis 44%, eine Viskosität von 18 bis 25 cP bei 25 °C und sind bei Raumtemperatur etwa 3 Monate lagerfähig. Sollte durch unvorhergesehene Frosteinwirkung eine Harzausfällung erfolgen, so genügt es, die Lösung auf 50 °C zu erwärmen. Nach dem Wiederabkühlen wird sie wieder normale Alterungs- und Verwendungseigenschaften aufweisen.

Beim Pressen ist auf *kurze Schließzeiten* (1 bis max. 1,5 min) zu achten. Meist können auch etwas kürzere Preßzeiten und ein etwas niedrigerer *Preßdruck* als bei Harnstoffharzen angewendet werden, doch ist zuerst Erprobung unter den Betriebsbedingungen zu empfehlen.

Die sanitären Vorsichtsmaßregeln sind die gleichen wie bei Harnstoffharzen.

Von besonderer Bedeutung sind die für die gewöhnliche Spanplattenherstellung doch noch ziemlich teueren Melaminharzleime für die *Oberflächenveredlung*. Sie werden entweder als Lösungen aufgetragen, wobei sich kratzfeste und dem sogenannten Zigarettentest gewachsene Überzüge ergeben, oder aber — und das in stark steigendem Maße — in Form von mit Melaminharzen getränkten Papierfolien angewendet, die im Abschn. 3.9 eingehend besprochen werden.

2.2.4 Sonstige Bindemittel

Wie bereits einleitend in Abschn. 2.2.0 erwähnt ist, wurden im Lauf der Entwicklung der Spanplattenindustrie fast alle im Holzgewerbe verwendeten Leime erprobt, die meisten aber wegen ihrer ungenügenden Widerstandsfähigkeit gegen Feuchtigkeit und ihrer betriebstechnischen Nachteile wieder verlassen, so daß z. Z. in der Spanplattenindustrie nur die besprochenen Gruppen wärmehärtender Kunstharzleime in großem Umfang und regelmäßig verwendet werden.

Trotz der derzeitigen Befriedigung des Bedarfs an Bindemitteln bleibt aber für die Spanplattenindustrie die Notwendigkeit bestehen, ihre Forschungsarbeiten auf dem Bindemittelgebiet über die bisher bewährten Leime hinaus auszudehnen. Ein wichtiger praktischer Grund hierfür ist der in verschiedenen Ländern verschieden stark empfundene Zwang, die Kosten der Bindemittel, bzw. den Anteil der Auslandskosten, durch die Verwendung einheimischer Rohstoffe herabzusetzen.

Dies führte namentlich in Nord-Amerika, Australien, Süd-Afrika und anderen Ländern zu umfangreichen Untersuchungen über die Verwendbarkeit von *Rindenextrakten* (ANDERSON u. M. [*2.2*]; BENDER [*2.14*]; BURROWS [*2.29*]; HALL u. M. [*2.54*]; HERRICK u. M. [*2.58*]) und anderen tanninhaltigen Stoffen (DALTON [*2.36*]), die mit Formaldehyd Kondensationsreaktionen eingehen, z. B. *Lignin* [*2.52*] und *Tannin* aus australischen Akazienarten (Wattles) (PARRISH [*2.111*]). Diese Versuche zeigten, daß es wichtig ist, die tanninhaltigen Rinden usw. in möglichst frischem, gepulvertem Zustand zu extrahieren, wobei sich z. B. 2% Sodalösung bei 70° bis 80 °C für *Pinus ponderosa, Pinus radiata* und Tarwak (*Lithocarpus densiflora* Rehd.) sehr gut eignete. Die etwa 13 mm dicken Spanplatten, die mit normalen Zusätzen dieser gereinigten Extrakte in 43%iger Lösung (6% Festharz bezogen auf abs. trockenes Holz), Formaldehyd und Paraffinemulsion bei einem Preßdruck von 28 kp/cm², einer Preßtemperatur von 160 °C und einer Preßzeit von 12 min hergestellt wurden, hatten bei einer Rohdichte von 0,65 bis 0,67 g/cm³ mechanische Eigenschaften (Biegefestigkeit 170 bis 185 kp/cm²), die denjenigen von mit Harnstoffharzen hergestellten Platten sehr ähnlich waren, aber eine wesentlich höhere Wasseraufnahme nach 24stündiger Wasserlagerung (31,7 bis 67,8% gegenüber etwa 24%).

Wenn diese Ergebnisse auch noch nicht dem neuesten Stand der Spanplattentechnik entsprechen, können sie doch bescheideneren Ansprüchen durchaus genügen und Länder, in denen die oben genannten wirtschaftlichen Schwierigkeiten herrschen, veranlassen, ihre örtlichen Rohstoffquellen eingehend zu untersuchen.

Ähnlich liegen die Verhältnisse bei der Verwendung von Konzentraten aus *Sulfitablaugen*, die seit langem erprobt, wenig befriedigten, neuerdings aber in der Sowjetunion doch brauchbare Ergebnisse bringen sollen.

In der Spanplattenabteilung der Leningrader Furnierfabrik werden, nach ALEKSEEVA, verhältnismäßig billige *Mischleime* etwa folgender Zusammensetzung mit angeblich befriedigenden Erfolgen erprobt:

Blutalbumin	100 Gew.-Teile
Wasser	200 bis 215 Gew.-Teile
Sojabohnen	94 Gew.-Teile
Wasser	100 bis 190 Gew.-Teile
Harnstoff-Formaldehydharz	56 bis 116 Gew.-Teile
Ammonchlorid	6 bis 12 Gew.-Teile

Selbst bei so wohlbekannten Bindemitteln wie den Resorcin-Formaldehydharzen können lokal verfügbare Rohstoffe technische und wirtschaftliche Vorteile bringen. So zeigte es sich, daß ein Zusatz von 8% Quebrachoextrakt (bezogen auf das Harzgewicht) zu Phenol- und Resorcinharzen ihre Abbindegeschwindigkeit wesentlich erhöht und die Wasseraufnahme etwas herabsetzt.

Auch hochgemahlene *Faserschleime* wurden nach dem zweiten Weltkrieg eine Zeitlang als Bindemittel vorgeschlagen und in bescheidenem industriellen Maßstab auch für Spanplatten höherer Dichten (0,6 bis 0,9 g/cm^3) angewendet; sie hatten geringe Festigkeitseigenschaften (Biegefestigkeit 10 bis 30 kp/cm^2) und stellten hinsichtlich der Wasseraufnahme selbst nach Verhornung durch Anwendung hoher Temperaturen nicht zufrieden (Saechtling [*2.123*]; Vinogradow u. M. [*2.145*]).

Von den in diesem Abschnitt nicht behandelten Kunstharzleimen haben die *thermoplastischen Kleber*, meist auf der Grundlage von Polyvinylesteremulsionen, deren Abbinden nicht auf einer chemischen Reaktion, sondern auf dem Übergang des fertig polymerisierten Kunstharzes durch Entzug des Dispersionsmittels aus dem Sol- in den Gel-Zustand beruht, Bedeutung für gewisse Sonderverfahren in der Spanplattenindustrie gewonnen. Dies sind insbesondere das Beschichten und Umleimen von Spanplatten — soweit es nicht unmittelbar durch Aufbringen von Melaminharz-getränkten Papieren erfolgt — und die Herstellung von Spanformteilen. Bei diesen ermöglicht der Zusatz einer Polyvinylacetatdispersion (in etwa $^1/_{10}$ der Normalbindemittelmenge) den Spanverband leicht zu verfestigen, aber doch plastisch zu erhalten, bevor das Hauptbindemittel aushärtet und daher Vorpreßlinge zu erzeugen, die wesentliche Vereinfachungen des Hauptarbeitsganges erlauben (Klauditz u. M. [*2.77*]). Da Beschichten und Formteile in Abschn. 3.9 und 4 eingehend besprochen werden, sind hier weitere Ausführungen entbehrlich.

Eine wichtige neuere Bindemittelgruppe stellen die *Epoxyd-Harze* (auch Epoxy- oder Äthoxylinharze) dar, die trotz hoher Kosten und verhältnismäßig kurzer Topfzeiten zunehmende Bedeutung als Oberflächenlacke, Gießharze und Klebharze gewonnen haben, z. B. bei der Verbindung von Metallen und Werkstoffen mit dichten, unporösen Oberflächen (Kunststoffen) mit Holz und Holzwerkstoffen.

Epoxyd-Harze zeichnen sich dadurch aus, daß bei ihrer Aushärtung keine flüchtigen Spaltprodukte entstehen, so daß keine Schrumpfung des Harzes eintritt und sich spannungsfreie Verbindungen ergeben (Wandeberg [*2.146*]). Dies öffnete z. B. im Flugzeugbau völlig neue Wege beim Verkleben von Leichtmetallen (Redux-Verfahren der CIBA).

Ein neues Kunstharz, Mischung eines monomeren Furfuracetons mit einem Epoxydharz und Styrol in einem Lösungsmittel, soll mit Polyäthylenpolyamin oder Hexamethylendiamin gehärtet nach russischen Berichten außer für Spanplatten auch universell mit besonders guten hydrophoben Eigenschaften anwendbar sein (Borisov u. M. [*2.21*]).

2.3 Imprägniermittel

Von **Edgar Mörath, Maria Enzersdorf**

2.3.0 Allgemeine Gesichtspunkte

Die Imprägnierung von Holzwerkstoffen zur Verminderung der Quellung und gegen den Angriff durch pflanzliche und tierische Schädlinge muß auf den Erfahrungen der alten, allgemeinen Holzschutztechnik aufgebaut werden und auch den Witterungseinflüssen stärker ausgesetzte Spezialverwendungen berücksichtigen. An sich sind Holzspanplatten etwas widerstandsfähiger als unbehandelte Hölzer gleicher Dichte.

Grundlegend sind Untersuchungen über die *Verträglichkeit der Imprägniermittel untereinander und mit den* verschiedenen *Bindemitteln* (Blew [*2.16*]; Bune [*2.28*]; Huber [*2.60*]; Hunt [*2.61*]; Kaufert u. M. [*2.66*]; Kirst u. M. [*2.69*]; Küch [*2.92*]; Oertel [*2.110*]; Selbo [*2.132*]). Die frühesten systematischen Untersuchungen in dieser Richtung erfolgten in Zusammenarbeit von Sperrholzindustrie und Flugzeugbau im 1. Weltkrieg. Das damals noch fast ausschließlich als Flugzeugbaustoff verwendete Holz und Sperrholz wurde hauptsächlich mit Casein- und zum kleineren Teil mit Blutalbuminleimen verarbeitet, die durch gut deckende Anstriche mit Boots- oder meist Zaponlack sowie durch Unterstellung in Zelthangaren außerhalb der verhältnismäßig kurzen Flugzeiten vor Feuchtigkeitseinwirkung geschützt wurden. Diese Feuchtigkeitseinwirkungen bewirkten aber doch vielfach Pilzangriffe auf die Leimschichten und deren Zerfall. Den wirksamsten Schutz der Leimschichten selbst ergaben Phenylquecksilberverbindungen, die sich als stärker fungicid als Sublimat erwiesen und in einer Menge von etwa 0,25% des Leimgewichtes angewendet wurden. Sie wurden erst in den 30er Jahren wegen ihres hohen Preises durch Pentachlorphenol verdrängt.

Die in Abschn. 2.2 behandelte umwälzende Veränderung der gesamten Verleimungstechnik um 1929/1930 durch Einführung der Kunstharzleime brachte durch ihre wesentlich höhere Wasserbeständigkeit ganz andere Konstruktionsmöglichkeiten, vor allem ohne die früher mit Recht verlangten baulichen Schutzmaßnahmen gegen Feuchtigkeitseinwirkung mit sich. Dies ist bei Verwendung von Spanplatten im Bauwesen zu erwarten, während dort, wo die Spanplatten vor unmittelbarer Wassereinwirkung geschützt sind, wegen ihres niedrigen Feuchtigkeitsgehaltes und ihrer verringerten Hygroskopizität mit Pilzangriffen nicht gerechnet werden muß, so daß eine Schutzbehandlung unterbleiben kann.

Praktisch kommen für Spanplatten — wie bereits gesagt — nur hochfeucht- und wasserfeste Kunstharzleime in Frage, und für diese eignen sich nur solche Schutzmittel, die den pH-Wert nicht stark verändern. Sauere Kupferchromate, Zinkchlorid und chromhaltige Zinkchloridmischungen, die eine gewisse Pilz- und Flammschutzwirkung ausüben, schwächen bei den zur Spanplattenerzeugung nötigen Temperaturen und den für die Flammschutzwirkung erforderlichen hohen Aufnahmen die Faser- und Leimfugenfestigkeit in unzulässiger Weise. Dasselbe gilt für Borsäure und Borax, merkwürdigerweise aber in geringerem Maße für eine Mischung von 40 G. T. Borsäure und 60 G. T. Borax.

Am empfindlichsten gegen alle wäßrigen Schutzmittellösungen, z. B. die sogenannten U-Salze, Hydrogenfluoride, Mischungen von Dicyandiamid und Phosphorsäure, Arsensäureverbindungen u. a., sind reine Harnstoffharze, während mit Melaminharzen „verstärkte“ Harnstoffharze, Melaminharze sowie Phenol- und Resorcinharze sich mit den meisten handelsüblichen Schutzmitteln gegen Pilze, Tiere und Entflammung gut vertragen, wenn auf die oben genannten pH-Grenzen geachtet wird. So lieferten beispielsweise Cu-Chromarsenate mit Resorcinleimen gute Ergebnisse, ebenso Gemische von Na-Arsenat mit Al- und Fe-Verbindungen (Becker [*2.11*]).

Organische Schutzmittel werden im allgemeinen besser vertragen, wobei allerdings bei öligen Schutzmitteln benetzend wirkende Lösungsmittel verwendet werden sollen, die in einigen Fällen sogar zu kleinen Verbesserungen der mechanischen Eigenschaften führten. Chlorierte Naphthaline (Xylamonpräparate-SPI), die bei Rohdichten der Platten von und über 0,6 g/cm^3 in der Menge von 2% des Holzgewichtes, unter dieser Dichte von 2,5%, angewendet werden, stören das Abbinden aller drei Kunstharzgruppen nicht. Sie schützen die Platten gegen Pilze und Insekten und setzen ihre Quellung herab.

Pentachlorphenol, das nach W. Klauditz und I. Stolley [*2.79*] als Na-Salz in einer Zugabe von 1,5 bis 2% genügende Pilz- und Termitenbeständigkeit in den Tropen bewirkt, wird von der Verwaltung der öffentlichen Bauten der USA schon in Zusätzen von 0,5% des Plattengewichts zugelassen, während bei Cu-Pentachlorphenolat nur um 0,25% verlangt werden (Meyer u. M. [*2.102*]). Bei diesen Schutzmitteln ist eine noch längere Untersuchung der Dauer ihrer Wirksamkeit, die durch ihre Verdampfung begrenzt sein könnte, empfehlenswert.

Auch die Mischung von Pentachlorphenol mit kontaktinsekticiden Zusätzen, die in einem Gemisch ebenfalls fungicider und insekticider bizyklischer Ketone und Kristallisationsverhinderer mit einem „Aktivator“ gelöst sind, hat bei geeigneter Verdünnung zur Viskositätsanpassung guten, lang andauernden Schutz gegen holzzerstörende Pilze und Insekten (einschließlich Massenangriffen von Termiten unter tropischen Bedingungen) erzielt (Farbenf. Bayer [*2.43*]).

Als ungefähres Anwendungsbeispiel, dessen Rezeptur je nach den Betriebsbedingungen Änderungen unterworfen ist, kann folgendes genannt werden:

Für 1 m^3 Spanplatten mit einer Rohdichte von 0,55 bis 57 g/cm^3 (500 kg atro Späne) werden in die 60%ige Leimflotte von 50 kg Harnstoffharz 0,3 kg pastenförmiger Aktivator eingerührt, dann werden etwa 7,5 kg des erwähnten Schutzmittels, das in einem geeigneten Verdünner (Erdöl nicht unter 0,785, Testbenzin oder Terpentinöl) zu 25% gelöst wird und schließlich nach vollendeter Mischung 5,0 kg Härter sowie zur Viskositätsregelung bis zu 10 kg Wasser eingetragen. Mit dieser Mischung erfolgt die Bedüsung der Späne sowie deren Streuung, Verpressung und Fertigbehandlung wie gewöhnlich. Die sanitären Vorsichtsmaßnahmen sind die üblichen: Sauberkeit, ölbeständige Handschuhe und Schutzkleidung, Schutzbrillen und Atemschützer. Der einzige Nachteil des Verfahrens ist die Erhöhung der Brennbarkeit der Spanplatten durch die Verdünnungsmittel. Bei Herstellung vorgefertigter Hausbauteile hat sich dieses im In- und Ausland durch Patente geschützte Verfahren bewährt.

Verschiedene Werke der chemischen Industrie arbeiten zur Zeit an der Verbindung der Späneverleimung mit dem Einbringen von Schutzmitteln gegen Pilze, Insekten und Feuer. Man versuchte auch Hintereinanderverfahren: Besprühen der Späne mit den Schutzmitteln — Antrocknen — Beleimung, um die insbesondere für den Feuerschutz nötigen großen Schutzmittelmengen (z. B. etwa 33% des Holzgewichts an Phosphaten) sicher in die Späne zu bringen.

Solche Taktverfahren stören aber den stetigen Arbeitsablauf und beeinträchtigen dadurch die Produktion. Es blieb deshalb bei Versuchen ohne praktische Anwendung, und es müssen die richtigen Kombinationen organischer und anorganischer Schutzmittel mit den Leimen abgewartet werden, die Beständigkeit aller Komponenten und gute Festigkeits- und Quellungseigenschaften der Spanplatten auf die Dauer gewährleisten.

Schließlich muß nach den bisherigen Erfahrungen gesagt werden, daß die *nachträgliche Imprägnierung* von Spanplatten oder meist besser fertig bearbeiteten Bauteilen daraus, die besonders ungünstigen klimatischen Verhältnissen ausgesetzt werden sollen, mit Steinkohlenteeröl, Chlornaphthalinpräparaten (wenn Farbe und Geruch keine Rolle spielen), Pentachlorphenol- oder Cu-Naphthenat-haltigen Mischungen in geeigneten Druck- und Vakuumtränkanlagen die sichersten Erfolge gewährleistet. Beobachtungen von so behandelten Spanplatten nach 16 Jahren im Freien zeigten keine Beeinträchtigung der Bindefestigkeit (SMITHSON [*2.133*]).

2.3.1 Wasserabweisende Stoffe

Das allgemein gute Stehvermögen der Holzspanplatten, das bei ihrer richtigen Behandlung ein Verziehen ausschließt, und ihre geringe Quellung in der Plattenebene sind mit Hauptgründe für ihr überraschend schnelles Eindringen in die Möbelindustrie und die Verarbeitung zu Bauteilen, an die hohe Ansprüche hinsichtlich *Maßgenauigkeit* und *Formstabilität* gestellt werden.

Nur in der *Dicke* tritt bei Einwirkung von hoher Luftfeuchtigkeit oder noch schneller bei der von Wasser, eine *starke Quellung* auf, wobei sich im Durchschnitt die Änderungen ergeben, die Bild 2.18 zeigt.

Man sieht, daß die Spanplatten wegen der in ihnen enthaltenen Bindemittel und der Streulage der Späne in den Flächenrichtungen wesentlich weniger (nur 0,9%) quellen als Holz, daß sie aber wegen der starken Zusammenpressung während der Herstellung in der Dicke erheblich

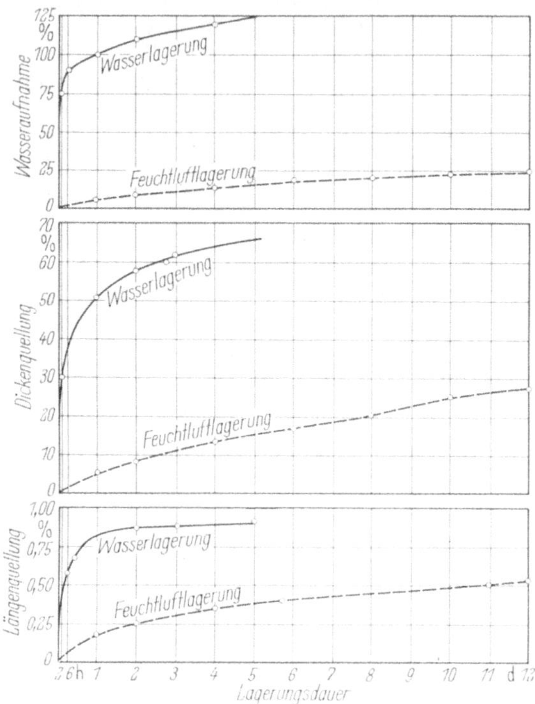

Bild 2.18. Wasseraufnahme, Dicken- und Längenquellung von mit Harnstoffharz hergestellten, dreischichtigen Spanplatten, Dicke 12 mm, Rohdichte 0,75 g/cm³, bei der Lagerung in Wasser von 20°C und in Luft mit einer relativen Feuchtigkeit von 95%. (Nach O. Liiri.)

stärker quellen, daß sie infolge ihrer Porosität auch mehr Wasser aufnehmen und schließlich, daß der Einfluß der feuchtigkeitsgesättigten Luft, die in der Praxis fast ausschließlich einwirkt (gestrichelte Linien), weit kleiner und langsamer ist. Ferner erkennt man, daß die Messung der Dickenquellung nach einer *Wasserlagerung* von 24 oder gar nur 2 Stunden, die allgemein angewendet und oft als entscheidendes Kriterium angesehen wird, sehr schlecht definierte, schwankende Werte ergibt, die außerdem von verschiedenen Faktoren (Probengrößen zwischen 2,5 cm × 2,5 cm bis zu 30 cm × 30 cm, Wassertemperatur, Lage der Proben im

Bad usw.) abhängen. Die französischen Normentwürfe für Holzspanplatten sehen mit Recht außer der Wasserlagerung (AFNOR B 51—116) auch die weniger mit der Zeit variierende „Prüfung der Wasseraufnahme und Quellung in feuchter Luft" (AFNOR 51—117) vor, während der deutsche Neuentwurf von DIN 52364 „Bestimmung der Dickenquellung" es noch bei der Wasserlagerung beläßt und auf die Prüfung der Wasseraufnahme verzichtet, dafür aber endlich kleine Probenmaße von 2,5 cm $\times$ 2,5 cm festsetzt. Diese heben den Einfluß der Lagerungsart (senkrecht oder waagerecht) auf, vereinfachen die Handhabung wesentlich und ergeben nach den langjährigen Untersuchungen des „Forschungsinstituts für Holzwerkstoffe und Holzleime" in Karlsruhe nach 2stündiger Wasserlagerung eindeutige Dicken-Quellungswerte mit Variationskoeffizienten von 8 bis 10%, die bei Anwendung hochwirksamer Quellschutzmittel im Durchschnitt auf etwa 3% sinken. Diese Eigenschaften und Ergebnisse entsprechen den Bedürfnissen der Spanplatten-Industrie ausgezeichnet (Forsch.-Inst. f. Holzwerkst. u. Holzleime [*2.47*, *2.48*]).

Vor Behandlung der Hydrophobierungsmittel müssen zur Klarstellung ihrer Wirkung noch andere Faktoren erwähnt werden, die auf die Wasseraufnahme und Quellung einwirken, wie Holzart, Spanqualität, Harzkonzentration, Harzgehalt und -Verteilung auf den Spanoberflächen in Decklagen bzw. Mittelschicht, deren Verdichtungsverhältnisse schließlich noch die genannten Einflüsse überlagern.

An erster Stelle aber sind die Harzarten zu erörtern, wobei sich einige Überschneidungen mit dem in Abschn. 2.2.1 bis 2.2.3 Gesagten nicht vermeiden lassen.

Die ungenügende *Witterungsbeständigkeit* der allgemein verwendeten, formaldehydarmen *Harnstoffharze* mit niedrigem Kondensationsgrad wird durch Zusätze von Melaminharz verbessert, wobei man — um die üblichen Anforderungen an *Bahn- und Werftplatten* zu erfüllen — etwa 40% des Harnstoffharzes durch *Melaminharz* ersetzen muß, was 20 bis 25% Melamin im Festharz entspricht. Melaminharze sind teuer, wegen ihrer hohen Reaktionsfähigkeit in Lösung nicht über weite Strecken transportierbar und verhältnismäßig rasch alternd, außerdem schwieriger in Ansatz und Reinigung der Arbeitsgefäße.

Phenolharze verlangen auch im Platteninnern mindestens 120 °C, wodurch hohe Preßplattentemperaturen und verlängerte Preßzeiten bedingt sind. Dies kann man durch den Zusatz der noch teureren, aber reaktionsfähigeren Resorcinharze ausgleichen. Die üblichen Phenol-Resorcinharze werden mit einem Unterschuß von Formaldehyd hergestellt und erst nach Zugabe von Paraformaldehyd ausgehärtet.

Einen Vergleich der drei Bindemitteltypen in den meist angewendeten Zusatzmengen hinsichtlich Quellungs- und Festigkeitseigenschaften erlaubt Tab. 2.19, die Untersuchungsergebnisse von H. NEUSSER [*2.109*] an

15 mm dicken Dreischichtplatten aus 0,25 mm dicken Kiefernspänen enthält.

Es zeigt sich dabei, daß *Biege- und Querzugfestigkeit* sowie die Quellung in Wasser von 20 °C durch Melaminharzzusatz kaum verändert werden. (Erhöhung der Kochfestigkeit s. Abschn. 2.2.2 bzw. später folgende Ausführungen.) Steigender Harzgehalt in der Mittelschicht erhöht die Querzugfestigkeit merklich. Die Biegefestigkeit wird durch den von 6 auf 9% steigenden Harzgehalt in der Deckschicht stark, darüber hinaus aber kaum mehr — wenn wir von den Phenolharz-Platten absehen — gesteigert. Die Quellung wird hierdurch aber eindeutig verbessert. Den anfangs erwähnten Einfluß der Güte der Spanoberflächen, die durch Holzart, Schneidevorgang und Trockenheitsgrad bedingt werden, zeigt Bild 2.19, das die prozentuale Dickenquellung von Spanplatten aus verschiedenen Spänearten in Abhängigkeit von der Dauer der Einlagerung in Wasser von 20 °C darstellt.

Tabelle 2.19. *Spanplatten mit verschiedenen Leimgehalten in Deck- und Mittelschicht und ihre Biegefestigkeit, Querzugfestigkeit und % Quellung nach 2 bzw. 24 Stunden Wasserlagerung* (Nach H. Neusser)

% Harnstoffharz * in		% Melaminharz * in		% Phenol-Res.-Harz * in		Biege-festigkeit kp/cm² ***	Querzug-festigkeit kp/cm²	% Quellung 2/24 h
DS	MS	DS	MS	DS	MS			
6	6					188	5,0	2,8/10,4
9	6					204	5,9	2,8/10,1
12	6					213	6,5	2,5/ 8,2
12	9					210	7,8	2,4/ 8,0
12	12					214	10,5	2,4/ 7,0
9	6	0	0			213	6,4	2,8/10,0
9	6	5	5			215	6,4	2,6/ 9,1
9	6	10	10			204	5,9	2,8/10,1
9	6	20	20			207	6,4	2,9/ 9,4
9	6	40	40			215	6,8	2,5/ 7,1
				9	6	173	2,9	3,0/13,4
				12	6	210	4,2	2,4/ 9,5

* bezogen auf atro Holz. ** bezogen auf Festharz.
*** korrigiert auf eine Plattendichte von 0,625 g/cm³.
DS = Deckschicht; MS = Mittelschicht.

Bild 2.19 zeigt, daß mit Messerwellen erzeugte Späne etwas höhere Dickenquellungen aufweisen als Flachspäne, daß Pappelspäne besonders stark quellen und daß die Spandicke bei Nadelhölzern in dieser Beziehung weniger Gewicht hat als die durch die Zerspanerart bedingte Oberflächengüte.

Zur Zeit in der Spanplattenindustrie besonders wichtige *Quellungsschutzmittel* sind:

1. Paraffin in geschmolzenem Zustand,
2. Paraffin- und Wachsemulsionen,
3. Petrolatum,
4. kationaktive Dispersionen von Nebenprodukten der Erdölindustrie;

weniger bedeutend sind:

5. hydrophobierende Nebenwirkungen einzelner Schutzmittel (bzw. ihrer Lösungsmittel) gegen Pilz- und Insektenangriffe;

von bisher geringem industriellem, aber um so größerem wissenschaftlichem Interesse sind:

6. durch chemische Modifikation der Zellwandsubstanz erreichte Schutzwirkungen einschließlich Hydrophobierung;

schließlich ist zu erwähnen:

7. der Oberflächen- und Kantenschutz durch nicht alternde, rißfeste Kunstharzüberzüge (Filme, Spachtelmassen).

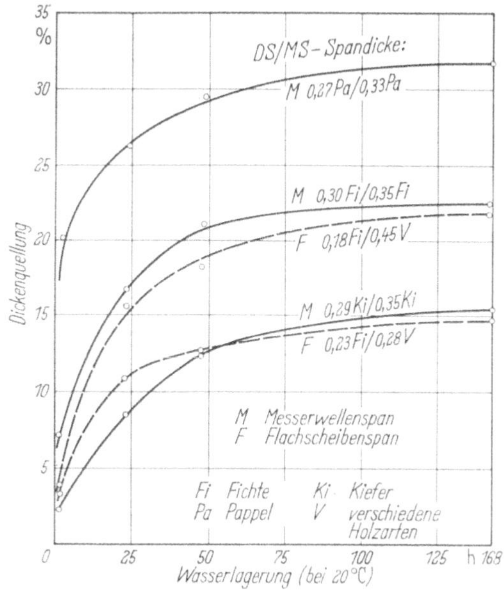

Bild 2.19. Dickenquellung von 8 mm dicken ungeschliffenen Dreischichtplatten aus verschiedenen Spänearten, die einheitlich in der 25 Gew.-% umfassenden Deckschicht (DS) mit 13,5% Harz und in der 75 Gew.-% umfassenden Mittelschicht (MS) mit 7,5% Harz verleimt und insgesamt mit 0,6% Wachs hydrophobiert wurden (nach H. Neusser) in Wasser von 20 °C.

1. Paraffin in geschmolzenem Zustand erfordert eine ziemlich kostspielige Installation mit einem doppelwandigen Schmelzgefäß, das durch Heißwasser auf einer Temperatur von 84 °C gehalten werden muß, geheizte Leitungen bis zu den Spritzdüsen und Heißluft zum Versprühen oder geheizte Zahnradpumpen, da bei einem Sinken der Paraffintemperatur unter etwa 45 bis 50 °C zuerst eine ungenügende Zerteilung (kleine Würstchen statt feinster Tröpfchen) und dann rasch eine Verstopfung der Düsen und Leitungen eintritt. Unter günstigen Verhältnissen (hinsichtlich der Paraffinpreise und -qualität) hat sich dieses ständig sorgfältige Kontrolle erfordernde Verfahren als sehr wirtschaftlich bewährt.

2. Paraffin- und Wachsemulsionen, die seit ihrer industriellen Einführung im Jahre 1953 eine große technische Entwicklung durchliefen und heute für über 90% der hydrophobierten Spanplatten verwendet werden, haben den Vorteil, daß sie keine Spezialapparatur erfordern, sondern einfach im Leimmischer in der Reihenfolge Leim—Emulsion—Härter—Wasser zur fertigen Leimflotte vermischt werden.

In der Wirkung sind sie derjenigen von geschmolzenem Paraffin sehr ähnlich und werden ebenso wie diese etwa in den Mengen von 0,3 bis 0,5% Wachs, bezogen auf das atro Holzgewicht, den Nadelholzspänen und zu 0,5 bis 1,0% den Laubholzspänen zugesetzt. Über 1,25% Wachs soll

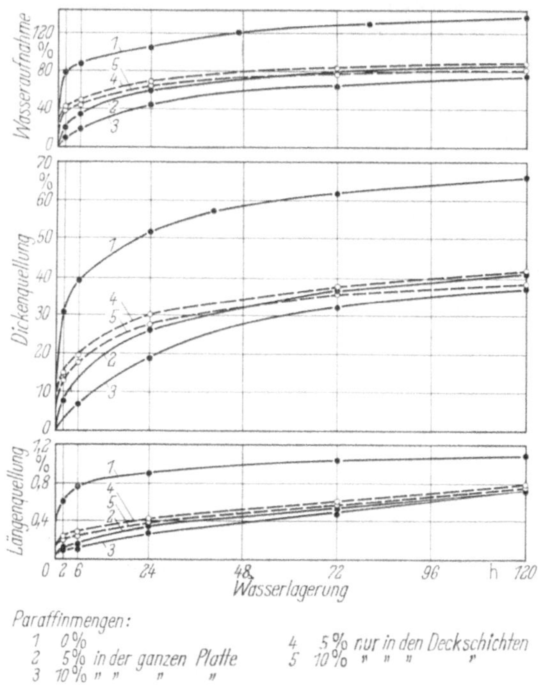

Bild 2.20. Einfluß der Zusätze von Paraffinemulsion zur ganzen Platte bzw. nur zu den Deckschichten (– – –) auf die Wasseraufnahme, Dicken- und Längenquellung in Abhängigkeit von der Dauer der Wasserlagerung bei 20 °C. (Nach O. LIIRI.)

man nicht gehen, da hierdurch die Festigkeitseigenschaften der Platten, insbesondere die Nagelhaltefestigkeit, verschlechtert werden. Da der Zusatz stets zur Leimflotte erfolgt, berechnet man in der Spanplattenindustrie den Wachszusatz in % des Harzgewichtes. Bild 2.20 zeigt den Einfluß der Paraffinzusätze in Emulsionsform mit zu Harnstoffharz verleimten Kiefern-Spanplatten zur ganzen Spänemasse und gestrichelt nur zu den Deckschichten.

Neue, hochwertige Paraffinemulsionen sind bis —18 °C kältebeständig, wärmebeständig, schaumfrei und nach privaten, nicht geprüften Mitteilungen sogar in der Lage, die Querzugfestigkeit zu erhöhen. Die Unterschiede der Quellung bei Verwendung verschiedener handelsüblicher Emulsionen sind in Bild 2.21 dargestellt.

Die Prüfung der Quellung (von 25 mm × 25 mm Proben) nach 2 Stunden Wasserlagerung bei 20 °C ist nur beschränkt, aber nach den Untersuchungen von E. Plath [*2.47*, *2.48*] doch ausreichend aussagefähig und läßt — wie Bild 2.22 zeigt — auch Rückschlüsse auf die angewendete Harzart und -menge zu.

Die Phenolresorcin-Harze liegen bei der Kaltwasserlagerung deutlich schlechter als die Harnstoff-Melaminharze. Noch viel deutlicher sind

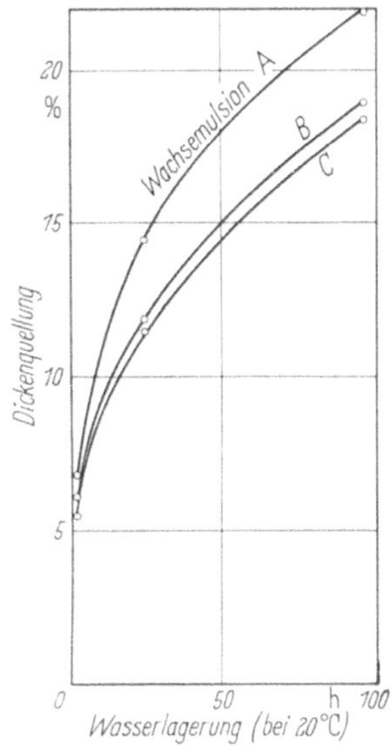

Bild 2.21. Dickenquellung von 8 mm dicken, ungeschliffenen Platten aus 0,2 mm Pappel-Flachscheibenspänen bei 8% Harnstoffharz und 0,6% Wachs, bezogen auf atro Holz in Abhängigkeit von der Dauer der Wasserlagerung bei 20 °C.

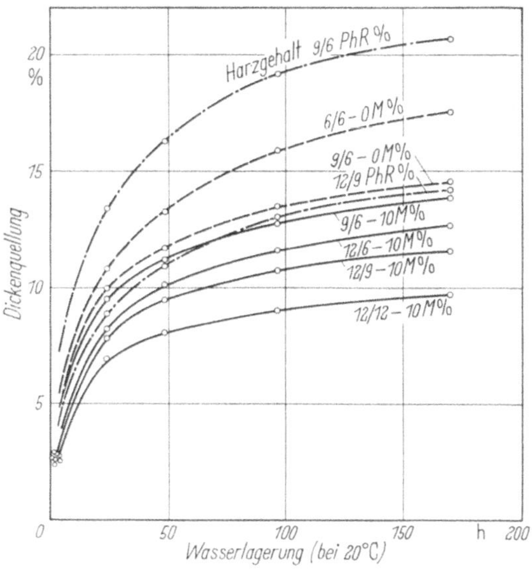

Bild 2.22. Dickenquellung von 14 mm dicken, geschliffenen Platten aus 0,25 mm Kiefer-Flachspänen mit 40 Gew.-% Deckschicht (DS) und 60 Gew.-% Mittelschicht (MS), 0,6% Wachs und verschiedenen Harzgehalten in DS und MS, in Abhängigkeit von der Dauer der Wasserlagerung bei 20 °C. *PhR* Phenol-Resorcinharz; sonst Harnstoffharz mit 0 und 10% Melaminharz (*M*).

aber die Unterschiede bei der Kochprobe, bei der schon nach 10 min Lagerung im kochenden Wasser weitgehende Schlüsse auf die benutzte Harzart und -menge sowie auf die Spanqualität und im Zusammenhang mit der Kaltwasserquellprüfung auch auf das Härtersystem gezogen werden können.

Bild 2.23 zeigt, wie bei der Quellung in kaltem Wasser, einen erheblichen Einfluß des Gehaltes an Harnstoffharz, das von mittlerer Reaktionsfähigkeit und stark gepuffert war, und ebenso die mit zunehmendem Melaminharzgehalt beträchtlich steigende Verminderung der Dickenquellung. Besonders bemerkenswert und typisch ist das Verhalten der Resorcinharze, bei denen sich die schon nach kurzer Kochzeit auftretende Erstquellung praktisch nicht mehr ändert, während besonders die Harnstoffharze, aber auch die Harnstoff-Melaminharze, laufend abgebaut werden, wodurch die Quellung fortschreitet.

Der Quellungsversuch erlaubt bei richtiger Deutung sehr weitgehende Schlüsse. Vergleicht man z. B. Dickenquellungswerte, die an 8 mm dicken, geschliffenen Einschicht-Platten aus 0,2 mm dicken Pappelspänen mit 8% Harnstoffharz- und 0,3% Wachsgehalt nach 10 min Kochen und nach einer Woche Wasserlagerung bei 20 °C gewonnen wurden, so sieht man eine deutliche Verschiebung der Quellungsminima (Bild 2.24).

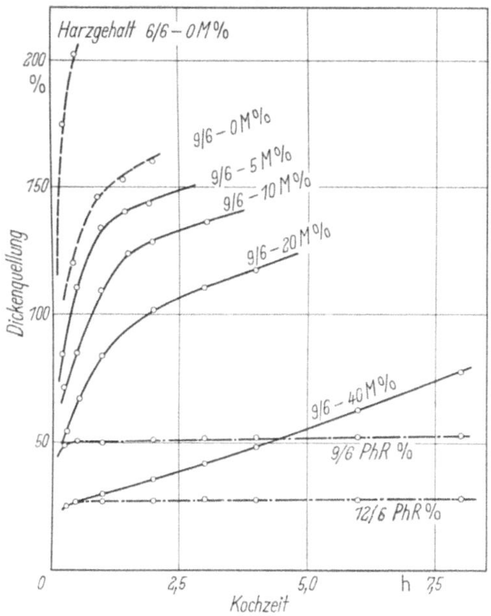

Bild 2.23. Dickenquellung von Kiefern-Spanplatten, wie Bild 2.22, in Wasser von 100 °C.

Während die kleinste Kochquellung bei niedrigen NH_4Cl-Werten gefunden wurde, lagen die günstigen Kaltwasserquellwerte bei höheren Härtermengen, bei denen man eine Verringerung der Verleimungsbeständigkeit erwarten würde, da sie bei diesen formaldehydarmen Harzen und der notwendigen Pufferung mit NH_3 bzw. Harnstoff mehr Formaldehyd verbrauchen. Auf Grund der so gewonnenen Erkenntnisse sollte der NH_4Cl-Gehalt zwischen 1,8 und 2,4% liegen und die Pufferung mit Ammoniak bzw. Harnstoff möglichst gering gehalten werden. Sie ist aber besonders bei höheren Temperaturen notwendig, um die produktionstechnisch erforderliche längere Lagerung der Späne zu ermöglichen und um mittels einer besseren Harzverankerung in den Spänen die Streuung der Einzelwerte zu verringern. Alles was die Viskosität des Leimes verringert oder seine Fließperiode während des Abbindens verlängert, erhöht sein Eindringen in die Späne, verringert die Querzugfestigkeit und die Quellung.

Der Verlauf der Quellungskurven in Bild 2.25 zeigt deutlich die Verschlechterung der Verleimung durch längere Lagerung der beleimten Späne, insbesonders bei höheren Temperaturen.

Die handelsüblichen Paraffinemulsionen wurden anfangs aus Rohparaffingutschen hergestellt, worauf man auf Reinparaffine überging, von denen aber diejenigen mit hohen Anteilen an mikrokristallinen Bestandteilen nicht befriedigten. Als wichtig stellte sich die Konstanthaltung einer von der Struktur abhängigen Viskosität von 200 bis 300 cP heraus, die einer Teilchengröße von 1 bis 5 μm, hauptsächlich 2 bis 3 μm, entspricht, während Teilchen unter 1 μm nicht mehr wirksam sind.

Gereinigte Montanwachse ergaben auf Grund ihres chemischen Aufbaus mit einer hydrophoben Gruppe, die sich an freie Hydroxylgruppen im Holz anlagert, und dem großen hydrophoben Restmolekül seit langem ausgezeichnete Resultate (Mörath [*2.103*, *2.104*, *2.105*]). Sie sind aber viel zu teuer und werden daher zur Zeit mit Paraffinen ohne verzweigte C-Ketten und mit geringem Ölgehalt sowie mit Zusätzen von geringen Mengen Ceresit und Schutzkolloiden wie Fettsäureaminoseifen oder Abietinsäurederivaten zu den bereits erwähnten hochwertigen Hydrophobierungsemulsionen verarbeitet. Es ist zu erwarten, daß die Forschung gerade auf diesem Gebiet noch wertvolle Verbesserungen einbringen wird.

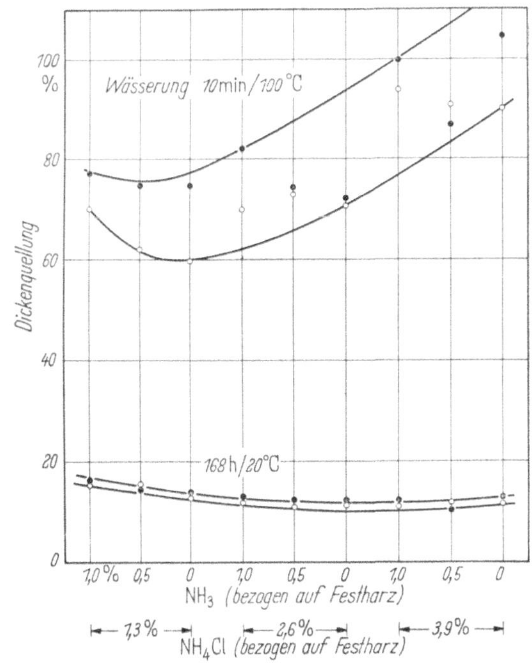

Bild 2.24. Dickenquellung von 8 mm dicken, geschliffenen Pappel-Feinspanplatten mit verschiedenen Härter- und Paraffingehalten nach 10 min Kochen und nach 1 Woche Wasserlagerung bei 20 °C. Flachscheibenspan, 8% Harz, 0,3% Wachsgehalt.

3. Petrolatum. Unter Petrolatum versteht man blaß-bernsteingelbe, ungebleichte, vaselinartige Rückstände gewisser amerikanischer und russischer Erdöle, die aus einem in gereinigtem Zustand geruchfreien Gemisch halbfester Kohlenwasserstoffe (meist $C_{17}H_{36}$ bis $C_{21}H_{44}$) bestehen und hauptsächlich in Rußland in etwa den gleichen Zusatzmengen wie Paraffin verwendet werden und relativ billiger sind (Jukna u. M. [*2.65*]; Petri u. M. [*2.112*, *2.113*]). Es kann sowohl entsprechend erhitzt, zerstäubt als auch in Emulsionsform mit den üblichen Bindemitteln oder mit Sulfitablauge verwendet werden.

4. Kationaktive Dispersionen von Nebenerzeugnissen der großen petrochemischen Unternehmungen bewährten sich in englischen und schwedischen [*2.6*] Spanplattenfabriken als Hydrophobierungsmittel als Ersatz der üblichen Paraffinemulsionen [*2.5*]. Da diese Stoffe sehr billig sind, in allen Gebieten mit entwickelten Erdöl- und petrochemischen Industrien in großen Mengen anfallen und gute Wirkung erzielen, ist eine gründliche Untersuchung ihrer Anwendung sehr zu empfehlen.

5. Verschiedene Schutzmittel gegen Pilz- und Insektenangriffe, z. B. *Pentachlorphenol*, *Kupfernaphthenat* und deren Lösungsmittel (VERALL [*2.144*]) haben wasserabweisende und damit quellungshemmende Wirkung, die man durch richtige Steigerung der Bindemittelzugabe noch erhöhen kann und vor allem bei der heute so erstrebten bestmöglichen Verbindung der Schutzwirkungen gegen Feuchtigkeits-, Pilz-, Insekten- und Feuereinwirkung berücksichtigen soll.

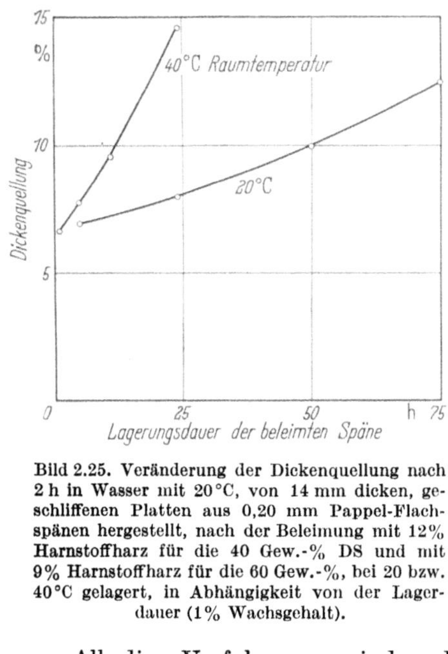

Bild 2.25. Veränderung der Dickenquellung nach 2 h in Wasser mit 20 °C, von 14 mm dicken, geschliffenen Platten aus 0,20 mm Pappel-Flachspänen hergestellt, nach der Beleimung mit 12% Harnstoffharz für die 40 Gew.-% DS und mit 9% Harnstoffharz für die 60 Gew.-%, bei 20 bzw. 40 °C gelagert, in Abhängigkeit von der Lagerdauer (1% Wachsgehalt).

6. Kombinierte Schutzwirkungen durch chemische Modifikation der Zellwand:

a) Imprägnierung mit niedrigviskosen, in die Holzfasern eindringenden Phenolharzen,

b) Ersatz der freien Hydroxylgruppen durch z. B. Acetylgruppen,

c) thermische Umwandlung,

d) Behandlung mit Formaldehyd und

e) Vollimprägnierung mit Äthylenglycol.

Alle diese Verfahren vermindern die Quellungseigenschaften erheblich, jedoch sind zum Teil die erforderlichen Chemikalienaufnahmen zu hoch (etwa 30 bis 40% des Holzgewichts), oder die Festigkeits- und Elastizitätseigenschaften des Holzes werden stark vermindert. Am aussichtsreichsten erscheint z. Z. eine Kombination der Formaldehydeinwirkung mit der Tränkung mit niedrigviskosen Phenolharzen.

Versuche von A. J. STAMM [*2.135*] ergaben, daß eine Aufnahme von nur 2% Formaldehyd die Quellung um 50 bis 60% vermindert, während theoretisch etwa 21% Formaldehyd notwendig wären, um alle Hydroxylgruppen abzusättigen. Andere Versuche, bei denen mit 9% Phenolharz verleimte Spanplatten mit weiteren 4% Phenolharzen imprägniert wurden, ergaben praktische Wetterfestigkeit, so daß sie nach dem in den USA für die Wetterfestigkeitsprüfung üblichen Wechsellagerungszyklen noch etwa 80% ihrer Anfangsfestigkeiten in lufttrockenem Zustand besaßen.

Es scheint, daß bereits die geringe Menge von Phenolharzen, die für die Beleimung der Späne nötig ist (7 bis 10%), das Wasser in den Zellwänden teilweise ersetzt, weiteren Feuchtigkeitseintritt verhindert und so eine gewisse Immunität gegen Angriffe aller Lebewesen und — nach anderweitigen Erfahrungen — auch eine wesentliche Verringerung der Entflammbarkeit bewirkt.

Umfassende systematische Weiterführung dieser Versuche, z. B. auch mit anderen Aldehyden (WEAVER u. M. [*2.147*]), ist daher zu empfehlen.

7. Oberflächenschutz durch Kunstharzspachtelmassen bzw. nicht alternde, rißfeste Kunstharzüberzüge, die durch das Auftragen von Sanden ausgewählter Korngröße Putzcharakter und erhöhte Feuerbeständigkeit erhalten, in Verbindung mit Kantenschutz gewährleisten Wetterfestigkeit, welche die Verwendung von Spanplatten als Außenhaut von Gebäuden rechtfertigt (v. THIELMANN [*2.141*]).

Schließlich ist die Verwendung von *Asbestzementschindeln* oder *-platten* als Außenhaut von Spanplattenbauten [*2.7*], die sich unter bestimmten Verhältnissen durchaus bewährte und sowohl Kundenwünschen als auch den Ergebnissen eingehender Wirtschaftlichkeitsvergleiche entsprach, in diesem Zusammenhang zu erwähnen.

2.3.2 Schutzmittel gegen Pilze

Bisher wurde im allgemeinen der Widerstandsfähigkeit der Spanplatten gegen Pilze, die an sich, besonders durch den geringen Feuchtigkeitsgehalt, bereits höher ist als die der Ausgangshölzer, wenig Beachtung geschenkt. Dies hatte seinen Grund darin, daß man Spanplatten kaum jemals so einbaute oder verwendete, daß sie starken Feuchtigkeitseinflüssen auf längere Zeit ausgesetzt und damit pilzanfällig wurden.

Mit der zunehmenden Verwendung von Spanplatten als Baustoff für *Außenwände* mußte man aber versuchen, die Beständigkeit gegen Feuchtigkeitseinflüsse sowie gegen Pilz- und Insektenangriffe zu erhöhen.

Zum Teil ist dies schon durch die *Erhöhung des Bindemittelgehalts* möglich. So zeigten Untersuchungen von I. W. CLARK [*2.35*], daß Steigerung des Zusatzes von Harnstoffharz von 4% auf 8% die Pilzwiderstandsfähigkeit auf etwa das Doppelte erhöhte, während eine Steigerung des Gehaltes an Phenolharz von 3 auf 6%, ein Zusatz von 1% Wachs und eine Steigerung der Rohdichte von 0,55 auf 0,66 g/cm^3 keinen Einfluß ausübten. Bei diesen Untersuchungen wurden *Poria monticola* (Stamm Madison 698) und *Lenzites trabea* (Stamm Madison 617) verwendet, von denen *Lenzites trabea* etwas weniger stark angriff.

Bezüglich der Verträglichkeit der Schutzstoffe gegen Pilze mit den Bindemitteln kann auf Abschn. 2.3.0 verwiesen werden.

Bemerkenswert ist, daß Zusätze von Spänen solcher Holzarten, die einen hohen Gehalt an *toxischen Extraktstoffen* haben, besonders wirksam sind. So ergaben Beimischungen von 50% Western Red Cedar-Spänen bei mit Harnstoffharzen abgebundenen Platten die höchsten beobachteten Pilzresistenzwerte.

In der Praxis verwendet man z. Z. in Europa meist Zusätze von Pentachlorphenol unter 1% (in den Tropen bis zu 2%) und von Cu-Pentachlorphenol (0,4 bis 1%) und auch von Natriumfluorid oder Natriumsilicofluorid (0,5 bis 1%).

Untersuchungen von E. KÜNZELMANN [*2.93*] von 5 handelsüblichen Spanplatten, die mit U-Salz in 5%iger Lösung, Silicofluoriden in $33^1/_3$ %iger Lösung, Na-Pentachlorphenolat und Na-Trichlorphenolat in 15%iger Lösung durch Oberflächenauftrag geschützt wurden, ergaben, nachdem sie Angriffen von holzzerstörenden Pilzen (*Merulius domesticus* Falck, *Coniophora cerebella* Pers. und *Poria vaporaria*) ausgesetzt worden waren, folgende Grenzwerte (Gewichtsverlust unter 5%):

Grenzwerte (reine Wirkstoffmenge in g/m² Plattenoberfläche)

Schutzmittel	U-Salz	Silicofluorid-Salz	Na-Pentachlorphenolat	Na-Trichlorphenolat
g/m²	5	5	35	35

Für den praktischen Gebrauch empfiehlt E. KÜNZELMANN aber, diese Mengen um 100% zu erhöhen.

Russische Versuche ergaben eine völlige Unterbindung der Angriffe von *Coniophora cerebella* bei Zusätzen von 0,5 bis 1% des Spänegewichts an Natriumfluorid oder Natriumsilicofluorid, 0,2% Anthracenöl oder schließlich 2% Natriumoxydiphenolat zum Späneharzgemisch (SOKOLOWA u. M. [*2.134*]).

Schutzbehandlungen gegen Pilzangriffe allein werden aber voraussichtlich keine sehr große Bedeutung erlangen, da man heute schon recht gute Präparate hat, die gegen Pilz- und Insektenangriffe bzw. sogar gegen diese und rasche Entflammbarkeit schützen.

2.3.3 Schutzmittel gegen tierische Schädlinge

Der Schutz von Spanplatten gegen tierische Schädlinge allein ist in den meisten Verwendungsfällen unnötig, er kann aber unter besonderen Verhältnissen, z. B. in Ländern mit starkem *Termitenvorkommen*, wichtiger werden als alle anderen Schutzmaßnahmen. Deshalb sind auch die frühesten und meisten Untersuchungen auf diesem Gebiet dem Termitenproblem gewidmet (Brown u. M. [*2.25*]; Jackson [*2.63*]; Klauditz u. M. [*2.79*]; Plath u. M. [*2.116*]; Stolley [*2.138*]). Es liegen auch für andere wichtige Schadinsekten wie Hausbock und Anobien (Becker [*2.13*]; Schulze u. M. [*2.129*]) und Lyctus (Div. of For. Prod. C. S. I. R. O. [*2.38*]; McIntyre [*2.100*]) bereits wichtige Untersuchungen vor.

Die bei Vollholzbauten zweckmäßige Anwendung von termitenresistenten Hölzern (Bavendamm [*2.10*]; Becker [*2.12*]; Bender [*2.14*]) dürfte für Spanplatten wohl nur in ganz seltenen Fällen in Frage kommen, da diese Holzarten fast durchwegs so schwer und hart sind, daß ihre Zerspanung unwirtschaftlich wird. Da die natürliche Widerstandsfähigkeit der Hölzer mit der Rohdichte, der Höhe des Ligninanteils, der für die Insekten unverdaulich ist, und demjenigen an abschreckend wirkenden oder insekticiden Inhaltsstoffen, die fast sämtlich den chemischen Gruppen der Stilbene, Chinone und Pyranderivate angehören, wächst, wären Ausnahmen nur bei verhältnismäßig leichten, aber chemisch abwehrenden Holzarten wie Teak (*Tectona grandis*) und Mahagoni (*Swietenia mahagoni*) zu suchen, die auch in größeren Industrien verarbeitet werden und daher große Abfallmengen ergeben.

Einen weiteren, allerdings geringeren Einfluß auf die Resistenz gegen Insekten-, insbesondere Termitenangriffe übt das Bindemittel aus, das zu einem Teil mit dem Wasser in die Späne und bis zur Plattenoberfläche hindurch diffundiert bzw. beim Pressen an dieser austritt. Dies kann man besonders bei den Phenol-, Kresol- und Resorcinmischharzen an dem typischen Karbolgeruch der Platten merken, der daher stammt, daß diese Harze meist 10 bis 13% auch nach der Aushärtung nicht umgesetzte Phenole oder Kresole enthalten, die wegen ihres hohen Siedepunktes (180° bzw. 205°C) sehr schwer flüchtig sind und infolge ihrer starken Bindung an das Holz eine lang andauernde Schutzwirkung erwarten lassen.

Die Toxizität der verschiedenen Schutzmittel, die bei den einzelnen Insektenarten sowie je nach ihren Entwicklungsstadien außerordentlich stark schwankt, ist an vielen Stellen untersucht worden (Becker [*2.12, 2.13*]; Schulze u. M. [*2.129*]; Steiner u. M. [*2.137*]), wobei sich auch die Abhängigkeit der tierischen Angriffe vom Vorhandensein holzzerstörender Pilze (insbes. niedriger Pilze) zeigte. Aus der fast unübersehbaren Fülle der einschlägigen Literatur soll nur eine Gruppierung der Schutzmittel gegeben werden, die in erster Linie für *Hausbock- und Anobienlarven* gilt.

Am wirksamsten erscheinen Thalliumsulfat und Flußsäure, die aus technischen Gründen nicht zugelassen werden können, sowie die höchstwertigen Kontaktinsekticide, dann kommen Natrium- und Hydrogenfluoride, Fluorkieselsäure mit ihren Salzen, Kaliumarsenite und Thalliumchlorid, deren Giftwirkungsgrenze gegen Hausbocklarven bei 0,1 bis 0,3 kg/m³ Holz liegt, und als dritte Gruppe Kalium-Fluorid, Sublimat, Arsensäure und ihr Kaliumsalz mit 0,3 bis 0,6 kg/m³. Gute anorganische Mischprodukte mit Grenzwerten bis zu 1 kg/m³ sind z. B. Fluor-Chrom-Arsen und Fluor-Arsengemische und Thionaphthen. 1 bis 2 kg/m³ werden von Zinkchlorid, Kupfersulfat, Natriumarsenat sowie Chinolin und Diphenylenoxyd benötigt, 2 bis 5 kg/m³ von Kaliumbichromat, β-Naphthol, 2-Methylchinolin und den besten öligen und ölartigen Hausbockbekämpfungsmitteln, 5 bis 15 kg/m³ von den sonstigen guten ölartigen Holzschutzmitteln, Naphthalin, Trikresol, Iso- und I-Methylchinolin, während Steinkohlenteeröl nach D. B. -Vorschrift, Karbolineum, Diammoniumphosphat und andere Flammschutzmittel erst bei 15 bis 40 kg/m³ genügen und von zahlreichen anderen im Handel befindlichen Mitteln 40 bis über 100 kg/m³ eingebracht werden müssen.

Bei der praktischen Anwendung müssen noch manche Umstände wie gutes Eindringungsvermögen, evtl. Gaseinwirkung und die Dauer der vorbeugenden Wirksamkeit, die von der Fixierung im Holz und der Flüchtigkeit des Mittels abhängt, berücksichtigt werden. Dies gilt insbesondere bei der großen Reihe der Kontaktinsekticide, die heute sowohl den Insektenschutzmitteln als auch in geeigneten Lösungsmitteln oder Emulsionen (meist 5%ig) den Leimflotten zugesetzt werden. Besonders hochwirksam sind Hexachlorcyclohexan, das Hausbocklarven bereits bei weniger als 0,03 g/m³ Holz abtötet, und Dieldrin mit einem Grenzwert von 0,1 g/m³, dann folgen Aldrin mit 0,2 g/m³, DDT (Dichlor-Diphenyl-Trichloräthan), das nach der Entdeckung seiner außerordentlichen insektentötenden Wirksamkeit im Jahre 1939 rasch zu Weltruhm gelangte, E 605 (Diäthylnitrophenolthiophosphat), Chlordan, Thiodan, Toxaphen u. a., doch müssen dabei die schon erwähnten Schwankungen je nach Insektenart und Entwicklungsstadium berücksichtigt werden, die bis zu 1:1000 gehen können.

In der Praxis der Schutzbehandlung der Spanplatten gegen Insekten hat bisher Pentachlorphenol (Brown u. M. [*2.25*]; Klauditz u. M. [*2.79*]) die umfangreichste Verwendung und Prüfung unter extremen klimatischen und Termitenangriffsbedingungen in Florida gefunden. Mit Harnstoffharz gebundene Spanplatten, denen 1,25% in Äthanol gelöstes Pentachlorphenol zugesetzt wurde, überstanden Termitenangriffe bis zu einer Dauer von 6 Monaten unbeschädigt, doch zeigte sich nach einjähriger Lagerung im Freien, daß sie äußerst stark gequollen waren, etwa 80% ihrer Festigkeit verloren hatten und von Termiten sowie Schimmelpilzen stark angegriffen wurden. Mit Phenolharz abgebundene Spanplatten mit der gleichen Menge Pentachlorphenol, wiesen dagegen auch nach einem Jahr dieser extremen Angriffe keine Termiten- oder Schimmelschäden auf.

Empfohlen wird, Natriumpentachlorphenolat in Pillenform, das etwa 83% aktives Pentachlorphenol enthält, in Wasser zu lösen (etwa 20% bei 20 °C) und 1,25% (bezogen auf das Holztrockengewicht) unter raschem Rühren der Leimlösung zuzusetzen. Der pH-Wert der Harnstoffharzlösung, die annähernd neutral ist, wird dadurch um 1 bis 2 Einheiten erhöht, woraus die Notwendigkeit folgt, die Preßzeit um 23 bis 30% zu verlängern. Sonst wird wie üblich verfahren.

Bei Phenolformaldehydharzen, die schon schwach alkalisch sind, tritt durch Na-Pentachlorphenolat, das in der Menge von 1 bis 1,25% zugesetzt werden soll, keine nennenswerte Änderung des pH-Wertes und der Verleimungsbedingungen ein, ebenso keinerlei Auslaugung. Manchmal tritt bei ihnen eine schwache rötliche Verfärbung der Oberfläche auf. Da Pentachlorphenol unter normalen Preßbedingungen wenig flüchtig ist, wurden keine nennenswerten Verluste festgestellt, mit Ausnahme ganz geringfügiger Abnahmen der Pentachlorphenol-Konzentration nahe den Rändern der Platte, die aber keinen Einfluß auf die Termitenresistenz hatte.

Die genannten Insektenschutzmittel haben auch fungicide Eigenschaften, doch muß das Streben — schon aus Gründen der Betriebsvereinfachung — dahin gehen, Schutzmittel zu entwickeln, die gegen alle wichtigen Schadeinflüsse: Pilze, Insekten und Feuer schützen.

2.3.4 Feuerschutzmittel

Bei den auf der ganzen Welt mit Recht steigenden Forderungen der Behörden nach verbessertem Brandschutz (FAO [*2.40*]) gewinnt die Entwicklung des Feuerschutzes, der einschlägigen Forschungen (Differential-Thermo-Analyse) (Keylwerth u. M. [*2.68*]) und der möglichst international zu vereinheitlichenden Prüfverfahren (Kollmann [*2.89*]) für die Spanplattenindustrie eine immer größere wirtschaftliche Bedeutung, ja wird sogar zu einer Lebensfrage.

Ungeschützte Holzspanplatten, deren Brandempfindlichkeit mit steigender Dichte und Dicke abnimmt, erwiesen sich bei Untersuchungen der Verbrennungsgeschwindigkeit nach dem Prüfverfahren von L. Metz und H. Seekamp, der Brennbarkeit nach dem US Commercial Standard CS 42—49 und des Flammpunkts feuerbeständiger als Faserplatten und Vollholz derselben Dichte und als Flachsspanplatten (Prosiúski u. M. [*2.118*]), wie auch Bild 2.26 beweist (Seekamp [*2.131*]).

Dieses günstige Verhalten dürfte zum Teil darauf zurückzuführen sein, daß in den Spanplatten die durch die Wärmeeinwirkung entstehenden Spannungen infolge ihres Aufbaues aus zahlreichen einzelnen Spänen etwas besser ausgeglichen werden als im gewachsenen Holz, hauptsächlich aber auf den Einfluß der Bindemittel (Ropella [*2.120*]).

Harnstoffharzleime, die für reine Innenraumverwendung gut geeignet sind, besitzen eine geringere Flammbeständigkeit als Melamin- und Phenolharze, insbesondere aber als Phenol-Resorcinmischharze.

Die Aufnahme an *Feuerschutzsalzen* (Ammonphosphate, -sulfate, -sulfamate, sowie Borsäure, Borax u. a.) wurde zwischen 50 und 160 kg/m³ gehalten, wobei es sich zeigte, daß mit zunehmendem Salzgehalt sowohl die Trocknung als auch die nachträgliche maschinelle Bearbeitung schwieriger werden, daß die Hölzer bei hohen Temperaturen nachdunkeln und in den Festigkeitseigenschaften nachgeben.

In der Spanplattenfabrikation werden im allgemeinen 8 bis 10% des Gewichts der trockenen Späne (also etwa 50 bis 60 kg/m³) Feuerschutzmittel angewendet, wobei Harnstoffharze anscheinend Ammonsulfat verhältnismäßig am besten vertragen, Phenolharze aber die Ammonphosphate und -sulfamate. Das Bor-Ion beeinflußt die Harzpolymerisation meist ungünstig, doch ist dieser sehr komplexe Vorgang noch nicht ganz geklärt.

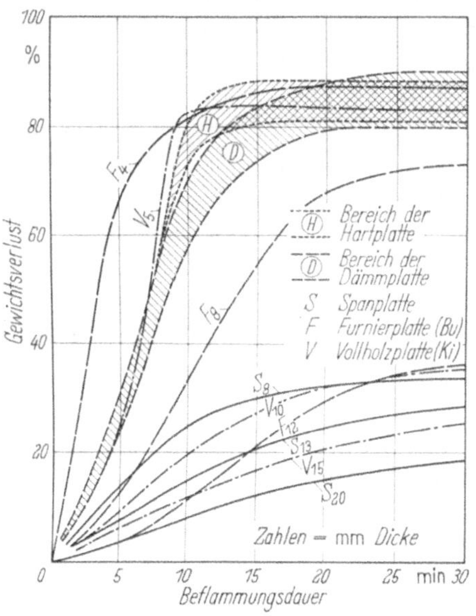

Bild 2.26. Verlauf des Abbrandes verschiedener Plattenarten bei Beflammung mit 1 Nl Norm-Stadtgas/min und cm Probenbreite. (Nach H. SEEKAMP.)

Die günstigsten Wirkungen werden zur Zeit noch mit *schaumbildenden Kunstharzüberzügen* in der Menge von etwa 300 g/m² Oberfläche erzielt, die bei dickeren Spanplatten (ab 16 mm) das deutsche Prädikat „schwer entflammbar" (DIN 4102) oder das zwar nicht vollkommen vergleichbare englische Prädikat „very low flame spread" nach BS 476 und die entsprechenden amerikanischen Bedingungen erfüllen.

Die schaumbildenden Bestandteile können in drei Gruppen eingeteilt werden:

A. aufblähende, organische Stickstoffverbindungen, z. B.: Dicyandiamid, Harnstoff und 1,3-Dimethylharnstoff, Guanylharnstoffphosphat, Glycin u. a.,

B. anorganische Feuerschutzsalze, die flammenerstickende Gase entwickeln: z. B. Mono- und Diammonphosphate, sekundäres Kaliumphosphat, Ammonphosphat-Phosphorsäure (3:2), Ammonsulfamat-Sulfaminsäure (1:1) und

C. nichtharzartige, kohlenstoffhaltige Verbindungen, die nur leicht aufschäumen, aber hauptsächlich als Binder und als Schutzkolloide wirken und so gebildete Schäume stabilisieren, z. B. Stärke, Mannit, α-Galactose, Glucose, Pentaerythrit und schließlich auch künstliche Latexarten [*2.39*] (z. B. Vinylchlorid-Vinyliden Copolymere). Sie haben meist etwa 15% Feststoffgehalt (Pigmente, z. B. Titanweiß für hohe Opazität) und müssen bei pH-Werten von 4 und mehr stabil sein.

Neutrale Untersuchungen der Wirkung der Flammschutzmittel (BORNEMANN [*2.22*]; KÜNZELMANN [*2.93*]) auf Spanplatten sind leider noch sehr selten und behandeln meist ältere Mittel, die von den neuesten Produkten übertroffen werden. Zusammenfassend kann aber gesagt werden, daß bei richtiger *Abstimmung der Verleimungstechnik und des Feuerschutzes* Spanplatten von mehr als 12 mm Dicke mit Sicherheit so geschützt werden können, daß sie den baupolizeilichen Vorschriften für „schwerentflammbare" Baustoffe entsprechen (KOLLMANN u. M. [*2.90*]); dies wurde auch durch zahlreiche Prüfungen im Schiffsbau nach den Richtlinien der Seeberufsgenossenschaft und der „Norske Veritas" bestätigt.

3. Allgemeine Technologie der Spanplattenherstellung

3.1 Lagerung und Vorbehandlung des Rohholzes

Von **Franz Kollmann**, München

3.1.0 Allgemeine Gesichtspunkte

Die Bedeutung des Rohholzes für die Spanplattenherstellung kommt darin zum Ausdruck, daß je nach Verfahren, Werkskapazität und besonderen örtlichen Verhältnissen von den Gesamtherstellkosten für Spanplatten etwa 20 bis 43% auf das Rohholz entfallen. Im großen Durchschnitt kann man damit rechnen, daß an *60% der Materialkosten für* das *Rohholz* aufzuwenden sind.

Nach den Ermittlungen der FAO lag die *Ausbeute* in westeuropäischen großen Spanplattenwerken zwischen 75 und 83% fertige Platten, bezogen auf das trockene, entrindete Ausgangs-Rohholz. Rechnet man beispielsweise mit 79%, so heißt dies, daß je 1 m^3 fertige Platten rd. 1,27 fm trockenes, entrindetes Holz erforderlich sind. E. SCHNITZLER[1] beziffert den spezifischen Verbrauch an absolut trockenem entrindetem Rohholz auf 1,07 bis 1,25 t je t fertiger Platten. Da feuchtes Holz in einem Zustand, in dem es sich etwa im Quellungsmaximum befindet,

[1] Briefliche Mitteilung vom 12. 3. 1962.

als Rohholz dient, muß man bei Fichten- und Kiefernholz beim Volumenverbrauch noch ein Quellmaß von rd. 14% berücksichtigen, so daß sich der Verbrauch auf 1,27 × 1,14 = 1,45 fm erhöht. Es muß weiter der Rindenanteil hinzugeschlagen werden, der im Mittel, für Fichte und Kiefer gemischt, bei den in Frage kommenden Durchmesserklassen zu 15% angenommen sei, so daß sich der Verbrauch auf 1,45 × 1,15 = rd. 1,67 fm berindetes Rohholz je m^3 Spanplatten erhöht. In der Literatur und in Firmenangeboten findet man Zahlen, die zwischen 1,6 und 1,75 fm feuchten, berindeten Rohholzes je 1 m^3 fertige Spanplatten schwanken.

Rechnet man bei der Verarbeitung von *Faserholz* mit 0,7 fm Holzgehalt je 1 rm, dann kommt man mit der obengenannten Zahl zu 2,38 rm je 1 m^3 fertige Spanplatten. In der Literatur und in Firmenangeboten findet man in der Regel zwischen 2,2 und 2,5 rm/m^3, doch wurden in einem großen, modernen Spanplattenwerk bei der Herstellung dreischichtiger Platten mit 19 mm Dicke folgende besonders günstige Werte ermittelt:

Verbrauch an entrindetem Rohholz	Decklagen	Mittelschicht	Insgesamt
rm/m^3	0,72	1,35	2,07

Wird statt Faserholz *Brennholz* oder/und *Industrie-Restholz* verarbeitet, dann sind andere Umrechnungszahlen einzusetzen. Auf die Ausführungen in Abschn. 2.1.1 ist Bezug zu nehmen. Dabei ist bekannt, daß alle Umrechnungszahlen nur bedingt richtig sein können. Hinzu kommt, daß auch den Angaben aus der Industrie gewisse Ungenauigkeiten anhaften. Trotzdem gestatten sie die Schätzung oder Berechnung des angenäherten Rohholzverbrauchs der ganzen Industrie oder einzelner Werke.

3.1.1 Aufarbeiten und Verladen von Schichtholz

Aufarbeiten und *Verladen von Schicht-Nutzholz* ist mit hohen Rüstkosten verbunden [*3.3*]. Der Personalmangel in den Forstbetrieben zwang dazu, immer mehr Maschinenarbeit heranzuziehen. Langschichtholz wird dabei zweckmäßigerweise, unter Zuhilfenahme von leichten Stahlrohrböcken mit Rollenauflagen für das Holz, mittels Kettensägen abgelängt.

Da *Handentrindung* erheblichen Zeitaufwand bedingt, werden, soweit die Entrindung im Walde in Frage kommt, fahrbare Entrindungsmaschinen eingesetzt; sie sind aber nur dort angebracht, wo große Holzmengen anfallen und eine einwandfreie Arbeitsorganisation vorhanden ist. Zur *Beförderung* des Schichtholzes gibt es zwei Möglichkeiten:

1. Bündelung und Verladung der Bündel,
2. Verladen von Rohstapeln mit Greiferkränen.

Die *Bündelung* mit einem Stahlband (Bild 3.1) kommt nur für kleinere Holzmengen, vor allem bei unterschiedlichem Rundholzdurchmesser in Frage. Es werden dafür zunächst Stapel mit etwa 1,5 rm Inhalt auf-

Bild 3.1. Verladen eines mit Stahlbändern gefaßten Holzbündels.

Bild 3.2. Herstellung eines Bündels mit Hilfe eines fahrbaren Rahmens.

gesetzt, um die dann zwei Drahtseilschlingen gelegt werden. Die entstehenden rundlichen Pakete werden mit Kränen auf Lastwagen verladen. Für ein Schweizer Spanplattenwerk wurden Rahmen entwickelt, (Bild 3.2), in die das Rohholz eingeschichtet und dann mit Drahtseilen umfaßt wird. Die Rahmen sind fahrbar. Durch einfaches Ausklinken wird das Bündel den Rahmen entnommen und mit Greiferkranen verladen. Die Bedienung der hydraulisch gesteuerten Greiferkrane verlangt

Bild 3.3. Verladen von 2 m langen Faserholzrundlingen mittels Greiferkran und Zangen.

Bild 3.4. Verladen eines Faserholzbündels mittels Greiferkran und Greiferplatten.

größte Geschicklichkeit; als Greifelemente können Zangen (Bild 3.3) oder Platten (Bild 3.4) vorhanden sein. Die Lastwagen müssen eine offene Brücke und Stützen auf der Rückseite besitzen.

Auch die Beförderung von Sägewerks-Resthölzern ist heute mit Großbündlern rationalisiert [3.2]. Es handelt sich dabei um eine Füll- und Preßvorrichtung, die walzenförmige Bunde mit bis zu 1 m Durchmesser und beispielsweise 4,5 m Länge herstellt. Die starken kreisförmig gebogenen Zangen *1* und *2* in Bild 3.5 bilden zwei Schalen mit dem Drehpunkt *D*. Dabei ist die Zange *1* fest, während die Zange *2* mit dem Stellarm *3* um *D* geschwenkt wird. Am Umfang der Bunde werden tunlichst längere und breitere Rundschwarten oder Säumlinge eingeschichtet, während Kurzabfälle den Innenraum füllen. An den beiden Enden legt man die Schwarten bündig, nach der Mitte zu werden sie gestoßen oder überlappt. Hohlstellen im Innern der Bündel sollen vermieden werden. An den Preßvorgang schließt sich das Binden mit Bindedraht oder Stahlband an. Die Vorrichtung kann ortsfest oder auch beweglich verwendet werden.

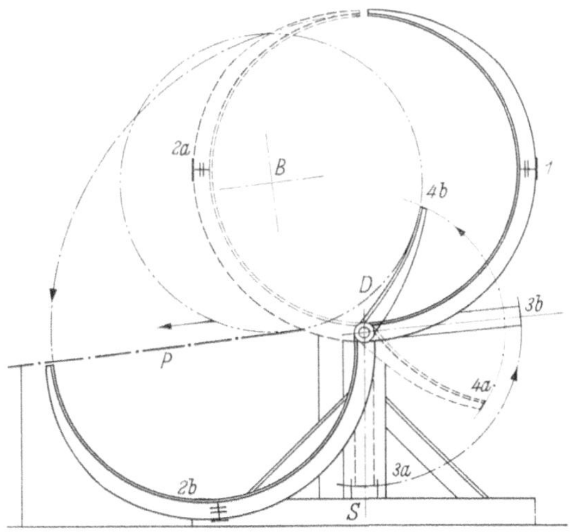

Bild 3.5. Schema einer Großbündel-Füll- und Preßvorrichtung für Sägewerks-Resthölzer. *D* Drehpunkt der Zangen; *B* abrollendes fertiges Bündel; *P* Schrägpolter; *S* Sperrklinke; *1* feststehende Zange (teilbar); *2* Schwenkzange (teilbar); *3* Stellarm; *4* Ausstoßer.

3.1.2 Holzlagerung

Ein Werk, das täglich 200 m³ fertige Spanplatten mit einer durchschnittlichen Dichte von 620 kg/m³ und einer mittleren Dicke von 19 mm erzeugt, stellt im Jahr bei 280 Arbeitstagen rd. 56000 m³ oder rd. 35000 t Spanplatten her. Bei einem Rohholzverbrauch von 2,2 rm/m³ ergibt sich für das genannte Werk ein Jahresbedarf von 123000 rm. Im allgemeinen halten die Werke den Bedarf für etwa 3 bis 6 Monate auf Lager. Eine größere *Lagerhaltung* ist nicht zu empfehlen, da 1. die Gefahr von Holzverlusten durch Fäulnis und Verstocken wächst, 2. das Holz zu stark austrocknet, womit Rißbildung verknüpft ist, die zu geringerer Ausbeute und schlechteren Spänen führt, 3. die Manipulationskosten durch zu viel Stapelarbeit unnötig hoch werden, 4. im Falle eines Brandes die Löscharbeiten erschwert sind und 5. die Elastizität im Rohholzeinkauf geringer wird.

Vielfach sind in den Spanplattenwerken die *Sortimente für Decklagenspäne und Mittellagenspäne* getrennt, desgleichen Rundhölzer von

Bild 3.6. Getrennte Lagerung von Rundholz, Schwarten und Säumlingen.

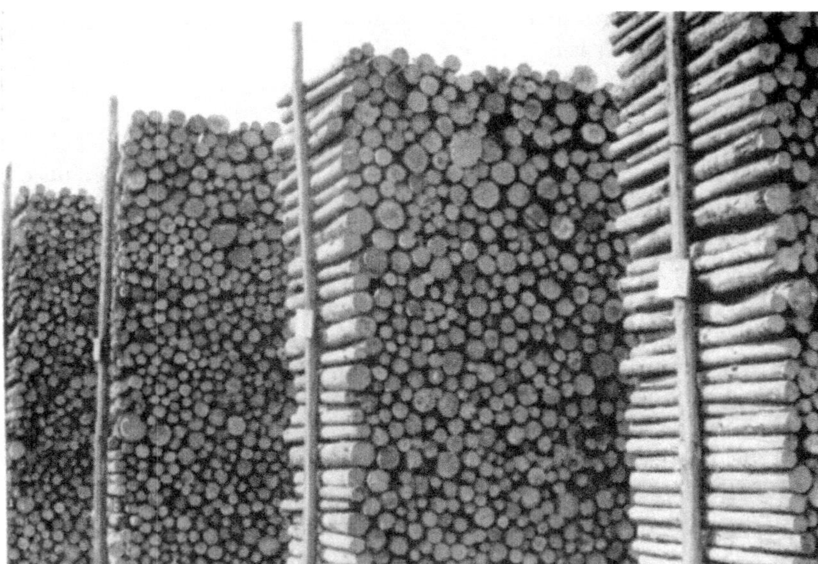

Bild 3.7. Sicherung von Rundholzstapeln durch eingerammte Pfosten.

Bild 3.8. Luftbildaufnahme des Lagerplatzes eines nordwestdeutschen Spanplattenwerkes.

Bild 3.9. Luftbildaufnahme eines Lagerplatzes eines nordamerikanischen Spanplattenwerkes.

Schwarten und Säumlingen (Bild 3.6), Nadelhölzer von Laubhölzern, einheimisches Holz von Importholz. Die *Breite der Stapel* richtet sich nach der Länge, in der das Rohholz ausgehalten ist (meist 1 oder 2 m), die *Länge* nach den örtlichen Verhältnissen (oft zwischen 30 und 60 m). Die vorherrschenden *Höhen* schwanken zwischen 3 und 6 m, die Sicherung der Stapel gegen Rutschen wird durch kreuzweise Stapelung an den Enden oder eingerammte Pfosten (Bild 3.7) erreicht. Zwischen den

Bild 3.10. Beförderung und Umschlag des Rohholzes mittels Rollwagen und Elektro-Hebezug in einem norddeutschen Spanplattenwerk.

Stapeln sind entsprechende *Wege und Straßen* für Transport, Stapelarbeiten und gegebenenfalls die Feuerwehr freizuhalten. Die Stapel müssen, um das Holz vor Pilzbefall zu schützen, auf imprägnierte Schwellen oder Stapelsteine mit darübergelegten Schwellen aufgebaut werden. Der *Abstand* der untersten Lage *vom Boden* soll etwa 0,5 m betragen, damit weder die bei der Freilufttrocknung angefeuchtete Luft, die sich abkühlt, dadurch spezifisch schwerer wird und nach unten sinkt, noch die Bodenfeuchtigkeit dem Holz in den tiefergelegenen Stapelteilen schaden kann. Von der Größe der Lagerplätze geben Bild 3.8 und 3.9 eine Vorstellung. Auf dem Platz in Bild 3.8 sind etwa 86000 rm (= 60000 fm), auf dem Platz in Bild 3.9 etwa 14500 rm (= 10000 fm)

Holz gestapelt. Man kann rechnen, daß man je 1 m² Lagerplatz (Wege eingeschlossen) etwa 1,5 bis 2 rm Holz stapeln kann.

Bild 3.11. Holzumschlag mit drehbarem Greifstapler, Bauart Pettibone Modell C 54, in einem nordamerikanischen Spanplattenwerk.

Bild 3.12. Schwartenlager.

Zur Bewegung des Rohholzes bei *geordneten Stapeln* dienen *Rollwagen* in Verbindung mit *Laufkatzen* (Bild 3.10) oder fahrbare *Krane* mit Polypgreifern (Bild 3.11) oder gummibereifte Transportwagen, die von Diesellokomotiven gezogen werden. Ein Schwartenlager zeigt Bild 3.12.

Abfälle der Käseschachtelherstellung aus Pappelholz werden in Haufen gelagert (Bild 3.13).

Bild 3.13. Abfälle der Käseschachtelherstellung aus Pappelholz in einem französischen Spanplattenwerk.

Bild 3.14. Wildstapel. Vorn im Bild: Die angeschwemmten Holzknüppel werden von einem Drahtgurtförderer übernommen. Rechts unten: Blick auf das Pumpenhaus.

Um das lohnintensive Stapeln des Holzes zu vermeiden, wurden neuerdings auch *Wildstapel*, bei denen das Holz ungeordnet aufgeschüttet wird, eingeführt. Bild 3.14 zeigt einen solchen Wildstapel. Der ganze

Holzlagerplatz wird von einer fahrbaren *Verladebrücke* überstrichen, das Holz mittels Polypgreifern (1 rm Fassungsvermögen) vom Stapel aufgenommen und in eine Schwemmrinne (Bild 3.15) eingeworfen.

Bild 3.15. Polypgreifer beim Abwurf der Holzknüppel in die Schwemmrinne in einem süddeutschen Spanplattenwerk.

3.1.3 Entrindung

Die Entrindung des Holzes hat seit langem große technische und wirtschaftliche Bedeutung gewonnen; nach E. Zieger [*3.104*] werden etwa 80% des gesamten Rohholzanfalls entrindet; und 40 bis 50% des gesamten Arbeitsaufwands bei der Rohholzaufbereitung im Forstbetrieb entfallen auf die Entrindung. Die Entrindung bezweckt eine Trennung der Rinde vom Rundholz, die je nach Holzart, Baumalter, Höhe am Stamm, Jahreszeit und Austrocknung verschieden leicht oder schwer vor sich gehen kann. Die Technik der Holzentrindung ist heute so ausgedehnt, daß hier nur jene Verfahren und Maschinen besprochen werden können, die bisher in die Spanplattenindustrie Eingang fanden oder für sie Bedeutung gewinnen können. Im übrigen ist auf die Literatur (Zieger [*3.104*]; Kollmann [*3.55*]; Sandermann [*3.84*]; Bott [*3.5*]; Sundberg [*3.100*]; Flann u. M. [*3.36*]) zu verweisen.

Von Fichte, Kiefer, aber auch Pappel und Eiche läßt sich die Rinde im Mai und Juni leicht von Hand als *Lohrinde* ablösen. Stets ist die Schälbarkeit in der Nähe von Ästen durch die dort geringere Tätigkeit des Cambiums, aber auch mechanisch behindert.

Die *Rindenanteile*, bezogen auf den Stamminhalt mit Rinde betragen bei Kiefer etwa 10 bis 17%, bei Fichte 8 bis 15%, bei Birke 7 bis 15%, bei Buche 6 bis 10%. Die *Rindendicken* bei Nadelhölzern nehmen, wie Tab. 3.1 (nach Ph. Flury [*3.37*]) beweist, mit zunehmender Höhe im Stamm beträchtlich ab.

Tabelle 3.1. *Abnahme der Gesamtdicke der Rinde mit zunehmender Schafthöhe*

Holzart	Schafthöhe [m]																	
	1,3	1	3	5	7	9	11	13	15	17	19	21	23	25	27	29	31	33
	Rindendicke radial gemessen [mm]																	
Fichte	8	8	7	7	6	6	6	7	6	7	7	7	6	5	5	6	5	5
Tanne	9	9	8	8	9	8	8	8	6	6	7	7	8	7	7	6	5	5
Kiefer	25	26	18	11	10	6	6	5	4	3	2	4						
Lärche	17	24	14	13	16	15	14	13	12	9	8	7	5					

Ähnliche Gesetzmäßigkeiten wurden bei Eiche und — weniger ausgeprägt — bei Buche gefunden (Bild 3.16). Mit dem Brusthöhendurchmesser nimmt die Rindendicke zu. Den Verlauf der Schälwiderstände nach Jahreszeiten zeigt Bild 3.17. Auf die einzelnen Schälgeräte (Loheisen) für Handentrindung sowie auf den bei ihrem Gebrauch entstehenden Arbeitsaufwand kann nicht näher eingegangen werden. Bei den für die Spanplattenherstellung hauptsächlich in Frage kommenden Stärkeklassen (5 bis 20 cm Durchmesser) kann man mit 0,1 bis 0,9 fm/h je nach den besonderen Verhältnissen rechnen.

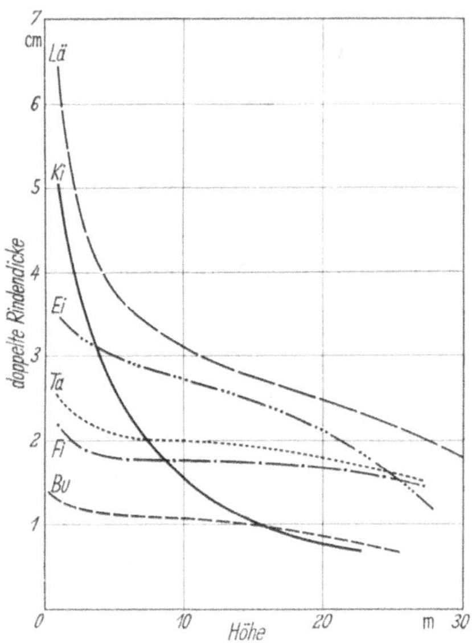

Bild 3.16. Abnahme der Rindendicke verschiedener Baumarten mit der Stammhöhe. Nach Untersuchungsbefunden von H. Zimmerle für Kiefer, R. Schober für Lärche, Ph. Flury für Fichte und Tanne, H. Burger für Eiche und H. Mayer-Wegelin für Buche zusammengestellt von R. Trendelenburg und H. Mayer-Wegelin.

Zur *maschinellen Entrindung* gibt es heute folgende Verfahren:

1. Entrindung mit *schneidenden Werkzeugen*;
2. Entrindung durch *Reibungskräfte*
   a) Reibung Holz gegen Holz;
   b) Reibung Werkzeuge gegen Holz;
3. Entrindung durch *Hochdruckwasserstrahlen*.

Die *Entrindungsmaschinen mit schneidenden Werkzeugen* können ortsfest oder transportabel ausgebildet sein. Sie besitzen in der einfachsten Ausführung Messerköpfe, die über eine biegsame Welle von einem Elektromotor angetrieben sind. Bei Verwendung von zwei Messerköpfen können zwei Personen an einer Schälmaschine arbeiten. Die Schäl- oder Messerköpfe sind der Form der Hölzer angepaßt. Die Schälleistung des Geräts beträgt bei zwei Schälköpfen je nach der Beschaffenheit des Holzes (auch Schwarten) und der Geschicklichkeit der Arbeiter 6 bis 8 rm in 8 h.

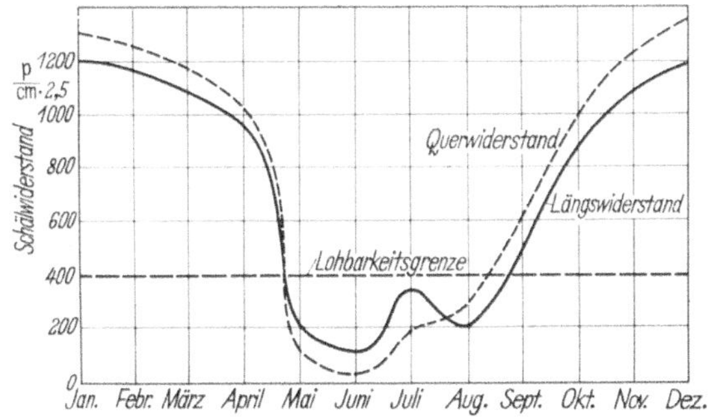

Bild 3.17. Jahreszeitlicher Verlauf der Schälwiderstände. (Nach E. ZIEGER.)

Entrindungsmaschinen mit schneidenden Werkzeugen gibt es in sehr verschiedenartigen Ausführungen und Größen. Die Leistungsangaben können aus Tab. 3.2 entnommen werden. Häufig werden zum Entrinden und Nachschälen auch Maschinen mit Messerscheiben verwendet, die

Bild 3.18. Doppelseitige Handschälmaschine. Bauart Wigger.

ebenfalls in Zwillingsbauweise lieferbar sind (Bild 3.18). Einseitige Entrindungsmaschinen mit Messerscheiben können auch mit automatischer Holzzufuhr versehen sein, wodurch sich Leistung und Unfallsicherheit beträchtlich erhöhen. Das Schema einer Entrindungsanlage mit voll-

Tabelle 3.2. *Leistungsdaten für Entrindungsverfahren und -maschinen*

Art der Entrindung	Holz (Durchmesser) cm	Antriebsleistung PS	Bedienung Mann	Entrindungsleistung fm/h	Bemerkungen	Holzverlust %	Quellen
Mit schneidenden Werkzeugen							
Handentrindung	10...25	—	1	0,5 rm/h	—	5...8	
dgl. mit mechanisierten Handwerkzeugen	10...50	2...4	1	0,6...1,2...(5)		5...8	[*3.104*, S. 229]
Kleinschäler mit Fräs- oder Messerköpfen und Messerscheiben	10...20 10...30	1,5...2 je Werkz. 4	1...2 1...2	0,45...1,25 1...3		8...15 bis 26	[*3.5*, *3.104*, S. 287]
Schnellschäler (Bezner)	bis 25	4...75	1...2	1...2 rm/h bei 12 cm ∅		8...15 (bei kleinem ∅ bis 25)	A. Bezner briefl. Mitt.
Schwenkkopf-Schälmaschine (Bezner)	7...40	13,5	1	bei 10 cm ∅ 6,9 rm/h 16 ,, 11,2 ,, 25 ,, 17,5 ,,		6...15	(A. Bezner briefl. Mitt.)
Durch Reibungskräfte Reibung Holz gegen Holz							
Trommelentrinder (Paschke)	10...30	Gr. I 20...30 Gr. II 30...40	1...2	0,58...1,46 1,75...2,9	bei 8...9 rm/Charge: 100 l/min Wasserverbrauch 12...15 rm/Charge: 150 l/min Wasserverbrauch	0,5...0,8 (...2)	11

Tabelle 3.2 (Fortsetzung)

Art der Entrindung	Holz (Durchmesser) cm	Antriebsleistung PS	Bedienung Mann	Entrindungsleistung fm/h	Bemerkungen	Holzverlust %	Quellen
(Waplan)		(250)	11 ... 28 insgesamt	13,6 ... 42,8 rm/h	5...9,3 m³ Wasser/rm 5,9 ... 6,8 kWh/rm 24000 ... 66000 kcal/rm		W. Brecht briefl. Mitt. v. 12. 2. 64
Trogentrinder (Thorne, Ormell, Waterous)	Stämme	60 ... 150 200	2 ... 3 3	14 ... 70 50 ... 100	3000 ... 6000 l/min	1 ... 2	(Bott [3.5]; [3.1])
(Hanke)	5 ... 40 (0,5 m Holzlänge)	13	1	2 ... 4 rm/h	420 l/min Wasserverbrauch		A. Bezner briefl. Mitt. v. 17. 2. 64
	(1,0 m Holzlänge)	20	1	4 ... 8 rm/h			
Reibung Werkzeug gegen Holz							
Rotorentrinder (Cambio, Skoglund, Sund)	5 ... 30	15 ... 16 20 30	1 1 1	12 ... 30 17 ... 36 24 ... 48		0 ... 2	
(Nicholson)	8 ... 152	66 ... 152	1	bis 40			
Durch Hochdruckwasserstrahlen							
in Verbindung mit Reibungskräften (Schongau-Entrindungsmaschine)	Faserholz gereppelt	310	8	15 ... 16 rm/h (Theoret. Maximalleistung 30 rm/h)		Heißwassereinweichung $<0,1$	F. Holzhey briefl. Mitt. v. 14. 2. 64

Tabelle 3.2 (Fortsetzung)

Art der Entrindung	Holz (Durchmesser) cm	Antriebsleistung PS	Bedienung Mann	Entrindungsleistung fm/h	Bemerkungen	Heizverlust %	Quellen
Ringstrahl-Entrinder (Worthington, Hansel)	Stämme 5...188	15...75	1	9...44	Wasserverbrauch 2300...3200 l/min Wasserdruck 75...115 kp/cm²		(KOLLMANN [3.55])
mit feststehenden Düsen (Bellingham, Zellerbach Allis-Chalmers)	Stämme	470...1350	1...3	25...65	Wasserverbrauch 2000...6000 l/min Wasserdruck 60...90 kp/cm²		(KOLLMANN [3.55])

mechanisiertem Holztransport zeigt auch Bild 3.19. Das Holz wird mit Elektrozug gebündelt einem Kettenförderbett zugebracht. Die Rundlinge werden durch Zahnradscheiben in Drehung versetzt, die Entrindung erfolgt durch eine waagerechte Messerscheibe, die, in Blattfedern aufgehängt, den Unebenheiten des Holzes weitgehend folgt und dadurch die Holzverluste verringert. Die trocken erzeugten Späne lassen sich in den Spanplattenwerken weiter verarbeiten. Unter den schneidenden Entrindungsmaschinen sind der Vollständigkeit halber jene mit flachen geraden Messern zu erwähnen, die entweder durch Seilzug gleichmäßig oder durch einen Vibrator stoßartig an der Stammoberfläche entlang bewegt werden und damit ähnlich dem Entrinden von Hand wirken. Da ihre Leistung beschränkt ist, kommen sie nur als Hilfsgeräte im Walde oder auf dem Holzlagerplatz in Frage.

Ein Nachteil aller schneidenden Entrindungsmaschinen ist der hohe *Holzverlust* von 10 bis 15%, der unter ungünstigen Umständen bis auf 26% steigen kann [*3.76*]. Weitaus günstiger sind in dieser Hinsicht die *mit Reibungskräften arbeitenden Entrindungsmaschinen*, welche die Rinde am Cambium abscheren. Sie arbeiten praktisch fast ohne Holzverlust und eignen sich auch zum Entrinden von krummen, knorrigen und astreichen Knüppeln sowie von schwachem Durchforstungsholz mit kleinen Durchmessern. Entwickelt wurden solche Maschinen als *Trommel- und Trogentrinder*, vornehmlich in den nordischen Ländern aus den Bedürfnissen der Zellstoff- und Papierindustrie heraus. Für die Span-

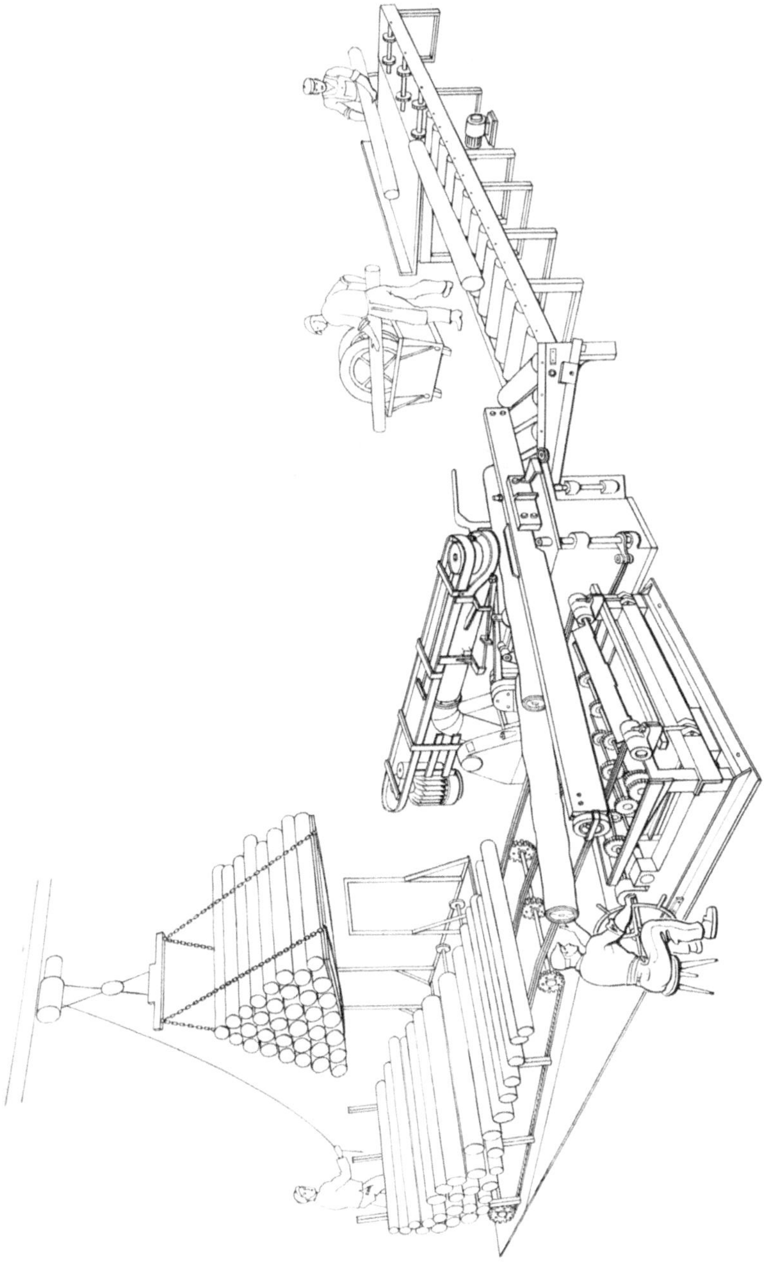

Bild 3.19. Rundholz-Schälanlage mit Schwenkkopfschäler RPU. Bauart Bezner.

plattenindustrie erweisen sich besonders die Trommelentrinder als sehr gut brauchbar. Sie arbeiten im allgemeinen diskontinuierlich und entfernen nicht nur Borke und Bast einwandfrei, sondern säubern das Holz auch von Erde, Sand und Steinen, wodurch sich die Standzeit der Messer in den Zerspanern wesentlich erhöht. Die Holzersparnis ist sehr beträchtlich und beträgt z. B. bei einem Bedarf von 100 rm/24 h etwa 3000 rm im Jahr gegenüber Hand- und Schälmaschinenentrindung. Die hohe Produktion wird bei gleichzeitig geringerem Arbeitsaufwand erzielt.

Bild 3.20. Ansicht einer Entrindungstrommel. Bauart Paschke.

Es läßt sich nachweisen, daß eine Trommelentrindungsanlage sich in kurzer Zeit, meist schon in einem Jahr, bezahlt macht.

Die Erfahrung hat bewiesen, daß auch trockenes, vollrindiges Kiefern-Faserholz in 2,5 bis 3 h, gereppeltes Fichten-Faserholz in etwa 3 bis 5 h in einer Trommel nach Bild 3.20 sauber entrindet werden kann. Die Entrindung geht naß vor sich. Der *Wasserverbrauch* ist in Tab. 3.2 vermerkt. Dies ist bei der Herstellung von Spanplatten kein Nachteil, da im allgemeinen noch feuchtes Holz oder aber durch Kochen, Dämpfen, bzw. Wasserlagerung wieder befeuchtetes Holz zu Flachspänen aufgearbeitet wird. Unter Umständen, besonders bei schlecht schälenden Rinden, empfiehlt es sich, die Schälwiderstände durch *Lagerung des Holzes in Kaltwasser* oder besser *Kochen* des Holzes in Heißwasser herabzusetzen. Auch *Dämpfen* ist möglich.

Bild 3.21 zeigt eine Entrindungsanlage, Bauart Paschke, mit zwei Trommeln von 2,7 m lichtem Durchmesser und 5 m lichter Länge. Jeder

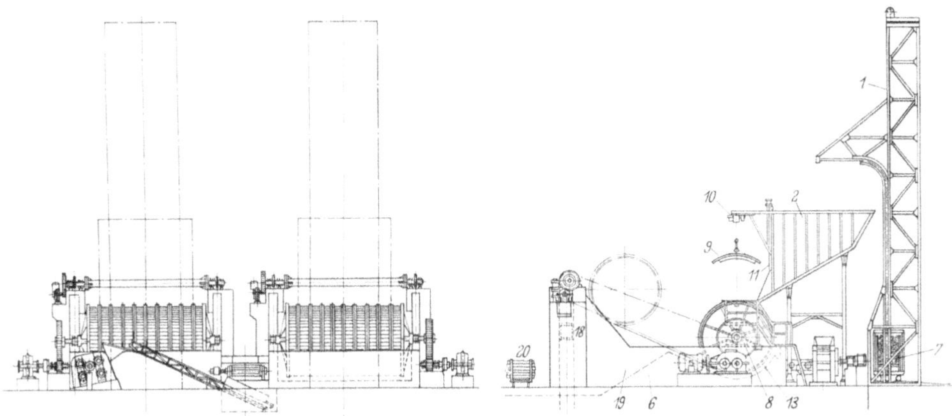

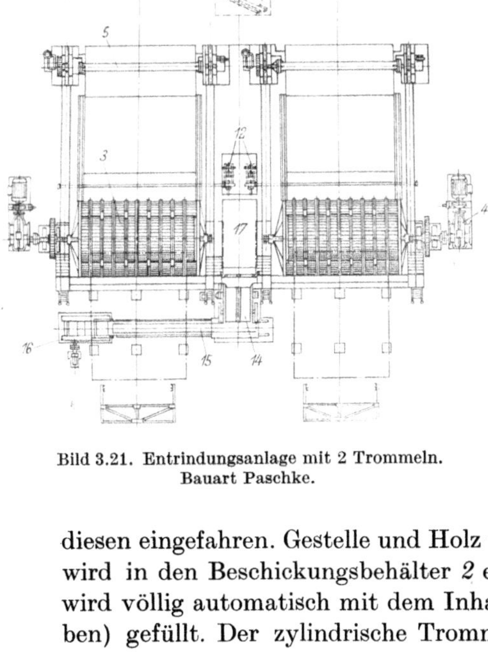

Bild 3.21. Entrindungsanlage mit 2 Trommeln. Bauart Paschke.

Entrindungsstrang besteht aus einem Kippaufzug *1*, einem Beschickungsbehälter *2*, einer Trommel *3* mit Antrieb *4*, einer Aufzugeinrichtung *5* für den Trommelkörper und der Fundamentanlage *6*. Das zu entrindende Holz kommt in eisernen Gestellen *7*, die etwa 3 rm fassen, geschichtet vom Holzlagerplatz zu den Kochgruben. Nach der Kochung wird es mittels Elektrokran zum Kippaufzug gebracht und in diesen eingefahren. Gestelle und Holz werden dort gehoben, und das Holz wird in den Beschickungsbehälter *2* entleert. Der Beschickungsbehälter wird völlig automatisch mit dem Inhalt von 4 bis 5 Gestellen (oder Körben) gefüllt. Der zylindrische Trommelkörper *3* besteht aus kräftigen Längsprofilen mit hutartigem Querschnitt, die einige Zentimeter Abstand voneinander haben und durch Ringreifen verbunden sind. Ein Teil des Trommelumfangs ist als Deckel *9* ausgebildet und wird vor dem Beschicken der Trommel mit dem Elektrozug *10* abgehoben. Die massiven Seitenwände tragen die Zapfen für Lagerung und Antrieb. Die Trommel ruht in seitlich offenen Rahmen *8*. Nach Öffnen der Klappe *11* des Beschickungsbehälters rutscht das Holz in wenigen Sekunden in die Trommel. Der Deckel wird aufgesetzt, befestigt und gesichert. Der Elektromotor versetzt dann über ein Reduziergetriebe die Trommel in Umdrehung. Die abgescherte Rinde verläßt die Trommel durch die Schlitze zwischen den Längsprofilen. Eine Pumpe *12* pumpt Wasser aus einem Sammelbecken *17* in den Trog *13* des Betonfundaments. Das Wasser durchspült fortlaufend Trommel und Trog und befördert die abgestoßene Rinde zu einem Vibrationssortierer *14*. Die auf seiner Siebfläche abgesetzte Rinde wird an ein Förderband *15* abgegeben und gelangt zu einer Rinden-Entwässerungspresse *16*. Der Anlage fließt ständig Frischwasser zu, während eine entsprechende Menge Umlaufwasser, versetzt mit feinen Rindenteilchen, über einen Überlauf das Sammelbecken *17* verläßt. Nach Beendigung der Trommelung wird die Trommel in einer Stellung angehalten, in der sich der Deckel oben befindet, so daß er mittels des Elektrozugs *10* abgehoben werden kann. Die Aufzugseinrichtung *5* zieht die durch Gegengewichte *18* entlastete Trommel aus ihren seitlich offenen Lagern auf einer schiefen Ebene hoch und dreht sie so weit, daß die Trommelöffnung nach unten weist. Dabei fällt das entrindete Holz auf die Abwurfstelle *19*, von der es mit dem Wagen *20* weggeschafft wird. Die Trommel kehrt dann in ihre Ausgangsstellung zurück, und das Spiel beginnt von neuem. Bedienung und Kontrolle der Antriebe erfolgen von einem zentralen Steuerpult aus. In frostgefährdeten Gebieten soll die Anlage unter Dach aufgestellt sein. Die Trommelzeiten betragen, wie erwähnt, im allgemeinen 2,5 h je Charge, in seltenen Fällen bis zu 5 h, lediglich zum Waschen von handentrindetem, verschmutztem Holz 15 bis 30 min. Entleeren und Füllen benötigen etwa 10 min. Die Enden der Hölzer werden durch die Trommeln etwas gestaucht, so daß sich sogenannte „Pinsel" bilden. Praktisch handelt es sich dabei nur um einen Schönheitsfehler ohne nennenswerten Einfluß auf die Ausbeute. Nach K. Steiner [*3.96*] verlängert sich die *Messerstandzeit* bei der Zerspanung von nassem trommelentrindetem Holz um 30 bis 50%. Dies bedeutet eine Senkung der jährlichen Messerkosten um 32 bis 33%. Den effektiven Stromverbrauch gibt K. Steiner mit 5,9 kWh/rm (= 8,4 kWh/fm) an. Für die Preßentwässerung der Rindenabfälle vor der Verfeuerung sind 1,44 kWh/rm (= 2 kWh/fm) aufzuwenden. Wichtig ist die Entfernung der feinen Rindenschwebeteilchen aus dem Abwasser durch geeignete Maßnahmen (etwa Absetzen in Beruhigungsbecken).

Eine kleinere Reibungs-Entrindungsmaschine, den Hanke-Entrinder, in zwei Typen (für 0,5 m Holzlänge und Holzdurchmesser von

5 bis 40 cm: Füllung 2 rm – und für 1 m Holzlänge und Holzdurchmesser von 5 bis 40 cm: Füllung 4 rm) hat die Maschinenfabrik Albert Bezner vornehmlich für kleinere Holzschleifereien auf den Markt gebracht. Die Maschine könnte aber auch in Spanplattenwerken eingesetzt werden. Bild 3.22 zeigt die kleinere Maschine im geöffneten Zustand. Die Arbeitsweise ist folgendermaßen: Das zu entrindende Holz muß zuerst etwa 48 h in kaltem oder heißem Wasser eingeweicht werden. Nach dem Einfüllen des Rundholzes werden die Türen geschlossen und verriegelt. Das Holz wird von einer belasteten Kette nach unten gedrückt. Am Boden der Maschine befinden sich zu beiden Seiten außerhalb des Holzbereichs endlose Förderketten, die durch Rundstahltraversen (Verdränger) verbunden sind. Die Verdränger setzen in ihrer Bewegungsrichtung den Holzstapel in eine kreisende Bewegung, wobei auch die einzelnen Prügel um ihre eigene Achse rotieren. Da das Holz stets parallel in der Maschine liegt, wird das lästige Aufschlagen und Aufsplittern der Holzenden vermieden. Die Entrindungszeit beträgt durchschnittlich 30 min, die Beschickungszeit 10 bis 15 min. Die Leistung beträgt je nach Rindenhaftung bei der kleinen Maschine 3...4 rm/h, bei der großen 4...8 rm/h.

Bild 3.22. Ansicht des Hanke-Entrinders mit geöffnetem Gehäuse. Bauart Bezner.

Unter den mit Werkzeugen die Rinde am Cambium abscherenden Maschinen hat für die Spanplattenindustrie vor allem die Cambio-Entrindungsmaschine (Bild 3.23 und 3.24) Bedeutung erlangt. Diese seit 1955 von Söderhamns Verkstäder A. B. reihenmäßig gebaute Maschine ist sehr zuverlässig und leistungsfähig. Sie gehört zu den *Rotor-* oder *Ringtypmaschinen*, bei denen die Entrindungswerkzeuge an einem um seine Achse rotierenden Hohlentrindungskopf befestigt sind. Die Stämme werden in Längsrichtung in der Achse des Rings mittels Stachelwalzen, die zugleich Zentrierung bewirken, zugeführt. Es sind je drei Stachelwalzen sowohl auf der Zubring- als auch auf der Ausstoßseite vorhanden. Die Stachelwalzen sind an den freien Enden kräftiger kegelförmiger Arme gelagert; sie passen sich selbsttätig dem Stammdurchmesser an. Elastischer Ansatz wird durch Gummirohrfedern bewirkt. Zubringervorrichtung und Entrindungsköpfe werden von einem ringförmigen Rahmen getragen, der zugleich Sammelraum für die abgeschälte Rinde ist und als Mantel für den Ventilator und die Triebwerke dient. Im Entrindungskopf

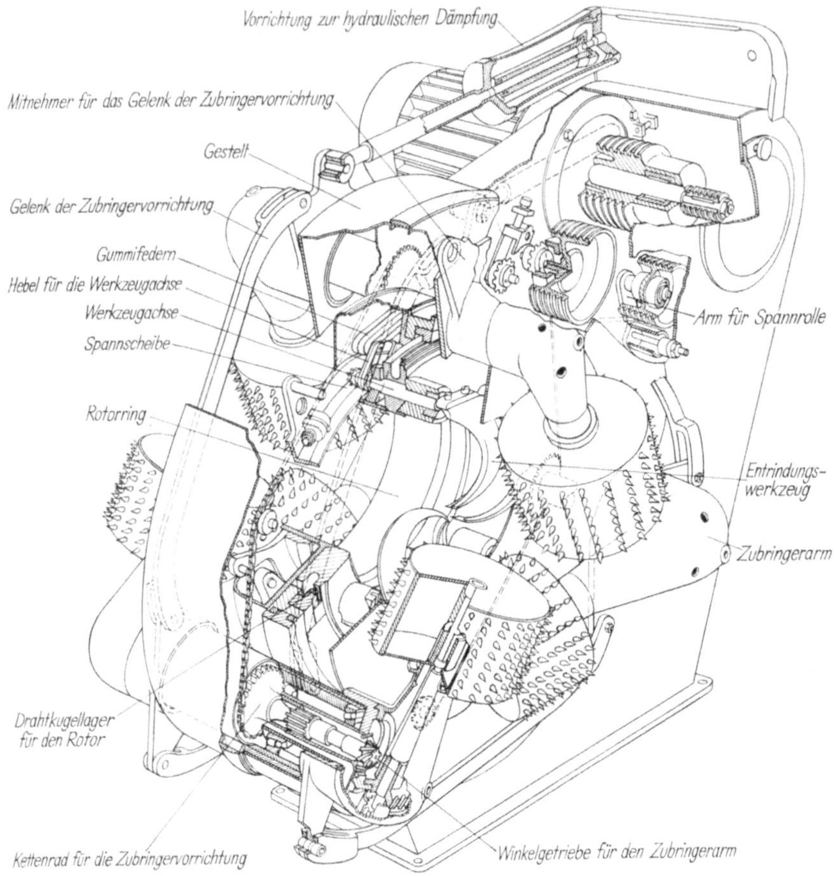

Bild 3.23. Cambio-Entrindungsmaschine schematisch, aufgeschnitten dargestellt.

sind 5 sichelförmige Entrindungswerkzeuge mit Bolzen in Lagerbüchsen gelagert. Gummibänder vermitteln den Entrindungswerkzeugen den geeigneten Arbeitsdruck. Die Schälwerkzeuge öffnen selbsttätig den Innenraum des Rotors durch eine zur Einführseite hin hervorstehende Kletterkante. Bei der ortsfesten Maschine trägt ein asymmetrischer Plattenrahmen als Ständer die Maschine.

Gefrorenes Holz, trockenes Holz und Birke erfordern einen verhältnismäßig hohen Werkzeugdruck und „schärfere“ Werkzeuge, während bei nicht gefrorenem Nadelholz die besten Ergebnisse mit stumpfen Werkzeugen erzielt werden. Auch dürre und gekrümmte Stämme werden einwandfrei entrindet.

Bild 3.24. Ansicht zweier Cambio-Entrindungsmaschinen auf dem Holzlagerplatz eines nordwestdeutschen Spanplattenwerkes.

3.1.4 Vorbehandlung des Rohholzes mit Wasser oder Dampf

Das auf den Holzlagerplätzen geordnet oder wild gestapelte Holz schwankt in seinem *Feuchtigkeitsgehalt* örtlich, jahreszeitlich, nach Art, Einschlagszeit, Zwischenlagerung im Wald, Transportverhältnissen usw. in weit gespannten Grenzen. Im großen Durchschnitt kann hierfür der Bereich von etwa 35 bis 120% — bezogen auf das Darrgewicht — angegeben werden, jedoch kommen als niedrigster Feuchtigkeitsgehalt etwa 16%, als höchster etwa 200% in besonderen Fällen vor.

Naßlagerung in natürlichen oder künstlichen Klotzteichen — die für die wertvollen Schälblöcke der Sperrholzindustrie unbedingt zu empfehlen ist oder die in nordischen Sägewerken vorherrscht — ist beim Rohholz der Spanplattenindustrie nicht erforderlich, jedoch kann unter Umständen eine *Befeuchtung* mit Besprüh- oder Benebelungsanlagen zweckmäßig sein. Die Befeuchtung von Rundholz mit derartigen Anlagen wird seit geraumer Zeit in USA, aber auch in Ostblockstaaten in steigendem Umfange angewendet. Dabei stellte sich heraus, daß weit besser als die ursprünglich vorgenommene Berieselung des Holzes mit Regenvorrichtungen, wie sie in Gärtnereien üblich sind, die *Wasserstaub-Be-*

sprühung oder *-Benebelung* ist. Während man früher 9 bis 10 mm Niederschlagshöhe je h benötigte, um Werterhaltung des Holzes einwandfrei zu verbürgen, kommt man nach amerikanischen Erfahrungen bei der Wasserstaub-Besprühung mit etwa 3,5 mm/h aus. Zu besprühen ist dabei nur die Lagerfläche für das Rohholz der Decklagenspäne.

Ein Rechenbeispiel sei hier eingeschaltet: In einem Werk sind beispielsweise auf etwa 12000 m² Bodenfläche 22000 rm Rundholz für die Herstellung von Decklagenspänen gestapelt. Bei einer Niederschlagshöhe von 4 mm/h ergibt sich ein stündlicher Wasserverbrauch von 48 m³. Diese Wassermenge ist groß und verlangt einen ergiebigen Brunnen oder Wasserversorgung aus anderen natürlichen Quellen. Der Bezug von Fremdwasser käme im allgemeinen zu teuer. Anzustreben ist auch die *Rückgewinnung von Wasser* durch Drainage, die allerdings ebenfalls mit meist nicht unerheblichen Kosten verbunden ist. Erforderlich sind auch ausgedehnte Rohrleitungen und eine entsprechend große Anzahl von Wirbeldüsen. Bewährte Wirbeldüsen amerikanischer Bauart besprühen etwa 40 m² Bodenfläche, so daß für die obengenannte Lagerfläche rd. 300 Düsen benötigt werden. Der durch eine Pumpenanlage zu erzeugende Wasserdruck lag bei etwa 14 atü.

Soweit das Rundholz entrindet wird, ist ausreichende Feuchtigkeit unerläßlich. In der Regel bedarf es deshalb einer Vorbehandlung des Holzes mit Wasser oder Dampf. Allerdings hat man dies vor allem in kleineren und mittleren Spanplattenwerken bisher meist übersehen, da die Kosten für gute und weitgehend mechanisierte Anlagen zur Vorbehandlung gescheut wurden. Für große Werke, die täglich mindestens 500 rm Holz verarbeiten, ist die Frage aber einfach zu lösen. Beispiele bietet die Zellstoffindustrie in reichem Maße.

Lagern in kaltem Wasser oder Bespritzen führen zu keiner erheblichen Wasseraufnahme und erweichen auch das Holz nicht beträchtlich. Auf jeden Fall wird das Holz aber dabei mehr oder minder von anhaftendem Schmutz befreit. Die Bilder 3.25 und 3.26 zeigen zwei Ausführungsbeispiele in der Spanplattenindustrie. Versuche mit einer Vakuumdrucktränkung des Holzes wurden angestellt, erwiesen sich aber als zu aufwendig. Über die Vorgänge bei der zwangsweisen Befeuchtung von Fichtenholz liegen Untersuchungen von W. Brecht und G. Schuster [*3.8*] vor. Billiger und befriedigender ist die *Behandlung mit Dampf*; beim Karlström-Verfahren (nach DRP 610964) wird das Holz in großen Kammern (132 rm Inhalt) bei atmosphärischem Druck etwa 10 h lang gedämpft, anschließend mit Kaltwasser abgeschreckt, und dann wird die Rinde mit einem scharfen Wasserstrahl von 16 atü abgespritzt. Nach W. Brecht, R. Bott und M. Wenz [*3.7*], hat das Abschrecken keine besondere Wirkung, das Holz wird oberflächlich braun verfärbt, seine Feuchtigkeit steigt um 5 bis 10%, und zwar hauptsächlich durch Wasser-

Bild 3.25. Wässerungsgrube vor dem Hauptgebäude eines süddeutschen Spanplattenwerkes.

Bild 3.26. Besprühanlage in einem nordwestdeutschen Spanplattenwerk.

aufnahme an den Knüppelenden sowie durch Wassersättigung einer höchstens 15 mm dicken Mantelschicht. Behandlung mit heißem Wasser von 95 °C liefert bessere Erfolge als das Dämpfen bei der gleichen Tempe-

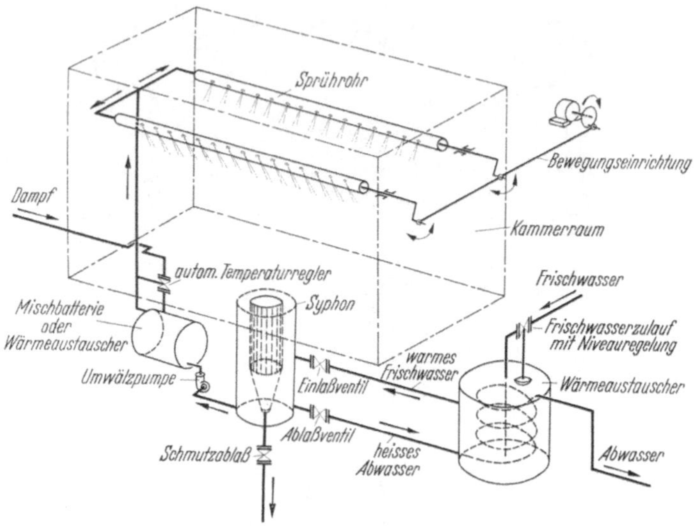

Bild 3.27. Schema einer Vorbehandlungseinrichtung nach R. Bott, wie sie in Verbindung mit periodischen und kontinuierlichen Paschke-Entrindungsanlagen verwendet wird.

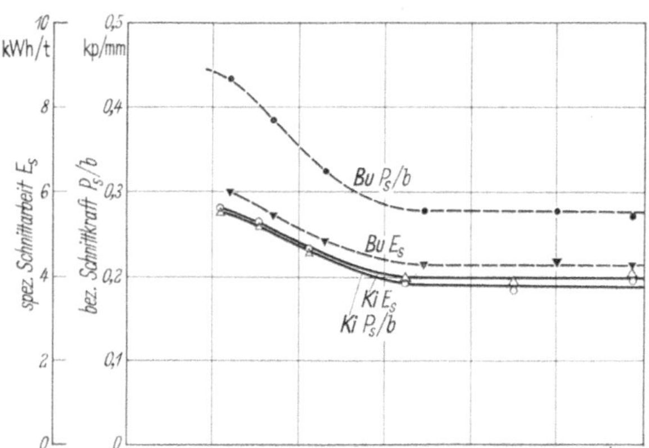

Bild 3.28. Abhängigkeit der spezifischen Schnittarbeit und der spezifischen Schnittkraft von der Holzfeuchtigkeit. (Nach G. Pahlitzsch u. J. Mehrdorf.)

ratur. R. Bott [*3.5*] hat das Verfahren verbessert. Die geschaffene Einrichtung zeigt Bild 3.27 schematisch. In die Vorbehandlungskammer wird das Holz eingeschichtet, und zwar ist die Kammerfüllung gleich dem Inhalt einer nachgeschalteten Entrindungstrommel. Frischwasser wird in einem Wärmeaustauscher erwärmt und in verhältnismäßig geringer Menge in die Kammer eingelassen. Ein Kreislauf des Wassers erfolgt über Syphon, Umwälzpumpe, zweiten Wärmeaustauscher (oder Misch-

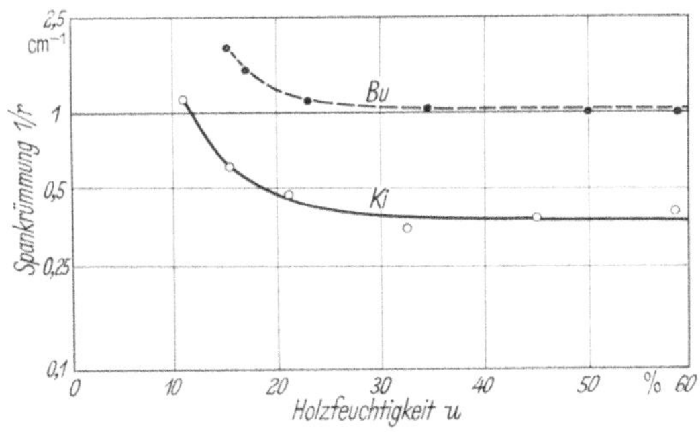

Bild 3.29. Abhängigkeit der Spankrümmung von der Holzfeuchtigkeit. (Nach G. Pahlitzsch u. J. Mehrdorf.)

batterie) und Sprührohre. Die Temperatur wird von einem automatischen Regler konstant gehalten. Das Holz wird durch Schnellentleerung aus der Kammer in die Entrindungstrommel gebracht. Durch Dämpfen oder Vorbehandlung mit Heißwasser erhöht sich die Stundenleistung der Trommelentrinder auf das Zwei- bis Zweieinhalbfache.

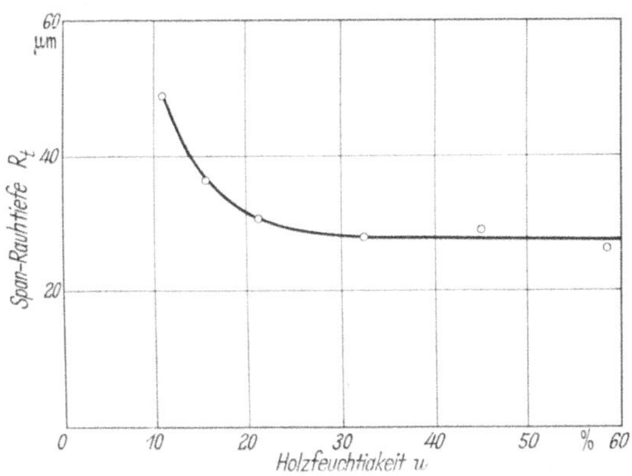

Bild 3.30. Abhängigkeit der Span-Rauhtiefe von der Holzfeuchtigkeit bei Kiefer. (Nach G. Pahlitzsch u. J. Mehrdorf.)

Unter dem Gesichtswinkel der Zerspanung soll die Holzfeuchtigkeit möglichst nicht unter 35% liegen. Untersuchungen von G. Pahlitzsch und J. Mehrdorf [*3.76*] haben einwandfrei erwiesen, daß die Zerspanung möglichst oberhalb des *Fasersättigungspunktes* vorgenommen werden soll. Kleinere Holzfeuchtigkeiten vergrößern die *Schnittkräfte* (Bild 3.28) und verschlechtern die *Spanqualität*, denn sie führen zu viel stärkerer

Rißbildung, d. h. die Rißtiefen werden größer und die Rißabstände kleiner. Die *Spankrümmung* nimmt zu (Bild 3.29). Die Rauhtiefen der Spanoberflächen werden vergrößert, und die *Spandicken* schwanken stärker (Bild 3.30). Vor allem aber nimmt der *Anteil an großflächigen Spänen* (Siebfraktionen *1* und *2* in Bild 3.31) erheblich ab, während der Feingutanteil (Fraktionen *3* bis *5*) steigt. Oberhalb des Fasersättigungspunktes hängen alle genannten Güteeigenschaften praktisch nicht mehr von der Holzfeuchtigkeit ab. Man wird deshalb — um auch die Spänetrocknung so wirtschaftlich wie möglich zu gestalten — wenn irgend angängig Rohholz mit einer Holzfeuchtigkeit zwischen 35 und 45% zerspanen.

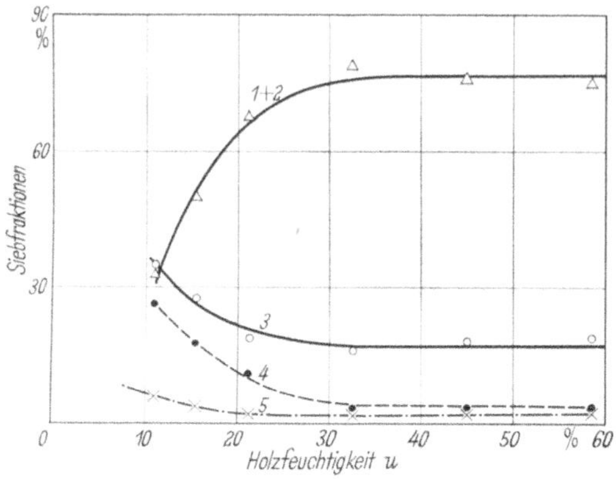

Bild 3.31. Abhängigkeit des Anfalles der Siebfraktionen (*1* ... *5*) von der Holzfeuchtigkeit bei Kiefer. (Nach G. PAHLITZSCH u. J. MEHRDORF.)

Bild 3.32. Spaltmaschine auf dem Holzlagerplatz eines westdeutschen Spanplattenwerkes.

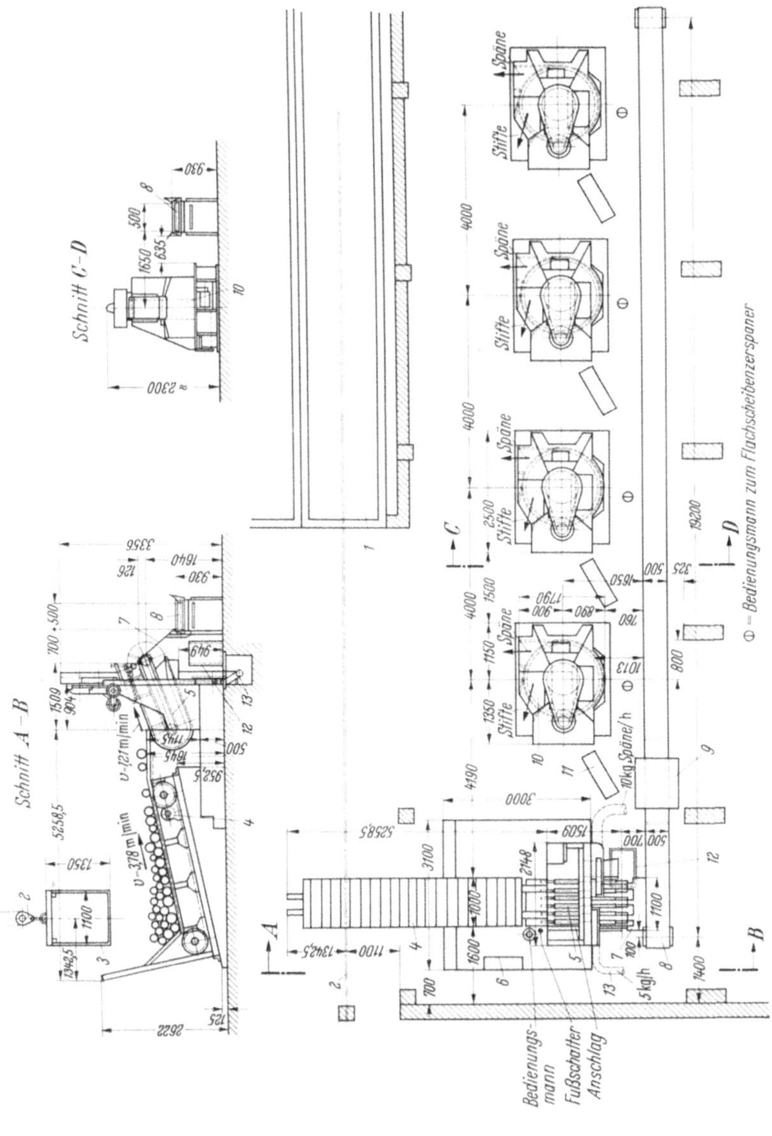

Bild 3.33. Holzaufbereitungsanlage in einem Spanplattenwerk. Schema nach Bezner.

1 Einweichgrube; *2* Elektrozug; *3* Einweichkorb; *4* Kettenzufuhrtransport; *5* automatische Ablängsäge; *6* Schaltschrank; *7* Abrolltisch; *8* Transportband; *9* Suchgerät für Metallteile; *10* Flachscheiben-Zerspaner; *11* Schaltschrank; *12* Sammelbehälter für Endabschnitte; *13* Späneabsaugleitung.

3.1.5 Spalten, Ablängen

Das Rohholz muß den Zerspanern im allgemeinen in bestimmten Größen zugeführt werden, wenn man von jenen Zerspanern absieht (je ein Typ von Bezner, Hombak, John, Krenzler), die Längen bis zu etwa 5 m verarbeiten. Die übrigen Zerspaner, zahlenmäßig bei weitem überlegen, sind meist für Abschnitte von Rundholz oder Scheitern in den *Längen* 0,33 bzw. 0,38, 0,50 bzw. 0,58 und 1 bis 1,16 m Länge bestimmt.

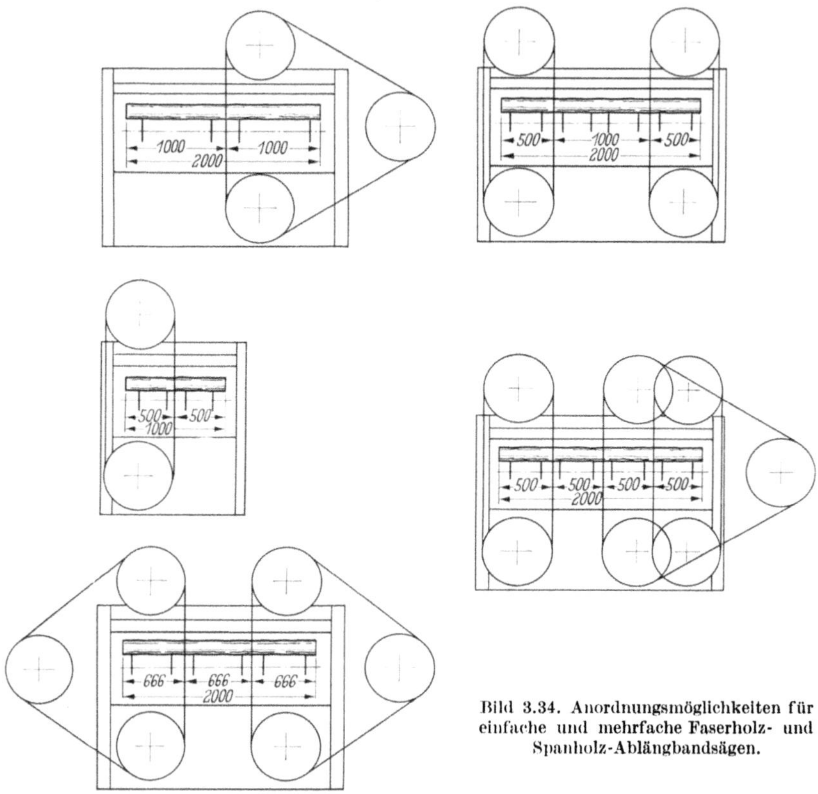

Bild 3.34. Anordnungsmöglichkeiten für einfache und mehrfache Faserholz- und Spanholz-Ablängbandsägen.

Wenn die Durchmesser der Rundlinge über etwa 24 cm liegen, muß das Holz gespalten werden, wofür es einfache robuste *Spaltmaschinen* (Bild 3.32) gibt.

Rundlinge und Scheiter von 1 m Länge werden bei einer bewährten Holzaufbereitungsanlage (Bild 3.33) in eisernen Körben *3* in Einweichgruben *1* eingesetzt und gewässert. Nach dem Einweichen werden die Körbe mittels eines Elektrozugs *2* von 1500 kg Tragkraft herausgezogen und mit einer Einschienen-Laufkatze über den Kettenförderer *4* gefahren, abgelassen und entleert. Der Bedienungsmann der *automatischen Ablängsäge 5* setzt den Kettenförderer mittels Fußschalter nach Bedarf in Bewegung und kann auf diese Weise ein Holz nach dem anderen der Ablängsäge zugeben. Die automatische Ablängsäge längt das 1 m lange Holz in drei Stücke zu je 0,33 m ab, die hinter der Ablängsäge über einen Abrolltisch *7* auf ein Förderband *8* fallen. Das Förderband läuft vor den Flachscheibenzerspanern *10*, deren Bedienungsmänner das Holz in die Zuführkästen der Zerspaner einlegen. Die Laufgeschwindigkeit des Förderbands *8* kann durch einen Variator so geregelt werden,

Bild 3.35. Ansicht einer zweifach wirkenden Ablängbandsäge. Bauart Bezner.

daß alle Zerspaner gleichmäßig mit Holz versorgt werden. Am Ende des Förderbandes *8* muß ein geeigneter Vorratsbehälter aufgestellt werden, der nicht abgenommene Hölzer sammelt. Seitlich neben den Flachscheibenzerspanern *10* sind die Schaltschränke *11* aufgestellt.

Zwischen der Ablängsäge und dem ersten Flachscheibenzerspaner befindet sich über dem Förderband ein Metallsuchgerät. Spricht es an, so schaltet sich das Förderband selbsttätig ab. Der Bedienungsmann des ersten Zerspaners entfernt das Holz mit dem Metalleinschluß, wirft es in einen Behälter und schaltet das Förderband wieder ein. Die gesamte Schaltung der Ablängsäge und des Förderbands ist in einem Schaltschrank *6* zusammengefaßt. Wird Holz mit mehr als 1 m Länge angeliefert, so werden die Überlängen mit einem dritten Bandsägeblatt gekappt. Der Bandsägenschnitt gestattet kleinstmögliche Schnittverluste, die Sägeblätter werden durch gleichmäßige Holz-Vorschubgeschwindigkeit geschont, es besteht keine Unfallgefahr, da keine unmittelbare Bedienung erforderlich ist. Mögliche Anordnungen der Bandsägen zeigt Bild 3.34 schematisch, die Ausführung einer Maschine zum Zerteilen von 1 m langem Holz in drei Abschnitte Bild 3.35. Gelegentlich werden 2 m lange Rundlinge und Scheiter auch zunächst mittels einer Kreissäge in zwei Abschnitte von 1 m Länge aufgeteilt, die dann mittels automatischer Bandsäge in drei Abschnitte zerschnitten werden.

3.1.6 Fördern des Rohholzes

Wie schon in Abschn. 3.1.2 dargelegt wurde, müssen große Spanplattenwerke sehr erhebliche Mengen an Rundholz, Scheitern, Industrie-Resthölzern, Fremdspänen usw. lagern. Auf die Beschaffenheit und Ausdehnung der Lagerplätze wurde hingewiesen. Diese Lagerplätze sind von

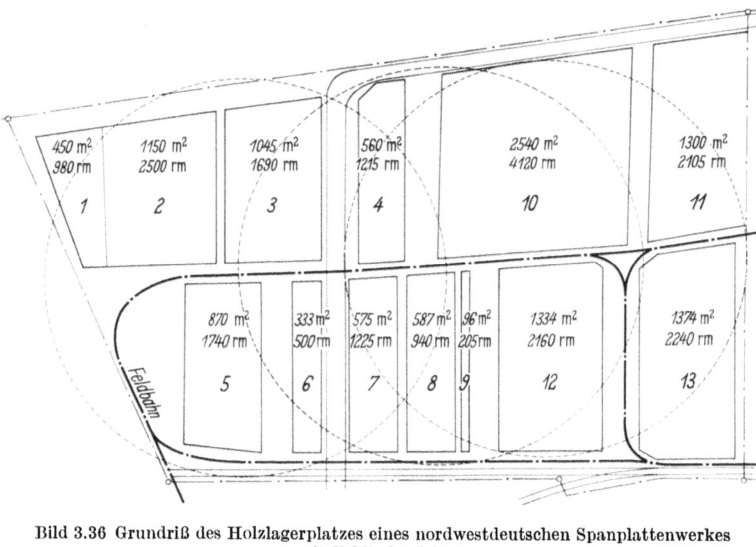

Bild 3.36 Grundriß des Holzlagerplatzes eines nordwestdeutschen Spanplattenwerkes mit Feldbahngleisen.

den eigentlichen Werksanlagen etwas abgesetzt, um eine elastische und gegebenenfalls auch eine erweiterte Lagerhaltung zu ermöglichen (Bild 3.36). Bei geordneter Stapelung des Holzes sind entsprechende Straßen und Gassen zwischen den Stapeln erforderlich. Für den Transport des Holzes kommen in diesem Fall *Feldbahnen* (Bilder 3.37 und 3.38) oder *gummibereifte Förderwagen*, auf denen das Holz auch in eisernen Gestellen eingeschichtet sein kann, in Frage. Die Züge werden von Diesellokomotiven oder Dieselschleppern gezogen.

Auf die Möglichkeit der Wildstapelung unter Zuhilfenahme einer fahrbaren Verladebrücke mit Elektrozug und Polypgreifern sowie des

Bild 3.37. Mit Knüppeln beladene Feldbahn-Loren vor einem süddeutschen Spanplattenwerk.

Bild 3.38. Teilansicht des Rohholz-Lagerplatzes eines nordwestdeutschen Spanplattenwerkes. Im Vordergrund Feldbahn mit Diesellokomotive.

Holztransports zum Werk in einer *Schwemmrinne* wurde schon in Abschn. 3.1.2 aufmerksam gemacht (Soiné [*3.91*]).

Von den Koch- oder Dämpfgruben zu den Entrindungsmaschinen und Ablängsägen wird das Holz mit *Elektrozügen* (Bild 3.39) unter Zwi-

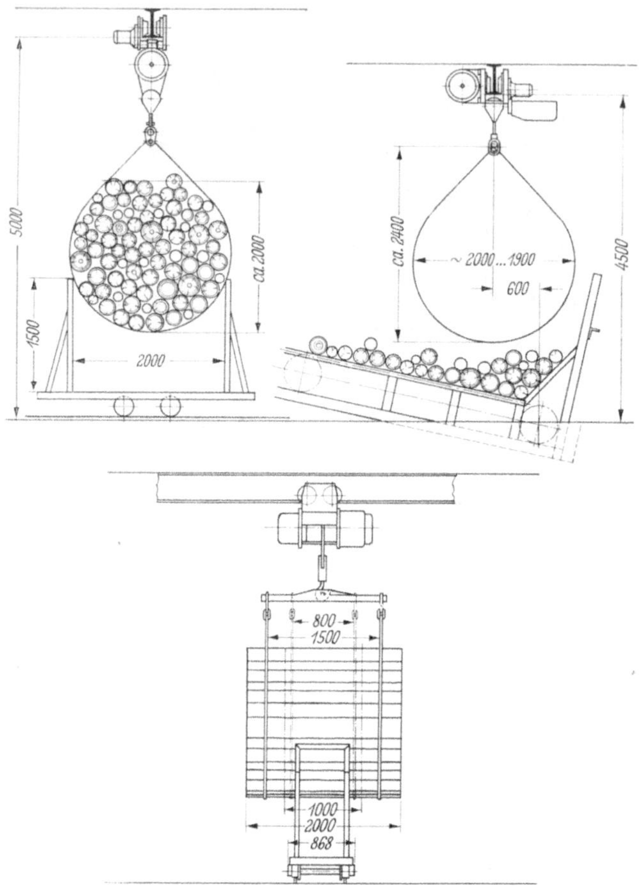

Bild 3.39. Schema eines Elektrozuges mit 3000 kg Tragkraft zur Entnahme von gebündeltem Holz aus Loren und Abgabe auf ein Kettentransportband; Holzmenge bei 1 m langen Rundlingen 3 rm, bei 2 m langen Rundlingen 6 rm.

schenschaltung von *Kettenförderern* (Bilder 3.40, 3.41 und 3.42) transportiert. Die von 0,3 bis 0,5 m abgelängten Rundhölzer, Scheite, Schwarten und Spreißel gelangen am zweckmäßigsten mit Gurtförderern zu den Zerspanern (Henker [*3.42*]). Die *Gurtförderer* sind entweder gemäß Bild 3.43 a muldenförmig ausgebildet oder sie besitzen gemäß Bild 3.43 b hoch gebogene Seitenkanten. Gurtförderer mit flacher Gurtführung erfordern Führungsleisten zur Seitenbegrenzung, unter denen sich aber

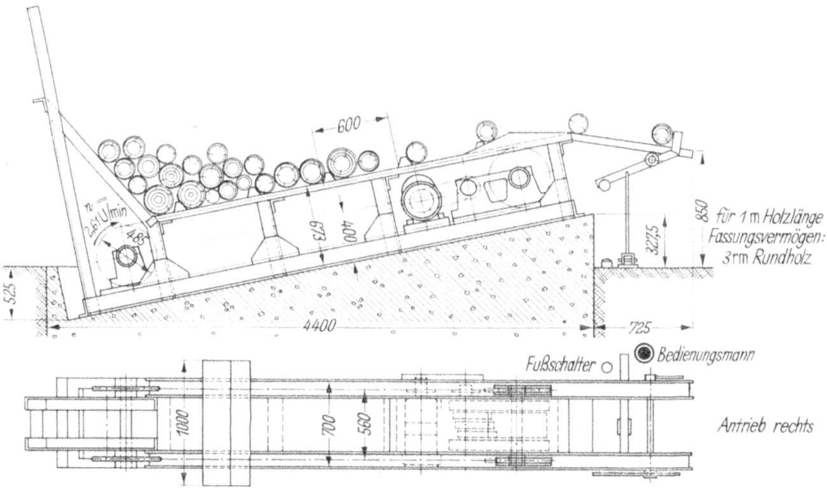

Bild 3.40. Schema einer Kettenförderanlage für Rundlinge in einem Spanplattenwerk. Motorantriebsleistung 2,2 kW, Vorschubgeschwindigkeit 3,96 m/min. Bauart Bezner.

Bild 3.41. Kettentransport-Förderanlage vor einem Schwenkkopfschäler. Bauart Bezner.

Holzstücke festklemmen können (Bild 3.44). Auch die Seitenreibung an den Führungswänden kann zum Abbremsen der Holzstücke und Festkeilen des nachfolgenden Förderguts führen. Normale Gummigurt-Förderer gestatten Steigungen von höchstens 10°, für größere Steigungen kann man geriffelte Gurte benutzen, wobei aber für die Gurtreinigung besondere Vorkehrungen nötig werden. Gummigurte mit mehrteiligen Höckern (sogenannte Höckerbänder) sind für Steigungen bis etwa 30° geeignet.

Mit einem Gurtförderer werden mindestens zwei Zerspaner beschickt, meist jedoch mehr. Man sollte die Zuführungs-Gurtförderer nicht in Tischhöhe oder niedriger an den Zerspanern vorbeiführen, da sich dabei

Bild 3.42. Kettenförderanlage für Rundholz in einem nordwestdeutschen Spanplattenwerk.

die Arbeiter zur Holzabnahme bücken müssen. Diese Tätigkeit ermüdet und erhöht die Verlustzeit. Außerdem kommt jeder Bedienungsmann in Versuchung, sich die besten Holzstücke auszusuchen; der vermeintliche Überschuß fällt am Fördererende ab, wo er sich stapelt, möglicherweise den Gurt beschädigt und schließlich weggeschafft werden muß. Sofern nicht mehr als vier Zerspaner vorhanden sind, empfiehlt sich ein etwa zwei Meter hoch liegender Gurtförderer mit hochschwenkbaren Abstreifern. Auf diese Weise kann die zu jedem Zerspaner gehörige Vorratsbox (Bild 3.45) geregelt beschickt werden. Ab vier Zerspaner empfiehlt sich eine kreisförmige Aufstellung und die Beschickung von einem sich drehenden *Rundtrog* aus (Bild 3.46).

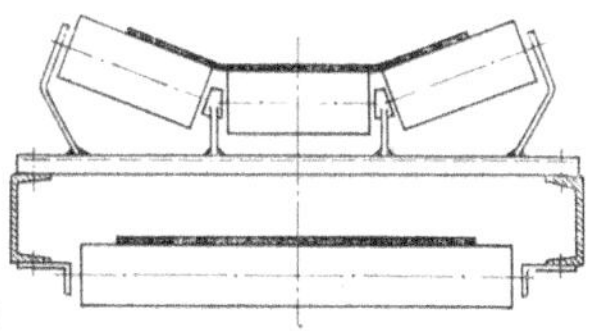

a

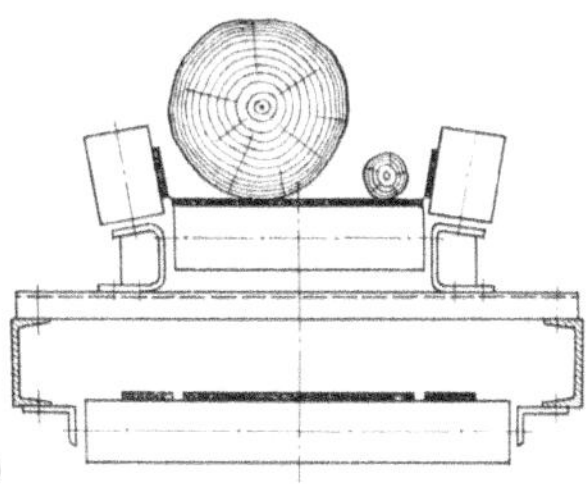

b

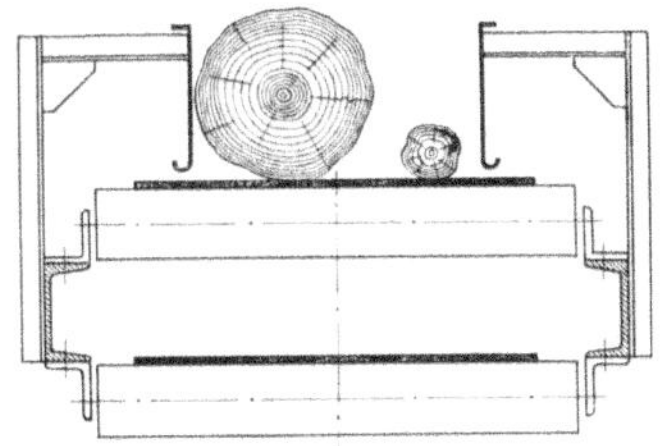

Bild 3.44.

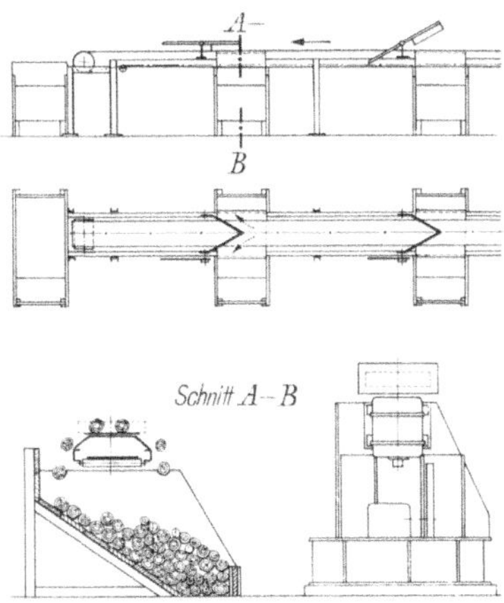

Bild 3.45.

Bild 3.43a u. b. Schematischer Querschnitt durch einen Gurtförderer.
a) muldenförmige Ausbildung; b) Ausführung mit hochgezogenen Seitenkanten. (Nach Schenck.)

Bild 3.44. Schematischer Querschnitt durch einen Gurtförderer mit flacher Gurtführung und Führungsleisten zur Seitenbegrenzung. (Nach Schenck.)

Bild 3.45. Gurtförderer zur Beschickung von 3 Vorratsboxen für Zerspaner. (Nach Schenck.)

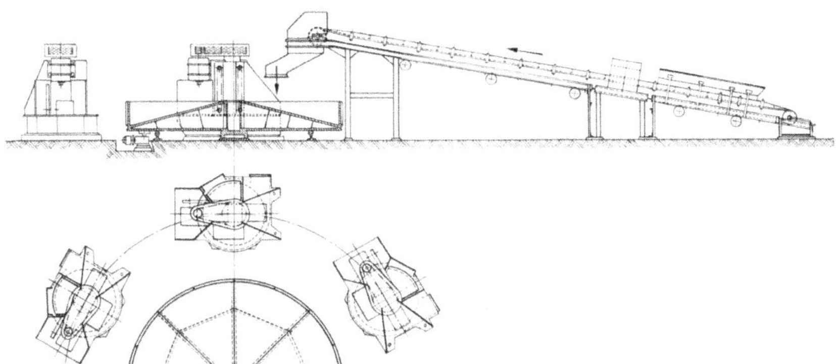

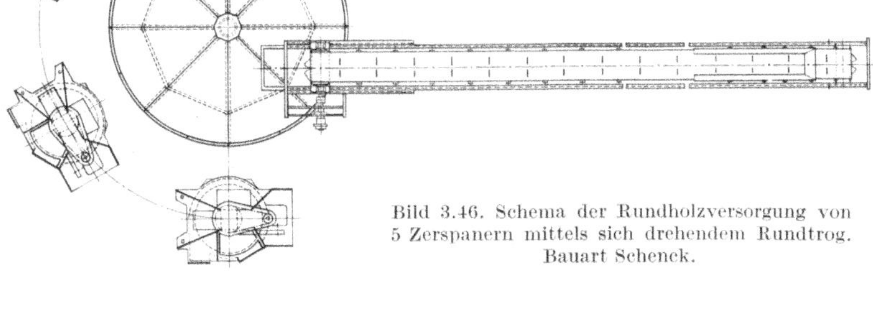

Bild 3.46. Schema der Rundholzversorgung von 5 Zerspanern mittels sich drehendem Rundtrog. Bauart Schenck.

3.1.7 Feststellung von metallischen Fremdkörpern

Da metallische Einschlüsse in Rundholz oder Metallteile in aufbereitetem Holz (z. B. Hackschnitzel) wertvolle Werkzeuge, u. U. sogar ganze Maschinen beschädigen und den Betrieb unterbrechen können, ist ihre Entdeckung und Entfernung in Holzindustrien und Holzwerkstoff-Fabriken unerläßlich. Im allgemeinen erfolgt die Prüfung von Metalleinschlüssen im Zusammenhang mit einer Fördereinrichtung für Rundhölzer, Schwarten usw. (SORG [*3.92*]). Zur *Metallsuche* werden meist drei axial hintereinander angeordnete *ringförmige oder rechteckige Spulen* verwendet (Bild 3.47) (SCHAFFRATH [*3.85*]). Die mittlere Spule wird von einem Röhrenoszillator mit hochfrequentem Wechselstrom gespeist. Dieser Strom erzeugt ein entsprechendes *magnetisches Wechselfeld* im Innern der

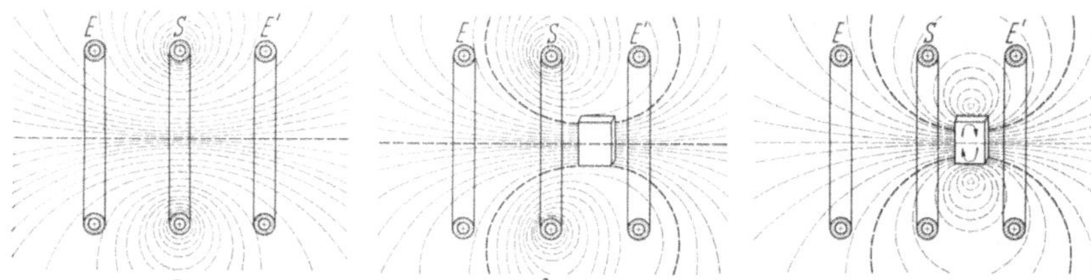

Bild 3.47 a–c. Schema der Suchspule eines Metallsuchgerätes.
a) Wechselfeld ohne Metallteil; b) durch Eisenteil verzerrtes Feld; c) überlagertes Feld des Eisenteils allein (durch E' treten mehr Kraftlinien hindurch). (Nach H. SCHAFFRATH.)

Spule und in der Umgebung. Symmetrisch zur *Senderspule* liegen zwei gleich große Spulen, die von dem magnetischen Wechselfeld der Senderspule durchsetzt werden. Die induzierten Spannungen in den beiden *Empfängerspulen* sind aus symmetrischen Gründen gleich groß. Die beiden Spulen sind so verbunden, daß beide Spannungen gegeneinander geschaltet sind und sich bei ungestörtem Feld gegenseitig aufheben. Durch einen Feinabgleich (Kompensieren) wird dafür gesorgt, daß E gleich E' wird. Wird nun ein Metallteil in das Innere der Suchspulanordnung gebracht, so entstehen folgende Effekte:

a) In Buntmetall, z. B. einem Kupferstück, entstehen Wirbelströme, die ein magnetisches Feld erzeugen, das sich dem ursprünglich vorhandenen Feld überlagert und es verzerrt. Der kompensierte Zustand wird zerstört, und es entsteht als Unterschied von E und E' eine kleine Spannung.

b) Bei ferromagnetischen Metallen, z. B. Eisen, tritt durch die magnetische Leitfähigkeit zusätzlich zum Wirbelstromeffekt eine Feldverzerrung auf. Diese ist in der Regel stärker als der Wirbelstromeffekt, so daß Eisen besser angezeigt wird als Buntmetalle.

Die Trennung von Suchspulenanordnung und *Geräte-Einheit* (Bild 3.48) gestattet, die empfindliche Geräte-Einheit an geschützter Stelle unterzubringen. Derartige Geräte haben eine hohe Ansprechempfindlichkeit, da selbst sehr kleine Metallteile zuverlässig angezeigt werden. Der Stromverbrauch der ortsfesten Suchgeräte liegt je nach Spulenzahl zwischen 100 und 300 W. Aufgefundene Metallteile werden akustisch oder optisch oder durch eine Verbindung beider Signale gemeldet. Der Antrieb des Förderbandes wird dann selbsttätig stillgelegt, damit das Holz mit den metallischen Fremdkörpern ausgeschieden werden kann.

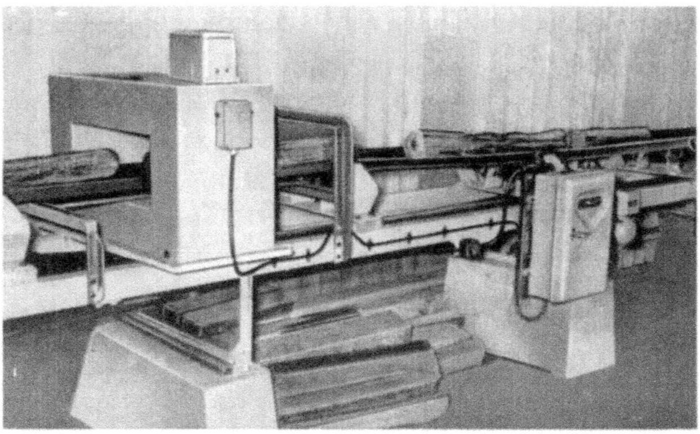

Bild 3.48. Suchspulenanordnung für Stammholz. Rechts im Bild die getrennt aufgestellte Geräteeinheit.

3.2 Zerkleinerung und Zerspanung des Holzes

Von **Walter Kull**, Freudenstadt

3.2.0 Allgemeine Gesichtspunkte

Es ist naheliegend, sich bei der Herstellung kleiner Holzpartikel für die Spanplatten-Industrie der Verfahren zu bedienen, die bei der Gewinnung größerer Teilstücke üblich sind. Das einfachste und roheste Verfahren ist das *Brechen*. Der Bruch erfolgt mehr oder weniger quer zur Faser, entgegen der größten Holzfestigkeit, und erfordert einen verhältnismäßig hohen Kraftaufwand. Beim *Spalten* in Faserrichtung ist der Kraftaufwand geringer. Ein ähnliches Verfahren, das etwa zwischen beiden obigen liegt, ist die Trennung durch *Quetschen* oder *Schieben*.

Alle erwähnten Verfahren ergeben einen mehr oder weniger zufälligen Bruch und deshalb Teile, die in ihren Abmessungen nicht genau vorbestimmbar sind. Bei der Spanplattenherstellung wird von diesen Möglichkeiten Gebrauch gemacht, wenn an Qualität und Gleichmäßigkeit der Späne keine sehr hohen Anforderungen gestellt werden und wenn das Ausgangsmaterial keiner höherwertigen Behandlung zugänglich ist. Die auf diese Art hergestellten Späne heißen *Reißspäne* oder auch *Mahlspäne*, weil die Herstellung durch Reißen, Schlagen, Brechen usw. in Mühlen erfolgt.

Eine sehr gebräuchliche Art der Holzteilung ist das *Sägen*. Die Trennung erfolgt durch Zerstörung einer Zwischenschicht. Dieses Verfahren auf die Herstellung dünner Späne anzuwenden, wäre unwirtschaftlich, da der durch die Zertrümmerung der Zwischenschicht (Sägefuge) entstehende Abfall größer wäre als das Nutzgut. Dies ist auch der Grund, warum man bei der Furnierherstellung vom Sägefurnier abgekommen ist.

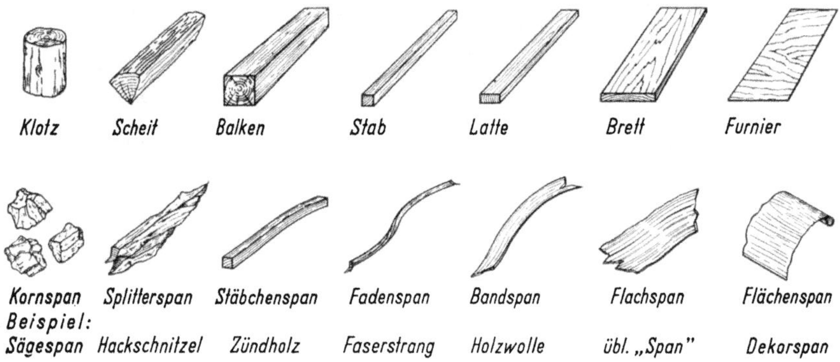

Bild 3.49. Verschiedene Formen von Stückholz und Spänen.

Bei der kurz nach dem Kriege entwickelten S-Span-Maschine (Holig) hat man das Spangut aus den von Kreissägen gebildeten Fugen gewonnen. Durch die Taumelbewegung der nur mit wenigen Millimetern Abstand umlaufenden Sägeblätter wurde bewirkt, daß die Sägeblätter mit Zahnbrust und Zahnflanke schnitten und die Fugen ineinander übergingen, also kein Restmaterial verblieb. Die Späne, die je nach Vorschub mehr faden- oder blattartig waren, wurden als S-Späne bezeichnet. Auf ähnliche Weise erzeugte, allseitig begrenzte, geometrisch gleiche Flachspäne wurden als I-Späne bezeichnet. Obwohl der S-Spaner als erster automatisch arbeitender Hochleistungszerspaner mit Stetigzuführung betrachtet werden darf, kann darauf verzichtet werden, ihn näher zu beschreiben. Die Maschine ist heute nicht mehr im Einsatz; sie ist durch andere, einfachere und modernere abgelöst worden.

Eine andere Art der Holztrennung ist das *Schneiden*. Sie ist ebenso wie das Sägen geeignet, dem abgetrennten Holzstück besonders dann, wenn es dünn ist, eine gewünschte Form zu geben. Es hat gegenüber dem Sägen den Vorteil, daß die Trennung praktisch verlustlos erfolgt. Das Schneiden ist also schon rein theoretisch für die Spanherstellung besonders geeignet. Die mit schneidenden Werkzeugen hergestellten Späne heißen *Schneidspäne*, oder, soweit die Schnitte parallel geführt werden und dadurch flache Späne entstehen, auch *Flachspäne*. Die Bezeichnung

Späne wird vorwiegend auf dünne Sortimente beschränkt, während durch Hirn- oder Hackschnitt erzeugte dickere Teile *Schnitzel* genannt werden. Bild 3.49 zeigt verschiedene Spanformen im Vergleich mit geometrisch ähnlichen Formen stückiger Holzsortimente.

3.2.1 Vorzerkleinerung

3.2.1.0 Vorbemerkungen

Den einzelnen Maschinen für die Spanerzeugung kann das Holz nicht in jeder beliebigen Form zugeführt werden. Es ist deshalb oft nötig, das zu verarbeitende Rohholz entsprechend vorzubereiten. Die der Zerspanung vorausgehende Holzaufteilung wird als *Vorzerkleinerung* bezeichnet. Eigentlich gehört dazu auch schon die Längsteilung zu dicker Hölzer durch Spalten oder Trennsägenschnitte sowie das Kürzen der angelieferten Holzstücke beispielsweise auf 1 m, 50 cm, 33 cm usw., je nachdem, welche Holzabmessungen einem Zerspaner zugeführt werden können. Darüber wurde schon in Abschn. 3.1 berichtet.

Im engeren Sinn hat die Vorzerkleinerung, auch Grobzerspanung genannt, die Aufgabe, ein kleinstückiges Schüttgut herzustellen, das später noch einer weiteren Zerspanung bedarf. In der Spanplatten-Industrie verzichtet man im allgemeinen darauf, Rundholzprügel zu hacken, weil man daraus durch unmittelbare Zerspanung ein viel höherwertiges Spangut gewinnen kann. Für die Vorzerkleinerung werden Holzsortimente bevorzugt, die sich nicht oder nur mit schlechtem Wirkungsgrad unmittelbar zerspanen lassen oder die beim Transport und der Vorbereitung zur Zerspanung zu viel Arbeit verursachen (Sägewerksabfälle Äste, Furnierabfälle, Sperrholzsäumlinge, verschiedene Stückabfälle usw.). Die Verarbeitung solcher Holzsortimente zu *Hackschnitzeln* ist oft lohnend, auch wenn die Spanqualität in der nachfolgenden Endzerspanung niedriger ist als bei der unmittelbaren Flachspanherstellung, weil diese Holzsortimente oft im eigenen Betrieb anfallen oder zu sehr günstigen Preisen erhältlich sind. Ein weiterer Vorteil ist, daß Hackschnitzel ein rieselfähiges Gut sind, das keiner oder nur geringer Handarbeit bei der Zuführung zur Zerspanung bedarf. Oft werden die vorzerkleinerten Materialien von auswärts bezogen. Je nach der Art etwa vorhandener Verunreinigungen empfiehlt es sich, die Schnitzel durch Sieben oder Waschen von Fremdkörpern und Schmutz zu befreien.

3.2.1.1 Vorzerkleinerung als Nebenaufgabe

Als eine besondere Art der Vorzerkleinerung kann schon die Furniererzeugung betrachtet werden, denn aus dünnen *Furnieren* läßt sich durch spätere Weiterzerkleinerung ein sehr brauchbares Spangut gewinnen. Es ist allerdings unwirtschaftlich, Furniere nur zu diesem Zwecke herzustellen, aber die bei der Furnierherstellung und deren Weiterverarbeitung entstehenden Abfälle werden gern als vorzerkleinertes Material der Spanplattenfertigung zugeleitet und entweder in Mühlen oder Messerring-Zerspanern zerlegt oder in Furnier-Zerspanern zu hochwertigen Spänen weiterverarbeitet. Ähnlich wie die Furnierabfälle können auch die langen *Schälspäne* und ähnliche *Industrie-Resthölzer* als vorzerkleinertes Rohmaterial betrachtet werden. Eine besondere Art der Vorzerkleinerung ist die Wiederauflösung der zum Zwecke der Raumersparnis bei Beförderung und Lagerung in Ballen gepreßten Späne in sogenannten *Ballenreißern* (Condux, Nyblad). Nachdem zuvor die Ballenbindung (meist einige Holzlatten mit Drahtbindungen quer dazu) entfernt worden ist, wird das aufgegebene Gut im Ballenreißer durch eine rotierende, mit Reißnocken versehene Walze aufgelöst (s. a. Abschn. 2.1.5). Diese Maschinen erreichen eine sehr hohe Durchsatzleistung. Nach Angaben der Firma Condux können etwa zwei Späneballen von je $^{1}/_{4}$ m^3 in der Minute aufgelöst werden (Motorleistung 22 kW).

3.2.1.2 Vorzerkleinerung als Hauptaufgabe

Für die Weiterverarbeitung in Mühlen werden kurze (10...30 mm), in Messerring- oder Prallzerspanern werden längere (30...60 mm) Hackschnitzel verwendet, die im Werk oder an der Anfallstelle der Rohstoffe erzeugt werden können. Die zur Zerspanung bestimmten Schnitzel sollen ihre größte Abmessung in der Faserrichtung haben. Das Hacken erfolgt mit Maschinen, die mit Messern bestückt sind, die entweder senkrecht zur Faser (Hirnschnitt) oder unter einem Winkel von etwa 45° (Hackschnitt) schneiden. Nach Art des rotierenden Messerträgers hat man Scheibenhacker und Zylinderhacker zu unterscheiden.

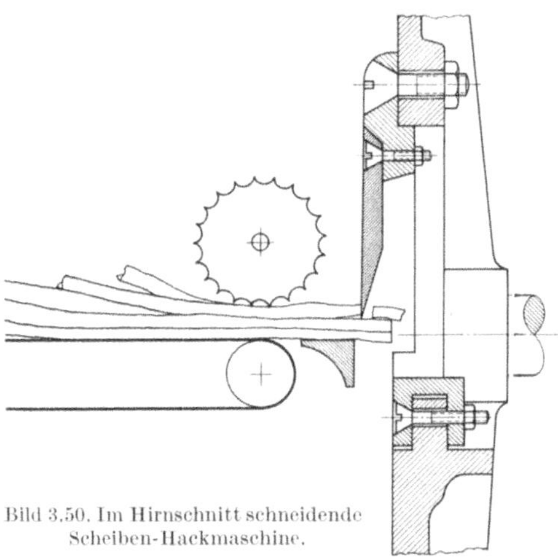

Bild 3.50. Im Hirnschnitt schneidende Scheiben-Hackmaschine.

Die im Hirnschnitt schneidenden *Scheibenhackmaschinen* oder *Schneidmaschinen* (Eirich und Jensen) bestehen im wesentlichen aus einem mit wenigen in der Scheibenebene liegenden Messern bestückten großen Schwungrad. Die senkrecht dazu angeordnete Zuführungslade ist mit einer den besonderen Eigenschaften des zu zerkleinernden Materials angepaßten Einzugsvorrichtung ausgestattet (Bild 3.50). Diese Maschinen eignen sich vorwiegend zur Herstellung von etwa 0,5...5 cm langen Stücken aus dünnen Zweigen, Sägewerksspreißeln oder auch von Reisigbündeln, Einjahrespflanzen usw. Eine fahrbare Buschhackmaschine (Jensen) kann an der Anfallstelle dünner Sortimente (z. B. von Zweigen bis maximal 10 cm $\varnothing$) im Wald über eine Zapfwelle von einem Traktor angetrieben werden. Für die Kürzung der Stengel von Einjahrespflanzen (Stroh, Kartoffelkraut usw.) könnten auch kräftig gebaute Futterschneidmaschinen Verwendung finden. Bisher wird von der Verarbeitung solcher Rohstoffe noch wenig Gebrauch gemacht, teils weil es schwierig und mit

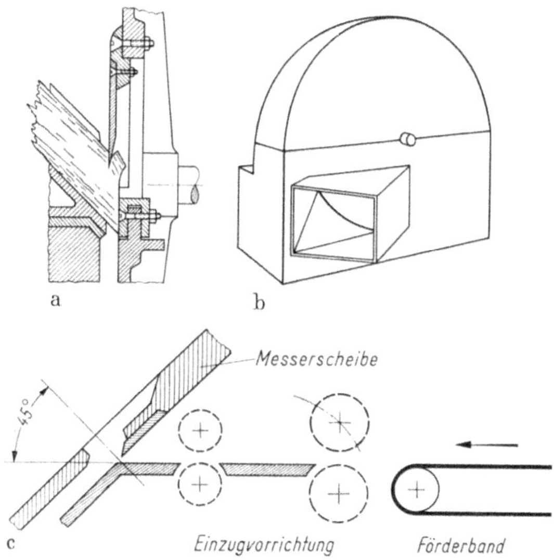

Bild 3.51 a–c. Im Hackschnitt schneidende Scheibenhackmaschinen.
a) Zuführung schräg von oben; b) waagerechte Zuführung, Bauart Wigger-Hansel;
c) mit schräg gestellter Scheibe, Bauart Gustin.

großen Kosten verbunden ist, so voluminöse Materialien zu erfassen und über das ganze Jahr zu bevorraten und weil oft z. B. bei Stroh die wenig befriedigende Qualität eine lohnende Spanplattenfertigung nicht zuläßt.

Bei dickeren Rohmaterialien zieht man *Scheibenhackmaschinen* (Bild 3.51) vor, bei denen das Gut unter etwa 45° (Condux, Pallmann, Voith, Wigger) schräg von oben durch den sogenannten Hackbock der Scheibe zugeführt wird. Der Hackbock ist in verschiedenen Richtungen so geneigt, daß das Holz in einer ganz bestimmten Lage zwischen die rotierenden Schneidmesser und das am Hackbock festsitzende Stockmesser (Gegenschneide) kommt und dadurch ein scherenartig wirkender Schnitt entsteht (Abstand der beiden Messer so klein wie möglich, rd. 0,5 mm). Der Einwurfschacht des Hackbocks enthält bei Maschinen für die Rundholzverarbeitung keine mechanischen Zuführungseinrichtungen, da die Maschine durch die Schrägstellung des Hackbocks beim Schnitt selbsttätig einzieht. Für die Verarbeitung dünnerer Sortimente werden von den Lieferfirmen teilweise besondere Einzugswalzen oder Zuführungsvorrichtungen angeboten. Es gibt auch Maschinen, bei denen trotz des schrägen Hackschnittes eine waagerechte Gutzuführung, z. B. mittels Förderband, bis zum Messer möglich ist. Bei einer Maschine (Wigger, System Hansel) wird das Gut in der Waagerechten unter 45° zugeführt, während die waagerechte Zuführung bei einer französischen Maschine (Gustin) durch eine entsprechende Schrägstellung der Achse der Messerscheibe ermöglicht wird.

Der Leistungsbedarf der Hacker oder Hackrotoren wird von T. Samson [*3.83*] wie folgt aufgeteilt:

Schneiden des Holzes	9,3%
Aufbrechen des Holzes	60,0%
Reibung des Holzes an der Messerscheibe	14,3%
Reibung des Holzes an der Rinne	2,0%
Auswerfen der Hackspäne	7,2%

Der Leistungsbedarf für das Schneiden selbst ist sehr gering. Für das Brechen des Holzes wird der überwiegende Teil der Antriebsleistung verbraucht. Je nach der zu hackenden Holzart und dem Holzdurchmesser ist der Energieanteil für das Aufbrechen verschieden. Die Firma Wigger gibt für ihre Hacker bei 25 mm Schnitzellänge mit einer Drehzahl von 250 U/min die in Tab. 3.3. zusammengestellten Daten an.

Tabelle 3.3. *Abmessungen und Leistungswerte für Hackrotoren, Bauart Wigger (Klammerwerte für Universalhacker mit mechanischem Vorschub)*

Zuführrinne Breite mm	Zuführrinne Höhe mm	Durchmesser der Messerscheibe mm	Leistung in rm Rundholz je h	Leistungsbedarf kW
250 (225)	150 (150)	1150	10...12 (7...10)	18...25 (18...25)
275 (250)	250 (250)	1750	10...15 (10...15)	25...32 (22...30)
350 (300)	325 (300)	2100	20...30 (20...30)	46...70 (35...55)
450 (450)	425 (300)	2400	30...50 (30...50)	70...110 (70...110)
550	525	2800	50...80	140...210
600	575	3000	60...100	130...210

Bei den *Zylinder-* oder *Trommelhackern* (Condux, Klöckner, Maier) ist infolge des sphärischen Verlaufes der Messerflugbahn der Schnittwinkel nicht gleichbleibend. Dies hat jedoch im praktischen Betrieb keinen Einfluß auf den Hackvorgang. Das Holz wird diesen Maschinen im allgemeinen so zugeführt, daß etwa senkrecht zur Faser (Hirnschnitt) geschnitten wird. Es ist wie bei den Scheibenhackern möglich, die Schnitzellänge dem Verwendungszweck anzupassen. Der Vorteil der Zylinderhacker ist ihre gedrängte und robuste Bauart (Bild 3.52). Sie werden in ihrem unteren Teil meist mit einem Nachzerkleinerungsrost ausgerüstet, wodurch ein gleichmäßiges Hackgut erreicht wird und auf das sonst vielfach übliche Absieben und Nachzerkleinern zu großer Stücke verzichtet werden kann.

Angaben über die Hackrotoren der Firma Maier enthält Tab. 3.4.

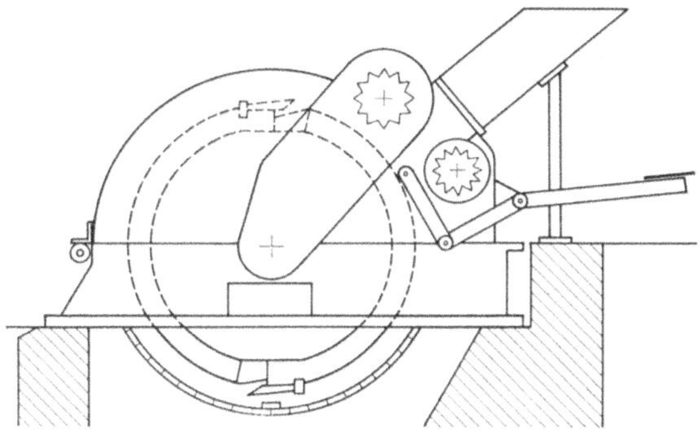

Bild 3.52. Zylinder-Hackmaschine mit Zuführungswalzen, Bauart Maier.

Tabelle 3.4. *Abmessungen und Leistungswerte für Hackrotoren, Bauart Maier*

Masch. Größe Nr.	Rotor-durchm. mm	Schnitzel-länge mm	Leistung		Leistungs-bedarf kW
			Säumlinge rd. kg/h	Rundholz kg/h	
00	400	6...12	300	600	4... 6
0	600	6...12	600	1000	8... 10
I	800	8...30	1000	2000	14... 20
II	1200	8...30	2000	4000	30... 40
III	1600	8...30	6000	12000	50... 90
IV	2000	8...30	8000	20000	70...120

Die Leistungswerte gelten für die größeren Schnitzel bei einer Holzfeuchtigkeit von 15 bis 20%.

Hackschnitzellänge für verschiedene Verwendungszwecke:

Holzverzuckerung	4... 8 mm
Cellulose-Aufbereitung und Brennspäne	25...30 mm
Spanherstellung	30...60 mm
Holzvergasung	60...70 mm.

Nicht mit Messern bestückte Maschinen, z. B. Hammermühlen und Schlagrotoren, in denen Schnitzel nur durch reinen Bruch erzeugt werden, ergeben ein Gut, das wegen seiner Ungleichmäßigkeit und Splittrigkeit viel weniger geeignet ist. Solche Maschinen (Alpine, Condux, Maier) werden deshalb vorwiegend für die Zerkleinerung minderwertiger und verschmutzter Abfallsortimente (z. B. Sperrholzsäumlinge) eingesetzt. Schlecht zu handhabende oder sperrige Rohstoffe, z. B. Kokosfasern, Stauden usw., werden auch auf Schneidmühlen (Condux) vorzerkleinert.

3.2.2 Zerspanen

3.2.2.0 Fremdspäne, Nutzspäne, Spezialspäne

Bei der Holzbearbeitung fallen, je nach Art der durchzuführenden Arbeiten, Späne sehr unterschiedlicher Gestalt und Größe an, z. B. Handhobelspäne, Maschinenhobelspäne, Schälspäne, Frässpäne, Sägespäne usw., die lange Zeit schlechthin als Abfall betrachtet wurden[1].

Daß das Wort „Span“ für den Hauptbestandteil der Spanplatte verwendet wird, erklärt sich daraus, daß bei der Spanplattenherstellung in den ersten Anfängen vorwiegend an eine Abfallverwertung gedacht war und man auf die in der Holzindustrie anfallenden Späne zurückgriff. Man hat allerdings bald erkannt, daß die Spanplattengüte stark von der Art und Form der Späne abhängig ist und die zufällig entstandenen Späne meist nicht als idealer Ausgangsstoff betrachtet werden dürfen. Trotzdem werden diese Spansortimente auch heute noch, neben den besonders erzeugten Spanplattenspänen (Kunstspäne) als „Fremdspäne“ in der Spanplatten-Industrie viel verwendet. Sie sind ein Handelsgut geworden, das um so höher bezahlt wird, je besser es für die Spanplatten-Industrie geeignet und je gleichmäßiger es ist (auch frei von fremdartigen Beimengungen). Es lohnt sich, bei der Bearbeitung durch entsprechende Werkzeugeinstellung oder gar durch die Verwendung besonderer Zerspanungswerkzeuge dafür zu sorgen, daß man eine möglichst hohe Spanqualität erreicht. Vielfach wird, z. B. bei Schälspänen, durch einen anschließenden Mahlvorgang die Qualität verbessert oder werden die Späne in Ballenpressen (Anthon, Lerchenmüller) verdichtet, um die Fördermittel besser auszulasten. Erzeugt werden diese Späne mittels üblicher Holzbearbeitungsmaschinen, auf deren Beschreibung hier verzichtet werden kann.

Eine schon vor Aufbau der Spanplatten-Industrie bekannte Maschine zur absichtlichen Erzeugung von Holzpartikeln ist die Holzwollemaschine (Anthon). Die *Holzwolle* ist lockig und langfaserig und deshalb für eine maschinelle Weiterverarbeitung wenig geeignet. Sie wird in der Holzwerkstoffindustrie nur für die Herstellung besonders poröser Leichtbauplatten oder für bestimmte Effekte (Akustik- und Dekorplatten) verwendet. Die Holzwolle wird bevorzugt mit 2 mm Breite hergestellt und der Spandicke entsprechend in Handelsklassen eingeteilt; dies könnte in ähnlicher Form auch für die Späne der Spanplatten-Industrie empfohlen werden. Mühlen werden schon lange für die Holzzerkleinerung,

[1] Ursprünglich ist das Wort Span die Bezeichnung für ein durch Spalten erzeugtes, dünnes Holzstück (vgl. die Worte „Kienspan, Spankorb“). Es ist aber im Laufe der Zeit immer mehr zu einem Abfallbegriff geworden und erst in neuester Zeit durch die Spanplatten-Industrie wieder „aufgewertet“ worden.

z. B. zur Herstellung von Brennschnitzeln und Holzmehl, eingesetzt. Die üblichen *Brennschnitzel* sind für die Spanplatten-Industrie wenig geeignet. Auch das sehr hochwertige *Holzmehl* wird in der Spanplatten-Industrie nicht verwendet. Vielleicht kann es für bestimmte Verwendungszwecke (zur Verbesserung der Oberflächen) noch eine gewisse Bedeutung erlangen (Porenfüller). Die auf Hackern erzeugten *Hackschnitzel* der Zellstoff-Industrie sind zur unmittelbaren Verwendung in der Spanplatten-Industrie unbrauchbar. Sie können aber durch entsprechende Weiterverarbeitung in ein brauchbares Gut verwandelt werden und sind dadurch zu einem wichtigen Zwischenprodukt bei der Spanplattenherstellung geworden.

Die Maschinen für die Herstellung besonderer Späne für die Spanherstellung werden in zwei Gruppen eingeteilt, die sich durch die Form des zu zerspanenden Gutes, durch die Art der Gutaufgabe und durch die Art der Spanbildung unterscheiden. Die erste Gruppe umfaßt die *Zerspaner*, denen das Holz in stückiger Form in vorgeschriebener Richtung zugeführt wird und bei denen die Spanbildung durch Schneiden erfolgt. Dabei wird der Schnitt in einer durch die Art des zu erzeugenden Spanes und die Bauart der Maschine bestimmten Richtung zum Faserverlauf des Holzes geführt. Die Voraussetzung für die Entwicklung und den raschen Aufstieg der Spanplatten-Industrie war die Schaffung von Spezialmaschinen zur Herstellung qualitativ hochgezüchteter Holzpartikel, sog. „Kunstspäne" (engineered particles), auf die das Wort „Span" (particle), nun aber nicht mehr in der Bedeutung „Abfall", übertragen wurde[1]. Die zweite Gruppe sind die *Mühlen*, denen der Rohstoff in Form eines Schüttgutes ohne Rücksicht auf die Faserrichtung des Holzes zugegeben wird und bei denen die Spanpartikel vorwiegend durch Reiben, Reißen oder Schlagen gebildet werden. Die dabei entstehenden Späne bezeichnet man als „*Reißspäne*".

Es gibt Maschinen, die ihrer Bauart nach und auch nach der Art der Gutaufgabe Mühlencharakter haben, bei denen aber die Spanherstellung durch schneidende Messer erfolgt und die deshalb den Zerspanern zuzurechnen sind. Als Unterscheidungsmerkmal soll also das Vorhandensein oder Fehlen zum Schnitt dienender, scharfer Messer betrachtet werden. Wie die Praxis zeigt, ist es durchaus nicht unmöglich, auch auf mit Messern ausgerüsteten Zerspanern Späne zu erzeugen, die mindestens teilweise mehr gerissen als geschnitten sind. Diese Gefahr ist groß, wenn mit stumpfen oder schlecht eingestellten Messern gearbeitet, durch schlechte Holzführung oder Schwingungen der Schnittvorgang gestört oder sehr trockenes Holz verwendet wird.

---

[1] Bei der FAO-Tagung im Genf im Jahre 1957 wurde als internationale Bezeichnung für Spanplatten der Begriff „*particle board*" festgelegt.

3.2.2.1 Schneidzerspanung

Die Zerspaner sind mit scharfen Messern ausgerüstete Maschinen, die dazu dienen, Holz in Späne zu zerlegen. Im Grunde genommen ist diese Forderung bei fast allen Holzbearbeitungsmaschinen erfüllt, doch werden hier keine besonderen Anforderungen an die Spanqualität gestellt. Im Gegensatz dazu ist bei den Zerspanern die Spanerzeugung die alleinige Aufgabe. Zwei grundsätzliche Forderungen müssen deshalb aus Gründen der Wirtschaftlichkeit beachtet werden:

1. Das zugeführte Holz muß, im Gegensatz zu den Holzbearbeitungsmaschinen, möglichst restlos aufgearbeitet, d. h. verlustlos in Späne verwandelt werden. (Bei Kombinationszerspanern nur der für die Spanerzeugung verfügbare Anteil.)

2. Die Späne sollen im Gegensatz zu den Spänen bei der Holzbearbeitung keine Zufallserzeugnisse sein, sondern ganz bestimmte, für die Spanplattenherstellung möglichst vorteilhafte Eigenschaften besitzen.

Bevor näher darauf eingegangen wird, welche Eigenschaften eines Spanes für die Spanplattenfertigung günstig sind, sollen zuerst das Messer und seine Schnittmöglichkeiten im Holz behandelt werden.

Das *Schneidmesser* ist an seiner Arbeitsseite unter dem Keilwinkel β angeschliffen (Bild 3.53). Die scharfe Kante an der Spitze des Keilwinkels ist die Schneide, die den Span vom Holzverband trennt. Der Winkel, unter dem das Messer gegen das Holz geführt wird, ist der Schnittwinkel δ. Er ist um den Freiwinkel α größer als der Keilwinkel. Der Keilwinkel ist je nach der Härte des zu schneidenden Werkstoffs verschieden. Beim Schneiden harter Stoffe, z. B. von Metallen, ist er nahezu 90°. Für den Holzschnitt benötigt man wesentlich spitzere Winkel.

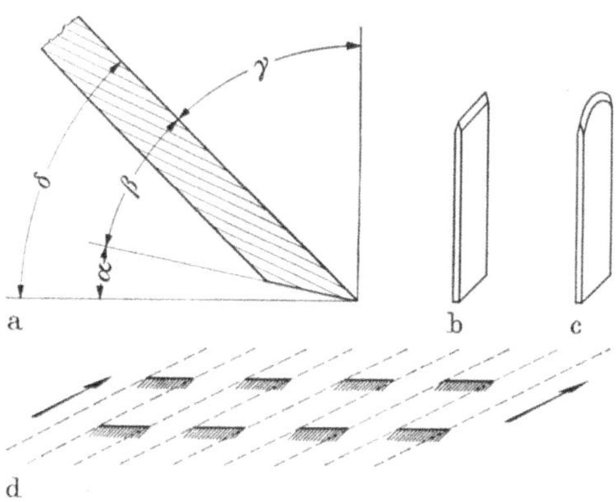

Bild 3.53a – d. Messerschneiden.
a) Schneidmesser: α Freiwinkel, β Keilwinkel, γ Spanwinkel, δ Schnittwinkel; b) und c) Ritzmesser; d) versetzt angeordnete Kammesser.

Der bei handbewegten Schneiden übliche Schnittwinkel (Schreinerhobel) von 45 bis 48° wird auch bei der maschinellen Messerbewegung beibehalten, dagegen wird mit Rücksicht auf die Standzeit der Keilwinkel auf etwa 30 bis 35° erhöht bzw. der Freiwinkel auf 10 bis 15° verringert. Die Schneide findet deshalb beim Eindringen in das Holz, besonders wenn das Messer schon leicht abgestumpft ist, einen etwas größeren Widerstand; dies ist aber bei durch Motoren angetriebenen Maschinen unwesentlich. Wird der Freiwinkel noch weiter herabgesetzt, so kann dadurch trotz des größer werdenden Keilwinkels die Messerstandzeit nicht mehr verbessert werden, da die höhere Schnittreibung zu starker Erwärmung und rascher Schneidenabnutzung führt. Theoretisch kann jeder Holzart ein günstigster Schnitt- und Keilwinkel zugeordnet werden (z. B. bei der Furnierherstellung). Bei Zerspanern ist es möglich und üblich, mit konstanten Schnitt- und Keilwinkeln zu arbeiten. Nur bei der Verwendung besonders ungünstiger Hölzer kann Anpassung des Keilwinkels an die besonderen Verhältnisse vorteilhaft sein, wodurch sich auch der Freiwinkel ändert, da der durch die Maschinenkonstruktion festgelegte Schnittwinkel normalerweise nicht geändert werden kann.

Die Messerstandzeit, das heißt die Arbeitszeit der Messer, bis ein Nachschliff notwendig wird, ist von erheblichem Einfluß auf die Wirtschaftlichkeit, weil sie die Kosten für den Messerbedarf, die Messerpflege und für Wartungszeiten beeinflußt. Sie unterliegt folgenden Einflüssen:

a) Beschaffenheit des zu schneidenden Holzes (Art, Struktur, Faserrichtung);
b) Zustand des zu schneidenden Holzes (Feuchtigkeit, Sauberkeit);
c) Art des Messerwerkstoffs;
d) Zustand des Messers (Schliffgüte);
e) Art der Messerbewegung (Geschwindigkeit, Flugbahn);
f) Wechselwirkung zwischen Werkstoff und Werkzeug (Einspannung, Elastizität).

Die Auswahl des Rohstoffs a) ist durch die Marktlage beschränkt und gibt deshalb weniger Möglichkeit zur Beeinflussung der Messerstandzeit als die Beachtung eines möglichst günstigen Zustands b). Hohe Holzfeuchtigkeit ergibt (außer bei einigen sehr weichen Holzarten, z. B. Pappel, die besser trocken geschnitten werden) längere Standzeiten (Bild 3.54), während Verschmutzungen, insbesondere durch Sand und ähnliche harte Fremdkörper, einen sehr raschen Abfall der Standzeit verursachen können. Sauberkeit ist deshalb ein besonders wichtiger Grundsatz bei der Herstellung von Schneidspänen. Er wird in der Praxis durch die Rohholzentrindung, Holzwaschanlagen, Heißwässerungsgruben und ähnliche Einrichtungen berücksichtigt, wobei zu trockenem Holz gleichzeitig auch die fehlende Feuchtigkeit zugeführt werden kann. Schon die Befeuchtung der Oberflächen bringt Vorteile, so daß man oft darauf verzichtet, das Holz bis in den Kern zu befeuchten. Wo eine vorherige Holzbefeuchtung nicht stattfindet, kann eine ganz leichte Besprühung der Schneidstelle während der Spanherstellung sich schon vorteilhaft auf die Standzeit auswirken. Die Art des Messerwerkstoffs c) ist von großem Einfluß, doch ist nicht immer der höchstlegierte und teuerste Stahl für die Späneherstellung der günstigste. Auch bei einer bewährten Stahlsorte kann keine gute Standzeit erwartet werden, wenn der Schliff d) nicht einwandfrei ist. Wichtig ist ferner, daß der beim Schleifen entstehende Grat durch „Abziehen" oder durch einen Schwabbelvorgang sachgemäß entfernt wird. Ein ganz leichtes Abstumpfen der „giftscharfen" Schneide verhindert eine zu rasche Abnutzung (Schartenbildung) und verlängert die Standzeit. Es ist in der Metallindustrie seit langem und teilweise auch in der Holzindustrie üblich, zur Verbesserung der Standzeiten Hartmetallwerkzeuge zu verwenden. Bei Zerspanern lassen sich diese teuren Werkzeuge kaum mit wirtschaftlichem Nutzen verwenden, weil sie gegen Fremdkörper, die man selbst bei großer Sorgfalt nie ganz vermeiden kann, sehr empfindlich sind. Es darf jedoch angenommen werden, daß auch für die Holzzerspanung eines Tages geeignete Hartmetallsorten zur Verfügung stehen werden. Die unter d) und f) genannten Einflußgrößen sind durch die Bauart der Maschine bedingt und müssen als später nur schwer veränderlich hingenommen werden.

Die Güte des Schliffes der Zerspanermesser ist besonders bei der Herstellung dünner Späne von entscheidender Bedeutung. Es sollten deshalb nur hochwertige, schwingungsfrei arbeitende Schleifmaschinen Verwendung finden. Für gerade Messer sind handelsübliche Flächenschleifmaschinen, die aber möglichst mit einer besonderen mechanischen oder elektromagnetischen Schnellspannvorrichtung ausgestattet sein sollten (z. B. Göckel), geeignet. Für Spezialmesser (z. B. mit gebogenen Schneiden) werden Sonderschleifmaschinen von den Zerspanerfirmen mit-

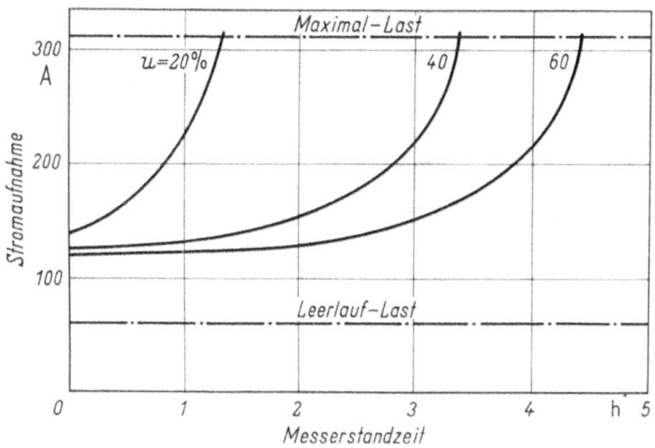

Bild 3.54. Stromaufnahme und Messerstandzeit bei verschiedener Holzfeuchtigkeit. Spandicke 0,25 mm, Kiefer. (Nach IC-Kleinewefers.)

geliefert. Die Messer eines Satzes sollten, damit ein gleichmäßiger Abschliff gewährleistet ist und eine Unwucht am Zerspaner verhindert wird, im gleichen Arbeitsgang geschliffen werden. Es empfiehlt sich, die zu einem Satz gehörigen Messer entsprechend zu kennzeichnen. Schlecht ausgewuchtete Messerwellen oder Messerscheiben führen nicht nur zu einer erhöhten Beanspruchung der Maschine, insbesondere der Lager, sondern können auch durch die entstehenden Schwingungen die Schnittgüte und die Leistung einer Maschine ganz erheblich verringern.

Je nach der Richtung, in der das Messer zum Holz geführt wird, erhält man verschiedene Schnittergebnisse (Bild 3.55). Beim *Hirnschnitt* verläuft die Schnittfläche senkrecht, beim *Hackschnitt* schräg zur Faser. Die in Abschn. 3.2.1 „Vorzerkleinerung" beschriebenen Hackmaschinen arbeiten teils mit Hirnschnitt, teils mit Hackschnitt. In beiden Fällen wird durch den Schnitt der Faserverlauf unterbrochen. Im Gegensatz dazu wird beim „faserparallelen Schnitt" die Faser kaum geschädigt. Auch beim Ablösen sehr dünner Späne bleibt die Holzfestigkeit zufolge des günstigen Faserverlaufes in der Spanfläche weitgehend erhalten. Das ist der Grund, weshalb bei Zerspanern mit faserparallelem oder wenigstens angenähert faserparallelem Schnitt gearbeitet wird. Der faserparallele Schnitt kann mit der Schnittrichtung längs, schräg oder quer zur Faser geführt werden (Bild 3.55). Der „Längsschnitt" ist vom Schreinerhobel her bekannt und wird auch bei der Holzwollemaschine angewendet. Er

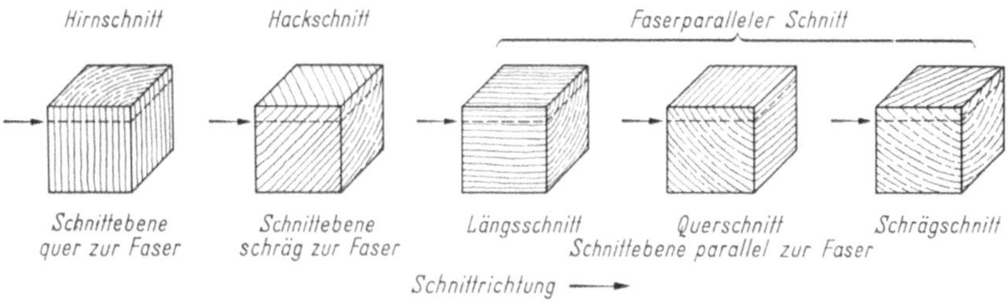

Bild 3.55. Möglichkeiten der Schnittführung bei Holz.

ist gekennzeichnet durch einen langen, in der Dicke sehr gleichmäßigen, stark gelockten oder sogar geknickten (Festigkeitsabfall) Span. Sowohl die große Länge als auch die starke Krümmung sind bei der Holzwolle erwünscht, bei Spänen für die Spanplattenherstellung wird aber durch diese Eigenschaften die weitere Verarbeitung sehr erschwert. Es wird deshalb bei Zerspanern im allgemeinen der „Querschnitt", der zu fast ebenen Spänen führt, oder der nicht zu stark vom Querschnitt abweichende „Schrägschnitt" angewendet.

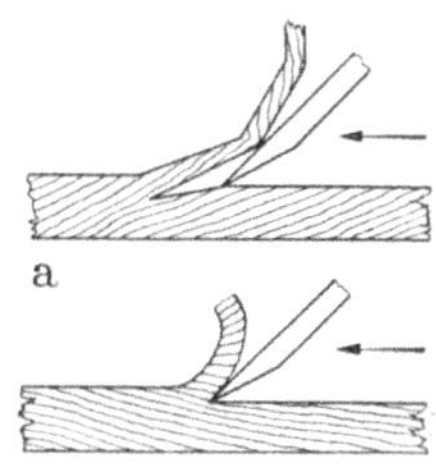

Bild 3.56 a u. b. Angenähert faserparalleler Schnitt.
a) gegen die Faser;
b) mit der Faser.

Diese Schnitte bieten gleichzeitig noch den Vorteil, daß man durch mitlaufende Ritzmesser die Länge der Späne in Faserrichtung begrenzen kann (Hirnschnitt). Für die Richtung senkrecht dazu ist das weniger wichtig, weil die dünnen Späne in Faserrichtung leicht brechen und meist schon beim Weitertransport genügend zerkleinert werden. Die Ritzmesser sind von der Holzwollemaschine her schon lange bekannt, wo sie längs der Faser schneiden und die langen Späne in schmale Streifen unterteilen. Der Abstand der Ritzmesser ist bei manchen Zerspanern beliebig einstellbar, bei anderen ist es möglich, die Faserlänge der Späne in gewissen Stufen zu ändern. Im allgemeinen wird in der Spanplatten-Industrie mit Ritzmesserabständen von etwa 2 bis 4 cm gearbeitet. Die Ritzmesser eilen den Schneidmessern voraus und ritzen das zu zerspanende Holz vor dem Abtrennen des Spanes an. Sie sind dazu entweder mit spitzen Schneiden oder, um bessere Standzeiten zu erreichen, mit Kuppen versehen (Bild 3.53). Wenn statt der nachschleifbaren Ritzmesser kleine billige Stanzteile eingesetzt werden, die nach Gebrauch weggeworfen werden können, spart man das zeitraubende Nachschleifen. Das Nachschleifen der Ritzmesser erfolgt meist von Hand. Es besteht dabei die Gefahr, daß durch Ungenauigkeiten die Schneiden hintereinanderlaufender Ritzmesser nicht die gleiche Bahn beschreiben und dadurch einen erheblichen Feingutanteil erzeugen. Diese Gefahr wird durch genauen maschinellen Schliff mit einer Ritzmesser-Schleifmaschine (Dorsch) oder einem Automaten (Bezner) ausgeschlossen. Man kann ohne Ritzmesser die Längenbegrenzung der Späne auch durch eine entsprechende Unterteilung der Schneidmesser erreichen, indem man z. B. unter Verzicht auf die volle theoretische Schnittleistung die Messer kammartig ausbildet und die Schneiden gegenseitig versetzt anordnet.

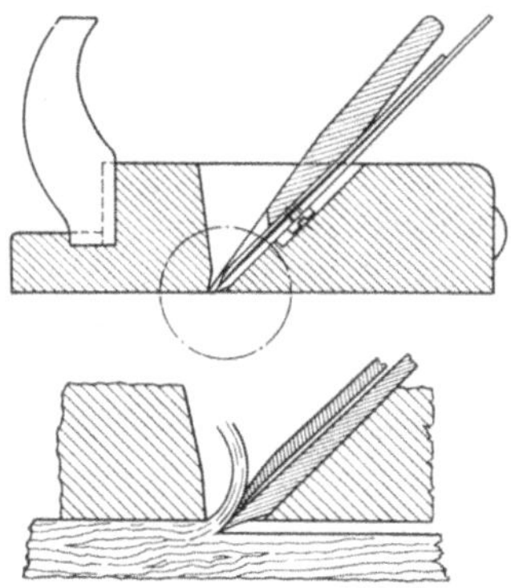

Bild 3.57. Schema der Wirkungsweise des Handhobels (Hobelschnitt).

Infolge der Unregelmäßigkeiten des Holzwuchses ist es nicht möglich, einen exakt faserparallelen Schnitt zu führen. Es ist deshalb üblich, z. B. beim Schnitt mit dem Schreinerhobel von einem Schneiden „mit“ oder „gegen die Faser“ zu sprechen (Bild 3.56). Diese werkstoffbedingten Eigenheiten sind mit ein wesentlicher Grund dafür, daß Späne selbst bei der Verwendung hochwertiger Maschinen und sorgfältigster Messereinstellung immer eine gewisse Streuung in der Dicke haben. Weitere Gründe sind durch die Schnitt-Technik und die Maschinen-Konstruktion bedingt. So läßt z. B. die Nut vor den Messern bei Messerwellen, insbesondere bei schon etwas abgestumpften Messern und starkem Vorschubdruck, die Bildung dickerer Späne zu. Das der Messerschneide voreilende Vorspalten beim Schnitt gegen die Faser macht sich beim freien Schnitt (z. B. Stechbeitel) besonders störend bemerkbar. Der Nachteil wird gemindert, wenn auch nicht ganz aufgehoben, wenn der Schnitt möglichst rasch erfolgt und wenn der Span beim Schnitt (z. B. Handhobel) geleitet (vor der Schnittstelle niedergedrückt) und unter Umständen noch zusätzlich rasch umgelenkt wird, um die Spannung im Span zu brechen. Die Schnitt-Technik des Handhobels wurde wegen der günstigen Wirkung auf die Spandicke auch für die maschinelle Spanerzeugung übernommen und wird als „*Hobelschnitt*“ bezeichnet (Bild 3.57).

Bisher wurde noch nicht berücksichtigt, wie die Schnittbewegung des Messers erzeugt wird und welche Möglichkeiten der Messerbewegung für die Spanerzeugung zur Verfügung stehen. Die lineare Bewegung hat den Nachteil, daß das Werkzeug nach jedem Durchgang zurückgesetzt und erneut beschleunigt werden muß. Für motorisch angetriebene Maschinen wird diese Schnittweise noch beim Messern wertvoller Furniere und bei der Holzwolle- und Holzdrahtherstellung angewendet. Für die hohen Schnittgeschwindigkeiten bei der Späneherstellung (meist zwischen 20 und 60 m/s) kommen nur Bewegungen in Betracht, bei denen das Messer um eine Drehachse rotiert. Je nach der Lage des Schnittwerkzeuges zur Drehachse erzeugt die Messerschneide (gerade Schneide vorausgesetzt) eine Ebene (Schneide senkrecht zur Drehachse), einen Kegel (Schneide schneidet die Drehachse), ein Rotationshyperboloid (Schneide windschief zur Drehachse) oder einen Zylinder (Schneide parallel zur Drehachse) (Bild 3.58). Es muß zusätzlich noch beachtet werden, ob die Schneide des Messers nach der Drehachse zu oder von dieser weg gerichtet ist, weil dadurch bedingt die Holzzuführung entweder aus dem Innern des Rotationskörpers oder von außen her zu erfolgen hat. Die Holzzuführung an eine Ebene oder von innen her an einen Rotationskörper ergibt den Vorteil, daß der Hobelschnitt angewendet werden kann, wovon bei vielen Maschinen Gebrauch gemacht wird.

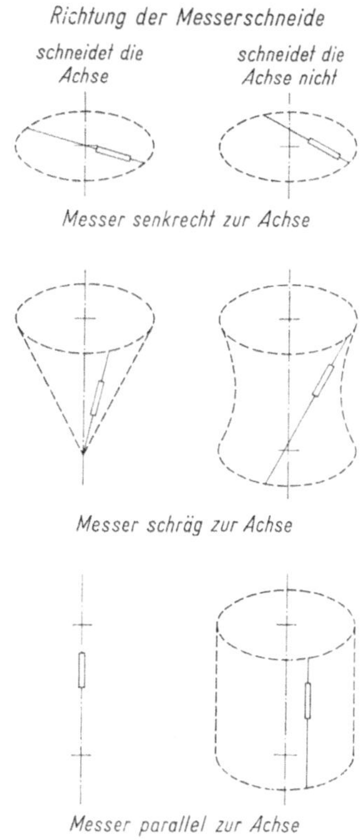

Bild 3.58. Schnittflächen bei der Rotation gerader Messerschneiden (Ebene, Kegel, Hyperboloid, Zylinder).

Besonders einfach läßt sich die Holzzuführung gestalten, wenn das Holz von außen beispielsweise an einen Zylinder herangeführt wird. Würde man bei solchen Maschinen mit dem Hobelschnitt arbeiten, müßten die Späne aus dem Innern des rotierenden Werkzeuges abgeführt werden; dies ist bisher noch nicht gelungen. Man verzichtet trotzdem ungern auf die Führungsfläche, obwohl auch schon Zerspaner mit frei schneidenden Messern (Fräsern) gebaut worden sind. Die Messerwelle ist als zylindrische Führungsfläche ausgebildet, die durch vor den Messern angeordnete Nuten unterbrochen ist. Von diesen Nuten wird der Span vorübergehend aufgenommen und durch die Zentrifugalkraft wieder ausgeworfen. Dieser „Messerwellenschnitt" ist von der Dicken-Hobelmaschine her bekannt. Die zur Bewegungsrichtung schräge Anordnung der Messerschneide wird bei vielen Zerspanern angewendet, um damit zu einem meist nur wenig „ziehenden Schnitt" zu kommen, der gegenüber dem „stoßenden Schnitt“ (Schneide senkrecht zur Bewegungsrichtung) die Holzführung über die Spänenut beim Wellen-Zerspaner erleichtert. Außerdem wird durch die Schrägstellung (besonders bei zur Bewegungsrichtung senkrechtem Faserverlauf) das Eindringen des Messers erleichtert und ein glatterer Schnitt erzielt. Kennzeichnend für den ziehenden Schnitt ist, daß das Messer länger sein muß als beim normalen, stoßenden Schnitt (verlängerte Schneide) (Bild 3.59), womit die Schnittleistung je Längeneinheit der Messerschneide zurückgeht, die Messerstandzeit aber mindestens entsprechend, oft aber noch mehr, zunimmt. Vielfach wird fälschlicherweise auch der faserparallele Schrägschnitt als ziehender Schnitt bezeichnet, weil dabei teilweise ähnliche Wirkungen eintreten. Grundsätzlich können sowohl der stoßende als auch der ziehende Schnitt

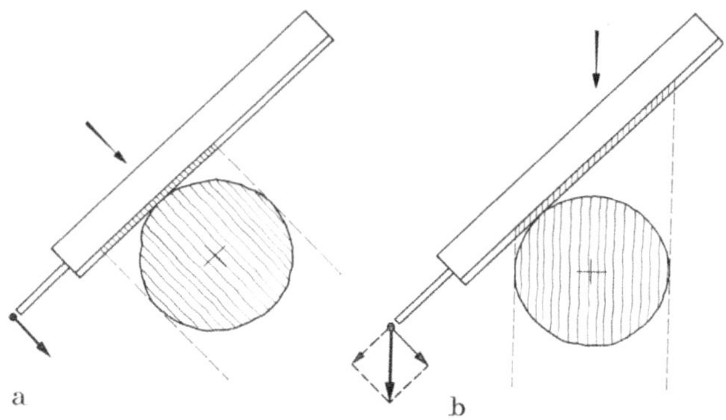

Bild 3.59a u. b. Messerführung beim Abschneiden einer Scheibe. a) stoßender Schnitt; b) ziehender Schnitt.

bei allen im Holz möglichen Schnittrichtungen angewendet werden, d. h. beim Hirnschnitt, beim Hackschnitt und bei allen faserparallelen Schnitten. Der Schnitt „zieht“ um so stärker, je größer der Winkel zwischen der Schneide und der Senkrechten zur Bewegungsrichtung ist. Das kann für verschiedene Messerpunkte (z. B. bei gekrümmten Schneiden) verschieden sein und sich auch für jeden einzelnen Punkt während des Schnittes ändern, wenn der Bewegungsverlauf nicht geradlinig erfolgt.

Durch die Kombination der Schnittflächen mit den möglichen Schnittrichtungen zum Faserverlauf des Holzes ergibt sich eine große Anzahl verschiedener Schnittmöglichkeiten, die von O. Herdey [*3.44*] beschrieben und systematisch zusammengefaßt worden sind. Für die Spanherstellung kommen aus Qualitätsgründen nur die Möglichkeiten in Betracht, bei denen sich wenigstens näherungsweise ein faserparalleler Schnitt (ohne Längsschnitt) ergibt. Die Arten der Schnittführung können mit verschiedenen Formen der Holzzuführung verbunden werden. Außerdem kommen noch Sonderwerkzeuge mit gekrümmten Messerschneiden usw. dazu. Die auf dem Markt erhältlichen Zerspaner sind deshalb so vielgestaltig, daß sie sehr schwer zu übersehen und zu bewerten sind.

Eine richtige Beurteilung ist nur möglich, wenn man die Forderungen, die der Zerspaner erfüllen soll, mit in die Betrachtung einbezieht; sie sind je nach der Art des Rohstoffs, nach dem zur Spanplattenherstellung vorgesehenen Verfahren, nach den Güteansprüchen und nach der örtlichen Bedeutung einzelner Kostenfaktoren sehr verschieden. Im allgemeinen kann gesagt werden, daß die in Form und Dicke sehr stark streuenden Mahlspäne für bescheidene, die in der Form und insbesondere der Dicke gleichmäßigeren Schneidspäne für höhere Forderungen geeignet sind. Bei hohen Güteforderungen sollen die Späne, besonders die Deckschichtspäne, sehr dünn und parallelflächig sein. Den parallelflächigen Schneidspan nennt man Flachspan. Er wird als Deckschichtspan vorwiegend mit 0,15...*0,20*...0,25 mm Dicke hergestellt. Die Herstellung noch dünnerer Späne wäre aus Gütegründen wünschenswert, doch bereitet ihre Erzeugung bei vielen Holzarten beträchtliche Schwierigkeiten, und die kleinen Maschinenleistungen stellen den wirtschaftlichen Nutzen in Frage. Für Mittelschichten verwendet man Späne mit 0,3...*0,4*...0,5 mm, für besonders poröse Mittellagen auch noch dickere Späne. Glatte Schnittflächen werden gefordert, weil eine rauhe Spanoberfläche zu einer schlechten Leimausnützung führen kann. Außerdem wird verlangt, daß der Span keine starke Krümmung oder gar Lokkenbildung (Schüttung) aufweist und er in seiner Faserlänge auf ein bestimmtes Maß gekürzt ist (Ritzmesser). Mit einem quer oder schräg zur Faser geführten Handhobel lassen sich Späne erzeugen, die diesen Bedingungen entsprechen.

Es ist bemerkenswert, daß schon der erste besonders für die industrielle Spanplattenerzeugung eingesetzte Zerspaner nach dem Hobelgrundsatz arbeitete und als Scheibenhobel bezeichnet wurde (Fischer). Beim Scheibenhobel werden in ihrer Länge auf die wirksamen Abmessungen der Messerscheibe abgestimmte Holzstücke einzeln durch eine stempelartig wirkende Vorschubvorrichtung intermittierend der Scheibe zugeführt (s. Abschn. 5.1.4 „Novopan-Verfahren"). Die Tatsache, daß die Maschine heute noch in der gleichen Grundkonzeption gebaut wird, läßt auf die Vorteile des verwendeten Schnittprinzips schließen. In Verbindung mit anderen Holzzuführungs-Mechanismen wird es auch bei anderen Baumustern angewendet.

Der Bau solcher Spanerzeugungsmaschinen ist schon vor dem Beginn der Spanplattenherstellung von L. Weitz [*3.30*] 1889 für die Erzeugung dünner Holzspäne zur Farbstoffgewinnung vorgeschlagen worden. Die Patentschrift gibt Aufschluß über die Schnitt-Technik bei Zylinder-, Hyperboloid- und Scheiben-„Holzraspelmaschinen" mit schneidenden Messern (Zerspaner) (Bild 3.60). Auch ist auf die Vorteile der Messerschrägstellung (ziehender Schnitt) und der Schräglage des Holzes

(Schrägschnitt) hingewiesen. H. F. WATSON [*3.102*] hat 1901 schon die Verwendung 0,25...0,50 mm (0,1...0,2 in.) dicker Schuppen oder Plättchen (scales or laminae), zur Herstellung 4 bis 12 mm ($^1/_{16}$ bis $^1/_2$ in.) dicker Platten vorgeschlagen (Bild 3.61), ohne allerdings anzugeben, wie diese Plättchen (Späne) wirtschaftlich hergestellt werden sollen.

Die Verwendung eigens erzeugter Späne mit besonderen Eigenschaften schlägt O. ROHRER [*3.31*] 1935 für Sperrholzdeckschichten und F. FAHRNI [*3.89*] 1943 für die Außenschichten von Spanplatten vor (Abschn. 5.1.4 „Novopan-Verfahren“). Die Herstellung ganzer Spanplatten aus „Kunstspänen“ wird in einer Patentschrift der Interwood AG (1947 angemeldet) [*3.90*] beschrieben (Abschn. 5.1.2 „Behr-Himmelheber-Verfahren“). Inzwischen hat die Verwendung dieser Späne einen raschen Aufschwung genommen und zur Entwicklung eines reichhaltigen Zerspanerangebotes geführt. Viele dieser Zerspaner sind in Einzelheiten der Ausführung den Herstellerfirmen geschützt. Es würde zu weit führen, die Schutzgegenstände einzeln hier aufzuführen.

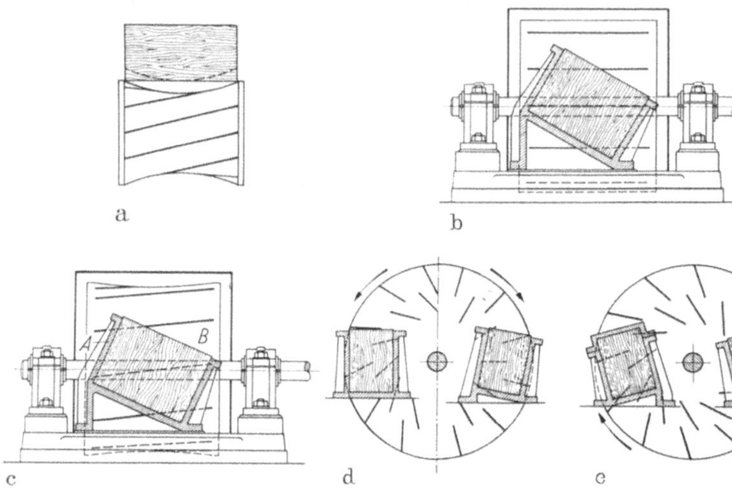

Bild 3.60a–e. Zeichnung zu Patent WEITZ.

Nach der Schnitt-Technik lassen sich die Zerspaner in drei Hauptgruppen einteilen:

1. die frei schneidenden Zerspaner,
2. die Messerwellen-Zerspaner,
3. Zerspaner mit Hobelschnitt.

Abgesehen von der unterschiedlichen Schnitt-Technik unterscheiden sich die Zerspaner vor allem durch die Art der Holzzuführung. Dieser kommt bei den schneidenden Zerspanern eine weit größere Bedeutung zu als bei den brechend und reißend arbeitenden Mühlen. Wie wichtig das richtige Festhalten des Holzes für die Schnittführung ist, ist vom Schneiden mit dem Taschenmesser bekannt. Das jede Zuführung kennzeichnende Merkmal ist die gegenseitige Abhängigkeit von Vorschubgeschwindigkeit und Spandicke, das auch dann noch gültig ist, wenn die Spandicke durch den Messerüberstand bestimmt wird (Hobelschnitt). Die verschiedenen Möglichkeiten der Holzzuführung werden an einigen bekannten Zerspanerausführungen aufgezeigt. Bezüglich weiterer Einzelheiten ausgeführter Maschinen sei auf die sehr ausführlichen Beschreibungen von F. Kollmann [*3.53*, *3.54*, *3.56*], W. Scheibert [*3.86*] und K. Steiner [*3.94*] verwiesen, sowie auf die Druckschriften der einzelnen Maschinenhersteller.

3.2.2.1.1 Frei schneidende Zerspaner. Maschinen, bei denen die Messer frei am Rohholz vorbeigeführt werden, d. h. das Holz nicht auf der Scheiben- oder Wellenfläche geführt wird, haben den Nachteil, daß das Holz festgehalten werden muß, wodurch eine restlose Holzzerspanung erschwert ist (Reststücke). Frei schneidende Zerspaner können aber als Kombinationszerspaner (Spanerzeugung aus dem bei einer Holzbearbeitung ungenutzten Teil unter gleichzeitiger Durchführung dieser Holzbearbeitung) durchaus noch Bedeutung erlangen. Wichtig ist, daß die Schneiden aller auf dem Messerträger befestigten Messer die gleiche Flugbahn beschreiben, weil nur dann Späne gleicher Dicke entstehen können. Diese für die frei schneidenden Zerspaner unumgängliche Forderung muß auch bei anderen Zerspanerausführungen berücksichtigt werden und setzt eine sehr genaue Messereinstellung beim Messerwechsel voraus.

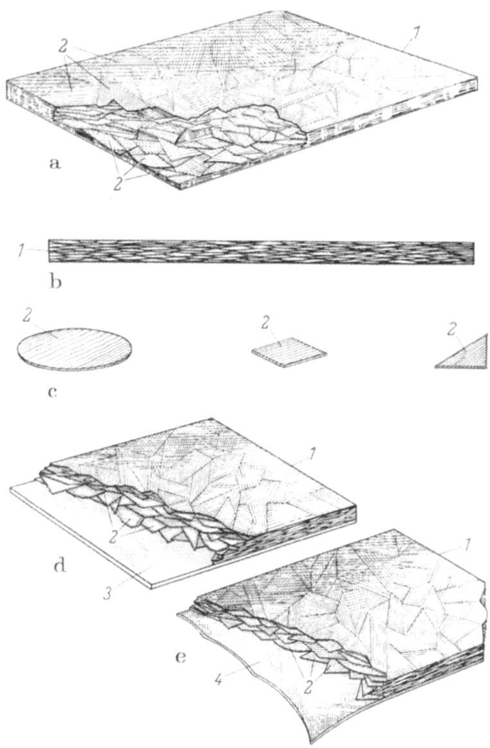

Bild 3.61a–e. Skizzen aus Patent Watson.

Eine Maschine, bei der ein Stamm wie in einer Schälmaschine eingespannt wird und bei der eine rotierende, mit Messern bestückte Welle dünne Späne von dem sich langsam drehenden Stamm abschneidet, darf hier besonders erwähnt werden (Roller). Sie ergibt wegen der verbleibenden Restrollen keine so gute Holzausnutzung wie bei anderen Maschinen, so lange nur an die Spanerzeugung gedacht ist. In Verbindung mit einer Furnierschälmaschine könnte man aber auf diese Weise sehr vorteilhaft die für die Furnierherstellung unbrauchbaren Außenteile (Anschäler) unmittelbar zerspanen. Durch grundsätzlich ähnliche Kombinationen kann auch in anderen Zweigen der Holzindustrie die Holznutzung verbessert werden, z. B. bei der Herstellung vierkantiger Balken aus runden Stämmen (Linck) usw., wobei durchaus nicht nur Zerspaner mit frei schneidenden Messern für die Kombinationszerspanung möglich sind.

Ein mit Fräswerkzeugen arbeitender Zerspaner (Guillet) ist wegen seiner Holzzuführung besonders zu erwähnen. Es sind mehrere schräg gestellte Zuführungskammern vorhanden, die wechselweise mit Holzstücken beliebiger Länge gefüllt werden. Das Holz rutscht durch sein Eigengewicht nach, nachdem im unteren Bereich durch das unter den Kammern vorbeibewegte Werkzeug ein Stück abgespant worden ist.

3.2.2.1.2 Messerwellen-Zerspaner. Bei den Messerwellen-Zerspanern wird das zugeführte Holz auf der Außenfläche der rotierenden Messerwelle abgestützt und dadurch die geregelte Zuführung zur Schneide erheblich erleichtert. Eine bis dicht an die Welle herangeführte Gegenleiste verhindert die Mitnahme des Holzes durch die Welle (Bild 3.62).

Es gibt Messerwellen-Zerspaner, denen die auf die wirksame Messerwellenlänge gekürzten Holzstücke einzeln (oder in kleinen Partien) zugeführt und mittels eines Stempels angedrückt werden. Dabei überträgt das nachfolgende Stück den Druck auf etwa verbliebene Endstücke. Von kleinen Restsplittern abgesehen, die unter Umständen in die Spänenuten gedrückt oder an der Gegenleiste durchgezogen werden und die mit in die Späne kommen, ist eine restlose Aufarbeitung gewährleistet (Bähre, Rottmann, Schwabedissen). Durch schräge Messeranordnung oder gestufte Messer und dergl. wird bei manchen Maschinen die Splitterbildung verringert. Für die Verarbeitung schwierig zu handhabender, dünner Furnierabfälle ist eine Sonderzuführung entwickelt worden (Rottmann). Die zuvor entsprechend abgelängten Furnierabfälle werden von einem waagerechten Förderband der Messerwelle zugeführt und kurz vor der Schnittstelle von einer Walze angedrückt und eingezogen. Bei dieser und ähnlichen Zuführungen entfallen die bei der periodischen Arbeitsweise unvermeidlichen Verlustzeiten (John).

Die pausenlose Zuführung ist auch bei der Rundholzzerspanung möglich. Man bevorzugt hier aber, das Holz entweder senkrecht oder schräg von oben her an die Messerwelle zu bringen, weil dabei das Einlegen der Holzstücke gegenüber der waagerechten Anordnung erheblich erleichtert wird. Als Stetigzuführung für Rundholzstücke werden, ähnlich wie bei dem Stetigschleifer der Papierindustrie, zwei parallele Kettenbahnen verwendet, die das zwischen diesen sauber eingeschichtete Holz dem Schnittwerkzeug zuführen. Ein Zerspaner, bei dem die Stetigzuführung das Holz schräg von oben zuführt (Hombak) wird in verschiedenen

Arbeitsbreiten geliefert, u. a. auch für 1 m lange Holzstücke. Zerspaner für 1 m Holzlänge sind dann besonders vorteilhaft, wenn das Rohholz im Forst auf 1 m Länge gekürzt wird, weil sich dann ein weiteres Ab-

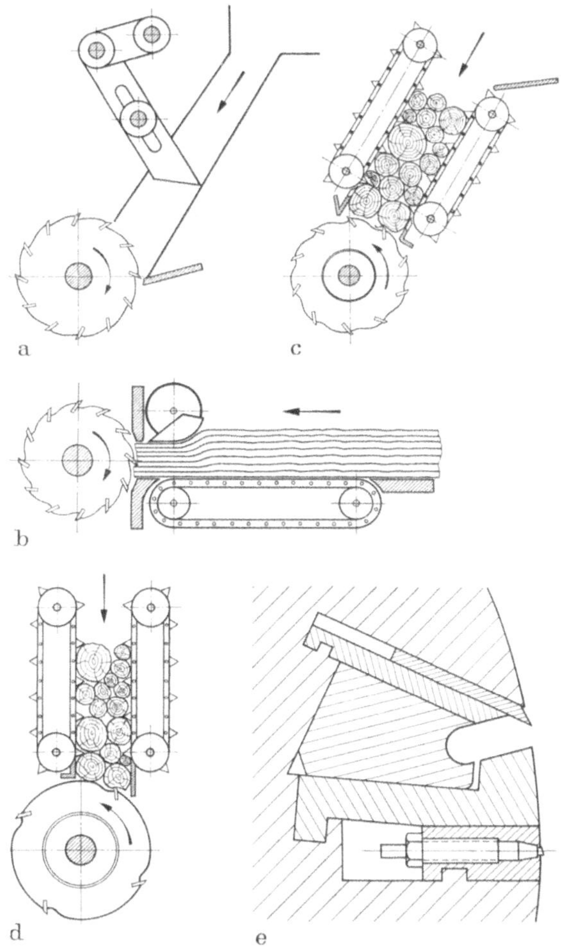

Bild 3.62a–e. Messerwellenzerspaner.
a) mit intermittierender Holzführung (Rottmann); b) mit kontinuierlicher, waagerechter Zuführung (Rottmann-Furnier-Zerspaner); c) mit schräger Stetigzuführung (Hombak); d) mit senkrechter Stetigzuführung (IC, Ortmann); e) Messerhalterung (Fliehkeilsystem IC).

längen im Spanplattenwerk erübrigt. Die Maschine zeichnet sich noch durch eine pneumatische Ausstoßvorrichtung zur Erleichterung des Messerwechsels aus.

Ein Messerwellen-Zerspaner mit senkrechter Stetigzuführung (Industrie-Companie) ist mit einer sehr rasch lösbaren Spannkeilbefestigung der Messer ausgerüstet. Auch diese Maschine wird für verschiedene Holzlängen (u. a. auch für 1 m) gebaut. Die Messerwelle dieser Maschine ist in verschiedene Teilstücke unterteilt, die mit schräg gestellten Messern ausgerüstet sind. Um die Hyperboloidform zu vermeiden, werden Messer mit gekrümmten Schneiden (Ellipse) verwendet. Die Herstellerfirma weist besonders darauf hin, daß die schräge Messeranordnung und der verschieden große Keilwinkel sich nicht nur auf den Kraftbedarf, sondern auch auf die Messerstandzeit und Spanqualität günstig auswirken. Bei einem anderen Messerwellen-Zerspaner (Bezner) kann die senkrecht angeordnete Stetigzuführung seitlich weggeklappt werden, wodurch die Messerwelle völlig freigelegt und für Wartungs- und Reparaturarbeiten von oben her zugänglich gemacht wird.

Für alle bisher beschriebenen Messerwellen-Zerspaner sind nur Holzsortimente bestimmter Längen geeignet. Oft wird das Rohholz in langen Stücken angeliefert. Das Ablängen erfordert insbesondere bei dünnen, biegsamen Sortimenten (z. B. Sägewerksabfällen, Stangen, Furnierabfällen usw.) neben den Anschaffungskosten für die Säge einen verhältnismäßig großen Arbeitsaufwand. Bei einem als ,,Langholz-Zerspaner" ausgebildeten Messerwellen-Zerspaner (Hombak) wird das Holz in eine schräge Rinne eingelegt und rutscht, nachdem das untere Ende durch entsprechendes Neigen der Rinne in den Bereich der Messerwelle gebracht und zerspant worden ist, beim Zurückschwenken durch das Eigengewicht nach. Bei einer größeren, als Universalzerspaner bezeichneten Maschine des gleichen Herstellers ist die Einlegerinne waagerecht angeordnet und mit einem Vorschubband ausgerüstet. Bei jedem Arbeitstakt wird die Messerwelle am vorderen Ende der Rinne vorbeibewegt und dabei ein entsprechendes Stück der Füllung zerspant.

3.2.2.1.3 Zerspaner mit Hobelschnitt. Bei allen im Hobelschnitt arbeitenden Zerspanern muß der Span durch den Messerträger durchtreten und wird auf der anderen Seite abgeführt. Der schmale Schlitz verhindert den Durchtritt von Reststücken. Kleine Splitter, die sich unter der Gegenleiste durchschieben, gelangen nicht in das Spangut und werden getrennt abgeführt. Die richtige Breite des Spänedurchlasses ist von entscheidender Bedeutung für die Leistung der Maschine, die Messerstandzeit und die Spangüte. Zu schmale Schlitze führen zu Stauungen, Erwärmungen, Leistungsverlusten und kurzen Messerstandzeiten, während bei zu weiten Schlitzen die günstige Wirkung auf die Spandicke und Oberflächenglätte beeinträchtigt wird. Der Hobelschnitt wird bei Maschinen angewendet, bei denen das Holz zylindrischen Werkzeugen von innen zugeführt wird oder die mit Messerscheiben arbeiten. (Auch die Anwendung bei konischen Werkzeugen ist möglich.) Die Zerlegung erfolgt bei der Scheibe in parallelen Schnitten. Es entsteht ein Span mit parallelen Flächen, der sogenannte *Flachspan.* Bei der ebenen Schnittführung entfallen die bei einem sphärischen Schnittverlauf unvermeidlichen Schnittkraftkomponenten, die das Reißen begünstigen und deshalb die Bildung rauher Spanoberflächen besonders bei trockenem Holz bewirken können. Obwohl bei den Scheibenzerspanern die Verarbeitung trockenen Holzes weniger ungünstig ist, ist auch hier feuchtes Holz schon wegen der günstigeren Messerstandzeiten vorzuziehen. Bei den Maschinen mit zylindrischen Werkzeugen sind keine parallelen Schnitte möglich (Bild 3.63). Praktisch kann man aber auch hier von Flachspänen sprechen, wenn der

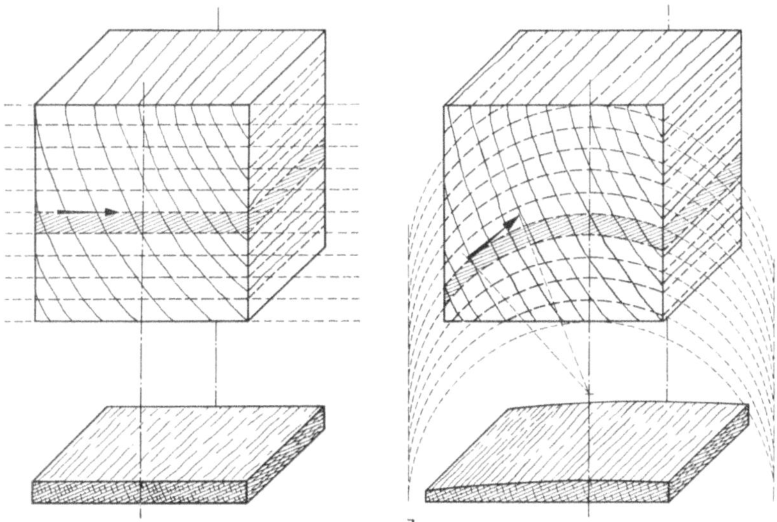
a b

Bild 3.63a u. b. Holzzerlegung durch Zerspanung.
a) mit Messerscheibe; b) mit Messerwelle. Jeweils darunter flach ausgebreiteter Span.

Werkzeugdurchmesser genügend groß gehalten ist und die Zerspanung näherungsweise faserparallel erfolgt. (Das gilt entsprechend auch bei Messerwellen.)

Die *Zylinder-Zerspaner mit Hobelschnitt* (Bild 3.64) haben schon deshalb, weil das Gut von innen her zugeführt werden muß, einen großen Werkzeugdurchmesser. Ein im Hobelschnitt arbeitender Langholz-Zerspaner (Krenzler) ist mit einem topfscheibenartigen Messerrad ausgerüstet. Die waagerechte Zuführungslade zeichnet sich durch hydraulisch betätigte Druckvorrichtungen aus, die das Holz, auch Furniere und andere dünne, schwer zu handhabende Sortimente, sicher festhalten und vorschieben. Das in der Lade liegende Holzbündel wird mit seinem vorderen Ende in die kreisende Topfscheibe geschoben. Das hineinragende Teil kommt durch entsprechende waagerechte Verschiebung des Messerrades in den Schnittbereich der Messer und wird zerspant. Bei den

Messerring-Zerspanern (Condux), denen das Rohholz als Schüttgut (Hackschnitzel) zugeführt wird, steht das Werkzeug still. Sie entsprechen in Aufbau und Wirkungsweise weitgehend den Schlagkreuzmühlen, mit dem Unterschied, daß der Siebkorb durch einen Messerring ersetzt ist. Die mehr oder weniger reißende Zerkleinerung an den Siebkanten der Schlagkreuzmühle wird bei kleinerem Kraftbedarf durch eine Schneidwirkung abgelöst.

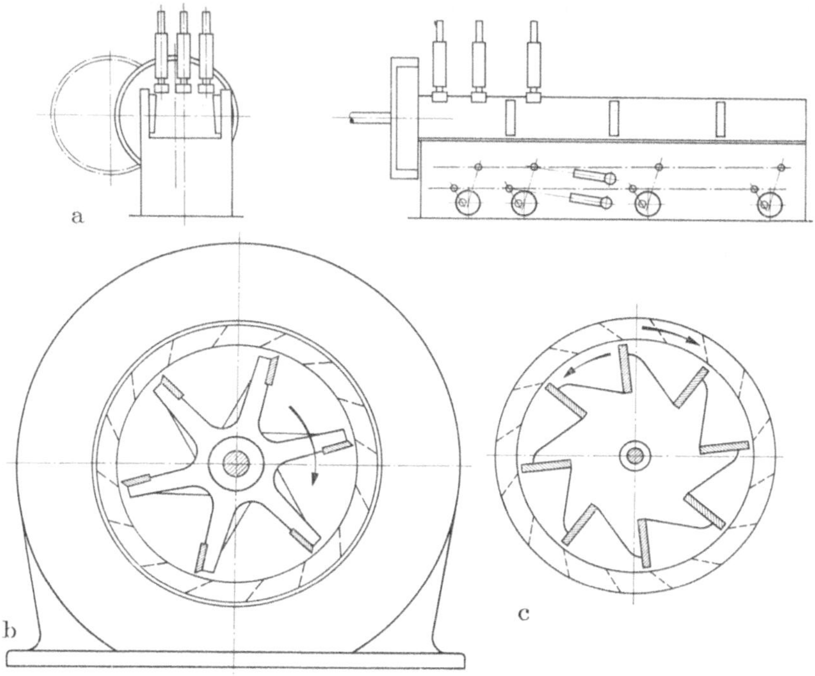

Bild 3.64 a–c. Zylinder-Zerspaner. a) Universal- und Furnier-Zerspaner mit Topfscheibe und Langholzzuführung (Krenzler, System Behr-Himmelheber); b) Messerring-Zerspaner mit feststehendem Messerträger (Condux); c) Prallzerspaner mit Doppelantrieb (Pallmann).

Da die Schnitzel auf der Mantelfläche infolge der Fliehkraft flach angelegt werden, entstehen je nach Messerüberstand mehr oder weniger dünne, sehr brauchbare Schneidspäne mit dem Faserverlauf in Richtung der Spanfläche. Bei anderer Holzlage würden sich Hack- und Hirnschnitte, die zur Bildung unerwünschter Feinteile führen, ergeben. Längliche Hackschnitzel werden deshalb bevorzugt.

Die Firma Condux nennt für das Modell HS 680 bei einem Kraftbedarf von 30...35 kW und einer Schnittgeschwindigkeit von 60 m/s eine Leistung je nach Feuchtigkeit von 1000...2000 kg/h (600...1000 kg atro/h).

Eine besondere Ausführungsform stellt der *Prallzerspaner* (Pallmann) dar, bei dem nicht nur das Innenteil, sondern auch der Messerring angetrieben wird. Dieser wird in entgegengesetzter Drehrichtung bewegt, wodurch sehr hohe Schnittgeschwindigkeiten erreicht werden können. Die Maschine erfordert zwei Antriebsmotoren. Erwähnenswert ist, daß nach dem Auswechseln des Messerringes mittels eines Einstellgerätes die Messer auch vom Nicht-Fachmann in kurzer Zeit auf die gewünschte Spandicke genau eingestellt werden können.

Die Firma Pallmann gibt für ihre Prallzerspaner folgende technische Daten an:

Typenbezeichnung	Pz 6	Pz 8	Pz 10	Pz 12
Leistung (Späne aus Hackschnitzeln) kg/h	400/500	800	1200	2000...2500
Messerzahl St.	20	26	42	52
Antriebsmotor kW	12 + 24	15 + 30	20 + 40	25 + 55
Spanabmessungen	0,4...1,5 mm Dicke, rd. 2 cm Länge			

Obwohl bei den Schüttgut verarbeitenden Maschinen das Holz nicht oder nur unsicher festgehalten wird und dadurch ein Hobelschnitt nur näherungsweise gewährleistet ist, läßt sich doch ein recht brauchbares Spangut bei einem Messerüberstand von im allgemeinen etwa 0,5 mm und mehr erzielen. Noch mehr als bei anderen Zerspanern wirkt sich hier eine ausreichend hohe Holzfeuchtigkeit (möglichst über dem Fasersättigungspunkt) günstig auf die Spangüte aus. Bei trockenem Holz besteht die Gefahr der Erzeugung eines höheren Anteils an Splittern und Feinteilen.

Im Gegensatz zu den Messerwellen- und Zylinder-Zerspanern, bei denen alle Punkte der Messerschneide mit gleicher Geschwindigkeit bewegt werden, treten bei den *Scheiben-Zerspanern* entsprechend dem unterschiedlichen Abstand vom Mittelpunkt nicht unerhebliche Geschwindigkeitsunterschiede auf. Dies bleibt nicht ohne Einfluß auf die spezifische Messerleistung, und es wurde vermutet, daß auch die Schnittgüte beeinflußt wird. Die Praxis hat dies nicht bestätigt. Wenn man bedenkt, welch sauberen Span man schon bei kleinen Vorschubgeschwindigkeiten mit dem Handhobel erzeugen kann, ist das nicht verwunderlich.

Auch bei den Scheiben-Zerspanern gibt es hinsichtlich der Holzzuführung verschiedene Ausführungsformen (Bild 3.65). Auf den Scheibenhobel mit periodischer Stückholzzuführung ist schon auf S. 145 hingewiesen worden. Eine ebenfalls mit senkrechter Scheibe und waagerechter Holzzuführung arbeitende Maschine dient besonders der Zerspanung von Furnierabfällen (Anthon). Die auf die wirksame Schnittlänge abgelängten Furniere werden auf dem waagerechten Zuführband aufgeschichtet. Ein von oben her wirkendes Anpreßband verdichtet und hält das Furnierpaket, das gleichzeitig auf die Messer zubewegt und von diesen zerspant wird. Die Schwierigkeit, Rundholz in eine Kettenzuführung üblicher Bauart bei waagerechter Lage einzubringen, hat eine

Firma veranlaßt, die Ketten nicht an den Längsseiten der Holzstücke, sondern an den Hirnenden angreifen zu lassen, wodurch das Einlegen des Holzes von obenher ermöglicht wird (Industrie-Companie). Bei einem anderen Zerspaner mit senkrechter Messerscheibe erfolgt die Holzzuführung ähnlich wie bei den Scheibenhackern unter 45°, wobei die Zuführvorrichtung der für die Spanherstellung erforderlichen faserparallelen Lage des Holzes zur Scheibe angepaßt ist (Wigger). Durch

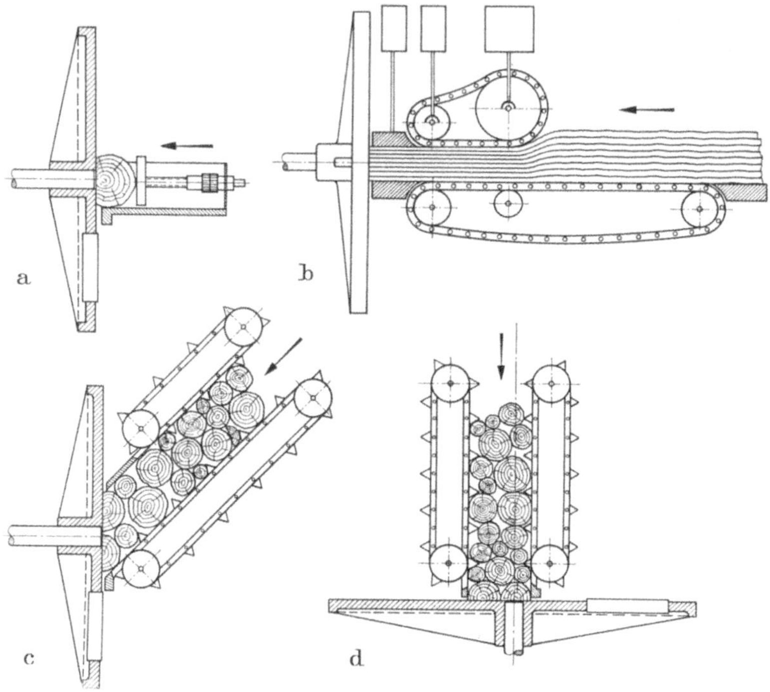

Bild 3.65a–d. Scheibenzerspaner. a) Scheibenhobel mit intermittierender Zuführung (Fischer, System Novopan); b) senkrechte Scheibe und kontinuierliche Zuführung (Anthon, Furnier-Zerspaner); c) senkrechte Scheibe und schräge Stetigzuführung (Wigger); d) waagerechte Scheibe und senkrechte Stetigzuführung (Bezner, System Himmelheber).

die Schräglage des Magazinschachtes wird die Beschickung erleichtert, außerdem entsteht an der Schnittstelle durch eine Komponente des Schnittdruckes eine gewisse Selbstspannung, die einerseits eine sichere und ruhige Holzlage begünstigt, anderseits durch stärkere Pressung unter Umständen die Spandicke beeinflussen kann.

Die vom Stetigschleifer her bekannte, senkrecht von oben wirkende Anordnung der Stetigzuführung wird bei waagerechter Scheibenlage möglich. Die Maschinen dieser Bauart werden für Holzlängen von $^1/_3$, $^1/_2$ und 1 m Länge angeboten (Bezner). Die besondere Anordnung des

Zuführkastens zur Scheibe ermöglicht eine gedrängte Bauart und gibt günstige Bedienungsverhältnisse, da das Holz sich im senkrechten Schacht ohne erhebliche Nacharbeit durch sein Eigengewicht gut einordnet. Je dichter das Holz eingelegt wird, d. h. je besser der Raum zwischen den Ketten gefüllt wird, um so höher ist die Maschinenleistung und um so besser ist die Mitnahme durch die Ketten gewährleistet. Die Tätigkeit des Bedienungsmannes ist, zumal dieser auch die faserparallele Lage überwachen und verbessern muß, weitgehend für hohe Leistung und gute Spanqualität verantwortlich. Es ist deshalb anzustreben, ihm die zusätzliche schwere Arbeit des Holztransportes zur Beschickvorrichtung abzunehmen, d. h. den Transport so weit wie möglich zu mechanisieren. Eine ohne Leistungsverluste und Qualitätseinbußen sicher wirkende automatische, ohne Aufsicht arbeitende Beschickung ist, wenn die Vielgestaltigkeit der zur Verwendung kommenden Hölzer berücksichtigt werden muß, nicht leicht zu erreichen. Eine gute Mechanisierung des Holztransportes zur Stetigzuführung, die es möglich macht, daß ein Mann mehrere Zerspaner gleichzeitig bedienen kann, ist einer störungsanfälligen, die Leistungsfähigkeit der Anlage beschränkenden Vollautomatik vorzuziehen. Damit soll nicht gesagt sein, daß die in anderen Teilen der Spanplattenfertigung schon fast zur Selbstverständlichkeit gewordene Automatisierung nicht auch in der Zerspanerei Eingang finden wird. Die aufgeworfenen Fragen der Zerspanerbeschickung sind selbstverständlich ganz allgemeiner Art und unabhängig davon, nach welchem Schnittprinzip gearbeitet wird.

Beim Langholz-Scheibenzerspaner (Bezner) sind die Messer bis zum Scheibenumfang durchgeführt und die speicherartigen Arme entsprechend verstärkt. Das vordere Ende des Holzes wird durch eine Aufwärtsbewegung der Holzzuführungslade in den Schnittbereich der Scheibe gebracht und zerspant. Der Vorgang wiederholt sich, nachdem das Holz durch eine mechanische Vorschubeinrichtung nachgeschoben worden ist. Die besondere Bauart dieser Vorrichtung gewährleistet, daß das Holz bis zum Ende faserparallel zerspant wird und keine kurzen Endstücke entstehen.

Auf Leistungsangaben einzelner Zerspanerhersteller wurde verzichtet, weil diese erfahrungsgemäß kaum vergleichbar sind. Die Leistungen werden teils nach dem Holzverbrauch in rm/h oder meist nach der Spanerzeugung in kg/h bzw. t/h angegeben. Oft wird die Leistungsangabe auf das Darrgewicht, teilweise auch auf irgendeine Durchschnittsfeuchtigkeit umgerechnet. Die Maschinenleistung ist sehr stark von der Dicke der zu erzeugenden Späne abhängig, außerdem haben die Holzart (Dichte), die Holzform und der Zustand von Rohholz (Feuchtigkeit, Sauberkeit) und Schneidwerkzeug (Schärfe) einen erheblichen Einfluß. Gut organisierte Holzanlieferung, pünktliche Wartung und williges, gut geschultes Personal können die Maschinenleistung sehr positiv beeinflussen. Im praktischen Betrieb ist die Leistungsfähigkeit immer stark von der Marktlage, die oft die Verwendung weniger günstiger Holzsortimente notwendig macht, abhängig. Es ist deshalb empfehlenswert, für eine reichliche Zerspanungskapazität zu sorgen, damit bei weniger günstigen Verhältnissen die volle Versorgung des Betriebes gewährleistet ist (Überbrükkung auch durch Fremdspänebezug möglich). Einerseits bevorzugt man aus Gründen eines möglichst sparsamen Arbeitskräfteeinsatzes die Verwendung von Maschinen hoher Leistung, anderseits bringt eine Verteilung der Gesamtkapazität auf mehrere Maschineneinheiten eine höhere Betriebssicherheit. In Dreischichtanlagen wird dadurch auch die Anpassung an den jeweiligen Bedarf an Mittel- und Deckschichtspänen ermöglicht. Außerdem werden die Qualitätsunterschiede zwischen mit scharfen und stumpfen Messern geschnittenen Spänen ausgeglichen, wenn die Messer umschichtig gewechselt werden. Es ist nötig, die besonderen Verhältnisse zu beachten, wenn der richtige Ausgleich zwischen beiden sich widersprechenden Forderungen gefunden werden soll.

Die leicht zu errechnende theoretische Leistung eines Zerspaners kann in der Praxis bei weitem nicht erreicht werden. Bei der rechnerischen Ermittlung der effektiven Zerspanerleistung sind die Wirkungsgrade der einzelnen Leistungsfaktoren zu berücksichtigen. Die Zerspanerleistung ist durch den Holzdurchsatz gekennzeichnet und errechnet sich wie folgt:

$$\text{Holzdurchsatz in rm/h} = \frac{n \cdot d \cdot i \cdot a \cdot b \cdot 6}{100} \cdot \varphi \cdot w$$

$$\text{Holzdurchsatz in fm/h} = \frac{n \cdot d \cdot i \cdot a \cdot b \cdot 6}{100} \cdot f \cdot \varphi \cdot w$$

$$\text{Holzdurchsatz in t atro/h} = \frac{n \cdot d \cdot i \cdot a \cdot b \cdot 6}{100} \cdot f \cdot \varrho_o \cdot \varphi \cdot w$$

$$\text{Holzdurchsatz in t feucht/h} = \frac{n \cdot d \cdot i \cdot a \cdot b \cdot 6}{100} \cdot f \cdot \varrho_u \cdot \varphi \cdot w$$

Berechnungsfaktor	Erläuterung
n [U/min]	= Drehzahl des Werkzeuges (φn berücksichtigt den lastbedingten Rückgang der Drehzahl gegenüber der Leerlaufdrehzahl)
d [mm]	= Spandicke (φd berücksichtigt, daß die gemessene durchschnittliche Spandicke wegen der Rauhigkeit größer ist als dem Anteil am unzerschnittenen Holz entspricht. Das gilt besonders für dünne Späne.)
i	= Messeranzahl (φi berücksichtigt, daß nicht immer alle Messer voll zum Schnitt kommen. Schlechte Holzlage, harte Stellen, stumpfe Messer usw.). Bei unterteilten Messern darf nicht jedes Teilstück als ein Stück gerechnet werden.

Berechnungsfaktor	Erläuterung
a [m]	= Länge des Querschnitts der Zuführeinrichtung (φa berücksichtigt, daß die Holzlänge kürzer ist.)
b [m]	= Breite des Querschnittes der Zuführeinrichtung (φb berücksichtigt, daß die Füllung in der Breite ungünstiger ist als beim Holzstapel außerhalb der Maschine.)
φ	= Gesamtwirkungsgrad ($\varphi = \varphi n \cdot \varphi d \cdot \varphi i \cdot \varphi a \cdot \varphi b$)
f	= Füllungsgrad (zur Umrechnung von rm in fm)
w	= Wartungsfaktor (zur Berücksichtigung der Verlustzeiten für Messerwechsel usw.)
ϱ_o [g/cm³]	= Rohdichte im Darrzustand
ϱ_u [g/cm³]	= Rohdichte bei der Holzfeuchtigkeit u

Beispiel:

$n = 432$ $d = 0{,}2$ $i = 10$ $a = 0{,}36$ $b = 0{,}25$ $f = 0{,}7$ $w = 0{,}8$

$\varphi n = 0{,}95$ $\varphi d = 0{,}75$ $\varphi i = 0{,}75$ $\varphi a = 0{,}9$ $\varphi b = 0{,}85$ $\varphi = 0{,}41$ $\varrho_o = 0{,}42$

Holzdurchsatz 0,45 t atro/h

Diese Leistungsberechnung gilt nur für Zerspaner mit Stetigzuführung. Bei intermittierender Arbeitsweise ist die Leerlaufzeit durch einen zusätzlichen Leerlauffaktor zu berücksichtigen. Ganz allgemein empfiehlt es sich, zur Berücksichtigung besonders ungünstiger Betriebsverhältnisse noch einen Sicherheitsfaktor zuzufügen. Das Gewicht der erzeugten Späne unterscheidet sich vom Holzverbrauch durch den ausgeschiedenen Splitteranteil, der je nach Zerspaner und Holzart mit etwa 1 bis 5% angenommen werden kann.

An die Genauigkeit der Spanherstellungsmaschinen werden, insbesondere wenn gleichmäßig dünne Späne hergestellt werden sollen, sehr hohe Anforderungen gestellt. Kleine Maßungenauigkeiten, Schwingungen, zu weiche Maschinenteile und Teile, die sich rasch abnützen, können sich auf das Schnittergebnis und die Leistung sehr ungünstig auswirken. Es ist keine leichte Aufgabe, eine solche Präzisionsmaschine gleichzeitig so kräftig und narrensicher zu bauen, daß sie den rohen Verhältnissen eines Spanplattenwerkes im Dauerbetrieb gewachsen ist. Die Tatsache, daß Zerspaner verschiedener Bauarten sich in jahrelangem Tag- und Nachtbetrieb erfolgreich bewährt haben, beweist, daß diese Aufgabe von der Industrie gelöst worden ist.

3.2.2.2 Reiß- und Mahlzerspanung

3.2.2.2.0 Vorbemerkungen. Die bekannteste und wohl auch älteste Form der Mühle ist die *Steinmühle.* Diese Grundform der Mühle besteht aus zwei runden, mit nur geringem Abstand übereinanderliegenden Mühlsteinen, von denen der untere um seine Achse gedreht wird, während durch eine zentrale Bohrung (Steinauge) im oberen das Gut zugeführt wird. Eine muldenförmige Vertiefung (Vorbrechzone) ermöglicht, daß das Gut zwischen die Steine kommt, durch die Drehung nach außen geschoben und dabei zerrieben wird. In den Stein in besonderer Linienführung (gerade oder spiralig) eingehauene Nuten (die sogenannte Steinschärfe) unterstützen diesen Vorgang. Das fertige Mahlerzeugnis verläßt das Mahlwerk am Umfang der Scheiben. Aus dieser Grundform wurden später mehr oder weniger stark abweichende Mühlentypen für verschiedenartige Rohstoffe und unterschiedliche Mahlgrade (grobe, feine und pulverförmige) entwickelt. Die Steinmühle wird zur Holzzerkleinerung noch bei der Holzmehlerzeugung (VORREITER [*3.103*]) eingesetzt. (Die Umfangsgeschwindigkeit beträgt 8 bis 10 m/s.) Für die Spanherstellung in der Spanplatten-Industrie werden andere Formen verwendet. Die Mühlen für die Spanherstellung werden in zwei Gruppen eingeteilt, in Scheibenmühlen und Siebmühlen.

3.2.2.2.1 Scheibenmühlen. Die *Scheibenmühlen* (Bild 3.66) werden als Stein- oder Stahlscheibenmühlen gebaut. Letztere werden je nach Art der Mahlscheiben als Zerfaserer oder als Zahnscheibenmühle bezeichnet und mit senkrechter oder waagerechter Achse ausgeführt. Beim *Zerfaserer* (Condux, Eirich) sind die Stahlscheiben mit Reibelementen

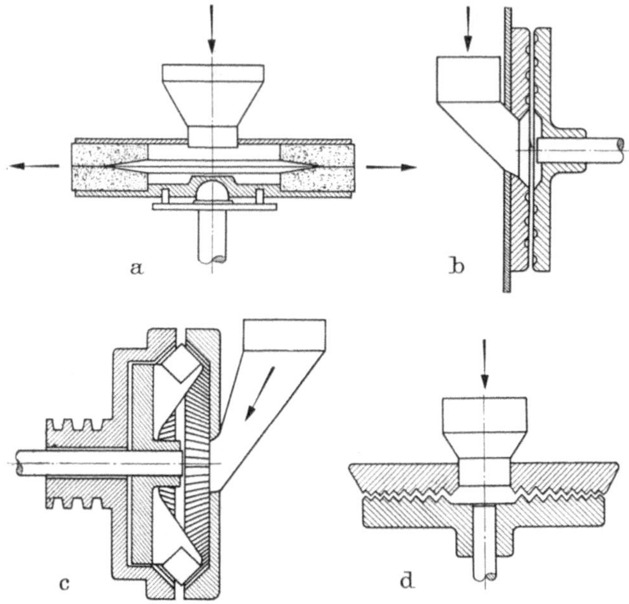

Bild 3.66a—d. Scheibenmühlen.
a) Steinmühle; b) Zerfaserer; c) Prallzerfaserer; d) Zahnscheibenmühle.

(Nuten) ausgerüstet. Die zugegebenen Holzteile werden durch quetschende und rollende Reibung in mehr oder weniger walzenförmige Späne (Faser in Längsrichtung) zerlegt und bei genügend enger Mahleinstellung schließlich zerfasert. Die Länge bleibt um so mehr erhalten, je feuchter und elastischer das zugegebene Holz ist. Eine besondere Ausführungsform mit zwei Antriebsmotoren und gegenläufigen Reibwerkzeugen ist der *Prallzerfaserer* (Pallmann). Die konisch ausgebildeten Prallscheiben sind mit sägezahnartigen Riffelsegmenten aus Chrom-Nickel-Stahl ausgerüstet, die eine für die Spanform günstige Schneidwirkung ausüben. Die Zerfaserer werden in der Spanplatten-Industrie in der Regel für Rohstoffe eingesetzt, die auf den üblichen Zerspanern nicht verarbeitet werden können. Es sind das vorwiegend neben stark rindenhaltigen und sonstigen ungünstigen Holzabfällen (Sperrholz- und Plattensäumlinge)

Abfälle von der Verarbeitung faseriger Pflanzen (Schäben, Bagasse usw.) oder auch zum Zweck der Spanplattenherstellung geerntete Teile von ausdauernden oder einjährigen Pflanzen. Bei der *Zahnscheibenmühle* (Condux) wird das Mahlgut zwischen den auf den Scheiben in konzentrischen Kreisen angeordneten Zähnen gebrochen, gerissen, gequetscht und gespalten. Der Mahlgrad läßt sich durch die Wahl der Scheiben (Zahngröße und Abstand der Zahnreihen) sowie durch den Abstand der Scheiben und die Drehzahl sehr vielfältig verändern. Diese Mühle ist besonders zu empfehlen, wenn man sich schwankenden Betriebsbedingungen anpassen muß. Die Zahnscheibenmühlen eignen sich bei Verwendung einer diesem Zweck angepaßten Ausführungsform der Scheiben für die Zerkleinerung von sehr feuchten Mastenschälspänen, die sonst bei der Zerkleinerung erhebliche Schwierigkeiten bereiten. (Ähnlich sind die *Stiftmühlen* gebaut, die nicht für die Holzzerkleinerung, aber für die Pulverisierung, z. B. von Zusätzen zum Bindemittel, verwendet werden können.) Der Mahlraum der Scheibenmühlen beschränkt sich auf den je nach Mahlgrad mehr oder weniger engen Durchgangsquerschnitt zwischen den beiden Scheiben. Das gesamte in diesem Raum befindliche Gut nimmt am Mahlvorgang teil. Zuviel aufgegebenes Gut füllt den Trichter, so daß die Maschine auch aus dem Stau arbeiten kann. (Brückenbildung im Trichter muß verhindert werden.) Die Leistungsfähigkeit der Scheibenmühle ist davon abhängig, welches Volumen durch den engen Querschnitt zwischen den Scheiben durchgesetzt werden kann. Infolgedessen ist die Leistung der Scheibenmühlen bei sehr voluminösen Gütern verhältnismäßig gering.

3.2.2.2.2 Siebmühlen. Die *Siebmühlen* unterscheiden sich von den Scheibenmühlen durch den großen freien Mahlraum, der keineswegs mit Mahlgut voll angefüllt werden darf, weil sonst die im Mahlraum umlaufenden Mahlwerkzeuge ihre Wirkung nicht ausüben können und die Mühle blockiert wird. Die aufgegebene Gutmenge darf auch nicht kurzfristig größer sein als die Durchsatzleistung der Mühle. Eine gute Auslastung ist nur bei einer möglichst gleichmäßigen Gutzufuhr gewährleistet (vgl. Dosierbandbunker, Abschn. 3.3.2). Die Siebmühlen werden nach Art der Gutaufgabe (zentral oder vom Umfang) in zwei Gruppen eingeteilt (Bild 3.67).

Zu den *Mühlen mit zentraler Gutaufgabe* zählt die in der Spanplatten-Industrie besonders für die Nachzerspanung sehr viel verwendete *Schlagkreuzmühle* (Alpine, Condux). Das durch die zentrale Eintrittsöffnung eingeführte Mahlgut wird durch die Arme des mit großer Geschwindigkeit kreisenden Schlagkreuzes erfaßt und gegen den den Mahlraum begrenzenden Siebring geworfen. Die scharfen Kanten der Arme (nur wenige Millimeter Abstand vom Sieb) zerreißen das Mahlgut an den Kanten des Sieblochbleches und schleudern es durch die Sieböffnungen nach außen. Dieser Vorgang wird durch die starke Ventilationswirkung der Mühle ganz erheblich verstärkt. Auch an der Aufgabeöffnung wird die Gutaufgabe durch den kräftigen Luftsog wirkungsvoll unterstützt und in manchen Betrieben sogar für die Schwergutabscheidung (Condux) genutzt. (Das von oben herabfallende leichte Gut wird durch den Sog der Mühle um 90° umgelenkt, während das schwere Gut vor der Mühle

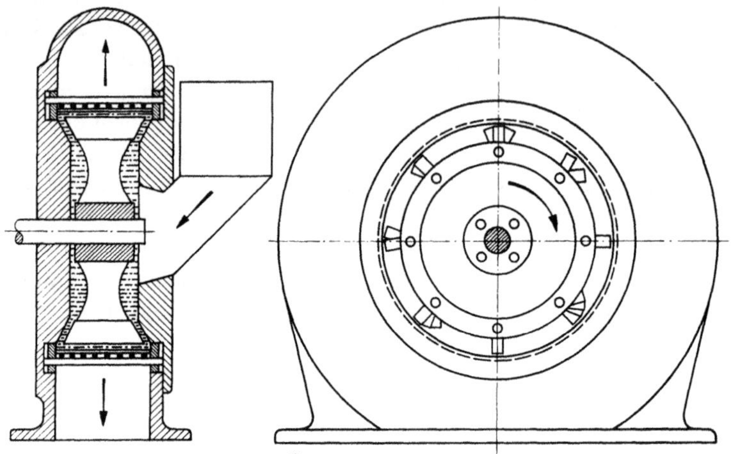

a b

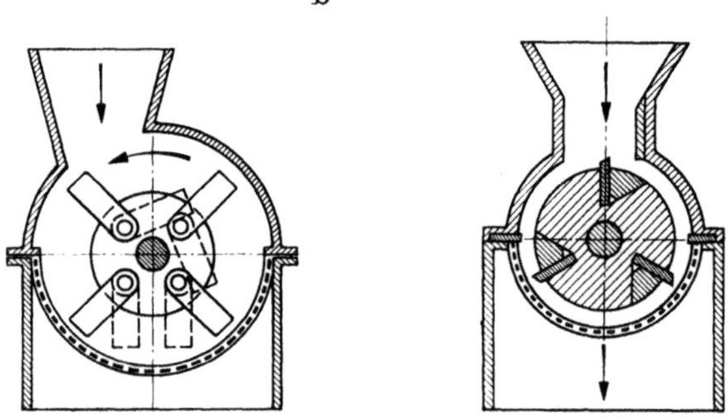

c d

Bild 3.67 a – d. Siebmühlen.
a) Schlagkreuzmühle; b) Hammerkorbmühle; c) Hammermühle; d) Schneidemühle.

vorbeifällt.) Die Aufgabetrichter der Mühlen sind oft mit fest eingebauten Magnetplatten ausgerüstet. Diese haben sich für Späne nicht bewährt, weil die Geschwindigkeit des Gutstromes an dieser Stelle sehr groß ist und festgehaltene Metallteile Verstopfungen auslösen können. Metallabscheider, die zum Schutze jeder Art von Mühlen dringend zu empfehlen sind, sollten deshalb an einer anderen der Mühle vorgeschalteten Stelle angeordnet werden. Zur Erhöhung der Zerkleinerungswirkung werden Schlagkreuzmühlen oft am Umfang zusätzlich zum Siebbelag noch mit

Reibelementen ausgerüstet (etwa $^1/_4$ der Zylindermantelfläche). Dadurch wird einerseits die Zerkleinerungswirkung der Mühle gesteigert, anderseits aber die Siebfläche verkleinert. Reibbacken sind dann zweckmäßig, wenn eine starke Zerkleinerungsarbeit verlangt wird, z. B. Zerkleinerung von Hackschnitzeln usw. Bei geringerer Zerkleinerungsarbeit, z. B. beim Zerlegen von Spänen, würde die Verwendung von Reibbacken wegen der verringerten Siebfläche zu einer Leistungsminderung und unter Umständen auch zu zu starker Zerkleinerung und Staubbildung führen. Bei einer besonderen Ausführungsform für die Spänemahlung (Condux) entsprechen die Leisten an den Schlagkreuzarmen der Breite der Siebfläche, während sonst die Leisten oft schmal und wechselseitig versetzt sind.

Eine Beeinflussung des Mahlergebnisses, ohne Teile der Mühle auszuwechseln, ist bei der Schlagkreuzmühle (von Drehzahlveränderungen abgesehen) nicht möglich. Trotzdem läßt sich diese Mühle sehr vielseitig verwenden, und man kann durch die Wahl der Größe und Form der Sieblochung gegebenenfalls in Verbindung mit Reibelementen das Mahlergebnis steuern. Die Mühle läßt sich deshalb nicht nur zur weiteren Zerkleinerung von Holzabfällen und zur Nachzerkleinerung von Spänen (Abschn. 3.2.3) verwenden, sondern sie ist auch zur Verarbeitung fast aller anderen Rohstoffe, die für die Spanplattenherstellung Verwendung finden, geeignet (Zuckerrohrbagasse, Schäben von Faserpflanzen usw., sofern diese in genügend kleinstückiger Form vorliegen)[1]. Die Mahlwerkzeuge (Siebe und Schlagkreuze) sind sehr leicht zugänglich und können innerhalb weniger Minuten gewechselt werden. Dazu wird die einlaufseitige Stirnwand wie eine Tür geöffnet. Bei der Holzzerkleinerung werden die Schlagkreuzkanten und die Lochkanten des Siebkorbes abgenutzt. Das führt zu einer Minderung der Zerkleinerungswirkung. Es ist deshalb notwendig, den Siebbelag und die Leisten am Schlagkreuz etwa alle vier bis acht Wochen zu wechseln (bzw. um 180° zu drehen). Ist ein Ersatzschlagkreuz verfügbar, so können die Leisten außerhalb der Maschine gewechselt und die Stillstandzeiten sehr kurz gehalten werden.

Ähnlich im Aufbau wie die Schlagkreuzmühlen sind die *Hammerkorb-* und *Schlagnasenmühlen*. Bei diesen Maschinen sind die vorderen Teile der Schlagkreuzarme beweglich, so daß sie eine schlagende Wirkung auf das auf dem Siebkorb bzw. den Reibelementen liegende Gut ausüben. Sie haben dadurch eine besonders starke Zerkleinerungswirkung und erzeugen viele Brüche quer zur Faser, weshalb diese Mühlenart in der Spanplatten-Industrie kaum eingesetzt wird. Sie wird für die Feinmahlung (Holzmehl) verwendet (Alpine, Condux).

Die *Mühlen mit Einlaß vom Umfang aus* sind, im Gegensatz zu den Mühlen mit zentralem Einlaß, bei denen die übliche Bauform nur eine schmale Siebfläche zuläßt, breit gebaut und mit einer größeren, über die Breite verlaufenden Einlauföffnung ausgestattet. Es kann deshalb ziemlich sperriges Gut aufgegeben werden. Die verhältnismäßig große Umfangsfläche ist vorwiegend im Unterteil als Sieb ausgebildet. Bei diesen

---

[1] Zur Verarbeitung sperriger Rohstoffe, wie Kokosfasern, ist eine Vorzerkleinerung, z. B. in der Schneidmühle, nötig.

Mühlen entsteht keine starke, die Mahlwirkung unterstützende Ventilationswirkung, doch kann durch die Nachschaltung eines kräftigen Sauggebläses (das ist auch bei anderen Mühlen vorteilhaft) die Mühlenleistung bei der Zerlegung von Spänen nach Angaben von Beushausen [*3.4*] bis zu 60% gesteigert werden. Die Mühlen mit tangentialem Guteinlauf sind im allgemeinen ähnlich den Hammerkorbmühlen mit einem Mahlwerk mit pendelnden Schlägern ausgerüstet und werden wegen der schlagenden Zerkleinerungswirkung als *Hammermühlen* (Alpine, Condux) oder *Schlagrotoren* (Maier) bezeichnet. Wenn die einzelnen Schläger sehr schmal sind, spricht man gelegentlich auch von einer *Messermühle*, eine Bezeichnung, die nicht ganz zutreffend ist, weil die schmalen Schläger keine Messerschneide haben. Diese Mühlen werden vorwiegend für die Nachzerkleinerung von Spänen eingesetzt (3.2.3) und deshalb auch als *Spänemühlen* oder *Spanzerleger* bezeichnet. Die Verwendung des Ausdrucks Messermühle führt häufig zu Verwechslungen mit der *Schneidmühle* (Condux), die ebenfalls vom Umfang aus beschickt wird. Sie ist mit einem starren, den Mahlraum mehr oder weniger ausfüllenden kreisenden Werkzeugträger ausgerüstet, der an seinem Umfang mit Schneidmessern bestückt ist. Die Messer scheren das Gut beim Übergang vom Einlauftrichter zum Mahlraum im Zusammenwirken mit einem Gegenmesser ab. Das den unteren Teil des Mahlraumes begrenzende Lochblech (Siebeinlage) bestimmt den Zerkleinerungsgrad. Die Maschine eignet sich gut zur Vorzerkleinerung sperriger Güter, nicht aber zur eigentlichen Spanerzeugung. Ähnlich (meist aber ohne Sieb) aufgebaut sind die *Ballenreißer*, die statt mit Messern mit Reißnocken ausgerüstet sind (Condux, Nyblad). Diese Maschinen stellen schon einen gewissen Übergang zu den *Walzenmühlen* und *Brechern* dar, die für die Holzzerkleinerung nicht verwendet werden.

Die verschiedenen Mühlen lassen durch die Wahl der Drehzahl, die Auswahl der Mahlwerkzeuge und sonstigen Einstellmöglichkeiten einen weiten Anwendungsbereich zu. Es ist kaum möglich, irgendeine Mühle als zur Spanherstellung besonders geeignet oder ungeeignet zu bezeichnen, zumal die zu verarbeitenden Hölzer ihrer Art, ihrer Form und ihrem Zustand nach sehr unterschiedlich sein können. Es ist sehr zu empfehlen, vor der endgültigen Auswahl eines Mühlentyps mit dem Originalrohstoff Mahlversuche mit nicht zu kleinen Probemengen durchzuführen. Die Mühlenhersteller sind im allgemeinen gerne bereit, in ihren gut eingerichteten Versuchsabteilungen Probemahlungen für ihre Kunden durchzuführen. Der große Einfluß der Holzfeuchtigkeit darf bei der Beurteilung nicht übersehen werden. Einerseits ist die Feuchtigkeit der Qualität des zu erzeugenden Spangutes förderlich (weniger Brüche quer zur Faser), anderseits wird die Durchsatzleistung durch steigende Holzfeuchtigkeit erheblich vermindert (Bild 3.68).

Als Richtlinie für die Auswahl der einzelnen Mühlentypen gibt die Firma Condux folgende Empfehlungen:

Schlagkreuzmühlen:	Für die Nachmahlung von Flachspänen, für Deck- und Mittelschicht.
Hammermühlen:	Für Furnierabfälle, Spreißelholz, Schälspäne, Hobel- und Ziehspäne.
Messermühlen:	(Spänemühlen) Für die Nachmahlung von Flachspänen.
Hammerkorbmühlen:	Zur Feinvermahlung von Holz und Kork.
Zahnscheibenzerspaner:	Besonders für feuchtes oder nasses Material (Schälspäne).
Steinmahlgänge:	Für die Herstellung von feinstem Holzmehl.
Messerringzerspaner:	Für gleichmäßige dünne Feinspäne aus Hackschnitzeln.

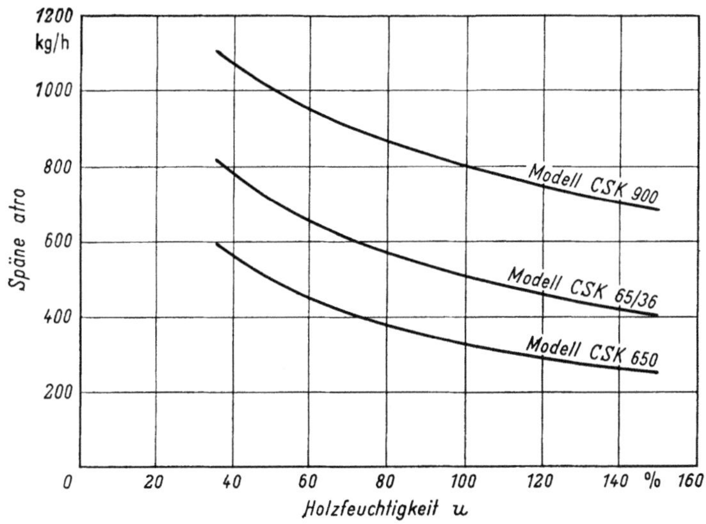

Bild 3.68. Durchsatzleistung von Condux-Schlagkreuzmühlen in Abhängigkeit von der Spanfeuchtigkeit bei der Nachzerkleinerung von Deckschichtspänen, 0,2 mm dick (bei Mittelschichtspänen, 0,4 mm dick, etwa doppelte Leistung).

3.2.3 Nachzerkleinerung

Trotz der großen Auswahl der für die Spanherstellung zur Verfügung stehenden Maschinen und auch bei deren sorgfältiger Einstellung ist es nicht möglich, ein Spangut zu erzeugen, das allen, insbesondere den anspruchsvolleren Verfahren zur Spanplattenherstellung gerecht wird. Es wird deshalb häufig noch eine *Nachzerkleinerung*, auch Nachzerspanung oder Spanveredelung genannt, vorgenommen, mit dem Ziel, entweder einen Teil des Spangutes, das nicht die gewünschten Eigenschaften aufweist, noch durch einen zusätzlichen Arbeitsgang zu verbessern oder das gesamte von den Zerspanern kommende Spangut einer weiteren Zerkleinerung zu unterziehen.

Im ersteren Fall handelt es sich darum, bei der Spanerzeugung mit anfallende dickere Teile, Reststücke, Splitter und zu dicke Späne, welche die Spanqualität beeinträchtigen, durch die Nachzerkleinerung entweder ganz oder auch nur teilweise in eine Form zu bringen, die eine bedenkenlose Weiterverarbeitung zuläßt. Die Nachzerkleinerung erfolgt dabei in Mühlen, weil das Gut eine weitere Behandlung in Zerspanern nicht mehr zuläßt. Soweit nur eine Zerkleinerung gewünscht wird, sind *Siebmühlen* oder *Zahnscheibenmühlen* zu verwenden, während dann, wenn man gleichzeitig eine Zerlegung auch in der Dicke anstrebt, *Zerfaserer* bevorzugt werden. Das aus den Splittern gewonnene Spangut unterscheidet sich wesentlich von geschnittenen Flachspänen, kann bei entsprechender Feinheit diesen aber unbedenklich in kleinen Mengen beigegeben werden. Die Nachzerkleinerung der Grobteile setzt, sofern diese nicht schon am Zerspaner ausgeschieden werden, eine Sichtung (Sortierung) des Spangutes voraus (s. Abschn. 3.3.2).

Die aus Zerspanern hergestellten dünnen, flächigen Späne werden, wenn sie zu großflächig sind, insbesondere, wenn sie als Deckschichtgut verwendet werden sollen, in Mühlen nachzerkleinert. Bisweilen genügt die Nachzerkleinerung in den nachfolgenden Maschinenanlagen, insbesondere in den pneumatischen Förderanlagen. Oft reicht diese zufällige und unkontrollierte Zerkleinerung vor allem bei Deckschichtspänen nicht aus, und es werden Mühlen eigens zum Zwecke der Nachzerkleinerung eingesetzt. Hier finden vor allem Siebmühlen Verwendung, und zwar entweder *Schlagkreuzmühlen* oder *Hammermühlen* (Spänezerleger). Trotz der starken Abhängigkeit der Mühlenleistung von der Feuchtigkeit wird die Nachzerkleinerung meist vor der Trocknung durchgeführt, weil bei sehr trockenen Spänen mehr Brüche quer zur Faser eintreten und ein größerer Staubanteil entsteht.

Die Firma Condux gibt für ihre in den Spanplattenwerken für die Nachzerspanung von Flachspänen viel verwendeten Schlagkreuzmühlen folgende Angaben:

Mühlentyp		CSK 650	CSK 65/36	CSK 900
Durchmesser des Siebringes	mm	650	650	900
Mühlendrehzahl	U/min	1850	1850	1450
Antriebsleistung	kW	45	55...60	80...90
Sieblochung bei Deckschicht		6 mm Querschlitz		
Sieblochung bei Mittelschicht		30...40 mm Quadratlochung		

Die Firma Alpine AG gibt für ihre Spänezerleger folgende Betriebsdaten an:

Mühlentyp		40/32 K	63/50	80/63	100/100 L
Schlagwerk, Durchmesser	mm	400	630	800	1000
Mahlbunker, Breite	mm	318	500	610	1000
Kraftbedarf rd.	kW	5...10	12...25	20...35	30...63
Drehzahl (für Spanzerleger)	U/min	2800	1800	1400	800...1000

Vielfach enthält das vom Zerspaner kommende Spangut schon Teile, die zur Weiterverarbeitung fein genug sind. Ist deren Menge groß genug, dann empfiehlt es sich, diese zur Entlastung der Mühle und zur Vermeidung unnötiger Weiterzerkleinerung auszusortieren und unmittelbar weiterzuleiten. Anderseits läßt es sich oft nicht vermeiden, daß einige Späne beim Durchgang durch die Mühle nicht genügend zerkleinert werden und damit die Spanqualität beeinträchtigt wird. Dieser Mangel läßt sich beheben, wenn diese Teile aussortiert werden und entweder ausgeschieden, der Mühle erneut zugegeben oder auch durch eine für diesen Zweck besonders eingesetzte, zusätzliche Mühle geleitet werden. Die erforderliche Gutsortierung kann durch Siebung oder Windsichtung erfolgen (s. Abschn. 3.3.2).

3.3 Trocknung, Sichtung und Sortierung, Naß- und Trocken-Silierung, Förderung der Späne

3.3.1 Spänetrocknung

Von **Franz Kollmann**, München

3.3.1.0 Allgemeine Gesichtspunkte

Bei der Herstellung von Holzspanplatten spielt die Trocknung der Späne eine Rolle, die immer wichtiger wurde (Kollmann [*3.51*, *3.52*]). Hauptsächlich ist dies auf die steigenden Ansprüche an die Plattengüte zurückzuführen, die immer engere Toleranzen in der Endfeuchtigkeit gebieten. Hinzu kam das Verlangen nach erhöhter Wirtschaftlichkeit und Betriebssicherheit bei der Spänetrocknung. Die Maschinenbaufirmen entwickelten deshalb im Laufe der Jahre eine Vielzahl von Spänetrocknern, die anschließend im einzelnen besprochen werden, soweit sie noch Bedeutung haben.

Die *Anfangsfeuchtigkeit der Holzspäne* schwankt erheblich, etwa zwischen 35 und 120%. Dabei kommt es häufig vor, daß solche Schwankungen innerhalb kurzer Zeiten auftreten. Es versteht sich von selbst, daß die Betriebsdaten der Trockner, z. B. Temperatur, Verweilzeiten der Späne im Trockner usw., rasch der Anfangsfeuchtigkeit anzupassen sind. Nur auf diese Weise läßt sich hoher Ausschuß bei der Plattenherstellung vermeiden. Zu erwähnen ist, daß Flachsschäben und Bagasse im allgemeinen mit einer ziemlich gleichbleibenden Anfangsfeuchtigkeit anfallen und insofern günstige Betriebsbedingungen bei ihrer Trocknung schaffen.

Die *Endfeuchtigkeit* nach der Trocknung soll in der Regel zwischen etwa 3 und 6% liegen. Der genaue Wert muß durch Betriebsversuche geklärt werden; er hängt wesentlich von der verwendeten Leimart und -menge sowie von der Befeuchtung der Decklagen vor dem Pressen ab. Der festgelegte günstigste Wert, z. B. 4%, muß längere Zeiten hindurch unbedingt auf gleicher Höhe gehalten werden.

Zu feuchte Späne führen beim Heißpressen zur Bildung von *Dampfblasen* im Platteninneren, wodurch die Festigkeitsausbildung unterbunden oder zerstört wird. Derartige Platten mit sogenanten „Spaltern" haben außerordentlich geringe Querzugfestigkeit; sie sind minderwertig. Zu feuchte Späne verlangen auch *längere Preßzeiten* und drücken dadurch die Produktionsmengen herab. *Zu trockene Späne* bringen ebenfalls erhebliche Nachteile mit sich: Die *Gefahr von Bränden* in den Trocknern erhöht sich beträchtlich, gefährliche *statisch-elektrische Aufladungen* von Rohrleitungen, in denen die Späne pneumatisch gefördert werden, sind schwer zu vermeiden, die lästige *Staubentwicklung* im ganzen Werk nimmt zu, die *Kanten* der Plattenrohlinge neigen auf dem Wege von der Schüttstation zur Presse zum *Abbröckeln*, beim Schließen der Presse werden die (besonders leichten, übertrockneten) Späne durch den entstehenden Luftzug von den Plattenoberflächen weggeblasen.

Unvermeidlich sind Unterschiede in der Beschaffenheit der Späne; zwar ist sie, besonders bei Verwendung hochwertiger Zerspaner gleichmäßiger als früher geworden, aber trotzdem findet man alle Übergänge von Splittern über Flachspäne bis zum Feingut und Staub. Da Untersuchungen von F. Kollmann und R. Teichgräber [*3.61*] ergaben, daß *Feingut* bei einem Anteil von bis zu 8%, bezogen auf das Trockengewicht der Späne, die Platteneigenschaften nicht wesentlich verschlechtert, wird man einen so hohen Staubanteil hinnehmen. Manche Werke gehen sogar darüber hinaus. Die Schwankungen der Spaneigenschaften vor der Trocknung werden noch durch die Beimischung von *Fremdspänen*, vornehmlich Hobel- und Schälspänen, sowie in Mühlen aufbereiteten Hackschnitzeln vergrößert. Meist muß die Dicke dieser Fremdspäne als gegeben hingenommen werden.

So ungleichförmig und rasch wechselnd die Anfangsfeuchtigkeit und so verschieden die Form, insbesondere das Verhältnis von Oberfläche zum Volumen der Späne sein kann, die Endfeuchtigkeit muß in den genannten engen Grenzen liegen. Neuzeitliche Spänetrockner müssen deshalb nicht nur leistungsfähig, wirtschaftlich und betriebssicher, sondern auch sehr elastisch sein.

Eine besonders wichtige Frage ist die *Betriebssicherheit*, da langjährige Erfahrungen erwiesen haben, daß in Spänetrocknern Brände ausbrechen können, die unter Umständen für das ganze Werk in hohem Maße gefahrbringend sind. Auch Trockner modernster Bauart schließen das Risiko von Bränden und sogar heftigen Explosionen nicht grundsätzlich aus. Zwar sind die Ursachen im einzelnen meist nicht mehr feststellbar, aber das Trockengut, dünne Späne mit großer spezifischer Oberfläche, vermischt mit Holzstaub, ist, vor allem wenn seine Feuchtigkeit nahe der gewünschten, sehr niedrigen Endfeuchtigkeit liegt, sehr leicht entzündbar und neigt, mit Luft gemischt, zu Explosionen. Hinzu kommen die hohen Temperaturen des Trocknungsmediums, die je nach Bau und Wirkungsweise des Trockners sowie Anfangsfeuchtigkeit der Späne und Staubgehalt bei Gegenstrom bis zu 250 °C, bei Gleichstrom bis zu 700 °C betragen können. Physikalisch sind bei den dünnen, im Gefüge stark aufgelockerten Spänen hohe Temperaturen zweckmäßig, da sie eine sehr rasche Verdampfung des zu entziehenden Wassers bewirken und da die Trocknungswiderstände in den Spänen äußerst niedrig sind. Mit der Verdampfung ist eine Abkühlung des Trocknungsmittels verknüpft, die durch Wärmezufuhr ausgeglichen werden muß, um die Trocknungsgeschwindigkeit nicht herabzusetzen. Wird aber zu viel Wärme zugeführt, dann steigen die Temperaturen auf eine unerlaubte Höhe, die Brandgefahr vergrößert sich, ja es kann zur Selbstentzündung der Späne kommen.

In der Literatur werden für den *Brennpunkt*, an dem brennbare Gase aus dem Holz entweichen, Temperaturen zwischen 260 und 270 °C genannt. Der *Zündpunkt*, an dem sich diese Gase von selbst entzünden, liegt nur wenig höher. Es steht aber fest, daß *exotherme Reaktionen*, d. h. chemische Umsetzungen, bei denen Wärme frei wird, welche die Temperatur steigert, bei weit tieferen Temperaturen (z. B. schon bei 150 °C) einsetzen. Exotherme Reaktionen führen mit Sicherheit früher oder später zur Bildung brennbarer Gase, wodurch sich die Brand- und Explosionsgefahr erhöht. Bei *Holzstaub* kann längere Einwirkung von 120 °C schon gefährlich werden, vor allem, wenn es zu Wärmestauungen kommt.

In unmittelbar mit Verbrennungsgasen — z. B. von einer Ölfeuerung — beheizten Spänetrocknern sind die Temperaturen in der Regel erheblich höher als in mittelbar — z. B. mit Bündeln von Heizrohren — erwärmten Spänetrocknern. Man könnte deshalb annehmen, daß erstere ein höheres Brandrisiko mit sich bringen. Ursprünglich, bei den ersten Baumustern war dies auch der Fall, aber die Ursache lag in falscher Bedienung. Heute weiß man, wie man unmittelbar beheizte Trockner fahren muß. Sie gelten als sicher, vorausgesetzt, daß das Trocknungsmittel möglichst wenig Sauerstoff enthält (oft wird ihm auch Dampf zugesetzt) und daß plötzliche Bedienungsfehler (etwa Öffnen von Klappen im Trocknergehäuse) vermieden werden.

Wie schon erwähnt, ist es nach Trocknerbränden oft äußerst schwer, die Ursachen zu ermitteln. Trotzdem kennt man die möglichen Gefahren und kann sie eindämmen oder beseitigen. Folgendes ist zu beachten:

1. Alle *Vorschriften* und Anweisungen der Lieferfirma des Trockners sind genau zu *befolgen*; das Bedienungspersonal ist darüber fortlaufend zu unterrichten. *Unbefugtes Öffnen von Klappen* in unmittelbar beheizten Trocknern ist durch Warnungsschilder oder besser Verriegelung *auszuschalten*.

2. Trockner, Späneaustrag, aber auch Abluftleitung sind nach den vorgeschriebenen Betriebszeiten sorgfältig zu *reinigen*, insbesondere ist Holzstaub aus allen Ecken und Ritzen zu entfernen, dies gilt besonders für die Zuführungen von Dampf oder Heißwasser. Sollten braun gefärbte Ablagerungen im Trockner festgestellt werden, so deutet das auf eine Trockendestillation von Holzbestandteilen hin. Dadurch besteht erhöhte Brandgefahr. Die Temperaturen sind dann zu senken.

3. Beim *Anheizen* eines Spänetrockners ist besondere Sorgfalt geboten, damit es nicht zu gefährlichen örtlichen Temperatursteigerungen über die kritische Grenze kommt.

4. Die Gefahr der *Überhitzung* besteht auch dann, wenn die *Spänezufuhr stockt*.

5. *Stromausfall* ist gefährlich, weil dem Trockner kein feuchtes Gut mehr zugeführt wird; die Verdampfung, welche die Temperatur senkt, hört auf, schon weit herabgetrocknete Späne bleiben über sehr heißen Teilen des Trockners unbeweglich liegen und können sich entzünden.

6. Wird ein Trockner *stillgelegt*, dann ist die Spänezufuhr langsam zu drosseln. Gleichzeitig ist die Heizung allmählich abzuschalten. Der entleerte Trockner muß so weit abgekühlt sein, daß unvermeidliche Reste von Spänen und Holzstaub sich nicht mehr entzünden können.

7. Sollte ein Trockner in *Brand* geraten, so muß man verhüten, daß das Feuer aus seinem Innenraum weitergeleitet wird. Die Spänezufuhr ist sofort abzustellen, die Heizung abzuschalten und die austretenden Späne sind sorgfältig zu löschen. Es ist zu prüfen, ob brennende Späne bereits in Förderanlagen und Maschinen nach dem Trockner gelangt sind. Hier ist augenblicklich einzugreifen, da die dadurch möglicherweise ausgelösten Brände wesentlich gefährlicher sind als der primäre Brand im Spänetrockner selbst.

Zum thermischen Trocknen von Holzspänen benötigt man Wärme, die Verdunsten oder Verdampfen der Holzfeuchtigkeit bewirkt. Luft, meist durch Gebläse bewegt, dient als Wärmeträger und führt den gebildeten Dampf ab. Vielfach werden die Späne im Trockner auch durch mechanische Vorrichtungen umgeschaufelt. In allen Spänetrocknern der Industrie herrscht annähernd *atmosphärischer Druck*, so daß Vakuumtrockner in diesem Zusammenhang nicht besprochen werden müssen.

Bei den atmosphärischen Trocknern kann die Wärme an das Trockengut durch Kontakt mit den geheizten Wänden oder Einbauten, durch

Konvektion, d. h. Wärmeaustausch mit der erwärmten Luft (oder einem sonstigen Trocknungsmedium) und Strahlung herangebracht werden. Wärmeerzeugung im Gut, z. B. durch hochfrequente Wechselfelder, spielt bei der Spänetrocknung keine Rolle, kann also übergangen werden.

Bei den meisten Spänetrocknern wird das Gut durch *Berührung, Konvektion und Strahlung*, also auf mehreren Wegen, erwärmt. Wie erwähnt, können auch chemische Reaktionen das Gut von innen aufheizen, jedoch sind bei Holzspänen solche exothermen Vorgänge gefährlich und unerwünscht. Bei den Konvektionstrocknern werden die Späne bei den Band- und Teller-Turbinentrocknern in einer Schicht vom Trocknungsmedium oberflächlich überströmt, wobei Abrieseln am Bandende oder nach einem Drehweg auf die untere Etage zum Aufbau einer neuen Schicht mit einer neuen Oberfläche führt, während bei den sehr verschiedenartigen anderen Spänetrocknern die Späne durchströmt und aufgewirbelt werden. Je nach dem Verhältnis ihrer Masse zur Oberfläche werden sie mitgerissen, schweben oder fallen. Damit ist die Möglichkeit gegeben, mit der Trocknung eine *Sichtung* zu verbinden. In Ruhe ist das Trockengut (auf einer Etage) bei den Band- und Tellertrocknern, während es bei allen anderen Baumustern ständig umgeschaufelt oder umgewirbelt wird.

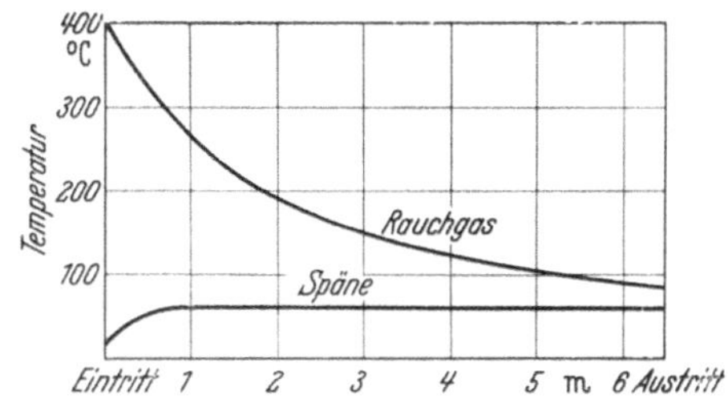

Bild 3.69. Verlauf der Temperaturen der trockenen Rauchgase und der Holzspäne in einem Trommeltrockner. Bauart Schilde.

Bei der Vielzahl der Spänetrockner ist die Wahl des bestgeeigneten eine schwierige Sache. Die Späne, das Trockengut, so sehr sie auch in Form und Abmessungen schwanken mögen, sind doch einheitlich kleinstückig, rieselfähig, dünn und in ihrer Struktur aufgelockert, so daß sie hohe Trocknungsgeschwindigkeiten ohne weiteres vertragen. Anderseits sind sie temperaturempfindlich. Nicht nur, daß es zu keiner Bräunung kommen darf, sondern eine Erwärmung auf mehr als 270 °C muß unter allen Umständen vermieden werden, um Selbstentzündung auszuschalten. Da die Anfangsfeuchtigkeit der Späne sehr hoch und ihre Verweilzeit im Trockner kurz ist, ist diese Gefahr aber gering. Solange frei tropfbares Wasser in den Spänen vorhanden ist, kann ihre Temperatur nicht über den Siedepunkt des Wassers, also über etwa 100 °C steigen. Die Heizgase, mögen sie auch mit 500 °C oder mehr in den Trockner gelangen, kühlen sich durch die geleistete Trocknungsarbeit ab. Bild 3.69 zeigt, wie rasch dies in einem Trommeltrockner vor sich geht. Auf jeden Fall: Spänetrockner können bei *Gleichstrombetrieb* mit verhältnismäßig hohen Temperaturen auf der Eingangsseite arbeiten, insbesondere wenn die Heizgase weitgehend inert oder mit Dampf gemischt sind.

3.3.1.1 Bauarten von Spänetrocknern

3.3.1.1.0 Vorbemerkungen. Als die Spanplattenindustrie nach 1945 begründet wurde, konnte sie auf eine ganze Reihe von Maschinen zurückgreifen, die voll ausgereifte Konstruktionen waren und sich in anderen Fertigungsanlagen vielfach bewährt hatten. Zu nennen sind: Hackrotoren, Mühlen verschiedener Bauart, mechanische und pneumatische Förderanlagen, Zyklone und Windsichter, Vibrationssiebe, Leimmischer, hydraulische Mehretagen-Heizpressen mit automatischen Belade- und Entladevorrichtungen, Endfertigungsstraßen, bestehend aus automatischen Formatsägen und einer Folge von Zylinderschleifmaschinen. Nicht vorhanden waren zunächst geeignete Zerspaner, Anlagen zur taktweisen oder stetigen Bildung von Plattenrohlingen oder eines Spanvlieses und Vorpressen. Bei weiteren unentbehrlichen Maschinen, z. B. Trocknern und Beleimungsmaschinen, konnte man zwar vorhandene Baumuster einsetzen, die für andere Industrien entwickelt waren, die aber den Bedürfnissen der Spanplattenindustrie erst angepaßt werden mußten.

Bei den Trocknern boten sich beispielsweise zunächst die für rieselfähige, körnige Stoffe, wie Erze, Sand und Salz in großer Zahl benutzten Trommeltrockner an, desgleichen die Tellertrockner in verschiedener Ausbildung, z. B. als Segment- oder als Umlauf-Tellertrockner, mit denen man Zucker, kristalline Salze oder körnige Kohle entwässert. Etwas später — Bandtrockner hatten sich bei Furnieren und Pappen bewährt — entwickelte man Mehrbandtrockner mit zuerst drei, dann fünf Bändern. In der Folge ging man mehr und mehr zu neu konstruierten Trocknern über, bei denen nicht nur Konvektion, Kontakt und Strahlung gemeinsam zur Erwärmung der Späne benutzt, sondern bei denen nach Möglichkeit Trocknung und Windsichtung in der gleichen Maschine bewirkt wurden. Dies ist einleuchtend und kann aus verschiedenen Gründen vorteilhaft sein, jedoch ist in sehr vielen Fällen auch getrennte Durchführung von Trocknung und Sichtung zweckmäßig, zumal da es sehr verschiedenartig wirkungsvolle Anlagen zum Sortieren und Sichten (s. Abschn. 3.3.4) gibt. Bei Wirtschaftlichkeitsberechnungen dürfen Trockner mit Sichteffekt nicht ohne weiteres mit solchen ohne Sichteffekt verglichen werden, vielmehr sind bei solchen, worauf noch in Abschn. 3.3.1.3 eingegangen wird, Anschaffungs- und Betriebskosten für die Sichteinrichtung und die zwischen Trockner und Sichter einzuschaltenden pneumatischen Förderanlagen zusätzlich in Rechnung zu stellen.

3.3.1.1.1 Kontakttrockner. Trommeltrockner. Für schüttfähige Güter, die ständig umgelagert werden sollen, werden *Trommeltrockner* seit langem am meisten benutzt. Aus den Drehrohröfen hervorgegangen, bestehen sie aus um ihre schwach geneigte Längsachse rotierenden Rohren. In der Bundesrepublik gebaute Trommeltrockner für die Spanplattenindustrie (Bild 3.70) hatten Durchmesser von 0,8 bis 1,8 m; die Länge war gleich dem Vier- bis Sechsfachen des Durchmessers. Die an einem Ende durch eine Aufgabevorrichtung, z. B. einen Bunker und eine Schnecke, stetig zugeführten Späne werden durch heiße Gase erwärmt. Die Wärmequelle ist vorherrschend eine Brennkammer, die dem Trommeltrockner vorgelagert ist. Der Trommelkörper liegt gewöhnlich

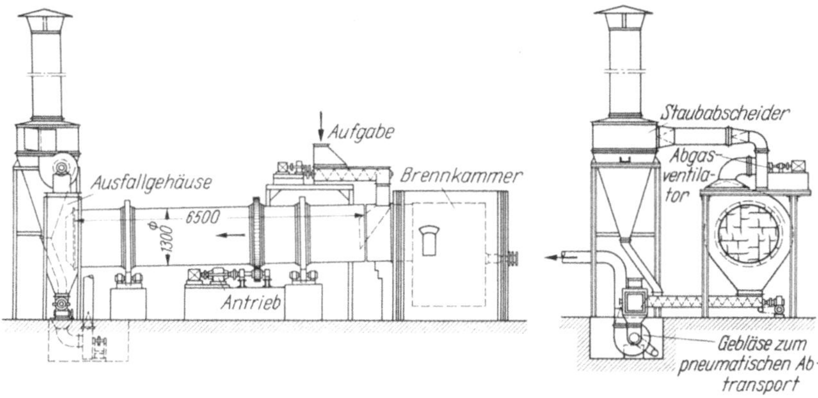

Bild 3.70. Schematische Seiten- und Vorderansicht eines Trommeltrockners zur Spänetrocknung. Bauart Schilde.

auf vier Tragrollen und wird meistens über einen Zahnkranz mit Ritzel (seltener durch Reibräder) angetrieben ($n = 1 \dots 15$ U/min). Um den unmittelbaren Wärmeübergang von den Heizgasen zu den Spänen zu verbessern, besitzen die Trommeln im Innern Einbauten, die das Gut in viele kleine Teilhaufen zerlegen. Die Späne werden auf diese Weise durchmischt und innig mit dem Gasstrom in Berührung gebracht. Ein Gebläse saugt die Abgase ab, so daß in der Trommel ein leichter Unterdruck entsteht. Um die Wärmeverluste einzudämmen, ist der Trommelkörper mit einer Wärmeschutzschicht ummantelt. An sich ist Gleich- oder Gegenstrombetrieb möglich, jedoch wählt man bei Spänetrocknern ersteren, da dann die sehr heißen Rauchgase auf die noch sehr feuchten Späne treffen. Diese können, wie schon erwähnt, keine höhere Temperatur als die Siedetemperatur des Wassers annehmen, solange in ihnen noch frei tropfbares Wasser vorhanden ist. Während dieser Zeit sinkt aber die Temperatur der Rauchgase auf eine ungefährliche Höhe unter 200 °C. Bild 3.69 zeigt, wie rasch die Rauchgastemperatur in einem

Trommeltrockner für Späne abfällt, während die Temperatur der Späne nach anfänglichem Anstieg bald einen konstanten Wert erreicht. K. Kröll [*3.62*] fand, daß bei der Trocknung von Spänen von 38,4% Anfangsfeuchtigkeit auf 1,6% Endfeuchtigkeit eine durchschnittliche spezifische Wasserverdampfung von 33,6 kg/h m³ Leervolumen der Trommel erreicht wurde.

Die Ursache dafür, daß Trommeltrockner in Spanplattenwerken in Europa nur mehr in seltenen Fällen verwendet werden, liegt darin, daß ihre Konstruktion schwer und teuer ist, da sie für Güter mit weit höherem

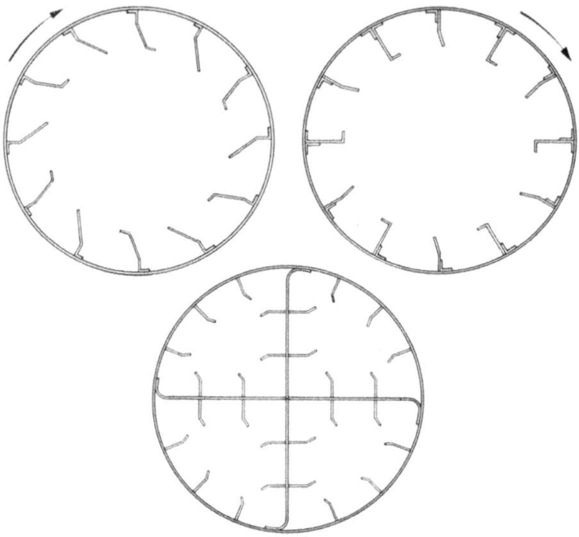

Bild 3.71. Querschnitte durch Trommeln mit typischen Leichtbau-Einbauten. Bauart Hardinge.

Schüttgewicht als Späne in erster Linie bestimmt sind. Allerdings sind die Trommeltrockner leicht zu bedienen und billig in der Unterhaltung. Das Reinigen der Trommeln mit ihren oft komplizierten Einbauten ist umständlich. Als Anhaltspunkt für den Wärmeverbrauch von Späne-Trommeltrocknern kann man 900 bis 1000 kcal/kg Wasserentzug annehmen.

Das Abgehen von den Trommeltrocknern in europäischen Spanplattenwerken dürfte auf die erwähnte sehr schwere Konstruktion und auf die mögliche Schädigung der Späne durch die Einbauten zurückgehen. In USA sind nach E. S. Johnson [*3.47*] Trommeltrockner wahrscheinlich die am besten bekannten und am meisten verwendeten Spänetrockner. Ausgehend von der Tatsache, daß Holzspäne ein geringes Schüttgewicht haben — eine große amerikanische Firma, die Trommeltrockner baut, nennt 80 bis 160 kg/m³, — also Werte, die gut denen in

Tab. 2.4 entsprechen — werden die Trommeltrockner für Holzspäne in USA besonders leicht gebaut, so daß sie gerade ihr Eigengewicht tragen. Der vorher gebrachte Einwand der zu schweren Konstruktion entfällt damit. Für Trommeltrockner, die für einen Durchlauf von Holzspänen bestimmt sind, wird ausreichende Verweilzeit durch eine geringere Neigung der Trommelachse herbeigeführt. Während Trommeln für spezifisch schwerere Güter Achsneigungen von 1 : 24 bis 1 : 16 haben,

Bild 3.72. Ansicht eines Trommeltrockners für Späne mit vorgebauter Brennkammer mit Ölfeuerung. Bauart Hardinge.

ist für Spänetrockner eine Neigung von 1 : 96 bis 1 : 48 angebracht. Die Umlaufgeschwindigkeit ist nach amerikanischen Erfahrungen[1] eine Funktion des Trommeldurchmessers: bei etwa 3 m Durchmesser 3 Umdrehungen/min, bei 2,6 m Durchmesser 3,5 Umdrehungen/min und bei rd. 2,25 m Durchmesser 4 Umdrehungen/min; die Längen und Antriebsleistungen der drei genannten Trocknergrößen sind: 36,7 m, 18,5 kW, bzw. 24,4 m, 14,7 kW, bzw. 21,3 m, 11,0 kW. Bild 3.71 zeigt den Querschnitt durch Trommeln mit typischen Leichtbau-Einbauten. Baustoffe für die Trommelschalen und Einbauten sind Stahlblech oder bei Spänetrocknern Aluminium. Eine besonders wirkungsvolle Wärme-

[1] Briefliche Mitteilung der Hardinge Co., York, Pen. vom 11. 12. 1963.

isolierung und Schutz gegen Wärmeabstrahlung nach außen erzielt man, wenn um die Trommel nach der Montage des Trockners in kleinem Abstand ein Mantel aus Aluminiumblech gelegt und der so entstehende Hohlraum möglichst weitgehend evakuiert wird. Die Trommeltrockner (Bild 3.72) arbeiten im Gleichstrom. Die Einströmtemperatur der Heizgase kann deshalb mit 600 bis 650 °C sehr hoch gehalten werden, die Ausströmtemperatur liegt bei 104 °C. Während Anfangsfeuchtigkeiten bis zu $u = 200\%$ möglich sind, werden als Endfeuchtigkeit 5 bis 6% angestrebt. Sinkt die Endfeuchtigkeit unter 4%, dann besteht nach amerikanischen Angaben Brandgefahr. Der Gefahr einer Entzündung von Feingut und Staub im Staubabscheider begegnet man dadurch, daß man den Exhaustor zwischen Späneaustritt aus dem Trockner und Staubabscheider einschaltet; dadurch werden die Leitungen und der

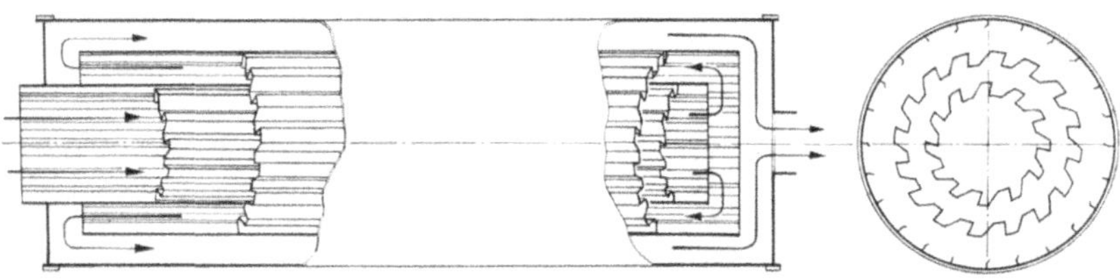

Bild 3.73. Weg der Heizgase in einem dreischaligen Trommeltrockner. Bauart Arnold Dryer Co.

Staubabscheider unter leichten Überdruck gesetzt. Selbstverständlich müssen sie luftdicht ausgebildet sein.

Ein bemerkenswerter Trommeltrockner für Späne, der aus drei konzentrischen Zylindern besteht, von denen die beiden inneren etwa zahnradförmigen Querschnitt haben, wird von der Arnold Dryer Co. gebaut. Den Weg der Heizgase und der von ihnen mitgeführten zu trocknenden Späne zeigt Bild 3.73. Durch die dreischalige Bauweise wird der Trockner sehr kurz, z. B. bei 2,67 m Durchmesser nur 7,3 m lang. Der Weg der Heizgase ist trotzdem etwa dreimal so lang, da sie den Trockner zwischen Einlaß und Auslaß dreimal durchströmen. Genauer gesagt, findet eine Dreistufen-Trocknung statt: In der ersten Stufe in der innersten Trommel trocknen die Späne mit großer Anfangsfeuchtigkeit im Gleichstrom, wobei sich die Heizgase abkühlen. In der dritten Stufe findet die Endtrocknung in der äußeren Trommel bei niedrigen Temperaturen statt. Die Außentrommel ist wärmeisoliert.

Teller-Trockner. In nennenswerter Zahl wurden zur Spänetrocknung auch *Teller-Trockner* eingesetzt; das Schema eines solchen Trockners der Maschinenfabrik Büttner (auch *Turbinen-Trockner*) gibt Bild 3.74 wieder. Die untere Darstellung veranschaulicht eine verbesserte Ausführung der Rinnteller mit klappbaren Auflageplatten für die Holzspäne. Auf den einzelnen Auflageplatten häufen sich die Holzspäne 40 bis 50 mm hoch. Sie werden einmal auf einer Kreisbahn durch den Trockner getragen und durch Schrägstellen der Platten auf den tieferliegenden Teller abgeworfen. Damit ist eine Mischung der Späne verbunden, so daß auf jedem Rinnteller neue Späneoberflächen der durchströmenden Warmluft ausgesetzt sind. Als Heizmittel können Dampf, Heißwasser oder Abgase dienen. Bei der besonders wirtschaftlichen Heißwasserheizung beträgt die Vorlauftemperatur an der Eintrittstelle 180 °C, die Rücklauftemperatur an der Auslaufstelle 160 °C. Bei Heißwasserbeheizung beziffert sich der durchschnittliche Wärmebedarf auf etwa 900 kcal/kg Wasserentzug, bei Dampfbeheizung auf etwa 1100 kcal/kg Wasserentzug. Die Trocknungszeiten schwanken je nach Spänesorte, Feuchtigkeit und Temperatur zwischen 15 und 45 min.

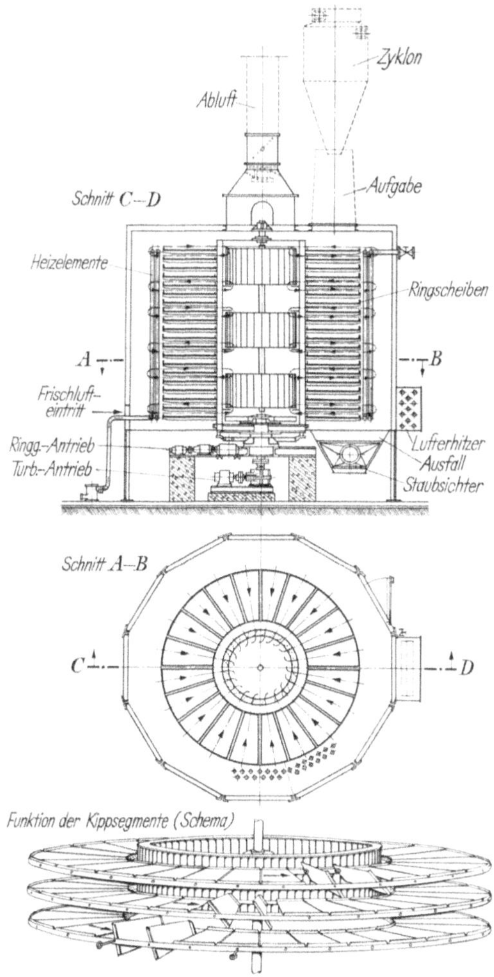

Bild 3.74. Schema eines Tellertrockners (Turbinentrockners). Bauart Büttner.

Röhrenbündel-Trockner. *Röhrenbündel-Trockner* sind einfache, leistungsfähige und – dank robuster Bauart – zuverlässige Trockner. Der seit Jahren von der Maschinenfabrik Ponndorf K. G. hergestellte Röhrenbündel-Trockner, der an sehr viele Spanplattenwerke im In- und Ausland geliefert wurde, verbindet Kontakt- und Umlauftrocknung. Die Arbeitsweise erläutert Bild 3.75. In der Mulde *a* eines Stahlblechgehäuses läuft ein aus nahtlosen Siederohren hergestelltes Röhrenbündel *b* um, das mit Rohrplatte *c* und Kopfstück *d* eine — neuerdings geschweißte — Einheit bildet und sich mit dem hohlen Lagerzapfen *e* in den Lagern *f* dreht. Das Heizmittel, meist Heißwasser, aber auch Dampf oder die Heizgase einer Ölfeuerung, tritt, wie in Bild 3.75 schematisch gezeigt ist, durch die hohlen Lagerzapfen des vorderen Kopfstücks ein und wird durch eine besondere Vorrichtung *g* gleichmäßig auf alle Rohre verteilt. Der Austritt des Heizmittels erfolgt durch den hinteren hohlen Lagerzapfen *e*.

Das Röhrenbündel ist am Umfang mit Schaufeln *h* versehen. Die Schaufelträger *i* sind mit einem leichten Drall eingebaut; dadurch wird bewirkt, daß die Späne nicht nur umgeschaufelt, sonder auch langsam von der vorne liegenden Späneeintrittöffnung *k* zur hinten liegenden Austrittöffnung *l* fortbewegt werden. Da die Späne pneumatisch gefördert werden, sorgen Zellenradschleusen im Einfüllschacht dafür, daß keine Kaltluft in den Trockner gepreßt wird.

Auf die Mulde *a* ist eine aus Stahlblech geschweißte, spitzbogenförmige, mit Glaswolle und Holzfaserhartplatten wärmeisolierte Haube *m*

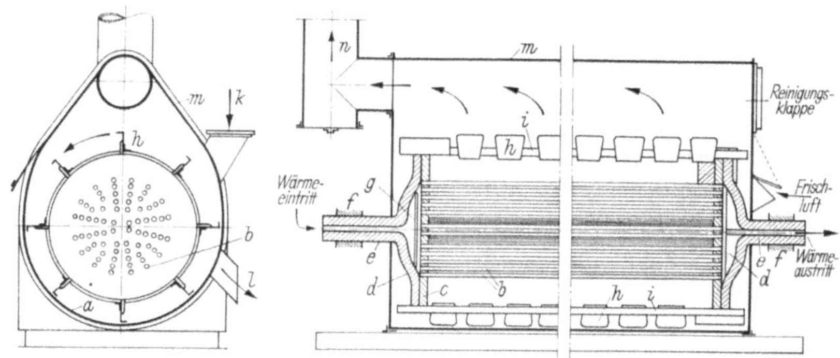

Bild 3.75. Schematischer Längsschnitt und Querschnitt durch einen Röhrenbündel-Trockner. Bauart Ponndorf. *a* Trocknergehäuse; *b* Röhrenbündel; *c* Rohrplatte; *d* Kopfstück; *e* Lagerzapfen; *f* Lager; *g* Verteilvorrichtung; *h* Schaufeln; *i* Schaufelträger; *k* Späneeintritt; *l* Späneaustritt; *m* Haube; *n* Schwadenkamin.

aufgesetzt, deren Oberteil als Schwadenabzug dient. Die im Trockner entstehenden Schwaden werden aus dieser Haube durch den Schwadenkamin *n* unmittelbar oder unter Zwischenschaltung eines Gebläses ins Freie geführt. Es ist unvermeidlich, daß die Späne je nach Art und Herstellung mehr oder weniger Staub enthalten, der von den Schwaden mitgeführt wird. Falls er stört, empfiehlt es sich, dem Trockner einen Staubabscheider vorzuschalten.

In der Haube befinden sich auf einer Seite drei ebenfalls wärmeisolierte Schauklappen, die Kontrolle und Einstellung des Spänetransports gestatten. Die Fenster hinter den Schauklappen sind durch Schutzgitter gesichert. Stirnwände und Mulde des Röhrenbündeltrockners sind bei der üblichen Ausführung nicht isoliert, so daß sich ein erheblicher Wärmeverlust durch Abstrahlung ergibt. In vielen Betrieben ist dies zur Beheizung des Trocknerraums erwünscht. In besonderen Fällen ist eine

Vollisolierung möglich, wodurch die Leistung gesteigert wird. Bei sehr nassen Spänen kann die Frischluft durch einen besonderen Erhitzer auf etwa 80 bis 90 °C vorgewärmt werden, wodurch ebenfalls die Leistung steigt. Bei Beheizung des Trockners mit Heißdampf, der schlecht Wärme abgibt, ist eine Dampf-Kreislaufeinrichtung erforderlich; dadurch wird der überhitzte Dampf angefeuchtet und der Wärmeübergang an den Heizflächen verbessert.

Im allgemeinen wird das Röhrenbündel über einen Elektromotor mit Getriebe und Kettenradantrieb angetrieben. Stufenlose Regelung

Bild 3.76. Ansicht eines im Freien aufgestellten Doppel-Röhrenbündel-Trockners, von der Antriebsseite aus. Bauart Ponndorf.

mittels eines besonderen Reglertriebes, der Anpassung der Drehzahlen auf ±50% gestattet, ist möglich, wodurch der Trockner in seiner Leistung der Anfangsfeuchtigkeit der Späne sofort angepaßt werden kann. Der spezifische Wärmeverbrauch ist mit im Durchschnitt 750 kcal/kg Wasserverdampfung sehr niedrig. Auch der Kraftbedarf ist gering. Die Anschlußleistung beträgt bei einem Trockner mit 6,98 m Länge (des Gehäuses), der etwa 600 kg/h Wasser verdampft, 5,5 kW. Die Trockner werden betriebsfertig geliefert und ohne Fundament auf einem Profileisenrahmen aufgebaut. Da das Trocknungsmittel mit dem Trockengut nicht in Berührung kommt, sind die Röhrenbündel-Trockner an sich brandsicher; sie können aber mit einer Löschvorrichtung im Innern der

Haube ausgestattet werden. Sie besteht aus Rohren mit Brauseköpfen und wird bei Brandgefahr mittels Thermostat und Membrandruckschalter selbsttätig eingeschaltet. Bei Doppeltrocknern sind in einem Gehäuse

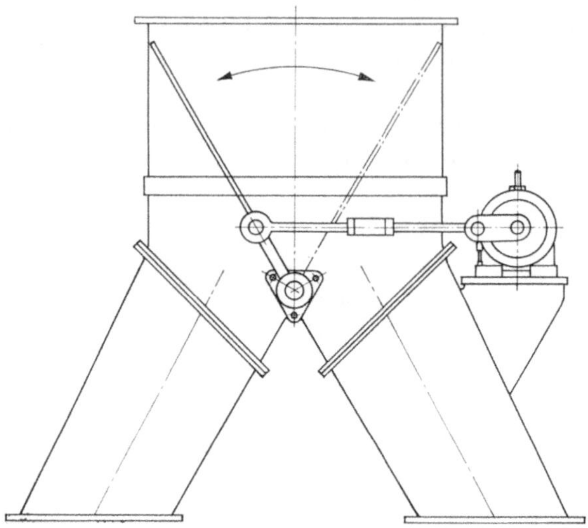

Bild 3.77. Schema einer elektrisch gesteuerten Verteilerklappe mit Hosenstück für einen Doppel-Trockner. Bauart Ponndorf.

zwei Röhrenbündel parallelgeschaltet (Bild 3.76). Mittels einer elektrisch gesteuerten Verteilerklappe mit Hosenstück (Bild 3.77) ist zentrale Zuführung des Naßguts und gleichmäßige Beschickung beider Röhrenbündel möglich. Bild 3.78 zeigt die Leistungskurven verschiedener Ponndorf-Röhrenbündel-Trockner.

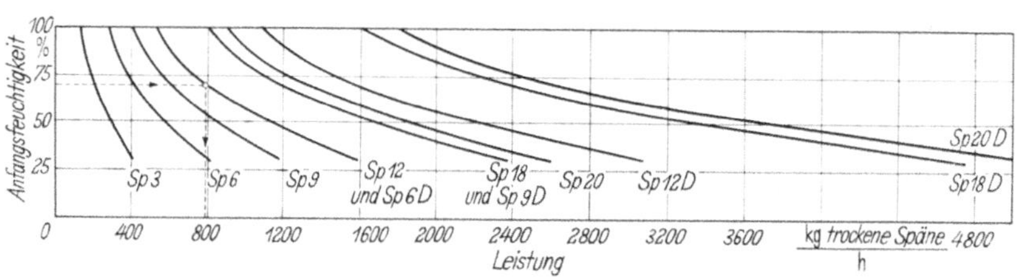

Bild 3.78. Leistungskurven für verschiedene Röhrenbündel-Trockner. Bauart Ponndorf, Modelle Sp 3 ... Sp 20 D.

Ein als *Rotationstrockner* bezeichneter Röhrenbündel-Trockner der Benno Schilde Maschinenbau A. G. hat sich ebenfalls seit Jahren in der Spanplattenindustrie bewährt. In einer Trocknermulde, die gegen Wärmeverluste isoliert werden soll, läuft das Röhrenbündel (Heizrohrsystem) mit Hub- und Förderschaufeln (Bild 3.79) um. Die Normalausführung hat in ihrem haubenartigen Aufbauteil ein langsam

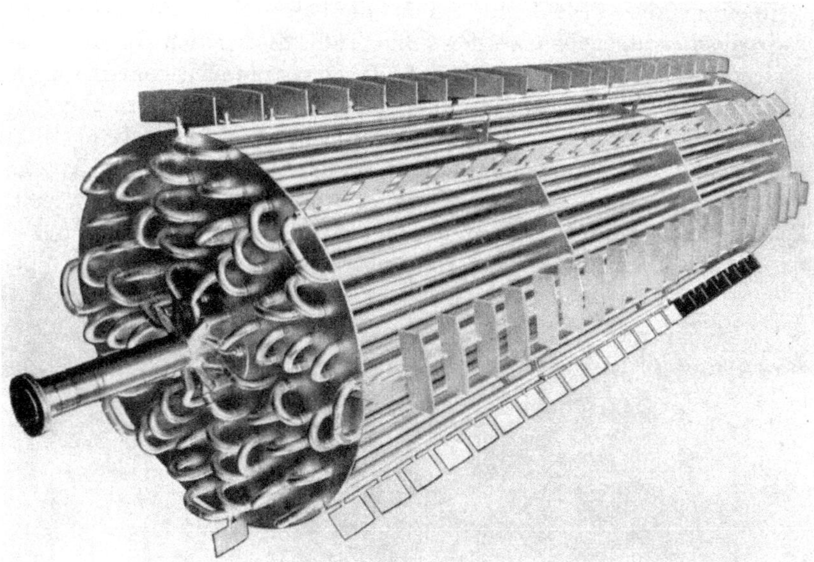

Bild 3.79. Heizrohrsystem mit Hub- und Förderschaufeln eines Rotationstrockners. Bauart Schilde

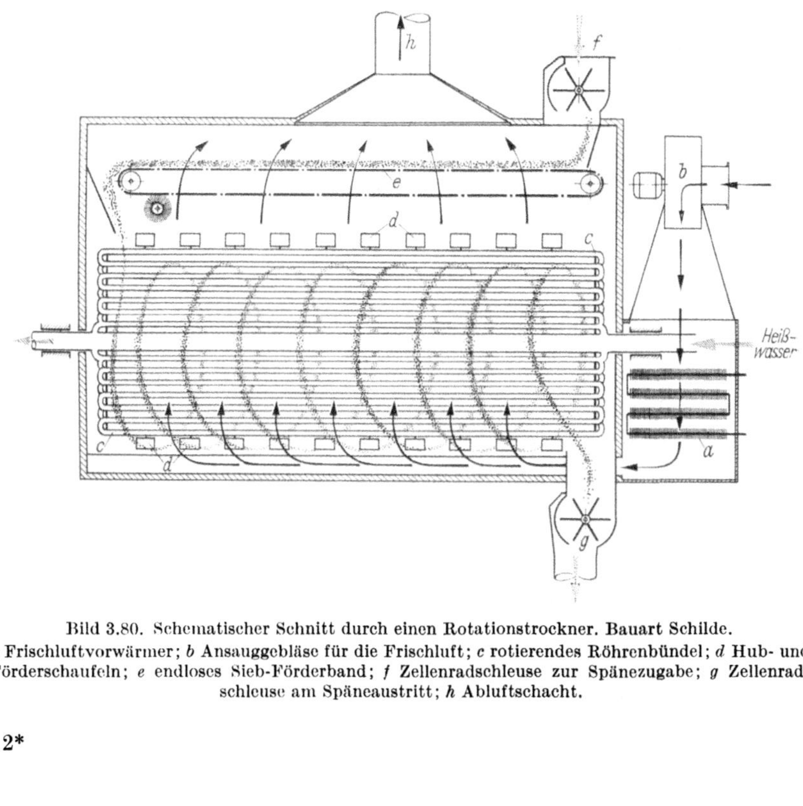

Bild 3.80. Schematischer Schnitt durch einen Rotationstrockner. Bauart Schilde.
a Frischluftvorwärmer; *b* Ansauggebläse für die Frischluft; *c* rotierendes Röhrenbündel; *d* Hub- und Förderschaufeln; *e* endloses Sieb-Förderband; *f* Zellenradschleuse zur Spänezugabe; *g* Zellenradschleuse am Späneaustritt; *h* Abluftschacht.

laufendes endloses Siebband, auf das die nassen Späne über eine Zellenradschleuse aufgegeben werden (Bild 3.80). Sie werden durch die aufsteigenden Schwaden durchströmt, dabei vorgewärmt und rieseln erst dann in den eigentlichen Trockner. Die Trocknung der dauernd umgewälzten Späne erfolgt vorwiegend durch Kontaktwirkung. Die Drehzahl des Röhrenbündels und damit die Verweilzeit der Späne im Trockner kann der Späneform sowie der Anfangs- und gewünschten Endfeuchtigkeit angepaßt werden. Die Intensität der Trocknung läßt sich durch eine zusätzliche Belüftungs- und Heizungseinrichtung erhöhen; sie speist

Bild 3.81. Zwei Rotationstrockner, Bauart Schilde. Blick auf die Antriebsseite und die Belüftungs- und Heizeinrichtung.

eine tangential über die ganze Trocknerlänge reichende Schlitzdüse. Man erzielt dadurch kräftige Durchlüftung und Erwärmung der Späne im Gegenstrom und verhindert zudem übermäßige Reibung des Trockenguts am Muldenboden. Die Trockner können auch ohne das Vorwärmband geliefert werden. Zusätzliche kleine Heizregister in der Frischluftleitung steigern die Wirtschaftlichkeit. Die Trockner werden mit Dampf oder Heißwasser beheizt; sie werden in verschiedenen Größen für verschiedene Leistungen von etwa 450 bis 1300 kcal/h angeboten (Bild 3.81). Die Anschlußwerte liegen zwischen etwa 5 und 11 kW, der spezifische Wärmeverbrauch beträgt etwa 800 kcal/kg Wasserverdampfung.

Röhren-Schaufeltrockner. Die Firma Tromag stellt einen dampfbeheizten, feststehenden Trommeltrockner her, der je nach der gewünschten Leistung eine einreihige oder zweireihige Anordnung des umlaufenden

Heiz- und Transportsystems hat. Wie aus Bild 3.82 ersichtlich ist, dient eine hohle Welle, die beiderseits außerhalb des Trocknerbehälters (Trommel) gelagert ist, zur Zuleitung des Heizdampfes und zur Ableitung des Kondensats. An die hohle Welle sind als Schaufeln wirkende, vom Heizmittel durchströmte Rohrschlangen angeschlossen. Das Heizsystem ist so ausgelegt, daß eine zweckmäßige Temperaturabstufung in dem im Gleichstromverfahren arbeitenden Trockner erzielt wird. Die Drehgeschwindigkeit kann den Feuchtigkeitsverhältnissen der Späne ange-

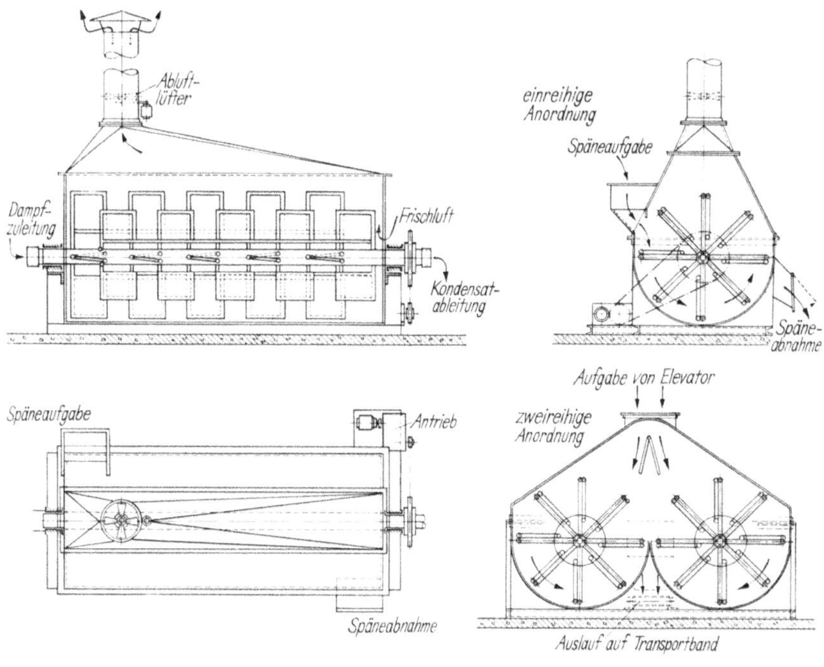

Bild 3.82. Längs- und Querschnitt durch Röhrenschaufel-Trockner (Trommeltrockner). Bauart Tromag.

paßt werden. Die spezifische Trocknungsleistung wird dadurch erhöht, daß in der unteren Trocknerumkleidung eine zusätzliche Heizung eingebaut ist. Die Trockner sind leicht zu reinigen (Bild 3.83).

3.3.1.1.2 Konvektionstrockner ohne Sichtwirkung. Mehrband-Trockner. Für faserige, spanförmige, körnige, brockige Güter eignen sich Band-, insbesondere *Mehrband-Trockner*, zumal sie stetigen Betrieb gestatten. Spänetrockner wurden vorherrschend als Dreiband- und Fünfband-Trockner gebaut, in denen drei bzw. fünf waagerechte, luftdurchlässige endlose Förderbänder aus Drahtgewebe übereinander in einem kanalähnlichen Gehäuse untergebracht sind. Die Trockner haben verschiedene Länge. Die kleinste Länge ist 6 m. Sie sind aus unter sich gleichen Trocknungsteilen von 2 m Länge zusammengesetzt. Die Naßgutaufgabe erfolgt an der Vorderseite oben, die Trockengutabnahme an der Hinterseite des Trockners unten. Unter Umständen ist noch ein Kratzerband am Boden vorhanden, das herabgerieselte Späne sammelt und zur Austragvorrichtung befördert. Die charakteristische Wirkungsweise der Mehrband-Spänetrockner ergibt sich daraus, daß ihre endlosen Bänder, wie Bild 3.84 zeigt, wechselweise etwas gegeneinander in der Längsrichtung versetzt sind und verschiedenen Umlaufsinn haben. Das auf dem obersten

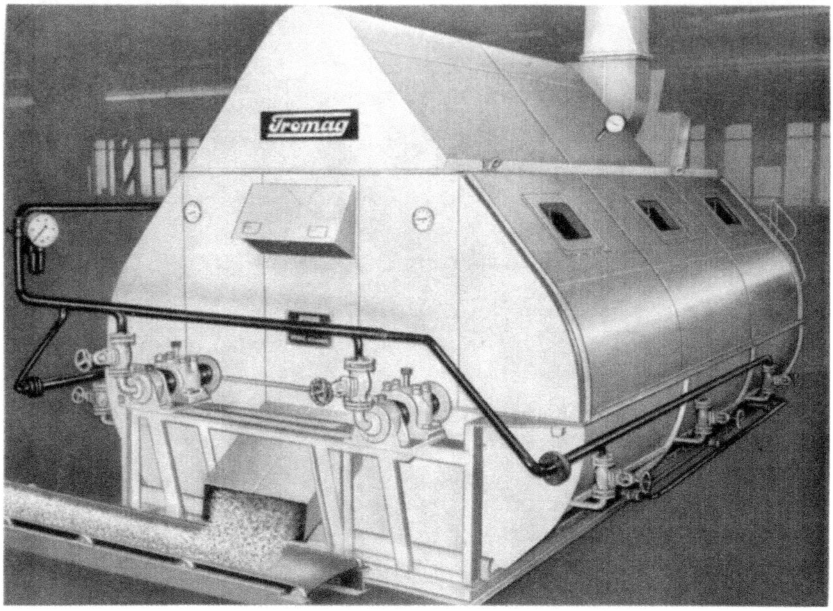

Bild 3.83. Spänetrockner mit zwei gemeinsam umlaufenden Heiz- und Fördersystemen. Bauart Tromag.

Band aufgeschüttete Spänevlies wird an der hinteren Umlenkstelle des Bandes aufgelöst, die Späne rieseln auf das untere Band, wobei sich neue Oberflächen bilden. Das zweite Band wirft die Späne an seiner hinteren Umlenkstelle auf das dritte usw. Häufig laufen die Bänder mit verschiedenen Geschwindigkeiten, und zwar das oberste Band am schnellsten, das unterste am langsamsten. Dadurch erzielt man oben beim sehr feuchten Gut niedrige Schütthöhen, unten, wo die Restfeuchtigkeit entzogen werden muß, dickere Schichthöhen mit längeren Verweilzeiten.

Für Luftführung und Beheizung gibt es verschiedene Möglichkeiten. Bild 3.85 stellt eine Ausführung mit Umluft-Kreuzstrom bei vier Ventilator- und Heizkörpereinheiten dar. Da jeweils das Frischgut von heißer, das nahezu trockene von schon abgekühlter, feuchter Luft durchströmt wird, handelt es sich im Prinzip um eine Gleichstromtrocknung. Die Trockner werden in der Regel mit Heißwasser beheizt. Ihre Leistungen betragen bis etwa 1600 kg atro Späne/h. Nimmt man an, daß dabei im

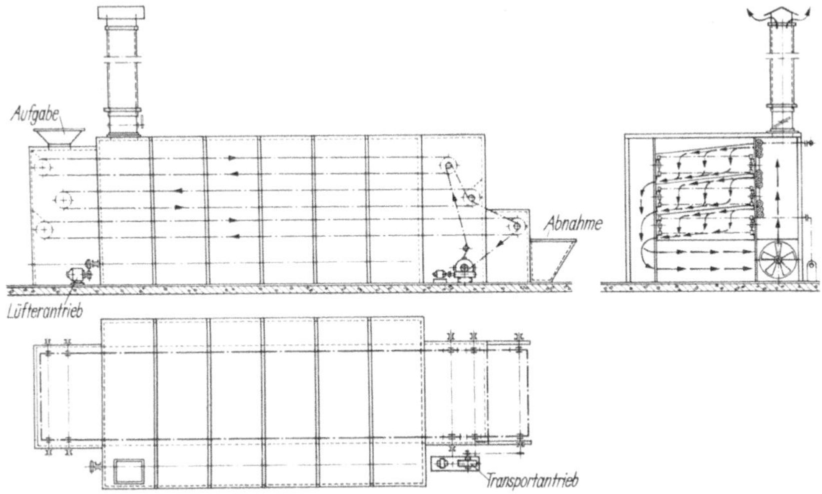

Bild 3.84. Drei-Band-Trockner. Bauart Tromag.

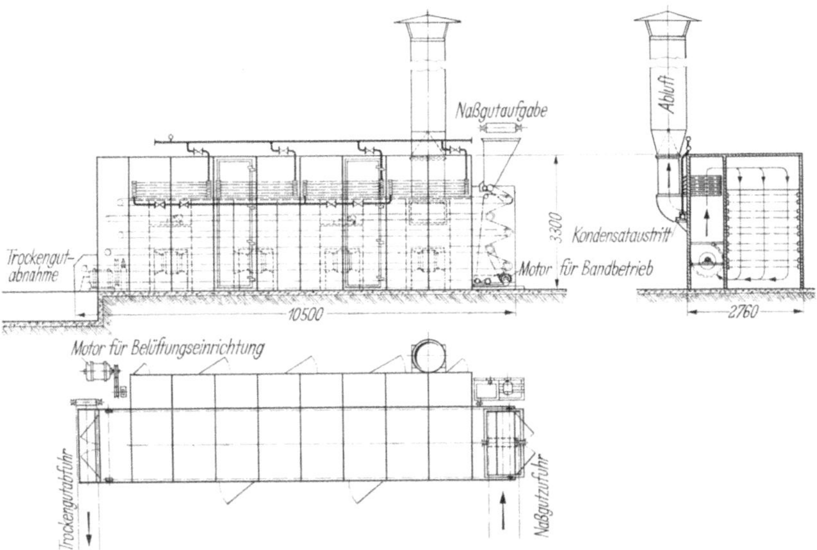

Bild 3.85. Schema eines Fünf-Band-Trockners. Bauart Schilde.

Durchschnitt von 65% Anfangsfeuchtigkeit auf 5% Endfeuchtigkeit getrocknet wurde, dann entspricht dem eine maximale Wasserverdampfung von $1600 \times (1{,}65 - 1{,}05) = 960$ kg/h. Die Trocknungszeiten liegen beispielsweise, abhängig von den Schütthöhen, Spänesorten, Anfangs- und Endfeuchtigkeiten bei 6 bis 13 min.

Die Mehrband-Trockner bewirken keine Sichtung der Späne. Ihr Kraftbedarf liegt etwa zwischen 10 und 34 kW je nach der Größe des spezifischen Wärmebedarfs bei 820 bis 960 kcal/kg Wasserentzug. In kleinen und mittleren Spanplattenwerken waren die Mehrbandtrockner sehr

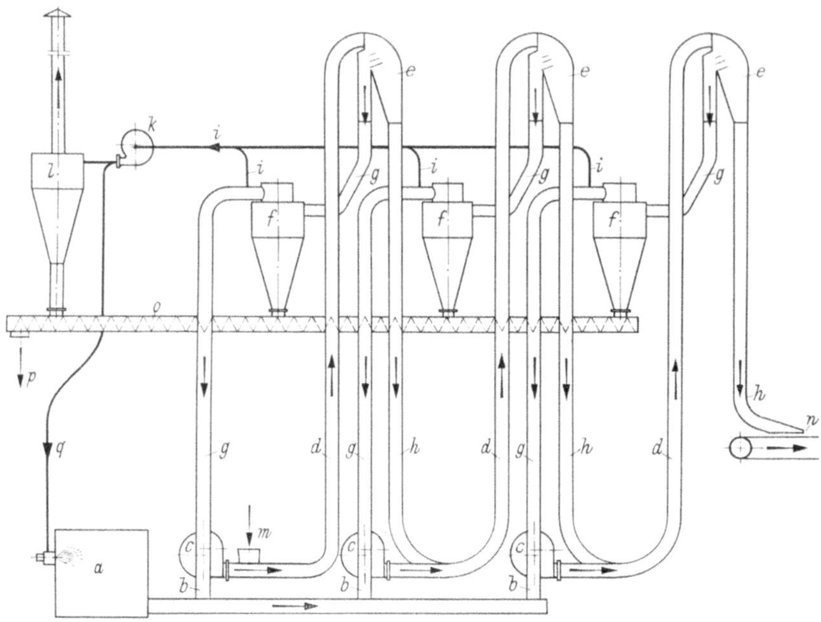

Bild 3.86. Schema eines Umgas-Stromtrockners. Bauart Schilde.
a Brennkammer; *b* Heizgaszuführungen; *c* Gebläse; *d* Steigleitungen; *e* Umlenkhauben; *f* Fliehkraftabscheider; *g* Gasrückführleitungen; *h* Fallrohre; *i* Abgasleitung; *k* Abgasgebläse; *l* Stromabscheider; *m* Gutsaufgabe; *n* Gutsentnahme; *o* Staubförderschnecke; *p* Staubentnahme; *q* Abgas-Zumischleitung.

gut brauchbar, obgleich zwei Nachteile in Kauf genommen werden mußten:

1. Die Förderbänder aus Siebgeweben sind störanfällig; beim Reißen verwickeln sie sich und veranlassen zeitraubende Instandsetzungsarbeiten.

2. Die Trockner enthalten verhältnismäßig große Spänemengen; etwaige Brände können dadurch außer Kontrolle geraten.

Da schließlich die Leistungen der Mehrbandtrockner durch die Begrenzung der Bandabmessungen und die anzuwendenden Temperaturen nicht über die genannten Werte hinaus gesteigert werden können, wurden sie neuerdings durch andere leistungsfähigere Trocknungsmaschinen ersetzt.

Umgas-Stromtrockner. *Umgas-Stromtrockner* (Bild 3.86) wurden zunächst in der Spanplattenindustrie für sehr große Leistungen vorgesehen;

sie sind wärmewirtschaftlich mit einem Verbrauch von 800 bis 900 kcal/kg Wasserverdampfung günstig und gestatten während der Trocknung eine Befreiung der Späne vom Staub (KRÖLL [*3.63*]). Die durch das Umlaufverfahren sauerstoffarmen Verbrennungsgase strömen mit Temperaturen von 400 und 450 °C den einzelnen Trockenstufen bei *b* zu; sie werden zum größten Teil mit dem Staub an den Umlenkhauben *e* abgesaugt, durch die Rückführleitungen *g* zu den Fliehkraftabscheidern *f* geführt, dort gereinigt und durch die Rohre *g* wieder von den Gebläsen *c* angesaugt. Die trockenen Späne fliegen in den Fallröhren *h* jeweils zur nächsten Trocknerschleife weiter. Ein Umgas-Stromtrockner mit drei Rohrschleifen, Bauart Schilde, war ursprünglich in einem großen nordwestdeutschen Spanplattenwerk eingebaut. Umgas-Stromtrockner hatten Höhen von 25 m und mehr. Ein solcher Trockner mit zwei Schleifen hat einen Anschlußwert von 40 bis 50 kW und verbraucht 180 l/h Heizöl. Die Trocknungszeiten sind mit etwa 20 bis 25 s sehr kurz.

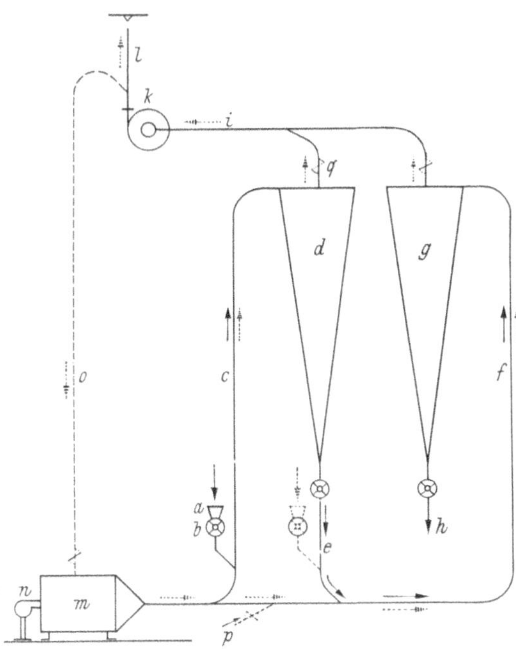

Bild 3.87. Arbeitsschema eines zweistufigen Umgas-Stromtrockners. Bauart Overhoff & Altmayer.
a Späneaufgabe; *b* Zellenradschleuse; *c* Trocknerrohr; *d* Abscheider; *e* Zuführrohr; *f* Trocknerrohr; *g* Abscheider; *h* Zellenradschleuse; *i* Abgasleitung; *k* Gebläse; *l* Abluftrohr; *m* Brennkammer; *n* Öl- bzw. Gasbrenner; *o* Rohrleitung zur Brennkammer; *p* Rohrstutzen; *q* Drosselklappen.

Neuerdings baut die Firma Overhoff & Altmayer, Apparatebau und Maschinenbau, mehrstufige Umgas-Stromtrockner. Bild 3.87 zeigt das von ihr angewendete Aufbauschema. Die nassen Holzspäne werden bei *a* durch geeignete Förderelemente aufgegeben und über die Zellenradschleuse *b* in das Trocknerrohr *c* der ersten Stufe geleitet. Hier treffen die Späne auf einen Teilstrom der in der Brennkammer *m* von einem Öl- oder Gasbrenner *n* erzeugten Heizgase und werden von diesen in den Abscheider *d* der ersten Stufe gefördert. Auf diesem Weg verlieren die Späne einen beträchtlichen Teil ihrer Feuchtigkeit, ohne daß sich ihre Temperatur unzulässig erhöht. Da die Verweilzeit im Heizgasstrom nur Sekunden beträgt, ist es möglich, mit verhältnismäßig hohen Gastemperaturen zu arbeiten. Bei geringer

Holzfeuchtigkeit dürfen sie etwa 400 °C nicht übersteigen, bei sehr feuchten Spänen können 600 bis 700 °C angewendet werden. Der Trockner arbeitet nach dem Gleichstromverfahren. Die Belegung des Rohrquerschnitts mit Spänen ist sehr gering, so daß alle Späne ausreichend von den Gasen umspült werden. Infolge der geringen Rohrbelegung befinden sich stets nur geringe Spanmengen im Trockner, so daß nach Entstehen eines Brandes nur einzelne Späne brennen können.

Im Abscheider *d* der ersten Stufe werden die Späne von den Heizgasen getrennt. Die Späne verlassen den Abscheider über eine Schleuse und werden durch das Rohr *e* dem Trocknerrohr *f* der zweiten Stufe zugeführt, das mit einem weiteren Teilstrom der Heizgase aus der Brennkammer gespeist wird. Dieser fördert die Späne in den Abscheider *g* der zweiten Stufe; auf diesem Wege wird den Spänen die restliche Feuchtigkeit entzogen. Nach Trocknung von Spänen und Gasen verlassen die Späne den Abscheider über eine Schleuse *h*. Die von den Spänen getrennten Abgase werden von einem Gebläse *k* in die Abgasleitung *i* gesaugt und durch das Abluftrohr *l* ins Freie gedrückt.

Zur Versorgung der ersten und zweiten Stufe mit den angemessenen Heizgasmengen dienen die Drosselklappen *q* über den Abscheidern. Die durch das Rohr *e* der zweiten Stufe zugeführten Späne treffen bei ihrem Eintritt in das Trocknerrohr *f* auf Heizgase mit der gleichen Temperatur wie in Stufe 1. In der Regel ist dies statthaft. Falls jedoch die Gefahr besteht, daß die Späne schon in der ersten Stufe eine zu hohe eigene Temperatur angenommen haben, kann über den Rohrstutzen *p* dem Heizgasteilstrom zu Stufe 2 so viel Frischluft beigemischt werden, daß die Heizgastemperatur auf einen tragbaren Wert absinkt. Um den Wirkungsgrad des Trockners zu verbessern, kann ein Teil der Abgase (bei genügend hoher Abgastemperatur) über die Rohrleitung *o* zur Brennkammer rückgeführt und dort den Verbrennungsgasen beigemischt werden. Sollen zwei in der Feuchtigkeit verschiedene Spansorten getrocknet werden, dann besteht die Möglichkeit, in der ersten Heizstufe die feuchteren Späne, in der zweiten Stufe über eine besondere Schleuse die trockneren Späne aufzugeben. Als Vorteile des Stufen-Umgas-Stromtrockners werden genannt: Einfacher Aufbau, wenig drehende Teile, geringe Wartung, geringe Spanfüllung, niedrige Anschaffungskosten, geringer Raumbedarf, automatische Regelung und hoher Wirkungsgrad.

Flugband-Trockner. Der von Schilde entwickelte *Flugband-Trockner* ist auf Bild 3.88 dargestellt. Das Trocknungsgut gelangt meist über eine Zuteilvorrichtung bei *a* in den Trockner-Vorraum *b*, wo es von der – dann durch das Brüdenrohr *m* abziehenden – Abluft angewärmt und vorgetrocknet wird. Die Stachelwalze *c* wirft das Gut nach unten, dabei fallen die groben, schweren Späne unten wieder durch die Schlitze des Rostes *e* oder, sofern sie besonders grob sind, hinter dem Rost weiter herab und werden bei *i* ausgetragen. Die durch die Gebläse *k* bewegte, im Lufterhitzer *l* aufgewärmte Umluft reißt die Späne im Steigschacht *d* mit sich, bis sie in den Fallschacht *f* umgelenkt werden. Im Fallschacht erzwingt eine Reihe von Umlenkblechen *g* längere Trocknungswege für die Späne

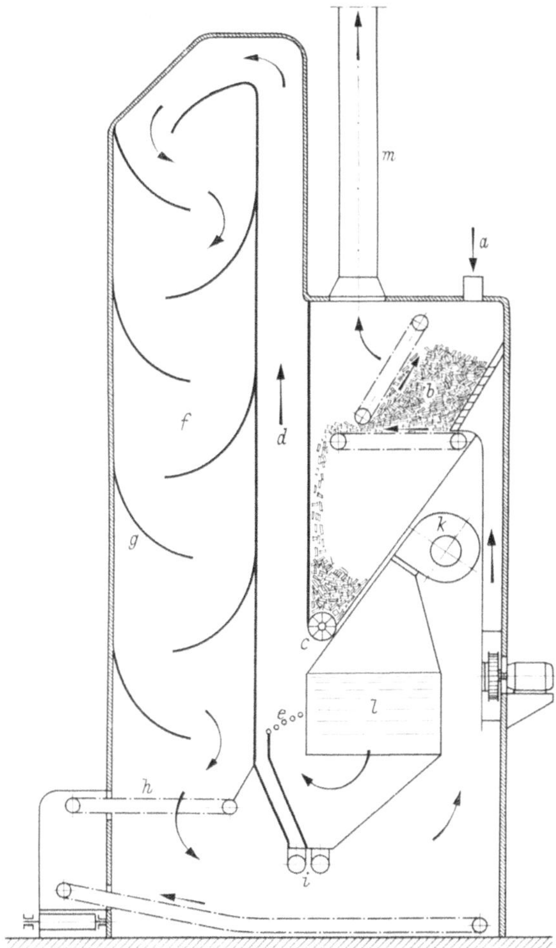

Bild 3.88. Schematischer Schnitt durch einen Flugbandtrockner für Holzspäne. Bauart Schilde. *a* Gutsaufgabe; *b* Vorraum; *c* Stachelwalze; *d* Steigschacht; *e* Rost; *f* Fallschacht; *g* Umlenkbleche; *h* Späneaustragband; *i* Grobgut-Austragschnecke; *k* Umluftventilator; *l* Lufterhitzer; *m* Abluftrohr.

und vergrößert die relative Geschwindigkeit zwischen Spänen und Trocknungsluft. Während die getrockneten Späne durch das Siebband ausgetragen werden, gelangt die staubhaltige warme Umluft durch das Siebband in eine Beruhigungszone, wo sich der Staub von der Luft trennen und durch ein Kratzerband bei *h* ausgetragen werden soll. Da ein eigentlicher

Staubabscheider fehlt, kann sich Staub an den Heizregistern ansetzen, woraus sich Brandgefahr ergibt, wenn nicht auf peinlichste Sauberkeit geachtet wird. Die Flugbandtrockner haben eine verhältnismäßig große Bauhöhe. Ihre Verdunstungsleistung liegt bei etwa maximal 970 kg/h. Für neue Anlagen kommen sie kaum mehr in Frage.

3.3.1.1.3 Konvektionstrockner mit Sichtwirkung. Schwebetrockner. Der *Schwebetrockner* der Firma Keller ist aus einem Sichter entstanden und zählt zu der Klasse der Wirbelschicht-Trockner, die in der Verfahrenstechnik wegen ihrer stetigen Betriebsweise und ihrer hohen Trocknungsintensität in steigendem Umfange Anwendung finden. Besonders geschätzt wird in der Spanplattenindustrie der mit der Trocknung verbundene Sichteffekt, der durch das Ineinandergreifen des Schwebe- und Wirbelvorgangs gewährleistet wird. Einen schematischen Schnitt durch einen einstufigen Schwebetrockner zeigt Bild 3.89. Das Naßgut wird durch das Zellenrad *a* in das Fallrohr *b* eingeschleust und gelangt in ihm zentral in die Schwebekammer *c*. Die Arme *d* eines langsam laufenden Rührwerks *e* verteilen das Naßgut gleichmäßig auf dem Siebboden *f*, durch den die bei *i* eintretenden Heizgase in die Schwebekammer gelangen. Die Heizgase bewegen das Gut je nach Feuchtigkeit und Schwebefähigkeit mehrmals in der Schwebekammer auf und ab.

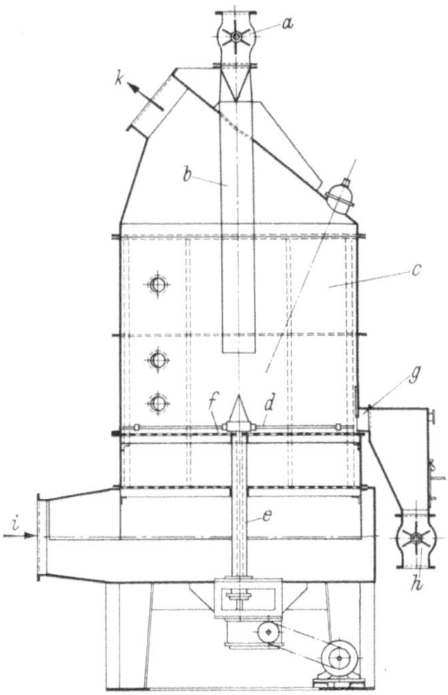

Bild 3.89. Schematischer Schnitt durch einen einstufigen Schwebetrockner. Bauart Keller. *a* Zellenradschleuse; *b* Fallrohr; *c* Schwebekammer; *d* Rührwerksarm; *e* Rührwerk; *f* Siebboden; *g* Grobgutschacht; *h* Zellenradschleuse; *i* Heizgaseintritt; *k* Späneaustritt.

Die Geschwindigkeit des aufwärtsströmenden Gasstromes wird gewöhnlich durch eine Jalousie-Drosselklappe am Trockner-Eintritt so eingestellt, daß die durch das Trocknen genügend leicht gewordenen Späne mit dem Gasstrom durch die Öffnung *k* der Schwebekammer ausgetragen und in einem Zyklon abgeschieden werden. Im Naßgut enthaltenes nicht schwebefähiges Grobgut wird im Wirbelschichtverfahren auf dem Siebboden *f* getrocknet und vom Rührwerk zum Rande des zylindrischen Trockners geführt, dort in den Schacht *g* abgeworfen und durch die Zellenradschleuse *h* entfernt. Die Zellenradschleusen in Naßgutaufgabe und Grobgutaustrag verhindern Kaltlufteinfall, da im Trockner meist ein leichter Unterdruck herrscht.

Für Späne mit sehr hoher Anfangsfeuchtigkeit oder großer Dicke kommt auch eine zweistufige Trocknung in Betracht. Dabei können zwei Einzeltrockner hintereinander geschaltet werden, oder es finden zweistufige Etagentrockner Verwendung. Bild 3.90 zeigt das Gesamtschema einer einstufigen Schwebetrockner-Anlage für Deckschichtspäne mit ölbefeuerter Brennkammer als Wärmequelle. Die Wirtschaftlichkeit wird durch den Umluftbetrieb erhöht. Besondere Wirtschaftlichkeit

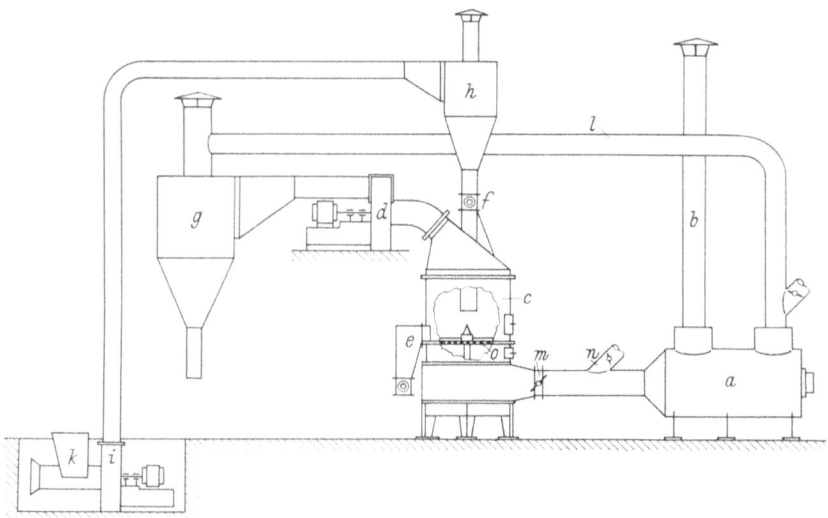

Bild 3.90. Schema einer Schwebetrocknungsanlage mit Ölfeuerung. Bauart Keller.
a Brennkammer; *b* Hilfskamin; *c* Schwebetrockner; *d* Hauptgebläse; *e* Grobgutaustrag; *f* Naßgut-Aufgabeschleuse; *g* Trockengutabscheider; *h* Naßgutabscheider; *i* Naßgutfördergebläse; *k* Naßgutaufgabe; *l* Umluftleitung; *m* Jalousie-Drosselklappe; *n* Frischlufteinlaß; *o* Siebboden und Rührwerk.

ermöglicht auch die unmittelbare Verwendung der Rauchgase einer Kesselanlage zur Trocknung; sie werden aus dem Fuchs abgesaugt und zunächst von Staub, Flugkoks und Asche gereinigt. Benötigt man ganz saubere Heißluft, dann werden Wärmeaustauscher in den Rauchgasweg eingefügt. In den Schwebetrocknern werden je nach den besonderen Verhältnissen Heißgas- bzw. Heißlufttemperaturen bis etwa 250 °C angewendet. Günstig ist die kurze Verweilzeit der Späne und der jeweils geringe Gutsinhalt im Trockner. Nach Angabe der Baufirma werden die einstufigen Schwebetrockner in zylindrischer Bauweise mit Strömungsquerschnitten von 0,25 bis 8,0 m^2 gebaut. In ihnen lassen sich Wasserverdampfungen von 20 bis maximal 1600 kg/h erzielen; die Bauhöhen liegen zwischen 3 und 5 m. Bei den zweistufigen Schwebetrocknern in

Etagenbauart können bis etwa 2000 kg/h verdampft werden. Die Bauhöhen betragen bis zu 8 m.

Düsenrohr-Trockner. Der *Büttner-Düsenrohr-Trockner* (Bild 3.91) ist ein Stromtrockner für Holzspäne, Holzmehl, Fasern, Bagasse und andere faserige, flockige, krümelige, kornförmige Trockengüter. Der Trocknungsraum besteht aus einem waagerechten, feststehenden Rohr *a* von 1,3 bis 3 m Durchmesser und 4,2 bis 12 m Länge, in das ein Gebläse *b*

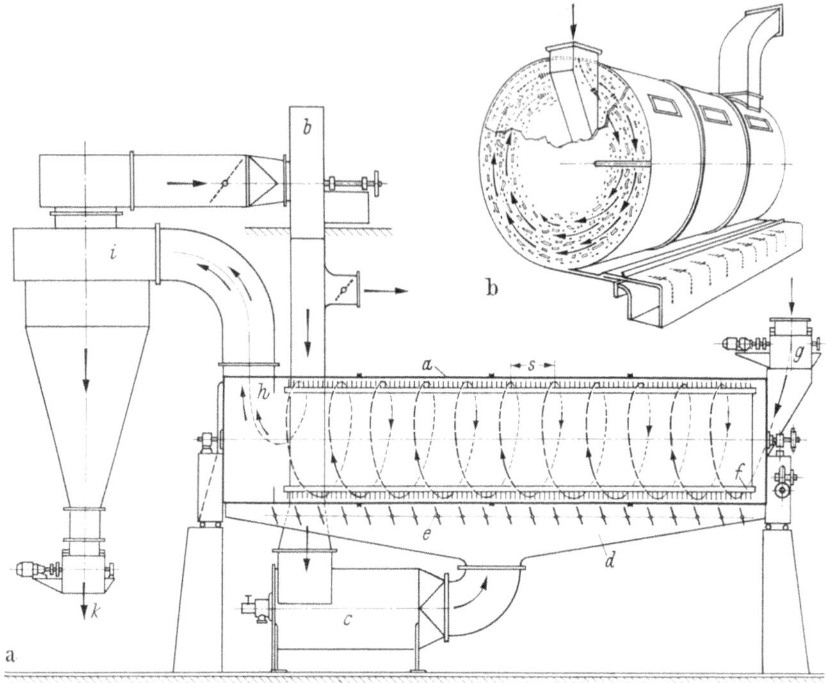

Bild 3.91 a u. b. a) Schematischer Schnitt durch einen Düsenrohrtrockner. Bauart Büttner. *a* Trocknungsraum; *b* Gebläse; *c* Brennkammer; *d* Düse; *e* Leitbleche; *f* Kratzwerk (Rechenwelle); *g* Einfallschleuse; *h* Späneaustritt; *i* Abscheidezyklon; *k* Ausfallschleuse.
b) Führung von Trocknungsmittel und Trocknungsgut.

entweder bei direkter Beheizung durch eine Brennkammer *c* für Öl oder Gas eine Mischung von Verbrennungsgasen und Umgas oder bei indirekter Beheizung im Umwälzverfahren erzeugte Heißluft durch eine über das ganze Trocknerrohr reichende Düse *d* mit hoher Geschwindigkeit unten tangential einbläst. Die Wirkungsweise wird klar aus Teil b von Bild 3.91. Die hohen relativen Geschwindigkeiten zwischen Trocknungsmittel und Trocknungsgut steigern den Wärmeaustausch sehr. Im Düsenhals erteilen verstellbare Leitbleche *e* der Luft zugleich eine axiale Geschwindigkeitskomponente. Naßgut und Trocknungsmittel durchströmen den Trockner in schraubenförmiger Bahn. Durch Verstellen der Leitbleche läßt sich der Eintrittswinkel der Gase verändern. Dadurch kann die Steigung *s* der Schraubenbahnen, d. h. die Zahl der Windungen des Naßguts beim Trocknerdurchlauf, also die Trocknungszeit, im Bereich von $^1/_4$ bis 2 min geregelt werden.

Im Innern des Trocknungsrohres befindet sich noch ein langsam umlaufendes zentrales Kratzwerk (Rechenwelle) *f*, das am Boden abgesetzte Späne wieder aufnimmt und die Durchwirbelung des Naßguts fördert. Das Naßgut wird dem Trockner durch eine Einfallschleuse *g* zugeführt. Die

Bild 3.92. Ansicht zweier im Freien aufgestellter Düsenrohrtrockner. Bauart Büttner.

getrockneten Späne verlassen den Trockner bei *h* und gelangen in den Abscheidezyklon *i* mit der Ausfallschleuse *k*. Bei direkter Beheizung arbeitet der geschlossene Gaskreislauf zwischen Düsenrohr-Trockner, Abscheidezyklon, Gebläse, Brennkammer mit Inertgas, d. h. einer sauerstoffarmen Mischung aus Verbrennungsgasen und überhitztem Wasserdampf. Der Wärmebedarf liegt je nach den besonderen Verhältnissen bei 800 bis 900 kcal/kg Wasserdampf. Der Trockner arbeitet vollautomatisch und kann im Freien aufgestellt werden (Bild 3.92). Durchsatzleistung je nach Trocknergröße, Beheizung und Anfangsfeuchtigkeit der Späne bis zu 6000 kg/h, Wasserentzug bis zu 4000 kg/h.

Sollen die Fein- und Grobspäne vor der Weiterverarbeitung getrennt werden, dann kann mit einer Maschine nach Bild 3.93 gearbeitet werden. Trocknung und Sichtung sind dann in einem Arbeitsgang verbunden.

Drehdüsen-Trockner mit Sichteffekt. Der patentierte *Schilde-Drehdüsen-Trockner* (Bild 3.94) wurde erst vor einigen Jahren entwickelt. Im Innern eines feststehenden, sehr gut wärmeisolierten, zylindrischen Rohrmantels *a* rotiert ein Drehdüsenrohr *b*; durch entsprechende Anstellwinkel der Düsenöffnungen wird ein schraubenförmiger Transport der Späne von der Aufgabeschleuse *c* zur Austragseite *d* bewirkt. Am Umfang des Drehdüsenrohrs (Bild 3.95) sitzen Hubschaufeln *e*, die vielmaliges Anheben und Abrieseln des Trocknungsguts herbeiführen. Das Ergebnis des dadurch bewirkten guten Wärmeaustausches sind sehr kurze Trocknungszeiten.

Die im Spänegemisch vorhandenen dünneren und leichter trocknenden Späne werden vom Düsenluftstrom zuerst, die dickeren und lang-

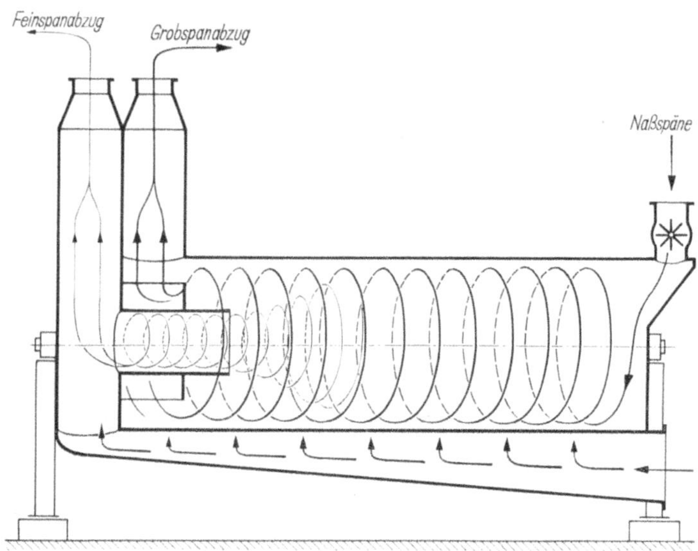

Bild 3.93. Schematischer Schnitt durch einen Düsenrohrtrockner mit Sichtwirkung. Bauart Büttner.

samer trocknenden Späne anschließend in den Abscheidezyklon *f* mit der unten sitzenden Zellenradschleuse *g* ausgetragen; es ist also ein Sichteffekt vorhanden, der sich noch besonders ausnützen läßt, wie weiter unten dargelegt wird. Grobgut und Fremdteile verlassen bei *h* den Trockner. Die Luftführung wird aus Bild 3.94 ersichtlich. Die in der gewöhnlich mit Gas, Öl oder einer Mischung von Öl und Staub befeuerten Brennkammer *i* erzeugten sauerstoffarmen Heizgase werden mit feuchter Rückluft *k* durch das Gebläse *l* gemischt. Ein Teil der Rückluft wird als Abluft *m* ausgestoßen, ein anderer Teil als Sichtluft *n* zur Austragseite *d* des Trockners geleitet, wo er noch brauchbare Späne aus dem Grobgut *h* in den Nutzgutstrom bläst. Das inerte Heizgas tritt bei *o* in den Trockner ein. Die Drehdüsentrockner (Bild 3.96) werden in fünf verschiedenen Größen mit Längen von etwa 6,5 bis 18,6 m bei Durchmessern des Rohrmantels von 1,9 bis 3,2 m geliefert. Anschlußleistungen liegen bei 17,4 bis 66,4 kW, die Verdunstungsleistungen bei 500 bis 4000 kg/h. Der spezifische Wärmeverbrauch bewegt sich etwa zwischen 850 und 900 kcal/kg

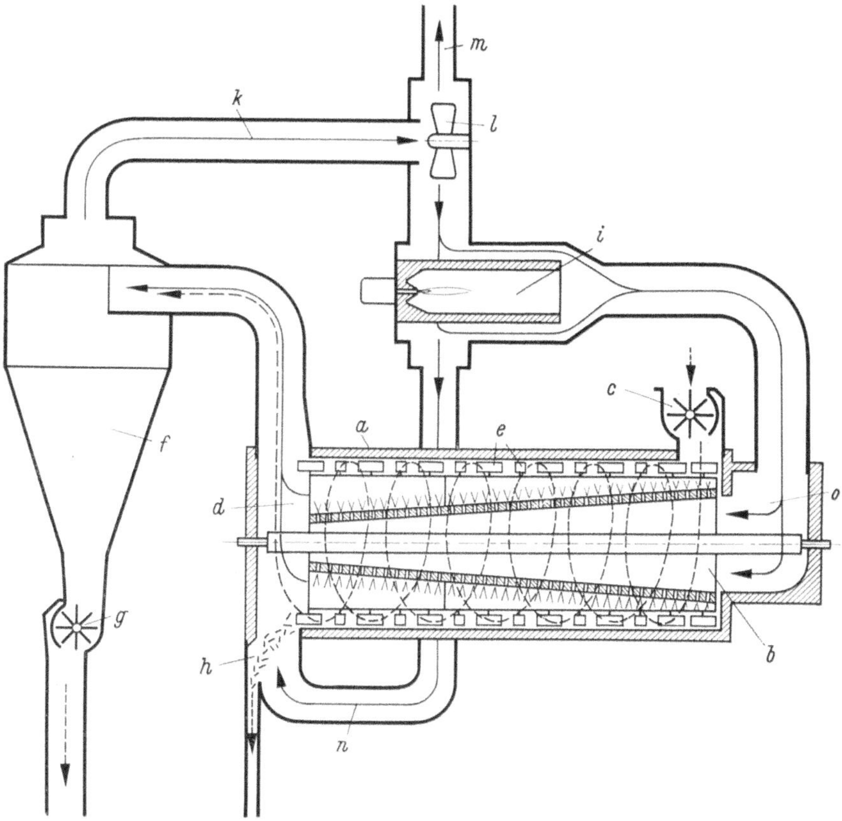

Bild 3.94. Schematischer Schnitt durch einen Drehdüsentrockner mit Sichtwirkung. Bauart Schilde. *a* Trocknerraum; *b* Drehdüsenrohr; *c* Aufgabeschleuse; *d* Austragseite; *e* Hubschaufeln; *f* Abscheidezyklon; *g* Zellenradschleuse; *h* Grobgutaustritt; *i* Brennkammer; *k* Rückluft; *l* Gebläse; *m* Abluft; *n* Sichtluft; *o* Heizgaseintritt.

Wasserdampf. Der oben erwähnte Sichteffekt wurde in dem Schilde-Drehdüsentrockner mit fraktionierender Wirkung planmäßig ausgenützt. Das Schema der Wirkungsweise gibt Bild 3.97 wieder. Die Anlage verfügt über zwei getrennte, unabhängig voneinander regelbare Umluftgebläse a_1 und a_2, die je nach dem gewichtsmäßigen Anfall von Feingut und Mittelgut über Waagen b_1 und b_2 und Relais c_1 und c_2, entsprechende Impulse erhalten. Im Trockner d entstehen dadurch zwei verschieden starke Luftströmungen e (an den Austragstutzen, wie angegeben, mit $v_1 = 4\ldots6$ bzw.

$v_2 = 6 \ldots 8$ m/s Strömungsgeschwindigkeit), die das Spangut, in zwei Fraktionen aufgeteilt, in den Feingut- bzw. Mittelgutabscheider (f_1 bzw. f_2) austragen. Die Umluftgebläse haben eine gemeinsame Druck-

Bild 3.95. Blick in das Düsenrohr von der Späneauslaufseite her. Bauart Schilde.

Bild 3.96. Ansicht zweier im Freien aufgestellter Drehdüsentrockner mit Sichtwirkung. Bauart Schilde.

leitung g zur Brennkammer h, an die auch ein Abluftschlot i angebaut ist. Das eigentliche Grobgut k wird, wie beim normalen Drehdüsentrockner, unmittelbar abgeführt. Großflächige, sehr dünne Späne, die mit dem Feingut abgezogen werden, können durch einen nachgeschalteten mechanischen Sichter, z. B. Bezner-Rollsichter, aussortiert und dem Mittelgutstrom zugeführt werden.

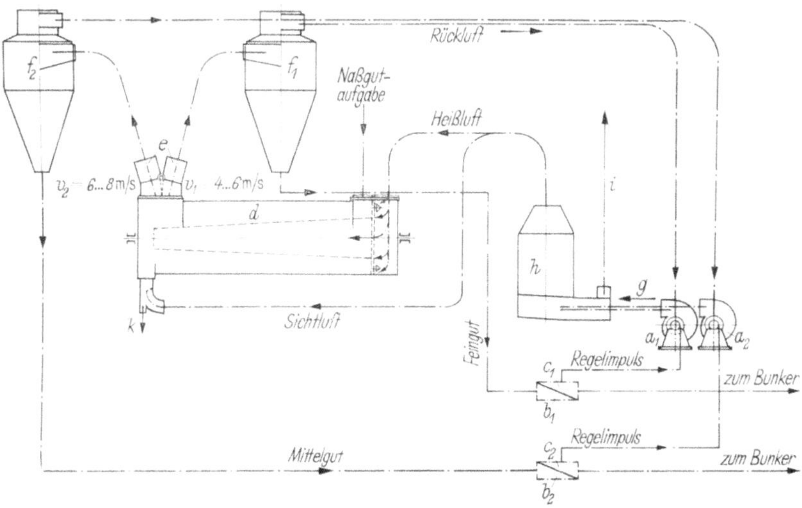

Bild 3.97. Schema eines Drehdüsentrockners mit fraktionierender Wirkung und Sichtwirkung. Bauart Schilde.

a_1, a_2 Umluftgebläse; b_1, b_2 Waage; c_1, c_2 Relais; d Trockner; e Austragstutzen; f_1, f_2 Fein- und Mittelgutabscheider; g Druckleitung; h Brennkammer; i Abluftschlot; k Grobgutaustritt.

Strom-Rotortrockner mit Sichteffekt. Die Firma Roodor N. V., Holland, hat einen Spänetrockner entwickelt, dessen Arbeitsweise anhand von Bild 3.98 erläutert werden soll. In der Brennkammer a wird mittels eines Ölbrenners inertes Heizgas erzeugt, dessen Temperatur am Kammerende bei a_1 etwa 400 °C beträgt. Mit dieser Temperatur tritt das Heizgas am Ende b_1 des waagerecht liegenden Trocknergehäuses b tangential ein. Die feuchten Späne werden am gleichen Ende durch eine Zellenradschleuse c zugeführt. Es handelt sich also um ein Gleichstromverfahren.

Im Trocknergehäuse dreht sich ein Rotor d, dessen Welle außerhalb des Trocknergehäuses gelagert ist. Der Rotor besitzt radiale Blechflügel d_1, deren maximale Umfangsgeschwindigkeit etwa 20 m/s beträgt. Die Heizgase werden dadurch gegen die Gehäusewand gedrängt, und es bildet sich eine rotierende Gasschicht aus. Durch den Drall der Rotorflügel erhält das Gas mit den mitgerissenen Spänen ein axiale Komponente, so daß sich eine schraubenförmige Bewegung in Gasen und Spänen einstellt. An den Blechkanten entstehende Wirbel erhöhen die relative Geschwindigkeit zwischen Spänen und Gas und steigern damit den Wärmeübergang weiter. Am Ende des Rotors befindet sich bei b_2 eine Umlenkscheibe (Schikane), welche die Gase mit den schon weit vorgetrockneten Spänen in Pfeilrichtung in die erste Stufe e_1 des Nachtrocknungs-Sichtungsteils e umleitet, so daß sie dort eine zentripetale Strömungsrichtung haben. Auf der Welle sitzt an dieser Stelle ein Stabkorb-Rotor f_1. In der um den Rotor kreisenden Gasmasse tritt

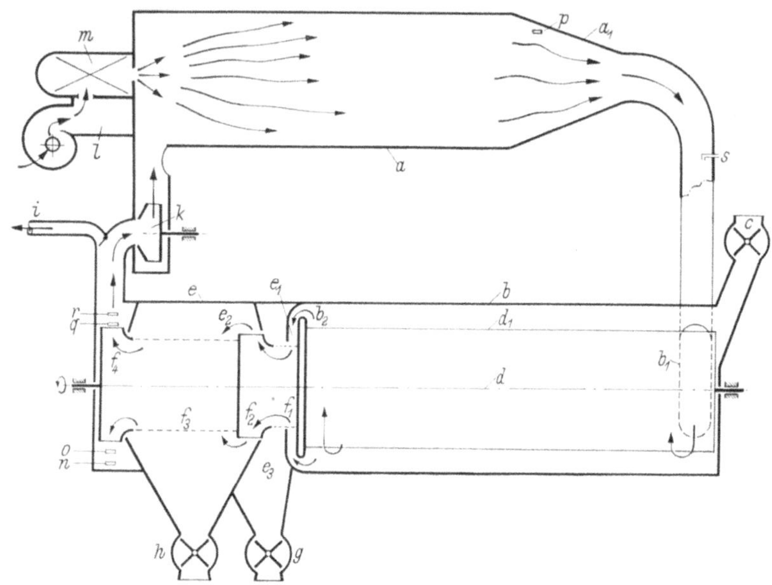

Bild 3.98. Schematischer Schnitt durch einen Strom-Rotortrockner mit Sichtwirkung. Bauart Roodor N. V.

a Brennkammer; a_1 Brennkammerende; b Trocknergehäuse; b_1 Trocknerkammerende; b_2 Umlenkscheibe; c Zellenradschleuse; d Rotor; d_1 Rotorblechflügel; e Nachtrocknungs-Sichtungsteil; e_1 erste Stufe; e_2 zweite Sichtungsstufe; e_3 Beruhigungsteil; f_1 Stabkorb-Rotor; f_2 Druckstufe; f_3 zweiter Stabkorb-Rotor; f_4 Druckstufe; g Zellenradschleuse; h Zellenradschleuse; i Abgasaustritt; k Umlaufgebläse; l Überdruckgebläse; m Brenner; n Regeleinrichtung; o Maximalthermostat; p Thermostat; q Thermostat; r Überlastungsthermostat; s Wassersprühdüse.

ein Wechselspiel zweier Kräfte auf: Einmal der Zentripetalkraft, die gleich der Mitschleppkraft der nach innen strömenden Gase ist, zum anderen der Zentrifugalkraft, die versucht, die Späne nach außen zu schleudern. Späne, die so leicht sind, daß die Mitschleppkraft die Zentrifugalkraft überwiegt, werden vom Gas durch den Rotor f_1 mitgenommen und gelangen durch die Druckstufe f_2 in die zweite Sichtungsstufe e_2. Bei dickeren, schwereren Spänen ist hingegen die Zentrifugalkraft erheblich größer als die Mitschleppkraft; diese groben Späne werden vom Rotor abgewiesen und gelangen in den Beruhigungsteil e_3 der ersten

Sichtungsstufe, aus der sie mittels der Zellenradschleuse g ausgetragen werden.

In der zweiten Sichtungsstufe e_2 läuft ein zweiter Stabkorb-Rotor f_3 um, dessen Abmessungen sich von denen des ersten unterscheiden. Feinspäne und Staub folgen der Pfeilrichtung bei e_2 und treten in den Rotor f_3 ein. Während der Staub mit den weitgehend abgekühlten Heizgasen in der nachgeschalteten Druckstufe f_4 den Trockner verläßt, werden die Feinspäne durch die Zellenradschleuse h der zweiten Sichtungsstufe ausgetragen.

Die abgekühlten Gase (mit einer Temperatur, die Kondensationserscheinungen an den Wandungen unmöglich macht) werden teilweise als Abgase bei i abgeführt, teilweise durch ein Umlaufgebläse k wieder in die Brennkammer gepreßt. Dort wird der Staub restlos verbrannt.

Die Sicherung des Trockners wird zusätzlich auf folgende Weise gewährleistet: Durch ein Überdruckgebläse l vor dem Brenner m wird dafür gesorgt, daß an keiner Stelle der Anlage der Druck unter atmosphärischen Druck sinken kann. An den Schleusen kann deshalb kein Luftsauerstoff zutreten und Brände im Trockner oder auch nur Glimmen der Späne begünstigen.

Beim Anfahren des Trockners ist die Spänezufuhr bei c automatisch so verzögert, daß erst dann Späne eingeschleust werden, wenn die Luft durch Inertgase ersetzt ist. Die Gastemperatur am Ende des Trockners wird durch eine automatische Regeleinrichtung n konstant gehalten. Die Öl- und Luftmenge am Brenner wird jeweils selbsttätig der zugeführten Spänemenge angepaßt. Ein Maximalthermostat o am Trocknerende schaltet bei Überschreiten einer kritischen Temperatur den Brenner und die Luft ab und löst ein Warnsignal aus. Eine ähnliche Sicherung p ist am Ende des Brennerraums eingebaut. Ein dritter Thermostat q am Trocknerende warnt, wenn die Temperatur zu niedrig wird. Ein Überlastungsthermostat r spricht schließlich an, wenn eine Kombination von Bedienungsfehlern auftritt, die nicht im Trockner, sondern außerhalb davon zu Bränden führen könnte. Tritt beispielsweise nach größtmöglicher Zufuhr feuchter Späne plötzlich eine Unterbrechung des Spänestroms auf oder werden sehr wenige und schon ziemlich trockene Späne eingegeben, so wird zwar die automatische Temperaturregelung n sofort anspringen, die Brennkammer m wird aber aus Trägheitsgründen noch kurze Zeit Gase mit hoher Temperatur liefern. Dadurch könnten die Späne heißer werden als es einer sicheren Austragtemperatur entspricht, und sie könnten sich beim Ausschleusen nach Zutritt von Luftsauerstoff entzünden und einen Brand in der Umgebung des Trockners auslösen. In diesem Fall schaltet der Überlastungsthermostat r sofort eine im Inertgas-Zufuhrrohr eingebaute Wassersprühdüse s ein.

Die Austragtemperatur der Späne kann dadurch nicht kritisch werden. Strom-Rotortrockner mit Sichteffekt werden in vier Größen für 400, 1000, 2000 und 3000 kg/h Wasserverdampfung gebaut. Der Kraftbedarf ist dementsprechend 4, 10, 20 und 30 kW.

3.3.1.2 Wirtschaftliche Gesichtspunkte

Beim Vergleich der Leistung und Wirtschaftlichkeit verschiedener Spänetrockner muß man mit Vorsicht vorgehen[1]. Zunächst müssen natürlich die Anschaffungs- und Betriebskosten unter gleichen Voraussetzungen und zum gleichen Zeitpunkt eingesetzt werden. Da heute im großen Umfang Trockner mit Sichtwirkung Verwendung finden, müssen bei den Berechnungen für gewöhnliche Trockner die Anschaffungs- und Betriebskosten für einen Sichter und die erforderliche pneumatische Förderanlage zwischen Trockner und Sichter berücksichtigt werden.

Für den Wärmebedarf der Trockner finden sich in den Firmenangaben und im Schrifttum Zahlen, die etwa zwischen 750 und 1200 kcal/kg Wasserentzug schwanken. Die Erfahrungen in der Spanplattenindustrie haben aber ergeben, daß — Umluftbetrieb vorausgesetzt — der tatsächliche Wärmebedarf ziemlich einheitlich zwischen 950 und 1050 kcal/kg Wasserentzug beträgt. Selbstverständlich ist grundsätzlich der spezifische Wärmeverbrauch von kleineren Trocknern bei gleicher Konstruktion etwas größer als der von größeren.

In den Spanplattenwerken fallen bedeutende Mengen von Abfällen (Rinde, Säumlinge, Schleifstaub usw.) an. Ihre Beseitigung ist erforderlich und gelingt am besten durch die Verfeuerung, wobei es zwei Wege gibt:

1. Unmittelbare Verbrennung im Kesselhaus und Erzeugung von Heißwasser für die Trockner.

2. Verbrennung in einer Brennkammer (gegebenenfalls unter Zusatz von Öl), wodurch Heizgase für den Trockenbetrieb erzeugt werden.

Folgende Heizwerte könnnen angenommen werden:

Rinde	$H_u = 1000$ kcal/kg
Splitter	$H_u = 1800$,,
Säumlinge	$H_u = 4000$,,
Schleifstaub	$H_u = 4000$,,
Bagasse-Mark	$H_u = 3600$,,

Diese Werte können sich mit dem Feuchtigkeitsgehalt der Abfälle verändern.

[1] Die Ausführungen in diesem Abschnitt stützen sich weitgehend auf Mitteilungen des Laboratoriums Himmelheber G. m. b. H. vom 9. 1. 1964.

Bild 3.99 zeigt die Abhängigkeit der Anlagekosten für Spänetrockner einschließlich Sichtung je kg Wasserentzug von der Trocknergröße. Es ist ersichtlich, wie erheblich sich die relativen Anlagekosten erhöhen,

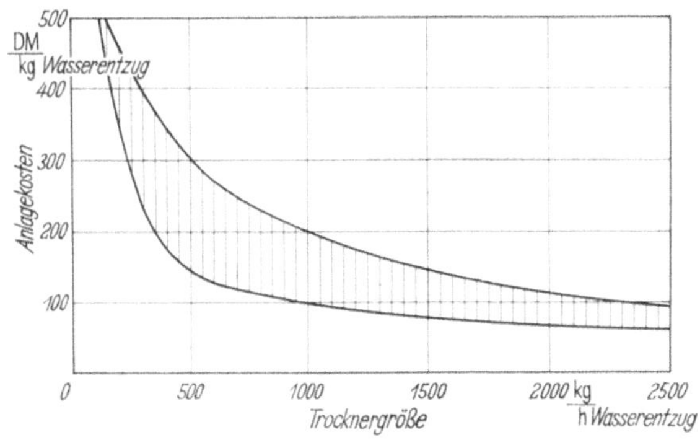

Bild 3.99. Abhängigkeit der Anlagekosten für Spänetrockner mit Sichtung je kg Wasserentzug von der Trocknergröße.

wenn man mit kleinen Trocknern arbeitet. Es ist weiter bemerkenswert, daß die Streuungen der Anlagekosten bei etwa 500 kg/h Wasserentzug am größten sind und daß sie bei sehr kleinen und sehr großen Trocknern klein werden.

3.3.2 Sichtung und Sortierung

Von **Walter Kull**, Freudenstadt

3.3.2.0 Allgemeine Gesichtspunkte

Sichten und Sortieren sind zwei Begriffe, die sehr ähnliche Vorgänge bezeichnen, die nicht klar abgegrenzt werden können und sehr oft auch gleichbedeutend verwendet werden. Beide Ausdrücke besagen, daß aus einem Gemenge bestimmte Gutteile ausgeschieden werden. Handelt es sich darum, unerwünschte Beimengungen (vorwiegend Grobteile) auszuscheiden, so spricht man von einer Sichtung. Bei der Sortierung wird ein in seiner Zusammensetzung nicht einheitliches Gemenge in zwei oder mehr sich nach bestimmten Eigenschaften unterscheidende Fraktionen zerlegt. Beide Vorgänge steigern die Qualität: die *Sichtung* durch *Ausscheidung* (Materialverlust), die *Sortierung* durch *Fraktionierung.*

Bei der nahen Verwandtschaft lassen sich oft beide Vorgänge in einem Arbeitsgang erledigen, z. B. Aussichten von Splittern und gleichzeitige Sortierung des Materials in verschiedene „Körnungen". Von der Möglichkeit der Qualitätssteigerung durch Sichten und Sortieren wird in der Spanplattenindustrie vielfach Gebrauch gemacht.

3.3.2.1 Anwendungen in der Spanplattenindustrie

Die Sortierung und Sichtung des Rohmaterials beginnt schon im Wald (Aushaltung), aber bisweilen ist es trotzdem noch nötig, im Spanplattenwerk unbrauchbare (morsche oder metallhaltige) Holzstücke auszusichten oder nach Qualitäten zu sortieren (Deckschicht und Mittelschicht). Die Sichtung und Sortierung erstreckt sich aber in Spanplattenwerken vorwiegend auf die Späne. Auf das Sortieren des Fertigproduktes in verschiedene Güteklassen (z. B. erste und zweite Qualität) und die Aussichtung von Ausschußplatten soll hier nicht eingegangen werden. Diese Vorgänge stehen in engem Zusammenhang mit der Endfertigung (Abschn. 3.7) und der Eigenschaftsprüfung (Abschn. 6.0).

Auch bei der Verwendung hochwertigen Rohholzes und hochwertigster Zerspaner ist es ausgeschlossen, ein völlig einheitliches Spangut zu erzeugen (Abschn. 3.2.2.1). Es muß immer mit einem kleinen, in der Dicke oder Größe abweichenden Anteil gerechnet werden, der bei der Verwendung ungünstigen Holzes und weniger hochwertiger Maschinen zunimmt und bei Fremdspänen unter Umständen recht erheblich sein kann. Es besteht deshalb der Wunsch, die störenden Teile aus dem Gesamtgut auszusichten (Kollmann [*3.53*]), was zu beachtlichen Materialeinbußen führen kann, oder die Späne in verschiedene, meist zwei Güteklassen (Deckschichtspäne und Mittelschichtspäne), zu fraktionieren (Kollmann [*3.52*]).

3.3.2.2 Möglichkeiten der Guttrennung

Die einfachste Möglichkeit, eine Guttrennung durchzuführen, ist die Handauslese (Klaubebänder). Eine Grundvoraussetzung dafür ist, daß der Gutstrom genügend aufgelöst und jedes Teil dem Sortierer *sichtbar* ist. Diese Forderung gilt auch noch, wenn der Sortierer durch eine Maschine ersetzt wird; auch dort muß jedes Einzelteil der Wirkung der Einrichtung ausgesetzt werden. Die Maschine muß jedes Teil erfassen können, um danach die Auslese zu treffen (Sichtung).

Die Handauslese wird in der Spanplattenindustrie noch beim Rohholz und den Fertigplatten, wegen der sehr großen Anzahl der zu sichtenden Einzelteile bei den Spänen aber nicht angewendet. Es stehen zwei in ihrer Art und Wirkung völlig verschiedene Verfahren, die Siebtrennung und die Windtrennung, zur Verfügung, die es erlauben, die Sichtung mit motorisch angetriebenen Vorrichtungen im Durchlauf zu erledigen. Die entsprechenden Maschinen werden, unabhängig davon, ob damit sortiert oder gesichtet wird, in der Spanplattenindustrie meist als „Sichter" bezeichnet.

Beide Verfahren sind schon seit uralter Zeit bekannt. Als Beispiele seien hier nur das runde Handsieb (Mehlsieb) und die Wurfschaufel (Getreidereinigung) genannt. Je nach der zu lösenden Aufgabe ist die Sieb- oder Windtrennung vorteilhafter.

Bei der Siebung fallen in den Abmessungen kleine Teile durch die Sieböffnungen durch, während Teile, die größer sind, über das Sieb hinweggeleitet werden. Bei etwa kugelförmigem Gut kann man eine recht gute Sortierung mit einer scharf ausgeprägten Trenngrenze erreichen. Bei Holzspänen, die in den drei Hauptausdehnungsrichtungen meist sehr verschiedene Größen haben, kann das nicht erwartet werden, weil lange, schmale und dünne Teile je nach ihrer mehr oder weniger zufälligen Lage durch die Siebmaschen durchfallen oder auch über das Sieb hinweggleiten können. Es bereitet deshalb Schwierigkeiten, lange und kurze Späne einigermaßen sicher durch Siebe zu trennen. Weitgehend unmöglich ist es, die Späne nach ihrer wichtigsten Eigenschaft, der Dicke, durch Sieben zu klassifizieren. Die Siebung wird deshalb bei Spänen vorwiegend dazu angewendet, aus einem Spangemisch den Feinanteil (Staub) oder besonders großflächige Späne auszuscheiden. Letztere können durch eine Mühle geleitet und dadurch dem übrigen Spangut angepaßt werden.

Bei der Windtrennung erfolgt die Sortierung in ganz anderer Weise. Auf frei fallende Späne wirkt die Erdbeschleunigung ($g = 9{,}81$ m/sec^2) ein. Da diese praktisch konstant ist, wird auf jedes Massenteilchen die gleiche Beschleunigungskraft ausgeübt. Ähnlich sind die Verhältnisse, wenn auf die Späne im Zentrifugalwindsichter eine Zentrifugalbeschleunigung wirkt (W. Beushausen [*3.4*]). Wird auf jedes Massenteilchen die gleiche Beschleunigungskraft ausgeübt, so müßten alle Späne gleich schnell fallen, was nicht der Fall ist. Der Luftwiderstand wirkt der Beschleunigungskraft entgegen. Er ist in erster Linie von der Oberfläche des Körpers abhängig. Bei einem dünnen Span großer Fläche bleibt die Oberfläche bei einer Verdoppelung der Dicke nahezu unverändert, während die Masse verdoppelt wird. Die Beschleunigungskraft wird also beim dünnen Span durch den Luftwiderstand stärker vermindert als beim dicken. Der Luftwiderstand steigt mit der Geschwindigkeit und hebt bei der Schwebegeschwindigkeit die Beschleunigungskraft ganz auf. In Tab. 3.5 sind Werte für die Schwebegeschwindigkeit verschiedener Spänesorten angegeben. Nach Schmutzler [*3.88*] gilt für die Schwebegeschwindigkeit v_s die Gleichung

$$v_s = \sqrt{\frac{D \cdot \varrho_s \cdot 2\, g_n}{c_w \cdot \varrho_l}} \text{ [m/s]},$$

worin D = Dicke (m), ϱ_s = Dichte des Spanes (kg/m^3), ϱ_l = Dichte der Luft (kg/m^3), c_w = Luftwiderstandsbeiwert, g_n = Normal-Fallbeschleunigung (m/sec^2) sind.

Obwohl die Schwebegeschwindigkeit vorwiegend von der Dicke abhängig ist, kann eine genaue Trennung nach der Spandicke wegen des veränderlichen Beiwertes c_w nicht erwartet werden (Rackwitz und Obermaier [*3.80*]), doch ist die Trennwirkung in guten Sichtern für die Praxis hinreichend genau.

Bei beiden Arten der Trennung können zusätzliche Einflüsse das Sichtergebnis negativ beeinflussen. Bei der Siebsichtung dürfen sich die Sieböffnungen nicht zusetzen; auch soll das feine Gut nicht infolge Klebrigkeit oder zu großer Feuchtigkeit am groben haften bleiben. Sehr starke Trockenheit kann sich wegen statischer Aufladung der Teilchen ähnlich ungünstig auswirken. Grundsätzlich gilt für jede Sichtung, daß das Gut gleichmäßig und aufgelockert aufgegeben werden muß. Eine Aufgabe in Klumpen wirkt sich bei der Windsichtung besonders ungünstig aus. Auf dem Siebbelag ist noch eine gewisse nachträgliche Gutauflösung möglich, bei der Windsichtung fallen aber solche Klumpen mitsamt dem Feingut durch. Sehr nachteilig wirkt sich beim Windsichter verschiedene Feuchtigkeit aus, weil dadurch das Gewicht der Teile verändert wird. Die Windsichtung wird deshalb am getrockneten Spangut vorgenommen, wenn ein genaues Sortierergebnis angestrebt wird. Wo nur Teile besonders hohen Gewichtes (z. B. Fremdkörper) ausgeschieden werden sollen, ist der Einfluß der Feuchtigkeit nicht so erheblich.

Tabelle 3.5. *Schwebegeschwindigkeit verschiedener Spänesorten in Abhängigkeit von Größe, Schüttgewicht, Dichte und Feuchtigkeit*
(Nach P. JIRU, zit. in SCHMUTZLER [3.88])

Spansorte	Dichte kg/m³	Sieböffnungsfläche mm²	Schüttgewicht kg/m³	Feuchtigkeit %	Schwebegeschwindigkeit m/s
geschnittene Deckschichtspäne aus Fichte	440	49,00	27,5	5,3	3,67
		12,22	48,0	4,5	3,67
		4,41	57,8	2,4	4,65
		1,91	73,6	3,3	5,45
		0,78	98,5	1,9	5,45
	475	49,00	31,0	16,7	2,70
		12,22	47,3	15,6	3,91
		4,41	62,3	16,4	3,67
		1,91	91,0	16,6	3,63
		0,78	107,0	17,8	6,77
geschnittene Mittelschichtspäne aus Fichte	600	49,00	82,0	52,2	4,65
		12,22	99,0	50,0	5,75
		4,41	117,0	61,0	5,75
geschnittene Mittelschichtspäne aus Buche	700	49,00	84,1	6,5	7,78
		12,22	109,5	4,0	8,10
		4,45	124,5	2,5	9,20
		0,78	153,0	3,1	9,45
	735	49,00	86,6	17,8	6,06
		12,22	111,0	16,1	6,77
		4,41	130,0	14,2	7,54
		0,78	155,0	16,0	9,00

Nennabmessungen der Späne:
Mittelschichtspäne: Länge 5...30 mm, Breite 2...5 mm, Dicke 0,3...0,5 mm.
Deckschichtspäne: Länge 5...20 mm, Breite 2...4 mm, Dicke 0,1...0,3 mm.

3.3.2.3 Siebtrennung

Werden Siebe verwendet, so sind diese den besonderen Forderungen entsprechend auszubilden, wobei vor allem der Auswahl des Siebbelages große Bedeutung zukommt, wird doch durch die Sieblochung bzw. Maschenweite die Sortiergrenze festgelegt. Die Siebböden sind in der Regel auswechselbar.

Gewöhnlich werden Gewebe aus Metall- oder Kunststoffdrähten (Bild 3.100a) — bei sehr feinen Sieben auch Textilgewebe — verwendet, die aus glatten oder gewellten, meist runden Drähten in verschiedenen Webarten (Bindungen) hergestellt werden. Der freie Raum zwischen den Drähten ist für die Korngröße des Durchfallgutes maßgebend. Die Maschen für die Feingutausscheidung sind meist quadratisch, für die Absiebung größerer Späne auch rechteckig. Je dünner bei gleicher Maschenweite die Drähte sind, desto größer ist die freie Sieböffnung (offene Siebfläche, Tab. 3.6), um so weniger fest und widerstandsfähig ist aber

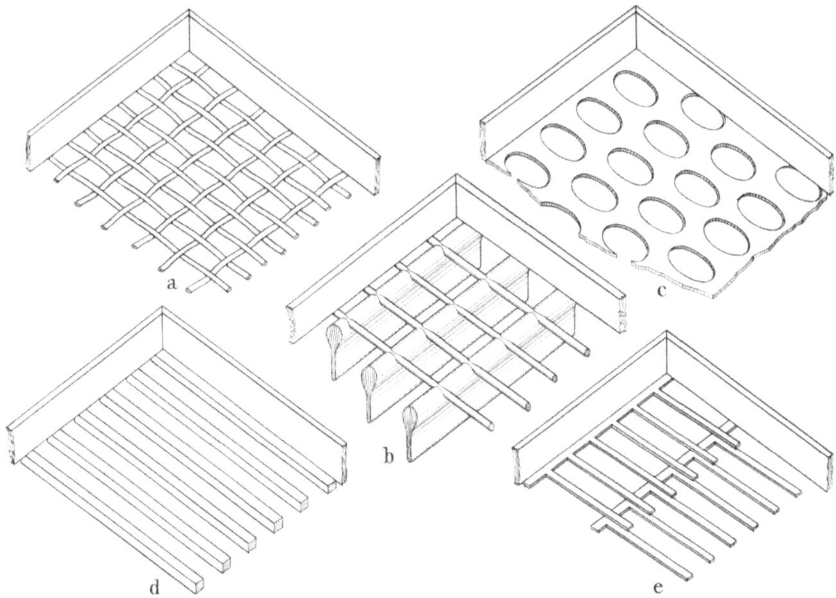

Bild 3.100a–e. Verschiedene Siebbeläge.
a) Siebgewebe; b) Rippensieb; c) Lochblech; d) Roststäbe; e) Siebkämme.

auch das Sieb. Mit Rücksicht auf die Dauerbeanspruchung und Siebreinigung sollten keine zu dünnen Drähte verwendet werden. Die Widerstandsfähigkeit sogenannter Rippensiebe (Bild 3.100b) ist bei gleicher offener Siebfläche erheblich größer (Begehbarkeit). Sie werden vorzugsweise bei der Hackschnitzelsortierung (oder für andere körnige Güter) eingesetzt. Oft werden auch Lochbleche als Siebbelag (Bild 3.100c) verwendet mit runden oder rechteckigen Sieböffnungen oder langen Schlitzen. Die offene Siebfläche und demzufolge auch Durchsatzleistung ist bei Lochblechen geringer, sie werden aber in der Spanplattenindustrie bisweilen bevorzugt, weil die Löcher sich weniger rasch zusetzen sollen. Die Oberfläche der Lochbleche kann mit einer Profilierung versehen werden. So kann durch den Löchern nachgeschaltete Erhöhungen die Siebleistung gesteigert oder durch vorgeschaltete Er-

Tabelle 3.6. *Siebgewebe mit quadratischen Maschen*

Verhältnis* $w:d$	offene Siebfläche %
1,6:1	37,9
2,5:1	51,0
4:1	64,0
6,3:1	74,5

* Nach DIN 4189 vorzugsweise zu verwenden.
w = Maschenweite (mm)
d = Dicke (mm)

höhungen das Verstopfen der Löcher durch lange Späne weitgehend verhindert werden. Im Gemisch enthaltene großflächige Späne beeinträchtigen die Siebleistung erheblich, weil sie große Teile der Siebfläche abdecken und dadurch den Durchfall des Feingutes erschweren. Dieser Nachteil wird durch eine nachgeschaltete Absaugung gesteigert (Unterdruck). In solchen Fällen bringt man in einem Abstand von einigen Zentimetern über dem Sortiersieb einen zweiten Belag mit größerer Maschenweite an, der die großflächigen Teile abfängt und dadurch das eigentliche Sortiersieb entlastet (Bild 3.106). Die vom Entlastungssieb ausgeschiedenen Teile werden dem Siebüberlauf zugegeben oder, wenn eine Sortierung in drei Fraktionen gewünscht wird, getrennt abgeführt. Je nach der Anzahl der gewünschten Sortierungsstufen können weitere Siebböden übereinander angeordnet oder auch die Siebbeläge über die Länge mit wechselnder Sieblochung (Bild 3.108) versehen oder mehrere Siebe hintereinander angeordnet werden. Besondere Schwierigkeiten bereitet das Aussichten der sogenannten Putzfahnen aus den Industrie-Resthölzern (Hobelspänen), weil diese schon nach kurzer Zeit in den Maschen hängen bleiben und die Siebfläche verstopfen. Man verwendet bisweilen Siebroste aus parallelen Stäben (Bild 3.100d) oder Harfensiebe mit parallelen, saitenartig gespannten (glatten, gewellten oder spiraligen) Drähten, die nur durch einige wenige dünne Querdrähte in richtigem Abstand gehalten werden. Durch die Eigenschwingung der Drähte wird der Gutdurchfall begünstigt. Auch kammartige Siebelemente (Bild 3.100e) beugen der Gefahr des Hängenbleibens langer Teile vor. Wegen der von Betrieb zu Betrieb sehr verschiedenen Spangemische und Betriebsverhältnisse läßt sich keine allgemeingültige Siebauswahl treffen. Es ist vielmehr zu empfehlen, den jeweils günstigsten Siebbelag durch entsprechende Versuche auszuwählen. Trotzdem wird es oft nicht möglich sein, einen Siebbelag zu finden, der allen Wünschen entspricht. Siebbeläge, die sich mit der Zeit zusetzen, ein Nachteil, der bei der Spänesichtung oft kaum zu verhindern ist, müssen von Zeit zu Zeit gereinigt werden. Um diese unangenehme Arbeit und den dadurch entstehenden Zeitverlust zu vermeiden, werden manchmal Siebreinigungsvorrichtungen eingebaut, welche die Siebfläche abbürsten oder abklopfen. Springende Bälle zwischen zwei parallelen Siebböden eignen sich dazu, besonders bei feinen Siebgeweben.

Die Art der Gutbewegung über die Siebfläche ist für die Leistung und Trenngüte von entscheidender Bedeutung. Siebe, über die das Siebgut nur abrutscht (Gärtnersieb), werden wegen ihrer geringen Leistung bei Spänen nicht verwendet. Die Siebvorrichtungen der Spanplattenindustrie führen gegenüber dem Siebgut eine zusätzliche rotierende, hin- und hergehende, schwingende oder taumelnde Bewegung aus. Es ist wichtig, daß die Siebböden fest mit der Vorrichtung verbunden und die Siebgewebe bzw. Drähte straff gespannt sind, damit die Siebbewegungen sicher auf das Siebgut übertragen werden. Die schwingenden Bewegungen erfolgen im allgemeinen nicht in der Eigenfrequenz der Vorrichtung, sondern werden durch mechanische oder elektrische Schwingungserreger aufgezwungen.

Einfache *Rüttelsiebe* (Bild 3.101) mit Exzenterantrieb werden gelegentlich im Eigenbau hergestellt. Höhere Siebleistungen erreicht man mit *Schwingsieben*

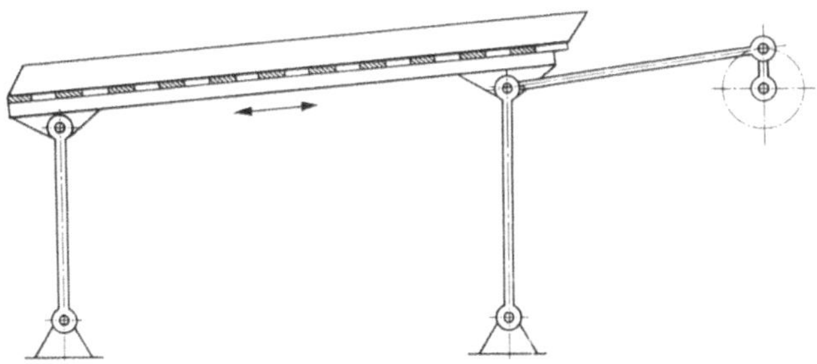

Bild 3.101. Rüttelsieb mit Exzenterantrieb.

(Schenck-Siebtechnik), bei denen durch eine zusätzliche Bewegungskomponente senkrecht zur Hauptbewegungsrichtung das Gut angehoben und dadurch die Reibung verringert und die Siebleistung gesteigert wird. Mit steigender Amplitude der Schwingbewegung in der Abheberichtung wird das Aufstellen der Späne und der Durchfall von langen Spänen gefördert. Die schwingenden Teile solcher Siebeinrichtungen (Bild 3.102) werden im Maschinengestell federnd gelagert, wodurch die Gebäudeerschütterungen auf ein Mindestmaß herabgesetzt werden. Meist wird mit Frequenzen normaler Elektromotoren gearbeitet (z. B. $n = 1000$ und $n = 1500$). In besonderen Fällen kann es vorteilhaft sein, zwischen Fundament und Maschinengestell eine zusätzliche Schwingungsisolierung (Schwingmetall) einzubauen.

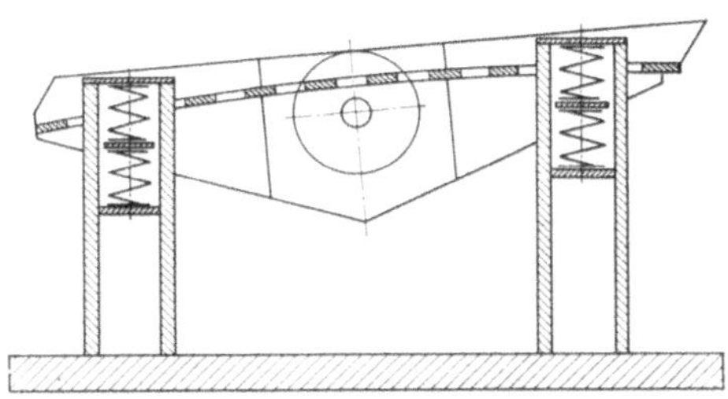

Bild 3.102. Schwingsieb in Federn gelagert. Bauart Schenck.

Bei den *Siebwuchtrinnen* besteht die Hauptaufgabe in der Förderung des Gutes. Sie wurden aus der reinen Wuchtrinne entwickelt. Im Gegensatz zum Schwingsieb weist die Siebwuchtrinne eine lineare Schwingbewegung auf, die ihr durch einen *Richterreger* aufgezwungen wird. Sie arbeitet überkritisch, meist als Einmassensystem und verhält sich, mit Ausnahme der geringeren Trennwirkung, dem Schwingsieb sehr ähnlich (Bild 3.103).

Die an Seilen oder Rohrstäben aufgehängten, mit Siebgeweben aus Perlon bespannten *Plansichter* der Bauart Miag (Bilder 3.104 und 3.105) sind aus dem Mühlenbau übernommen. Die Siebbewegung erfolgt mit einem intensiven Kreisschwung von etwa 90 mm Durchmesser, ausschließlich in der Horizontalebene, wodurch die Gefahr des Aufstellens langer Späne vermieden wird.

In der Wirkung ähnlich ist der *Rollsichter* (Bezner) (Bilder 3.106 und 3.107). Der Siebkasten führt durch eine Rollbewegung in vier oder acht Speziallagern (Kugelteller mit Kugeln) eine waagerechte Kreisschwingung mit 50 mm Radius durch. Der ursprünglich für Sortieraufgaben in der Papierindustrie entwickelte Sichter hat sich auch in der Spanplattenindustrie gut bewährt. Beide genannten Systeme sind in sich ausgewuchtet, so daß diese Sichter auch in Stockwerken mit verhältnismäßig leicht gebauten Decken aufgestellt werden können.

Bild 3.103. Siebwuchtrinne mit Gegenschwingrahmen, als Aufgeber für eine Durchlauf-Bandwaage. Bauart Schenck.

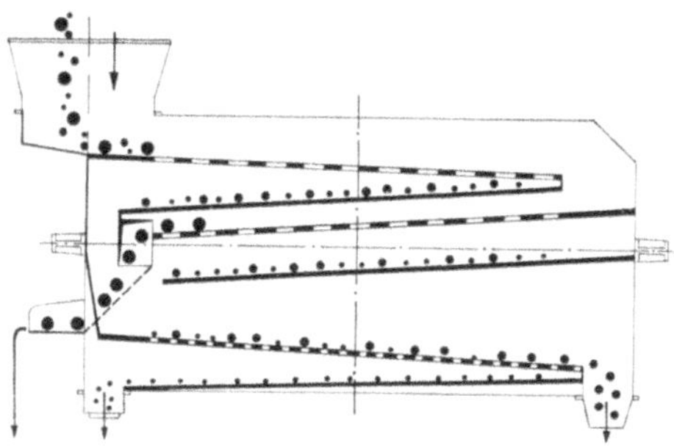

Bild 3.104. Schema des Gutsdurchlaufes durch einen Plansichter. Bauart Miag.

Plan- und Rollsichter eignen sich zum Entstauben von Spänen, zum Trennen von Flachspänen in Deck- und Zwischenschichtgrößen, zum Aussichten großflächiger Späne, die nachzerkleinert werden sollen, und zur Aussortierung von *Putzmesserfahnen* aus Hobelspänen.

Trommelsiebe (Bild 3.108), die aus der Schotterindustrie allgemein bekannt sind, können in entsprechend angepaßter Ausführung in der Spanplattenindustrie, z. B. zum Sortieren von Schnitzeln oder zum Reinigen von Fremdspänen, eingesetzt werden (Keller, Wigger).

Die Entfernung von Putzmesserfahnen aus Abfallhobelspänen bereitet oft Schwierigkeiten. Die Firma Nolte hat zu diesem Zweck eine *Siebtrommel mit schrägstehenden Kämmen* (Bild 3.109) ausgerüstet, womit sich die Putzmesserfahnen einwandfrei und ohne Störung des Dauersortierbetriebes aus den Hobelspänen entfernen lassen. Die Putzmesserfahnen verlassen die Trommel, zu einem Zopf aufgerollt, um in einer anschließenden Schneidemühle sofort zerkleinert zu werden.

Bild 3.105. Zwillings-Plansichter für Späne. Bauart Miag.

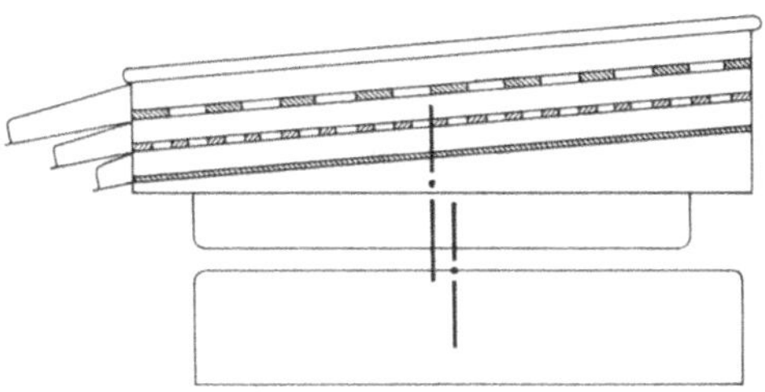

Bild 3.106. Rollsichter mit zwei übereinanderliegenden Siebböden. Bauart Bezner.

Bild 3.107. Rollsichter TWd. Bauart Bezner.

Die dreidimensionale Schwingbewegung des *Taumelsiebgerätes* (Allgaier) entspricht etwa dem Bewegungsvorgang beim runden Handsieb, das vielfach als Laborsieb verwendet wird[1]. Beim Taumelsiebgerät sind die Eigenschaften der senkrecht schwingenden Siebe mit denen der waagerecht schwingenden harmonisch vereinigt. Dieses ursprünglich in der Landwirtschaft eingesetzte Gerät hat auch in anderen Wirtschaftszweigen, u. a. auch in der Spanplattenindustrie, Eingang gefunden (Bild 3.110).

Es empfiehlt sich, Siebeinrichtungen zum Schutz gegen Staubbelästigung zu kapseln und, wenn nötig, den entstehenden Flugstaub abzusaugen.

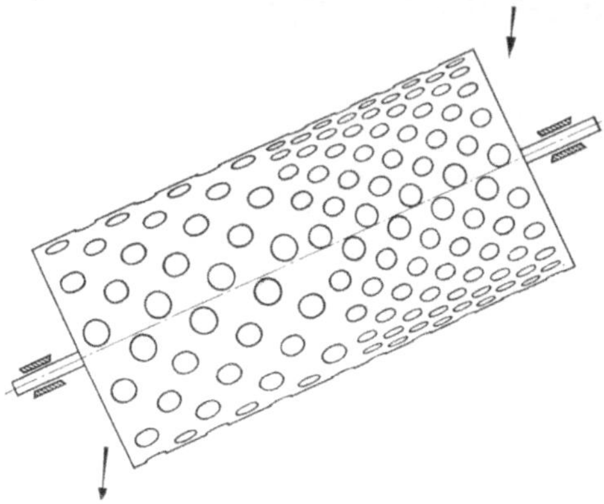

Bild 3.108. Trommelsieb mit zwei hintereinanderliegenden Siebzonen.

Es darf hier noch darauf hingewiesen werden, daß das Siebprinzip häufig mit anderen Maschinen kombiniert wird, vor allem bei den Siebmühlen (Abschn. 3.2.2.2) und bei den im Hobelschnitt arbeitenden Zerspanern (Abschn. 3.2.2.1.3), bei denen der schmale Schlitz vor der Messerschneide (ähnlich wie die Siebmaschinen) den Durchtritt zu dicker Teile verhindert und dadurch eine sichtende Wirkung ausübt.

Die Siebtrennung kann, wenn der Siebbelag von unten durchblasen wird, gleichzeitig mit einer Windsichtung

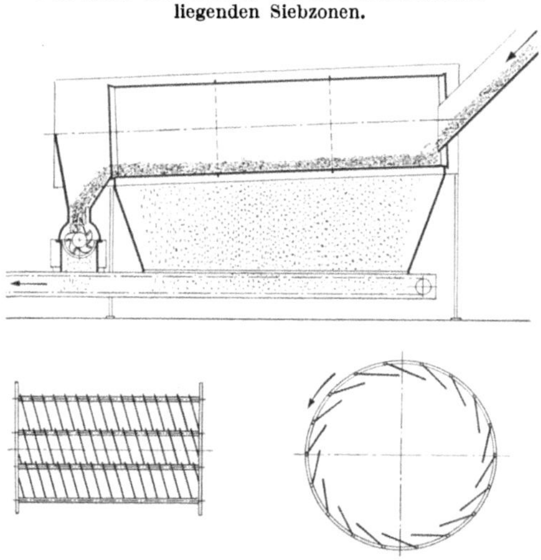

Bild 3.109. Siebtrommelanlage mit Kämmen in der Trommel und anschließender Schneidemühle zum Zerkleinern der Putzfahnen. Bauart Nolte.

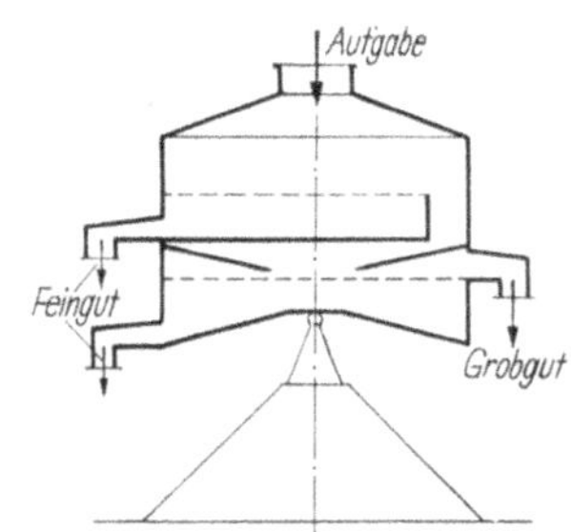

Bild 3.110. Taumelsieb mit drei Fraktionen für Holzspäne. Bauart Allgaier.

[1] Die Verwendung von Handsieben zur Prüfung der Qualität von Spanplattenspänen führt leicht zu Trugschlüssen, weil die einzelnen Siebfraktionen verschiedener Spanarten sich qualitativ, besonders in der Dicke und im Schlankheitsgrad stark unterscheiden können.

verbunden werden. Dabei wird das Feingut durch die Luft mitgenommen (Schwebesichtung), während die Trennung der schwereren, nicht schwebefähigen Teile in üblicher Weise durch den Siebbelag erfolgt; der aufsteigende Luftstrom begünstigt die Gutbewegung auf dem Siebbelag.

3.3.2.4 Windtrennung

Bei der *Windtrennung* (Windsichtung und Windsortierung) ist die Größe des auf ein Gutteilchen wirkenden Luftwiderstandes für die Trenngrenze maßgebend. Befindet sich ein Span gegenüber der umgebenden Luft in Ruhe, so entsteht kein Luftwiderstand. Ein Luftwiderstand wird

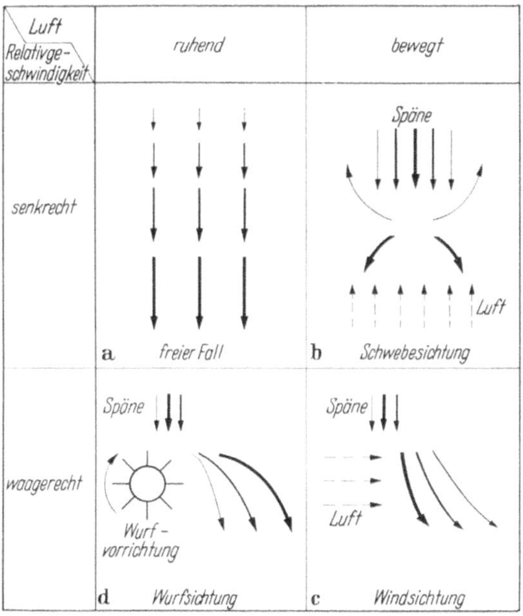

Bild 3.111 a–d. Verfahren der Windsichtung. a) Fallsichtung; b) Schwebesichtung; c) Wind-(Querluft-)Sichtung; d) Wurfsichtung. Die Strichdicke deutet das Gewicht des Teilchens an. (Nach G. Rackwitz u. M. Obermaier.)

erzeugt, wenn die Luft sich am Span vorbeibewegt, also Wind erzeugt wird, oder der Span gegen die Luft geworfen wird. Durch eine entsprechende Änderung der Relativgeschwindigkeit zwischen Span und Luft läßt sich die Trenngrenze beliebig einstellen; dies wird bei den Windsichtern entweder durch eine Drehzahlregelung am Ventilator (oder der Wurfvorrichtung), durch eine Drosselklappe in der Luftteilung oder eine Querschnittsänderung im Sichtraum erreicht. Die mit Windtrennung arbeitenden Sichter unterscheiden sich durch die Art, in der die gegenseitige Bewegung von Span zu Luft ausgelöst wird. Bild 3.111 zeigt die verschiedenen Möglichkeiten der Schwerkraft-Windsichtung, die noch durch die Zentrifugal-Windsichtung ergänzt werden (Rackwitz und Obermaier [*3.80*]).

Die einfachste Form ist der *Fallsichter*. Da dünne Späne durch den Luftwiderstand stärker gebremst werden, kommen von gleichzeitig abgeworfenen Spänen die dicken zuerst unten an. Für die Spanplattenindustrie hat der reine Fallsichter keine Bedeutung, da kontinuierliche Beschickung nicht möglich ist.

Beim *Schwebesichter* wirkt dem fallenden Gut ein so starker Luftstrom entgegen, daß die Verzögerung bei den einfallenden dünnen Spänen größer ist als die Fallbeschleunigung. Sie erhalten gegenüber den dicken Spänen eine negative Beschleunigung und fliegen nach oben weg. Eine über den ganzen Sichterquerschnitt gleichmäßige, für das Sichtergebnis günstige, leicht verwirbelte Luftbewegung wird durch einen Siebboden bewirkt, dessen einzelne Löcher wie Düsen wirken (Auflösung von Klumpen). Die dicken Späne fallen auf den Siebboden und werden durch ein Rührwerk (Keller) oder eine Vibrationsbewegung (Bauer) zum Grobgutaustrag weiterbewegt (Bild 3.112).

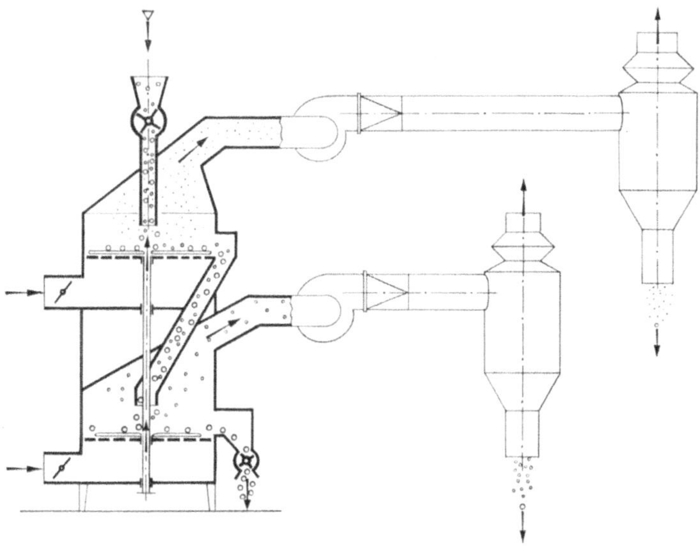

Bild 3.112. Schwebesichter mit zwei Sichtstufen; Regelung durch Drossel in der Ansaugöffnung. Bauart Keller.

Ein *Steigwindsichter* eigener Bauart ist seit mehreren Jahren bei der Firma Moralt in mehreren Exemplaren in Betrieb (Bilder 3.113 und 3.114). Jeder der dort befindlichen Ponndorf-Doppel-Röhrenbündeltrockner für Mittelschichtspäne wurde mit einem eigenen Sichter ausgerüstet. Durch ihn werden die Mittelschichtspäne von den vorwiegend aus dem Schälspäneanteil stammenden Splittern befreit und gleichzeitig zu den auf dem Dach befindlichen Abscheidern befördert. Dieser Sichter wurde der besonderen örtlichen Lage und den Raumverhältnissen angepaßt und deshalb sehr raumsparend entworfen.

Bei einem sogenannten *Spantrenner* (Schröter), der wegen der seitlichen Feingutabsaugung schon als Übergang zu den Querluftsichtern zu betrachten ist, fällt das Schwergut nach unten durch. Durch Hintereinanderschaltung erhält man *zwei- oder mehrstufige Sichter.* Je nach den im zweiten Sichtraum herrschenden Strömungsverhältnissen erhält man dort eine zusätzliche Trennung, d. h. es fällt noch eine Mittelfraktion an oder eine Nachsichtung (Bilder 3.115 und 3.116); die bei der ersten Sichtung mit dem Grobgut durchgefallenen Feingutteile werden in der zweiten Stufe erfaßt.

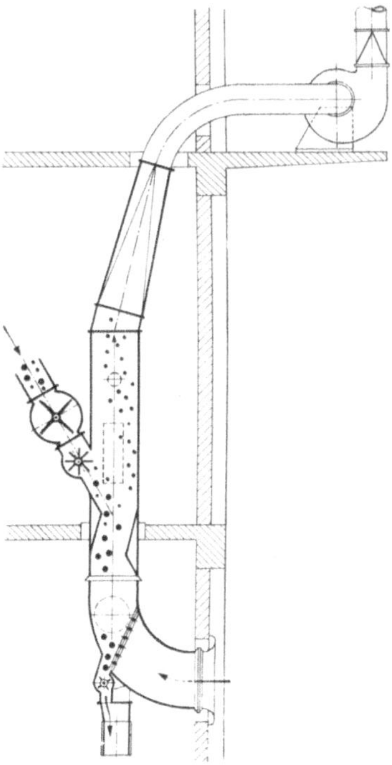

Bild 3.113. Schema eines Steigwindsichters. Bauart Moralt.

Bild 3.114. Späneeinlauf und oberer Teil der Sichtstrecke eines Steigwindsichters. Bauart Moralt.

Beim *Querluftsichter* (Windsichter) wird der Luftstrom quer zur Fallrichtung geleitet, wobei die leichten Teile je nach der Größe des Luftwiderstandes mehr oder weniger stark seitlich abgetrieben werden, während die dicken fast unbeeinflußt nach unten durchfallen (Schilde, System Himmelheber). Theoretisch wäre es möglich, in solchen Querluftsichtern das Gut in beliebig viele Fraktionen zu zerlegen. Praktisch beschränkt man sich auf zwei oder drei. Wird das Feingut auf einem Siebband aufgefangen (Bild 3.117), durch das hindurch die Luft zum Gebläse zurückgeführt werden kann, so wird infolge des geschlossenen Kreislaufes eine Belästigung (Staub) durch den austretenden Luftstrom vermieden. Man spricht dann von einem *Umluft-Windsichter* im Gegensatz zum *Strom-Windsichter*, bei dem die Luft nach außen geblasen oder zum Weitertransport des Feingutes verwendet wird.

Eine besondere Ausführungsform des Schwerkraft-Windsichters ist der neu entwickelte *Zick-Zack-Sichter* (Alpine), der auch Anwendungsmöglichkeiten in der Späne-Sichtung erwarten läßt (Bild 3.118). Er besteht aus einem zickzack-förmigen Steigrohr, in dessen einzelnen Gliedern sich waagerecht Wirbelwalzen ausbilden. Die Anzahl der Glieder ist für die Schärfe der Trennung maßgebend.

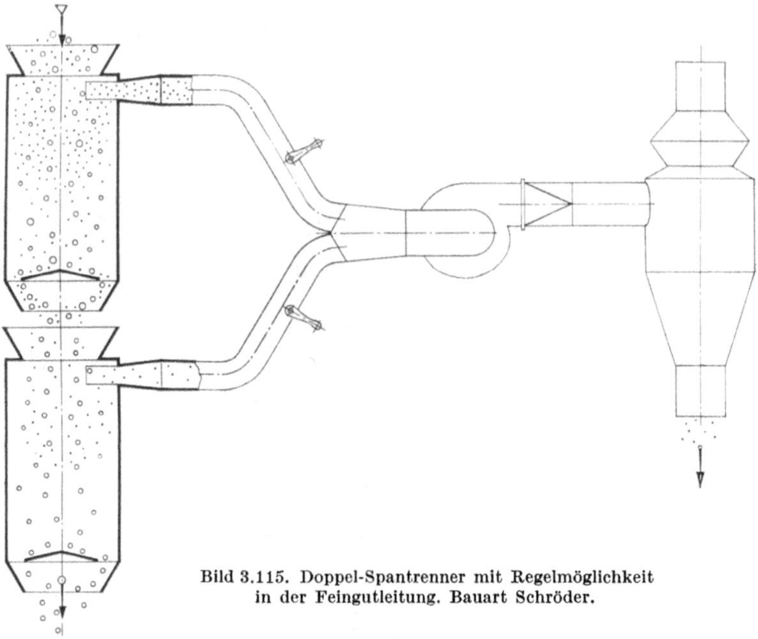

Bild 3.115. Doppel-Spantrenner mit Regelmöglichkeit in der Feingutleitung. Bauart Schröder.

Bild 3.116. Gruppe aus vier zweistufigen Spantrennern. Bauart Schröder.

Bei den *Wurfsichtern* wird den Gutteilchen beispielsweise durch eine Wurfwalze eine waagerechte Anfangsgeschwindigkeit erteilt, die je nach Luftwiderstand mehr oder weniger rasch abnimmt und dadurch zu verschiedenen Wurfparabeln führt.

Es ist durchaus möglich, verschiedene Formen der Windsichtung in einer Vorrichtung gemeinsam anzuwenden, wie z. B. bei der *Sichtkammer* (Schilde). Die das Aufgabegut einwerfende Wurfwalze bewirkt durch *Wurftrennung* eine Vorsortierung. Der durch die Sichtkammer geführte Luftstrom trennt das Feinstgut vorwiegend nach dem Schwebeprinzip und das Mittelgut nach dem Querluftprinzip von dem nach unten durchfallenden Schwergut (Bild 3.119).

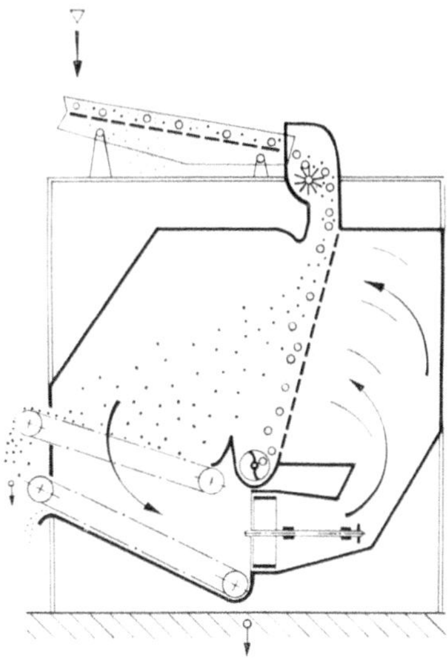

Bild 3.117. Querluftsichter mit Schwingsiebaufgabe und Umluftführung; Ventilatordrehzahl variabel. System Himmelheber, Bauart Schilde.

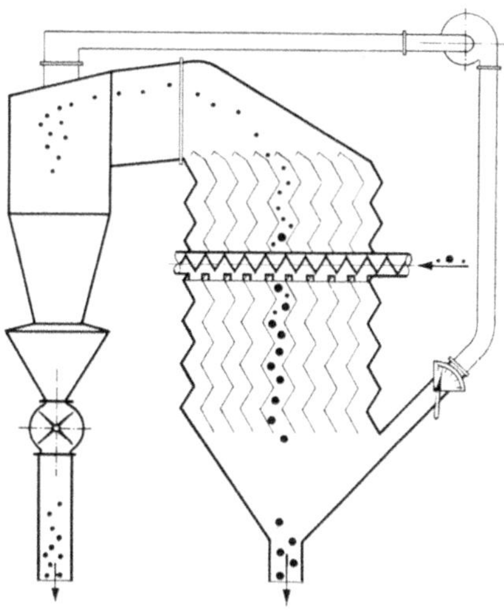

Bild 3.118. Zick-Zack-Vielfachwindsichter mit mehreren, parallelgeschalteten Sichtstrecken. Bauart Alpine.

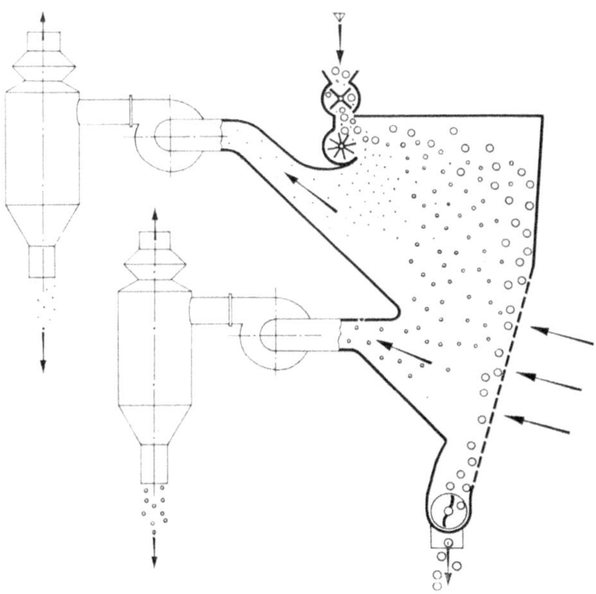

Bild 3.119. Sichtkammer für Schwergutaussichtung und Fraktionierung. Bauart Schilde.

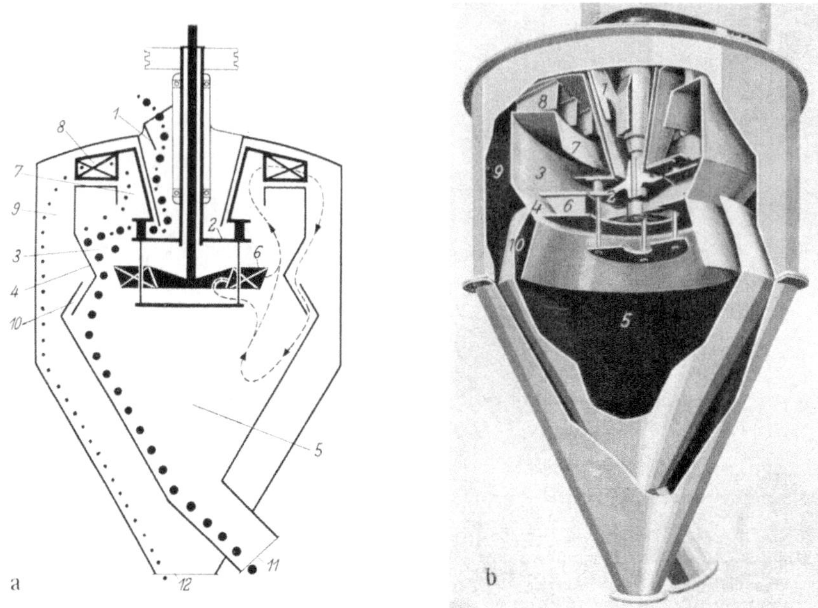

Bild 3.120a u. b. **a) Schema und b) Schnitt durch einen Ventoplex-Windsichter.** Bauart Alpine. *1* **Gutverteiler,** *2* **Streuteller,** *3* Sichtraum, *4* Doppelprallkonus, *5* **Grobgutkonus,** *6* Druckventilator, *7* **Feingut-Durchtrittsraum,** *8* Sichtventilator, *9* Feingutabscheider, *10* **Rückführkanal,** *11* **Grobgutaustritt.** *12* Feingutaustritt; ... Feingut, ••• Grobgut, – – – Sichtluft.

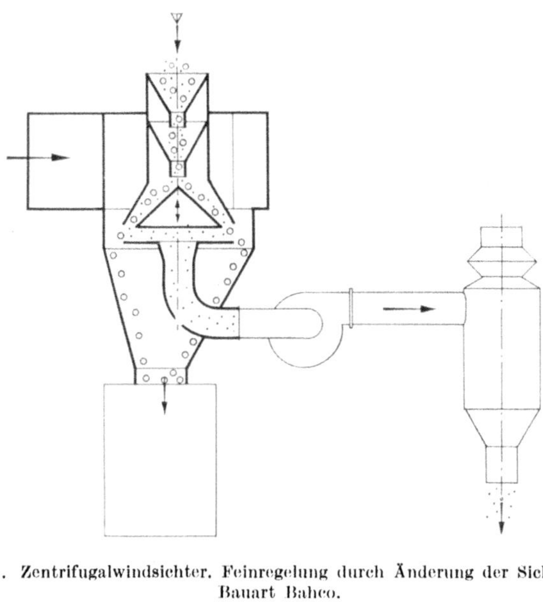

Bild 3.121. Zentrifugalwindsichter. Feinregelung durch Änderung der Sichtraumhöhe. Bauart Bahco.

Bei den *Zentrifugal-Windsichtern* wird die dem Luftwiderstand entgegenwirkende Kraft durch eine Kreisbewegung ausgelöst (Zentrifugalkraft). Die schweren Teile (dicken Späne) werden von der mit Drall eingeleiteten Luft nach außen geschleudert, während die leichten von der nach innen abziehenden Luft mitgenommen werden (Schleppkraft der Luft). Im Grunde genommen kann jeder Späneabscheider als Sichter betrachtet werden. Der Gehalt der abziehenden Luft an leichtem Gut ist durch die unliebsame Staubbelästigung der Umgebung hinreichend bekannt. Beim *Streu-Windsichter* (Zentrifugal-Wurfsichter) wird dem Gut die Rotationsbewegung primär durch eine Schleuderscheibe erteilt. Der Ventoplex-Windsichter (Alpine) (Bild 3.120) wird z. B. zur Ausscheidung von Sand und Korundkörnern aus Spanplattenschleifstaub mit Erfolg eingesetzt.

Die üblichen Zentrifugal-Sichter verschiedener Bauart haben den Vorteil, daß durch die höheren Beschleunigungskräfte die Auflösung von Klumpen verbessert und die Sichtung auf kleinem Raum ermöglicht wird. Während Schwerkraftsichter bevorzugt für die Ausscheidung von Schwerteilen verwendet werden, dienen Zentrifugalsichter vorwiegend der Entstaubung oder Sortierung körnigen Feingutes (0,1 bis 1 mm). Die normalen Ausführungen sind wegen der engen Querschnitte (Verstopfungsgefahr) für die Spänesichtung meist wenig geeignet. Für die Bedürfnisse der Spanplattenindustrie sind deshalb Spezialausführungen (Bild 3.121) entwickelt worden, die den besonderen Verhältnissen Rechnung tragen, also auch für faserige und schuppige Güter verwendbar sind (Bahco).

Die Windtrennung ist für die Spanplattenherstellung besonders geeignet, zumal für Platten hoher Qualität (besonders für die Deckschichten) nur dünne Späne verwendet werden sollen, aus denen alle etwa vorhandenen dicken Teile vor der Weiterverarbeitung ausgeschieden worden sind (Kull [*3.67*]). Trotzdem sind Windsichter in der Spanplattenindustrie lange Zeit recht selten gewesen. Der Grund liegt darin, daß Siebe sich verhältnismäßig leicht (wenigstens einigermaßen) den Bedürfnissen der Spanplattenindustrie anpassen ließen, während für Späne geeignete Windsichter, wenn man von den primitiven Schwergutabscheidern in Lufttransportanlagen (Bild 3.122) absieht, neu entwickelt werden mußten.

Die Notwendigkeit einer Sichtung für die Erzeugung einer hochwertigen Spanplatte ist lange Zeit durchaus nicht allgemein bekannt gewesen (Steiner [*3.95*]). Die Entwicklung besonderer Späne-Windsichter war nicht ganz einfach, weil die Beherrschung der aerodynamischen Verhältnisse Voraussetzung für eine einigermaßen genaue und hohe Sichtleistung ist. Immerhin ist ein für die Spänesichtung nach Vorschlägen der Firma Holig gebauter Querluftsichter schon im Jahre 1950 in Fideris in der Schweiz im Betrieb gewesen. Heute stehen der Spanplattenindustrie eine ganze Anzahl verschiedener Spänesichter zur Verfügung. Außerdem gibt es Trockner (Abschn. 3.3.1), die gleichzeitig als Windsichter wirken und teilweise auch zur Sortierung der Späne in verschiedene Güteklassen verwendet werden (Büttner, Keller, Schilde). Es müssen an dieser Stelle auch die Windschüttung (System Bähre) und die Wurfschüttung (Schenck, System Himmelheber) bei der Plattenformung erwähnt werden, die durch eine mit der Formstation verbundene Sortiereinrichtung erreicht werden und in Abschn. 3.5 „Einstreuen und Formen" näher beschrieben sind, sowie der Vorschlag einer Kombination Schleudermühle (Siebmühle) mit Windsichter von E. Greten [*3.6*].

Beim Einsatz von Windsichtern ist zu berücksichtigen, daß ein gutes Sichtergebnis bei hoher Durchsatzleistung nur erreichbar ist, wenn die Gutaufgabe gleichmäßig erfolgt, d. h. der für die Sichtung zur Verfügung stehende Raum gleichmäßig mit dem Spänegemisch beaufschlagt wird. Knorpp [*3.49*] gibt an, daß in Luftförderanlagen beim Transport von Spänen in Spanplattenwerken ein Verhältnis Luft-

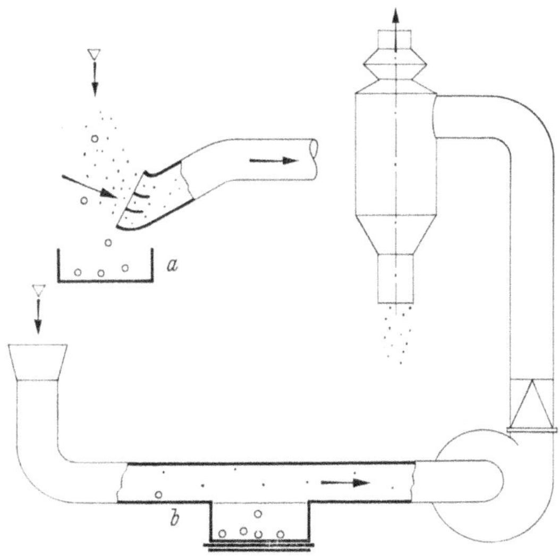

Bild 3.122. Schwergutabscheider in Lufttransportanlagen.
a am Einfalltrichter; *b* in gerader, waagerechter Rohrleitung.

gewicht ($1\,Nm^3 = 1{,}293$ kg) zu Materialgewicht von 5:1 anzustreben ist. Es ist einleuchtend, daß im Sichtraum dieses Verhältnis möglichst noch größer sein soll. Da das Spangut im Sichtraum sich langsam bewegt (Tanzen der Späne im Schwebesichter), ergibt sich für diesen eine große Querschnittfläche. Von einem Sichter mit auch nur örtlich zu kleinem Verhältnis Luft zu Späne kann kein sauberes Sichtergebnis erwartet werden, weil sich die Teile gegenseitig beeinflussen. Viele bestehende Einrichtungen verdienen die Bezeichnung Sichter nicht, weil sie infolge einer allmählichen Produktionssteigerung des Gesamtbetriebes überbeaufschlagt sind. Diese Gefahr besteht besonders bei Kombinationsmaschinen, z. B. bei Trocknern, die trockentechnisch vielleicht noch über Leistungsreserven verfügen, wenn lufttechnisch die Leistungsgrenze für die Sichtung schon erreicht ist.

3.3.3 Naß- und Trockensilierung

Von **Klaus Steiner**, Baiersbronn

3.3.3.0 Allgemeines über Bunker und ihre Anwendung

Die in den Spanplattenwerken verwendeten Bunker haben nicht die Aufgabe, große Mengen Späne über längere Zeiträume zu bevorraten, wie dies beispielsweise bei den Großbauten der Getreidesilos der Fall ist, die Schwankungen der jährlichen Ernteerträgnisse ausgleichen sollen. Der Rohstoff „Holz" des Spanplattenwerkes wird als zu zerspanendes Holz auf dem *Holzplatz*, als „Fremdspäne" in meist überdachten *Spänelagern* und in nächster Zukunft als Hackschnitzel auf einem entsprechenden *Hackschnitzel-Lagerplatz* bevorratet, und zwar meist in erheblichen Mengen und über einen oft langen Zeitraum. Beginnt jedoch die Zerspanung des Holzes und der Hackschnitzel oder die Aufbereitung der Fremdspäne, so ist der Rohstoff in wenigen Stunden durch die ganze Fertigung hindurchgeschleust und zu fertigen Spanplatten verarbeitet.

Silos oder Bunker haben in der Fertigungsanlage lediglich die Aufgabe, „Puffer" im Spänefluß zu sein, sie sollen die oft in schwankender Menge ankommenden Späne sammeln und steuerbar weitergeben, sie gleichen in einem gewissen Sinne den Zwischenlagern der mechanischen Fertigung. Das geringe *Schüttgewicht* (kg/m^3) der Späne würde die Bevorratung einer der Fabrikationskapazität angemessenen großen Spänemenge in Silos mit wirtschaftlichem Aufwand für längere Zeit gar nicht ermöglichen. Schon eine Bevorratung von Spänen für die Dauer nur einer Produktionsschicht, oder auch nur mehrerer Stunden bereitet Schwierigkeiten. In den Fertigungsanlagen stehende Bunker von 40 m^3 Inhalt sind bereits große Einheiten. Bei einem Schüttgewicht der Späne von rd. 60 bis 80 kg/m^3 entspricht dies einer bevorrateten Menge von 2,4 bis 3,2 t. Gemessen an der Fertigungskapazität mittlerer und großer Spanplattenanlagen mit einem Späneverbrauch für die Mittelschicht von 4 bis 7 t/h oder für die Deckschichten von 3 bis 5 t/h ist dies keine „Bevorratung".

Mit Hilfe des Silos als Puffer kann man im Fertigungsfluß von der Zerspanung bis zur geformten Platte *Fertigungsabschnitte* bilden, die in gewissem Maße unabhängig voneinander sind und unabhängig voneinander den verfahrenstechnischen Erfordernissen des jeweiligen Abschnittes entsprechend gesteuert werden können. Man kann den Fertigungsfluß so unterteilen, daß Störungen oder Unregelmäßigkeiten eines Fertigungsabschnittes, sofern sie von begrenzter Dauer sind, sich nicht in den vorhergehenden oder nachfolgenden Abschnitten auswirken. Durch Zwischenschaltung eines Bunkers können taktweise arbeitende mit stetig verlaufenden Fertigungsabschnitten verbunden werden, oder umgekehrt, ohne daß durch die unterschiedliche Arbeitsweise Schwierigkeiten entstehen müssen.

Es fällt einigermaßen schwer, eine allgemeine Leitlinie für die Verwendung der Bunker in dem Fertigungsgang zu sehen. Dies liegt vor allem an den vielfältigen Gesichtspunkten, die für die Auswahl des Bunkers und seine Einordnung maßgebend sind. Solange die Zerspaner verhältnismäßig kleine Leistungen aufwiesen, brauchte man den Naßbunker, um unabhängig von den sich manchmal häufenden Ausfallzeiten für den Messerwechsel zu sein. Nachdem in neuerer Zeit Zerspaner außerordentlich hoher Mengenleistung gebaut werden, wird man den Naßbunker benötigen, um die dann noch mehr ins Gewicht fallenden Ausfallzeiten für den Messerwechsel zu überbrücken, und bei kleineren Anlagen, um den Zerspaner mit seiner großen Mengenleistung zeitweise mit bester Ausnutzung laufen zu lassen.

Durch den Einbau von Bunkern kann man einen Spänestrom vergleichmäßigen und die Menge des Materialflusses, volumetrisch oder gravimetrisch gesteuert, beispielsweise der Trocknung oder der Beleimung zuführen, oder Mühlen gleichmäßig so beschicken, daß die Späne nach Form und Größe gleichartig erzeugt werden und die Antriebsleistung der Mühlen, die zu einem großen Anteil Leerlaufleistung ist, bestens ausgenutzt wird. Man kann beispielsweise einen oder eine Gruppe sehr leistungsfähiger Großzerspaner, deren Zerspanungsleistung über dem durchschnittlichen Späneverbrauch liegt, durch Zwischenschaltung eines Bunkers wirtschaftlich ausnutzen und die nachfolgenden, stetig arbeitenden Einrichtungen, wie Mühlen und Trockner, dem vorgesehenen Durchschnittsverbrauch entsprechend beschicken und ihre Anzahl sowie Leistung diesem anpassen.

Der Einsatz von Bunkern für beleimte Späne wird immer anzuraten sein, um bei der Verwendung von stetig oder diskontinuierlich arbeitenden Streumaschinen die Beleimung und die Streuung unabhängig voneinander fahren zu können. Bunker, die über ihre Breite oder auch über ihre Bodenfläche einen sehr gleichmäßigen Austrag haben, werden, meist in einer besonders kleinen Ausführung, oft als *Vorbunker* für beleimte Späne unmittelbar über den Streumaschinen aufgestellt, so daß diese Art und Anwendung der Vorbunker als Teil der gesamten *Streu- oder auch Formungseinrichtung* zu betrachten ist. Bei größeren Vorbunkern dieser Art ist durch geeignete Regeleinrichtungen für ständig etwa gleich große Füllung der einzelnen Bunker zu sorgen, damit bei beispielsweise in Art, Größe oder Feuchtigkeitsgehalt schwankenden Spänen auf die verschiedenen Seiten einer Platte nicht unterschiedliche Späne zu liegen kommen. Bei Anlagen, in denen eine gravimetrische Dosierung des Spänestroms unmittelbar vor der Beleimung erfolgt und hierdurch die Streumaschine gleichzeitig mit gesteuerten Spänegewichten versorgt wird, kann ein Bunker für beleimte Späne jedoch nicht verwendet werden.

Schließlich ermöglicht es eine Bunkeranlage aus Späneanteilen sehr unterschiedlicher Art und Eigenschaften, ein gewählt einstellbares Spänegemisch zu bilden und einzuhalten. Bild 3.123 zeigt beispiels-

Bild 3.123. Bunkereinrichtungen zur Gemischbildung aus verschiedenen Spanarten. Ansicht der Kopfstationen von 6 nebeneinander aufgestellten Horizontalbunkern zur gesteuerten Zusammenstellung eines aus bis zu 6 verschiedenen Späneanteilen zu bildenden Spänegemisches.

weise einen Ausschnitt aus einer Batterie von 6 nebeneinander aufgestellten Naß-Bunkern, von denen jeder mit einer nach Spanart, Holzart oder Erzeugungsverfahren anderen Spänesorte beschickt wird. Über die in Bild 3.124 gezeigte Einrichtung zur *Gemischbildung* wird die Höhe der einzelnen Anteile an Drehknöpfen eingestellt. Die gesamte Menge des Gemisches kann durch den einzelnen Drehknopf im unteren Teil der Abbildung verändert werden, wobei die vorher gewählten Anteile der einzelnen Komponenten prozentual beibehalten werden. An den Zeigerinstrumenten ist sowohl die Höhe der einzelnen Komponenten als auch die Größe der Gesamtentnahme abzulesen.

Im Gegensatz zu den Bunkertypen, die in erster Linie der Pufferung von Spänen dienen und bei denen die zuerst eingelagerten Späne den

Bunker vor den danach eingelagerten verlassen sollen, haben *Mischbunker* außer der Pufferung die Aufgabe, das gebunkerte Material vor dem Austragen intensiv zu durchmischen. Mehrere solcher Mischbunker, zu einem *Mehrfachmischbunker* zusammengebaut, ermöglichen darüber hinaus, gesteuert zusammengesetzte Gemische aus Spänen unterschiedlicher Eigenschaften zu bilden.

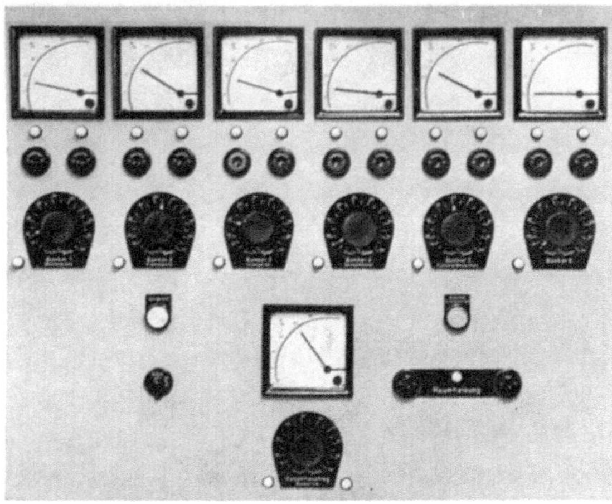

Bild 3.124. Schalt- und Überwachungs-Gerätetafel zur Gemischbildung in der zentralen Schaltwarte der Späneaufbereitungsanlage.

3.3.3.1 Einordnung der Bunker in den Fertigungsgang

Die Stelle der *Einordnung der Bunker* in den Fertigungsgang ist bei den Fertigungsanlagen verschieden. In Bild 3.115 ist sie für einige der bekanntesten Systeme schematisch dargestellt.

Es ist daraus zu ersehen, daß mit der Ausnahme bei Miller-Hofft (JOHNSON [*3.47*]) in jedem Fall *Naßbunker* verwendet werden und daß diese meist unmittelbar nach den Zerspanern angeordnet sind, zuweilen jedoch die Späne schon vor dem Einlauf in diese Naßbunker zerkleinert und gesiebt werden (Bartrev, Fahrni, Holig) (GÖHRE [*3.39*], SCHEIBERT [*3.86*]).

Bunker für getrocknete und noch nicht beleimte Späne werden nicht bei allen Verfahren verwendet, sondern offenbar nur da, wo es die Art der nachgeordneten Beleimungsmaschinen verlangt, d. h. dann, wenn die Beleimungsmaschinen diskontinuierlich oder im Takt arbeiten und die Späne ebenso abgewogen werden (z. B. Bähre) oder wenn den stetig arbeitenden Beleimungseinrichtungen (Fahrni) die Späne sehr exakt volumetrisch dosiert, in ständig gleicher Menge zugeführt werden müssen, um die gewünschte Späne-Bindemitteldosierung zu gewährleisten.

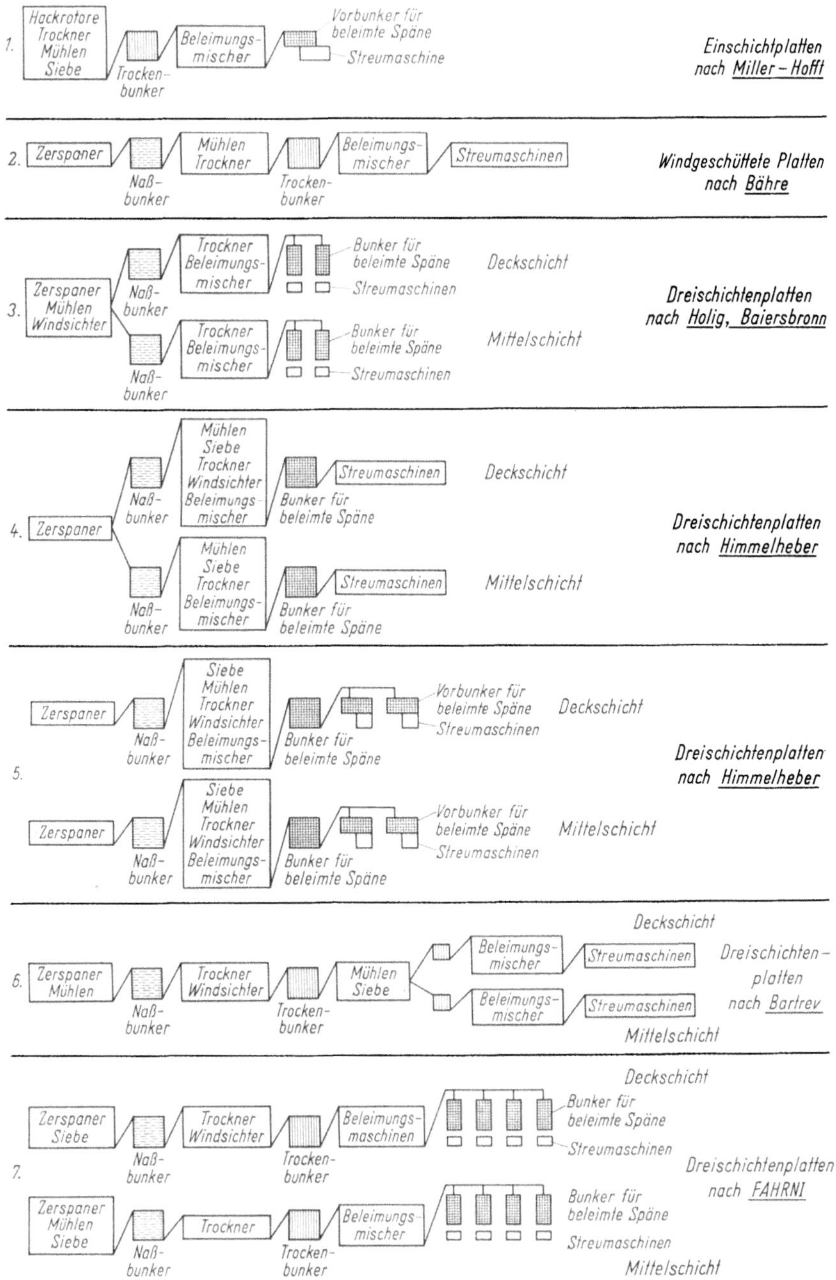

Bild 3.125. Schematische Darstellung der Einordnung von Bunkern in den Fertigungsgang.

Verfahren mit stetig arbeitenden Beleimungsanlagen, bei denen die Spänemenge durch eine Durchlaufbandwaage gewogen und die Leimmenge durch eine automatische Steuerung dem festgestellten Gewicht der getrockneten Spänemenge fortgesetzt automatisch angepaßt wird (gravimetrische Dosierung), benötigen keinen *Trockenbunker* vor den Beleimungseinrichtungen. Beispielsweise wird in den Maschinenanlagen nach System Himmelheber durch die Deck- und Mittelschicht-Naßbunker der Spänestrom zunächst volumetrisch bemessen, sehr genau auf der eingestellten Höhe gehalten und so im nachfolgenden Arbeitsfluß den Mühlen, Sieben, Trocknern, Windsichtern, Durchlaufbandwaagen und Beleimungsmischern zugeführt. Erst die schüttfertigen, beleimten Späne werden wieder in einem Bunker für beleimte Späne gesammelt.

Lediglich in den Bartrev-Anlagen wird, obwohl sie eine kontinuierliche Beleimung mit Durchlaufbandwaage aufweisen, außer einem Trockenbunker nach der Trocknung und Windsichtung, nochmals ein *Kontroll- und Steuerungsbunker* vor dem Beleimmischer verwendet; zwischen beiden Bunkern werden die Späne noch zerkleinert und gesiebt. Hier sind die allerdings nur sehr kleinen Kontrollbunker nötig, weil vor diesen der gesamte Aufschluß für ein Spangemisch erfolgt und erst nach dem Trockenbunker das Spangut durch Siebung in Deckschicht- und Mittelschichtspäne getrennt wird, die dann in die beiden Kontrollbunker (je einen für Deck- und für Mittelschicht) einlaufen.

Die Anlagen nach FAHRNI sind wohl schon immer mit Naßbunkern, Trockenbunkern und mit Bunkern für beleimte Späne unmittelbar über den Streueinrichtungen ausgerüstet worden. Hier sind die Bunker für beleimte Späne gleichzeitig *Vorbunker* für die Streueinrichtungen, obwohl sie in ihren Abmessungen regelrechte Normalbunker kleinen bis mittleren Fassungsvermögens sind. In diesen Anlagen nach FAHRNI sind Naßbunker, Trockenbunker und Bunker für beleimte Späne klar voneinander getrennt, nacheinander angeordnet.

In den Anlagen nach HIMMELHEBER werden seit einigen Jahren außer Naßbunkern und Bunkern für beleimte Späne, unmittelbar auf diese folgend Vorbunker für die beleimten Späne oberhalb der Streumaschinen verwendet, die hier verhältnismäßig klein und somit regelrechte *Vorbunker* sind und als Teil der Streumaschinen betrachtet werden sollten.

3.3.3.2 Bunkerausführungen

3.3.3.2.1 Grundsätzliches zur Bunkerausführung und Bunkerwahl. Die Bunker für die Spanplattenfertigung können als *Vertikal-*, als *Horizontal-* oder als *Rotationsbunker* ausgeführt werden, so bezeichnet je nachdem der Weg des Spangutes durch den Bunker hindurch vertikal, horizontal oder innerhalb einer rotierenden Trommel erfolgt. Sie werden als *Naßbunker* für feuchte oder noch nicht getrocknete Späne, als *Trockenbunker* für getrocknete Späne oder als *Bunker für beleimte Späne* gebaut und verwendet. Die Rotationsbunker sind ohne Bedeutung geblieben.

Entsprechend der Art ihrer Verwendung in der Fertigungsanlage werden folgende Forderungen an die Bunker gestellt:

a) Eignung zur Aufnahme des voluminösen Spangutes (Schüttgewichte 40 bis 80 kg/m^3). Ein zu kleiner *Bunkerraum* kann die Aufgabe der Pufferung nur unvollkommen oder gar nicht erfüllen.

b) Wirkung als (oft wichtige) *Steuerorgane für den Materialfluß* und damit besondere Bedeutung für die Automatisierung einer Fertigung. Der Austrag der Späne aus dem Bunker muß deshalb unbedingt zuverlässig, kontrolliert, volumetrisch dosiert und steuerbar erfolgen. Hierauf ist das Funktionieren der Austragelemente zu prüfen. Besonders bei Vertikalbunkern muß die Konstruktion des Bunkers so angelegt sein, daß Brückenbildungen, welche die Gleichmäßigkeit und Steuerbarkeit des Austrages stören würden, mit Sicherheit vermieden werden. Rüttler können einer solchen Brückenbildung notfalls entgegenwirken, sie sind jedoch bei Spänen oft zweifelhafte Hilfsmittel.

c) *Gleiche Fülldichte.* Das Spangut soll sowohl bei vollem, als auch bei nahezu geleertem Bunker immer und überall mit gleichem Schüttgewicht lagern; eine unterschiedliche Pressung des Spangutes bei vollem und bei geleertem Bunker würde die Gleichmäßigkeit und die Steuerbarkeit des Austrages stören. Vertikalbunker können diese meist wichtige Forderung nicht oder nur beschränkt erfüllen.

d) Die zuerst eingelagerten Späne sollen vor den danach eingelagerten den Bunker verlassen (*first-in, first-out*). Dies ist besonders bei der Bunkerung von beleimten Spänen unbedingte Notwendigkeit.

e) Bunker, insbesondere solche, die mit beleimten Spänen gefüllt werden, sollen sich, beispielsweise nach *Fertigungsschluß* möglichst *vollständig entleeren* lassen. Dies ist bei manchen Vertikal- und Horizontal-Bunkertypen nur mit Nachhilfe von Hand zu erreichen. Um Reparaturen bei Störungen an den Austragelementen des Bunkers ausführen zu können, soll die Füllung bei solchen Störungen leicht zu entfernen sein. Bei Horizontalbunkern ist dies immer der Fall.

f) Aus Gründen der Wartung und der vereinfachten *Ersatzteilhaltung* sollten die in einer Fertigungsanlage verwendeten Bunker vom gleichen Konstruktionstyp sein. Dazu ist es nötig, daß dieser Typ für alle in dieser Fertigung verwendeten Spanarten, für nasse oder feuchte, getrocknete und beleimte, auch frisch beleimte Späne geeignet ist. Spanart, Feuchtigkeitsgehalt und Beleimung können von wesentlichem Einfluß auf die Arbeitsweise der Austragelemente und besonders bei Vertikalbunkern wegen der Gefahr der Brückenbildung auf den Transport der Späne im Silokörper sein.

3.3.3.2.2 Vertikalbunker. Rundbunker mit Tellerspeiser. Der erste in der Spanplattenfertigung mit einigem Erfolg und in größerer

Anzahl verwendete Bunker für Spänesorten wie sie noch heute verarbeitet werden, dürfte der vertikale *Rundbunker* gewesen sein, wie er in Bild 3.126a schematisch dargestellt ist. Er besteht im wesentlichen aus dem hohen, kegelstumpfförmigen Silomantel *1*, der die Späne aufnimmt und an seinem unteren Ende von einem zylindrischen Ring *2* umgeben ist. Dieser Stau-Ring ist durch eine Spindelbetätigung in der Höhe einstellbar. Den unteren Abschluß des Silos bildet der Teller *3*, der, über einen Zahnkranz *4* angetrieben, um die Mittelachse der Konstruktion drehbar ist. An der Stelle, an der die Späne den Bunker verlassen sollen, ist ein Auswerfer *5* über dem Teller angebracht. Er besteht aus einem mehrflügeligen Flügelrad, das sich, von einem Elektro-Getriebe-Motor angetrieben, um eine senkrechte Achse dreht. Zur Förderung des Durchlaufens der Späne und zur Vermeidung von Brückenbildungen ist gewöhnlich auf dem Teller inmitten des Silokörpers ein mehr oder weniger steiler Kegel *6* und über diesem oft eine korkenzieherartige Schnecke *7* angebracht; die Größe und Gestaltung dieser Einrichtung muß sich in be-

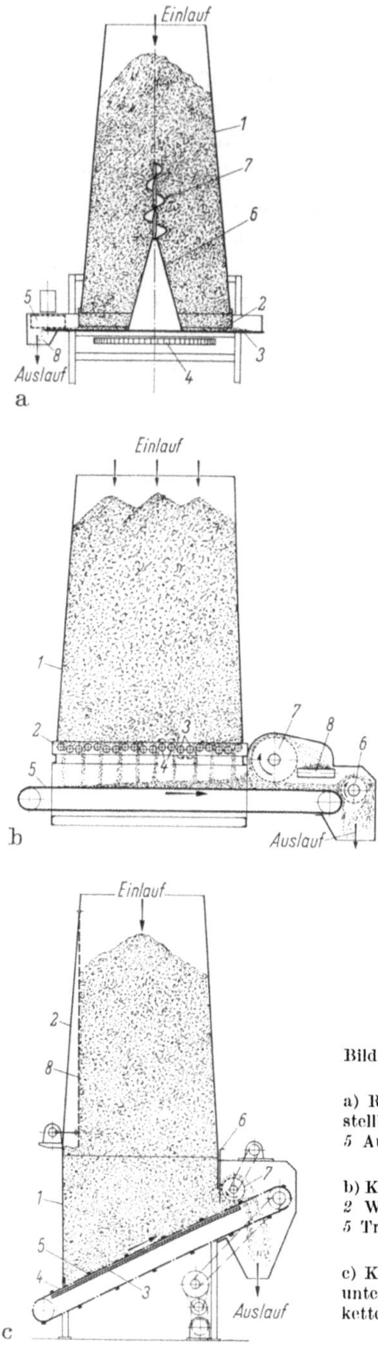

Bild 3.126 a - c. Schematische Darstellung von Vertikalbunkern.

a) Rundbunker mit Tellerspeiser. *1* Silomantel; *2* verstellbarer Stauring; *3* Teller (Teller-Boden); *4* Zahnkranz; *5* Auswerfer; *6* Kegel-Einbau; *7* Rühr- und Transportschnecke; *8* Schutzring mit Auslauftrichter.

b) Kastenbunker mit Bodenwalzenentnahme. *1* Silokasten; *2* Walzenboden; *3* Auskämmwalzen; *4* Regelwalzen; *5* Transportband; *6* Abwurfwalze; *7* Rückstreif-Dosierwalze; *8* Transportband.

c) Kastenbunker mit Bodenkratzerentnahme. *1* Kastenunterteil; *2* Kastenoberteil; *3* Bodenplatte; *4* Kratzerketten; *5* Mitnehmerkratzer; *6* verstellbare Schürze; *7* Rückstreifwalze; *8* Rütteleinrichtung.

sonderem Maße nach den Eigenschaften der Späne richten. Zu äußerst ist der Tellerboden und der Auswerfer von einem feststehenden Ring umgeben, der in den Auslauftrichter *8* des Silos übergeht.

Bei der Drehung des Tellerbodens werden die Späne unter der Wirkung des im Silomantel lagernden und nachdrängenden Bunkergutes durch den Spalt zwischen Stauring und Tellerboden aus dem Inneren auf den Tellerboden außerhalb des Stau-Ringes gedrängt, von wo sie durch den Auswerfer in den Auslauftrichter abgestreift werden. Die Menge des aus dem Silo entnommenen Gutes kann auf einfache Weise geregelt werden durch die Veränderung der Höhenlage des Stauringes *2*, durch die Verstellung des Auswerfers *5* in Richtung auf die Silomittelachse zu oder von ihr weg und durch Veränderung der Drehzahl des Tellerbodens, die jedoch für gewöhnlich nach einmaliger Einstellung entsprechend den Bedürfnissen des Betriebes konstant gehalten wird.

Die Bauweise eines solchen Rundbunkers ist einfach und damit preiswert, übersichtlich und dadurch leicht zu warten und dauerhaft. Er hat sich dementsprechend bis heute in der Spanplattenfertigung behauptet. Durch Begrenzung der Füllhöhe auf ein für einen Pufferbunker ausreichendes Maß, durch glockenförmige Erweiterung des untersten Teiles des Silomantels und andere Maßnahmen hat man die den Vertikalbunkern grundsätzlich anhaftenden Mängel ausgeschaltet oder gemildert.

Bild 3.127 zeigt in einer Gesamtansicht den Rundbunker, System Greten (Bauart Bähre). Der bei einer Gesamthöhe von etwa 4,5 m im unteren Teil auf einen Durchmesser von etwa 2 m kegelstumpfförmig erweiterte Silomantel ist gut zu erkennen.

Fassungsvermögen: rd. 11 m^3
Antriebsleistung:
Für den Tellerantrieb bei Naßspänen $N \approx 4{,}0$ kW
für den Tellerantrieb bei Trockenspänen $N \approx 2{,}2$ kW
für den Antrieb des Auswerfers $N \approx 1{,}1$ kW.

Kastenbunker mit Bodenwalzenentnahme (Dt. Gebr.-Mstr. [*3.29*], DRP [*3.32*]) haben sich in Großanlagen verschiedener Fabrikationssysteme bewährt; soweit infolge ihrer Einordnung in den Herstellungsfluß die bei vollem und leerem Bunker trotz gleicher Einstellung etwas unterschiedliche Entnahmemenge nicht stört, wird dies sicherlich weiterhin so sein. Wie in Bild 3.126b schematisch dargestellt, bildet den späneaufnehmenden Silokörper ein hoher, rechteckiger, oft in sehr hohem Maße unter Verwendung von Holzwerkstoffen hergestellter Kasten *1* und dessen unteren Abschluß ein dem rechteckigen Querschnitt des Silokörpers angepaßter Walzenboden *2*, mit den reichlich mit kurzen Stacheln ausgerüsteten Walzen *3* und *4* von 100 bis 300 mm Durchmesser. Die Achse dieser Walzen liegt gewöhnlich in Richtung der kleineren Abmessung des

Kastens. Sie können alle in einer Höhe liegen und sich alle ständig in einer Richtung oder auch mit fortgesetzt wechselndem Bewegungssinn (hin und her) drehen. Eine für sich verfilzende Späne oder für feine Späne, die einerseits zur Brückenbildung, anderseits auch zum „Schießen" neigen, besonders günstige Anordnung der Walzen zeigt der in Bild 3.126b eingezeichnete Walzenboden des Kastenbunkers, System Holig. Dabei sind die Walzen *3* und *4* paarweise in unterschiedlicher

Bild 3.127. Rundbunker, System Greten. Bauart Bähre.

Höhe angeordnet. Wie die eingezeichneten Pfeile andeuten, drehen sich die Walzen eines jeden Paares auf der Oberseite des Bodens voneinander weg. Die Durchmesser dieser Walzen betragen etwa 100 mm. Das im Silokörper liegende Spangut stützt sich auf den hochliegenden Walzenpaaren *4* (Regelwalzen genannt) im wesentlichen ab, während die tiefer liegenden Walzenpaare *3* (Auskämmwalzen) das ihnen von den Regelwalzen zugeführte Spangut auskämmen. Die Drehzahl der Auskämmwalzen beträgt etwa $n = 120$ U/min, während die Regelwalzen je nach Entnahmemenge mit veränderlicher Drehzahl von etwa $n = 0{,}4$ bis 1,5 U/min angetrieben werden.

Wenn Kastenbunker solcher Art größere Abmessungen erhalten, ist es u. U. angebracht, das Einfüllen der Späne über eine Pendelschurre, ein mit der Abwurfstelle über dem Bunker hin- und herfahrendes Förderband oder mittels sonstiger geeigneter Einrichtungen so vorzunehmen, daß der Inhalt zumindest über die ganze Länge, möglichst aber über die ganze Querschnittsfläche des Bunkers weitgehend gleichmäßig verteilt wird. Bei kleineren Bunkern genügt zum Zusammenfassen und zur Abführung der den Bunker verlassenden Späne ein unter dem Walzenboden angebrachter Trichter. Bei größeren Bunkern muß statt dessen unter dem Walzenboden eine Schwingschurre oder, wie in Bild 3.126b gezeichnet, ein Förderband *5* entsprechender Breite angebracht werden, um die Späne der nachfolgenden Transporteinrichtung zuzuführen. Durch eine Abwurfwalze *6* wird das Abfallen von sich schneewächtenartig bildenden Späneballen verhindert; dies ist besonders bei nachfolgenden pneumatischen Fördereinrichtungen wichtig. Jede Walzenbodenentnahme gestattet zwar durch Drehzahländerung der Walzen eine in gewissen Grenzen ausreichend dosierte Entnahme, die Genauigkeit einer guten volumetrischen Dosierung wird dadurch jedoch nicht erreicht. Kastenbunker der skizzierten Art wurden deshalb zu ihrem Einsatz als *Vorbunker zur Formstation* mit einer Rückstreif-Dosierwalze *7* ausgerüstet, die das gezielt überschüssig entnommene, auf dem breiten Förderband liegende Gut abstreift und in Pfeilrichtung „über Kopf" auf ein Förderband *8* wirft, von dem aus dieses Überschußgut in den Bunker zurückgeführt wird.

Bild 3.128. Kastenbunker, System Schnitzler. Bauart Industrie-Companie.

Kastenbunker mit Bodenkratzerentnahme. Seit einiger Zeit wird der *Kastenbunker mit Bodenkratzerentnahme*, System Schnitzler (Bauart Industrie-Companie), angeboten (Bild 3.126c und Bild 3.128). Der Silokörper dieses Bunkers besteht aus einem Unterteil *1*, in stabiler Profileisen-Rahmenbauweise mit Stahlblechverkleidung, und einem Bunkeroberteil *2*, in Profileisen-Rahmenbauweise mit Holzwerkstoffverkleidung, das sich zur Vermeidung von Brückenbildung von oben nach unten erweitert. Den Abschluß der rechteckigen Bodenöffnung bildet eine in einem Winkel von etwa 25° ansteigende Bodenfläche *3*, über die zwischen zwei Ketten *4* befestigte Mitnehmerkratzer *5* in Pfeilrichtung laufen und dabei die an der Bodenplatte und im Bereich der Kratzer anliegenden Späne aus dem Bunker herausfördern. Die Austrittöffnung für diese Späne im Bunkerunterteil kann durch eine höhenverstellbare Schürze *6* verändert werden. Eine entgegen den Bodenkratzern umlaufende benadelte Rückstreifwalze *7* unterstützt die mengenregelnde Wirkung der Schürze. Im wesentlichen wird die dem Bunker entnommene Menge jedoch durch die Größe der Umlaufgeschwindigkeit der Kratzer geregelt, die im Verhältnis 1:5 stufenlos verstellbar ist. Durch auswechselbare Kettenräder kann die Geschwindigkeit des Kratzers insgesamt von 0,4 bis 3,2 m/min verändert werden. Eine Rütteleinrichtung *8* soll die Gefahr der Brückenbildung weiterhin verringern und für einen gleichmäßigen Transport der Späne innerhalb des Silokörpers sorgen.

Arbeitsbreite	1500 mm			Antriebsleistung:	
Grundrißfläche	3600 mm × 2000 mm			Kratzerantrieb	1,5 kW
Gesamtbauhöhe	3000 mm	Bunkerinhalt	5 m³	Rückstreifwalze	0,8 kW
„	4000 mm	„	7 m³	Rütteleinrichtung	0,37 kW
„	6000 mm	„	11 m³		

3.3.3.2.3 Horizontalbunker. Dosierbunker. Der *Dosierbunker*, System Himmelheber (Bild 3.119a, 3.113 und Bild 3.120), Bauart Schenck (DBP [*3.21*], DBP [*3.26*]), ist in Aufbau und Gliederung einfach und übersichtlich und in der Ausführung stabil und verschleißfest. Seine wesentlichen Arbeitselemente sind das Bodenband *1*, das in Pfeilrichtung umläuft, wenn die Späne ausgetragen werden; die zwischen einem Kettenpaar befestigten und entgegengesetzt dem Bodenband (Pfeilrichtung) umlaufenden Kratzer *2* und die kopfseitige Austrageinrichtung, bei älteren Modellen aus einem umlaufenden Kratzerband, bei den neuesten Ausführungen aus gleichsinnig in Pfeilrichtung drehenden Stachelwalzen *3*. Hinzu gehören die Bürstenwalze *5* zur laufenden Reinigung des rücklaufenden Trums des Bodenbandes und die nach oben innen leicht geneigten Seitenwände *4*, zwischen denen die Kratzerketten und die Stachelwalzen liegen, während die Wände vom Bodenband seitlich etwas überragt werden.

Das Bodenband wird gebildet durch einen dichten Teppich von zwischen zwei kräftigen umlaufenden Ketten befestigten Leichtbauprofilen, auf denen ein kräftiges Gummiförderband entsprechender Breite endlos befestigt ist. Diese sehr kräftige Bauweise ergibt eine zuverlässige exakte Führung, sie meidet die Gefahr eines Bandverlaufens völlig und ermöglicht eine niedrige Antriebsleistung. Das Bodenband ist an allen Stellen, auch von mehreren Personen gleichzeitig, voll begehbar. Die Kratzer der Einlaufkratzerkette sind sehr kräftige und durch eingeschweißte Rippen versteifte Abkantprofile besonderer Form. In ihrem oberen nach vorne laufenden Trum streichen sie mit geringem Abstand über einen Zwischenboden *6* entlang, der vor der kopfseitigen Umlenkung dieser Eintragkratzerkette endet. Durch diese Einrichtung ist es möglich, den Späneinlauf an jeder beliebigen Stelle über der Länge des Bunkers anzuordnen. Die Späne können auch gleichzeitig an mehreren Stellen aufgegeben werden; es ist immer gewährleistet, daß die

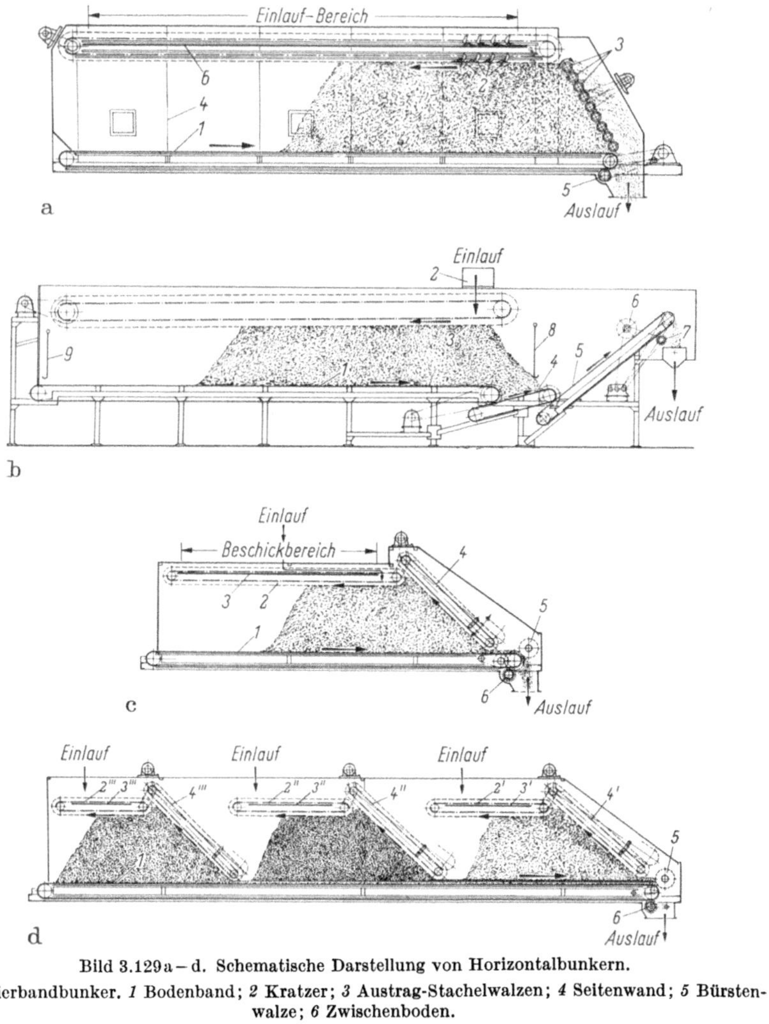

Bild 3.129a–d. Schematische Darstellung von Horizontalbunkern.

a) Dosierbandbunker. *1* Bodenband; *2* Kratzer; *3* Austrag-Stachelwalzen; *4* Seitenwand; *5* Bürstenwalze; *6* Zwischenboden.

b) Bunkermaschine. *1* Bodenband; *2* Verteilerkratzerband; *3* Rückstreifkratzer; *4* Zuführband; *5* Überwurfband; *6* Egalisierwalze; *7* Bürstenwalze; *8* Pendelklappe (Bunkerwächter); *9* Pendelklappe (Bunkerwächter).

c) Mischbunker. *1* Bodenband; *2* Kratzerkette; *3* Zwischenboden; *4* Rückstreifkette; *5* Abwurfwalze; *6* Bürstenwalze.

d) Mehrfachmischbunker. *1* Bodenband; *2′*, *2″*, *2‴* Kratzerketten; *3′*, *3″*, *3‴* Zwischenböden; *4′*, *4″*, *4‴* Rückstreifketten; *5* Abwurfwalze; *6* Bürstenwalze.

zuerst einkommenden Späne auch zuerst im Bunker abgelegt werden und die danach einlaufenden immer an das Ende der im Bunker vorhandenen Füllung sich anschließen müssen. Die im Bunker zwischen den Wänden und auf dem Bodenband liegenden eingelagerten Späne haben vom Anfang bis zum Ende des Bunkers, unabhängig von seinem Füllungsgrad, immer die gleiche Schüttdichte, weshalb die Austragmenge der Späne vom Bunkerfüllungsgrad unabhängig ist. Die solcherart immer in gleicher Höhe zwischen dem Bodenband und dem Eintragkratzerband lagernden Späne werden durch die Bewegung des Boden-

Bild 3.130. Dosierbandbunker, System Himmelheber. Bauart Schenk.

bandes nach der Kopfseite des Bunkers hin gegen die Austrageinrichtung bewegt, die über die ganze Breite und die ganze Höhe des Bunkerquerschnittes wirkend, die Späne abhebt und dadurch austrägt. Besonders bei der neueren Bunkerausführung mit Stachelwalzen ist die ausgetragene Menge der Bodenbandgeschwindigkeit unmittelbar verhältnisgleich. Der Bunker ist somit nicht nur hervorragend geeignet für eine ständig gleichmäßige volumendosierte Abgabe der Späne, sondern auch für eine *kontinuierliche, gewichtsgesteuerte Entnahme*, indem dem Bunker beispielsweise eine Durchlaufbandwaage nachgeordnet und die Bodenbandgeschwindigkeit des Bunkers von dieser Waage aus gesteuert wird. Im Augenblick des Stillstandes des Bodenbandes hört der Austrag ebenso plötzlich auf, wie er bei erneuter Vorwärtsbewegung des Bodenbandes sofort wieder einsetzt. Das „first-in, first-out“ der Späne ist in vollendeter Weise gewahrt. Der Bunker ist einsetzbar für alle in der Spanplattenfertigung nur denkbaren Späne. Er wird für nasse und trockene Späne mit unterschiedlichem Neigungswinkel zwischen Bodenband und Austrageinrichtung geliefert; für nasse Späne beträgt dieser Winkel 60°, für trockene Späne 50°. Er wird mit einer lichten Weite von 1600 mm und 2000 mm zwischen den Bunkerwänden und in 5 verschiedenen Längen gebaut (Tab. 3.7).

Bild 3.130 zeigt die klare, staubdicht geschlossene und einen stabilen Eindruck machende Ausführung eines solchen Dosierbunkers. Beide Bunkerwände sind über ihre ganze Länge in Abständen von 2000 mm mit großen Fenstern ausgestattet, die eine unmittelbare Beobachtung

Bild 3.131. Bunkermaschine, System Schnitzler-Baltes. Bauart Würtex.

der Bunkerfüllung gestatten; darüber hinaus sind die Fenster einer Wandseite zusätzlich als *Bunkerwächter* ausgebildet, die Impulse für eine Fernanzeige des Füllungsgrades des Bunkers an beliebiger Stelle der Werkanlage abgeben. Ein weiterer Bunkerwächter zeigt bei völlig gefülltem Bunker „VOLL“ an und sperrt automatisch weiteren Spänezufluß; von einem Bunkerwächter für „BUNKER LEER“ können Warnungssignale abgegeben oder nachfolgende Einrichtungen automatisch stillgesetzt werden.

Bunkermaschine. Die *Bunkermaschine*, System Schnitzler-Baltes, Bauart Würtex, Bild (3.129 b und Bild 3.131), ein in der Wirkungsweise dem im vorhergehenden Kapitel beschriebenen Dosier-Bandbunker sehr ähnlicher Horizontalbunker, hat ebenfalls ein Bodenband *1*, auch Austragband genannt, auf dem die eingebrachten Späne lagern und der Austragvorrichtung zugeführt werden. Dieses Bodenband besteht aus

Tabelle 3.7. *Leistungstafel für Dosierbandbunker*

Typenbezeichnung		160 W 1—5 U					200 W 1—5 U				
Lichte Weite zwischen den Bunkerwänden	mm	1600					2000				
Größe der Späneaustrittsöffnung	mm	400 × 1600					400 × 2000				
Bauhöhe über alles	mm	3200					3200				
Breite des Grundrahmens	mm	2050					2450				
Kennzahl der Type		1	2	3	4	5	1	2	3	4	5
Länge über alles	mm	9500	11500	13500	15500	17500	9500	11500	13500	15500	17500
Achsabstand des Bodenbandes	mm	7800	9800	11800	13800	15800	7800	9800	11800	13800	15800
Einlaufbereich rd.	mm	4300	6300	8300	10300	12300	4300	6300	8300	10300	12300
Nutzinhalt	m^3	16	22	28	34	40	20	27,5	35	42,5	50

Diese Angaben gelten für den Naßbunker mit 50° Neigung der Austrageinrichtung. Für den Trockenbunker, mit 60° Neigung der Austrageinrichtung, sind die Maße für „Länge über alles“ und Achsabstand des Bodenbandes rd. 600 mm größer.

Antriebsleistung:

Motor für den Bodenbandantrieb je nach Bunkerlänge $N = 0{,}75$ bis 1,1 kW
Motor für die Späneeinlauf-Kratzerkette $N = 1{,}5$ kW
Motor für den Antrieb der Bürstenwalze $N = 0{,}37$ kW
Motor für den Antrieb der Austragwalzen $N = 2{,}2$ kW

einem auf beiden Seiten mit Holzleisten verstärkten Perlontuch oder bei neueren Ausführungen aus einem Gummiförderband. Die Späne werden zur Vergleichmäßigung über die Bunkerbreite durch ein quer zum Bunker liegendes Verteilerkratzerband *2*, unmittelbar hinter der vorderen Umlenkung des Rückstreifkratzers *3*, aufgegeben. Der Rückstreifkratzer besteht aus zwei Buchsenförderketten, an die Stahlrohre mit eingeschweißten Stahlstiften angeschraubt sind. Zur Erleichterung des Transportes der Späne, über die im Bunker lagernden hinweg, ist der Rückstreiferkratzer nach dem Bunkerende zu leicht fallend geneigt.

Das Austragen der Späne erfolgt durch ein leicht ansteigendes Zuführband *4* und ein unter etwa 45° ansteigendes Überwurfband *5*, beides Gummiförderbänder; das Überwurfband ist wegen der steilen Förderung mit Spezialstollen versehen. Über dem Überwurfband ist, nahe seiner oberen Umlenkstelle, eine in ihrem Abstand von dem Überwurfband verstellbare Nadelstift-Egalisierwalze *6*, und unter ihm eine Bürstenwalze *7* zur Reinigung des Bandes angebracht. Über dem Zuführband ist eine Pendelklappe *8* als *Bunkerwächter* angebracht, die in 3 Stellungen elektrische Impulse zur Steuerung des Bodenbandes oder zur Signalgabe abgibt. Eine ebensolche Pendelklappe *9* ist am Ende des Bunkers zur Anzeige seiner vollständigen Füllung eingebaut.

Der Antrieb des Überwurfbandes erfolgt durch ein PIV-Getriebe, so daß seine Geschwindigkeit im Verhältnis 1:6 verändert werden kann; das Zuführband ist unmittelbar mit dem Überwurfband gekoppelt und läuft wesentlich langsamer als dieses. Das Bodenband kann durch einen polumschaltbaren Getriebemotor mit zwei konstanten Geschwindigkeiten angetrieben werden; ebenso hat das Rückstreifband einen Stirnradgetriebemotor für seinen Antrieb mit konstanter Geschwindigkeit.

Beim Füllen des Bunkers über das Verteilerkratzerband *2* fallen die Späne zunächst durch den Rückstreifkratzer *3* auf das Bodenband *1* und teilweise auch auf das Zuführband *4*. Dort häufen sie sich an, bis die neu hinzukommenden Späne von dem Rückstreifkratzer erfaßt, zurückgestreift und an die bereits vorhandene Spänefüllung rückwärts angelagert werden. Bei vollständiger Füllung des Bunkers wird die Pendelklappe *9* betätigt, die über ihren Endschalter einen Impuls zur Unterbindung weiterer Spänezufuhr gibt. Erst wenn diese Pendelklappe wieder frei ist, können erneut weitere Späne in den Bunker eingebracht werden.

Zur Entnahme von Spänen werden das Überwurfband, das Zuführband und das Bodenband in Gang gesetzt. Die auf dem Zuführband liegenden Späne gelangen auf das Überwurfband und auf diesem in den Bereich der Egalisierwalze, die auf dem Überwurfband nur ein Vlies von eingestellter Dicke durchläßt, während überschüssige Späne von ihr in Richtung auf das Zuführband zurückgeworfen werden. Die Geschwindigkeit des Bodenbandes ist so bemessen, daß dem Zuführband mehr Späne zugeführt werden, als das Überwurfband abwirft. Dadurch kommen auf dem Zuführband bald so viel Späne zu liegen, daß die Pendelklappe *8* angehoben wird. Erreicht sie auf diese Weise die ihr zugedachte „höchste Stellung", so gibt der von ihr betätigte Endschalter den Impuls zur Stillsetzung des Bodenbandes. Erst wenn durch die weitere Bewegung des Zuführbandes und des Überwurfbandes der die Pendelklappe *8* anhebende Spänehaufen so weit abgebaut ist, daß die Klappe auf eine „mittlere Stellung" zurückgehen kann, wird der Impuls zur erneuten Ingangsetzung des Bodenbandes gegeben. Dadurch füllt sich das Zuführband wieder auf, bis die Pendelklappe erneut in ihre „höchste Stellung" gebracht wird. Die dem Bunker entnommene Menge ist abhängig von der Einstellung der Egalisierwalze und von der Geschwindigkeit des Austragbandes. Die volumetrische Dosierung des Bunkers ist sehr gut; trotzdem wird dieser Bunker für besondere Zwecke mit einer mit ihm zusammengebauten *Taktdosierwaage* ausgerüstet, wie sie im folgenden Abschnitt beschrieben ist. Bild 3.131 zeigt eine Gesamtansicht dieses Bunkers.

Tabelle 3.8. *Leistungstafel für Bunkermaschinen*

Lichte Weite zwischen den Bunkerwänden	mm	1850				
Bauhöhe über alles	mm	3500				
Breite über alles	mm	2550 (2700)				
Länge über alles	mm	9350	11200	13050	14900	18600
Nutzinhalt	m^3	15	20	25	30	40

Antriebsleistung:

Motor für das Bodenband (Austragband)	$N = 2{,}2$ kW bis 30 m^3, darüber $N = 3{,}5$ kW
Motor für das Überwurf- u. Zuführband	$N = 1{,}5$ kW Getriebemotor oder PVI-Variator
Motor für den Rückstreifkratzer	$N = 2{,}9$ kW bis 30 m^3, darüber $N = 4{,}3$ kW
Motor für die Egalisier- u. Bürstenwalze	$N = 0{,}75$ kW
Motor für das Taktscheibengetriebe	$N = 0{,}3$ kW

Bandgeschwindigkeiten:

Bodenband (Austragband)	$v = 15$ m/min
Überwurfband	$v = 9$ bis 18 m/min
Rückstreifkratzer	$v = 18$ m/min

Bunker mit Taktwaage. Die Firma Industrie-Companie baut einen Spänebunker in verschiedenen Größen, der in Aufbau, Wirkungsweise und Ausführung weitgehend dem im vorigen Abschnitt beschriebenen gleicht. Auch dieser Bunker wird für eine volumetrisch dosierte und für eine gravimetrisch dosierte Entnahme gebaut. Da nasse Späne einen oft sehr plötzlich und in weiten Grenzen schwankenden Feuchtigkeitsgehalt aufweisen, ist bei diesen nur die volumetrisch dosierte Entnahme angebracht. Getrocknete Späne, mit weitgehend konstantem Feuchtigkeitsgehalt, können gravimetrisch dosiert entnommen und weitergeleitet werden. Hierzu wird der Bunker mit einer selbsttätig arbeitenden *Taktdosierwaage*, im Austragkopf unmittelbar unter der Abwurfstelle des Überwurfbandes eingebaut, ausgerüstet. Diese Ausführung wird gerne dann verwendet, wenn der Bunker die unmittelbar nachfolgende Beleimungsmaschine mit getrockneten Spänen in einstellbarer konstanter Gewichtsmenge versorgt. Bild 3.132 zeigt den Bunkerkopf oder Austragkopf eines solchen Bunkers. Der im Bild quer über die Breite des Bunkerendes mit 4 Versteifungsrippen versehene Teil ist eine Klappe des Wiegekorbes, auch Waagenbehälter genannt, in den die taktweise abzuwiegenden Späne eingefüllt werden. Zwischen dem Simplabelt-Regelgetriebe zum Antrieb des Überwurfbandes mit veränderlich einstellbarer Geschwindigkeit und der Antriebswelle dieses Bandes ist entweder eine Elektromagnet-Kupplung eingebaut, die es gestattet, das Austragband im Takt der vorzunehmenden Füllung in Gang zu setzen

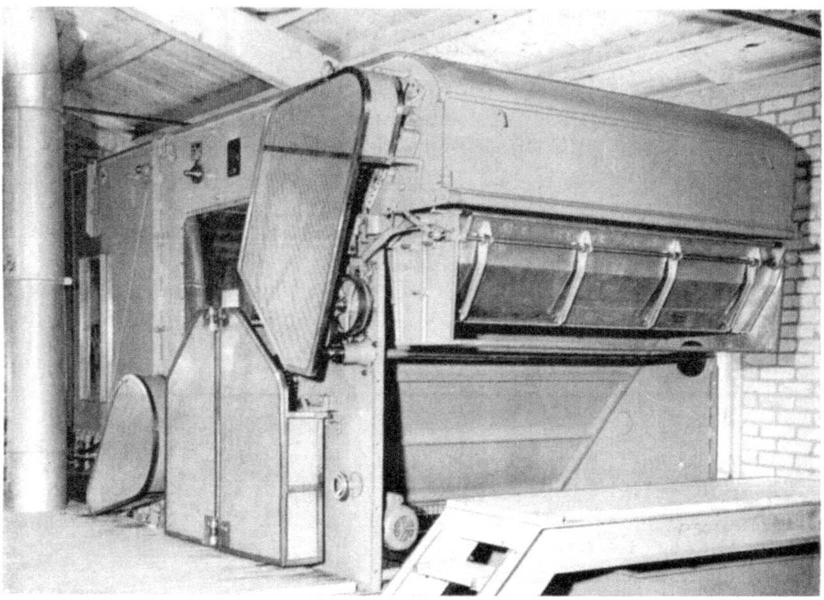

Bild 3.132. Austragkopf eines Horizontalbunkers mit Taktwaage. Bauart Industrie-Companie.

oder plötzlich stillzusetzen, oder es wird ein Getriebemotor mit Elektromagnetbremse verwendet. Die Regelung der Taktzahl erfolgt meist von der Beleimungseinrichtung aus. Ein Taktscheibengetriebe regelt Zeit und Reihenfolge der während eines Taktes auszuführenden Vorgänge. Wenn der Wiegekorb nach der Leerung wieder geschlossen ist, wird das Überwurfband selbsttätig in Gang gesetzt und füllt diesen Korb. Bei Erreichen des vorgesehenen Gewichtes wird die Zufuhr von Spänen abgestellt und der Wiegekorb beim Erreichen der eingestellten Taktzeit entleert. Zusätzliche Auffangklappen, die sich im Augenblick, in dem das genaue Gewicht erreicht wird, schließen und das Nachfallen von Spänen vom Überwurfband verhindern, erhöhen die Genauigkeit der Wägung. *Sicherheitseinrichtungen* zeigen an, wenn infolge ungenügend gefüllten Bunkers oder im Verhältnis zur gewünschten Entnahmeleistung zu niedrig eingestellter Geschwindigkeit des Überwurfbandes das vorgesehene Gewicht im Waagenbehälter nicht erreicht wird (Tab. 3.9).

Tabelle 3.9. *Leistungstafel für Bunker mit Taktwaage*

Lichte Weite zwischen den Bunkerwänden	mm	1900
Bauhöhe über alles	mm	2333
Breite über alles	mm	2668
Länge über alles	mm	10657
Achsabstand des Bodenbandes	mm	7930
Nutzinhalt	m^3	20

Antriebsleistung:

Motor für das Austragband (Bodenband)	$N = 1{,}5$ kW
Motor für das Überwurf- u. Zuführband	$N = 1{,}5$ kW
Motor für den Rückstreifkratzer	$N = 0{,}74$ kW
Motor für die Egalisierwalze	$N = 0{,}3$ kW

Bandgeschwindigkeiten:

Boden- oder Austragband	$v = 13$ m/min
Zuführband	$v = 0{,}375 \ldots 3{,}38$ m/min
Überwurfband	$v = 3 \ldots 27$ m/min
Rückstreifkratzer	$v = 20$ m/min Zuführband: Überwurfband = 1:8
Egalisierwalze	$v = 78$ U/min

Mischbunker. Ein Bunker besonderer Art ist der *Mischbunker*, System Himmelheber, Bauart Moralt. Während man bei allen in der Spanplattenfertigung verwendeten Bunkern im allgemeinen darauf sieht, daß der Grundsatz „first-in, first-out“ streng eingehalten und von der Konstruktion erfüllt wird, legt man bei diesem Bunker besonderen Wert auf seine Eigenschaft, das in ihn eingeführte Gut vor der Abgabe zu durchmischen. Die Notwendigkeit dazu kann vorliegen, wenn in diesen einen Bunker Späne verschiedener Art eingeführt werden, sei es dadurch, daß die vorgeschaltete Zerspanungsmaschine selbst absatzweise mit sehr unterschiedlichen Holzarten beschickt wird (Furnierzerspanung), sei es, daß verschiedene Spanquellen den Bunker beliefern und man auf eine gute Durchmischung des entnommenen Gutes Wert legt.

Wie das Schema in Bild 3.129c zeigt, besteht der Bunker wiederum aus einem Boden- oder Austragband *1*, das aus zwischen zwei kräftigen Ketten geschraubten Leichtbauprofilen und darauf aufgelegtem endlosen Gummiband besteht. Diese Konstruktion wählt man, um eine einwandfreie Führung des Bodenbandes, keinen Schlupf zwischen Antrieb und Band und um eine voll begehbare Bunkerbodenfläche zu erhalten. Die Zuführung der Späne erfolgt, wie beim Dosierbandbunker, Bauart Schenck, von oben her über einen Beschickungsbereich, der über einen großen Teil der Bunkerlänge reicht. Die einfallenden Späne werden durch eine Kratzerkette *2* über den Zwischenboden *3* bis zu dessen Abwurfstelle unmittelbar hinter der vorderen Umlenkung dieser Kratzerkette befördert und fallen von dort auf das Bodenband, auf dem sie sich aufhäufen und schließlich von der Kratzerkette nach der Bunkerrückseite nur soweit transportiert werden, bis sie sich an das Ende der im Bunker befindlichen Spänefüllung anlegen können. Während das Bodenband die Seitenwände des Bunkers seitlich überragt, also breiter ist als die lichte Weite zwischen den Bunkerwänden, liegt auf der Kopfseite des Bunkers ebenso wie die Kratzerkette *2* zwischen den Bunkerwänden eine Rückstreifkette *4*, die mit dem Bodenband einen Winkel von etwa 45° bildet. Die Ketten *2* und *4* laufen zueinander gleichsinnig, aber entgegengesetzt zum Bodenband um. Die Rückstreifkette *4* ist um die Achse ihrer oberen Umlenkwelle in der gezeichneten Pfeilrichtung schwenkbar, so daß zwischen ihrer unteren Umlenkung und dem Bodenband ein verschieden großer Durchlaß entsteht. Eine Abwurfwalze *5* sorgt für gleichmäßigen Abwurf des ausgetragenen Gutes vom Bodenband in den Auslauf, und eine Bürstenwalze *6* reinigt laufend die Fläche des Bodenbandes von etwa anhaftenden Spänen. Die im Bunker eingelagerten Späne werden durch die Bewegung des Bodenbandes in Pfeilrichtung der Rückstreifkette *4* entgegengeführt. Diese fördert den größten Teil der ihr zugeführten Späne in ihrer Laufrichtung schräg nach oben und übergibt sie der Kratzerkette *2*, die sie in der gleichen Weise an die Rückseite der im Bunker eingelagerten Späne heranbringt, wie neu hinzukommende Späne. Nur ein kleiner Teil der vom Bodenband nach der Kopfseite des Bunkers transportierten Späne wandert zwischen Bodenband und unterer Umlenkstelle der Rückstreifkette *4* hindurch und verläßt auf diese Weise den Bunker. Durch das ständige Zurückführen des größten Teiles der der Rückstreifkette *4* zugeführten Späne wird der Bunkerinhalt schnell und gründlich durchmischt.

Bild 3.133 zeigt einen solchen Mischbunker in der rechten Hälfte des Bildes. Dieser ist dort Stirn an Stirn aufgestellt mit einem Dosierbandbunker, Bauart Schenck. Während in den Dosierbandbunker frisch beleimte Mittelschichtspäne eingetragen werden, wird der *Mischbunker* mit allem möglichen *Rückführgut* der laufenden Anlage gefüllt. Dieses Rückführgut besteht aus Deck- und Mittelschichtspänen und unter Umständen sonstigem beleimten Material, das in dem Bunker durchmischt wird, ehe es zusammen mit den frisch beleimten Spänen in ein-

Bild 3.133. Mischbunker, System Himmelheber. Bauart Moralt.

stellbarem, volumetrisch dosiertem Verhältnis der Formungseinrichtung zugeführt wird. Aus Bild 3.133 ist zu ersehen, daß der Mischbunker völlig geschlossen, praktisch staubdicht, gebaut wird. An der Kopfseite sieht man die Verstelleinrichtung für die Veränderung der Neigung der schrägen Rückstreifkette, eine der Möglichkeiten, die Austragmenge zu verändern; ein motorischer Antrieb ermöglicht neben der Verstellung von Hand an Ort und Stelle auch eine Fernbetätigung. Die Antriebe der beiden Bodenbänder (Heynau-Variator) sind elektrisch gekoppelt, so daß das Verhältnis der Bodenbandgeschwindigkeiten und damit das Verhältnis der Entnahmemengen auf einfache Weise verändert werden kann und bei einer Veränderung der Gesamtentnahme unabhängig davon beibehalten wird.

Mehrfachmischbunker. Einen *Mehrfachmischbunker* zur Herstellung eines Spänegemisches aus 3 gesteuerten Komponenten zeigt Bild 3.129d. Er besteht aus 3 zu einer Einheit zusammengebauten Mischbunkern, wie sie im vorhergehenden Abschnitt beschrieben wurden. In der schematischen Darstellung sind das gemeinsame Bodenband *1*, die 3 waagerechten Kratzerketten *2'*, *2''*, *2'''* mit den zugehörigen Zwischenböden *3'*, *3''*, *3'''* und die 3 schrägen Rückstreifketten *4'*, *4''*, *4'''* zu erkennen, desgleichen die Abwurfwalze *5* und die Bürstenwalze *6* am Kopfende des Bodenbandes. In jedem Bunkerteil wird das eingebrachte Spangut für sich durchmischt. Die schrägen Rückstreifketten werden so eingestellt, daß die am Kopfende liegende den größten Durchgang zwischen Bodenband und ihrer unteren Umlenkung hat, die mittlere einen geringeren und die am Bunkerende liegende Kratzerkette den geringsten. Auf diese Weise liegt das zu hinterst im Bunker eingelagerte Gut bei dem mittleren Bunker als Schicht gewünschter Dicke unter dem dort eingeführten. Das aus diesem Bunker austretende Gut liegt als Schicht auf dem des hintersten Bunkerteiles. Beide zusammen liegen im kopfseitigen Bunkerteil unter dem dort eingeführten Spangut. Beim Austreten unter der kopfseitigen, schrägen Rückstreiferkette liegen aus den 3 Bunkern 3 Schichten einstellbarer Dicke und verschiedener Späne aufeinander, die durch die Abwurfwalze in den Auslauftrichter abgestreift werden. *Misch- und Dosierbunker* dieser Art können in kleinen und großen Anlagen zur Herstellung einheitlichen Fertigungsgutes, auch in Bunkergruppen gemäß Bild 3.123, sehr nützlich sein.

3.3.4 Förderung der Späne

Von **Klaus Steiner,** Baiersbronn

3.3.4.0 Allgemeines

Die *Förderanlagen* eines Spanplattenwerkes nehmen der Höhe der *Beschaffungskosten*, der *Kosten für Instandsetzung* und *Ersatzdienst* und den *Betriebskosten* nach einen hervorragenden Platz in der Gesamtanlage ein. Trotzdem ist oft zu erkennen, daß der planende, der den Betrieb unterhaltende und der ihn ausbauende Ingenieur nicht immer die angebrachte Sorgfalt für eine richtige Auswahl der Fördermittel aufwendet. Es ist nötig, die Auswahl mit Aufmerksamkeit so zu treffen, daß die Transporteinrichtungen den *Stoffeigenschaften der Späne* und der Forderung nach einer möglichst *geringen Einwirkung auf das Fördergut* gerecht werden und daß darüber hinaus die Höhe der Anlagekosten einerseits und die der laufenden Betriebs- und Unterhaltskosten anderseits unter Berücksichtigung der jeweiligen Betriebsverhältnisse sorgfältig gegeneinander abgewogen werden, bevor man die Art der Fördermittel und ihre Eingliederung in die Kette der Fertigungseinrichtungen festlegt. Die einmal getroffene Wahl des Fördermittels legt die *Wirtschaftlichkeit der Fertigung* und oft auch die *Güte des Erzeugnisses* für meist sehr lange Zeit fest. Eine sorgfältige *Planung* der Gesamtanlage und ihrer Fördereinrichtungen ist beim heutigen Stand der Technik unbedingte Notwendigkeit. Es ist dabei wichtig, die Materialbewegungen der Fertigung nicht als gesonderte für sich stehende Planungsaufgabe anzusehen; sie muß vielmehr Schritt für Schritt und im ganzen mit den Fertigungsgängen in den Spezialmaschinen abgestimmt und als nicht abzutrennendes Teil der Gesamtanlage behandelt werden. Die Fördermittel sind von nicht zu übersehendem Einfluß auf den Fertigungsverlauf und auf die Anordnung der Fabrikationseinrichtungen ebenso wie auf die bauliche Gestaltung. Es geht auch nicht darum, sich für eine Art von Fördermittel für alle Transportaufgaben der Fabrikation zu entscheiden. Eine optimale Wirtschaftlichkeit der Fertigung kann nur durch eine zweckentsprechende ausgewählte *Verbindung von* jeweils bevorzugt *geeigneten Fördermitteln* erreicht werden; hier müssen Verfahrenstechniker, Fördertechniker, Betriebswirtschaftler und Architekten zusammenarbeiten.

Der Einsatz von Fördermitteln wird meist unter dem Gesichtspunkt der Rationalisierung beurteilt; man will teuere menschliche Arbeitskraft durch eine wirtschaftlicher arbeitende Maschine ersetzen. Obwohl in der großen Zahl der verwendeten Fördermittel das wesentliche Element der Mechanisierung als Voraussetzung zur Automatisierung und der damit gegebenen Rationalisierung selbst bei nur mittelgroßer Plattenfertigung liegt, stellt sich die Frage der Rentabilität der Fördermittel nicht als Frage: Arbeiter oder Maschine, sondern lediglich als Aufgabe zur Auswahl der technologisch und wirtschaftlich am besten geeigneten Fördereinrichtung. Die Maschine als Fördermittel ist in der Spanplattenfertigung zwingende Notwendigkeit, der Mensch als Wettbewerber scheidet von vornherein aus.

Nur ganz am Anfang der Herstellung von Spanplatten, in mehr gewerblichem als industriellem Maßstab, wurden Späne von *Hand*, chargenweise transportiert. Sehr bald schon wurden — wie auch heute noch — für die Förderung der Späne im nassen, feuchten, getrockneten oder beleimten Zustand ausschließlich *Stetigförderer* eingesetzt, die ihrer Natur gemäß sich durch Wirtschaftlichkeit und lange Lebensdauer auszeichnen; sie sind immer da richtig am Platz, wo Transportmittel für einen langfristig festgelegten Materialfluß angewendet werden. Als solche kommen sowohl *pneumatische Fördereinrichtungen* als auch zahlreiche Ausführungen *mechanischer Förderer* zur Anwendung; hydraulische Fördermethoden und Einrichtungen, wie sie bei der Papier-, Zellstoff- und Faserplattenherstellung gebräuchlich sind, bei denen der

„Stoff" im Wasser schwimmend von diesem transportiert wird, scheiden bei den Trockenverfahren der Spanplattenfabrikation aus.

Die bei der Spanplattenfertigung verwendeten Födereinrichtungen waren in ihrer Art schon vorhanden und wurden von anderen Fertigungen in vielfacher Zahl und mannigfachen Ausführungen verwendet. Sie wurden von dort übernommen; meist nur geringfügige Anpassungen und Verbesserungen erwiesen sich als vorteilhaft.

Zur Bemessung der Förderer ist im allgemeinen das zu transportierende *Volumen der Späne* die maßgebliche Größe. Hier ist das meist recht niedrige und gleichzeitig in großen Grenzen schwankende Schüttgewicht des Spangutes zu berücksichtigen. Eine Ausnahme machen die pneumatischen Förderer, bei denen nach dem zu transportierenden Gewicht dimensioniert wird. Man soll die Förderer immer sehr reichlich bemessen, um Verstopfungen und andere Betriebsstörungen mit Sicherheit zu vermeiden, nicht nur wenn man damit rechnen muß, daß die Fabrikation im Laufe der Zeit vergrößert wird. Es ist auch zu beachten, daß an manchen Stellen der Fertigung, beispielsweise bei Zerspanungsmaschinen, die *Späne stoßweise anfallen*. Wichtig ist es, selbst bei den zuweilen recht einfachen Transportmitteln ausgereifte, erprobte und betriebssichere Konstruktionen von auf dem Gebiet der Späneförderung erfahrenen Herstellern zu verwenden.

3.3.4.1 Gurtförderer

Die *Gurtförderer* gehören zu den von Anbeginn an verwendeten, auch heute noch außerordentlich zahlreich eingesetzten Fördermitteln für die Späne der Spanplattenfertigung. Dies liegt an den Vorteilen, die sie bieten: Ihr *Anschaffungspreis* ist verhältnismäßig niedrig, ihre *Konstruktion* und *Wirkungsweise* sind einfach zu überschauen, sie haben eine lange *Lebensdauer* und sind *wenig störanfällig*. Im Verhältnis zum Fördergut ist *wenig Totlast* zu bewegen, gleitende Reibung findet kaum statt, dementsprechend ist der Stromverbrauch niedrig, alles in allem werden geringe laufende Betriebskosten verursacht. Schließlich ist die Konstruktion auch von geringem Gewicht, und man kann, z. B. bei der Verwendung einer Rohr-Gitterkonstruktion des Traggerüstes, beträchtliche Längen unterstützungsfrei überbrücken.

Von Vorteil ist schließlich, besonders bei einer in der Entwicklung befindlichen Industrie, daß man die Förderleistung, vorausgesetzt, daß die Bandbreite von Anfang an nicht zu knapp bemessen wurde, durch einfache Geschwindigkeitserhöhung des Förderbandes wesentlich erhöhen kann. Ein Gurtförderer kann notfalls auch anderen Orts wieder verwendet werden, wobei unter Umständen notwendig werdende Änderungen der Länge ohne große Kosten durchzuführen sind.

Dem stehen auch *Nachteile* gegenüber, die man nicht außer acht lassen soll: Die Linienführung der Förderung ist beschränkt. Im wesentlichen ist der Gurtförderer für *horizontale bis nur mäßig steigende Förderungen* geeignet. Mittels aufvulkanisierter Leisten oder auch regelrechter Stege kann man aber auch sehr steil fördern.

Nachteilig ist dabei meist, daß dann die Verschmutzung des Bandes nicht verhindert werden kann, weil Reinigungsbürsten oder Schaber nicht mehr anzubringen sind. *Richtungsänderungen* sind nur bei Verwendung mehrerer Bänder mit entsprechendem Übergang des Fördermittels von einem Band auf das andere möglich. Dieses kostet aber Höhe, was bei den Eigenschaften dieses Fördermittels unangenehm ist. Es ist kaum möglich, den Förderer über seine ganze Länge oder an allen seinen Stellen so abzudecken und abzudichten, daß *Verschmutzungen* der Umgebung durch das Fördergut, wenn dieses dazu neigt, zu vermeiden sind. Dies gilt besonders für die Aufnahme- und für die Abgabestelle des Bandes. Fällt das Fördergut insbesondere noch an der Aufgabestelle aus größerer Höhe herab oder steht die Zuführung der Späne aus irgendeinem Grunde gegenüber der Umgebung unter leichtem Luftüberdruck, so ist eine starke Verschmutzung des Bandes und seiner Umgebung nicht auszuschalten. Diese Eigenart gehört zu den unangenehmsten Nachteilen des Transportes mit Gurtförderern.

Gummigurte und entsprechende *Kunststoffgurte mit Gewebeeinlagen* beherrschen fast ausschließlich das Feld. *Stahlbänder* zum Transport von Holzspänen werden lediglich als Formband bei 1-Etagenheizpressen oder bei der kontinuierlich arbeitenden Bartrev-Heizpresse verwendet. Als Gurte werden gewöhnlich Gummibänder von 5 mm Dicke mit drei Gewebeeinlagen, 1 mm Gummideckplattenschicht auf beiden Seiten und geschlossenem, vulkanisiertem Vollgummikantenschutz, in der Qualität B 50 oder B 60, verwendet, wobei der Buchstabe ,,B“ auf die Verwendung von Baumwolleinlagen und die nachfolgende Zahl auf die Festigkeit dieses Materials hinweist (DIN 22102).

Gummibänder mit völlig glatter Transportseite sollen tunlichst nicht verwendet werden. Auf ihnen rutschen Späne schon beim Anfahren des Bandes. Ganz besonders ist dies der Fall, wenn das Band eine auch nur leichte Steigung aufzuweisen hat. Es kann dadurch zu einer Anhäufung kommen, die, wenn auch nicht unbedingt im Gurtförderer selbst, so doch in nachgeschalteten Einrichtungen u. U. zu Verstopfungen führt. Es ist deshalb zweckmäßig, die Aufgabestelle so auszubilden, daß die Späne, kurz bevor sie auf das Band zu liegen kommen, durch Leitbleche u. dgl. eine Beschleunigung in Förderrichtung bekommen. Im allgemeinen verwendet man Gummibänder mit *gerauhter Oberfläche* z. B. nach Muster eines groben Gewebes; weitverbreitet ist die Verwendung eines ,,Fischgrätmusters“.

Man kann damit rechnen, daß völlig glatte Gurte nur für rein waagerechte Förderung zu verwenden sind. Bei *profilierten Oberflächen* (Fischgrätmuster, Querrillen usw.) kann man bis zu 30° Steigung überwinden. Es ist jedoch Vorsicht anzuraten, da insbesondere bei beleimten Spänen die oft verwendeten hydrophobierenden Mittel auf die Dauer das Band

Bild 3.134. Gurtförderer mit aufvulkanisierten Stollen zur steil ansteigenden Förderung von Holzspänen. Bauart Normü.

außerordentlich glätten. Bei beleimten Spänen sollten 25° Steigung nicht überschritten werden. Bänder mit *aufvulkanisierten Leisten* können bis zu Steigungen von 45° angewendet werden. Bild 3.134 zeigt ein solches Förderband. In allen Fällen bedingt jedoch wachsende Steigung eine Verringerung der Förderleistung des Bandes.

Gurtförderer für Holzspäne sollten immer unmittelbar nach der Abwurfstelle, also unmittelbar nach der Antriebstrommel auf der Unterseite des Gurtes eine *rotierende Bürste zur Reinigung* der Bandfläche aufweisen und im Raum zwischen beiden Gurten, kurz vor der Umlenktrommel, an der Späneaufgabeseite mindestens einen feststehenden, gut wirksamen Bandreiniger haben, in dessen Bereich die geraden Tragrollen des rücklaufenden Trummes etwas enger gesetzt sind als im übrigen Bereich.

Das förderguttragende Gurttrumm kann bei sehr kurzen Förderwegen auf Holz oder Blech schleifen. Bei Förderlängen über etwa 3 m wird man jedoch immer *Stützrollen* verwenden, die den Gurt gleichzeitig gemuldet führen und dadurch eine höhere Förderleistung ermöglichen. Stützrollen werden zweiteilig und dreiteilig ausgeführt, wie dies Bild 3.135 a und b zeigt.

Eine Ausführung besonders großer Förderleistung, die außerdem den Vorteil hat, daß die Förderstrecke gut abgedeckt und abgedichtet werden kann, zeigt Bild 3.135 c. Der Gurt hat einvulkanisierte Längsrillen, die es ermöglichen, die Seitenteile des Gurtes hochzustellen. Über die Antriebstrommel und die Umlenktrommel jedoch, also an der Abgabe- und Aufnahmestelle, muß auch dieses Förderband flach geführt werden. Es ist deshalb selbst bei diesem *Troggurtförderer* außerordentlich schwierig, ja praktisch unmöglich, diese Stellen so abzudichten, daß eine Verschmutzung nach außen nicht erfolgt.

Es ist darüber hinaus immer angebracht, zwischen Traggurt und Rücklaufgurt eine Abdeckung anzubringen, wie dies Bild 3.135 a bis d deutlich zeigt, um das untere Band vor Verschmutzung nach Möglichkeit zu schützen.

Die Gurtförderer sollen wegen des im Dauereinsatz allgemein üblichen 24 Stunden-Betriebes mit *kugelgelagerten Laufrollen* ausgerüstet sein. Diese ergeben den geringsten Leerlaufwiderstand des Förderers und verursachen keinen nennenswerten Aufwand für den Schmierungsdienst. Die üblichen *Tragrollen*-Durchmesser betragen bis 650 mm Bandbreite 89 mm; bei 800 mm Bandbreite und darüber sind es 108 mm. Es empfiehlt sich stets, die Tragrollen nicht zu schwach zu wählen und vor allen Dingen Ausführungen zu verwenden, die eine einwandfreie Wälzlagerung, eine ausreichende Fettvorratskammer und eine erstklassige Abdichtung gegen Staubeintritt aufweisen. In Bild 3.135 f und g sind beispielhafte Ausführungen dargestellt.

Die *Abstände der Muldenrollensätze* betragen zweckmäßig bei dem etwa 5 mm dicken Gummigurt mit 3 Baumwolleinlagen rd. 900 bis 1000 mm. Die geraden Rollen für das rücklaufende Trumm setzt man auf etwa 2000 mm Abstand. Um im Bereich der Aufgabestation die seitlichen Verkleidungen gegen das Gummiband abdichten zu können, ist es üblich, im Bereich der Aufgabestation zwischen der Umlenktrommel und dem ersten Muldenrollensatz das Band beiderseits auf Gleitschienen aus Blech laufen zu lassen und nur in der Mitte eine kurze gerade Rolle einzusetzen, wie dies Bild 3.135 d zeigt. Die in dieser Darstellung rechts angedeutete *Abdichtung* durch eine Filz- oder Gummilippe zeichnet sich durch größere Elastizität gegenüber der auf der linken Seite gezeichneten Gummileiste aus. Sie bedarf allerdings auch eher einer Erneuerung. Es ist

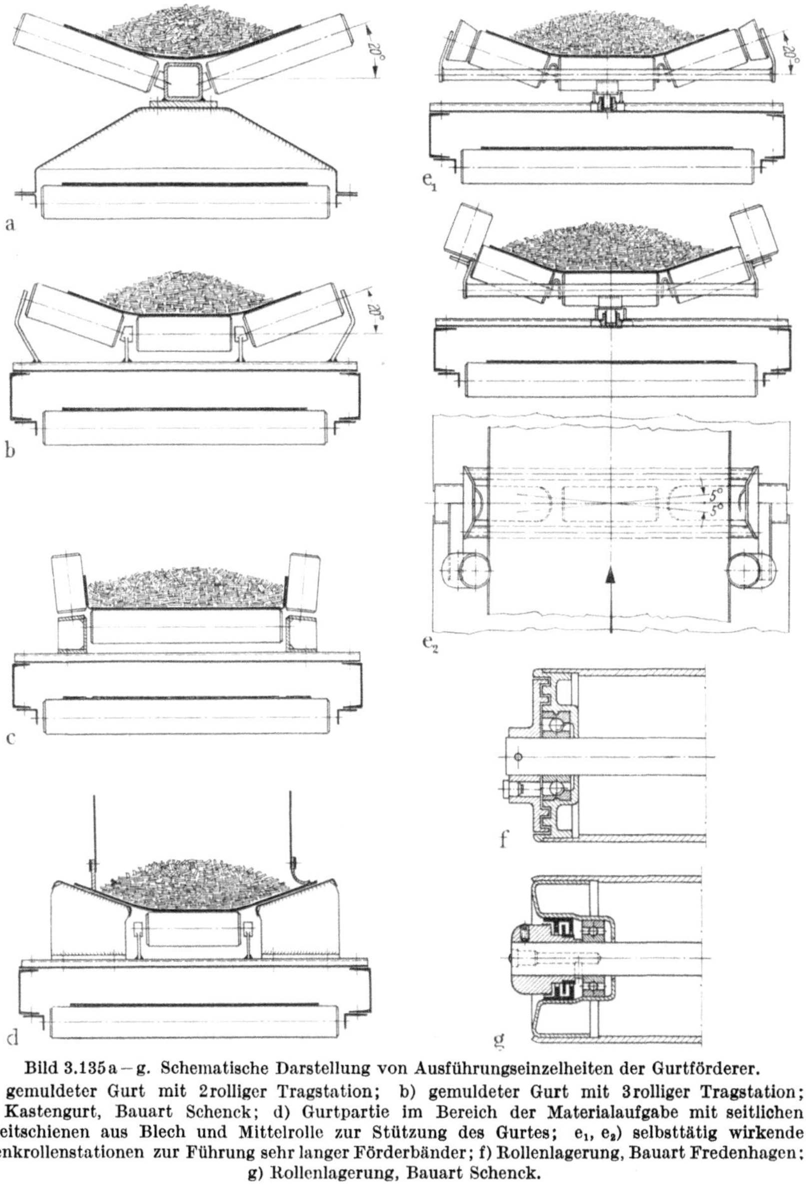

Bild 3.135 a – g. Schematische Darstellung von Ausführungseinzelheiten der Gurtförderer.
a) gemuldeter Gurt mit 2rolliger Tragstation; b) gemuldeter Gurt mit 3rolliger Tragstation; c) Kastengurt, Bauart Schenck; d) Gurtpartie im Bereich der Materialaufgabe mit seitlichen Gleitschienen aus Blech und Mittelrolle zur Stützung des Gurtes; e_1, e_2) selbsttätig wirkende Lenkrollenstationen zur Führung sehr langer Förderbänder; f) Rollenlagerung, Bauart Fredenhagen; g) Rollenlagerung, Bauart Schenck.

zweckmäßig, Abdichtung und Seitenwände so auf den Gurt zu setzen, daß dieser mindestens 50 mm seitlich verlaufen kann, ohne daß die Abdichtung dadurch unwirksam wird. Es bereitet im allgemeinen keine Schwierigkeiten, das Band zum einwandfreien Laufen zu bringen, wenn die Antriebstrommel und die Umlenktrommel gut eingestellt sind. Besteht bei Bändern, die hoher Verschmutzung ausgesetzt sind, oder aus anderen Gründen die Gefahr des Verlaufens mit der sich daraus ergebenden Möglichkeit von Beschädigung des Bandes und zwangläufig sich einstellender Betriebsstörungen, so kann man seitliche, bewegliche Leitrollen anbringen, über die durch Endschalter Warnsignale gegeben werden oder das Band stillgesetzt wird. Bei sehr langen Bändern baut

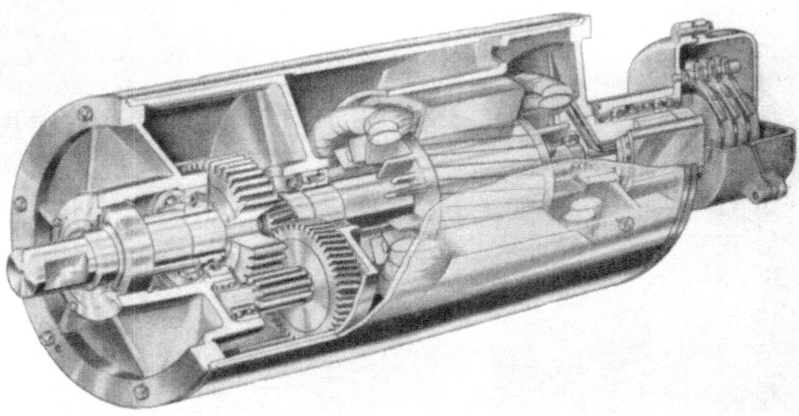

Bild 3.136. Drehstrom-Trommel-Motor. Bauart Bauer. $N = 2{,}2$ kW; $v = 1{,}31$ m/s; Trommeldurchmesser = 315 mm.

man auch selbsttätig wirkende *Lenkrollenstationen* ein, wie sie in Bild 3.135 e dargestellt sind. Beim seitlichen Auflaufen des Bandes dreht eine Steuerrolle den Muldenrollensatz der Lenkrollenstation, entsprechend dem Verlauf des Bandes so, daß es wieder in seine richtige Lage zurückgeführt wird.

Die *Antriebsleistungen* liegen bei den in der Spanplattenfertigung üblichen Längen der Förderer und Lastgrößen meist zwischen 1 und 3 kW; 5 kW Antriebsleistung werden nur in Ausnahmefällen erreicht und kaum überschritten. Der *Antrieb der Kopftrommeln* erfolgt dementsprechend durch

a) *Elektro-Getriebemotor mit Kettenübersetzung auf die Trommel* oder auch durch direkte elastische und spielfreie *Kupplung* mit der Trommel;

b) *Getriebetrommeln* und *normalen Elektromotor mit Keilriemenübertragung*; bei diesen Getriebetrommeln ist das Untersetzungsgetriebe in die Trommel eingebaut;

c) *Elektro-Trommelmotoren*, bei denen das Untersetzungsgetriebe und der antreibende Elektromotor in den Trommelmantel eingebaut ist (Bild 3.136).

Der Antrieb nach a) hat den Vorteil, daß man die Drehzahl durch Veränderung der Kettenübersetzung auf einfache Weise variieren kann. Auch bei der Getriebetrommel nach b) ist eine solche Änderung der Drehzahl noch möglich. Die eleganteste Ausführung ist aber zweifellos der Trommelmotor. Er ist außerordentlich leicht einzubauen und benötigt dazu keine Konsole oder Ähnliches. Diese Trommelmotoren sind heute ein außerordentlich betriebssicheres, verschleißfestes, völlig austauschbares, unbedingt staubdichtes und strahlwassersicheres (P 54), für den 24 Stunden-Betrieb geeignetes Antriebsmittel, das nicht mehr Wartung benötigt, als die Rollen des Gurtförderers. Sie werden hergestellt mit Trommel-Durchmessern von 160 mm bis 630 mm und mit Stärken der Antriebsmotoren von 0,05 kW bis 18 kW. Die damit gegebenen Bandgeschwindigkeiten reichen von 0,034 m/s bis 3,0 m/s und überdecken damit die genormten Bandgeschwindigkeiten. Bild 3.136 gibt ein Schnittbild eines Trommelmotors, wie er heute in größtem Umfange zum Antrieb von Gurtförderern benutzt wird. Diese Trommelmotoren werden auch mit Rücklaufsperren geliefert, so daß bei langen, steilen und gefüllten Bändern beim Stillstellen der Fördereinrichtung kein Rücklauf und daraus sich ergebende Verstopfungen und Schwierigkeiten erfolgen können.

Die *Spannung des Gurtes* erfolgt durch die mittels *Spindelspannung* verschiebbare Umlenktrommel am Fußende des Förderers. Nur bei sehr langen Förderern werden Spannschleifen aus 3 Trommeln mit *Gewichtsbelastung* angewendet, wie dies aus Bild 3.137 ersichtlich ist; es zeigt die Ausführung eines etwa 90 m langen Transportbandes für beleimte Späne, das sich von den im allgemeinen in der Spanplattenfertigung üblichen Bändern dadurch auszeichnet, daß es mit einer gewichtsbelasteten Seil-

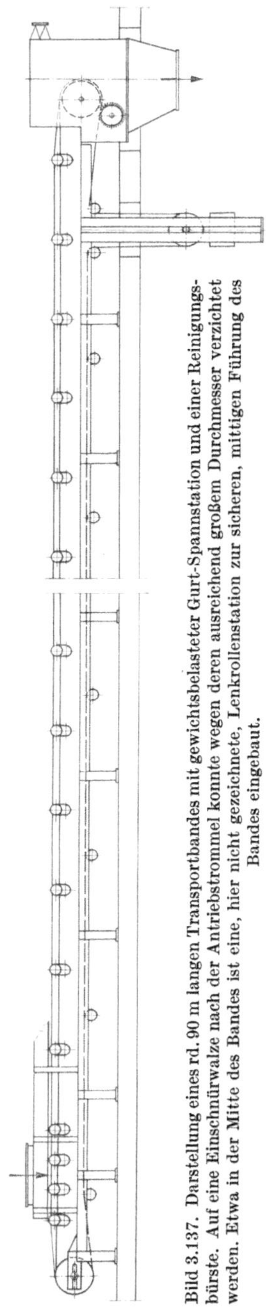

Bild 3.137. Darstellung eines rd. 90 m langen Transportbandes mit gewichtsbelasteter Gurt-Spannstation und einer Reinigungsbürste. Auf eine Einschnürwalze nach der Antriebstrommel konnte wegen deren ausreichend großem Durchmesser verzichtet werden. Etwa in der Mitte des Bandes ist eine, hier nicht gezeichnete, Lenkrollenstation zur sicheren, mittigen Führung des Bandes eingebaut.

schwinge zur Spannung des Bandes und mit einer Lenkrollenstation in der Mitte des Bandes ausgerüstet ist.

Der Gurtförderer ist das wirtschaftlichste Fördermittel zur Bewegung von Spänen im wesentlichen in waagerechter Richtung und mit Stei-

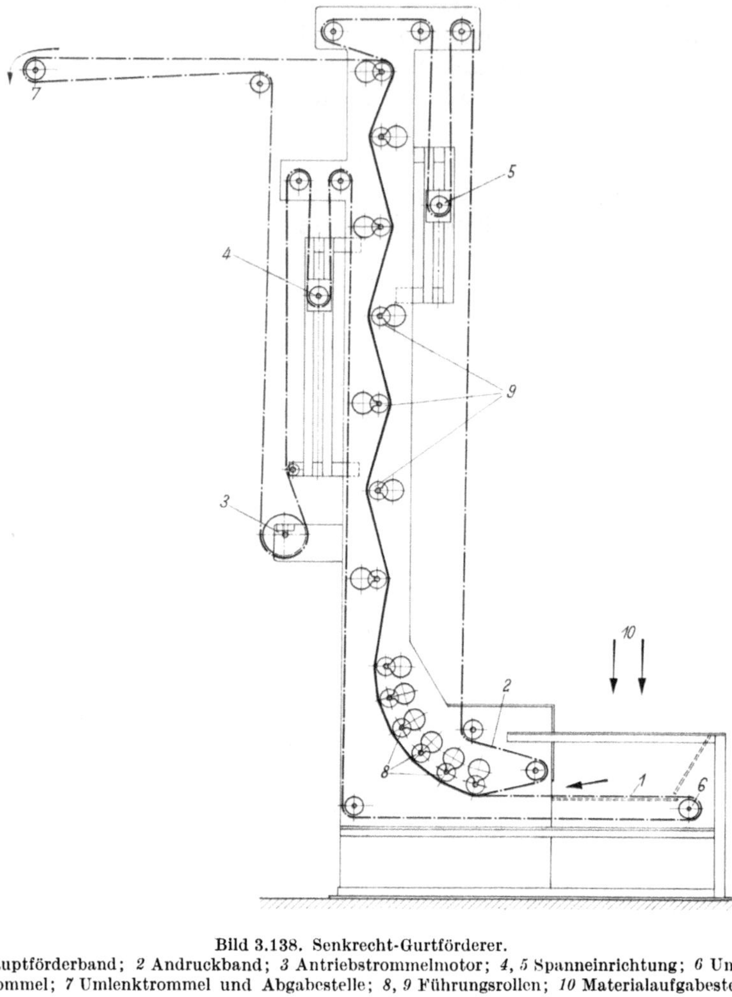

Bild 3.138. Senkrecht-Gurtförderer.
1 Hauptförderband; *2* Andruckband; *3* Antriebstrommelmotor; *4, 5* Spanneinrichtung; *6* Umlenktrommel; *7* Umlenktrommel und Abgabestelle; *8, 9* Führungsrollen; *10* Materialaufgabestelle.

gungen bis zu etwa 25° über kleine und große Entfernungen. Es wurden aber auch schon *Gurtförderer* für einen vorwiegend *senkrechten Transport* von Holzspänen gebaut. Bild 3.138 zeigt die schematische Darstellung eines solchen Senkrecht-Gurtförderers. Seine Vorteile sind, daß er die Späne geräuschlos und schonend, wie jeder Gurtförderer, bevorzugt senkrecht, aber anfangs und zu Ende der Förderstrecke auch beliebig weit waagerecht fördern kann.

Der Förderer Bild 3.138 besteht aus einem Hauptband *1* und einem Andruckband *2*. Das Hauptband wird durch einen Trommelmotor *3* angetrieben, der entgegen der Darstellung auch an der Stelle der Umlenktrommel liegen könnte, während das Andruckband durch Reibung mitgenommen wird. Die Förderung findet zwischen den endständigen Umlenktrommeln *6* und *7* des Hauptbandes statt. Die beiden Bänder werden durch gewichtsbelastete Spanneinrichtungen *4* und *5* gestrafft. Mehrere Rollen *8* und *9* führen die beiden Bänder aus der Horizontalen in einem Bogen in die Vertikale und halten beide Bänder in der Vertikalen in dem gezeichneten mehrfach geknickten Verlauf aneinandergepreßt und gespannt, so daß das zwischen den beiden Bändern liegende Fördergut in der Senkrechten einwandfrei mitgenommen wird. Die Aufgabe des Gutes erfolgt bei *10*, die Abgabe über Kopf bei der Umlenktrommel *7*.

Ein solcher Förderer ist seit 6 Jahren in einem bekannten Schweizer Spanplattenwerk in Betrieb. Seine Nachteile sind, daß er auf der Förderstrecke insbesondere feine Späne verliert und somit sehr verschmutzend arbeitet. Durch die zahlreichen Umlenkungen der Gummigurte und die stark walkende Wirkung der zwischen die Gurte geklemmten Späne ist der Verschleiß bei dem üblichen 24 Stunden-Betrieb ziemlich hoch. Sie müssen etwa alle 12 Monate ausgewechselt werden. Es sind Entwicklungen bekannt geworden, die zum Ziele haben, die Frage des Senkrecht-Gurtförderers auf andere Weise zu lösen. Wenn es gelingt, die Vorteile des normalen Gurtförderers auf den senkrechten Gurtförderer zu übertragen und man es dabei noch ermöglicht, sowohl waagerecht als auch senkrecht in beliebiger Reihenfolge zu fördern, ohne die Nachteile des vorstehend beschriebenen Gerätes mitzuschleppen, so wäre damit sicherlich ein ideales Fördermittel gefunden.

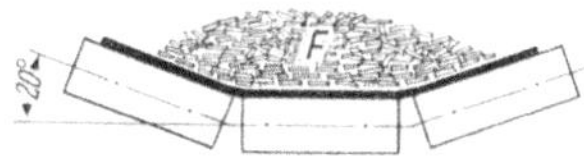

Bild 3.139. Schüttquerschnitt *F* auf dem Band eines gemuldeten Gurtförderers (durch Versuch zu bestimmen).

Die Förderleistung berechnet sich bei gleichmäßiger Beschickung zu:

$$Q = 3600 \cdot F \cdot v \; [\mathrm{m^3/h}],$$

wobei F Schüttquerschnitt in $\mathrm{m^2}$ (Bild 3.139), v Bandgeschwindigkeit in m/s ist.

Es ist zweckmäßig, entsprechend der jeweiligen Spanart den praktisch sich einstellenden Schüttquerschnitt durch einen Versuch festzustellen.

Bei schräger Förderung sinkt die Menge (nach Hütte, Des Ingenieurs Taschenbuch 2, im allgemeinen Maschinenbau Teil B, S. 538, 28. Aufl., Berlin 1960)

bei 10°	Steigung	um	5%	bei 24°	Steigung	um	29%
„ 14°	„	„	10%	„ 26°	„	„	34%
„ 20°	„	„	19%	„ 30°	„	„	44%

Diese Zahlen sind jedoch bezüglich ihrer Anwendung auf die Späneförderung mit Vorsicht zu gebrauchen.

3.3.4.2 Schneckenförderer

Schneckenförderer, eines der ältesten Stetigfördermittel, wurden anfangs in der Spanplattenfertigung nur zögernd eingesetzt. Fachbücher lehren, daß dieses Fördermittel für feinkörniges Gut geeignet ist. Im Gegensatz zum Gurtförderer, auf dem es während des ganzen Fördervorganges ruhig liegt, wird das Fördergut im Schneckenförderer auf seiner Unterlage vorwärtsgeschoben; gleichzeitig findet auch eine Bewegung zwischen Fördergut und Schnecke statt. Wegen dieser Bewegungsverhältnisse und der sich daraus ergebenden Reibung zwischen Fördergut und Fördermittel waren, insbesondere für beleimte Späne, Bedenken durchaus angebracht.

Es hat sich aber gezeigt, daß Schneckenförderer selbst zum Transport frisch beleimter Späne verwendet werden können, wenn sie nicht unmittelbar an den Auslauf des Leimmischers anschließen oder wenn dafür gesorgt wird, daß austretende Dämpfe und Bindemittelnebel nicht in den Schneckenförderer gelangen. Gründliche, wöchentliche Reinigung ist dann allerdings notwendig.

Schneckenförderer werden nun seit Jahren mit Erfolg und recht gerne an den verschiedensten Stellen im Fertigungsablauf zum Spänetransport eingesetzt; sie weisen eine Reihe von Vorteilen auf:

Dieses Fördermittel ist eine sehr einfache Maschine, es stellt baulich und herstellungsmäßig keine schwierigen Aufgaben, ja, es kann sogar in der eigenen Schlosserei hergestellt werden. Die *Anschaffungskosten* sind niedrig.

Der Schneckenförderer ist *völlig geschlossen*, er kann am Materialeinlauf und am Auslauf auch völlig *staubdicht* an die vorhergehenden und nachkommenden Maschinen oder Fördereinrichtungen angeschlossen werden. Für die Spanplattenherstellung ist dies ein sehr beachtenswerter Vorteil.

Das *Gewicht der bewegten Totlast* im Verhältnis zum Gewicht des Fördergutes ist zwar ungünstiger als beim Gurtförderer. Trotz dieses Umstandes und trotz der zwischen Fördermittel und Fördergut ständig vorhandenen Reibung ist infolge der stetig drehenden Bewegung der wälzgelagerten Schnecke bei der Förderung von Holzspänen die benötigte Antriebsleistung niedrig. Die Förderung ist bei richtiger Ausbildung der Schnecke vom Materialeinlauf bis zur Abgabe des Gutes stetig. Der *Platz- und Raumbedarf* der Fördereinrichtung ist gering; sie *läuft ruhig* und ohne Erschütterung.

Der *Antrieb* mittels Getriebemotor, meist unmittelbar und elastisch gekuppelt, wenn nicht eine Kette vorgezogen wird, um notfalls Drehzahländerungen vornehmen zu können, ist einfach, zuverlässig und leicht austauschbar. Die Förderrichtung kann auch während des laufenden

Betriebes allein durch *Drehrichtungsänderung* des Antriebsmotors geändert werden.

Außer der nur in großen Zeiträumen nötigen Schmierung der Wälzlager bedarf bei den einen geringen Verschleiß verursachenden Holzspänen der Förderer praktisch keiner *Wartung*. Geringe Wartungs- und Instandhaltungskosten paaren sich hier mit geringen laufenden *Betriebskosten*.

Die dem Schneckenförderer allgemein anhaftenden *Nachteile*, wie: hoher *Verschleiß* an Trog und Schnecke; durch Reibung und Verklemmungen fester Stoffe zwischen Trog und Schnecke und zwischen Schnecke und Zwischenlager verursachte hohe *Antriebsleistungen* treten beim Transport von Holzspänen nicht oder kaum in Erscheinung. Eine Änderung der Förderrichtung, aus der Achse der Schnecke heraus, ist allerdings bei diesen Geräten nur durch Aneinanderreihen von Förderern möglich, wobei der durch die Übergabe von einem Förderer auf den anderen verursachte Höhenverlust Ausführungen dieser Art meist vereitelt.

Obwohl es außer den allgemein bekannten waagerechten Schneckenförderern auch ausgesprochene Senkrechtförderer gibt, können für Holzspäne bei der Spanplattenherstellung Schneckenförderer nur als *Waagerechtförderer* und für Steigungen bis äußerstenfalls 25°, bei dem Vorhandensein von Zwischenlagern bis maximal 20° angewendet werden. Schneckenförderer können grundsätzlich bis zu *großen Längen* ausgeführt werden. In der Spanplattenfertigung sind Schneckenförderer bis 20 m in Betrieb. Bei diesen muß die Schneckenwelle, je nach Biegesteifigkeit, etwa alle 3,5 m bis 4,5 m durch ein Zwischenlager unterstützt werden. Um den freien Durchgang des Förderguts auf dem Grund des Schneckentroges zu ermöglichen, werden diese *Zwischenlager* mit ihren Böcken in der Höhe des Trogdeckels befestigt und als Hängelager ausgeführt. Es ist zweckmäßig, große Schnecken nicht mit durchgehender Welle auszurüsten. Will man die bei einer solchen anfälligen Konstruktion bei durchgehender Welle vorhandene Gefahr von Dauerbrüchen in den Lagerstellen vermeiden, muß man die Welle unterbrechen und mit *Kupplungen* ausrüsten, die sowohl das Drehmoment einwandfrei übertragen, als auch die Wellenstücke gegeneinander zentrieren und dabei einen möglichst geringen Baudurchmesser und geringe Baulänge aufweisen. Klauenkupplungen besonderer Konstruktion haben sich hier bewährt. Es muß auf jeden Fall darauf gesehen werden, daß die wegen des Lagerbockes nötige Unterbrechung der Schnecke so kurz wie möglich gehalten wird. Zwischen Schnecke und Trog ist ein Spalt von durchschnittlich 10 bis 15 mm zu halten, der sich in Drehrichtung keilförmig erweitert.

Es hat sich als zweckmäßig erwiesen, die *Lager der Schnecke* nicht unmittelbar an den Stirnwänden des Troges zu befestigen. Eine Ausführung, bei der an den Stirnwänden des Troges lediglich eine Wellendichtung angebracht ist und das Lager mit einigem Abstand von der Stirnwand am Trog befestigt ist, zeigt u. a. Bild 3.141. Bei einer solchen Ausführung hat man die unbedingte Sicherheit, daß aus dem Troginneren austretender Staub und Späne auf keinen Fall in das Lager gelangen können. Man hat durch diese Bauart eine sehr erhöhte Sicherheit gegen Betriebsstörungen durch Lagerschäden. Für die Montage eines Schneckenförderers ist es zweckmäßig, wenn der antreibende Getriebemotor auf einer an dem Schneckentrog befestigten Konsole sitzt und nicht getrennt von dem Schneckenförderer auf dem Boden befestigt werden muß.

Die Schnecken von Förderern für Holzspäne sollen als *Vollschnecken* hergestellt sein. Die aus schraubenförmig gewundenem Bandeisen gebildeten Bandschnecken zeigen nicht nur bei starker Füllung des Förderers eine verminderte Förderleistung, sondern die von einer Seite des Schneckenbandes dann zur anderen übertretenden Späne können zwischen Schneckenrohr, Bandschnecke und Speichen zu Verstopfungen führen. Die für feinkörniges, rieselfähiges Gut oft verwendeten Paddelschnecken versagen bei der Förderung von Spänen völlig.

Die *Fördermenge* Q berechnet sich zu

$$Q = 47 \cdot \varphi \cdot D^2 \cdot s \cdot n \ [\mathrm{m^3/h}],$$

wobei φ Füllungsgrad; bei Spänen rd. 0,25 (max. 0,3),
D Trogdurchmesser in m,
s Steigung in m; rd. 0,5 bis $0{,}8 \cdot D$,
n Drehzahl der Schneckenwelle in U/min.

Um die sehr voluminösen und leichten Holzspäne sicher fördern zu können, soll der *Durchmesser des Schneckentroges* groß gewählt werden; bei einer Steigung von $s = 0{,}5 \ldots 0{,}8 \cdot D$ sollten $s = 200$ mm für übliche Mittel- und Deckschichtspäne nicht unterschritten werden. Die *Drehzahlen* liegen zweckmäßigerweise zwischen 30 und 80 U/min. Allgemein ist anzuraten, n klein zu halten, und D groß zu wählen. In Anlehnung an DIN 15261 gibt Tab. 3.10 eine Übersicht über gebräuchliche Werte von in der Späneförderung eingesetzten Schneckenförderern. Die darin genannten Drehzahlen können bei den größeren Durchmessern ohne weiteres bis zu 20% gesteigert werden.

Bemerkenswerte und vorteilhafte Möglichkeiten bietet der Schnekkenförderer, wenn er nicht nur rein als Fördermittel angewendet, sondern gleichzeitig damit zu der an und für sich schwierigen *Aufteilung* eines Spänestromes *in mehrere Teilströme* benutzt wird. In Bild 3.140 sind unter a bis e einige Ausführungsbeispiele dargestellt. Die Bilder 3.141 und 3.142 zeigen ausgeführte Einrichtungen dieser Art. In Bild 3.141 sind Verteilklappen und Schneckenförderer zwischen den im darüber-

Tabelle 3.10. *Zusammenstellung gebräuchlicher technischer Werte von für die Förderung von Spänen eingesetzten Schneckenförderern*

Schnecken-Durchmesser D mm	lichte Trogweite a mm	Rohrwellen-Durchmesser × Wanddicke mm × mm	Schneckensteigung $\frac{s}{D}$	Schneckensteigung s mm	Drehzahl der Schnecke n U/min	Vorschub-Geschwindigkeit v m/sec	Füllungsgrad φ	Fördermenge Q m³/h
250	270	63,5 × 4	0,8	200	71	0,236	0,25	12,2
315	335	76 × 5	0,795	250	63	0,262	0,25	20,3
400	425	89 × 5	0,79	315	56	0,294	0,25	37,5
500	525	108 × 5,5	0,72	360	50	0,3	0,25	58,0
630	660	133 × 6	0,635	400	40	0,266	0,25	81,6
800	830	159 × 7	0,56	450	32	0,24	0,25	116,3

liegenden Stockwerk aufgestellten Bunkern für beleimte Späne und den zu versorgenden Streustationen zu sehen. Von der unter dem Bunker aufgestellten *Verteilklappe* gehen nach verschiedenen Richtungen je ein Schneckenförderer ab. Die aus dem Bunker kommenden Späne werden durch die automatisch gesteuerte Verteilklappe je nach Bedarf der nachfolgenden Streueinrichtungen dem einen oder dem anderen oder gleichzeitig beiden Schneckenförderern zugeführt, die diese nun nach den darunterliegenden Streueinrichtungen fördern. Der Spänestrom eines Bunkers wird auf zwei Schüttmaschinen aufgeteilt, eine Aufgabe, die bei entsprechender Lage von Bunker und Streumaschinen auch ohne Fördereinrichtung ausgeführt werden könnte. Die Arbeitsweise dieser Schneckenförderer entspricht der Darstellung Bild 3.140a.

Im Hintergrund von Bild 3.141 wird der aus dem darüber angeordneten Bunker kommende Spänestrom durch die automatisch gesteuerte Verteilklappe ebenfalls auf zwei Schneckenförderer aufgeteilt. Jeder dieser Schneckenförderer erstreckt sich aber nach beiden Seiten der Schaltklappe. Durch diese Einrichtung kann der Spänestrom auf 4 Schüttstationen verteilt werden. Je nach Stellung der Schaltklappe können die Späne wieder dem einen Schneckenförderer oder dem anderen oder beiden gleichzeitig zugeführt werden. Je nach Drehrichtung der Schneckenförderer können die Späne nunmehr zu den an einem Ende jedes Schneckenförderers oder am anderen jedes Schneckenförderers gelegenen Schütteinrichtungen gebracht werden. In Bild 3.140b ist diese Arbeitsweise der Schneckenförderer schematisch dargestellt.

In Bild 3.142 werden die im Vordergrund sichtbaren 3 Condux-Schlagkreuzmühlen aus einem Bunker mit Spänen versorgt. Im Hintergrund des Bildes sind es 2 Condux-Mühlen. In jedem Falle sollen gleichzeitig alle zwei bzw. alle drei Mühlen mit gleichen Anteilen versorgt werden, oder es sollen von den drei Mühlen nur zwei oder auch nur eine Mühle arbeiten. Dies wird durch Schneckenförderer bewirkt, deren a

b

c

d

e

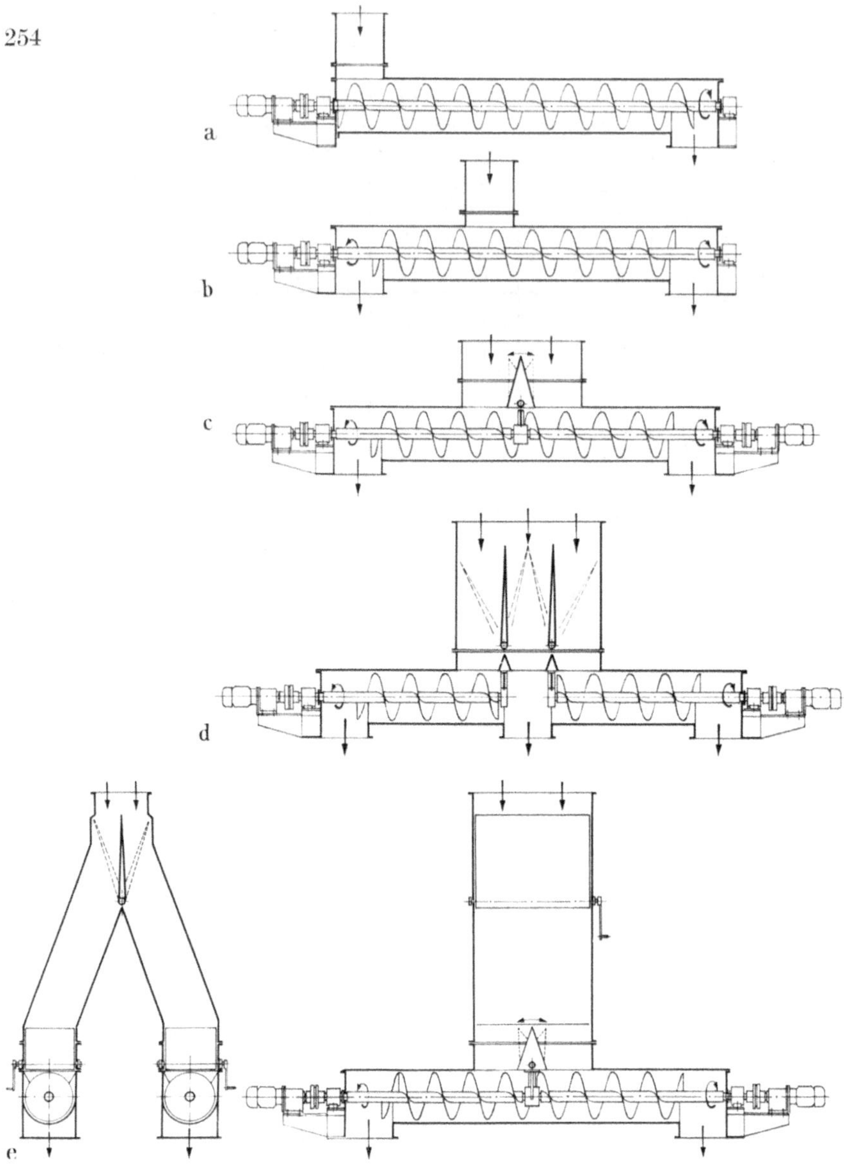

Bild 3.140a–e. Schneckenförderer als Fördermittel und Gerät zur Aufteilung eines Spänestromes in mehrere Teilströme. Bauart Schenck.

a) Schneckenförderer mit einer Aufgabestelle und einer Abgabestelle. Förderung nur in einer festliegenden Richtung; b) Schneckenförderer mit einer Aufgabestelle und zwei Abgabestellen. Förderung wahlweise durch Änderung des Drehsinnes der Schnecke nach der einen oder nach der anderen Richtung; c) Schneckenförderer mit einer Aufgabestelle und zwei Abgabestellen, wobei der Spänestrom wahlweise durch entsprechenden Drehsinn jeder der einzeln angetriebenen Schnecken auf beide Abgabestellen oder auch nur auf die eine oder die andere gelenkt werden kann. Die dachförmige Abdeckung des mittleren Lagerbockes kann zur Regulierung der Menge der Späneströme in Pfeilrichtung nach beiden Seiten verstellt werden; d) Kombination von zwei Schneckenförderern und eines Verteilkastens mit 2 Verteilklappen zur Lenkung eines aus einem Bunker kommenden Spänestromes auf 3 oder 2 oder eine Abgabestelle; e) Kombination von vier einzeln angetriebenen Schneckenförderern und eines Kastens mit einer Verteilklappe zur Lenkung eines aus einem Bunker abgehenden Spänestromes auf wahlweise 4, 3, 2 oder eine Abgabestelle der Schneckenförderer.

Bild 3.141. Automatisch gesteuerte Verteilklappe und Schneckenförderer für Verteilung und Transport beleimter Späne aus einem darüber angeordneten Spänebunker in zwei darunter und weit voneinander entfernt liegende Einstreumaschinen. Bauart Schenck.

Bild 3.142. Kombination von Schaltklappen und Förderschnecken zur Verteilung eines aus einem Bunker kommenden Spänestromes auf verschiedene Spänemühlen. Bauart Schenck.

Arbeitsweise, Anordnung und Einbau zwischen Bunker und Mühlen aus Bild 3.140c und d hervorgeht. Die Verteilung nach Bild 3.140c auf zwei Mühlen erfolgt ohne Schaltklappe; soll nur eine Mühle versorgt werden, so wird die Drehrichtung der Schnecke der anderen Mühle umgekehrt, wodurch der gesamte Spänestrom des Bunkers auf eine Mühle gelenkt wird. Gemäß Bild 3.140d können von den drei Mühlen alle drei oder in beliebiger Wahl auch nur zwei Mühlen, nicht aber eine beliebige einzelne Mühle mit dem aus dem Bunker kommenden Spänestrom versorgt werden. Wenn die Klappen genügend lang sind, könnte jedoch auch der gesamte Spänestrom des Bunkers in beliebiger Weise auf eine Mühle gelenkt werden.

In Bild 3.140e ist schließlich dargestellt, wie der aus einem Bunker kommende Spänestrom mit Hilfe einer *verstellbaren Pendelklappe* und zweier Schneckenpaare, von denen jede Schnecke auch eines Paares einen eigenen Antrieb hat, wahlweise auf vier, drei, zwei oder auch nur eine Mühle geleitet werden kann. Die der jeweiligen Anzahl von Mühlen zugeführte Gesamtspänemenge wird durch die Geschwindigkeit des Bodenbandes des Bunkers eingestellt und geregelt.

3.3.4.3 Kratzerförderer

Der *Kratzerförderer* ist ein Fördermittel für vorwiegend waagerechte und, unter entsprechender Minderung der Förderleistung, bis etwa höchstens 35° ansteigende Förderung. In einem feststehenden Trog wird das Fördergut, auf dem Boden dieses Troges liegend, durch an ein- oder zweisträngigen Ketten befestigte Mitnehmer (Kratzer) vorwärtsgeschoben. Für die Späneförderung sind zweisträngige Ketten unbedingt vorzuziehen. Die Ketten sind mit Tragrollen versehen, oder es werden Rollenketten, vorteilhafterweise mit übergroßen, selbstverständlich gehärteten Rollen, verwendet, die sich selbst und die Kratzer tragen; dies bringt verringerte Reibung mit sich und damit einen verringerten Kraftbedarf für den Antrieb. Die bei Rollenketten gehärteten Rollen laufen auf Schienen, die, wenn verbraucht, ausgewechselt werden können. Die Kratzer werden so angeordnet, daß zwischen ihrer Unterkante und dem Boden des Troges 5 bis 8 mm Luft liegen. Die Späne werden auch dabei einwandfrei gefördert; es ist nicht nötig, Kunststoff oder Gummilippen anzubringen, die auf dem Boden schleifen. Bild 3.144a zeigt den Querschnitt eines solchen Kratzerförderers. Bild 3.143 gibt einen Blick in einen Kratzerförderer leichter Ausführung mit dem Antriebsmotor. Die Materialaufgabe erfolgt durch das obere, leer rücklaufende Trumm hindurch. Je nach Bauart ist es zweckmäßig, durch eine der Aufgabestelle nachgeordnete, auf den Kratzern dieses oberen Trummes schleifende Schürze aus geschlitztem, elastischem Werkstoff dafür zu sorgen, daß Späne nicht auf den rücklaufenden Kratzern liegen bleiben, die an der Umlenkstelle (Spannstelle des Förderers) zu unliebsamen Anhäufungen führen könnten.

Dieses Fördermittel weist eine ganze Reihe von *Nachteilen* auf, wie

a) zuweilen recht starke *Reibung* zwischen Fördergut und Boden des Troges, damit einen verhältnismäßig hohen Kraftverbrauch,

b) im Verhältnis zur Antriebsleistung *geringe Förderleistung* bei im Verhältnis zur Fördermenge recht hoher bewegter Totlast,

Bild 3.143. Kratzerförderer, leichte Ausführung für zerkleinerte Späne. Bauart Industrie-Companie.

c) *Wartungskosten* in mittlerer Höhe der bei Fördermitteln üblichen Größen,

d) Gefahr von *Schäden durch Korrosion*, die beim Fördern feuchter Späne nach den Zerkleinerungsmaschinen, vor und nach den Trocknern und nach der Beleimungsmaschine immer vorhanden ist, wenn nicht für eine geschickte Belüftung des Troges gesorgt wird,

e) nur sehr *beschränkte Möglichkeiten von Änderungen des Förderweges* unter gleichen Nachteilen, wie beim Gurt- und Schneckenförderer.

Trotzdem wird der Kratzerförderer doch verhältnismäßig oft verwendet. Dies dürfte darin begründet sein, daß

a) die *Anlagenkosten* für die Maschine recht gering sind,

b) der *Raumbedarf* im Verhältnis zur Förderleistung klein ist,

c) die Förderung ebenso wie bei der Förderschnecke völlig *staubfrei* möglich ist, da alle bewegten Teile innerhalb des geschlossenen Troges liegen und nur die Antriebswelle nach außen durchtritt, und

d) die *Abgabe des Gutes* nicht nur am Ende des Förderers, sondern auch wechselnd an jeder Stelle zwischen Antriebs- und Spannstelle möglich ist.

Obwohl der Kratzerförderer wegen seines verhältnismäßig hohen Kraftverbrauches ein Fördermittel für nur kurze Strecken ist, wird er in der Spanplattenfertigung auch in *Längen bis 25 m* und darüber verwendet, sofern dabei außer der Späneförderung noch andere Aufgaben durchgeführt werden können. Dies ist z. B. der Fall, wenn mit den Spänen aus mehreren Bunkern eine Gemischbildung vorgenommen werden und das Gemisch dann in regelbarer Menge auf 2 oder mehr Abgänge aufgeteilt werden soll. In Bild 3.144b ist ein solcher Fall dargestellt. Die Bunker *1* bis *5* geben ihren Inhalt an den Kratzerförderer *6* ab, dessen Ketten in Pfeilrichtung umlaufen und das geförderte Gut durch die quer verstellbaren Schieber *8* und *9* an zwei nachgeordnete Fördermittel *10* und *11*, beispielsweise Schwingschurren oder dergleichen, abgeben. Die Verstelleinrichtung der Schieber *8* und *9* kann eine von einer Schaltwarte aus betätigte Fernverstellung sein. Um auch die Bunker *4* und *5* bei der in Bild 3.144b gezeichneten Lage von Bunkern und Auslässen an der Gemischbildung teilnehmen zu lassen, ist in dem gezeichneten Bereich ein Zwischenboden *12* eingefügt, auf dem das Obertrumm der Kratzerkette die Späne der Bunker *4* und *5* soweit fördert, daß sie vor der Aufteilung in die Abgänge *7* und *8* dem Fördergut aus den Bunkern *1*, *2* und *3* zugemischt werden.

Mit einem Kratzerförderer kann auch auf recht ansprechende Weise die mit anderen Mitteln nur schwer lösbare Aufgabe ausgeführt werden, einen Spänestrom in zahlreiche, beispielsweise 5 der Menge nach gleiche oder auch ungleiche *Späneströme aufzuteilen*, um sie nachgeordneten Maschinen zuzuführen. In Bild 3.144c ist eine solche Ausführung schematisch dargestellt. Der Kratzerförderer *1* ist mit vier Abgängen versehen, die durch quer zurFördererlängsrichtung verstellbare Schieber *2* bis *5* verschlossen oder beliebig weit geöffnet werden können. Um den Auslauf der oft sperrigen Späne aus den Schiebern sicherzustellen, wird der Kratzerförderer, dessen Ketten in Pfeilrichtung umlaufen, in diesem Falle etwa 1,60 m bis 1,70 m breit gebaut. Die Kratzer *6* müssen hierbei sehr biege- und verdrehsteif (Δ-Rohr) ausgeführt und gelenkig an die Ketten angeschlossen werden. Zur Verminderung der Antriebskraft und Vermeidung von übermäßigem Verschleiß sollen die Bolzen und Rollen der schwereren Kette (über Nippel) geschmiert werden.

Für einwandfreien Betrieb dieser Einrichtung ist es nötig, daß die Späne über die Breite des Förderers gleichmäßig verteilt werden. Hierzu dient eine dem Förderer vorgeordnete *Verteileinrichtung 7*, bestehend aus einem Pendelrohr *8*, einer Magnetwalze *9* und einer Wurf- und Verteilerwalze *10*. Damit Späne, die den Kratzerförderer, was vereinzelt immer vorkommt, nicht verlassen haben, sich am Ende des Kratzers nicht ansammeln und nicht zu Verstopfungen führen können, ist am

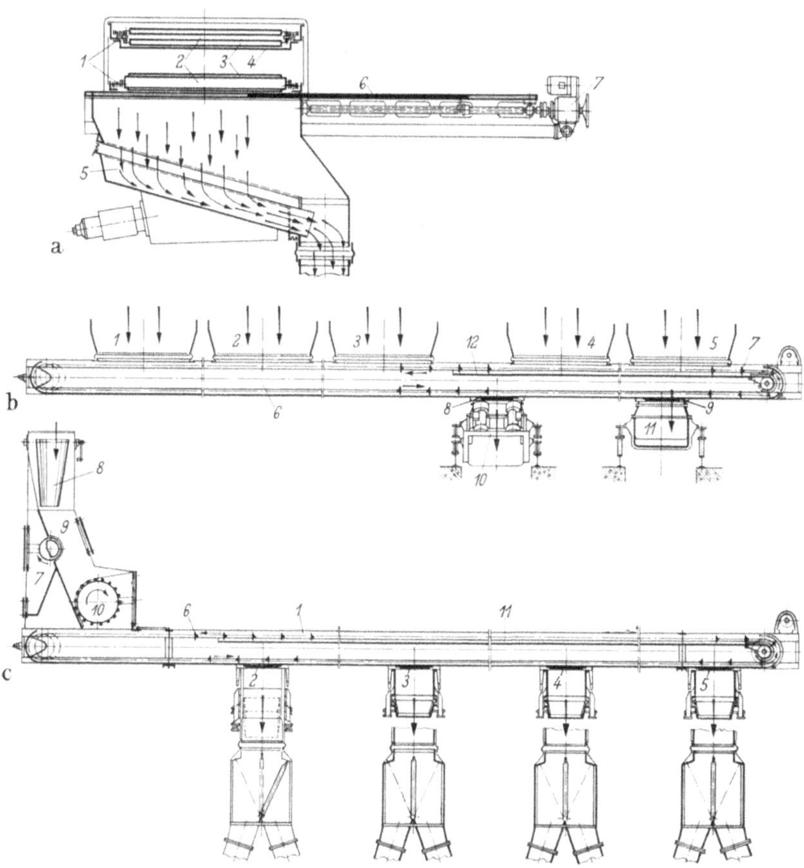

Bild 3.144 a – c. Kratzerförderer zum Mischen, Fördern und Aufteilen von Späneströmen.

a) Querschnitt durch einen Kratzerförderer mit motorischem Verstellantrieb für den Bodenschieber und Schwingförderer. *1* Ketten des Förderers; *2* Mitnehmer; *3* Lippen aus elastischem Material a. d. Mitnehmern; *4* Zwischenboden; *5* Schwingförderer; *6* Bodenschieber; *7* Verstellantrieb für den Bodenschieber.

b) Längsschnitt durch einen Kratzerförderer zur Gemischbildung aus den Spänen von bis zu 5 Bunkern und Aufteilung in 2 weiterzuleitende Späneströme. *1 ··· 5* Bunkerausläufe; *6* Kratzerförderer; *7* Kratzer; *8* und *9* Bodenschieber des Förderers; *10* und *11* Schwingförderer; *12* Zwischenboden im Förderer.

c) Kratzerförderer zur Aufteilung des einlaufenden Fördergutes in bis zu 5 gleich große oder auch verschieden große Teilströme. *1* Kratzerförderer; *2 ··· 5* Bodenschieber, durch motorischen Verstellantrieb fernverstellbar; *6* Mitnehmer (Kratzer); *7* Verteileinrichtung zur gleichmäßigen Verteilung der Späne über die Breite des Förderers; *8* Pendelrohr der Verteileinrichtung; *9* Magnetwalze; *10* Wurf-Verteilwalze; *11* Zwischenboden.

Ende des Kratzers eine Umlenkung eingebaut, über welche die Mitnehmer des Förderers hängengebliebene oder sich dort ansammelnde Späne mitnehmen, auf dem zwischen Unter- und Obertrumm angeordneten Zwischenboden *11* ablegen und auf diesem bis vor die erste Abgabestelle zurückführen. Die Verstellung der Klappen ist zweckmäßigerweise wiederum eine Fernverstellung, beispielsweise über Gewindespindel und Verstellgetriebe angetrieben, und wird von der zentralen Schaltwarte aus in beliebiger Reihenfolge und, falls gewünscht,

Bild 3.145. Kratzerförderer für frisch beleimte Späne zwischen 2 Beleimungsmischern. Am Auslauf des linken Mischers zum Abtransport der beleimten Späne ein Trogkettenförderer. Bauart Schenk.

auch in beliebig wechselnder Größe vorgenommen. Immer ist jedoch darauf zu achten, daß der in Förderrichtung zuletztliegende, geöffnete Schieber völlig offen sein muß.

Bild 3.144a und c zeigt eine solche Ausführung eines Kratzerförderers zur Versorgung von in Reihe nebeneinander liegenden Trocknern, wobei unter den Schiebern des Kratzerförderers Schwingschurren zur gleichmäßig verteilten Zuführung des Gutes auf je eine ebenfalls fernverstellbare Verteilklappe mit zwei Abgängen zu den beiden Zellenradschleusen der Doppelröhrenbündeltrockner angebracht sind.

Die *Fördermenge Q* berechnet sich zu

$$Q = 3{,}6 \cdot I \cdot v/a \ [\mathrm{m^3/h}],$$

wobei

I der durch Behelfsversuch jeweils festzustellende Inhalt des vor jedem Kratzer befindlichen Materialhaufens in dm^3

v die Geschwindigkeit der Mitnehmer in m/s (üblich ist $v = 0{,}2$ bis 0,6 m/s)

a der Abstand der Mitnehmer in m.

Kratzerförderer können auch zum Transport frisch beleimter Späne eingesetzt werden. Bild 3.145 zeigt einen gestreckt-z-förmigen Förderer zwischen zwei Beleimungsmaschinen.

3.3.4.4 Trogkettenförderer

Der *Trogkettenförderer*, eines der jüngsten Fördermittel in der Spanplattenfertigung, wird in neuester Zeit außerordentlich gern und zahlreich angewendet. Seine Beliebtheit gründet sich auf wesentlichen Vorteilen, die er besitzt, wenn er dem Fördergut angepaßt wird, gegenüber denen zweifellos vorhandene Nachteile zurücktreten. Mit ihm kann man, allerdings jeweils nur in einer Ebene, waagerecht, ansteigend, senkrecht, winklig und in Kurven, dies alles in vielfältigen Kombinationen und in einem einzigen Förderstrang, fördern. Gutaufgabe und -abgabe lassen sich in vielen Spielarten anordnen. Seine für die Praxis wichtigsten Ausführungen unter den vorhergehend bezeichneten Möglichkeiten liegen in der Förderung in einer vertikalen Ebene. Er läßt sich jedoch auch so anordnen, daß in einer horizontalen Ebene gefördert wird. Einige der möglichen Anordnungen der Förderwege zeigt Bild 3.146a bis h. Trogkettenförderer nach Bild 3.146e und f wurden für Höhenunterschiede bis etwa 30 m zwischen Gutaufgabe und -abgabe gebaut. Seit Jahren sind mehrere dieser Förderer für feuchte und getrocknete, zerkleinerte und nichtzerkleinerte, beleimte und unbeleimte Deckschicht- und Mittelschichtspäne eingesetzt; sie arbeiten zur vollen Zufriedenheit.

Unter den Stetigförderern weist der Trogkettenförderer im Verhältnis zur Förderleistung einen sehr geringen *Querschnitt- und Raumbedarf* auf. Hierzu kommt als weiterer Vorzug seine völlig *geschlossene Bauweise*, die ein Verschmutzen der Umgebung auch bei feinen und trockenen Spänen mit Sicherheit vermeidet. Dazu ist die Förderung der Späne bei richtiger Auslegung des Förderers, seiner Kettenform, seines Trogquerschnittes und der Wahl der Fördergeschwindigkeit, sowie die Ausbildung des Spangutein- und -auslaufes eine sehr *schonende.*

Die *Anschaffungskosten* des Trogkettenförderers sind höher als die anderer Stetigförderer und auch höher als die für eine pneumatische Förderung. Reparatur- und Unterhaltskosten sind jedoch niedrig. Die *Antriebsleistung* liegt höher als bei den anderen Stetigförderern, jedoch wesentlich unter denen einer vergleichbaren pneumatischen Fördereinrichtung. Auch wenn bei ihm das Verhältnis von bewegter Totlast

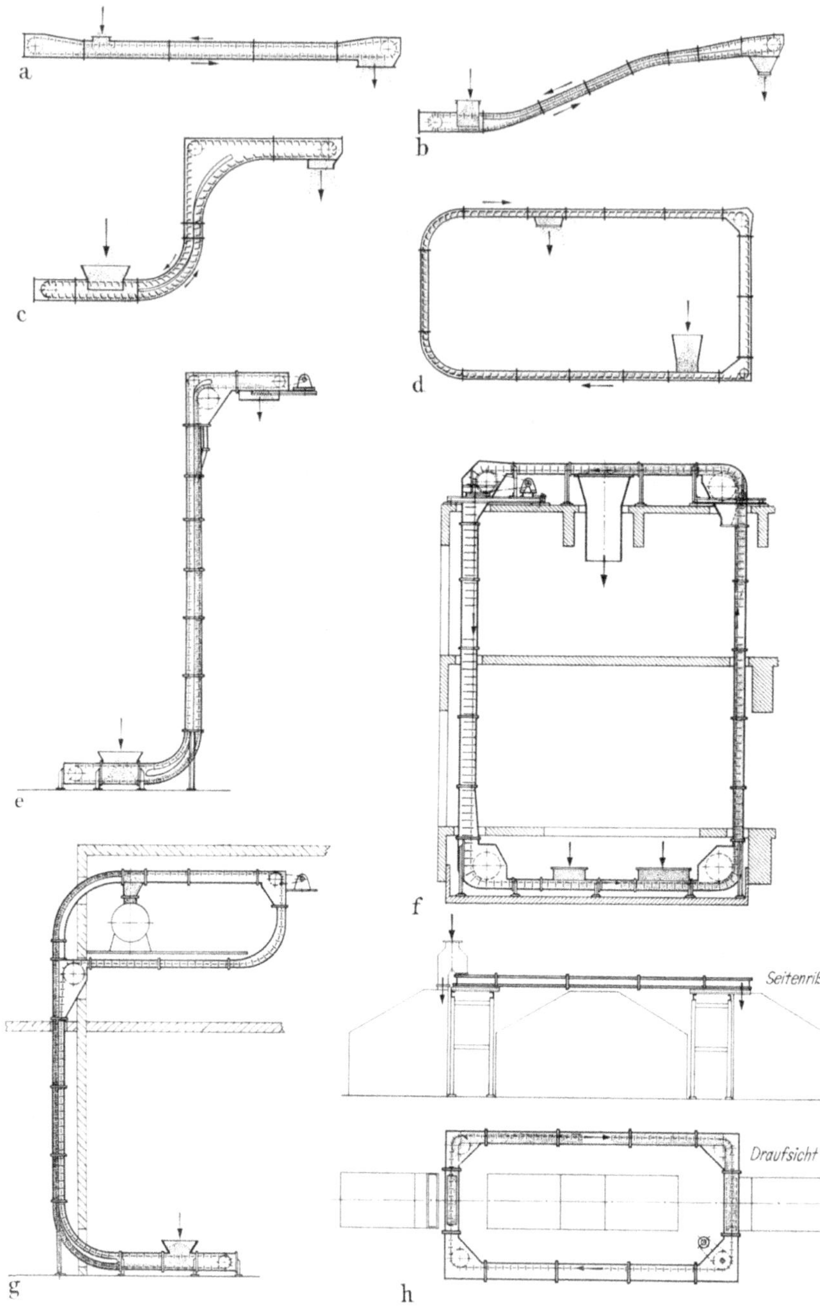

Bild 3.146 a–h. Schematische Darstellung verschiedener Ausführungsformen von Trogkettenförderern. Die Förderer a bis g liegen und fördern in einer vertikalen Ebene, der Förderer h in einer horizontalen.

zu Fördergutmenge ein ungünstiges ist, so gilt der Trogkettenförderer, vermöge der mit ihm auszuführenden Senkrechtförderung, als das mit den hierfür ebenfalls geeigneten pneumatischen Transporteinrichtungen im Wettbewerb stehende Fördermittel. Im Gegensatz zu diesen wird seine Förderleistung durch eine auch noch so hohe Feuchtigkeit der Späne nicht oder kaum nachteilig beeinflußt.

Die Förderung des Spänegutes in dem geschlossenen Trog erfolgt durch die vielgliedrige *endlose Gabelkette mit Bügeln* aus einem Stück, die oft in vergütetem Temperguß ausgeführt werden. Das Gut wird nicht, wie beim Kratzerförderer, in einzelnen Haufen vor den Bügeln hergeschoben, sondern es bewegt sich in waagerechten und leicht ansteigenden Förderstrecken in seiner gesamten Schichthöhe zusammenhängend vorwärts. In den vertikalen Förderstrecken bilden sich bei nicht vollbelastetem Förderer längere lose „Spänesäulen" und nachfolgende leere Kettenstücke, weshalb dann auch trotz stetiger Aufgabe das Gut den Trogkettenförderer nicht völlig stetig verläßt. Durch Anpassung der Kettengeschwindigkeit an die Fördermenge kann dies weitgehend ausgeglichen werden.

Bolzen und *Augen* der Kette sind gehärtet. Die Kette bleibt während ihres ganzen Betriebes ohne Schmierung. Eine besondere Art von Bajonett-Verschluß ermöglicht es, bei gelockerter Kette Kettenglieder und Bolzen auszuwechseln. Je nach Linienführung des Trogkettenförderers werden verschiedene Kettenausführungen verwendet. Bild 3.147 zeigt die Anordnung der Ketten im Trogquerschnitt und die zugehörige Ausführungen der Ketten. Die *Geschwindigkeit der Kette* liegt bei der Förderung von Holzspänen bei $v = 0{,}2 \ldots 0{,}4$ m/s.

Tab. 3.11 gibt einige Werte über die Hauptabmessungen und die Förderleistungen von Trogkettenförderern. Es sei dazu bemerkt, daß die höchstens erreichbare effektive Förderleistung sehr gemindert wird, wenn das Fördergut, wie dies z. B. bei großflächigen, feinen, nichtzerkleinerten Deckschichtspänen von Flachscheibenspanern der Fall sein kann, sehr leicht und sperrig ist, d. h. ein sehr niedriges Schüttgewicht aufweist, wodurch die Füllung des Trogkettenförderers bei der Materialaufgabe erschwert werden kann. Der Materialaufgabe ist deshalb immer besondere Aufmerksamkeit zu schenken; sie muß sehr großräumig gehalten werden.

Einige Beispiele mögen die vielfältige Anwendungsmöglichkeit dieses wichtigen, oft noch nicht genügend bekannten Fördermittels zeigen. In Bild 3.138 wird der untere waagerechte Strang mit Umlenkung in die Senkrechte eines Trogkettenförderers nach Bild 3.146f gezeigt. Man sieht, wie platzsparend und sauber die Einrichtung und wie anspruchslos in der Aufstellung sie ist. Bild 3.149 zeigt einen Trogkettenförderer etwa nach Bild 3.146c. Der Förderer liegt zwischen dem Beleimungs-

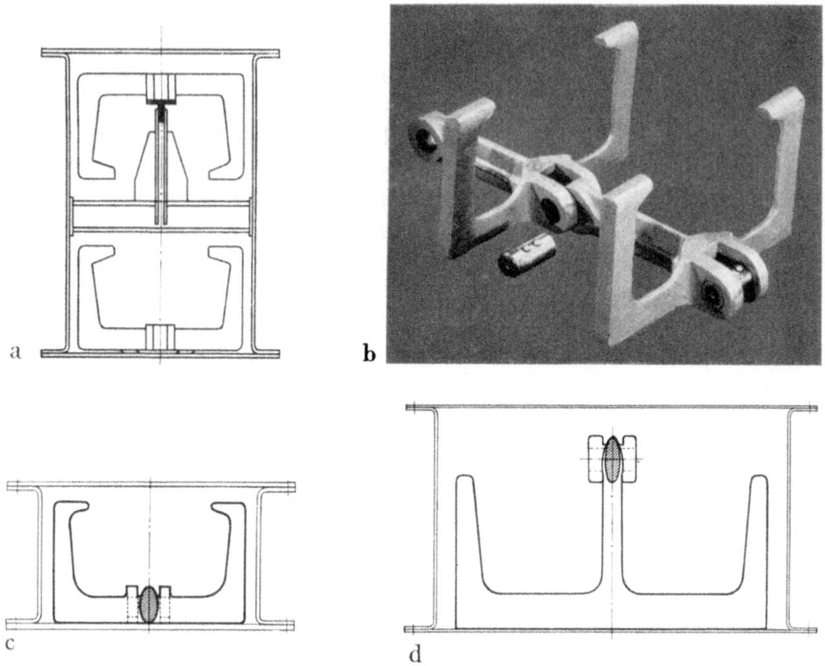

Bild 3.147a–d. Einzelheiten von Trogkettenförderern.
a) Lage und Lagerung der Ketten im Trog; b) Kettenglieder mit Verbindungs- und Gelenkbolzen, c) und d) verschiedene Ausführungsformen von Kettengliedern.

Tabelle 3.11. *Hauptabmessungen und Förderleistungen von Senkrecht-Trogkettenförderern, Bauart Schenck, zur Förderung von Holzspänen der Spanplattenfertigung*

Bügelbreite	B:	mm	200	250	315	400
Bügelhöhe	H:	mm	135	160	200	250
Kettenteilung	T:	mm	125	160	160	200
Trogbreite	b:	mm	224	280	355	450
Troghöhe	h:	mm	160	180	236	290
Förderleistung						
in m^3/h bei:						
$v = 0{,}21$ m/s:			20	28	45	71
$v = 0{,}26$ m/s:			25	36	56	90
$v = 0{,}34$ m/s:			32	45	71	110

Empfehlenswerte Fördergeschwindigkeiten:

$v = 0{,}21$ m/s für trockene, zerkleinerte Flachspäne und für alle übrigen Spänearten (Mahl-, Reißspäne und dergleichen)

$v = 0{,}26$ m/s für beleimte, zerkleinerte Flachspäne und für beleimte oder nasse Mahl- und Reißspäne

$v = 0{,}34$ m/s für nasse, unzerkleinerte Flachspäne

Bild 3.148. Unterer, horizontaler Teil mit Umlenkung in dem aufsteigenden Strang eines Trogkettenförderers gemäß Darstellung Bild 3.146f. Bauart Schenck.

Bild 3.149. Trogkettenförderer gemäß Darstellung Bild 3.146c für frisch beleimte Späne. Bauart Schenck.

mischer und dem Bunker für beleimte Späne. Er nimmt die frisch beleimten Späne unmittelbar am Auslauf des Beleimungsmischers auf und fördert sie in der gezeigten Linienführung zum Bunker. Auf Bild 3.150 sind Trogkettenförderer eines amerikanischen Spanplattenwerkes gezeigt, die in der gleichen Weise wie der Förderer in der vorhergehenden Abbildung frisch beleimte Späne transportieren. Der Förderweg entspricht etwa dem Bild 3.146e. Der Höhenunterschied zwischen Aufgabe und Abgabe ist hier ungefähr 14 m. In Bild 3.151 ist ein in der waagerechten Ebene liegender Trogkettenförderer zu sehen, der zwei auseinanderliegende Deckschicht-Streustationen mit Spänen versorgt. Er entspricht der Ausführung Bild 3.146h, wobei von besonderem Vorteil ist, daß die zwischen den Deckschicht-Streustationen liegenden Mittelschicht-Streustationen von oben her aus den darüberliegenden Bunkern unmittelbar und in voller Breite beschickt werden können.

Bild 3.150. Trogkettenförderer gemäß Darstellung Bild 3.146e für frisch beleimte Späne. Bauart Schenck.

3.3.4.5 Schwingförderer

In der Spanplattenfertigung haben sich die *Schwingförderer* nicht in dem Maße und mit den Förderlängen eingeführt, wie in anderen Industrien. Vielleicht liegt dies daran, daß eine Aufschüttung von leichten, lockeren Holzspänen ein verhältnismäßig elastisches und damit für den Schwingförderer ein nicht unbedingt sehr einfaches Fördergut ist und daß die durch einen Schwingförderer verursachten *Geräusche* in einem Spanplattenwerk doch merklich hervortreten. Dieses Fördermittel wird jedenfalls immer nur für kurze Strecken in der Spanplattenfertigung angewendet und auch dann meist nur, wenn eine andere *zusätzliche Wirkung* gleichzeitig mit dem Fördervorgang genutzt werden kann. So ist beispielsweise die Vergleichmäßigung des Förderstromes in Flußrichtung und das Ausbreiten des Fördergutes über die Breite des Schwingförderers vorteilhaft, wenn mittels einer nachfolgend angebrachten Verteilklappe das Fördergut in zwei oder auch mehrere Teilströme getrennt oder wenn das Fördergut vergleichmäßigt

Bild 3.151. Trogkettenförderer für horizontale Förderung gemäß Darstellung Bild 3.146h zur Beschickung von Einstreumaschinen. Bauart Schenck.

Bild 3.152. Schwingförderer in der Ausführung als Siebwuchtrinne zur Aussiebung und gleichmäßigen, stoßfreien Aufgabe des Spangutes auf Durchlaufbandwaagen. Bauart Schenck.

und dann gleichmäßig und stoßfrei auf eine Durchlaufbandwaage aufgegeben werden soll. Eine solche Anwendung des Schwingförderers zeigt Bild 3.152, bei der die Späne von einem über Dach angeordneten Späneabscheider kommend über einen sich nach unten erweiternden Trichter einem völlig geschlossenen Schwingförderer zugeführt werden, der sie auf eine ganz im Vordergrund links und ganz rechts hinten im Bild sichtbare Durchlaufbandwaage aufgibt. Dieser Schwingförderer wird gleichzeitig zum Absieben feinen Holzstaubes benutzt, der durch die gleichen pneumatischen Transporteinrichtungen gefördert wird, welche die ganze Einrichtung durch Absaugung staubfrei halten.

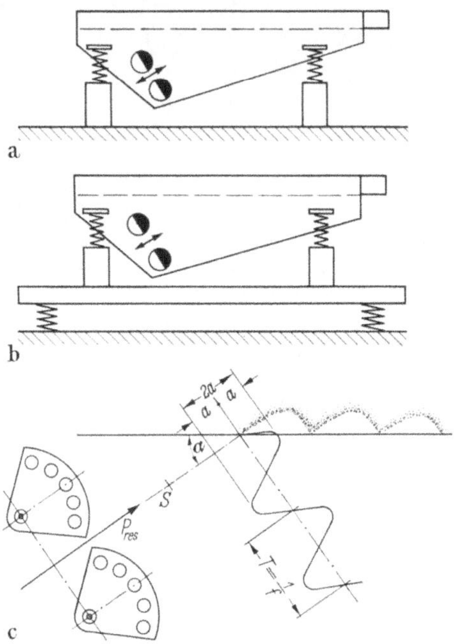

Bild 3.153 a–c. Darstellung der Lagerung und Wirkungsweise eines Schwingförderers (Wuchtrinne Bauart Schenck).
a) als frei schwingbar gelagertes, überkritisch abgestimmtes Einmassensystem; b) mit Gegenschwingrahmen als überkritisch arbeitendes Zweimassensystem; c) Wirkungssystem eines Richterregers; die Wurfbewegung des Fördergutes ist gepunktet. P_{res} = Erregerkraft, S = Schwerpunkt, T = Wellenlänge, f = Schwingfrequenz, a = Amplitude, α = Wurfwinkel.

Die in der Spanplattenfertigung benutzten Schwingförderer werden ausgeführt als freischwingende, in Zug- und Druckfedern auf Bockgestellen ruhende oder an Seilen und Stangen hängend gelagerte, im überkritischen Schwingbereich arbeitende Einmassensysteme (Bild 3.153a) oder Zweimassensysteme (Bild 3.153b). Letztere übertragen im allgemeinen auf die Tragkonstruktion (Gebäudedecke) geringere Störkräfte als die Einmassensysteme. Die überkritische Arbeitsweise gewährleistet ein besonders stabiles Betriebsverhalten, auch bei stark unterschiedlicher Fördergutmenge sowie bei Unregelmäßigkeiten der Antriebe durch Spannungs- und Frequenzschwankungen des elektrischen Stromnetzes.

Die beim Schwingförderer gerichtete Erregung erteilt dem schwingenden System die charakteristische lineare (einachsige) Schwingbewegung. Die üblichen *Antriebsmittel* sind a) 2 *Unwuchtmotoren*, die mechanisch nicht miteinander gekuppelt sind, oder b) *Richterreger*, deren Unwuchtmasse durch ein eingebautes Zahnradgetriebe gekoppelt ist und die über Gelenkwellen von einem Drehstrommotor angetrieben werden, und schließlich c) der *elektromagnetische Antrieb* mit den für diese Antriebsarten üblichen Frequenzbereichen und Hubweiten. Für die Förderung von Holzspänen der Spanplattenfabrikation ist wegen der günstigeren niedrigen Frequenzen und der größeren Amplituden dem Antrieb durch Unwuchtmotore mit $n = 1000$ bis 1500 U/min und einer Amplitude von 5 bis 20 mm oder durch Richterreger mit üblicherweise $n = 600$ bis 1500 U/min bei den gleichen Hubweiten der Vorzug zu geben, obwohl der verschleißfreie, elektromagnetische Schwingungsantrieb den geringsten Wartungsaufwand erfordert und eine sehr leichte, stufenlose Änderung der Förderleistung während des Betriebes von Null bis Maximum gestattet. Für die Förderung von Holzhackschnitzeln haben sie sich bewährt; $n = 3000$ oder 6000 Schwing./min, $a = 1$ bis 3 mm.

Bild 3.154. Richterreger zum Antrieb von Schwingförderern. Der Erreger erteilt dem Schwingförderer eine lineare Schwingbewegung. Er wird durch einen Drehstrommotor über eine Gelenkwelle angetrieben. Mit den Flanschen des Gehäuses wird er am Förderer befestigt. Die Bohrungen in den Unwuchtkörpern dienen der Aufnahme unterschiedlicher Gewichte zur Veränderung der Erregerkräfte und damit der Auslenkung des Förderers. Bauart Schenck.

Bild 3.153 c zeigt die Schwingbewegung bei der Erregung eines Schwingförderers mittels Richterreger nach Bild 3.154. Die Wirkungslinie der Erregerkräfte P_{res} muß etwa durch den Schwerpunkt des schwingenden Systems gehen; der Wurfwinkel richtet sich nach den Förderguteigenschaften und dem evtl. gewünschten *Siebeffekt*; bei reiner Förderung (Wuchtrinne) ist $\alpha =$ rd. 20 bis 35° bei gleichzeitiger Siebung (Siebwuchtrinne) wird $\alpha =$ rd. 30 bis 55° gewählt. Er ist u. a. abhängig von der Art der zu fördernden Späne und der Neigung des Trogbodens. Die Amplitude a kann durch Gewichtsstücke, die in die in Bild 3.154 sichtbaren Bohrungen der Unwuchtkörper einzusetzen sind, verändert werden.

Für den Gutabzug aus Bunkern, wie er bei leicht rieselfähigen, nichtbackenden Gütern oft ausgeübt wird, ist bei Holzspänen der Schwingförderer nicht geeignet.

3.3.4.6 Pneumatische Fördereinrichtungen

Aus Druckschriften von Firmen, die *pneumatische Fördereinrichtungen* herstellen, kann man ersehen, daß sämtliche Spänetransporte einer Holzspanplattenfertigung durch dieses Fördermittel ausgeführt werden können. Für die Spanplattenwerke ist immer wieder die große Anzahl von Späneabscheidern auf den Dächern der Fabrikationsgebäude ein vertrautes Bild. Bild 3.155 zeigt ein solches von einem großen amerikanischen Spanplattenwerk in Kalifornien. Die *Vorteile*, die dieses Fördermittel aufweist, sind auch bestechend:

Es ist eine maschinell *einfache Einrichtung*. Die *Anschaffungskosten* sind *niedrig*. Die einzelnen Glieder — Aufgabestellen, Gebläse, Förderleitungen, Abscheider — benötigen *wenig Platz*, zumal das größte Stück dieser Einrichtungen, der *Späneabscheider*, meist außerhalb des Gebäudes, oft auf dem Dach aufgestellt wird; der Anteil der durch dieses Fördermittel bedingten Raum- und Baukosten ist somit sehr gering. Vor allem

Bild 3.155. Anordnung von Späneabscheidern pneumatischer Förderanlagen auf dem Dach eines nordamerikanischen Spanplattenwerkes. Bauart Schilde.

aber ist man in der Aufstellung der Fördereinrichtung, in der Wahl des Förderweges wie bei keinem anderen Fördermittel ungebunden; man kann beliebig weit und in beliebiger Folge lotrecht, waagerecht, schräg steigend und fallend, in Bogen und nach jeder Richtung den Förderweg wählen und anordnen.

Trotzdem sollte man der oft zu beobachtenden Neigung, dieses Fördermittel ganz bevorzugt zu verwenden, nicht ohne weiteres folgen. Die Luft ist der Träger des zu fördernden Guts; dieses wird in ihr nahezu schwebend, die Rohrleitungswände nur gelegentlich, in Krümmern jedoch stark berührend und streifend, von der Aufgabe- zur Abgabestelle getragen. Im Vergleich zur Fördergutmenge ist eine *große Luftmenge* bei *hoher Geschwindigkeit* zu bewegen; das verursacht den hervorstechenden Nachteil dieses Fördermittels, den *großen Kraftverbrauch*. Eine bei aller Freizügigkeit überlegte Anordnung und richtige Auswahl der variationsreichen Möglichkeiten, richtige Bemessung und Auslegung der ganzen Anlage und besonders des Ventilators durch erfahrene Fachfirmen sind deshalb gerade hier sehr wichtig.

Mit pneumatischen Förderern lassen sich alle Spänearten gut fördern, auch Hackschnitzel bereiten keine Schwierigkeiten. *Sehr nasse* und gleichzeitig sehr *großflächige Späne* können bei der Aufgabe ins Förderrohr, bei sehr engen Krümmern und auch im Ventilator dadurch Schwierigkeiten verursachen, daß diese flächigen Späne an der Krümmerwand oder an dem Ventilatorgehäuse flach anliegen, sich anhäufen und zu *Verstopfungen* führen. Frisch beleimte Späne sollte man nicht pneumatisch fördern; die Verschmutzung besonders des Flügelrades und der Aufgabestellen im Rohr durch Bindemittel und feinsten Holzstaub sind sehr groß.

Im Rahmen der üblichen Einteilung nach: *Druckluft-*, *Saugluft-*, *gemischte Druck- und Saugluftanlagen*, je nachdem, in welchem Teil der Rohrleitung sich der Spänetransport abspielt, zeigt Bild 3.156 in schematischer Darstellung einige der in der Spanplattenfertigung gebräuchlichen Anordnungen dieses Fördermittels.

Bild 3.156a und b zeigt reine *Druckluftanlagen*. Der Ventilator saugt an und fördert transportgutfreie Luft; er kann deshalb mit geschlossenem Flügelrad für einen hohen Wirkungsgrad ausgerüstet werden. Die Späne werden auf der Druckseite der Rohrleitung in diese eingeführt und zum Abscheider transportiert. Die Einführung des Fördergutes erfordert besondere Maßnahmen. Wird nur an einer Stelle Gut eingeführt, so kann man dazu eine *Injektor-Schleuse* verwenden, die es gestattet, ohne mechanischen Abschluß das Fördergut in die Leitung einzuschleusen. Der Nachteil dieser Einrichtung ist der mit dem Einbau der Injektor-Schleuse verbundene erhöhte Energieverbrauch. Man wählt deshalb diese Anordnung selten und nur in besonderen Bedarfsfällen. In der Druckluftanlage nach Bild 3.156b ist die Injektor-Schleuse durch eine *Zellenradschleuse* ersetzt. Hier kann man auch mehrere Einschleusungen, in einer Druckleitung hintereinanderliegend, vornehmen. Ist die Zellenradschleuse bei dieser Anordnung der Anlage nicht einwandfrei dicht, so kann die Einführung von Holzspänen in die Leitung sehr schnell in Frage gestellt sein; tritt die Luft in größerer Menge aus einer der Zellenradschleusen aus, so führt dies sehr leicht zu Verstopfungen. Auch diese Art der Anlage wird deshalb nur bei besonderem Anlaß in Sonderfällen gewählt. Durch Einfügung von *Umschaltklappen* kann bei dieser Anordnung, wie aus Bild 3.156a zu ersehen ist, das Fördergut zu verschiedenen Abscheidern und damit zu verschiedenen Abgabestellen gelenkt werden.

Die Anlagen nach Bild 3.156c und d sind reine *Saugluftanlagen*. Auch hier fördert der Ventilator vom Transportgut befreite Luft und kann deshalb mit gutem Wirkungsgrad arbeiten. In die Saugleitung kann, unter entsprechender Abstufung der Rohrleitungsdurchmesser, an mehreren Stellen Gut eingeführt werden; die Anordnung gleicht der in der Holzindustrie oft verwendeten Form. Wenn an den jeweiligen Aufgabestellen Luft nicht mit angesaugt werden soll, so kann man nach d

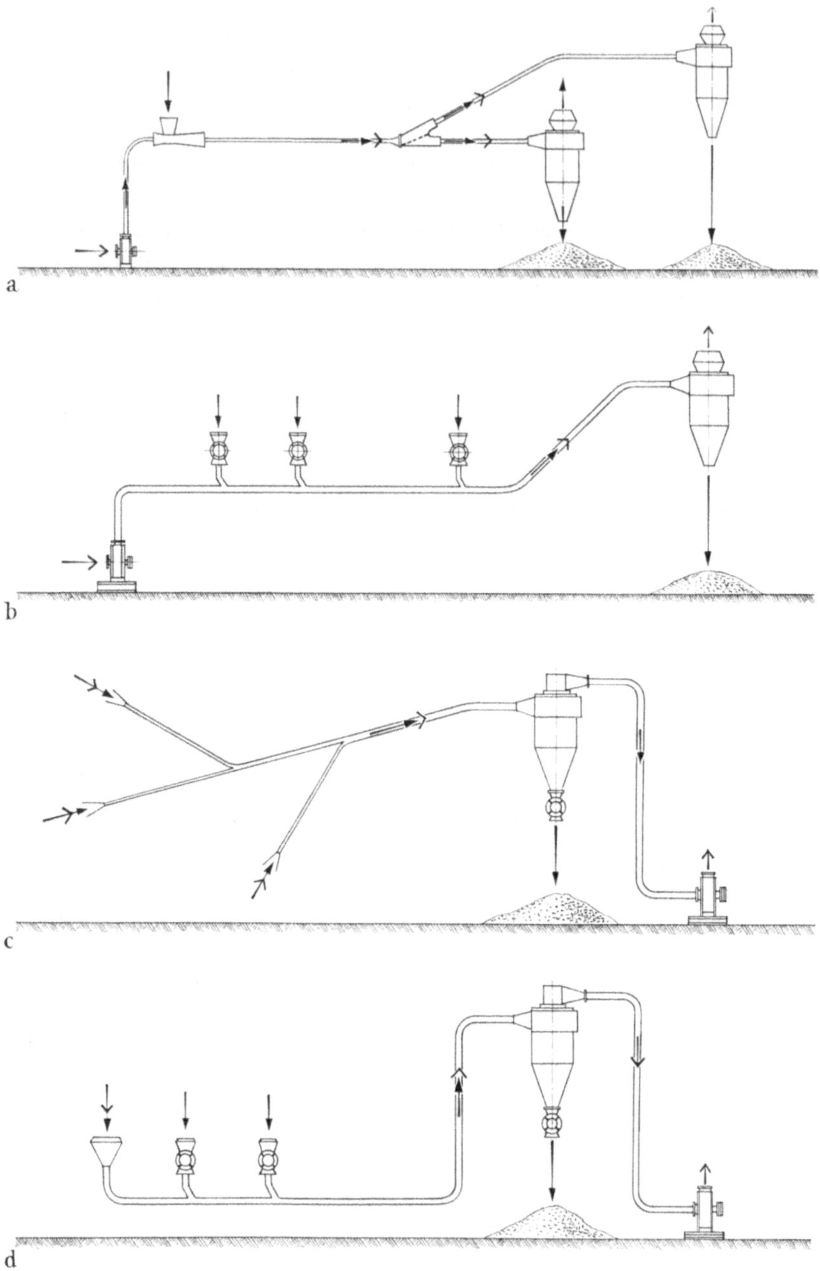

Bild 3.156 a – h. Schematische Darstellung verschiedener Arten pneumatischer Späneförderanlagen. a) reine Druckluftanlage mit Injektorschleuse zur Materialeinführung und mit zwei wahlweise zu benutzenden, auseinanderliegenden Abgabestellen; b) reine Druckluftanlage mit mehreren Zellenradschleusen zur Materialeinführung; c) reine Saugluftanlage mit mehreren freien Materialaufgabestellen; d) reine Saugluftanlage mit Zellenradschleusen an den Materialaufgabestellen;

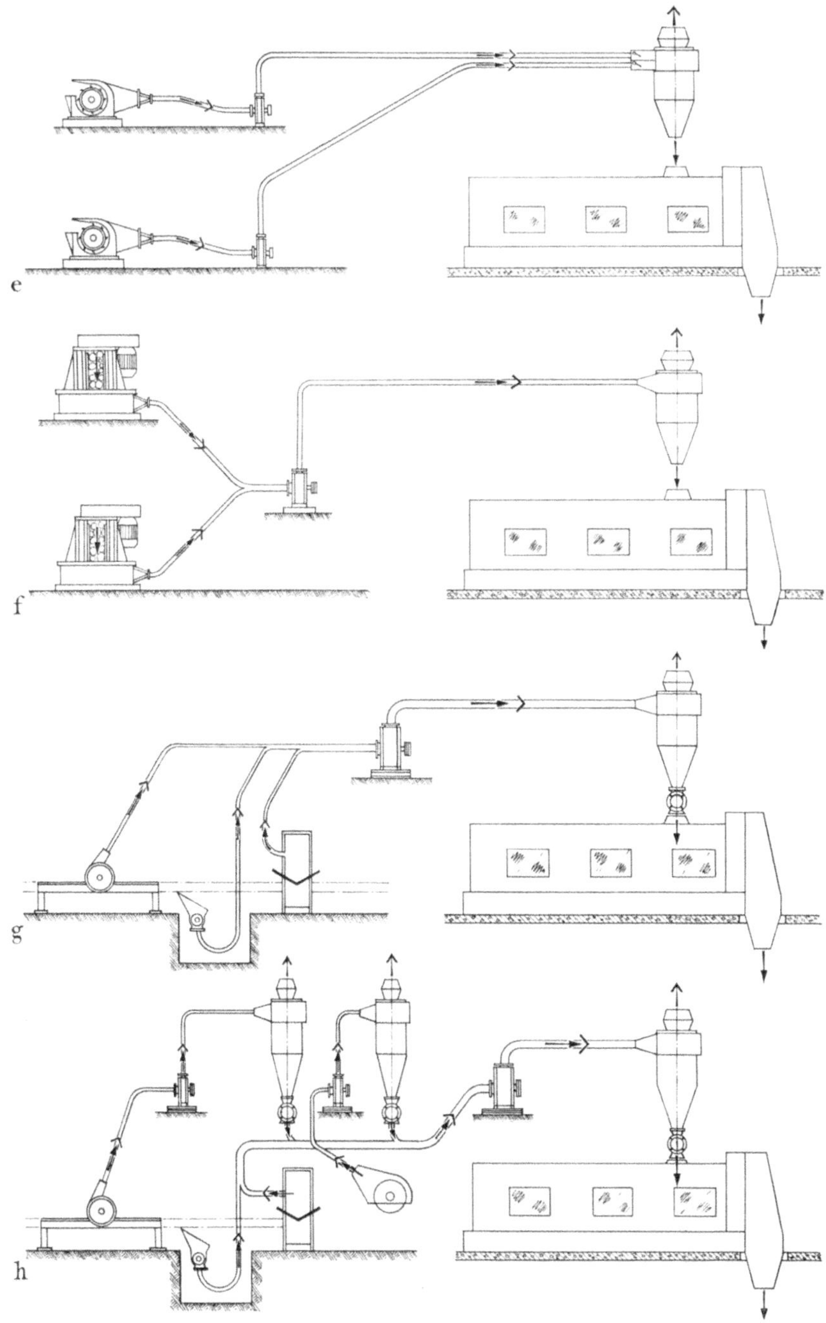

e) bis g) gemischte Saug-Druckluftanlagen; h) gemischte Saug-Druckluftanlage z. T. mit Zwischenabscheidern.

verfahren, indem das Transportgut wiederum über Zellenradschleusen eingeführt wird. Auch bei *Undichtigkeiten* der Zellenradschleuse ist die Aufgabe des Gutes nicht in Frage gestellt. Bei zu großen Undichtigkeiten kann jedoch die Förderung der zuerst in die Rohrleitung eingeschleusten Güter Schwierigkeiten bereiten. Trotzdem ist diese Anlagenart verhältnismäßig oft zu finden. Zu beachten ist unbedingt, daß bei diesen reinen Saugluftanlagen der Auslaß des Späneabscheiders immer mit einwandfrei arbeitenden Zellenradschleusen abzuschließen ist und daß das Ventilatorrad, da die scheuernde und dadurch reinigende Wirkung der Holzspäne fehlt, im Laufe der Zeit durch feinsten Holzstaub verschmutzt wird, also gelegentlich zu reinigen ist.

Wohl am gebräuchlichsten ist die *gemischte Saug-Druckluftanlage*, sie ist auch am wenigsten störanfällig. Bei ihr wird das Transportgut in die Saugleitung eingegeben; die Druckleitung erstreckt sich über den größten Teil des Transportweges und endet im Späneabscheider. Grundsätzlich werden Hilfsmittel zur Einschleusung oder Abgabe des Gutes nicht benötigt, es sei denn, man will in die Ansaugleitung an mehreren Stellen Gut nach Bild 3.156c und d einführen. Der Ventilator ist mit einem sogenannten offenen Flügelrad auszurüsten, was eine Einbuße an *Wirkungsgrad* bedingt, aber zur Vermeidung von Verstopfungen unbedingt nötig ist. In Anlagen dieser Art kann das Spangut auch aus mehreren getrennten Saug-Druckluftsträngen in einem Späneabscheider abgeschieden werden (Bild 3.156e), wobei beim einzelnen Späneabscheider lediglich ein Zwischenglied mit selbstöffnenden Rückschlagklappen nötig ist, um zu verhindern, daß bei Stillstand eines Förderstranges Luft und Fördergut aus dem anderen Strang über den Abscheider in den stillstehenden hineingedrückt wird, was zu Verstopfungen führen würde. Die Ausführungen f, g und h zeigen weitere Möglichkeiten dieser Anlageart. Wenn am Auslaß des Späneabscheiders eine Auschleushilfe auch nicht nötig ist, so ist es doch ratsam, beispielsweise eine reichlich dimensionierte Zellenradschleuse anzubringen, wenn man *Schmutz- und Staubbelästigung* am Ende des Späneausfalles mit Sicherheit vermeiden will. Der im Späneabscheider vorhandene Überdruck der im wesentlichen nach oben ausgestoßenen Förderluft läßt doch einen kleinen Teil dieser Luft auch nach unten zusammen mit dem abgeschiedenen Material austreten, wenn besondere Maßnahmen dies nicht verhindern. Auch bei dieser Saug- und Druckluftanlage kann das Transportgut durch Einfügung von Umschaltklappen in die Druckleitung zu verschiedenen Abgabestellen geleitet werden. Im Gegensatz zur reinen Saugluftanlage nach Bild 3.156d ergibt sich bei dieser Anlagen-Ordnung somit die Möglichkeit, Späne zu verschiedenen Abgabestellen zu leiten. In Bild 3.156h ist schematisch die Späneabsaugung und Transporteinrichtung dargestellt, wie sie beispielsweise im Bereich der Formungseinrichtungen angewendet wird. Einige dieser Maschinen, wie die Längsbesäumsäge und die Dickenschleifmaschine, benötigen verhältnismäßig viel Luft, um die Späne an den Anfallstellen einwandfrei aufzunehmen. Man saugt deshalb an diesen Stellen gern mit einem eigenen Ventilator ab. Um die große Luftmenge nicht durch die ganze Anlage bis zur Abscheidung der Späne an der gewünschten Abgabestelle transportieren zu müssen, verwendet man bevorzugt Zwischenabscheider, über die das Spänematerial der Absaugstellen in die Haupttransportleitung abgeschieden wird, ohne die große Luftmenge dieser Absaugstellen mitschleppen zu müssen. Zweckmäßigerweise erfolgt die Abscheidung aus den Zwischenabscheidern über eine Zellenradschleuse, um pneumatisch klare und stabile Verhältnisse zu haben.

Das wichtigste Glied der allgemein als Niederdruckanlagen mit Gesamtpressungen bis zu etwa 250 mm WS arbeitenden pneumatischen Transporteinrichtungen ist der *Ventilator*, auch *Gebläse* oder *Exhaustor* genannt; Bild 3.157 a zeigt eine heute gebräuchliche moderne Ausführung. In Bild 3.157 b und c sind die Ausführungen der Flügelräder zu sehen, unter b ein geschlossenes Flügelrad, das angewendet wird, wenn lediglich Luft durch den Ventilator gefördert wird; es zeichnet sich durch höheren Wirkungsgrad aus als das unter c gezeigte offene Flügelrad, dessen Verwendung dann nötig ist, wenn Luft und Späne durch den Ventilator hindurchgeführt werden. Es ist sehr darauf zu achten, daß nur kräftig gebaute, bei Spänetransport besonders kräftige und verstärkte, immer dynamisch einwandfrei *ausgewuchtete* Ausführungen eingebaut werden. Die *Gehäuse* sind mit zusätzlichen auswechselbaren Verschleißblechen von mindestens 3 mm Dicke bei Spänetransport-Ventilatoren zu versehen. Zum leichten Wechseln dieser Verschleißbleche soll die gesamte Saugwandseite des Ventilators über die ganze Fläche abnehmbar sein. Eine große *Reinigungsöffnung* in der Seitenwand, unterhalb der Ansaugöffnung, zur Beseitigung von Verstopfungen und zur Reinigung des Flügelrades ist unbedingt nötig. Zur Schonung der Späne und wegen des Verschleißbleches soll diese Reinigungsöffnung auf keinen Fall im zylindrischen Mantelteil des Gehäuses angebracht werden. Der *Lagerbock* soll als allseitig geschlossene, zu Reinigungszwecken mit einem Handloch versehene Vollwandkonstruktion mit schräger Fläche zum Aufsetzen des Antriebmotors mit Spannschienen ausgeführt sein. Der *Antrieb* über Keilriemen ist einer unmittelbaren Kupplung von Flügelradwelle und Antriebsmotor vorzuziehen, weil man auf diese Weise immer die Möglichkeit hat, durch Drehzahländerungen des Flügelrades sich den Förderverhältnissen anzupassen.

Das äußerlich sehr hervorstechende Merkmal pneumatischer Transporteinrichtungen ist der *Späneabscheider* (*Zyklon*). In ihm erfolgt die Trennung von Fördermittel und Fördergut. Das Gut-Luftgemisch wird in den zylindrischen Körper des Abscheiders tangential eingeführt; durch die Wirkung der Zentrifugalkraft wandert das Gut innerhalb der Luftströmung nach außen, in Richtung auf die Wand des Zyklons, wodurch die Luft in der Randzone mit Gut zu stark angereichert wird. Hierdurch

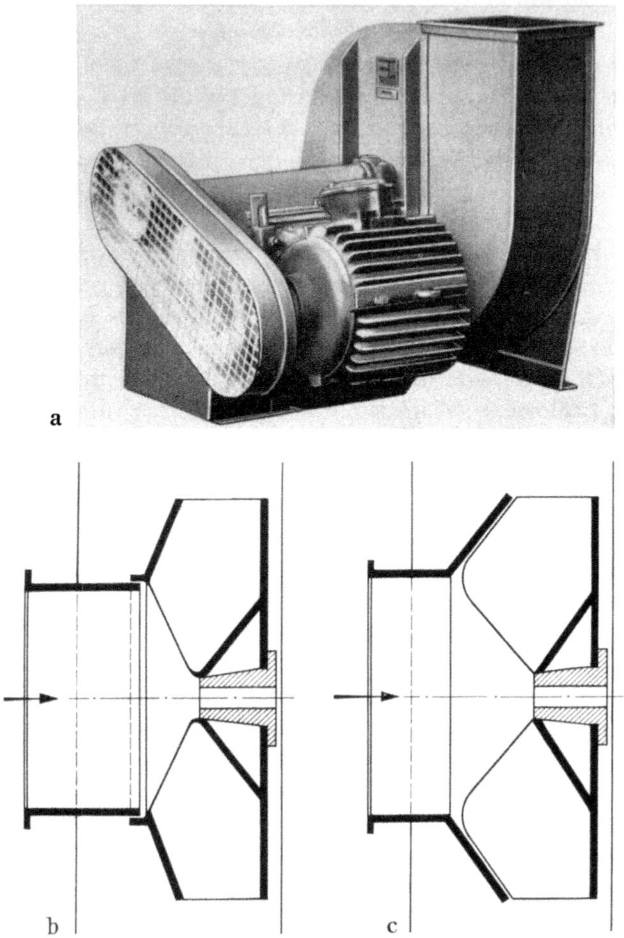

Bild 3.157a—c. Ventilatorausführungen für pneumatische Förderanlagen.
a) Späneförderventilator, Bauart Kastrup; b) Längsschnitt durch einen Ventilator mit geschlossenem Flügelrad für reine Luftförderung; c) Längsschnitt durch einen Ventilator mit offenem Flügelrad zur Späneförderung, Bauart Schilde.

und wegen der verringerten Luftgeschwindigkeit infolge der Entspannung im Abscheiderkörper fällt das Gut aus und gelangt nach unten über den Trichter in das Abscheiderrohr. Die Luft verläßt den Abscheider nach oben. Um unabhängig von der Windrichtung für die Abluft immer gleiche Austrittsbedingungen zu haben und besonders bei stillstehender Fördereinrichtung den Eintritt von Regen und Schnee in das Innere des Zyklons zu vermeiden, werden die Austrittöffnungen mit sogenannten *Deflektoren* ausgerüstet, deren typische Form auf den Abscheidern in Bild 3.155 gut zu erkennen ist.

Die *Gerüste*, in denen die Abscheider aufgestellt werden, sind oft von sehr einfacher Ausführung. Bild 3.158 zeigt die Aufstellung zweier Ab-

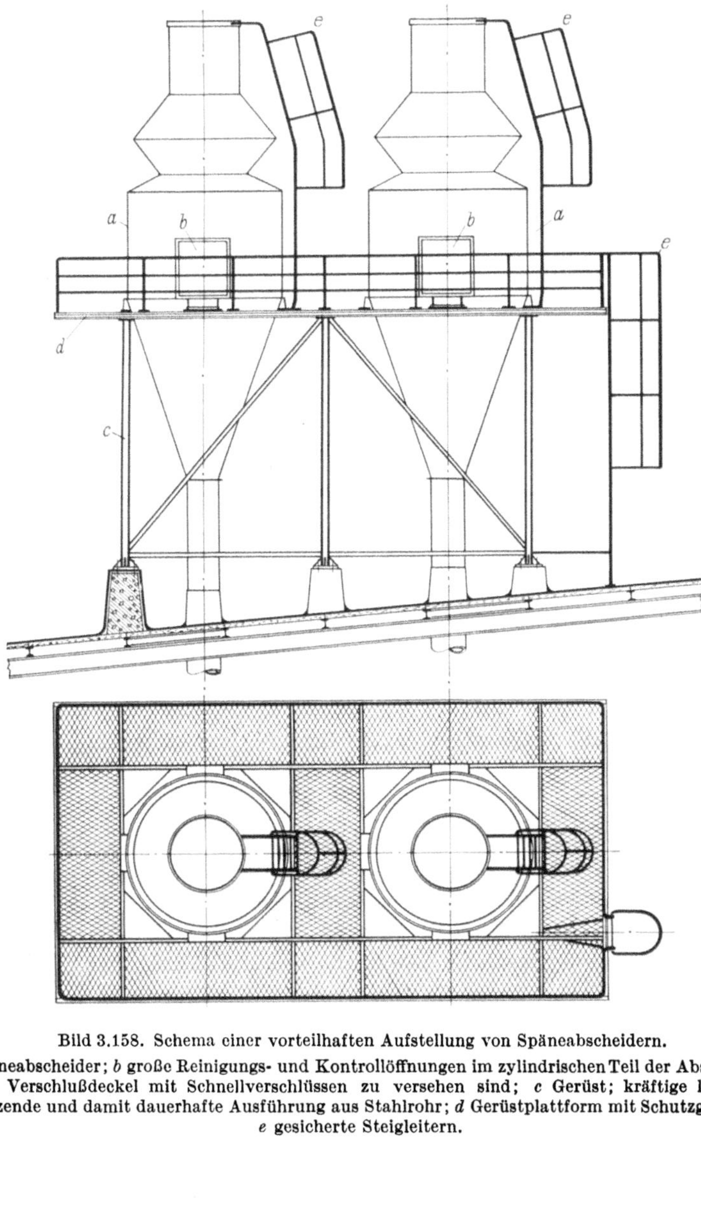

Bild 3.158. Schema einer vorteilhaften Aufstellung von Späneabscheidern.
a Späneabscheider; *b* große Reinigungs- und Kontrollöffnungen im zylindrischen Teil der Abscheider, deren Verschlußdeckel mit Schnellverschlüssen zu versehen sind; *c* Gerüst; kräftige leicht zu schützende und damit dauerhafte Ausführung aus Stahlrohr; *d* Gerüstplattform mit Schutzgeländer; *e* gesicherte Steigleitern.

scheider in einem Gestell, das zwar aufwendiger als die üblichen Ausführungen ist, gegenüber diesen aber auch erhebliche Vorteile aufweist. Durch eine Steigleiter gelangt man auf eine Plattform, von der aus die im zylindrischen Teil des Zyklons anzubringende große Reinigungs- und Einsteigöffnung leicht zugänglich ist. Diese Öffnung wird benutzt, um mögliche Verstopfungen beseitigen zu können und um die im Inneren des Abscheiders angebrachte Einrichtung zur Umlenkung der Luft den örtlichen Verhältnissen anzupassen. Von der Plattform des Gerüstes führt eine ebenfalls gesicherte Steigleiter zum Deflektor, um diesen gelegentlich reinigen zu können; um ihn in einwandfreier Funktionsfähigkeit halten, ist dies in gewissen Zeitabständen nötig. Die Vorteile einer solchen Aufstellung sind für den Betrieb größer als der Mehraufwand, den sie verursachen.

Es kommt immer wieder vor, und kein Betrieb ist davon befreit, daß Abscheider *ausblasen*, d. h. daß der Austritt der Späne über den Trichter nach unten verstopft ist und die Förderluft nun die mitgeführten Späne über die Luftaustrittöffnung des Abscheiders nach außen bläst. Solche Ereignisse sind deshalb besonders unangenehm, weil die Störung meist recht spät, d. h. erst dann bemerkt wird, wenn die nähere und weitere Umgebung durch niederrieselnde Holzspäne bedeckt ist. Eine sehr einfache Einrichtung, die schon die beginnende Verstopfung meldet und gewünschtenfalls die Transporteinrichtung automatisch stillsetzt, zeigt Bild 3.159a. Auf einer leicht trichterförmigen Erweiterung der Luftaustrittöffnung bzw. des Deflektors ist drehbar gelagert und mit einem Gewichtsausgleich versehen, ein mit kräftigem Drahtgewebe von entsprechender Maschenweite versehener steifer Ring. Sobald austretende Späne sich gegen das Maschendrahtgewebe legen, steigt der Widerstand des Ringes so an, daß er um seine eigene Achse gedreht und von der Öffnung abgehoben wird. Dabei betätigt er einen Endschalter, der die nötigen Melde- und Stillsetzungsimpulse weitergibt.

Auch die Ausführung der *Rohrleitungen* und der *Krümmer* bedarf besonderer Beachtung. Der *Verschleiß* durch immer wieder auf die Wand prallende Teilchen des Fördergutes ist bei einem 24stündigen Dauerbetrieb, vor allem dann, wenn das Fördergut Verunreinigungen in Form von Sandkörnchen aufweist, erheblich. Besonders gefährdet sind die Stoß- und Flanschstellen der Rohrleitungsschüsse und die Krümmer, in denen das Fördergut unter Wirkung der Zentrifugalkraft an Stellen mit größtem Krümmungsradius gedrückt werden und dort hohe Abnutzung hervorrufen. Bei Rohrleitungen aus nur 1,2 mm dickem Blech treten deshalb nach verhältnismäßig kurzer Zeit an den Bördelstellen und an den Stellen der Flanschverbindungen und vor allem an den Krümmern Zerstörungen am Blech und Undichtigkeiten auf. Es empfiehlt sich sehr, für die Rohrleitungen unter 350 mm Durchmesser mindestens etwa 2 mm Blechdicke, und für Rohrleitungen über 400 mm Durchmesser 2,5 mm Blechdicke zu verwenden. Die Bögen sollen möglichst mit $R = (2 \cdot D \ldots 3 \cdot D)$ aus zwei gezogenen, miteinander verschweißten Halbschalen von mindestens 3 mm Blechdicke hergestellt werden. Rohrverschweißungen und Flanschstöße nach Bild 3.159 b und c haben sich in jahrelanger Praxis bewährt.

Wegen des großen *Kraftverbrauches* pneumatischer Fördereinrichtungen ist eine sorgfältige Ausführung und vor allem eine sorgfältige Dimensionierung der Anlage und ihrer Teile nötig; auf die Arbeit einer auf diesem Gebiet erfahrenen Fachfirma kann man nicht verzichten. Lediglich zur überschlägigen Vorausberechnung mögen die folgenden

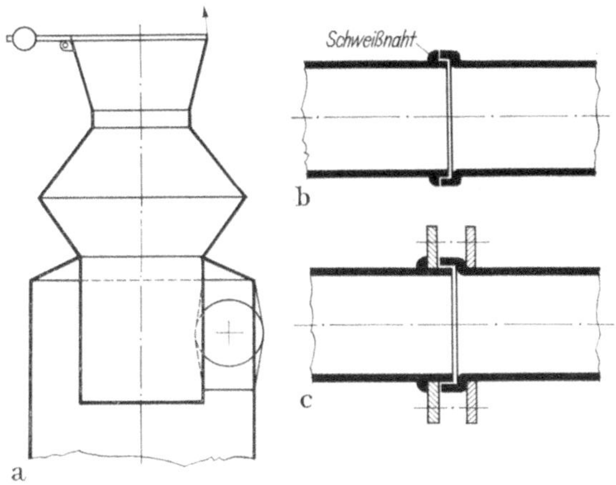

Bild 3.159 a—c. Einzelheiten pneumatischer Fördereinrichtungen.
a) Sicherungseinrichtung gegen Verstopfen der Abscheider und Ausblasen von Spänen; b) vorteilhafte Ausbildung geschweißter Rohrstöße; durch die Bördelung werden die Rohrenden gut gegeneinander zentriert; vorstehende Blechstöße der Wandung und damit Verschleiß der Rohre und Zerkleinerung der Späne zu Staubanteilen werden vermieden; c) gleichsinnige Ausbildung von lösbaren Rohrstößen.

Angaben dienen. Die Größe des Gutdurchsatzes bedingt die *zu fördernde Luftmenge.* Dem entsprechen die Gleichungen (1) und (2). Der Luftstrom kann nur bis zu einem bestimmten Grade mit festen Teilchen belastet werden, man rechnet höchstens mit 250 g/m³ Gesamtgewicht des Fördergutes, d. i. Holzsubstanz + Feuchtigkeitsgewicht je Nm³ Förderluft. Bei zu hoher Konzentration bilden sich im Förderrohr Zusammenballungen, die an ungünstigen Stellen, besonders bei Krümmern zu Verstopfungen Anlaß geben. Die Gutart bedingt die anzuwendende *Luftgeschwindigkeit* im Rohr. Im allgemeinen wählt man bei dünnflächigen Deckschichtspänen $v = 20$ m/s, bei mitteldicken Mittelschichtspänen $v = 22$ m/s; bei dicken Mittelschichtspänen und Grobgut sollen $v = 25$ m/s nicht unterschritten werden. Man muß bestrebt sein, die Luftgeschwindigkeit klein zu halten, um den Verschleiß in der Leitung und vor allem den Leistungsbedarf der Anlage niedrig zu halten. Der Widerstand der gesamten Luftführung und der Luftdurchsatz legen die Ventilatorleistung und den *Kraftverbrauch* fest, wie Gleichung (4) zeigt. Im allgemeinen ergeben sich für die gesamte Pressung Werte von $p_{ges} = 90$ bis 200 mm WS.

$$Q = 3{,}6 \cdot 10^3 \cdot m \cdot V \text{ [kg/h]} \tag{1}$$

$$V = 2{,}78 \cdot 10^{-4} \cdot \frac{Q}{m} \text{ [m}^3\text{/h]} \tag{2}$$

$$D = 2000 \frac{V}{v} \text{ [mm]} \tag{3}$$

$$N = \frac{V \cdot p_{ges}}{\eta \cdot 102} \text{ [kW]} \tag{4}$$

Hierbei ist:

Q (kg/h) Spänemenge (Fördergut)
V (m^3/sec) Luftmenge (Fördermittel)
m = max. 0,25 (kg/m^3) Gutbeladung
v (m/s) Luftgeschwindigkeit im Förderrohr
N (kW) Kraftbedarf a. d. Ventilatorwelle
p_{ges} (mm WS) Gesamtpressung
D (mm) Lichte Weite der Rohrleitung
η (0,6 bis 0,8) Mechan. Wirkungsgrad des Ventilators

Viele Größen sind von Luftmenge und Geschwindigkeit, von den Eigenschaften des Fördergutes und Eigenarten der Förderleitung abhängig und mit anderen Einflüssen, wie Feststoffkonzentration in der Förderluft, Beschaffenheit des Fördergutes, Rohrleitungsdurchmesser usw. verknüpft, so daß die genaue Berechnung einer Anlage großes Wissen und Erfahrung erfordert.

3.4 Beleimung und Imprägnierung der Späne

Von **Kaspar Engels**, Mannheim

3.4.1 Beleimungstheorien

3.4.1.1 Spanfläche und Leimschichtdicke

Es ist von erheblicher Bedeutung, die theoretischen Zahlen der *zu beleimenden Spanoberfläche* und der möglichen *Leimschichtdicke* zu wissen. Mit Hilfe von statistischen Verfahren läßt sich dann annähernd für die einzelnen Beleimungssysteme nach einigen Kurzproben eine *Verteilungswahrscheinlichkeit* ermitteln. Die Tab. 3.12 gibt eine Übersicht für idealisierte, sogenannte uniforme Späne verschiedener Spandicken bei verschiedenem Leimflottenanteil. Im Gegensatz zur fertigen Platte interessiert hier nicht die Schichtdicke der Trockensubstanz, sondern die der Leimflotte.

Die *wirkliche Spanoberfläche* ist je nach Spangüte von 0 bis zu 100% größer als die in Tab. 3.12 angegebene. Der Wert Null ergibt sich bei sehr gut geschnittenen und gesichteten dünnen Spänen. Späne mit stärkeren Oberflächenabweichungen, wie Abfall- und Mahlspäne, erlauben keine kennzeichnenden Abmessungen.

3.4.1.2 Sprühnebel oder -tröpfchen

Man ist geneigt, von der Beleimung einen geschlossenen Film auf den Spänen zu fordern. Wenn man von der Walzenbeleimung absieht, muß dieser Film durch Nebeneinanderlagerung von Sprühpartikeln erzeugt werden. Die Nebeneinanderlagerung ist desto dichter, je kleiner die Sprühpartikel sind. Danach wäre der *Leimnebel* vorzuziehen, doch wird behauptet, daß dies nicht immer bzw. nur bedingt gilt. Man begründet das mit der schweren Beherrschbarkeit des Sprühnebels, der Gefahr der Verluste durch Luftabsaugung, der zu dünnen Filmbildung, die besonders bei leichten Platten mit der nur örtlichen Berührung nicht genügend zur Wirkung kommt, und vor allem mit der Überbeleimung der Feinstspäne und Staubanteile. Letztere soll durch die später noch erklärte Taubildung entstehen, der die länger im Nebel schwebenden Feinstspäne und Stäube stärker ausgesetzt

Tabelle 3.12. *Spanoberflächen für verschiedene Spanarten und Leimschichtdicken sowie Leimpartikelzahlen mit 100 μm und 35 μm Durchmesser für verschiedene Leimflottenprozentsätze*

Fichtenholzspäne Theoretische Spanwerte		Theoretische Leimwerte auf den Spänen																	
		Leimflotte 10 %			Leimflotte 12 %			Leimflotte 15 %			Leimflotte 17 %			Leimflotte 20 %			Leimflotte 30 %		
Abmessungen in mm	Oberfläche m²/100 kg	Leimschicht in μm	Leim-Punkte Stck/cm² 100 μm	35 μm	Leimschicht in μm	Leim-Punkte Stck/cm² 100 μm	35 μm	Leimschicht in μm	Leim-Punkte Stck/cm² 100 μm	35 μm	Leimschicht in μm	Leim-Punkte Stck/cm² 100 μm	35 μm	Leimschicht in μm	Leim-Punkte Stck/cm² 100 μm	35 μm	Leimschicht in μm	Leim-Punkte Stck/cm² 100 μm	35 μm
0,2 × 2 × 20	1850	4,6	877	20 708	5,52	1 052	24 850	6,96	1 316	31 062	7,82	1 491	35 204	9,2	1 754	41 416	13,8	2 731	62 126
0,2 × 15 × 20	1706	4,98	952	22 484	5,98	1 142	26 981	7,47	1 428	33 726	8,47	1 618	38 223	9,96	1 904	44 968	14,94	2 856	67 452
0,3 × 2 × 20	1295	6,58	1 256	29 598	7,9	1 507	35 518	9,87	1 884	44 397	11,19	2 135	50 317	13,16	2 512	59 196	19,74	3 768	88 794
0,3 × 4 × 30	1120	7,58	1 449	34 247	9,1	1 739	41 096	11,37	2 174	51 371	12,87	2 463	58 220	15,16	2 898	68 494	22,74	4 347	102 741
0,4 × 10 × 40	875	9,72	1 859	43 826	11,66	2 231	52 591	14,58	2 789	65 739	16,52	3 160	74 504	19,54	3 718	87 652	29,16	5 577	131 478
0,6 × 10 × 40	598	14,2	2 715	64 140	17,04	3 528	76 968	21,30	4 073	101 210	24,14	4 616	109 038	28,4	5 430	128 280	42,6	8 185	252 420
1 × 1 × 15	689	12,34	2 359	55 669	14,81	2 831	67 703	18,51	3 539	83 504	20,98	4 010	94 637	24,68	4 718	111 338	37,02	7 077	167 007
2 × 2 × 25	347	24,5	4 589	110 535	29,4	5 607	132 642	36,75	6 884	165 803	41,65	7 801	187 910	49	9 178	221 070	73,5	13 767	331 605

sind. *Sprühtröpfchen* kommen in ihrer Erzeugung den Praxismöglichkeiten näher und haben den Vorteil der unmittelbaren Spanbeaufschlagung. Für stark staub- und feinstspangemischte Späne, unter Umständen noch gemeinsam gestreut, können sie deshalb gewisse Vorteile haben. Für glatt geschnittene, annähernd uniforme Flachspäne ist aber der Leimnebel fast bei allen Systemen der Beleimung von Vorteil.

Die in Tab. 3.12 ersichtlichen Sprühpartikelzahlen zeigen im übrigen, daß auch für die wirtschaftlich bequem erzielbaren Tröpfchengrößen eine recht dichte Belegung der Späne möglich ist. Mitentscheidend für die Verleimung ist die Gleichmäßigkeit der Tröpfchenverteilung, wenn auch die Ungleichmäßigkeit der Verteilung dadurch wieder etwas ausgeglichen wird, daß für die Verleimung die Besprühung einer der beiden aufeinanderliegenden Flächen ausreicht. Der Streuwert der Leimverteilung wird für die Erfordernisse der Verleimung praktisch halbiert.

3.4.1.3 Trockenleim

Die Beleimung mit staubförmigem *Trockenleim* ist wegen der dadurch möglichen Einsparung an Trocknungs-Energie an sich verlockend, jedoch gibt es Schwierigkeiten bei der begrenzten Spantrocknung und mit der gleichmäßigen Anlagerung des Leimpulvers an die Spanoberfläche. Nur ein *Mischverfahren*, bei dem teils Naßleim, teils Trockenleim verwendet wird, wurde bekannt.

3.4.1.4 Uniformer Span oder Spanmischung

Völlig gleichmäßige, sogenannte uniforme Späne wären ideal, dürften aber trotz weitestgehender Fraktionierung ein Wunschbild bleiben. In der Praxis wird man es immer mit einer *Spanmischung* zu tun haben, die um so größere Schwankungen aufweist, je schlechter die Spanherstellung und Aufbereitung ist, von Abfallspänen ganz zu schweigen. Verschieden große Späne nehmen annähernd im Verhältnis zur Spanoberfläche Leim auf. Da die Oberfläche der Spanmischung nicht bekannt ist, ist auch der Leimanteil nachträglicher Spanfraktionen unbekannt. Will man gemeinsam beleimen und gesichtet streuen, so ist man immer dem Zufall ausgesetzt. Mit vor der Beleimung fraktionierten Spänen lassen sich die Leimanteile besser bestimmen. Logischerweise wird man dann aber auch die getrennt beleimten Späne getrennt streuen. Damit hat man den Plattenaufbau weitestgehend in der Hand. Letzte Folgerung dieser Überlegung sind die Vielschichtplatten. Gemeinsam beleimte Späne mit gesichteter Streuung verlangen möglichst uniforme Späne; sind solche nicht vorhanden, darf die Streusichtung nicht zu weit getrieben werden, wenn man die Plattenwerte nicht durch zu große Abweichungen der Leimprozentsätze über den Plattenquerschnitt unzulässig verschlechtern will.

3.4.1.5 Dosierung des Leimes nach Spanoberfläche oder Spangewicht

Theoretisch ist es richtig, den Leim auf die *Spanoberfläche* zu beziehen. Die zufällige Erscheinung der Leimaufnahme nach der Oberfläche in allen Beleimungssystemen ist danach durchaus vorteilhaft. Wenn diese Regel trotzdem einzuschränken ist, dann deshalb, weil den dickeren Spänen größere Kräfte im Plattenverband zugemutet werden und weil bei ihnen höhere Rückfederungsspannungen aufgefangen werden müssen (ENGELS [*3.34*]). Praktische Erfahrungen führten zu den Werten der Dreischichtplatten, bei denen die Deckschicht bei doppelter Spanoberfläche etwa nur 40 bis 50% stärker beleimt wird als die Mittelschicht. In der Praxis wird der Leim auf das *Spangewicht* bezogen dosiert, da eine Dosierung, auf die Spanoberfläche bezogen, nicht nur schwieriger, sondern nach dem heutigen Stand der Technik auch ungenauer wäre (ENGELS [*3.33*]).

3.4.1.6 Imprägnierung

Unter *Imprägnierung* soll hier die homogene Verteilung zusätzlicher Stoffe verstanden werden. Es handelt sich um feste und flüssige Bestandteile, die teils der Kennzeichnung und teils der Erzielung bestimmter Eigenschaften, wie Feuerhemmung, Schutz gegen Pilze und Insekten, Feuchtigkeitsabstoßung usw. dienen (vgl. Abschn. 2.3). In den meisten Fällen werden die Stoffe dem Leim zugemischt; nur in Ausnahmen erfolgt eine getrennte Zugabe. Die Problematik ist ähnlich wie bei der Leimverteilung, nur in einigen Fällen wegen ungenügender Verträglichkeit mit dem Leim noch erschwert.

3.4.2 Begriffe und Definitionen der Beleimung

3.4.2.1 Leimverteilung

Unter *Leimverteilung* ist die gleichmäßige Aufbringung des Leimes auf die Späne zu verstehen. Eine gute Leimverteilung ist sowohl abhängig von der *Leimzerteilung* als auch von der *Spanbewegung*, also von den Leimzerteileinrichtungen sowie den Mischwerkwirkungen und nicht zuletzt von der Zeitdauer der Mischung sowie von der Dosierung von Spänen und Leim (Bild 3.160).

3.4.2.2 Leimzerteilung

Mischungen, und als Mischung ist auch die gleichmäßige Beleimung anzusehen, lassen sich verhältnismäßig leicht durchführen, wenn das *Mischungsverhältnis* etwa 1:1 ist. Diese Voraussetzung trifft für das Gewichtsverhältnis Span zu Leim nicht zu; deshalb muß man bemüht sein, zumindest das Verhältnis Spanoberfläche zu Leimoberfläche dieser Forderung anzupassen (Bild 3.160). In einfachster Weise geschieht das durch Aufteilen der Leimflotte in kleinste Teilchen. Auch die Herstellung entsprechend dünner Filme dient dem Zweck der Oberflächenvergrößerung. Der Einfachheit halber werden Film- und Fadenbildungen des Leimes mit unter dem Begriff *Leimzerteilung* behandelt.

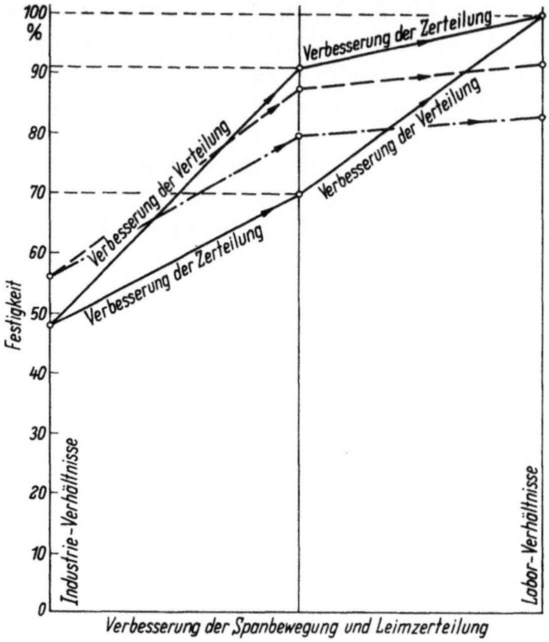

Bild 3.160. Einfluß der Leimverteilung und Leimzerteilung auf die Festigkeitseigenschaften von Holzspanplatten (nach Meinecke [*3.72*]). Die Werte der strichpunktierten Linie wurden inzwischen in der Praxis erreicht, diejenigen der gestrichelten Linie dürften in der Praxis erreichbar sein.

Die Leimzerteilung hängt überwiegend von den Eigenschaften des Leimes und darunter insbesondere von der Viskosität ab (Klauditz [*3.48*], Kollmann, Schnülle, Schulte [*3.60*]). Diese muß dem Arbeitsverfahren und den nachfolgend beschriebenen Leimzerteileinrichtungen angepaßt sein.

3.4.2.2.1 Breitschlitztrichter und Breitschlitzdüsen. Das anfängliche *Eingießen des Leimes* erfuhr eine leichte Abwandlung durch die Verwendung von *Breitschlitztrichtern* und *Breitschlitzdüsen.* Schlitztrichter arbeiten ohne Druck mit großer Trichterbreite, Breitschlitzdüsen mit Druck bis 2 atü. Die Zerteilung des Leimes wurde zwar besser, blieb aber für höhere Anforderungen ungenügend.

3.4.2.2.2 Luftwirbeldüsen. Die am meisten verwendete Einrichtung, den Leim zu zerteilen, benutzt *Luftwirbeldüsen* (Bild 3.161). Der Leim tritt durch eine zentrale Öffnung aus und wird durch einen ringförmigen, mit hoher Geschwindigkeit austretenden Luftmantel erfaßt und auseinandergerissen. Dralleinrichtungen für die Luft begünstigen diesen Vorgang. Für diskontinuierliche Beleimung sind diese Düsen mit einer *Regelnadel* für den Leim versehen. Bei kontinuierlicher Fertigung wird auf die Nadel verzichtet, da die Dosierung durch Pumpen erfolgt. Die Nadeln in den Luftwirbeldüsen dienen zum Durchstoßen des Düsenmundes, um dort gegebenenfalls vorhandene Verstopfungen oder Ansätze zu beseitigen. Die *Durchstoßnadeln* haben sich so bewährt, daß man sie jetzt auch bei den diskontinuierlichen Maschinen verwendet, wobei die Durchsatzregelung durch den Zufuhrdruck erfolgt. Die am meisten verwendete Düsenausführung ist in ihren Dimensionen und Austrittwinkeln für Luft und Leim auf einen Bestwert eingestellt und besitzt eine Skala zur Einstellung der Düse. Üblicherweise werden diese Düsen mit *Druckluft* von etwa 1,8 bis 2 atü beaufschlagt. Bei günstig eingestelltem Luftspalt liegt der Verbrauch dann bei etwa 150 bis 200 l, in Grenzfällen auch bei 250 l je Düse und Minute angesaugter Luftmenge. Ein Leimdurchsatz zwischen 150 bis 400 g je Düse und Minute beeinflußt die Sprühfeinheit nur unerheblich. Die industriell erzielte Sprühfeinheit liegt im Mittel bei etwa 100 μm Tröpfchendurchmesser. Bei besonders günstiger Einstellung aller Bedingungen läßt sich dieser Mittelwert bis annähernd 35 μm senken, doch ist dieser Wert in der Praxis zur Zeit im Dauerbetrieb noch nicht einhaltbar. Im Laborversuch und für Kurzzeitzerteilung werden mit Luftwirbeldüsen sogar Zerstäubungen bis zu einem mittleren Durchmesser von 8 μm erzielt, die eine besonders gute Verleimung ermöglichen sollen (MEINECKE [*3.72*]).

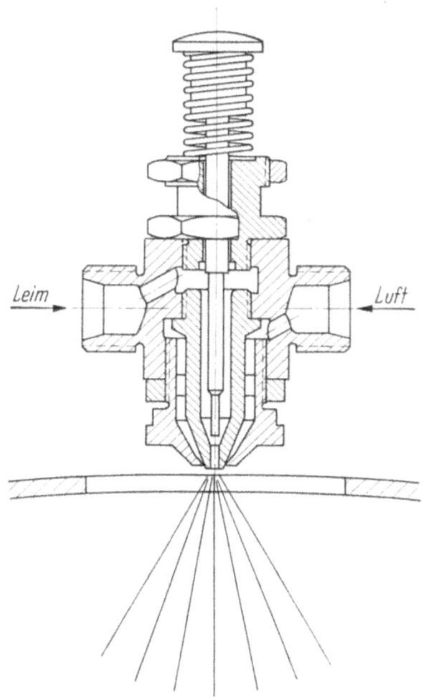

Bild 3.161. Querschnitt durch eine Luftwirbeldüse mit Durchstoßnadel, Bauart Schlick-Drais, vor einer Beleimungsmaschinenöffnung.

Die Verwendung von Luftwirbeldüsen verlangt für eine hochwertige Verdüsung verhältnismäßig viel Luft. 1 m³ Druckluft mit 6 atü, erzeugt in *zentralen Luftanlagen*, kostet etwa zwei Pfennige. Das ergibt erhebliche Jahresausgaben; deshalb empfiehlt es sich, für die Zerteilung statt der zentralen Luftanlage mit hoher Kompression *getrennte Luftanlagen* in räumlicher Nähe und mit einer Kompression, die nur dem Düsenbedarf entspricht, anzuschaffen. Eine solche Anlage mit 2 atü Enddruck benötigt in einem Werk nur noch 0,45 Pfennig je m^3. Hiermit sind die Kosten nicht viel höher als die Energiekosten anderer Zerteilungsarten. Für die Luftdüse spricht die Sicherheit der Zerteilung und die gute Beleimung. Der besondere Vorteil der Luftwirbeldüsen, sich ohne nennenswerte Mehrkosten in beliebiger Anzahl den verschiedensten Spanbewegungsvorgängen gegebenenfalls auch außerhalb der Maschinen (DBP [*3.22*]) zuordnen zu lassen und damit der gleichmäßigen Verteilung des Leimes auf den Spänen entgegenzukommen, ist kaum zu ersetzen.

3.4.2.2.3 Druckdüsen. Mit *Druckdüsen* läßt sich eine sehr gute Zerteilung erzielen. Der Nachteil der Druckdüsen besteht darin, daß die Durchschnittsquerschnitte des Leimes bei den hohen Drücken — für gute Zerstäubungen benötigt man im allgemeinen weit mehr als 100 atü Druck — so klein sind, daß die geringsten Verschmutzungen die Leimdüse verstopfen. Darüber hinaus ist die Standfestigkeit dieser Düsen für Leim sehr begrenzt. Versuche, mit geringeren Drücken und Drallführung den Leim zu zerteilen, sind erfolgversprechend, aber wegen der Regelungsschwierigkeiten sind solche Düsen noch nicht universell einsetzbar.

3.4.2.2.4 Zentrifugal- und Prallzerstäuber. Die Zerstäubung von Flüssigkeiten mittels *hochtourig laufender Scheiben* ist alt. So versuchte man auch für die Beleimung der Späne Ende der 40er Jahre den Leim mittels Zentrifugalzerstäubern auf die Späne aufzubringen. Schon damals erkannte man, daß die Zerstäubung mit Scheiben in einer Ebene erfolgte und von Nachteil für die Verteilung des Leimes auf den Spänen war. Man versuchte dem durch zusätzliche Luftführung abzuhelfen. Ein weiterer Nachteil der Zentrifugalzerstäuber liegt in der Schwierigkeit, die zerteilten Leimpartikel von außen her an Spanhaufengebilde heranzubringen. Die Zentrifugalzerstäuber müssen deshalb im Zentrum solcher Spangebilde angeordnet werden, wodurch sich bestimmte Voraussetzungen für die Spanbewegung ergeben. Scheibenförmige Leimausdehnung und unmittelbarer Kontakt der Sprühscheibe mit den Spänen lassen sich, auch bei Anordnung der Scheiben auf den Mischwerkwellen, nicht vermeiden. Über die erreichbaren Partikelgrößen liegen noch keine Ergebnisse vor.

Neuerdings bemühte man sich, die Zerstäubung durch eine Vielzahl von Scheiben auf einer Welle dicht übereinander zu bewirken. Die gleichmäßige Beaufschlagung der Scheiben soll durch Bohrungen zwischen den Scheiben gewährleistet werden. Die Zukunft muß zeigen, ob diese Verteilung für unterschiedlichen Durchsatz, unterschiedliche Viskosität usw. gewährleistet ist und ob die für eine Leimverteilung notwendigen ziemlich feinen Durchgangsbohrungen dem rauhen Betrieb der Spanplattentechnik auf die Dauer gewachsen sind. Trotz der hiermit gegebenen etwas stärkeren Verteilung der zerteilten Leimtröpfchen bleibt der Nachteil, daß eine größere Zahl solcher Scheiben für größere Raumflächen sehr aufwendig ist. — Prallzerstäubung mit hochtourig laufenden Prallhämmern oder mit hoher Geschwindigkeit auftreffenden Leimstrahlen wurde bisher ohne Erfolg vorgeschlagen.

3.4.2.2.5 Walzenzerteilung. Die *Walzenzerteilung* beruht darauf, den Leim auf Walzen zu einem dünnen Film auszuziehen und die Späne möglichst innig mit diesem Film in Berührung zu bringen. Mit einer solchen Maschine läßt sich jede Art Späne verarbeiten, doch bietet die Walzenzerteilung vor allem bei sehr großflächigen dünnen Spänen technologische Vorteile.

3.4.2.2.6 Leimpulver-Ventilator. Auch für *Leimpulver* ist es vorteilhaft, wenn es der Beleimungsmaschine in möglichst fein zerteilter Form zugeführt wird. Vorgeschlagen ist eine dosierte Eingabe in das Innere der Maschine, wo ein Ventilator das Leimpulver verwirbelt. Dieser Ventilator saugt die notwendige Luft unmittelbar aus der Beleimungsmaschine. Dadurch wird kein Luftüberdruck in der Maschine erzeugt und ein Leimpulveraustritt verhindert.

3.4.2.3 Spanbewegung

Die *Spanbewegung* hat für die Beleimung eine entscheidende Bedeutung. Mag eine Leimzerteilung noch so günstig sein, aber ist die Spanbewegung ungünstig und nicht mit der Zerteilung abgestimmt, so wird niemals eine gleichmäßige Leimverteilung erzielt. Folgende Grundarten der Spanbewegung werden unterschieden:

3.4.2.3.1 Freifall. Bei der *Freifallbewegung* werden die Späne, mehr oder weniger aufgelöst, so in einer Maschine bewegt, daß sie einzeln frei herunterfallen. Je nach Maschinensystem ist dieser Vorgang einmalig oder wird vielfach wiederholt. Die Fallgeschwindigkeit der Späne hängt von dem Verhältnis ihres Gewichts zur Oberfläche ab. Leichte dünne Späne haben eine längere Verweilzeit auf dem Fallweg, so daß eine stärkere Beleimung von Feinstspänen nicht zu vermeiden ist.

3.4.2.3.2 Zwangsschub. Die Späne werden von Mischelementen derart durcheinandergeschoben und durcheinanderbewegt, daß sich immer neue Oberflächen darbieten. Diese Oberflächen stehen für die Aufbringung des Leimes zur Verfügung. Da die Oberflächen sich verhältnismäßig langsam ändern, sind örtliche *Überbeleimungen* nicht zu vermeiden. Ein Teil dieser Überbeleimungen wird wieder aufgehoben durch die bei Zwangsschub verstärkt gegebene Wischverteilung, durch die Späne mit viel Leim hiervon beim Vorbeigleiten an unterbeleimten Spänen Leim abgeben. Die Beleimung mit *Zwangsschub* ist nicht grundsätzlich schlecht; sie hat aber ihre Grenze bei empfindlichen Flachspänen und dort wieder insbesondere bei großflächigen Spänen. Der Zwangsschub verlangt eine starke Eigenstabilität der Späne, da anderenfalls der Wischeffekt nicht genügend eintreten kann und Spanzerstörungen in großem Umfang gegeben sind.

3.4.2.3.3 Spanwurf. Der *Spanwurf* läßt eine eindeutig bestimmbare Bahn der Späne zu. Die heute in der Praxis verwendeten Beleimungsmaschinen arbeiten fast alle mit Spanwurfeinrichtungen. Je nach Maschinenart werden die Späne mehr oder weniger lebhaft geworfen. Während des Fluges der Späne soll der Leim aufgebracht werden. Für ein gutes Ergebnis ist es erforderlich, einwandfreie Wurfbahnen zu erzielen, ohne dabei die Späne zu stark zu beanspruchen. Damit die Flugbahnen sich nicht abdecken sind ausgedehnte Wurfbahnräume notwendig, die ihrerseits ausgedehnte Leim-Zerteileinrichtungen verlangen.

3.4.2.3.4 Vibration. Die Späne werden durch schwingende Unterlagen derart in *Vibration* versetzt, daß sie sich in ständig veränderter Form den Leim-Zerteileinrichtungen darbieten. Diese Spanbewegung ist sehr labil und wegen des Fehlens der großräumigen Spanbewegung nur im kontinuierlichen Verfahren möglich.

3.4.2.3.5 Gebläse. Ein noch nicht verwirklichter Vorschlag will die Späne mittels eines *Luftgebläses* in Bewegung halten, wobei durch Düsen oder auch unmittelbar durch das Gebläse die zerteilten Leimpartikel aufgebracht werden sollen. Der Vorteil des Verfahrens könnte darin bestehen, daß die Verweilzeit im Besprühungsraum zugunsten der schweren, dichten Späne geändert würde.

3.4.2.3.6 Radial- und/oder Axialwege der Späne. Die Frage nach den zweckmäßigen Spanwegen ist für diskontinuierliche und kontinuierliche Maschinen gegensätzlich zu beantworten. Kein *diskontinuierliches Beleimungssystem* besitzt unabhängig von der Leim-Zerteilungseinrichtung eine völlig gleichmäßige Aussprühung der Maschine. Es ist deshalb für alle Maschinen notwendig, daß die Späne nicht nur häufig an die Oberfläche kommen, sondern auch, daß sie sich vielfach in *axialer Richtung* verschieben, damit sie möglichst gleichmäßig oft die Sprühzentren durchlaufen. Im Gegensatz hierzu stehen die *kontinuierlichen Maschinen.* Hier sollte nach Möglichkeit der Axialweg, der nicht durch den Spandurchfluß bedingt ist, unterbunden werden. Leider erweisen einige Fälle der Praxis, daß auch bei kontinuierlichen Maschinen doch zusätzliche Axialwege für die Späne erzwungen werden, die hier nur von Übel sein können. Jeder mehr als notwendige Axialweg führt zu einer stärkeren Streuung der Spanverweilzeiten und damit zu einer stärkeren Streuung der Leimverteilung.

3.4.2.3.7 Fluidisierung der Späne. Späne haben kein *natürliches Fließvermögen* und keine einwandfreien Schüttwinkel. Man glaubte deshalb anfangs allgemein, und teilweise wird dies auch heute noch angenommen, den Durchtritt der Späne durch die Maschine mittels geeigneter Einrichtungen erzwingen zu müssen. Mit der Erkenntnis, daß es auch möglich ist, Späne zu fluidisieren, d. h. ihnen ein natürliches Fließvermögen aufzuzwingen, wurde ein erheblicher Schritt beim Bau fortschrittlicher Beleimungsmaschinen getan. Die Fluidisierung der Späne ermöglicht es, ohne mechanische oder sonstige Einrichtungen den Durchtritt der Späne durch die kontinuierlich arbeitenden Mischmaschinen allein durch die Spanzugabe zu regeln. Die angenommene Füllungshöhe in den Mischern wird sich auch bei stark unterschiedlichem Spandurchsatz nur wenig verändern. Selbstverständlich gilt diese Feststellung für die einzelnen Maschinen im Rahmen bestimmter Grenzwerte.

3.4.2.3.8 Kombinierte Spanbewegung. Bei allen Mischern kommen die beschriebenen Spanbewegungen immer mehr oder weniger in *Kombination* vor. Die Aufgabe des Konstrukteurs besteht darin, die günstigste Spanbewegung zu bevorzugen. In den heute meist verwendeten Maschinen tritt zum Beispiel vorwiegend der Wurf, aber gemischt mit Zwangsschub und Freifall, auf. Darüber hinaus gibt es Vorschläge für gewollte Kombinationen, zum Beispiel für Vibration mit Wurf und andere.

3.4.2.4 Leimverhalten auf dem Span

3.4.2.4.1 Wischeffekt. Durch das Aneinandervorbeigleiten der Späne werden die Leimtröpfchen *verwischt.* Dieser Effekt ist beim *Zugießen* des Leimes überhaupt der einzige Vorgang der Leimverteilung. Er ist auch bei anderen Leimzerteilungssystemen von Vorteil, da er die Leimverteilung begünstigt und der Leim auf exponierte Stellen der Späne übertragen wird; diese Stellen aber sind für die Verleimung besonders günstig.

3.4.2.4.2 Taubildung. Bei sehr guter Zerstäubung entsteht ein schwebender Leimnebel, der sich auf allen erreichbaren Oberflächen niederschlägt, ähnlich wie *Tau.* Auf diese Art und Weise werden, mit Ausnahme geschützt liegender Vertiefungen, alle Spanoberflächen betaut. Zumindest bei leichten Spanplatten sind aber diese strömungsgeschützt liegenden Vertiefungen für die Verleimung weniger wichtig. Leider betaut ein schwebender Nebel nicht nur die Späne, sondern auch alle freien Flächen der Beleimungsmaschine, so daß sich Verschmutzungen nicht vermeiden lassen. Schließlich ist noch darauf zu achten, daß der Nebel nicht aus den Beleimungsmaschinen austritt.

3.4.2.4.3 Ausbreiten des Tropfens durch Aufprall. Große Tropfen zerplatzen zum Teil bei dem *Aufprall* auf dem Span. Die nicht platzenden Tröpfchen breiten sich bei ihrem Auftreffen auf den Span zu flachen Gebilden aus. Die auf den Spänen gemessenen Durchmesser entsprechen also nicht den Durchmessern der Sprühtröpfchen. Diese Erscheinung ist günstig für die Beleimung.

3.4.2.4.4 Absacken des Leimes. Das *Absacken* des Leimes in den Zellverband des Holzes ist wegen der gegebenen Zeiten und Größenverhältnisse auch bei niedriger Leimviskosität unbedeutend. Der Begriff „Absacken" des Leimes ist dann unberechtigt, wenn sich bei schlecht geschnittenen Spänen mit rauhen Oberflächen ein Teil des Leimes in den Vertiefungen lagert und für die Verleimung teilweise verloren geht.

3.4.2.4.5 Ausbreiten der Sprühtröpfchen durch Druck und Wärme. Trotz aller vorbeschriebenen Vorgänge erzielt man immer nur eine mehr oder weniger intensive *Punktbeleimung*. Diese Punktbeleimung wird aber in der Heizpresse erheblich zur Fläche ausgedehnt. Die Viskosität des Leimes geht mit steigender Temperatur stark zurück, wodurch die Ausdehnung der Leimpunkte zur Fläche begünstigt wird (KOLLMANN, SCHNÜLLE, SCHULTE [*3.60*]). Diese Tatsache ist durch mikroskopische Aufnahmen mehrfach bewiesen.

3.4.3 Diskontinuierlich arbeitende Beleimungsmaschinen

3.4.3.1 Drais-Spezialmischmaschine mit Schnecken-Stachelmischwerk (DBP [*3.12*]) (Bild 3.162)

Schon bei den ersten Versuchen, Späne und sich ähnlich verhaltende Stoffe, die kein Rieselvermögen besitzen, zu beleimen, mußte man besondere Maßnahmen treffen, um ein Blockieren des Mischwerkes zu

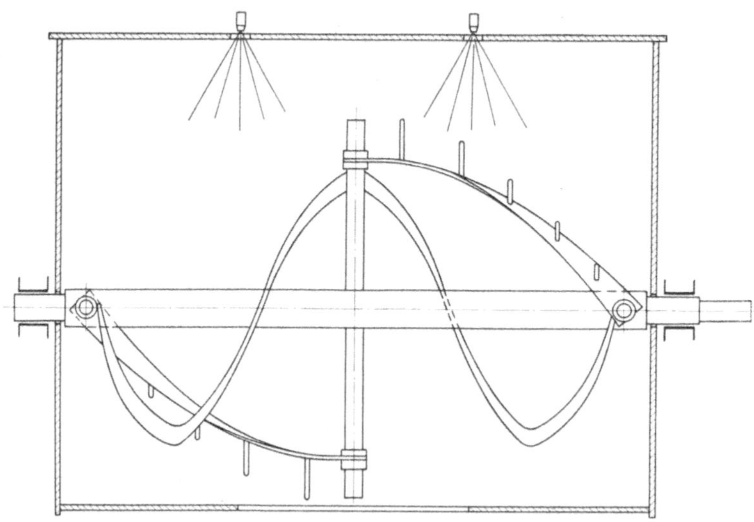

Bild 3.162. Längsschnitt einer Beleimungsmaschine mit kombiniertem Schnecken-Stachelmischwerk und Bedüsung, Bauart Drais.

verhindern. Eine brauchbare Lösung stellte die Maschine mit *kombiniertem Schnecken-Stachelmischwerk* dar. Die Stacheln dienen der verklemmungsfreien Bewegung des Mischgutes, die Schnecken dem bei diskontinuierlich arbeitenden Maschinen notwendigen Axialwechsel der Späne zwecks gleichmäßiger Zuführung zu den Sprühstellen. Schon damals wurden Luftwirbeldüsen verwendet.

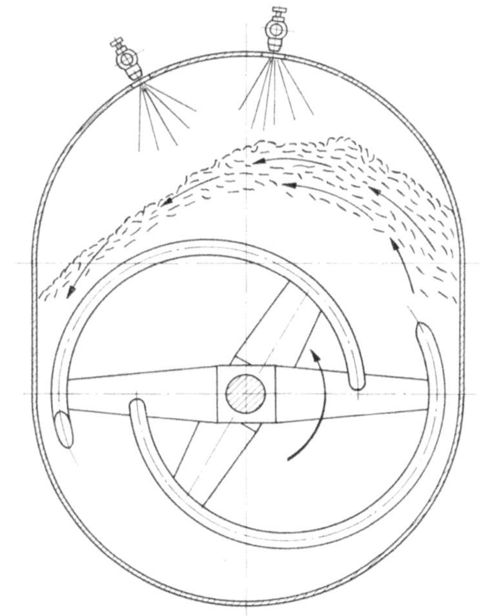

Bild 3.163. Querschnitt einer Beleimungsmaschine mit Spiral-Schnecken-Stacheln und Bedüsung, Bauart Drais.

3.4.3.2 Drais-Beleimungsmaschine FSP (Bild 3.163)

Aus der in Abschn. 3.4.3.1 beschriebenen Maschine wurde ein stabileres *Kombinationsmischwerk* entwickelt. Die Stäbe wurden nicht mehr radial angesetzt, sondern in einem bestimmten Winkel zur Radialebene mit gleichzeitiger schneckenförmiger Verwindung. Diese Maschine mit abgestimmter Trogform und erprobten Drehzahlen wird auch heute noch für diskontinuierliche Arbeitsweise mit Erfolg verwendet. Der Anwendungsbereich reicht von gut rieselfähigen Mahlspänen bis zu den längsten Flachspänen.

3.4.3.3 Lödige-Pflugschar-Mischer (DBP [*3.15*]) (Bild 3.164)

Dieser Mischer besitzt einen runden Trog, in dem eine Anzahl schraubenförmig versetzter *Pflugscharen* so schnell umlaufen, daß sie eine Schleuderbewegung des Inhaltes bewirken. Für riesel-

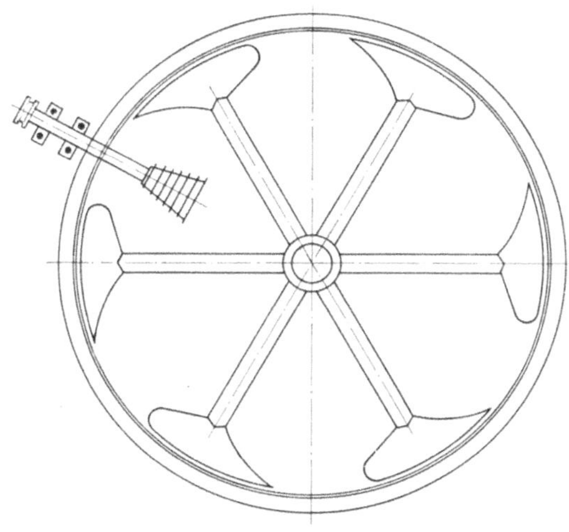

Bild 3.164. Querschnitt einer Beleimungsmaschine mit Pflugschar-Schleuder-Mischwerk und Vielscheiben-Zentrifugalzerstäuber, Bauart Lödige.

fähiges Material ist er gut geeignet. Bei empfindlichen Flachspänen ist die Spanbeanspruchung zum Teil zu groß. Eine Schwierigkeit bei diesen Mischern liegt in der Leimzufuhr. Bei älteren Baumustern wurde der Leim deshalb vor Laufbeginn zugeschüttet. Neuerdings bemüht man sich, in das Zentrum *Zentrifugalzerstäubungseinrichtungen* einzubauen, die aber auch die Mischwerke besprühen.

3.4.3.4 Beleimungs-Freifalltrommel

In vielen Laboratorien sind noch *Beleimungstrommeln* — mehreckig oder rund — vorhanden, in die etwa eine Menge von 25 bis 30% des Volumens Späne eingefüllt werden. Bei der Drehung der Trommel fallen die Späne purzelnd übereinander. Bei Drehzahlen kurz unter der kritischen Drehzahl entsteht ein steil durch die Trommel fallender Spanschleier. Auf diese Späne wird der Leim aufgesprüht. Bei den Labor-Trommeln geschieht das durch eine offene Stirnwand, bei Betriebstrommeln durch die hohlen Lagerzapfen.

3.4.4 Kontinuierlich arbeitende Beleimungsmaschinen

3.4.4.1 Triangel-Trommel (DBP [*3.14*]) (Bild 3.165)

Diese Maschinen leiten die Späne durch eine *umlaufende Trommel* einer *Wurfwalze* zu, welche die Späne in gestreckten Wurfbahnen quer durch die Trommel wirft. Auf diese Wurfbahnen wird von oben der Leim

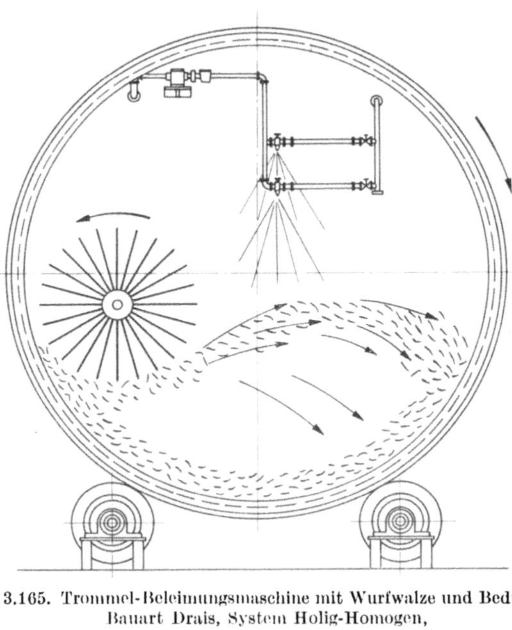

Bild 3.165. Trommel-Beleimungsmaschine mit Wurfwalze und Bedüsung, Bauart Drais, System Holig-Homogen,

gesprüht. Diese Arbeitsweise, sowohl diskontinuierlich als auch kontinuierlich anwendbar, bietet eine gute Leimverteilung. Auch die Gleichmäßigkeit der Beleimung von Fein- und Grobspänen einer Spanmischung ist günstig. Einer stärkeren Einführung dürften der Investitionsaufwand, die Verschmutzung der Wurfwalze durch Direktbesprühung sowie die Schwierigkeit der Düsenbedienung entgegengestanden haben.

3.4.4.2 Fahrni-Walzenbeleimer (Bild 3.166)

Die auch heute noch in Novopan-Anlagen für die Deckspanbeleimung viel verwendeten *Walzenbeleimungs-Maschinen* ziehen den Leim zu einem dünnen Film aus. Dieser Film wird durch die Spanbewegung

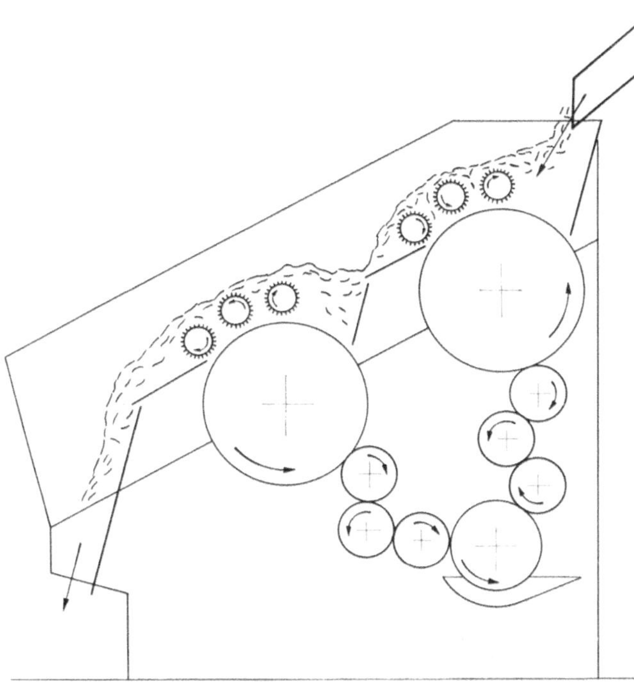

Bild 3.166. Schema einer Walzenbeleimungsmaschine, System Fahrni.

und Leimwalzendrehung ziemlich gleichmäßig auf die Späne übertragen. Der Leim überträgt sich zunächst vorwiegend auf die für die Verleimung günstigen erhabenen Stellen der Späne. Bei ungleichmäßigen Spänen verteilt sich der Leim etwas zugunsten der Grobspäne, weil diese einen stärkeren Wischeffekt ausüben. Daß diese Maschinen teilweise durch andere Systeme ersetzt wurden, dürfte darauf beruhen, daß der maschinelle Aufwand erheblich und die Dosierung des Leimes auf die

Späne während der Zeit der eigentlichen Beleimung nicht kontrollierbar ist, hängt doch die Dicke des Filmes weitgehend von der Viskosität und Temperatur des Leimes, von Verschmutzung und dergleichen ab.

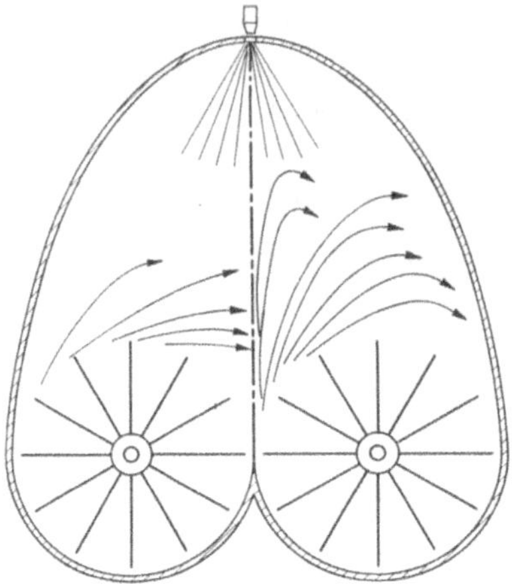

Bild 3.167. Beleimungsmaschine mit Zwillings-Wurfmischwerken und Bedüsung, System Himmelheber. Die Wurfrichtungen sind frei wählbar. Die linke Bildhälfte zeigt die Wurfrichtung zur benachbarten Wurfwalze, die rechte Bildhälfte eine Wurfrichtung nach oben außen.

3.4.4.3 Doppelwellen-Beleimungsmischmaschine (DBP [*3.19*]) (Bild 3.167)

Sinn dieser Maschinen ist es, die Späne auf bestimmten Bahnen zu werfen und den Leim auf die im Flug befindlichen Späne aufzusprühen. Die *Doppelwellen-Beleimungsmischmaschinen* haben dabei den Vorteil eines großen Raumes über den Wurfbahnen für die Sprühkegel, sowie den der intensiven Spanbewegung, wodurch kurze Baulängen möglich würden. Mit Rücksicht auf die Verweilzeitverschiebungen der Späne sind aber lange Maschinen vorzuziehen.

3.4.4.4 Drais-Beleimungsmischmaschine K-FSP (DBP [*3.17*], DBP [*3.23*]) (Bild 3.168)

Diese Maschine besteht aus einem *hochovalen Trog* mit einem *Stachelmischwerk*. Die Späne werden so hoch geworfen, daß zwischen Düsen-

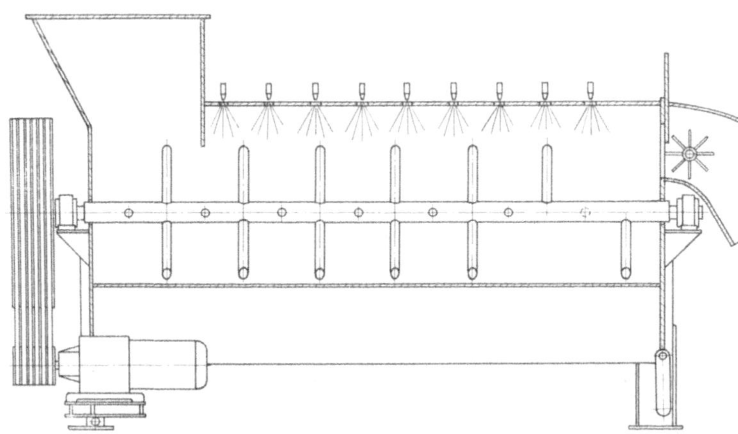

Bild 3.168. Längsschnitt einer kontinuierlichen Beleimungsmaschine mit Stachelmischwerk zum gemäßigten Werfen und Fluidisieren der Späne, mit über die Länge verteilten, außen liegenden Düsen.

Tabelle 3.13. *Spandurchsatz in kg/h atro von Spanbeleimungsmaschinen in Abhängigkeit von Spanart und Schüttgewicht*

	Schüttgewicht kg/m³														
Mittellagenspan	20	25	30	40	45	50	55	70	80	90	125	180			
Einheitsspan	27	33	40	53	60	67	75	93,5	107	120	185				
Decklagenspan	33	41,5	50	67	75	83,5	92	115	135	150					
Kleinspan ohne Bedüsung												62,5	90	125	160
Mischer Type	Spandurchsatz kg/h														
K-FSP 3/10 K-FSP-L 3/10	215	240	300	360	480	540	600	660	840	960	1080	1500	2150	3000	3800
K-FSP 5/15 K-FSP-L 5/15	290	320	400	480	640	720	800	880	1120	1280	1440	2000	2900	4000	5100
K-FSP 10/40 K-FSP-L 10/40	580	640	800	960	1280	1440	1600	1760	2240	2560	2880	4000	5800	8000	10000
K-FSP 15/50 K-FSP-L 15/50	1010	1120	1400	1830	2240	2680	2800	3080	3920	4480	5040	7000	10100	14000	17500
K-FSP 20/60 K-FSP-L 20/60	1440	1600	2000	2400	3200	3600	4000	4400	5600	6400	7200	10000	14400	20000	25000
K-FSP 30/90 K-FSP-L 30/90	2160	2400	3000	3600	4800	5400	6000	6600	8400	9600	10800	15000	21600	30000	37500

mund und höchster Spanwurfparabel noch etwa 15 bis 20 cm Luft zur Ausbildung der Sprühkegel verbleiben. Dieser Abstand stellt ein Optimum dar (ENZINGER [*3.35*]). Das Besondere an diesen Maschinen ist vor allen Dingen die *Fluidisierung* auch von nicht rieselfähigen Spänen. Es sind außer dem Fließvermögen der Späne keinerlei Impulse vorhanden, die den Durchfluß der Späne durch den Mischer begünstigen. Das Stachelmischwerk bietet darüber hinaus den Vorteil geringer Axialwege der einzelnen Späne, wodurch ein ziemlich enges Verweilzeitband für die Späne gegeben ist. Bei entsprechender Länge dieser Maschine und abgestimmter *Düsenanzahl* ergibt sich eine sehr gute Beleimung mit großer Verteilungskonstanz auch bei schwankender Belastung. Diese Vorteile dürften der Maschine K-FSP ihre vorherrschende Stellung gegeben haben. Sie wird für alle Betriebgrößen gefertigt (Tab. 3.13).

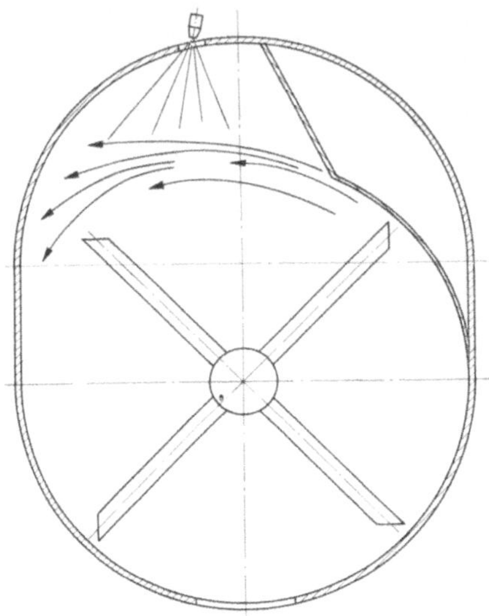

Bild 3.169. Querschnitt einer Maschine nach Bild 3.168 mit eingebautem Spanleitblech.

In Erkenntnis des Wertes der intensiven Spanbewegung und der Verweilzeitkonstanz für die Leimverteilung wurden diese Mischer schon 1956 probeweise in ihrer Beleimungslänge verdoppelt. Die bis heute auf diesem Wege gewonnenen Verbesserungen sind strichpunktiert in Bild 3.160 eingetragen. Die gestrichelte Linie hofft man bald zu erreichen, wobei z. B. Spanleitbleche (Bild 3.169) helfen sollen.

3.4.4.5 Lödige-Pflugschar-Beleimungsmischmaschine (DBP [*3.15*])

Der *Pflugscharmischer* in längerer Ausführung wird für rieselfähige Späne auch als kontinuierlicher Mischer eingesetzt und für andere Späne vorgeschlagen. Als kontinuierlicher Mischer besitzt er an den Pflugscharen einseitig wirkende Impulsflächen für den Durchlauf der Späne durch den Trog. Die doppelseitigen Pflugscharen mit ihrem Axialwechsel dürften das Verweilzeitspektrum jedoch zu stark auseinanderziehen. Auch hier liegt die Beanspruchung für langflächige Späne zu hoch, und die Zubringung des Leimes für gute Verteilung bietet Schwierigkeiten. Mit einer Zerstäuberscheibe in einer Ebene war die Beleimung unbefriedigend. Ob die Zerteilung des Leimes mit Ein- oder Mehrfach-Zentrifugalzerstäubern eine gute Verteilung ergibt, muß abgewartet werden. Mischer mit Zwangsdurchlauf sind stark durchsatzabhängig. Nur bei einer bestimmten Durchsatzmenge haben sie eine einwandfreie Füllung. Unter- oder Überfüllung verschlechtern aber die Beleimung.

3.4.4.6 Fallschacht-Beleimungsmaschinen

Den *Fallschacht-Beleimungsmaschinen* wird die Spanmasse aufgelöst zugeleitet. In dem Schacht fallen die Späne senkrecht nach unten, wobei von unten nach oben der Leim eingesprüht wird. Die gleichmäßige Verteilung des Leimes erscheint zweifelhaft, da die dafür notwendige völlig gleiche Ausssprühung des Schachtes kaum möglich sein dürfte. Das Ergebnis verschlechtert sich noch durch die unterschiedliche Fallzeit bzw. Verweilzeit der Späne.

3.4.4.7 Vibrations-Beleimungsmaschine

Im Patentschrifttum sind Mischer vorgeschlagen, bei denen die Späne durch schwingende Unterlagen bewegt werden, im allgemeinen jedoch in Kombination mit Wurfmechanismen. Es wurden aber auch Beleimungsmischer vorgeschlagen, bei denen die Späne eine längere Rutsche durchlaufen, wobei ihnen von oben der Leim zugesprüht wird. Es fehlt die großräumige Spanbewegung. Späne, die an der Außenkante der Rinne laufen, werden weniger bedüst als die, welche unmittelbar unter den Düsenzentren durchlaufen. Außerdem wechselt eine dickere Spanschicht ihre Oberfläche nicht schnell genug.

3.4.4.8 Beleimungsmaschinen mit getrennter Spaneingabe

Die Späne nehmen in den Beleimungsmischern annähernd im Verhältnis zur Oberfläche Leim auf. Die Folge ist, daß Feinspäne und Staub, bezogen auf das Gewicht, sehr viel mehr Leim annehmen als die dickeren Späne. Für eine gemischte Streuung ist das kein Nachteil. Die Feinanteile, zwischen gröberen Spänen eingebettet, bewirken eine einwandfreie Verleimung und vermindern die Verformung der gröberen Späne. Bei gesichteter Streuung aber werden die Feinstspäne an die Oberfläche gebracht, wobei vor allem die Querzugfestigkeit und das Nagelhaltevermögen durch die geringe Beleimung der groben Mittelschichtspäne leiden. Nachteilig ist weiterhin, daß bei geschliffenen Platten die im Übermaß mit Leim behafteten Oberschichten abgeschliffen werden.

Insbesondere für gesichtete Streuung müssen die groben Späne mehr beleimt werden. Zu diesem Zweck werden die Späne gesichtet und derart in die Mischmaschine gegeben, daß die Grobspäne die Maschine ganz, die Feinspäne diese aber nur zum Teil durchlaufen. Man gibt die Späne bei Siebfraktionen in über die Maschinenlänge verteilte Öffnungen oder bei Sichtung in eine lange Trichteröffnung. Zu beachten ist bei dieser Art der Spaneingabe, daß die Feinspäne, die nur einen Teil der Maschine durchlaufen, eine schlechte Leimverteilung haben.

3.4.5 Dosierung

3.4.5.0 Allgemeines

Auch die beste Beleimungsmaschine kann kein zufriedenstellendes Ergebnis bringen, wenn die Dosierungen für Späne und Leim nicht einwandfrei sind. Die heute verwendeten Dosierungssysteme arbeiten für die Späne vorwiegend nach Gewicht und für den Leim fast nur nach Volumen.

3.4.5.1 Spandosierungen

Im einfachsten Fall wird die Spanmenge in großen Gefäßen *abgewogen*. Bei diskontinuierlich arbeitenden Maschinen fassen diese Gefäße meist eine ganze Füllung der Beleimungsmaschine. Bei kontinuierlich arbeitenden Beleimungsmaschinen arbeitet man zum Teil so, daß ein im Verhältnis zum Mischerinhalt kleines Wägegefäß in regelmäßigen Abständen in den Mischer entleert wird. Diese taktweise Dosierung hat, richtig ausgelegt, keinen meßbaren Einfluß auf die Leimverteilung.

Eine gute Spandosierung ist mit *Bandwaagen* möglich. Diese gestatten es, einen ständigen Spanfluß in die Beleimungsmischer zu leiten und schaffen damit die günstigste Voraussetzung für die Leimverteilung, soweit sie durch die Eingabe beeinflußbar ist. Bei einem bestimmten Verfahren wird die Bandwaage nicht zur Dosierung, sondern zur Registrierung der Späne verwendet. Ein gegebener Spanstrom wird durch die Bandwaage gemessen, und der leichter dosierbare Leim wird nachgesteuert.

Volumendosierungen arbeiten diskontinuierlich mit Gefäßfüllungen, kontinuierlich mit möglichst gleichmäßiger Spanflußausbildung, für die Zellenräder, Bunker, Austrag- und Vibrationsrinnen verwendet werden. Wenn man die Spanart und die Spanmenge vor den Dosierstellen konstant halten könnte, wären auch Volumendosierungen vorteilhaft.

3.4.5.2 Leimdosierung

Die *Leimdosierung* wird im allgemeinen volumetrisch mit sehr engen Toleranzen vorgenommen, da die Komponente „Leim“ auf Gewicht, Dichte, Festkörpergehalt und dergleichen einstellbar ist.

Für *diskontinuierliche Maschinen* werden Gefäße verwendet, passend für eine bestimmte Füllung oder einstellbar für unterschiedliche Füllungen (Bild 3.170). Die Düszeit wird durch den Druck der Luft oder durch regelbare Pumpen bestimmt. Bei guten Leimdosiergefäßen sind die Manipulationen für das Füllen, Entleeren, Sprühen usw. automatisiert. Für *kontinuierliche Anlagen* ist vorgeschlagen worden, Meßgefäße wechselweise zu verwenden, doch bietet dies Schwierigkeiten. Sehr früh schon wurden Zahnradpumpen für die Dosierung verwendet. Die damaligen Leimbedingungen verlangten für jede Düse eine Pumpe. Eine ähnliche Ausführung läuft auch heute noch unter der Sonderbezeichnung „Spinnstoffpumpen-Ausrüstung". Technologisch ist diese Ausrüstung sehr vorteilhaft. Die Einsparung an Bedienungs- und Reinigungsaufwand und bessere Leimflotten führten später zu einer einzigen großen *Zahnrad-Dosierpumpe,* welche die Düsen über Verteilerrohre speist.

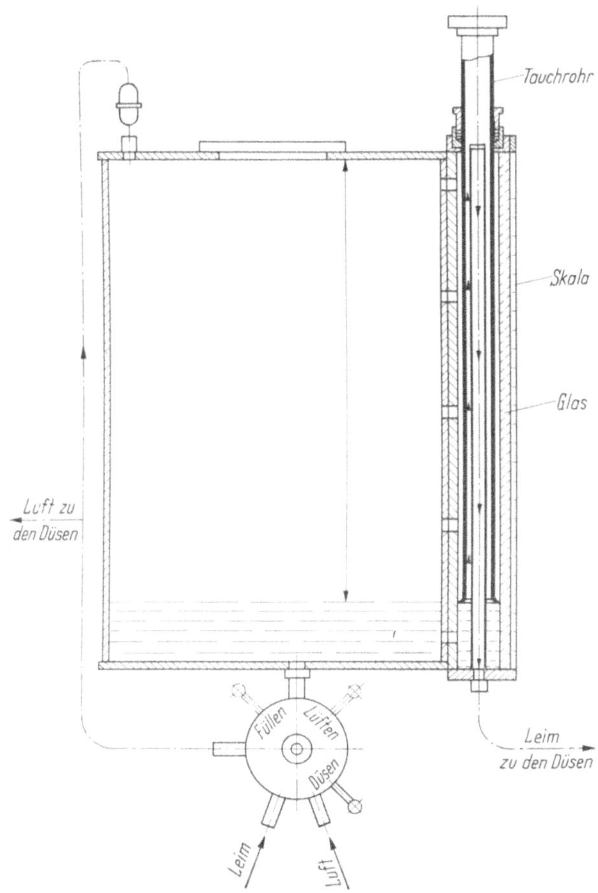

Billd 3.170. Querschnitt eines Leimdosiergefäßes. Das höhenverstellbare Tauchrohr dient der Einstellung der gewünschten Menge.

Allen Zahnradpumpen ist ein Verschleiß gemeinsam, der den Förderwirkungsgrad beeinflußt. Das ist doppelt unangenehm, weil in der Praxis die Drücke vor und hinter der Pumpe schwanken.

Besonders für Leimdosierung ausgelegte *Kolbenpumpen* verbürgen zur Zeit die beste Dosiergenauigkeit über längere Zeit. Die vorherrschend verwendeten Kolbendosierpumpen haben eine Hubverstellung ohne

Totraumänderung, die es ermöglicht, sich etwaigen Rezepturänderungen in einfachster Weise anzupassen.

Theoretisch ist es denkbar, die Leimdosierung durch eine *Gewichtskontrolle* zu ergänzen. Ausgesprochene Gewichtsdosierungen gibt es aber noch nicht, wenn man von der Gepflogenheit absehen will, daß man den Dosierpumpen die Leimflotte in größeren Mengen zuwägt.

3.4.5.3 Kombination Span-Leimdosierung

Es ist vorteilhaft, das einmal eingestellte Verhältnis zwischen Span und Leim konstant zu halten und Anpassungen an die Durchsatz-

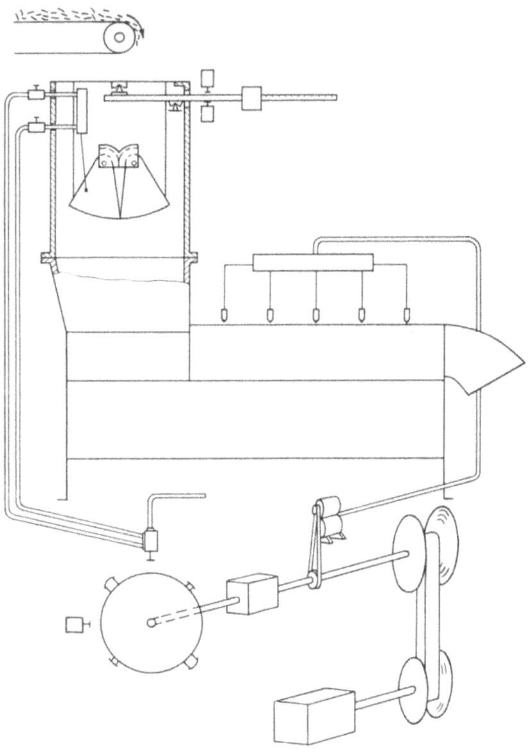

Bild 3.171. Schema einer Abhängigkeitssteuerung zwischen taktweiser Eingabe der Späne und Pumpenzuführung des Leimes zu einem kontinuierlichen Mischer.

leistung der Anlagen zwangläufig für beide Komponenten gemeinsam durchzuführen. Diese Forderung bedingt Steuerungen zwischen Span und Leim.

Die *Schenck-Himmelheber-Steuerung* mit der Bandwaage wurde schon kurz angedeutet. Eine Bandwaage wiegt einen vorgegebenen Spanstrom ab, wonach die Leimpumpendrehzahl elektrisch nachgeregelt wird.

Eine Messung der Leimflotte mit Ovalradzählern ändert bei Abweichungen vom Sollverhältnis Span zu Leim nochmals die Drehzahl der Leimpumpen. Das Span-Leimverhältnis wird mit großer Sicherheit auf gleicher Höhe gehalten. Zur Regelung des Gesamtdurchsatzes genügt die Änderung des Spanstromes.

Die *Drais-Kübel-Steuerung* bedient sich der Takteingabe der Späne, wobei die Entleerung der Wägeapparatur von der Pumpe gesteuert wird (Bild 3.171). Nach einer bestimmten Pumpenleistung wird jeweils eine bestimmte Spanmenge in die Maschine gegeben. Das Verhältnis Span zu Leim ist auch hier konstant. Gegenkontrollen zur automatischen Korrektur zwischen Soll- und Istleistung sind möglich. Der Gesamtdurchsatz wird durch die Änderung der Pumpendrehzahl geregelt.

Die *Klessmann-Steuerung* arbeitet derart, daß die Späne nacheinander in mehrere an einem Drehkreuz befestigte Wägebehälter gefüllt werden. Nach Füllen eines Behälters dreht sich das Kreuz ein Stück weiter. Fest gekoppelt mit diesem Drehkreuz ist ein auf die Rezepturmenge abgestimmtes Leimschöpfwerk. Der vom Schöpfwerk dosierte Leim wird über eine Pumpe den Düsen zugeführt. Abhängigkeit des Förderwirkungsgrades von der Schöpfwerkdrehzahl, Empfindlichkeit der schweren Wägeapparatur bei geringer Spaneinwaage, schlechte Abstimmung zwischen Schöpfrad und Pumpe erweisen sich aber insgesamt als Nachteil.

3.4.6 Leimaufbereitung

Die *Leimflotte* besteht aus verdünntem Rohleim oder angerührtem Trockenleim mit Härter und Zusätzen. Dem Rohstoff „Leim“ müssen also Wasser, Härter, Emulsion usw. zugesetzt werden. In Großbetrieben wird diese Mischaufgabe zur Einsparung von Löhnen und zur Vermeidung von Irrtümern mehr oder weniger automatisch durchgeführt. Folgende Aufbereitungsarten haben sich durchgesetzt:

Die *Leimaufbereitung mit automatischer Mehrkomponentenwaage* arbeitet so, daß von Behältern mittels durch die Waage gesteuerten Pumpen oder Zuflußventilen die einzelnen Komponenten in Gefäße eingewogen werden, von wo sie in einen Leimflottenmischer abgelassen werden (Bild 3.172). Emulsionen verlangen dabei besondere Maßnahmen, um Ausflockungen zu vermeiden. Zwischen Leimflottenmischer und Dosierpumpen werden Vorratstanks vorgesehen, die gleichzeitig der Verbrauchskontrolle dienen.

In kleineren Betrieben wird die beschriebene Anlage auch ohne Automatik verwendet. Die farbige *Kennzeichnung der Rezepturkomponenten* auf dem Wägezeigerkopf soll Irrtümern vorbeugen.

Eine ansprechende Leimaufbereitung ermöglicht der *Drais-Leim-Misch- und Dosierautomat,* da er die Rezepturzusammenstellung und

Leimdosierung in sich vereinigt (DBP [*3.24*]) (Bild 3.173). Kernstück dieses Automaten ist eine Mehrfach-Kolbenpumpe, deren Kolben grob im Durchmesser, fein durch die Hublänge, der Rezeptur angepaßt sind. Jeder Kolben holt sich seine Rezepturkomponente und drückt sie in ein nachgeschaltetes Durchlauf-Rührgefäß. Dieses Gefäß erlaubt einen Überdruck, so daß die gemischte Leimflotte unmittelbar den Düsen zugeführt werden kann.

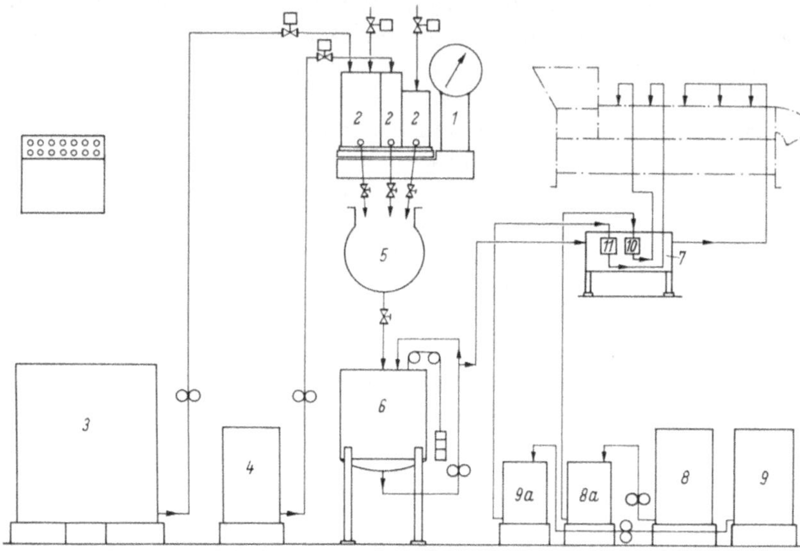

Bild 3.172. Schema einer Leimaufbereitung mit automatischer Rezepturwaage *1*, in deren Behälter *2* Leim und Emulsion aus den Gefäßen *3* und *4* sowie Wasser eingelassen werden; *5* ist der Leimmischer, *6* das Leimvorratsgefäß für die Versorgung der Dosierpumpen. Im Pumpenschrank *7*, *8*, *8a*, *9* und *9a* sind die Vorratsgefäße für Härter und Termitenschutzmittel, die mit den Pumpen *10* und *11* zusätzlich dosiert werden.

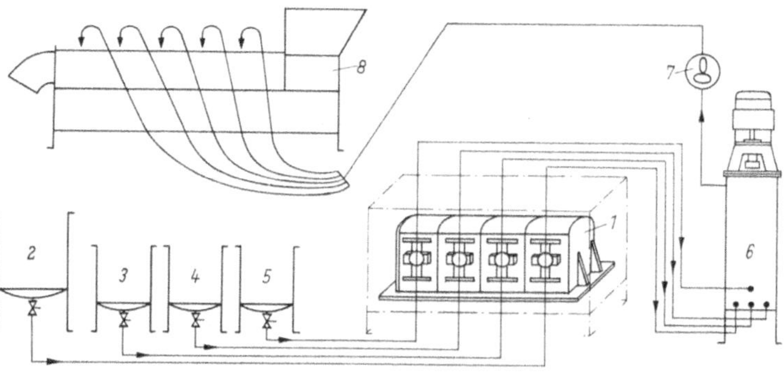

Bild 3.173. Schema einer Leim-Misch- und Dosieranlage, Bauart Drais, bestehend aus einer Vierfach-Kolbenpumpe *1*, die aus den Gefäßen *2*, *3*, *4* und *5* Leim, Härter, Emulsion und ähnliches ansaugt und über das Durchlaufmischgefäß *6* und einen Zähler *7* unmittelbar den kontinuierlichen Mischer *8* versorgt.

Bei einer abgewandelten Form des Drais-Leim-Misch- und Dosierautomaten werden die Leimflotten-Komponenten mit Ausnahme des härtenden Anteiles in großen Rührbottichen vorgemischt. Aus diesen großen Rührbottichen zieht ein Kolben einer Zweifach-Kolbenpumpe die vorgemischte Flotte, während der andere Kolben den Härter über das Durchlaufmischgefäß zupumpt. Der Vorteil dieser Ausrüstung liegt in der besseren Beherrschung der Emulsionsbeimischung und darin, daß man durch Vormischung großer Mengen einen Vorrat für längere Zeit bereitstellen kann.

3.5 Einstreuen und Formen

Von **Klaus Steiner**, Baiersbronn

3.5.0 Allgemeines über das Einstreuen der Späne zur Formung von Spanplatten

Durch das Einstreuen in *Kastenformen* oder auf *stetig bewegte Förderunterlagen* (Stahlband, Transportbleche) zwischen feststehenden seitlichen Begrenzungswänden erhalten die beleimten Späne erstmals ihre Lage im Späneverband der herzustellenden Platte. Es entsteht der Spanplattenformling oder das Spänevlies, dessen Späne in der Heizpresse zwar noch senkrecht zur Plattenebene auf deren endgültige Dicke zusammengepreßt werden, die aber im übrigen, und das ist sehr wichtig zu bedenken, ihre gegenseitige Lage nicht mehr oder nur ganz geringfügig verändern können; Späne wie sie in der Spanplattenfertigung verarbeitet werden, „fließen" nicht mehr beim Pressen, wie dies beispielsweise ein Zementbrei tun würde, sie verhalten sich ganz ähnlich einem noch nassen Faservlies. Die Späne müssen deshalb beim Einstreuen an der Stelle und in der Lage abgelegt werden, in der sie sich in der fertigen Platte befinden sollen.

Die Einstreueinrichtung muß so arbeiten, daß von Platte zu Platte das gewünschte *Gewicht* eingehalten wird. Darüber hinaus muß aber auch das *Flächengewicht* (Gewicht je Flächeneinheit) in Längs- und Querrichtung der Platte über die gesamte Plattenfläche einheitlich sein, und zwar sowohl für den gesamten Querschnitt als auch für die einzelnen Schichten bei mehrschichtigen Platten. Dieser Forderung wird bei Entwurf und Bau der Fertigungseinrichtungen und bei deren Betrieb in der laufenden Fertigung im allgemeinen zu wenig Aufmerksamkeit gewidmet. Die *Festigkeits- und Quellwerte* sind bei sonst konstanten Herstellungsbedingungen der Spanplatte abhängig von der Rohdichte. Wenn diese in der Platte örtlich wechselt, ändern sich auch die Eigenschaftswerte entsprechend. Große Schwankungen der Flächengewichte und damit der Rohdichten bedingen große Streubreiten der Gütewerte. Die

Güte einer Platte ist aber nur so hoch zu bewerten, wie die ihrer schwächsten oder schlechtesten Stelle. Eine gute Streuung mit geringen Schwankungen der Rohdichte ermöglicht es, mit den durch die Fertigung einzuhaltenden Gütewerten nahe an die beispielsweise durch eine Gütenorm vorgeschriebenen Bedingungen heranzugehen, ohne Gefahr zu laufen, sie zu unterschreiten.

Am aufschlußreichsten ist es, die Verteilung des Flächengewichtes an der ungeschliffenen Platte zu prüfen, da man dabei die Verteilung mißt, welche die Einstreumaschine auf der Transportunterlage erzeugt, ohne Verzerrungen infolge ungleicher Verdichtung bei beispielsweise unregelmäßigen Blechdicken, ungleichen Dicken der Distanzleisten oder anderer Ungleichmäßigkeiten der Heizpresse, die ungleiche Plattendicken verursachen und dadurch das Meßergebnis an der geschliffenen Platte unkontrollierbar beeinflussen. Je kleiner die Probekörper einer solchen Prüfung sind, um so genauer werden örtliche Schwankungen

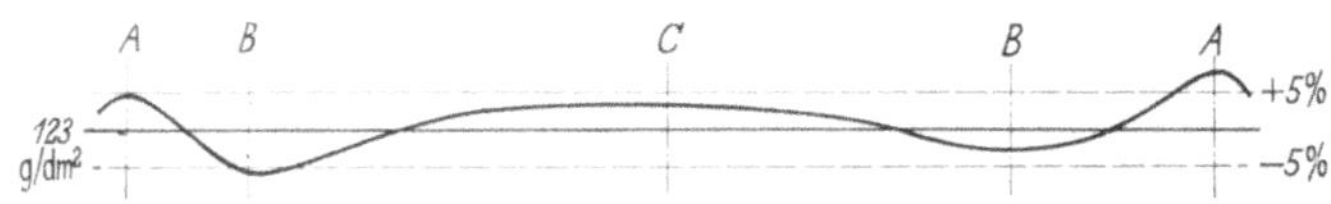

Bild 3.174. Verteilung des Flächengewichtes in einem Plattenstreifen, quer zur Vorschubrichtung der Formungseinrichtung, mit bei ungenügend einregulierten, kontinuierlich streuenden Einrichtungen auftretenden, kennzeichnenden Fehlern. Gewünschtes Flächengewicht 123 g/dm². *A* = zu hohes Flächengewicht im Bereich der Plattenlängskante; *B* = zu niedriges Flächengewicht; *C* = hohes Flächengewicht im mittleren Bereich der Platte.

kenntlich gemacht, um so schwieriger ist es aber auch, eng begrenzte Forderungen zu erfüllen. Probegrößen unter 10 cm × 10 cm sollten im allgemeinen nicht geprüft werden. Oft treten insbesondere bei kontinuierlich arbeitenden Formungseinrichtungen, senkrecht zur Vorschubrichtung des Formungsvorganges, *regelmäßige Unterschiede* auf, die bei sorgfältigen Korrekturen an der Maschine und ihrer stetigen Überwachung und Pflege vermieden werden können (Inst. f. Holzforschung München [*3.46*]). Bild 3.174 zeigt einen solchen kennzeichnenden Fehler. Das Gewicht der Platte und damit das Schüttgewicht gemessen an der ganzen Platte, hier 123 g/dm², kann dabei durchaus in Ordnung sein. Parallel und nahe der Plattenkante, im Bereich der Linien *A*, liegt es aber zu hoch, was für das Aussehen der Besäumkante nicht nachteilig ist, zumal ganz nahe an den Randpartien in der Heizpresse die Späne etwas ausweichen und dadurch das Flächengewicht verringern. Auch in dem Bereich der Mittellinie *C* liegt das Flächengewicht zu hoch; dazwischen, im Bereich der Linienzüge *B* aber, ist es dann zu niedrig. Ein solches Bild der Flächengewichtsverteilung senkrecht zur Formungsrichtung deutet auf regelmäßig auftretende Verwehungen durch Luftbewegungen in dem Bereich der Streumaschine hin, in dem die Späne lose verteilt herabrieseln, kurz bevor sie sich auf die Transportunterlage oder auf die sich dort bereits befindenden Späne auflegen. Unregelmäßigkeiten dieser Art können jedoch ihre Ursache auch in einer ungleichen Füllung der der Streumaschine unmittelbar vorgeordneten Einrichtung wie Kleinbunker usw. haben.

Ähnliche Unstetigkeiten des Flächengewichtes gibt es bei ungenügenden Formungseinrichtungen, vor allem auch an den vorderen und hinteren Schmalseiten der Platte, beispielsweise bei diskontinuierlichen und

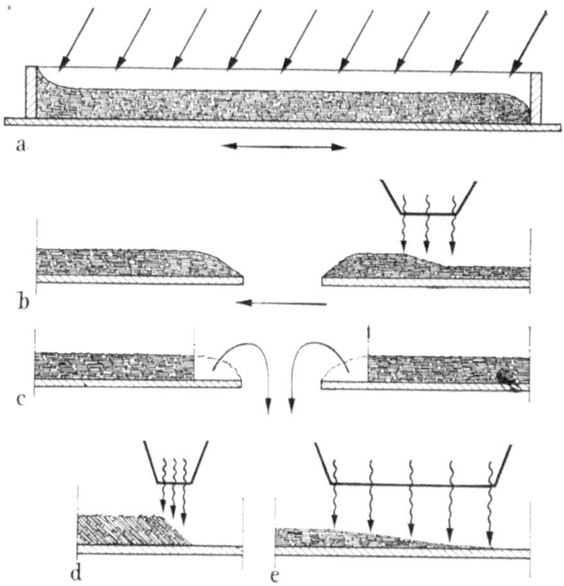

Bild 3.175 a–e. Fehler beim Einstreuen der Späne.

a) Überhöhte Kanten mit zu hohem Raumgewicht und abgeböschte Kanten mit zu geringem Raumgewicht bei der Kastenformung in einer Vorschubrichtung und/oder schrägem Späneeinfall; b) Abgeböschte Schmalkanten bei kontinuierlicher Formung mit Spänedurchfall zwischen zwei mit Abstand aufeinanderfolgenden Transportblechen; c) Beseitigung der nach a) oder b) ungenügend gestreuten Teile eines Formlings durch Vorbesäumung (nicht angelegter Teil) vor dem Einfahren in die Heizpresse; d) Steil-dachziegelförmig aufeinanderliegend abgelegte Späne bei in Transportrichtung zu kurzer Spāneauslauföffnung der Streumaschine oder zu hoher Streumenge einer Maschine; e) Vorteilhaftes Bild der Lage der eingestreuten Späne; sie sollen möglichst parallel zum Transportblech liegen.

kontinuierlichen Kastenformungen (Bild 3.175a), bei kontinuierlichen Bandformungseinrichtungen, wenn dabei die Länge der zu bildenden Formlinge durch senkrecht stehende, mitwandernde, feste Wände, durch aufgesetzte Zwischenkästen, oder dadurch begrenzt wird, daß die Späne durch das Formband dort hindurchfallen, wo der eine Formling und sein Transportblech enden und der nächste und sein Transportblech beginnen (Bild 3.175b), wenn die Späne also durch den 20, oft bis 30 cm breiten Spalt zwischen den Blechen hindurchfallen.

Beim Einstreuen in Kästen lassen sich diese Fehler durch einen senkrechten Einfall der einzustreuenden Späne und eine den Erfordernissen entsprechende Neigung der Begrenzungswände vermeiden oder zumindest auf ein erträgliches Maß herabsetzen. Fehler, wie sie in Bild 3.175b dargestellt sind, können ausgeglichen werden, wenn vor dem Einfahren in die Heizpresse, beispielsweise gleichzeitig mit dem Vorverdichten in der Vorpresse, eine Vorbesäumung erfolgt (Bild 3.175c). Einwandfreie Schüttverhältnisse liegen vor, wenn die freien Felder zwischen aufeinanderfolgenden Blechen abgedeckt sind, so daß ein in der Struktur seiner Späne völlig ungestörtes, endloses Vlies gestreut und dieses durch Trennschnitte in Formlingsabschnitte aufgeteilt wird.

Stark dachziegelförmig, in einer Richtung steil aufeinanderliegend eingestreute Späne (Bild 3.175d) ergeben in den ihnen anliegenden Heizplatten der Presse entgegengesetzte waagerechte Kraftkomponenten, welche die Führung der Heizplatte im Pressengestell außerordentlich beanspruchen, zu hohem Verschleiß an den Führungselementen führen und schon schwerwiegende Zerstörungen am Pressenrahmen verursacht haben. In dieser Art stark ausgeprägte Streuungen begünstigen und verursachen das ,,Abbröckeln" von Ecken oder ,,Abrutschen" ganzer Partien, vor allem der kurzen Plattenkanten, während des Transportes der Formlinge auf den Blechen. Ein weitgehend symmetrischer Aufbau der Spänestruktur und möglichst parallel zur Transportunterlage eingestreut liegende Späne sind nötig, um diese oft folgenschweren Fehler zu vermeiden. Man erreicht dies durch eine in Formungsrichtung breite, gestreckte Einstreuung (Bild 3.175e) und eine nicht zu hohe Einstreumenge der Maschine. Bei hohen Leistungen der Formungseinrichtungen ist es nötig, mehrere Einstreueinrichtungen hintereinander anzuordnen. Dies verbessert nicht nur die Lage der Späne, sondern auch die Gleichmäßigkeit des eingestreuten Flächengewichtes.

Für ein *hohes Stehvermögen* der Spanplatte ist eine im Sinne des vorhergehenden Absatzes gute Streuung mit einem gleichmäßigen symmetrischen Aufbau und einer zur Transportunterlage parallelen Lage der Späne von großer Wichtigkeit. Besonders das Ablegen der feinen Deckschichtspäne soll ohne die hier besonders leicht auftretenden *Verwehungen* durch Luftströmungen in den Streuräumen erfolgen, um auch bei der geschliffenen Platte eine gleichmäßige und ruhig wirkende Oberfläche zu erhalten, die für den Verkauf rein optisch vorteilhaft ist und für eine gleichmäßige und damit auch sparsame Leimaufnahme beim Furnieren oder bei Lackierungen für eine gleichmäßige Lackaufnahme und ungestört gleichmäßig geschlossene Lackoberfläche des fertigen Bauteiles nötig ist. Sehr starke Verwehungen schlechter Einstreumaschinen können bei sparsam bemessener Deckschichtmenge, die man aus Kostengründen anstrebt, häufig zu den auch aus anderen

Gründen auftretenden und Ausschuß- oder Zweite-Wahl-Platten verursachenden *Durchschleifern* führen.

Die Bedeutung eines gleichmäßigen, guten Einstreuens der Späne und damit die Wichtigkeit einer im Betrieb einwandfrei arbeitenden Formungsanlage, wird allgemein unterschätzt. Vielleicht auch, weil meist eine Prüfung der Gleichmäßigkeit und Güte der Streuung nicht zur Betriebskontrolle und schon gar nicht zur Gütekontrolle nach außen gehört. Sie ist aber für die Güte des Erzeugnisses ebenso wie für eine wirtschaftliche Fertigung sehr wichtig. Der Wahl einer guten Konstruktion der Formungseinrichtung und der ständigen Pflege und Kontrolle ihrer einwandfreien Funktionen durch Flächengewichtsmessungen sollte wesentlich mehr Aufmerksamkeit gewidmet werden, als dies allgemein üblich ist.

Bei den Streuverfahren mit einer endlosen Vliesbildung können außer ein- oder mehrschichtigen Spanplatten auch sogenannte *graduierte Platten* hergestellt werden. Für diese Platten kommt ein Spänegemisch zur Streuung, das in den nötigen Anteilen und meist mit stetigem Übergang Feinspäne von Deckschichtqualität und größere, dickere Späne von im wesentlichen Mittelschichteigenschaften enthält. Durch Sichtung während des Streuvorganges wird erreicht, daß die feinen, für die Deckschichten geeigneten Späne die Außenflächen bilden und dementsprechend abgelegt werden und die größeren, gröberen Späne mehr nach der Mitte der Platte zu liegen kommen. Unter Anwendung der Wurfsichtung wurden schon sehr früh die ersten graduierten Platten mit einem symmetrischen Querschnittaufbau hergestellt, indem die Wurfrichtung der Späne aufeinander zugerichtet war, wobei die nur über kurze Strecken geworfenen Feinspäne auf dem stetig bewegten Formband die Außenschicht bilden und die weit fliegenden, dickeren Späne sich im Bereich der Mitte zwischen den Wurfwalzen zur Bildung der Mittelschichten treffen. Schließlich wurde zur Herstellung dieser Platten auch das der Wurfsichtung äquivalente Verfahren der Windsichtung angewendet. Bei beiden Arbeitsverfahren werden zur Trennung der für die Innenlagen und für die Deckschichtlagen unterschiedlichen Späne deren charakteristisch unterschiedliche Werte des Verhältnisses Spangewicht zu Luftwiderstand ausgenutzt; sichtbar wird der Unterschied der Größe dieser Verhältniswerte der Späne in einer entsprechenden unterschiedlichen Schwebegeschwindigkeit. Je nachdem, ob die Sichtung des eingestreuten Spänegemisches nach dem Grundgedanken einer Wurfsichtung oder nach dem einer Windsichtung erfolgt, werden die Erzeugnisse als wurfgeschichtete oder als windgeschichtete Platten bezeichnet. Während Einrichtungen zur Wurfsichtung in Abschn. 3.5.1.3. beschrieben werden, sind die Einrichtungen zur Herstellung windgeschichteter Spanplatten in Abschn. 5.1 beschrieben.

3.5.1 Arbeitsweise und Aufbau von Einstreumaschinen

3.5.1.0 Allgemeine Gesichtspunkte

Die für eine Platte und für ihre einzelnen Schichten eingestreuten Späne sollen im fertigen Erzeugnis ein bestimmtes, nach verwendeten Holzarten und gewünschten Eigenschaften festzulegendes Gewicht haben. Diese Forderung ließ sich bei der am Anfang der Entwicklung ausgeübten *Handformung* in selbstverständlicher Weise leicht erfüllen. Auch mit den maschinellen Einrichtungen für die taktweise arbeitende Kastenformung, deren Automatisierung beispielsweise für die Novopan-Plattenherstellung zu hoher Vollendung entwickelt wurde, bereitet es keine besonderen Schwierigkeiten, diesem Verlangen nachzukommen. Erst bei Entwurf und Konstruktion der *kontinuierlich arbeitenden Schütteinrichtungen*, bei denen ein endloses Spänevlies gestreut wird, wurde es schwer, alle Forderungen einer guten Streuung der Späne und ihrer gravimetrischen Dosierung zu vereinen. Dies führte dazu, daß in den zuerst gebauten und auch heute noch meist verbreiteten Schütteinrichtungen dieser Art bis in die jüngste Zeit hinein *volumetrisch dosiert* wird (Holig, Himmelheber, Behrens) und, wie die Praxis zeigt, durchaus mit Erfolg. Eine dann zwischenzeitlich zur Verfügung stehende *gravimetrisch und volumetrisch dosierende Schütteinrichtung* (Würtex, Industrie-Companie) fand weite Verbreitung, ohne die ausgereiften Konstruktionen rein volumetrischer Arbeitsweise auch bei großen Anlagen verdrängen zu können. In neuester Zeit nun ist man dabei, in großen Produktionsanlagen die reine *gewichtsdosierte Streuung* zu verwirklichen (Himmelheber-Steiner-Moralt, Himmelheber-Schenck); zweifellos ist dies die richtige Arbeitsweise für ein hochwertiges Erzeugnis mit gleichbleibenden Eigenschaftswerten.

Die Rohdichte *lose geschütteter Späne*, im allgemeinen als Schüttgewicht (kg/m^3) der Späne bezeichnet, wird durch zahlreiche Faktoren bestimmt und durch deren Änderung beeinflußt. Hierzu gehören, ohne in der Aufzählung vollständig zu sein:

a) Die *Art der Zerspanung* (Scheibenzerspaner, Messerwellenzerspaner, Topfscheibenzerspaner, Prallzerspaner usw.),

b) die *Eigenarten der Zerspanungsmaschinen* (stetige oder intermittierende Holzzuführung),

c) der *Zustand der Zerspanungswerkzeuge* (scharfe oder stumpfe Messer, Messerwinkel usw.),

d) die *Aufmerksamkeit der Zerspanerbedienung*,

e) *Holzart*, *Holzsortiment*, *Alter* und *Feuchtigkeitsgehalt* des Holzes,

f) *Spandicke*, *Spanform* (gestreckt, gerollt), *Zerkleinerungsgrad der Späne*, Höhe von *Fein-* und *Grobanteil* usw.

Wird die Schüttung *volumetrisch dosiert*, so besteht die Gefahr von *Gewichtsschwankungen*, wenn sich das Schüttgewicht der Späne ändert. Eine Kontrolle des Gewichtes der geschütteten Späne ist erst am geschütteten Formling möglich; eine daraufhin eingeleitete Korrektur der Streumenge wirkt sich erst auf nachfolgende Formkörper aus. Trotz angebrachter Bedenken arbeiten die Anlagen dieser Art jedoch, wie die Praxis zeigt, ausreichend einwandfrei, wenn durch sorgfältige Überwachung und Steuerung der Spänezusammensetzung für ein genügend gleichmäßiges Schüttgewicht der Späne gesorgt wird, so daß Schwankungen kaum oder nur langwellig und dadurch ausgleichbar auftreten.

Bei der *kombiniert gravimetrisch und volumetrischen Dosierung* muß durch ständige Überwachung der Streuungseinrichtung dafür Sorge getragen werden, daß bei Änderung des Schüttgewichtes der Späne die Einrichtungsteile der Volumendosierung der nach Gewicht vorgegebenen Spanmenge angeglichen werden. Dies hat man jedoch in der Hand, so daß auch bei uneinheitlichem Spangut das Plattengewicht in engen Grenzen beherrscht wird.

Die *reine Gewichtsdosierung* wäre in vollendeter Form vorhanden, wenn es gelänge, das Gewicht der einzustreuenden Späne im Augenblick des Fallens oder im Augenblick des Beginns ihres Abwurfes zu messen und danach zu steuern. Theoretisch sind die technischen Mittel dazu vorhanden, doch stehen der Verwirklichung in der Praxis durch die notwendige Verknüpfung verschiedenartiger sonstiger Forderungen, insbesondere der einer guten Späneverteilung über die Plattenbreite, erhebliche Schwierigkeiten entgegen. So wurde das Problem bisher nur angenähert gelöst durch eine „Isotopengesteuerte Streuanlage" und durch eine „Waagengesteuerte Anlage", bei der eine Durchlauf-Bandwaage die zur Einstreuung gelangende Menge für zwei Streueinrichtungen vorgibt und nur die gleichmäßige Aufteilung auf beide Streueinrichtungen durch volumetrische Meßwerte selbsttätig gesteuert wird.

3.5.1.1 Streumaschinen zur Kastenformung

Bei der Herstellung der ersten Spanplatten in Deutschland etwa ab 1940 wurden die beleimten Späne *von Hand abgewogen* und das Wägegefäß ebenso auf das Form- oder Förderblech entleert. Dieses hatte einen der Schütthöhe der Späne entsprechenden festen Rand. Von Hand oder durch eine manuell über die grob ausgebreiteten Späne hin- und hergeführte rotierende, einfache *Stachelwalze* von etwa 200 mm Durchmesser wurde die Einschüttung egalisiert. Die bei dieser Fertigung seinerzeit verwendeten Späne ermöglichten eine solche sehr einfache Arbeitsweise. Es waren in Hammer- oder Zahnscheibenmühlen aus Hackschnitzeln meist trockener Abfälle der Sperrholzfabrikation hergestellte, für heutige Begriffe recht grobe, streichholzförmige und „strunkige" *Reißspäne* mit hohem Schüttgewicht. In der Heizpresse tauchte bei der Verdichtung und Ausheizung der Formkörper eine stempelartig ausgebildete Heizplatte in die aus dem Transportblech und dem festen Rahmen gebildete Form ein, so daß die bröckligen und rieselfähigen Späne nicht ausweichen konnten (Bild 3.176a). Es entstand eine Platte mit verhältnismäßig scharfem und festem Rand.

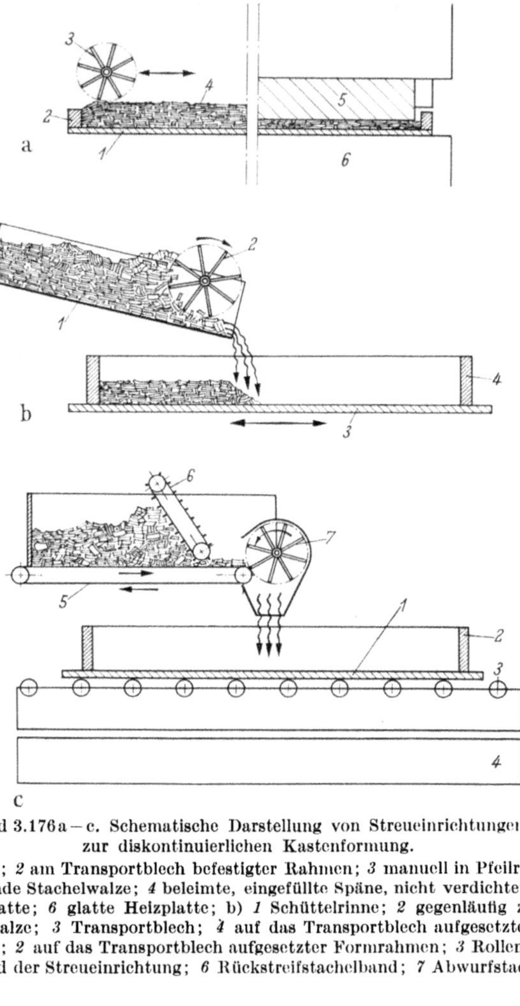

Bild 3.176a–c. Schematische Darstellung von Streueinrichtungen zur diskontinuierlichen Kastenformung.

a) *1* Transportblech; *2* am Transportblech befestigter Rahmen; *3* manuell in Pfeilrichtung hin- und hergeführte rotierende Stachelwalze; *4* beleimte, eingefüllte Späne, nicht verdichtet; *5* stempelartig ausgebildete Heizplatte; *6* glatte Heizplatte; b) *1* Schüttelrinne; *2* gegenläufig zum Spänestrom rotierende Stachelwalze; *3* Transportblech; *4* auf das Transportblech aufgesetzter Formrahmen; c) *1* Transportblech; *2* auf das Transportblech aufgesetzter Formrahmen; *3* Rollengang; *4* Waage; *5* Bodenband der Streueinrichtung; *6* Rückstreifstachelband; *7* Abwurfstachelwalze.

Auch die in den ersten „Behr-Anlagen" hergestellten Spanplatten wurden im wesentlichen von Hand geformt. Auf eine lange Schüttelrinne, etwa von der Breite der herzustellenden Platte, wurde die abgewogene Spänemenge aufgegeben und in den darunter hindurchgeführten Formkasten abgelegt. Eine am Abwurfende der Rinne gegenläufig zum

Spänestrom umlaufende Stachelwalze hielt das Gut zum Teil zurück und verteilte es so, daß der Formkasten etwa bei einer Hin- und Rückfahrt gefüllt war (Bild 3.176b). Von Hand mußte dann jedoch erheblich korrigiert und egalisiert werden. Die Wirtschaftlichkeit dieser Fertigungsweise war infolge des hohen Arbeitsaufwandes, ebenso wie die Gleichmäßigkeit des Flächengewichtes einer solchen Formung, bei den in den Behr-Anlagen jener Zeit schon ausschließlich zur Verarbeitung gelangenden Flachspänen einer „ad hoc"-Zerspanung, unbefriedigend. Man ging deshalb etwa 1951/52 in diesen Anlagen zur Mechanisierung des Arbeitsvorganges über, durch Verwendung einer *Schütt-Apparatur nach* HIMMELHEBER/STEINER. Das Schema einer solchen *Kastenformung* zeigt Bild 3.176c. Das Transportblech *1* mit aufgesetztem, zuweilen auseinandernehmbarem Formrahmen *2* liegt auf dem Rollengang *3* einer Waage *4*. Darüber wird eine Streueinrichtung von der Breite des Formkastens hin- und herbewegt, die aus einem Bodenband *5* mit Rückstreifband *6* und Abwurf-Stachelwalze *7* besteht. Auf das Bodenband wurden die meist frisch beleimten Späne in beliebig großer Menge unter Verteilung über die Breite der Einrichtung aufgebracht, das Rückstreifband läßt auf dem Bodenband nur ein Vlies von geringer Höhe austreten, das von der Abstreifwalze so aufgelöst wird, daß die Späne vereinzelt in den Formrahmen herabrieseln. In vielen dünnen Lagen wurde auf diese Weise die im Formrahmen gewünschte Späneschicht so lange eingestreut, bis die Waage das erreichte Gewicht meldet und den Vorgang unterbricht. Zur Erhöhung der Gleichmäßigkeit des Flächengewichtes wurde kurz vor Erreichen des vollen Einstreugewichtes durch Verringerung der Bodenbandgeschwindigkeit der Fluß der fallenden Späne so verringert, daß das Ende der Streuung nur noch einen kaum feststellbaren Einfluß auf die Gewichtsverteilung hat. Für die Herstellung von mehrschichtigen Platten wurden entsprechend der Schichtzahl oder der Anzahl der Spänearten mehrere solcher Streueinrichtungen verwendet. Der ganze Arbeitsgang ließ sich, auch im weiteren Verlauf der Formung, sehr gut mechanisieren und schon weitgehend automatisieren. Diese Einrichtung ermöglichte es wohl auch erstmalig, die in der Zeit des Anfanges der industriellen Spanplattenfertigung in Deutschland verwendeten, durch ihre Neigung zum Verfilzen und Verhaken schwierig zu verarbeitenden Spansorten einwandfrei zu schütten.

Die von FAHRNI für die Herstellung von Novopan-Platten schon etwa 1948 gebauten Einrichtungen für die *taktweise Kastenformung mit Gewichtsdosierung* dürften die ersten und die schließlich höchst entwickelten Maschinen dieser Art, mit hoher Automatisierung aller Arbeitsvorgänge, gewesen sein. Hierbei werden die beleimten Späne für jede Schüttstation in einen Vertikalbunker von einer der Streu- oder

Plattenbreite entsprechenden Abmessung eingebracht und über steuerbare Entnahmeglieder dem Behälter einer Taktwaage zugeführt. Aus diesem fallen die Späne in abgewogener Menge und in voller Breite der Formung in die eigentliche Streueinrichtung, die sie nun unter ständigem Hin- und Herfahren über den mit aufgesetzten Formrahmen versehenen Transportblechen in vielen dünnen Lagen einstreut. Da für jede Schicht der mindestens 3 schichtigen Novopan-Platte mehrere Einstreustationen angewendet werden, das jeweils gesamte Schichtmaterial also in mehreren Teilgewichten eingebracht wird und jede dieser Stationen das Material in vielen dünnen Lagen einstreut, ist die Gleichmäßigkeit dieser Streuung, auch wenn sich das Ende einer vorhergehenden Streulage mit dem Beginn der nächsten Lage der nachfolgenden Streueinrichtung nicht deckt, sehr gut.

3.5.1.2 Streumaschinen zur kontinuierlichen Bildung eines endlosen Spänevlieses

Die erste Streueinrichtung zur *kontinuierlichen Formung* von Spanplatten dürfte die von den Holig-Homogenholzwerken 1949 für die Spanplattenanlage der Norddeutschen Homogenholzgesellschaft m. b. H. in Triangel gebaute Anlage gewesen sein (KOLLMANN [*3.52*]). Bild 3.177

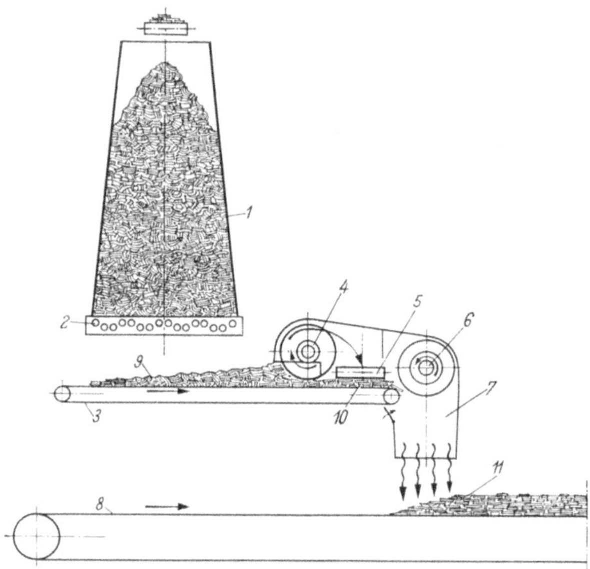

Bild 3.177. Einstreueinrichtung zur kontinuierlichen Bildung eines endlosen Spänevlieses. Bauart Holig.
1 Silo für beleimte Späne, Vertikalbunker; *2* Walzenentnahmeeinrichtung; *3* Dosierband; *4* Dosierwalze, höhenverstellbar; *5* Querband für Überschußgut; *6* Abstreuwalze; *7* Abstreuhaube; *8* Formband; *9* nicht dosiertes Spangut; *10* volumetrisch dosiertes Spangut; *11* eingestreutes volumetrisch dosiertes endloses Spanvlies.

zeigt schematisch die Wirkungsweise und Bild 3.178 eine Ansicht dieser Anlage. In den Vertikalbunker *1* werden die Späne über die Breite des Bunkers durch ein hin- und herfahrendes Förderband gleichmäßig verteilt eingebracht. Die gesamte Bodenfläche des Bunkers wird durch eine Entnahmevorrichtung *2* aus gegenläufigen Stachelwalzenpaaren gebildet, welche die ausgetragenen Späne in grober Streuung *9* auf ein Dosierband *3* abwerfen, das in Pfeilrichtung umläuft, wodurch das keilförmig immer aufs neue entstehende Spänevlies gegen eine höhenverstellbare Dosierwalze *4* gefördert wird, die auf dem Dosierband ein seiner

Bild 3.178. Formungsanlage zur Bildung eines endlosen Spänevlieses mit Vertikalbunker und Einstreumaschinen. Bauart Holig.

Dicke nach einstellbares, volumetrisch dosiertes Spänevlies *10* durchlaufen läßt. Überflüssiges Gut wird durch die Dosierwalze auf ein querlaufendes Förderband *5* geworfen und durch dieses ab- und dem Bunker wieder zugeführt. Eine Abstreifwalze *6* löst das Spänevlies *10* auf und streut die Späne durch die Haube *7* hindurch auf die Formungsauflagen des Formbandes *8*, so daß sich auf diesem das durch den losen Späneeinfall mit gleichmäßiger Struktur eingestreute, volumetrisch dosierte, endlose Spänevlies bildet, von dem die der Heizpresse zuzuführenden Formlinge in einer der Spanplattenlänge entsprechenden Größe durch Sägeschnitte abgetrennt werden. Die Drehzahl der Entnahmewalzen, die Geschwindigkeit des Dosierbandes und des Formbandes, die Höheneinstellung der Dosierwalze und die Drehzahl der Abstreuwalze können den Bedürfnissen des jeweiligen Fabrikationsprogrammes entsprechend verändert und eingestellt werden.

Diese Formungseinrichtung wurde seit etwa 1951/52 durch Maschinen des Systems Himmelheber abgelöst, die eine sehr weite Verbreitung fanden. Bild 3.179 zeigt im Schema die Wirkungsweise dieser *Einstreumaschinen* (STEINER [*3.97*]). Geeignete Transportmittel *1*, wie beispielsweise hin- und herfahrende Förderbänder oder Schnecken, bringen die Späne in die Streueinrichtung und verteilen sie gleichmäßig auf deren Breite, die der Breite der einzustreuenden Spanplatten entspricht. Bunkerwächter kontrollieren die Füllung und veranlassen die Zufuhr von Spänen bei zu geringer Füllung, verringern die Zufuhr bei reichlichem Inhalt und stoppen den Spänestrom ganz, wenn die Streumaschine vollständig gefüllt ist. Die Streumaschine besteht aus einem Bodenband *2*, das in Pfeilrichtung *3* umläuft und die auf ihm aufliegenden Späne gegen ein Rückstreifband *4* transportiert, das auf dem Bodenband ein Späne-

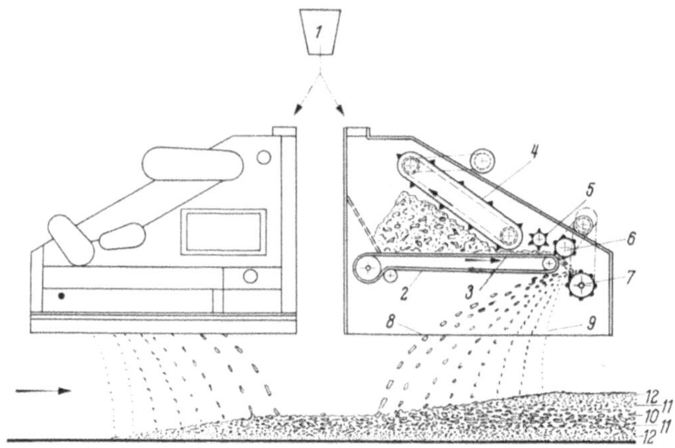

Bild 3.179. Schema einer kontinuierlich arbeitenden Schüttungseinrichtung mit separierendem Spänewurf. Bauart Himmelheber.

1 Spänezuführ- und Verteilungseinrichtung; *2* Bodenband; *3* Bewegungsrichtung des Bodenbandes; *4* Rückstreifband; *5* Egalisierwalze; *6* Abstreifwalze; *7* Wurfwalze; *8* Wurflinie für grobe Späne; *9* Wurflinie für feine Späne; *10* mittlere Zone der Schüttung mit groben Spänen; *11* Zonen feinerer Mittelschichtspäne; *12* Zonen feinster Späne.

vlies von etwa 4 bis 8 cm Höhe durchläßt, darüber hinaus aufliegendes Spangut zurückstreift und mit den übrigen auf dem Bodenband liegenden Spänen ständig vermischt. Eine Egalisierwalze *5* vergleichmäßigt den auf dem Bodenband liegenden Spanteppich nochmals, bevor er durch die Abstreifwalze *6* vom Bodenband abgestreift und aufgelöst wird. Die Späne fallen nun auf eine Wurfwalze *7*, die sie je nach Stellung der Einstreumaschine in oder entgegen der Bewegungsrichtung des Formbandes beschleunigt, wobei grobe und dicke Späne entsprechend der Wurflinie *8* weit geworfen werden, während feine Späne entsprechend der Wurflinie *9* nur eine geringe Wurfweite aufweisen. Es entsteht unter jeder Schüttmaschine auf den Transportunterlagen eine Späneschicht, deren eine Seite feine und deren andere Seite grobe Späne aufweist. Die Streuung erfolgt also mit separierendem Spänewurf, in der Art der Wurfschichtung. Für graduierte Platten werden, wie in dem Schema dargestellt ist, 2 aufeinander zugerichtet arbeitende Einstreumaschinen verwendet. Bei entsprechendem Spänegemisch entstehen Platten, deren Späne sich von beidseitig außen fein nach dicker und gröber in der Mitte der Platte stetig verändern.

Für die Herstellung *dreischichtiger Platten* werden Anordnungen wie in Bild 3.180a, b und c schematisch dargestellt verwendet. Die Kombination der Streumaschinen nach Bild 3.180a wurde viele Jahre lang ausschließlich angewendet. Es wird dabei jede Schicht mittels *Wurfschichtung* gebildet. Dies gibt auch bei mehrschichtigen Platten von der Plattenoberfläche zur Plattenmitte hin einen allmählichen Übergang der Spandicke und Spangröße. Man erhält hierdurch mit großer Sicherheit auch bei ungünstigem Spänematerial eine gute und ruhige Oberfläche; trotzdem weist diese Arbeitsweise den Nachteil auf, ähnlich wie er bei der reinen Wurfschichtung nach Bild 3.179 oder bei der *Windschichtung* festzustellen ist, daß nämlich, sofern im Spangemisch viele dicke und grobe Späne vorhanden sind, die meist auch schwächer beleimt werden als die Feinanteile, sich diese dicken Späne in der Mitte des Plattenquerschnittes so stark ansammeln, daß sie der Mittelzone der Plattenmittelschicht ein poriges, grobes und ungünstiges Aussehen geben und darüber hinaus wegen der geringen Beleimung die Querzugfestigkeit der Platte verringern.

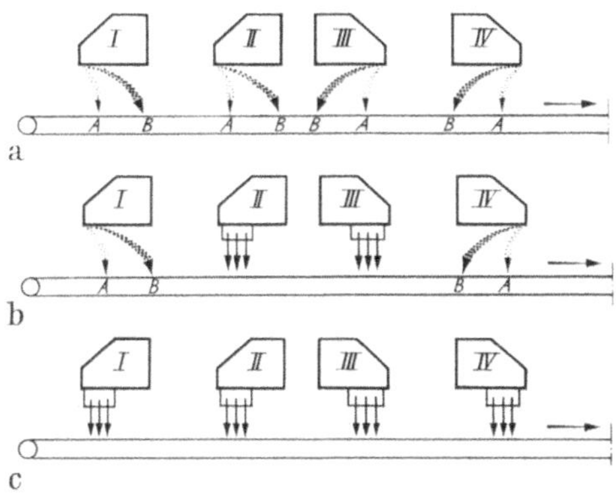

Bild 3.180a–c. Schematische Darstellung verschiedener Kombinationen von Streumaschinen zur kontinuierlichen Formung von Dreischicht-Spanplatten.

a) Die Späne jeder Streumaschine werden separierend geworfen; wurfgeschichtete Dreischichtenplatte;

b) Nur die Deckschichten werden separierend gestreut;

c) Jede Schicht besteht über die ganze Schichtdicke aus einheitlichem Material.

I und *IV* Deckschicht-Streumaschinen; *II* und *III* Mittelschicht-Streumaschinen. *A* ist die jeweils feine, *B* die grobe Fraktion der in der jeweiligen Streumaschine verarbeiteten Späneart.

Um dies zu vermeiden, wurde schließlich die Kombination nach Bild 3.180b angewendet. Die hierbei nicht separierend streuenden Mittelschichtmaschinen haben unterhalb der Abstreifwalze anstelle der Wurfwalze ein Walzenpaar, das die vom Bodenband der Streumaschine abgestreiften Späne nochmals durchwirbelt, auflockert und vergleichmäßigt, so daß sich die verschiedenen Dicken, Größen und Arten der Mittelschichtspäne, durcheinander gleichmäßig vermischt, mit ausreichender Streubreite in Vorschubrichtung des Formbandes auf diesem ablegen. Im Laufe der Zeit wurden die Deckschichtspäne immer feiner benötigt, d. h. sie wurden vor allem dünner gespant und kleiner gemahlen. Sie wurden aber auch durch eine schließlich zur Verfügung stehende wirkungsvolle Windsichtung von unerwünschten Spanteilen, insbesondere von feinen Splittern und nicht genügend dünnen Spänen befreit, so daß man auf die separierende Streuung auch in den Deckschichtmaschinen verzichtete. Damit ergab sich nunmehr die Kombination nach Bild 3.180c, mit der, nachdem sich auch für die Mittelschichtspäne die Windsichtung einführte und diese dadurch von Splittern und

Bild 3.181. Einstreumaschinen zur Herstellung von Dreischicht-Spanplatten. Bauart Himmelheber-Schenck.

zu dicken Einzelspänen frei sind, Dreischichten-Platten von ausgezeichnetem Aufbau hergestellt werden.

Bild 3.181 zeigt Schüttmaschinen der beschriebenen Art in Kombination nach Bild 3.180a. Bild 3.182 stellt einen Ausschnitt aus einer gleichartigen Maschinengruppe und ihren Einbau in eine gesamte Formungsanlage dar, wobei nach links auf dem Bilde anschließend an die letzte Einstreumaschine eine kontinuierliche Vorpresse zum kalten Verdichten der Randpartien des Spänevlieses, daran weiter nach links anschließend eine mitfahrende Quertrennsäge zum Aufteilen des endlosen Spänevlieses in Formlingsabschnitte und schließlich eine Waage zur Kontrolle des Gewichtes des Formlings zu sehen ist.

Eine weitere, in der Praxis verwendete, rein *volumetrisch dosierende Streueinrichtung* ist die in Bild 3.183 schematisch dargestellte der Fa. Hilma GmbH [*3.11*]. Bei dieser werden die Späne auch gleichmäßig über die Breite der Einrichtung verteilt, in einen sich nach unten verjüngenden Behälter *1* eingebracht, der zur Lockerung des Spangutes in Pfeilrichtung *2* hin- und herbewegt wird. Seinen unteren Abschluß bildet eine Entnahme-Stachelwalze *3*, die sich in Pfeilrichtung dreht und dabei die dem Behälter entnommenen Späne auf ein Bodenband *4* streut, das in Pfeilrichtung umläuft und dadurch die Späne den in der Breiten-

Bild 3.182. Einstreumaschinen und Formungsanlage zur kontinuierlichen Herstellung von Dreischicht-Spanplatten. Bauart Himmelheber-Schenck.

richtung der Streueinrichtung unterteilten und versetzt umlaufenden Zinkengabeln *6* und *7* zuführt, die einen Teil des Spangutes durch heuwenderartige Bewegungen zurückwerfen und nur ein insbesondere durch die Zinkengabeln *7* volumetrisch dosiertes Spanvlies *8* dem Abwurfende des Bodenbandes zulaufen lassen. Ein Füllstandswächter *11*, nach der Art einer Pendelklappe wirkend, steuert die Spanzuführung aus dem Behälter *1*, in dem ebenfalls eingebaute Bunkerwächter für eine ausreichende Füllung sorgen. Am Abwurfende des Bodenbandes lösen umlaufende Kratzerketten *9* oder eine entsprechende Stachelwalze das dosierte Spänevlies auf, so daß dessen Späne in die unter der Maschine durchlaufenden Formkästen oder Förderbleche *10* eingestreut werden.

Die zuerst gebaute und inzwischen weit verbreitete *gravimetrisch und volumetrisch arbeitende Streumaschine* stammt von der Fa. Würtex. Ihre

Arbeitsweise wird anhand von Bild 3.184 verständlich. Zwischen den zwei Seitenwänden, einer Rückwand der Streumaschine und einem unter etwa 45° ansteigenden Überwurfband *1* (Gummitransportband mit Spezialstollen) wird ein Füllraum *2* gebildet, den übliche Transporteinrichtungen über seine Breite gleichmäßig mit Spänen füllen. Bunker-

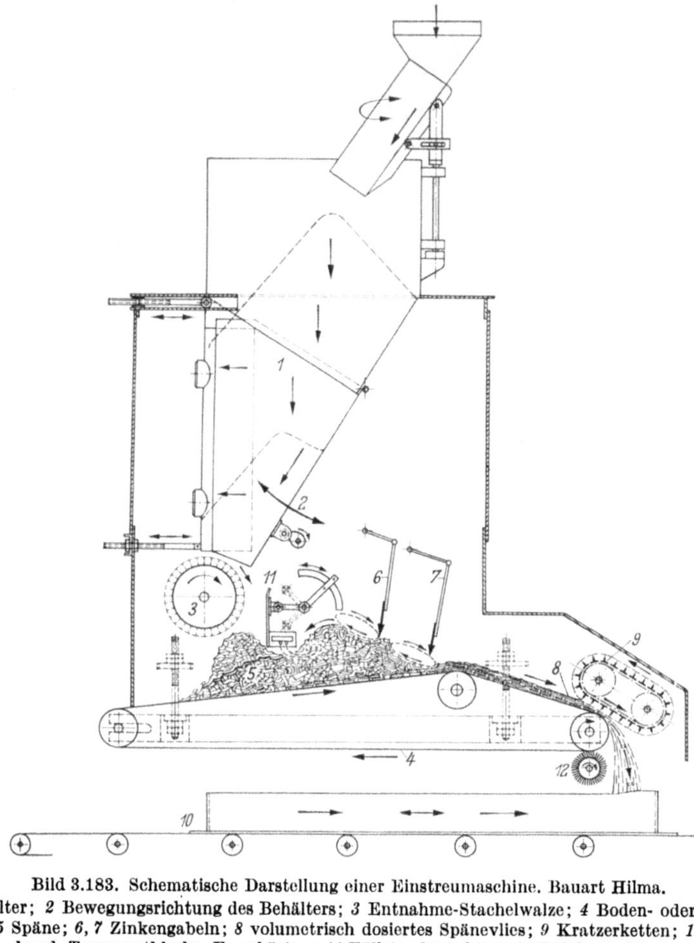

Bild 3.183. Schematische Darstellung einer Einstreumaschine. Bauart Hilma.
1 Behälter; *2* Bewegungsrichtung des Behälters; *3* Entnahme-Stachelwalze; *4* Boden- oder Dosierband; *5* Späne; *6, 7* Zinkengabeln; *8* volumetrisch dosiertes Spänevlies; *9* Kratzerketten; *10* Formband, Transportbleche, Formkästen; *11* Füllstandswächter; *12* Reinigungsbürste.

wächter bewirken, daß die Füllhöhe zwischen engen Grenzen liegend eingehalten wird. Beim Umlauf des Überwurfbandes in Pfeilrichtung werden Späne aus dem Füllraum gefördert, von denen eine verstellbare Rückstreifwalze *3* nur ein gleichmäßig dünnes Vlies durchläßt, dessen Späne durch die Abstreifwalze *4* vom Überwurfband abgelöst werden und in die Wiegeeinrichtung *5* fallen. Zur Erhöhung der Wiegegenauigkeit wird kurz vor Erreichen des Füllgewichtes die Umlaufgeschwindigkeit des Überwurfbandes vermindert, bei Erreichen des Füllgewichtes die Bewegung des Überwurfbandes und die Abstreifwalze angehalten. Die Wiegeeinrichtung wird in gleichbleibenden, der zu fertigenden Spanplatte entsprechenden Zeitabständen auf das Abwurfband *6* entleert. Die über dem Abwurfband angebrachte höhenverstellbare Egalisierwalze *7* gleicht die Unregelmäßigkeiten der auf das Band abgelegten Spänehaufen aus und wirkt somit wie eine nachgeschaltete Volumendosierung, vor der aber die vorausgehende Gewichtsdosierung den Vorrang hat. Veränderungen des Schüttgewichtes werden deshalb von Hand durch Höhenverstellung der Egalisierwalze oder, was vorgezogen wird, durch Veränderung der Umlaufgeschwindigkeit des Abwurfbandes ausgeglichen. Die am Ende des Abwurfbandes angebrachte Abwurfbürste *8* löst das Spänevlies des Bandes auf und schleudert die Späne in den Wirkungsbereich einer ihrer Lage nach einstellbaren Prall- oder Streuwalze *9*, die je nach ihrer Stellung ein gleichmäßig vermischtes Spänegut auf die Formungsunterlage streut oder in gewissem Maße auch eine Separierung der Späne ermöglicht. Die Arbeitsvorgänge der Maschinerie laufen teils mechanisch, teils elektrisch gesteuert, selbsttätig ab; lediglich der Ausgleich für veränderliche Schüttgewichte der Späne bedarf der Überwachung und der Regelung von Hand. Zur Formung von Dreischichtplatten werden die Maschinen in einer Kombination, wie sie Bild 3.185 zeigt, zusammengestellt. Auf Bild 3.186 sieht man betriebsmäßig montierte Einrichtungen dieser Art und Anordnung.

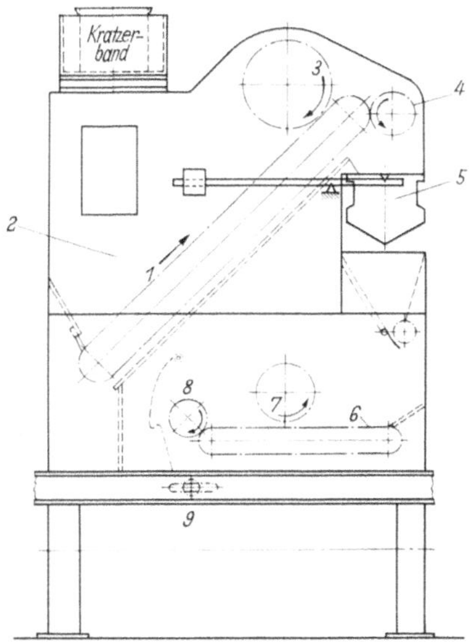

Bild 3.184. Schematische Darstellung einer gravimetrisch-volumetrisch dosierenden Einstreumaschine. Bauart Würtex.
1 Überwurfband; *2* Füllraum; *3* verstellbare Rückstreifwalze; *4* Abstreifwalze; *5* Wiegeeinrichtung; *6* Abwurfband; *7* höhenverstellbare Egalisierwalze; *8* Abwurfbürste; *9* Prall- oder Streuwalze.

Die erste Schütteinrichtung, die *rein gravimetrisch dosierend Späne* zu einem endlosen Vlies streut, dürfte die in Bild 3.187 schematisch gezeigte, vom Spanplattenwerk Moralt nach Schutzrechten von Himmelheber-Steiner gebaute und in Betrieb genommene Anlage sein (DBP [*3.27*, *3.28*]). Sie besteht im wesentlichen aus den Fördereinrichtungen für die Spänezufuhr, dem Kleinbunker, Bauart Himmelheber-Schenck, der Streumaschine und den darunterliegenden Einrichtungen des Formbandes mit aufgelegten Transport- und Heizblechen.

Die Späne werden in den Kleinbunker über dessen volle Breite gleichmäßig verteilt eingebracht. Bunkerwächter sorgen dafür, daß der Kleinbunker in den Grenzen *1* und *2* gefüllt ist. Nach dem Austrag

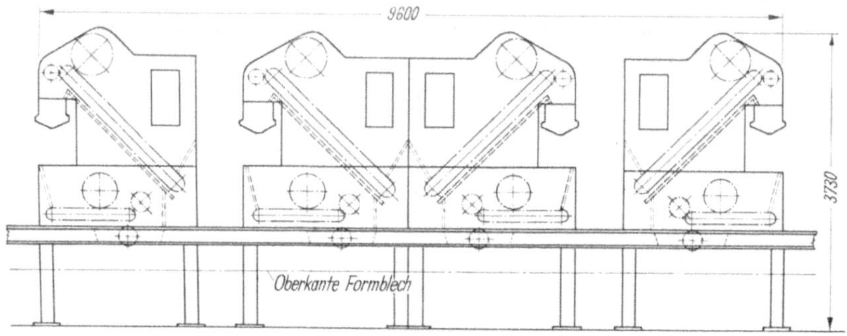

Bild 3.185. Aufstellung von Einstreumaschinen der Bauart Würtex zur Herstellung von Dreischicht-Spanplatten.

Bild 3.186. Anlage zur Herstellung von Dreischicht-Spanplatten mit Streumaschinen. Bauart Würtex.

aus dem Bunker legen sich die völlig aufgelockert herabrieselnden Späne nach Art eines gleichmäßig gestreuten Spanvlieses *3* auf das Dosierband *4* der Streumaschine ab. Durch dessen Bewegung in Pfeilrichtung werden sie in den Wirkungsbereich der Rückstreifwalze *5* gebracht, die auf dem Dosierband ein je nach Einstellung 3 bis 8 cm dickes Vlies hindurchlaufen läßt und das überschüssige Gut „überkopf" in eine Förderschnecke *6* wirft, von der es mittels üblicher Transporteinrichtungen wieder dem Hauptbunker für beleimte Späne zugeführt wird. Förderschnecke und Rückstreifwalze sind gemeinsam um die Achse *7* motorisch auf verschiedene Vliesdicken verstellbar. Teil *8* ist eine bis etwa in die Mitte der Streueinrichtung eingeschobene Strahlungskammer mit gerichtetem Austritt für die Strahlen eines darin eingebauten radio-

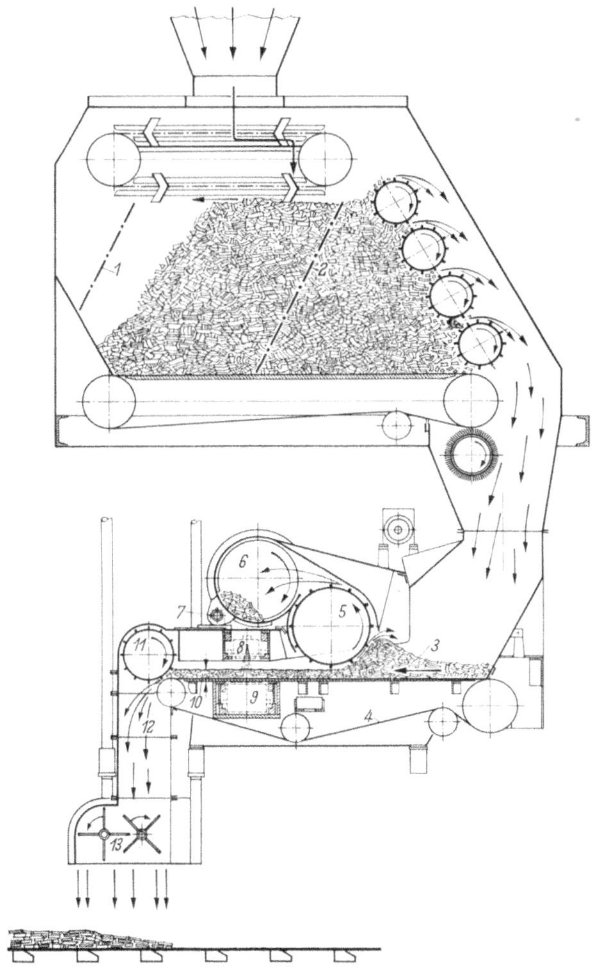

Bild 3.187. Streueinrichtung mit gravimetrischer Spänedosierung mittels radioaktiver Strahlung. Bauart Himmelheber-Steiner-Moralt.
1, 2 Füllgrenzen des Bunkerinhaltes; *3* vordosiertes Spanvlies; *4* Dosierband; *5* Rückstreifwalze; *6* Transportschnecke; *7* Verstellachse für Rückstreifwalze und Schnecke; *8* Strahlungskammer; *9* Ionisations-Meßkammer; *10* gewichtsdosiertes Spänevlies; *11* Abstreifwalze; *12* Späneschacht; *13* Auflösewalzenpaar.

aktiven Isotops, und *9* ist die Ionisations-Meßkammer, welche die von der Strahlungskammer ausgesandten und beim Durchdringen von Spanvlies und Dosierband entsprechend deren Masse geschwächten Strahlen auffängt. Hier wird also das Gewicht der durch das Strahlenbündel geführten Substanz an Holz + Leim + Feuchtigkeit, zusammen mit dem Gewicht des Dosierbandes festgestellt, und zwar in der Meßzahl des m^2-Gewichtes. Mit Hilfe dieses fortlaufend gemessenen Gewichtes der Späne als Meßgröße, wird die Höhe der Rückstreifwalze automatisch so verstellt, daß die erhaltene Vliesdicke dem für das Herstellungsprogramm geforderten m^2-Gewicht entspricht. Die Abstreifwalze *11* löst das gewichtsdosierte Vlies *10* auf, so daß die in den Späneschacht *12* herabrieselnden Späne mit gleichmäßiger Wirkung von dem Auf-

Bild 3.188. Formungseinrichtung für Dreischicht-Spanplatten, zusammengestellt aus 4 Streumaschinen nach Bild 3.187.

lösewalzenpaar *13* durcheinandergewirbelt werden und sich dann auf dem Transportblech in Vorschubrichtung mit großer Streubreite ablegen.

Die Vorschubgeschwindigkeit des Dosierbandes und die des Formbandes, auf dem die Transportbleche aufliegen, sind elektrisch miteinander gekoppelt; ihr Verhältnis zueinander kann in einfacher Weise geändert werden. Das m^2-Gewicht der auf dem Transportblech aufgestreuten Späne wird durch das m^2-Gewicht des auf dem Dosierband erzeugten Spanvlieses und durch das Geschwindigkeitsverhältnis des Vorschubes von Dosierband zu Formband bestimmt. Die Menge der vor der Rückstreifwalze auf das Dosierband aufgelegten Späne wird durch die Geschwindigkeit des Bodenbandes des Kleinbunkers bestimmt, und diese wird durch die als Meßgröße verwendete Arbeitsaufnahme des Antriebmotors der Rückstreifwalze in engen Grenzen so geregelt, daß die Schüttmaschine weder leer- noch überlaufen kann. Liefert beispielsweise der Kleinbunker zu viel Späne, also mehr als dosiert abgestreut werden, so vergrößert sich der vor der Rückstreifwalze gebildete Spänekegel, und die Arbeitsaufnahme des Antriebsmotors der Rückstreifwalze erhöht sich, da sie eine größere Spänemenge in die Schneckenmulde fördern muß, über die eingestellte Höhe, wodurch der Impuls zur Verringerung der Bodenbandgeschwindigkeit des Kleinbunkers gegeben wird. Bild 3.188 zeigt eine Formungseinrichtung der hier beschriebenen

Bild 3.189. Kleinbunker und Spänetransportbänder für Streumaschinen nach Bild 3.187 u. 3.188.

Art für die Herstellung von Dreischichtplatten mit zwei Deckschicht- und zwei Mittelschicht-Streustationen. In Bild 3.189 sind die darüber angeordneten Kleinbunker mit den zugehörigen Spänezufuhr-Fördereinrichtungen zu sehen.

3.5.2 Arbeitsweise und Aufbau von Formungsanlagen

Obwohl die Einstreumaschinen sicherlich die Teile der Formungsanlage einer Spanplattenfertigung sind, welche die Güte des Erzeugnisses mit am stärksten beeinflussen, so sind doch auch die sonstigen maschinellen Einrichtungen dieses Fertigungsabschnittes dafür und besonders für die wirtschaftliche Herstellung von Wichtigkeit. Ein *ruhiger, erschütterungsfreier Transport der gebildeten Formlinge* vom Beginn des

Formbandes unter den Einstreumaschinen bis in die Vor- und die Heizpresse hinein ist nötig. Durch Erschütterungen und Stöße auf diesem oft recht langen Transportweg fallen Ecken und Kanten ab; das bedeutet Material- und Produktionsverlust durch notwendig werdende Nachbesäumung und Ärger mit dem Abnehmer, der meist mit Nachdruck das volle Normalmaß der Platte verlangt und auch braucht. Entmischen der Schichten durch die gleichen Ursachen bringt Qualitätseinbuße in der Oberflächengüte und schlechtes Stehvermögen. Eine vollständige Mechanisierung dieser Anlagen und unbedingte Betriebssicherheit sind die Voraussetzungen für ein gleichbleibend gutes Erzeugnis und für eine wirtschaftliche Herstellung.

Unter den verschiedenen Systemen der Formungseinrichtungen — diskontinuierliche Kastenformung, taktweise Kastenformung, kontinuierliche Kastenformung, kontinuierliche Bandformung für diskontinuierlich arbeitende Heizpressen, kontinuierliche Bandformung für kontinuierlich arbeitende Heizpressen — ist die diskontinuierliche Kastenformung, zu Beginn der Spanplattenfertigung oft angewendet, heute ohne jede Bedeutung, und auch die kontinuierliche Bandformung für kontinuierlich arbeitende Heizpressen findet ebenso wie diese höchst bemerkenswerte und mutige Entwicklung einer vollständig kontinuierlichen Plattenfertigung anscheinend keine weitergehende Verbreitung mehr. Die Kastenformung im Takt wird trotz ihres hohen Entwicklungsstandes in neu zu erstellenden Anlagen kaum noch eingesetzt. Die kontinuierliche Kastenformung (Fahrni) und die Formungseinrichtung für kontinuierlich arbeitende Heizpressen (Bartrev) werden an anderen Stellen dieses Buches (Abschn. 5.1.4 bzw. 5.1.7) beschrieben, so daß in diesem Abschnitt nur über die Formungseinrichtungen zur kontinuierlichen Formung von Spanvliesabschnitten für diskontinuierlich arbeitende Heizplattenpressen berichtet wird.

Diese *Formungseinrichtungen* werden in den meisten Spanplattenanlagen seit vielen Jahren angewendet. Bild 3.190 zeigt unter a bis e die gebräuchlichsten Arten, bei denen zwischen feststehenden Seitenwänden auf Transportunterlagen, meist auf Transport- oder Heizbleche gestreut wird. Es werden Bleche verwendet, die, wie es sich allgemein eingeführt und bewährt hat, in der Mitte ihrer kurzen Kante ein- oder beidseitig der Blechlänge ein angenietetes Mitnehmerblech, oft in Form eines Pilzes, aufweisen, an dem die Födereinrichtungen angreifen, durch die das Blech über Rollgänge oder sonstige Förderstrecken zwischen Formband und Heizpresse oder aus dieser herausgezogen wird. Wegen dieses angenieteten Mitnehmerbleches können die Transportbleche nicht „dicht an dicht" unter den Einstreumaschinen hindurchgeführt werden, sondern es muß von Blechkante zu Blechkante ein Abstand von meist 200 bis 300 mm gehalten werden. Außerdem ist zu beachten, daß auf dem Heizblech nicht nur längs seiner langen Kanten, was durch die Stellung der Seitenwände der Formungsanlage zur Blechbreite ermöglicht wird, ein von Spänen freier Rand gehalten, sondern auch an den kurzen Kanten ein solcher freier Rand auf dem Blech geschaffen werden muß, um vor allem Verschmutzungen der Heizplatten und die sich daraus ergebenden Störungen der Qualität zu vermeiden. Bei den in Bild 3.180 dargestellten Arbeitsweisen wird das auf verschiedene Art erreicht.

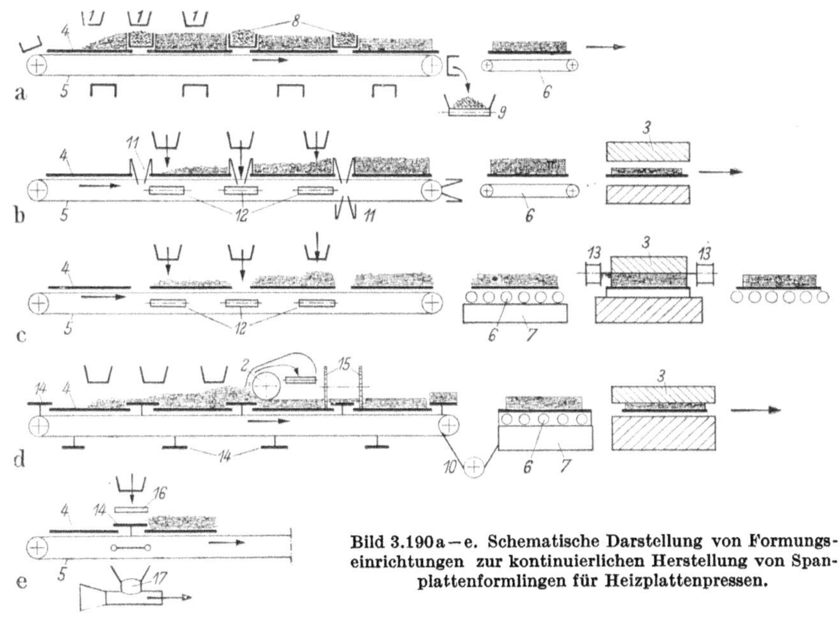

Bild 3.190a–e. Schematische Darstellung von Formungseinrichtungen zur kontinuierlichen Herstellung von Spanplattenformlingen für Heizplattenpressen.

a) Formungsanlage mit Transportblechen und Abdecktrögen; b) Formungsanlage mit Transportblechen und Begrenzungs- und Abweisrahmen; c) Formungsanlage mit Transportblechen und Quersäumsäge; d) Formungsanlage mit Transportblechen, Abdeckblechen und Doppelschnitt-Trennsäge; e) Formungsanlage mit Transportblechen, Doppelschnitt-Trennsäge und Späneauffangband.

1 Späneauslauftrichter der Streumaschinen; *2* Dosierwalze mit Quertransportband; *3* Vorpresse; *4* Transportbleche; *5* Formband; *6* Rollgang mit Blechabzugswagen; *7* Waage; *8* Abdecktröge, mitwandernd; *9* Transportband unter dem Formband; *10* Transportschnecke unter dem Formband; *11* Begrenzungs- und Abweisrahmen, mitwandernd; *12* Späne-Auffang- und Transporteinrichtung; *13* Quer- oder Vorbesäumsäge; *14* Abdeckbleche am Formband; *15* Trennsäge mit Doppelschnitt; *16* Auffangbänder; *17* Späne-Auffang- und Transporteinrichtung.

Bei den Formungseinrichtungen Bild 3.190a bis e werden die Späne unmittelbar auf die Förderbleche *4* gestreut, auf denen sie in der Heizpresse zur fertigen Platte verdichtet werden. Dies ist die heute gebräuchlichste Arbeitsweise, obwohl man neuerdings versucht, auch Spanplatten ohne Bleche oder sonstige Unterlagen in die Heizpresse einzubringen und dort fertigzustellen, wie dies bei der Herstellung von Flachsspanplatten schon gelungen ist. In der schematischen Darstellung dieser Einrichtungen ist jeweils *5* das sogenannte „Formband“, d. i. im allgemeinen ein in Pfeilrichtung umlaufender Kettentransporteur, aus zwei im Abstand der Blechbreite parallel zueinander umlaufenden Ketten und zwischen diesen und an ihnen befestigten Querträgern bestehend. Auf diese Fördereinrichtung werden die von der Heizpresse kommenden, auf dem Rückweg waagerecht liegenden oder senkrecht stehenden und durch Luft gekühlten Transportbleche *4* durch eine Blecheinschubvorrichtung so aufgeschoben, daß sich zwischen ihnen regelmäßig der benötigte Abstand voneinander bildet. Mit *1* sind die Spanausläufe der Einstreumaschinen gekennzeichnet. Ein Blechabzugswagen zieht die mit dem eingestreuten Formling belegten Transportbleche vom Formband ab und auf den Rollengang *6* auf und schiebt meist gleichzeitig die vorher dort abgelegten Bleche in die nachfolgende Fertigungseinrichtung, z. B. die Vorpresse *3*, ein. Oft ist dieser Rollengang auf eine Waage *7* aufgesetzt, so daß hier das Gewicht des Formlings erst festgestellt werden kann.

In der Einrichtung nach Bild 3.190a sind am Formband mitwandernde „Abdecktröge“ *8* befestigt (DBP [*3.20*]). Beim Einschieben der Transportbleche auf das Formband werden sie angehoben, nach Beendigung des Einschiebens werden sie auf die Blechränder abgesetzt, fixieren dabei die Bleche auf dem Formband und decken sie in der Breite des verlangten, von Spänen freien Randes ab. Beim Durchgang unter einer Streumaschine nehmen die Tröge die ihrer Breite entsprechenden Späne der verschiedenen Schichtmaterialien nacheinander auf, die sie dann am Ende des Formbandes auf ein Quertransportband *9* oder in eine Förderschnecke *10* zur Rückführung in den Bunker für beleimte Späne abschütten. Eine Weiterentwicklung dieses Systems ist die Ausführung nach Bild 3.190b (DBP [*3.25*]); hier wurden die Tröge durch am Formband befestigte und mitwandernde Begrenzungs- und Abweiskästen *11* ersetzt, durch die, wenn sie sich unter dem Späneausfalltrichter einer Streumaschine befinden, die Späne hindurch auf eine Fördereinrichtung *12* fallen. Im Gegensatz zur Einrichtung nach a, bei der die verschiedenen Schichtmaterialien durcheinandergemischt in den Bunker für beleimte Mittelschichtspäne gelangen, ermöglicht es diese Einrichtung nach b, jedes Schichtmaterial für sich und vom andersartigen getrennt in seinen Bunker für beleimte Späne zurückzuführen, eine Arbeitsweise, die aus Gründen einer wirtschaftlichen Fertigung erstrebenswert ist. Die quer zur Vorschubrichtung des Formbandes liegenden Trennwände der Begrenzungskästen erschweren jedoch das Streuen einer sauberen, ungestörten Plattenstruktur und -dichte längs der kurzen Plattenkanten und in deren unmittelbarem Bereich.

Bei der Einrichtung nach Bild 3.190c wurden die Begrenzungs- und Abweiskästen weggelassen, und es wird einfach durch die Zwischenräume zweier Bleche hindurch auf die unter jeder Späneauslauföffnung angebrachte Auffang- und Transporteinrichtung *12* gestreut. Um hierbei in der notwendigen Weise die Blechränder von Spänen freizubekommen, wird eine Quer- oder Vorbesäumsäge *13* angewendet, die vorteilhafterweise in die Vorpresse *3* eingebaut wird. Bild 3.191 zeigt eine so ausgerüstete Vorpresse (DAS [*3.10*]). Auch bei dieser Arbeitsweise kann der

Bild 3.191. Vorpresse mit angebauter Vorbesäumsäge zum Freilegen der kurzen Blechränder nach dem Einstreuen eines Formlings. Bauart Induma.

Formling im Bereich der kurzen Seitenkanten durch den allmählichen Übergang von voller Streuhöhe des Formlings auf Null an der Blechkante gestört werden.

Eine von Beginn der Verwendung kontinuierlicher Formungseinrichtungen an und noch heute in Werken mittlerer und größter Fertigungskapazität verwendete Formungseinrichtung ist die in Bild 3.180d gezeigte nach System Himmelheber. Hier werden die Lücken zwischen den Blechen mit an dem Kettentransporteur des Formbandes befestigten und mit diesem umlaufenden Abdeckblechen *14* abgedeckt. Mit dieser Einrichtung wird ein endloses Spanvlies gestreut, bei dessen Formung nichts die Regelmäßigkeit des Ablaufes der Streuung und damit der Gleichmäßigkeit der Struktur und der Dichte des Gefüges der abgelegten Späne stört. Durch den Doppeltrennschnitt einer mit zwei Kreissägeblättern bestückten Trennsäge *15* wird das endlose Vlies in Formlingsabschnitte aufgeteilt, die mit einem ringsumlaufenden von Spänen freien Rand auf ihren Transportblechen *4* liegen, einer Waage *7* und darauf folgend der Vorpresse *3* zugeführt werden. Die auf den Ab-

Bild 3.192. Trennsäge mit Doppelschnitt zum Aufteilen endlos geformter Spanvliese. Bauart Himmelheber-Schenck.

deckblechen liegenden Vliesabschnitte gelangen über eine Transporteinrichtung *10*, Mittelschicht- und Deckschichtspäne gemeinsam, wieder in den Bunker für beleimte Mittelschichtspäne. Bild 3.192 zeigt eine mitfahrende Trennsäge für Doppelschnitt; es ist zu ersehen, wie aus dem endlos gestreuten Spänevlies durch zwei zugleich ausgeführte Schnitte der Teil des Vlieses, der auf den Abdeckblechen aufliegt, herausgetrennt wird. Die Teile der Trennsäge, die zwischen den beiden Sägeblättern und beiderseits außerhalb derselben die Späne vor dem Verwehen und Wegschleudern während des Sägeschnittes schützen, haben auch zugleich die Ränder des entstandenen Formlingsabschnittes etwas verdichtet, was für das Beibehalten ungestörter Formlingskanten während der nachfolgenden Transporte günstig ist.

In der neuesten Ausführung werden diese Formungseinrichtungen mit *Auffangbandeinrichtungen* besonderer Art ausgerüstet. Diese ermöglichen es, die aus den Streumaschinen herabrieselnden losen Späne vor deren Ablage auf den Abdeckblechen des Formbandes, jede Schichtart getrennt von den übrigen, aufzufangen und zur erneuten Verwendung in den jeweiligen Bunker zurückzuführen. Nach Bild 3.190e liegen die Auffangbänder *17* dieser Einrichtung quer zum Formband, sie bestehen etwa zur Hälfte ihrer Länge aus einem Transportband und zur anderen Hälfte aus zwei Seilen oder Ketten, die das Transportband an seinen äußeren Kanten fortsetzen und so eine endlose Fördereinrichtung bilden. Sie bewegen sich, so lange sich ein Abdeckblech unter einer Streumaschine befindet, zwischen Späneauslauf der Streumaschine und dem zu bildenden Spanvlies mit gleicher Geschwindigkeit und Richtung wie die Abdeckbleche, d. h. wie das Formband. Haben die Abdeckbleche den Bereich der einfallenden Späne einer Streumaschine verlassen, so kehrt die ganze Auffangbandeinrichtung ihre Bewegungsrichtung um, wobei sich das Transportbandstück durch eine schnelle halbe Vorschubbewegung der bis dahin sich oben befindenden Bandstrecke in eine darunter befindliche Auffang- und Transporteinrichtung *17* entleert, von wo aus die Späne in den zugehörigen Bunker für beleimte Späne gelangen. Nunmehr befindet sich das Bandstück dieses Auffangbandes unter der Formbandeinrichtung oder, je nach Konstruktion der Einrichtung, zwischen dem vor- und rücklaufenden Trum des Formbandes, während sich der zweite Teil der Auffangbänder, bestehend aus den beiden Seilen oder Ketten zwischen Späneausfalltrichter und Spänevlies befindet. Bei der Bewegung der Auffangbandeinrichtung entgegen der Bewegungsrichtung des Spänevlieses wird die Streuung durch die beiden dünnen Seile oder Ketten, die sich durch die einfallenden Späne hindurch bewegen, nicht gestört. In der entgegengesetzten Endstellung außerhalb des Späneausfalltrichters angekommen, wird die Bewegungsrichtung wieder umgekehrt, das Spiel beginnt von neuem. Mit dieser neuartigen Zusatzeinrichtung ist es möglich, die Vorteile ungestört gestreuter, endloser Vliese mit der wirtschaftlich günstigen, nach Schichtarten getrennten Rückgewinnung nicht nutzbar gestreuter Späne zu vereinigen.

Besonders wenn die Mittelschichten der Platten aus langen Spänen gestreut werden — was aus Gründen der Biegefestigkeit durchaus anzustreben und bei Verarbeitung auf hochwertigen Zerspanern erzeugter Späne auch erreichbar ist —, so baut man bei Formungsanlagen der zuletzt in Bild 3.190d und e gezeigten Art meist eine Vorbesäumsäge für die Längskanten der Formlinge ein. Durch sie wird von den Längskanten des Spänevlieses oder des davon abgetrennten Formlings ein im allgemeinen 2 bis 3 cm breiter Streifen abgetrennt, also Randstreifen, in denen die Struktur der Späne infolge deren Länge, Sperrigkeit und des während der Streuung auf sie ausgeübten Randeinflusses der Seitenwände nicht genügend dicht und gleichmäßig ist. Das hier abgetrennte Material gelangt sofort ohne erneute Beleimung zur weiteren Schüttung in das Mittelschichtgut. Die Arbeitsweise ermöglicht es, mit einer geringeren Breite der Besäumstreifen in der Endbesäumung der fertigen Platte auszukommen und somit echte Materialverluste zu verringern. Bei älteren Anlagen arbeiten diese Vorbesäumsägen diskontinuierlich und wurden dabei unmittelbar nach der Vorpresse angeordnet. Bei neueren

Bild 3.193. Kontinuierliche Vorbesäumsäge für die Längskanten des Spänevlieses und Trennsäge mit Doppelschnitt zum Aufteilen endlos gestreuter Spänevliese. Bauart Himmelheber-Schenck.

Anlagen kommen kontinuierlich arbeitende Vorbesäumsägen zur Anwendung, die in Formbandlaufrichtung unmittelbar nach der letzten Streumaschine und vor der Trennsäge angeordnet werden. Bild 3.183 zeigt eine solche kontinuierliche Vorbesäumsäge, die auch in der Arbeitsbreite so verstellt werden kann, daß aus dem für maximale Plattenbreite gestreuten Vlies eine geringere Plattenbreite herausgesägt wird, wobei die herausgetrennten breiten Randstreifen in den Bunker für beleimte Späne befördert werden. Auf dem Bilde ist links von der Vorbesäumsäge eine Doppelschnitt-Trennsäge sowie deren Fahrantrieb und links anschließend das Zifferblatt der nachfolgend angeordneten Waage für die Formlinge zu sehen.

Mit Formungsanlagen nach Bild 3.190 d können auch durch im Bereich der Streumaschinen verstellbare Seitenwände verschiedene Plattenbreiten gestreut werden, ohne daß mittels Vorbesäumsägen die Formlingsbreite korrigiert werden muß (Ö. P. [*3.75*]). Bild 3.194 zeigt schematisch einen Schnitt durch eine solche Formungseinrichtung. Die Späneausfallöffnung und die Auflösewalzen *1* der Streumaschinen haben dabei konstant ihre der maximal zu streuenden Plattenbreite entsprechende Größe. Bei der Formung geringerer Breiten werden die dann außerhalb der nach innen gerückten Seitenwände *2* des Formbandes herabrieselnden Späne an jeder Streumaschine für sich und somit von den übrigen

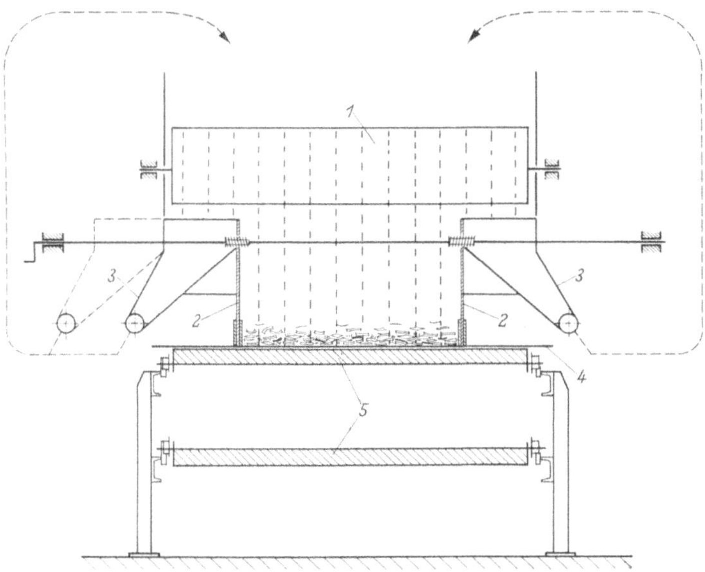

Bild 3.194. Schematische Darstellung einer Einrichtung zum Formen von Spanplatten mit veränderlicher Breite. Bauart Bär-Schenck.

1 Auflösewalzen in der Späneausfallöffnung; *2* verstellbare Seitenwände des Formbandes; *3* mit den Seitenwänden verstellbare Späneauffangtrichter und Transporteinrichtungen; *4* Transportblech für größte Plattenbreite; *5* Transportbandeinrichtung.

Spansorten getrennt aufgefangen und zu erneuter Streuung der Streumaschine oder dem zugehörigen Bunker zurückgeführt.

Es werden auch *Trennsägen mit Doppelschnitt*, deren Sägeblatt im Stand verstellt werden kann, gebaut, so daß man auch in der Plattenlänge nicht festgelegt ist. Die Änderungsmöglichkeiten dieser Einrichtungen sind allerdings beschränkt, und eine Umstellung auf eine andere Plattenlänge ist mit Zeitverlust in der Fertigung verbunden. Deshalb wurden auch Sondereinrichtungen gebaut, die es beispielsweise ermöglichen, nach der Vorpresse den Formling in erheblichem Maße zu kürzen, wobei allerdings die Späne der abgetrennten Stücke nur miteinander vermengt wieder den Mittelschicht-Streustationen zugeführt werden können. Durch diese Einrichtungen, verstellbare Vorbesäumsäge, verstellbare Seitenwände des Formbandes, verstellbare Säge mit Doppeltrennschnitt und Spezialformatsäge, wurde es möglich, Platten verschiedener Breite und verschiedener Länge, also sehr verschiedenen Formates, in einer kontinuierlich arbeitenden Formungseinrichtung herzustellen und in die Heizpresse einzufahren.

3.6 Vorpressen, Befeuchten, Pressen

Von **Kurt van Hüllen**, Krefeld

3.6.0 Allgemeine Gesichtspunkte

Das vorliegende Kapitel behandelt die Maschinen und Einrichtungen, die aus dem losen Spankuchen im Flachpreßverfahren die Rohplatten herstellen. Plattentrennung und Blechrücklauf, die bei den meisten der angewendeten Verfahren erforderlich sind, werden anschließend erörtert. „Vorpressen, Befeuchten, Pressen" sind entsprechend den vielen Systemen von Spanplattenanlagen verschieden ausgestaltet. Bei allen Systemen wird aber vorausgesetzt, daß zweckmäßig vorbereitete, geeignete Späne auf Blechen, Bändern oder Sieben einer Vorpresse oder unmittelbar einer Heißpresse zugeführt werden. Die Herstellung des Spankuchens ist im vorangegangenen Abschn. 3.5 ausführlich behandelt worden. Es wird weiter vorausgesetzt, daß dieser Spankuchen bereits die gewünschten Abmessungen hat, gegebenenfalls aus einem endlosen Vlies abgetrennt und vorbesäumt ist. Nach einer Kontrollwägung wird dieser Spankuchen meistens — zumindest bei größeren Anlagen — einer Vorpressung unterzogen. Zwischen der Vorpresse und der nachfolgenden Heißpresse ist in der Regel eine Befeuchtung durch Besprühen der Oberfläche des Spankuchens mit Wasser eingeschaltet, die erheblichen Einfluß auf den weiteren Fertigungsablauf in der nachfolgenden Heißpresse hat. Die Befeuchtung der Unterseite des Spankuchens erfolgt durch Besprühen des Tragbleches vor der Formstation. Ein Wenden des Spankuchens zum Besprühen der Unterseite ist schon ausgeführt worden, hat sich aber als zu aufwendig nicht eingeführt. In der Heißpresse wird der lockere Verband aus beleimten Spänen unter Druck und erhöhter Temperatur zu festen Plattenkörpern mit weitgehend vorbestimmten Eigenschaften geformt. Der Vorgang in der Heißpresse erscheint äußerlich recht einfach. In Wirklichkeit jedoch sind die Vorgänge während des Heißpressens von einer Vielzahl von Einflußfaktoren abhängig. Entsprechend der kurzen Entwicklungszeit der Spanplatten wurden die Einflüsse nur von Fall zu Fall untersucht. Grundlegende theoretische und experimentell fundierte Arbeiten, die den *Gesamteinfluß aller*

Faktoren gleichzeitig klären, sind bis heute nicht durchgeführt worden. Diese Aufgabe erscheint auch schwierig, wie sich aus einer kurzen Aufstellung der Einflußfaktoren, die keine Ausschließlichkeit für sich in Anspruch nimmt, für den Bereich ,,Vorpressen, Befeuchten, Pressen" ergibt:

1. *Struktur der Späne* bzw. Art des verwendeten Materials (Holz, Bagasse, Flachs usw.),
2. *Art und Abmessung der Späne*, Schneidspäne, Reißspäne (Schlankheitsgrad, Spanoberfläche),
3. *pH-Wert* des Rohmaterials,
4. *Aufbau des Spankuchens* (ein- oder mehrschichtig, Schütthöhe),
5. *Vorbehandlung der Späne*,
6. *Beleimung der Späne* (Harzgehalt, Art des Bindemittels, Bindemittelverteilung und -zerteilung, Zusatzstoffe wie Hydrophobierungsmittel, feuerhemmende Mittel, Insekticide usw.),
7. *Lage der Späne im Kuchen*,
8. *Verteilung der Späne* über die Plattenfläche (Gleichmäßigkeit, Streugenauigkeit),
9. *Vorpressung* (Druck, Dauer, Temperatur usw.),
10. *Feuchtigkeit* und deren *Verteilung* über die Dicke und Plattenfläche,
11. *Art der Heizung* und *Temperatur* der Heißpresse,
12. *Preßdruck*,
13. *Preßgeschwindigkeit*,
14. *Druckprogramm* bzw. *Schließprogramm*,
15. *Ausführung der Presse* (Steifigkeit, Genauigkeit),
16. *Einflüsse auf den Spankuchen* während des Transportes insbesondere in der Beschickvorrichtung.

Die *Heißpresse* beschließt als letzte Maschine den Herstellungsvorgang einer Spanplatte. Sie erzeugt die ,,fertige" Platte. Man ist daher rasch geneigt, alle Ursachen einer fehlerhaften Produktion der Heißpresse zuzuschieben. Wie jedoch gezeigt wurde, liegen die meisten Ursachen für gute oder schlechte Produktion *vor* dem Bereich der Heißpresse. Die Presse ist nicht in der Lage, alle vorher auftretenden Fehler vollständig ,,auszubügeln" wie z. B. ungleiche Streuung der Späne.

Es erscheint jedoch nicht unmöglich, durch Forschung und Maschinenentwicklung die Herstellung von Spanplatten so zu vervollkommnen, daß eine gute verkaufs- und verarbeitungsfähige Platte die Presse verläßt, ohne daß noch irgendwelche Nachfertigungen wie beispielsweise Schleifen, Konditionieren usw. vorgenommen werden müssen. Ansätze für solche Entwicklungen sind bereits heute zu erkennen.

3.6.1 Schemata der verschiedenen Anlagen

3.6.1.0 Allgemeines

Im Laufe der Entwicklung der Herstellung von Spanplatten im Flachpreßverfahren (Druck senkrecht zur Plattenebene) hat sich eine Anzahl von Maschinenanordnungen ergeben. Es soll hier eine Übersicht gebracht werden, die keinesfalls Anspruch auf Vollständigkeit erhebt. Es können nur solche Maschinensysteme angeführt werden, die öfter in der Praxis bzw. im Fachschrifttum erwähnt werden. Über die Zweckmäßigkeit und über die Wirtschaftlichkeit der einzelnen Verfahren bzw. der Anordnung der Maschinen kann kein abschließendes Urteil gegeben werden. Die dazu erforderlichen Unterlagen sind nicht hinreichend bekannt. Die stürmische Entwicklung und der wirtschaftliche Erfolg der Spanplattenindustrie erlaubten es lediglich in der Vergangenheit, die Wirtschaftlichkeit einer Anlage bzw. eines Systems nur recht einseitig zu betrachten. Nur die offensichtlichen Kosten wie Anschaffungskosten, Rohmaterialkosten usw. entschieden oft bei der Errichtung von neuen Anlagen. Verdeckte Betriebskosten, die durch mangelnde Betriebssicherheit entstanden, wurden vernachlässigt. Dies bedeutet jedoch unter Umständen größere Stillstandszeiten, ungleiche Qualitäten, höhere Reparaturkosten usw. Über die Qualität und den Wirkungsgrad einer Anlage können nur statistische Betriebszahlen Auskunft geben. Solche Zahlen sind jedoch bisher nicht veröffentlicht. Eine Bekanntgabe solcher Zahlen würde für eine den wirklichen Verhältnissen besser angepaßte und wirtschaftlich gesündere Entwicklung der Spanplattenindustrie wünschenswert sein. Diese Bemerkung betrifft sicherlich nicht nur den Bereich „Vorpressen, Befeuchten, Pressen", sondern dürfte für den gesamten Umfang einer Spanplattenanlage berechtigt sein. Es ist zu hoffen, daß mit der weiteren Verbreitung der Erkenntnisse über die Herstellung von Spanplatten solche betriebswirtschaftlichen Zahlen ohne werbemäßigen Einfluß der Fachwelt zugängig gemacht werden. Erst dann wird ein Vergleich der verschiedenen Systeme bzw. Verfahren möglich sein.

Die nachstehend aufgeführten einzelnen Anordnungen sind nur als Prototypen anzusehen. In der Praxis kommt eine Reihe von Variationen und Kombinationen der verschiedenen Elemente vor. So hat beispielsweise eine Anzahl von kleineren Anlagen auf die Verwendung einer Vorpresse verzichtet.

Die Anordnung der Bedüsungseinrichtung wurde in jedem Verfahren aus technologischen Gründen angeführt; ob sie in den einzelnen Ausführungen jeweils vorhanden ist, hängt u. a. von patentrechtlichen Fragen ab.

3.6.1.1 Anlage mit umlaufenden Beschickblechen und festem Oberblech

Bei solchen Anlagen erfolgt die *Formung des Spankuchens endlos auf dicht aufeinanderfolgenden Blechen.* Nach dem Trenn- und Besäumschnitt liegt auf jedem Blech ein maßgerechter Spankuchen, der nach der Kontrollwägung in die Vorpresse eingeschoben wird. Zwischen Vorpresse und Heißpresse sind einige *Speicherplätze* für die mit vorgepreßten Formlingen belegten Bleche angeordnet, um die Formung während des Beschickens und Entleerens der Heißpresse nicht zu unterbrechen. Die Speicherung kann auch senkrecht zum Transportband erfolgen, wozu heb- und senkbare Gestelle (ähnlich den Beschick- und Entleerungsgestellen) mit etwa 3 Etagen verwendet werden. Die Oberbleche sind stationär in der Heißpresse eingebaut.

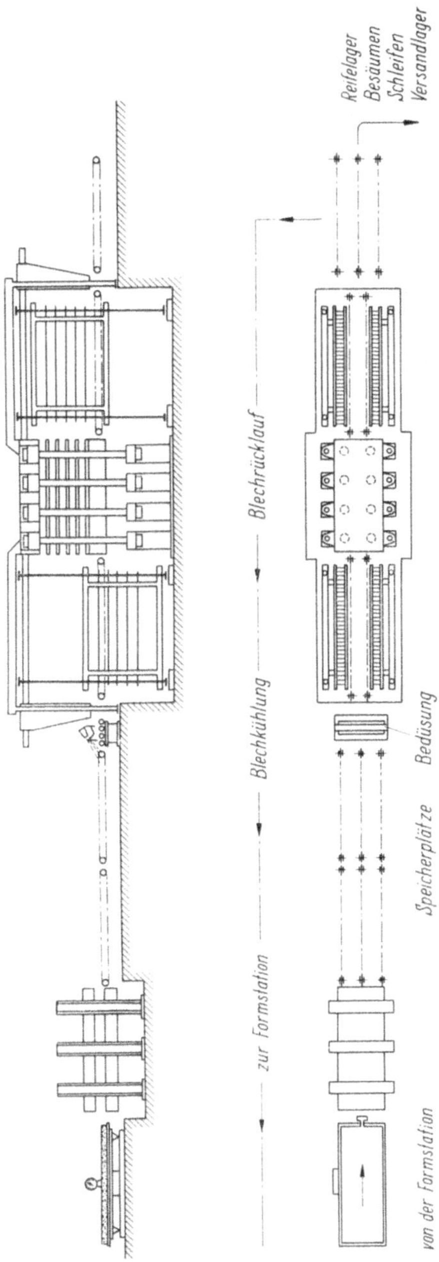

Bild 3.195. Schema einer Preßanlage für kontinuierliche Formung auf Aluminium-Transportblechen.

Die in Bild 3.195 gezeigte Anordnung ist auch vielfach so ausgeführt worden, daß man die Etagenpresse in den Rücklaufstrang eingeordnet hat. Die belegten Bleche müssen dabei über einen Querförderer, der gleichzeitig als Speicherplatz benutzt werden kann, transportiert werden. Dieser Aufbau ergibt eine etwas kürzere Gesamtlänge des Fertigungsstranges. Wie schon erwähnt, werden Anlagen gemäß Beschreibung, insbesondere bei kleineren

Leistungen, ohne Vorpresse ausgeführt, wobei man im Hinblick auf einen späteren Ausbau den Platz für den nachträglichen Einbau einer Vorpresse eingeplant hat, der zunächst durch eine Transportvorrichtung überbrückt wird.

Der *Blechrücktransport* kann in solchen Anlagen in waagerechter Stellung des Bleches oder in senkrechter Stellung erfolgen. Letztere Anordnung hat den Vorteil, daß sie sehr wenig Platz benötigt. Ob eine *Blechkühlung* erforderlich ist, kann nur von Fall zu Fall entschieden

Bild 3.196. Spanplattenanlage nach Bild 3.195 mit waagerechtem Blechrücklauf. Bleche in gutem Zustand.

werden. Bei dünnen Platten und kurzen Taktzeiten sowie wenigen Blechen im Umlauf ist eine Blechkühlung wohl immer erforderlich. Über den Einfluß und die Durchführung der Blechkühlung werden unter 3.6.4.6 „Bleche“ nähere Angaben gemacht.

Bild 3.196 zeigt eine Spanplattenanlage mit einem sehr langen waagerechten Blechrücklauf ohne Kühlvorrichtung.

3.6.1.2 Anlage mit umlaufenden Formrahmen, Beschickblechen und Oberblech

Bei den Anlagen nach Bild 3.197 erfolgt die *Schüttung in geschlossene Formrahmen*. Die Anlage zeigt einen ähnlichen Aufbau wie die vorher beschriebene, ein besonderer Quertransport und Rücklauf für die Formrahmen sind erforderlich. Die umlaufenden Formrahmen erfordern einen zusätzlichen Aufwand gegenüber einer Anlage, in der nur die Beschickbleche umlaufen. Eine Vorpresse ist unentbehrlich. Es ist sinnvoll, die Formrahmen bis in die Vorpresse mitzuführen. Dadurch kann der Nachteil der Formrahmenschüttung, der durch den Randeinfluß entsteht, gegebenenfalls ausgeglichen werden; denn durch eine Vorpressung in einer geschlossenen Form ist ein Ausweichen des Kuchens nicht möglich. Die Festigkeit der Kanten ist größer. Um diese nicht zu gefährden, trennt man die Formrahmen möglichst in der Vorpresse vom Transportblech. Der Blechrücklauf ist in solchen Anlagen immer in waagerechter Form ausgeführt. Eine möglicherweise notwendige Blechkühlung sollte zweckmäßig vor der Rahmenauflegestation vorgenommen werden. Der eigentliche Preßvorgang in der Heißpresse sowie Beschicken und Entleeren verlaufen in der gleichen Form wie in den Anlagentypen nach 3.6.1.1.

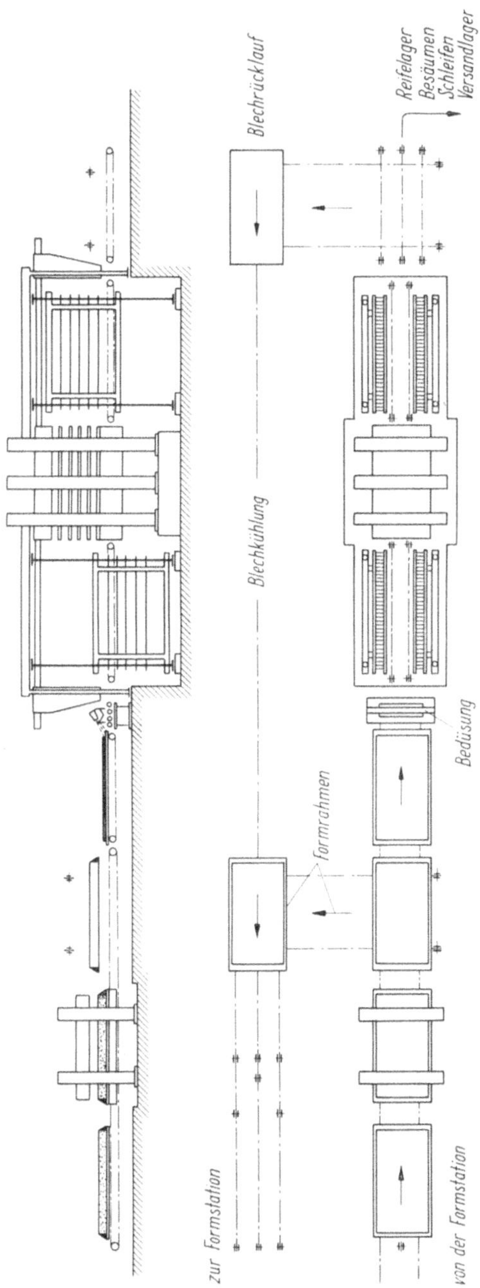

Bild 3.197. Schema einer Preßanlage für diskontinuierliche Formung. Umlauf von Transportblechen und Formrahmen erforderlich.

3.6.1.3 Anlage mit umlaufendem Beschick- und Oberblech

Die Anlage in Bild 3.198, die mit *kurzen Taktzeiten* beim Einschub in die Heißpresse arbeitet, ist für besonders hohe Leistungen vorgesehen. Sie ist außerdem mit einer der Heißpresse nachgeschalteten *Konditionierungspresse* versehen. Die An-

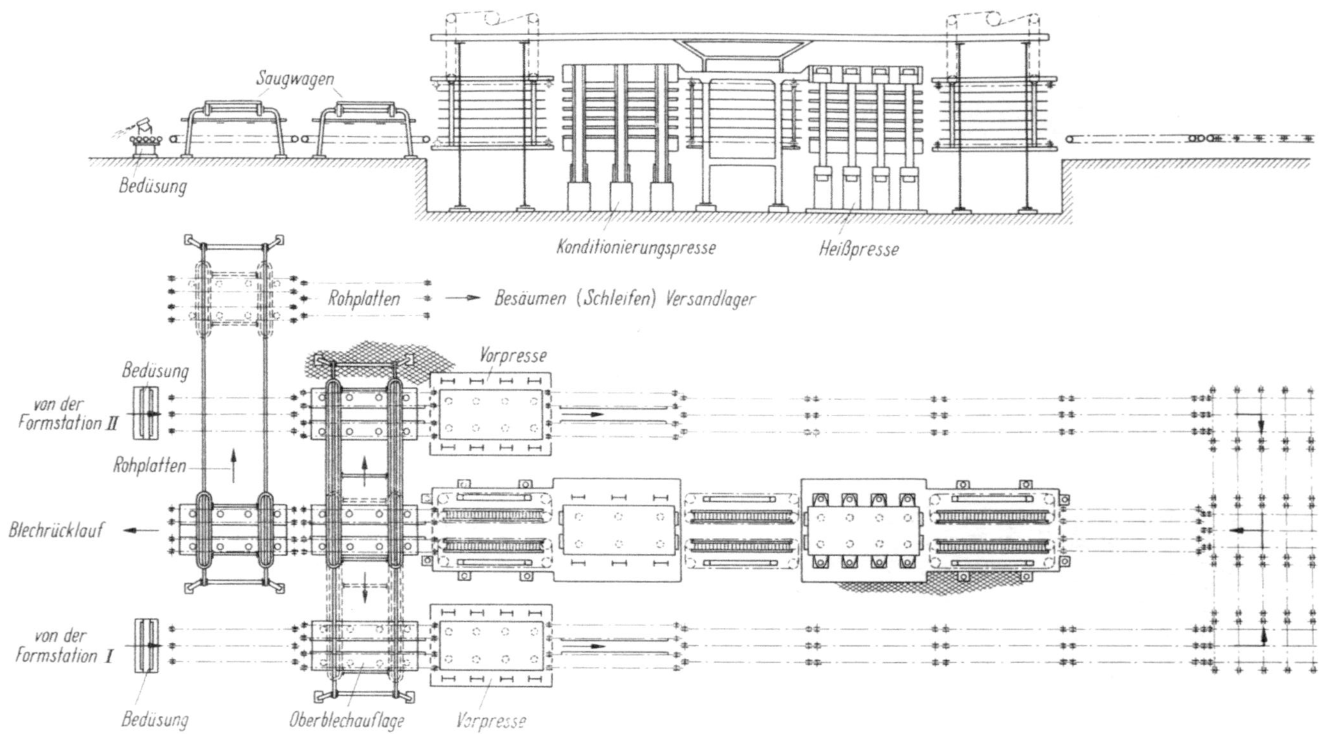

Bild 3.198. Schema einer Preßanlage für große Tagesleistungen mit umlaufendem Transport- und Oberblech. Die Konditionierungspresse gestattet eine unmittelbar nach der Pressung erfolgende Endbearbeitung (Besäumen mit Schleifen) und Weitertransport in das Versandlager.

lage wird von zwei außenliegenden Formsträngen mit Spankuchen versorgt. Unmittelbar nach der *Bedüsung* der Oberflächen des Spankuchens werden die in der Konditionierungspresse abgekühlten Oberbleche auf den Spankuchen aufgelegt. Die *Preßpakete*, bestehend aus Unterblech, Spankuchen und Oberblech, werden dem in der Mitte liegenden Pressenstrang zugeführt. Zwischen der Heißpresse und der Konditionierungspresse befindet sich ein Übergabegestell, das in einem Zug alle Preßpakete aus der Heißpresse auszieht und in die nachgeschaltete Konditionierungspresse einschiebt. Die Konditionierungspresse übernimmt also den gesamten Inhalt der Heißpresse, bestehend aus Unter- und Oberblech sowie der noch heißen und plastischen Spanplatte. Unter Druck erfolgt eine gesteuerte Nachverdichtung bei einer gleichzeitigen genau festgelegten Abkühlung der Platten und der Bleche. Die von der Heißpresse kommende heiße Spanplatte hat noch eine so große Plastizität, daß die in ihrem Ausmaß festgelegte Verdichtung ohne Qualitätsminderung möglich ist. Mit der Abkühlung unter Druck ist eine Vergleichmäßigung der Dickenschwankungen der Rohplatte sowie eine Vergleichmäßigung der Feuchtigkeitsverteilung verbunden. Durch die Blechkühlung unter Druck wird ferner eine Verlängerung der Lebensdauer der Bleche erwartet. Hinter dem Entleerungsgestell der Konditionierungspresse befindet sich eine Station, die aus einem fahrbaren, doppelt arbeitenden Saugwagen besteht. Von den aus dem Entleerungsgestell einzeln ausfahrenden Preßpaketen wird jeweils das obere Blech abgehoben und nach rechts oder links auf einen neuen Spankuchen abgelegt. In der nächsten Station erfolgt die *Trennung der Spanplatte vom Transportblech.* Im Blechrücklauf ist eine weitere Blechkühlung nicht vorgesehen. Die Rohplatte läuft im Rhythmus der Entladung der Konditionierungspresse unmittelbar der Endfertigungsstraße zu, von wo aus sie, auf Paletten gestapelt, zum Fertiglager befördert wird. Ein besonderes Konditionierungslager entfällt durch die vorbeschriebene Nachbehandlung der Platten. Es besteht also ein kontinuierlicher, automatisch ablaufender Fluß in der Plattenherstellung von der Formung des Spankuchens bis zur Stapelung im Versandlager.

3.6.1.4 Anlage ohne Bleche in der Heißpresse

Die Anlage in Bild 3.199 ähnelt äußerlich den Anlagen wie unter 3.6.1.2 beschrieben, lediglich der Quer- und Rücktransport für die Bleche liegt vor der Heißpresse. Das Beschickgestell besitzt in jeder Etage ein Blech, auf das durch eine besondere Abschiebevorrichtung jeweils ein Kuchen aufgeschoben wird. Nach Füllung der Beschickung schieben die einlaufenden Bleche die fertigen Spanplatten in das Entleerungsgestell. Eine zwischen Presse und Beschickung befindliche Vorrichtung

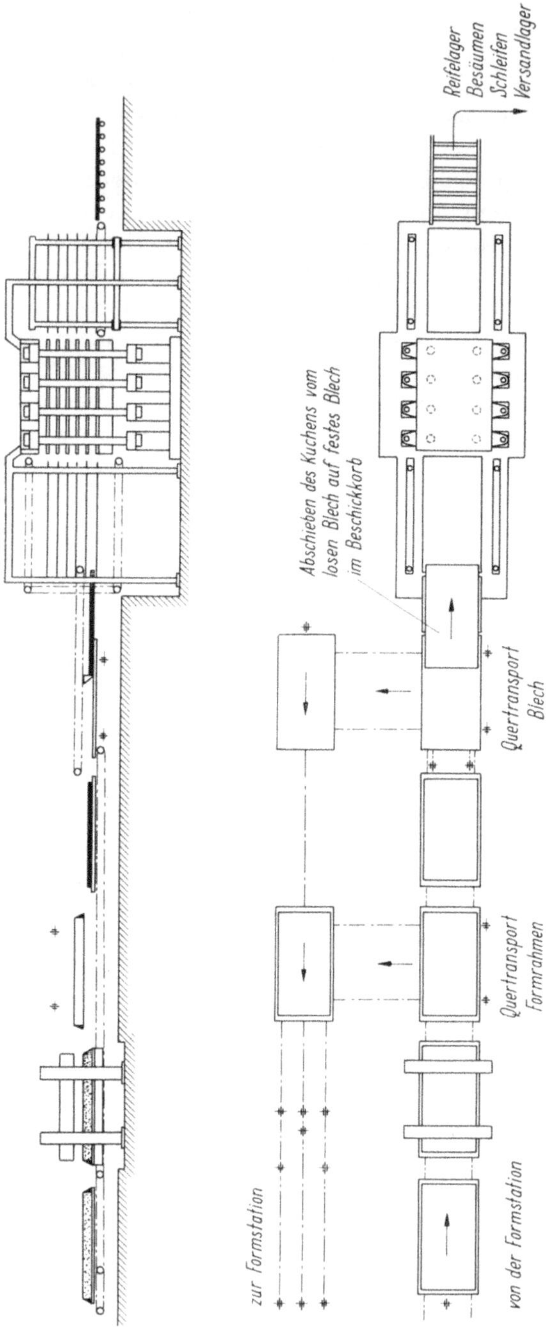

Bild 3.199. Schema einer Preßanlage ohne Durchlauf der Transportbleche durch die Heißpresse. Die Transportbleche werden vor dem Beschickgestell zurückgeführt. Sonst wie Bild 3.197.

legt sich in jeder Etage auf die festen Bleche der Beschickungsvorrichtung. Beim Zurückfahren dieser Bleche werden dadurch die Spankuchen zurückgehalten, von diesen abgestreift und unmittelbar auf die Heizplatten gelegt. Sinn dieses Verfahrens ist es, den Durchlauf von Blechen durch die Heißpresse zu vermeiden. Erforderlich ist jedoch, daß sich bei diesem Verfahren ein Vorpreßling erzeugen läßt, welcher der Beanspruchung durch das Abstreifen standhalten kann. Über die Technologie und die Erfahrung bei Verwendung von *Flachs* berichtete SWIDERSKI [*3.101*]. Bemerkenswert ist hierbei, daß die als besonderer Vorzug dieser

Bild 3.200. Zwei Anlagen zur Herstellung von Flachsspanplatten, nach dem Schema in Bild 3.199. Bauart G. Siempelkamp & Co.

Anlage erstrebte geringe Dickentoleranz der ungeschliffenen Rohplatte nicht erreicht wurde. Erfahrungsberichte über solche Anlagen bei Verwendung von Holz oder anderen Rohstoffen liegen nicht vor. Die bei diesem Verfahren auftretenden technologischen und wirtschaftlichen Fragen werden in Abschn. 3.6.2 Vorpressen und 3.6.4 Pressen behandelt.

Bild 3.200 zeigt zwei nach diesem System arbeitende Anlagen. Als Rohmaterial dient Flachs. Die obenerwähnten festen Bleche im Beschickgestell der linken Anlage sind gut zu erkennen. Der Transport der Formrahmen und Bleche auf Schleifleisten dürfte den heutigen Anschauungen über verschleißfreien Transport nicht mehr entsprechen.

3.6.1.5 Einetagenanlagen

Einetagenanlagen zur Herstellung von Spanplatten (Bild 3.201) haben in den letzten Jahren erheblich an Bedeutung zugenommen.

Ihre Einführung verdanken sie im wesentlichen den durch den Dampfstoßeffekt ermöglichten kurzen Heizzeiten, wodurch der Ausstoß solcher Anlagen im Vergleich zum erforderlichen Aufwand erträglich wurde. Durch die Verwendung von endlosen Blechen, Sieben und sonstigen Bändern für Formstation und Presse ergibt sich ein recht einfacher Aufbau des Bereiches „Formung und Pressung". Hierbei müssen jedoch gewisse Nachteile in Kauf genommen werden wie beispielsweise der Wegfall der Kontrollwägung nach der Formung usw. Drei Grundtypen können unterschieden werden:

a) *Plattenformung nur bei geöffneter Presse:* Diese Anlage ermöglicht den kürzesten Aufbau. Es kann dazu eine feststehende Formstation verwendet werden. Die Formung bzw. Streuung kann jedoch nur bei geöffneter Presse, d. h. bei Vorzug des Bandes erfolgen. Daraus ergibt sich eine relativ hohe Leerzeit der Presse bzw. eine kurze Formungszeit. Nach Schließen der Presse werden die auf dem Band vor der Presse liegenden Späne abgeräumt (Trennvorrichtung), so daß beim nächsten Einschub ein im Maß genauer Spankuchen in die Presse eingeführt wird. Die abgesäumten Späne können wieder dem Bunker für beleimte Späne oder der Formstation zugeführt werden. Selbstverständlich ist eine Bedüsung des Spankuchens bzw. des Bandes möglich. Da die Zeit zur Formung sehr kurz ist, ist diese Anlage nur bei gut streufähigen (rieselfähigen) Spänen zu empfehlen.

b) *Plattenformung bei geschlossener Presse:* Die Anlage benutzt vor der Presse eine fahrbare Formstation, die jeweils während der Pressung um mehr als eine Plattenlänge von der Presse wegfährt, wobei der Spankuchen gestreut wird. Ist die Presse geöffnet, fährt das Förderband die fertige Platte aus der Presse auf einen Rollengang zum Weitertransport. Gleichzeitig wird der fertiggeschüttete Spankuchen in die Presse eingezogen. Unabhängig von der Bewegung des Bandes erfolgt gleichzeitig der Transport der Formstation. Wie bei der Ausführung unter a) werden die zwischen Presse und Formstation liegenden Spankuchen weggeräumt.

c) *Plattenformung kontinuierlich:* Bei dieser Anlage sind der Transport der Formstation und der Vorschub des Bandes synchron so miteinander verbunden, daß immer eine Relativbewegung zwischen Band und Formstation vorhanden ist. Auf diese Weise ist eine kontinuierliche Plattenformung möglich, gleichgültig, ob das Transportband ruht oder in Bewegung ist oder anders ausgedrückt, die Presse offen oder geschlossen ist. Durch ein besonders ausgebildetes Einlaufstück in der Presse wird die Herstellung einer endlosen Platte ermöglicht. Beim Vorziehen des Bandes wird der jeweils fertiggepreßte Teil der endlosen Spanplatte aus der geöffneten Presse herausgeschoben und unmittelbar hinter der Presse besäumt. Eine fahrbare Quersäge gestattet es, jede beliebige Länge von der endlosen Spanplatte abzuschneiden. Ferner ermöglicht es eine besonnders dafür ausgebildete Formstation, die Schüttbreiten einzustellen, so daß Platten mit verschiedener Breite hergestellt werden können. Ein wesentlicher Vorteil dieser Anlage liegt darin, daß die Platten besäumt dem Reifelager zugeführt werden können. Wird an Stelle einer einfachen Besäumsäge eine Aufteilsäge der Presse nachgeschaltet, so ist es möglich, die endlose Platte verlustlos in Fixmaße aufzuschneiden. Bei dem steigenden Bedarf des Verbrauchermarktes an Fixmaßen ist dies ein nicht zu unterschätzender Vorteil.

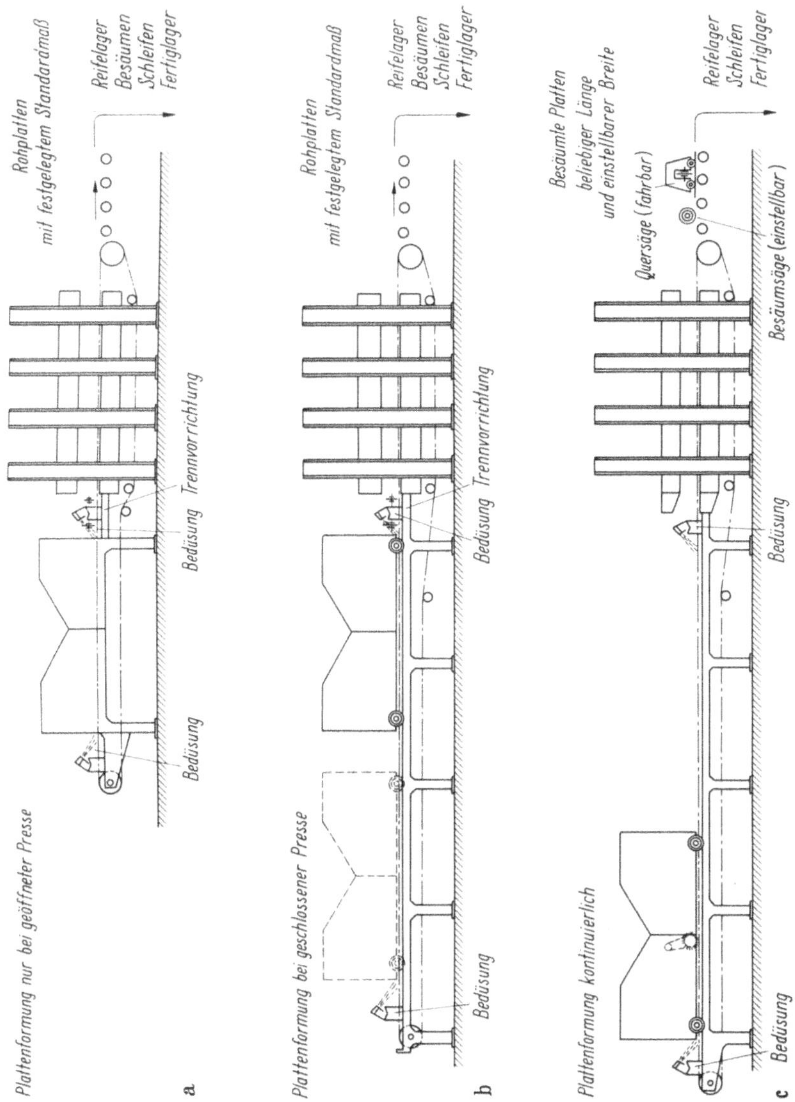

Bild 3.201 a–c. Schemata von Einetagenanlagen.

Bild 3.202 zeigt eine Anlage zur Herstellung von endlosen Spanplatten. Die Anlage ist einstellbar für eine Plattenbreite von 1250 bis 1900 mm. Bei jedem Pressentakt wird eine Plattenlänge von 7500 mm erzeugt. Die Leistung der Anlage richtet sich gänzlich nach den verwendeten Heizzeiten und beträgt im Mittel etwa 60 m^3/24 h. Die Qualität der Platten entspricht der DIN-Norm 68761 für Plattentyp FP/Y. Der gesamte Fertigungsstrang läuft einschließlich des allseitigen Besäumens vollkommen automatisch. Die Länge der Fertigplatte wird nach den jeweiligen Erfordernissen am Steuerpult der Säge einmal eingestellt.

Bild 3.202. Einetagenanlage zur Herstellung von endlosen Spanplatten nach dem Schema c in Bild 3.201. Bauart Becker & van Hüllen.

3.6.1.6 Plattentrennung, Blechrücklauf

Die vorher angeführten Anlagen benötigen mehr oder minder große Vorrichtungen, um die fertigen Platten von den Unterlagen zu trennen (Platten-Trennvorrichtung) und die Unterlagen (Bleche und gegebenenfalls Rahmen) wieder in die Formstation zurückzuführen (Blechrücklauf).

Nur bei den Einetagenpressen gemäß Abschn. 3.6.1.5 sind diese Vorrichtungen nicht erforderlich. Wie aus den Zeichnungen ersichtlich ist, erfolgt die Trennung selbständig beim Auszug aus der Presse. Anlagen, die das Beschickblech nicht durch die Heißpresse führen, benötigen keine Trennvorrichtung, wohl dagegen einen verkürzten Blech- oder Formrahmenrücklauf.

Die Trennvorrichtungen sind unmittelbar hinter der Pressenentleerung angeordnet. Die Trennung erfolgt taktweise Blech um Blech. In dem Bestreben, die Spanplatten schnell vom Transportblech zu trennen, hat man hinter dem Entleerungsgestell der Presse ein zweites Gestell mit der gleichen Etagenzahl angeordnet. Beim Ausziehen aus der Heißpresse wurden alle Bleche im ersten Gestell unter der Spanplatte weggezogen und in das zweite Beschickgestell eingeführt. Die Tragarme des ersten Gestells konnten gleichzeitig heruntergeklappt werden, so daß sämtliche Spanplatten nach unten stürzten, um von dort als Stapel weiterbefördert zu werden. Auf diese Weise sollte eine lange, einseitige, schädliche Wärmebeeinflussung der Spanplatte durch das heiße Blech vermieden werden.

Bild 3.203. Platten-Trennstation mit Kontrollwaage für Rohplatten. Bauart Schenck.

Von den gebräuchlichen Trennvorrichtungen seien nur zwei Ausführungen erwähnt. Bild 3.203 zeigt die erste, wo Blech und Platte seitlich durch Schwenkarme hochgeklappt werden. In fast senkrechter Stellung wird die Platte durch einen anderen Schwenkarm übernommen, der sie auf eine Förderbahn ablegt. Dieser Schwenkarm ist mit einer Waage verbunden, die das Gewicht der Rohplatte im Leuchtbild anzeigt. Gleichzeitig wird das Gewicht auf einen Kontrollstreifen gedruckt. Ein Zählwerk gestattet es, das Gewicht aller erzeugten Platten in festgelegten Zeitabständen zu ermitteln. Das Bild zeigt diese Vorrichtung im Augenblick der Wägung. Das Transportblech ist bereits wieder in die waagerechte Lage zurückgeschwenkt zum Weitertransport in die dahinterliegende Kühlstation. Bei anderen Ausführungsformen ist die Waage nicht zwischen den Schwenkarmen eingebaut. Durch die Schwenkarme wird die Platte auf eine danebenliegende Rollenbahnwaage abgelegt, um von dort aus weitertransportiert zu werden. Im Bild 3.196 ist eine solche Einrichtung hinter dem Beschickgestell zu sehen.

Die zweite, neuerdings bevorzugte Ausführung der Trennvorrichtung ist aus Bild 3.198 ersichtlich. Fahrbare Saugwagen nehmen die Spanplatten in waagerechter Lage vom Blech ab und legen sie auf eine zweite Transportbahn oder eine Waage ab.

Bild 3.204. Blechrücklauf, bestehend aus Platten-Trennstation, zwei Blechspeicherwerken und Blechkühlstation. Bauart Schenck.

Der Blechrücklauf kann — wie bereits erwähnt — in waagerechter und senkrechter Lage der Bleche erfolgen. Ein senkrechter Blechrücklauf benötigt noch zusätzlich zwei Vorrichtungen: einmal zum Aufrichten der Platten nach der Presse, zum anderen eine vor der Formstation, um die Bleche wieder in die waagerechte Lage zu bringen. Der senkrechte Blechrücklauf ist billiger und benötigt weniger Platz. Auf Bild 3.206 ist im Hintergrund auch ein solcher Transport zu sehen. Ein waagerechter Blechrücklauf ist im Bild 3.196 gezeigt. Der Rücklauf ist in Einzelbahnen von Blechlänge unterteilt. Jedes Teilstück wird einzeln angetrieben und durch Endschalter betätigt. Kettenbahnen mit aufgelegten Gummirollen verbürgen einen ruhigen Transport. Außer einer Kühlstation sind vielfach bei größeren Anlagen Blechspeicherwerke eingebaut. Diese erleichtern das Anfahren und Abstellen einer Anlage sehr und sichern eine gleichmäßige Beschickung der Kühlstation. Bild 3.204 zeigt einen so ausgestatteten Blechrücklauf. Im Vordergrund befindet sich die Plattentrennstation. Die Spanplatten laufen auf der fünfbahnigen Kettenbahn zur Stapelvorrichtung ab. In der Mitte befinden sich zwei Speicherwerke, dahinter die Blechkühlstation, welche die durchlaufenden Bleche von oben und unten mit Luft gleichmäßig anbläst.

3.6.2 Vorpressen

3.6.2.0 Allgemeines

Die Verwendung von *Vorpressen* findet in der Spanplattentechnik keine einheitliche Beurteilung. Notwendig wurde die Vorpresse durch die Schüttung in geschlossene Formrahmen. Wenn die Formrahmen bis in die Vorpresse geführt werden, läßt sich dort nach erfolgter Pressung leicht der Rahmen von Spankuchen und Blech lösen, ohne daß eine Beschädigung des Kuchens zu erwarten ist. Als weiterer Vorteil wurde die bessere Verflechtung zwischen Außen- und Innenschichten angegeben. Große Schütthöhe und die damit verbundene Empfindlichkeit der Spänekuchen ließ die Vorpressung sofort nach der Schüttung als notwendig erscheinen. Außerdem konnte die lichte Weite in der Heizpresse kleiner gehalten werden. In manchen Formmaschinen werden die Späne nicht vollkommen waagerecht auf das Unterblech abgeworfen. Eine Schrägstellung der Späne zur Vliesebene verursacht jedoch in der Etagenpresse waagerechte *Schubkräfte*, die von der Heizplattenführung nicht aufgenommen werden können. Eine Vorpresse ist in solchen Fällen nützlich, da sie die Schrägstellung der Späne weitgehend beseitigen kann. Die in der Vorpresse auftretenden Schubkräfte sind für die weichen Einetagenpressen unschädlich. Als weiteren Vorteil der Vorpressung muß die Verdichtung der Oberflächen angesehen werden. Aufgesprühtes Wasser sackt nicht in den Spankuchen ab; dies begünstigt die Ausbildung des *Dampfstoßeffektes*. Die Verfestigung des Kuchens bzw. der Oberflächen ermöglicht außerdem ein schnelleres Schließen der Heißpresse, da dann wenig Rücksicht auf Spanverwehungen durch die zu verdrängende Luft genommen werden muß. Eine *Simultan-Schließvorrichtung* in der Heißpresse beseitigt ebenso diese Schwierigkeit. Die anderen Vorteile dieser Einrichtung werden später noch besprochen.

Trotz aller aufgeführten Vorteile der Vorpresse wird diese vielfach als störend in den neuzeitlichen, mit kurzen Taktzeiten arbeitenden Anlagen empfunden. Der mechanische Einbau der taktweise (für jede Platte) arbeitenden Vorpresse in einem vollautomatisch arbeitenden Formstrang ist sicher gelöst. In der Praxis zeigen sich jedoch immer wieder Schwierigkeiten wie Ankleben der (zu feuchten) Späne am Oberstempel.

Langsames Schließen der Vorpresse ist teilweise notwendig, um Verwehungen zu vermeiden usw. Eine große Anzahl von Vorschlägen wurde gemacht, um diese Schwierigkeiten zu beseitigen, wie z. B. voreilende Siebe am Oberstempel, Absaugen der zu verdrängenden Luft, Behandlung des Oberstempels mit Antiklebemitteln, Beheizung des Oberstempels oder umlaufende Oberbleche. Eine grundlegende Untersuchung, die den gesamten Einfluß der Vorpresse auf die Technologie der Spanplatte berücksichtigt, wäre sicherlich nützlich, ist aber im Fachschrifttum nicht zu finden.

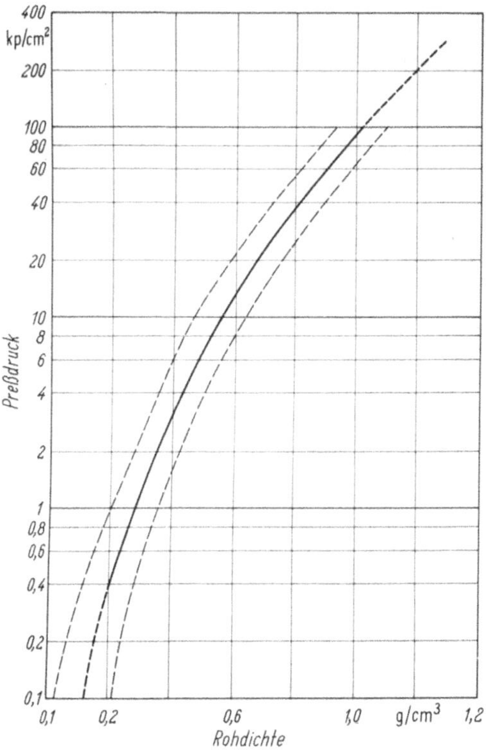

Bild 3.205. Erforderlicher Preßdruck in Abhängigkeit von der Rohdichte der Spanplatten.

Die angewendeten *Drücke* bei Vorpressen liegen gewöhnlich zwischen 10 und 20 kp/cm². Wegen der oben geschilderten Schwierigkeiten werden bei vielen Vorpressen maximaler Druck und längste zur Verfügung stehende Preßzeit nicht ausgenutzt. Oft läßt man dünne Platten, die kurze Taktzeiten haben, leer durch die Vorpresse laufen, d. h. die Spankuchen passieren die Vorpresse ohne Vorverdichtung.

Bild 3.205 zeigt Kurven für den erforderlichen Preßdruck in Abhängigkeit von der gewünschten *Rohdichte*. Sie wurden nach einer graphischen Darstellung von W. Kull [*3.68*] aufgestellt. Bei der Vielfalt der Rohstoffe und der den Preßdruck beeinflussenden Faktoren wie Feuchtigkeit, Schließgeschwindigkeit usw. ist es klar, daß keine Einzelkurven, sondern nur Druckbereiche und deren charakteristischer Verlauf angegeben werden können. Die mittlere, ausgezogene Kurve wurde von W. Kull fast genau für Deckschichtspäne aus Weichholz aufgestellt, wobei nach einem Drittel der Heizzeit die Distanzleisten erreicht wurden. Die Feuchtigkeit betrug bei Beginn der Pressung etwa 12%. Zur Festlegung der Grenzkurven wurden verschiedene Untersuchungen herangezogen. Selbstverständlich erheben diese Grenzkurven keinen Anspruch auf wissenschaftliche Genauigkeit. Der Bereich oberhalb der mittleren Kurve wird demnach durch nachstehende Faktoren erfüllt:

1. Schnelles Schließen der Presse,
2. Kalte Presse bzw. kalte Späne,
3. Unelastische Rohspäne, z. B. Flachs,
4. Trockene, spröde Späne,
5. Geringe Rohdichte der Rohstoffe.

Entsprechend gilt der Bereich unterhalb für die entgegengesetzt gerichteten Einflußfaktoren:

1. Langsames Schließen der Presse,
2. Heiße Presse bzw. heiße Späne,
3. Elastische Späne,
4. Feuchte Späne,
5. Hohe Rohdichte der Rohstoffe.

Diese Kurve kann mit ihren Grenzen als Leitkurve für die Druckbestimmung der Vorpresse sowie der Heizpresse dienen. Für steigende Rohdichte werden die Druckbereiche kleiner, was der praktischen Erfahrung entspricht.

Bei dem in Abschn. 3.6.1.4 geschilderten Verfahren, bei dem der *Spankuchen ohne Bleche* die Heißpresse durchläuft, sind Vorpressen mit größeren spezifischen Drücken als 10 bis 20 kp/cm² erforderlich. Hier soll durch den höheren Druck dem Spankuchen eine große Eigenfestigkeit gegeben werden, um dem mehrmaligen Abstreifen standzuhalten. Der Spankuchen wird vorübergehend Teil der Maschine. Wie aus Bild 3.205 ersichtlich, erhält man bei Anwendung höherer Vorpreßdrücke Rohdichten die höher oder gleich den Rohdichten der ausgehärteten Platten sind. Selbst unter Berücksichtigung einer Rückfederung bleibt aber immer zu wenig Verdichtungsweg in der Heißpresse übrig; die Folge kann sein, daß eine vorgegebene Rohdichteverteilung über die Dicke der fertigen Platte und der zur Erzeugung einer hochwertigen Platte unbedingt notwendige Mindest-Verleimungsdruck im Verhältnis zur Aufheizgeschwindigkeit nicht völlig eingehalten werden können. Daraus ergibt sich eine Einengung des Dichtebereiches im Produktionsprogramm und der Festigkeitsausbildung der Fertigplatte (s. hierzu Abschn. 3.6.4). Industrieuntersuchungen haben erwiesen, daß bei Anwendung von hohen Drücken bei Holzspänen ein Abfall in der Plattenfestigkeit bemerkbar ist, der u. a. auf eine Beschädigung der kaltverdichteten Späne zurückzuführen ist.

Es erscheint daher zweckmäßig, durch andere Mittel (Erzeugung einer Kaltklebrigkeit) dem Spankuchen die gewünschte Festigkeit zu geben. Bei Anwendung von *Phenolharzleimen* und einer beheizten Vorpresse wurde diese Aufgabe bereits gelöst. Zu beachten ist jedoch, daß die Wirtschaftlichkeit durch die Herstellung eines transportablen Vorpreßlings nicht vermindert wird. Dies kann schon durch eine Verringerung der Betriebssicherheit hervorgerufen werden.

3.6.2.1 Konstruktion und Aufbau der Vorpressen

Zum Vorpressen werden vorwiegend Einetagenpressen benutzt, wobei sich die Ausführung mit obenliegenden Zylindern (*Oberkolbenpresse*) durchgesetzt hat. Im Gegensatz zur Heißpresse ist eine große Steifigkeit nicht erforderlich. Fast ausschließlich werden Rahmen- und Profilrahmenpressen verwendet. Die Rahmen erlauben eine übersichtliche und einfache Anordnung der Druckzylinder. Auch bei Breiten von 2 m und mehr reichen zwei Reihen von Druckzylindern aus, zwischen denen die Rückzugzylinder angeordnet werden. Die lichte Weite der Presse beträgt normalerweise 400 mm. Der Hub kann jedoch für dünne Platten in Abständen von je 50 mm verringert werden. Die kurzen Taktzeiten erfordern hohe Leerhub- und Preßgeschwindigkeiten der Vorpressen. Die *Leerhubgeschwindigkeiten* müssen regelbar sein bis zu etwa 150 mm/s und die *Preßgeschwindigkeiten* bis etwa 10 mm/s. Als Druckmittel sind gleichermaßen Öl und Wasser möglich. Der Ölantrieb hat Vorteile durch seine Geschlossenheit und die vielseitige Steuerungsmöglichkeit. Anderseits ist die zu installierende Leistung höher als bei einem Antrieb durch eine Zentral-Preßwasserstation (Akkumulator), die gleichzeitig auch die Heißpresse mit Druckwasser versorgt. Mit Wasser als Druckmittel hat der Akkumulator eine so große Betriebssicherheit und Lebensdauer, daß seine bevorzugte Verwendung verständlich ist. Letzten Endes ist die Frage, ob Einzelantrieb oder Zentralantrieb gewählt wird, von den jeweiligen Bedingungen abhängig und kann nicht allgemein für die eine oder andere Art entschieden werden.

Bild 3.206. Oberkolben-Vorpresse in Profilrahmenausführung; Blick auf die Einlaufseite mit davorliegender Kontrollwaage. Man beachte die Verdichtung des in der Presse liegenden Spänekuchens (spez. Druck 12 kp/cm²). Bauart Becker & van Hüllen.

3.6.2.1.1 Vorpressen mit kontinuierlicher Formung. Bild 3.206 zeigt eine Oberkolben-Vorpresse von der Einlaufseite her. Wie man sieht, ist der Oberstempel in seiner Höhe klein gehalten, da eine Steifigkeit ja nicht erforderlich ist. Die Presse ist mit einem voreilenden Siebrahmen ausgerüstet. Die Arbeitsweise ist folgende: Dem niedergehenden Druckstempel eilt ein Rahmen mit einem aufgespannten Sieb voraus, das die Späne festhält und Verwehungen verhindert. Der Oberstempel kann sich daher mit erhöhter Geschwindigkeit auf den Spankuchen absenken. Nach

Bild 3.207. Oberkolben-Vorpresse in Blechrahmenausführung für hohe Preßdrücke. Vorpressung in Formrahmen. Im Vordergrund Vorrichtungen zum Quertransport der Formrahmen. Bauart G. Siempelkamp & Co.

erfolgter Pressung eilt der Oberstempel wieder dem Sieb in die obere Stellung vor.

Auf Bild 3.206 ist das Verhältnis der Schütthöhen zwischen dem unverpreßten und dem gepreßten Vlies zu erkennen. Die gezeigte Vorpresse hat einen spezifischen Druck von etwa 12 kp/cm^2. Die Tragbleche werden in die Presse eingeschoben und an den an der Stirnseite befindlichen Nasen wieder herausgezogen. Zur Verbesserung der Gleiteigenschaft bzw. um den Verschleiß der Bleche zu vermindern, wird der Tisch vielfach mit einer Kunststoffplatte belegt. Die Steuerung der Vorpresse im Rhythmus der gesamten Anlage erfolgt durch die Bleche selbst, die über Endschalter, Stellmotore oder Magnete die Ventile betätigen. Verriegelungen und Zeitlaufwerke sorgen für die nötige Sicherheit sowie für die Einhaltung der Zeiten.

Andere Ausführungsformen solcher Vorpressen besitzen allseitig bewegliche Druckstücke, die sich an das Transportblech anschließend um den Spankuchen legen. Der Preßstempel wird mit geringem Spiel in den so gebildeten Formrahmen eingefahren. Die Preßwirkung ist die gleiche wie in geschlossenen Formrahmen. Vor dem Öffnen der Presse werden die Druckstücke wieder seitlich ausgefahren. Bei solchen Vorpressen

Bild 3.208. Walzenvorpresse für eine Arbeitsbreite von 2150 mm und einen Liniendruck von 50 kp/cm. Bauart Becker & van Hüllen.

ist eine genaue Lage des Spankuchens auf den Blechen und genaue Einführung des Bleches in die Vorpresse unerläßlich.

3.6.2.1.2 Vorpressen für Schüttung in Formrahmen. Bild 3.207 zeigt eine *Vorpresse für Schüttung in Formrahmen*, und zwar von der Auslaufseite her gesehen. Diese Vorpressen mit den erforderlichen Zusatzeinrichtungen zum Quertransport der Formrahmen werden in den Anlagen, wie sie unter 3.6.1.2 und 3.6.1.4 beschrieben wurden, verwendet. Auch diese Presse ist als Oberkolbenpresse ausgebildet. Wie ohne weiteres ersichtlich, ist der Aufwand an Einrichtungen für den Transport der Formrahmen erheblich höher, als wenn nur die mit Nasen versehenen Transportbleche befördert werden müssen. Aufbau, Antrieb und Steuerung erfolgen ähnlich wie unter 3.6.2.1.1 erläutert.

3.6.2.1.3 Walzenvorpressen. Wie bereits vorher ausgeführt wurde, wird vielfach die taktweise arbeitende Vorpresse als störend im Arbeitsablauf einer Spanplattenanlage betrachtet. Es ist daher früher angeregt worden, kontinuierlich arbeitende Vorpressen zu verwenden. Vorgeschlagen wurden *Walzenpressen*. Bild 3.208 stellt eine solche Walzenvorpresse dar, wie sie auch für Spanplatten benutzt werden könnte. Sie gehört zu einer Anlage zur Herstellung von Faserplatten nach dem Trockenverfahren, wo sie sich bewährt hat. In Fachkreisen wird vielfach befürchtet, daß bei Spanplatten im keilförmigen Einlaufteil einer solchen Vorpresse Verschiebungen der Deckschichten hervorgerufen werden. Ob diese Befürchtungen zu Recht bestehen, ist bis heute nicht nachgewiesen worden. Es wird berichtet, daß in amerikanischen Anlagen oftmals kontinuierliche Vorpressen eingesetzt werden, jedoch ist es nicht bekannt, unter welchen besonderen Bedingungen bzw. mit welchen Materialien diese Vorpressen arbeiten. Eine kontinuierlich arbeitende Vorpresse, die für alle Materialien sicher brauchbar ist, würde eine vollständige Umstellung der Maschinenanordnung von der Formung bis vor die Heißpresse ermöglichen. Es liegen bereits Vorschläge vor, das Formband, auf dem ein endloser Spankuchen geschüttet wird, durch die kontinuierlich arbeitende Vorpresse durchzuführen. Andere Vorschläge sehen eine fahrbare, taktweise arbeitende Plattenvorpresse vor. Die Trennung des Spanvlieses müßte dann nach der Vorpresse erfolgen. Der Ablauf dieses Teiles würde sich dadurch sehr den bei Faserplatten üblichen Anordnungen nähern, die einen glatteren Produktionsfluß in diesem Bereich gestatten.

3.6.3 Befeuchten

3.6.3.0 Allgemeines

Das *Befeuchten der Oberflächen des Spankuchens* ist eine Maßnahme, die für die Technologie der Spanplatte von großer Bedeutung ist. Es ist eine Anzahl von Literaturquellen zugängig, die den Einfluß des Befeuchtens oder das Vorhandensein von angefeuchteten Deckschichten ausführlich behandelt. In einer Patentanmeldung hat F. Fahrni (S. P. [*3.89*]) schon 1942 vorgeschlagen, die Deckschichten feuchter zu halten als die Mittelschichten. Seine Absicht war, beim Fertigpressen schönere, *glattere und härtere Oberflächen* zu erhalten, die insbesondere durch gute Geschlossenheit der Außenschichten zu einer Verbesserung der *Biegefestigkeit* der Spanplatten führen. Die von ihm verwendeten sehr feuchten Späne in der Außenschicht werden in der Hitze stark zusammengedrückt, während die gröberen und weniger feuchten Holzspäne in der Innenschicht — wie beabsichtigt — weniger stark verdichtet werden. F. Fahrni führt weiter an, daß das in den Außenschichten enthaltene Wasser während der Hitzebehandlung in der Presse verdampft und dieser Dampf durch die lockere Innenschicht leicht entweichen kann. Im Jahre 1955 stellte dann W. Klauditz [*3.45*] durch Labor- und Industrieversuche fest, daß durch feuchtere Deckschichten eine bedeutende Verkürzung der bislang üblichen Heizzeiten in der Etagenpresse möglich sei. Demnach wird das Wasser in den feuchten Außenschichten bei Berührung mit den heißen Heizplatten plötzlich verdampft, gelangt in die weniger feuchte Mittelschicht und heizt diese auf, so daß die Aushärtung des Bindemittels dort sehr schnell erfolgt. Alle bisherigen Arbeiten fußten darauf, daß der Transport der Wärme in die Mittelschicht im wesentlichen durch Wärmeleitung stattfindet. Da von W. Klauditz außerdem vorgeschlagen wurde, die Temperatur der Heizplatten auf 180 °C zu erhöhen, wurde die Wirkung des von ihm als *Dampfstoß* bezeichneten Vorgangs besonders deutlich. Auch über die Heizzeiten war es nun möglich geworden, in den bestehenden Anlagen, die mit Temperaturen zwischen 140 bis 150 °C arbeiteten, die Leistungsfähigkeit einer Presse zu vergrößern, wenn man die Feuchtigkeit der Außenschichten erhöhte. Wesentlich jedoch war dabei, daß man die Mittelschicht verhältnismäßig trocken hielt, um eine geringe Gesamtfeuchtigkeit zu erhalten. Waren bisher Gesamtfeuchtigkeiten von 16 bis 18% üblich, so wurden diese nunmehr auf Grund der vorliegenden Arbeiten auf etwa 13% verringert, wobei die Außenschichten eine Feuchtigkeit von ungefähr 22% besaßen. Die Ausheizung in der Etagenpresse erfolgte so, daß die Platten mit etwa 7 bis 8% Endfeuchtigkeit die Heißpresse verließen. Auf diese Weise wurde das Ausdampfen von Wasser, das bislang ein Großteil der Preßzeit in den Etagenpressen ausmachte, auf ein Mindestmaß herabgesetzt. Weitere Arbeiten vertieften den Einfluß des Feuchtigkeitsunterschiedes im Spanvlies (Kollmann [*3.57*]). Eindeutig wird nachgewiesen, daß die Einstellung der ungleichen Feuchtigkeit zweckmäßigerweise durch Besprühen auf die Oberflächen des Spankuchens vorgenommen wird. Das Wasser soll nach Möglichkeit als Tropfwasser in feinverteilter Form auf den Spänen vorhanden sein, um sofort beim Berühren mit der Heizplatte verdampfen zu können. Dies bedeutet einen schnelleren Wärmetransport in die Mitte des Spankuchens. Erfolgt die Befeuchtung durch Konditionieren der Späne, ergibt sich unter sonst gleichen Bedingungen eine starke Erhöhung der Rohdichte in den Außenschichten. Durch die Befeuchtung der Außenschichten ist kein Abfall der Eigenschaften der Fertigplatte zu erwarten, solange man nicht mit extrem hohen Heizplattentemperaturen und einem nicht zu hohen Feuchtigkeitsgehalt der Außenschichten arbeitet. So werden beispielsweise bei 100 bis 150 g/m² Sprühwasser und einer Heizplattentemperatur von etwa 155 °C höchste Werte für Biegefestigkeit und Querzugfestigkeit erreicht, wobei diese Angaben für einen entsprechenden Bereich der Dicke und Dichte der Rohplatte gelten. Erhöht man die Menge des aufgesprühten Wassers zu sehr, so tritt ein Abfall der Rohdichte der äußeren Deckschicht und damit ein jäher Abfall der Querzugfestigkeit ein (Buschbeck, Kehr [*3.9*], Kollmann [*3.57*]).

Die Einstellung der verschiedenen Feuchtigkeiten bzw. das Befeuchten haben einen großen Einfluß auf die Preßtechnik der Spanplattenindustrie gehabt. Es lassen sich jedoch auch schon kürzere Preßzeiten erzielen, wenn man nur die gesamte Feuchtigkeit niedrig hält; keinesfalls darf die Feuchtigkeit in der Mittelschicht Werte annehmen, welche die Verleimung verhindern können. Anderseits ist zu beachten, daß keine Austrocknung bzw. Voraushärtung der Deckschichten eintritt.

3.6.3.1 Einrichtungen zum Befeuchten

Die Einstellung gleicher Feuchtigkeiten wird fast immer durch zusätzliches *Bedüsen der Vliesoberflächen* bzw. der *Tragbleche* vorgenommen. Zwei Arten von Düsen kommen für diese Aufgabe in Betracht. *Düsen*, die mit zusätzlicher *Druckluft* arbeiten, ergeben zwar eine sehr feine Verteilung des Wassers, sind jedoch empfindlich im Hinblick auf eine genaue Regelung sowie auf das Nachtropfen beim Abstellen der Bedüsung. Diese Art von Düsen wird in den Beleimungsmaschinen bevorzugt. Die nur mit unmittelbarem *Wasserdruck* arbeitenden Düsen lassen in gewissen Bereichen eine Mengenregelung durch einfache Regelung des Druckes zu. Die Zerstäubung ist nicht so fein. Da über die Plattenbreite eine größere Anzahl Düsen angebracht werden muß, ist es wichtig, daß alle vorhandenen Düsen die gleiche Wassermenge versprühen. Die reine Druckzerstäubung sichert eine gleichmäßige Verteilung bei allen eingesetzten Düsen. Der Zerstäubungsdruck wird zweckmäßigerweise durch eine durchlaufende Pumpe erzeugt. Das An- und Abschalten der Bedüsung wird durch entsprechende Ventile vorgenommen, die in den Leitungen kurz vor den Düsen angebracht sind. Dadurch wird die Düse beim Abschalten schlagartig drucklos. Ein Nachtropfen erfolgt nicht. Um ein Verstopfen der Düsen zu verhindern, sollte ein zusätzlicher Filter in die zu den Düsen führende Leitung eingeschaltet sein, der einen kleineren Durchlaß in den Filterabmessungen hat als die Bohrungen in der Düse selbst. Die Betätigung der Düsen wird durch die ankommenden Bleche über entsprechende elektrische Schaltgeräte ausgelöst.

3.6.4 Pressen

3.6.4.0 Allgemeines

Den Gesamtvorgang in der Heißpresse kann man vornehmlich in vier Einzelvorgänge unterteilen:

1. *Verdichten des Spankuchens* zur Rohplatte mit geringen Abweichungen in den gewünschten Sollmaßen. Dies gilt insbesondere für die Dicke der Platte.

2. Gleichzeitige Erzeugung des erforderlichen *Verleimungsdruckes* zwischen den einzelnen Spänen.

3. *Erwärmung der Späne* auf die erforderliche Abbindetemperatur des Leimes. Angleichung der Feuchtigkeit an die Gleichgewichtsfeuchtigkeit durch Wasserverdampfung.

4. *Verleimung* der einzelnen losen Späne zu einer festen Platte.

Die zeitliche Zuordnung dieser vier Vorgänge zueinander ergibt das Problem „Pressen" in seiner komplexen Form, um dessen Lösung sich Forschung, Theorie und Praxis bemüht haben.

Das Institut für Holzforschung, Braunschweig, hat sich seit 1948 unter Leitung von W. KLAUDITZ besonders um die Bearbeitung dieser Fragen bemüht. In vielen Berichten dieses Institutes und auch der Deutschen Gesellschaft für Holzforschung versucht man im Einklang mit der Praxis klare Anschauungen über die Vorgänge in der Heißpresse zu erarbeiten. Auf Anregung von W. KLAUDITZ legte G. RACKWITZ zu diesem Thema eine experimentell und theoretisch belegte, grundlegende Arbeit vor (RACKWITZ [*3.79*]). Diese Arbeit wurde schon 1955 veröffentlicht, so daß die Erkenntnisse über das Einstellen ungleicher Feuchtigkeiten unberücksichtigt blieben. Im November 1954 hatte W. KULL noch die Verhältnisse bei der Erwärmung untersucht (KULL [*3.66*]), wobei er darauf hinwies, daß das an den Außenseiten verdampfte Wasser als Dampf rasch in das Innere strömt, um dort zu kondensieren. Die wichtigste Schlußfolgerung aus dieser Tatsache zog jedoch erst W. KLAUDITZ in seiner erwähnten Arbeit [*3.45*]. Die in vielen Ländern anschließenden Arbeiten bestätigen seine Ergebnisse, wobei die Arbeit von L. BUSCHBECK und E. KEHR [*3.9*] eine fast vollständige Literaturzusammenstellung zu dieser Frage enthält. Während G. RACKWITZ lediglich Messungen im Labormaßstab durchführen konnte, berichtet M. GRASSER über Messungen während der Produktion von Spanplatten in der Industrie (GRASSER [*3.41*]).

Einen weiteren Beitrag über den *Einfluß von Preßbedingungen* lieferten M. D. STRICKLER [*3.98*] sowie R. H. KUNESH [*3.69*]. Dabei wurde versucht, neue, theoretisch erarbeitete Wege zur verbesserten Plattenherstellung aufzuzeigen, wobei eine Veröffentlichung von O. SUCHSLAND [*3.99*] erwähnt wird, in der in bemerkenswerter Weise schon der Versuch unternommen wird, die Eigenschaften von Spanplatten über Modellbetrachtungen vorauszuberechnen. Es sei ferner noch auf eine Abhandlung von H. NEUSSER [*3.74*] hingewiesen, der neben den Fragen der Verleimung auch den Einfluß des Schließ- und Druckprogrammes erörtert. B. POLOVTSEFF [*3.78*] behandelt ausführlich den Verlauf der Verdichtung in den verschiedenen Plattenschichten und deren Einfluß auf die Platteneigenschaften. Es werden die Bedingungen angegeben, unter denen die gewünschte Dichteverteilung über die Dicke der Platte erreicht wird. Alle vorher angeführten Untersuchungen beziehen sich mehr oder weniger auf besondere Bedingungen. Sieht man von den chemischen Verhältnissen bei der Verleimung in der Platte ab, so geben 3 Diagramme einen praktischen Überblick über die Vorgänge in der Heißpresse, wie sie zur Herstellung von Spanplatten erforderlich sind. Diese Diagramme können jedoch keine genauen Einzelwerte festlegen, vielmehr nur Bereiche aufzeigen und Tendenzen angeben. Für die Bestimmung des spezifischen Druckes in der Heißpresse bei vorgegebener Rohdichte der Spanplatte gilt das Diagramm Bild 3.205 in Abschn. 3.6.2. Da in der Heißpresse eine Plastifizierung der Späne erfolgt, liegt der benötigte Druck im unteren Bereich. Soll die Druckauslegung einer Presse sehr genau erfolgen, so sind Versuche unter den gegebenen Verhältnissen erforderlich, sofern man nicht auf Erfahrungen mit ähnlichem Rohstoff und bekannten Preßbedingungen zurückgreifen kann.

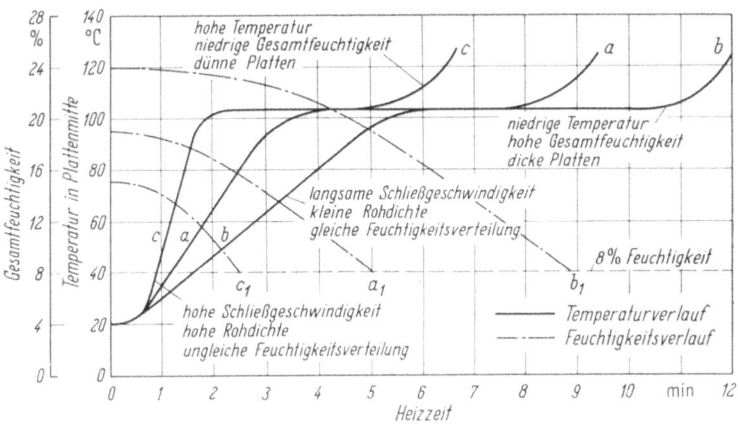

Bild 3.209. Verlauf der Temperatur in der Plattenmitte und Abnahme der Gesamtfeuchtigkeit in Abhängigkeit von der Preßzeit für drei charakteristische Gruppen von Einflüssen.

Bei der Festlegung des *Druckes* der Heißpresse sollte man nicht vergessen, daß eine Minderung des Druckes immer möglich ist und daß Überschuß an Druckkraft gegebenenfalls in Preßgeschwindigkeit umgesetzt werden kann.

Bild 3.209 zeigt den Verlauf der *Temperatur* in Abhängigkeit von der Preßzeit unter den aufgeführten verschiedenen Bedingungen a, b, c. Es ist dabei angenommen, daß eine Temperatur von wenig über 100 °C in der Plattenmitte nötig ist, um die Härtung des Leimes (Harnstoffharz) zu erreichen. Ferner wurde vorausgesetzt, daß der Preßvorgang abgebrochen werden kann und soll, wenn die Feuchtigkeit $u = 8\%$ erreicht ist. Entsprechende Kurven a_1, b_1, c_1 über den Verlauf der Feuchtigkeit sind ebenfalls in Abhängigkeit von der Zeit eingetragen.

Bild 3.210 stellt den Druckverlauf in Abhängigkeit von der Preßzeit und gleichzeitig die Abnahme der Dicke des Spankuchens bis zum Erreichen der Distanzleisten dar; letzteres soll nach $^1/_3$ der gesamten Preßzeit der Fall sein. Die Preßprogrammkurve beeinflußt die Ausbildung der Dichte in den verschiedenen Plattenschichten und damit die Festigkeit der Platten und die Beschaffenheit der Oberflächen. Die Auswirkungen von 3 charakteristischen Preßprogrammen *a*, *b*, *c* sind zu erkennen.

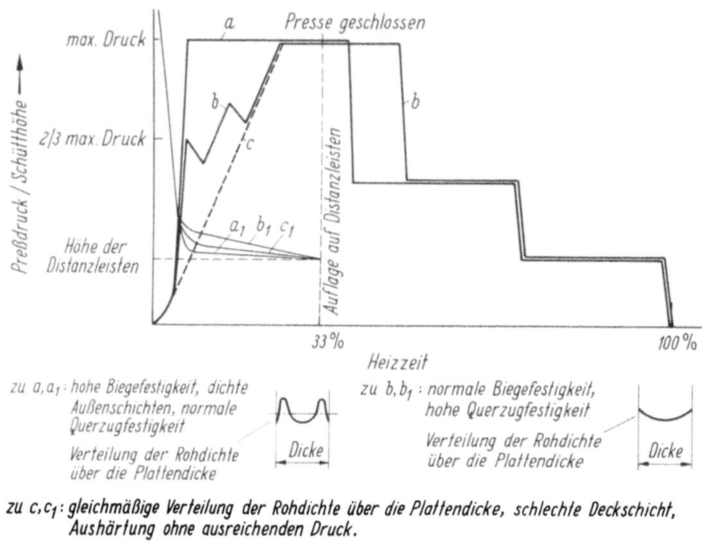

Bild 3.210. Verlauf des Preßdruckes für drei verschiedene Preßprogramme *a*, *b* und *c* und die zugehörigen Plattendicken a_1, b_1 und c_1, über der Preßzeit aufgetragen.

3.6.4.1 Konstruktion und Aufbau der Heißpressen

Die in der Spanplattenindustrie heute benutzten Heißpressen haben sich aus den Pressen der Sperrholz- bzw. Faserplattenindustrie entwikkelt. Über den Aufbau der Sperrholzpressen wurde von H. Doffiné [*3.59*] ausführlich berichtet. Es erscheint daher zweckmäßig, in diesem Abschnitt über den technischen Stand der Spanplattenpressen lediglich soweit zu berichten, als er gegenüber dem bei Sperrholz- und Faserplattenpressen abweicht.

Im Gegensatz zur Sperrholzindustrie ist die *Steifigkeit der Presse* von übergeordneter Bedeutung. Mit Rücksicht auf die bisher immer noch unvollkommene bzw. ungleichmäßige Streuung hat es nicht ausgereicht, allein die Widerlager der Presse, Tisch und Holm besonders steif auszubilden, sondern es hat sich auch als zweckmäßig erwiesen, den Heizplatten durch Vergrößerung der Dicke eine höhere Eigensteifigkeit zu geben. Daher sind z. Z. Heizplattendicken von 160 mm nichts Außergewöhnliches. Wie in den anderen Plattenindustrien werden die Spanplattenpressen als Säulen-, Rahmen-, Profilrahmenpressen usw. gebaut.

Die Ausführungen erfolgen in Guß- oder Schweißkonstruktion, wobei heute jedoch eindeutig der Hang zur Bevorzugung der *Schweißkonstruktion* zu erkennen ist. Wesentlich ist, daß bei der Auslegung der Presse die Dauerfestigkeit berücksichtigt werden muß, da durch die Verkürzung der Heizzeiten die Zahl der Pressenspiele erheblich zugenommen hat. Die Herstellung von Spanplatten erfolgt heute fast ausschließlich unter Verwendung von Distanzleisten in den einzelnen Etagen, da man eine leidliche Toleranz in den Dicken erzielen will. Da Spanplatten am Ende ihrer Preßzeit unter die Distanzleistendicke schrumpfen können, müssen die Pressen so gebaut werden, daß die Gesamtpreßkraft vom Tisch über die Distanzleisten auf den Holm übertragen werden kann. Dies bedeutet, daß die Spanplattenpressen stärker ausgeführt sein müssen als die ohne Distanzleisten arbeitenden Sperrholz- bzw. Faserplattenpressen.

Bild 3.211. Werksmontage einer Spanplattenpresse, 15 Etagen, Heizplattengröße 1550 mm × 5150 mm × 100 mm, spez. Preßdruck 25 kp/cm². An der Stirnseite sind die ausfahrbaren Vorrichtungen für die Führung der Beschickbleche zu erkennen.

Bild 3.211 zeigt eine Spanplattenpresse in Rahmenkonstruktion während der Werksmontage. Der spezifische Preßdruck beträgt 25 kp/cm², bezogen auf ein Heizplattenformat von 1550 mm × 5150 mm. Die Presse ist mit 8 Preßzylindern und 4 Hebezylindern ausgerüstet.

3.6.4.2 Antriebe

Grundsätzlich sind die bekannten Antriebsarten für hydraulische Pressen auch bei Spanplattenpressen einsatzfähig. Der *Ölantrieb* ermöglicht leichter einen Einzelantrieb für jede Presse als dies bei *Wasserantrieb* möglich ist. Wird Wasser als Preßmittel verwendet, so wird der Antrieb mit einer *Zentral-Preßwasserstation* (*Akkumulator*) bevorzugt. Bei einem Akkumulatorantrieb unterscheidet man zwischen der Kombination Niederdruck-Hochdruck-Akkumulator und Hochdruck-Akkumulator allein unter Verwendung von Schnellschluß- oder Hebezylindern. Letztere haben den Vorteil, daß lediglich ein Druckwassernetz vorhanden ist und nur *eine* Art von Pumpen verwendet werden muß. Durch entsprechende Auslegung der Hebezylinder lassen sich Vordrücke, wie sie bei der Verwendung des Systems Hoch- und Niederdruck-Akkumulator erzielt werden, ebenfalls erreichen. Gegenüber den bekannten Sperrholzpressen

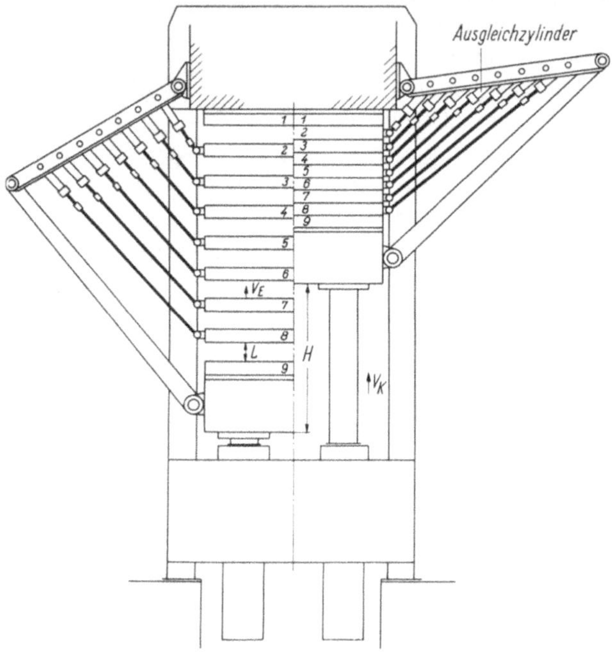

Bild 3.212. Presse mit Simultan-Schließvorrichtung.

$V_E = \frac{V_K}{n}$; $t_s = \frac{n \cdot l}{V_K} = \frac{H}{V_K}$,

V_E = Etagenschließgeschwindigkeit (mm/sec),

V_K = Kolbengeschwindigkeit (mm/sec),

n = Anzahl der Etagen,

t_s = Schließzeit der Presse ohne Preßgut (sec),

L = Lichte Weite der Etagen (mm),

H = Gesamter maximaler Hub der Presse = $n \cdot L$ (mm),

Beispiel: $V_E = \frac{250}{8} = 31{,}25$ (mm/sec²), $t_s = \frac{8 \cdot 160}{250} = \frac{1280}{250} = 5{,}12$ sec.

Die Werte für t_s, L und H gelten ohne Berücksichtigung des Preßgutes. Beim Pressen von Platten sind diese Werte kleiner. Der Schließvorgang ist beendet, wenn der Spänekuchen die obere Heizplatte berührt.

müssen die Spanplattenpressen mit erheblich größerer Geschwindigkeit arbeiten. Durch die Kompressibilität des Spankuchens ist mit wesentlich größeren Preßhüben zu rechnen. Die hydraulischen Antriebe sowie Rohrleitungen, Ventile usw. müssen diesen erhöhten Anforderungen gewachsen sein. Dies gilt in besonderem Maße, wenn die Presse mit einer Simultan-Schließvorrichtung ausgerüstet werden soll. In diesem Fall muß die Geschwindigkeit der Kolben stark erhöht werden. Die Kolbengeschwindigkeiten nähern sich heute in der Größenordnung denen, wie sie bei Schmiedepressen gebräuchlich sind. Dies ist bei Auslegung der Hydraulik zu berücksichtigen.

Bild 3.212 zeigt das Schema einer *Simultan-Schließvorrichtung*. Hat eine Presse, die damit ausgerüstet ist, 8 Etagen wie im Bild 3.212, so beträgt die Geschwindigkeit zwischen den einzelnen Heizplatten $^1/_8$ der Geschwindigkeit der Kolben. Diese Ausführung einer Simultan-Schließvorrichtung vermeidet die Verwendung von Seilen oder Ketten und deren unkontrollierbare Dehnung. Um eine Sicherheit bzw. um einen Ausgleich bei Fehlschüttungen zu gewährleisten, sind in den Tragstangen für jede Etage hydraulische Ausgleichzylinder vorgesehen, die durch eine besondere Ölpumpe versorgt werden. Durch die Einstellung des Druckes lassen sich die Eigengewichte der Heizplatten vollkommen ausgleichen. Auf diese Weise ist es mittels der Simultan-Schließvorrichtung möglich, gewichtsmäßig und bewegungsmäßig in allen Etagen gleiche Bedingungen zu schaffen. Durch den Gewichtsausgleich ist ferner die Möglichkeit gegeben, mit kleineren spezifischen Drücken zu arbeiten und das Öffnen der Presse feinfühliger vorzunehmen; dies kann sich auf empfindliches, zum Platzen neigendes Preßgut vorteilhaft auswirken. Simultan-Schließvorrichtungen sind zur Verfeinerung der Technologie der Spanplatten immer mehr erforderlich. Die bisher festgestellten Unterschiede in Qualität und Dicken zwischen den einzelnen Etagen dürften durch die Simultan-Schließvorrichtung weitestgehend beseitigt sein. Die Erzielung von symmetrischen Herstellungsbedingungen wird durch die Verwendung einer Simultan-Schließvorrichtung beträchtlich vergrößert.

3.6.4.3 Steuerung (Programmsteuerung)

Die *Schließ- und Preßgeschwindigkeit* beeinflussen die Ausbildung der Platte. So wurde z. B. früh erkannt, daß schnelles Schließen der Presse harte, glatte, höher verdichtete Oberflächen ergibt. Dazu ist eine Erhöhung der Druckkraft der Presse erforderlich. Will man jedoch hohe Querzugfestigkeiten sowie gutes Schrauben- und Nagelhaltevermögen erreichen, so muß man nach anderem Druck-Zeit-Programm fahren. Für diesen Fall gibt es die schon erwähnte Faustregel, daß nach einem Drittel der Gesamtpreßzeit die Distanzleisten erreicht sein sollen. Dies entspricht den Kurven b, b_1 in Bild 3.210. Dieses Preßprogramm ist mit geschickten Pressenführern und geeigneten Steuerventilen einzuhalten. Meßuhren an den 4 Ecken, die den Hub der Presse anzeigen, erleichtern den Pressenführern die Arbeit.

Inzwischen sind *vollautomatisch arbeitende Druck-Programmsteuerungen* entwickelt worden, welche die Gewähr geben, daß jede Pressencharge unter den gleichen Bedingungen gepreßt wird.

Bild 3.203 zeigt den Schaltschrank einer solchen Programmsteuerung. Die Presse wird automatisch geschlossen. Sobald auf Hochdruck umgeschaltet ist, kontrollieren 4 an den Ecken angebrachte Geber den Schließweg der Presse. Sie vergleichen ihn mit den Sollwerten einer Programmscheibe, an der das vorgegebene Preßprogramm abgetastet wird. Bei Abweichungen werden über elektrisch betätigte Ventile entsprechende Korrekturen ausgelöst. Sind die Distanzleisten erreicht, wird der Druck reduziert und nach Ablauf der Preßzeit die Presse automatisch geöffnet. Für einen Preßzyklus macht die Programmscheibe eine Umdrehung. In Bild 3.213 ist die Programmscheibe unten rechts erkennbar. Die Umlaufzeit der Programmscheibe kann auf die jeweilige Heizzeit eingestellt werden, die für die vorgesehene Plattendicke erforderlich ist. Die 4 Meßuhren geben den jeweiligen Schließzustand an den 4 Ecken an. 4 Lampen leuchten auf, wenn die Presse die Distanzleisten an allen Ecken erreicht hat. Eine solche Anlage regelt die Preßgeschwindigkeiten. Dabei ist jedoch nicht die Gewähr gegeben, daß immer der erforderliche Verleimdruck eingestellt wird. Das Programm muß durch Erfahrung ermittelt und danach die Programmscheibe ausgebildet werden.

Bild 3.213. Schaltschrank einer automatischen Pressensteuerung (Programmsteuerung). Bauart Krico-Electronic KG.

Neuere Entwicklungen der Programmsteuerung erlauben ein individuelles Eingeben eines Preßprogrammes durch Tastendruck und lassen außerdem eine Änderung des Programmes während des Ablaufes eines Preßzyklus zu. Mit der Einführung der automatischen Programmsteuerung ist die Automation im Produktionsstrang einer Spanplattenanlage abgeschlossen.

3.6.4.4 Heizplatten (Heizung)

Die Ausbildung der *Heizplatten* beeinflußt bei Spanplattenpressen die Produktion mehr als bei Pressen zur Herstellung anderer plattenförmiger Körper wie Faser- und Sperrholzplatten. Die Abmessungen, insbesondere die Breiten, sind erheblich größer als die erzeugten Rohformate. Neben dem Platz für die Distanzleisten sind Vorrichtungen nötig, die eine genau gleiche Lage des Bleches bzw. des Spankuchens in jeder Etage verbürgen. Das Blech darf nicht bis zum Rand mit Spänen belegt sein. Ein genügender Abstand muß das Abfallen oder Verwehen von Spänen auf die Heizplatte oder auf die Distanzleisten sichern. Üblicherweise sind die Heizplatten 250 bis 300 mm breiter als die Netto-Rohbreiten der Spanplatten.

Bild 3.214 zeigt zwei Ausführungsarten von Blechführungen, die im geöffneten Zustand der Presse an oder auf die Heizplatten gefahren

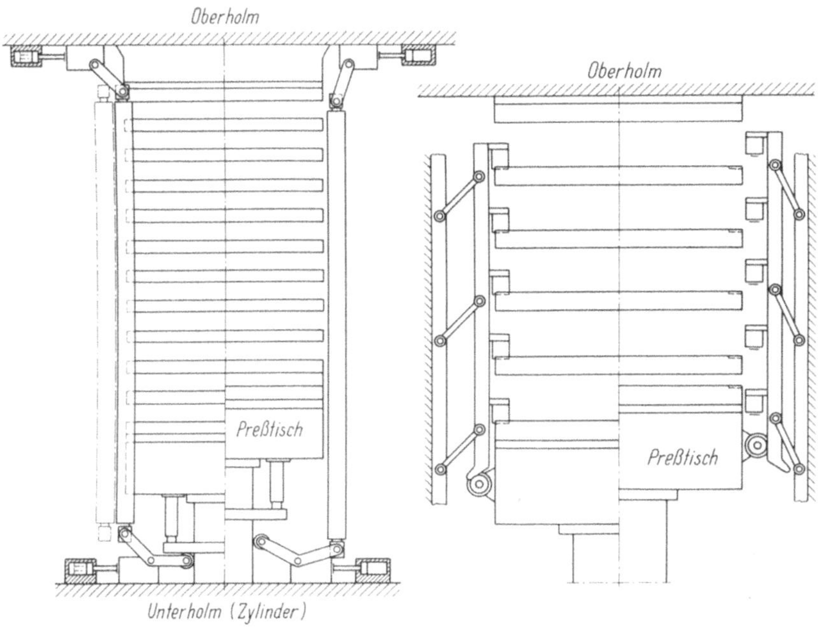

Bild 3.214. Zwei Ausführungsbeispiele von Blechführung in der Etagenpresse. Bauart Becker & van Hüllen.

werden. Beide Vorrichtungen werden automatisch durch Bewegung des Pressentisches gesteuert. Diese Vorrichtungen befinden sich jeweils an der Ein- und Auslaufseite der Presse. Bei großen Formaten ist eine weitere Führung in der Mitte der Presse angebracht.

Die genaue zentrische Lage der Kuchen muß in allen Etagen verlangt werden, um eine exzentrische Druckeinwirkung zu vermeiden, die außer einer erhöhten Beanspruchung der Presse eine Vergrößerung der Dikkenschwankung bewirkt.

Da innerhalb einer Platte oder von Platte zu Platte immer eine gewisse Ungenauigkeit in der Streuung der Späne vorhanden ist, ist es unerläßlich, den Heizplatten eine größere *Eigensteifigkeit* zu geben. Die Durchbiegung wächst mit der 3. Potenz der Stützweite (zwischen den

Distanzleisten). Die Steifigkeit nimmt mit der 3. Potenz der Bauhöhe (Dicke der Heizplatten) zu. Entsprechend diesen Abhängigkeiten steigen auch die Dicken der Heizplatten von 100 mm bei 1250 mm Plattenbreite auf rd. 160 mm bei 2000 mm Plattenbreite. Da diese dicken Platten außerdem eine Vergleichmäßigung der Temperaturen bewirken und durch ihre Masse als Wärmespeicher wirken, berechtigen sie zusätzlich den erhöhten Aufwand. Trotz der großen Dicken werden fast ausschließlich massive Heizplatten aus gewalztem SM-Stahl mit guten Schweißeigenschaften verwendet. Die *Kanäle* werden aus dem vollen Werkstoff herausgebohrt. Die bei Sperrholzpressen übliche Verstopfung der Kanäle wird durch seitlich angeschweißte Leisten, welche die gleiche Dicke

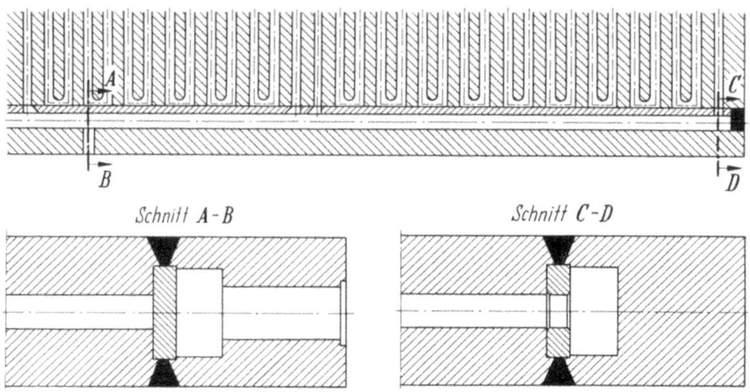

Bild 3.215. Schematische Darstellung einer Heizplatte mit angeschweißten Randleisten.

wie die Platten selbst haben, ersetzt. In diesen Leisten erfolgt die Umleitung des Heizmittels von Kanal zu Kanal sowie teilweise die Verteilung auf die einzelnen Kanalsysteme. Bild 3.215 stellt schematisch die Ausführung einer Heizplatte mit Anschweißleisten dar. Die Dicken der Heizplatten können von Platte zu Platte um 1 bis 2 mm verschieden sein. Die Abweichung der Planparallelität innerhalb einer Platte sollte nicht mehr als $\pm$ 0,1 bis 0,15 mm betragen. Die Oberflächen der Heizplatten sind maschinell geschliffen und weisen eine Rauhigkeit auf, die normalerweise nicht größer als 6 bis 8 μm ist.

Durch ungleichmäßiges Einfahren oder eine gerichtete Streuung entstehen waagerechte Schubkräfte, welche die Plattenführungen stark beanspruchen. Um wenigstens ein gleichmäßiges Schließen der Presse zu erreichen, werden die Heizplatten und auch der Pressentisch mit einer Kreuzfadenführung ausgerüstet.

Als Heizmittel hat sich *Heißwasser* bewährt. Temperaturgenauigkeiten von $\pm$ 2 °C sind sicher einzuhalten, wenn auch dabei beachtliche Wassermengen umgewälzt werden müssen. Die Geschwindigkeit des

Heißwassers in den Kanälen sollte 2 m/s nicht überschreiten. Der *Wärmebedarf einer Presse* ist leicht zu berechnen, lediglich die Verluste von etwa 10 bis 20% des Wärmebedarfes durch Abstrahlung usw. müssen als Erfahrungswerte hinzugefügt werden. Als Richtwert gilt, daß der Wärmebedarf für die Heißpresse etwa ein Drittel des Wärmebedarfes für die Trocknung der Späne beträgt.

3.6.4.5 Distanzleisten

Um eine gleichmäßige Dicke aller Spanplatten zu erreichen, müssen die Heizplatten durch sogenannte *Distanzleisten* im Verlaufe des Preßvorganges auf dem gewünschten Abstand gehalten werden. Die Ver-

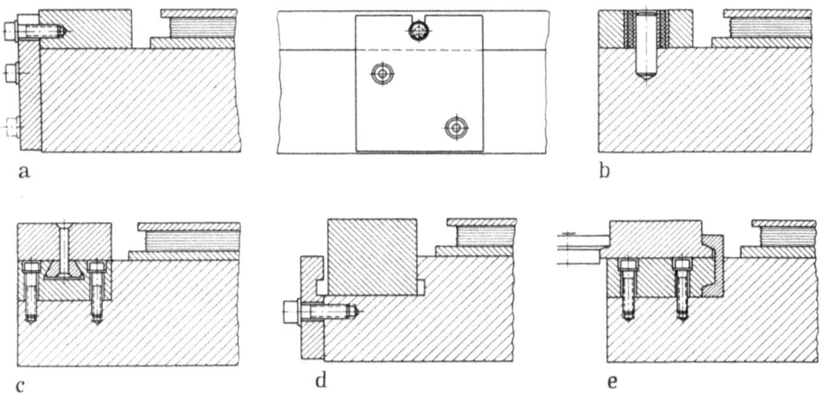

Bild 3.216 a–e. Verschiedene Ausführungsformen von Distanzleisten und deren Befestigung in der Presse.
a) Anbringung wenig empfehlenswert; b) Distanzleisten werden auf Stifte aufgesteckt; c) Ausführung mit Verschleißleiste, zur Mechanisierung des Distanzleistenwechsels geeignet; d) zur Mechanisierung des Distanzleistenwechsels geeignet; e) Ausführung mit Verschleißleiste, zur Mechanisierung des Distanzleistenwechsels geeignet.

wendung von Distanzleisten erschwert die Herstellung von Spanplatten, zumal bei Änderung der gewünschten Spanplattendicke neue Leisten eingesetzt werden müssen. Sie sollen also schnell auswechselbar sein. Die Distanzleisten müssen mit einer engen Toleranz hergestellt werden. Sie müssen sauber gehalten werden, denn jede Ablagerung von Spänen kann alle Bemühungen um Einhaltung der schwer erzielbaren engen Toleranzen scheitern lassen. Die Distanzleisten liegen auf der Längskante der Heizplatten. Bevorzugt werden Distanzleisten aus Aluminium. Sie sind leichter zu handhaben als Stahlleisten und geben bei Überbeanspruchung nach, wodurch Schäden an den teueren Heizplatten vermieden werden. Stranggepreßte Profile mit einer Dickentoleranz von $\pm$ 0,1 mm aus AlCuMg-Legierungen haben sich bewährt. Bild 3.216 zeigt verschiedene Ausführungen von Distanzleisten. Die einfachste Art nach a kann nicht empfohlen werden, da sie bei größeren Pressen mit vielen Etagen lange Zeit zum Auswechseln benötigt. Bei der Ausführung b werden die Distanzleisten lediglich auf die auf der Heizplatte befindlichen Stifte aufgesteckt, was eine wesentliche Erleichterung beim Wechsel bedeutet. Unter c, d und e sind Vorschläge angegeben, wie Distanzleisten aussehen sollten, wenn man an eine Mechanisierung ihres Wechsels denkt. Alle drei Ausführungen ergeben die Möglichkeit, die Distanzleisten von der Stirnseite der Presse auf die Heizplatten aufzuschieben. Dazu müssen die Beschick- und Entleerungsgestelle herangezogen werden. Die Ausführungen c und e zeigen außerdem die Verwendung von sogenannten Verschleißleisten. Diese bestehen aus einem besonders harten Werkstoff und sollen ein Eindrücken der Distanzleisten in die Heizplatten verhindern. Wesentlich ist, daß diese Verschleißleisten so in die Heizplatten eingearbeitet sind, daß sie mit der Oberfläche der Heizplatte abschließen und die letzte Bearbeitung der Oberflächen der Heizplatten gemeinsam vorgenommen wird. Andernfalls ist eine Verschlechterung der Genauigkeit zu befürchten.

3.6.4.6 Bleche

Die Verwendung von *Blechen* in der Spanplattenindustrie wurde ebenfalls aus der Sperrholz- bzw. Faserplattenindustrie übernommen und folgerichtig für die Bedürfnisse der Herstellung von Spanplatten weiterentwickelt. In dem bereits erwähnten Buch über „Furniere, Lagenhölzer und Tischlerplatten" (KOLLMANN [*3.59*]) wurden Bleche für die Sperrholzindustrie ausführlich behandelt.

Bemerkenswert ist in der geschichtlichen Entwicklung der Verwendung von Blechen, daß man bei den beiden älteren Holzwerkstoff-Industrien eine Zeitlang von dem Einsatz von Blechen absah, jedoch bei den immer größer werdenden Anforderungen an Produktionsgeschwindigkeit, Produktionssicherheit und Automation wieder auf ihre Hilfe zurückgriff. Da die Beschaffenheit der Bleche auch die Toleranzen der Spanplatte maßgeblich beeinflußt, sei im Zusammenhang mit den Blechen die Frage der Dickengenauigkeit von Spanplatten mitbehandelt.

Fast ausschließlich werden *Aluminiumbleche* aus AlMgSi-Legierung benutzt. Um ihnen eine große *Dauerfestigkeit* zu geben, werden die Bleche vergütet. Es werden Bleche gemäß DIN 1745 mit nachstehenden Eigenschaften verwendet:

Streckgrenze:	$18 \cdots 26$ kp/mm^2	Wärmeleitfähigkeit:	$144 \cdots 155$ kcal/mh °C
Zugfestigkeit:	$28 \cdots 30$ kp/mm^2	spez. Wärme:	rd. 0,2 kcal/kg °C
Bruchdehnung:	$8 \cdots 12$%	linearer Wärmeausdehnungskoeffizient:	rd. 23×10^{-6}/°C
Brinellhärte:	$80 \cdots 95$ kp/mm^2		
Dichte:	2,7 g/cm^3		

Die Bleche unterliegen einer mechanischen und einer thermischen Beanspruchung. Für die gleichen Bleche werden in der Praxis *Ge-*

brauchsdauerzeiten angegeben, die zwischen 2 Monaten und 2 Jahren schwanken. Diese Zahlen zeigen einerseits, daß die Beanspruchung der Bleche in den einzelnen Anlagen recht unterschiedlich ist, anderseits aber auch, daß die Grenze, wann ein Blech unbrauchbar wird, recht fließend ist. Für einen bestimmten Typ von Anlagen, der einen schonenden Blechtransport aufweist und hohe Anforderungen an die Toleranzen der Spanplatten stellt, beträgt die Benutzungsdauer der Aluminiumbleche rd. 6 Monate. Die Bleche erfahren mit der Zeit auf der Unterseite eine *Abnutzung* durch die Transportelemente sowie durch das Einfahren in die Vorpresse und Heizpresse. Wirksame *Gegenmaßnahmen* waren das Belegen der Vorpresse mit Kunststoffplatten und eine Verminderung der Reibung zwischen Presse und Aluminiumblech durch Molybdän-Disulfid-Präparate.

Die *mechanische Beschädigung* ist aber offenbar nicht allein der Hauptgrund für die Begrenzung der Gebrauchsdauer, sondern auch die Gefügeveränderung im Werkstoff durch das fortwährende Aufwärmen und Abkühlen. Die vorher erwähnten Blechqualitäten sind diesen thermischen Beanspruchungen bis zu einer Temperatur von 150 bis 155 °C gewachsen. Wird die *Heizplattentemperatur* über diesen Wert erhöht, erfolgt sehr rasch ein Zusammenbruch des Materials. Die Festigkeitswerte sinken sehr schnell. Die Bleche zeigen als Folge Dickenveränderungen in der Mitte bzw. Verwerfungen an den Rändern. Genauer als die zeitliche Angabe der Benutzungsdauer der Bleche wäre eine Angabe der Pressungen, die ein Blech aushält. Dieser Wert dürfte z. Z. zwischen 2000 und 3000 Platten je Blech liegen.

Wesentlichen Einfluß auf die Gebrauchsdauer der Bleche hat die Art und Weise, in der die Bleche *gekühlt* werden. Ein Teil der Spannungen, die im Blech auftreten, erfolgt in der Heizpresse durch die verhinderte Ausdehnung des unter Preßdruck eingespannten Bleches. Ungleiche Abkühlung erzeugt ebenfalls örtliche Spannungen im Blech. Am besten hat sich bis jetzt die natürliche freie Abkühlung bewährt. Nachteilig ist jedoch der dafür erforderliche lange Blechrücklauf. Die Beschleunigung der Abkühlung wirkt sich besonders dann ungünstig aus, wenn durch die Anordnung der Bleche in der Kühlstation eine ungleiche Abkühlung eintritt.

Vielversprechend scheinen *Kühlstationen* zu sein, welche die Bleche innerhalb kürzester Zeit durch beiderseitiges Besprühen mit Wasser abkühlen. Ein anderer Weg, von dem erwartet wird, daß er die Lebensdauer der Bleche verlängert, ist die Verwendung einer nachgeschalteten Konditionierungspresse, in der im umgekehrten Rhythmus zu dem der Heizpresse die Bleche in eingespanntem Zustand abgekühlt werden.

Gewöhnlich weisen die Spanplatten nach dem Verlassen der Heißpresse eine schüsselartige Vertiefung auf, deren Ursachen verfahrensbedingte Faktoren wie Feuchtigkeit und deren Verteilung, Heizzeit und Spanverteilung sind und die durch Einflüsse von seiten der Presse und der Bleche hervorgerufen werden kann. Maßgebend hierfür sind:

1. Steifigkeit der Presse,
2. Durchbiegung von Tisch und Holm infolge von Wärmespannungen,
3. Bearbeitungsgenauigkeit von Pressentisch, Preßholm und Heizplatten,
4. Dickentoleranz der Distanzleisten,
5. Dickentoleranz der Beschickbleche.

Selbstverständlich können Verunreinigungen der Beschickbleche, Distanzleisten und Heizplatten alle Anstrengungen zur Einhaltung der Dickentoleranzen zunichte machen. Der Einfluß der Punkte 1 bis 3 kann bei der Herstellung der Presse weitgehend ausgeschaltet werden. Bei den Distanzleisten versucht man ebenfalls, wie im vorherigen Abschnitt beschrieben, die Toleranzen möglichst gering zu halten. Es gibt eine Anzahl Möglichkeiten, durch die Weiterentwicklung der Beschickbleche den negativen Einfluß auf die *Dickentoleranzen* zu beseitigen. Es ist sogar möglich, durch Hohlschleifen der Bleche die verfahrensmäßig bedingten Schrumpfungen auszugleichen. Wurden bisher die Bleche mit einer Dickentoleranz von ± 0,2 bis 0,1 mm geliefert, so sind heute Lieferwerke in der Lage, durch Spezialwalzen gegen einen geringen Aufpreis die Toleranzen um die Hälfte zu vermindern. Desgleichen beherrscht man es heute, großflächige Bleche plan- bzw. nach Vorgabeprogramm hohlzuschleifen. Diese Maßnahmen sind freilich recht kostspielig und werden vorzugsweise nur für die in der Presse fest eingebauten Oberbleche angewendet.

Bislang sind jedoch die Hersteller von Aluminiumblechen nicht in der Lage gewesen, eine Legierung zu liefern, die eine Beständigkeit bei Temperaturen über 155 °C aufweist, ein Verlangen der Industrie im Hinblick auf Verkürzung der Heizzeiten, das vielfach gestellt wird. Inwieweit sich Messingbleche erfolgreich anwenden lassen, ist noch nicht geklärt. In einigen Betrieben wurden Bleche, ähnlich wie sie in der Kunststoffindustrie verwendet werden, eingeführt. Zu beachten ist jedoch, daß bei Verwendung von *Messingblechen*, auch wenn sie dünner gehalten werden, die Transport- und Beschickungseinrichtungen auf die erhöhten Gewichte der Messingbleche eingestellt werden müssen. Nachstehend seien die spezifischen Werte von Messing 63 angegeben:

Ms 63	Zugfestigkeit:	45 kp/mm²	spez. Wärme:	0,99 kcal/kg °C
	Bruchdehnung:	10%	linearer Wärmeausdehnungskoeffizient:	20×10^{-6}/°C
	Brinellhärte:	130 kp/mm²		
	Dichte:	8,44 g/cm³		

Die Dichte liegt für Messing ungünstiger, während die Wärme- und Festigkeitswerte vorteilhafter sind als bei Aluminiumblechen.

Neben den Toleranzen für die Dicke müssen auch die Toleranzen für Länge, Breite und Gewicht festgelegt werden, um einen reibungslosen Umlauf der Bleche zu gewährleisten. Da die Spankuchen auf den Blechen vor der Vorpresse gewogen werden, um die Streugenauigkeit zu kontrollieren, werden auch die Gewichtsschwankungen der Bleche vorgeschrieben, damit der Aufwand für das Tarieren der Bleche nicht zu groß wird. Die zulässigen und erfüllbaren *Toleranzen für Aluminiumbleche* betragen:

Breite:	$+ 0 \cdots 2$ mm	Winkligkeit:	10 mm Diagonaldifferenz
Länge:	$\pm 1{,}5$ mm	Gewicht:	$\pm 1{,}5\%$

Es ist selbstverständlich, daß der Einsatz von Förderblechen die Herstellungskosten der Spanplatten erhöht. Beträgt die Gebrauchsdauer der Bleche bei einer Anlage, die 160 m^3/Tag erzeugt, etwa 6 Monate, so läßt sich leicht errechnen, daß mit 1 m^2 (5 mm Dicke) rund 60 m^3 Spanplatten hergestellt werden können. Dabei ist anzunehmen, daß 5mal mehr Bleche im Umlauf sind als die Etagenzahl der Presse beträgt. Nimmt man ferner an, daß 40% der Kosten für neue Bleche durch Rücknahme der alten Bleche vergütet werden, so betragen die Kosten für Aufheizen der Bleche und deren Beschaffung rund DM 200,— für 160 m^3/Tag erzeugter Spanplatten. Bei einem derzeitigen mittleren Wert von DM 310,—/m^3 Spanplatten entspricht das rund DM 50000,—/Tag. Die Mehrbelastung durch die Bleche beträgt also rund 0,4%, bezogen auf den Wert des Erzeugnisses. Dem steht aber durch die Verwendung von Blechen eine 10 bis 20% höhere Betriebsausnutzung bzw. Betriebssicherheit gegenüber, eine Zahl, die bemerkenswerterweise in der modernen Sperrholzindustrie bestätigt wird.

3.6.4.7 Beschickungs- und Entleerungsvorrichtungen

3.6.4.7.0 Allgemeines. Die Vorrichtungen haben den Zweck, die taktweise arbeitende Etagenpresse in den quasi kontinuierlich arbeitenden Herstellungsstrang einzuordnen. Die *Beschickungsvorrichtung* speichert die ankommenden Bleche mit den darauf befindlichen Spankuchen, um alle Etagen der Presse gleichzeitig zu füllen, während kurz vorher die *Entleerungsvorrichtung* die fertiggepreßten Platten aus allen Etagen gleichzeitig übernommen hat, um sie dann nacheinander an die nächsten Stationen (Plattentrennung, Besäumung usw.) abzugeben. Das Füllen und Leeren der Vorrichtungen erfolgt also während des eigentlichen Preßvorganges. Beim Chargenwechsel soll der Zufluß der Bleche nicht oder nur kurz (Speicherplatz) unterbrochen werden. Die Beschickungs- und Entleerungsvorrichtungen haben einen sehr hohen Grad von Betriebssicherheit erreicht, jedoch werden die Anforderungen durch die Verkürzung der Taktzeit immer größer. Besondere Antriebe elektrischer oder hydraulischer Art werden erforderlich, um einen stoßfreien schnellen Betrieb zu ermöglichen. Wie in der Faserplatten- und Sperrholzindustrie kann man 3 Grundarten in den Beschickungs- und Entleerungsvorrichtungen unterscheiden, die nachstehend beschrieben werden.

3.6.4.7.1 Beschickungs- und Entleerungsvorrichtung mit Hubkörben und Ein- und Ausziehbalken. Dieser Typ entspricht der schematischen Darstellung in Bild 3.195. Zwei geteilte *Hubkörbe*, die unten nur eine Querverbindung haben, befinden sich auf beiden Seiten der Presse. Jeder Hubkorb hat so viele Etagen wie die Presse. Jede Etage des Hubkorbes ist mit zwei Rollengängen ausgerüstet, auf die das Blech mit dem Spankuchen aufgeschoben wird, und besitzt dazu eine feste Kettenbahn, die zwischen den Rollenbahnen liegt, wie in Bild 3.195 angedeutet ist. Der Beschickkorb wird von oben nach unten gefüllt, so daß nach Einlauf der letzten Platte der Korb zum Chargenwechsel in Bereitstellung steht. Bei dem Entleerungsgestell wird nach Übernahme aller Platten der Korb von unten nach oben entleert. Nach Abtransport der letzten Platte fährt der Korb nach oben in Aufnahmestellung für die nächste Pressencharge. Der *Antrieb* des Hubkorbes erfolgt meist mechanisch durch Seile. Das Heben und Senken der Beschickkörbe mittels hydraulischer Kolben und Zylinder hat den Nachteil, daß ein genaues Anhalten des Hubkorbes vor jeder Etage zusätzliche mechanische Feststellvorrichtungen erfordert, um die nötige Sicherheit zu erreichen. Dagegen ist ein hydraulischer Antrieb des Ein- bzw. Auszugsbalkens mit seiner leichten Regelbarkeit vorteilhafter. Diese Art der Beschickung, die man fast als klassisch bezeichnen kann, befindet sich in einer großen Zahl in aller Welt in Benutzung. Sie ist betriebssicher und arbeitet vollautomatisch. Für die Ausführung des Hubkorbes ist die Belastung je Etage wesentlich, da dementsprechend die Antriebe ausgelegt werden müssen. Die Geschwindigkeit eines beladenen Hubkorbes beträgt von Etage zu Etage normalerweise 0,05 m/s. Durch Einbau besonderer Antriebsaggregate läßt sich dieser Wert jedoch auf 0,125 m/s erhöhen. Die Geschwindigkeit des Ein- und Auszugsbalkens in einer einfachen mechanischen Ausführung beträgt 0,2 m/s. Diese Geschwindigkeit läßt sich auf 0,6 m/s anheben. Es sind dann jedoch besondere Antriebe erforderlich, um die anfallende Beschleunigung nicht zu groß werden zu lassen. Hierbei ist es selbstverständlich, daß jede Steigerung der Geschwindigkeit mit erhöhtem Kostenaufwand verbunden ist.

3.6.4.7.2 Beschickungs- und Entleerungsvorrichtung mit umlaufenden Stangen. Das Wirkungsschema der Beschickungs- und Entleerungsvorrichtung mit umlaufenden Stangen ist in Bild 3.198 zu sehen, ferner ist es in einer Patentschrift (DBP [*3.16*]) näher beschrieben. Diese Vorrichtungen bestehen ebenfalls aus heb- und senkbaren Hubkörben. Der Einzug und Auszug erfolgt jedoch nicht durch Balken, sondern durch um die Rollenbahn herumlaufende Stangen. Diese Vorrichtung hat den Vorteil, daß gleich nach Beginn des Einschiebens das nächste Blech hinter der Stange einlaufen kann, so daß eine Speicherung der ankommenden neuen Bleche mit Formlingen nicht erforderlich ist. Diese Beschickung arbeitet nach dem sogenannten Etagen-Sprungverfahren. Dabei wird beim Beladen jeweils eine Etage überschlagen. Dadurch ist man gezwungen, den Beschickkorb zur vollständigen Füllung einmal ganz in die untere Stellung und dann nach oben in die obere Stellung zu fahren, so daß er nach vollständiger Füllung in Arbeitsstellung zum Einschieben in die Presse steht. Zum Einschieben in die Beschickvorrichtung ist jedoch eine vor der Beschickung liegende Einschubvorrichtung notwendig. Leistungen und Geschwindigkeiten sind ähnlich wie bei den unter 3.6.4.7.1 angeführten Vorrichtungen.

3.6.4.7.3 Paternosterbeschickungs- und Entleerungsvorrichtungen. Die Vorrichtungen bestehen aus zwei Paternosterwerken. Die genaue Beschreibung dieser Ausführung wurde in einer Patentschrift (DBP [*3.13*]) gegeben. Diese Paternosterbeschickung hat ebenfalls den Vorteil, daß während des Pressenwechsels bereits neue Bleche in das Beschickgestell einlaufen können, so daß zusätzliche Speicherplätze ausgelassen werden können. Ein weiterer Vorteil der Paternosterbeschickung sind die geringen Fundamentierungskosten, da eine Fundamentgrube, wie sie für heb- und senkbare Hubkörbe unerläßlich ist, nicht benötigt wird.

Es ist bedauerlich, daß diese ansprechende Beschickungsart keine größere Verbreitung in der Spanplattentechnik gefunden hat.

3.6.5 Hochfrequenzerwärmung beim Pressen

Es hat nicht an Versuchen in den letzten Jahren gefehlt, die Hochfrequenzheizung für die Herstellung von Spanplatten nutzbar zu machen. Ihre Eigenschaften, das eingebrachte Spangut in allen Teilen gleichzeitig und schnell zu erwärmen, lassen es als lohnend erscheinen, die Entwicklung weiterzuführen. Die erfolgreiche Verwendung der Hochfrequenzheizung in der holzverarbeitenden Industrie ermunterte ebenfalls zu weiteren Arbeiten, während die Erfahrungen bei der Herstellung von Lagenhölzern dies nicht tun.

Pungs und Lamberts [*3.70*] geben an, daß die Heizzeit für eine 20 mm dicke Spanplatte bei Anwendung von *kombinierter Hochfrequenz- und Kontaktheizung* auf 1 min verringert werden kann. Diese labormäßig belegte Angabe konnte bisher bei großen, industriemäßig hergestellten Platten nicht bestätigt werden. Die Verkürzung der Heizzeit bzw. die größere Leistungsfähigkeit der Presse muß nicht allein ausschlaggebend sein für die Anwendung von Hochfrequenzerwärmung. Es ist denkbar, daß die Entwicklung von besonderen Qualitäten, z. B. gut kaschierfähigen, druckfesten Platten, durch die Verwendung von Hochfrequenzheizung gefördert wird. Durch die gleichmäßige Erwärmung ist eine Bewegung des Wassers zum Wärmetransport nicht erforderlich. Die Ausdampfung von Wasser kann noch mehr verringert oder ganz vermieden werden.

Die Herstellung von sehr dicken Platten (Bauplatten) mit geringer Rohdichte kann ein Anwendungsgebiet der Hochfrequenzwärme werden. Zur Zeit ist jedoch die Nachfrage für diese Platten noch nicht hoch genug.

Sicherlich haben neben dem erhöhten Aufwand bei der Einrichtung und beim Betrieb die technischen Schwierigkeiten elektrischer und mechanischer Art die Einführung der Hochfrequenzwärme erschwert. Die Erzeugung eines gleichmäßigen Feldes über die ganze Fläche der Elektrode (Heizplatte) sowie die Leistungsregelung des Generators während der Preßtakte scheinen heute kein Problem mehr zu sein. Desgleichen hat man erkannt, daß neben der Hochfrequenzheizung eine Beheizung der Heizplatten nötig ist, um einerseits Hochfrequenzverluste durch Wärmeleitung zu vermeiden und anderseits, um Kondensatansammlungen an den Heizplatten zu verhindern, die ihrerseits Durchschläge verursachen.

Am besten für Hochfrequenzheizung geeignet ist eine Zweietagenpresse. Die mittlere Heizplatte dient als positive Elektrode, während das Pressengestell an Erde gelegt ist. Auf diese Weise wird die beste Abschirmung und der geringste Aufwand an Isolation erreicht.

Die Entwicklung von geeigneten *Distanzleisten* macht besondere Schwierigkeiten. Keramisches Material, das elektrisch gut geeignet wäre, ist den mechanischen Anforderungen nicht gewachsen. Zur Zeit werden Kunststoffleisten eingesetzt, die zwar elektrisch und mechanisch den Anforderungen genügen, jedoch Schwierigkeiten in den Toleranzen bereiten. Die elastische Verformung dieser Leisten muß beim Preßvorgang mit berücksichtigt werden.

Bisher wurden keine Erfahrungsberichte über Anlagen mit Hochfrequenzheizung bekannt, die eine Beurteilung über technischen und wirtschaftlichen Wert zulassen. Es ist jedoch sicher, daß auch neuzeitliche Anlagen, die alle bisherigen Erfahrungen berücksichtigen, immer einen erhöhten wirtschaftlichen Aufwand erfordern und mehr Ansprüche an die Betriebsüberwachung und Pflege stellen werden. Ob sich dieser Mehraufwand gegenüber den erreichten Verbesserungen lohnt, wird die Zukunft zeigen.

3.7 Fertigbearbeitung

Von **Elimar Wehner**, Hamburg

3.7.1 Formatgeben

3.7.1.0 Allgemeines

Die Frage des *Formates* steht bei der Planung eines Spanplattenwerkes mit an erster Stelle, um danach und nach der vorgesehenen Kapazität die Größenordnung aller Maschinen und Einrichtungen zu bestimmen.

Unter Formatgeben ist in diesem Abschnitt die Anwendung der Zuschneidanlagen zu verstehen, die das endgültige Nettoformat herzustellen oder auch die Aufteilung in Klein- oder Fixmaße vorzunehmen haben.

Zunächst ist ein Entschluß darüber zu fassen, ob das Zuschneiden auf das Nettoformat unmittelbar im Anschluß an die Spanplattenpresse oder nach Ablauf des Reifeprozesses im Zusammenhang mit der weiteren Oberflächenbearbeitung durchgeführt werden soll. Soweit durch die vorzeitige Besäumung der Außenkanten in noch heißem Zustand ein negativer Einfluß auf die endgültige Festigkeit der Platte im Bereich der Schnittkanten befürchtet wird — dies dürfte u. a. von dem inneren Aufbau, d. h. dem gewählten System der Spanplatte abhängig sein — würde sich diese Frage von selbst beantworten.

Ein weiterer Gesichtspunkt, der nicht vernachlässigt werden darf, ist die Frage der *Wirtschaftlichkeit* im Zusammenhang mit der Kapazität der Anlage. Jede Maschine, also auch eine Zuschnittsäge, sollte im Fertigungsablauf einen Platz bekommen, auf dem die Leerlaufzeiten zu den tatsächlichen Schnittzeiten in einem möglichst günstigen Verhältnis stehen.

Bei einem geringen Gesamtausstoß, d. h. zum Beispiel bei einer Presse mit nur einer Etage und verhältnismäßig langer Preßzeit, wird man besser die Platten zunächst sammeln und lagern und dabei gleichzeitig dem Reifeprozeß aussetzen. Der Plattenzuschnitt wird dann für eine größere Menge jeweils in wenigen Arbeitsstunden vorgenommen.

Die Auswahl der Zuschnittsäge nach Kapazität und System des Arbeitsablaufs wird weitgehend von diesen Überlegungen bestimmt. Jedes größere Spanplattenwerk, das für die Herstellung der Platten auf Holzankauf oder Fremdspäne angewiesen ist und schon aus diesem Grunde jederzeit für einen scharfen Konkurrenzkampf gerüstet sein muß, wird den Zuschnitt und die weitere sogenannte Endbearbeitung in einer möglichst automatisch, d. h. mit geringstem Personalaufwand arbeitenden Fertigungsstraße, zusammenfassen. Kleinere Werke, so zum Beispiel Möbelfabriken, die ihre Platten aus dem anfallenden Verschnitt und ohne Zukauf von zusätzlichem Rohholz herstellen und auch gleichzeitig ihre Fixmaße zuschneiden, werden einen auf ihren besonderen Bedarf abgestellten Gang ihrer Endfertigung wählen. In diesem Falle ist das Formatgeben und damit die Auswahl der Zuschnittsäge mehr von der Vielseitigkeit als von der hohen Leistung bestimmt.

3.7.1.1 Einfache Zuschnittsägen mit Auflagetisch für die Werkstücke

Bild 3.217 zeigt das Arbeitsschema einer *Zuschnittsäge mit fahrbarem Auflagetisch* für die Werkstücke und fest angeordnetem Werkzeugträger mit einem Querbalken, der an der Vorderseite zwei Längssägeaggregate und an der Rückseite auf einem Rollenschlitten das Quersägeaggregat trägt.

Folgende Arbeitsvorgänge müssen für eine Leistungsberechnung in Betracht gezogen werden:

1. Beschickung mit Rohplatten.
2. Fahrt des Tisches auf der Strecke *a* bis zur Position des ersten Querschnittes, dabei Längsbesäumung der Platten bis zur Linie *b—b*.
3. Erster Querbesäumschnitt bei *c*.
4. Fahrt des Tisches bis zur Position des zweiten Querschnittes (Strecke *d*) und dabei restliche Längsbesäumung.
5. Zweiter Querschnitt bei *e*.
6. Restfahrt des Tisches, um von der Säge freizukommen und die Entleerung ohne Gefahr für das Bedienungspersonal zu ermöglichen (Strecke *f*).
7. Entleerung des Tisches.
8. Rückfahrt in die Ausgangsstellung.

Das Rechnungsbeispiel in Abschn. 3.7.1.2 zeigt deutlich den Einfluß der Faktoren, die sich auf die Wirtschaftlichkeit der hier zur Erörterung stehenden Maschinentypen auswirken.

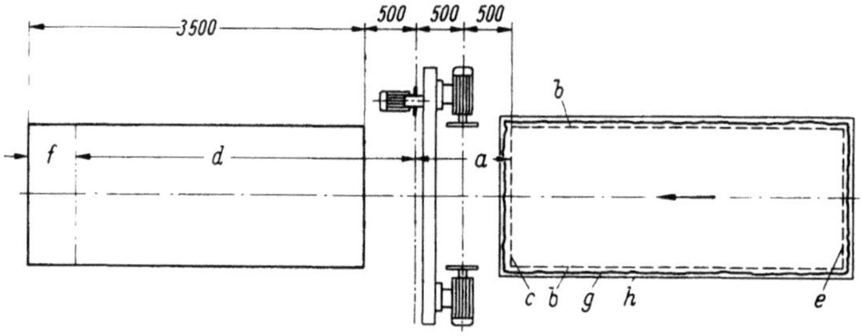

Bild 3.217. Arbeitsschema einer Platten-Zuschnittsäge mit fahrbarem Auflagetisch, zwei Längssägen und einer Quersäge.

a Fahrt des Tisches bis zur Position des ersten Querschnittes; *b—b* bis dahin ausgeführte Längsschnitte; *c* erster Querschnitt; *d* Fahrt des Tisches bis zur Position des zweiten Querschnittes, gleichzeitig weitere Längsbesäumung; *e* zweiter Querschnitt; *f* Restfahrt des Tisches; *g* Plattenkante; *h* Auflagetisch.

3.7.1.2 Leistungsberechnungen

Leistungsberechnung für eine Zuschnittsäge mit Werkstückauflagetisch:

V_t Fahrgeschwindigkeit des Tisches, angenommen mit 15 m/min
V_q Fahrgeschwindigkeit der Quersäge, angenommen mit 15 m/min
t_b Beschickungszeit je Platte, angenommen mit 10 s
t_e Entleerungszeit je Platte, angenommen mit 10 s
V_r Rücklaufgeschwindigkeit des Tisches, angenommen mit 25 m/min

Die Beschickungs- und Entleerungszeit enthält jeweils auch die Zeit für das saubere Ausrichten der Platten auf dem Sägetisch bzw. auf dem Stapel.

Die Plattendicke wird mit 16 mm angenommen, so daß bei einer zulässigen größten Schnitthöhe von 55 mm drei Platten = 48 mm gleichzeitig gesägt werden können. Angenommenes Plattenmaß 3500 mm × 1830 mm.

		Quersäge		Längssägen	
		Leerlauf	Schnitt	Leerlauf	Schnitt
1. Beschickungszeit $t_b = 3 \cdot 10 =$	30 s	30 s		30 s	
2. Fahrt des Tisches auf der Strecke $a = 1000$ mm $\frac{1{,}0 \cdot 60}{15} =$	4 s	4 s		2 s	2 s
3. Querschnitt (Fahrt der Quersäge) 1,83 m + Auslauf 0,6 m = 2,43 m, Laufzeit der Säge $\frac{2{,}43 \cdot 60}{15} \cong$	10 s			10 s	
Schnittzeit der Quersäge $\frac{1{,}83 \cdot 60}{15} \cong 7{,}5$ s		2,5 s	7,5 s		
4. Fahrt des Tisches auf der Strecke $d = 3{,}5$ m $\frac{3{,}5 \cdot 60}{15} =$	14 s	14 s			
Schnittstrecke der Längssägen 3,5—0,5 = 3,0 m (0,5 m bereits bei 2 geschnitten) $\frac{3{,}0 \cdot 60}{15} = 12$ s					12 s
Leerlaufstrecke 0,5 m $\frac{0{,}5 \cdot 60}{15} = 2$ s				2 s	
5. Wie 3.	10 s	2,5 s	7,5 s	10 s	
6. Restfahrt des Tisches = 500 mm $\frac{0{,}5 \cdot 60}{15} =$	2 s	2 s		2 s	
7. Entleerung wie 1.	30 s	30 s		30 s	
8. Rückfahrt des Tisches mit $V_r = 25$ m/min $\frac{5{,}0 \cdot 60}{25} =$	12 s	12 s		12 s	
	112 s	97 s	15 s	98 s	14 s

Einer Gesamttaktzeit von 112 s steht also eine tatsächliche Schnittzeit der Längssägen von 14 s und der Quersäge von 15 s gegenüber.

Derartige Zuschnittsägen haben den Vorteil des geringen Anschaffungspreises, aber den Nachteil der verhältnismäßig geringen Ausnutzung der installierten Leistung. Dazu kommt noch der nicht geringe Platzbedarf für den verfahrbaren Tisch.

Eine andere Ausführung der Zuschnittsäge mit Auflagetisch für das Werkstück arbeitet mit Umkehrung der Funktionen, indem der Tisch feststehend angeordnet ist und der als Brücke ausgebildete Werkzeugträger auf seitlich neben dem Tisch angeordneten Schienen fährt. Bei dieser Bauweise ist der Platzbedarf geringer, und es wird eine schnelle Beschickungsfolge möglich, da bei der Entleerung des Tisches in Längsrichtung gleichzeitig die neue Beschickung erfolgen kann. Der Tisch ist in diesem Fall als Rollentisch ausgebildet. Die Rollen heben sich für den Beschickungs- und Entleerungsvorgang aus der Tischebene an und übernehmen die Zuführung und den Abtransport der Werkstücke. Tischsägen dieser Konstruktionsart eignen sich daher auch für den Einbau in Zuschnittstraßen mit vollautomatischem Ablauf.

Weitere Überlegungen müssen über die Umfangsgeschwindigkeit der Werkzeuge und die Werkzeugbestückung angestellt werden. Bei den bisher üblichen Vorschubgeschwindigkeiten bis zu 20 m/min dürften Umfangsgeschwindigkeiten von rd. 70 bis 80 m/s wirtschaftliche Zerspanungsleistungen ergeben. Die dabei entstehenden Spandicken gewährleisten für den hier in Frage stehenden Rohzuschnitt der Platten eine hinreichend saubere Schnittkante. Die mindest erforderliche Drehzahl der Werkzeugwellen errechnet sich bei 350 mm Blattdurchmesser zu

$$\frac{70 \cdot 60}{0{,}350 \cdot \pi} \cong 3800\,\mathrm{U/min}\,.$$

In der Praxis werden Drehzahlen von 3000 bis 6000 U/min angewendet.

3.7.1.3 Zuschnittsägen mit Lineardurchlauf

Die beiden nachstehend beschriebenen Maschinentypen eignen sich besonders für den Einbau in kontinuierlich arbeitende Straßen für die Endbearbeitung oder Endfertigung der Spanplatten. Der Name *Endfertigungsstraße* ist inzwischen zu einem feststehenden Begriff bei allen Spanplatten-Planern und -Herstellern geworden.

Nach Bild 3.218, oben, läuft eine Platte *a*, von einer Plattenbandkette getragen, zunächst an den Längssägen *c* und *d* vorbei und wird an ihren Längskanten besäumt. Wenn diese Platte mit ihrer Vorderkante die Position *e* erreicht hat, stoppt der Vorschub, und die Quersäge *f*, ausgerüstet mit zwei Sägeblättern und dazwischen angeordneten Zerspanungswerkzeugen, übernimmt die Querbesäumung. Die Platte *a* läuft dann weiter vor, bis die besäumte Vorderkante den bei *g* angeordneten Anschlag erreicht.

Inzwischen wurde in unmittelbarem Anschluß an die erste Platte *a* die zweite Platte *b* eingeschoben und schon in ihrem vorderen Teil von den Längssägen besäumt. Wenn jetzt Platte *a* gestoppt wird und mit ihrer Hinterkante im Bereich der Quersäge steht, ist auch Platte *b* mit ihrer Vorderkante an der Quersäge angelangt, deren nächster Schnitt also in einem Arbeitsgang sowohl die Hinterkante von Platte *a* als auch die Vorderkante von Platte *b* besäumt und mit den Zerspanungswerkzeugen gleichzeitig für die Zerkleinerung der Säumlinge sorgt.

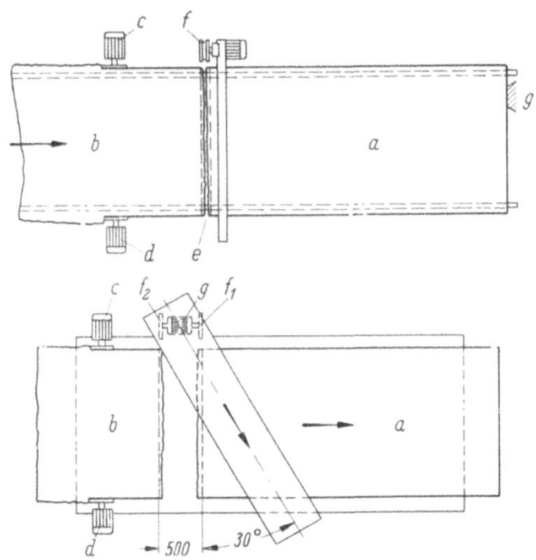

Bild 3.218. Arbeitsschema einer Platten-Zuschnittsäge mit Zuführung durch Plattenbandkette.
Oben: diskontinuierliche Arbeitsweise; *a* und *b* Platte; *c* und *d* Längsschnitt-Kreissägen; bei *e* Stopp des Vorschubes; *f* Kreissägen für den Querschnitt; *g* Anschlag zur Auslösung des Querschnittes.
Unten: kontinuierliche Arbeitsweise; *a* und *b* Platten; *c* und *d* Längsschnitt-Kreissägen; f_1 und f_2 Kreissägen für den Querschnitt; *g* Antriebsmotor für Querkreissägen.

Da der Stillstand der Platte im Bereich der Längssägen zu Brandstellen und Absätzen führen kann, wurde ein anderer Typ dieser Säge so ausgeführt, daß der Führungsbalken für die Quersäge längsverfahrbar auf seitlichen Schienen angeordnet ist. Durch eine im richtigen Augenblick erfolgende Kupplung dieses Wagens mit dem Längsvorschub der Platte wurde erreicht, daß für den Querschnitt kein Stopp des Längsvorschubes mehr erforderlich ist.

Um bei diesen Sägen die Zuführung der Platten im richtigen Takt (Abstand von Vorderkante der ersten Platte bis Vorderkante der folgenden Platte) zu erreichen, kann das Kommando für eine vorgeschaltete Einschubvorrichtung von einem Streckenschaltwerk gegeben werden, das seine Impulse in Abhängigkeit vom Längsvorschub abgibt.

Eine durch ihre einfache und sinnreiche Mechanik besonders überraschende Lösung für eine Vierkanten-Formatsäge ist in Bild 3.218, unten, gezeigt. Das Bild gibt den Augenblick wieder, in dem Platte *a* bereits so weit die Maschine durchlaufen hat, daß ihre Hinterkante in den Bereich der Quersäge f_1 gelangt ist. Platte *b* ist mit ihrem vorderen Ende an den Längssägen *c* und *d* vorbei mit ihrer Vorderkante in den Bereich der Quersäge f_2 gelangt. Jetzt wird sofort über eine zunächst weich einsetzende

Kupplung der Quersägewagen in Pfeilrichtung beschleunigt und nach erlangter voller Geschwindigkeit in starrer Kupplung mit dem Längsvorschub in schräger Richtung über die Werkstückebene geführt. Dabei wird durch die beiden Quersägen die Querbesäumung der hinteren Kante von Platte *a* und der vorderen Kante der Platte *b* gleichzeitig vorgenommen. Der Motor *g* ist für den Antrieb der beiden Quersägen f_1 und f_2 vorgesehen.

Auch hier können wie im vorhergehend beschriebenen Beispiel Zerspanungswerkzeuge zusätzlich neben den Sägeblättern sowohl der Längs- als auch der Quersägen angeordnet werden, um die Säumlinge in zerkleinerter Form gleich durch die Absauganlage der Wiederverwendung als Feinspäne zuführen zu können. Der richtige Taktabstand von Platte zu Platte wird wieder über ein Streckenschaltwerk erreicht, dessen Kommando an ein Einschubgerät oder auch an einen Rastenanschlag gegeben wird, der die Vorderkante der nachfolgenden Platte zunächst stoppt und erst im richtigen Augenblick freigibt.

Diese Maschinenart zeigt bei einer Leistungsberechnung, die nach dem Beispiel in Abschn. 3.7.1.2 vorgenommen wird, sehr günstige Verhältnisse bei der Gegenüberstellung von Schnitt- und Leerlaufzeiten der Werkzeugwellen.

3.7.1.4 Zuschnittanlagen in Winkelaufstellung

Bei Zuschnittanlagen in Winkelaufstellung sind zwei zunächst voneinander unabhängige Maschinen — je eine für den Längs- und für den Querschnitt — vorhanden (Bild 3.219). Durch die räumliche Zuordnung zueinander, d. h. Aufstellung mit im rechten Winkel zueinander verlaufender Förderrichtung und einige den Werkstücktransport von der einen in die andere Maschine sicherstellenden Zusatzeinrichtungen, entsteht dann die Winkel-Zuschnittanlage für größte Leistungen.

Die erste Maschine ist für die Längsbesäumung der Platten bestimmt und kann von Hand oder mittels einer Einschubvorrichtung beschickt werden. Die Übergabe in die zweite Maschine, deren mit Mitnehmern bestückte Förderketten die Platten an der äußeren Längskante erfassen, erfolgt über eine Abstufung, so daß sich die Platten in der in Bild 3.219 gezeigten Phase teilweise übereinanderschieben. Dadurch wird in der ersten Maschine eine ununterbrochene Plattenfolge fast ohne Zwischenräume möglich. Die Vorschubgeschwindigkeiten in derartigen Anlagen betragen meist 15 bis 30 m/min. Es sind jedoch schon Anforderungen auf 35 und 40 m/min gestellt und erfüllt worden. Durch Einbau von zusätzlichen Trennsägeneinheiten wird das Aufgabengebiet der Winkelzuschnittanlage zur Aufteilanlage erweitert. Ein zusätzlicher Längstrennschnitt und bis zu 2 oder auch 3 Quertrennschnitte lassen sich mit derartigen Anlagen beim Spanplattenzuschnitt in wirtschaftlicher Weise verwirklichen.

Eine Grenze für alle in dieser Richtung weiter auftretenden Wünsche wird durch die Probleme gezogen, die sich für das Abstapeln und den Abtransport der Plattenabschnitte ergeben.

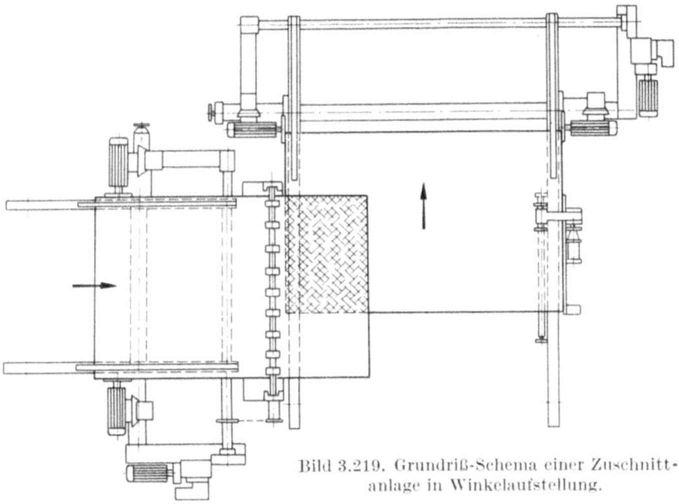

Bild 3.219. Grundriß-Schema einer Zuschnittanlage in Winkelaufstellung.

3.7.1.5 Fixmaßherstellung

Tischsägen der in Abschn. 3.7.1.1 beschriebenen beiden Arten sind für den *Fixmaß-Zuschnitt*, d. h. für die Aufteilung der großen Formate in die Bedarfsformate der Möbelindustrie fast zur Standardausrüstung geworden. Daneben wurden Versuche unternommen, den Fixmaßzuschnitt auf den in Abschn. 3.7.1.4 behandelten Winkelanlagen durchzuführen. Für diesen Zweck wurden auch Maschinen mit vielen Sägeeinheiten gebaut, die für die Bedürfnisse der Plattenaufteilung und die damit verbundene Anforderung auf schnelle Verstellbarkeit eigens konstruiert sind. Für Spanplattenwerke, die sich auf wenige Großabnehmer einrichten konnten oder die selbst Teil eines größeren Möbelwerkes sind, haben sich derartige Winkeldurchlaufanlagen für die gröbere Aufteilung auch bewährt.

Für Spanplattenhersteller, die in ihrem Verkauf den Bedarf kleiner Möbelfabriken berücksichtigen und entsprechend wendig sein müssen beim Festlegen ihrer *Aufteilpläne*, dürfte die Zuschnittsäge mit der Tischauflage — trotz der in Abschn. 3.7.1.2 errechneten geringen Ausnutzung der installierten Leistung — im Augenblick die zweckentsprechende Maschine sein.

Die besondere Eignung für diese Aufteilzwecke ist in der Möglichkeit begründet, sogenannte bunte Aufteilbilder anzulegen und ohne umständliche manuelle Handhabungen rein mechanisch gesteuert auf diesen Sägen zu schneiden.

Ein Zuschnittbild nach Bild 3.220 a ist möglich durch aushebbare Trennsägen für die Schnitte bei *a* und *b*. Diese Schnitte werden ausgeführt, nachdem Teil *c* abgetrennt und entfernt wurde. Dies geschieht beim fahrbaren Tisch von Hand; beim feststehenden Tisch mit angetriebenen Transportrollen kann das Ausfahren durch Anheben eines Teils dieser Rollen automatisch erfolgen.

Um Aufteilungen nach Bild 3.220 b durchzuführen, werden zunächst die Längsschnitte gemacht und dann vor dem ersten und jedem weiteren Querschnitt die drei Streifen so gegeneinander verschoben, daß die mit

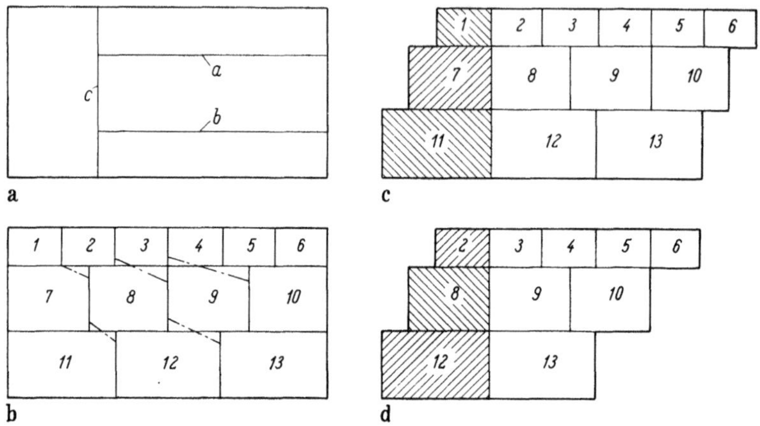

Bild 3.220 a–d. Aufteilbilder für den Zuschnitt von Fixmaßen mit einer Zuschnittsäge mit fahrbarem Auflagetisch.

gestrichelten Linien verbundenen Schnittstellen jeweils eine gerade Linie bilden. Für zwei Querschnitte sind die entstehenden Situationen in den Bildern 3.220 c und d dargestellt.

In Fortführung des Gedankenganges, der zu diesem Verfahren der Aufteilung führte, wäre noch eine andere Ausführung einer Aufteilanlage denkbar, bei der in der ersten Maschine die Längsaufteilung vorgenommen wird und die für jeden Aufteilstreifen eine eigene Quersäge aufweist. Hierbei würden sich die Aufgaben der Abstapelung und des Abtransportes der in den unterschiedlichsten Aufteilmaßen anfallenden Plattenstapel besser lösen lassen.

3.7.2 Schleifen

3.7.2.0 Allgemeines

Die fertig verpreßte Spanplatte ist in bezug auf Oberflächenstruktur und Dicke ein Erzeugnis, das für den Verbraucher in den meisten Fällen noch nicht voll verwendungsfähig ist. Sowohl bei der Einstreuung als auch beim Preßvorgang können die Größen, die auf die Dicke der Platten einwirken, nicht so unter Kontrolle gehalten werden, wie es für die Gleichförmigkeit des Enderzeugnisses wünschenswert wäre.

Aber auch die Einflüsse, die sich beim Preßvorgang aus dem Wärmeübergang von der heißen Pressenplatte in die Spanschicht ergeben und ebenso die Besprühung vor dem Preßvorgang sind Faktoren, die eine zusätzliche Oberflächenbearbeitung der Spanplatte bedingen. Besonders von der Möbelfertigung her wird eine Spanplatte gefordert, die eine für das Aufkleben dünnster Furniere geeignete Oberfläche aufweist.

Es sind viele Versuche gemacht worden, diese Oberflächenbearbeitung ganz oder teilweise durch einen mit Hobelmessern oder Fräsern auszuführenden Zerspanungsvorgang zu erreichen. Die Verfechter dieses Gedankens sehen die Wiederverwendbarkeit der beim Hobel- ober Fräsvorgang anfallenden Späne als besonderen Vorteil an. Anderseits hat sich herausgestellt, daß eine Oberflächenbearbeitung mittels messerartiger Werkzeuge letzten Endes nur beim Schnitt in Faserrichtung des Holzes eine glatte Oberfläche ergeben kann. Quer zu Faser erhält man bei hohen und ungleichmäßigen Schnittdrücken — infolge der natürlichen unterschiedlichen Festigkeit des gewachsenen Holzes und der an den Spanplattenoberflächen wirksamen Leimverbindungen — rauhe Schnittflächen, die durch nachfolgendes Schleifen geglättet werden müssen.

Den doppelten Aufwand von Hobel- oder Fräsmaschine plus Schleifmaschine wird nur der Spanplattenhersteller ins Auge fassen, der infolge mangelnder Einstreu- und Preßgenauigkeit mit einer verhältnismäßig großen Spanabnahme bei Erzeugung der Enddicke rechnen muß. Einsparungen an Streustationen und Presse wirken sich dementsprechend in einer Verteuerung der laufenden Produktion aus. Die in der Herstellung billigste und auch beste Platte wird die sein, bei der die Enddicke und gewünschte Oberflächenbeschaffenheit mit einem möglichst geringen Energieaufwand hergestellt wird.

In der Praxis hat sich dementsprechend die Schleifmaschine mit zwei bis vier Schleifzylindern als Standardausrüstung der Spanplattenwerke durchgesetzt. Die Herstellung der in den Lieferbedingungen für Spanplatten festgelegten zulässigen Dickentoleranz von $\pm$ 0,3 mm kann durch die Konstruktionsmaßnahmen sichergestellt werden, die von seiten der Maschinenhersteller bei den als „Dickenschleifmaschinen“ angebotenen Schleifmaschinen vorgesehen wurden.

3.7.2.1 Zerspanungsvorgang beim Schleifen

Durch Messer oder Fräserschneiden werden Späne „abgehoben“, während die Arbeit eines Schleifkornes mehr einem Verdrängungsvorgang gleicht. Hierdurch ergeben sich wesentliche Unterschiede zwischen der Bauweise einer Dickenhobelmaschine und einer Schleifmaschine, die dem gleichen Zweck dienen soll. Mit Hobelmessern auf einer umlaufenden Messerwelle sind Spanabnahmen bis zu Zentimeterdicke und mehr ohne Schwierigkeiten zu erreichen. Die Größenordnung der Spanabnahme bei Anwendung des Schleifzylinders ist abhängig von der Korngröße des verwendeten Schleifpapiers und liegt allenfalls im Bereich von Millimetern. Während ein Messer beim Schnittvorgang sich selbst in den zu zerspanenden Werkstoff hineinzieht, muß das Schleifkorn durch Druckanwendung in ihn hineingepreßt werden, um den Zerspanungsvorgang zu ermöglichen. Je feiner das Schleifkorn ist, um so mehr Druck ist je Flächeneinheit aufzuwenden, damit das Eindringen der Körnung in die Materialoberfläche und damit die Spanbildung gesichert ist.

Diese Tatsachen müssen sowohl bei der Entwicklung der Technologie des Schleifvorgangs als auch bei Entwurf und Bau von Dickenschleifmaschinen beachtet werden. Entsprechende Überlegungen sind auch durch den Benutzer der Maschine anzustellen, wenn es um die Beschaffung der für seinen Zweck richtigen Maschine geht.

3.7.2.2 Schleifmaschinen

Eine *Dickenschleifmaschine* muß dem auftretenden Schleifdruck durch möglichst starre und schwingungsfreie Auflage- und Führungselemente entgegenwirken können. Bei Maschinen mit obenliegenden Schleifzylindern wird demnach das Schwergewicht auf der richtigen Ausbildung des Transport- und Auflagetisches für die Werkstücke liegen. Dabei ist noch zu beachten, daß bei einer Flächenauflage (durchlaufende Tischfläche) die Eigenspannungen der Platte ebenfalls und zusätzlich als Schleifdruck wirksam werden.

Wenn nicht ganz ebene, plattenförmige Werkstücke auf einer größeren Fläche aufliegen, so ist ein verhältnismäßig großer Druck erforderlich, um z. B. an der Berührungslinie, die sich zwischen Schleifzylinderumfang und Werkstück bildet, die für einen genauen Dickenschliff erforderliche Ebene herzustellen.

Mit wesentlich geringerem Druck kann diese Ebene hergestellt werden, wenn unterhalb des Werkstückes, d. h. also der Spanplatte, ebenfalls für eine Linienauflage gesorgt wird. Durch Tragwalzen, die unterhalb der Schleifzylinder angeordnet sind und nur eine Linienberührung mit dem Werkstück aufweisen, wird erreicht, daß oft schon der durch die Schleifwirkung auftretende Schleifdruck ausreicht, um entgegen der Eigenspannung der Werkstücke eine gerade Führung und damit eine sehr gleichmäßige Genauigkeit beim Dickenschliff zu erzielen. Bei Schleifmaschinen mit flächenhaften Transport- bzw. Auflagetischen für das Werkstück muß dafür gesorgt werden, daß die gerade Führung durch besondere Andruckelemente sichergestellt wird. Die Anordnung von Tragwalzen oder Gegendruckwalzen gegenüber den Schleifzylindern bedingt, daß als Vorschubelemente glatte oder auch geriffelte *Vorschubwalzen* Verwendung finden.

Die Verteilung der Schleifarbeit auf *mehrere Zylinder* wirkt sich günstig auf die Wirtschaftlichkeit und auf die erreichbare Oberflächengüte aus. Bei insgesamt 4 Zylindern (Bild 3.221) nimmt der erste Zylinder nur bei Platten mit großen Dickenübermaßen am Schleifvorgang teil und trägt der groben Zerspanarbeit wegen Schleifpapier mit grober, z. B. 24er Körnung. Der zweite Zylinder wird ebenfalls noch mit ziemlich grober Körnung (36 oder 40) bespannt, während der dritte Zylinder durch Körnung 60 oder 80 den Übergang zum Endschliff des vierten Zylinders mit Körnung 80 oder 100 schafft.

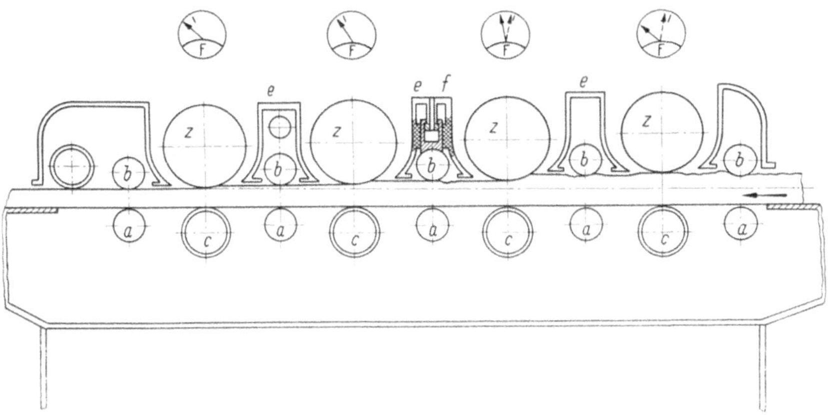

Bild 3.221. Längsschnitt (schematisch) durch eine Zylinder-Schleifmaschine.
a untere Vorschubwalzen; *b* obere Vorschubwalzen gefedert; *c* Gegendruckwalzen; *z* Schleifzylinder; *e* obere Gestellverbindung mit Führungsplatten; *f* Luftkissenfederung. Die Abstufung der Schleifzylinder ist überhöht dargestellt. Die über den Zylindern angegebenen Ampèremeter sollen die jeweils zweckmäßige Leistungsaufnahme der Zylinder bei Leerlauf und Arbeit versinnbildlichen.

Die *Abstufung der Schleifarbeit* soll dabei so vorgenommen werden, daß der letzte Schleifzylinder mit scharfem Schleifpapier nur zu ein Drittel seiner Leistungsfähigkeit (Ablesung am Ampèremeter) belastet ist. Mit zunehmender Abstumpfung der Körnung wird dann die Belastung ansteigen, ohne daß die Dickengenauigkeit wesentlich beeinträchtigt wird.

Die Frage, ob Maschinen mit 4 oder 3 Zylindern verwendet werden sollen, wird sich aus den Anforderungen in bezug auf Kapazität und Genauigkeit ergeben, die an die gesamte Anlage gestellt werden. Maschinen mit nur 2 Schleifzylindern sind allenfalls bei Kleinstanlagen einzusetzen, z. B. bei solchen Spanplattenerzeugern, die eine Einschichtplatte für den Eigenbedarf herstellen. Bei solchen Platten werden meist geringere Anforderungen an die Oberflächengüte gestellt. Durch Auflagen aus dickerem Absperrfurnier oder durch doppelte Furnierlagen wird dann der erforderliche Ausgleich geschaffen. Bei derartigen Platten, die einen geringen Leimanteil aufweisen, lassen sich auch Dickenhobelmaschinen einfachster Bauart zur Herstellung der Dickengenauigkeit und der endgültigen Plattendicke verwenden.

Neuere Bestrebungen in der Spanplattenindustrie gehen dahin, eine noch bessere Oberflächengüte der Platten durch zusätzlichen Einsatz von *Bandschleifmaschinen* zu erreichen. Zur Zeit ist noch nicht zu übersehen, ob sich dabei die Bandschleifmaschine mit Langdruckbalken oder die Breitbandschleifmaschine durchsetzen wird. Im Zusammenhang mit derartigen Überlegungen kann dann allerdings die Verwendung von besonders leistungsstarken Schleifmaschinen mit geringerer Zylinderanzahl zweckmäßig werden, die zur Erledigung der groben Zerspanarbeit und Herstellung der genauen Dicke den Bandschleifmaschinen vorgeschaltet werden. Der Bandschleifprozeß würde in diesem Fall nur der Oberflächenverfeinerung zu dienen haben.

3.7.3 Endbearbeitungsstraßen

3.7.3.0 Allgemeines

Bei der Spanplattenherstellung war eigentlich schon vom Anfang an eine Automatisierung der Spanherstellung, der Beleimung, der Schüttung und des Preßvorgangs angestrebt und mit mehr oder weniger großem Aufwand verwirklicht worden. Die Holzfaserplattenwerke konnten dabei bis zu einem gewissen Grad als Vorbilder dienen.

In den größeren Spanplattenwerken der „Gründerzeit" bestaunte man die menschenleeren weiten Hallen, in denen — dem Betrachter meist hinter Blech- und Sperrholzwänden verborgen — der Transport der Späne aus den Bunkern zu den Trocknern, weiter zu den Beleimtrommeln und — gelegentlich auf Steilförderbändern dem Blick wieder freigegeben — zu den Schüttstationen vollautomatisch ablief. Auch das Schütten, Vorbesäumen, Vorpressen und Fertigpressen erforderte keine Handreichung mehr.

Anschließend allerdings ging alles wieder handwerklich zu: Platten wurden von Hand auf einen Stapel gelegt und ausgerichtet. Der Stapel wurde auf handgezogenem Wagen zunächst zum Zwischenlager und später zur Säge gefahren. Von Hand wurden die Platten wieder auf den Sägetisch gelegt und nach dem Sägevorgang auch wieder säuberlich gestapelt.

Das gleiche Spiel wiederholte sich an der Schleifmaschine, und die noch nicht ausreichenden Preßgenauigkeiten verlangten oft ein drei- bis viermaliges Schleifen. Nach spätestens drei Stunden war ein Wechsel des Schleifpapiers erforderlich, da die Schleifkörnung meist vollständig aus ihrer Bindung gerissen und das Schleifpapier — wenn es sich überhaupt ohne zu zerreißen auf den Zylindern gehalten hatte — nicht mehr als solches anzusprechen war.

Inzwischen haben sowohl die Maschinenhersteller als auch die Schleifmittelfachleute harte und kostspielige Entwicklungsarbeit geleistet und aus den Erfahrungen der Spanplattenpraktiker ihre Schlüsse gezogen.

Die Hersteller der Bearbeitungsmaschinen wurden mit der Fördertechnik vertraut, und es entstanden die ersten, zunächst noch „unterentwickelten" Aneinanderreihungen von Säge- und Schleifmaschinen, für die dann bald der Begriff „Endbearbeitungsstraße" eingeführt wurde. An neuen Förder- und Bewegungselementen wurde hauptsächlich die Einschubvorrichtung geschaffen, die einzelne oder auch mehrere Platten vom Stapel abnehmen und einer Bearbeitungsmaschine zuführen kann, sowie die Wendevorrichtung, die das Umwenden der großen Plattenformate zur Begutachtung oder Bearbeitung der zweiten Plattenseite erleichtert. Beide Geräte sparen je nach zu handhabender Plattengröße 1 bis 3 Arbeitskräfte ein.

3.7.3.1 Einschubgeräte

Im *Reifelager* werden die fertig verpreßten Platten stapelweise so gelagert, wie es die vorgesehenen Fördermittel (Gabel- bzw. Hubstapler) erlauben. Die Stapelhöhe liegt meist zwischen 500 mm und 1000 mm. Am Eingang einer Endbearbeitungsstraße muß daher von dem jeweils herangebrachten Stapel Platte nach Platte abgenommen und dem Bearbeitungsgang zugeführt werden.

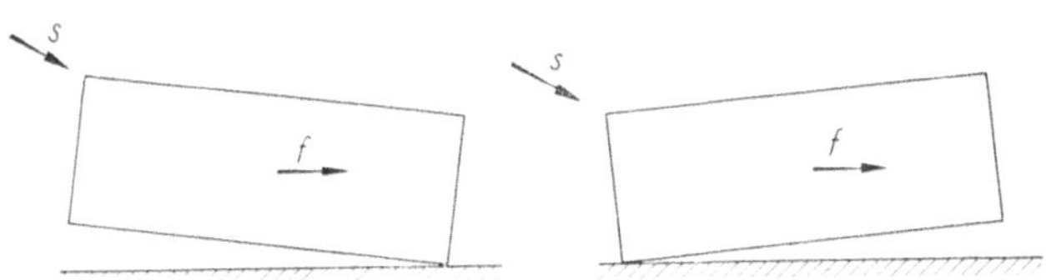

Bild 3.222. Ausrichten der Platten beim Einschub in eine Endfertigungsstraße.
s Schubrichtung; *f* gewünschte Förderrichtung.

Von einem dazu vorgesehenen *Einschubgerät*, das in Zusammenarbeit mit einer Hebebühne zunächst für niveaugerechtes Heranbringen der Platten sorgt, muß außer dem Vorschub möglichst auch noch das gerade Ausrichten der Platten übernommen werden (Bild 3.222). Durch einen schräg zur eigentlichen Förderrichtung *f* angreifenden Schub *s* kann in Verbindung mit einem Ausrichtlineal in einfachster Weise eine Ausrichtung erreicht werden. Die Anordnung eines Schubarmes an der gezeigten Stelle läßt sich allerdings oft nicht durchführen, weil auf gute Zugänglichkeit besonders bei der Arbeit mit Stapelfahrzeugen geachtet werden muß.

Bei einem oft verwendeten Einschubgerät der Firma Böttcher & Gessner (Bild 3.223) wurde daher der schräge Schub in seine beiden Komponenten zerlegt. Der eigentliche Schubschlitten *a* läuft auf der Linealseite auf Führungsschienen *b* und trägt an einem Ausleger *c* den Mitnehmer *d* für den Vorschub in Förderrichtung. Am gleichen Ausleger *c* ist noch ein druckluftbetätigter Greifer *e* mit kurzem Hub angebracht, der das Plattenende nötigenfalls an das Anschlaglineal *f* heranschiebt.

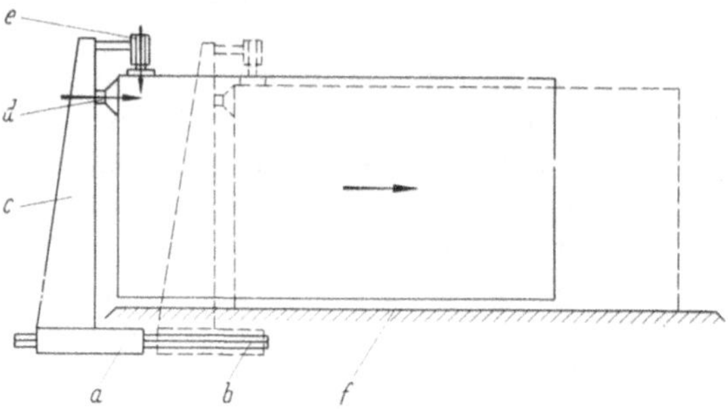

Bild 3.223. Arbeitsweise eines Einschubgerätes für Platten.
a Schubschlitten; *b* Führungsschienen; *c* Ausleger; *d* Mitnehmer für den Vorschub in Förderrichtung; *e* druckluftbetätigter Greifer; *f* Anschlaglineal.

3.7.3.2 Plattenwender

Das Umwenden einer Platte ist — vom Standpunkt eines Handarbeiters gesehen — eine sehr einfache Angelegenheit. Der Fördertechniker jedoch, dem diese Aufgabe gestellt wird, sieht sich vor folgende Fragen gestellt, die seine Konstruktionsüberlegungen beeinflussen:

1. Ist ein kontinuierlicher Arbeitsfluß gegeben?
2. Welche Zeit steht für den Wendevorgang je Platte zur Verfügung?
3. Wird ein linearer Durchlauf verlangt oder muß die Förderrichtung seitlich versetzt oder gar gewechselt werden?
4. Wird während des Wendevorganges eine Beobachtung, d. h. Begutachtung, der Platte vorgenommen und werden deshalb besondere Ansprüche an die Sichtmöglichkeiten gestellt?

Der wohl meist angestrebte lineare Durchlauf innerhalb einer Endbearbeitungsstraße hat zur Konstruktion der *Wendeeinrichtung* mit trommelartigem Wendekörper geführt, bei der die Platte in kurzer, schraubenförmiger Bewegung ohne Unterbrechung des Vorschubes um die Längsachse gedreht wird. Derartige Wendekörper können mit hydraulischem Antrieb Platten bis zu den größten Abmessungen in der kurzen Zeit von 3 bis 4 Sekunden umwenden.

Wendeeinrichtungen mit seitlicher Versetzung oder Wendung über die kurze Kante haben einen größeren Platzbedarf, und man wird sie meist dort vorsehen, wo entweder ein Richtungswechsel verlangt oder besonders gute Sichtverhältnisse gefordert werden.

3.7.3.3 Dickenmessung

Wenn die Spanplatten durch die Zuschnittsägen und Schleifmaschinen gelaufen sind, besitzen sie das endgültige Format und haben eine

Bearbeitung auf genaue Dicke erfahren; es folgt nun die Begutachtung durch Dickenmessung und Betrachtung.

Für die *Dickenmessung* wurden u. a. von der Firma Krico zweckmäßige Geräte entwickelt, deren Meßergebnisse unabhängig von Welligkeiten der Platte ermittelt und auf elektrischem Weg angezeigt werden. Lichtsignale zeigen an, ob die Dickengenauigkeit in dem gewünschten Bereich liegt oder ob das Toleranzfeld nach oben oder unten verlassen wurde. Mit Hilfe dieser Lichtsignale kann ein einzelner Beobachter die Dickengenauigkeit überwachen und gleichzeitig auch die Begutachtung der Oberfläche auf Einstreufehler oder ungenügend geschliffene Stellen durchführen, die nicht schon durch das Dickenmeßgerät als Untermaß angezeigt wurden.

3.7.3.4 Abstapel- und Sortiereinrichtungen

Platten mit Untermaß, Übermaß oder Oberflächenfehlern dürfen nicht zwischen Qualitätsplatten gelangen. Der Beobachter am Auslauf einer Endbearbeitungsstraße muß also die *Aussortierung* vornehmen können. Ob diese Sortierung von Hand durch zusätzliche Arbeitskräfte erledigt wird oder ob man dafür zweckentsprechende Fördergeräte einsetzt, ist eine Frage, die der Rechenstift beantworten kann.

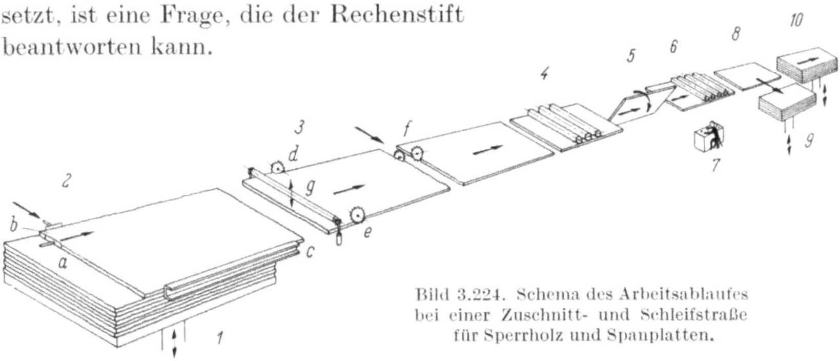

Bild 3.224. Schema des Arbeitsablaufes bei einer Zuschnitt- und Schleifstraße für Sperrholz und Spanplatten.

1 Hebebühne; *2* Einschubvorrichtung: *a* Mitnehmer, *b* Greifer, *c* Anschlag; *3* Formatsäge: *d* und *e* Längssägen, *f* Quersäge, *g* Andruckrolle; *4* Schleifmaschine; *5* Wendevorrichtung; *6* Schleifmaschine; *7* Steuerpult; *8* Sortieranlage; *9* und *10* Abstapelplätze mit Hebebühnen.

Bei fast allen Planungen größerer Spanplattenwerke der jüngsten Vergangenheit wurden Abstapeleinrichtungen vorgesehen, die auf Drucktastenkommando des Beobachters die wahlweise Beschickung von zwei bis vier Ablageplätzen ermöglichen. Für einen Betrieb, der weitgehend ohne Stockung arbeiten soll, sind vier Ablageplätze erforderlich:

Der erste Platz nimmt die Qualitätsplatten auf.

Der zweite Platz übernimmt automatisch die Ablage der Qualitätsplatten, wenn Platz 1 gefüllt ist und auf Entleerung wartet.

Der dritte und vierte Platz übernimmt die gleichen Aufgaben für aussortierte Platten.

Wenn auf Grund der Erfahrungswerte die Preßgenauigkeit des gewählten Verfahrens so anzunehmen ist, daß Platz 3 und 4 nur selten beansprucht werden, kann für die Aussortierung u. U. nur ein Platz als ausreichend angesehen werden.

Die *Abstapeleinrichtungen* stellen an die Fördertechnik hohe Ansprüche: Die Behandlung der Platten soll schonend erfolgen, damit keine Beschädigungen der besäumten Kanten auftreten. Außerdem müssen ausreichende Führungselemente vorgesehen werden, denn nur sauberste Stapelung schafft die Voraussetzung dafür, daß bei den nachfolgenden Transportvorgängen bis hin zum endgültigen Verarbeiter der Platten keine Minderungen der Qualität durch Kantenbeschädigungen entstehen.

Den Bearbeitungs- und Transportablauf in einer Endbearbeitungsstraße zeigt Bild 3.224.

3.8 Furnieren von Spanplatten

Von **Albert Fischer,** Wendlingen

3.8.0 Allgemeine Gesichtspunkte

Holzspanplatten bestehen zu etwa 90% aus Holz, das, wie in Abschn. 3.2 beschrieben wurde, in kleine Teilchen zerlegt und mit Zusatz von Bindemittel unter Druck und Hitze wieder zusammengefügt wird. Für die Ver- und Bearbeitung von Holzspanplatten gelten deshalb die all-

Bild 3.225. Möglichkeiten für die Zusammensetzung von Furnieren für die Verleimung auf Holzspanplatten. Zusammengesetzte Furniere können ohne Unterfurnier auf die faserrichtungslosen Holzspanplatten aufgeleimt werden.

gemeinen Grundsätze der Holzbearbeitung, jedoch sind einige davon abweichende Arbeitsvorgänge zu beachten, wenn Holzspanplatten furniert werden sollen.

Die Oberflächen der Holzspanplatten, insbesondere derjenigen, die aus Flachspänen (Schneidspänen) aufgebaut sind, haben keine bestimmte Holzfaserrichtung. Die langfaserigen Holzspäne kreuzen sich in allen

Richtungen, sowohl in der Länge und Breite als auch in der Dicke der Holzspanplatten; sie sind außerdem so dünn und schmal in der Breite, daß das Quellen und Schwinden des Holzes quer zur Faser praktisch nicht wirksam wird.

Beim Aufleimen von Furnieren auf Vollholz oder Sperrholz soll die Holzfaserrichtung des Furniers die darunterliegende Holzfaser im Winkel von etwa 90 Grad kreuzen. Eine derartige Maßnahme, „Absperren" genannt, entfällt beim Furnieren von Holzspanplatten. Dieser Vorteil erleichtert das Zuschneiden der gewünschten Flächenformate aus Holzspanplatten-Standardmaßen. Ferner können beliebig zusammengesetzte Furniere, z. B. zu Kreuzfugen oder Karos (Bild 3.225), unmittelbar ohne das sonst in der Praxis übliche „Unterfurnier" auf Holzspanplatten aufgeleimt werden.

3.8.1 Vorbereitung der Furniere

Die Furniere werden in üblicher Weise zugeschnitten, besäumt und zusammengesetzt. Es ist streng darauf zu achten, daß die Furniere, ehe sie aufgeleimt werden, nicht mehr als 8% *Holzfeuchtigkeit* (bezogen auf das Darrgewicht) haben. Eine Unterschreitung dieses Feuchtigkeitsgehaltes schadet nichts, im Gegenteil, sie ist erwünscht. Dagegen besteht beim Aufleimen von feuchteren Furnieren die Gefahr, daß sich später in den mattierten und besonders in den polierten Oberflächen Risse zeigen, wenn die furnierten Holzspanplatten längere Zeit dem Einfluß trockener Luft ausgesetzt sind.

Das *Trocknen* von mehr als 8% Feuchtigkeit enthaltenden Furnieren vor dem Zuschneiden kann auf verschiedene Art, je nach den vorhandenen Betriebseinrichtungen, durchgeführt werden. Sehr vorteilhaft ist das Trocknen der Furniere in leicht gebauten Etagen-Pressen mit beheizten Metallplatten, die auf eine Temperatur von etwa 90 bis 100 °C erwärmt werden.

Mit dem Trocknen wird dann gleichzeitig ein Glätten mehr oder weniger welliger Furniere durchgeführt. Man legt etwa 4 bis 6 Furniere aufeinander in die Öffnungen der Presse, schließt sie, öffnet kurz, damit die verdampfte Feuchtigkeit entweichen kann, schließt die Presse wieder und wiederholt dieses Spiel mehrmals, je nach dem Feuchtigkeitsgehalt der Furniere. Derart getrocknete und plan gemachte Furniere lassen sich in der Breite gut zusammensetzen; plane Furniere reißen während des Aufleimens auf die Holzspanplatte, besonders an den Hirnenden, nicht so leicht ein wie wellige Furniere.

Furniere für *hochglanzpolierte Flächen* müssen ganz besonders sorgfältig vorbereitet werden. Die *Furnierfugen* solcher Furniere müssen verleimt werden; am besten geschieht dies auf den bekannten Furnierfugen-Zusammensetzmaschinen mit einer Einrichtung zum Auftragen des Leimes auf die Furnierfuge. Ein Zusammenhalten der Furnierbahnen durch aufgeklebte Papierstreifen ohne Verleimen der Fugen genügt für hochglanzpolierte Flächen nicht, kann jedoch für mattierte Flächen gewählt werden. Man verwendet in solchen Fällen schmale, etwa 10 bis 15 mm breite Papierstreifen aus sehr dünnem Papier hoher Festigkeit. Zu dickes und zu breites Fugenpapier drückt sich beim Aufpressen der Furniere unnötig tief in das Furnier ein und verursacht beim Abschleifen gegenüber dünnem, schmalem Papier unnötige Schleifarbeitszeit. In jedem Falle empfiehlt es sich, die Enden von mit oder ohne Papierstreifen in der Breite zusammengesetzten Furnieren sowie auch von Furnieren ohne Fugen wegen der geringen Zugfestigkeit des Holzes quer zur Faser durch Aufkleben eines dünnen, zugfesten Papierstreifens beim Aufpressen gegen Einreißen zu sichern.

3.8.2 Vorbereitung der Holzspanplatte

Die Oberflächen nicht geschliffener Holzspanplatten werden vor dem Furnieren mit Maschinenschleifpapier Körnung Nr. 80 *geschliffen*. Wenn an die Schnittflächen Vollholz („Kantenholz") angeleimt werden muß, so geschieht dies im allgemeinen vor dem Furnieren. Nach dem Austrocknen der Feuchtigkeit in der Leimfuge wird die Holzspanplattenoberfläche mit Maschinenschleifpapier Körnung Nr. 100 sauber ebengeschliffen. Das Aufleimen von *Kantenfurnieren* auf die Schnittflächen der Holzspanplatten kann nach dem Aufleimen der Furniere auf die Flächen erfolgen.

3.8.3 Leimauftragen

Alle für das Verleimen von Holz gebräuchlichen *Leime* können für das Aufleimen der Furniere verwendet werden. Es empfiehlt sich jedoch, den Kunstharzleimen, insbesondere den Harnstoff-Formaldehydharzen, den Vorzug zu geben und das unvermeidliche Eindringen der Feuchtigkeit aus dem Leim in das Furnier vor dem Aufpressen auf ein Mindestmaß zu beschränken. Mittels einer *Leimauftragmaschine* mit 2 Auftrag- und 2 Dosierwalzen trägt man je nach Güte und Glätte der Holzspanplattenoberfläche 140 bis 160 g Leimflotte je m² und Seite auf. Betriebe, die über keine Leimauftragmaschinen verfügen, können den Leim von Hand auftragen; es gibt dafür im Handel sehr brauchbare Leimauftraggeräte mit einem Leimbehälter und einer darunterliegenden Leimwalze, die durch Hin- und Herbewegung des Geräts in Drehung versetzt wird.

3.8.4 Furnierauflegen und Pressen

Nach dem Auflegen des Furniers auf die Holzspanplatten sollen die Flächen so bald wie möglich zwischen die beheizten Stahlplatten einer Presse gelegt und unter Druck gesetzt werden. Man vermeide zu lange geschlossene Wartezeiten, damit so gut wie keine Feuchtigkeit aus dem Leim in das Furnier eindringen kann und beachte immer wieder, daß die Furnierfeuchtigkeit beim Einsetzen des Preßdruckes nicht über 8% liegen darf.

Die *Preßzeit* beträgt beim Furnieren von Holzspanplatten in Mehretagenpressen bei einer Furnierdicke von 6/10 mm bis 8/10 mm, 6 bis 8 min, wenn Harnstoffharzleim verwendet wird. Sie kann bis auf etwa 1 min herabgesetzt werden, wenn die neuerdings entwickelten Einetagenpressen mit automatischer Beschickungseinrichtung und ein entsprechender, schnell härtender Leim verwendet werden.

Der *Preßdruck* soll der Rohdichte der Holzspanplatten angepaßt werden. Es soll möglichst vermieden werden, daß das Spänegefüge durch zu hohen Preßdruck beim Furnieren unnötig zusammengedrückt wird. Beim Furnieren von Holzspanplatten mit einer Rohdichte von etwa 0,60 g/cm^3 kann mit einem Preßdruck von rd. 8 kp/cm^2 gearbeitet werden. Beim Aufpressen sehr harter Furniere kann dieser Druck noch etwas erhöht werden. Beim Furnieren von Holzspanplatten mit einer Rohdichte unter 0,60 g/cm^3, z. B. 0,50 oder 0,40 g/cm^3 muß der Preßdruck entsprechend, auf 6,5 bzw. 5,5 kp/cm^2, herabgesetzt werden.

Nach Entnahme der furnierten Platten aus der Presse müssen diese sofort sauber *dicht aufeinander gestapelt* werden. Stapelleisten sollen nicht zwischen die Holzspanplatten gelegt werden. Die Stapel furnierter Holzspanplatten sollen mindestens 48 h lang in einem Raum bei Werkstatt-Temperatur (rd. + 20 °C) lagern. Diese Lagerzeit, auch „Klimatisierung" genannt, ist für die Erzielung guter, planer Oberflächen von besonderer Bedeutung.

3.8.5 Furnieren der Holzspanplatten auf einer Seite

3.8.5.0 Allgemeines

Im Möbel- und Einrichtungsbau ist bei der Verwendung von Holzspanplatten manchmal nur eine Fläche sichtbar, z. B. bei Tischplatten, Schreibtischplatten, unteren Böden von Schränken usw. sowie besonders bei Wandvertäfelungen. Die Herstellungskosten solcher Flächen werden, je nach dem Wert des Edel-Außenfurniers, erheblich herabgesetzt, wenn nur eine Seite der Holzspanplatte furniert wird.

Holz und Sperrholz verziehen sich, wenn nicht beide Seiten dauernd von Luft mit gleichem Feuchtigkeitsgehalt umgeben sind. Selbstverständlich können bei dem organischen Werkstoff Holz noch verschiedene andere kleinere Ursachen, die hier außer acht gelassen werden sollen, beim Verziehen mitwirken.

Bei Holzspanplatten aus Flachspänen, die einseitig furniert werden sollen, kann der einseitige Feuchtigkeitseinfluß durch den flüssigen Leim, der immer einen Anteil Wasser enthält, dadurch aufgehoben werden, daß man auf beide Seiten die gleiche Menge Leimflüssigkeit aufträgt, auf eine Seite das Furnier aufklebt und die Leimflüssigkeit der nicht zu furnierenden Seite durch Hitze zu einem Film erhärtet, der verhindert, daß Feuchtigkeit in diese Seite eindringt. Dabei wird vorausgesetzt, daß die furnierte Seite, wie meist üblich, mit den derzeit üblichen Lacken, z. B. Cellulose- oder Kunstharzlacken, mattiert oder poliert wird.

3.8.5.1 Arbeitsweise

In der Praxis hat sich folgende Arbeitsweise bewährt: Für die Vorbereitung der Furniere und Holzspanplatten sowie den Leimauftrag, gilt das unter 3.8.1 bis 3.8.3 Gesagte. Auf beide Seiten der Holzspanplatten werden 140 bis 160 g/m^2 Leimflotte aufgetragen. Auf die eine Seite der Holzspanplatte wird sofort das Furnier aufgelegt, auf die andere, nicht zu furnierende Seite ein blankgezogenes, 0,5 mm dickes Aluminiumblech. Die mit Furnier und Blech belegte Holzspanplatte wird in bekannter Weise in die Etage einer hydraulischen Presse gelegt, die mit dem Furnier belegte Seite nach oben. Anschließend wird, wie sonst beim zweiseitigen Furnieren üblich, gepreßt. Nach Beendigung des Verleim- und Preßvorganges wird die auf einer Seite furnierte Holzspanplatte aus der Presse genommen und das Aluminiumblech von der inzwischen erhärteten Leimschicht heruntergezogen. Die Aluminiumbleche können sehr oft verwendet werden, ehe sie erneuert werden müssen.

Es ist *sehr wichtig*, daß die einseitig furnierten Spanplatten *sofort* nach dem Pressen genau gerade und unmittelbar, *ohne Stapelleisten aufeinandergestapelt werden*. Es werden immer zwei furnierte und zwei nicht furnierte Seiten aufeinandergelegt. Die oberste Platte des Stapels wird abgedeckt und beschwert, damit sie sich nicht verzieht. Während der Stapelzeit, die bei etwa 20 °C Raumtemperatur ungefähr 3 Tage lang dauern soll, erhärtet der Kunstharzleim und die beim Pressen in Bewegung geratene Holzfeuchtigkeit verteilt sich wieder gleichmäßig über die ganze Dicke der Platte. Die nicht furnierte Seite hat einen matten Glanz, der durch das Aushärten des Leimes unter dem Aluminiumblech entsteht.

3.9 Beschichten und Bedrucken von Spanplatten

Von **Walter Enzensberger**, Herrsching

3.9.0 Allgemeine Gesichtspunkte

Die ein- oder beidseitige *Beschichtung* von Spanplatten erfolgt immer aus *dekorativen* oder *technischen Gründen*, oder um beide Effekte gleichzeitig zu erreichen. Ähnlich wie beim Furnieren mit Edelholzfurnieren soll die dekorative Beschichtung der Spanplatte ein gefälligeres Aussehen geben, um sie für den späteren Verwendungszweck besser geeignet zu machen. Zugleich mit der dekorativen Wirkung wird jedoch durch das Beschichten auch eine technische Wirkung erzielt durch eine Verbesserung der Oberflächeneigenschaften gegen mechanische, physikalische und chemische Einwirkungen.

Die Beschichtung von Spanplatten kann jedoch auch aus rein technischen Gründen erfolgen, um besondere Eigenschaften zu erreichen, die der Spanplatte im Rohzustand nicht gegeben sind. In diesem Falle wird auf eine dekorative Wirkung zugunsten des technischen Vorteils verzichtet.

Eine Beschichtung kann auf verschiedene Art und Weise erfolgen: durch Lackieren, Furnieren, Aufbringen von Platten und Folien aus anderen Werkstoffen, Beschichten mit kunstharzimprägnierten Papieren; hinzu kommt unmittelbares Bedrucken.

Im Nachfolgenden sollen alle Beschichtungen behandelt werden, mit Ausnahme des Furnierens, das in Abschn. 3.8 beschrieben wurde.

3.9.1 Beschichten von Spanplatten mit dekorativen Kunststoffplatten

3.9.1.0 Allgemeines

Als dekorative Kunststoffplatten sind in diesem Rahmen *dekorative Schichtpreßstofftafeln* zu verstehen, hergestellt aus phenolharzimprägnierten Natronkraftpapieren und melaminharzimprägnierten Alphacellulose-Papieren, die unter gleichzeitiger Einwirkung von Wärme und Druck miteinander verpreßt werden (DIN 16926), sowie Holzfaserplatten, die unter gleichzeitiger Einwirkung von Wärme und Druck mit melaminharzimprägnierten Alphacellulose-Papieren verpreßt werden (kunststoffbeschichtete, dekorative Holzfaserplatten H, DIN 68751).

Das ein- oder beidseitige Beschichten dieser Kunststoffplatten auf die Spanplatte wird sowohl der dekorativen Wirkung wegen als auch zur Vergütung der Oberflächeneigenschaften vorgenommen. Das Aufbringen der Kunststoffplatte erfolgt durch Aufkleben oder Aufleimen. Es handelt sich hier um die einfachste Form der Beschichtung von Spanplatten, nämlich um eine Addition von Kunststoffplatte + Leim + Spanplatte, die ohne umfangreiche maschinelle Einrichtung und ohne verwickeltes Verfahren durchgeführt werden kann.

3.9.1.1 Anforderungen an die Rohspanplatte

Die Anforderungen an die Rohspanplatte sind bei dieser Art der Beschichtung verhältnismäßig gering. Es können Spanplatten verwendet werden, die im Flachpreßverfahren oder im Strangpreßverfahren hergestellt wurden. Die Beschichtung kann sowohl auf Holzspanplatten als auch auf Spanplatten, hergestellt aus Einjahres-Pflanzen, erfolgen.

Durch Anwendung geringer *Preßdrücke* und dadurch geringer Gefahr der Deformierung bei der Beschichtung spielt die Rohdichte der Rohplatten eine untergeordnete Rolle; es können Platten mit einer Rohdichte von 0,4 g/cm^3 aufwärts beschichtet werden. Die Farbe der Plattenoberfläche wird durch die aufgebrachte Kunststoffplatte völlig abgedeckt, so daß auch farblich unterschiedliche Platten zur Beschichtung geeignet sind.

Entscheidend für die Verleimung oder Verklebung ist jedoch die *Dickentoleranz der Rohplatte*, die ± 0,3 mm nicht überschreiten soll, so daß zweckmäßigerweise nur geschliffene Platten beschichtet werden sollen. Beim Aufleimen von 0,4 mm dicken Schichtstoffplatten wird von den Plattenherstellern jedoch eine Dickentoleranz von max. ± 0,1 mm verlangt. Diese geringe Toleranz ist natürlich nur bei kleineren Werkstücken zu erreichen, wie sie in der Möbelfabrikation anfallen.

Da die aufgebrachte Kunststoffplatte in einem Dickenbereich von 0,4 bis 3,2 mm liegt, besteht die Gefahr, daß sich vor allem beim Beschichten mit „dekorativen Schichtpreßstofftafeln", die in der Plattendicke unter 1,6 mm liegen, die Oberfläche der Spanplatte durchzeichnet. Bei der Verwendung von großflächigen und groben Spänen in der Deckschicht der Spanplatte wird sich besonders beim Aufbringen von hochglänzenden Kunststoffplatten eine unruhige Oberfläche ergeben. Die Verwendung einer feinspanigen Deckschicht ergibt ruhige Oberflächen.

3.9.1.2 Anforderungen an die Schichtstoffplatte

„Dekorative Schichtpreßstofftafeln" werden während des Herstellungsvorganges auf der Rückseite mit sogenannten Trennpapieren versehen oder mit der Rückseite gegen glatte Bleche gepreßt. In beiden Fällen muß die Rückseite der Platte vor der Beschichtung aufgerauht beziehungsweise das Trennpapier durch Schleifen entfernt werden, um eine gute Verleimung zu erreichen. Für kunststoffbeschichtete Holzfaserplatten, die bei der Herstellung ebenfalls mit Trennpapieren auf der Rückseite versehen sind, gilt dieselbe Vorbereitung. Ist die Faserplatte auf der Rückseite vor oder nach der Kunststoffbeschichtung befeuchtet worden, so bildet sich durch die Quellung des ungleich angehäuften Faserstoffes eine ungleichmäßige Rückseite, die durch Schleifen egalisiert werden muß.

Eine besondere Plattenart stellen die 0,4 mm dicken dekorativen Platten dar, die auch als *Folien* bezeichnet werden. Als Träger oder Kernmaterial wird hierbei *Hydratcellulose* (Vulkanfiber) in einer Dicke von 0,2 bis 0,3 mm verwendet. Ebenso finden *Pergamentschichten* Anwendung, die mit Kunstharzfilmen verleimt werden.

Falls der spätere Verleimungsvorgang es erfordert, werden auch die Rückseiten dieser Platten geschliffen.

3.9.1.3 Kleber und Leime

Für die Verleimung der Kunststoffplatte auf die Spanplatte eignen sich alle *Polykondensationsharze.* Da solchermaßen beschichtete Platten jedoch nur dort zum Einsatz kommen, wo feuchtigkeits- oder wasserfeste Verleimungen verlangt werden, gelangen praktisch aus dieser Harzgruppe nur Harnstoff-Formaldehydharze zum Einsatz, die zweckmäßig nur wenig gestreckt werden, um die aufgebrachte Leimflotte wasserarm zu halten und dadurch eine Quellung der Spanplatte zu vermeiden. Die Verleimung mit der Spanplatte kann bei über 100 °C, bei 40 ° bis 80 °C oder bei Raumtemperatur erfolgen, je nach Härterzusatz oder Verleimungsmöglichkeiten.

Des weiteren können für die Beschichtung *PVA-Leime* in Kalt- oder Heißverpressung eingesetzt werden oder sogenannte Kontaktkleber auf der Grundlage von Neopren.

Bei dünnen Schichtstoffplatten können auch Verklebungen mit Leimfilmen bei *Temperaturen* von 140 °C vorgenommen werden. Da diese dünnen Platten meist nur in matter Oberfläche hergestellt werden, ergibt sich durch die hohe Temperatur keine Beeinträchtigung des Fertigaussehens.

3.9.1.4 Beschichtungsvorgang

Die bei dieser Beschichtungsart erforderlichen *Preßdrücke* liegen bei 1 bis 6 kp/cm², je nach verwendetem Kleber oder Leim. Für Kondensationsharze, PVA-Leime und Verleimfilme erfolgt die Beschichtung in hydraulischen *Pressen* oder Spindel-Pressen, da eine längere Standzeit erforderlich ist. Um diese Standzeit zu verringern, kann die Verleimung unter gleichzeitiger Wärmeeinwirkung erfolgen. Übliche Verleimungstemperaturen bis zu 110 °C beeinträchtigen die Kunststoffoberfläche nicht. Verklebungen mit Kontaktklebern können ebenfalls in Pressen oder durch Aufreiben der Kunststoffplatten von Hand auf die Trägerplatten durchgeführt werden.

Platten, die einseitig mit Schichtstoffplatten verleimt sind, ziehen sich krumm. Aus diesem Grunde hat immer eine Gegenkaschierung auf der Rückseite der Platte zu erfolgen. Die einfachste Gegenkaschierung ist das Aufleimen derselben Plattentype auf beiden Plattenseiten. Bei Rückseiten, die nicht sichtbar sind, können auch angefeuchtete Faserplatten aufgeleimt werden, die sich durch den Feuchtigkeitsentzug zusammenziehen und dadurch die entsprechende Gegenspannung ergeben. Es ist ferner üblich, eine dicke Leimschicht auf die Rückseite aufzubringen und diese mit einem Trennpapier (Pergamin) abzudecken.

Dünne Schichtstoffplatten von rd. 0,4 mm Dicke finden ein großes Anwendungsgebiet als Kantenumleimer. Als Klebestoffe werden bei diesem Vorgang Kondensationsharze, PVA-Leime und tierische Leime verwendet. Das Aufleimen auf die Kanten erfolgt üblicherweise mit Durchlaufpressen, deren Stahlbänder mittels Induktionsheizung auf die entsprechende Abbindetemperatur gebracht werden. Eine andere Möglichkeit ist die Verwendung von sogenannten Schmelzklebern, die mit einer Temperatur von etwa 200 °C auf die Kanten gegeben werden. Anschließend erfolgt das Anpressen der Kantenfolien mit Druckrollen. Durch die Abkühlung erfolgt ein Erstarren der Leimschicht.

Durch die große Auswahl an verschiedenen Mustern und insbesondere an Holzimitationen werden solche Schichtstoff-Umleimer auch sehr häufig für furnierte Platten eingesetzt, da nach dem Aufleimen eine fertige Oberfläche vorhanden ist und eine zeitraubende und kostspielige Oberflächenbehandlung vermieden wird.

3.9.1.5 Eigenschaften

Die *Oberflächeneigenschaften* der beschichteten Spanplatten entsprechen jenen der aufgebrachten Kunststoffplatten (siehe DIN 16926 und DIN 68751). *Biegefestigkeit*, *Zugfestigkeit* und *Druckfestigkeit* der Rohspanplatte erhöhen sich je nach Art und Dicke der aufgebrachten Kunststoffplatte.

Die *Dickenquellung* wird nach wie vor durch die Trägerplatte, also die Spanplatte, bestimmt, wird jedoch vermindert, da ein Eindringen der Feuchtigkeit nur noch von den Plattenkanten her möglich ist, und dies auch nur dann, wenn keine Kantenumleimer vorhanden sind.

3.9.2 Beschichten von Spanplatten mit PVC-Folien

3.9.2.0 Allgemeines

Die ein- oder beidseitige Beschichtung von Spanplatten mit *PVC-Folien* geschieht sowohl aus dekorativen Gründen als auch zur Verbesserung der Oberflächeneigenschaften. Zur Verwendung gelangen grundsätzlich Platten oder Folien aus Hart-PVC. Es handelt sich hierbei um ein Polymerisationserzeugnis des Vinylchlorids, das, ohne Weichmacher verarbeitet, einen harten Kunststoff bildet, der jedoch bei Temperaturen über 100 °C erweicht, also thermoplastisch wird. Rückkühlung unter 100 °C führt wiederum zum Hartwerden. Durch Zusatz von lichtechten Pigmenten wird die gewünschte dekorative Wirkung erzielt.

Die Herstellung der PVC-Hart-Folien erfolgt auf Kalanderanlagen, auf denen das mit Farbstoffen, Stabilisatoren und anderen Zusätzen versehene pulverförmige PVC unter gleichzeitiger Einwirkung von Wärme zu Platten mit Dicken von 0,4 bis 0,5 mm ausgewalzt wird. Der gewünschte Oberflächeneffekt, hochglanz oder seidenmatt, wird durch Spezialwalzen an der Kalanderanlage erreicht (Kubitzky [*3.65*]).

Aufgebracht werden die PVC-Hart-Folien auf die Spanplatte durch Aufkleben oder Aufleimen, ähnlich wie bei der Beschichtung mit dekorativen Kunstpreßstofftafeln.

3.9.2.1 Anforderungen an die Rohspanplatte

Da das Aufbringen der PVC-Hart-Folien bei niedrigen Preßdrücken vor sich geht, können Spanplatten mit beliebiger Rohdichte verwendet werden. Farbunterschiede in der Oberfläche der Rohspanplatte werden durch die deckend pigmentierten PVC-Folien ausgeglichen. Zur Beschichtung sind alle flachgepreßten Spanplatten geeignet. Stranggepreßte Spanplatten werden vor der Beschichtung mit einem Blind- oder Sperrfurnier überfurniert. Geeignet sind auch Spanplatten aus Einjahres-Pflanzen. Da die Dicke der PVC-Folien mit 0,4 bis 0,5 mm sehr gering ist, soll die Deckschicht der Spanplatte möglichst homogen sein und aus feinen Spänen bestehen. Um die Spanplattenoberfläche gleichmäßig zu halten und Dickenunterschiede zu beseitigen, ist Schleifen der Platten vor dem Verpressen zu empfehlen. Unebenheiten in der Spanplattenoberfläche zeichnen sich in der PVC-Schicht ab und ergeben unruhige Flächen.

Ist eine *Furnierung* der Spanplatte vor der Beschichtung mit PVC-Folien erforderlich, so sollen Furniere mit möglichst gleichmäßigem Gefüge herangezogen werden. Der pH-Wert der aufgebrachten Furniere beeinflußt besonders im saueren Bereich die Verleimbarkeit der PVC-Folien ungünstig. Die zur Anwendung kommenden Klebstoffe müssen genügend alkalisch sein.

3.9.2.2 Anforderungen an die PVC-Hart-Folien

Die zur Beschichtung vorgesehenen PVC-Hart-Folien werden in Rollen angeliefert. Bei ihrer Lagerung können Schwierigkeiten auftreten, vor allem wenn das thermoplastische Material durch Wärmeeinfluß wellig wird und dadurch zu Störungen bei der Verleimung führt. Lagertemperaturen von +10 °C bis +25 °C sind anzustreben. Vor der Verleimung auf die Spanplatte soll die zu verleimende Seite der PVC-Hart-Folien mit organischen, fettlösenden Flüssigkeiten gewaschen werden, um verleimungshindernde Rückstände auf den Plattenrückseiten zu beseitigen.

3.9.2.3 Beschichtungsvorgang

Zur Beschichtung geeignet sind *Dispersionsleime*, wie z. B. Ester der Polyacrylsäure. Der Wasseranteil soll — um eine Quellung der Deckschicht der Spanplatte und damit unruhige Oberflächen zu vermeiden — möglichst niedrig sein. Auf Grund der thermoplastischen Eigenschaften der PVC-Folien soll die Verleimung bei Raumtemperatur oder bei Preßtemperaturen von höchstens 50 °C erfolgen. Die Pressung in hydraulischen Pressen oder Spindel-Pressen kann mit einem *Preßdruck* von 2 bis 8 kp/cm² durchgeführt werden, so daß keine Verdichtung der Spanplatte zu befürchten ist. Für das Aufkleben der PVC-Folien sind auch *Neoprenkleber* brauchbar; dabei ist eine Wasseraufnahme durch die Spanplatte ausgeschlossen. Die Verklebung kann in Pressen oder durch Aufreiben von Hand durchgeführt werden.

3.9.2.4 Eigenschaften von PVC-beschichteten Spanplatten

Mit PVC-Hart-Folien beschichtete Spanplatten haben neben ihrer dekorativen Wirkung folgende Eigenschaften:

a) *Undurchlässigkeit für Wasser und Feuchtigkeit,*

b) gute *Widerstandsfähigkeit gegen Abrieb,*

c) gute *Widerstandsfähigkeit gegen chemische Beeinflussungen,*

d) gute *Kratzfestigkeit,*

e) sehr gute *Alterungsbeständigkeit* und *Lichtechtheit.*

Auf Grund der geringen Wärmeleitfähigkeit ist die Widerstandsfähigkeit gegen Wärmeeinwirkung, wie z. B. Zigarrenglut, gering.

3.9.2.5 Verwendung von PVC-beschichteten Spanplatten

Mit PVC-Hart-Folien beschichtete Spanplatten finden vor allem im *Möbelbau* für senkrechte Flächen Verwendung; dasselbe gilt für die Verwendung im *Innen-Ausbau.* Der hohe Elastizitätsmodul gestattet auch den Einsatz im *Fahrzeugbau,* da Erschütterungen, denen die Karosserien ausgesetzt sind, nicht zur Rißbildung führen.

PVC-beschichtete Platten können nur dort verwendet werden, wo die Temperaturen 80 °C nicht überschreiten.

3.9.3 Beschichten mit Kunststoff-Furnierimitationen

3.9.3.0 Allgemeines

Aus Gründen der Wirtschaftlichkeit, der Senkung der Rohstoffkosten und zur Erreichung einer höheren Oberflächengüte werden für die Oberflächenbehandlung von Spanplatten auch *Kunststoff-Furnierimitationen* und Grundierfolien eingesetzt (Herberts & Co. [*3.43*], Letron GmbH [*3.71*]). In beiden Fällen handelt es sich um imprägnierte Papiere, die entweder auf Grund ihres eigenen Harzanteils selbstklebend oder unter Verwendung der üblichen Kondensations-Kunstharzleime auf die Spanplatte aufgeklebt werden. Grundsätzlich erfolgt nach dem Aufbringen der imprägnierten Papiere eine Oberflächenbehandlung durch Lackieren.

Bei Kunststoff-Furnierimitationen, die das Bild einer Holzstruktur aufweisen, erfolgt die Lackierung mit klarem Lack, während bei Grundierfolien eine Lackierung mit pigmentierten Lacken in Uni-Farben durchgeführt wird.

3.9.3.1 Anforderungen an die Rohspanplatte

Es können nahezu alle Spanplattentypen verwendet werden, wie sie im normalen Möbelbau zum Einsatz gelangen. Voraussetzung ist jedoch eine möglichst dichte, gleichmäßige, feinspanige Oberfläche, die feingeschliffen ist (Körnung 100). Großflächige Späne in der Oberfläche sind ungeeignet, ebenso stranggepreßte Spanplatten, sofern sie nicht überfurniert sind.

Die Rohdichte soll gleichmäßig über die Platte verteilt sein. Es ist empfehlenswert, die Rohspanplatte zwischen der Herstellung und der Beschichtung ausreifen zu lassen. Ein zusätzlicher Bindemittelanteil für Platten, die zur Beschichtung vorgesehen sind, ist nicht erforderlich.

Der *pH-Wert* der Plattenoberfläche soll nicht unter 6,0 liegen, soweit selbstklebende Kunststoff-Furnierimitationen verwendet werden, während er beim Aufleimen im Naßverfahren keine Rolle spielt.

Die *Feuchtigkeit* der Rohspanplatte soll für das Aufleimen der Kunststoff-Furnierimitationen mit Naßleim etwa 6 bis 10% betragen, während für selbstklebende Kunststoff-Furnierimitationen eine höhere Feuchtigkeit von etwa 8 bis 12% gegeben sein soll.

3.9.3.2 Eigenschaften der Kunststoff-Furnierimitationen

Kunststoff-Furnierimitationen bzw. Grundierfolien bestehen üblicherweise aus Alpha-Cellulose-Papier mit einem Flächengewicht zwischen 100 und 150 g/m^2.

Das Bedrucken mit Holzmustern erfolgt im Tiefdruckverfahren, wobei jedoch Spezial-Druckfarben eingesetzt werden, die gegen Polyester- und Melaminharze widerstandsfähig sind.

Die Papiere werden mit Polyesterharz unter Verwendung geringer anderer Harzzusätze getränkt. Die Imprägnierung mit Polyesterharz erfolgt, um später eine Haftung von Polyesterlacken auf der Oberfläche zu verbürgen. Der Harzauftrag liegt bei etwa 120 bis 125% Trockenharz, bezogen auf Rohpapiergewicht. Die Imprägnierung erfolgt asymmetrisch in der Weise, daß auf die dekorative Seite mehr Harz aufgebracht wird als auf die der Spanplatte zugewandte Seite. Dies ergibt einen erhöhten Oberflächenschutz der aufgepreßten Kunststoff-Furnierimitationen gegen Beschädigungen und hilft außerdem, ein Ankleben der Kunststoff-Furnierimitationen an den Zulagenblechen zu vermeiden.

3.9.3.3 Verwendete Leime

Grundsätzlich genügt es, eine einzige Kunststoff-Furnierimitation auf die Plattenoberfläche aufzubringen. Wie bereits erwähnt, können die Kunststoff-Furnierimitationen so gestaltet werden, daß sie während des Preßvorganges ohne zusätzliche Verwendung von Leimen eine ausreichende Haftung an der Holzspanplatte erhalten. Der Einsatz solcher Kunststoff-Furnierimitationen ist jedoch nur dort möglich, wo die Platte beidseitig mit Kunststoff-Furnierimitationen oder Grundierfolie beschichtet wird, um ein Krummziehen der Platte zu vermeiden. Bei einseitiger Beschichtung wird die Folie grundsätzlich aufgeleimt, ähnlich wie dies mit Holzfurnieren der Fall ist.

Zur Verwendung gelangen handelsübliche *Harnstoff- oder Melaminharzleime*, die mit bis zu höchstens 15% Roggenmehl gestreckt werden können. Die besten Ergebnisse zeigten sich bei der Verwendung von Leimen auf Melaminharzgrundlage durch die kurze Aushärtungszeit und die geringe Schwindung der Leimfuge. Um möglichst wenig Flüssigkeit in die Spanplatte zu bringen und die spätere Oberfläche ruhig zu halten, soll der Leimauftrag so niedrig wie möglich sein, d. h. etwa 80 bis 100 g Leimflotte je Quadratmeter Leimfläche. Höherer Leimauftrag ergibt ein Quellen der Spanplatte und damit eine unruhige Oberfläche.

3.9.3.4 Beschichtungsvorgang

Die Kunststoff-Furnierimitationen bzw. Grundierfolien werden in hydraulischen Etagenpressen auf die Spanplatte aufgepreßt. Als Zulagenbleche können *Aluminiumbleche* eingesetzt werden (AlMgCu), die kaltgewalzt und unbeschädigt sind. Auch glatte Stahlbleche bzw. Stahlbänder sind als Zulage geeignet (Einetagen-Bandpressen). Selbstverständlich können auch verchromte Messingbleche verwendet werden. Je höher die Oberflächengüte der Zulagenbleche ist, um so besser ist die verpreßte Oberfläche der Spanplatte. Gute Oberflächen wiederum ersparen spätere Arbeitsgänge und vermindern den Ausschuß.

Ohne Zulagenbleche — d. h. Verpressung der Kunststoff-Furnierimitationen gegen die Preßplatten — kann nicht gearbeitet werden. Es ist auch zu vermeiden, daß die Zulagenbleche wechselweise für Beschichtungen mit Holzfurnier und für das Aufbringen von Kunststoff-Furnierimitationen verwendet werden.

Der spezifische *Preßdruck* beim Aufbringen der Kunststoff-Furnierimitationen ist abhängig von der Struktur der Rohspanplatte. Er soll mindestens 8 kp/cm^2 bei selbstklebenden Folien und mindestens 3 kp/cm^2 bei Folien betragen, die mittels Naßverleimung aufgebracht werden.

Die *Preßtemperatur* ist abhängig von der Preßzeit und vom Farbton des Dekors. Kürzere Preßzeiten verlangen höhere Preßtemperaturen.

Anderseits sind helle Dekors, wie z. B. Ahorn, empfindlich gegen hohe Temperaturen, während dunkle Dekors, wie z. B. Nußbaum, unempfindlich sind. Bei *selbstklebenden Kunststoff-Furnierimitationen* soll die *Preßtemperatur* mindestens 125 °C, höchstens jedoch 180 °C betragen. Bei Kunststoff-Furnierimitationen, die mittels Naßverleimung aufgebracht werden, soll die Preßtemperatur zwischen 95 °C und 160 °C liegen, wobei die Art des verwendeten Leimes von Einfluß ist.

Die *Preßzeiten* liegen bei selbstklebenden Kunststoff-Furnierimitationen 35 s, wenn die Preßtemperatur 180 °C war, und bei rd. 2 min bei einer Preßtemperatur von 125 °C. Bei der Naßverleimung kann bei einer Preßtemperatur von 160 °C und entsprechend schnell reagierender Leimart eine Preßzeit von 35 s eingehalten werden, während bei Preßtemperaturen von 95 ° bis 110 °C Preßzeiten von 4 bis 6 min üblich sind.

Ein *Rückkühlen* der Presse ist grundsätzlich nicht erforderlich; die beschichteten Platten können also heiß aus der Presse entnommen werden. Bei Preßzeiten von mehreren Minuten ist es zu empfehlen, die heißen Platten für 4 bis 5 min liegenzulassen, um ein Ablüften zu ermöglichen. Anschließend werden die Platten dicht gestapelt. Ein Stapeln mit Leisten kann zu Verfärbungen führen.

Grundsätzlich ist ein Verpressen mit möglichst kurzen Preßzeiten vorzuziehen, weil dabei die Spanplatte selbst kaum erwärmt wird und anschließend kein Ablüften erforderlich ist. Auch für die Güte der Oberfläche sind kurze Preßzeiten, die ein Quellen der einzelnen Späne verhindern, besser. Bandpressen mit einer Etage werden empfohlen.

Bei der Vorbereitung der zu pressenden Platten ist darauf zu achten, daß die Temperatur der Zulagenbleche 45 °C nicht überschreitet. Auch bei dieser Temperatur soll die geschlossene Wartezeit zwischen Legen der Pakete und Verpressung 4 bis 5 min nicht überschreiten. Gegebenenfalls ist eine Blechkühlung vorzusehen.

Sobald die vorbereiteten Pakete in die heiße Presse eingeschoben sind, soll das Schließen der Presse möglichst schnell erfolgen, um eine vorzeitige Reaktion zu vermeiden. Die Schließzeit der Presse soll 30 s nicht überschreiten.

Eine Verwendung von *Trennmitteln* ist nicht empfehlenswert, da sie sich auf die Plattenoberfläche übertragen und die spätere Lackierung stören können.

3.9.3.5 Oberflächen-Nachbehandlung

3.9.3.5.0 Allgemeines. Grundsätzlich müssen die verpreßten Flächen noch eine nachträgliche Oberflächenbearbeitung durch *Lackieren* erhalten. Bei Verwendung von Grundierfolien, die später eine einfarbige Lackierung erhalten, muß zwischen Verpressung und Lackierung ein

Schleifen der Oberfläche etwa mit Körnung 120 erfolgen. Je feiner die geschliffene Oberfläche ist, um so besser wird die spätere Lackierung.

Bei Kunststoff-Furnierimitationen ist ein solches Zwischenschleifen nicht notwendig. Es ist jedoch darauf zu achten, daß die Oberflächen nicht verschmutzt sind. Verschmutzungen müssen mit Spezial-Lösungsmitteln entfernt werden.

Hinsichtlich der zur Anwendung gelangenden Lacke ergeben sich verschiedene Möglichkeiten.

Für die Lackierung von Grundierfolien werden empfohlen:

a) Polyesterlacke,

b) Nitrolacke, DD-Lacke, säurehärtende Lacke und Kunstharzlacke.

Für Kunststoff-Furnierimitationen kommen zum Einsatz:

a) Polyesterlacke,

b) Nitrolacke und säurehärtende Lacke.

Je nach Lacktype, Lacksystem und erwünschtem Oberflächeneffekt sind ein oder mehrere Arbeitsgänge für die Lackierung erforderlich.

3.9.3.5.1 Polyester-Verfahren. Beim *Polyester-Verfahren* 1:1 erfolgt die Lackierung in einem Arbeitsgang, d. h. mit zwei Gießköpfen in einem Durchgang. Beim *Synchron-Verfahren* 4:1 (Umkehrverfahren) genügt ebenfalls ein Arbeitsgang mit zwei Gießköpfen in einem Durchgang. Beim *Reaktionsgrund-Verfahren* sind zwei Arbeitsgänge erforderlich, da der Reaktionsgrund mit einem Gießkopf vorgegossen und anschließend der Polyesterlack ebenfalls mit einem Gießkopf nachgegossen wird.

3.9.3.5.2 Nitrolack-Verfahren. Je nach *Nitrolack*-Verfahren sind zwei bis drei Arbeitsgänge bei der Lackierung erforderlich. So kann z. B. zweimal gegossen werden, wobei zwischen den beiden Gießvorgängen ein Schleifen erfolgt. Es ist auch möglich, ohne Zwischenschliff zweimal zu walzen und einmal zu gießen, sofern die Oberfläche der Folie nach dem Verpressen ausreichend glatt, geschlossen und fehlerfrei ist.

3.9.3.5.3 Säurehärtende Lacke. Bei der Verwendung von *säurehärtenden Lacken* wird gewöhnlich in zwei Arbeitsgängen gearbeitet, jedoch wiederum unter der Voraussetzung, daß die verpreßte Oberfläche einwandfrei ist. Je nach eingesetzter Lackart und/oder gewünschter Oberflächenwirkung kann die lackierte Fläche außerdem noch poliert oder mattiert werden. Dieser Vorgang ist jedoch nicht unbedingt erforderlich und richtet sich nach den gestellten Anforderungen. Die Trocknung der aufgetragenen Lackschicht erfolgt wie bei sonstigen Lackierungen, d. h. entweder durch normale Lufttrocknung oder im Trockenkanal. Die aufzubringende Lackmenge ist abhängig von der verwendeten Lacktype, jedoch auf keinen Fall von der aufgepreßten Folie.

Auf Grund der glatten, geschlossenen Folienoberfläche, wie sie sich nach der Verpressung bietet, konnte festgestellt werden, daß im Vergleich zu Lackierungen von Holzfurnieren eine Einsparung von etwa 10% in der aufgebrachten Lackmenge möglich ist.

Folgende Richtwerte für den *Lackverbrauch* können gegeben werden:

Bei Polyesterlacken	etwa 400 bis 450 g/m² Oberfläche
bei Nitrolacken	etwa 180 bis 250 g Grundlack
und zusätzlich	etwa 80 bis 100 g Effektlack/m² Oberfläche
bei säurehärtenden Lacken	etwa 150 bis 250 g Füllschliffgrund
und zusätzlich	etwa 60 bis 80 g Effektlack/m² Oberfläche.

3.9.3.5.4 Eigenschaften der lackierten Plattenoberfläche. Die *Eigenschaften der lackierten Oberfläche*, d. h. ihre Widerstandsfähigkeit gegen mechanische, physikalische und chemische Beanspruchungen, sind abhängig von der verwendeten Lackart. Polyesteroberflächen ergeben andere Werte als Nitrolack-Oberflächen oder Oberflächen aus säurehärtenden Lacken. Bemerkenswert ist, daß eine Oberfläche aus Kunststoff-Furnierimitation oder Grundierfolie mit anschließender Lackierung immer die Prüfung auf Tropenfestigkeit übersteht, im Gegensatz zu den meisten lackierten Holzfurnierungen.

Die Kaschierung von Spanplatten mit Kunststoff-Furnierimitationen oder Grundierfolien und anschließender Lackierung ist hinsichtlich des Materialaufwandes zweifellos kostspieliger als die Direktbeschichtung mit melaminharzimprägnierten Niederdruckpapieren. Beachtlich ist jedoch, daß die Anlagekosten zur Aufbringung von Kunststoff-Furnierimitationen und anschließender Endbearbeitung sehr gering sind, da die benötigten Maschinen, wie z. B. Furnierpressen, Lack-Gießmaschinen usw., in den meisten Möbelfabriken vorhanden sind. Weitere Vorteile liegen im geringen Verschnitt und der Einsparung von Arbeitsgängen, wie z. B. Porenfüllen, Bleichen, Färben usw. Im Vergleich zu Holzfurnieren liegen auch die Rohstoffkosten bei diesem Verfahren niedriger.

3.9.4 Beschichten mit imprägnierten Papieren auf Grundlage von Diallyl-Phthalat-Harz

3.9.4.1 Anforderungen an die Rohspanplatte

Bei diesem Verfahren handelt es sich um die Beschichtung von fertig gepreßten Rohspanplatten mit einem oder mehreren Papieren (Food Mach. Chem. Corp. [*3.38*]).

Zur Beschichtung sollen nur Rohplatten gelangen mit einer regelmäßigen und feingeschliffenen Oberfläche. Die Feuchtigkeit der Rohplatte soll einheitlich bei etwa 5% liegen. Die Dickentoleranzen sollen

$\pm 0{,}125$ mm nicht überschreiten. Die Rohdichte der Rohplatte soll bei 0,64 g/cm^3 liegen. Allgemein kann für diese Art der Beschichtung gesagt werden, daß eine flachgepreßte Spanplatte eine gleichmäßigere Oberfläche ergibt als eine stranggepreßte Platte und daß innerhalb der flachgepreßten Platten der Dreischichtplatte der Vorzug gegeben wird.

3.9.4.2 Imprägnierte Papiere

Papiere, die mit Diallyl-Phthalat-Harz imprägniert sind, werden meistens in zwei Typen geliefert, nämlich als dekoratives, bedrucktes Papier und als Overlay-Papier. Das zusätzliche Overlay-Papier wird dort verwendet, wo mit einer erhöhten Abriebbeanspruchung zu rechnen ist. Das *Dekorpapier* besteht aus einem stark gefüllten Alpha-Cellulose-Papier mit einem Papiergewicht von 100 bis 160 g/m^2. *Overlay-Papiere* bestehen ebenfalls aus Alpha-Cellulose-Papier und haben im imprägnierten Zustand ein Gewicht von etwa 130 bis 140 g/m^2.

Um ein Werfen der dekorativ beschichteten Platten zu vermeiden, kann als Ausgleichpapier auf der Rückseite der Platte ein Phenolharzimprägniertes Natronkraftpapier verwendet werden, das einen Harzauftrag von rd. 75% Trockenharz bezogen auf Rohpapiergewicht besitzt. Je nach Aufbau der dekorativen Oberfläche müssen ein oder mehrere Ausgleichpapiere verwendet werden, um ein Werfen der Platte zu vermeiden.

3.9.4.3 Beschichtungsvorgang

Die Beschichtung erfolgt in hydraulischen Heizplattenpressen. Für die Erreichung einer geeigneten Oberfläche werden *Zulagenbleche aus Chromstahl* bzw. *verchromte Messingbleche* mit der gewünschten Oberflächen-Endbeschaffenheit (hochglanz, matt usw.) verwendet.

Das Verpressen erfolgt bei *Temperaturen* von 150 bis 175 °C. Eine Rückkühlung ist nicht erforderlich, so daß die Platten im heißen Zustand aus der Presse entnommen werden können. Der spezifische *Preßdruck* liegt bei etwa 10 bis 14 kp/cm^2.

Um ein vorzeitiges Aushärten der in die Presse eingebrachten Platten zu vermeiden, soll die Presse in 15 s geschlossen sein; desgleichen soll der volle Preßdruck in weiteren 15 s erreicht werden. Zur Erreichung eines vollkommen gleichmäßigen Preßdruckes über die gesamte Fläche können Polster eingesetzt werden. Die Aushärtungszeit liegt je nach Preßtemperatur bei 4 bis 15 min.

Nach dem Entleeren der Presse und dem Auspacken der Pakete müssen die Zulagenbleche gekühlt werden. Die Kühlung der beschichteten Spanplatten kann in Lagergestellen erfolgen.

Um festzustellen, ob die beschichtete Oberfläche ausreichend ausgehärtet ist, wird ein Tropfen Aceton aufgebracht. Nachdem das Aceton verdunstet ist, darf keine Beeinflussung der Oberfläche sichtbar sein. Hinterbleibt eine matte Stelle, so bedeutet dies, daß die Aushärtung noch nicht ausreichend erfolgt ist und die Preßzeit und/oder die Preßtemperatur erhöht werden müssen.

3.9.4.4 Eigenschaften und Anwendung der mit imprägnierten Papieren beschichteten Spanplatten

Spanplatten, die mit Diallyl-Phthalat-Harz-imprägnierten Papieren beschichtet sind, geben eine dekorative, geschlossene Oberfläche, die widerstandsfähig ist gegen Abrieb, heißes und kaltes Wasser, leichte Säuren und Laugen und gegen Lichteinflüsse. Angewendet werden die so beschichteten Platten hauptsächlich im *Möbelbau* und *Innenausbau*.

3.9.5 Beschichten mit Polyester-Filmen

3.9.5.1 Anforderungen an die Rohspanplatte

Die Ansprüche an die zu beschichtenden Rohspanplatten sind ähnlich wie bei dem vorher beschriebenen Verfahren: Möglichst geringe Dickentoleranzen, gleichmäßige Rohdichte, gleichmäßige Feuchtigkeit und glatte, porenfreie Oberfläche sind Voraussetzungen für eine gute Beschichtung.

3.9.5.2 Polyester-Filme

Für die Beschichtung werden extrudierte, dünne *Polyester-Filme* eingesetzt, die entweder wasserklar sind oder ein mattes Aussehen besitzen (Goodyear Fire & Rubber Co. [*3.40*]). Es handelt sich um thermoplastische Filme mit einem Erweichungspunkt von etwa 91 °C und einem Schmelzpunkt von etwa 176 °C. Polyester-Filme können im Tiefdruckverfahren und im Siebdruck bedruckt werden. Auch Pigmentierung des Filmes zur Erreichung von einfarbigen Oberflächen ist möglich. Die Begrenzung in der Färbung ist die gleiche, die normalerweise beim Pigmentieren anderer Kunststoffe festgestellt wird.

3.9.5.3 Beschichtungsvorgang

Wie andere thermoplastische Filme können Polyester-Filme in hydraulischen, heizbaren Etagenpressen auf die Spanplatte aufgepreßt werden. Bevorzugt wird jedoch ein kontinuierliches Aufpressen mit einer Rotationspresse, da hierbei Blasenbildungen ausgeschlossen werden. Der *Temperaturbereich* für die Direktlaminierung — ohne Verwendung von Haftmitteln — liegt bei 120° bis 160 °C.

Folgende Möglichkeiten bieten sich für das Aufbringen von Polyester-Filmen:

a) Laminierung von klaren oder matten Polyester-Filmen auf furnierte Spanplatten;

b) Laminierung von pigmentierten Polyester-Filmen unmittelbar auf die Rohspanplatte;

c) Laminierung von bedruckten Polyester-Filmen unmittelbar auf die Rohspanplatte.

Da Polyester-Filme thermoplastisch sind, kann im weichen Zustand des Filmes außerdem noch eine Prägung erfolgen.

3.9.5.4 Eigenschaften und Anwendung der Polyesterfilm-beschichteten Spanplatten

Die Polyesterfilm-beschichtete Oberfläche hat eine gute Abriebfestigkeit und eine harte Oberfläche mit gutem Widerstand gegen die im Haushalt üblichen leichten Säuren und Laugen. Die Filmdicke ist verhältnismäßig groß. Polyesterfilm-beschichtete Spanplatten finden ihre Anwendung im *Möbel-* und *Innenausbau*.

3.9.6 Beschichten von Spanplatten mit dekorativen, kunstharzimprägnierten Papieren

3.9.6.0 Allgemeines

Die bisher beschriebenen Beschichtungsverfahren stellten lediglich eine Verbindung von fertigen Werkstoffen dar, nämlich einerseits der Spanplatte und anderseits der Kunststoffplatte oder PVC-Folie, ohne daß beim Beschichtungsvorgang einer der beiden zu verbindenden Stoffe eine Veränderung erfährt. Eine weitere Möglichkeit der Beschichtung ist das Aufbringen von kunstharzimprägnierten Papieren, bei der das in den Papieren enthaltene Kunstharz als Vorkondensat vorliegt und beim Verpressen unter Wärme und Druck durch die Fortführung der Kondensation verändert wird. Das Kunstharz erfährt nach Durchlaufen einer kurzen Fließperiode eine dreidimensionale Vernetzung und damit völlige Aushärtung in einen unlöslichen und unschmelzbaren Zustand. Hierdurch ergibt sich die gewünschte Oberflächeneigenschaft und zugleich eine Verbindung zwischen Papieren und Spanplatte.

Das Verfahren des Aufbringens von kunstharzimprägnierten Papieren auf die Spanplatte ist wirtschaftlicher als das Aufbringen von fertigen Platten oder Folien, erfordert jedoch höhere Anlagekosten für die notwendige maschinelle Einrichtung.

Während heute grundsätzlich die imprägnierten Papiere nur auf fertiggepreßte Spanplatten aufgebracht werden, hat es in früheren Jahren Bemühungen gegeben, die Papiere auf den vorbereiteten Spankuchen zu bringen und die Verpressung der Spanplatten mit der Beschichtung in einem Arbeitsgang durchzuführen.

3.9.6.1 Eingangverfahren

Das Eingangverfahren (Ritter [*3.81*]) geht davon aus, daß mit möglichst geringem maschinellen Einsatz eine Verbindung zwischen kunstharzimprägnierten Papieren und Spanplatten zustande kommt. Man verwendet keine fertige Trägerplatte, sondern diese entsteht während des Herstellungsvorganges aus beleimten Spänen, die auf die untere Papierlage aufgeschüttet werden. Anschließend wird die obere Papierlage aufgelegt und dann verpreßt.

Die Vorteile dieses Eingangverfahrens sind allerdings mehr theoretisch, während sich von der praktischen Seite verschiedene Schwierigkeiten ergeben:

a) Um den zu verpressenden Platten eine bestimmte Dicke zu geben, muß auf *Distanzleisten* gefahren werden. Dadurch ist der spezifische *Preßdruck* auf die Plattenoberfläche nicht mehr zu beeinflussen oder zumindest sehr ungenau zu bestimmen. Voraussetzung für eine gleichmäßige Oberfläche der beschichteten Platte ist jedoch ein gleichmäßiger spezifischer Preßdruck an jeder Stelle der Platte. Es ergeben sich also beim Eingangverfahren, verursacht durch den ungleichmäßigen Preßdruck, offene Stellen und andere Unregelmäßigkeiten in der Oberfläche.

b) Die *Feuchtigkeit der beleimten Späne* entspricht meist nicht der Holzfeuchtigkeit, wie sie für eine einwandfreie Beschichtung erforderlich ist. Eine Abstimmung der beiden Feuchtigkeitsbedingungen ist schwer möglich, da entweder die Güte der Trägerplatte oder die der Oberfläche darunter leidet.

c) Das Aufschütten der beleimten Späne bringt *Unsauberkeit* mit sich. Gerade bei der Herstellung von Kunststoffoberflächen muß jedoch mit höchster Sauberkeit gearbeitet werden, um die dekorative Wirkung zu erhalten.

Auf Grund dieser Mängel und Gefahren hat das Eingangverfahren bislang keine praktische Bedeutung erlangt. Wenn man von der Herstellung beschichteter Formteile absieht, arbeiten alle Hersteller von dekorativen, beschichteten Spanplatten nach dem Zweigangverfahren, das eine fertiggepreßte Spanplatte als Trägerplatte zugrunde legt.

3.9.6.2 Zweigangverfahren zur dekorativen Beschichtung von Spanplatten

3.9.6.2.0 Allgemeines. Wie bereits erwähnt, hat die Beschichtung von Spanplatten mit kunstharzimprägnierten Papieren den Zweck, die Oberfläche der Spanplatte dekorativ in verschiedenen Mustern und Farben zu gestalten und zum anderen der Spanplatte eine Oberflächengüte zu geben, die sie in ihrer normalen Ausführung nicht besitzt. Hierzu sind als Rohstoffe die Spanplatte selbst sowie die imprägnierten Papiere erforderlich.

3.9.6.2.1 Anforderungen an die Rohspanplatte. Grundsätzlich sind für die Beschichtung alle Arten von Spanplatten geeignet, soweit sie den nachfolgend gestellten Anforderungen entsprechen. Es können flachgepreßte und stranggepreßte Platten beschichtet werden.

Neben Holzspanplatten lassen sich auch Spanplatten aus Einjahres-Pflanzen beschichten. Je nach Struktur und Oberfläche der Rohspanplatte wird sich der Aufbau durch die Anordnung verschiedener Papiere verändern, um die gewünschte Plattenqualität zu erreichen.

Die Dicke der durch die kunstharzimprägnierten Papiere aufgebrachten Schicht ist verhältnismäßig gering und beträgt je nach Plattenaufbau nur einige Zehntel-Millimeter. Aus diesem Grunde muß die *Rohspanplattenoberfläche* möglichst homogen sein und soll aus feinen Spänen bestehen. Grobe oder großflächige Späne zeichnen sich durch die dünne Auflage durch und ergeben unruhige Oberflächen. Ein Schleifen der Spanplattenoberfläche vor der Beschichtung mit der verhältnismäßig feinen Körnung 120 empfiehlt sich. Besteht die Plattenoberfläche aus gröberen Spänen, so muß dies im Aufbau der Platte später berücksichtigt werden und erfordert einen Ausgleich durch zusätzliche Papierlagen oder Zwischenlegung eines dünnen Furniers mit gleichmäßigem Gefüge. In jedem Falle bringt die Verwendung von Spanplatten mit ungleichmäßiger Oberfläche eine Verteuerung durch den zusätzlichen Aufbau innerhalb der Papierschichten mit sich. Die Plattenoberfläche soll frei von Wachs- und Ölschichten oder sonstigen als Trennmittel wirkenden Stoffen sein.

Ein ungleichmäßiges Farbbild der Plattenoberfläche, verursacht durch Rindenanteil oder Verwendung verschiedener Holzarten, erfordert ebenfalls einen zusätzlichen Papieraufbau, um diese Farbunterschiede abzudecken.

Um eine einwandfreie Oberfläche zu erreichen, werden die kunstharzimprägnierten Papiere mit einer bestimmten *Feuchtigkeit* bzw. einem bestimmten Gehalt an flüchtigen Bestandteilen zur Verpressung gebracht. Die Verpressung erfolgt bei Temperaturen um 150 °C. Bei hohem Feuchtigkeitsgehalt der Rohspanplatten erfolgt übermäßige Dampfbildung bei der Verpressung. Die Folge davon ist eine Beeinträchtigung der Oberfläche in Form von stumpfen oder milchigen Flecken oder sonstigen Oberflächenfehlern. Liegt die Feuchtigkeit der Rohspanplatte zu niedrig, so leidet die Verbindung zwischen imprägniertem Papier und Spanplatte, d. h. die Kunstharzschicht läßt sich leicht von der Spanplatte abtrennen. Erfahrungsgemäß entspricht eine Holzfeuchtigkeit von 6 bis 8% am besten den Bedingungen, wie sie sowohl für die Verbindung zwischen Papieren und Platte als auch für die Erreichung einer guten Oberfläche erforderlich sind.

Normale Spanplatten, wie sie für die spätere Furnierung zur Herstellung von Möbeln zur Verwendung gelangen, haben eine Rohdichte von 0,5 bis 0,55 g/cm³. Es werden sogar Platten mit noch geringerer Dichte für diesen Zweck hergestellt. Schwierigkeiten bei der späteren Furnierung ergeben sich nicht, da die Preßdrücke bei 2 bis 8 kp/cm² liegen und damit kein Zusammendrücken der Platten verursachen. Dasselbe gilt für das Aufbringen von Schichtpreßstoffplatten, PVC-Folien, Polyester-Filmen usw. In allen Fällen handelt es sich um einen Verleimungs- bzw. Klebevorgang, für den diese geringen Preßdrücke ausreichend sind.

Bei der Beschichtung mit kunstharzimprägnierten Papieren muß jedoch die Eigenart des im Papier enthaltenen Melaminharzes berücksichtigt werden. Dieses Harz soll unter gleichzeitiger Temperatur- und Druckeinwirkung zum Fließen gebracht werden und durch das Anpressen an polierte oder mattierte Zulagenbleche eine geschlossene Oberfläche entsprechend der Blechbeschaffenheit bilden. Melaminharze fließen um so leichter, je höher der angewendete spezifische Preßdruck ist. Durch Entwicklung von sogenannten „Niederdruckharzen" mit erhöhtem Fließvermögen sowie entsprechendem Harzauftrag auf die Papiere ist es gelungen, den erforderlichen Preßdruck von ursprünglich etwa 100 kp/cm² bei Schichtpreßstoffplatten auf etwa 18 bis 22 kp/cm² herabzusetzen. Trotzdem würde bei diesem Preßdruck, der ohne Distanzleisten gefahren wird und voll auf die Rohspanplatte wirkt, eine starke Verformung der Rohplatte erfolgen, die einen Dickenschwund bis zu 20% verursachen kann. Aus diesem Grunde ist man gezwungen, die Rohdichte von Rohspanplatten, die für die Beschichtung mit kunstharzimprägnierten Papieren vorgesehen sind, auf 0,65 bis 0,75 g/cm³ heraufzusetzen. Selbst bei dieser Rohdichte erfolgt noch eine Deformation, die jedoch im Rahmen der normalen Dickentoleranzen von Spanplatten, d. h. bei 3 bis 5% der ursprünglichen Plattendicke liegt. Es sei jedoch bemerkt, daß der Dickenschwund sehr ungleichmäßig sein kann, je nach Aufbau der Rohspanplatte und je nach verwendeten Holzarten (Bild 3.226).

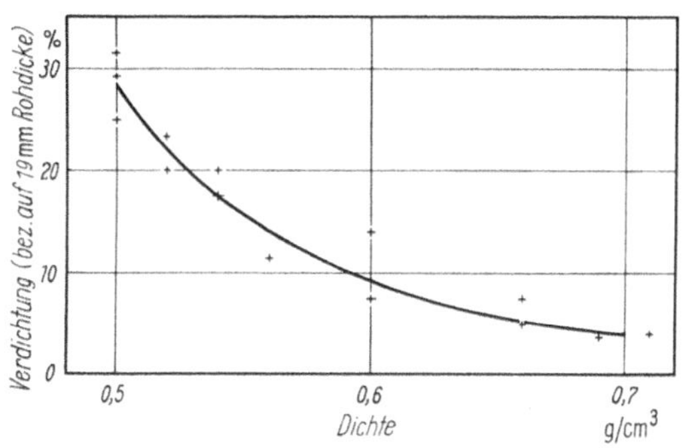

Bild 3.226. Verdichtung von 19 mm dicken Holzspanplatten während des Aufpressens von Kunstharzfilmen.

Die Rohspanplatte besteht aus mehr oder weniger großen Spänen und Holzteilchen, die durch das *Bindemittel* zu einer Platte vereinigt werden. Der übliche Bindemittelanteil ist so bemessen, daß ein fester Zusammenhalt der Späne erfolgt und die vorgeschriebenen Eigenschaften hinsichtlich Festigkeiten, Wasseraufnahme, Quellung usw. erreicht werden. Eine Platte mit normalem Bindemittelanteil hat also durchaus noch nicht alle Eigenschaften des Vollholzes verloren, sondern diese wurden lediglich auf ein Maß herabgesetzt, wie es die spätere Verwendung im Möbelbau usw. erforderlich macht.

Spanplatten, die beschichtet werden, erhalten eine dünne Kunststoffschicht, die verhältnismäßig starr und spröde ist. Längen- und Dickenveränderungen in der Rohplatte durch Schwinden und Quellen können von der Kunststoffschicht nur zum geringen Teil aufgenommen werden. Bei größeren Beanspruchungen ist die Kunststoffschicht nicht mehr in der Lage, die auftretenden Kräfte aufzufangen und reißt (Bild 3.227). Eine Abhilfe bietet die Verstärkung der Kunststoffschicht oder eine erhöhte Bindemittelzugabe in der Rohspanplatte, um hiermit eine gleichmäßige Umhüllung jedes Spanes und dadurch eine Verminderung der Bewegungen innerhalb der Platte zu erreichen. Erfahrungsgemäß genügt eine Erhöhung des Bindemittelzusatzes um 2 bis 4%, bezogen auf das Spänegewicht, um die gewünschte Wirkung zu erreichen. Dieses Verfahren ist billiger als die Hinzufügung weiterer Papierschichten zur Verstärkung der Kunststoffauflage.

Bild 3.227. Gerissene Platte.

Als Bindemittel für Rohspanplatten werden fast ausschließlich *Harnstoff-Formaldehydharze* eingesetzt. Auf Grund seiner chemischen Struktur ist dieses Harz im Reaktionsvermögen langsamer als z. B. das für die Imprägnierung der Beschichtungspapiere eingesetzte Melaminharz. Um dennoch kurze Abbindezeiten bei der Herstellung der Rohplatte zu erreichen, werden Härter zugesetzt. Es ist naheliegend, daß die Spanplattenindustrie versucht, den Härterzusatz soweit zu erhöhen, daß die Preßzeiten auf ein Mindestmaß bzw. die Kapazität einer Spanplattenanlage auf ein Höchstmaß gebracht werden. Die Härter bestehen fast durchweg aus Salzen, die bei Temperatureinwirkung Säure abspalten und damit den Anstoß zu einer früheren und schnelleren Aushärtung geben. Es besteht jedoch die Gefahr, daß im Spanplattenbindemittel ein gewisser *Säureüberschuß* vorhanden ist, der sich dann auf die Aushärtung des in den

Beschichtungspapieren vorhandenen Melaminharzes auswirkt. Die Folge ist eine kürzere Fließzeit, wodurch die Bildung einer porösen, nicht geschlossenen Oberfläche sowie eine Überhärtung des Melaminharzes und damit Versprödung und Rißbildung begünstigt werden. Die von den Harnstoffharz-Bindemittel-Herstellern empfohlenen Härterzusätze sind auf die Erreichung des für die jeweilige Aushärtezeit richtigen pH-Wertes abgestimmt und sollten eingehalten werden. Der *pH-Wert* der Oberfläche der Rohspanplatte soll nicht unter 6,0 liegen.

Wie bereits erwähnt, werden die Preßzeiten bei der Spanplattenherstellung im Sinne einer wirtschaftlichen Fertigung auf ein Mindestmaß verkürzt. Praktisch erfolgt keine restlose Aushärtung des Bindemittelharzes, d. h. eine Anzahl von Molekülverbindungen, die bei einer völligen Aushärtung fast alle vernetzt sind, bleibt noch offen.

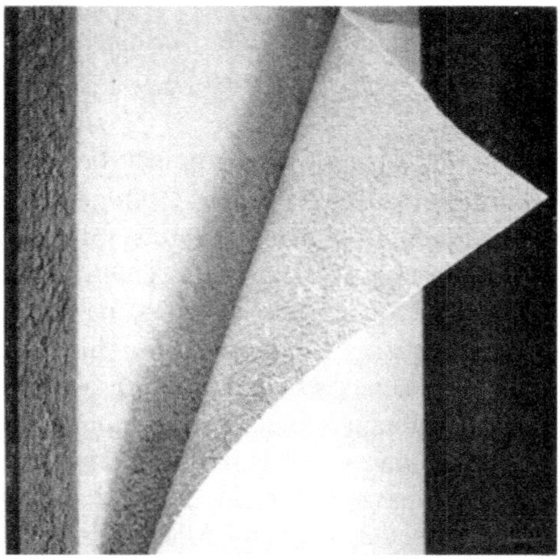

Bild 3.228. Abgetrennte Dekorschicht.

Die Platten kommen heiß aus der Spanplattenpresse und erfahren ihre völlige Aushärtung erst nach Tagen oder Wochen. Die Bindung der einzelnen Späne untereinander ist noch nicht vollkommen. Werden solche Platten kurz nach der Verpressung einer Beschichtung unterzogen, so ergibt sich wohl eine einwandfreie Verbindung zwischen Kunstharzfilm und oberster Späneschicht, aber die Papiere lassen sich ohne größere Mühe von der Spanplatte abtrennen. Die Trennung erfolgt dabei nicht zwischen Spanplatte und Kunstharzfilm, sondern auf Grund der ungenügenden Bindung zwischen den Spänen in der Deckschicht der Spanplatte (Bild 3.228). Eine ausreichende *Reifezeit* von mindestens 8 bis 10 Tagen hat sich deshalb als zweckmäßig erwiesen.

3.9.6.2.2 Imprägnierte Papiere (König [*3.50*]). Grundsätzlich werden für die Beschichtung von Spanplatten zwei Typen von imprägnierten Papieren eingesetzt, nämlich

a) *Alpha-Cellulose-Papiere* mit *Melaminharz* imprägniert;

b) *Natronkraftpapiere* mit *Phenolharz* imprägniert.

Entscheidend für den Einsatz dieser Papiere ist der spätere Verwendungszweck der beschichteten Platten, die Oberflächenbeschaffenheit der Rohspanplatte, die Art des verwendeten Melaminharzes sowie die Art des Harzauftrages auf die Papiere.

Ganz allgemein sollen durch das Aufbringen der imprägnierten Papiere folgende Ziele erreicht werden:

a) *Dekorative Oberfläche* mit einer Oberflächengüte, wie sie dem späteren Verwendungszweck entspricht;

b) *Nicht poröse, geschlossene Oberfläche*;

c) *Gleichmäßiges Farbbild*;

d) Gute *Verbindung zwischen Papieren und Spanplatte*;

e) *Ausgleich von Unebenheiten* in der Spanplattenoberfläche.

Bevor die einzelnen Papiertypen und deren Einsatz beschrieben werden, ist es erforderlich, die verwendeten Harztypen zu charakterisieren:

a) *Melaminharz*. Grundsätzlich erfolgt eine Imprägnierung mit Melaminharz für alle Alpha-Cellulose-Papiere. Es handelt sich hierbei um Vorkondensate des Melamins mit Formaldehyd, die während der Imprägnierung der Papiere in einen höheren Kondensationsgrad überführt werden und bei der Verpressung voll aushärten. Üblicherweise werden Melaminharze verwendet, die hinsichtlich ihres chemischen Aufbaues einem Trimethylolmelamin entsprechen. Es erfolgt sowohl die Verwendung von reinem Melaminharz als auch von sogenannten „modifizierten" oder „plastifizierten" Melaminharzen. Der Einsatz von reinem Melaminharz ergibt eine härtere, widerstandsfähigere Oberfläche als bei modifizierten Harzen. Allerdings neigt das reine Harz eher zur Versprödung und Rißbildung, als dies bei modifizierten Harzen der Fall ist. Eine Entscheidung, welches Harz zum Einsatz gelangen soll, ist vom angewendeten Verfahren und von den Eigenschaften der Trägerplatte abhängig.

b) *Phenolharz*. Für die Imprägnierung von Natronkraftpapieren wird fast ausschließlich Phenolharz verwendet, ein Vorkondensat aus Phenol und Formaldehyd. Für bestimmte Typen eines Barrierepapieres erfolgt eine Verbindung von Phenolharz und Alpha-Cellulose-Papier.

Um die verschiedenen Aufbaumöglichkeiten einer beschichteten Spanplatte erklären zu können, seien nachfolgend die üblicherweise verwendeten *Papiertypen* definiert:

a) *Dekorfilm*. Alpha-Cellulose-Papier, Rohpapiergewicht 150 bis 180 g/m², bedruckt oder eingefärbt, lichtecht, wärmebeständig, imprägniert mit Melaminharz, Trockenharzauftrag 100 bis 140% bezogen auf Rohpapiergewicht.

b) *Barrierefilm oder Underlay*. Alpha-Cellulose-Papier, weiß, Rohpapiergewicht 80 bis 100 g/m², lichtecht, wärmebeständig, imprägniert mit Phenolharz, Trockenharzauftrag 70 bis 80%, bezogen auf Rohpapiergewicht. Der Einsatz dieses Films erfolgt zur Erhöhung der Deckkraft des Dekorfilms und zur Verminderung der Rißanfälligkeit der Oberfläche.

c) *Overlay*. Alpha-Cellulose-Papier, Rohpapiergewicht 20 bis 45 g/m², ohne Füllmittel, lichtecht, wärmebeständig, imprägniert mit Melaminharz, Trockenharzauftrag 200 bis 300%, bezogen auf Rohpapiergewicht.

Overlay wird eingesetzt als zusätzliche Schutzschicht auf dem Dekorfilm, um erhöhte Widerstandsfähigheit besonders gegen Abrieb zu erreichen. Bei der Verpressung wird der Overlay durchsichtig und läßt das Druckbild des Dekorfilms klar durchscheinen.

d) *Natronkraftfilm*. Natronkraftpapier, naturfarben oder gebleicht, Rohpapiergewicht 100 bis 150 g/m², imprägniert mit Phenolharz, Trockenharzauftrag etwa 70 bis 80%, bezogen auf Papiergewicht. Natronkraftfilm wird dort eingesetzt, wo ein Barrierefilm nicht erforderlich ist und Unebenheiten der Rohspanplatte ausgeglichen oder die Rißgefahr in der Dekorschicht vermindert werden sollen.

Für die spätere Oberfläche der beschichteten Platte sind neben der Qualität des Rohpapiers, dem Druckbild bzw. der Färbung und den Eigenschaften des aufgebrachten Harzes noch folgende Größen entscheidend:

a) *Menge des aufgebrachten Harzes*;

b) *Trockenheitsgrad der imprägnierten Papiere* (da sich bei der Prüfung des Trockenheitsgrades eine chemische Reaktion vollzieht, wird jedoch nicht der Gehalt an freiem Wasser, sondern der Gehalt an flüchtigen Bestandteilen bestimmt);

c) *Fließvermögen des Harzes.*

Diese drei Faktoren beeinflussen maßgeblich die Fertigung von beschichteten Platten, so daß eine *laufende Prüfung* erforderlich ist.

3.9.6.2.3 Aufbau der beschichteten Spanplatte. Die *Beschichtung* von Holzspanplatten mit kunstharzimprägnierten Papieren kann grundsätzlich nur *beidseitig* erfolgen. Eine einseitige Beschichtung führt immer zum Hohlziehen der Platte auf der beschichteten Seite. Um das Standvermögen der beschichteten Platte auf jeden Fall zu gewährleisten, soll die Beschichtung symmetrisch erfolgen, und zwar nicht nur hinsichtlich der Anzahl der aufgebrachten Papiere, sondern auch hinsichtlich der technologischen Werte. Es sollen also auf beiden Seiten gleich schwere Papiere mit gleichen technologischen Daten, gleichem Harzauftrag und gleichem Anteil an flüchtigen Bestandteilen aufgebracht werden. Dieses Verfahren ist zwar kostspielig, aber sicher. Die Verwendung von minderwertigen Papieren und Harzen auf der nicht dekorativen Seite der Platte wird immer zu krummen Platten führen.

Je nach erwünschter Qualität der späteren Oberfläche und abhängig von der Qualität der Rohplatte sind folgende Aufbauarten üblich:

Der billigste Aufbau *I* nach Bild 3.229 ist nur bei hoher Oberflächengüte und heller Farbe der Rohspanplatte möglich. Der Dekorfilm muß

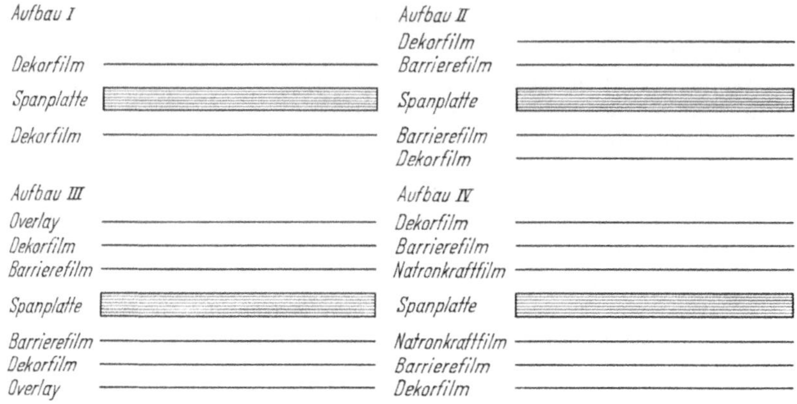

Bild 3.229. *I* bis *IV*: Möglichkeiten für den Aufbau von Beschichtungen auf Holzspanplatten.

hierbei einen unsymmetrischen Harzauftrag besitzen (s. Bild 3.230), um eine geschlossene Oberfläche zu erreichen. Verwendet werden diese Platten für *Zwischenböden*, *Rückseiten* und andere *untergeordnete Flächen*.

Der normale Aufbau *II* ist für senkrechte Flächen geeignet. Man erhält ein gutes, einheitliches Farbbild und ruhige Flächen. Auch bei diesem Aufbau ist jedoch eine gute Oberfläche der Rohspanplatte erforderlich sowie unsymmetrisch beharzter Dekorfilm. Die Widerstandsfähigkeit ist gut, die Abriebfestigkeit gering, daher Verwendung nur für *senkrechte Flächen*.

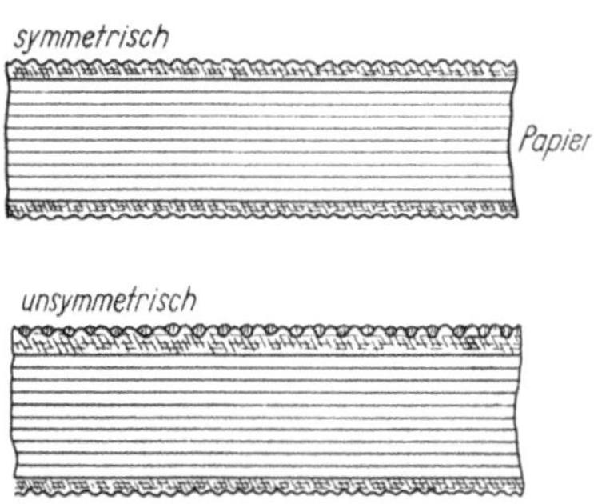

Bild 3.230. Symmetrischer und unsymmetrischer Harzauftrag.

Der Aufbau *III* ist ausgezeichnet durch hohe Widerstandsfähigkeit gegen alle Beanspruchungen; derartige Platten sind auch für waagerechte Flächen zu verwenden. Das Farbbild ist gleichmäßig. *Symmetrische Beharzung des Dekorfilms und gute Oberflächenqualität* der Rohspanplatte sind erforderlich.

Aufbau *IV* zeigt den zusätzlichen Einsatz eines Phenolharz-imprägnierten Natronkraftpapieres, der bei geringer Qualität der Rohspanplattenoberfläche erforderlich ist. Die Unterlegung des Natronkraftfilmes kann auch bei Aufbau *I*, *II* oder *III* erfolgen.

Grundsätzlich sollten beschichtete Spanplatten jedoch nicht für Arbeitsflächen verwendet werden. Hierfür eignen sich Schichtpreßstofftafeln, die auf die Spanplatte aufgeleimt werden, besser.

3.9.6.2.4 Oberflächen-Endbeschaffenheit. Die Oberfläche der beschichteten Platten wird durch die Oberflächenbeschaffenheit der verwendeten Zulagenbleche bestimmt. Es werden üblicherweise zwei Blechtypen verwendet:

a) *Messingbleche.* Messingbleche können in jeder Beschaffenheit hergestellt werden, z. B. mit Strichglanz verschiedener Körnung, richtungslos matt in verschiedenen Glanzstufen sowie in Hochglanz. Um die Oberfläche gegen mechanische Beschädigungen zu schützen, erfolgt eine Verchromung. Bei größeren mechanischen Beschädigungen ist eine Entchromung, Neubearbeitung der Oberflächen und Wiederverchromung erforderlich.

b) *Edelstahl-Bleche.* Hier handelt es sich um Chromstahl-Bleche mit Strichglanz-Oberfläche jeder gewünschten Körnung oder Hochglanz-Politur. Wegen ihrer großen Härte sind die Bleche sehr widerstandsfähig gegen mechanische Beschädigungen. Größere Beschädigungen werden durch Schleifen und Polieren beseitigt.

Die Entscheidung, welche Bleche Verwendung finden, hängt ab von der gewünschten Oberfläche, den Investitionskosten und den Reparaturmöglichkeiten.

3.9.6.2.5 Preßdaten. Das Aufpressen der imprägnierten Papiere auf die Rohspanplatte erfolgt grundsätzlich in hydraulischen Etagenpressen. Die Aushärtung der in den imprägnierten Papieren enthaltenen Kunstharze und damit die Bildung der erwünschten geschlossenen Oberfläche mit entsprechender Widerstandsfähigkeit gegen mechanische, physikalische und chemische Einflüsse unter gleichzeitiger Bindung der Papiere an die Spanplatte geht unter Einwirkung von Wärme und Druck vor sich. Die maßgeblichen Daten sind hierbei:

a) *Preßdruck.* Der spezifische Preßdruck ist abhängig von der Dichte der Rohspanplatte und vom Fließvermögen des Imprägnierharzes. Unter günstigen Voraussetzungen, wie sie bereits charakterisiert wurden, ist ein spezifischer Preßdruck von 18 bis 22 kp/cm^2 ausreichend. Wichtig ist jedoch, daß dieser Druck gleichmäßig über die ganze Plattenoberfläche vorhanden ist.

b) *Preßtemperatur.* Die für die Aushärtung der Kunstharze erforderliche Preßtemperatur liegt bei rd. 150 °C. Sie schwankt je nach verwendeter Pressenanlage, eingesetzten Kunstharzen, Plattenaufbau und Heizungssystem. Die Preßtemperatur innerhalb der Heizplatten soll möglichst geringe Toleranzen (höchstens ± 2 °C) aufweisen.

Eine Entnahme der beschichteten Platten aus der heißen Presse ist nicht möglich, da die Plattenoberfläche einer zu raschen Auskühlung ausgesetzt wird und dadurch Rißbildung eintreten kann. Die ausgehärtete Platte wird also unter vollem Druck bis auf etwa 40 bis 50 °C rückgekühlt und dann erst der Presse entnommen. Bild 3.231 zeigt einen typischen Preßzyklus.

c) *Preßzeit.* Die zur Beschichtung vorbereiteten Spanplatten und Filme werden meist in die heiße Presse eingefahren. Als Preßzeit gilt die Zeit ab Erreichung der vollen Preßtemperatur und des vollen Preßdruckes bis zum Einsetzen der Rückkühlung. Die Preßzeit ist abhängig vom

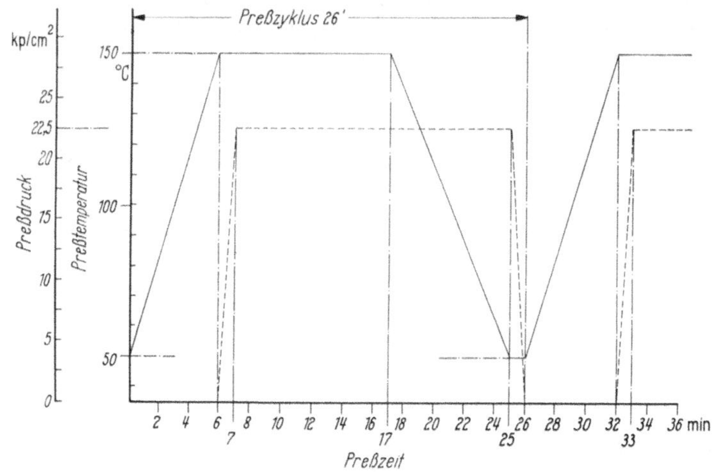

Bild 3.231. Preßzyklus für die Kunstharzbeschichtung von Holzspanplatten.

Plattenaufbau, der Reaktionsgeschwindigkeit der Kunstharze und der Preßtemperatur. Normalerweise wird sie zwischen 5 und 15 min liegen.

Der gesamte Preßzyklus besteht also aus dem Aufheizen der Presse, dem Beschicken, der Preßzeit, der Rückkühlzeit und dem Entleeren der Presse. Abhängig von der Arbeitsweise der Pressenanlage, der Heiz- und Kühlanlage sowie den oben geschilderten Faktoren liegt die Dauer eines Pressenspiels üblicherweise bei 25 bis 30 min.

Eine Gesamtanlage zur Fertigung von beschichteten Spanplatten stellt Bild 3.232 dar.

3.9.6.2.6 Eigenschaften und Prüfung der mit kunstharzimprägnierten Papieren beschichteten Spanplatten (KOLLMANN [*3.58*]). Beschichtete Holzspanplatten behalten eine Reihe von Eigenschaften der Rohspanplatte bei. Dies gilt insbesondere für die Festigkeit, die durch die dünne Kunststoffschicht nur in geringem Maße verändert wird.

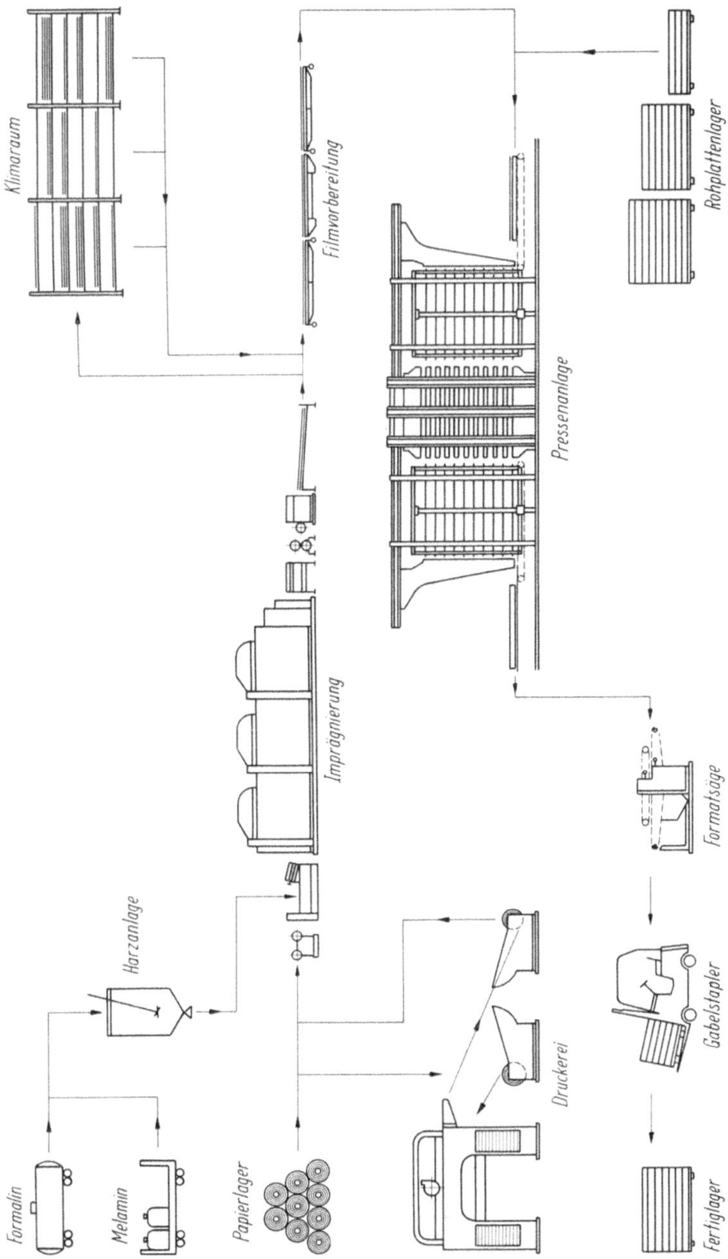

Bild 3.232. Arbeitsablaufschema einer Anlage zur Beschichtung von Spanplatten.

Der wesentliche Unterschied zwischen Rohspanplatte und beschichteter Platte besteht in der Änderung der Eigenschaften der Oberfläche. Neben der dekorativen Wirkung sind folgende Verbesserungen der Oberfläche zu verzeichnen:

a) hohe *Kratzfestigkeit*,
b) hoher *Widerstand gegen Abnutzung*,
c) hoher *Widerstand gegen Wärmebeeinflussung*,
d) *Beständigkeit gegen Chemikalien* und Mittel des täglichen Gebrauchs,
e) *Wasser- und Feuchtigkeitsundurchlässigkeit*,
f) hoher *Widerstand gegen Entflammbarkeit*,
g) *Widerstand gegen Zigarrenglut*.

Für die Prüfung von beschichteten Spanplatten sind noch keine gültigen Vorschriften vorhanden. Trotzdem läßt sich eine Reihe von Prüfvorschriften, soweit sie die Oberfläche der Platte betreffen, sinngemäß aus den Prüfbestimmungen für „dekorative Schichtpreßstofftafeln" DIN 16926 bzw. „kunststoffbeschichtete Holzfaserplatten H" DIN 68751 übernehmen. Desgleichen sind Prüfvorschriften, die sich nur mit der Kunststoffoberfläche beschäftigen, im „NEMA-Standard" LD 1—1964, (Laminated Thermo-Setting Decorative Sheets) sowie in den „Vorläufigen technischen Lieferbedingungen für in Wärme ausgehärtete Kunststoffplatten für Unterkunftsmöbel des Bundesministeriums für Verteidigung" VTL 7100—003, Ausgabe 1, Januar 1956, enthalten.

3.9.7 Beschichten von Holzspanformteilen

3.9.7.1 Verfahren

Die Herstellung von *beschichteten Holzspanformteilen* (Munk [*3.73*]) kann als sogenanntes „Eingangverfahren" oder als ein Kompromiß zwischen „Ein- und Zweigangverfahren" bezeichnet werden. Es werden zum Teil die mit Bindemittel versehenen Späne auf die kunstharzimprägnierten Papiere aufgeschüttet, mit den oberen Papieren abgedeckt und dann verpreßt, zum anderen Teil werden jedoch auch die mit Bindemittel versehenen Späne kalt vorgepreßt, so daß sie einen transportablen Kuchen ergeben, der dann zwischen die imprägnierten Papiere eingelegt und heiß verpreßt wird.

Entscheidend für die Herstellung und Beschichtung von Holzspanformteilen ist vor allem der Einsatz von geeigneten Werkzeugen, die das Verhalten der beleimten Späne in der Preßform berücksichtigen. Meist werden bei diesem Verfahren kleine und mittlere Teile hergestellt, wie z. B. Kühlschrankabdeckungen, Tischplatten, Sitzhocker, Schubfächer usw. Es ist jedoch auch möglich, größere Teile zu fertigen, wie z. B. Küchenabdeckplatten, die heute schon in einer Länge von 6500 mm hergestellt werden (Bilder 3.233 und 3 234).

Bild 3.233. Schubkasten aus beschichtetem Holzspanformteil.

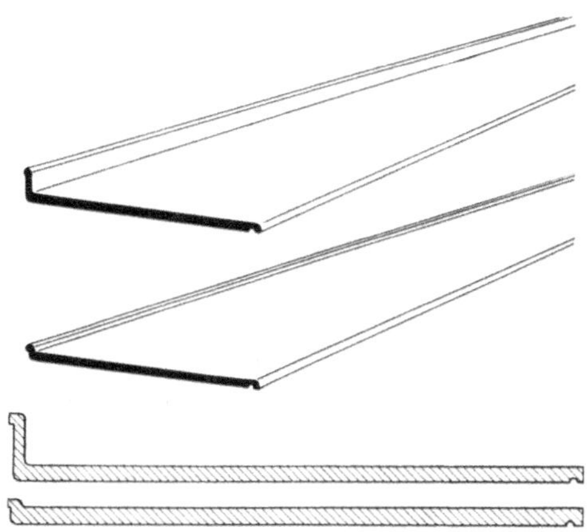

Bild 3.234. Profilierte Küchenarbeitsplatte aus beschichtetem Holzspanformteil.

3.9.7.2 Aufbau und Oberfläche

Der Aufbau der beschichteten Formteile erfolgt ähnlich wie er für plane Spanplatten bereits aufgezeigt wurde. Je nach erwünschter Oberflächengüte wird die Anzahl der aufzubringenden Papiere gewählt. Bei der Beschichtung von Formteilen ist es jedoch möglich, einen unsymmetrischen Aufbau zu verwenden, d. h. auf die Rückseite des Formkörpers andersartige Papiere (z. B. nur Phenolharz-imprägnierte Natronkraftpapiere) aufzubringen, da die Profilierung des Formkörpers in den meisten Fällen von sich aus ein einseitiges Verziehen verhindert.

Die Oberflächenbeschaffenheit der beschichteten Formteile wird bestimmt durch die Oberflächenbeschaffenheit der verwendeten Preßformen, wie dies bei planen Platten durch die Zulagenbleche geschieht.

3.9.7.3 Preßdaten

Die Preßtemperatur liegt ähnlich wie bei der Beschichtung von ebenen Spanplatten. Die Preßzeit des eigentlichen Formteiles hängt von der Dicke und der Art des verwendeten Bindemittels ab.

Die Härtungszeit der in den verschiedenen Papieren enthaltenen Harze ist in den meisten Fällen länger als die Härtungszeit des eigentlichen Spankörpers.

Die bei ebenen Platten erforderliche Rückkühlung ist bei der Beschichtung von Formteilen nicht notwendig, da die Form und die Beharzung der Späne auf die Erfordernisse der Beschichtung abgestimmt sind. Der *Harzanteil* in den Spänen liegt sehr hoch, so daß nach der Aushärtung ein festerer Körper entsteht als bei ebenen Spanplatten. Außerdem ist gewährleistet, daß jeder Span — auch die an dem Beschichtungspapier liegenden Späne — von Harz umhüllt ist. Dadurch können die Spannungen, die durch die Abkühlung nach Entnahme des Formteiles aus der Presse entstehen, aufgefangen werden.

3.9.7.4 Eigenschaften von Holzspanformteilen

Grundsätzlich werden bei der Beschichtung von Holzspanformteilen mit kunstharzimprägnierten Papieren für die dekorativen Schichten Melaminharze verwendet. Aus diesem Grunde sind die Oberflächeneigenschaften gleich denen der ebenen, beschichteten Spanplatten zu setzen, und es gelten für deren Prüfung dieselben Prüfvorschriften.

Eine wesentliche Verbesserung ergibt sich jedoch bei den *Festigkeitseigenschaften* sowie bei der *Wasser- und Feuchtigkeitsaufnahme*, hervorgerufen durch die allseitige Umhüllung der Formteile mit imprägnierten Papieren, den erhöhten Harzanteil sowie die im Durchschnitt höhere Rohdichte der Holzspanformteile.

3.9.8 Bedrucken von Spanplatten

3.9.8.0 Allgemeines

Eine besondere Art der Oberflächenvergütung von Spanplatten ist das unmittelbare Bedrucken mit Holz- oder Phantasie-Mustern mit vorhergehender und nachfolgender Oberflächenbehandlung. Bei diesem Verfahren sind weder imprägnierte Papiere noch Folien oder Furniere die Träger der dekorativen Schicht, sondern das Muster wird auf die Plattenoberfläche gedruckt. Sowohl in Westeuropa als auch in USA gibt es einige erprobte Verfahren für diese Oberflächentechnik, die sich aber grundsätzlich nicht wesentlich voneinander unterscheiden.

3.9.8.1 Anforderungen an die Rohspanplatte

Geeignet zum Bedrucken sind alle Typen von Flachspanplatten. Stranggepreßte Platten können erst nach einer Überfurnierung bedruckt werden. Die Rohdichte der Rohplatten hat keinen Einfluß auf das Verfahren. Nach Angaben der Maschinenlieferanten für dieses Verfahren können Spanplatten bis zu einer Breite von 2500 mm und bis zu einer Dicke von 60 mm bedruckt werden.

Die erlaubten Dickentoleranzen der Rohplatten liegen bei maximal $\pm$ 0,3 mm. Geringere Toleranzen sind jedoch angebracht und gestatten Einsparungen in den Spachtelvorgängen. Die Holzfeuchtigkeit soll gleichmäßig über die Platte verteilt sein und 8% nicht überschreiten, um ein gutes Haften des Spachtelgrundes zu gewährleisten.

3.9.8.2 Arbeitsablauf

Einen typischen Arbeitsablauf beim Bedrucken von Spanplatten zeigt Bild 3.235 (Ross [*3.82*], Schmutz [*3.87*]). Nachdem die Rohplatten sauber gebürstet und frei von Staub sind, werden sie durch Infrarotstrahlung oder Umlufterwärmung auf Temperaturen von 70 bis 80 °C angewärmt. Danach erfolgt eine Versiegelung mittels eines Kondensationsharzes in dünner Schicht, um ein zu starkes Eindringen der ersten Grundierung in die Spanplatte zu vermeiden. Die Plattentemperatur von 70 bis 80 °C fördert die schnelle Trocknung und Aushärtung des Versiegelungsharzes.

Nach einem Schleifen der versiegelten Fläche wird die erste Grundierung mittels Walzen aufgetragen. Nun erfolgt eine Trocknung der grundierten Fläche im Trockenkanal bei Temperaturen von 90 bis 100 °C.

Um eine milde Trocknung zu erreichen, wird bei einigen Verfahren die zur Trocknung benötigte Heißluft im Gegenstrom zum Vorschub des Werkstückes eingeblasen. Am Kanaleingang ist die Temperatur also am niedrigsten und steigert sich zum Kanalende, in Vorschubrichtung des Werkstückes gesehen. Diese milde Trocknung bei der ersten Grundierung gewährleistet die Verdampfung und Verflüchtigung aller Lösungsmittel vor dem Aufbringen der nächsten Deckschicht.

Je nach dem benutzten Verfahren kann die erste Grundierung auch mit einer sogenannten Messer-Spachtelmaschine aufgetragen werden. Die Arbeitsweise dieser Maschine gleicht dem Spachtelziehen des Handwerkers mit dem Spachtelmesser. Dieser Vorgang dient vor allem zum Füllen der Poren und wird deshalb besonders bei Spanplatten angewendet. Um den dünnen Spachtelüberzug nicht zu beschädigen, erfolgt anschließend lediglich ein Glätten mittels Schleifpapier der Körnung 400.

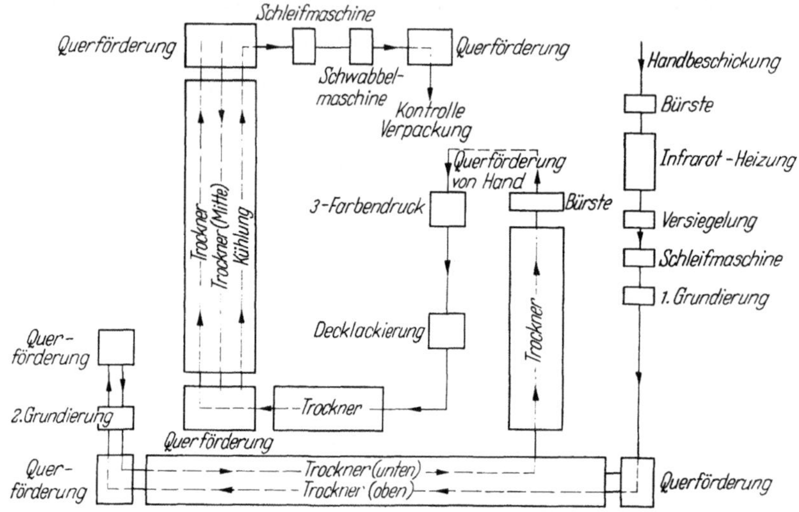

Bild 3.235. Schema und Arbeitsablauf für Druckverfahren.

Der Materialverbrauch wird bei Spanplatten mit rd. 30 bis 80 g/m² — je nach Beschaffenheit der Plattenoberfläche — angegeben. Die Trockenzeit liegt bei etwa 2 min bei einer Warmlufttemperatur von rd. 60 °C.

Nach der Trocknung der ersten Grundierung wird die zweite Grundierschicht aufgetragen. In den meisten Fällen handelt es sich um eine pigmentierte Grundierung, um der Oberfläche den Grundton für das später aufzubringende Muster zu geben. Insbesondere beim Drucken von Holzmustern wird bei der zweiten Grundierung mit einem Grundton gearbeitet.

Das Aufbringen der zweiten pigmentierten Grundierung erfolgt ähnlich wie ein mittelbarer Offset-Druck. Eine Rasterwalze überträgt mit Hilfe einer Gummiwalze eine stets gleichbleibende Anstrichmenge auf den Untergrund. Die Menge der aufgebrachten Grundierung ist durch die Anzahl und die Tiefe der Rasternäpfchen festgelegt. Je nach der zu erzielenden Wirkung des Untergrundes ergibt sich ein Materialverbrauch von 25 bis 50 g/m². Auch diese Grundierung wird in einem nachfolgenden Trockenkanal getrocknet. Bei dieser zweiten Trocknung wird mit Lufttemperaturen bis zu 160 °C gefahren bei einer Luftgeschwindigkeit bis zu 20 m/s. Durch diese hohen Temperaturen und Luftgeschwindigkeiten erfolgt ein schnelles Trocknen der zweiten Grundierschicht.

Vor dem Bedrucken der Flächen kann ein nochmaliges Schleifen oder Bürsten erfolgen. Die Grundiervorgänge sind gerade für Spanplatten als Träger besonders wichtig (Bild 3.236).

Bild 3.236. Maschineneinheit zum Aufbringen von Holzmuster.
Von links nach rechts: Doppel-Grundiermaschine, erstes und zweites Druckwerk, doppelte Lackauftragmaschine. Bauart Schmutz Mfg. Co.

Das Aufbringen der Druckfarben muß auf eine möglichst gleichmäßig dicke Platte und auf eine möglichst glatte Fläche erfolgen. Schon geringe Unebenheiten und Unregelmäßigkeiten in der Plattenfläche beeinflussen das Druckbild. Versiegelung, Spachtelung und Grundierung beseitigen die natürlichen Unebenheiten einer Spanplattenoberfläche.

Als nächster Arbeitsgang erfolgt das Bedrucken der Platten im Einfarben- bis Dreifarbendruck je nach Muster. Das Druckverfahren ist eine Kombination von Offset- und Tiefdruck. Um eine gegenseitige Beeinflussung von Lackschicht und Druckfarben zu vermeiden, müssen diese beiden Bestandteile aufeinander abgestimmt sein. Der Verbrauch an Tiefdruckfarbe liegt je nach Druckgrund und gewünschtem Muster bei 5 bis 15 g/m².

Die bedruckte Fläche erhält nun die endgültige Decklackierung durch Aufwalzen oder Aufgießen, wobei abhängig von den Oberflächeneigenschaften Nitro-Lacke, säurehärtende Lacke, Polyesterlacke oder andere Lacke Verwendung finden können. Auch für das Aufwalzen des Decklackes können Rasterwalzen — ähnlich wie beim Aufbringen der pigmentierten Grundierung — verwendet werden. Je nach Lackart und gewünschten Oberflächeneigenschaften liegt der Lackverbrauch bei etwa 50 bis 80 g/m². Eine nochmalige Trocknung im Trockenkanal schließt sich an. Je nach gewünschter Oberflächenwirkung folgt als letzter Arbeitsgang ein Schleifen der lackierten Fläche mit feinem Korn und ein Polieren oder Mattieren.

Wie bei allen anderen Druck- und Lackiervorgängen muß eine solche Fabrikationsanlage äußerst sauber arbeiten. Überdruckanlagen für die Fabrikationsräume mit filtrierter und geheizter Frischluftzufuhr sind unentbehrlich.

3.9.8.3 Eigenschaften und Anwendung bedruckter Spanplatten

Das optische Aussehen einer bedruckten und lackierten Oberfläche ist abhängig von der Güte der Rohplatte, der Güte der Grundierung, vom aufgebrachten Druckbild und der Güte der nachfolgenden Lackierung. Die mechanischen, physikalischen und chemischen Eigenschaften der Oberfläche richten sich nach der verwendeten Lackart, wie dies beim Aufbringen von Kunststoff-Furnierimitationen der Fall ist.

Das Anwendungsgebiet von bedruckten Platten ist ähnlich dem von anderen lackierten Platten, d. h. das Einsatzgebiet solcher Platten liegt hauptsächlich bei senkrechten Flächen für den Möbelbau und Innenausbau. Vorteile dieses Verfahrens sind die Möglichkeit einer industriellen Fertigung mit hohen Kapazitäten, die Standardisierung der Muster und in manchen Fällen der Preis-Vorteil gegenüber Holzfurnieren.

4. Erzeugung von Holzspanformteilen

Von **Herbert Haas**, Oberstenfeld

4.0 Allgemeines

Unter der Bezeichnung „*Formteil*" soll ein Teil verstanden werden, das seine endgültige Form durch Bearbeitung, nicht durch Verarbeitung, erhält, d. h. die Formgebung darf nicht durch Zusammensetzung von verschiedenen einzeln bearbeiteten Teilen erfolgen. Das Stück muß als Ganzes erzeugt sein, ohne Verbindungen wie Leimfugen, Zinken, Dübel,

Nut und Feder usw. aufzuweisen. Plattenförmige Teile, die lediglich durch Sägen erzeugt werden, wie z. B. Bretter, Balken usw. fallen nicht unter diesen Begriff.

Formteile aus Holz sind schon seit langem bekannt. Sie können auf verschiedene Art und Weise erzeugt werden:

a) durch Biegen von Vollholz,

b) durch Bearbeiten von Vollholz wie Schnitzen, Drechseln, Fräsen usw.,

c) durch Verpressen von mehreren Furnierlagen in Formen zu Sperrholzformteilen,

d) durch kombinierte Anwendung der unter a) bis c) genannten Bearbeitungsweisen.

Die Bearbeitungs- und damit Formgebungsmöglichkeiten bei Holz sind vor allem durch seine natürliche Struktur, seine physikalischen Eigenschaften und deren Änderungen unter Umwelteinflüssen sowie seine Anisotropie und Inhomogenität bestimmt. Nachdem Spanplatten infolge ihrer vorzüglichen Eigenschaften weite Anwendungsgebiete fanden, lag der Gedanke nahe, Holzspäne nicht nur zur Erzeugung plattenförmiger Holzwerkstoffe, sondern auch von Formteilen zu verwenden. Um dies zu ermöglichen, mußten verschiedene technische und physikalische Voraussetzungen berücksichtigt werden.

Für die Erzeugung von Formteilen aus Holzspänen bietet sich dasselbe Herstellungsverfahren an wie für die Herstellung von Spanplatten, nämlich das Pressen einer Mischung von Holzspänen und Bindemittel in die spätere Gestalt bestimmende Formen oder Werkzeuge. Formgebung durch *Pressen in Werkzeugen* ist von anderen Rohstoffen her bekannt. Die Herstellung von Formteilen aus Kunstharzpreßmassen ist seit langem allgemeiner Stand der Technik. Für die Erzeugung von Formteilen aus einer Mischung von Holzteilen und Bindemittel können Erfahrungen aus diesem Gebiet nur in sehr beschränktem Umfang übernommen werden, da das Ausgangsmaterial sich ganz anders verhält als Kunststoffe, die unter Einwirkung von Wärme und Druck plastisch werden, in den Formen hochsteigen (steigfähige Preßmassen) und nach der Aushärtung in ihrem Gefüge homogen sind. Die Preßmasse aus mit Bindemittel vermischten Holzspänen unterscheidet sich sowohl in den Eigenschaften als auch im Verhalten unter Druck und Wärme grundsätzlich von allen anderen bisher bekannten Preßmassen. Das Verhalten einer *Holzspan-Preßmasse* wird durch ihre zwei Bestandteile bestimmt: das Holz und das Bindemittel.

4.1 Anforderungen an das Holz

Holz als Rohstoff zur Herstellung von Formteilen durch Pressen kann nur in zerkleinertem Zustand Verwendung finden. Vollholz und stückiges

Holz müssen aus diesem Grunde in geeigneten Maschinen zerkleinert werden. Kleinstückige Abfälle, wie Säge- und Hobelspäne usw. können ebenfalls nicht ohne weiteres verarbeitet werden, sondern bedürfen einer bestimmten Aufbereitung, da die unabdingbare Forderung einer industriellen Fertigungsweise die Gleichmäßigkeit in Beschaffenheit und Güte des verwendeten Rohstoffes ist. Für Holz bedeutet dies zunächst einmal, daß entweder immer nur eine Holzart verwendet wird oder aber — bei Einsatz von Mischungen — die Mischung immer in derselben Zusammensetzung eingesetzt wird, d. h. daß der verhältnismäßige Anteil von verschiedenen Holzarten stets zumindest ungefähr gleich bleibt. Wird dieser Grundsatz nicht beachtet, so ist es unmöglich, das spätere Verhalten der gepreßten Spanformteile mit hinreichender Genauigkeit zu beurteilen, da die Holzarten nicht nur in der Geschwindigkeit der Feuchtigkeitsaufnahme und -abgabe unterschiedlich sind, sondern auch von Holzart zu Holzart verschiedene Schwindmaße aufweisen. Toleranzmaße zum Ausgleich dieser Dimensionsänderungen sind dann nicht mehr im vorhinein bestimmbar.

Die Beschaffenheit des Ausgangsstoffes für die Preßmasse muß ebenfalls immer gleich sein. Bei Verwendung von Vollholz und stückigem Holz ist diese Forderung leicht einzuhalten, da die Zerkleinerungsmaschinen (Zerspaner) mit den nachfolgenden Mühlen- und Siebanlagen so eingestellt werden können, daß ein verhältnismäßig gleichförmiges Erzeugnis in Form von Spänen zur Verfügung steht. Es empfehlen sich dünne Späne mit einer Dicke von 0,1 bis 0,3 mm und Längen von 10 bis 30 mm (Haas [*4.4*], Kollmann [*4.5*]). Dickere Späne lassen sich nur ungünstig verformen, längere Späne verbessern zwar die mechanischen Eigenschaften, z. B. die Zugfestigkeit, haben jedoch ein sehr großes spezifisches Volumen, da sie sich nicht so eng aneinanderlegen wie kürzere Späne, wodurch die Verformungsarbeit größer wird. Abfallspäne müssen in geeigneten Anlagen sortiert und unter Umständen nachzerkleinert werden, um ebenfalls in stets gleichbleibender Beschaffenheit Verwendung finden zu können.

Durch die Aufbereitung des Holzes zu verhältnismäßig kleinen Partikeln, die sich in allen Richtungen aneinanderlagern, werden die nachteiligen Eigenschaften des Holzes, vor allem sein Schwinden und Quellen, in ihrer Auswirkung gemindert. Diese Erscheinung ist in der gegenseitigen Absperrwirkung der in Spanplatten kreuz- und querliegenden Späne begründet. Während eine Holzspanplatte jedoch nur in einer Richtung verpreßt wird, kann ein Formteil unter Umständen Preßdruck aus verschiedenen Richtungen erhalten. Das Volumen der beleimten Späne *im unverpreßten Zustand* ist ein *Vielfaches* des *Volumens in gepreßtem Zustand*, wobei dieses Verhältnis um so größer wird, je höher die Preßmasse beim Preßvorgang verdichtet wird. So muß z. B. bei Fichtenholzspänen mit obigen Abmessungen bei rd. 10% Festharzanteil als Bindemittel eine Höhe von 85 mm geschüttet werden, um eine Preßteildicke von 10 mm mit einer Rohdichte von 0,75 g/cm³ zu erhalten. Dies bedeutet, daß die Späne während des Pressens einen bestimmten Weg zurücklegen müssen und sich dabei auf Grund verschiedener Krafteinwirkung gegebenenfalls an bestimmten Stellen ausrichten können, dergestalt, daß der Vorteil des Kreuz- und Querliegens zum Teil oder sogar wieder ganz aufgehoben wird. An diesen Stellen wird der *Absperreffekt* sehr stark abgeschwächt, und die Eigenschaft des Holzes, längs, radial und tangential verschieden zu quellen und zu schwinden sowie auch längs und quer zur Hauptfaserrichtung verschiedene mechanische Eigenschaften aufzuweisen, kommt wieder unerwartet zur Geltung. Dabei ist unangenehm, daß es nur in sehr beschränktem Umfang möglich ist, Bereich und Größenordnung dieser Erscheinung vorauszubestimmen, da Faktoren wie Spanform, Feuchtigkeitsgehalt, Bewegungsgeschwindigkeit, Klebewirkung des Bindemittels usw. Einfluß haben und die Grenzen zwischen den Zonen verschiedener Hauptspanrichtungen nicht scharf abgegrenzt sind, sondern ineinanderfließen.

Die *Aufnahme* und *Abgabe von Wasser* muß *beim Pressen* von Formteilen aus Holzspänen sehr sorgfältig beobachtet werden. Bei Entwurf und Bau der Form muß die zu erwartende Schwindung berücksichtigt werden, damit die Abmessungen des Werkstückes in technisch erträglichen Toleranzen bleiben. Entweder gibt die Preßmasse beim eigentlichen Preßvorgang Feuchtigkeit ab, oder aber das Spanformteil nachher im Gebrauch, bzw. es nimmt solche wieder auf, da sich Holz auf das hygroskopische Gleichgewicht zum umgebenden Klima einstellt; Feuchtigkeitsabgabe bzw. -aufnahme sind mit Schwinden oder Quellen der Holzfaser verbunden. Nun ist zwar das absolute Ausmaß dieser Quellung und Schwindung anhand der voraussichtlichen Feuchtigkeitsbedingungen, denen das Werkstück im Gebrauch unterworfen ist, mit hinreichender Genauigkeit berechenbar, jedoch ist es unmöglich vorauszubestimmen, inwieweit sich die gegenseitige Absperrung auf diese Eigenschaft mindernd auswirkt, da die endgültige Lage der Späne nicht vorausgesehen werden kann.

Dieses Verhalten der Holzspäne ist eine der größten Schwierigkeiten bei der Entwicklung einer Verfahrenstechnik zur Herstellung von Formteilen daraus, zumindest solange es sich um Formteile handelt, die zusammen mit anderen Rohstoffen verarbeitet werden und von denen eine bestimmte *Paßgenauigkeit* verlangt wird oder denen eine *Oberflächenbehandlung beim Preßvorgang* in der Form gegeben wird, wobei ein gleichbleibender Druck über eine gewisse Zeit hinweg aufrecht erhalten werden muß, wie z. B. bei *Beschichtung* mit kunstharzgetränkten Papieren (Haas [*4.4*]).

4.2 Bindemittel

Als Bindemittel bieten sich an:

a) die natürlichen Bindemittel des Holzes in Form des Lignins und der Harze,
b) thermoplastische Kunstharze,
c) duroplastische Kunstharze.

Es ist bekannt, daß unter bestimmten physikalischen Voraussetzungen das *Lignin* des Holzes aktiviert und als Bindemittel nutzbar gemacht werden kann (DBP [*4.3*], KOLLMANN [*4.5*]). Dieses natürliche Bindemittel kann beim Preßverfahren verwendet werden. Einschränkend wirkt hierbei, daß ein sehr hoher Preßdruck erforderlich ist, der bewirkt, daß die Dichte des Fertigteiles auf 1,1 bis 1,4 g/cm^3 ansteigt.

Thermoplastische Kunstharze sind ungeeignet, da sie bei Erwärmung wieder plastisch werden; dadurch würden sich die Preßteile verformen, und ihre Festigkeitseigenschaften würden nachlassen.

Duroplastische, wasserlösliche, wärmehärtbare Kunstharze wie Harnstoff-, Melamin- und Phenolharze finden deshalb Anwendung (HAAS [*4.4*]). Vorzuziehen wäre eine trockene Beimischung, um den Holzspänen keine quellungverursachende Feuchtigkeit zuzuführen. Dies ist zwar theoretisch denkbar, da solche Bindemittel auch pulverförmig zur Verfügung stehen, jedoch praktisch undurchführbar, da durch die unterschiedliche Dichte von Holz und Kunstharz schon beim Hantieren, spätestens aber bei der Formungsarbeit vom Schütt- zu Preßvolumen Entmischungsvorgänge stattfinden, die eine ungleiche Verteilung von Bindemittel im Werkstück zur Folge hätten. Aus diesem Grunde müssen *wassergelöste Kunstharze* verwendet werden. Diese Bindemittel führen den Spänen Feuchtigkeit zu, bewirken unmittelbar nach der Mischung Quellung und während oder nach dem Preßvorgang Schwindung, je nachdem, ob heiß oder kalt gepreßt wird.

Der Anteil der Bindemittel kann an und für sich beliebig gewählt werden. Je höher er ist, desto besser ist die Verformbarkeit und desto härter wird das Erzeugnis (unabhängig vom Druck). Im Grenzfall könnte das Bindemittel sogar einen so großen Anteil einnehmen, daß die Späne nur noch als Füllmittel für das Kunstharz dienen und die Preßmasse steigfähig wird. Die Kosten einer solchen Preßmasse verbieten jedoch ihre Anwendung; außerdem würden dann für die Eigenschaften des Fertigteiles nicht mehr die technologischen Werte des Holzes, sondern die des Kunstharzes bestimmend sein. Normalerweise liegt deshalb der Bindemittelanteil bei Holzspanformteilen je nach Verfahren zwischen 4 bis 20% Festharzanteil, bezogen auf atro Holzgewicht.

Duroplastische Bindemittel sind wärmehärtend. Dies bedeutet, daß heiß gepreßt werden muß, in der Regel mit Temperaturen über 100 °C.

Das mit dem Bindemittel zugeführte Wasser verwandelt sich hierbei in *Dampf*, der entweder durch nachfolgendes *Rückkühlen* wieder kondensiert oder aber auf andere Art und Weise abgeleitet werden muß, damit das Preßteil nach der Entnahme aus der Form nicht durch den *Innendruck* zerrissen wird.

4.3 Wirtschaftliche Voraussetzungen

Formteile werden mit Hilfe einer Form — auch Werkzeug genannt — unter Anwendung von Wärme und Druck, der bis zu 300 kp/cm² betragen kann, gepreßt. Die Formen müssen aus entsprechendem Werkstoff, z. B. aus *Stahl* bestehen. Wenn dem Formteil beim Preßvorgang eine andere Oberfläche gegeben werden soll als die des natürlichen Holzes, z. B. durch einen *Überzug mit harzgetränktem Papier*, dann müssen die Oberflächen der Form Hochglanz aufweisen, ähnlich den bei der Herstellung von Schichtstoffen verwendeten Preßblechen. Die Formen müssen also entweder verchromt oder hochglanzpoliert sein oder aus einem *Sonderstahl* bestehen. Solche Formen sind verhältnismäßig teuer. Die Kosten für die Formen müssen vom Werkstück getragen werden, desgleichen die Kosten für die Preßorgane, sei es nun, daß Werkzeug und Presse eine Einheit sind, sei es, daß die Preßwerkzeuge in ortsfeste Pressen auswechselbar eingesetzt werden.

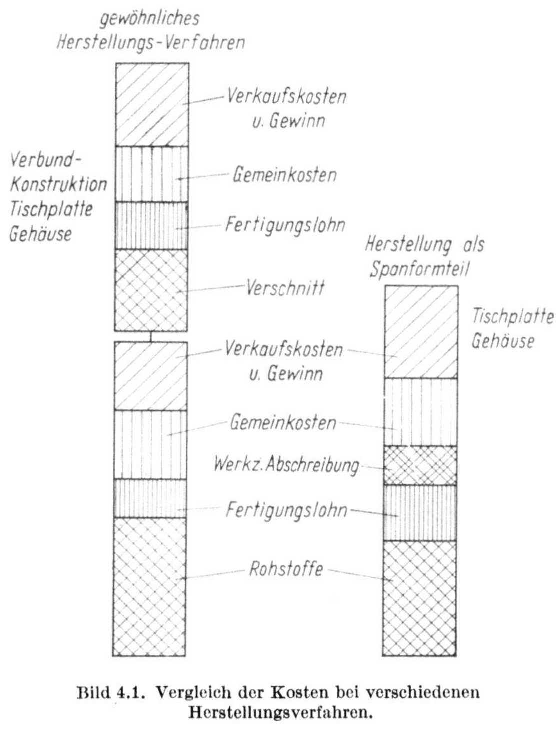

Bild 4.1. Vergleich der Kosten bei verschiedenen Herstellungsverfahren.

Der Preßtakt wird durch die Aushärtegeschwindigkeit des Bindemittels bestimmt. Es sollen deshalb rasch härtende Bindemittel verwendet werden, um die Stückfolgezeit beim Pressen möglichst kurz zu halten. Diese beiden Größen — Werkzeugkosten und Produktionsgeschwindigkeit — bestimmen neben den übrigen, bei jeder industriellen Fertigung anfallenden Kosten entscheidend die Wirtschaftlichkeit von Verfahren zur Herstellung von Formteilen aus Holzspänen.

Diesen Kosten stehen jedoch auch beträchtliche Ersparnisse gegenüber. Das Preßverfahren überspringt mehrere Fertigungsstufen, die bei üblicher Herstellung von Werkstücken aus Vollholz durchlaufen werden müssen, z. B. Sägen, Bohren, Fräsen, Oberflächenbehandlung usw. Um die Wirtschaftlichkeit bei der Erzeugung von Spanformteilen beurteilen zu können, müssen also die Form- und Preßkosten den Ersparnissen bei der normalen Herstellung gegenübergestellt werden. Daraus ergeben sich die Forderungen, die erfüllt sein müssen, wenn wirtschaftlich gefertigt werden soll (Bild 4.1):

1. Von einem Erzeugnis müssen möglichst hohe Stückzahlen abgesetzt werden können, damit der Werkzeugkostenanteil so gering wie möglich wird.

2. Die Maschinen zur Aufbereitung des Rohstoffs und zum Pressen müssen voll ausgenützt werden, damit auf das einzelne Erzeugnis ein kleiner Satz von allgemeinen Unkosten entfällt.

3. Das Verfahren muß technisch so reif sein, daß die Erzeugnisse einem möglichst breiten Markt gerecht werden, d. h. daß viele und verschiedenartige Erzeugnisse in möglichst viele Verbraucherzweige abfließen.

4. Es müssen Erzeugnisse ausgewählt werden, die bei der gewöhnlichen Herstellung durch spanabhebende Bearbeitung oder Verbundkonstruktion großen Verschnitt zur Folge haben oder die hohe Bearbeitungskosten durch umfangreiche mechanische Bearbeitung erfordern.

4.4 Herstellungsverfahren und Gestaltung von Holzspanformteilen

4.4.0 Allgemeine Gesichtspunkte

Die technischen, physikalischen und wirtschaftlichen Voraussetzungen bestimmen die Herstellungsverfahren. Allgemein kann gesagt werden, daß Holzspanformteile industriell wirtschaftlich in *großen Stückzahlen* gefertigt werden können. Hauptsächlich drei Verfahren haben sich durchgesetzt (Bild 4.2).

Allen Herstellverfahren ist die Aufbereitung des Rohstoffs bis zur Zugabe des Bindemittels gemeinsam und im Prinzip ähnlich, obwohl Einzelheiten verschieden sind. Als Rohstoff finden Holzsortimente Verwendung, wie sie auch von der Spanplattenindustrie verarbeitet werden. Die Hölzer werden in Zerspanern zerkleinert, wobei Form und Größe der Späne durch das Verfahren bestimmt werden. Industrie-Resthölzer, wie Hobel-, Schäl und Sägespäne werden in Hammer- oder Schlagkreuzmühlen auf die angestrebte Größe gebracht. Nach der Zerkleinerung wird gesiebt, unter Umständen nachzerkleinert und gebunkert. Im weiteren Verlauf trennen sich die Verfahren.

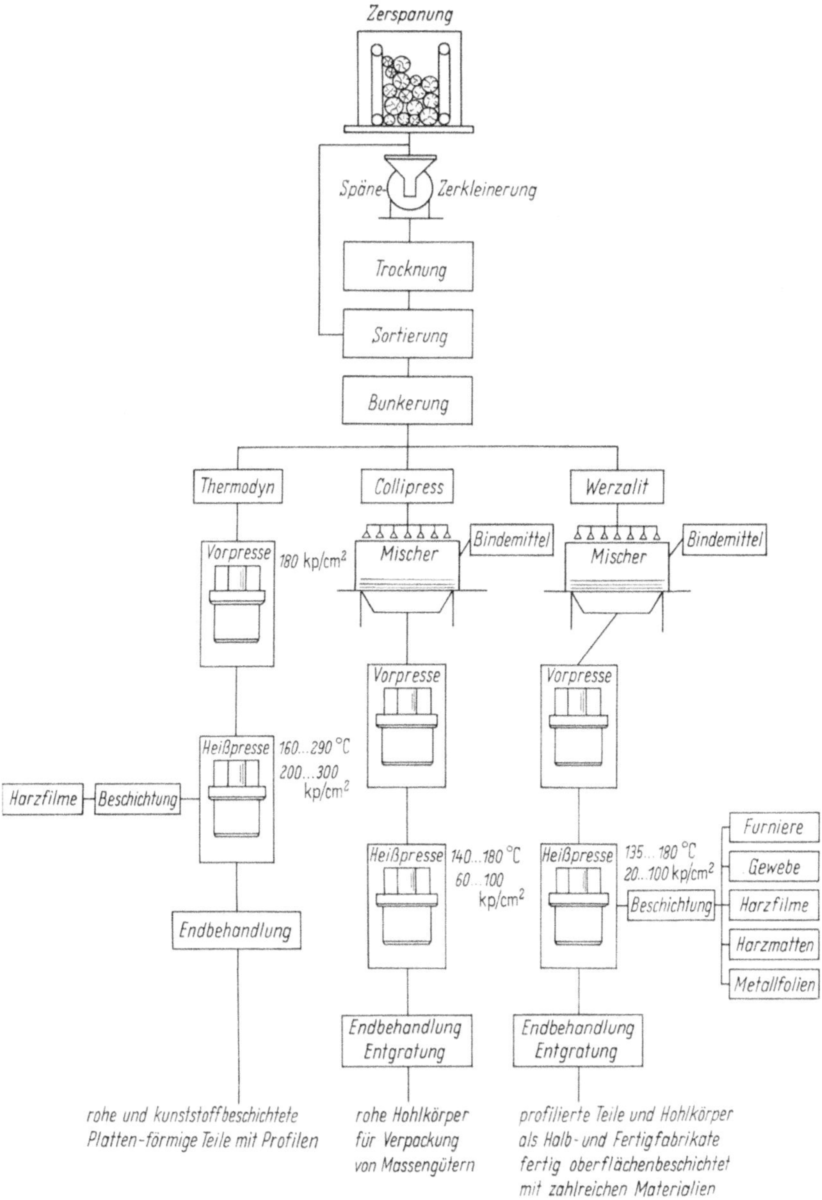

Bild 4.2. Schematische Übersicht über Verfahren zur Herstellung von Holzspanformteilen.

4.4.1 Thermodyn-Verfahren

Das von R. O. H. Runkel und J. Jost [*4.3*] entwickelte Thermodyn-Verfahren gestattet die Herstellung von Hartplatten-Formteilen aus *Stoffen pflanzlicher Herkunft*, die harzbildende Gruppen und

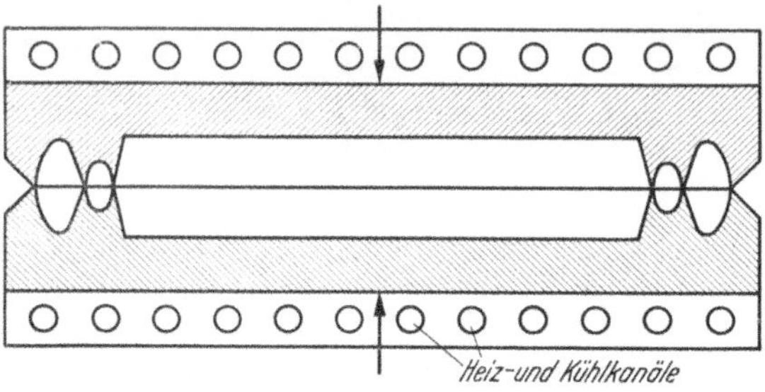

Bild 4.3. Schematischer Schnitt durch eine gasdicht abgeschlossene Preßform mit Abdichtung durch Nuten. (Nach R. O. H. Runkel u. J. Jost.)

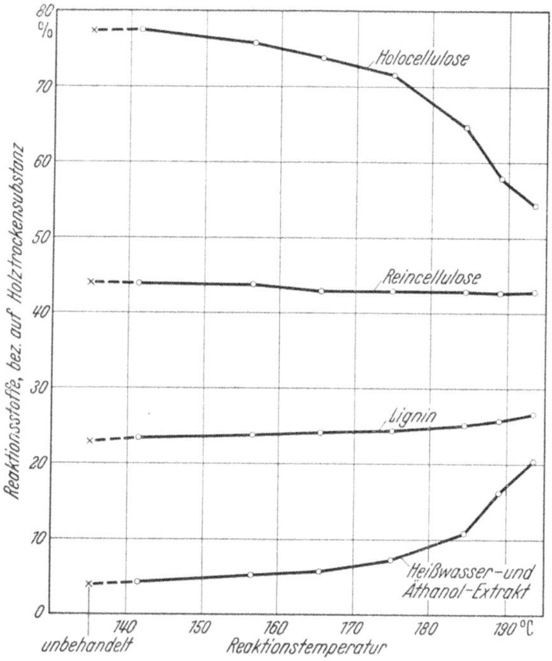

Bild 4.4. Abhängigkeit der Ausbeute an Reaktionsstoffen, bezogen auf Holztrockensubstanz, von der Reaktionstemperatur. (Nach R. O. H. Runkel u. K. Wilke.)

wirksame Carbonylgruppen enthalten und deren *latentes Kondensationsvermögen* durch Anwendung von Druck und Wärme ausgelöst wird. Das Verfahren arbeitet entweder ganz ohne oder mit nur sehr wenig

Kunstharzbindemittel. Die Spanmasse wird kalt in Werkzeugen unter einem Druck von etwa 180 kp/cm² vorgepreßt und dann in eine *gasdicht abgeschlossene Preßform* aus Sonderstahl (Bild 4.3) eingelegt und bei Temperaturen von etwa 160 bis 290 °C und Drücken von etwa 200 bis 300 kp/cm² fertiggepreßt. Durch den hohen Druck und die zugeführte Wärme entstehen flüchtige Reaktionsprodukte, die nicht entweichen können. Als zweckmäßig hat es sich erwiesen, den Feuchtigkeitsgehalt des Ausgangsguts auf etwa 10 bis 17% einzustellen. *Zwei Reaktionsstufen* können unterschieden werden. In der ersten bilden sich durch Hydrolyse

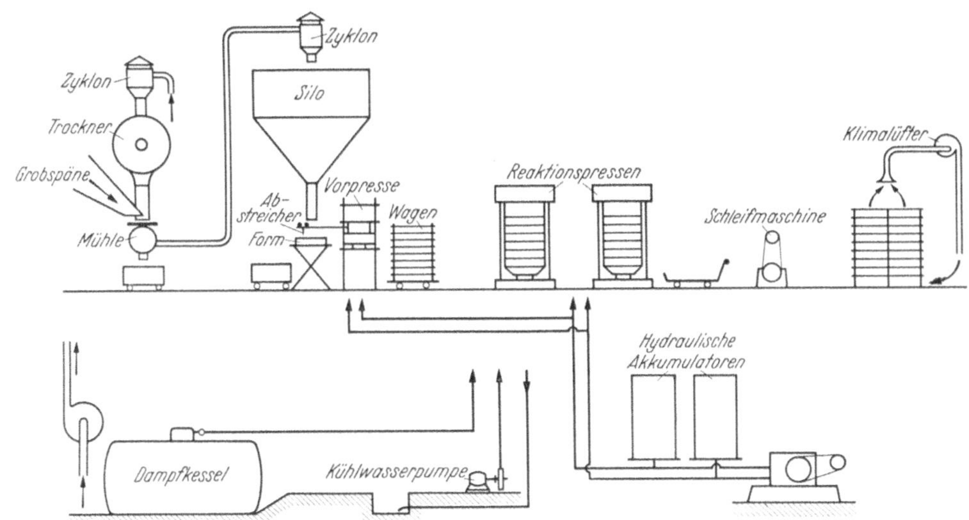

Bild 4.5. Schema des Aufbaues eines Werkes zur Herstellung von Thermodyn-Formlingen. (Nach R. O. H. Runkel u. J. Jost.)

unter Spaltung von Holzbestandteilen im wesentlichen kondensierbare Dämpfe und daneben Gase. Die entstehende Essigsäure und Ameisensäure verstärken die Hydrolyse, wobei die Lignin-Kohlehydrat-Bindung unter Bildung von aktivem Lignin aufgespalten wird und Aldehyde sowie Furfurol entstehen. In der zweiten Reaktionsstufe treten die Gase mit der veränderten Holzsubstanz in Reaktion, und es kommt zur Kondensation einer plastischen Masse. Gewisse Aldehyde können zum Teil weiter gespalten werden, z. B. Furfurol in Succindialdehyd und Ameisensäure, wobei letztere zusammen mit dem Wasser im Holz eine weitere Hydrolyse des Kohlehydratanteils bewirkt. Die von R. O. H. Runkel [*4.9*, *4.10*] gegebenen Deutungen der *Reaktionskinetik* wurden durch Untersuchungen von K. D. Wilke [*4.12*] gut untermauert. Bild 4.4 zeigt die Abhängigkeit der Ausbeute an *Reaktionsstoffen* von der *Reaktionstemperatur*.

Entscheidend für ein einwandfreies Erzeugnis ist eine unbedingt gasdichte Form. Nach der Reaktion muß auf eine Temperatur unter 100 °C rückgekühlt werden. Dies bedeutet lange Preßzeiten. Bild 4.5 zeigt schematisch ein Werk zur Herstellung von Thermodyn-Formlingen. Die Forderung nach einem gasdichten Werkzeug beschränkt die Möglichkeiten des Thermodynverfahrens auf plattenförmige Teile mit geringen Profilierungen, wie z. B. Klosettsitze, Räder für Spielzeuge, Palettenträger, Schultischplatten usw. Die hohe Dichte des Erzeugnisses, die bei etwa 1,1 bis 1,3 g/cm³ liegt, schränkt seine Verwendung weiter ein. Bei diesem Verfahren ist es möglich, Oberflächenbeschichtungen mit harzgetränktem Papier vorzunehmen. Oberflächenbeschichtung mit Furnieren für dekorative Zwecke scheidet wegen des hohen Druckes aus. Das Holzgefüge wird dabei zerstört, und die Temperatur macht empfindliche Hölzer wie Ahorn, Eiche usw. durch Farbumschlag unansehnlich. Kennzeichnend für das Verfahren ist:

a) gasdichte Ausbildung des Werkzeuges,
b) Nutzbarmachung der natürlichen Bindemittel des Holzes,
c) hoher Preßdruck und demnach hohe Rohdichte der Erzeugnisse.

4.4.2 Collipreß-Verfahren

Ziel des Collipreß-Verfahrens ist die Herstellung von *Hohlkörpern mit senkrechten Wänden*, insbesondere für *Verpackungsbehälter*, die in immer gleichen Formen und Abmessungen dem Verbrauch zugeführt werden, wie z. B. Flaschenkästen, Transport- und Lagerbehälter, Munitionskisten usw. (Bild 4.6) (Collipreß [*4.2*]). Das Verfahren verwendet geschnittene,

Bild 4.6. Collipreß-Flaschenkästen aus Spanholz.

kalibrierte Späne, die mit Kunstharzbindemittel gemischt und in einer *Heißform*, die als Presse mit einem senkrechten und mehreren seitlichen *Kolben* ausgebildet ist, unter einem Druck von 60 bis 100 kp/cm², bei einer Temperatur von 140 bis 180 °C, 2 bis 4 min — je nach Dicke — gegen einen *zentralen Kern* gepreßt werden, wodurch der Hohlkörper gebildet wird. Nach erfolgter Kondensation des Bindemittels wird der fertige Hohlkörper ohne Rückkühlung der Presse entnommen. Die Rohdichte der Collipreß-Teile beträgt 0,8 bis 1,1 g/cm³. Eine Oberflächenbeschichtung beim Pressen wird nicht ausgeführt, da Verpackungsmittel mit der natürlichen, durch den beharzten Holzspan gebildeten Oberfläche auskommen.

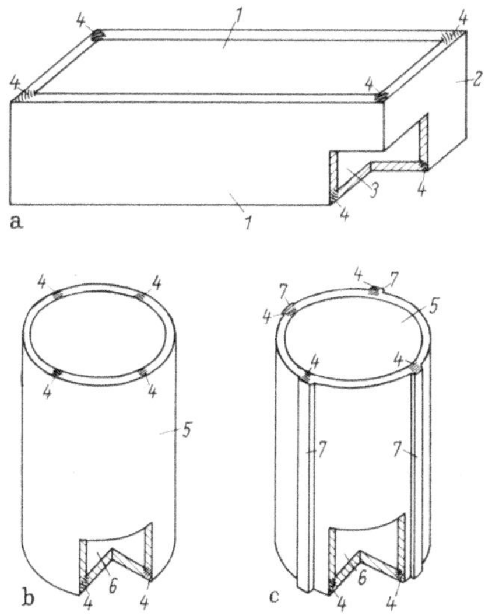

Bild 4.7 a–c. a) Hohlkörper mit vorverdichteten Eckzonen *4*. Wände *1*, *2* und Boden *3* weisen normale Verdichtung auf; b) zylindrischer Hohlkörper mit diagonal gegenüberliegenden Verdichtungszonen; c) zylindrischer Hohlkörper mit entsprechenden Verstärkungsrippen *7*.

Eine Weiterentwicklung des Collipreß-Verfahrens gestattet die Herstellung hohler Formkörper, die an Stellen der stärksten mechanischen Beanspruchung eine *höhere Verdichtung* oder *Verstärkungsrippen* aufweisen. Bild 4.7 zeigt derartige Hohlkörper. Bei dem kistenartigen Körper (nach Bild 4.7a) sind alle mit *4* bezeichneten Eckzonen hochverdichtet, während die Wände *1* und *2* sowie der Boden *3* den normalen Verdichtungsgrad aufweisen. In Bild 4.7b ist ein zylindrischer Hohlkörper mit vier sich diagonal gegenüberliegenden verdichteten Zonen *4* dargestellt. Den gleichen Körper kann man auch zur Erhöhung der Formstabilität mit Verstärkungsrippen *7* gemäß Bild 4.7c versehen. Bild 4.8a zeigt die verwendete Preßvorrichtung im Grundriß und Bild 4.8b im Aufriß. Die Preßbacken *9* und *10* werden zwischen Führungen von würfelförmigem Querschnitt *8* gehalten und können sich auf die Füllräume *12* um den Kern *11* zu bewegen. Die Verstärkungszonen *13* entstehen dadurch, daß die Führungen *8* gegen-

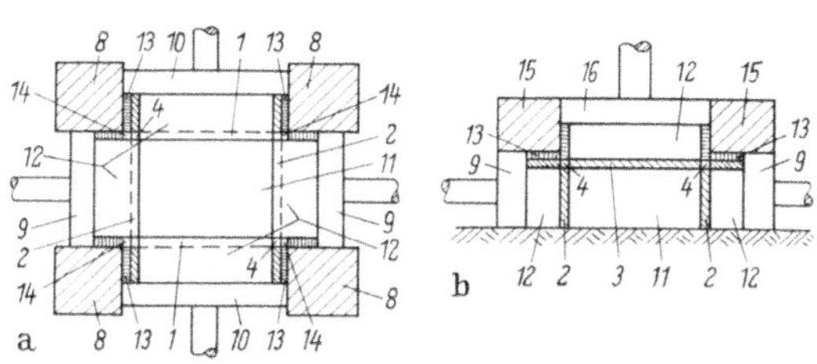

Bild 4.8 a u. b. a) Grundriß; b) Aufriß der Preßvorrichtung. *8* Führungen; *9*, *10* Preßbacken; *11* Kern; *12* Füllräume; *13* Verstärkungszonen; *14* Kanten; *15* Oberteil; *16* Stempel.

über dem Kern *11* zurückgesetzt sind. Nähern sich beim Pressen alle vier Kolben mit den Preßbacken dem Kern *11* bis auf die Wanddickendistanz, so müssen an den Ecken *4* höhere Verdichtungen entstehen als in den Seitenwandräumen *1* und *2*. Man erkennt, daß durch das Zurücksetzen der Führungen *8* das fertige Teil beim Herausnehmen nicht an den Kanten *14* streifen kann, vielmehr mit Spiel daran vorbeigeht. Das Oberteil der Form, in Bild 4.8 b mit *15* bezeichnet, wird auf das Unterteil abgesenkt, nachdem die Füllräume *12* (Bild 4.7) gefüllt sind. Es entsteht oberhalb des Kerns *11* ein weiterer Füllraum *12* (Bild 4.8 a). Durch entsprechende Gestaltung des Oberteils erhält man auch hier Verstärkungszonen *13*. Der Stempel *16* bildet den Boden *3* über dem Kern *4*. Höhere Verdichtungen entstehen rund um die Ecken *4* des kistenartigen Körpers. Der Preßling kann bei diesem Verfahren sofort aus der beheizten Form herausgenommen werden, da die erreichbare Steifigkeit dafür ausreicht.

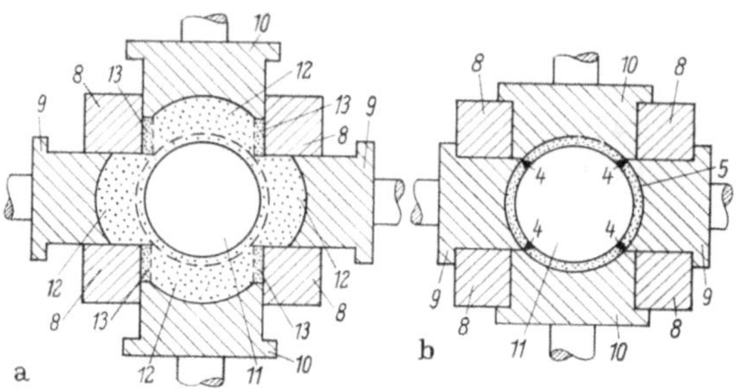

Bild 4.9 a u. b. a) für Preßvorrichtung zylindrische Hohlkörper in Füllstellung; b) in Preßstellung. Bedeutung der Zahlen wie in Bild 4.8.

Die Bilder 4.9 a und b zeigen den grundsätzlichen Formenaufbau für die Herstellung von Hohlkörpern mit runden Mänteln. Zwischen den Führungen *8* sind die entsprechend gestalteten Preßbacken *9* und *10* geführt, *11* ist der Kern von zylindrischer Gestalt, *12* sind die Füllräume, *13* die Verstärkungszonen. Bild 4.9 b zeigt die geschlossene Form mit den Verstärkungszonen *4*.

Bild 4.10. Küchenarbeitsplatte und Wandvertäfelung aus Werzalit-Spanformteilen.

Kennzeichnend für das Collipreß-Verfahren sind:

a) die eindeutige Zielsetzung und Beschränkung auf Verpackungsbehälter,

b) die Ausbildung des Werkzeuges als Einheit von Werkzeug und Presse,

c) der Verzicht auf eine Oberflächenvergütung im Werkzeug.

4.4.3 Werzalit-Verfahren

Das Werzalit-Verfahren strebt an, die Verformungsmöglichkeit des Rohstoffs voll auszunutzen und durch zugleich erfolgende Oberflächengebung in der Presse Verwendungsmöglichkeiten und Ausstattung der Erzeugnisse einem möglichst breiten Markt anzupassen.

Die mit Kunstharzbindemittel gemischten Späne werden in Preßwerkzeugen mit Temperaturen zwischen 135 bis 180 °C und Preßdrücken von 20 bis 100 kp/cm² zu Formteilen verpreßt (Munk [*4.6*, *4.7*]), wobei auf die Oberfläche Edelholzfurniere, Polyestermatten, melamin- oder phenolbeharztes Papier, Gewebe, Metallfolien usw. gleich mit aufgebracht werden können (Bild 4.10). Aus der Presse werden also gebrauchsfertige, oberflächenbehandelte Teile entnommen, die vor ihrer Verwendung keiner weiteren Bearbeitung mehr bedürfen, ausgenommen vereinzelte *Entgratungsvorgänge*. Die Preßzeiten betragen 1 bis 7 min, die Rohdichte von Werzalit-Teilen liegt je nach Wunsch und Verwendungszweck zwischen 0,5 und 1,1 g/cm³. Das Schema einer Anlage zur Durchführung des Werzalit-Verfahrens zeigt Bild 4.11. Die Herstellung des größten kunststoffbeschichteten Formteils nach dem Werzalit-

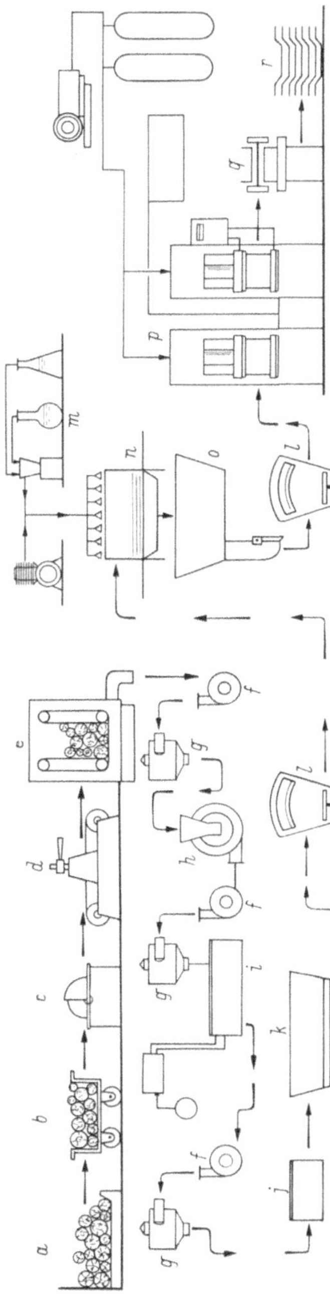

Bild 4.11. Schema einer Herstellungsanlage für Werzalit-Holzspanformteile.
a Holzlager; *b* Förderung zur Abkürzsäge; *c* Abkürzsäge; *d* Metallsuchgerät; *e* Zerspaner; *f* Gebläse; *g* Abscheider; *h* Schlagkreuzmühle; *i* Trockner; *j* Sichtung; *k* Bunker; *l* Dosierwaagen; *m* Leimaufbereitung mit Leimpumpe; *n* Mischer; *o* Bunker; *p* Pressen mit Hydraulik; *q* Endbearbeitung; *r* Fertiglager.

Verfahren wurde in USA durch die Firma Weyerhaeuser Co. in Marshfield, Wisc. aufgenommen ([*4.1*]; Prod. Dev. Corp. [*4.8*]; Sherringham [*4.11*]). In diesem Werk sind gegenwärtig 20 *hydraulische Pressen* von 500 bis 3000 t Druckkraft aufgestellt, die alle mit *Programmsteuerung* und *Zeitautomatik* ausgerüstet sind [*4.1*]. Besonders bemerkenswert ist eine *Form- und Pressenstraße* zur Herstellung von kunststoffbeschichteten Küchenarbeitsplatten mit Längen bis zu 6200 mm und einer Breite

Bild 4.12. Form- und Pressenstraße zur Herstellung von kunststoffbeschichteten Küchenarbeitsplatten mit Längen bis zu 6200 mm und einer Breite von 700 mm.

von 700 mm (Bild 4.12). Hierfür mußte eine völlig lunkerfreie, korrosionsbeständige Stahloberfläche geschaffen werden. Daneben werden Schultischplatten, Tischplatten, Plattenspielergehäuse, Tabletts usw. hergestellt.

Kennzeichnend für das Werzalit-Verfahren ist:

a) nahezu unbegrenzte Formgebung, vor allem auch ungleiche Wanddicken,

b) Aufbringen veredelter Oberflächen in einem Arbeitsgang,

c) Werkzeug und Presse als zwei selbständige austauschbare Einheiten.

4.5 Eigenschaften und Gestaltung von Spanformteilen

Es ist außerordentlich schwierig, für Formteile Richtwerte für Festigkeiten, Härte und Abnützungswiderstand anzugeben, da die mechanischen Eigenschaften von vielen verschiedenen Größen beeinflußt werden, die je nach Verwendungszweck verändert werden können. Diese Größen sind Spanform, Art und Anteil des Bindemittels, Preßdruck, Art und Dicke der Oberflächenbeschichtung usw. Grundsätzlich kann gesagt werden, daß Spanformteile mindestens dieselben mechanischen Eigenschaften haben wie Spanplatten. Im allgemeinen übersteigen die Festigkeitswerte jedoch die der Spanplatte zum Teil erheblich. In erster Linie

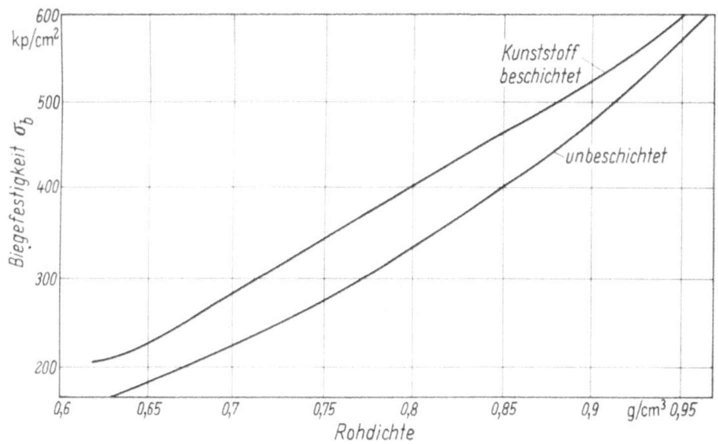

Bild 4.13. Biegefestigkeit von Werzalit-Spanformteilen.

bestimmen auch hier die Eigenschaften des Holzes die technischen Werte und die Wahl einer bestimmten Spanform kann einen sehr viel größeren Einfluß haben, als z. B. eine Erhöhung des Bindemittelanteiles. Eine allgemeine Aussage würde daher nur ein falsches Bild geben. Als Beispiel sei in Bild 4.13 die *Biegefestigkeit* und in Bild 4.14 das *Schraubenhaltevermögen* von Werzalit-Formteilen gezeigt, woraus zu ersehen ist, daß die Werte von der Rohdichte abhängen und daß eine im Preßvorgang aufgebrachte Oberflächenbeschichtung (die beim Werzalit-Verfahren normal ist) eine merkbare Verbesserung zur Folge hat. Die Kunststoffbeschichtung der Formteile, von denen die Kurven in beiden Bildern stammen, besteht aus *melaminharzgetränkten Edelzellstoff-Papieren*, wie sie auch für dekorative Oberflächen bei Kunstharzlaminaten eingesetzt werden. Erwähnenswert ist noch, daß es im Werzalit-Verfahren möglich ist, die Festigkeitseigenschaften nicht nur von einem Teil zum anderen, sondern auch innerhalb des Teiles selbst zu steuern, so daß besonders beanspruchte Stellen die notwendige Festigkeit erhalten können, ohne daß diese auch den Teilen des Erzeugnisses gegeben werden muß, an die diese erhöhte Anforderung nicht gestellt wird.

Die Gestaltung von Formteilen hängt weitgehend vom Verfahren ab. Das Thermodyn-Verfahren ist durch die Forderung nach gasdichten Werkzeugen beschränkt, da hierdurch bewegliche Werkzeugteile nicht eingesetzt werden können, auf die jedoch in Anbetracht des nicht steigfähigen Preßmaterials nicht verzichtet werden kann, wenn man ver-

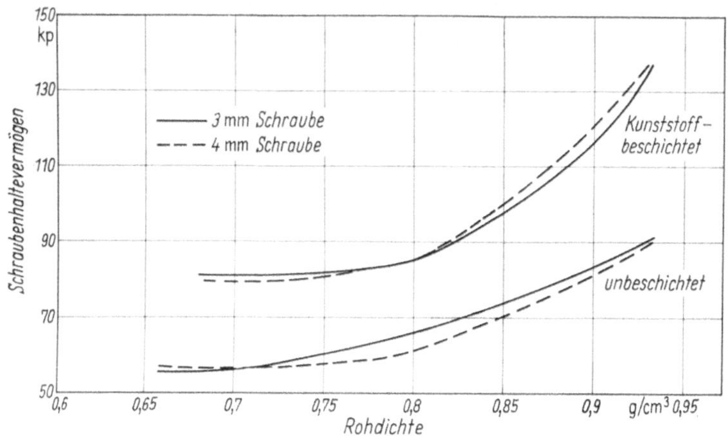

Bild 4.14. Schraubenhaltevermögen von Werzalit-Spanformteilen.

wickelte Formen herstellen will. Das Collipreß-Verfahren beschränkt sich selbst auf Hohlkörper für Verpackungen. Das Werzalit-Verfahren erlaubt nahezu jede Formgebung, vor allem auch beliebige Veränderung der Wanddicken und eine Vielzahl von Oberflächenbeschichtungen, die durch eine geschickte Farbgebung die Formgestaltung wirkungsvoll unterstützen können. Vertiefungen, Aussparungen, Schraubenlöcher, Profile — sowohl erhaben, als auch vertieft — können mit eingepreßt werden, ohne bei der Produktion Mehrkosten zu verursachen. Mehrkosten sind lediglich für die Bearbeitung der Werkzeuge zu erwarten.

Grundsätzlich kann gesagt werden, daß die Verfahren, da sie noch verhältnismäßig jung sind, noch nicht alle Möglichkeiten auf diesem Gebiet ausgeschöpft haben und eine laufende Vervollkommnung erwartet werden kann.

5. Spezielle Herstellverfahren

5.1 Flachpreßverfahren

5.1.1 Bison-Verfahren

Von **Ernst Greten**, Springe

Querschnitt und Oberfläche sind die optischen Kennzeichen einer Spanplatte. Unter dem Namen *Bison* ist eine Spanplatten-Art entwickelt worden, deren *Querschnitt* durch den *stufenlosen Übergang* von groben zu feinen Spänen gekennzeichnet ist und deren Oberfläche die feinsten Anteile des Spänegemisches enthält.

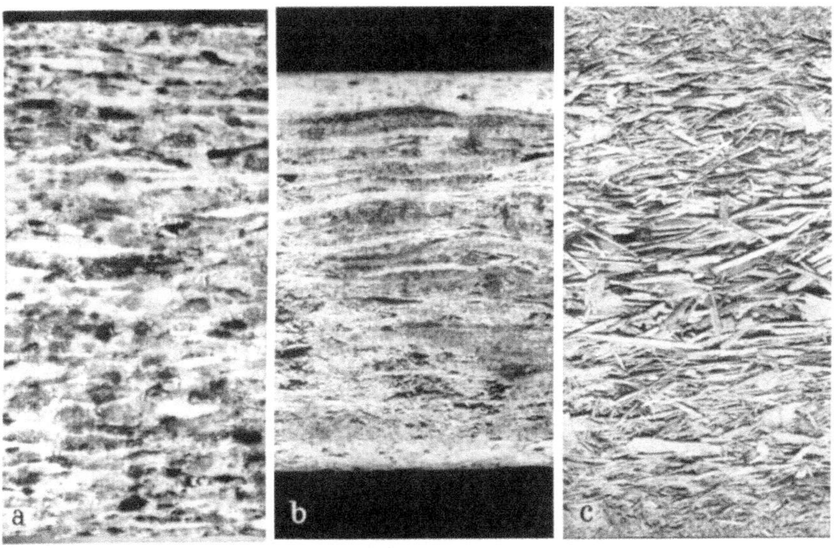

Bild 5.1a–c. Querschnitte durch Holzspanplatten.
a) Einschichtplatte; b) Dreischicht- oder Deckschichtplatte; c) Bison-Platte.

Im Vergleich zu einer Einschicht-Platte (Bild 5.1a) und zu einer Dreischichtplatte (Bild 5.1b) zeigt das Bild 5.1c den Querschnitt einer nach dem *Bison*-Verfahren geschütteten Spanplatte, woraus deutlich zu erkennen ist, wie von der Mittellinie ausgehend nach beiden Seiten hin die *Spangröße* abnimmt, so daß sich schließlich in den Oberflächen die feinsten Späne und Staub ansammeln. Die Eigenart dieses Querschnittes zeigt sich auch im Verlauf der Biegespannung unter Belastung (Bild 5.2c) im Vergleich mit anderen Plattenarten.

Während die *Biegespannung* über dem Querschnitt der Einschicht-Platte linear verläuft, entsteht in der Dreischichtplatte dort ein

Spannungssprung, wo Mittelschicht und feinere Deckschicht aufeinandertreffen. Im Gegensatz zu diesem linearen oder versetzt-linearen Verlauf der Spannungsverteilung ergibt sich über dem Querschnitt der *Bison*-Platte eine stetige *Biegespannungskurve*, die dem *stufenlosen Übergang* innerhalb der Schichtung entspricht. Dieser stufenlose Aufbau wird durch die *Windsichtung* erreicht, welche die Schichtung von Spänen von stark unterschiedlicher Größe einschließlich Staub erlaubt. Es ist deshalb nicht notwendig, Mittelschicht und Deckschichten getrennt aufzubereiten. Vielmehr wird nach dem *Bison*-Verfahren nur *ein Spänefluß* von der Zerspanung bis zur Formstation geführt. Hier teilt die Windsichtung die gemeinsam aufbereiteten und beleimten Späne und schichtet sie mit abnehmenden Spangrößen von der Mitte zu den Außenflächen der Platte.

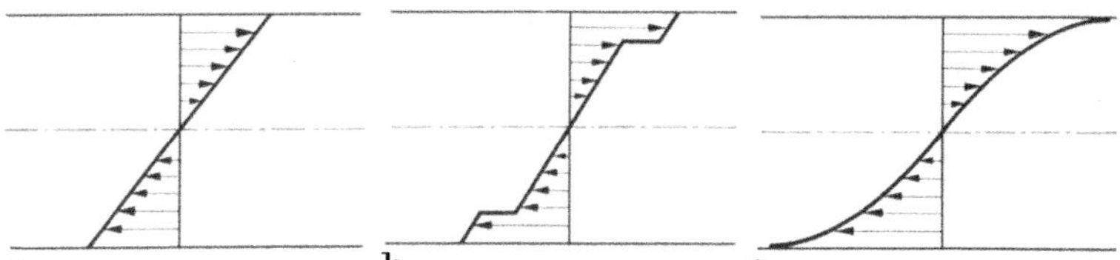

Bild 5.2 a–c. Verlauf der Biegespannung in den Querschnitten der in Bild 5.1 genannten Spanplattenarten.
a) Einschichtplatte; b) Dreischicht- oder Deckschichtplatte; c) Bison-Platte.

Das in der Streumaschine gleichmäßig abgestreute beleimte Spänegemisch wird während des Herabfallens einer zweiseitig geführten Windsichtung unterworfen. Dabei werden die feineren Späne und Staub von dem Luftstrom abgetrieben und gelangen in einem größeren Abstand von der Streustelle auf die Formungsunterlage als die dickeren und längeren Späne. Demzufolge lagert sich auf der relativ zur Streumaschine bewegten Formungsunterlage zunächst eine Zone feinerer Späne und Staub ab, auf die sich beim Weiterführen der Unterlage mittlere und größere Späne bis zur Plattenmitte aufbauen. Die Formung der oberen Hälfte erfolgt dann umgekehrt im zweiten Luftstrom (Bild 5.3). Durch Regulierung der Luftgeschwindigkeit ist es möglich, den Sichteffekt zu vermindern, so daß ein gewisser Feingutanteil mit in die Plattenmitte gebracht werden kann. Bei entsprechender Spangutzusammensetzung wird dabei die feine Ausbildung der Plattenoberfläche nicht nachteilig beeinflußt. Dadurch, daß die Spangutzufuhrstelle in der Streumaschine jeweils über dem Ablagerungsbereich der groben Späne liegt, sich also im größeren Abstand von dem Ablagerungsbereich der feinsten Späne und Staub befindet, wird vermieden, daß grobe Späne in die Außenschichten der Platten gelangen.

Das *Bison*-Windschichtverfahren findet für alle Produktionskapazitäten Anwendung und ist für Tagesleistungen von 30 bis über 200 t ausgeführt worden. Während die Formstation für Mehr-Etagen-Anlagen stationär angeordnet wird, ist sie in der Ein-Etagen-Anlage be-

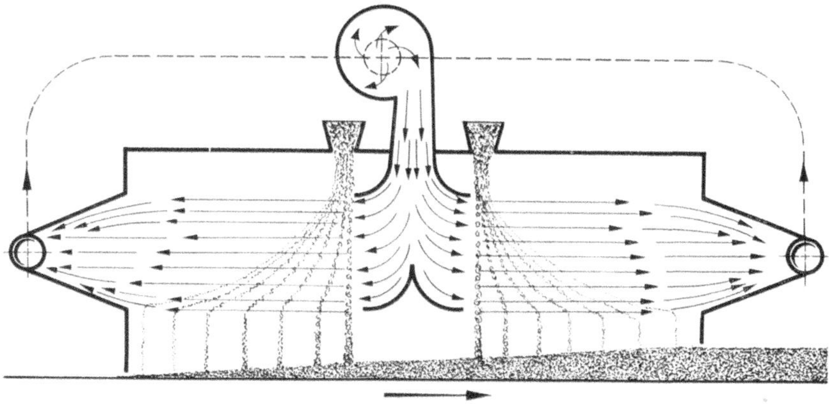

Bild 5.3. Schema einer Formstation nach dem Bison-Verfahren.

weglich. Charakteristisch für diese Ein-Etagen-Anlagen ist die *Beschickung der Presse* durch ein endloses *Stahlband* (Bild 5.4). Synchron mit dem Preßvorgang wird die Formstation zwecks Schichtung des Formlings hin und her bewegt. Hierbei erfolgt die Vliesbildung nur, während die Formstation in einer Richtung fährt. Bei der Rückfahrt wird die

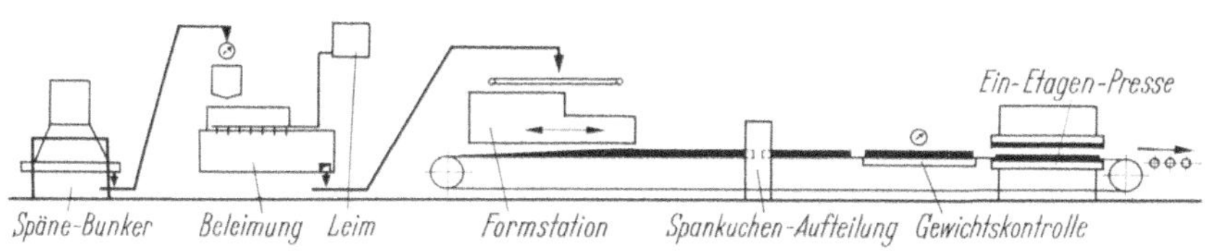

Bild 5.4. Schema des Herstellungsvorganges nach dem BISON-Verfahren mit Stahlbandbeschickung und Ein-Etagen-Presse.

Formstation für den nächsten Streuvorgang wieder in ihre Ausgangsstellung zurückgebracht. Der kurze Zeitabstand zwischen Formung und Pressung in Verbindung mit einer auf das Verfahren abgestimmten Leimmischung erlaubt einen kurzen Preßzyklus und damit verhältnismäßig hohe Produktionsleistungen. Die *Stahlbandbeschickung* in der *Bison*-Ein-Etagen-Anlage (Bild 5.5) ermöglicht außerdem die Herstellung großflächiger Platten. Es wurden bisher Formate bis zu 2,50 m × 10,50 m hergestellt.

Die Einfachheit und die raumsparende Konstruktion der Ein-Etagen-Anlagen mit Stahlbandbeschickung gibt die Möglichkeit, zwei oder

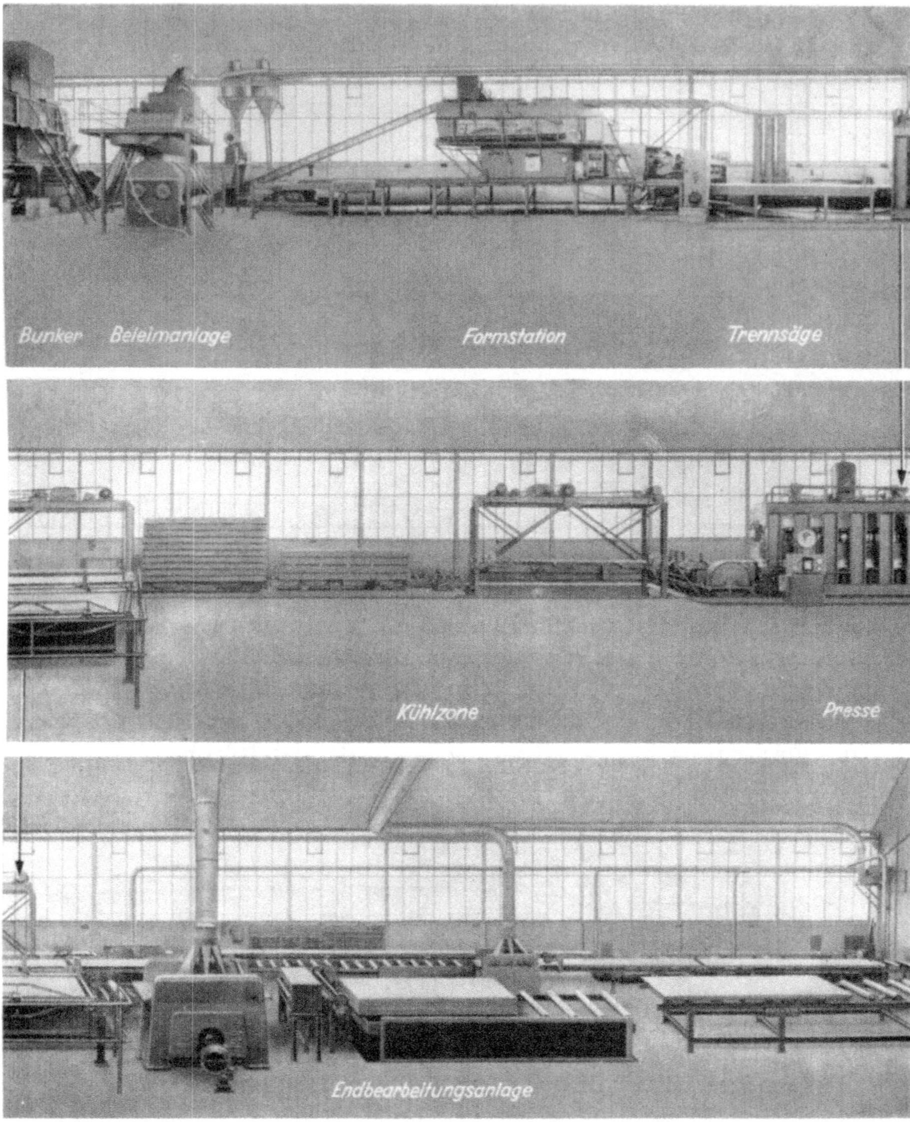

Bild 5.5. Ansicht einer Ein-Etagen-Anlage mit Stahlbandbeschickung.

mehrere Spanplattenanlagen parallel zu betreiben. Dadurch können gleichzeitig verschiedene Plattenformate, Dicken und Typen erzeugt werden.

Für große Leistungen wurde das *Bison*-Verfahren weiterentwickelt. Das Spanvlies wird geformt und in einer *Mehr-Etagen-Anlage* gepreßt, unter Verwendung einer Kombination von Stahlband und blechloser Beschickung (Bild 5.6).

Maschinen für das *Bison*-Verfahren werden in der Firma Bähre Metallwerk K. G. entwickelt und gebaut. Der gleichzeitige Betrieb mehrerer Spanplattenanlagen im eigenen Hause ermöglicht die gründliche Erprobung.

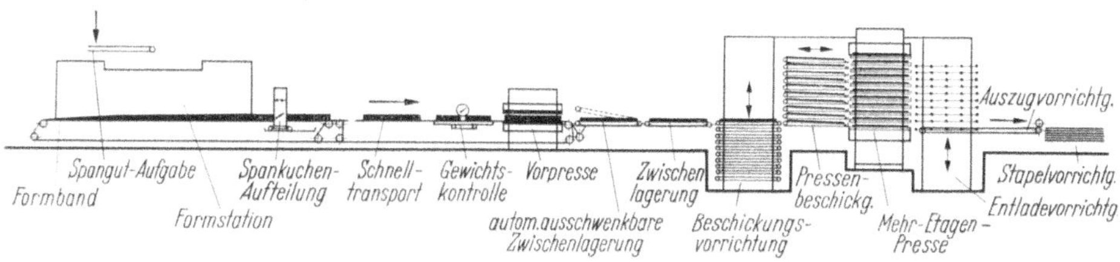

Bild 5.6. Schema des Herstellungsvorganges von Spanplatten nach dem weiterentwickelten Bison-Verfahren, unter Verwendung einer Mehretagenpresse und einer Kombination von Stahlband- und blechloser Beschickung der Presse.

5.1.2 Behr-Himmelheber-Verfahren

Von **Max Himmelheber,** Baiersbronn

5.1.2.0 Allgemeines

Die unter dem Namen Behr-Verfahren, Maschinensystem Himmelheber, abgekürzt Behr-Himmelheber-Verfahren, in zahlreichen deutschen und ausländischen Spanplattenwerken angewandte *Technologie* geht auf zwei Wurzeln zurück, nämlich auf die Arbeiten der Möbelfabrik Erwin Behr und der Homogenholz-Gruppe Schmid-Wyss-Himmelheber. Die *Homogenholz-Gruppe* hat, soweit bisher festgestellt werden konnte, erstmals den Gedanken der Herstellung einer ganz aus künstlich erzeugten *Schneidspänen* hergestellten *Flachspanplatte* geäußert und technisch verwirklicht und als erste ein Maschinensystem zur stetigen Herstellung von Spanplatten mit endloser *Vliesschüttung* entwickelt.

Die Firma Erwin Behr hat, unabhängig davon, etwa gleichzeitig ebenfalls eine reine Kunstspanplatte entwickelt und industriell hergestellt und hat als erste die *Kunstspanplatte* in die Möbelindustrie eingeführt.

Aus der Patentliteratur sind seit Anfang des Jahrhunderts eine Reihe von Vorläufern auf dem Spanplattengebiet bekanntgeworden, doch ist der Gedanke, Spanplatten, die ganz aus hochwertigen, *künstlich erzeugten Spänen* bestehen, vor den erwähnten Arbeiten (1946) nicht nachweisbar.

Eine erste, industriell gefertigte Spanplatte war (schon vor dem zweiten Weltkrieg), aufbauend auf Arbeiten von THALHEIMER, Wiedenbrück, diejenige von BRESSER in Wiedenbrück. Sie bestand aus Sperrholzabfällen, die in Mühlen zu einem grobkörnigen, splitterigen Gut zerrissen, mit einem Phenol-Kunstharz gemischt, in Rahmen zu Platten geformt und unter Druck und Wärme in Sperrholzpressen verpreßt wurden. Um ausreichende Festigkeiten zu erzielen, mußten die Platten sehr hoch verpreßt werden und waren daher kaum bearbeitbar; für Möbel waren sie zu schwer und wegen der rauhen Oberflächen nicht edelfurnierfähig; sie wurden hauptsächlich als *Bauplatten* verwendet, teilweise mit Abdeckungen durch Schälfurniere.

Diese grobschlächtigen, frühesten *Abfallholzplatten*, die aus einem Gemenge ungleichmäßiger, zerschlagener Splitter oder anderer Abfallspäne bestanden, bilden die *eine* der klassischen Entwicklungslinien der Holzspanplatten. Es gibt daneben und von ihr unabhängig eine *zweite*, die der Flachspanplatte, die durchgehend aus eigens zu diesem Zweck erzeugten Schneidspänen vorbestimmter Form besteht.

Ihr erstes Element, länglich streifenförmige, flache Holzteilchen, findet sich schon in der älteren Patentliteratur, ohne daß das zweite notwendige Element erkannt wurde, nämlich die künstliche Erzeugung dieser Teilchen aus stückigem Holz als Flachspäne auf besonderen *Zerspanungsmaschinen*. So blieb es beim Zerschlagen, zum Teil sogar dem Zerschneiden oder Stanzen von dünnen Furnieren.

Das zweite Element der Flachspanplatte heutiger Form, die künstliche Erzeugung von Flachspänen, findet sich erstmals beim Novopan-Verfahren nach F. Fahrni, der die dünnen, flachen, rhombisch-schuppenförmigen *Deckspäne* der Novopan-Platte schon während des zweiten Weltkrieges auf einer eigens dafür entwickelten Zerspanungsmaschine, einem *Scheibenhobel*, erzeugte.

5.1.2.1 Entwicklungsarbeiten der Möbelfabrik Erwin Behr in Wendlingen 1947 bis 1951

Die Möbelfabrik Erwin Behr hat die Technisierung der Holzverarbeitung auf verschiedenen Gebieten gefördert. Hierzu gehören u. a. die folgerichtige Einführung der Fließfertigung und des Austauschbaues bei der Möbelherstellung, der Hochfrequenzverleimung, der Sperrholzverformung, der synthetischen Lacke und Polituren, der Abfallnutzung und schließlich der Behr-Spanplatten. Träger aller dieser Entwicklungen ist in erster Linie der langjährige technische Leiter A. Fischer, dem auf dem Spanplattengebiet besonders seine Mitarbeiter G. Merkle, A. Blickle und U. Roesch zur Seite standen.

Auch A. Fischer und seine Mitarbeiter gingen 1947, wie F. Fahrni, aber ohne Kenntnis von dessen Arbeiten, davon aus, die Nachteile der bekannten, aus splitterig zermahlenen Holzabfällen bestehenden „Konglomerat-Platte" zu überwinden. In der Behrschen Patentanmeldung vom 1. 10. 1948 [*5.21*] und einer weiteren vom 24. 1. 1949 [*5.23*] wird vorgeschlagen, das bisherige unregelmäßige, körnig-splitterige Ausgangsmaterial grundsätzlich zu verlassen und statt dessen *Langfaser-Spanplatten* herzustellen aus längsgefaserten, hochzugfesten Spänen, deren Länge mindestens das Zwanzigfache ihrer Breite betragen soll. Am 17. September 1949 folgte dann die Behrsche Patentanmeldung [*5.10*] auf eine „Maschine zur Herstellung von *Langfaserspänen* aus Holz, insbesondere für Holz-Langfaser-Spanplatten". Diese von der Maschinenfabrik Grupp in Oberkochen gebaute, im März 1950 in Betrieb genommene Maschine war der *zweite* für eine durchgehend aus Kunstspänen bestehende Spanplatte industriell eingesetzte Zerspaner (der *erste* war der Zerspaner der Holig-Homogenholzwerke, der weiter unten besprochen wird). Es handelt sich um einen *Topfscheibenzerspaner* (F. KOLLMANN [*5.38*], O. HERDEY [*5.30*]) mit selbsttätiger taktweiser Zuführung des nicht abgelängten Zerspanungsgutes zu den faserparallel angreifenden Messern, die nach dem *Hobelprinzip* arbeiten. Das bedeutet, daß das Holz, wie beim Tischlerhobel, während des Zerspanungsvorganges an eine Fläche (Innenwand der Topfscheibe) angedrückt wird, über welche die Messer um (etwa) Spandicke vorgestellt sind, wobei der Span durch einen schmalen Schlitz durch die Messerscheibe hindurchtritt, während Restsplitter diesseits verbleiben und getrennt vom Nutzgut abgeführt werden.

Der Schwerpunkt der Entwicklungsarbeiten lag auf einer raschen, einfachen und *wirtschaftlichen Verwirklichung*, unter Verzicht auf technische Verfeinerung. Aus diesem Grunde wurde auch, wo immer möglich, auf vorhandene Maschinen zurückgegriffen, wobei solche der holzverarbeitenden Industrie nahelagen. Für die Trocknung wurde ein Furniertrockner der Firma Benno Schilde entsprechend umgebaut, für die Spänebeleimung ein Leimmischer der Draiswerke. Bunkerung, Dosierung und Formung erfolgten in einfachster Weise von Hand. Gepreßt wurde auf einer Sperrholzpresse. In ganz kurzer Zeit wurde eine einwandfreie Kleinproduktion aufgebaut.

Man muß sich vergegenwärtigen, daß damals nicht nur keinerlei Vorbilder auf dem Maschinengebiet zur Verfügung standen, sondern daß es selbst an den einfachsten Erkenntnissen über Spancharakter, Spanfeuchtigkeit, Trocknungsbedingungen, Leimart und Leimmenge, über Preßdruck, -zeit und -temperatur fehlte. All das mußte erst erarbeitet und erprobt werden. Dabei war die Hauptfrage: Wie sollte denn das Erzeugnis, die Spanplatte, letztlich beschaffen sein? Welche mechanischen Festigkeiten waren anzustreben? Welche Forderungen an die Kanten, an die Verleimbarkeit, das Schraubenhaltevermögen, an die Klimabeständigkeit zu stellen? Welche Dickentoleranzen waren zulässig, welche Wasserabsorption, welche Quellwerte? Wie mußte die Oberfläche der Platte beschaffen sein?

Von Anfang an wurden die Platten im eigenen Werk verarbeitet. Prüfverfahren wurden geschaffen, die dem Praktiker Auskunft darüber gaben, ob die Platte sich im Möbelstück bewähren würde. Werkzeuge, Leime, Oberflächenbehandlungen, Be- und Verarbeitungsmittel wurden entwickelt und erprobt. Hier wurden Spanplatten zum ersten Male durch Schleifen kalibriert und von ihrer für die Weiterverarbeitung ungünstigen glatten Preßhaut befreit.

Damit ist der Punkt des Behr-Verfahrens genannt, der als grundlegender Beitrag zur Spanplattentechnik ebenso wichtig ist, wie die Ausarbeitung des Verfahrensganges und der maschinellen Herstellungstechnik der Platten: die werkstoffgerechte Verarbeitung. A. FISCHER und seine Mitarbeiter hatten erkannt, daß die *Spanplatte* ihre eigenen *Gesetze* mitbringt und nicht wie Sperrholz oder Vollholz zu verarbeiten ist, wenn man ihre guten Eigenschaften bestens ausnützen will. Durch Einführung der *Stumpfverleimung*, die man in konservativen Holzfachkreisen damals kaum für möglich gehalten hätte, konnte Behr den Arbeitsaufwand bei der Möbelherstellung erheblich senken und die Möglichkeit der Fließfertigung außerordentlich ausweiten. Bald gelang es, durch gesondert aufgebrachte Deckschichten aus ausgesiebtem Feingut *dreischichtige Spanplatten* zu erzeugen, die ohne Blindfurnier unmittelbar edelfurniert werden konnten, ein weiterer Schritt, der große Einsparungen gegenüber dem Sperrholzmöbel erbrachte. Die Neuerungen gingen bis in die Einzelheiten und Feinheiten der Ausrüstung und des Betriebes der Holzbearbeitungsmaschinen, der Verleimungstechnik, der Oberflächenbearbeitung, der Arbeitsvorbereitung, der Entwicklung von Schrauben und Beschlägen.

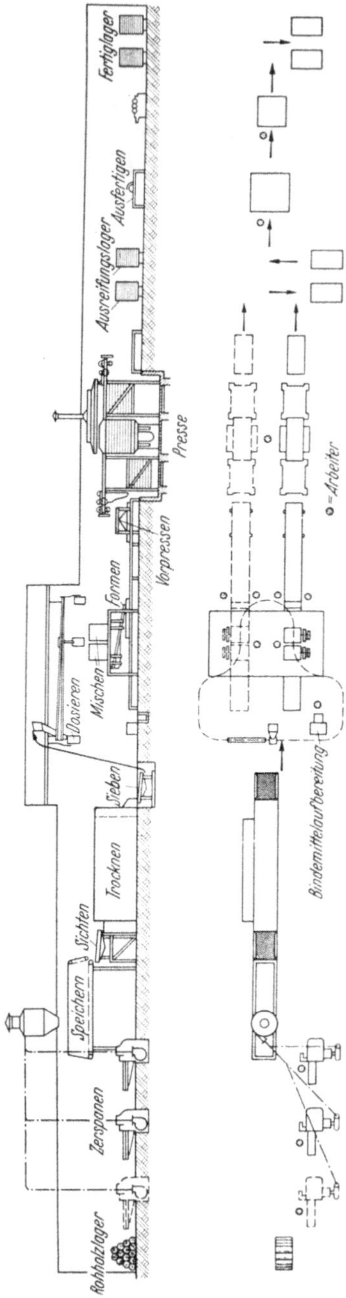

Bild 5.7. Schema einer Behr-Spanplattenanlage, Stand 1950.

Diese wesentlichen Verarbeitungsverfahren sind nie geschützt worden und zum größten Teil auch nicht schutzfähig. Sie sind Verfahrenstechnik, deren Nutznießer kaum etwas von den Sorgen und Leistungen des Unternehmers und seiner Mitarbeiter wissen, denen all dies zuzuschreiben ist. Es ist das ausschließliche Verdienst der Firma Behr, als erste und entgegen allen Widerständen, die Flachspanplatte in der Möbelindustrie eingeführt zu haben.

In der Einfachheit der fast aus dem Stegreif geschaffenen maschinellen Ausrüstung, in der noch etwas vom handwerklichen Denken des Schreiners zu spüren ist, lag damals die große Stärke des Behr-Verfahrens im Hinblick auf rasche industrielle Verwirklichung. Der eigenen Kleinstanlage in Wendlingen folgten 1950 die beiden ersten Lizenzwerke in Georgensgmünd bei Nürnberg und in Maximiliansau bei Karlsruhe. Hier war die Maschinenausrüstung durch enge Zusammenarbeit mit Maschinenfabriken erheblich weiterentwickelt und vorangetrieben. Die *Abwägung* der *Spänechargen* zu den Mischern und die *Leimzuführung* erfolgten automatisch, die *Plattenformung* weiterhin von Hand. Die rasch aufeinanderfolgende Inbetriebnahme weiterer Werke in Deutschland, Frankreich, Italien, Brasilien und Belgien schuf eine breite Grundlage für weitere Betriebs- und Verarbeitungserfahrungen (Bild 5.7).

5.1.2.2 Gründung der Behr-Spanholz-Gruppe

Im Dezember 1951 wurde ein Vertrag über die Zusammenlegung und die gemeinsame Weiterentwicklung und Verwertung aller Schutzrechte, Erfindungen und Erfahrungen auf dem Spanplattengebiet zwischen den Firmen Erwin Behr K. G. in Wendlingen und Laboratorium Himmelheber in Baiersbronn geschlossen. Die gemeinsame Verwertung der vereinigten Verfahren übernahm O. Wyss mit der von ihm geleiteten Holzwirtschaftlichen Industrie-Anstalt in Zürich, der auch einen Teil der außerdeutschen Schutzrechte und Erfahrungen der Homogenholz-Gruppe in die Zusammenarbeit einbrachte. Über die Vorgeschichte dieser zweiten Wurzel des hier behandelten Verfahrens wird im folgenden berichtet.

5.1.2.3 Arbeiten der Homogenholz-Gruppe 1929 bis 1950

Die schweizerisch-deutsche Homogenholz-Gruppe hatte vor dem zweiten Weltkrieg das *Homogenholz* im Naßverfahren (= Homogenholz-N) entwickelt (A. Schmid und M. Himmelheber [*5.47*]). In Deutschland wurden diese Arbeiten durch die Holig-Homogenholz-Werke GmbH. (Geschäftsleitung O. Wyss und M. Himmelheber) während des Krieges in Görlitz und Neustrelitz, nach dem Krieg in Baiersbronn fortgesetzt. Nach Weiterentwicklungen, an denen O. Wyss, O. Herdey sen., O. Herdey jun., K. Steiner, H. Fimmen, H. von Schützenau maßgeblichen Anteil hatten, wurde „Homogenholz" hergestellt, nach der Patentschrift ein „*brettartiger Werkstoff* mit dem spezifischen Gewicht zwischen etwa 0,25 und 0,6 von holzähnlicher Härte und Bearbeitbarkeit, der sich sägen, hobeln, fräsen, bohren, schleifen, vernageln, verschrauben, auf allen Flächen verleimen, furnieren, polieren etc." läßt, also „ein homogenisiertes Holz" für das „gesamte Anwendungsgebiet des Sperrholzes" aus „organischen Fasern, die mittels einer gleichmäßigen, aber diskontinuierlichen Verleimung zu einem gleichmäßig porösen Produkt" vereinigt werden. Die Herstellung erfolgte im Naßverfahren, ausgenommen zwei Versuche, den Holzschliff durch Hobelspäne (1943) und gehäckselte Holzwolle (1944) zu ersetzen, bei denen nur feucht gearbeitet wurde, die aber nicht bis zur Fabrikationsreife gediehen. Erzeugt wurden Platten von der Dichte 0,2 (Homogenholz-„Schaum", als Balsaholz-Ersatz), 0,5 („Tischler") und 0,9 g/cm³ („Hart"); erstere ergaben, beidseitig mit dünnem Sperrholz beplankt, eine *Sandwich-Platte*, die reihenmäßig für die *Kabinenböden* von Transportflugzeugen verwendet wurde. Der Bindemittelanteil (Kresol-Formaldehydharz) betrug dabei 33% atro Harz auf atro Fasern, bei den beiden schwereren Sorten 14%. Als Formteile wurden in großer Stückzahl *Randbogenleisten* für *Tragflächen* und *Leitwerke* von Kampfflugzeugen gefertigt, die bei Gewichts- und Festigkeitsgleichheit im Preis bei einem Drittel der vorher verwendeten Elektron-Gußteile lagen; die Dichte betrug 0,75 g/cm³, der Bindemittelanteil 25%. Größte versuchsweise hergestellte Formteile waren die *Flügelschalen* von je 2 m² Oberfläche einer Rakete. Ferner wurden *geleimte Binder* mit Schnittholzgurten und Homogenholz-Stegen mit Spannweiten bis zu 40 m hergestellt und für Flugzeughallen, Industrie- und Bahnsteighallen verwendet.

Wenn es sich hier auch nicht um Spanplatten handelt, so verdienen die beachtlichen Eigenschaften dieses inzwischen ausgestorbenen Holzwerkstoffes doch Erwähnung. Er führte zu der Festlegung des Begriffes der Holzfaser-Leimplatten in DIN 4076, und die Gedankengänge der erwähnten Ingenieur-Gruppe, die nach Kriegsende und nach dem Verlust der Ost-Werke in dem Lizenzwerk der Holig-Homogenholzwerke in Baiersbronn die ersten industriereifen Kunstspanplatten entwickelte, waren verfahrens- und maschinentechnisch von daher bestimmt.

Die bei Kriegsende noch nicht in Betrieb befindliche Maschinenanlage des Baiersbronner Platten-Werkes verfiel der vollständigen Demontage durch die Besatzungsmacht. Die Ingenieur-Gruppe konnte aber noch einige Jahre eine lebhafte Entwicklungsarbeit betreiben, deren Kosten aus der Herstellung von einfachsten Holzartikeln, später von Fertighäusern, bestritten wurden.

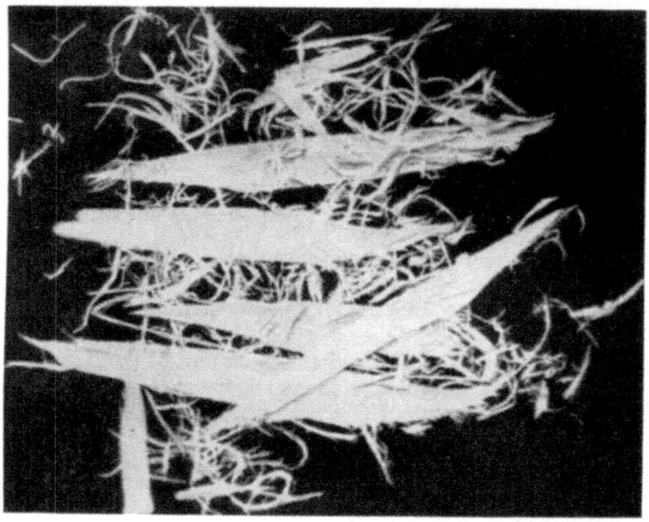

Bild 5.8. Mittels Wanknutsäge in einem Arbeitsgang erzeugtes Gemisch von „S"- und „I"-Spänen (Holig-Homogenholzwerke 1946). An der Zahnbrust entstehen die gekräuselten, an der Zahnflanke die flächigen Späne.

Die Entwicklungsgruppe stellte sich bei Kriegsende die Aufgabe, das Homogenholz-Verfahren billiger und wirtschaftlicher zu gestalten. Zunächst wurden die seinerzeit nicht weiterverfolgten Arbeiten zur Verwendung von kurzgeschnittener Holzwolle und Maschinen-Hobelspänen wieder aufgegriffen. Die ersten Versuche in Baiersbronn erfolgten noch im Naßverfahren, doch wurden rasch die Vorteile eines Trockenverfahrens erkannt.

Die Ergebnisse der Vorversuche führten im Januar 1946 zur Klarstellung der neuen Aufgaben: „Ein Homogenholz im Trockenverfahren zu erzeugen, dessen wesentliches Kennzeichen es sein sollte, nicht aus zufällig geformten Abfallspänen zu bestehen, sondern aus künstlich erzeugten, auf ganz bestimmte Eigenschaften hin *gezüchteten Spänen:* diese sollten flach, glatt, länglich, längs gefasert, zugfest und schüttfähig sein; es sollten systematisch die Möglichkeiten zur Erzeugung solcher

Späne durch Schnittstudien ermittelt und darauf Maschinen für die wirtschaftliche Großherstellung der Späne entwickelt werden." Daraus entstand das Homogenholz-T.

In wenigen Wochen lagen drei verwirklichungsreife Vorschläge vor, und zwar der von O. HERDEY sen., mit einem Paket von *Taumel-Kreissägen* nach dem Prinzip der Wanknutsäge einen fadenartigen, gekräusel-

Bild 5.9. Unten von links nach rechts: I-Späne, F-Späne, S-Späne, darüber die entsprechenden Spanplatten. Holig-Homogenholzwerke 1946.

ten, stark fibrillierten, verfilzungsfähigen Span, den sogenannten *S-Span* zu erzeugen, und zwei Vorschläge von K. STEINER, mittels kreisender Messer längs zur Faser den sogenannten *I-Span* und quer zur Faser den sogenannten *F-Span* zu gewinnen. Beim I-Span war K. STEINER davon ausgegangen, bei der Wanknutsäge nicht nur die Zahnbrust, sondern auch die Zahnflanken zum Schneiden zu verwenden; ein so mit einer Taumel-Kreissäge in einem Arbeitsgang erzeugtes Gemisch von S- und I-Spänen zeigt Bild 5.8, einen reinen S-Span Bild 5.9, unten, rechts. Bei dem von K. STEINER vorgeschlagenen I-Zerspaner wurde auf das Taumel-Prinzip verzichtet und statt dessen ein entsprechendes *Messerrad* entwickelt, dem das Holz axial zugeführt wurde, unter periodischem Vorschub nach jeder Abspanung einer Schicht in radialer Richtung. So entstanden geometrisch völlig kongruente Späne, eine Idealforderung, die damals besonders wichtig erschien (Bild 5.9, links). Es wurde ein betriebsfähiges Labormodell des I-Zerspaners gebaut, das stündlich rund $^1/_2$ m^3 der sehr exakten Späne lieferte, die innerhalb eines weiten Bereichs in beliebiger gleichbleibender Länge, Breite und Dicke hergestellt werden konnten. Als optimal wurde ein Dickenbereich zwischen 0,2 und 0,4 mm erkannt.

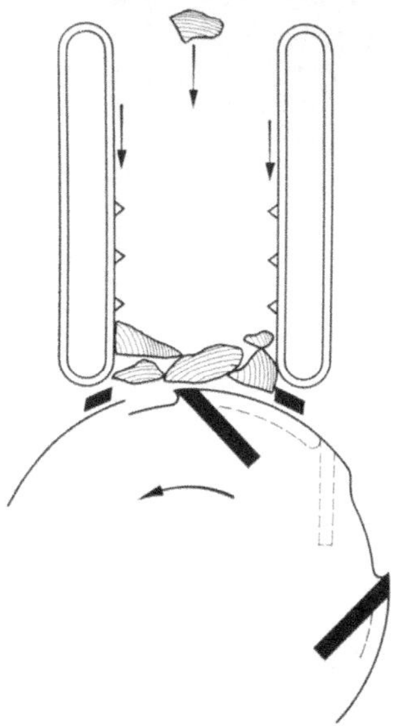

Bild 5.10. Vorschlag K. STEINER, Holig-Homogenholzwerke, 15. April 1946, F-Zerspaner.

Der zweite STEINERsche Vorschlag — F-Span — bediente sich eines *Fräsvorgangs*, d. h. des faserparallelen Angriffs der Messerschneide am Holz (Bild 5.9, Mitte). Dazu lieferte STEINER neben einer Denkschrift über sehr gründliche Schnittstudien die Grundsatzskizze einer Maschine (Bild 5.10).

Die Erfindergruppe hatte damals weder Kenntnis von den eingangs erwähnten früheren Patentschriften noch von den Arbeiten von F. PFOHL (1935) und F. FAHRNI. (Die Bahnlinien waren unterbrochen, Postverbindung bestand erst seit wenigen Wochen und eine Reise in die Nachbarstadt war nur mit französischem Passierschein möglich.) Zum seinerzeitigen Stand der Technik sei verwiesen auf das „Arbeitsprogramm 1946“ des Vereins für technische Holzfragen in Braunschweig-Querum [*5.53*], das in der sehr aufschlußreichen Zusammenstellung der Entwicklungsaufgaben zeigt, daß damals an Spanplatten aus künstlich erzeugten Spänen an anderen Stellen der Fachwelt noch nicht gedacht wurde. Im August 1947 wurde, auf den Ergebnissen der Baiersbronner Arbeiten fußend, in der Schweiz von der Interwood A. G. ein Patent angemeldet [*5.48*] und am 1. Oktober 1948 von den Holig-Homogenholzwerken G. m. b. H. die entsprechende deutsche Anmeldung [*5.22*]. Diese Patente zeigen einen Hauptanspruch auf die Spanplatte aus gezüchteten Spänen und zahlreiche Beispiele für Zerspanungsvorrichtungen.

Zum Unterschied von der gleichzeitig an gleichen Aufgaben arbeitenden Wendlinger Gruppe, die mitten in der Praxis stand und auf sofortige, industrielle Verwirklichung abzielte, wurde in Baiersbronn systematische Grundlagenforschung bei der Entwicklung von Werkstoffen, Bindemitteln und Maschinen betrieben. Umfassend wurden alle die Werkstoffeigenschaften beeinflussenden Faktoren geklärt: Schnittbedingungen,

Spancharakter, Feuchtigkeit, Trocknungs- und Beleimungsbedingungen, Sichtungs- und Fraktionierungsverfahren, Drücke und Temperaturen, Hydrophobierung und Konditionierung, ein- und dreischichtige (damals sagte man „triplierte") Platten. Hand in Hand damit ging die *Bindemittelentwicklung* unter den Chemikern O. HERDEY jun. und H. VON SCHÜTZENAU. Anfangs wurde weiterhin mit Phenol-, Kresol- und Xylenol-Harzen gearbeitet, auch mit Mischungen von Phenol-Harzen und Thermoplasten, dann wurde zur Entwicklung von Harnstoffharzen und Härtern übergegangen.

Auf ebenso breiter Front wie die Entwicklung des Werkstoffes selbst und die der Bindemittel wurde die Maschinenentwicklung betrieben. Im Gegensatz zu Wendlingen, wohin damals noch keine Verbindung bestand, wurde überhaupt nicht auf schon Vorhandenes zurückgegriffen, ausgenommen bei der *Heißpresse,* sondern man ging daran, den größten Teil der Maschinen und Einrichtungen völlig neu zu schaffen. Voraussetzung war dabei zuerst die Herausarbeitung der grundsätzlichen Verfahrensschritte und Verfahrensmerkmale. Diese waren: die ausschließlich aus künstlich geschnittenen Spänen bestehende *Dreischichtplatte* mit getrennt erzeugten Mittel- und Deckschichtspänen gleichen Typs, aber verschiedenen Feinheitsgrades, die mit höchstmöglicher Genauigkeit geformt und daher *als endloses Vlies stetig geschüttet* werden sollten. Daraus ergab sich dann die Forderung, folgende Maschinen zu schaffen:

Zerspaner — Dosierbunker — Trockner — Windsichter — Beleimungsmaschinen — kontinuierlich arbeitende Schüttmaschinen — Vliesquertrennsäge — kontinuierlich arbeitende Vorpresse — mechanischer Blechumlauf.

Die Anlage sollte möglichst weitgehend automatisch arbeiten. Die Maschinenentwicklung stand wesentlich unter der Leitung von O. HERDEY sen. und K. STEINER; zu der Konstrukteur-Gruppe war inzwischen auch W. KULL gestoßen, dem ebenfalls wichtige Anregungen zu verdanken sind.

Das Arbeitsprinzip jeder einzelnen neuen Maschine wurde zunächst im Labormaßstab erprobt, dann an einem großmaßstäblichen, betriebsfähigen Modell. Dieses Vorgehen hat sich außerordentlich bewährt. Aus Holz- und Faserplatten wurden, mit einem Mindestmaß an Metallteilen, Dosierbunker, Wind- und Wurfsichter, Beleimungstrommel (Freiflugmischer), Schütt- und Formmaschinen gebaut, die einige Monate lang im Versuchsbetrieb laufen konnten und dann verschlissen waren. Da liefen Holzwellen in Holzlagern und wurden mit Seife geschmiert, Zimmermanns- und Tischlerkonstruktionen ersetzten Profilträger und Gußstücke, Änderungen und Umbauten erfolgten mit Säge und Holzschrauben. Aber die an den Maschinen zu erwartenden Betriebsverhältnisse ließen sich im Maßstab 1:1 in sorgfältigen Meßreihen ermitteln, und erst dann gingen die Konstruktionen endgültig aufs Zeichenbrett.

Die ersten S-Spanplatten im Format 40 cm × 40 cm lagen im März 1946, die ersten F- und I-Spanplatten im Mai 1946 vor, d. h. also vermutlich die ersten jemals hergestellten reinen Kunstspanplatten (Bild 5.9). Die erzielten Festigkeiten in den verschiedenen Dichtebereichen zeigt Bild 5.11. Die damaligen Flachspanplatten würden auch heute noch als hochwertig gelten. Der Bindemittelanteil betrug einheitlich 10% atro Bindemittel auf atro Holz. Seit 1947 wurden die Laborplatten auch im Format 1 m × 2 m auf einer Sperrholzpresse hergestellt.

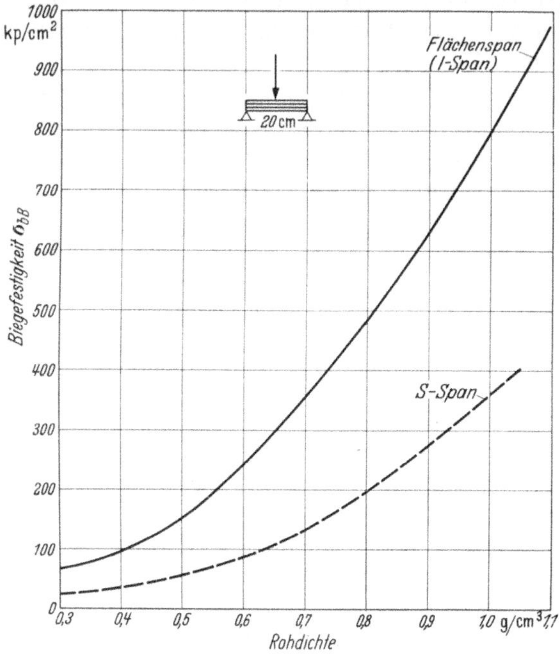

Bild 5.11. Zusammenhang zwischen Biegefestigkeit und Dichte bei Holzspanplatten aus I- und S-Spänen.

Das Ziel der Maschinenentwicklung war nicht nur, die jeweils beste Einzelmaschine zu bauen, sondern ein in sich zusammenhängendes und ein Ganzes bildendes Maschinensystem für einen stetig fließenden, weitgehend automatisierten und die Möglichkeit zur Fernsteuerung bietenden Herstellungsgang zu schaffen.

Als Einzelentwicklung wurde schon im Sommer 1947 der erste industriell einzusetzende Zerspaner fertiggestellt; die Leistung war etwa 500 kg atro/h. Man wußte aus den Festigkeitsvergleichen der S-, I- und F-Spanplatten, daß der gekräuselte S-Span wesentlich geringere Plattenfestigkeiten ergab als die beiden Flachspanarten. Im Konstruktionsbüro arbeitete man gleichzeitig an Hochleistungsmaschinen für alle drei Spanarten. Lediglich dem Umstand, daß das Zerspanungswerkzeug des S-Zerspaners Kreissägen waren, die nur als Paket schräg auf ihrer Welle zu montieren waren, d. h. also der großen Einfachheit des S-Zerspaners war es zuzuschreiben, daß er weit früher baureif durchgearbeitet war und man sich daher entschloß, ihn zuerst zu bauen (O. Herdey [*5.30*]). Alle anderen Maschinen waren gleichzeitig in betriebsfähigen, großmaßstäblichen Modellen vorhanden, mit Ausnahme des Trockners, für den eine solche Behelfsausführung nicht in Frage kam. Auf dieser Entwicklungsstufe konnte 1948 ein Lizenzvertrag auf den Bau eines ersten Werkes von 20 Tagestonnen mit der Norddeutschen Homogenholz-Gesellschaft in Triangel abgeschlossen werden.

Bis dahin waren die ganzen Arbeiten unter strenger Geheimhaltung durchgeführt worden, weil befürchtet wurde, die Ergebnisse könnten sonst der damals von den Siegermächten neben der Maschinen-Demontage streng durchgeführten Erfindungs-Beschlagnahme anheimfallen. Erst nachdem am 1. Oktober 1948 durch die Holig-Homogenholzwerke die umfassende Patentanmeldung eingereicht werden konnte, wurde kurz darauf auf der Tagung des Vereins für technische Holzfragen in Braunschweig ausführlich über die Arbeit berichtet (M. Himmelheber [*5.31*]). Gleichzeitig wurden in einer kleinen Ausstellung die ersten jemals gezeigten, ganz aus Kunstspänen bestehenden Spanplatten, darunter auch solche vom Format 1 m × 2 m, aus S-, I- und F-Spänen gezeigt. Auf einer Tagung des gleichen Veranstalters im Oktober 1947 war nur ein andeutender erster Hinweis auf die Arbeiten gegeben worden.

Das auf Grund des Lizenzvertrages zwischen Holig und Triangel errichtete Werk nahm im Juli 1950 den Betrieb auf, also im gleichen Jahr wie die ersten Behr-Werke. Etwa gleichzeitig erfolgte auch, durch Zusammenarbeit der Baiersbronner Homogenholz-Ingenieure mit der schweizerischen Homogenholz-Gruppe die Inbetriebnahme der Werke der Homogenholz A.-G. in Fideris und der Österreichischen Homogenholz A.-G. in Kallwang. Beide stellten Möbelplatten her, während das Werk der Norddeutschen Homogenholz-Gesellschaft in Triangel, entgegen dem Rat der Baiersbronner Ingenieurgruppe, sich aus firmenpolitischen Gründen entschließen mußte, Fußbodenplatten erhöhter Dichte für den sozialen Wohnungsbau zu erzeugen. Es ist heute ohne weiteres klar, daß hierin eine Hemmung für die Einführung des neuen Werkstoffes in Deutschland lag. Die Maschinenanlage bewährte sich ihrem Grundprinzip nach, doch standen dem erfolgreichen Betrieb einzelner Aggregate auch Kinderkrankheiten an anderen gegenüber. Diese waren: Splitterbildung an den Zerspanern, Unterbemessung der Windsichter, Trocknerbrände, Verschmutzung der Beleimungstrommeln. Als Fehler erwies sich der Verzicht auf einen Trockner für die Deckspäne. Besonders bewährt hatten sich anderseits die kontinuierliche Schüttstation, die Formstraße und die Bunker.

Solche *Pufferbunker* bewirken, daß eine Betriebsunterbrechung in einem Abschnitt die anderen Abschnitte nicht in Mitleidenschaft zieht und daß nach Beseitigung der Unterbrechungsursache der stillgelegte Abschnitt den lückenlosen betrieblichen Anschluß an die übrige Fabrik wieder aufnehmen und durch vorübergehende Überproduktion den Ausfall nachholen kann. So waren drei voneinander unabhängige Betriebsabschnitte gebildet worden, nämlich erstens: Entrindung, Zerspanung, Sichtung; zweitens: Trocknung und Beleimung; drittens: Plattenschüttung, Vorpressung, Heißpressung.

Die Bunker waren zugleich *Dosiermaschinen*. Die vertikale Speicherung ergab wegen der Kompressibilität des Spangutes eine Abhängigkeit der Austragmenge von der Füllhöhe, die ausgesteuert werden mußte. Anderseits war eine zuverlässige Regelmöglichkeit dadurch geschaffen worden, daß die Walzen des Stachelwalzen-Entnahmerostes, der den Boden des sich nach oben leicht konisch verengenden Schachtbunkers bildete, paarweise gegenläufig angetrieben wurden, derart, daß immer einer mit konstanter Drehzahl angetriebenen Walze eine regelbare, gegenläufige zugeordnet war. Der Betrieb lernte bald, die Bunker auf möglichst gleichbleibenden Füllstand zu fahren und damit recht gute Dosiergenauigkeiten zu erzielen. Diese Regelart ist inzwischen in Vergessenheit geraten.

Außer den Bunkern erwies sich besonders die kontinuierliche *Schüttstation* als ein der damaligen Zeit vorauseilender Erfolg (s. Abschn. 3.5). Bild 5.12 zeigt das Schema der Gesamtanlage. Die drei über einem kontinuierlichen Formband hintereinander angeordneten Schüttbunker für Deckschicht-, Mittelschicht-, Deckschicht-Späne mit Zwischendosierung nach der Mittelschichtschüttung, die Auftrennung des kontinuierlich geschütteten Spänevlieses durch eine taktweise mitfahrende Quertrennsäge, der diskontinuierliche Weitertransport der Platten und der automatische Blechumlauf wirken auch heute noch durchaus zeitgemäß. Dieses Werk wurde Keimzelle und Vorbild für den größten Teil der inzwischen entstandenen und weiterhin entstehenden, kontinuierlichen Werkanlagen für Flachpreßplatten, nicht nur des Behr-Himmelheber-Verfahrens, sondern fast aller später bekanntgewordenen Verfahren zur Herstellung flachgepreßter Spanplatten, wie sie in anderen Teilen dieses Buches beschrieben sind.

Als Folge des Verlustes der Werke in Görlitz, Neustrelitz und Baiersbronn ging die Holig-Homogenholzwerke GmbH. 1949 in Liquidation.

5.1.2.4 Arbeiten des Laboratoriums Himmelheber in Baiersbronn 1950 bis 1962

5.1.2.4.0 Allgemeines. Im Oktober 1950 wurde die Firma Laboratorium Himmelheber in Baiersbronn gegründet, um die bei der Holig begonnenen Arbeiten auf dem Gebiet der Verfahrens- und Maschinenentwicklung für die Spanplatten-Industrie fortzuführen. Die Hauptmitarbeiter, die dem Gründer dabei zur Seite standen und deren Namen unlösbar mit den folgenden, unter dem Namen „Maschinensystem Himmelheber" bekannt gewordenen Entwicklungen verbunden sind, waren K. Steiner und W. Kull.

Die Gründung des Instituts wäre nicht möglich gewesen ohne die entscheidende Starthilfe von zwei Regierungsstellen, nämlich des Bundeswirtschaftsministeriums, das aus Marshallplanmitteln die Laboratoriumseinrichtungen der Holig übernahm und über die Deutsche Forschungsgemeinschaft zur Verfügung stellte, und des Regierungspräsidiums Südwürttemberg-Hohenzollern, das über das Landesgewerbeamt einen Forschungsauftrag auf die Entwicklung eines Flachscheiben-Zerspaners für die Herstellung von Spanplatten erteilte. Von beiden Stellen wurde der Wunsch ausgesprochen, daß die von der Holig begonnenen Entwicklungsarbeiten auf dem Spanplattengebiet weitergeführt werden sollten, deren volkswirtschaftliche Bedeutung anerkannt wurde.

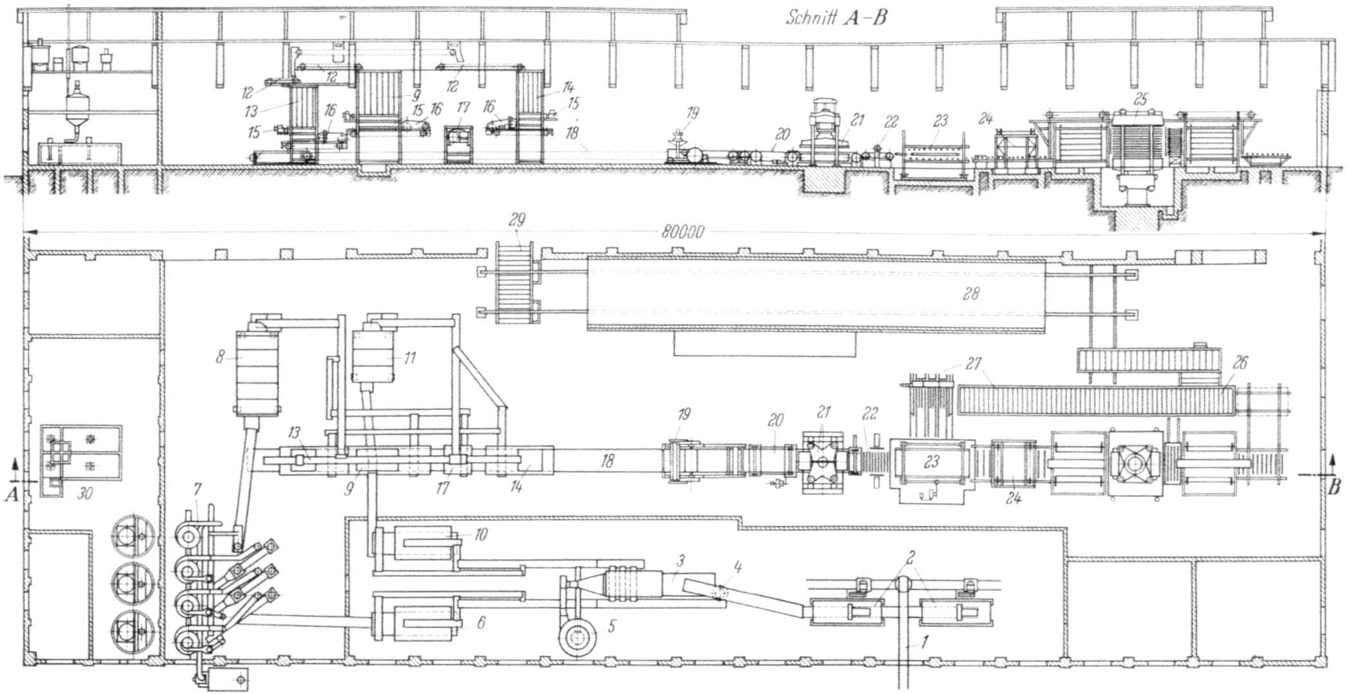

Bild 5.12. Verfahren und Maschinensystem: Holig-Homogenholzwerke 1949. Maschinenaufstellung des 20 t-Spanplattenwerkes der Norddeutschen Homogenholzgesellschaft.

1 Holzzufuhr; *2* S-Zerspaner; *3* zweistufiger Windsichter; *4* Splittermühle; *5* Deckschichtmühle; *6* Mittelschicht-Naßbunker; *7* Umgastrockner für Mittelschicht; *8* Beleimung für Mittelschicht; *9* Streubunker für beleimte Mittelschicht; *10* Deckschicht-Naßbunker; *11* Beleimung für Deckschicht; *12* Reversierbänder zur Beschickung der Streubunker; *13* Streubunker untere Deckschicht; *14* Streubunker obere Deckschicht; *15* Stachelwalzen-Entnahmeroste; *16* Zwischendosiereinrichtung mit Rückstreifwalze und Abreißwalze; *17* Vliesdosierung; *18* kontinuierliches Formband; *19* Quertrennsäge; *20* diskontinuierlicher Abzug der Formungsunterlagen; *21* Vorpresse; *22* Vorpressenauszug; *23* Wendevorrichtung mit Transportblechauflage; *24* Speicherwerk; *25* Heißpresse mit Beschickungs- und Entleerungsvorrichtung; *26* Plattenabnahme; *27* Blechumlauf; *28* Klimakanal; *29* Abgabe zum Lager; *30* Kunstharzherstellung.

Das Institut stellte sich folgende Aufgaben:

1. Schaffung eines vollautomatischen, vollkontinuierlichen Maschinensystems und Herstellungsverfahrens für Flachspanplatten höchster Güte im großindustriellen Maßstab, der damals bei 70 m^3/Tag gesehen wurde.

2. Verfahrenstechnische Weiterentwicklung durch Studium der bestgeeigneten Spanformen und Ermittlung der optimalen Schnitt-, Trocknungs-, Beleimungs- und Preßbedingungen.

3. Verbesserung der im ersten Holig-Triangel-Werk arbeitenden Einrichtungen und Neukonstruktionen einzelner Maschinen bei gleichzeitiger, grundsätzlicher Umstellung des Verfahrens vom S-Span auf den F-Span (Flachspan).

4. Planung von Spanplattenwerken für das entwickelte Verfahren und Maschinensystem.

5.1.2.4.1 Maschinenentwicklungen. Flachscheiben-Zerspaner. Erste vordringlichste Aufgabe war die Entwicklung eines Hochleistungs-Zerspaners zur Herstellung von Flachspänen. Bekannt waren damals bereits der von F. Fahrni für die Erzeugung der Novopan-Deckspäne verwendete Scheibenhobel, gebaut von Fischer in Schaffhausen, ferner ein kleiner Scheibenhobel der Nienburger Maschinenfabrik sowie verschiedene als Scheibenhobel ausgebildete kleine Rindenschälmaschinen und Pfahlspitzmaschinen von Bezner in Ravensburg. Ihnen allen war die waagerecht angeordnete Welle und senkrechte Scheibe gemeinsam (zur Systematik der Zerspanungstechnik s. O. Herdey [*5.30*]).

Konstruktive Überlegungen ergaben, daß die geforderte Stetigzuführung des Holzes sich vertikal wesentlich betriebssicherer durchführen läßt als horizontal, wobei auf die Erfahrungen mit der vertikalen Stetigzuführung des S-Zerspaners zurückgegriffen werden konnte, der seinerzeit die Stetigzuführung des Voithschen Stetigschleifers als Vorbild gedient hatte. Zum Unterschied von dem von K. Steiner schon 1946 vorgeschlagenen Messerwellen-Zerspaner mit senkrechter Stetigzuführung (Bild 5.10) wurde von vornherein als theoretisch günstigstes Zerspanungsverfahren das reine Hobelprinzip (s. Abschn. 3.2) gefordert. Bei den hobelnd arbeitenden Zerspanern (Scheibenhobel und Topfscheiben-Zerspaner) fallen Nutzgut und Späne getrennt, bei den fräsend arbeitenden (Messerwellen-Zerspanern) dagegen gemischt an. So entstand ein *Scheiben-Zerspaner* mit senkrechter Welle, dessen Bau dann Bezner übernahm (O. Herdey [*5.30*]). Seither ist diese Maschine in enger Zusammenarbeit mit der Maschinenfabrik weiter entwickelt worden. Dem ersten, mit 25 cm Holzlänge arbeitenden Baumuster folgten bald die verschiedenen Ausführungen für 33 cm, dann für 50 cm Holzlänge; 1962 wurde mit dem Bau von Maschinen für 1 m Holzlänge begonnen.

Der erste Flachscheiben-Zerspaner dieser Bauweise wurde 1951 erprobt und 1952 an das Spanplattenwerk der Firma Joh. Jac. Vowinckel in Georgensgmünd geliefert (DBP [*5.15*]).

Rundtrog für abgelängtes Holz. Ein erster Schritt zur mechanisierten Zubringung des Holzes an die Zerspaner lag in der Schaffung eines runden, rotierenden Aufnahmetroges für das abgelängte Holz.

Das von der Ablängsäge kommende Holz wird nach Passieren einer Metallsuchspule mittels Schrägbandes in den rotierenden Holztrog abgeworfen, um den die Flachscheibenzerspaner im Kreis aufgestellt sind, und zwar sowohl die Mittelschicht- wie die Deckschichtzerspaner. Die Bedienungsmannschaften der Deckschichtzerspaner suchen sich dann die besseren Holzstücke zur Beschickung ihrer Maschinen aus. Durch den langsamen Umlauf des Troges wird alles Holz gleichmäßig an allen Maschinen vorbeigeführt, während der Vorrat kontinuierlich nachgefüllt werden kann (DBP [*5.16*]) (s. auch Bild 3.46).

Horizontale Dosierbandbunker. Pufferungsbunker zwischen den Hauptbetriebsabschnitten waren schon ein wesentliches Kennzeichen der alten Holig-Triangel-Anlage. Der Nachteil der dort verwendeten

1 Späneeinlaufschurre, *2* Schleppklappenband, *3* Durchfall der Späne durch Anheben der Klappen, *4* Transport der Späne zum Ende der Bunkerfüllung, *5* Bunkerbodenband, *6* Austragband mit Mitnehmerzacken, *7* Auswurf der dosierten Spänemenge, *8* Austragöffnung.

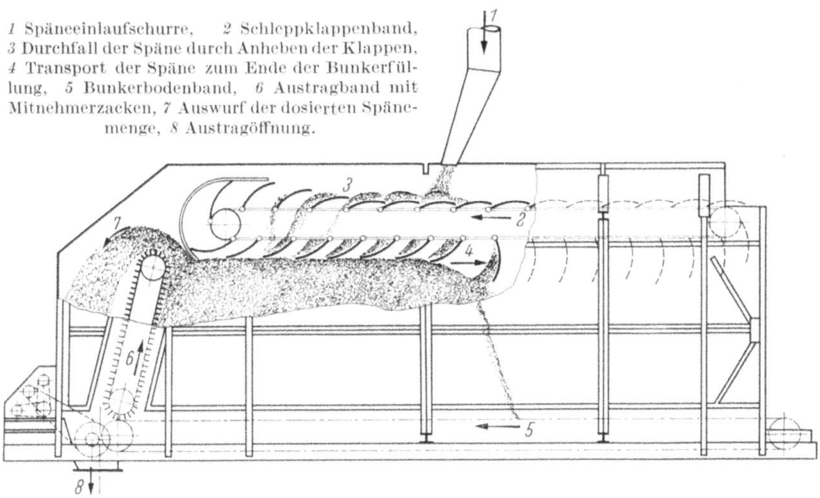

Bild 5.13. Dosierbandbunker mit Schleppklappenband.

Vertikalbunker — die Abhängigkeit der Dosiergenauigkeit von der Füllhöhe — sollte beseitigt werden. So ergab sich die Forderung, einen *Horizontalbunker* zu schaffen. Da hierbei die Schwerkraft als Fördermittel ausschied, mußte dieses durch ein Bodenband gebildet werden. Der grundsätzlichen Bunkerforderung des „first-in, first-out" wurde durch das *Schleppklappenband* genügt (Bild 5.13). Der Austrag erfolgt über Kopf durch ein den Bunkerinhalt stirnseitig abfräsendes und dabei auflockerndes *Kratzerband*; die Regelung des Austrags wird durch Regelung der Bodenbandgeschwindigkeit erreicht. Der Bunker wird seit 1951 durch die Maschinenfabrik Schenck gebaut und hat dort seine heutige verbesserte Form gefunden (DBP [*5.19*]).

Windsichter. Aus der von Anfang an gestellten Forderung nach Schaffung höchster Plattengüte wurde eine Sichtung der Späne zur Ausscheidung von Grobgut und Staub grundsätzlich verlangt. Ausgehend von dem bereits von der Holig für das erste Triangel-Werk gebauten

Windsichter wurde zunächst von K. STEINER ein *zweistufiger Windsichter* für die Homogenholz-AG. in Fideris/Graubünden entworfen, der sich gut bewährte. Anschließend erfolgte, gemeinsam mit der Maschinenfabrik Schilde der Bau eines *Späne-Windsichters* (F. KOLLMANN [*5.39*]), zu dem Schilde den sehr fruchtbaren Gedanken des *Luftkreislaufes* und die konstruktive Durchbildung im einzelnen beitrug (DBP [*5.12*]).

Der erste Sichter wurde 1952 an das Spanplattenwerk Georgensgmünd der Firma JOH. JAC. VOWINCKEL geliefert.

Trockner. Der mit heißen Verbrennungsgasen arbeitende *Umgas-Stromtrockner*, der auf Grund einer Entwicklung der Holig von Schilde 1949 für das erste Triangel-Werk gebaut worden war, eilte in mancher Hinsicht seiner Zeit voraus und war noch nicht genügend betriebssicher. So wurde zunächst auf die vorhandenen Furnierbandtrockner zurückgegriffen, die von Schilde als Spänetrockner (Fünfband-, Dreiband- und Einbandsystem) umkonstruiert wurden und sich bewährten, wenngleich nie verkannt wurde, daß es sich um einen Behelf handelte. In fruchtbarer Zusammenarbeit schuf Schilde unter Übernahme einiger Grundsätze des gemeinsam entwickelten Spänewindsichters den *Flugbandtrockner* mit Sichteffekt.

Kontinuierliche Trommelmischer. Es war bekannt, Holzspäne in diskontinuierlich arbeitenden Trogmischern in einzelnen abgemessenen Chargen mit Leim zu besprühen. Die Holig hat von vornherein die Forderung nach einem stetigen Verfahrensgang, damit also auch nach stetiger Beleimung, gestellt und diese in dem *Trommel-Freiflugmischer* (DBP [*5.11*]) durchgeführt. Die Nachteile wurden bereits erwähnt. Daher wurde nun zunächst die Trommel unter Beibehaltung des axialen Spänedurchlaufes und des Spänewurfes in Baiersbronn neu konstruiert, wobei die innen liegenden Sprühkreisel durch je vier von den beiden Enden her schräg in die umlaufende Trommel einsprühende *Düsen* ersetzt wurden. Die erste derartige Trommel wurde von den Draiswerken 1952 gebaut und 1953 an das Homogenholz-Lizenzwerk (WYSS-HIMMELHEBER) der Firma Iwakura in Tomakomai/Japan, geliefert, wo sie fünf Jahre lang erfolgreich im Betrieb war (F. KOLLMANN [*5.39*]).

Bei der Zusammenarbeit mit den Draiswerken ergab sich in gemeinsamen Erörterungen und Großversuchen der Vorschlag, den axialen Spänedurchlauf durch eine Trommel beizubehalten, jedoch auf die Rotation der Trommel und den völlig aufgelockerten Freiflug der Späne zu verzichten, wobei sich dann die Verlängerung der bekannten, diskontinuierlich arbeitenden Trogmischer zu den heute verwendeten, langen *Trommelmischern* der Draiswerke mit desaxialem *Rührwerk* ergab (F. KOLLMANN [*5.39*], DAS [*5.20*]).

Automatische Späne-Leim-Dosierung. Bei der diskontinuierlichen Beleimung wurde jeweils eine abgewogene Spänemenge in einen Trogmischer gegeben und eine abgemessene Leimmenge auf diese versprüht. Der stetige Spänedurchlauf durch einen Trommelmischer erforderte sowohl eine laufende Überwachung des *Spänegewichtes* wie der *Leimzuteilung*. Beides verwirklicht die vom Laboratorium Himmelheber 1951 vorgeschlagene automatische Späne-Leim-Dosierung. Die über eine kontinuierliche *Bandwaage* laufenden Späne werden fortlaufend gewogen; die Bandwaage steuert dabei die von den *Leimpumpen* zu den *Sprühdüsen* geförderte Leimmenge durch Drehzahlbeeinflussung der Pumpen; der verhältnismäßige Soll-Leimanteil ist vorwählbar.

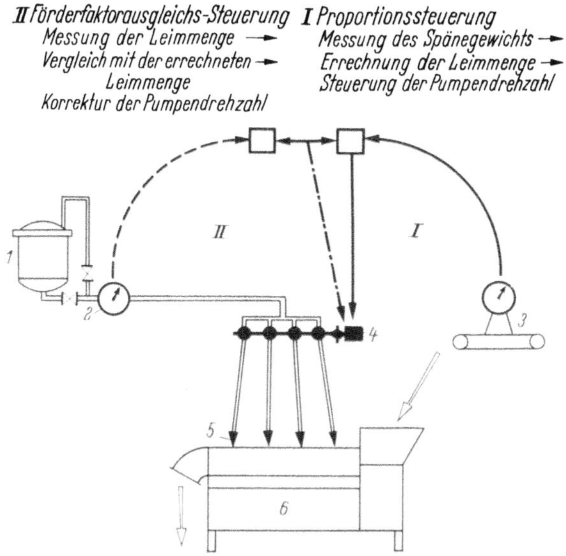

Bild 5.14. Schema der automatischen Späne-Leimdosierung mit Förderfaktorausgleich.
1 Leimvorratsbehälter, *2* Ovalradzähler, *3* Bandwaage, *4* Leimdosierpumpen mit regelbarem Antrieb, *5* Leimdüsen, *6* Beleimungsmaschine.

Nach diesem Vorschlag entwickelte Schenck sowohl eine besondere Leichtbandwaage als auch die vollständige, elektrische Leimpumpensteuerung. Die erste derartige Einrichtung wurde 1952 gebaut und 1953 bei der Firma Iwakura in Japan in Betrieb genommen; sie hat sich voll bewährt. Schenck hat die Einrichtung seither unablässig weiter vervollkommnet. Die wichtigste Verbesserung ist dabei die automatische Förderfaktor-Kontrolle. Über einen Durchfluß-Mengenmesser (Ovalradzähler) wird die Soll-Leimmenge mit der Ist-Menge laufend elektrisch verglichen; weichen beide voneinander ab, was beispielsweise durch Verstopfung einer Düse oder Verschleißerscheinungen an einer Pumpe bedingt sein kann, so erfolgt selbsttätig Nachregelung der Ist-Menge. Bild 5.14 zeigt das Schema der Einrichtung in der 1962 gebauten Form.

Diese automatische Späne-Leim-Dosierung ist eine der für die Wirtschaftlichkeit eines großen Spanplattenwerkes wichtigsten Einrichtungen. Das erste Triangel-Werk besaß sie nach der ursprünglichen Holig-Planung noch nicht, sondern man verließ sich damals auf die Dosiergenauigkeit des Bunkeraustrages und der den Leim zu den Sprühkreiseln fördernden Pumpen. Da in den beiden Zuführungen aber Schwankungen der je Zeiteinheit zufließenden Mengen unvermeidbar sind, arbeitete das Werk aus Sicherheitsgründen mit einer gewissen Überdosierung an Leim. Die betriebssichere, automatische Dosierung war daher eine der wichtigsten Entwicklungsaufgaben. 1952 wurde durch O. HERDEY in Triangel eine automatische *Taktdosierung* der Späne bei konstantem Leimfluß geschaffen, die sich gut bewährte.

Wurfschüttmaschine. Bei der stetigen Schüttung im ersten Triangel-Werk aus Vertikalbunkern mit Stachelwalzen-Entnahmerost über Zwischendosierband auf ein kontinuierliches Formband hatten sich hauptsächlich drei Nachteile gezeigt: die Entmischung von Grob- und Feingut beim Einfüllen in die Bunker, die Abhängigkeit der Dosiergenauigkeit von der Bunkerfüllungshöhe und die Entmischung von Grob- und Feingut beim senkrechten Fall der Späne. Diese Fehler waren zu beseitigen. So entstand die *Wurfschüttanlage* für Dreischichtplatten. Es handelt sich um vier mit *Wurfwalzen* arbeitende *Windsichter* (K. STEINER [*5.50*], G. RACKWITZ und M. OBERMAIER [*5.46*]), von denen je zwei mit Deckschicht-, zwei mit Mittelschicht-Schüttgut beschickt werden; die mit gleichem Gut beschickten Einzelmaschinen sind einander jeweils paarweise spiegelbildlich zugeordnet, so daß sie sich das Gut gegenseitig über der kontinuierlich darunter entlang bewegten Formungsunterlage entgegenwerfen.

Das Formmaschinen-Oberteil ist eine etwas andere Ausbildung eines Bodenband-Dosierbunkers; es vermeidet den ersten Nachteil der alten Holig-Schüttstation, nämlich die Abhängigkeit der Austragsmenge von der Füllhöhe. Die am Ende des Bodenbandes angeordnete *Abreiß-Stachelwalze* sorgt für Auflösung des Spänestromes in seine Einzelpartikel. Der waagerechte, paarweise entgegengerichtete Wurf vermeidet die Entmischung beim senkrechten freien Fall und schafft symmetrischen Schichtaufbau der Formlinge (DBP [*5.13*], [*5.14*]).

Die erste derartige Anlage wurde 1953 von Schenck gebaut und 1954 an die Werke der Firmen A. Moralt in Bad Tölz und der Norddeutschen Homogenholz-Gesellschaft in Triangel geliefert, deren erstes, von der Holig gebautes Werk im Jahre 1952 abgebrannt war. Das erste nach dem neuen Maschinensystem vom Labor Himmelheber geplante Werk war das der Firma A. Moralt.

Die *Wurfwalzen* waren zunächst mit langen Stacheln ausgerüstet, was sich für den erstrebten symmetrischen Schichtaufbau als nachteilig erwies. Noch im gleichen Jahr wurde daher eine verbesserte Ausführung der Wurfschüttmaschine von der Firma Schenck gebaut und 1955 bei den Spanplattenwerken der Firma Airscrew Co, & Jicwood Ltd. in Annan/Schottland, sowie der österreichischen Homogenholz-Gesellschaft in Kallwang/Steiermark, in Betrieb genommen. Als Wurfwalzen wurden jetzt Vollzylinder großen Durchmessers mit ganz kurzen Stacheln verwendet, wodurch eine einwandfreie Wurfsichtung auftrat. Durch Regelung der Wurfwalzen-Drehzahl konnte die *Separierwirkung* in weiten Grenzen verstärkt oder abgeschwächt werden. Der so erstmalig erzielte symmetrische, von innen nach außen feiner werdende Aufbau erwies sich als zweckmäßig und machte bald auch bei anderen Spanplattenherstellungs-Verfahren Schule.

Seine Anwendung hat nichts mit der Frage zu tun, ob ein Werk Dreischicht- oder Einschichtplatten erzeugt. Die meisten Hersteller bevorzugen das Dreischicht-Verfahren, da dieses bezüglich der verwendbaren Holzsortimente und der Abstimmung des Bindemittelanteils und der Bindemittel-Zusammensetzung in Mittel- und Deckschichten elastischer ist. Der symmetrische Schichtaufbau ist heute längst eine selbstverständliche Forderung der Spanplattenherstellung geworden. Der Separierwirkung sind in der Mittelschicht allerdings Grenzen gezogen: Ein gewisser Feinanteil ist dort unerläßlich, um ausreichende Querzugfestigkeit zu erzielen. Man muß ihn daher durch Regelung der Wurfwalzen-Drehzahl, Wahl des geeigneten Durchmessers und der jeweils günstigsten Ausbildung des Walzenmantels oder andere besondere Maßnahmen sowohl dem verwendeten Spangut als auch der gewünschten Plattenart weitgehend anpassen. Die Maschinenfabrik Schenck hat hier an Hand eingehender Prüffeld-Versuche umfangreiche Entwicklungsarbeiten geleistet.

Kontinuierliche Formstraße. Im ersten Triangel-Werk wurde das desintegrierte und vordosierte Gut auf ein *endloses Band* geschüttet, darauf mittels einer taktweise mitfahrenden Kreissäge in einzelne Plattenabschnitte zerlegt, die mit Abständen auseinandergezogen und anschließend mit einem sie allseitig mit einem gewissen Rand *überragenden Blech* belegt wurden. Dieses Paket wurde dann in einer Wendevorrichtung um 180° in seiner Längsachse gedreht, so daß der Kuchen, der nun auf dem Blech lag, über das Beschickungsgestell in die Heizpresse eingefahren werden konnte. Dieses umständliche Verfahren wurde durch ein neues ersetzt, wonach die Bleche, auf dem *Formband* liegend, die *Formstation* stetig durchwandern; zur Erzielung stirnseitig freier Blechränder überdecken entweder Abdeckbrücken die Lücken zwischen je zwei aufeinanderfolgenden Blechen und von jedem Blech einen Randbereich (DBP [*5.17*]), oder es sind *stirnseitige Begrenzungswände oder Kästen* an der die Bleche kontinuierlich bewegenden Fördereinrichtung befestigt und laufen mit dieser um (DBP [*5.18*]).

Die Schüttmaschinen arbeiten in beiden Fällen stetig; bei der zweiten Ausführungsform kann das zwischen die beiden Begrenzungswände fallende Gut entweder in Kästen gesammelt werden, deren Inhalt am Ende der Formstraße selbsttätig in die Schüttstation zurückgeführt wird, oder es kann zwischen den Begrenzungswänden hindurchfallen und zurückgeführt werden. Bei der besseren ersten Ausführung werden durch eine zeitweilig taktweise mitfahrende *Doppeltrennsäge* zwei parallele Schnitte beiderseits der Überdeckungsbrücken geführt und das auf den Brücken liegende Gut automatisch zur Schüttung zurückgefördert.

Nach Ausführung des *Doppeltrennschnittes* werden die einzelnen Formlinge taktweise beschleunigt und über eine *Kontrollwaage* der (in den meisten Anlagen verwendeten) Vorpresse zugeführt, von da einer automatischen *Längsbesäumsäge* und dann dem *Beschickungskorb* der Heizpresse, wobei je nach Anordnung des Stranges noch ein *Speicherwerk* erforderlich sein kann, in dem die ankommenden Formlinge während der Totzeiten der Heizpresse gespeichert und bei erneuter Aufnahmefähigkeit des Beschickungskorbes an diesen abgegeben werden.

Freie Blechränder an den Formlingslängsseiten werden in einfacher Weise durch seitliche Begrenzungswände in der Schüttstation erzielt. Jedes Hindernis in einer

Späneschüttung, d. h. auch jede Begrenzungswand, schafft aber unvermeidbare Unstetigkeitszonen durch Reibungs- und Reflexionserscheinungen an den Wänden, die sowohl die Luft als auch die Späne betreffen. Die Folge ist, daß man die Fertigplatten verhältnismäßig breit besäumen muß, will man völlig einwandfreie Kanten erhalten. Es wurde daher eine *Vorbesäumsäge* entwickelt, die es erlaubt, die störenden Seitenwände etwas weiter nach außen zu rücken und die Formlinge dann vor Einschub in die Heizpresse an den Längsseiten zu besäumen, wodurch die Störzonen entfernt werden und das Spangut zur Schüttung zurückgeführt wird (DBP [*5.17*]).

Universal- und Furnierzerspaner. Ein Nachzügler der Maschinenentwicklung war der vom Laboratorium Himmelheber in Weiterentwicklung des Behr-Grupp-Zerspaners gebaute *Universal- und Furnierzerspaner* (UF-Zerspaner), der von der Maschinenfabrik Krenzler hergestellt wird und in erster Linie der Erzeugung hochwertiger Flachspäne aus *Furnierabfällen* oder anderen, sehr biegsamen Hölzern, wie dünnen *Ästen* oder *Spreißeln*, dient. Da es hier in der Hauptsache auf festes Halten des Holzes während des Zerspanungsvorganges ankommt, wurde auf eine Stetigzuführung verzichtet und der taktweise Vorschub des nicht abgelängten Holzes gewählt, der sich schon beim Behr-Grupp-Zerspaner bewährt hatte. Die erste Maschine wurde 1956 an das Spanplattenwerk der Firma Moralt in Bad Tölz geliefert.

Rolle der Maschinenfabriken und der Spanplattenwerke bei den Entwicklungsarbeiten

Während die ersten Scheibenzerspaner, Mischtrommeln, Sichter, Bunker, Schüttmaschinen und kontinuierlichen Formstraßen noch weitgehend beim Laboratorium Himmelheber konstruktiv durchgearbeitet wurden, verlagerte sich nach dem Bau der ersten Werke in Japan, Bad Tölz und Triangel der Schwerpunkt der Weiterentwicklung in die Maschinenfabriken, wobei unablässig wertvolles Erfahrungsgut aus den mit den neuen Maschinen ausgerüsteten Werken von diesen zur Entwicklungsgruppe zurückströmte. Dieser gegenseitigen Befruchtung von Erfindergruppe, Maschinenfabriken, Industrie und der von allen Seiten beigesteuerten wertvollen Anregungen soll hier ausdrücklich gedacht werden. Besonders ist in diesem Zusammenhang der Ingenieurstab der Maschinenfabrik Carl Schenck GmbH. in Darmstadt zu nennen.

Auch soweit an sich konventionelle Maschinen verwendet werden, wie die Pressen, Mühlen, pneumatischen und mechanischen Fördereinrichtungen, Kontroll- und Steuergeräte, wurde in den Jahren des Aufbaues der Spanplatten-Industrie bei den Maschinenfabriken eine umfangreiche Entwicklungsarbeit geleistet, die weniger ins Auge fällt als die beschriebenen Arbeiten, die aber nicht weniger wichtig ist als diese.

5.1.2.4.2 Verfahrensentwicklung. Steuerung der Verfahrensentwicklung durch die Verarbeitungspraxis. Während die Maschinenentwicklung in Baiersbronn — mit Ausnahme des UF-Zerspaners — von Anfang an grundsätzlich andere Wege ging als die Entwicklungen von Behr in Wendlingen, ist die Verfahrensentwicklung durch die enge Zusammenarbeit zwischen Wendlingen und Baiersbronn gekennzeichnet, wie sie seit 1951 durch die erwähnte Interessengemeinschaft zustande kam. Behr erarbeitete, wie geschildert, vom Markt, d. h. von der Verarbeitung der Platten her, die Forderungen, die an den neuen Werkstoff zu stellen waren. Diese sehr klaren Forderungen bestimmten rückwirkend die weitere Entwicklung des Verfahrensganges. Als höchst fruchtbar erwies es sich dabei, daß nun seit 1951 drei Laboratorien zusammengeschaltet werden konnten:

1. das Wendlinger Werkstoff-Prüflaboratorium, das ganz auf Verarbeitungsprüfungen eingestellt ist, also auf die zu verlangenden Werkstoffeigenschaften im Hinblick auf Furnierfähigkeit, Verleimungsfragen, Oberflächenvergütungen, Schraubenhaltevermögen, Kantenausbildung und Kantenschutz, Eckverbindungen, Klimabeständigkeit, Werkzeuggestaltung, Bearbeitbarkeit usw.;

2. das maschinentechnische Entwicklungslaboratorium in Baiersbronn, in dem alle Einzelmaschinen (Zerspaner, Mühlen, Sichter, Trockner, Mischer, Presse) für die Herstellung von Platten im halbtechnischen Maßstab zur Verfügung standen, und schließlich

3. das Werkstoff-Prüflaboratorium in Baiersbronn mit den üblichen Festigkeitsprüfgeräten.

Die Ergebnisse dieser Werkstoffentwicklung sind so vollkommen von der seit etwa 1954 sich allenthalben entwickelnden Spanplatten-Industrie aufgesogen worden und zur stillschweigenden Voraussetzung jeder Spanplattenherstellung geworden, daß das Ausmaß an Arbeit, auch an Irrwegen und Fehlschlägen, die unvermeidbar waren, um zur heutigen klaren Linie zu kommen, der Fachwelt nicht bewußt ist.

Hydrophobierung der Spanplatten. Die kurzzeitige scharfe *Feuchtigkeitsbeanspruchung*, die eine Spanplatte beim Furnieren erfährt, führte zu der Forderung, die *Wasserfestigkeit* zu erhöhen. In Baiersbronn wurde daher 1952 eine *Paraffin-Emulsion* entwickelt, durch deren Beimischung zum Leim eine Hydrophobierung der Platten bewirkt wird. Sie wird seit 1953 durch die Firma Oest in Freudenstadt in verschiedenen Varianten in den Handel gebracht und hat sich rasch eingeführt. Heute werden überwiegend hydrophobierte Spanplatten hergestellt. (Der Ausdruck Hydrophobierung ist hier nicht im streng wissenschaftlich-chemischen Sinn verwendet.)

5.1.2.5 Stand des Verfahrens 1962

5.1.2.5.0 Allgemeines. Bild 5.15 zeigt die Maschinenaufstellung eines neuzeitlichen mittelgroßen Werkes, das einen besonders wirtschaftlichen Auf- und Ausbau in mehreren Stufen zuläßt. Die Endleistung beträgt hier beispielsweise 100 m³ wurfgeschütteter Dreischichtplatten, wobei für Mittel- und Deckschichten verschiedene Holzarten, Spanabmessungen und Bindemittelanteile verwendet werden können.

Die in Bild 5.15 schwarz angelegten Maschinen zeigen eine erste *Ausbaustufe* für 50 m³ wurfgeschüttete Einschichtplatten. Dabei wird zunächst nur ein Späneaufbereitungsstrang gebaut, und zwar bis zur Mühle hinter dem Trockner der spätere Deckschichtstrang, der die Zwillings-Schüttmaschine speist. Die Heizpresse hat die halbe Etagenzahl der Endstufe, der Blechrücktransport kann in dieser vereinfachten Stufe von Hand erfolgen. In *Entwicklungsländern* mit niedrigen Arbeitslöhnen und angespannter Devisenlage hat sich diese *Anfangsstufe* gut bewährt.

Bild 5.16 zeigt das *Rohstofffluß-Schema* für drei verschiedene, aus den gleichen Bauelementen aufgebaute Anlagen, die jeweils in der ersten Stufe 50 m³, in der zweiten Stufe 100 m³ je Tag erzeugen. In Bild 5.16a ist diese, als Type C 620 bezeichnete Anlage dargestellt mit erster und zweiter Stufe für Einschichtplatten, in Bild 5.16b mit erster Stufe für Einschicht- und zweiter Stufe für Dreischichtplatten; gemäß Bild 5.16c werden in beiden Stufen Dreischichtplatten erzeugt. Natürlich kann auch schon die erste Stufe für 50 m³ wurfgeschüttete Einschichtplatten mit drei Schüttstellen und *Egalisator* nach der zweiten Schüttstelle — die dann ohne Wurfschütteffekt arbeitet — gebaut werden.

Die Arbeiten der Behr-Spanholz-Gruppe waren von Anfang an auf höchstmögliche *Plattengüte* gerichtet. Entsprechend werden besonders hochwertige Maschinen eingesetzt. Die Erfahrungen mit einer großen Zahl laufender Werke führten zur Festlegung maschinenspezifischer *Leistungsreserven*, die erforderlich sind, um einen sicheren, ganzjährigen Dreischichtbetrieb zu gewährleisten. Sie sind einmal durch das Prinzip der Zerlegung der Anlage in Abschnitte, die durch Pufferbunker getrennt sind, bedingt, weil bei Stillstand eines Werkabschnittes und Speisung der anderen aus den Bunkerreserven der wieder in Betrieb gehende Abschnitt den Produktionsverlust der Stillstandzeit durch *Überleistung* aufholen muß; zum anderen sind die Leistungsreserven erforderlich, weil aus Verschleiß- und Sicherheitsgründen immer ein Unterschied zwischen kurzzeitig möglicher Höchstleistung und ganzjähriger Dauerlast gemacht werden muß. Dies gilt sowohl für die Auswahl fertig vorliegender Maschinentypen als auch für die Bauweise und Auswahl einzelner Maschinenelemente, z. B. die Dimensionierung von Lagern, Kolben, Schaltern, Ventilen usw., preisbestimmende Einzelheiten, die durch höhere Investitionen niedrigere Produktionskosten gewährleisten, indem Stillstandszeiten aus maschinenbedingten Gründen fast auf Null zurückgehen.

In der Spanplatten-Industrie ist, wie in der Papier-, Faserplatten- und Sperrholz-Industrie, der Zug zur *Groß- und Größtanlage* unverkennbar und dürfte sich durchsetzen. Die größeren Anlagen des Behr-Himmelheber-Verfahrens stellen heute rund 200 m³ Platten je Tag her, wesentlich größere werden künftig entstehen.

Wird eine *mittelgroße Anlage* für 100 m³ Tagesleistung, wie geschildert, in zwei Stufen aufgebaut, so ist es zweckmäßig, die Anfangsstufe der halben Leistung als *Einstranganlage*, d. h. also für wurfgeschüttete Einschichtplatten, zu bauen. Selbstverständlich können auch Werke für wurfgeschüttete Einschichtplatten für 100 m³ und mehr Tagesleistung gebaut werden. Die Erfahrung zeigt aber, daß Unternehmer, die in dieser Größe bauen, die größere Breite des Produktionsprogrammes vorziehen, das die *Dreischichtanlage* bietet.

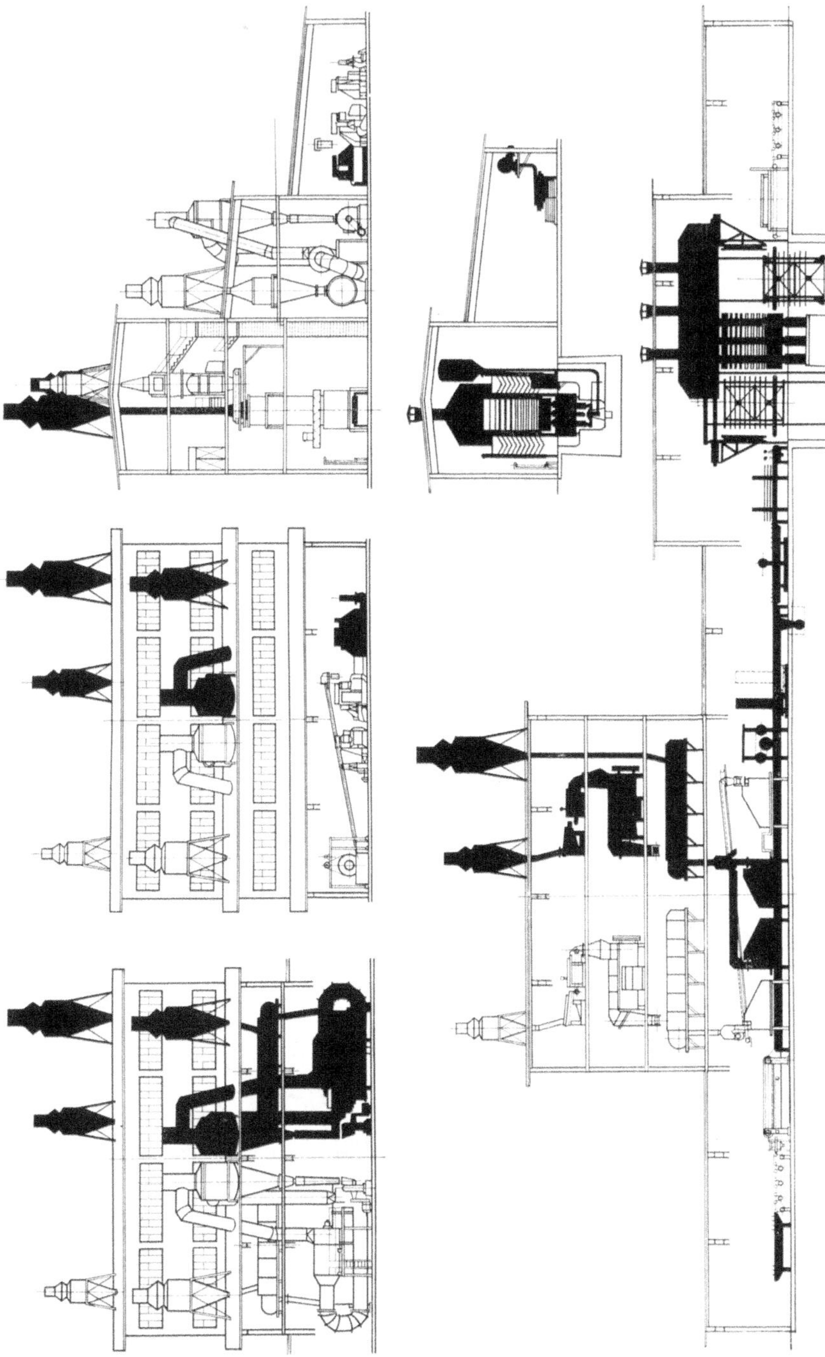

Bild 5.15. Behr-Spanholzanlage, System Himmelheber, Type C 620, Maschinenaufstellung.

a
b

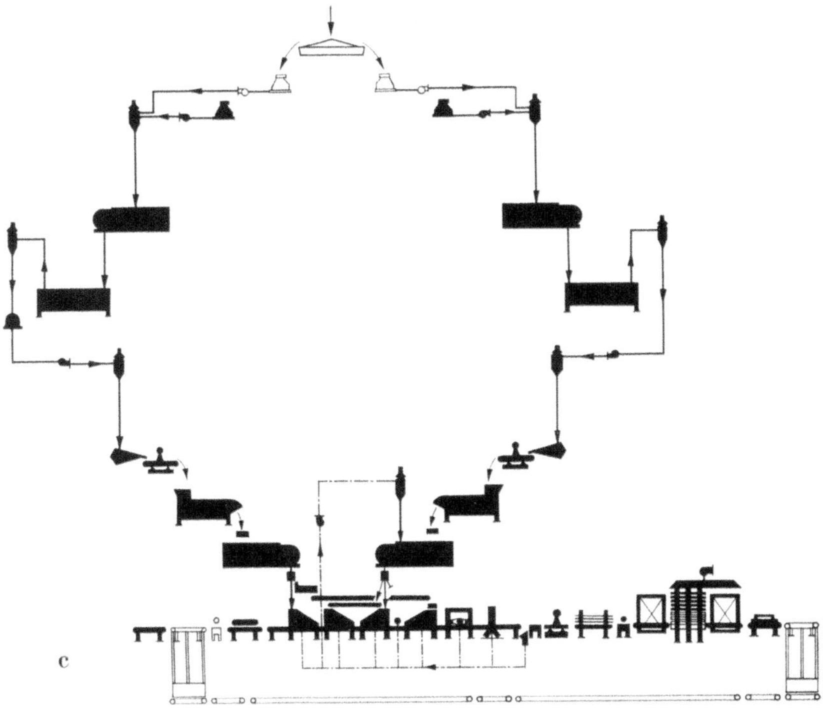

c

Bild 5.16 a–c. Behr-Spanholzanlage, System Himmelheber, Type C 620, Materialfluß-Schema.

a) 1. Ausbaustufe 50 m³ wurfgeschüttete Einschichtplatten, 2. Ausbaustufe 100 m³ wurfgeschüttete Einschichtplatten;

b) 1. Ausbaustufe 50 m³ wurfgeschüttete Einschichtplatten, 2. Ausbaustufe 100 m³ wurfgeschüttete Dreischichtplatten;

c) 1. Ausbaustufe 50 m³ wurfgeschüttete Dreischichtplatten, 2. Ausbaustufe 100 m³ wurfgeschüttete Dreischichtplatten.

Auch *große Anlagen* für Dreischichtplatten lassen sich in Stufen ausbauen. Eine 100 m³-Anfangsstufe ist beispielsweise eine wirtschaftliche Grundeinheit, die später durch Zufügen weiterer Maschinen auf doppelte Leistung gebracht werden kann. Kennzeichnend für den stufenweisen Aufbau ist stets, daß die Kosten für die zusätzlichen Beschaffungen der zweiten Stufe sehr viel niedriger als diejenigen der ersten Stufe liegen.

Selbst bei *größten Anlagen*, die bis zu etwa 800 m³ Tagesleistung (das dürfte beim heutigen Stand des Pressenbaues die mit einer einzelnen Heizpresse wirtschaftlich erreichbare Höchstleistung sein) erbringen, ist der stufenweise Aufbau möglich. Eine Presse solcher Größe wird zweckmäßig aus zwei Formsträngen gespeist, so daß sich durch Errichtung nur eines der beiden Stränge die erste Ausbaustufe mit halber Leistung zwanglos ergibt.

5.1.2.5.1 Werksplanungen. Die Zusammenlegung der Wendlinger und Baiersbronner Arbeitsergebnisse und die grundsätzliche Zusammenarbeit führte 1953 zur Übernahme aller Werksplanungen für das Behr-Verfahren, Maschinensystem Himmelheber, durch das Laboratorium Himmelheber. Von 1950 bis 1952 waren insgesamt zehn Behr-Werke nach der ursprünglichen Wendlinger Planung (Handformung, diskontinuierliches Verfahren) entstanden. In Japan ging 1953 das erste Werk nach dem Baiersbronner Maschinensystem in Betrieb; ihm folgten 1954 die Werke in Bad Tölz und Triangel und bis 1962 rund vierzig weitere Anlagen in zahlreichen Ländern. Verarbeitet werden die verschiedensten europäischen und tropischen Hölzer und neuerdings mit steigender Bedeutung Zuckerrohr-Bagasse (s. a. Abschn. 2.1.5).

5.1.2.5.2 Entwicklungen 1962 bis 1965. Neuentwicklungen liegen seit 1962 in erster Linie auf dem Gebiet der Schaffung verbesserter Spanplatten-Oberflächen für alle Arten von Beschichtungen (Kunststofflaminate, Gießharze und -lacke, Druckverfahren, 0,3 mm dicke Furniere usw.). Die bisherigen Flachspandeckschichten befriedigen dabei nicht. Deckschichten aus Holzstaub sind in dieser Hinsicht wesentlich besser, doch muß dann die erforderliche Biegefestigkeit von guten Flachspänen im Platteninnern aufgebracht werden. Dies steht der Entwicklung zur Verwendung billigster Restholzsortimente, wie Hobel- und Sägespäne, Hackschnitzel aus Sperrholz und Sägewerksrestholz und dünnem Knüppelholz, entgegen. In den letzten Jahren wurden daher in Baiersbronn neue Spanplattendeckschichten aus im Trocken- bzw. Halbtrockenverfahren aufgeschlossenem Holzfaserstoff, gemischt mit Spanplattenschleifstaub, entwickelt. Die Flächen sind fein strukturiert und verleihen den Platten, infolge ihrer Zugfestigkeit, eine stark erhöhte Biegefestigkeit, selbst bei ausschließlicher Verwendung geringwertiger Industrieabfallspäne. Bei Verwendung normaler Flachspäne erhält man sehr hohe Festigkeiten oder kann den Materialaufwand senken. Zur Durchführung des entsprechenden Herstellungsverfahrens wurden geeignete maschinelle Einrichtungen, sowohl zum nachträglichen Einbau in schon vorhandene Werke als auch für neu anzulegende Großbetriebe, geschaffen.

5.1.3 Hermal-Verfahren

Von **Horst Gerlach,** München

5.1.3.0 Allgemeines

Bereits in der Pionierzeit der Spanplattenfertigung in Deutschland, in den Jahren 1950 bis 1955, vertraten Geschäftsleitung und Ingenieurstab der Hermal entgegen der unter Fachleuten oft vorherrschenden Ansicht die Auffassung, daß die Herstellung von Qualitätsspanplatten wirtschaftlich auch in *Anlagen mit mittleren und kleinen Kapazitäten* erfolgen könne.

Man war sich jedoch darüber klar, daß Qualitätsspanplatten nur erzeugt werden konnten, wenn der Produktionsablauf nach einem vorbestimmten zeitlichen Rhythmus erfolgte und der Fertigungsfluß nach dem Zerspanen nicht mehr durch menschliche Arbeitsleistung unterbrochen wird. Es stand bereits damals fest, daß durch die Einschaltung von Arbeitskräften in den Fertigungsgang — infolge der Schwankungen der menschlichen Arbeitskraft — die Herstellung eines gütemäßig gleichbleibenden Enderzeugnisses in Frage gestellt wird.

Die Entwicklungsarbeit verdichtete sich daher in den folgenden Jahren auf die Konstruktion von Maschinen und Maschinenanlagen, die diesen Umständen Rechnung trugen. Voraussetzung war hierbei, daß diese Maschineneinrichtungen billiger sein mußten als diejenigen, die für gleiche Tätigkeitsbereiche in Großanlagen eingesetzt wurden, in Betriebssicherheit und Wirtschaftlichkeit diesen jedoch nicht nachstehen durften.

Die ersten von der Hermal in den Jahren 1952 bis 1956 gebauten Anlagen mit Tageskapazitäten von 10 bis 25 t waren — als Ergebnis der ersten Konstruktionsarbeiten — so aufgebaut, daß alle Arbeitsgänge, deren zeitlicher Ablauf für die Güte des Endproduktes entscheidend ist, automatisiert wurden. Der kontinuierliche *Rohstofffluß* bis zu den Streumaschinen war bereits bei diesen Anlagen gewährleistet. Innerhalb der Fertigungsstraße wurden bei diesem Verfahren, das später auch von einigen anderen Firmen angewendet wurde, die Unterlagbleche auf dem Teilstück der Formstraße zwischen den Streumaschinen und der Beschickungsvorrichtung von Hand aufgelegt, im *Reversierverfahren* automatisch bestreut und über die Beschickungsvorrichtung der Presse zugeführt. Auf der Entleerungsseite erfolgt die Trennung der Spanplatten von den Unterlagblechen und die Rückführung der Bleche von Hand.

5.1.3.1. Hermal-Contitact-Verfahren (CT-Verfahren)

5.1.3.1.0 Allgemeines. Als Weiterentwicklung dieser oben beschriebenen teilautomatischen Spanplattenanlagen stellte die Hermal im Jahre 1957 ihre *vollautomatische Contitact-Spanplattenanlage* vor. Die Gewichtskontrolle der gestreuten Spanmatten, die Trennung der Spanplatte von den Unterlagblechen und die Blechkühlung wurden automatisiert, die Unterlagbleche selbst raumsparend innerhalb der Presse zurückgeführt. Der selbsttätige Formatschnitt der warmen Spanplatte wurde in den automatischen Fertigungsablauf einbezogen.

Diese Anlage wird in fast unveränderter Form bis heute gebaut. Sie hat sich vielfach im In- und Ausland bewährt und stellt heute den Hauptanteil der von der Hermal gebauten vollautomatischen Anlagen.

Das Hermal-Contitact-Verfahren ermöglicht bei einem normalen Plattenmaß von beispielsweise 1700 mm × 3500 mm die sehr wirtschaftliche Herstellung von 50 t Spanplatten/Tag. Bei größeren Formaten kann die Tageskapazität bis 65 t gesteigert werden.

Bis zu dieser oberen Leistungsgrenze bietet die Hermal aus ihrem CT-Standard-Programm eine Anzahl preiswerter Anlagen-Typen mit Tageskapazitäten von 12, 24, 30, 50 und 65 t. Die zuerst genannten drei Anlagen können jeweils auf die doppelte Kapazität ausgebaut werden.

5.1.3.1.1 Fertigungsablauf einer Contitact-Anlage. Bild 5.17 zeigt schematisch den Aufbau der Fertigungsstraße einer Hermal-Contitact-Spanplattenanlage Type CT 48/30 mit einer Tagesleistung von 30 t, geeignet zur Herstellung *dreischichtiger Spanplatten* aus *Rundholz* und *Sägewerksabfällen*. Die Spanaufbereitungsanlage ist nicht dargestellt.

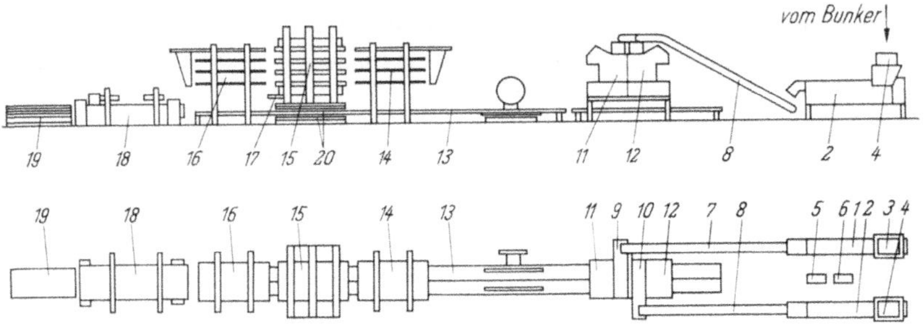

Bild 5.17. Hermal-CT-Fertigungsstraße.
1 und *2* Spanmisch- und Beleimungsanlagen; *3* und *4* Taktdosierwaagen; *5* und *6* Leimdosier-Kolbenpumpen; *7* und *8* Förderbänder; *9* und *10* Kratzerbänder; *11* und *12* Streumaschinen; *13* Formstraße; *14* Beschickungsanlage; *15* Presse; *16* Entleerungsvorrichtung; *17* Trennanlage; *18* Formatsäge; *19* Hebetisch; *20* Blechkühlanlage.

Deck- und Mittelschichtspäne werden in zwei voneinander unabhängigen Fertigungssträngen aufbereitet. Das 1 m lange Rundholz für *Deckschichtspäne* wird auf einer Ablängsäge in drei Teilstücke mit einer Länge von je $^1/_3$ m abgekürzt und über ein Förderband dem *Flachscheiben-Zerspaner* zugeführt. Die hier erzeugten flächigen Späne werden nach der Zwischenlagerung in einem *Naßbunker* dosiert einer *Hammer- oder Schlagkreuzmühle* zugeführt, nachzerkleinert und in den anschließenden *Trockner* gefördert.

Zur *Entstaubung* der getrockneten Deckschichtspäne ist eine dreistufige Entstaubungs- und Sichtanlage eingesetzt, die aus dem Spangut neben den Feinteilen mit einer Korngröße kleiner als 0,5 mm eventuelle Splitterteile ausscheidet. Die Mehrzahl der Splitter wird bereits vor dem Trocknen im Flachscheiben-Zerspaner ausgeschieden.

Zur Herstellung von *Mittelschichtspänen* ist in diesem Beispiel ein *Messerwellen-Zerspaner* eingeplant. Die Mittelschichtspäne werden — ohne Nachzerkleinerung — ähnlich den Deckschichtspänen aufbereitet und dem Mittelschichtbunker zugeführt.

Zur dosierten Aufgabe der getrockneten Deck- und Mittelschichtspäne in die anschließenden *Spanmisch- und Beleimungsanlagen 1* und *2* sind je eine *Taktdosierwaage 3* und *4* eingebaut, die in Abhängigkeit von der Drehzahl der dazugehörenden Leimdosierkolbenpumpen (*5* und *6*) periodisch geöffnet und geschlossen werden. Die Spänezufuhr zu den Taktdosierwaagen wird jeweils dann unterbrochen, wenn eine dem Sollgewicht entsprechende Spänemenge in den Waagebehälter eingefüllt ist. Durch eine Abhängigkeitssteuerung von Wiegetakt und Leimpumpendrehzahl ist gewährleistet, daß ein einmal eingestelltes Verhältnis zwischen der Leimflotte und den Spänen in allen Durchsatzbereichen unverändert erhalten bleibt.

Die beleimten Späne gelangen über je ein Förderband *7* und *8* und zwei anschließende Kratzerbänder *9* und *10* in die *Streumaschinen 11* und *12*. Die Kratzerbänder übernehmen die Aufgabe, die beleimten Späne gleichmäßig über die gesamte Breite der Streumaschinen zu verteilen.

Formen, Wiegen und Pressen der *Spanmatte* sowie das anschließende Trennen der gepreßten Spanplatten von den Unterlagblechen, deren Rückführung in den Fertigungskreislauf, das Formatschneiden der Spanplatten und das Abstapeln erfolgen auf einer nach dem Hermal-CT-Verfahren arbeitenden *Fertigungsstraße*. Diese Fertigungsstraße ist auf kleinstem Raum in einer Achse übersichtlich aufgebaut.

Sowohl bei ein- als auch bei dreischichtigen Spanplatten wird die Spanmatte in mehreren Lagen aufgebaut. Die Formung der Spanmatte erfolgt im *Reversier-Verfahren*. Ein bestreutes Preßblech wird über die Formstraße *13* in die *Beschickungsanlage 14* gefördert. Auf dem Wege dorthin wird jede Spanmatte gewogen und registriert. Gegebenenfalls erforderliche Gewichtskorrekturen beim Abweichen vom Sollgewicht werden selbsttätig ausgeführt.

Die in der *Beschickungsvorrichtung 14* gespeicherten bestreuten Preßbleche werden nach Ablauf der Taktzeit in die geöffnete *Presse 15* eingeführt, während gleichzeitig der Auszugarm die Unterlagbleche mit den gepreßten Spanplatten in die hochgefahrenen Etagen der Entleerungsvorrichtung *16* befördert. Zum Trennen der Spanplatten von den Unterlagblechen bleiben letztere in der Entleerungsvorrichtung. Der Trennvorgang durch die *Trennanlage 17* erfolgt dann, wenn sich die jeweiligen Etagen auf die Höhe der anschließenden *Formatsäge 18* (Bild 5.18) abgesenkt haben. Die Eingliederung des Besäumvorganges in den Fertigungsfluß ist eine besondere Entwicklung der Hermal. In einer Anzahl von Spanplattenwerken, die nach diesem Verfahren seit Jahren arbeiten, konnte der Beweis erbracht werden, daß durch das *Besäumen* der Spanplatten in *unmittelbarem Anschluß* an den Preßvorgang, neben der Einsparung von Arbeitsvorgängen, die Werkzeugstandzeiten erheblich verlängert und die Stromkosten gesenkt werden können. Außerdem wurde bewiesen, daß die Kantengüte der im unmittelbaren Anschluß an den Preßvorgang besäumten Spanplatten genauso hoch ist wie die der Spanplatten, die nach der Klimatisierung besäumt werden.

Die durch die Trennanlage *17* aus der Entleerung geschobene Spanplatte wird in warmem Zustand von den Einzugwalzen der Formatsäge übernommen, auf den Tisch geschoben, pneumatisch ausgerichtet und zentriert. Ein Transportrost übernimmt anschließend den Transport der Platte bis in den Querschnitt-Bereich. Hier wird sie abgestoppt, festgespannt und querbesäumt.

Die Spannvorrichtung löst sich nach erfolgtem Querschnitt, und die Platte wird mit gleichbleibender Vorschubgeschwindigkeit den beiden

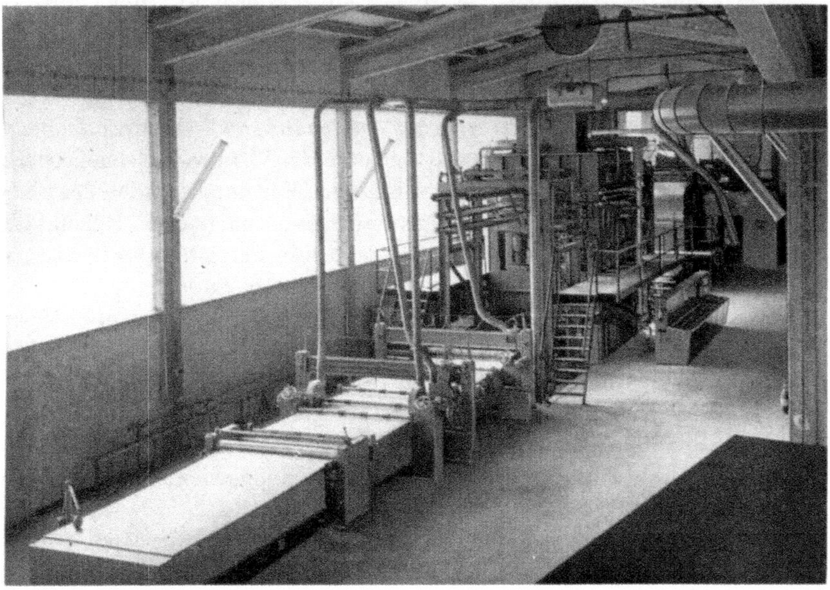

Bild 5.18. Vollautomatische Formatsäge in einer Hermal-Spanplattenanlage.

stationären Längsschnittsägen zugeführt. Die Kantenabschnitte werden durch *Stufenzerspaner* zerkleinert und in den *Mittelschichtbunker* abgesaugt.

Das Abstapeln der formatgeschnittenen Platten auf dem Hebetisch *19* erfolgt ebenfalls selbsttätig. Das entleerte Unterlagblech wird entgegen der Fertigungsrichtung über die *Blechrückführbahn* im unteren Teil der Presse zurückgeführt. Es durchläuft auf dem Weg von der Entleerungsvorrichtung *16* bis zur Wiederauflage auf die Formstraße *13* eine *Blechkühlanlage 20*, die das Blech auf die erforderliche Temperatur abkühlt.

Die Unterlagbleche werden außerhalb des Streubereichs mit erhöhter Vorschubgeschwindigkeit gefördert.

Bild 5.19 zeigt die *Schaltzentrale* einer vollautomatischen Hermal-Contitact-Anlage. In dieser sind alle zur elektrischen Steuerung der CT-Fertigungsstraße erforderlichen Schalt-, Schutz- und Befehlsgeräte eingebaut.

In den automatischen Fertigungsablauf ist auch die Heißplattenpresse eingeschlossen. Das Öffnen und Schließen der Presse sowie die *Steuerung des Preßvorgangs* und des Aushärtevorgangs erfolgen automatisch.

Durch das Contitact-Verfahren werden die Vorteile der Ein-Etagen-Pressen (kurze Fertigungsstraße, geringer Raumbedarf, einfache Bedienung und Wartung) mit den Vorzügen der Mehr-Etagen-Presse (Produktion nach technologischen Erfordernissen, Unabhängigkeit der

Bild 5.19. Schaltzentrale einer vollautomatischen Hermal-Contitact-Anlage.

Kapazität von Temperatur, Taktzeit und Format, Vermeidung kurzer Preßzeiten und extremer Temperaturen) verbunden.

Die Formstation kann durch das angewendete Reversierverfahren auf zwei Streustationen beschränkt werden. Der Bedarf an Unterlagblechen ist im Vergleich zu den klassischen Spanplattenanlagen mit seitlicher Blechrückführung wesentlich geringer (1 Etage = 3 Bleche, 2 Etagen = 6 Bleche, 3 Etagen = 8 Bleche, 4 Etagen = 10 Bleche).

Infolge der vollautomatischen Steuerung der Gesamtanlage einschließlich der Presse und durch die Eingliederung des Formatschnitts in den Fertigungsablauf benötigt eine CT-Fertigungsstraße nur Aufsichtspersonal. Alle Hermal-CT-Anlagen sind zur Fertigungsüberwachung mit zahlreichen automatischen *Kontrolleinrichtungen* ausgestattet. Wichtige Regelantriebe werden entweder unmittelbar über Meßgeräte oder mittels Servomotoren von der Schaltzentrale gesteuert.

5.1.3.2 Hermal-Polytact-Palette-Verfahren (PT-Palette-Verfahren)

5.1.3.2.0 Allgemeines. In diesem neuen Fertigungsverfahren sind die Vorteile des CT-Verfahrens (Reversierstreuung, geringer Raumbedarf, niedrige Investitionskosten) mit denen der blechlosen Spanplattenfertigung (Pressen ohne Bleche, keine Blechkühlung, geringere Dickentoleranzen der gepreßten Spanplatten, kein Blechverschleiß) vereinigt.

5.1.3.2.1 Fertigungsablauf einer PT-Palette-Anlage. Die Spanaufbereitung, Trocknung, Entstaubung, Beleimung und Streuung der Späne sowie der Formatschnitt und das Abstapeln der fertig formatgeschnittenen Spanplatten erfolgt wie beim CT-Verfahren. Die Fertigungsstraße einer Polytact-Palette-Spanplattenanlage, Type PT-Palette 48/30, ist auf Bild 5.20 schematisch dargestellt.

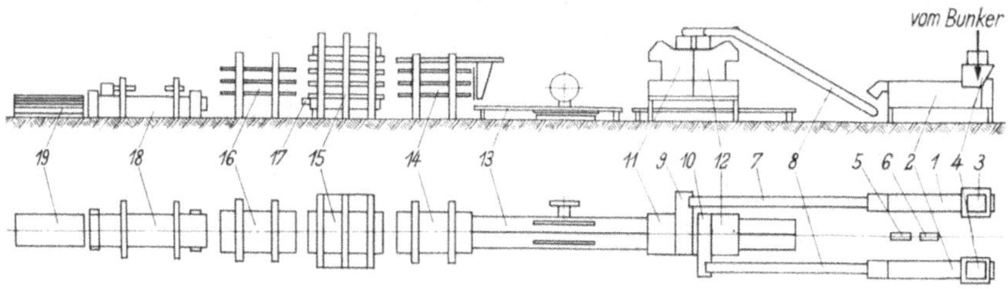

Bild 5.20. Hermal-Polytact-Palette-Fertigungsstraße.

1 Deckschicht – Spanmisch- und Beleimungsanlage; *2* Mittelschicht – Spanmisch- und Beleimungsanlage; *3* und *4* Taktdosierwaagen, *5* und *6* Leimdosierkolbenpumpen; *7* und *8* Förderbänder; *9* und *10* Kratzerbänder; *11* Deckschicht-Streumaschine; *12* Mittelschicht-Streumaschine; *13* Fertigungsstraße; *14* Beschickungsvorrichtung; *15* Presse; *16* Entleerungsvorrichtung; *17* Trennvorrichtung; *18* Formatsäge; *19* Hebetisch.

Bei Fertigungsbeginn sind die Presse *15* und die Entleerungsvorrichtung *16* vollständig entleert, die Presse ist geöffnet und die Etagen der Entleerungsvorrichtung sind nach oben gefahren. In der Beschickungsvorrichtung liegen — bei einer 3-Etagen-Presse — 3 leere Träger- und 3 Deckpaletten. Sie sind an einer Querseite durch die Festhaltevorrichtung des kombinierten Einschub- und Auszugarmes der Beschickungsvorrichtung gehalten.

Zur Streuung werden die Trägerpaletten einzeln der Beschickungsvorrichtung entnommen, im Reversierverfahren bestreut, gewogen und mit der geformten Spanmatte wieder in die Beschickungsvorrichtung eingeschoben. Die Deckpaletten liegen dort in einer Führung und werden zum Streuen nicht entnommen.

Zum Beschicken der Presse werden Träger- und Deckpaletten in die Presse eingeschoben. Der dann folgende Preßvorgang wird kurzzeitig unterbrochen, währenddessen die Träger- und Deckpaletten wieder in die Beschickungsanlage zurückgezogen werden. Beim folgenden Chargenwechsel werden beim Einfahren der Trägerpaletten gleichzeitig die gepreßten Spanplatten in die Etagen der Entleerung geschoben. Die Trennanlage *17* schiebt die gepreßten Spanplatten einzeln aus der Entleerung in die nachgeschaltete Formatsäge *18*. Formatschnitt und Abstapeln der formatgeschnittenen Spanplatten erfolgen wie beim CT-Verfahren.

5.1.3.3 Hermal-Intertact-Verfahren (HIT-Verfahren)

5.1.3.3.0 Allgemeines. Das HIT-Verfahren wird dort eingesetzt, wo Kapazitäten gefordert werden, die außerhalb des Leistungsbereiches des CT-Verfahrens liegen, also bei Spanplatten-Anlagen mit Tageskapazitäten über 50 bzw. 65 t. Auch hier wurden verschiedene Standardanlagen entwickelt, deren Grundtypen jederzeit nachträglich auf die doppelte Kapazität ausgebaut werden können.

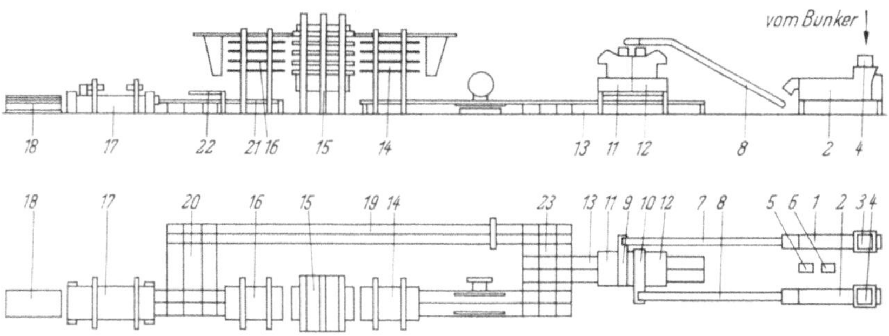

Bild 5.21. Hermal-HIT-Fertigungsstraße.

1 und *2* Spanmisch- und Beleimungsanlagen; *3* und *4* Taktdosierwaagen; *5* und *6* Leimdosier-Kolbenpumpen; *7* und *8* Förderbänder; *9* und *10* Kratzerbänder; *11* und *12* Streumaschinen; *13* Formstraße; *14* Beschickungsvorrichtung; *15* Presse; *16* Entleerungsvorrichtung; *17* Formatsäge; *18* Hebebühne; *19* Rückführbahn; *20* Quertransport; *21* Auszugteil der Presse; *22* Trennvorrichtung; *23* Quertransport.

5.1.3.3.1 Fertigungsablauf einer Intertact-Anlage. Bild 5.21 zeigt den Aufbau der Fertigungsstraße einer Hermal-Anlage Type HIT 80/50 DA mit einer Tagesleistung von 50 t, ausbaufähig auf 100 t, geeignet zur Herstellung ein- und mehrschichtiger Spanplatten aus Rundholz und Sägewerksabfällen.

Die Späneaufbereitung bis zu den Streumaschinen erfolgt wie bei der CT-Anlage. Die Formung der Spanmatte, ihre Gewichtskontrolle, der Blechtransport sowie das Trennen der Spanplatten von den Unterlagblechen, das Formatschneiden der Spanplatten und deren Abstapeln werden jedoch nach dem HIT-Verfahren ausgeführt.

Die Fertigungsstraße bildet bei diesem Verfahren, zusammen mit den beiden Quertransporten und der Rückführbahn, einen geschlossenen Kreislauf. Zur Bestreuung werden die Unterlagbleche durch die Formstraße *13* dem Fertigungskreislauf entnommen und diesem nach erfolgter Streuung wieder zugeführt. Die Spanmatte wird wie beim CT-Verfahren im Reversierverfahren geformt. Durch die Entnahme der Bleche aus dem Kreislauf zur Formung der Spanmatte ist auch beim Reversierverfahren eine größtmögliche Ausnützung der Streumaschinen gegeben, so daß selbst bei größeren Leistungen nach diesem Verfahren gearbeitet werden kann. Wie beim CT-Verfahren befindet sich bei Produktionsbeginn eine der Etagenzahl entsprechende Anzahl Preßbleche in den hochgefahrenen Etagen der Entleerungsvorrichtung *16*, die gleiche Anzahl Bleche in der geöffneten Presse *15*. Der Korb der Beschickungsvorrichtung *14* ist bis auf den tiefsten Punkt abgesenkt, und ein Preßblech liegt unbestreut auf der Formstraße *13*, eine Reihe weiterer Bleche auf der Rückführbahn *19*. Auf letzterer ist in Höhe des hinteren Quertransportes ein Reserveplatz eingeplant.

Bei Produktionsbeginn wird das auf der Formstraße liegende entleerte Preßblech zur Formung der Spanmatte den Streumaschinen *11* und *12* zugeführt und nach erfolgter Bestreuung auf der Formstraße abgestoppt. Parallel dazu senken sich die Etagen der Entleerungsvorrichtung soweit ab, bis die unterste Etage in Höhe des Auszugteiles *21* bzw. der Arbeitshöhe der Formatsäge *17* liegt. Das Unterlagblech wird zur Trennung von der Spanplatte durch die Trennvorrichtung *22* der Entleerungsvorrichtung entnommen, durch den *Quertransport 20* angehoben, sodann entleert und quer zur Fertigungsrichtung auf den Reserveplatz der Rückführbahn gefördert.

Das bestreute Preßblech wird gleichzeitig über Quertransport *23* zusammen mit einem entleerten Blech um etwas mehr als eine Preßblechbreite quer zur Fertigungsrichtung verschoben und der Quertransport abgesenkt. Das entleerte Preßblech wird nun zur Bestreuung von der Formstraße den Streumaschinen zugeführt, während die geformte Spanmatte gewogen, registriert und über die Einzugbahn der oberen Etage des abgesenkten Beschickungskorbs übergeben wird. Etwa fehlerhaft gestreute Spankuchen werden vor Übergabe in die Beschickungsvorrichtung ausgeschieden.

Der Beschickungskorb hebt sich um Etagenhöhe an, der Entleerungskorb senkt sich um die gleiche Distanz ab. Der Zyklus beginnt erneut in der vorgenannten Weise. Der Formatschnitt der Spanplatten und deren Abstapeln wird auch bei dieser Anlage vollautomatisch durchgeführt. Das gleiche gilt für die Steuerung der Presse.

Das charakteristische Merkmal des HIT-Verfahrens ergibt sich daraus, daß die Unterlagbleche zur Formung der Spanmatte dem *Kreislauf* entnommen und nach erfolgter Bestreuung diesem wieder zugeführt werden. Durch dieses Fertigungssystem ist es möglich, sämtliche Arbeits- und Fördervorgänge außerhalb des Streubereiches diskontinuierlich und taktweise auszuführen. Blechspeicher und Beschleunigerstrecken, wie sie beim kontinuierlich durchlaufenden Streuverfahren erforderlich sind (die sonst die Formstraßen erheblich verlängern), sind beim HIT-Verfahren nicht erforderlich. Durch die Formung der Spanmatte im Reversierverfahren sind auch beim HIT-Verfahren für die Herstellung dreischichtiger Spanplatten nur zwei Streumaschinen eingesetzt. Die Kapazität der Anlage bleibt selbst bei der Herstellung schwacher Plattensortimente nahezu gleich.

5.1.3.4 Hermal-Supertact-Palette-Verfahren (ST-Palette-Verfahren)

5.1.3.4.0 Allgemeines. Auf der Grundlage des HIT-Verfahrens wurde ein weiteres blechloses Fertigungssystem entwickelt.

Dieses Verfahren kann sowohl für die HIT-Anlage mit Reversierstreuung, wie sie auf Bild 5.21 dargestellt ist, als auch für größere Anlagen mit kontinuierlicher Streuung angewandt werden. Im Vergleich zur HIT-Anlage (Bild 5.21) wird bei Anwendung des ST-Palette-Verfahrens (Bild 5.22) der Querförderer *3* zwischen der Beschickungsvorrichtung *5* und der Kontrollwaage angeordnet. Das Auszugsteil und der Auszugsarm der Entleerungsvorrichtung fallen weg, die Trennvorrichtung *13* wird zwischen die Presse *6* und die Entleerungsvorrichtung *7* gesetzt. Zusätzlich erforderlich ist eine Vorpresse *12*, die zwischen Querförderer und Kontrollwaage eingebaut wird.

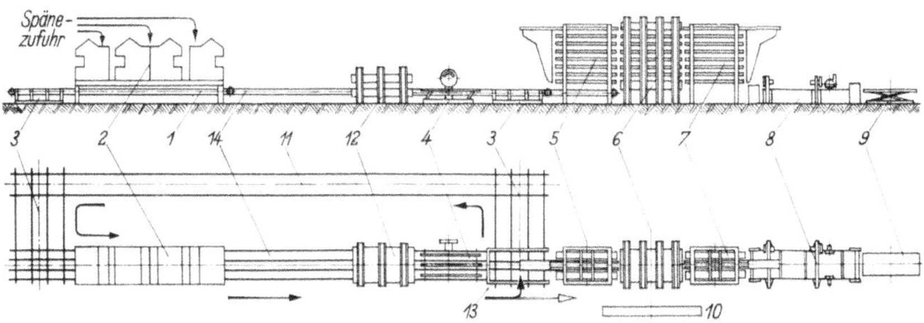

Bild 5.22. Hermal-Supertact-Palette-Fertigungsstraße.

1 Formstraße; *2* Streumaschinen; *3* Querförderer; *4* Waage; *5* Beschickungsvorrichtung; *6* Presse; *7* Entleerungsvorrichtung; *8* Formatsäge; *9* Hebetisch; *10* Schaltzentrale; *11* Rückführbahn; *12* Vorpresse; *13* Trennvorrichtung; *14* Förderstraße.

Bild 5.22 zeigt den Aufbau einer ST-Palette-Fertigungsstraße für eine Spanplattenanlage mit *kontinuierlicher Streuung* mit einer Tagesleistung von 120 t.

5.1.3.4.1 Fertigungsablauf einer ST-Palette-Anlage. Beim ST-Palette-Verfahren werden die Spanmatten nicht mehr auf Preßblechen, sondern auf Kunststoffträgerpaletten geformt, in einer Vorpresse *12* in der Höhe und an den Längs-und Querkanten vorverdichtet und vor der Beschikkungsvorrichtung *5* von den Trägerpaletten einzeln auf Beschickungspaletten, die in den Etagen der Beschickungsvorrichtung *5* liegen, abgetrennt. Die entleerten Trägerpaletten gelangen über den Querförderer *3* und die Rückführbahn *11* wieder in den Fertigungskreislauf. Beim Einschieben der Beschickungspaletten mit den vorgepreßten Spanmatten in die geöffnete Presse werden gleichzeitig die gepreßten Spanplatten in die Etagen der Entleerungsvorrichtung geschoben. Sind die Beschickungspaletten vollständig in die Presse eingefahren, so werden die Spanmatten festgehalten und die Beschickungspaletten wieder in die Beschickungsvorrichtung zurückgezogen. Die Entnahme der gepreßten Spanplatten aus der Entleerungsvorrichtung, der Formatschnitt sowie das Abstapeln der formatgeschnittenen Spanplatten auf dem Hebetisch erfolgen wie beim CT-Verfahren.

5.1.3.5 Maschinenauswahl und Entwicklung

Alle Spanplattenanlagen der Contitact- und Intertact-Reihe können zur Herstellung von ein- und dreischichtigen Spanplatten aus Holz oder aus anderen Faserstoffen (Flachs, Bagasse, Hanf usw.) eingerichtet werden. Die Auswahl der geeigneten Maschinen erfolgt in jedem Fall in Abstimmung auf den Rohstoff, auf die Kapazität, die technologischen Erfordernisse und die gewünschte Beschaffenheit des Enderzeugnisses. Zahlreiche heute auf dem Markt befindliche Maschinen wurden in Zusammenarbeit mit der Hermal oder von den Ingenieuren der Hermal entwickelt. Sie werden weitgehend in eigenen Produktionsbetrieben hergestellt.

Auf verschiedenen Gebieten der Anwendungs- und Verfahrenstechnik, der Maschinenentwicklung und der Oberflächenvergütung (z. B. bei der *Beschichtung* von Spanplatten im wirtschaftlichen *Niederdruck- bzw. Gießverfahren* sind Neuentwicklungen durchgeführt worden. Eine mehr als zehnjährige Facherfahrung und ein qualifiziertes jüngeres Ingenieurteam hat auch hier leistungsfähige und betriebssichere Anlagen entstehen lassen.

5.1.4 Novopan-Verfahren

Von **Fred Fahrni**, Zürich

5.1.4.0 Allgemeines

Mit der Entwicklung des Novopan-Verfahrens wurde um 1940 begonnen. Zu jenem Zeitpunkt bestanden wohl einige Vorläufer, jedoch war die heute übliche Spanplatte noch nicht bekannt. Der in einer Versuchsanlage in der Steiermark (Österreich) im Jahre 1943 erprobten Herstellung von Platten im Ausmaß von 120 cm × 240 cm folgte ab 1944 eine laufende Erzeugung von 4,7 m² großen Platten in einer größeren

Versuchsanlage in Klingnau (Schweiz). Die Herstellung der ersten *großformatigen* und *dreischichtigen Spanplatten* der Welt war damit eingeleitet. Nachdem der schweizerische Markt auf dieses neue Erzeugnis günstig ansprach, wurde 1946 im gleichen Werk das erste größere Novopan-Werk erstellt, das die industrielle Fertigung einer Qualitätsspanplatte aufnahm und — mit nur geringfügigen Änderungen versehen — während 15 Jahren in Betrieb war. Über die folgenden Fabrikationserweiterungen und Neubauten wurde von F. FAHRNI [*5.27*] eingehend berichtet.

Das Erscheinen der ersten Dreischicht-Spanplatte hat die gewaltige Entwicklung dieses neuen Industriezweiges stark mitbeeinflußt. Aber auch die Weiterentwicklung des Novopans wurde durch den später einsetzenden natürlichen Wettbewerb mit anderen Verfahren gefördert.

5.1.4.1 Aufbau der Novopan-Platte

Ziel des Novopan-Verfahrens war von Anfang an die Herstellung einer statisch zweckentsprechend aufgebauten Platte hoher und möglichst gleichbleibender Güte. Außerdem sollten vorzugsweise ander-

Bild 5.23. Ansicht einer Novopan-Platte.

weitig nur in geringem Maße nutzbare Holzsortimente verarbeitet werden. Diese beiden Forderungen konnten erfüllt werden, indem das erstklassige teurere *Faserholz* nur für die Herstellung verhältnismäßig dünner hochwertiger *Deckschichten* verwendet wurde (Bild 5.23).

Zur Erzielung von haut- oder furnierartigen Deckschichten mit geschlossenen Flächen wurden dünne, flächige, im *Schneidverfahren* hergestellte Deckspäne verwendet, deren Flächenausmaß von etwa 10 mm^2 (Deutsche Patentanmeldung F 1658 XII/381, 1942 [*5.9*]) bis zu der Größe der bekannten Novopan-*Dekorspäne* reicht. Hierbei ist die Forderung einer wirtschaftlichen Fertigung mit den maschinentechnischen Möglichkeiten, unter Umständen in Verbindung mit besonderen Anwendungen, in Einklang zu bringen.

Im Unterschied zu den Deckschichten besteht das Gefüge der *Mittelschicht* der Novopan-Platte aus mehr oder weniger gröberen Spänen, je nach der Art des Rohholzes, das für die große Masse der *Mittelschichtspäne* zur Verfügung steht. Hauptsächlich in den ersten Novopan-Werken, die weitgehend auf die Verwertung anderweitig nicht nutzbarer Holzsortimente ausgerichtet waren, wurden verhältnismäßig grobe Mittelschichtspäne verwendet. Bekanntlich verringern sich die technischen Schwierigkeiten bei der Erzeugung gleichmäßiger dünnerer Späne, je höherwertig — aber dadurch auch teurer — das zur Verfügung stehende Holz ist. Für die Mittelschicht wird denn auch heute in verschiedenen Werken Rundholz verwendet, soweit dies wirtschaftlich tragbar ist. Im Zeichen der übersetzten Holznutzung und der verschiedentlich drohenden Rohstoffknappheit, sowie aus wirtschaftlichen Überlegungen heraus, gewinnt die Verwendung minderwertiger Sortimente erneut größere Bedeutung. Der Bau von Sonderzerspanern fördert dies.

Um das oben erwähnte Ziel zu erreichen, stuft das Novopan-Verfahren nicht nur den Rohstoff für Deck- und Mittelschicht ab, sondern verfestigt durch einen *höheren Beleimungsgrad* die Deckschicht zusätzlich. Größtes Gewicht wurde schon anfänglich auf eine unterschiedliche Feuchtigkeit der Spanarten gelegt (DBP [*5.9*]; Fahrni [*5.26*]). Die Auswirkungen und Vorteile der *feuchteren Deckschichten beim Heißverpressen* sind inzwischen auch von anderer Seite eingehend beschrieben worden (K. Eisner [*5.24*], M. Iwashita u. M. [*5.33*], R. Keylwerth [*5.35*], W. Klauditz [*5.36*], W. Klauditz u. M. [*5.37*], F. Kollmann [*5.40*], W. Kull [*5.41*], I. O. Ziedin'sh [*5.54*]). Für die Durchführung dieses Verfahrens ist die Gestaltung einer dampf-, d. h. auch luftdurchlässigen Mittelschicht wesentlich.

Zur Erreichung des gesetzten Zieles ist weiter das *Preß-Schema* wichtig. Ein rasches Ansteigen des Hochdruckes beim Preßvorgang (Bild 5.24) (S. P. [*5.49*]) bewirkt, vor allem in Verbindung mit dem Feuchtigkeitsunterschied, eine höhere Verdichtung der Deckschichten (F. Kollmann [*5.40*], B. Polovtseff [*5.45*], M. D. Strickler [*5.51*]) und damit eine Erhöhung der Festigkeit.

Voraussetzung für die Erfüllung der festigkeitstechnischen Leistung der Deckschichten ist eine hohe Genauigkeit des Aufbaus der Platte. Die aus der Presse kommenden Platten sollen möglichst dickengenau sein. Sie dürfen nicht nachträglich durch verschwenderisches Abschleifen eines größeren Teiles der Deckschichtspäne auf Dicke kalibriert werden. Für die verschiedenen Oberflächenbehandlungen soll lediglich die sogenannte „*Preßhaut*" weggeschliffen werden. Die Erfüllung dieser Bedingung erfordert höchste Präzision des Maschinenparks und der Herstellung.

Die Novopan-Platte entspricht in der Verteilung der Rohdichte und der Festigkeit dem statischen *Prinzip des I-Trägers* (Bild 5.24). Dadurch erreicht die Platte eine sehr hohe Biegefestigkeit, wobei die übrigen Festigkeitswerte, insbesondere die Querzugfestigkeit und das Schraubenhaltevermögen, erhalten bleiben. Besonders gut ersichtlich ist dies beim

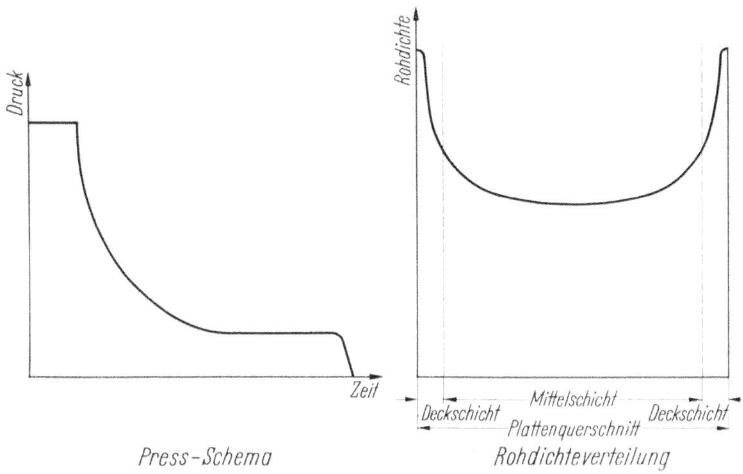

Bild 5.24. Preß-Schema und Rohdichteverteilung von Novopan-Platten.

Vergleich mit Platten anderen Aufbaus, aber gleicher Biegefestigkeit. Die hohe Biegesteifigkeit ist eine äußerst wichtige Einflußgröße für die Stehfestigkeit (R. KEYLWERTH [*5.34*]). Durch diese Eigenschaften wird eine vielseitige Verwendung der Novopan-Platte auch in größeren Formaten möglich. Gerade bei außergewöhnlichen Beanspruchungen hat sich deren Stehfestigkeit hervorragend bewährt (z. B. „Stehen" beim einseitigen Beschichten von Tischblättern, von Brandschutztüren bei Großbränden usw.).

Neben den auf übliche Weise weiterverarbeiteten Platten (maschinengespachtelt, mit Papieren oder Schichtpreßstoffen beschichtet, furniert), wird eine Reihe von *Sonderplatten* hergestellt. Bei der *5-Schichtplatte* wird zwischen Mittel- und eigentlicher Deckschicht eine Zwischenschicht mit differenzierter Spandicke und -form sowie Beleimung eingeschoben. Die *Werftplatten* besitzen eine höhere Wasserfestigkeit. *Superpan-Platten* entsprechen hinsichtlich der Dicke ihrer gesamten Deckschichten sowie teilweise auch deren Spanabmessungen den besonderen Ansprüchen einzelner Weiterverarbeiter. Die Flächendimensionen der Deckschichtspäne werden dabei so gewählt, daß die zuvor beschriebenen Vorteile der fertigen Platte weitgehend erhalten bleiben. Die *B-Schott-Platten*, die hauptsächlich im Schiffbau Verwendung finden, enthalten eine bis zwei feuerhemmend wirkende Asbestschichten. *Alpha-Platten* besitzen eine glatte, normale Deckschicht und eine mit Papier überzogene, plastisch strukturierte Oberfläche. Bei entsprechendem Farbspritzauftrag erhält diese Platte eine für dekorative Zwecke geeignete Reliefwirkung. Solche Sonderplatten können paarweise je Pressenetage erzeugt werden. Die *Novotan-Platte* besitzt ein- oder beidseitig mit Phenolpapier beschichtete Oberflächen. Die Beschichtung erfolgt in einem Arbeitsgang gleichzeitig mit dem Verpressen der Platte. Dies ist möglich, da verfahrensgemäß auch ungeschliffene Platten nur kleine Dickenunterschiede aufweisen. Weitere Sonderplatten sind die mit Phenolharz verleimten *Novophen-Platten* für extreme Klimabeanspruchung sowie Platten mit Deckschichten aus *Fasermaterial*.

5.1.4.2 Fabrikationsablauf

In der Beschaffungsmöglichkeit des Rohholzes bestehen, den örtlichen holzwirtschaftlichen Verhältnissen entsprechend, bedeutende Unterschiede in den verschiedenen Werken. Es wird deshalb auf die Vorbereitung des Ausgangsrohstoffs hier nicht eingegangen. Der Fabrikationsablauf ist in den Bildern 5.25 und 5.26 dargestellt. Das Spangut wird für Deck- und Mittelschicht getrennt aufbereitet. Dies erlaubt, die unterschiedliche Beschaffenheit des Rohholzes verarbeitungstechnisch zu berücksichtigen. Für die Erzeugung besonders gleichmäßig dünner Flachspäne für die Deckschichten wurde der seit dem Jahre 1944 verwendete *Flachscheiben-Zerspaner* neuerdings weiterentwickelt. Aufbau und Arbeitsweise sind in Abschn. 5.1.4.3 beschrieben. Für die Herstellung der Mittelschichtspäne werden je nach Rohstoffgrundlage geeignete auf dem Markt erhältliche Zerspaner verwendet. Außer der Zerspanung erfolgen auch *Siebung*, *Trocknung*, unter Umständen zusätzliche *Sichtung*, ferner *Silohaltung* und *Verleimung* völlig getrennt voneinander. Dadurch können Feuchtigkeits- und Bindemittelmengen genau und unterschiedlich eingestellt werden. Dies ermöglicht stabile Herstellungsverhältnisse und auch erhebliche Ersparnisse an Bindemitteln.

Um der in den Werken außerordentlich gestiegenen Produktion und den verschiedenen Spanformen besser Rechnung tragen zu können, wird heute anstelle der früher üblichen Walzenleimmaschine eine besonders konstruierte, praktisch universell anwendbare *Beleimungsmaschine* verwendet (Beschreibung in Abschn. 5.1.4.3). Die Beleimung erfolgt in der Regel mit den handelsüblichen *Harnstoff-Formaldehydharzen*, wobei die Härter den unterschiedlichen Gegebenheiten von Deck- und Mittelschichtspänen angepaßt werden. Nach Bedarf werden weitere Zusätze, wie *Termiten-*, *Feuer- und Quellschutzmittel*, zugefügt. Als letzteres wird anstelle der üblichen *Paraffinemulsion* in verschiedenen Werken seit mehreren Jahren geschmolzenes Paraffin verwendet.

Bei der Beschickung der *Beleimungs- und Einstreumaschinen* muß der in verschiedenen Novopan-Werken oft in sehr kurzen Zeitabständen wech-

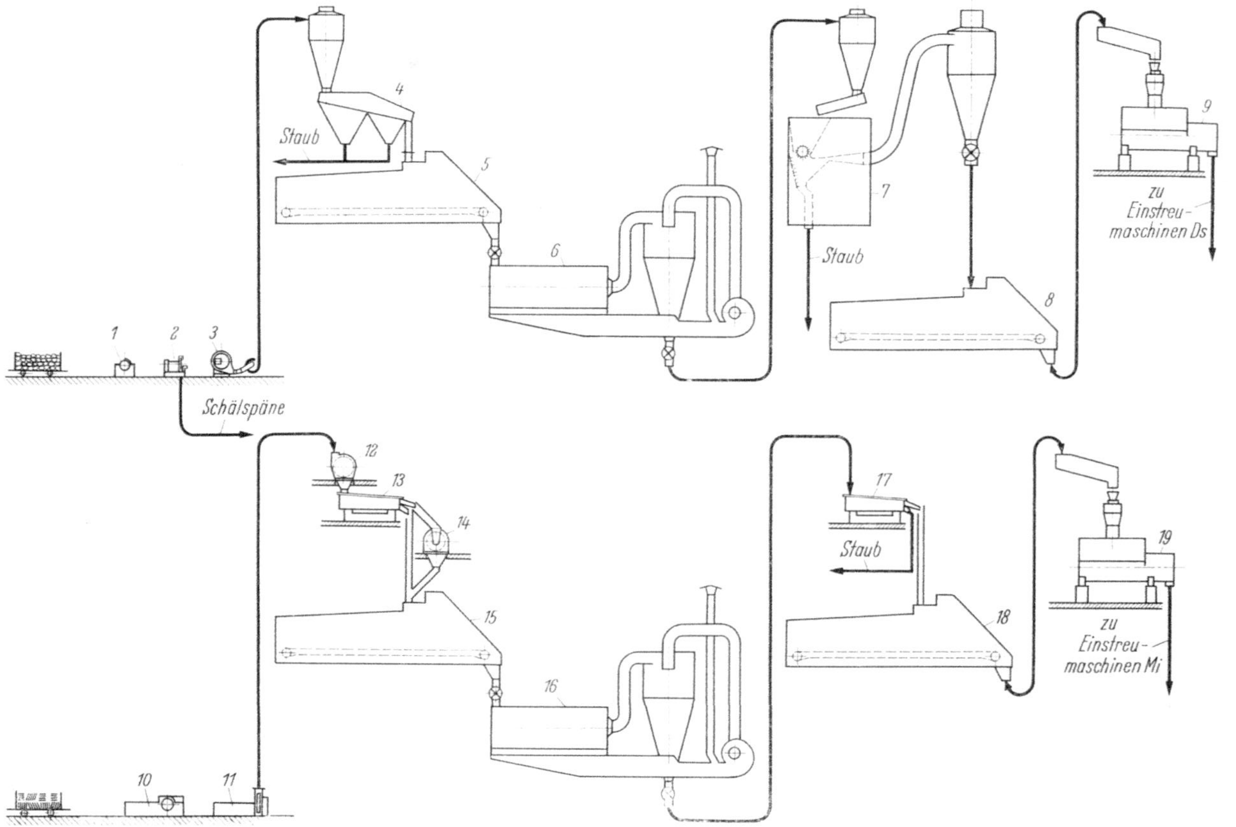

Bild 5.25. Schema der Aufbereitung der Späne. Deckschichtspäne: *1* Ablängsäge; *2* Schäler; *3* Zerspaner; *4* Vibrationssieb; *5* Naß-Silo; *6* Trockner; *7* Grobgutsichter; *8* Trocken-Silo; *9* Beleimungsmaschine. Mittelschichtspäne: *10* Ablängsäge; *11* Zerspaner; *12* Mühle; *13* Grobgutsichter; *14* Grobgutzerspaner; *15* Naß-Silo; *16* Trockner; *17* Staubsichter; *18* Trocken-Silo; *19* Beleimungsmaschine.

selnden Rohstofflage Rechnung getragen werden. Um trotzdem die Platteneigenschaften möglichst gleichbleibend zu halten, erfolgt die *Dosierung nach dem Volumenprinzip.* Innerhalb der üblichen Schwankungen wird z. B. ein Festigkeitsabfall, der durch zu starke Beimischung schwerer

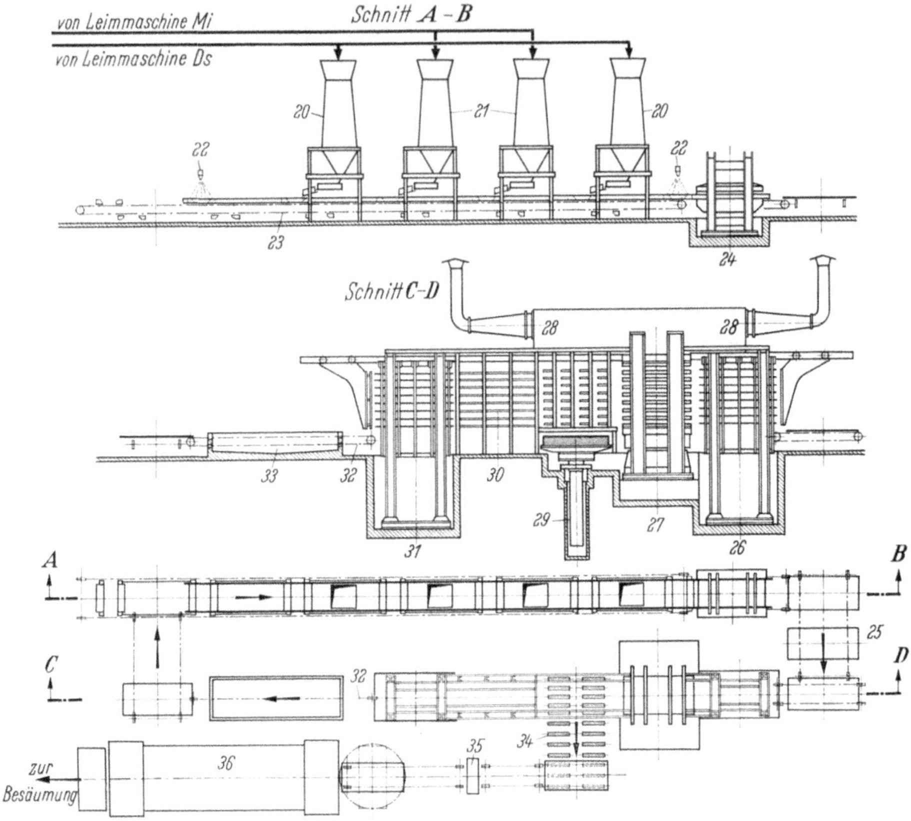

Bild 5.26. Schema der Anordnung des Formstranges. Platten-Formerei: *20* Deckschicht-Einstreumaschinen; *21* Mittelschicht-Einstreumaschinen; *22* Wasserbedüsung; *23* Formstrang; *24* Vorpresse; *25* Kontrollwaage. Pressen-Anlage: *26* Beschickungsvorrichtung; *27* Heißetagen-Presse; *28* Dampfabsaugung; *29* Trenn- und Anhebevorrichtung; *30* Blechstapler; *31* Entleerungsvorrichtung; *32* Blech-Rücktransport; *33* Blechkühlanlage. Platten-Fertigung: *34* Ausziehvorrichtung; *35* Dickenmeßgerät; *36* Klimatisierungs-Anlage.

Hölzer eintreten würde, durch ein größeres Einstreugewicht (bei gleichem Einstreuvolumen) ausgeglichen. Anderseits wird in diesem Falle durch die volumengesteuerte Dosierung der Beleimungsmaschine eine zu hohe und daher unwirtschaftliche Beleimung vermieden. Gegenüber der Dosierung nach Gewichtsprinzip bedingt die Volumendosierung — bei mindestens ebenso großer Gleichmäßigkeit — einen bedeutend kleineren maschinellen Aufwand (HUTSCHNEKER [5.32]).

Streutechnisch unterscheidet sich das Novopan-Verfahren von den anderen Methoden der Plattenformung durch die *Streuungsart*, die auf das einzustreuende Rohmaß gerichtet ist und *vollautomatisch*, jedoch *diskontinuierlich* erfolgt. Der früher verwendete, eher starre und schwere Formrahmen wurde durch ein viel beweglicheres System von Begrenzungswänden ersetzt. Eine besser gesteuerte Streuung verhindert die sogenannte *Schattenwirkung* bei den vorderen und hinteren Stirnwänden und gestattet es zudem, nach jeder Streuung den Formstrang kurz- oder langfristig anzuhalten. Ebenso wird das Rückführen verhältnismäßig großer Mengen von Spänemassen zwischen den einzelnen Plattenabschnitten vermieden. Durch diese richtungs- und maßgerichtete Streuung verringern sich bei der späteren Besäumung der Platten die Trennverluste auf ein Mindestmaß, ohne daß eine Vorbesäumung vor der Verpressung nötig wird. Einzelheiten über Einstreumaschinen und Formstraße werden im nächsten Abschnitt beschrieben.

Die *Vorpresse* wurde in fast allen Novopan-Werken beibehalten. Eine auch nur kleine Herabsetzung der Dicke des Spanformlings hilft mit, die erforderliche Etagenlichtweite der Heißpresse zu verringern. Bei 10, 16 oder gar 20 Etagen wirkt sich dies preßtechnisch und auch finanziell günstig aus. Anschließend an die Vorpressung wird der Formling meist mit einer *mechanischen* oder *elektronischen Waage* gewogen.

Bei einer *20-Etagenpresse* herkömmlicher Bauart berührt der unterste Formling die obere Heizplatte, je nach den Verhältnissen, rund 20 bis 40 Sekunden vor dem obersten. Da sich aber ein wirksamer Preßdruck erst aufbaut, nachdem auch die oberste Etage geschlossen ist, entstehen unterschiedliche Preßverhältnisse, die sich nachteilig auswirken können. In den neuen großen Novopan-Werken werden deshalb vermehrt Heißetagenpressen mit *Simultan-Schließvorrichtungen* verwendet. Dadurch ergeben sich gleichmäßige günstige Schließ- und Preßverhältnisse. Um Dickenunterschiede in den Platten weitgehend auszuschalten, werden an das Steuerungssystem der Heißetagenpresse hohe Anforderungen gestellt.

Die folgenden Stufen der Plattenhandhabung und -behandlung sind fast von Werk zu Werk verschieden. Ein Stapeln der zu heißen Platten wird auf alle Fälle vermieden. Je nach dem Grad der Mechanisierung und Automatisierung findet man anschließend an die *Plattenkühlung* die bekannten Einrichtungen für *Besäumen* und *Schleifen*.

Innerhalb der Fabrikation werden Spanform und -feuchtigkeiten, Durchlaufmengen sowie Roh- und Zwischenprodukte regelmäßig kontrolliert. An den fertigen Platten werden laufend die Dicke und teilweise auch das Gewicht gemessen, stichprobenweise Querzugfestigkeit, Abhebefestigkeit (Festigkeit der Deckschichten), Biegefestigkeit und Quellung. Die 1951/52 in allen Novopan-Werken eingeführten Verfahren für diese Prüfungen und deren statistische Auswertung konnten bis heute praktisch unverändert beibehalten werden, nachdem sie in der Zwischenzeit in vielen Normen Eingang gefunden haben.

5.1.4.3 Maschinen

5.1.4.3.0 Allgemeines. Neben den handelsüblichen Maschinen werden in allen Novopan-Werken verschiedene Spezialmaschinen verwendet. Deren Konstruktion drängte sich vor allem auf, um die geforderte hohe Präzision des Enderzeugnisses zu erzielen.

Bild 5.27. Scheibenhobelzerspaner HSB.

5.1.4.3.1 Scheibenhobelmaschine. Die Güte der Oberfläche einer Spanplatte hängt weitgehend von der gleichmäßigen Feinheit, vor allem hinsichtlich der Dicke der Deckschichtspäne ab. Um diese zu gewährleisten, wurde beim Novopan-Verfahren von Anfang an das Prinzip der exakten *Schneidzerspanung* einzelner Holzstücke angewendet. Der Bau und die ständige Weiterentwicklung des Spezialzerspaners erfolgte in Zusammenarbeit mit Verfahrensträger und Novopan-Werken bei der Firma Georg Fischer (früher Müller AG) in Brugg (Schweiz). Aufbau und Arbeitsweise der Maschine (Bild 5.27) sind wie folgt:

Auf einer beliebig langen *Rinne* werden dem Zerspaner Holzstücke laufend zugeführt. Diese werden einzeln durch eine *Vorschubplatte* mit gleichbleibender Vorschubgeschwindigkeit an die Messerscheiben geführt. Die $^1/_3$ m langen Holzstücke werden vor der *Messerscheibe* so festgehalten, daß schädliches Vibrieren oder Drehen beim Schneiden unterbleibt. Nach erfolgtem Schneidvorgang zieht sich die Vorschubplatte mit erhöhter Geschwindigkeit zurück, um das nächste Holzstück automatisch aufzunehmen. Die Leerlaufzeit wird dadurch auf ein Mindestmaß herabgesetzt, um so mehr als Stillstände durch Verklemmung und dgl. bei dieser Einzelzerspanung vermieden werden.

Die mit einem 37 kW-Motor angetriebene senkrechte Messerscheibe von 1300 mm Durchmesser ist mit hartverchromten Verschleißsegmenten versehen. Je nach Spanbreite werden in den sechs *Messerbalken* viereckige *Einzelritzmesser* oder ganze *Streifenritzmesser* verwendet. Die Dicke der Späne kann mittels eines einstellbaren fünfstufigen Vorschubs zwischen 0,1 und 0,25 mm eingestellt werden. Die Leistung der Maschine bei diesen Spandicken konnte inzwischen auf rund 450 kg atro je Stunde gesteigert werden.

5.1.4.3.2 Beleimungsmaschine. Wie dies schon bei der ersten Versuchsfabrikation im Jahre 1943 der Fall war, wurde bei der neuen Beleimungsmaschine die *Leimverdüsung* wieder aufgenommen. Damals wurde der Leim auf die immer wieder durch die Trommelrotation hochgehobenen Späne bei ihrem freien Fall aufgespritzt. Bei der neuen Maschine (Bild 5.28) wird hingegen wie folgt vorgegangen: Die in der Maschine eintreffenden Späne erhalten eine starke Beschleunigung durch einen *Rotor*. Es entsteht somit ein konisch auseinandergezogener, dünner, gerade noch geschlossener *Spänevorhang*. Die einzelnen Späne sind den rund um den Spänekegel angeordneten *Leimdüsen* nur so lange ausgesetzt wie für einen gut verteilten Leimauftrag nötig ist. Damit wird erreicht, daß eine auf die Spänezufuhr abgestimmte Leimmenge tatsächlich nur auf die ihr zugehörige Spänemenge aufgebracht wird.

Die kontinuierlich zugeführten Späne werden, über eine *Dosierrinne* volumetrisch dosiert, dem oben auf der Maschine angeordneten Beschleunigungsmotor zugeleitet. Dieser unmittelbare Leimauftrag gestattet im Bedarfsfalle anstelle der viel einfacheren und weniger aufwendigen Volumendosierung auch die Anwendung einer Gewichtsdosierung mittels *Bandwaagen*. Die von der Bandwaage kommenden, sich oft in kurzen Zeitabständen folgenden Impulse würden die Änderungen im Leimauftrag nur auf die impulsgebenden Späne beschränken und nicht — wie bei anderen Beleimungsmaschinen — eine Verteilung der geänderten Leimauftragmenge auf eine größere Spänemasse bewirken.

Gegenläufige *Wellen mit Rührarmen* fördern das beleimte Material aus dem eigentlichen Sprühbereich unter Ausnutzung des Gefälles gegen das andere Maschinenende und tragen es dort durch eine im Boden befindliche Öffnung aus. Die Verschmutzungsgefahr der Maschine wird durch eine gezielte Beleimung stark verringert. Die Düsen arbeiten mit höchstens 0,5 atü Zerstäubungsdruck und verhindern weitgehend die Entstehung des unerwünschten, schwebenden, zu feinen Leimnebels. Im

Grunde werden bei der Bedüsung Leimpartikel optimaler — nicht möglichst kleiner — Abmessung auf die Späne versprüht. Dadurch ist es sogar möglich, auch sehr feine Späne ohne die nachteilige Bildung von Späne-Leim-Zusammenballungen einwandfrei zu beleimen.

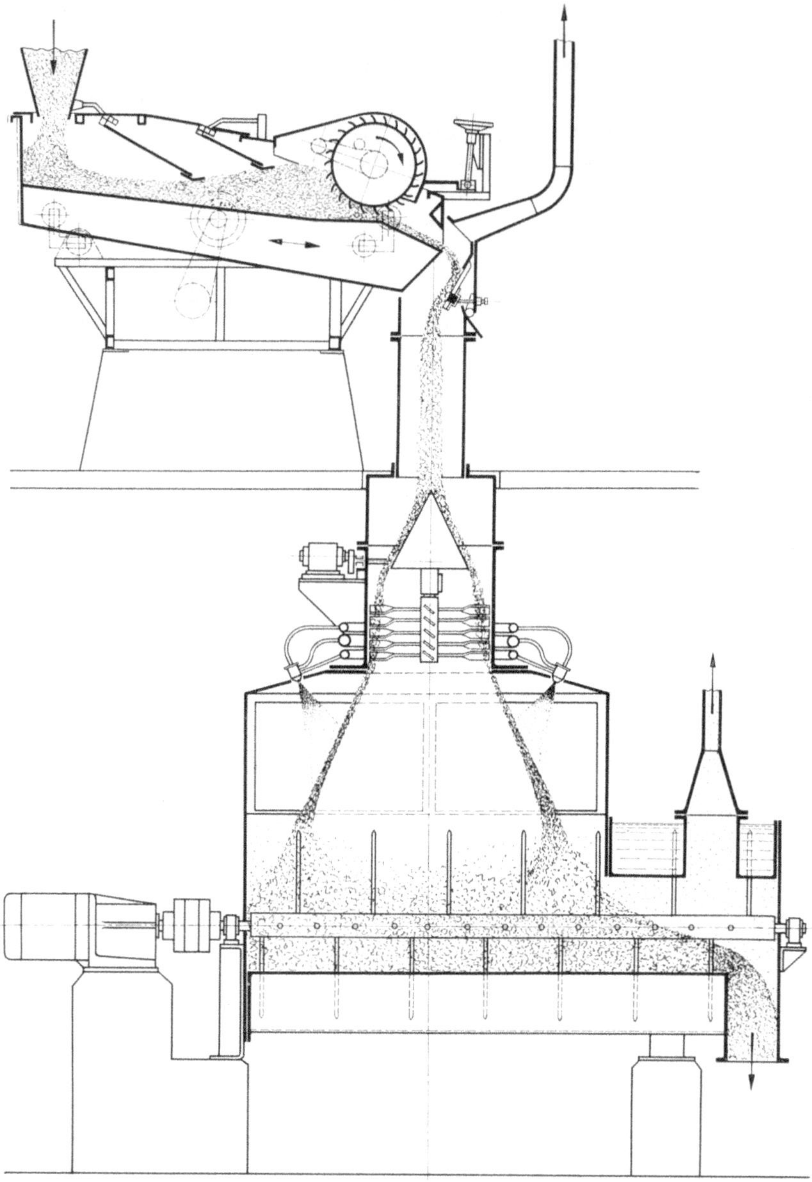

Bild 5.28. Beleimungsmaschine FLM 60.

5.1.4.3.3 Formstränge. Beim Novopan-Verfahren ist einstreutechnisch an dem in der Spanplattenindustrie erstmalig angewendeten Grundsatz des *mehrlagigen Aufbaues,* sowohl der Mittel- als auch der Deckschichten, festgehalten worden. Diese Unterteilung jeder einzelnen

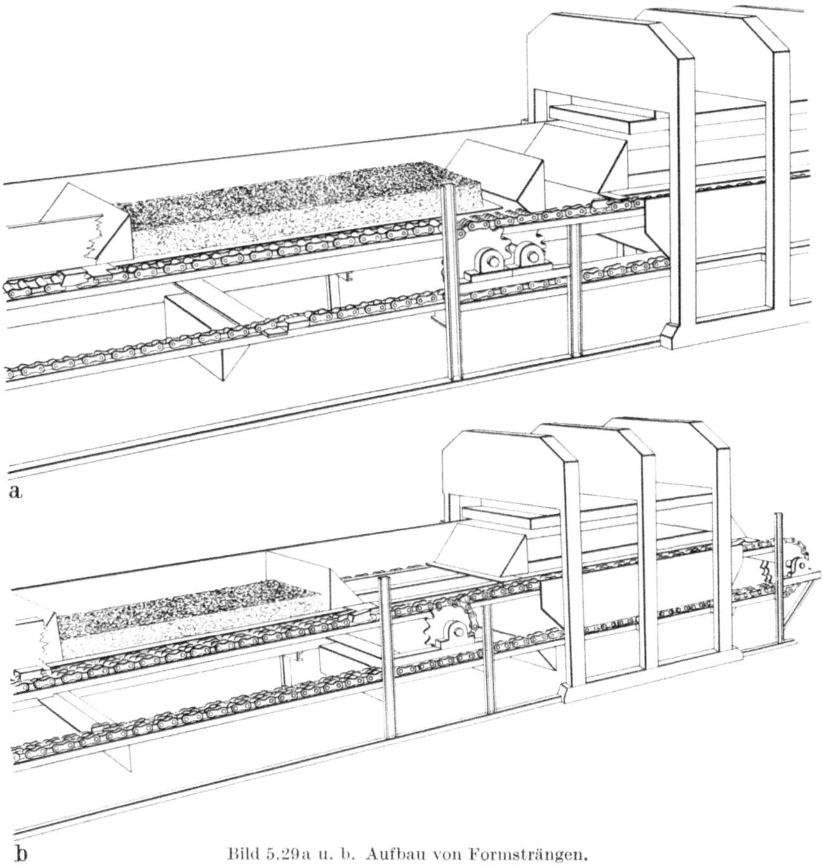

Bild 5.29a u. b. Aufbau von Formsträngen.
a) mit flexiblen Formrahmen; b) mit halbflexiblen Formrahmen.

Schicht in mehrere Einzellagen gewährt eine *höhere Einstreugenauigkeit* als die Bildung der gesamten Schicht in einem einzigen Streugang.

Bei der Entwicklung des ohne Rahmen arbeitenden Formstrangsystems wurden die Vorteile der herkömmlichen starren *Formrahmen* weitgehend beibehalten.

Bild 5.29a zeigt das System der *flexiblen Formrahmen.* Je eine vordere und eine hintere Stirnwand sind durch zwei seitlich angebrachte Ketten verbunden. Unter den Einstreumaschinen, d. h. auf der eigentlichen Formstraße, werden die Rahmeneinheiten kontinuierlich und mit gleichförmiger Geschwindigkeit vorwärtsbewegt. Die *Beschleunigerkette*, welche die Einheiten taktweise von der Formstraße übernimmt und mit erhöhter Geschwindigkeit in die Vorpresse bringt, fördert gleichzeitig eine Einheit mit Vorpreßling aus der Vorpresse zur nachfolgenden Übergabe- bzw. Trennstation. Während der Vorpressung ist der Formling somit allseitig von Begrenzungswänden umgeben. Die hintere Stirnwand fördert das Transportblech weiter. Zugleich wird die vordere Stirnwand umgelenkt und das Transportblech somit von dieser befreit. Anschließend wird mit einem getrennten Antrieb das Transportblech über eine kurze Strecke nachgestoßen und somit aus dem Bereich der Umlenkung der hinteren Stirnwand gebracht. Die Rahmeneinheiten werden durch die Beschleunigerkette auf einer zwischen Vorpreßbett und Flur liegenden Bahn zurückbefördert und der Formstraße zugeführt.

Bild 5.29b zeigt eine andere Lösung. Hier sind die vorderen Stirnwände fest mit den Förderketten verbunden. Sie werden vor der Vorpresse umgelenkt, während die Beschleunigerkette nur die hinteren Stirnwände übernimmt. Die Beschleunigerkette wird, ähnlich dem System der flexiblen Rahmen, durch die Vorpresse hindurchgeführt, wobei diese gleichzeitig beschickt und entleert wird. Der Rücktransport der hinteren Stirnwände erfolgt wiederum auf einer zwischen Vorpreßbett und Flur liegenden Bahn.

In einer dritten Ausführung fördert die Beschleunigerkette zunächst eine hintere Stirnwand zur Vorpresse. Die anschließend rückwärts geschaltete Beschleunigerkette bringt die Stirnwand vor die Umlenkachse der Formkette zurück. Dort ergreifen sie später die Mitnehmer der Formkette. Dieses System erübrigt eine besonders ausgebildete Vorpresse mit niedrigem Preßbett.

Zur Bildung genügender Einzellagen wird in größeren Anlagen (mit kontinuierlicher Vorwärtsbewegung der Rahmeneinheiten auf der Formstraße) die entsprechende Anzahl Einstreumaschinen aufgestellt. Kleinere Anlagen arbeiten nach dem sog. *Pilgerschritt-Verfahren.* Die Rahmeneinheiten bewegen sich dabei unter den Einstreumaschinen hin und her, wobei je Streumaschine drei bis fünf Spänelagen gestreut werden. Solche Anlagen leisten bei größeren Plattenformaten bis zu 7 m^3/h. Anlagen, bei denen nur je eine Maschine für die untere Deckschicht, Mittelschicht und obere Deckschicht eingesetzt wird, erreichen Produktionen bis zu 5 m^3/h.

Das Pilgerschritt-Verfahren ist aus der Arbeitsweise abgeleitet, die bereits die ältesten Novopan-Werke hatten: Über den Transportblechen, die während des Streuvorganges ortsfest blieben, pendelten die mit einem kleinen Spänevorratsbehälter versehenen Einstreumaschinen je einzustreuende Schicht mehrmals hin und her.

5.1.4.3.4 Einstreumaschinen. Da sehr viele Novopan-Platten in ihrem Rohzustand, d. h. ungeschliffen, in den Handel gelangen und zum Teil so Verwendung finden, werden an die *Einstreugenauigkeit* sehr hohe Anforderungen gestellt. Das eigentliche, ganz auf *volumetrische Dosierung* abgestellte Einstreuelement besteht aus einer *Vibrationsrinne*, die mit einer *Stachelwalze* verbunden ist (Bild 5.30). Das Spangut wird vor dem Durchgang durch den in der Höhe einstellbaren *Dosierspalt* durch die Stachelwalze gleichmäßig aufgelockert. Die in rasche Schwingungen versetzte Vibrationsrinne dient nicht nur als Fördermittel, sondern verteilt

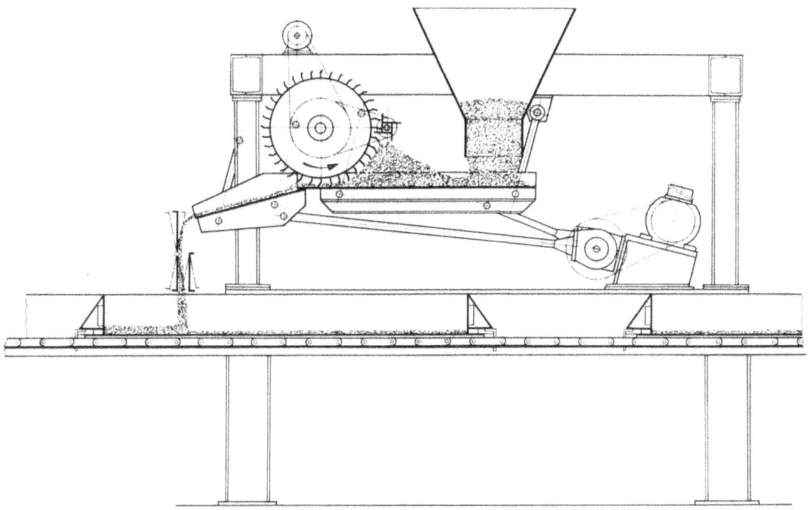

Bild 5.30. Einstreumaschine.

das Spangut auch über die gesamte Rinnenbreite. Nach dem Dosierspalt gelangt der dünne Späneteppich mit oder ohne anschließende schräge Vibrationsrinne auf das Transportblech. Zwischen den jeweiligen vorderen und hinteren Begrenzungswänden jedes Spanformlings wird die Streuung jedesmal schlagartig unterbrochen bzw. erneut wieder in Gang gesetzt. Dies ist durch Verwendung der rasch vibrierenden Rinne möglich, da das Spangut scharf über die Rinnenkante abfällt und der Spänestrom somit ruckartig unterbrochen bzw. wieder zum Fließen gebracht werden kann. Die Streurinnen werden automatisch durch die vorderen und hinteren Stirnwände ein- und ausgeschaltet.

Über den Einstreumaschinen befinden sich die *Vorratssilos* mit den beleimten Spänen, deren Austrag automatisch durch das Späneniveau vor der Stachelwalze im hinteren Teil der Rinnen gesteuert wird.

5.1.5 Rottmann-Verfahren

Von **Hans Kliem**, Wilhelmshaven

5.1.5.0 Allgemeines

Das Rottmann-Verfahren fußt auf der an sich bekannten Arbeitsweise: Spanerzeugung — Vermischen mit dem Bindemittel — Verpressen zu Platten (Bild 5.31).

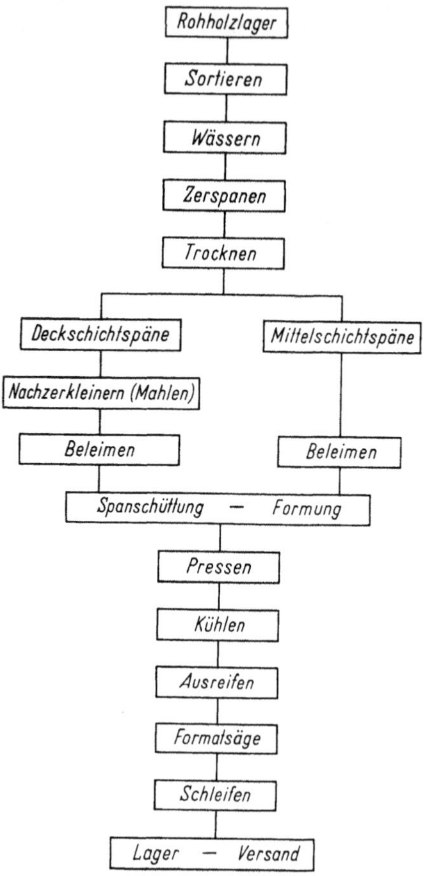

Bild 5.31. Arbeitsflußbild des Rottmann-Verfahrens zur Herstellung dreischichtiger Holzspanplatten.

1949 begann man in der Firma Rottmann, sich mit dem Gedanken vertraut zu machen, der bestehenden Möbelfabrik ein Sperrholz- und Spanplattenwerk anzugliedern. In der eigenen Schlosserei wurde der Rottmann-Hochleistungs-Zerspaner, der erste Messerwellen-Zerspaner überhaupt, entwickelt. Bald stand dann auch das Spanplattenwerk der Fa. Rottmann in Wilhelmshaven, und im April 1951 konnten die ersten Platten in den Handel gegeben werden. Rottmann-Spezialmaschinen für die Spanplattenfertigung (Zerspaner, Furnierzerspaner, Bunker, Waagen und Schüttstationen) wurden auf Grund der Erfahrungen im eigenen Werk weiter entwickelt, in eigener Regie gebaut und vertrieben. Der erste Zerspaner wurde Anfang 1953 verkauft. Sechs Anlagen arbeiten in Deutschland nach dem Rottmann-Verfahren, weitere wurden in Kolumbien, in der Türkei, in Frankreich, Israel, Italien und auf Kuba geplant und errichtet. Zerspaner und sonstige Maschinen gingen außerdem in viele andere Länder der Welt.

5.1.5.1 Holzplatz, Ablängen, Wässern

Das Rohholz, in erster Linie Kiefer aus heimischen Wäldern sowie ein Teil Fichte, wird mit Lastkraftwagen zum Holzplatz angeliefert. Den in seiner Größe der Produktion angepaßten Holzplatz durchqueren in seiner Längsrichtung Schienen, so daß durch den Einsatz von leicht beweglichen Loren, die mittels Drehscheiben bis dicht an jeden Stapel herangefahren werden können, die hier sonst so schwere körperliche Arbeit auf ein Mindestmaß herabgesetzt wird.

Da der neue Rottmann-Zerspaner Rohholz bis zu 2 m Länge verarbeitet, fällt der sonst übliche Rohholz-Zuschnitt fort, und das Holz kann sofort vom Holzplatz aus, sortiert nach Deckschicht- und Mittelschichtholz, in die *Berieselungskammern* gefahren werden. Hier wird das Holz mit Wasser von höchstens 70 °C besprüht, bis der gewünschte Feuchtigkeitsgrad erreicht ist. Durch das Besprühen werden Sand, Erde und andere Schmutzteile abgewaschen, und mit einem *Metallsuchgerät* wurden schon auf dem Holzplatz die Rollen mit metallischen Einschlüssen festgestellt und aus den Stapeln entfernt, so daß das Zerspanen unter größtmöglicher Schonung der Schnittwerkzeuge erfolgen kann.

5.1.5.2 Zerspanen

Nur genügend feuchtes Holz sichert die Herstellung eines ungekräuselten glatten Spanes mit wenig Staubanfall. Je nasser das Holz ist, desto höher ist die Span-Ausbeute (s. Abschn. 3.1.4). Bei trockenem Holz erhöht sich der Staubanteil, ferner werden durch die Splitterneigung grobe Späne erzeugt. Der heute im Betrieb stehende Zerspaner (Bild 5.32) ist eine Weiterentwicklung des Rottmann-Hochleistungszerspaners Type RD 6/58, des — wie mitgeteilt — ersten Messerwellenzerspaners zur Herstellung von Flachspänen überhaupt. Die Länge des von diesem Zerspaner erzeugten Spangutes betrug schon damals nicht mehr als 40 mm, die — wie die weitere Entwicklung gezeigt hat — durchaus ausreicht, der Spanplatte die von ihr erwarteten mechanischen Eigenschaften zu geben. Die Rohholzabmessungen beim Rottmann-Zerspaner Type RD 6/58 betrugen: Holzlänge 500 bis 600 mm, Holzdicke bis 130 mm. Bei dem älteren Typ war ein Rohholz-Zuschnitt, je nach betrieblichen Gegebenheiten auf Pendel-, Kreis- oder Bandsägen, unvermeidlich. Wie schon erwähnt, verarbeitet der neue Zerspaner Rohholz mit 2 m Länge und darüber und einem Durchmesser bis zu 300 mm, so daß hier der Zuschnitt praktisch wegfällt. Der Holzvorschub erfolgt automatisch und ist luftgesteuert. Die auf dem *Messerkopf* von 55 cm Durchmesser angebrachten 15 Messer werden durch *Messerleisten mit Haftmagneten* gehalten, so daß das Einstellen der Messer keine Schwierigkeiten bereitet. Werden die im *Zubringerkasten* eingeschichteten Hölzer in den Wirkungsbereich des Messerkopfes gebracht, so werden sie restlos zerspant. Der Zubringerkasten geht in seine Ausgangsstellung zurück, das Holz wird nach vorn geschoben und gerät wieder in den Bereich der 15 Schneidemesser. Dieser Vorgang wiederholt sich so oft, bis der Rest des Holzes zerspant ist und ein neues Stück eingelegt werden muß. Die Zerspanung des Holzes geschieht mit dem für die Herstellung von Spänen besonders günstigem *Hobelschnitt,* der durch den großen Umfang der Welle noch begünstigt wird. Der gleichmäßig dünne Span ist für die Spanplattenherstellung gut geeignet. Der Anschlußwert beträgt 56 kW. Die Zerspanerleistung, berechnet auf atro Holz, liegt bei 1000 kg/h und mehr, je nach Güte und Art des Rohholzes.

Bild 5.32. Rottmann-Hochleistungszerspaner.

5.1.5.3 Fremdspäne

Im Werk werden seit geraumer Zeit Fremdspäne mit Erfolg eingesetzt. Diese haben den Vorteil, daß sie meistens schon eine gewisse *Trokkenheit* besitzen und dadurch Trocknerkapazität sparen. Wichtig ist, daß der Span *gleichmäßig dick* und von *heller Farbe* ist, da Späne mit verschiedenen Dicken ein unterschiedliches Quellvermögen aufweisen. In Frage kommen auch nur solche Späne, deren Dichte im Bereich der *Weichhölzer* liegt; beigemischte Späne von Harthölzern würden beispielsweise das Schüttgewicht des Spankuchens ungünstig beeinflussen. *Hobelspäne* müssen vor der Weiterverarbeitung nachzerkleinert werden. Sie gelangen unmittelbar vom Waggon in den Spanzerteiler, der die dünnen Späne schonend parallel zur Faserrichtung aufreißt, ohne viel Staub zu erzeugen. Pneumatisch werden die Späne weiter in die Naßbunker befördert, wo sie mit dem selbsterzeugten Spangut vermischt werden.

5.1.5.4 Bunkern

Durch das zeitweilige Lagern im *Bunker* wird ein gewisser Feuchtigkeitsausgleich des Spangutes bewirkt, der eine gleichmäßige Beschickung der nachfolgenden Maschinen ermöglicht. Ein *Spanzerteiler* besorgt beim Austritt aus dem Bunker das Nachzerkleinern der Späne. Durch Sieblochgröße und Schüttmenge werden weitestgehend die Formate, welche die Mühle verlassen, bestimmt. Der Spänetransport selbst geschieht durch den im Rottmann-Verfahren besonders entwickelten *Schneckenboden*.

5.1.5.5 Trocknen und Sichten

Da der richtig gesteuerte Feuchtigkeitsgehalt des Spankuchens von außerordentlicher Wichtigkeit und die Voraussetzung für die Herstellung einer festen Platte mit guten Oberflächeneigenschaften ist, wird der Trocknung besonderer Wert beigemessen. Im Rottmann-Verfahren können *Trockner der verschiedensten Art* mit Erfolg eingesetzt werden. Die Größen der Trockner werden auf die Leistung der gesamten Anlage abgestimmt. Deckschicht- und Mittelschichtspäne werden so weit wie möglich heruntergetrocknet. Die getrockneten Späne werden über *Vibrationssiebe* und *Sichter* geleitet, wobei feinste Teilchen und Staub sowie zu grobe Teile dem Spangut entzogen werden.

5.1.5.6 Beleimen

Nach Durchlaufen der Trockner gelangen die Späne in die *Mischanlagen*, welche *kontinuierlich oder diskontinuierlich* gewählt werden können. Das Spangut, das nicht sofort nach dem Trocknen den Mischern zugeführt wird, gelangt zunächst in einen Bunker für Trockenspäne, von wo aus es nach Bedarf je Plattendicke wieder abgezogen wird. Durch Zwischenschalten dieser Bunker ist die Anlage bei jeder Plattendicke voll ausgelastet. Bei den periodisch arbeitenden Mischern wird die *Spandosierung nach Gewicht* vorgenommen. Ist das vorher eingestellte Gewicht erreicht, so senkt sich die Waage; der Spänestrom wird durch zwei sich schließende Klappen im oberen Teil der Waage unterbrochen. Eingebaute Fallgewichte beschleunigen das Senken des Behälters und damit das Schließen der Klappen. Der bewegliche Boden öffnet sich und gibt den Spänen den Weg in den Mischer frei. Jetzt kann die entsprechende Menge *Bindemittel*, gleichermaßen dosiert, den Spänen zugesetzt werden. Dabei wird, wie im Rottmann-Verfahren entwickelt, der Härter getrennt eingedüst, wodurch ein frühzeitiges Abbinden verhindert und gleichzeitig die Wartung der Leimzuleitung vereinfacht wird. Die *Düsen* befinden sich im Deckel des Mischers, Leimflotte sowie Härter werden getrennt auf die sich in axialer wie in radialer Richtung bewegenden Späne gesprüht, so daß eine Beleimung aller Spanteile gewährleistet ist. Die Leimflotte wird vorher in einer *besonderen Leimaufbereitungsanlage* gemischt.

5.1.5.7 Schütten und Dosieren

Von der Gleichmäßigkeit der Schüttung hängt weitgehend die Güte der fertigen Spanplatten ab. Ungleichmäßiges Schütten hat unterschiedliches Quell- und Stehvermögen zur Folge und bedingt eine schlechte Weiterverarbeitung. Die beleimten Späne werden getrennt nach Deck- und Mittelschicht pneumatisch in den *Vorbunker* der Schüttstation geführt. Unter der *Schüttanlage* werden die *Beschickungsbleche* kontinuierlich, je nach Plattendicke und Preßzeit regelbar, auf einem Kettenförderband hindurchgeführt. Der Transport der Bleche geht äußerst schonend vor sich. Jedes harte Anfahren oder plötzliche Stoppen wird tunlichst vermieden. Die Förderelemente sind gut gelagert, damit die Feinstteilchen nicht durch Erschütterungen nach unten verlagert werden und somit die Platte unsymmetrisch wird; dies könnte ein Werfen und Verziehen trotz dreifacher Schüttung zur Folge haben. Nach erfolgter *Bedüsung der Bleche* schüttet die erste Station die *untere Deckschicht*. Anschließend wird durch die zweite und dritte Station die *Mittelschicht* aufgeschüttet, während die vierte Station die *obere Deckschicht* streut. Die je nach Plattendicke schwankende Dicke des Spankuchens ist nach Durchlaufgeschwindigkeit der Bleche und Fallmenge der Späne regelbar. Die *seitliche Begrenzung* des Spankuchens wird durch feststehende *senkrechte Bleche* erreicht, während die *Querbegrenzung* durch mitwandernde *Aufsatzkästen* erfolgt, die vor dem Pressen abgenommen und mit dem rückwandernden Blech wieder nach hinten befördert werden. Gegebenenfalls durchfallende Späne werden pneumatisch wieder in den entsprechenden Vorbunker zurückgeführt. Bei auftretenden Störungen kann die Schüttung automatisch oder durch Handschaltung abgestellt werden.

5.1.5.8 Pressen und Blechumlauf

Unter Anwendung von Preßdruck und Wärme wird der Spankuchen zur Spanplatte verdichtet und verleimt. Nachdem die Bleche mit dem aufgeschütteten Spankuchen die Schüttstation verlassen haben, werden sie von einem *Beschleunigungsgang* übernommen und der Waage übergeben. Der Mann am Schaltpult kann die *Waage* überblicken und bei Gewichtsverschiebungen sofort eingreifen. Außerdem sorgt ein eingebauter Schreiber dafür, daß die Gewichte der einzelnen Platten festgehalten und die Platten, die nach dem Pressen abgestempelt werden, im weiteren Arbeitsablauf überprüft werden können. Von der Waage wird der Kuchen der *Beschickungsvorrichtung* übergeben. Diese nimmt in jeder Etage ein Beschickungsblech mit Spankuchen auf. Die periodisch arbeitende *Vieletagenpresse* ist so in den Blechumlauf eingebaut, daß dieser als automatisch gesteuertes Taktspiel arbeitet. Nachdem der

Beschickungswagen gefüllt ist, wird die Etagenpresse aufgefahren, und die vom vorherigen Takt fertig gepreßten Platten werden herausgezogen (Bild 5.33). Im gleichen Arbeitstakt werden die Rohlinge durch eine Beschickungsvorrichtung mechanisch in die Heizpresse eingeschoben, und die Presse wird geschlossen. Das Pressen der Rohlinge erfolgt je nach Dicke der Platten auf eine abgestimmte Zeit, wobei die Energieversorgung der Presse durch eine Umlaufpumpe gesteuert wird, so daß keine Wärmeschwankungen auftreten. Plattentemperatur, Preßdruck und der

Bild 5.33. Entleerung und Beschickung der Presse.

Wasseranteil des Spankuchens sind so aufeinander abgestimmt, daß mit günstiger Preßzeit gefahren werden kann. Nach Beendigung des Preßvorgangs wird die gesamte Füllung mittels einer *Entleerungsvorrichtung* der aufgefahrenen Presse entnommen, und die fertig gepreßten Spanplatten werden von den Blechen getrennt. Nach der *Trennung* sorgen Gebläse für eine *Abkühlung der Oberflächen* der Spanplatten, während die Bleche auf ihrem Rücklauf eine Kühlzone durchlaufen, wo sie soweit heruntergekühlt werden, daß eine weitere Beschüttung ohne die Gefahr vorzeitigen Abbindens des Späne-Leimgemisches erfolgen kann.

5.1.5.9 Besäumen und Schleifen

Vom Gabelstapler werden die bis zu einer gewissen Höhe zu Stapeln aufgeschichteten Platten zum *Reifen in das Rohlager* gefahren. Die auf starken Paletten ruhenden Stapel werden nach genügend langer Reifezeit an die *Endfertigungsstraße* gefahren (Bild 5.34).

Auf der *Formatsäge* werden die Platten vierseitig besäumt und auf ihr Fertigmaß gebracht. *Zylinderschleifmaschinen* mit 3 oder 4 Zylindern besorgen das beidseitige Schleifen der Oberflächen. Nach dem Schleifen der Platten werden diese sortimentweise dem Fertiglager zugeführt (Bild 5.35). Ein Teil der Platten wird unveredelt, ein anderer nach Oberflächenbeschichtung mit Furnieren verkauft.

Bild 5.34. Blick auf die Schleifmaschine in der Endfertigungsstraße und auf das Plattenlager.

Bild 5.35. Lager der fertigen Spanplatten.

5.1.6 Schnitzler-Verfahren

Von **Erwin Schnitzler**, Karlsruhe

5.1.6.0 Allgemeines

Der Verfasser trat zu einem Zeitpunkt in die Spanplattenindustrie ein, als die theoretischen und technischen Kenntnisse auf diesem Gebiet noch ganz am Anfang standen und zahlreiche Fragen ungelöst waren. In 15jähriger Entwicklungsarbeit in Forschung und Praxis, die mit dem allgemeinen Aufschwung der Spanplattenindustrie zusammenfällt, wurde dazu verfahrensmäßig und maschinell ein wesentlicher Beitrag geleistet.

Die Arbeiten in den Jahren 1948 bis 1955 erstreckten sich auf die technisch-wirtschaftliche Fertigung von dreischichtigen Spanplatten und darauf, das Herstellungsverfahren in kontinuierlichen, weitgehend mechanisierten Ablauf zu bringen. Anschließend wurden insbesondere Automation und elektrische Verschaltung sowie Fernsteuerung des Herstellungsganges vervollkommnet.

Unter Einsatz dieser Erfahrungen und Entwicklungen wurden in den Jahren 1955 bis 1958 eine Reihe von *Großanlagen* nach System Dr. Schnitzler aufgebaut, wobei für das System charakteristische und allgemein richtungweisende Maschinen zum Einsatz gelangten.

Ferner wurde schon frühzeitig erkannt, daß eine kleine oder mittelgroße Anlage als Anschlußbetrieb zur Verarbeitung von anfallenden Resthölzern oder als selbständiger Betrieb großen Erfolg verspricht, wenn es gelingt, eine in wirtschaftlicher Weise arbeitende Maschineneinheit zu schaffen. Vom Verfasser wurde unter Verwendung besonderer Maschinengruppen und hauptsächlich auch für kleinere Produktionseinheiten entworfener Neuentwicklungen eine *Kleinanlage* geschaffen. Diese ist durch zweckmäßige Aufstellung der Maschinen, einfache Verfahrensführung und hohe Wirtschaftlichkeit gekennzeichnet und außerdem zur stufenlosen Erhöhung der Kapazität und Verwertung unterschiedlicher Rohstoffe geeignet. In diesen Anlagen können, wie in Großanlagen, Dreischicht-Platten bewährter Güte mit gewünschten technologischen Eigenschaften und tadelloser Oberflächenbeschaffenheit in wirtschaftlich vorteilhafter Weise hergestellt werden[1].

Nach Ideen des Verfassers wurden besondere Maschinen und Maschinengruppen geschaffen, die für das Verfahren Dr. Schnitzler charakteristisch sind; diese sind:

---

[1] Die erste Anlage dieser Art wurde für die Firma Gebrüder Cloos K.G., Spanplattenwerk, Homberg/Ndrrh., in den Jahren 1957 bis 1959 geplant und errichtet.

a) *Späneschüttung* durch besondere Streumaschinen mit verbundener Gewichts- und Volumendosierung (1954/55);

b) *Kontinuierliche Dosierung von Leim und Spänen* im automatischen Durchfluß bei der Spänebeleimung und Steuerung des Leim—Späne-Verhältnisses (1954/55);

c) *Bunkerung* von *trockenen Spänen* in Verbindung mit automatischer Gewichtsdosierung für die Beleimung (1954/55);

d) *Bunkerung* von *feuchten Spänen* in waagerechten und senkrechten Bunkern (1954; 1961);

e) *Reversierender Streugang* und Verbindung desselben mit zwei Streumaschinen zu einer einheitlichen Formstation mit Schüttleistung bis etwa 60 t/24 h (1957);

f) *Sichtung* von trockenen und beleimten Spänen im senkrechten Luftstrom (1957/59);

g) Entwurf einer vollautomatischen und wirtschaftlich arbeitenden Kleinanlage durch Einsatz der für diese Anlagen-Type charakteristischen Maschinengruppen und der oben erwähnten Streustation (1957/58);

h) *Kühl- und Abdampfsystem* für heiße Platten (1951/62);

i) Erstmaliges Zusammenfassen von Maschinen und Transportgängen der *Endfertigungsanlage* für eine Großanlage, einschließlich Plattenkontrolle und Sortierung zu einer automatischen Produktionseinheit (1956).

Zur allgemeinen Beschreibung des Verfahrens Dr. Schnitzler ist eine 24 t-Kleinanlage, wie sie im Grundsatz schon 1957 entworfen und inzwischen weiterentwickelt worden ist, geeignet, da sie in ihrem Aufbau, insbesondere dem der *Formstation*, richtungweisend war (Bild 5.36).

Die im *Zerspaner 1* erzeugten Deckschicht-Späne werden pneumatisch zum *Silo 2* befördert und von dort gleichmäßig in die *Mühle 3* eingetragen. Nach der Mühle kann ein *Fraktioniersieb 4* angeordnet werden, um dem Deckschicht-Spangut eine möglichst gleichmäßige Struktur zu geben. Die Späne werden im *Trockner 5* getrocknet, dann wird der Staub im *Sieb 6* abgesiebt, gröbere Späne werden durch die *Spänetrennanlage 7* ausgeschieden und für die Mittelschicht verwendet. Die aus der Trennanlage kommenden Feinspäne werden im *Bunker 8* gesammelt, durch dessen Austragvorrichtung sie, gewichtsmäßig dosiert, in stetiger Weise der *Beleimungsmaschine 9* zugeführt werden. Die Dosierpumpe für den Leim ist mit der *Taktdosierwaage* des Bunkers gekuppelt zwecks Aufrechterhaltung des gleichbleibenden Leim—Späne-Verhältnisses. Von der Beleimungsmaschine kommend werden die Späne mittels Trogförderer in die *Streumaschine 10* verteilt. Die Arbeitsweise beim Mittelschichtstrang ist entsprechend, jedoch ohne Fraktionierung und gegebenenfalls ohne

Mahlen der Späne. Gezeigt sind zwei *Zerspanungsmaschinen 11* und *12*, die beispielsweise verschiedenartige Hölzer verarbeiten, wobei die Späne dann auf pneumatischem Weg in die *Bunker 13* und *14* gelangen, aus denen sie gleichmäßig entnommen und in bestimmtem Verhältnis gemischt der *Mühle 15* zugeführt werden.

Die Streustation, bestehend aus zwei *Streumaschinen 10* und *21* und einem reversierenden Streugang, ist als charakteristische Besonderheit dieser Anlage anzusehen. Sie hat sich in der Folge in zahlreichen Anlagen,

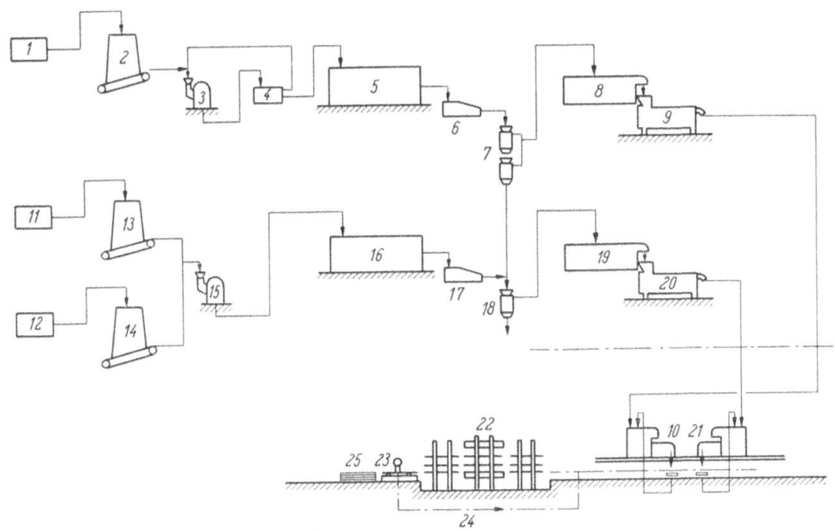

Bild 5.36. Schema einer kleinen bis mittelgroßen Spanplattenanlage mit getrennter Deckschicht- und Mittelschicht-Spanaufbereitung – System Dr. Schnitzler.
1, 11, 12 Zerspaner; *2, 13, 14* Bunker; *3, 15* Mühlen; *4* Fraktioniersieb; *5, 16* Trockner; *6, 17* Sieb; *7, 18* Spänetrennanlage; *8, 19* Bunker; *9, 20* Beleimungsmaschinen; *10, 21* Streumaschinen; *22* Presse mit Beschickungs- und Entleerungsvorrichtung; *23* Waage; *24* Blechrücklauf; *25* Plattenstapel.

größerer und kleinerer Kapazität, zur Herstellung von dreischichtigen oder Mehrschichtplatten sehr gut bewährt.

Das Beschicken und Entleeren der Presse mit Beschickblechen erfolgt in bekannter Weise. Die Spänekuchen können jedoch auch mittels Rollbandtablett-Formkasten direkt auf die Heizplatten der Presse aufgelegt werden. Durch diese Arbeitsweise kann bei kleinen Anlagen mit reversierend arbeitendem Streugang eine wesentliche Einsparung erzielt werden, da der gesamte Blechrücktransport *24* mit Zusatzeinrichtungen sowie das Aufheizen und Abkühlen der Bleche entfallen. Zur nochmaligen Produktionskontrolle und Aufzeichnung der Produktionshöhe gelangen die Rohplatten auf die Waage *23*. Die Endbehandlung der Platten erfolgt in einfacher Weise, da die Anlagengröße die Einrichtung einer vollautomatischen Endfertigungsstraße wirtschaftlich nicht rechtfertigt. In Bild 5.37 ist die automatische Endfertigungsstraße einer Großanlage gezeigt, wie sie erstmals 1956 entwickelt und aufgebaut wurde[1]; sie arbeitet in folgender Weise:

Die Spanplatten werden mit dem Gabelstapler paketweise auf die *Hebebühne 1* abgesetzt und von dort mit Hilfe des *Abziehgerätes 2* in die *Formatsäge 3* eingeschoben. In stetigem Durchlauf werden die Platten an allen vier Seiten auf das genaue Nennmaß besäumt und gelangen dann über Rollenbahnen zur ersten, mit obenliegenden Schleifzylindern ausgestatteten *Schleifmaschine 4*. Anschließend werden die Platten durch die *Wendevorrichtung 5* gewendet und in einer zweiten Schleifmaschine gleicher Bauart *6* auf der anderen Seite geschliffen. Mit Hilfe der Wendevorrichtung *7* können die Platten beidseitig begutachtet und dementsprechend sortiert werden. Über Rollenbahnen und den *Querförderer 11* gelangen Platten erster Qualität auf die Hebebühne *8*, die zweiter Qualität auf die Hebebühne *9*; Platten, die nochmals geschliffen werden sollen,

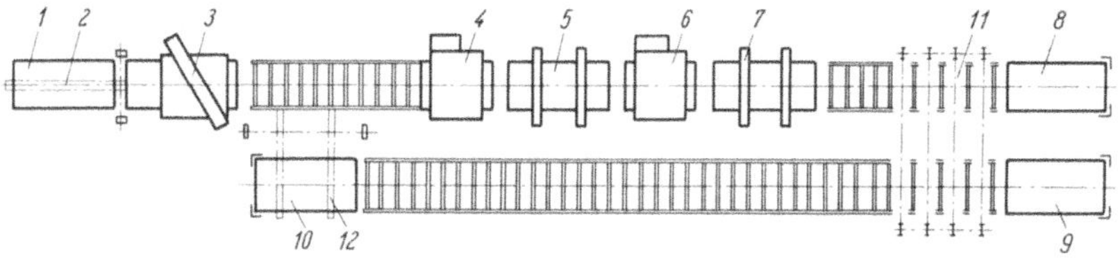

Bild 5.37. Automatische Endfertigungsstraße für das Besäumen, Schleifen und Sortieren von Spanplatten.
1 Hebebühne; *2* Abziehgerät; *3* Formatsäge; *4* Schleifmaschine; *5* Wendevorrichtung; *6* Schleifmaschine; *7* Wendevorrichtung; *8*, *9*, *10* Hebebühnen; *11* Querförderer; *12* Querabziehvorrichtung.

werden auf der Hebebühne *10* gesammelt. Nach Auffüllung dieser Hebebühne werden die Platten über einen weiteren Querförderer *12* abgezogen und einzeln über die Rollenbahnen den Schleifmaschinen zum Nachschleifen zugeführt. Von den Hebebühnen werden die Platten paketweise mit einem Gabelstapler abgenommen.

Zur Sicherung des einwandfreien und stetigen Späneflusses durch die einzelnen Maschinen und Förderorgane sind diese gegenseitig elektrisch verriegelt. Zu diesem Zweck ist die gesamte Spanplattenanlage in verschiedene Erzeugungsabschnitte unterteilt, die durch *zentrale Steuerpulte* überwacht und einzeln oder automatisch geschaltet werden.

5.1.6.1 Maschinen und Verfahren

5.1.6.1.1 Spänebunkerung. Durch Konstruktion zuverlässig, automatisch arbeitender Bunkermaschinen können die im Rohstoff Holz liegenden Schwierigkeiten hinsichtlich Bunkerung und Mengendosierung aufgefangen und kann ein stetig regelbarer Spänestrom erreicht werden.

[1] Für die 90-Tonnen-Anlage Kombinat f. Holzindustrie C. I. L., Braila, Rumänien.

Nach Vorschlägen des Verfassers sind zwei Bunkertypen, ein *senkrechter und ein waagerechter Bunker*, gebaut worden, durch die eine reibungslose, beliebig dosierbare Entleerung der Flachspäne aus dem Bunker gewährleistet wird.

Senkrechter Bunker (Bild 5.38). Die Späne werden von oben in den *Silo 1* abgeworfen. Der Späneaustrag erfolgt durch das untere *Bodenband 2*, durch welches das Gut gegen die beiden gegenläufigen *Austragwalzen 3* gefördert wird, die ihrerseits für gleichmäßigen Materialaustrag sorgen. Durch stufenlose Geschwindigkeitsregelung des Bodenbandes wird die gewünschte Austragleistung eingestellt. Der Silo ist für die Bunkerung von nassen und trockenen Spänen geeignet. Die nachfolgend angeordneten Maschinen werden durch entsprechende Einstellung der Austragvorrichtung in der gewünschten Weise beschickt. Zur Verwendung als Bunker für trockene Späne wird der senkrechte Bunker mit einem einfachen Wiegemechanismus ausgestattet. Der senkrechte Bunker wird vorzugsweise in Kleinanlagen eingesetzt; er kann außerdem sehr gut zur Mischung verschiedener Spansorten herangezogen werden.

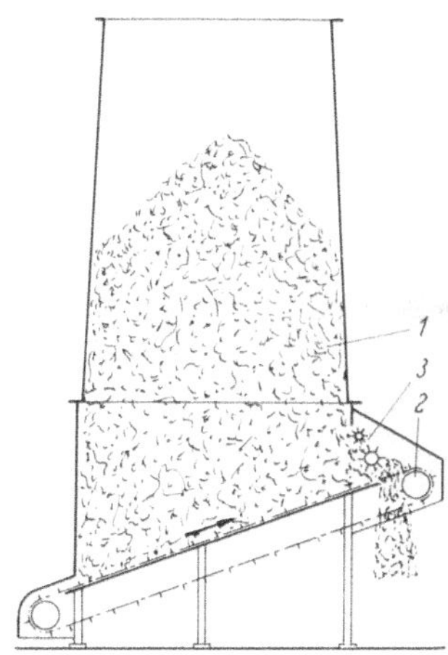

Bild 5.38. Silo für trockene oder nasse Späne – System Dr. Schnitzler. *1* Siloraum; *2* Bodenband; *3* Austragwalzen.

Waagerechter Bunker (Bild 5.39). Die als Naß- und Trockenspäne-Bunker eingesetzten Maschinen sind im Aufbau gleich und unterscheiden sich nur dadurch, daß beim Trockenspäne-Bunker in die Austragvorrichtung eine *automatische Taktdosierwaage* eingefügt ist (s. Abschn. 5.1.6.1.2). Das Grundschema dieser Maschine gelangt auch bei den Streumaschinen zur Anwendung, so daß der Vorteil besteht, gleiche Bauteile für die Bunker- und Streumaschinen verwenden zu können. Zu unterscheiden sind *Bunkerkörper und Bunkerkopf*; der letztere enthält den Austragmechanismus und beim Trocken-Bunker zusätzlich die Taktdosierwaage. Durch die Länge des Bunkerkörpers wird die Größe des Speicherraumes (etwa 15···40 m³) bestimmt. Zur Füllung werden die Späne im vorderen Teil des Bunkerkörpers, durch das *Rückstreifband* hindurch, auf das Bodenband *2* aufgeschüttet. Das Einbringen der Späne in den Bunker erfolgt mittels eines dafür besonders gebauten *Trogförderers*, der quer über dem Bunkerkörper angeordnet ist. Hat die Füllung die Höhe des Rückstreifbandes erreicht, dann werden die Späne zurückgestreift und so der Bunker allmählich von vorne nach hinten gefüllt. Eine im Bunkerkopf angeordnete *Klappe 4*, die den Inhalt des

Bunkerkopfes abtastet, steuert den Vorschub des Bodenbandes und somit die Spänezufuhr zum Bunkerkopf. Der Austragmechanismus im Bunkerkopf besteht aus dem *Zuführband* und dem *Überwurfband 3*, dessen Geschwindigkeit stufenlos regelbar ist. Eine am oberen Ende des Überwurfbandes angebrachte *Rückstreifstachelwalze 5* sorgt dafür, daß die Austragmenge über die ganze Breite gleichmäßig gehalten wird. Durch das Zusammenwirken von Zuführband, Überwurfband und Rückstreifstachelwalze wird im Bunkerkopf außerdem eine Durchmischung des Spanmaterials erreicht.

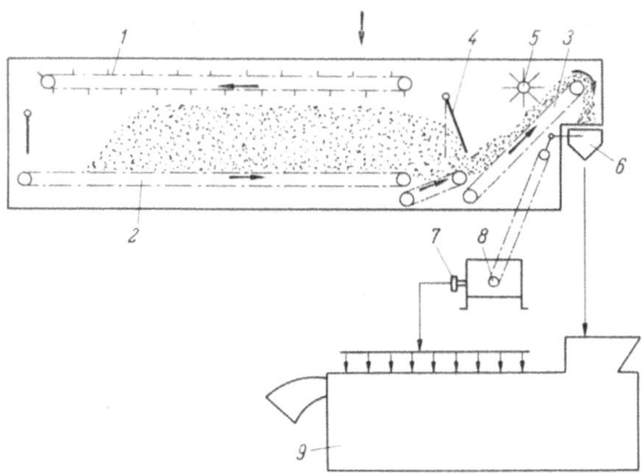

Bild 5.39. Automatische Bunkermaschine mit Taktdosierwaage und Vorrichtung zur Konstanthaltung des Beleimungsgrades — System Dr. Schnitzler.

1 Bunkerrückstreifband; *2* Bunkerbodenband; *3* Überwurfband; *4* Schwimmerklappe zur Regelung des Bunkerbodenbandes; *5* Rückstreif-Stachelwalze; *6* Taktwaage; *7* Leimpumpe; *8* Drehzahlverstellbares Antriebsaggregat für die Leimpumpe und die Taktwaage; *9* Beleimungsmaschine.

5.1.6.1.2 Beleimung der Späne (Bild 5.39). Um in stetiger Arbeitsweise das Leim—Späne-Verhältnis in technologisch vorbestimmter, einstellbarer Weise gleich groß zu halten, sind *Trockenspänebunker* und *Beleimungsmaschine* miteinander gekuppelt. Über die an der Austragseite des Trockenbunkers eingebaute Taktdosierwaage *6* wird die Beleimungsmaschine *9* mit konstanten Spanmengen beschickt. Die Zufuhr des Leimes erfolgt durch die *Leimdosierpumpe 7*. Der Mechanismus, der das Füllen und Entleeren der Waagen bewirkt, wird von der Leimpumpe aus, entweder durch Kettenantrieb oder durch elektrische Gleichlaufschaltung, gesteuert. Solange bei einem vorgewählten Übersetzungsverhältnis von Pumpendrehzahl zu Taktscheibendrehzahl die Einwaage gleich bleibt, bleibt auch das Leim—Späne-Verhältnis gleich. Der *Durchsatz* durch die Beleimungsmaschine läßt sich durch stufenlose *Drehzahlveränderung* des Pumpenantriebes dem Bedarf an den Streumaschinen anpassen, ohne daß sich das *Leim—Späne-Verhältnis* ändert. Eine Änderung dieses Verhältnisses kann durch Änderung der *Einwaage* oder des *Übersetzungs-*

verhältnisses herbeigeführt werden. Eine bei großen Anlagen für diesen Erzeugungsabschnitt einzusetzende Kontrolle besteht darin, daß die Feuchtigkeit der aus dem Trockenbunker entnommenen Späne fortlaufend gemessen und mit der Feuchtigkeit der beleimten Späne verglichen wird. Störungen der Produktion sind am Verlauf der durch ein *Schreibgerät* aufgezeichneten *Feuchtigkeits-Kurven* abzulesen.

5.1.6.1.3 Streumaschinen und Streugang (Bild 5.40). Bei dem Streuverfahren nach Dr. SCHNITZLER ist die *Gewichtsdosierung* mit der *Volumendosierung* verbunden. Die hierfür entwickelten *Streumaschinen* sind in der Spanplattenindustrie allgemein anerkannt und eingeführt, da die verwendete Dosier- und Streuweise sehr günstige Ergebnisse liefert. Durch

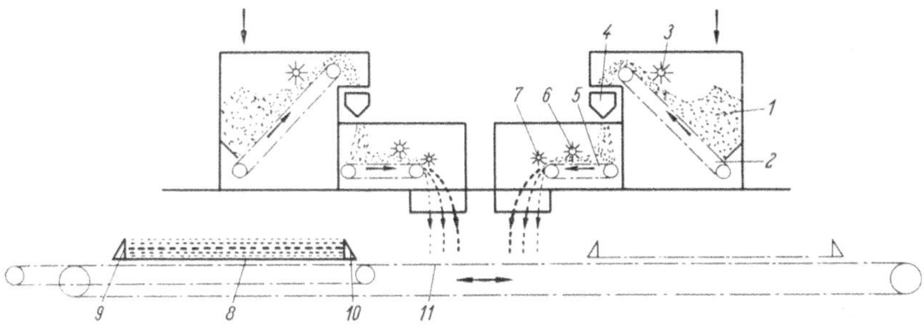

Bild 5.40. Vollautomatische Streustation mit kontinuierlichem Taktverfahren – System Dr. Schnitzler. *1* Vorratsbunker der Streumaschine; *2* Überwurfband der Streumaschine; *3* Rückstreif-Stachelwalze; *4* Taktwaage zur kontinuierlichen Abwiegung der Späne; *5* Abwurfband; *6* Egalisierwalze; *7* Abfräs- und Wurfwalze; *8* Transportblech; *9*, *10* Vordere und hintere Formrahmenteile; *11* Transportgang für Bleche und Formrahmen oder Tabletts zur blechlosen Pressenbeschickung.

die Streumaschinen werden stetig kleine Spanmengen taktweise abgewogen und anschließend volumenmäßig dosiert. Dadurch wird erreicht, daß die in der Zeiteinheit auf das Formblech aufgestreute Spanmenge gewichtsmäßig konstant gehalten ist, selbst wenn sich das Schütt-Volumen der Späne ändert. Die Verbindung von Gewichts- und Volumendosierung beim Streuvorgang ermöglicht ferner, daß, nachdem die Späne-Einwaage an den Streumaschinen auf Grund des für die jeweilige Plattendicke errechneten Gewichtes eingestellt worden ist, das vorberechnete Plattengewicht sofort erzielt wird, ohne daß Nachregelung und damit Verlustzeiten in Kauf genommen werden müssen. Die Streumaschine entspricht im ersten Teil dem Austragmechanismus des Bunkers für trockene Späne, an den noch eine Streuvorrichtung angefügt ist. Die Breite der Streumaschine und sämtlicher Maschinenteile entspricht der Rohplattenbreite.

Im einzelnen ist die Arbeitsweise der vollautomatischen Streustation mit kontinuierlichem Taktverfahren folgende: Die beleimten Späne werden von oben, mittels einem über die ganze Maschinenbreite angeordneten *Verteilerkratzer* in den *Vorratsbunker 1* abgeworfen. Das *Überwurfband 2* befördert Späne nach oben, die dann durch eine *Stachelwalze 3* vergleichmäßigt werden. Die *Waage 4* wird mit Spänen bis zur Erreichung des eingestellten Gewichtes gefüllt; dann schaltet sich das Band *2* ab. Nach Ablauf der vorgewählten Taktzeit öffnet sich die Waage, entleert und schließt wieder. Die Waagenfüllung wird auf das Förderband *5* abgeworfen und durch die *Walze 6* volumenmäßig egalisiert, so daß ein gleichmäßiger Spanteppich entsteht. Die Volumendosierung wird entsprechend der primären Gewichtsdosierung geregelt. Die *Abfräswalze 7* nimmt das Gut vom Band ab und wirft es durch den *Streutrichter* auf die darunter durchlaufenden Förderbleche *8* ab. Infolge der unterschiedlichen Struktur der Späne und einer Aufstellung der Streumaschinen in der Weise, daß die Austragsöffnungen sich gegenüberstehen, erfolgt bei dieser Arbeitsform zwangläufig eine Sichtung der Späne, so daß eine graduierte *Mehrschichtplatte* entstehen kann.

Sehr feine Deckschichtspäne gelangen in die äußerste Zone der Deckschicht, die feinsten Mittelschichtspäne in das Zentrum der Platte, wodurch sich eine für die Weiterverarbeitung der Platten vorteilhafte verstärkte Zone herausbildet.

Der in Bild 5.40 gezeigte *reversierbare Streugang* wurde für die Verwendung in mittleren und kleineren Anlagen gebaut. Bei Einsatz eines solchen Streuganges ist die Formung einer Dreischicht-Platte mit nur zwei Streumaschinen möglich, wobei durch die doppelte Streuung von Mittelschicht-Spänen ein symmetrischer Aufbau des Formkörpers erreicht wird.

Die Förderbleche *8* werden zwischen Streustation und Presse, von der Seite her, auf den Transportgang *11* eingeschoben und, begrenzt durch die Formrahmenteile *9* und *10*, unter den Streumaschinen hindurch nach hinten und wieder zurück geleitet. Die Streumaschinen werden mit der Bewegung der Bleche im Takt ein- und ausgeschaltet. Die über die Bleche übergestreuten Späne werden auf unter dem Streugang angeordneten Bändern aufgefangen und in die zugehörige Streumaschine zurückgefördert.

Streumaschinen, *Streugang*, *Quertransportbänder* und *Blechrücktransport* sind in ihrem Funktionsablauf so verschaltet, daß sie als eine *automatisch arbeitende Maschineneinheit* betrachtet werden können.

Diese Einheit kann in vorteilhafter Weise auch bei Kleinst-Anlagen eingesetzt werden, bei denen aus Gründen der Anlagekosten-Ersparnis wenig automatisiert, jedoch zur Erzielung gleichmäßiger Spanplattengüte auf gleichmäßige Streuung Wert gelegt wird.

Bei Anlagen mit einer Leistung von mehr als 60 t/Tag erfolgt die Führung der Beschickbleche unter den Streumaschinen in unmittelbarer Folge in Richtung auf die Presse von einer vor der ersten Streumaschine liegenden *Aufgabestation* aus, unter Ausbildung eines langgestreckten Blechtransportes mit vollständig automatisch arbeitendem geschlossenem *Blechrundlauf.* Zur Formung des Spänevlieses sind mehrere Streumaschinen hintereinander angeordnet; der Streugang ist nicht reversierbar.

Mit dem beschriebenen Streuverfahren können nach entsprechender Umgestaltung auch transportfähige Spanmatten gestreut werden, wie sie für das *Beschicken der Presse mit Tablett* benötigt werden.

5.1.6.1.4 Spänetrennanlage (Bild 5.41). Beim Zerspanungsvorgang entsteht ein mehr oder weniger von der Soll-Dicke abweichendes Spangemisch. Grobe Späne müssen ausgeschieden werden, insbesondere aus dem Deckschichtgut, da sie die feine Oberflächenstruktur der Platte stören und sich bei nachfolgendem Beschichten mit Furnieren, Dekorpapieren und ähnlichen Werkstoffen durchzeichnen können. Auch aus den Mittelschicht-Spänen werden Splitter abgesondert, um die Gleichmäßigkeit des Querschnittes der Spanplatte zu wahren.

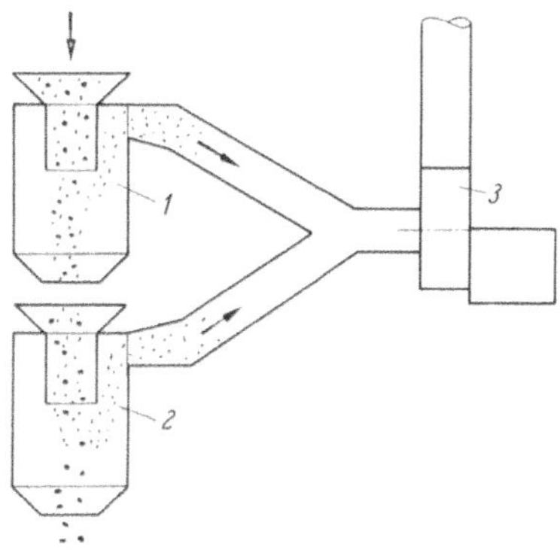

Bild 5.41. Zweistufige Spantrennanlage zur Windsichtung von Spänen im senkrechten Luftstrom – System Dr. Schnitzler. *1* obere Trennstufe; *2* untere Trennstufe; *3* Gebläse.

Auf Anregung des Verfassers und unter dessen Mitarbeit wurde von einer Spezialfirma eine *Spantrennanlage* entwickelt, die sich als pneumatische Einheit sehr gut in die ohnehin erforderliche pneumatische Spänetransportanlage einfügen läßt. Die durch die *pneumatische Sichtung* aus dem Deckschicht-Spangemisch herausgenommenen dicken Späne werden für die Mittelschicht verwendet.

Besondere Verwendung findet die Spantrennanlage bei Anlagen mittlerer und kleinerer Leistung, die als *Einstranganlage* aufgebaut sind, das heißt in denen die Spanaufbereitung in einer anstelle von zwei nach Deckschicht- und Mittelschicht unterteilten Produktionslinien erfolgt.

Nach der Beleimung wird das Spangemisch in gröbere und feinere Späne aufgeteilt. Die feinen, leichten Späne werden beim Beleimungsvorgang in erwünschter Weise stärker beleimt, so daß nachfolgend, unter Einsatz der vorbeschriebenen Streueinheit, eine in drei Schichten aufgebaute Spanplatte normal gestreut werden kann.

In Bild 5.41 ist eine *Zweistufen-Trennanlage* dargestellt. Das Material wird von oben in den Trennkörper *1* aufgegeben. Durch das Gebläse *3* wird im Trennkörper ein senkrechter Luftstrom von einstellbarer Geschwindigkeit erzeugt. Dicke Späne mit größerer Sinkgeschwindigkeit als die Geschwindigkeit der aufsteigenden Luft fallen nach unten heraus; dünnere Späne mit geringerer Sinkgeschwindigkeit werden nach oben ausgetragen. Im Trennkörper *2* wiederholt sich der Vorgang, und es findet eine Nachsichtung statt, um die feinen Späne ganz aus dem Spänestrom abzuscheiden.

Bild 5.42 zeigt die in Bild 5.40 schematisch dargestellte Streustation und teilweise die Beleimungs- und Pressenanlage.

Bild 5.42. Ansicht der Streustation einer 24-t-Anlage.

5.1.7 Sonstige Flachpreßverfahren

Von **Edgar Mörath**, Maria Enzersdorf

5.1.7.0 Allgemeines

Da in den vorhergehenden Abschnitten die Herstellungsverfahren eingehend besprochen wurden, nach denen über 90% der Spanplattenwerke der Welt arbeiten, können aus der beträchtlichen Zahl weiterer Verfahren nur ganz wenige behandelt werden, in erster Linie solche, die wesentliche neue Ausblicke eröffneten oder nennenswerte Verbreitung fanden.

5.1.7.1 Bartrev-Verfahren

Eines der wichtigsten theoretischen Ziele der Spanplattentechnik, nämlich das Verfahren — ähnlich wie in der Papierfabrikation — vollkommen kontinuierlich zu gestalten, wurde in industriellem Maßstab zum ersten Mal durch das *Bartrev-Verfahren* erreicht, dessen grundlegende Patente auf die Jahre 1946 und 1947 zurückgehen (B. P. [*5.6*, *5.7*]).

Die für die technische Entwicklung der Spanplattenindustrie bedeutungsvollen Pionierarbeiten dieses Unternehmens, das insgesamt 5 Anlagen in England, Schweden, Rußland (2) und der Tschechoslowakei errichtete, betreffen vornehmlich die *Verkürzung des Preß- und Aushärtungsvorganges*, da von der dadurch erzielten, hohen Arbeitsgeschwindigkeit (3,6 bis 7,4 m/min je nach der Plattendicke) die rasche Abschreibung der verhältnismäßig teuren Anlage und die Verringerung der Lohnkosten abhängen.

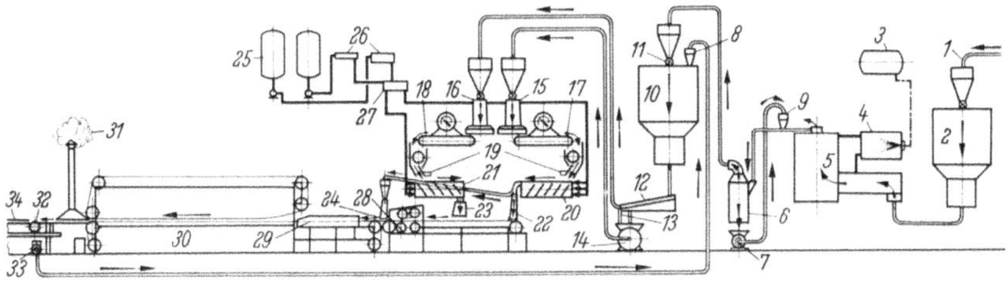

Bild 5.43. Arbeitsflußbild beim Dreilagen-Bartrev-Verfahren.
_1_ Feuchtspänezufuhr; _2_ Feuchtspänesilo; _3_ Heizöl; _4_ Feuerung; _5_ Trockner; _6_ Grobgutabscheider; _7_ Grobgutmühle; _8_ Rückholzyklon für gemahlene Kantensäumlinge; _9_ Rückholzyklon für gemahlenes Grobgut; _10_ Trockenspänesilo; _11_ Umsteuerventil; _12_ Sieb; _13_ automatische Splitterabscheidung; _14_ Feingutmühle; _15_ Kontrollbehälter für Feinspäne; _16_ Kontrollbehälter für Mittellagenspäne; _17_, _18_ Bandwaagen; _19_ Magnetabscheider; _20_ Decklagen-, _21_ Mittellagen-Beleimungsmaschine; _22_ untere Decklagen-Aufstreuung; _23_ Mittellagen-Aufstreuung; _24_ obere Decklagen-Aufstreuung; _25_ Bindemittelbehälter; _26_ Meßbehälter; _27_ Mischbehälter; _28_ Vorpresse; _29_ HF-Erwärmung; _30_ Bartrev-Presse; _31_ Dampfabzug; _32_ Formatsäge; _33_ Mühle für Säumlinge; _34_ Austritt der fertigen Platte.

Wichtige Schritte in dieser Richtung waren:

a) Die Vorheizung des verdichteten, in Dicke und Rohdichte gleichmäßig gehaltenen Spänevlieses in einem *Hochfrequenzfeld* bis zu einer Temperatur (70 bis 85 °C), bei der das Abbinden noch nicht einsetzt, die Viskosität des Bindemittels aber bereits so niedrig ist, daß eine günstige Verteilung des möglichst fein auf die Späne aufgedüsten Bindemittels erfolgt.

b) Die Entwicklung von *Härtern aus Ammonsalzen*, organischen Säuren, die bis zu diesen Temperaturen inaktiv bleiben, beim Übergang in die eigentliche Preßzone mit etwa 140 °C aber sofort dissoziieren und ein äußerst schnelles Aushärten der verwendeten Harnstoff-Formaldehydharz-Leime bewirken.

c) Die sehr mühevolle Entwicklung der Dreischichten-Streustationen und der äußerst genau in Druck, Dicke und Temperatur geregelten *Plattenbandpresse*.

d) Die alle Arbeitsstufen verbindenden und automatisch kontrollierenden elektrischen *Steuergeräte*.

Bild 5.43 zeigt schematisch den Arbeitsgang vom Eintritt der Späne in den Naßspänebunker bis zum Austritt der Platte aus der Formatkreissäge, wobei allerdings die Umrisse der einzelnen Maschinen nicht mehr den zuletzt erbauten Anlagen entsprechen (J. AMBROS u. M. [*5.1*], W. J. FISCHBEIN [*5.28*], M. J. GEL'MAN u. M. [*5.29*], L. MITLIN [*5.43*]).

5.1.7.2 Miller-Hofft-Verfahren

Das *Miller-Hofft-Verfahren* ([*5.4*], H. C. L. MILLER [*5.42*]) nach dem in den USA bis 1959 schon 14 Werke im Betrieb waren, entspricht im wesentlichen den in Abschn. 5.1.2 bis 5.1.6 geschilderten Flachpreßverfahren mit mehretagigen Pressen (Bild 5.44).

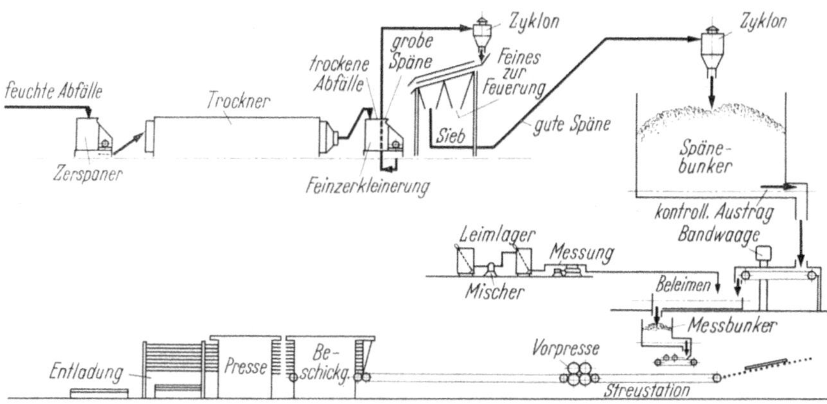

Bild 5.44. Miller-Hofft-Mehretagen-Verfahren.

Im Anfang verarbeitete Miller-Hofft nur stückige Industrie-Resthölzer, die in Hackmaschinen und nachgeschalteten Hammermühlen zu Splittern von etwa 1,6 mm Durchmesser und 6 bis 20 mm Länge aufgearbeitet wurden. Erzeugt wurden Platten von rund 140 kp/cm² Biegefestigkeit mit einer Rohdichte von 0,64. Hobelspäne ergaben nach entsprechender Zerkleinerung gleich schwere Spanplatten mit einer Biegefestigkeit von 155 kp/cm² und einer geringeren Wasseraufnahme. Dann ging die Firma zu Flachspänen über, die in eigens konstruierten *Zerspanern mit senkrechten, großen Messerscheiben* (mit 8 Messern: 50 cm × 12,5 cm, 73 kW) und unter 45° geneigter, hydraulisch angetriebener Aufgabevorrichtung aus geschälten, schwachen Rundlingen geschnitten werden. Mit im Durchschnitt 0,32 mm dicken, 25 mm langen und 6,5 mm breiten Spänen werden Platten erzeugt, die bei einer Rohdichte von 0,64 im Durchschnitt 246 kp/cm² Biegefestigkeit, 5 kp/cm² Querzugfestigkeit, 136 kp Nagelhaltevermögen und sehr günstige hygroskopische bzw. Quellungseigenschaften aufweisen.

Von den weiteren Maschinen sind als bemerkenswerte eigene Konstruktionen die *Spänebunker* und die *Vorpressen* zu nennen. Die großen zylindrischen Spänebunker werden durch eine umlaufende Schnecke in die im Mittelpunkt des Bunkers mitrotierende Haube entleert, wobei die Späne auf ein Förderband fallen. Dieses bringt sie über eine Bandwaage in die Beleimungsstation. Nach der automatisch kontrollierten Beleimung gelangen sie über einen kleinen Kontrollbunker in die Mattenformstation, die seit 1956 auch für 3-Schichtstreuung und sehr genaue Kontrolle der Gleichmäßigkeit der Streudichte eingerichtet ist. Die einzelnen Vliesstücke gelangen dann in eine stetig arbeitende Vorpresse, die im wesentlichen aus zwei konvergierenden Plattenbändern (ähnlich der Bartrev-Presse) besteht und Gesamtdrücke bis zu 30 t ausüben kann. Dieser ganze Arbeitsgang, einschließlich Abbindung in der Heizpresse mit Be- und Entladevorrichtung und Blechumlauf, die von anfangs nur wenigen Etagen und dem Einheitsformat von 4′ × 8′ (122 cm × 244 cm) auf bis zu 20 Etagen und größere Formate gebracht wurde, ist eingehend und sehr geschickt automatisiert worden.

5.1.7.3 Suntex-Verfahren

Das Suntex-Verfahren (Bild 5.45), dessen Entwicklungsarbeiten von A. Sundelin bereits um 1943 begonnen und etwa 1950 zur Betriebsreife gebracht wurden, verwendet als besondere Kennzeichen *geschlitzte Bleche* und eine *kontinuierliche Klimaanlage* für die fertiggepreßte Spanplatte. Im Anfang, einem Zeitpunkt, wo Standardmaschinen auf dem Markt nicht vorhanden waren, wurden die meisten Maschinen, mit Ausnahme der Presse, eigens angefertigt. Im Laufe der Entwicklung wurde dann ein Teil dieser Maschinen durch solche, wie sie auch in anderen modernen Spanplattenbetrieben verwendet werden, ersetzt, so daß heute Suntex-Spanplattenanlagen als durchaus normale Anlagen mit hochwertiger Maschinenausstattung bezeichnet werden können. Dazu kommt, daß Suntex zusammen mit Banco AB ein besonderes *Windsichtverfahren* entwickelt hat und die *Endfertigungsstraßen* hoch mechanisiert und automatisiert worden sind.

In den Jahren 1952 bis 1961 wurden die Anlagen von A. Ekströms Maskinaffär AB, Stockholm, am Anfang unter Leitung von U. Ryman, gebaut. Seit 1961 haben sich aber A. Sundelin und U. Ryman mit der Gründung der Firma Suntex AB, Orsa, Schweden, selbständig gemacht. Inzwischen arbeiten sechs Anlagen nach dem Suntex-Verfahren mit Holz, Flachs und Bagasse als Rohmaterial. Die neueste Anlage wurde Juli 1964 in Schweden in Betrieb gesetzt. Andere in Betrieb befindliche Anlagen sind inzwischen mit Windsichtern, geschlitzten Blechen, Endfertigungsstraßen, Klimaanlagen usw. versehen worden.

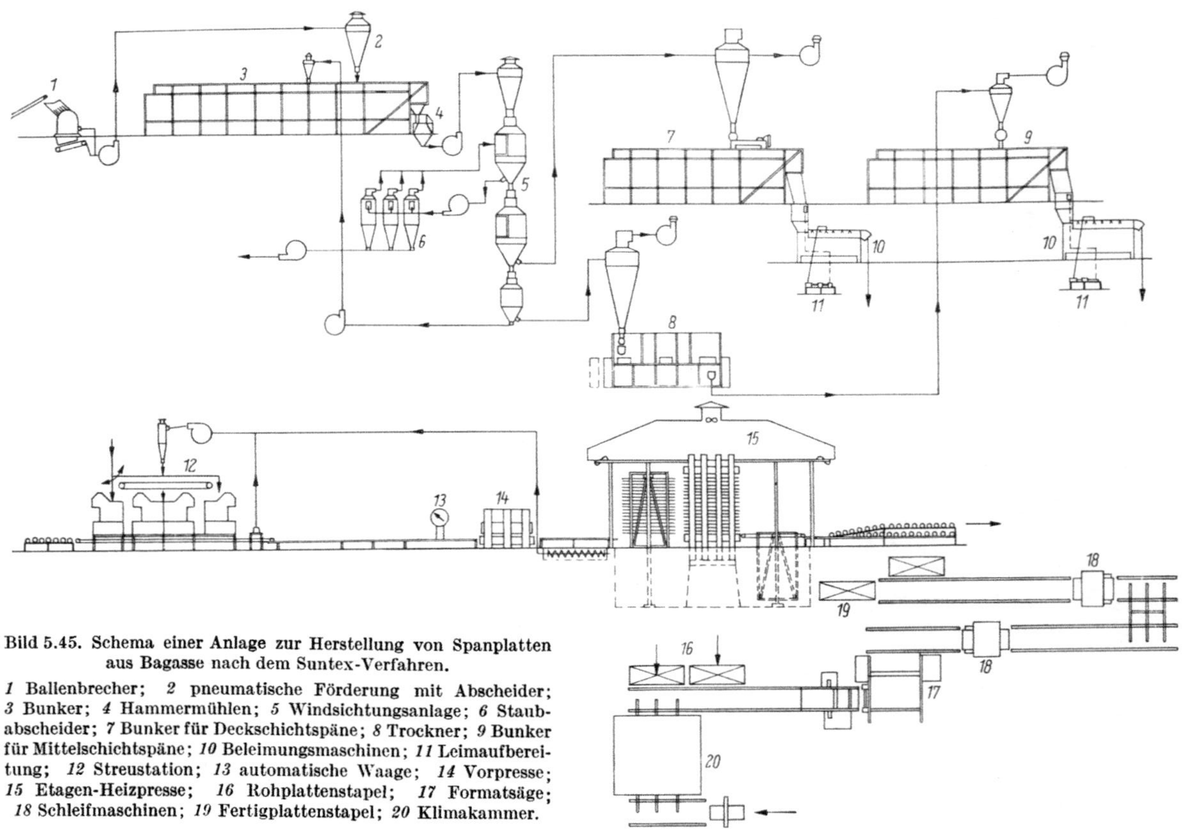

Bild 5.45. Schema einer Anlage zur Herstellung von Spanplatten aus Bagasse nach dem Suntex-Verfahren.

1 Ballenbrecher; *2* pneumatische Förderung mit Abscheider; *3* Bunker; *4* Hammermühlen; *5* Windsichtungsanlage; *6* Staubabscheider; *7* Bunker für Deckschichtspäne; *8* Trockner; *9* Bunker für Mittelschichtspäne; *10* Beleimungsmaschinen; *11* Leimaufbereitung; *12* Streustation; *13* automatische Waage; *14* Vorpresse; *15* Etagen-Heizpresse; *16* Rohplattenstapel; *17* Formatsäge; *18* Schleifmaschinen; *19* Fertigplattenstapel; *20* Klimakammer.

5.1.7.4 Flapreg-Verfahren

Flapreg-Spanplatten, die für mechanisch hoch beanspruchte Teile ähnlich wie Compreg verwendet werden können, werden nach Entwicklungsarbeiten am „Washington State Institute of Technology", Pullman, Wash., USA (J. W. Talbott [*5.52*]) so erzeugt, daß man sehr dünne Späne (etwa 0,2 mm × 6 mm × 12 mm) auf unter 5% Feuchtigkeitsgehalt trocknet, durch Besprühen mit einer wäßrigen, etwa 30 bis 35%igen, noch kaum klebrigen Lösung eines niedrig-polymeren Phenol-Formaldehydharzes bis zu einer Aufnahme von etwa 35% Harz, bezogen auf das Holztrockengewicht, tränkt, dann nochmals auf etwa 5% Feuchtigkeitsgehalt trocknet, in etwa der 8fachen Enddicke streut und langsam (15 bis 25 min) bei Drücken von 50 bis 200 kp/cm² bei annähernd 150 bis 163 °C bis zur völligen Aushärtung des Harzes preßt und noch unter Druck bis zu etwa 90 °C abkühlen läßt. Die so erzeugten Platten mit einer Rohdichte von 1,39 g/cm³ haben nur wenig niedrigere Festigkeitseigenschaften als die sehr teuren, aus Furnieren hergestellten Compreg-Platten (E. C. O. Erickson [*5.25*]) (Biegefestigkeit etwa 960 gegen 1070 kp/cm², Elastizitätsmodul 135000 gegen 160000 kp/cm²), eine noch wesentlich geringere Wasseraufnahme (rd. 0,44% gegen 1,46% bei 24stündiger Wasserlagerung), hohe chemische und Hitzebeständigkeit sowie die gleichen Bearbeitungseigenschaften (mit Hartmetallschneiden) wie diese. Sie dürften daher bei wesentlich niedrigeren Herstellungskosten günstige Aussichten als hoch widerstandsfähige Labortischplatten, Schneidbretter, Fußbodenbeläge, Wandbekleidungen und ähnliches haben. Nach mechanischer Bearbeitung sind sie auch als elektrisches Installationsmaterial, für Getriebeteile, Webschützen, Preßformen, Golf- und sonstige Schläger und Handgriffe aller Art und schließlich bei Pressung in einfache, nicht zu großes Fließvermögen verlangende Formen als Servier- und Abtropfbretter, Sitze aller Art, Rückenlehnen usw. zu verwenden.

5.1.7.5 Hildebrand-Spanplatten-Kleinanlage

Für die Entwicklung der *Hildebrand-Kleinanlage* [*5.3*] waren zwei Gesichtspunkte maßgebend:

1. Die Anlage sollte dazu geeignet sein, jedes nur mögliche Holzsortiment aufzuarbeiten. Darin sollten außer üblichen Holzabfällen auch Äste und Wurzelholz enthalten sein, ja sogar Rohstoffe wie Bambus, Palmblätter usw. sollten zur Verarbeitung herangezogen werden können.

2. Die Anlage sollte mit einer absichtlich einfachen technischen Ausrüstung geplant werden, also ohne automatische Steuerungen, jedoch trotzdem mit geringem Aufwand an Arbeitskräften. Dabei sollten aber die erzeugten Platten von gleicher Güte sein wie die auf dem Markt befindlichen, in Großanlagen hergestellten Spanplatten.

Aus dieser Erläuterung wird deutlich, daß hiermit eine leistungsfähige Kleinanlage geschaffen werden mußte, die als Anschlußbetrieb und unter den besonderen Umständen, die in technisch weniger hoch entwickelten Ländern anzutreffen sind, arbeiten kann.

Bei gesicherter Wirtschaftlichkeit werden Kleinanlagen mit folgenden Tagesleistungen geliefert: Bei einer Rohdichte von 550 kg/m³ werden in 24 h (Drei-Schichtbetrieb)

rd. 7,8 t/d mit 25,4 mm Dicke,

rd. 6,5 t/d mit 16 mm Dicke und

rd. 3,75 t/d mit 6,35 mm Dicke erzeugt.

Die hergestellte Spanplatte ist einschichtig und weist über den gesamten Querschnitt etwa dasselbe Gefüge auf.

Als mögliche Rohstoffe werden die Holzarten Fichte, Tanne, Kiefer, Birke, Pappel und außereuropäische Holzarten mit einer Darrdichte bis 0,5 g/cm³ angegeben. Die oben schon erwähnte Verarbeitung anderer Rohstoffe ist grundsätzlich möglich, muß aber zuvor im Herstellerwerk experimentell erprobt werden.

Die in Bild 5.46 abgebildete Kleinanlage arbeitet wie folgt:

Die Förderung des Rohmaterials *1* über die Spaltmaschine *2* in die Fertigungshalle zum Hackrotor *3* wird je nach den örtlichen Verhältnissen gestaltet (Schienenwagen, Bänder usw.). Am Hackrotor, in dem die Vorzerkleinerung stattfindet, wird das Rohmaterial auf einem Tisch gelagert. Von dort aus wird der Hackrotor in annähernd gleichen Mengen beschickt. Je nach den betrieblichen Verhältnissen ist es möglich, den Zerspaner *6* mit dem Hackrotor mittels einer pneumatischen Transporteinrichtung *4* und einem vorgeschalteten Bunker *5* zu koppeln. Es ist dann allerdings notwendig, daß die Beschickung des Hackrotors gleichmäßig vorgenommen wird, um eine Verstopfung des Zerspaners zu verhindern. Zu diesem Zweck wird ein Ampèremeter so angeordnet, daß es für die Arbeitskraft sichtbar ist und die maximale Stromaufnahme des Zerspanermotors anzeigt. Der Transport der Späne zum Spänetrockner *9* erfolgt pneumatisch (*7*, *8*.) Nach Möglichkeit soll der Förderweg nicht länger als 10 m sein.

Die getrockneten Späne werden wieder pneumatisch zum Sieb gefördert. Für das Aussieben der trockenen Späne ist ein Doppelvibrationssieb *10* vorgesehen. Die brauchbaren Späne fallen in den Spänesilo *12*, während Späne, die zu klein und zu kurz sind, durch das Sieb in einen Bunker rutschen. Die zu großen und zu langen Späne werden vom groben Sieb in den Nachzerspaner *11* gefördert, hier nochmals zerkleinert und gelangen anschließend in den Spänesilo *12*.

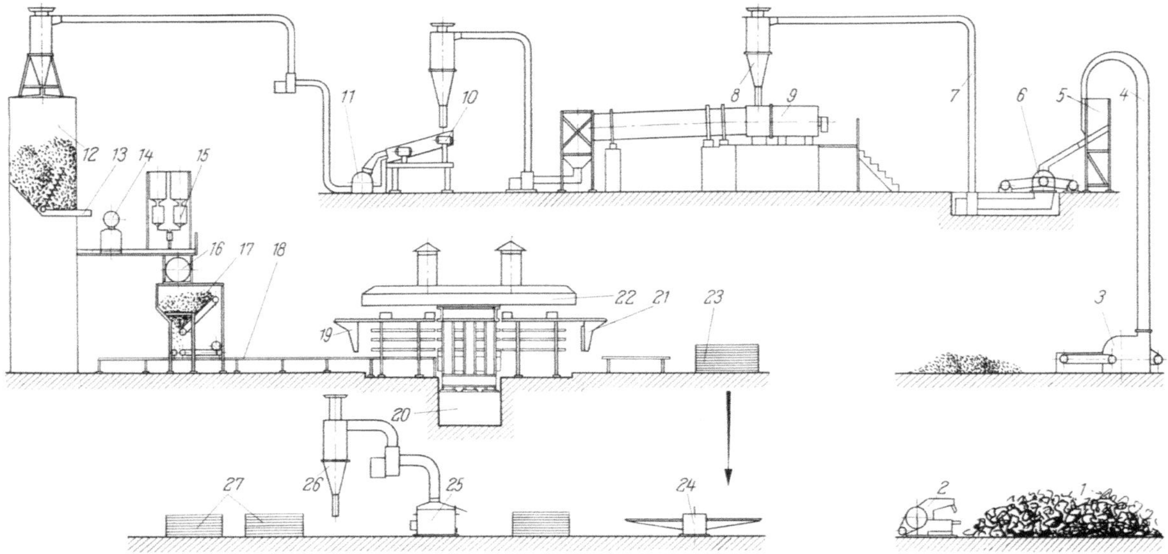

Bild 5.46. Schema des Arbeitsablaufes bei einer Hildebrand-Spanplattenanlage.

1 Rohmaterial; *2* Spaltmaschine; *3* Hackrotor; *4* pneumatische Fördereinrichtung; *5* Bunker mit Vibrationsrinne; *6* Zerspaner; *7* Spänetransport; *8* Späneabscheider; *9* Trommeltrockner; *10* Vibrationssieb; *11* Nachzerspaner; *12* Spänesilo; *13* Austragschnecke; *14* Waage; *15* Leimaufbereitung; *16* Mischer; *17* Streumaschine; *18* Blechförderer; *19* Beschickungseinrichtung; *20* Heizpresse; *21* Entleerungseinrichtung; *22* Dunstabsaugung; *23* Zwischenlager; *24* Formatsäge; *25* Zylinderschleifmaschine; *26* Schleifstaub-Absaugung; *27* Fertiglager.

Der Spänesilo *12* hat gewöhnlich ein Fassungsvermögen von etwa 15 m^3 und bildet ein Zwischenlager. Dies wird erforderlich, da die Erzeugung der Späne von der Leistung des Zerspaners vor dem Zwischenlager abhängig ist. Diese Leistung ist aber nahezu gleichbleibend und wird von der Dicke der zu erzeugenden Spanplatten nicht beeinflußt.

Das Mischen von Leim und Härter erfolgt in einer Leimmischeinrichtung *15*. Die Leimflotte wird gewichtsmäßig den Spänen beigemischt. Vom Boden fließt die Leimflotte in ein Dosiergefäß, und aus diesem erfolgt die Beimengung zu den Spänen. Für die Zubereitung der Leimflotte, das Dosieren und das Mischen mit den Spänen ist eine Arbeitskraft erforderlich.

Das Mischen der Späne mit der Leimflotte erfolgt im Mischer *16*. Ist das Gewicht einer Spänefüllung bekannt, so kann die Einfüllmenge gleichgehalten werden, und der Arbeitstakt ist leicht einzuhalten.

Auf die Transporteinrichtung *18* der Formstraße wird ein Beschikkungsblech aufgelegt. Die Temperatur des Bleches soll 20 °C möglichst nicht überschreiten. Die beleimten Späne fallen aus dem Mischer in den Bunker der Streumaschine *17* und werden von dort auf das aufgelegte Blech gestreut. Nach dem Schütten wird der Spänekuchen auf dem Beschickungsblech in das Beschickungsgestell *19* eingefahren. Dieses hat drei Etagen, vereinfacht das Beschicken der Presse und verkürzt die erforderliche Zeit.

Ist die Presse *20* entleert, so werden die Beschickungsbleche mit den Spänekuchen in die Presse eingeschoben. Das Beschicken der Presse erfolgt durch zwei Arbeitskräfte, die auch den Spänekuchen geschüttet haben. Die Presse wird nun geschlossen und auf den erforderlichen Druck gebracht. Die Preßzeit ist abhängig von der Plattendicke, der Leimart, dem Härter, der Preßtemperatur und dem Preßdruck.

Nach Ablauf der Preßzeit wird die Presse geöffnet, und die Platten werden auf die Ausziehvorrichtung *21* gezogen. Nach dem erneuten Beschicken und Schließen der Presse werden die drei fertigen Platten gestapelt und die Beschickungsbleche auf einen einfachen Wagen zum Abkühlen abgestellt. Die gepreßten Platten werden nun im Zwischenlager *23* dicht aufeinander liegend gelagert.

Der Rücklauf der Bechickungsbleche wird von Hand durch die Arbeitskräfte an der Presse vorgenommen. Dauert die Abkühlung aus irgendeinem Grund zu lange, so müssen die Bleche mit Wasser abgespritzt werden. Nach der Zwischenlagerung werden die Platten auf der Doppelabkürzkreissäge *24* parallel besäumt. Das vierseitige Besäumen der Spanplatten geschieht in zwei getrennten Arbeitsgängen.

Schließlich folgt das Schleifen der Platten auf der Zylinderschleifmaschine *25*. Das Schleifen muß ebenfalls in mehreren Arbeitsgängen vorgenommen werden.

5.2 Strangpreßverfahren

5.2.1 Okal-Verfahren

Von **Otto Kreibaum**, Lauenstein

5.2.1.0 Allgemeines

Das *Okal-Strangpreßverfahren* wurde in den Jahren 1947 bis 1949 in der Möbelfabrik des Fabrikanten Otto Kreibaum in Lauenstein/Hann. entwickelt. Nachdem die damalige durch den verlorenen Krieg entstandene Holzknappheit viele Unternehmen der Holzwirtschaft vor schwierige Fragen stellte, war es Sinn der Erfindung, bis dahin verbrannte oder sonst unwirtschaftlich eingesetzte Resthölzer einer sinnvollen Verwendung zuzuführen.

Die laufende Erzeugung einer neuen Spanplatte — die zunächst ausschließlich im Möbelbau eingesetzt wurde — begann 1949. Seither wurde das Verfahren immer mehr vervollkommnet und in seiner Wirtschaftlichkeit verbessert.

Die von dem Erfinder erarbeiteten Erkenntnisse und Erfahrungen über die Herstellung von Holzspanplatten nach dem Okal-Strangpreß-Verfahren führten in den Jahren von 1951 bis 1964 zur Errichtung von 48 Spanplattenanlagen in 28 Ländern. Die Produktionskapazität dieser Werke mit insgesamt 120 Strangpressen belief sich Ende 1964 schätzungsweise auf etwa 475000 m^3 Okal-Platten jährlich.

5.2.1.1 Grundzüge des Okal-Strangpreßverfahrens

Der Arbeitsablauf vom Rohholz bis zur fertigen Spanplatte ist aus dem Schema Bild 5.47 ersichtlich:

1. Einführung des *Rohholzes* mit einem Förderband mit zwischengeschaltetem Metallsuchgerät in den *Hackrotor* zur Grobzerspanung;
2. Absaugung über ein Rohrsystem mit zwischengeschaltetem *Gebläse* und Zyklon oder *Förderbändern* in den
3. *Bunker für Naßschnitzel;*
4. Weiterbeförderung der Naßschnitzel über *Vibratorrinnen* und *Magnetabscheider* in die
5. *Flächen-Zerspaner* zwecks Feinzerspanung und
6. durch eigenen Fall der Naßspäne in den *Spänetrockner;*
7. Die im Trommeltrockner den Naßspänen entzogene Feuchtigkeit einschließlich anfallendem Staub wird durch ein *Rohrsystem* mit zwischengeschaltetem *Brüdenventilator* in den *Staubzyklon* befördert. Der Staubzyklon sondert Brüden vom Staub, wobei letzterer als Abfall anfällt, während der Brüden in die freie Luft entweicht;

8. Die im Trommeltrockner getrockneten Späne fallen über ein *Zellenrad* auf ein *Vibratorsieb* mit doppeltem Siebboden, das eine Sichtung der Späne nach solchen, die preßreif sind, und nach solchen, die nochmals gemahlen werden müssen, vornimmt;

9. Die nochmals zu mahlenden Späne fallen in eine weitere *Feinspanmühle*, die unmittelbar unter dem Vibratorsieb steht;

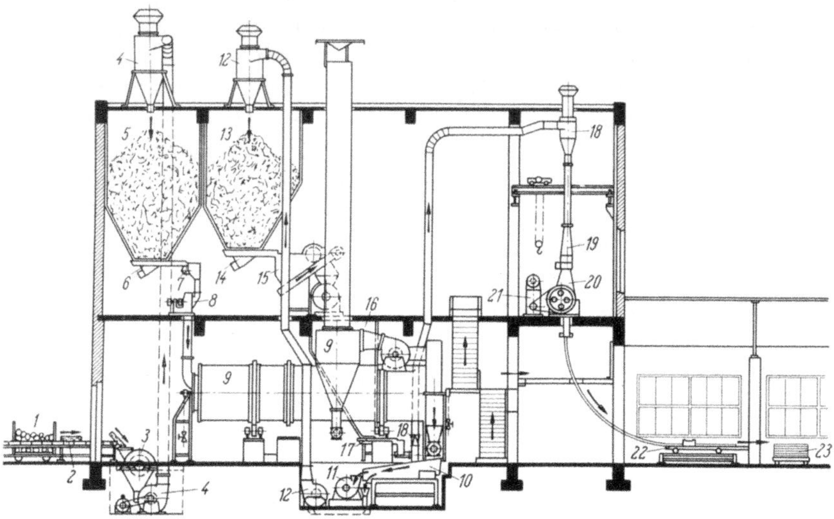

Bild 5.47. Schema einer Spanplattenanlage nach dem Okal-Strangpreßverfahren.
1 Abfallholz; *2* Förderband; *3* Hackrotor; *4* pneumatische Förderanlage; *5* Hackspanbunker; *6* Förderrinne; *7* Magnet-Scheidewalzen; *8* Flächenzerspaner; *9* Trocknungsanlage; *10* Vibratorsieb; *11* Hammermühle; *12* pneumatische Förderanlage; *13* Trockenspanbunker; *14* Förderrinne; *15* kontinuierlicher Mischer; *16* Mischspanbunker; *17* Förderrinne; *18* pneumatische Förderanlage; *19* Pendelrohr; *20* Okal-Spanplattenpresse; *21* Pressenantrieb; *22* Ablängsägen; *23* Plattenstapel.

10. Beide nun preßreifen Späneströme vereinigen sich in einem *Rohrsystem* mit zwischengeschaltetem *Gebläse* und werden über einen *Zyklon*

11. dem *Trockenspanbunker* zugeführt;

12. Die Trockenspäne laufen über eine *Vibratorrinne* in die

13. *Mischtrommel* zwecks Beimischung von Bindemitteln;

14. Aus der Mischtrommel fallen die Späne in den *Leimspanbunker*

15. und von dort mittels *Förderrinne* in die *pneumatische Förderanlage*, welche die Späne über einen Zyklon der

16. *Beschickungs- und Dosiereinrichtung* zuführt. Von hier aus gelangen die Späne, genau dosierbar für jede Plattendicke, in den Preßkanal der

17. *Okal-Presse*

Das Spangut wird gleichmäßig mittels eines Preßkolbens durch den Formkanal hindurchgepreßt. Der Formkanal besteht aus parallel angeordneten Heizstahlplatten, die durch Heißwasser auf einer Temperatur von 180° bis 190 °C gehalten werden. Die Länge des Kanals ist so bemessen, daß bei bestimmter Produktionsgeschwindigkeit die Späne während des Durchgangs durch diesen Kanal ausreichend gut verleimt werden und eine Platte als endloses Band aus der Presse austritt. Die *Preßzeiten* sind verhältnismäßig kurz, da durch die Wärmeeinwirkung auf die Oberfläche der aufrecht stehenden Späne diese nahe der Oberfläche

Bild 5.48. Automatische Ablängvorrichtung im Okal-Spanplattenwerk.

fest miteinander verleimt werden, ohne daß der *Abbindevorgang* bis zur Mitte der Platten durchgeführt zu werden braucht. Die sich an der Plattenoberfläche speichernde Wärmemenge reicht aus, um das Abbinden der Platte nach Verlassen der Presse bis zum Plattenkern durchzuführen. Die Platte befindet sich daher nur etwa 30 s in dem formgebenden Preßraum. Danach durchläuft die Platte noch eine Heizzone, in der sie sich je nach Plattendicke weitere 40 bis 60 s befindet. Durch die Menge der zur Pressenöffnung zugeführten Holzspäne sowie durch die Bemessung des Querschnittes des Preßstranges können Platten mit verschiedener Rohdichte und verschiedener Dicke hergestellt werden. Durch Einbau von Röhren in der Strangpresse lassen sich Platten mit durchlaufenden Hohlräumen fertigen. Bei Herstellung dieser Röhrenplatten wird nicht nur die Oberfläche in der Strangpresse erwärmt, sondern auch das Platteninnere durch die eingeführten, beheizten Röhren oder durch sonstige hohlgeformte Körper. Durch diese zusätzliche Erwärmung können daher auch dickere *Röhrenplatten* mit verhältnismäßig hoher Preßgeschwindigkeit gefertigt werden. Der *Pressenvorschub* ist abhängig von der Plattendicke und dem Rohstoff. Er liegt zwischen 90 und 120 cm/min bei Massivplatten sowie zwischen 50 und 100 cm/min bei Röhrenplatten.

18. Die fertige Spanplatte verläßt die Presse über eine *Rutsche*, um am Rutschenauslauf durch eine *Ablängsäge* in die gewünschten Längen geteilt zu werden. Die Ablängsäge arbeitet automatisch.

Bild 5.49. Späneaufbereitung im Okal-Spanplattenwerk.

Der Arbeitsgang ist kontinuierlich gestaltet, die Bedienungsweise einfach. Die senkrechte Arbeitsweise gewährleistet eine sonst nur schwer erreichbare Genauigkeit in der Plattendicke und verhindert ein Entmischen der einfallenden Späne über den Plattenquerschnitt. Sie ergibt ferner die Möglichkeit, die Kanten der Plattenbahn ohne besonderen Arbeitsgang gleich beim Pressen zu profilieren. Hierdurch ist ein fugendichtes Aneinanderleimen mehrerer Plattenbahnen bis zu jeder gewünschten Breite ohne Kantenbearbeitung möglich. Dies ergibt wiederum eine beachtliche Ersparnis an Spänen, Bindemitteln und Arbeitszeit, bedeutet also Kapazitätsausnutzung.

Unter den Pressen ist für das endlose Plattenband eine Führungsbahn mit großem Radius angeordnet, durch die es allmählich in die Waagerechte umgelenkt wird. Mittels Ablängsägen werden die Platten in der gewünschten Länge abgeschnitten (Bild 5.48).

5.2.1.2 Rohstoffe

Als Rohstoffe sind sowohl Nadelhölzer (Fichte, Kiefer, Lärche) als auch Laubhölzer (Buche, Eiche, Pappel, Erle) geeignet, ebenso bestimmte tropische Holzarten. Je nach Plattengüte können diese verschiedenen Holzarten auch gemischt verwendet werden. Die Vielseitigkeit des Okal-Verfahrens erlaubt die Verarbeitung von Rundholz, Schwarten, Spreißel, Sägewerksresthölzern sowie stückigen Resthölzern von Sperrholz- und Möbelfabriken.

Im Entwicklungswerk — das seine Produktion Ende 1959 ganz auf die Herstellung von *Fertighäusern* aus Okal-Spanplatten umgestellt hat — werden die Röhrenplatten für Außen-, Innenwände und Türen ausschließlich aus Sägespänen hergestellt (Bild 5.49).

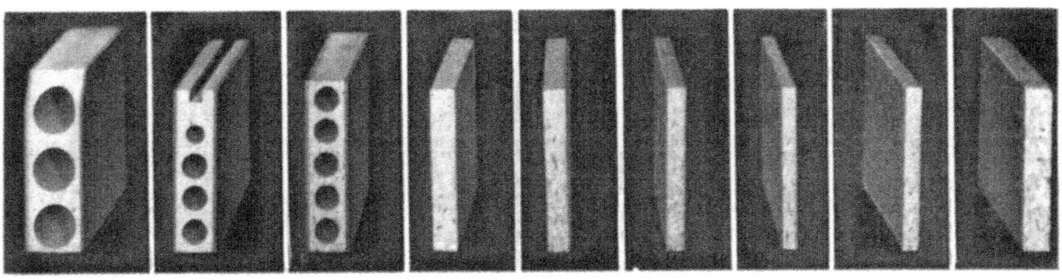

Bild 5.50. Voll- und Röhrenplatten.

5.2.1.3 Plattentypen und Abmessungen

Stranggepreßte Okal-Platten werden als Vollplatten mit Dicken von 8 bis 22 mm und als Röhrenplatten mit Dicken von 23 bis 120 mm hergestellt (Bild 5.50).

Die Arbeitsbreite der Pressen beträgt 1250 und 1850 mm. Wenn aus herstellungstechnischen Gründen laufend Zwischenmaße gefertigt werden sollen, z. B. 1100 oder 1700 mm, kann diesem Verlangen durch Einsatz entsprechender Kolben und seitlicher Begrenzungsschienen bzw. bei Röhrenplatten auch des Rohrbündels entsprochen werden.

Die Vollplatten haben durchschnittlich eine Rohdichte von 580 bis 620 kg/m³. Sie ist abhängig von der verwendeten Holzart und dem Spansortiment. Die Rohdichte der Röhrenplatten beträgt je nach Hohlraumanteil am Querschnitt zwischen 300 und 450 kg/m³. Der Durchmesser der Röhren kann von 12 bis 100 mm verändert werden.

5.2.1.4 Eigenschaften der Okal-Platten

Zu den besonderen Eigenschaften der stranggepreßten Okal-Platten gehört die Maßgenauigkeit, die so weit geht, daß z. B. Vollplatten Dickenunterschiede von nur $\pm$ 0,1 mm aufweisen.

Die Eigenschaften von Holzspanplatten sind allgemein in großem Maße von der Orientierung der Holzspäne abhängig. Beim Flach-Preßverfahren sind die Späne vorwiegend parallel zur Plattenebene ausgerichtet, beim Strang-Preßverfahren dagegen werden sie senkrecht zur Plattenebene gelagert und miteinander verleimt.

Durch diese besondere Anordnung der Späne haben die nach dem Strang-Preßverfahren hergestellten Platten eine geringere Biegefestigkeit. Die Zugfestigkeit der Platten senkrecht zur Plattenebene ist dagegen hoch. Die Platten weisen eine geringe Dickenquellung auf. Dagegen ist die Längenquellung größer, wird jedoch bei werkstoffgerechter Weiterverarbeitung aufgehoben.

Wenn auch die Strang-Preßplatten für gewisse Zwecke im rohen Zustand verwendbar sind, so werden sie doch als *typische Mittellagen-Platten* in den meisten Fällen furniert oder durch Aufbringung von Schichtstoffen verstärkt. Durch das Aufbringen von Furnieren oder Schichtstoffen wird die Biegefestigkeit der Okal-Platten wesentlich erhöht, eine gute Oberflächenbeschaffenheit erzielt und die Längenquellung der Platten herabgesetzt. Die Platten besitzen ferner ein gutes Nagel- und Schraubenhaltevermögen, sowohl senkrecht als auch parallel zur Plattenebene, und ein sehr gutes Stehvermögen.

5.2.1.5 Verarbeitung und Verwendung der Platten

Auf Grund ihrer guten Eigenschaften können die nach dem Strang-Preßverfahren hergestellten Platten für viele Zwecke verwendet werden. Für die Verarbeitung der Platten sind die erwähnten sehr geringen Dickenunterschiede günstig. Im Hinblick darauf kann das Schleifen der Platten unterbleiben, so daß sie sofort furniert werden können. Da die Seitenkanten der Platten fest und gleichmäßig sind, ist auch ein Besäumen nicht erforderlich. Für viele Zwecke müssen die Platten auch nicht abgesperrt werden, sondern es genügt ein Furnier von 0,8 bis 1,2 mm Dicke auf beiden Plattenseiten, wobei die Faserrichtung des Furniers parallel zur Längsrichtung der Platte läuft. Das Furnieren der Platten kann unter üblichen Bedingungen ohne Schwierigkeiten durchgeführt werden. Die furnierten Oberflächen sind glatt und einwandfrei. Außer Furnieren können auch Kunststoff-Folien und Papierbahnen aufgebracht werden. Durch Aufpressen von Deckschichten aus Holzspänen ist es möglich, die Platten in ihrer Festigkeit und Oberflächenbeschaffenheit zu verbessern. An den furnierten oder mit Deckschichten versehenen Platten sind alle Arbeitsvorgänge der Holzverarbeitung wie Leimen, Fälzen, Sägen, Fräsen, Bohren usw. durchführbar. Ferner können auf furnierten Platten verschiedene Oberflächenbehandlungen wie Streichen, Lackieren und Hochglanzpolieren angewendet werden, ohne daß unruhige Flächen entstehen.

Die furnierten Platten dienen den verschiedensten Zwecken, wie z. B. der Herstellung von Möbeln, Türen sowie von Gehäusen für Rundfunk-

und Fernsehgeräte. Besonders wichtig ist die Anwendung der Platten für den Bau von Fertighäusern, deren Herstellung im Entwicklungswerk seit Ende 1959 am Fließband erfolgt. Im Hausbau finden insbesondere die dickeren Röhrenplatten Verwendung, die eine gute Wärmedämmung besitzen und bei denen die durchgehenden Hohlräume auch zum Verlegen elektrischer Leitungen dienen (Bild 5.51).

Auf allen Anwendungsgebieten konnten gute Erfahrungen gesammelt werden, so daß ein weites Absatzgebiet gesichert ist.

Bild 5.51. Okal-Fertighaussiedlung.

5.2.1.6 Wirtschaftlichkeit

Für das Strang-Preßverfahren kann eine gute Wirtschaftlichkeit nachgewiesen werden. Da Rohholz verschiedener Holzarten und Holzsortimente, insbesondere Industrie-Resthölzer und Sägespäne, verwendbar sind, gestaltet sich der Rohstoffpreis günstig. Durch den geringen Bedarf an Kunstharz-Bindemitteln sind auch die Bindemittelkosten nicht erheblich. Die zweckmäßige, einfache Durchbildung des Verfahrens hält die Anlagekosten im Vergleich zum Ausstoß an Platten in wirtschaftlichen Grenzen, insbesondere da die hergestellten Platten auf Grund ihrer guten Eigenschaften und ihres großen Verwendungsgebietes einen guten Preis erzielen. Durch die Automation des Verfahrens ist auch der Bedarf an Arbeitskräften sehr gering. Für den Betrieb einer Anlage bis zur Ablängsäge sind z. B. je nach dem Automationsgrad nur 4 bis 5 Personen erforderlich. Bei dem Betrieb einer 2-Pressen-Anlage können täglich in 3 Schichten etwa 50 bis 60 m^3 bzw. 2500 bis 3000 m^2 Holzspanplatten gefertigt werden. Bei Pressenbreiten von 1850 mm und mehr steigt die Leistung entsprechend, ohne Mehreinsatz von Arbeitskräften. Da die Rohstoffkosten, die Anlagekosten und auch die laufenden Kosten verhältnismäßig niedrig liegen, kann also im Hinblick auf den hohen Verwendungswert der erzeugten Strang-Preßplatten eine gute Wirtschaftlichkeit als gesichert angesehen werden.

5.2.2 Sonstige Strangpreßverfahren

Von **Edgar Mörath,** Maria Enzersdorf

5.2.2.0 Allgemeines

Die bereits vor dem zweiten Weltkrieg im „Forschungsinstitut für Sperrholz und andere Holzerzeugnisse", Berlin, von Dribbusch entwickelte *waagerechte Strangpresse* für Holzspanplatten hat in Deutschland die Entwicklung der senkrechten Strangpressen beeinflußt und vielleicht auch auf die einschlägige amerikanische Industrie anregend gewirkt, die im wesentlichen aus zwei Gruppen, der Lane Comp., Inc., Altavista, Virg., und ihren Kunden sowie der Chipcraft Corp., Morristown, Tenn., besteht.

5.2.2.1 Lane- und Glomera-Verfahren

Die älteste und auch heute noch bedeutendere Gruppe der Lane Comp. (R. D. Bibby [*5.5*]) begann 1951 nach den Entwürfen von dem aus dem englischen Möbelwerk Harris Lebus Ltd. kommenden Generaldirektor R. D. Bibby in Zusammenarbeit mit der Maschinenfabrik Adam United Co., Akron, Ohio, mit der Entwicklung einer waagerechten Pilot-Strangpresse, die bis Anfang 1954 zu einer sehr robusten industriellen Anlage von etwa 40 m^3 Tagesleistung führte. Da die Anlagekosten nur etwa die Hälfte einer Flachpreß-Spanplattenfabrik mit Mehretagenheizpressen gleicher Leistung und die Herstellungskosten nur rund zwei Drittel der von Platten mit Flachspänen betrugen, fanden diese Anlagen, die einen *praktisch stetigen Arbeitsgang* aufweisen, großes Interesse in der amerikanischen Möbelindustrie, welche die Platten auf alle Fälle furnieren muß, wodurch die unbefriedigende Biegefestigkeit ausgeglichen wird. Es wurden daher in den Jahren 1956 und 1957 acht derartige Werke mit Jahresleistungen von 88000 m^3 bis zu 250000 m^3 gebaut, die sich nach neuesten, verläßlichen Mitteilungen gut bewähren.

Für die Lieferung außerhalb der USA hat die Glomera AG, Basel (Pawert [*5.44*]) die volle Projektausarbeitung, sowie die Lieferung der in der Zwischenzeit wesentlich verbesserten Glomera-Spanplattenanlagen übernommen.

Der in Bild 5.52 dargestellte einfache Arbeitsgang beginnt mit dem Transport der Rohstoffe auf einem Förderband *1* durch ein Metallsuchgerät *2* zur Vorzerkleinerung im Hacker *3, 4*. Metallteile stoppen automatisch das Förderband, das nach deren Entfernung sofort weiterläuft.

Die Hackspäne werden durch ein weiteres Förderband *5* zur endgültigen Zerkleinerung und Formgebung der erhöht stehenden *Novorotor-Mühle 6* zugeführt. Aus dieser werden sie pneumatisch über einen Stückabscheider *7, 8* in einen Naßspänebunker gebracht (*9*, *10*), aus dem sie mittels einer stufenlos einstellbaren Vibrationsrinne *11*, deren Tätigkeit durch am Bunkerauslauftrichter angebrachte Außenrüttler *10* unterstützt wird, in gleichmäßigem Strom dem mit Rauchgasen oder Heißluft beheizten, mit einem Sicherheitsthermostaten ausgerüsteten *Schwebetrockner* zugeführt werden (*12*, *13*). Während man sich früher, und namentlich bei der Verarbeitung von vorgetrockneten industriellen Holzabfällen, mit einem um etwa 10% schwankenden Feuchtigkeitsgehalt begnügte, trocknet man nun wesentlich genauer auf einen mit ±1% einstellbaren Feuchtigkeitsgehalt von etwa 6 bis max. 10%.

Aus dem dem Trockner nachgeschalteten Späneabscheider *15* fallen die Späne auf eine *Schwingsiebanlage mit zwei Sieben 16*, in der die Feinteile ausgeschieden (unter 1,6 mm) und mittels eines eigenen Ventilators *17* in die *Brikettieranlage* oder in die Feuerung geblasen werden, während die für die Plattenherstellung geeigneten Späne in den im Prinzip wie der Naßbunker gebauten Trockenbunker *19* geblasen und die etwa durchkommenden zu groben Teile ausgeworfen werden.

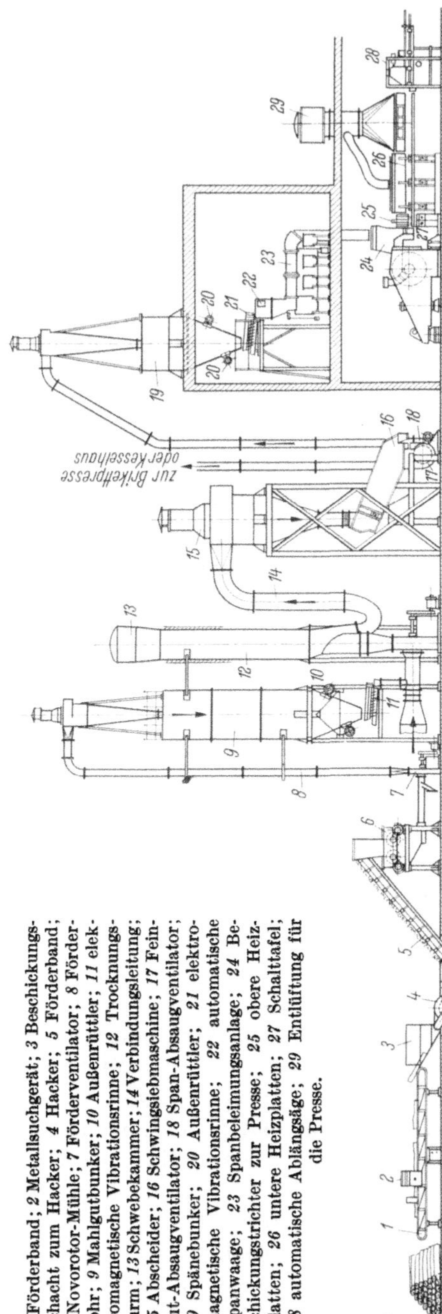

1 Förderband; *2* Metallsuchgerät; *3* Beschickungsschacht zum Hacker; *4* Hacker; *5* Förderband; *6* Novorotor-Mühle; *7* Förderventilator; *8* Förderrohr; *9* Mahlgutbunker; *10* Außenrüttler; *11* elektromagnetische Vibrationsrinne; *12* Trocknungsturm; *13* Schwebekammer; *14* Verbindungsleitung; *15* Abscheider; *16* Schwingsiebmaschine; *17* Feingut-Absaugventilator; *18* Span-Absaugventilator; *19* Spänebunker; *20* Außenrüttler; *21* elektromagnetische Vibrationsrinne; *22* automatische Spanwaage; *23* Spanbeleimungsanlage; *24* Beschickungstrichter zur Presse; *25* obere Heizplatten; *26* untere Heizplatten; *27* Schalttafel; *28* automatische Ablängsäge; *29* Entlüftung für die Presse.

Bild 5.52. Schema des Herstellungsablaufes bei einer Glomera-Spanplattenanlage.

Aus diesem gelangen über eine im wesentlichen gleich arbeitende, vollautomatische Austragvorrichtung mit automatischer Drais-Spantakt-Dosierwaage *22* die Späne in die große Beleimungsanlage *23*, in der die in weiten Grenzen einstellbare Leim-Härtergemischlösung (evtl. mit Zusatzmitteln) durch automatisch gesteuerte Leimdruckpumpen und durch Düsen, die ohne Ausbau von außen gereinigt werden können, auf die gleichmäßig verteilten Späne aufgesprüht wird. Die besprühten Späne fallen unmittelbar in den *Beschickungstrichter 24 der Spanplattenpresse 25, 26, 27, 29* (Bild 5.53), der durch Stachelwalzen für ihre gleichmäßige Verteilung über die ganze Arbeitsbreite der Maschine sorgt. Unter diesem

Bild 5.53. Horizontale Strangpresse des Glomera-Verfahrens.

Beschickungstrichter liegt der waagerecht angeordnete *Preßschlitten* mit für die verschiedenen Plattendicken auswechselbarem *Preßstössel*. Beim Vorlauf des normal 1250 mm breiten, genau zwischen die Heizplatten passenden Stössels werden die beleimten Späne nach vorne gedrückt und dabei abgebunden, so daß der *endlose Plattenstrang* von der auf die Presse folgenden Formatsäge *28* abgeschnitten werden kann. Die Längen schwanken zwischen 500 und 2400 mm. Die Presse besitzt eine eigene, besonders gute *Dunstabsaugung*. Nach Beendigung jedes Querschnittes wird die zur Erzielung eines genauen Schnittes mitwandernde Säge durch einen Druckluftkolben in die Ausgangsstellung zurückgebracht, während die fertig besäumte Platte auf einen Förderer fällt, bis ein Stapel von genügender Höhe erreicht ist.

Die *Arbeitsgeschwindigkeit* der Presse kann durch Veränderung der *Drehzahl* und des *Hubweges* des Preßschlittens, der auch die Spänemenge und die Dichte der Platten beeinflußt, einfach verstellt werden. Im Durchschnitt wird mit einem mittleren Vorschub von 15 mm je Stösselhub gearbeitet. Der Arbeitsgang für eine Platte beträgt dann 6 min und, bei 16 mm Plattendicke, 1,8 m^3 Fertigplatten je Stunde, d. h. im Normalarbeitstag von drei Schichten werden rd. 40 m^3 erzeugt. Die Plattendicken können zwischen 12 mm und 45 mm gewählt werden.

Zum Überfurnieren werden meist 1,5 mm dicke Furniere verwendet. Die weitere Fertigbearbeitung hat keine erwähnenswerten Besonderheiten aufzuweisen.

5.2.2.2 Chipcraft-Verfahren

JOHN M. CRAFTON, ein beratender Ingenieur für industrielle Konstruktionen, der früher bei der Lane Comp., Altavista, Virg., tätig war, entwickelte ein *senkrechtes Strangpreßverfahren* (Bild 5.54), dasjenige der Chipcraft Co., Morristown, Tenn., USA, deren Präsident er auch wurde (J. M. CRAFTON [*5.2*, *5.8*]).

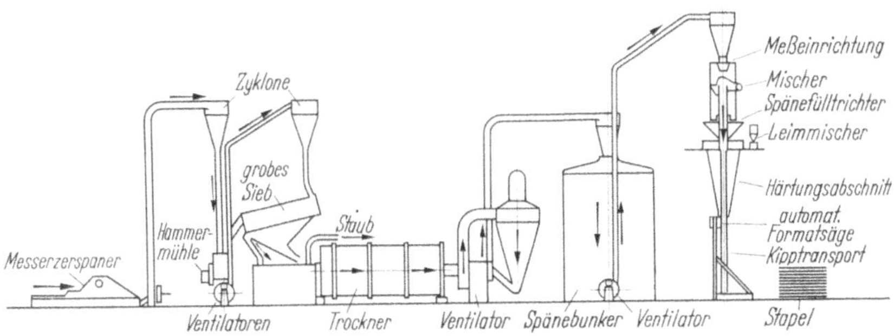

Bild 5.54. Arbeitsablauf-Schema des Chipcraft-Verfahrens.

Die Arbeitsweise unterscheidet sich nur unwesentlich von dem in Abschn. 5.2.1 besprochenen, auch in den USA gut eingeführten Okal-Verfahren, hauptsächlich aber dadurch, daß die fertig ausgehärtete Platte gleich beim Austritt aus dem unteren Ende der Strangpresse durch eine mitlaufende Kreissäge abgeschnitten wird, um dann durch einen sich in die Waagerechte umlegenden Förderer in den automatischen Stapler gelegt zu werden, von dem sie durch Gabelstapler in das Lager bzw. zur Fertigbearbeitungsstraße gebracht werden.

Durch die eingehende Automatisierung aller Vorgänge, die in allen Anlagen (insgesamt 8 bis 1958) angewendet wird, verringert sich der Bedarf an Arbeitskräften in der eigentlichen Strangpreßanlage bei einer Tagesleistung von rund 1000 lfm Platten von $1^1/_{16}''$ (15,8 mm) Dicke und 4′ (122 cm) Breite auf 1 Mann. Für diese Berechnung wird nur die Bedienung der Beleimungs- und Strangpreßanlage, nicht aber die der Zerspanung, Fertigbearbeitung, Magazinierung und der Betriebswerkstätte in Betracht gezogen.

Infolge der niedrigen Lohnkosten und wesentlich kleineren maschinellen und baulichen Anlagekosten sind diese stranggepreßten Platten für die Überfurnierung und die Oberflächenvergütung durch Deckschichten aus flachliegenden Schneidspänen [*5.2*] wirtschaftlich geeignet. Hierdurch werden auch ihre allgemeinen Festigkeitseigenschaften wesentlich verbessert.

6. Eigenschaften und Eigenschaftsprüfung

Von **Reinwald Teichgräber**, München

6.0 Allgemeines

Das anisotrope Verhalten von Vollholz, das sich unter anderem nachteilig in den unterschiedlichen Quellungs- und Schwindungseigenschaften in Richtung der drei Raumachsen zeigt, ist bei Spanplatten weitgehend ausgeschaltet. Insbesondere sind durch die Anordnung der Holzteilchen Quellung und Schwindung in der Plattenebene geringer und nicht so unterschiedlich. Darüber hinaus lassen sich für Holzspanwerkstoffe durch die vielfachen Kombinationsmöglichkeiten von Holz und Kunstharz-Bindemitteln in Verbindung mit Schutzmitteln umfangreiche und zum Teil neue Anwendungsgebiete erschließen.

Die vom Vollholz bekannten guten *physikalischen Eigenschaften* sind bei Spanplatten meistens erhalten geblieben (oder verbessert), und die *Festigkeitseigenschaften* lassen sich auf die Wünsche des Verbrauchers weitgehend abstimmen. Die Elastizitäts- und Festigkeitseigenschaften von Spanplatten liegen heute allerdings noch wesentlich niedriger als die von Lagenhölzern (R. Keylwerth [*6.49*]).

Im Laufe von etwa 10 Jahren konnten die Eigenschaften von Holzspanplatten beträchtlich verbessert werden, wie aus Tab. 6.1 entnommen werden kann, die aus Untersuchungsergebnissen von W. Klauditz [*6.54*] und G. Stegmann [*6.111*] sowie aus einem Bericht der FAO im Jahre 1963 zusammengestellt ist.

Tabelle 6.1. *Entwicklung der Eigenschaften von Flachpreß-Holzspanplatten*

	Rohdichte g/cm³	Biegefestigkeit kp/cm²	Querzugfestigkeit kp/cm²	Dickenquellung %
Stand 1952 (W. Klauditz [*6.53*]).	0,56 ··· 0,63	130 ··· 160	—	12 ··· 24
Stand 1957/58 (G. Stegmann [*6.111*]).	0,57 ··· 0,63	150 ··· 220	2,5 ··· 4,5	4,5 ··· 8,5
nach FAO 1963	0,40 ··· 0,80	100 ··· 500	2 ··· 12	—

Da die Erzeugung von Spanplatten einen ungewöhnlichen Aufschwung genommen hat, lag auch der Wunsch nach Möglichkeiten der Beurteilung nahe. Für das jüngste „Holzhalbzeug" sind umfangreiche Kenntnisse über die Eigenschaften und die Verarbeitungsverfahren erforderlich, um es richtig einsetzen zu können (A. Fischer [*6.35*]). Im Schrifttum sind die Gesichtspunkte zur Bewertung der Spanplatten schon vielfach behandelt worden (Anonymus [*6.1*, *6.9*]). Bis heute liegen aber für alle in Frage kommenden *Gebrauchseigenschaften* noch keineswegs zweckmäßige Prüfverfahren vor. Anderseits trat der Wunsch zur Festlegung von *Spanplatten-Gütemerkmalen* mehr und mehr hervor (F. Walter [*6.121*], F. Nedbal [*6.93*], Anonymus [*6.3*, *6.5*]).

Da nicht nur für den Möbelbau Spanplatten brauchbare Werkstoffe sind, sondern auch zahlreiche andere Holzwerkstoffe verarbeitende Betriebe in steigendem Maße darauf zurückgriffen, wurde die Nachfrage nach Spanplatten immer größer. Begriffe mußten festgelegt und dem Endverbraucher Hilfsmittel an die Hand gegeben werden, um festzustellen, ob der Werkstoff für einen bestimmten Zweck auch tatsächlich geeignet ist, z. B. als Bauplatte oder Bauelement. Wesentliche physikalische und mechanisch-technologische Eigenschaften lassen sich heute reproduzierbar prüfen (E. Plath [*6.100*], A. Wissing [*6.130*], F. Walter [*6.122*], H. Neusser [*6.94*], F. Nedbal [*6.91*], C. Bräutigam [*6.13*]), andere, insbesondere manche Gebrauchseigenschaften, bereiten noch erhebliche prüftechnische Schwierigkeiten. Es seien nur das *Stehvermögen*, die *Witterungsbeständigkeit* und die *Oberflächengüte* genannt.

6.1 Einflußgrößen auf die Eigenschaften von Holzspanplatten[1]

Die deutsche Norm DIN 68761: Holzspanplatten, Blatt 1 (Juni 1961), Rohdichte 450 kg/m³ bis 750 kg/m³, Begriffe, Anforderungen und Prüfung für allgemeine Zwecke, z. B. für den Möbel-, Geräte- und Behälterbau sowie für den Innenausbau von Räumen, unterscheidet bei der Lage der Späne *Flachpreßplatten* und *Strangpreßplatten*; darüber hinaus wird die *Querschnittstruktur* bei Flachpreßplatten näher beschrieben.

Bei der *Oberflächenbeschaffenheit* wird zwischen *ungeschliffen* (preßblank), *geschliffen*, *furniert* und *beschichtet* unterschieden. Nach dieser Norm werden scharfe Schnittkanten gefordert. Folgende *Maßabweichungen* sind zulässig:

1. Längen- und Breitenmaße einschließlich Abweichung von der Rechtwinkligkeit ± 5 mm.
2. Rechtwinkligkeit, bezogen auf 1000 mm Schenkellänge, 2 mm.
3. Dickenmaße bei geschliffenen sowie furnierten Holzspanplatten sowohl untereinander als auch innerhalb einer Platte insgesamt ± 0,3 mm.

[1] Wichtige Normen sind im Anhang dieses Buches abgedruckt.

DIN 68761, Blatt 1, fordert, daß der *Feuchtigkeitsgehalt* von Holzspanplatten im Anlieferungszustand 9% ± 3%, bezogen auf das Darrgewicht, betragen muß. Die festgelegten Eigenschaftswerte sind Mindest- bzw. Höchstwerte der Gesamtmittelwerte aus 3 Platten und je 10 Einzelproben. In den einzelnen Abschnitten der Spanplatten-Eigenschaften werden die Werte aufgeführt.

DIN 68761, Blatt 2 (Februar 1963), gilt für Holzspanplatten bis 450 kg/m³ Rohdichte. Die zulässigen *Maßabweichungen* sind gegenüber Blatt 1 teilweise verschärft und betragen:

1. Längen- und Breitenmaße einschließlich Abweichung von der Rechtwinkligkeit ± 2 mm.
2. Rechtwinkligkeit, bezogen auf 1000 mm Schenkellänge, 1 mm.
3. Dickenmaße bei geschliffenen sowie furnierten Holzspanplatten sowohl untereinander als auch innerhalb einer Platte insgesamt ± 0,3 mm.

Von leichten Holzspanplatten werden Eigenschaften gemäß Tab. 6.2 gefordert.

Tabelle 6.2. *Geforderte Eigenschaften von leichten Holzspanplatten*

Plattenart	Biegefestigkeit kp/cm² min. σ_{bB}	Wärmeleitfähigkeit kcal/m h grd max. λ	Schallabsorptionsgrad[1] min. α_s
Leichte Flachpreßplatten (LFP)	50	0,06	0,5
Leichte Strangpreßplatten mit geschlossener Oberfläche (LSP/G)	75 (in Richtung der Hohlräume) 50 (quer zu den Hohlräumen)	0,12	—
Leichte Strangpreßplatten mit durchbrochener Oberfläche (LSP/D)	—	—	0,5

[1] Die angegebenen Schrankenwerte für den Schallabsorptionsgrad dürfen auch von vollflächig aufliegenden Platten in einem wenigstens 2 Oktaven breiten Frequenzbereich an keiner Stelle unterschritten werden.

Aufgenommen werden muß in DIN 68761 eine Klassifizierung nach der *Verleimungs-* und *Hydrophobierungsart*, so daß verhindert wird, daß eine Spanplatte, die für den Möbel- oder Innenausbau geeignet ist, unzweckmäßigerweise als Bauplatte verwendet wird, die Witterungseinflüssen ausgesetzt ist. Auch eine Schutzmittelbehandlung und die natürliche *Widerstandsfähigkeit der verwendeten Holzart* gegen Witterungseinflüsse und Organismen sollten erfaßt werden, da es nicht nur auf eine gute Verleimungsart ankommt. Da die *Verfahrenstechnik* bei den einzelnen Spanplattentypen sehr verschieden sein kann und unter Umständen dadurch bestimmte Eigenschaften „*gezüchtet*" werden, unterscheiden sie sich in den Gebrauchseigenschaften wesentlich. In einem Blatt 3 der DIN 68761 werden Unterteilungen der Verleimungsarten in bezug auf ein besseres Feuchtigkeitsverhalten von Spanplatten vorgenommen und Versuchsmethoden zur Prüfung aufgeführt.

Für Berechnung und Ausführung von Holzbauwerken gilt DIN 1052 (Oktober 1947). Hierzu hat der Ausschuß für Einheitliche Technische Baubestimmungen (ETB) eine Ergänzung (August 1963) herausgebracht. H. Bub hat in Erläuterungen zu den Richtlinien für „Holzhäuser in Tafelbauart" auf wichtige Punkte des Erlasses aufmerksam gemacht (Z. Bauen mit Holz, H. 10 und 11, 1963), die bis zum Erscheinen des endgültigen Normblattes zu beachten sind.

Stranggepreßte Platten haben eine Spanorientierung, die senkrecht zu derjenigen der Flachpreßplatten verläuft (D. Ward [*6.127*], Anonymus [*6.6*], A. Buro u. H. A. May [*6.19*]). Auch *Holzspanformteile* haben verfahrenstechnisch bedingte Eigenschaften (W. Klauditz u. W. Kratz [*6.61*], E. Plath [*6.101*]), die sich von den Flachpreßplatten zum Teil wesentlich unterscheiden können.

Umfangreiche Versuche haben gezeigt, daß sich nicht nur viele Holzarten, sondern auch andere *pflanzliche Rohstoffe* zu Spanplatten eignen (R. C. Cranch [*6.23*], L. Buschbeck, E. Kehr u. U. Jensen [*6.21*], W. Klauditz u. A. Buro [*6.59*], M. Ławniczak, K. Nowak u. St. Zieliński [*6.79*], A. Vaajoensuu [*6.118*]). Die ersten Spanplatten wurden aus dem Gedanken geschaffen, Holzabfälle sinnvoll zu verwerten; es zeigte sich aber, daß beispielsweise *Sägespäne* sowie *Hobel- und Frässpäne* nur wenig geeignet sind. Es wurden deshalb besondere Späne erzeugt. Später versuchte man für bestimmte Plattenarten Abfälle mit zu verwerten (I. M. Dyskin [*6.29*], W. Klauditz u. A. Buro [*6.60*]). Man bemühte sich auch, ohne Bindemittel auszukommen (A. N. Minin [*6.88*]).

Sowohl die *Spanform* (O. Liiri [*6.83*], G. Rackwitz [*6.107*], P. W. Post [*6.106*], J. Hlavatý [*6.45*], H. Kitamura, J. Imata u. M. Shirie [*6.52*]), als auch insbesondere die Verleimung (F. Kollmann [*6.68*], L. Buschbeck u. E. Kehr [*6.20*], H. Hadert [*6.41*], E. Meinecke [*6.87*], W. Klauditz [*6.56, 6.57*]) und Hydrophobierung (T. Maku, H. Sasaki u. R. Hamada [*6.86*], B. G. Heebink u. R. A. Hann [*6.43*], K. Eisner u. M. Kolejak [*6.30*]) sind für die Güte einer Spanplatte von großer Bedeutung, so daß *Analysenverfahren* in den Vordergrund rücken (W. Klauditz u. K. Meier [*6.62*], K. Seifert [*6.109*], L. Plath [*6.104*]).

Der rasche Aufschwung der Spanplattenindustrie ist dadurch begründet, daß die Verbraucher sehr schnell die ausgezeichneten Eigenschaften der Spanplatten erkannten. Außerdem traten die *Vorteile der Großflächigkeit* der Platten für eine *wirtschaftliche Verarbeitung* dieser

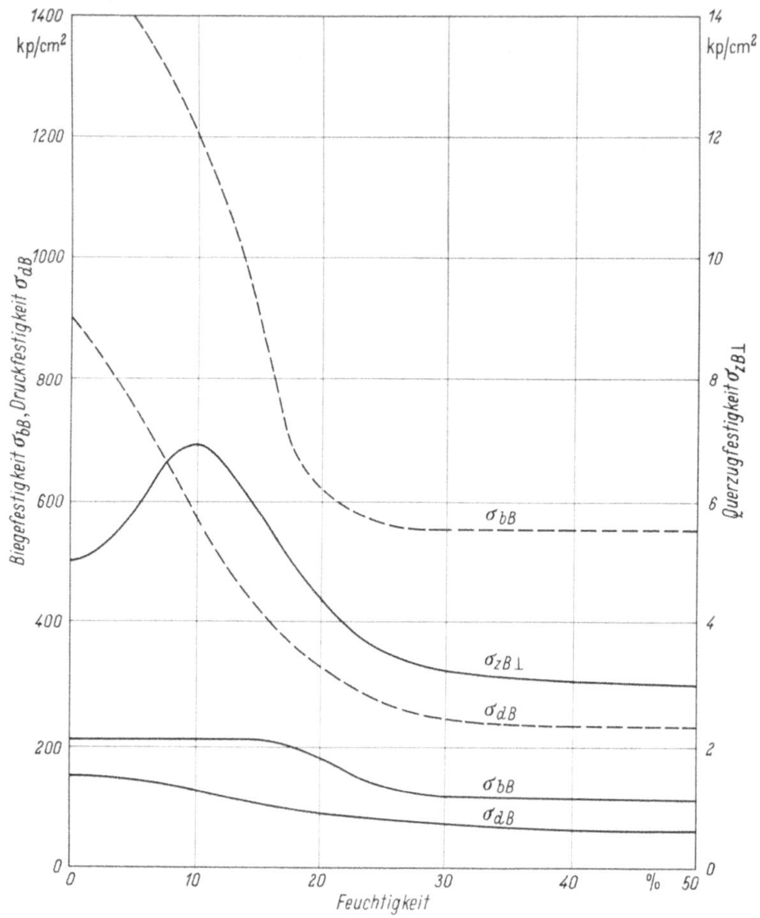

Bild 6.1. Abhängigkeit der Biege-, Druck- und Querzugfestigkeit (ausgezeichnete Kurven) von Spanplatten von der Feuchtigkeit, verglichen mit Kiefernholz (gestrichelte Kurven). (Nach T. PERKITNY.)

Halbzeuge mehr und mehr in den Vordergrund. D. WARD [*6.126*] fordert von Spanplatten, neben einer besseren Dimensionsbeständigkeit gegenüber Vollholz, hohe Biegefestigkeit und hohen Elastizitätsmodul, gute Zugfestigkeit senkrecht zur Plattenoberfläche, gutes Schraubenhaltevermögen und Nagelbarkeit und zufriedenstellende Oberflächenqualität. A. F. DARDA [*6.24*] nennt als Nachteile die höhere Dichte, die niedrigere

Festigkeit, die in der Regel größere Wasseraufnahme sowie die stärkere Werkzeugabnutzung gegenüber der Bearbeitung von Vollholz.

Verfolgt man das Schrifttum der letzten Jahre, so wird deutlich, daß die Festigkeitseigenschaften von Spanplatten wesentlich verbessert werden konnten (W. Klauditz [*6.53*], G. Stegmann [*6.111*], F. Kollmann [*6.69*], R. Teichgräber [*6.115*], O. Liiri [*6.82*]). Auf die Festigkeitsausbildung von Spanplatten haben die *geometrischen Verhältnisse der verleimten Späne* entscheidenden Einfluß, wie mehrfach nachgewiesen werden konnte (D. H. Turner [*6.117*], K. Kitahara u. K. Kasagi [*6.51*], P. W. Post [*6.105*]). Nach J. Brumbaugh [*6.15*] ergeben lange, dünne Späne hohe Biegefestigkeiten und gute Dimensionsstabilität, kurze dicke Späne hohe Querzugfestigkeiten. E. L. Bryan [*6.17*] betont, daß bereits bestmögliche Eigenschaften annähernd erreicht wurden.

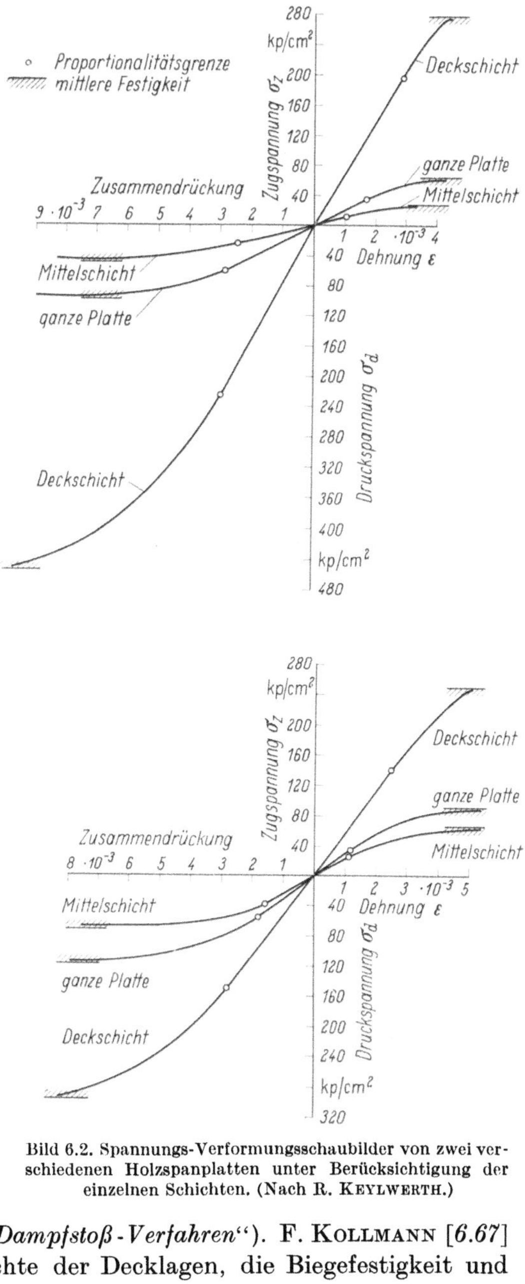

Bild 6.2. Spannungs-Verformungsschaubilder von zwei verschiedenen Holzspanplatten unter Berücksichtigung der einzelnen Schichten. (Nach R. Keylwerth.)

Der *Feuchtigkeitsgehalt der Deckschichtenspäne* hat einen deutlichen Einfluß auf die Festigkeitseigenschaften, wie schon F. Fahrni (1942) zeigte. W. Klauditz und Mitarbeiter [*6.54*] befaßten sich dann eingehend mit den technisch-wissenschaftlichen Grundlagen („*Dampfstoß-Verfahren*“). F. Kollmann [*6.67*] zeigte, wie sich die Rohdichte der Decklagen, die Biegefestigkeit und die Oberflächengüte durch die Befeuchtung bzw. Feuchterhaltung der Decklagenspäne verbessern. Weitere Untersuchungen liegen von R. Keylwerth [*6.50*] vor. Die Proportionalitätsgrenze bei Druckbeanspruchung während des Preßvorganges wird durch die Befeuchtung herabgesetzt, so daß sich die Decklagenspäne inniger aneinander schmiegen können; die Festigkeitseigenschaften werden dadurch verbessert. Nach E. Plath [*6.99*] werden bei Holzspanplatten durch die *Härtungsvorgänge* während der Preßzeit nicht nur die Quellungseigenschaften, sondern auch die in trockenem Zustand gemessenen Festigkeitseigenschaften beeinflußt. Für die Erreichung sehr kurzer Preßzeiten sind richtig zusammengesetzte Härtungsmittel eine wichtige Voraussetzung.

Ganz erheblichen Einfluß hat, wie bereits betont, die Verleimungstechnik. Art, Menge, Zerteilung und Verteilung des Bindemittels sind für die Spanplatteneigenschaften entscheidend (E. Meinecke [*6.87*], S. Namada u. H. Nakajima [*6.90*]).

T. Perkitny [*6.98*] konnte nachweisen (Bild 6.1), daß die Feuchtigkeit auf die Festigkeitseigenschaften bei Holzspanplatten einen Einfluß hat, wenn auch zum Teil sehr viel geringer als bei Vollholz.

Nach R. Keylwerth [*6.49*] ist die Berechnung der resultierenden Platteneigenschaften aus den Eigenschaften ihrer Komponenten möglich. Bei den Schubverformungen parallel und senkrecht zur Plattenebene ist die statistische Orientierung der Späne innerhalb der Platten von größter Wichtigkeit (T. Perkitny [*6.97*]). Aus Bild 6.2 ist zu entnehmen, welche Unterschiede in einem Spannungs-Verformungschaubild innerhalb der einzelnen Spanplattenschichten auftreten. Weitere Untersuchungen liegen von J. Brumbaugh [*6.14*] sowie W. Klauditz und Mitarbeiter [*6.57*] vor.

6.2 Eigenschaften und Prüfungen von Holzspanplatten

6.2.1 Beschreibung

Nach DIN 52360 (April 1965) soll die Beschreibung der Holzspanplatten möglichst vollständig sein und, soweit bekannt, folgende Angaben enthalten:

1. *Verwendungszweck:* Innenverwendung (vor Witterungseinflüssen geschützt), Außenverwendung (Witterungseinflüssen ausgesetzt);

2. *Preßverfahren:* Flachpreßplatte, Strangpreßplatte (mit oder ohne Röhren);

3. *Art der Späne:* Laubholz, Nadelholz, andere verholzte Rohstoffe;

4. *Form der Späne:* Schneidspan, Hackspan, Sägespan, Mahlspan, andere Spanformen (oder Typ der Zerspanungsmaschine);

5. *Querschnittsstruktur (Plattenaufbau):* Einschichtplatte, Zweischichtplatte, Dreischichtplatte, Vielschichtplatte, Platte mit all-

mählichem Übergang der Spangröße von der Mittel- zur Außenschicht (z. B. wind- oder wurfgeschüttete Holzspanplatte);

6. *Oberflächenbeschaffenheit:* ungeschliffen (preßblank), geschliffen, furniert, beschichtet);

7. *Visuelle Beurteilung der Oberflächen:* Farbe, Farbfehler, sonstige Fehler;

8. *Furniere:* Holzart, Furnierdicke, Furnierart (Schäl- oder Messerfurnier);

9 *Beschichtung:* stofflicher Aufbau, struktureller Aufbau der Beschichtung (z. B. Schichtpreßstoff, Kunstharzfolie, im Gießverfahren beschichtet);

10. *Besonderheiten:* z. B. termitengeschützt.

6.2.2 Probennahme

Nach der oben genannten Norm sind aus jeder zu prüfenden Gesamtheit von Holzspanplatten mit gemeinsamer Kennzeichnung 10 Platten nach Zufallsgesichtspunkten, d.h. so zu entnehmen, daß jede Platte der Gesamtheit die gleiche Wahrscheinlichkeit hat, entnommen zu werden. Wenn eine geringere Anzahl geprüft wird, ist dies im Prüfbericht anzugeben und zu begründen.

Für jede zu prüfende Eigenschaft (Rohdichte, Feuchtigkeitsgehalt bei Lieferung, Plattendicke, Dickenquellung, Biegefestigkeit, Querzugfestigkeit) ist die geforderte Anzahl Proben herzustellen, sofern nicht mehrere Prüfungen an den gleichen Proben durchgeführt werden dürfen. Mindestens eine Probe je Platte und Prüfverfahren muß so vom Plattenrand entnommen werden, daß sie eine Besäumkante hat (Randproben). Die übrigen Proben sind über die Platte zu verteilen. Dabei darf der Abstand von Probenmitte zu Probenmitte nicht weniger als 50 mm betragen.

6.2.3 Probenvorbereitung

Die Proben müssen vor jeder Prüfung — mit Ausnahme derjenigen für die Bestimmung des Feuchtigkeitsgehalts im Anlieferungszustand — im Normalklima 20/65 DIN 50014 (20 °C $\pm$ 2 grd und 65 $\pm$ 3% rel. Luftfeuchtigkeit) bis zur Gewichtskonstanz, erfahrungsgemäß 3 bis 7 Tage lang, gelagert (klimatisiert) werden. Gewichtskonstanz gilt als erreicht, wenn sich das Gewicht der Proben gegenüber der vorherigen Wägung im Abstand von 16 Stunden um nicht mehr als 0,1% geändert hat.

6.2.4 Auswertung

Für die Auswertung von Eigenschaftsprüfungen bedarf es bestimmter Rechenverfahren. Wesentliche Angaben über die Bildung des Mittelwertes, über die Standardabweichung und die Variierung, den Variationskoeffizienten und den Vertrauensbereich des Mittelwertes finden sich in der Norm DIN 52360, in der auch Vorschläge zur Vereinfachung der Rechenarbeit gemacht werden. Es wird zweckmäßig sein, diese Norm, die im Anhang abgedruckt ist, als Arbeitsgrundlage zu benutzen. Eingehende Veröffentlichungen über die Auswertung von Versuchsreihen liegen von E. PLATH [*6.103*] und R. KEYLWERTH [*6.46*] vor. Außerdem ist auf die Ausführungen in Abschn. 7 zu verweisen.

6.3 Physikalische Eigenschaften

6.3.1 Rohdichte und Flächengewicht

Die Rohdichte von Spanplatten beeinflußt ihre physikalischen und mechanischen Eigenschaften (E. PLATH [*6.102*]). Die meisten Verbraucher legen Wert darauf, daß die Platten bei möglichst niedriger Rohdichte ausreichende Festigkeit haben, um sie leicht handhaben zu können. Da mit zunehmender Rohdichte die Festigkeit mehr oder minder deutlich ansteigt, aber bestimmte physikalische Eigenschaften, wie Quellung und Wärmeleitung ungünstig beeinflußt werden, kommt der Rohdichte von Spanplatten besondere Bedeutung zu.

Gemäß DIN 52361 (April 1965) ist die Rohdichte als der Quotient aus der Probenmasse m und dem Probenvolumen V festgelegt. Bestimmt wird die Rohdichte ϱ an einer klimatisierten Spanplatten-Probe und in g/cm³ errechnet:

$$\varrho = \frac{m}{V} = \frac{m}{A \cdot a} \; [\mathrm{g/cm^3}]. \tag{1}$$

Die Rohdichte wird zweckmäßig an Quellungsproben bestimmt. Da diese Proben mit einer zulässigen Abweichung von 0,1 mm herzustellen sind, darf für die Berechnung der mittleren Rohdichte $\bar{\varrho}$ einer Platte die Sollfläche A der Proben und die mittlere Dicke $\bar{a}$ eingesetzt werden:

$$\bar{\varrho} = \frac{\bar{m}}{A \cdot \bar{a}} \; [\mathrm{g/cm^3}]. \tag{1a}$$

Bei den *Flächengewichten* von Spanplatten müssen die an den fertigen (geschliffenen) Platten und die an den preßblanken Platten, d. h. kurz nach dem Pressen, bestimmten Zahlenwerte unterschieden werden. Erstere sind an den Halbzeugen im klimatisierten Zustand (Normalklima 20/65 DIN 50014) zu ermitteln; sie sind für den Verbraucher wichtig. — Die Flächengewichte der preßblanken Spanplatten, insbesondere wenn sie an zahlreichen Einzelproben verteilt über die Spanplatte im Fertigungsmaß bestimmt wurden, können dem Hersteller wichtige Schlüsse auf Güte des *Streuverfahrens* und den *Preßvorgang* ermöglichen (V. B. KUMAR [*6.78*]).

F. Walter und H. Wiechmann [*6.125*] haben auf die technologisch wichtige Flächendichte aufmerksam gemacht und ein Meßverfahren angegeben, das auf der Adsorption von Strahlung beruht. F. C. Lynam [*6.85*] hat darauf hingewiesen, daß Holzspanplatten in der Plattendicke eine *Rohdichteverteilung* haben, die nach den Außenseiten zunimmt. E. Plath [*6.102*] wies nach, daß diese Abhängigkeit auch bei Einschichtplatten vorhanden ist und daß die Rohdichte bei ungeschliffenen Platten

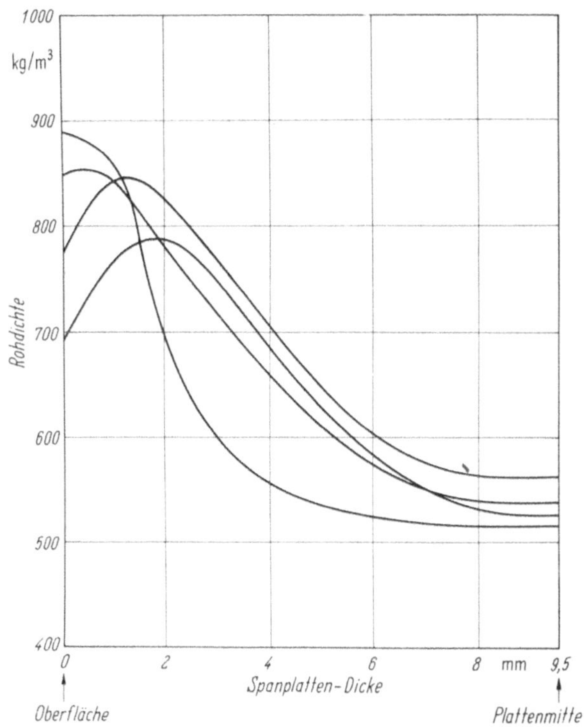

Bild 6.3. Abhängigkeit der Rohdichte von der Plattendicke (19 mm) von vier verschiedenen handelsüblichen, güteüberwachten Holzspanplatten (FP/Y DIN 68761 Bl. 1).

in den äußersten Deckschichten wieder sehr niedrig sein kann. Das Maximum liegt auf der Plattenober- und -unterseite verschieden weit von der Deckschicht entfernt. Für die Behandlung der mechanischen Eigenschaften ist die Kenntnis der *Deckschichtdicke* von wesentlicher Bedeutung (F. Walter u. H. Wiechmann [*6.125*]).

Weitere Untersuchungen von R. Teichgräber (Bild 6.3) haben ergeben, daß die Rohdichteverteilung bei handelsüblichen, güteüberwachten Spanplatten unterschiedlich sein kann. Für die Messungen wurden geschliffene Spanplatten von vier verschiedenen Herstellern benutzt, bei denen durch einen Zerspanungsvorgang jeweils 0,2 mm der Plattendicke abgetragen wurde. Jeder Meßpunkt wurde in normal-klimatisiertem Zustand bestimmt. Auffallend ist, daß der Rohdichteverlauf bei den einzelnen Spanplatten sich wesentlich unterscheidet, daß das Maximum nicht in gleicher Entfernung von der Oberfläche liegt und offensichtlich verfahrenstechnisch bedingt ist. Dieser Einfluß macht sich nicht nur in bezug auf die *elastischen Eigenschaften*, sondern auch auf die *Oberflächenbeschaffenheit* und das *Stehvermögen* der Platten bemerkbar.

6.3.2 Verhalten unter Feuchtigkeitseinwirkung

6.3.2.1 Feuchtigkeit

Der allgemeine (relative) *Feuchtigkeitsgehalt* (z. B. zum Zeitpunkt der Lieferung) ist der Quotient aus der Differenz aus der Masse m_u der feuchten Probe und der Masse m_0 der bei 105 °C ± 2 grd getrockneten Probe und der *Trockenmasse* m_0. Die Trockenmasse setzt sich bei Spanplatten aus dem Holz bzw. den verwendeten verholzten Pflanzenrohstoffen, dem Bindemittel sowie den Zusatzstoffen zusammen. Der Feuchtigkeitsgehalt u wird in Prozent errechnet:

$$u = \frac{m_u - m_0}{m_0} \cdot 100\ [\%]. \tag{2}$$

Bei der Bestimmung der Masse der getrockneten Probe (m_0) nach dem Darrverfahren gilt nach DIN 52361 (April 1965) die Gewichtskonstanz als erreicht, wenn sich die Probenmasse gegenüber der vorherigen Wägung im Abstand von 4 Stunden um nicht mehr als 0,1% geändert hat.

Unter *Normalfeuchtigkeit* wird die Feuchtigkeit eines hygroskopischen Werkstoffes verstanden, die sich einstellt, wenn der betreffende Stoff in einem Normalklima bis zur Gewichtskonstanz gelagert wird. DIN 52360 (April 1965) sieht für die Bestimmung der Masse der feuchten Probe (m_u) vor, daß die Gewichtskonstanz dann als erreicht gilt, wenn sich die Masse der Probe im Klimaraum in 16 Stunden nicht mehr als 0,1% ändert. Nach DIN 50014 (Dez. 1959) sind die in Tab. 6.3 zusammengestellten Klimate festgelegt worden.

Tabelle 6.3. *Normalklimate*

Kurzzeichen	Temperatur °C	Temperatur übliche Abweichung grd	Relative Luftfeuchtigkeit Nennwert	Relative Luftfeuchtigkeit übliche Abweichung %	Luftdruck mbar
20/65	20	±2	65	±3	800 bis 1060
23/50	23		50		

Bezeichnung eines Normalklimas von 20 °C und 65% relativer Luftfeuchtigkeit mit Abweichungen nach der Tabelle: Normalklima 20/65 DIN 50014.

Die Normalfeuchtigkeit liegt im allgemeinen bei Spanplatten niedriger als bei Vollholz. Dies bedeutet, daß Spanplatten auch eine — wenn auch nur wenig — kleinere Quellung bzw. Schwindung zeigen. Mehrere Ursachen dürften diese Wirkung erzielen, von denen folgende genannt seien: Einfluß des Kunstharzes, und zwar einmal durch den Mengenanteil der Festsubstanz, zum anderen durch die Festlegung (Verleimung) der einzelnen Späne in den drei Raumachsen, Einfluß der Hydrophobierungsmittel (Bild 6.4) (W. Klauditz [*6.57*], O. Liiri [*6.81*], H. Müller [*6.89*], A. A. El'bert [*6.31*], M. Ławniczak u. K. Nowak [*6.80*], H. H. Fickler [*6.34*]), Einfluß der Wärmevorbehandlung beim eigentlichen Preßvorgang und bei der Trocknung der Späne, die meist eine Hochtemperaturtrocknung ist, Einfluß des mechanischen Drucks bei der Zerspanung und beim Pressen (R. Teichgräber [*6.114*]) und chemische Einflüsse unter den Bedingungen von Temperatur, Feuchtigkeit und Zeit (R. O. H. Runkel [*6.108*]).

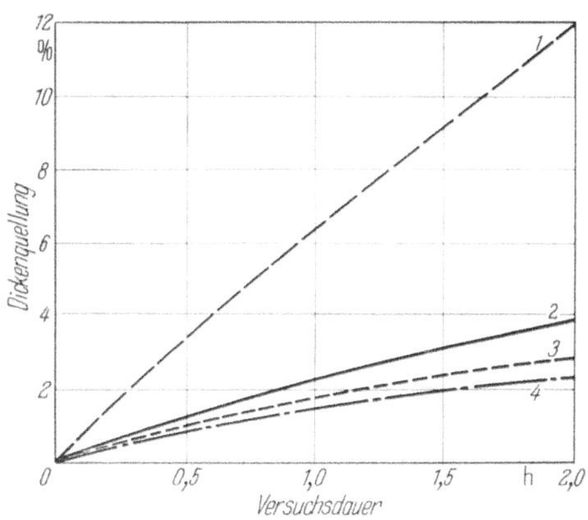

Bild 6.4. Abhängigkeit der Dickenquellung von der Menge eines Quellschutzmittels in einer Einschicht-Spanplatte. (Nach H. Müller.)
1 ohne Zusatz von Paraffin-Emulsion; *2* mit Zusatz von 0,25% Festparaffin bezogen auf atro Holz; *3* mit Zusatz von 0,50% Festparaffin bezogen auf atro Holz; *4* mit Zusatz von 0,75% Festparaffin bezogen auf atro Holz.

Die Bestimmung der Normalfeuchtigkeit erfordert geeignete Klimaräume oder Klimageräte mit Luftumwälzung, da sonst keine reproduzierbaren Werte erhalten werden. Da die Messungen zeitlich aufwendig sind und auch geeignete Schnellwaagen erfordern, werden sie in erster Linie in Forschungsanstalten und Prüfinstituten durchgeführt. Die Normalfeuchtigkeit konnte bisher nur in geringem Maße durch technologische Maßnahmen oder durch Zusätze beeinflußt werden, dennoch sind die Bemühungen lohnend, da jede Erniedrigung der Normalfeuchtigkeit, auch wenn sie noch so klein ist, eine *Quellungs-Vergütung* mit sich bringt, welche die Gebrauchseigenschaften verbessert. — Seit mehreren Jahren wurden im Institut für Holzforschung und Holztechnik in München Normalfeuchtigkeiten an handelsüblichen Holzspanplatten bestimmt. Aus all diesen Messungen im Normalklima 20/65 DIN 50014 läßt sich als Mittelwert für die Normalfeuchtigkeit 9,6% angeben; die obere und untere Grenze betrug 11,0% bzw. 8,5%.

6.3.2.2 Wasseraufnahme und Quellung

Das *hygroskopische Verhalten von Spanplatten* wurde frühzeitig untersucht. In Bild 6.5 sind neuere Versuchsergebnisse nach M. Ławniczak und K. Nowak [*6.80*] dargestellt. Man fand, daß ein beträchtlicher Zeitaufwand nötig ist, um den Feuchtigkeits-Ausgleichzustand zu erreichen. Man entschloß sich deshalb, für die Qualitätskontrolle *Wasserlagerungs-Versuche*

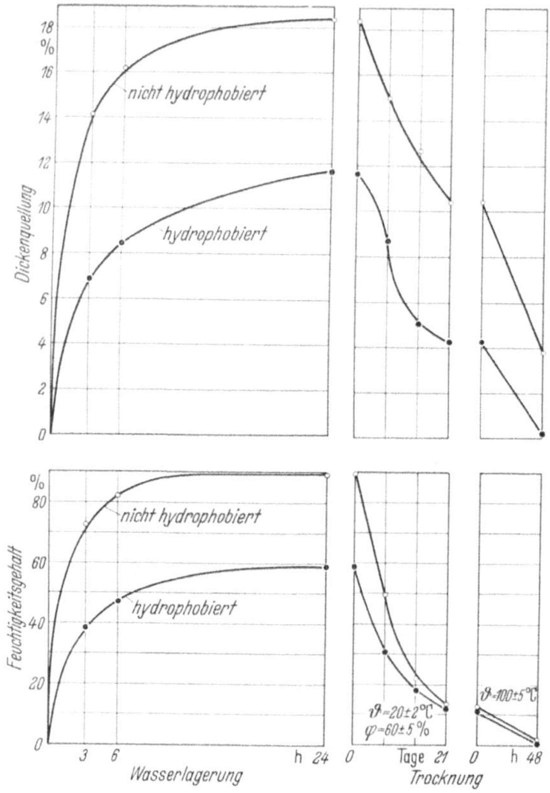

Bild 6.5. Abhängigkeit der Verformung dreischichtiger Holzspanplatten nach Lufttrocknung vom Feuchtigkeitsgehalt während der Wasserlagerung. (Nach M. Ławniczak u. K. Nowak.)

durchzuführen, und nahm die Nachteile in Kauf. Auch wurde der Einfluß der Probengröße untersucht (F. Walter [*6.120*]).

In Deutschland ist das Prüfverfahren für die Bestimmung der *Dickenquellung* durch DIN 52364 (April 1965) festgelegt und dient zum Beurteilen des Feuchtigkeitsverhaltens von Spanplatten. Es kann Auskunft über die Wirksamkeit von Quellschutzmitteln geben. Für die Prüfung werden quadratische Proben von 25 mm Kantenlänge, nach einer Lagerung bis zur Gewichtskonstanz im Normalklima 20/65 DIN

50014, 2 Stunden ± 3 Minuten in einem Wasserbad von 20 °C ± 2 grd so gelagert, daß die Proben vollständig mit Wasser bedeckt sind. Die *Dickenquellung* q_2 wird berechnet als das Verhältnis aus der Differenz der Dicke der Proben vor der Quellung a_0 (normalklimatisierte Ausgangsdicke) und nach der Quellung a zu der normalklimatisierten Dicke a_0:

$$q_2 = \frac{a - a_0}{a_0} \cdot 100\ [\%]. \tag{3}$$

Außerdem kann die Quellung q_{24} nach 24 Stunden Wasserlagerung ermittelt werden.

Als *Güteschranke* sind in dem Normblatt DIN 68761, Blatt 1 (Juni 1961), höchstzulässige Werte der Dickenquellung nach 2 stündiger Wasserlagerung gemäß Tab. 6.4 aufgeführt.

Tabelle 6.4. *Höchstzulässige Werte der Dickenquellung von Spanplatten*

Art	Dicke mm	Dickenquellung in % der Ausgangsdicke max.
Flachpreßplatten mit hoher Biege- und normaler Querzugfestigkeit	6 ··· 25	6,0
Flachpreßplatten mit normaler Biege- und erhöhter Querzugfestigkeit	>13 ··· 25	10,0
Strangpreßplatten ohne Hohlräume	6 ··· 25	3,0

Wie bereits erwähnt, wird der Wasserlagerungsversuch nach DIN 52364 benutzt, um das Feuchtigkeitsverhalten von Spanplatten zu beurteilen. Zahlreiche Ergebnisse liegen über Quellungsversuche vor, bei denen Spanplatten sowohl einer Wasserlagerung als auch einem bestimmten Klima ausgesetzt wurden (H. Neusser, U. Krames u. F. Kern [*6.96*], F. Walter [*6.119*]). Bild 6.6 zeigt, wie sich die Abmessungen von Vollholz und Holzspanplatten nach einer Teilklimatisierung verändern. Für den Konstrukteur und die Spanplatten verarbeitende Industrie erscheint es aber bedeutungsvoll, die *Maßänderungen im Ausgleichzustand* zu kennen. Es wurden deshalb umfangreiche Quellungsmessungen an 19 mm dicken, güteüberwachten Spanplatten verschiedener Herstellerfirmen durchgeführt. Nach DIN 52361

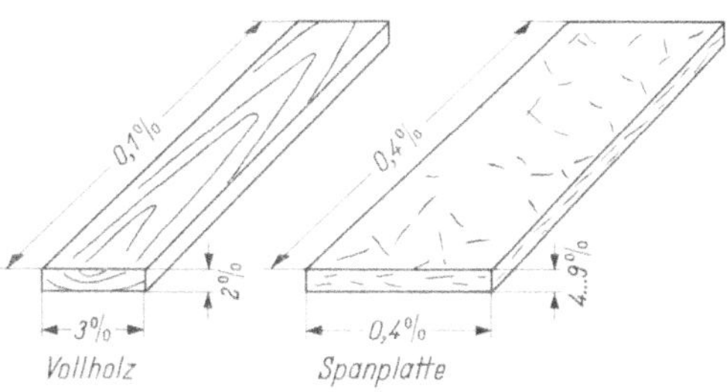

Bild 6.6. Quellungsmasse von Vollholz und Flachpreß-Holzspanplatten nach Klimatisierung auf 6% und 18% Feuchtigkeit, entsprechend 30% bis 80% rel. Luftfeuchtigkeit. (Nach M. Foslie.)

getrocknete Spanplatten wurden jeweils bis zur Gewichtskonstanz einer stufenweisen Erhöhung der relativen Luftfeuchtigkeit ausgesetzt. Für die Messung der Quellung in Plattenebene wurden die Spanplattenproben z. B. von 100 mm × 150 mm Größe in Dreiecksanordnung mittels einer Bohrlehre mit Meßstiften versehen und die Längenänderungen mit Hilfe einer Feinmeßuhr bestimmt. Die vom Verfasser für diese Messungen entwickelte Vorrichtung zeigt Bild 6.7. Da die Fertigungsrichtung nicht mehr bei allen Platten sicher festgestellt werden konnte, wurde aus den 6 Proben je Spanplattenwerk eine mittlere Längen- und Breitenänderung berechnet und ausgewertet, zumal die Unterschiede der Quellung in Plattenebene geringfügig waren. — Die Dickenquellung

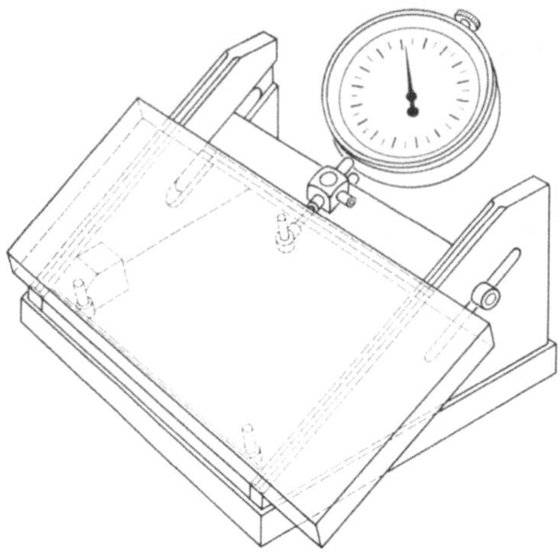

Bild 6.7. Meßeinrichtung zur Bestimmung der Längenänderungen an plattenförmigen Werkstoffen.

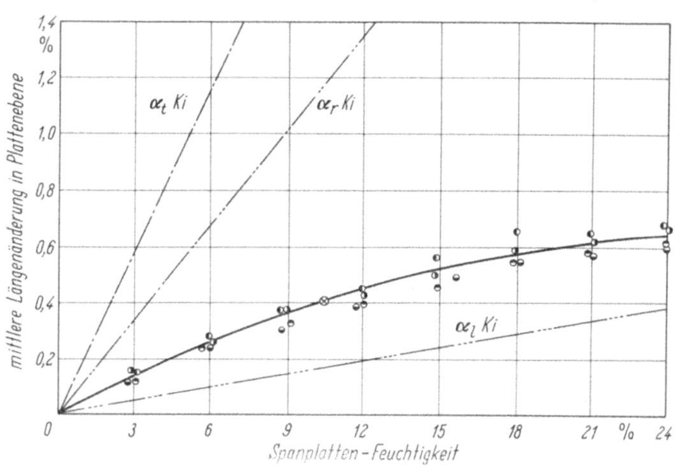

Bild 6.8. Mittlere Längenänderung in Plattenebene von 19 mm dicken, güteüberwachten Holzspanplatten (nach DIN 68761) im Ausgleichzustand über der Spanplattenfeuchtigkeit aufgetragen. Die strichpunktierten Kurven ermöglichen den Vergleich mit Kiefernholz.

der trockenen Spanplattenproben in Klimastufen, jeweils im Ausgleichzustand, wurde mit einer Meßeinrichtung entsprechend DIN 52361 bestimmt. Bild 6.8 zeigt die Längenänderung in Plattenebene und Bild 6.9

die Dickenquellung von Spanplatten. Zum Vergleich wurden die Quellungskurven nach E. MÖRATH für Kiefernholz in tangentialer (α_t *Ki*), radialer (α_r *Ki*) und longitudinaler Richtung (α_l *Ki*) eingetragen (F. KOLLMANN [*6.66*]). Bemerkenswert ist, daß die mittlere *Längenänderung* in dem Feuchtigkeitsbereich von 0 bis 24% Stoff-Feuchtigkeit nicht linear ansteigt, sondern daß die Zunahme der Quellung in Plattenebene oberhalb der Normalfeuchtigkeit weniger steil ansteigt. Als mittlere lineare Längenänderung darrtrockener Spanplattenproben bis zur Normalfeuchtigkeit

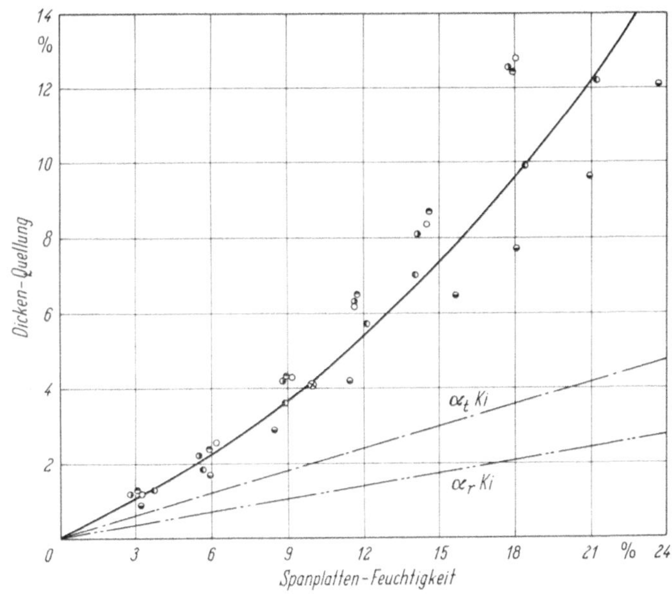

Bild 6.9. Mittlere Dickenquellung von 5 verschiedenen 19 mm dicken, güteüberwachten Holzspanplatten (nach DIN 68761) im Ausgleichszustand über der Spanplattenfeuchtigkeit aufgetragen. Die strichpunktierten Kurven ermöglichen den Vergleich mit Kiefernholz.

(20/65 DIN 50014) wurden 0,42% bestimmt. Wie zu erwarten war, lagen die gemessenen Werte von Spanplatten unter den Werten der radialen und tangentialen Quellung, aber über denen der longitudinalen Quellung von Kiefernholz.

Auch bei der *Dickenquellung* von Spanplatten (Bild 6.9) wurden vergleichsweise die Quellungskurven von Kiefernholz eingetragen. Im Gegensatz zur Längenänderung in Plattenebene nimmt die Dickenquellung mit steigender Spanplatten-Feuchtigkeit schnell zu. Nach Lagerung der trockenen Spanplattenproben bis zum Gewichtsausgleich im Normalklima 20/65 DIN 50014 wurde eine mittlere Dickenquellung von 4,15% bestimmt. Überschlägig ist somit die Dickenquellung bei Holzspanplatten (FP/Y mit 19 mm Dicke, DIN 68761) 10mal so groß wie die mittlere lineare Quellung in Plattenebene. Bei Wasserlagerungsversuchen hat V. B. KUMAR gefunden, daß die Dickenquellung rund 35mal größer ist als die Längsquellung (V. B. KUMAR [*6.78*]).

6.3.2.3 Sorption

Da die Hygroskopizität und die damit verbundene Quellung die Verwendung der Holzwerkstoffe beeinträchtigt, ist man bemüht, die Wasseraufnahme durch eine zweckmäßige Verfahrenstechnik und/oder durch Zusätze zu verringern.

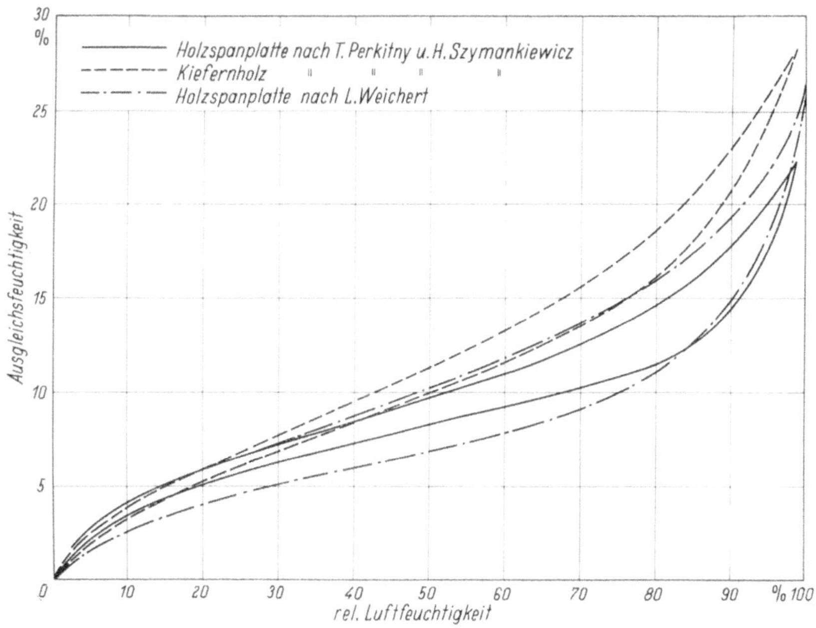

Bild 6.10. Hygroskopische Isothermen für Desorption nach Adsorption von Holzspanplatten und Kiefernholz. (Nach T. PERKITNY u. H. SZYMANKIEWICZ sowie L. WEICHERT.)

Im Bild 6.10 sind die *Sorptionsisothermen* für Ad- und Desorption von Holzspanplatten und Kiefernholz dargestellt. Es handelte sich bei den Messungen von L. WEICHERT [*6.128*] um hygroskopische Isothermen, die bei 20 °C an Proben aufgenommen sind, die aus der Mittelschicht einer handelsüblichen Spanplatte entnommen waren. Vergleicht man diese Sorptionsschleifen und jene, die von T. PERKITNY und H. SZYMANKIEWICZ 1962 veröffentlicht wurden, mit Kurven für Vollholz, so erkennt man die *Vergütung* in bezug auf die hygroskopische Eigenschaft von Spanplatten.

6.3.3 Wärmeleitung

Die niedrige *Wärmeleitzahl* und damit der gute Wärmeschutz ist ein wichtiger Vorteil der Holzwerkstoffe; insbesondere das Bauwesen kann diesen Vorteil nutzen.

F. KOLLMANN stellte auf Grund eigener Messungen und zahlreicher Angaben aus dem Schrifttum fest, daß die Wärmeleitzahl mit der Rohdichte erst langsam, dann etwas rascher ansteigt und daß im praktischen Bereich von einem ungefähren geradlinigen Anwachsen gesprochen werden kann. Aus einem von F. KOLLMANN und L. MALMQUIST [*6.71*]

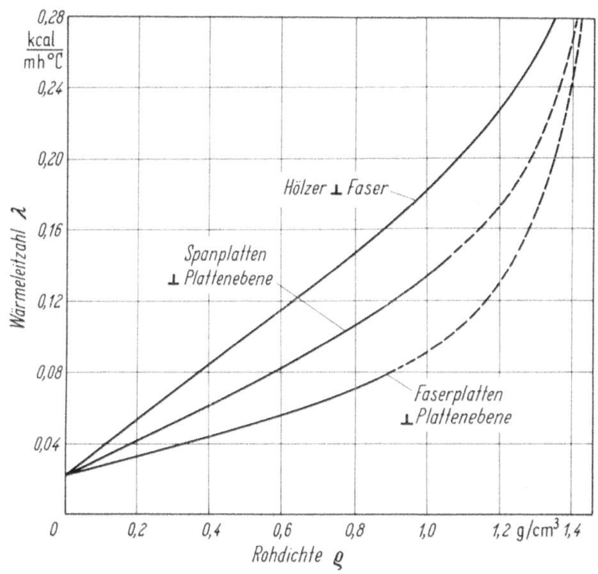

Bild 6.11. Abhängigkeit der Wärmeleitzahl der Hölzer, von Holzspanplatten und Holzfaserplatten von der Rohdichte. (Nach F. KOLLMANN u. L. MALMQUIST.)

erstellten Schaubild wurden die Wärmeleitzahlen für Flachpreß-Spanplatten und zum Vergleich die für Hölzer senkrecht zur Faser sowie von Faserplatten senkrecht zur Plattenebene entnommen (Bild 6.11).

Auf Grund von Untersuchungen von E. GRIFFITHS und W. C. KAYE sowie von D. NARAYANAMURTI stellte F. KOLLMANN fest, daß die Wärmeleitzahlen bei Vollholz parallel zur Faser etwa doppelt so groß sind wie senkrecht zur Faser. Bei Holzspanplatten wird der Unterschied sicher geringer sein. In der Praxis werden in erster Linie die Wärmeleitzahlen senkrecht zur Plattenebene gebraucht, auf die sich auch das Bild 6.11 beschränkt; extrapolierte Werte wurden gestrichelt eingetragen.

Der Feuchtigkeitsgehalt dieses kapillarporösen Werkstoffes ist auch für die Wärmeleitzahl bedeutungsvoll, da sie nach G. KÜHLMANN [*6.75*]

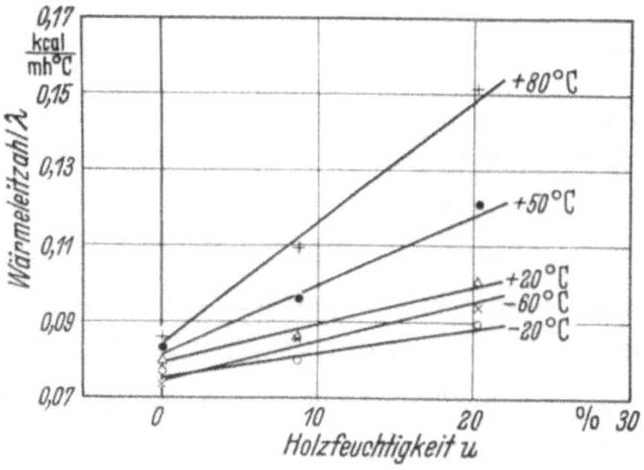

Bild 6.12. Wärmeleitzahl von Holzspanplatten in Abhängigkeit von der Holzfeuchtigkeit *u* mit der Temperatur als Parameter. (Nach G. KÜHLMANN.)

mit zunehmender Feuchtigkeit erheblich ansteigt (Bild 6.12). Deshalb muß im Bauwesen mit besonderen Vorsichtsmaßnahmen gegen Feuchtigkeitsaufnahme gearbeitet werden.

Nach DIN 68761, Blatt 2 (Febr. 1963), werden für leichte Holzspanplatten mit einer Rohdichte bis 450 kg/m³ maximale Wärmeleitfähigkeiten gemäß Tab. 6.2 gefordert, und zwar für leichte Flachpreß-Platten (LFP) 0,06 kcal/mh grd und für leichte Strangpreß-Platten (LSP/G) 0,12 kcal/mh grd.

Wie aus Bild 6.11 entnommen werden kann, hatten die Flachpreß-Spanplatten, die im Institut für Holzforschung und Holztechnik in München untersucht wurden, bei einer Rohdichte von 400 kg/m³ eine Wärmeleitzahl von 0,062 kcal/mh grd und bei einer Rohdichte von 600 kg/m³ eine Wärmeleitzahl von 0,084 kcal/mh grd.

6.4 Brandeigenschaften

Die Beurteilung der *Widerstandsfähigkeit von Baustoffen und Bauteilen unter Einwirkung von Feuer und Wärme* wird in Deutschland nach der Norm DIN 4102 geprüft. Wesentliche Veränderungen und Verbesserungen müssen vorgenommen werden, die eine gewisse Zeit beanspruchen. Es wurden deshalb ergänzende Bestimmungen zu DIN 4102 erlassen (Anonymus [*6.10*]). Außerdem müssen die *Bauordnungen* der einzelnen Länder beachtet werden. *Baustoffe* werden nach ihrem Brandverhalten eingeteilt in nicht brennbare (Klasse A) und brennbare (Klasse B) Baustoffe. Die Klasse B, brennbare Baustoffe, wird eingeteilt in:

2.21 schwer entflammbare Baustoffe (Klasse B1),
2.22 normal entflammbare Baustoffe (Klasse B2),
2.23 leicht entflammbare Baustoffe (Klasse B3).

In die Klasse der nicht brennbaren Baustoffe (Klasse A) lassen sich Holzwerkstoffe kaum einordnen; selbst Platten aus unbrennbaren Stoffen (Klasse A), denen nur geringe Kunstharz- oder andere Bindemittel zugesetzt worden sind, entsprechen den Prüfbedingungen oft nicht. Die wichtige Klasse, die für Holzwerkstoffe anzustreben ist, ist demnach die Klasse B1, *schwer entflammbare Baustoffe*. Um möglichst mit einer Prüfeinrichtung alle Baustoffe vergleichbar beurteilen zu können, wurde eine *Brandprüf-Versuchseinrichtung* geschaffen (WOLGAST [*6.131*]), die durch eine *Arbeitsgemeinschaft amtlicher Materialprüfungsanstalten* (ABM) z. Z. noch überprüft und gegebenenfalls weiterentwickelt wird. Die im Institut für Holzforschung und Holztechnik in München benutzte Prüfeinrichtung (F. KOLLMANN u. R. TEICHGRÄBER [*6.72*]) zeigt Bild 6.13.

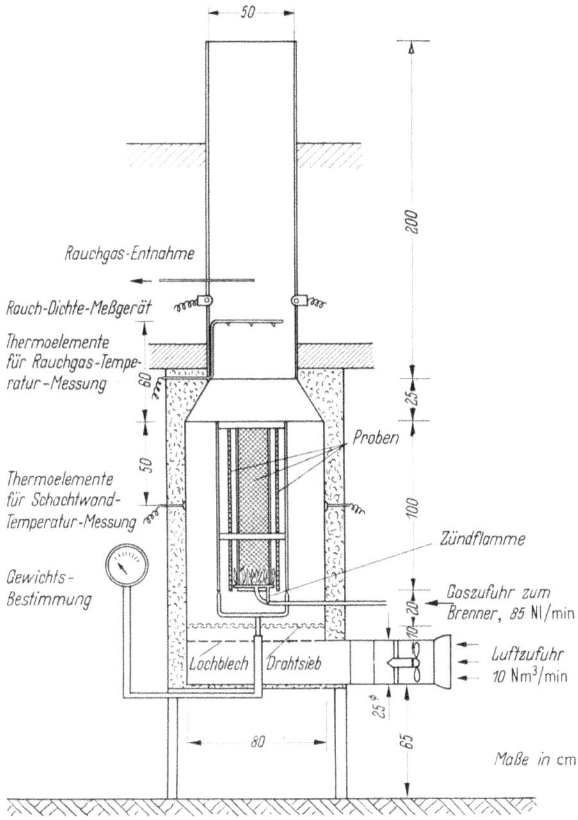

Bild 6.13. Schematische Zeichnung der Brandprüfeinrichtung für Baustoffe der Klasse B 1, DIN E 4102.

Zahlreiche neue Werkstoffe, manche davon mit bisher ungekannten Eigenschaften, machten es erforderlich, die Prüftechnik zu verbessern. Gleichzeitig forderten die Brandaufsichtsbehörden neue und zum Teil schärfere Prüfverfahren. Auch die Fertighaus-Bauweise und der Schiffbau stellten neue Aufgaben. Jetzt liegt es in der Hand der Holzwerkstoff-Industrie, mit der Entwicklung Schritt zu halten, um den Anforderungen hinsichtlich Brandsicherheit gerecht zu werden.

Es ist naheliegend, daß Bauaufsichtsämter solche Baumaterialien für Baumaßnahmen z. B. nach DIN E 18600 (Versammlungsstätten, Richtlinien für Bau und Betrieb) bevorzugen, die bereits während des Fertigungsablaufes im Herstellungswerk die geforderte Widerstandsfähigkeit gegen Feuer und Wärme durch ein geeignetes Verfahren erhalten haben, und vom *Ländersachverständigen-Ausschuß* für neue Baustoffe und Bauarten (LSA) zugelassen sind. Eine nachträgliche Schutzbehandlung kann zweifelsohne ebenso wirksam sein, hängt aber weitgehend von der zuverlässigen Ausführung der Arbeit ab, so daß eine Güteüberwachung schwieriger ist.

Folgende Bedingungen werden nach den z. Z. gültigen Prüfgrundsätzen an schwer entflammbare Baustoffe gestellt:

Brennbare, feste Baustoffe gelten als schwerentflammbar (Klasse B1), wenn beim Brandversuch nach dem sog. EGNERschen Plattenschlotverfahren:

1. keine Probe vollständig verbrennt;
2. der Mittelwert der Längen der oberflächlich nicht zersetzten Probenteile mindestens 15 % beträgt;
3. bei keinem Versuch die mittlere Rauchgastemperatur 250 °C überschreitet;
4. die Proben nach ihrem sonstigen Verhalten (Flammenhöhe, Nachbrennen, Nachglimmen, Zeitpunkt und Dauer einer Entflammung, Art der Flammenausbreitung, Aussehen der Proben nach der Brandprüfung) keinen Anlaß zu Beanstandungen geben.

Im Gegensatz zu der Baustoffprüfung sind *Bauteilprüfungen* Großversuche, bei denen die Baumaterialien in der Gesamtkonstruktion geprüft werden. Nach DIN E 4102, Blatt 2 (Jan. 1963), werden folgende Feuerwiderstandsklassen unterschieden:

Feuerwiderstands-klasse	Feuerwiderstandsdauer Minuten mindestens	Bauaufsichtliche Benennung
F 30	30	feuerhemmend
F 60	60	feuerhemmend
F 90	90	feuerbeständig
F 120	120	feuerbeständig
F 180	180	hochfeuerbeständig

Nach diesem Normentwurf müssen raumabschließende Bauteile der Feuerwiderstandsklasse F 30 beim Brandversuch während einer Prüfdauer von mindestens 30 min den Durchgang des Feuers verhindern, dürfen auf der dem Feuer abgekehrten Seite keine entzündbaren Gase entwickeln und sich dort im Mittel um nicht mehr als 140 °C über Anfangstemperatur des Probenkörpers bei Versuchsbeginn erwärmen. An keiner der Meßstellen darf dabei eine Temperaturerhöhung von mehr als 180 °C über Anfangstemperatur eintreten. Außerdem müssen sie am Ende des Brandversuches in einer Dicke von mindestens 1 cm erhalten geblieben sein oder/und einem Festigkeitsversuch widerstehen.

Nach den derzeitigen Prüfbedingungen hat die Dicke des Prüfelements entscheidenden Einfluß auf die Klassifizierung der Feuerwiderstandsklasse „feuerhemmend“, die im wesentlichen für organische Werkstoffe in Frage kommt.

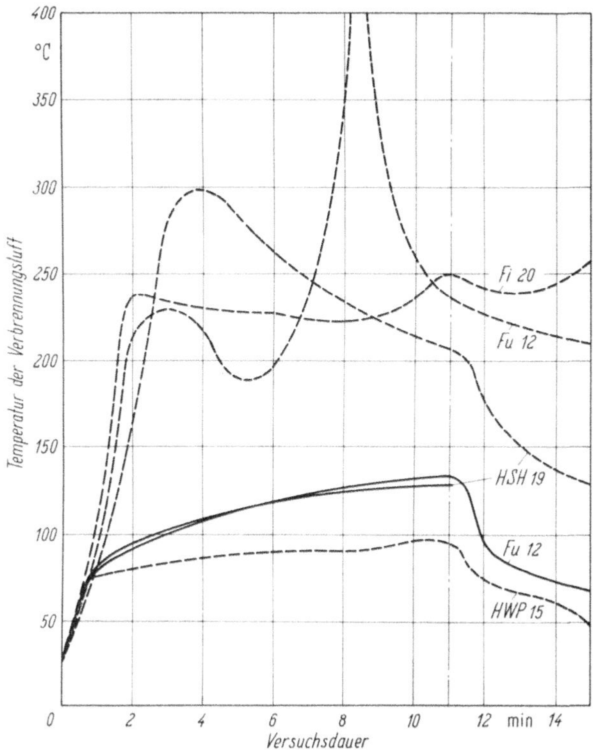

Bild 6.14. Temperatur der Verbrennungsluft in Abhängigkeit von der Versuchsdauer bei Brandversuchen an Baustoffen zur Prüfung der Eigenschaft „schwerentflammbar“. Ungeschützte (gestrichelt) und geschützte Werkstoffe (ausgezogene Kurven).
Fi 20 = 20 mm dicke Fichtenbretter; *Fu 12* = 12 mm dicke Furnierplatten; *HSH 19* = 19 mm dicke Flachpreß-Spanplatten; *HWP 15* = 15 mm dicke Holzwolle-Leichtbauplatten.

Um Holzwerkstoffe nach den vorläufigen Prüfgrundsätzen im Sinne von DIN 4102, Blatt 1 (Fassung Febr. 1963), (F. Kollmann u. R. Teichgräber [*6.72*]) schwer entflammbar zu machen, sind besondere Verfahren und Schutzmaßnahmen erforderlich. Holzwolle-Leichtbauplatten nach DIN 1101 nehmen allerdings eine Sonderstellung ein, da die mineralische Bindung das Brandgeschehen günstig beeinflußt. In Bild 6.14 und Bild 6.15 sind Ergebnisse von Brandversuchen des Verfassers (1959 bis 1962) an plattenförmigen Holzwerkstoffen dargestellt. Die durch *Brandschutz-Maßnahmen* vergüteten Holzwerkstoffe, als ausgezogene

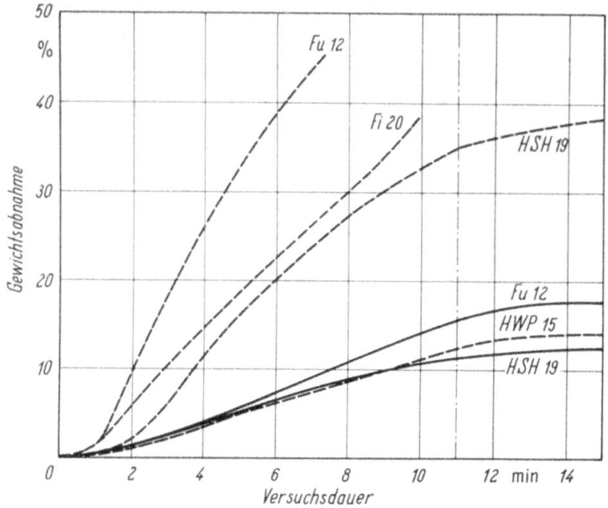

Bild 6.15. Gewichtsabnahme der Probenkörper in Abhängigkeit von der Versuchsdauer bei Brandversuchen.

Kurven dargestellt, unterscheiden sich deutlich von den ungeschützten Holzwerkstoffen, die gestrichelt eingezeichnet sind. Bild 6.16 zeigt Holzspanplatten, die durch ein wirksames Verfahren geschützt sind, so daß sie in die Klasse B1 (schwerentflammbar) nach dem Brandversuch eingereiht werden können. An den oberen Enden der Platten erkennt man die Länge der oberflächlich nicht zersetzten Probenteile, die im vorliegenden Fall größer als 15 cm sind.

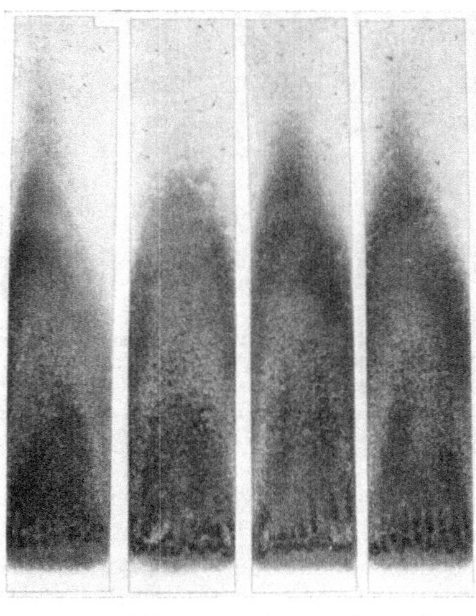

Bild 6.16. Ansichten von Holzspanplatten-Proben (je 19 cm × 100 cm) nach dem Brandversuch zur Prüfung der Eigenschaft „schwerentflammbar", die der Klasse B 1 (ergänzende Bestimmungen zu DIN 4102, Stand Dez. 1963) entsprechen.

Verfeinert man die Brandprüftechnik, so zeigt sich, daß bei den Wärmeumsätzen die verwendeten Bindemittel der Holzwerkstoffe und die *Feuerschutzmittel* zu berücksichtigen sind. Entwicklungsarbeiten zur Verbesserung und Förderung des Brandschutzes sind nur möglich, wenn es gelingt, reproduzierbare

Brandversuche durchzuführen. Über die Wirksamkeit eines Feuerschutzmittels kann nur der Versuch entscheiden.

Wie aus zahlreichen Patentschriften und der Fachliteratur zu entnehmen ist, wurden und werden viele Stoffe auf ihre brandeindämmende Eigenschaft bei Spanplatten geprüft und empfohlen (A. J. STAMM u. M. [*6.110*], K. STUMPP [*6.113*], E. KÜNZELMANN [*6.76*], W. KLAUDITZ [*6.55*], Anonymus [*6.2*, *6.4*, *6.7*], K. STORCH [*6.112*]). Diese Entwicklung kann keineswegs als abgeschlossen gelten.

Zusammenfassend läßt sich sagen, daß für die Bauteilprüfung (feuerhemmende Eigenschaft) die Dicke der plattenförmigen Holzwerkstoffe einen wesentlichen Einfluß hat und daß bei der Baustoffprüfung ungeschützte Holzspanplatten nicht als schwerentflammbar gelten können. Durch geeignete Verfahren, die sowohl in einem Oberflächenschutz als auch in einer Behandlung während des Herstellungsvorganges der Platten durch Zusatz von Feuerschutzmitteln erfolgen können, können Holzspanwerkstoffe schwerentflammbar gemacht werden.

6.5 Mechanische Eigenschaften

6.5.1 Zugfestigkeit und Abhebefestigkeit

Durch den *Zugversuch senkrecht zur Plattenebene* (*Querzugversuch*) wird innerhalb der Holzspanplatte die Schicht mit der niedrigsten Festigkeitsausbildung ermittelt. Bei der *Abhebefestigkeit* wird hingegen angestrebt, daß der Bruch durch entsprechende Maßnahmen in einer festgelegten Entfernung von der Oberfläche innerhalb der „Deckschicht“ erfolgt. Prüfungen der Zugfestigkeit in Richtung der Plattenebene werden z. Z. nur selten durchgeführt, weil diese Eigenschaft praktisch eine nur untergeordnete Bedeutung hat. Nach den Erläuterungen zu den Norm-Entwürfen sagt sie auch wenig über den Gebrauchswert der Holzspanplatten aus. Außerdem ist die Durchführung des Versuchs problematisch, da bei der Herstellung der Proben leicht Randkerben entstehen und damit das Ergebnis des Versuchs unkontrollierbar beeinflußt wird. Ein Norm-Entwurf wurde deshalb zurückgezogen.

Die Zugfestigkeit $\sigma_{zB\perp}$ senkrecht zur Plattenebene ist nach DIN 52365 (April 1965) der Quotient aus Höchstkraft $P_{\max}$ und Solltrennfläche F:

$$\sigma_{zB\perp} = \frac{P_{\max}}{F}. \tag{4}$$

Die Proben haben eine Abmessung von 50 mm × 50 mm × Spanplattendicke. Bild 6.17 zeigt, wie jede Probe zwischen zwei prismatische Joche aus Hartholz oder Metall bei nur mäßigem Druck (1 bis 2 kp/cm^2) eingeklebt wird. Nach dem Verleimen werden die Proben mindestens 72 Stunden lang klimatisiert (20/65 DIN 50014). Die in einer Zugprüfmaschine zentrisch eingespannten Proben werden so belastet, daß der Bruch etwa 1 min nach Versuchsbeginn eintritt.

DIN 68761, Blatt 1 (Juni 1961), legt für Holzspanplatten mit einer Rohdichte von 450 kg/m³ bis 750 kg/m³ Mindestwerte der Zugfestigkeit senkrecht zur Plattenebene gemäß Tab. 6.5 fest.

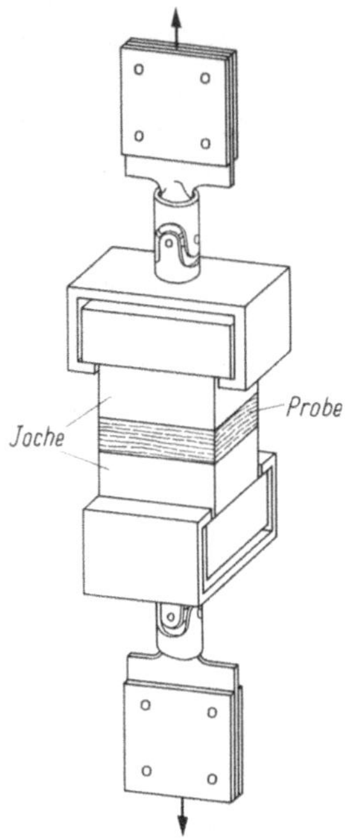

Bild 6.17. **Vorrichtung und Probenkörper zur Bestimmung von Querzugfestigkeit nach DIN 52365.**

Tabelle 6.5. *Mindestwerte der Zugfestigkeit senkrecht zur Plattenebene für Holzspanplatten nach DIN 68761, Blatt 1 (Juni 1961)*

Art	Dicke mm	Zugfestigkeit kp/cm² min.
FP/Y	6 bis 13	4,0
	über 13 bis 20	3,5
	über 20 bis 25	3,0
FP/X	über 13 bis 25	8,0
SP (ohne Hohlräume)	6 bis 25	15,0

Bei den zahlreichen Versuchen, die im Institut für Holzforschung und Holztechnik der Universität München durchgeführt wurden, hat sich eine Verleimungsvorrichtung gut bewährt, bei welcher der vorgeschriebene Verleimungsdruck durch regelbare Druckluft erzeugt wird. Die Aushärtung des Leimes zwischen den Spanplattenproben und den Hartholzjochen erfolgt kurzfristig im hochfrequenten Wechselfeld (Bild 6.18). Der Prüfung der Querzugfestigkeit kommt insbesondere wegen der *Überwachung der Spanplattenfertigung* besondere Bedeutung zu. E. Plath [*6.99*] nennt auch die Querzugfestigkeit als das empfindlichste Merkmal für die *Steuerung der Härtungsreaktion*.

Für die Prüfung der Querzugfestigkeit sind Verfahren bekannt geworden, die versuchen, den zeitraubenden Vorgang des Einleimens zwischen den Prismen zu umgehen. Leider unterliegt aber hierbei die Spanplattenprobe mehr oder weniger Biege- und Scherspannungen. Beachtlich ist ein Verfahren, bei dem ein *ringförmiger Prüfquerschnitt* auf seine Festigkeitseigenschaft untersucht wird (T. Grzeczyński u. S. Bakowski [*6.40*]). Bild 6.19 zeigt die Probenform. Nach demselben Gedanken wurden in Japan Prüfkörper entwickelt und in die Norm JIS 5908 (1957) aufgenommen. Bild 6.20 nach J. Beničak [*6.12*] zeigt verschiedene Formen der Joche, in welche die Spanplattenprobe zur Bestimmung der Querzugfestigkeit eingeleimt wird. A. Buro und H. A. May

Bild 6.18. Verleimvorrichtung für die Herstellung der Prüfkörper zur Bestimmung der Querzugfestigkeit, mit H.-F. Elektroden und Druckluftelement.

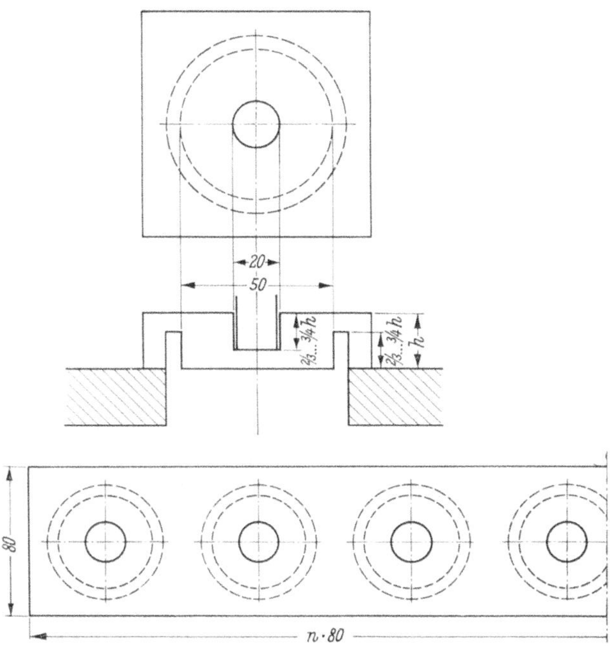

Bild 6.19. Probenform für die Bestimmung der Querzugfestigkeit von Spanplatten mit ringförmigem Prüfquerschnitt. (Nach T. GRZECZYŃSKI u. S. BAKOWSKI.)

[*6.18*] schlugen unmittelbare Einspannung der Probenkörper in der Prüfmaschine vor.

Die *Abhebefestigkeit*, bei welcher der Bruch im Gegensatz zur Querzugfestigkeit in den äußeren Schichten der Spanplatten herbeigeführt wird, hat für manche Gebrauchseigenschaften gute Aussagekraft. Die

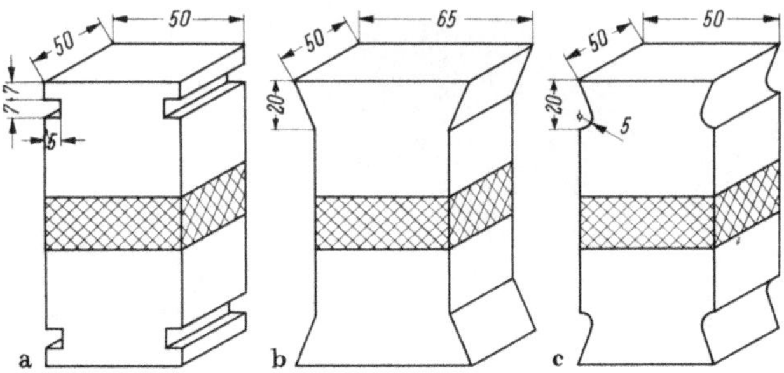

Bild 6.20 a – c. Formen der Joche für die Ermittlung der Zugfestigkeit senkrecht zur Plattenoberfläche. (Nach J. BENIČAK.)

Härte und Widerstandsfähigkeit der Oberflächen von Spanplatten sowie die *Kantenfestigkeit* und *Güte als Trägerstoff* für *Oberflächenbeschichtung* werden von der Abhebefestigkeit mit bestimmt.

Nach einem Vorschlag von F. FAHRNI kann die Abhebefestigkeit dadurch ermittelt werden, daß die Spanplattenoberfläche zunächst mit einem Fräser *a* mit einer ringförmigen kleinen Nute *b* versehen wird

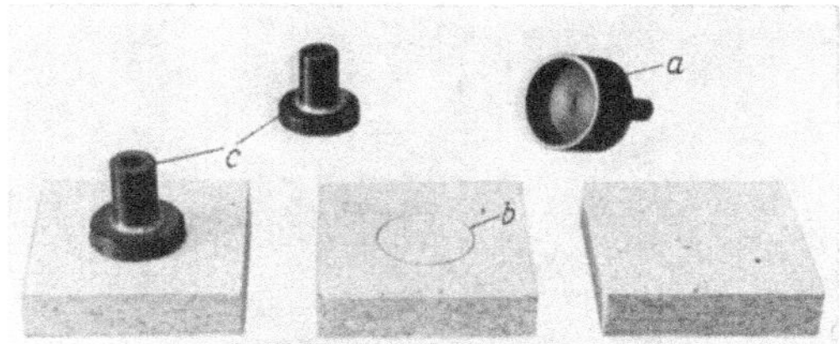

Bild 6.21. *a* Fräswerkzeug mit Spanbegrenzung, *b* Spanplatte mit Einfräsung zur Bestimmung der Abhebefestigkeit, *c* Stahlpilze.

(Bild 6.21). Durch eine Spanbegrenzung kann die Nutentiefe festgelegt werden (beispielsweise 0,5 mm). Auf die begrenzte Oberfläche wird ein Stahlpilz *c* gekittet und gemäß Bild 6.22 biegefrei einer Zugbeanspruchung senkrecht zur Plattenebene ausgesetzt.

Vergleicht man die Querzugfestigkeit mit der Abhebefestigkeit von handelsüblichen 19 mm dicken, güteüberwachten Flachpreß-Holzspanplatten (Fabrikat A bis E), so sieht man aus Tab. 6.6, daß die Abhebefestigkeit mehr als doppelt so groß ist wie die Querzugfestigkeit.

Tabelle 6.6. *Querzug- und Abhebefestigkeit von 19 mm dicken Flachpreß-Holzspanplatten*

Spanplatten-fabrikat	Querzugfestigkeit kp/cm²	Abhebefestigkeit kp/cm²
A	5,0	9,8
B	5,2	18,3
C	4,6	10,1
D	4,6	13,2
E	3,8	11,4

Bild 6.22. Zur Prüfung der Abhebefestigkeit eingespannte Spanplattenprobe.

Den Einfluß der Rohdichte auf die Querzug- und Abhebefestigkeit von Spanplatten zeigt Bild 6.23 nach H. Neusser [*6.94*]. E. Plath [*6.99*] stellte fest, daß die mittlere Rohdichte von Spanplatten nur dann als Vergleichsgröße dienen kann, wenn die *Rohdichte-Profile* gleich sind, da für die Ausbildung der Festigkeiten in der Plattenebene vorwiegend die Deckschicht, für die Querzugfestigkeit jedoch die Mittelschicht maßgebend ist.

Während beim *Flachpreßverfahren* die Späne größtenteils parallel zur Plattenebene ausgerichtet sind, liegen sie beim *Strangpreßverfahren* senkrecht. Ohne Zweifel beeinflußt die Stopfrichtung die Spanorientierung. Strangpreßplatten haben gegenüber Flachpreßplatten eine bedeutend höhere Querzugfestigkeit.

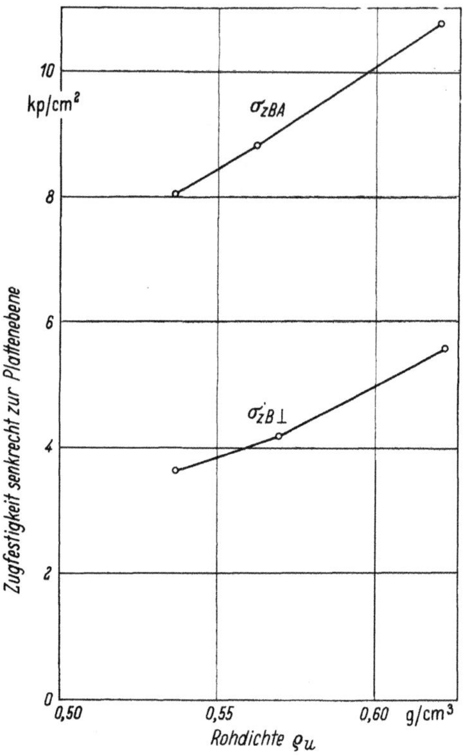

Bild 6.23. Querzugfestigkeit $\sigma_{zB\perp}$ und Abhebefestigkeit σ_{zBA} in Abhängigkeit von der Rohdichte. (Nach H. NEUSSER.)

O. KREIBAUM [*6.74*] gibt für eine 19 mm dicke *Okal-Strangpreßplatte* bei einer Rohdichte von 0,609 g/cm³ eine Querzugfestigkeit von 27 kp/cm² an. Im „Technologischen Spiegel" deutscher Spanplattentypen von C. A. FREIHERR VON THIELMANN und W. MUNZ [*6.116*] finden sich Querzugfestigkeitswerte von 15···20 kp/cm².

A. BURO und H. A. MAY [*6.19*] haben Versuche durchgeführt, um festzustellen, welche Eigenschaften *Strangpreßplatten mit aufgepreßten Deckschichten* aus Schneidspänen haben. Durch die Verbindung von Strang- und Flachpreßplatten könnten Platten mit hohen Biege- und Querzugfestigkeiten und geringer Quellung gefertigt werden.

6.5.2 Druckfestigkeit

Sicher ist es wenig sinnvoll, die *Druckfestigkeit* bei Spanplatten in Anlehnung an die Festigkeitsprüfung von Vollholz durchzuführen, da sie offensichtlich anderen Beanspruchungen ausgesetzt sind. In zahlreichen Fällen wird es aber vorkommen, daß diese plattenförmigen Werkstoffe — insbesondere, wenn sie als Bauteile Verwendung finden — einer *Flächen- oder Teilflächenbelastung* parallel oder senkrecht zur Plattenebene unterworfen sind. Außerdem tritt beim Furnieren und Beschichten eine Druckverformung auf. Versuche an kleinen Probekörpern werden sich einerseits nicht ohne weiteres auf größere Bauteile übertragen lassen, anderseits sollte versucht werden, eine mehr oder weniger willkürlich angenommene „Quetschgrenze“ zu vermeiden. Es wurden deshalb vom Verfasser Schwellendruckversuche an 4 verschiedenen 19 mm dicken güteüberwachten Flachpreß-Spanplatten mit einer Rohdichte von 0,6 g/cm³ im klimatisierten Zustand 20/65 DIN 50 014 durchgeführt. Mittels eines Stahl-Druckstückes wurden 15 cm lange und 5 cm breite

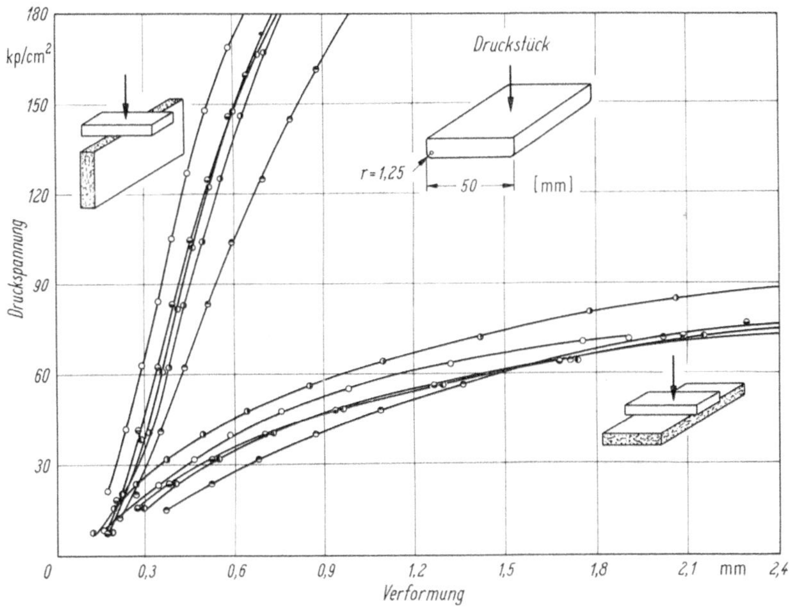

Bild 6.24. Druckspannungs-Verformungs-Schaubild von Flachpreß-Holzspanplatten parallel und senkrecht zur Plattenebene.

Proben parallel und senkrecht zur Plattenebene einer Druckbeanspruchung ausgesetzt, wobei die Verformung festgestellt wurde. Sie wurde in mm angegeben, da die Probenbreite beim Versuch parallel zur Plattenebene in eine verhältnismäßige Dickenänderung mit eingehen würde, hingegen wurde die Druckkraft auf die tatsächlich durch das Druckstück beanspruchte Teilfläche der Spanplattenprobe bezogen (Bild 6.24).

Wie ersichtlich, steigt bei dreischichtigen Spanplatten bei gleicher Verformung die Druckspannung in Richtung der Plattenebene wesentlich rascher an als bei einer Druckbeanspruchung senkrecht zur Plattenebene. Der *Beplankungseffekt* der dichteren und kunstharzreicheren Decklagen wird gegenüber der geringeren Verdichtung der Mittellage deutlich. H. Winter und W. Frenz [*6.129*] gaben 1954 als Druckfestigkeit parallel zur Plattenebene 84 ⋯ 197 kp/cm² an.

6.5.3 Biegefestigkeit, Elastizitätsmodul

In der Materialprüfung kommt für alle Bau- und Werkstoffe der Ermittlung derjenigen mechanischen Eigenschaften, die für die Gebrauchseignung entscheidend sind, besondere Bedeutung zu. Um Entwürfe berechnen zu können, benötigt der Konstrukteur Festigkeits-Zahlenangaben. Überall dort, wo von plattenförmigen Werkstoffen *Steifigkeit* verlangt wird oder wo *Knickbeanspruchungen* zu erwarten sind, spielt der *Elastizitätsmodul* eine bedeutende Rolle (F. Kollmann [*6.65*]). Leider stößt aber die Bestimmung des Elastizitätsmoduls wegen des nicht unbeachtlichen Prüfaufwands und der erforderlichen Rechenarbeit auf Schwierigkeiten. Als mechanische Eigenschaft tritt deshalb die Biegefestigkeit in den Vordergrund, die allerdings eine Materialeigenschaft im Augenblick des Bruches darstellt.

Nach DIN 52362 (April 1965) ist die *Biegefestigkeit* σ_{bB} der Quotient aus dem Biegemoment M bei der Höchstkraft P_{max} und dem Widerstandmoment W:

$$\sigma_{bB} = \frac{M}{W}. \tag{5a}$$

Die Biegefestigkeit wird an Proben mit rechteckigem Querschnitt bei mittigem Kraftangriff bestimmt.

Die Biegefestigkeit wird in kp/cm² nach folgender Gleichung errechnet:

$$\sigma_{bB} = \frac{M}{W} = \frac{3}{2} \cdot \frac{P_{max} \cdot L_s}{b \cdot a^2}, \tag{5b}$$

wobei P_{max} = Bruchlast in kp, L_s = Stützweite in cm, a = Probendicke in cm, b = Probenbreite in cm.

Neben dem Plattenmittelwert und dem Gesamtmittelwert soll nach DIN 52362 (April 1965) der Vertrauensbereich des Gesamtmittelwertes angegeben werden. Außerdem soll nach dieser Norm die Breite der Biegeproben für alle Plattendicken $b = 50$ mm betragen. Die Breite von Biegeproben aus Span-Röhrenplatten ist

$$b = 2 \cdot (d + s),$$

wobei d = Durchmesser der Röhren und s = kleinste Breite des Steges zwischen den Röhren. Bei Biegeproben parallel zu den Röhren hat die Probenherstellung so zu erfolgen, daß sich der im Bild 6.25 gezeigte, symmetrische Probenaufbau ergibt.

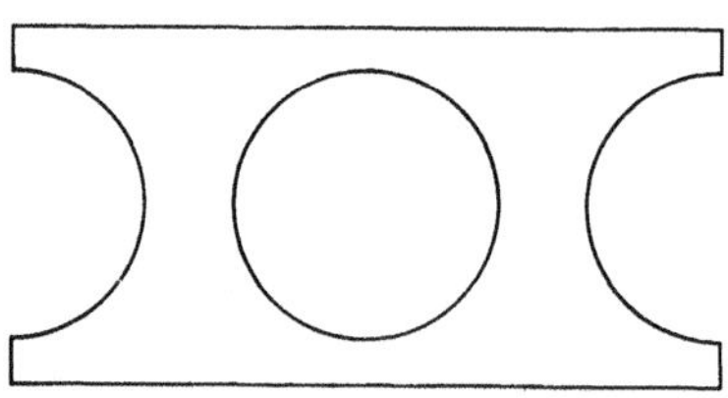

Bild 6.25. Querschnitt einer Probe zur Bestimmung der Biegefestigkeit einer stranggepreßten Holzspanplatte nach DIN 52362, Blatt 1.

Die *Stützweite* L soll bei Span-Vollplatten das Zehnfache der Probendicke, mindestens aber 200 mm betragen. Bei einer 16-mm-Platte beträgt daher die Stützweite $L_s = 12{,}5\,a$, bei der 10-mm-Platte $20\,a$ usw.

Bei Span-Röhrenplatten sind größere Stützweiten zu wählen, wenn die Biegeproben primär durch Schubspannungen in Plattenmitte zu Bruch gehen.

Die Länge der Biegeproben soll mindestens gleich der Stützweite + 50 mm sein.

Um den Spanplattenverbrauch bei der Prüfung der Biegefestigkeit zu verringern, wurde bei den Neuentwürfen zu DIN 52362 die Stützweite auf die Hälfte verringert. Da infolgedessen die Durchbiegung um den Faktor 8 kleiner geworden ist, konnte die Möglichkeit, den Elastizitätsmodul aus der Durchbiegung nach dieser Norm zu bestimmen, nicht beibehalten werden, da die Meßunsicherheit zu groß ist.

Die Stützweite für die Bestimmung des Elastizitätsmoduls soll das 20fache der Probendicke betragen.

Tabelle 6.7. *Mindestbiegefestigkeiten von Holzspanplatten nach DIN 68761, Blatt 1 (Juni 1961)*

Art	Dicke	Richtung	Biegefestigkeit		
			ungeschliffen	geschliffen	furniert mit 1 mm Gabun-Schälfurnier
	mm		kp/cm² min.	kp/cm² min.	kp/cm² min.
Flachpreßplatten (FP/Y) Einschichtplatten Dreischichtplatten Vielschichtplatten Platten mit allmählichem Übergang in der Struktur	6 bis 13	$\parallel$	200		500
		$\perp$			175
	über 13 bis 20	$\parallel$	180		400
		$\perp$			150
	über 20 bis 25	$\parallel$	150		350
		$\perp$			120
Flachpreßplatten (FP/X) Einschichtplatten	über 13 bis 25	$\parallel$	120		350
		$\perp$			90
Strangpreßplatten (SP) ohne Hohlräume	6 bis 13	$\parallel$	–	–	300
		$\perp$	100		125
	über 13 bis 20	$\parallel$	–		180
		$\perp$	80		120
	über 20 bis 25	$\parallel$	–		180
		$\perp$	80		100

Der *Elastizitätsmodul* E_b wird nach Gl. (6) berechnet und in kp/cm² angegeben:

$$E_b = \frac{\Delta P \cdot L_s^3}{4 \cdot b \cdot a^3 \Delta f}; \tag{6}$$

hierin bedeuten zusätzlich zu den in Gl. (5b) vorkommenden Symbolen: ΔP = eine beliebige Kraftdifferenz $P_1 - P_2$ im geraden Teil der Kraft-Durchbiegungs-Kurve in kp, Δf = die der Kraftdifferenz ΔP entsprechende Durchbiegung in cm. Weitere Einzelheiten der Prüfung finden sich in der gennnnten Norm, die im Anhang abgedruckt ist.

Nach den Eigenschafts-Anforderungen gemäß DIN 68761, Blatt 1 (Juni 1961), sind in Tab. 6.7 die festgelegten *Mindestwerte der Biegefestigkeit* von Spanplatten aufgeführt.

Für leichte Holzspanplatten nach DIN 68761, Blatt 2 (Febr. 1963), mit einer Rohdichte bis 450 kg/m³ werden Mindest-Biegefestigkeiten nach Tab. 6.8 gefordert.

Tabelle 6.8. *Mindestbiegefestigkeiten von leichten Holzspanplatten nach DIN 68761, Blatt 2 (Februar 1963)*

Plattenart	Biegefestigkeit kp/cm²
Leichte Flachpreßplatten (LFP)	50
Leichte Strangpreßplatten mit geschl. Oberflächen (LSP/G)	75 (in Richtung der Hohlräume) 50 (quer zu den Hohlräumen)

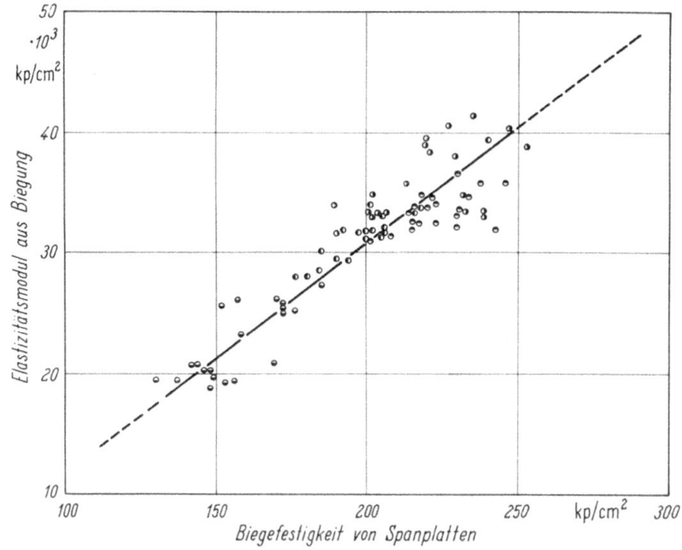

Bild 6.26. Abhängigkeit des Elastizitätsmoduls aus Biegung von der Biegefestigkeit von vier verschiedenen, handelsüblichen Flachpreß-Holzspanplatten.

Durch Untersuchungen des Verfassers — und zwar unter Benutzung der zur Zeit gültigen Normen — sollte überprüft werden, inwieweit der Elastizitätsmodul aus Biegung von der Biegefestigkeit abhängt. In Bild 6.26 wurde diese Abhängigkeit für vier verschiedene handelsübliche Flachpreß-Holzspanplatten dargestellt, die Regressionsgerade berechnet und eingezeichnet:

$$E_b = \sigma_{bB} \cdot 190 - 7018 \text{ [kp/cm}^2\text{]}. \quad (7)$$

Mit zunehmender Rohdichte werden, wie R. KEYLWERTH [*6.49*] nachwies (Bild 6.27), der Elastizitätsmodul, allerdings auch die Streuung, größer.

Die Biegefestigkeit von Holzspanplatten wird von der *Rohdichte der Ausgangsholzart* beeinflußt, auch dann, wenn die fertigen Platten durch den Preßvorgang die gleiche Rohdichte erhalten haben. Zahlreiche Versuche liegen von W. KLAUDITZ und G. STEGMANN [*6.63*] vor. Bild 6.28 zeigt die Ergebnisse für Pappel, Fichte, Birke und Buche. Es wurden Holzspäne von rd. 25 mm Länge, 0,25 mm Dicke und ein Bindemittelaufwand von 8% atro Holz benutzt.

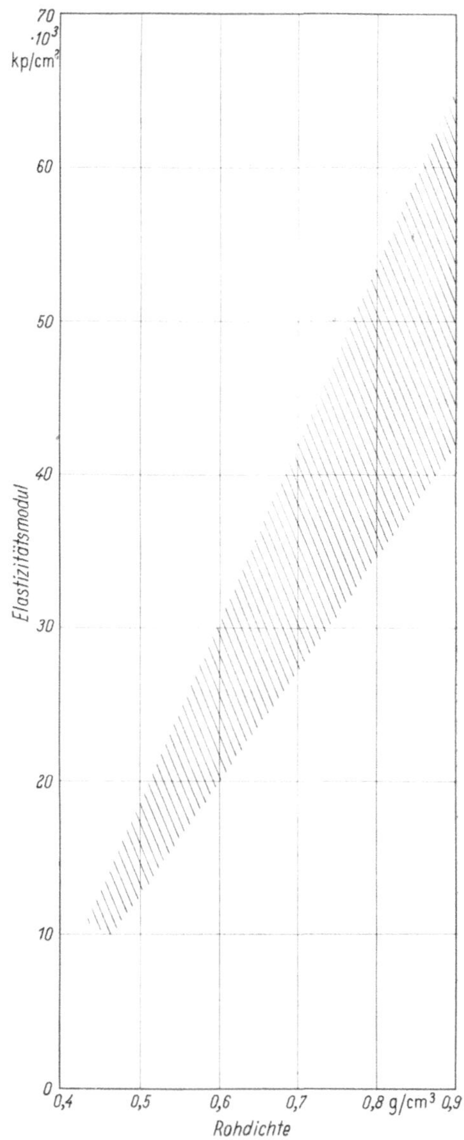

Bild 6.27. Elastizitätsmodul von einschichtigen Holzspanplatten in Abhängigkeit von der Rohdichte. (Nach R. KEYLWERTH, abgeändert.)

6.5.4 Zeit- und Dauerfestigkeit

In zunehmendem Maße werden Spanplatten auch dort eingesetzt, wo sie *dynamischen Beanspruchungen* ausgesetzt sind. F. KOLLMANN und H. KRECH [*6.70*] haben deshalb die Zeit- und Dauerfestigkeit von Holzspanplatten untersucht. Nach DIN 50100 wird die *Dauerschwingfestigkeit* σ_D bei einer sinusförmigen Dauerlast mit der Spannungsamplitude σ_A, die um einen Mittelwert σ_m schwingt, bestimmt. Derjenige Wert von $\sigma_D = \sigma_M \pm \sigma_A$, bei dem nach unendlich vielen (praktisch mehreren hundert Millionen) Lastwechseln kein Bruch auftritt, wird als Dauerschwingfestigkeit (kurz Dauerfestigkeit) bezeichnet. Mit größer werdenden Werten σ_D tritt der Bruch bei immer kleiner werdenden *Lastwechselzahlen* ein (Zeitfestigkeit).

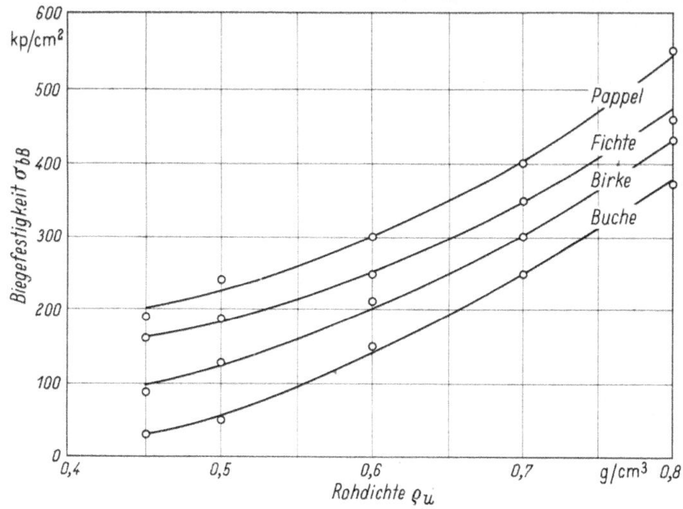

Bild 6.28. Abhängigkeit der Biegefestigkeit von Holzspanplatten von der Rohdichte bei verschiedenen Holzarten. (Nach W. KLAUDITZ u. G. STEGMANN.)

Untersucht wurden 3 verschiedene dreischichtige Holzspanplatten industrieller Fertigung (FP/Y), und zwar bestand Muster A in den Decklagen aus geschnittenen und in der Mittellage aus gerissenen Spänen. Muster B und C waren Platten mit Feinspandecklagen und geschnittenen, dickeren Mittellagenspänen. Die geprüften Platten hatten Eigenschaften gemäß Tab. 6.9.

Tabelle 6.9. *Eigenschaften von Flachpreß-Spanplatten für Dauerversuche*

Muster	Rohdichte ϱ_u [g/cm³]	Feuchtigkeit u %	Zugfestigkeit σ_{zB} kp/cm²	Druckfestigkeit σ_{dB} kp/cm²	Biegefestigkeit σ_{bB} kp/cm²	Elastizitätsmodul E kp/cm²
A	589	11,5	93	121	213	31600
B	606	10,5	100	125	161	32800
C	619	10,2	127	—	199	35000

Als Dauerfestigkeit ergaben sich für Holzspanplatten im Zug-Schwellversuch 30 bis 40 kp/cm². Die Werte für die Wechselbiegefestigkeit sind aus Tab. 6.10 zu entnehmen.

Tabelle 6.10. *Zeit- und Dauerfestigkeit von Holzspanplatten in kp/cm² bzw. %* (Nach F. KOLLMANN u. H. KRECH)

	Lastspielzahl	Muster A	Muster B	Muster C
Zeitfestigkeit	10^4	97 (46%)	72 (44,7%)	93 (46,7%)
Zeitfestigkeit	10^5	73 (34,3%)	53 (32,9%)	69 (34,6%)
Zeitfestigkeit	10^6	50 (23,5%)	40 (24,8%)	45 (22,6%)
Dauerfestigkeit	$>10^6$	47 (22,1%)	40 (24,8%)	44 (22,1%)

L. ČIŽEK [*6.22*] gibt an, daß die Dauerstandfestigkeit von Spanplatten 60% der Kurzzeitfestigkeit beträgt und daß bei Dauerbelastungen in Holzbauten mit dem halben Elastizitätsmodul zu rechnen ist.

6.5.5 Schrauben- und Nagelhaltevermögen

Von Bedeutung ist das Haltevermögen von Holzschrauben in Spanplatten, da Schrauben vielfach zum *Befestigen von Beschlägen* verwendet werden. Dem Nagelhaltevermögen kommt gegenwärtig geringeres Interesse zu, möglicherweise wird es aber bei der Herstellung von Holzhäusern in Tafelbauart mehr und mehr in den Vordergrund rücken.

Tabelle 6.11. *Relatives und absolutes Schraubenhaltevermögen von Holzspanplatten und von Massivholz*

	Schraube ⊥ zur Plattenebene		Schraube ∥ zur Plattenebene	
	relativ kp/cm Einschraubtiefe	absolut bei Nutzung der vollen Schraubenlänge	relativ kp/cm Einschraubtiefe	absolut bei Nutzung der vollen Einschraublänge
Holzspanplatte ϱ_u 600 kg/m³ Holzschraube DIN 96 4/40 mm	60...80 kp/cm	130...180 kp	30...70 kp/cm	65...150 kp
Holzspanplatte ϱ_u 600 kg/m³ Holzschraube 4/40 mm, Gewinde bis Schraubenkopf	55...75 kp/cm	190...260 kp	35...75 kp/cm	120...260 kp
	Schraube ⊥ zur Faserrichtung		Schraube ∥ zur Faserrichtung	
Nadelholz ϱ_u 500 kg/m³ Holzschraube DIN 96 4/40 mm	80...110 kp/cm		60... 80 kp/cm	
Hartholz ϱ_u 700 kg/m³ Holzschraube DIN 96 4/40 mm	170...200 kp/cm		100...150 kp/cm	

Schraubenlöcher vorgebohrt auf etwa $^2/_3$ des Schraubenschaftes bzw. -durchmessers

Das Schrauben- und Nagelhaltevermögen ist weitgehend von der Rohdichte und der Querzugfestigkeit abhängig, allerdings ist dabei zu berücksichtigen, daß die Dichteverteilung des Spanplattenquerschnitts insbesondere das Haltevermögen senkrecht zur Plattenebene beeinflußt. Neuere Untersuchungen liegen von W. KRATZ und H. A. MAY [*6.73*] vor. Wie aus Tab. 6.11 zu entnehmen ist, betragen die Werte des Schraubenhaltevermögens von mittelschweren Holzspanplatten bei Anwendung üblicher Holzschrauben etwa 70% im Vergleich zu Nadelholz.

Die Ergebnisse von Prüfungen zur Bestimmung des *spezifischen Nagelhaltevermögens* gehen aus Tab. 6.12 hervor. Es wurden ebenfalls Holzspanplatten und Vollholz mit zwei unterschiedlichen Rohdichten verglichen, wobei die Werte bei mittelschweren Holzspanplatten wieder merklich niedriger liegen. Bei Nägeln mit geriffeltem Schaft konnte eine Verbesserung des Haltevermögens in Holzspanplatten nachgewiesen werden.

Tabelle 6.12. *Spezifisches Nagelhaltevermögen von Holzspanplatten und Massivholz*

	Nagel ⊥ zur Plattenebene	Nagel ∥ zur Plattenebene
Holzspanplatte ϱ_u 600 kg/m³ Nagel nach DIN 1151 B 70 mm lang	12...20 kp/cm²	8...15 kp/cm²
Holzspanplatte ϱ_u 600 kg/m³ Nagel mit geriffeltem Schaft 70 mm lang	20...34 kp/cm²	14...26 kp/cm²
	Nagel ⊥ zur Faserrichtung	Nagel ∥ zur Faserrichtung
Nadelholz ϱ_u 500 kg/m³ Nagel nach DIN 1151 B 70 mm lang	25...40 kp/cm²	15...22 kp/cm²
Hartholz ϱ_u 700 kg/m³ Nagel nach DIN 1151 B 70 mm lang	50...85 kp/cm²	30...45 kp/cm²

Nach W. KRATZ und H. A. MAY [*6.73*] dürfte es nicht zweckmäßig sein, durch Veränderung der technologischen Eigenschaften (z. B. Anheben der Rohdichte oder der Querzugfestigkeit) das Schrauben- und Nagelhaltevermögen zu verbessern, da mittelschwere Holzspanplatten den durch den Verwendungszweck gegebenen Anforderungen im allgemeinen durchaus entsprechen. Daher wird es wirtschaftlicher sein, die Formen der Schrauben und Nägel auf das besondere Anwendungsgebiet der Spanplatten abzustimmen.

Ein Beitrag zum Prüfen des Schrauben- und Nagelhaltevermögens von Spanplatten liegt von F. NEDBAL [*6.92*] vor. Er konnte einen Temperatureinfluß feststellen. Weiter kam er zu dem Schluß, daß das Haltevermögen mit der Rohdichte schwach ansteigt, daß die Korrelation aber in dem untersuchten Bereich wegen der beträchtlichen Streuungen nicht sicher nachweisbar ist. Wie Bild 6.29 zeigt, nimmt nach O. LIIRI [*6.82*] das Schraubenhaltevermögen parallel und senkrecht zur Plattenebene ähnlich wie die Querzugfestigkeit mit der Rohdichte zu.

Auch A. DOSOUDIL [*6.28*] hat sich mit dem Schraubenhaltevermögen eingehend befaßt. In seinen Versuchs-Vorschlägen legt er weitgehend die Bedingungen für die Prüfung des Schraubenhaltevermögens fest:

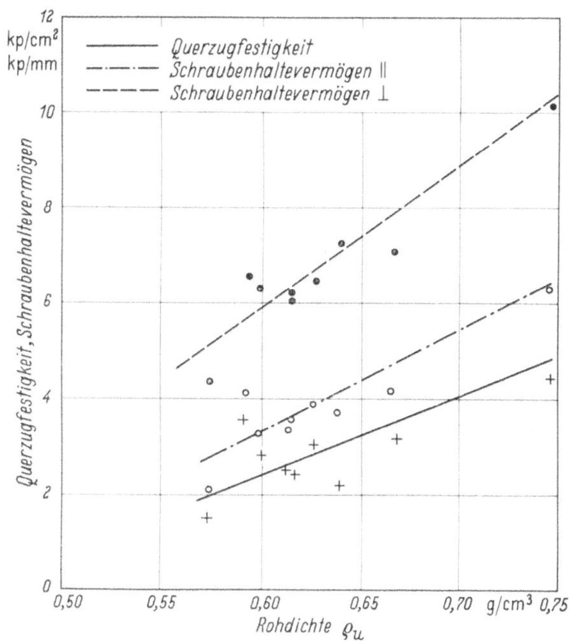

Bild 6.29. Abhängigkeit des Schraubenhaltevermögens (kp/mm) und der Querzugfestigkeit (kp/cm²) von der Rohdichte der Spanplatten. (Nach O. LIIRI.)

Schrauben nach DIN 96, deren Größe der Plattendicke entsprechen soll, Schraubendurchmesser $0{,}21 \cdot a$ (a = Plattendicke); Einschraubtiefe parallel zur Plattenebene $1{,}2 \cdot a$, senkrecht nur $0{,}9 \cdot a$, wobei der ganze eingeschraubte Teil mit Gewinde versehen sein soll. Um möglichst eindeutige Verhältnisse zu bekommen, verwendete A. DOSOUDIL zum Eindrehen der Schrauben eine Einschraubvorrichtung (Bild 6.30), die im wesentlichen darin besteht, daß der Schraubenzieher von einer Spindel geführt wird, die ein Gewinde mit gleicher Steigung hat wie die einzudrehende Schraube. Die Probe wird bei der Vorbereitung in den Schraubstock einer Bohrmaschine eingespannt, das Loch in eingestellter Tiefe vorgebohrt, dann der Schraubstock unter die Einschraub-Vorrichtung geschwenkt und die Schraube eingedreht. Um die richtige Einschraubtiefe festlegen zu können, wird ein Distanzstück beigelegt. Der hauptsächliche Zweck der Untersuchungen war, den günstigsten Durchmesser des Bohrlochs festzustellen. Wie aus Bild 6.31 ersichtlich, läßt sich nur bei parallel zur Plattenebene stehenden Schrauben ein gewisser Einfluß des Durchmessers der Bohrung feststellen, und auch das nur bei Schrauben ab 4 mm Durchmesser. Dies läßt sich damit erklären, daß in dieser Lage die Schrauben die Platte bei kleiner Vorbohrung etwas aufspalten, während

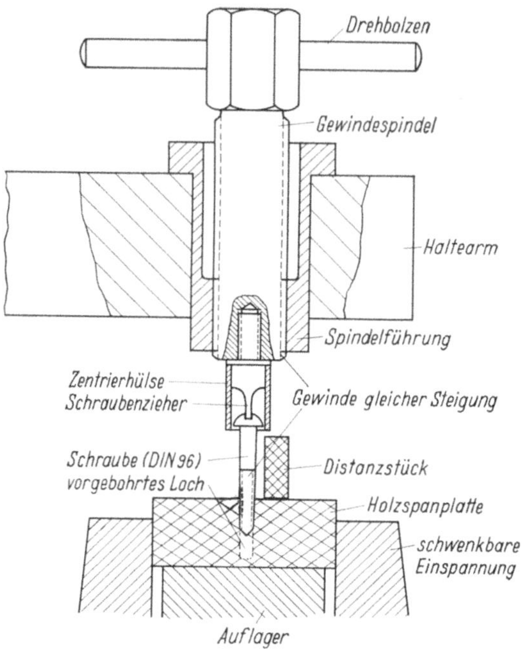

Bild 6.30. Schrauben-Eindrehvorrichtung zur Prüfung des Schraubenhaltevermögens. (Nach A. DOSOUDIL.)

sich das Gewinde der senkrecht eingedrehten Schrauben unter allen Umständen zwischen die vorwiegend waagerecht liegenden Späne der Flachpreß-Spanplatten leicht einschneiden kann. Das Bild zeigt auch, daß parallel eingedrehte Schrauben erst ab 4 mm Durchmesser nennenswerte Haltevermögen aufweisen, wobei allerdings eine weitere Steigerung des Durchmessers praktisch ohne Bedeutung zu sein scheint. Die 3 mm dicken Schrauben erwiesen sich für das Gefüge der Mittelschicht der geprüften Platte (es handelte sich um eine 19 mm dicke, dreischichtige Platte mittlerer Güte, mit einer Rohdichte von rd. 550 kg/m^3) als zu klein. Bei senkrechten Schrauben ist dagegen kein wesentlicher Unterschied zwischen 3 und 4 mm festzustellen, während 5 mm eine deutliche Erhöhung bringt.

Während A. Dosoudil bei Angaben der Ergebnisse die Umrechnung der Ausziehkraft auf die eingeschraubte Länge schon wegen einer gewissen Vergleichbarkeit bei Querschrauben für zweckmäßig hält, scheint ihm die Umrechnung auf die Mantelfläche nach dem Vergleich der Bilder

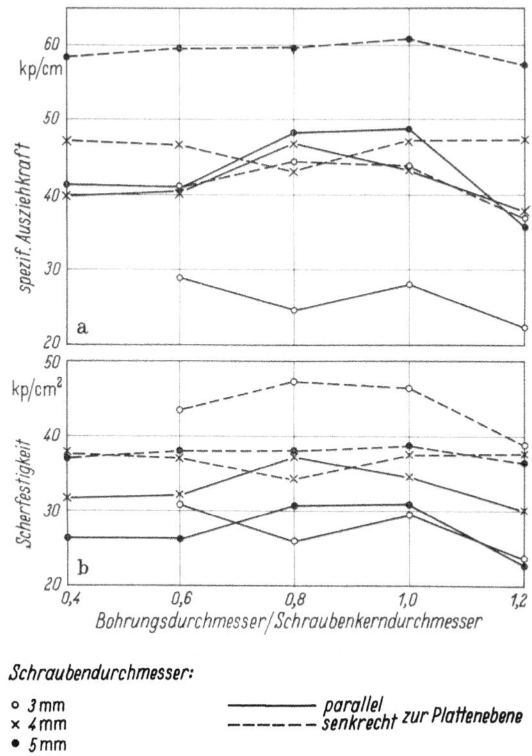

Bild 6.3 a u. b. Abhängigkeit des Schraubenhaltevermögens vom Durchmesser der Vorbohrung. (Nach A. Dosoudil.)

6.31 a und b fragwürdig zu sein. Nicht nur, daß die entsprechenden Kurven nicht zusammenrücken, sondern sie werden sogar vertauscht. Die Ergebnisse nach Bild 6.31 b können danach irreführend sein. Außer dem Herausziehen der Schrauben parallel zu ihrer Längsachse schlägt A. Dosoudil vor, Schrauben auf Abscheren bei Kraftrichtung senkrecht zur Schraubenachse zu prüfen.

6.5.6 Härte

Als Härte bezeichnet man den Widerstand der Oberfläche eines Körpers gegen das Eindringen eines fremden Körpers. Bei der Prüfung von Holz und besonders bei der von Holzspanplatten ergeben sich erhebliche Schwierigkeiten aus der Anisotropie und Inhomogenität. Außerdem läßt sich der Kalottendurchmesser der eingeprägten Kugel beispielsweise bei dem *Härteprüfverfahren nach Brinell* schwer bestimmen. Anderseits kommt der Beurteilung der Härte nicht allzu große Bedeutung zu.

An vier verschiedenen handelsüblichen Flachpreß-Holzspanplatten wurden im Institut für Holzforschung und Holztechnik in München die in Tab. 6.13 enthaltenen mittleren Brinellhärten (Kugeldurchmesser 10 mm, Belastung der Kugel 50 kp) senkrecht zur Plattenebene bestimmt.

Tabelle 6.13. *Brinellhärten von Flachpreß-Holzspanplatten*

Fabrikat	Brinellhärte HB kp/mm^2
A	2,4
B	2,4
C	3,2
D	2,9

Nach gleichem Verfahren betragen die Brinellhärten senkrecht zur Faser bei Fichte 1,2 kp/mm^2, bei Kiefer 1,9 kp/mm^2 und bei Buche 3,4 kp/mm^2 (F. Kollmann [*6.66*]).

6.5.7 Oberflächengüte

Die Güte der Spanplattenoberfläche spielt bei zahlreichen *Oberflächen-Behandlungsverfahren* — vom handwerklichen Malen und Streichen, dem Furnieren einschließlich Lackieren und Polieren, bis zur Oberflächenvergütung mit Kunstharzen — eine wichtige Rolle.

In den Erläuterungen zu DIN 68761 heißt es: „Für manche Gebrauchseigenschaften gibt es zur Zeit noch keine zuverlässigen Prüfverfahren, die eindeutige Zahlenwerte ergeben. Dazu gehören *Dichtheit* der Oberfläche (Geschlossenheit, Porosität), örtliche *Festigkeit* der Oberfläche, *Gleichmäßigkeit* der Oberfläche (Ebenheit, Rauhigkeit), *örtliche Festigkeit* der Schnittflächen (Kantenfestigkeit), *Verhalten beim Beschichten* (Furniere, Filme, Lacke). Um also für einen bestimmten Zweck die geeignetste Holzspanplatte auszuwählen, muß der Verarbeiter seine praktischen Erfahrungen mit heranziehen."

Eine Zusammenstellung von Verfahren zur Messung der *Oberflächenglätte* von Holz stammt von A. Elmendorf u. T. W. Vaughan [*6.32*], bei der Tastgeräte mit Geräten verglichen wurden, welche die Reflexion benutzen. Nach F. Walter u. H. J. Deppe [*6.123*] läßt sich die Güte der Oberfläche von Spanplatten durch die Bestimmung der Rauhtiefe mittels eines Tastverfahrens erfassen, das vor und nach der Benetzung der Platten angewendet wird. Viele Formänderungen der Oberfläche werden durch Feuchteeinwirkungen hervorgerufen, andere durch Rückfedern der Holzteilchen, die beim Preßvorgang verdichtet wurden, insbesondere an Stellen, bei denen sich dickere Späne kreuzen. Bild 6.32 zeigt den Strahlengang einer Prüfeinrichtung nach B. G. Heebink [*6.42*] schematisch, bei dem die Reflexion eines projizierten Rasters photographisch festgehalten wird. Aus der Verzerrung der Rasterlinien und der Tönung der zwischen den Rasterquadraten liegenden Flächen läßt sich die Oberfläche und das Durchzeichnen der Mittelschicht beurteilen. Die Probenoberfläche wird zunächst mit Petroleum bestrichen.

Auf Grund zahlreicher Versuche haben A. FISCHER u. G. MERKLE [*6.36*] ein Schnellprüfverfahren entwickelt, das die Bezeichnung „*Dämpf-Schleifprobe*" erhielt. Dieses Prüfverfahren ist aus der Praxis entstanden. Die Proben haben eine Größe von DIN A 4 (297 mm × 210 mm). Zur Anfertigung der Oberflächenprofilkurven wird eine Meßvorrichtung benutzt, bei der eine Meßuhr mit 1,25 mm oder 10 mm Kugelspitzenraduis mittels eines Schiebers entlang der Oberfläche geführt wird, von der auch das Abreibbild angefertigt wird. Erhöhungen und Vertiefungen der Oberfläche werden in einem Gitternetz über der Prüflänge von 120 mm aufgetragen (s. Bild 6.33). Zur Anfertigung des Abreibbildes benutzt man ein 100 mm × 30 mm großes Kohlepapier, legt auf die Farbseite ein pausfähiges Zeichenpapier und spannt beide Papiere auf die zu prüfende Stelle der Holzspanplatte. Dann wird mit einer Spachtel aus Hartholz oder Kunststoff, deren abgerundete Reibekante ($r = 2,5$ mm) 30 mm lang ist, so lange kräftig längs und quer hin- und hergerieben, bis ein Abreibbild entsprechend Bild 6.33 entsteht.

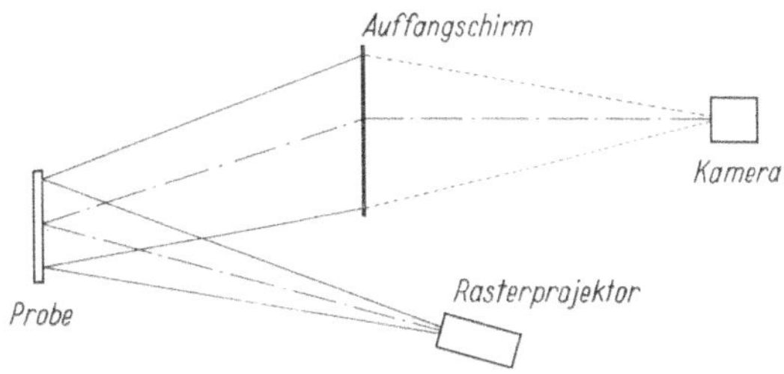

Bild 6.32. Versuchsanordnungen zur Beurteilung der Oberflächengüte, bei dem mit Hilfe eines projizierten Rasters das reflektierte Bild photographisch festgehalten wird. (Nach B. G. HEEBINK.)

Nach dem Oberflächenprüfverfahren von A. FISCHER u. G. MERKLE werden Unebenheiten der Oberfläche, die möglicherweise später oder bei einer Wechselklima-Beanspruchung sichtbar werden, durch einen kurzzeitigen Dämpfprozeß zur Quellung gebracht. Hierzu werden die oben genannten Proben 10 min auf einem elektrisch beheizten Topf, der ein Aluminium-Abdeckblech mit einem rechteckigen Ausschnitt von 150 mm × 95 mm hat, gelegt und beschwert. Gummistreifen sorgen für entsprechende Abdichtung. Die Abreibbilder zeigen den Umriß der Vertiefungen in der Oberfläche durch helle Stellen an; je kleiner die hellen Stellen sind, um so besser ist die Oberfläche. Ein schneller Übergang von weiß (hell) auf tiefschwarz entspricht den steilen und hohen Kurvenspitzen im Oberflächenkurvenbild, hervorgerufen durch zu dicke und verknotete Späne. Wird eine Spanplattenprobe nach einer Trocknung von 4 h bei Raumtemperatur geschliffen, zeigt das Abreibbild, ob alle Deckschichtspäne gut verleimt sind. A. FISCHER und G. MERKLE weisen darauf hin, daß das Prüfverfahren geeignet ist, um *Spangüte*, *Bindemittelverteilung* und vor allem die *Güte der Verleimung der Außenschichten* zu überwachen.

Abreibbilder

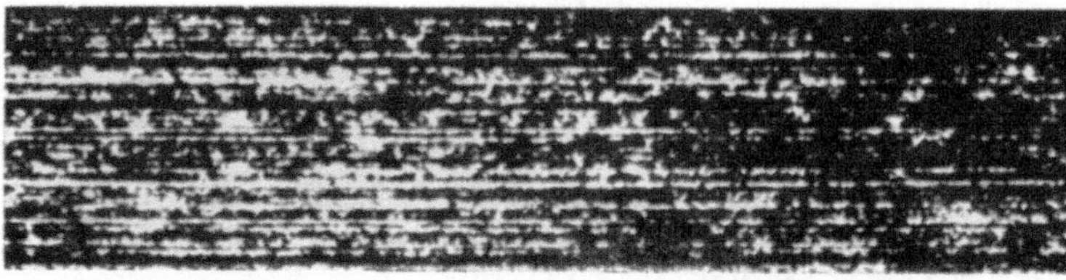

Gütewertzahl 0. Fläche gleichmäßig dunkel. Schleifrillen scharf.

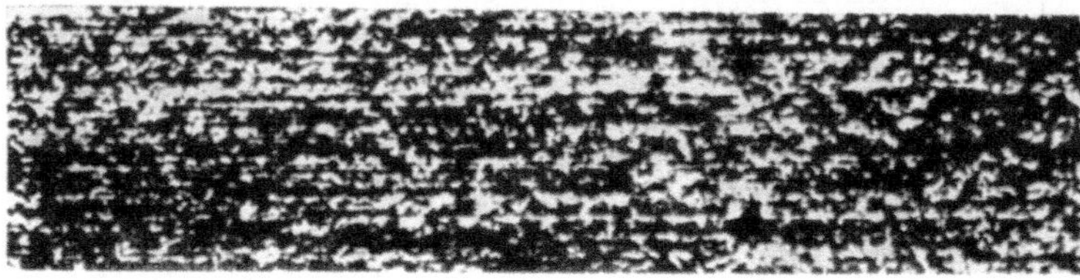

Gütewertzahl 0,5. Helle Stellen bis rd. 1 mm². Schleifrillen scharf.

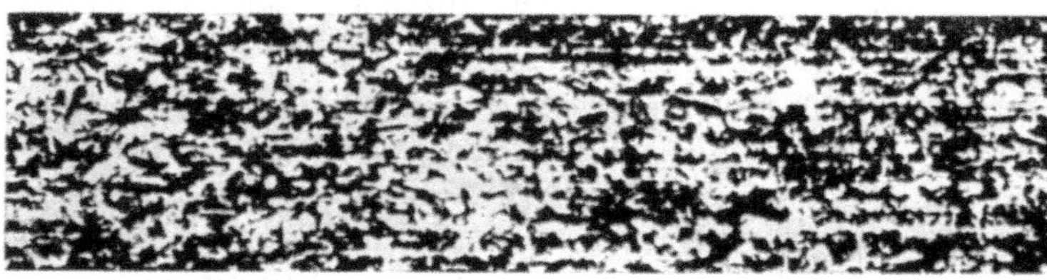

Gütewertzahl 1,0. Helle Stellen bis rd. 2,5 mm². Schleifrillen scharf.

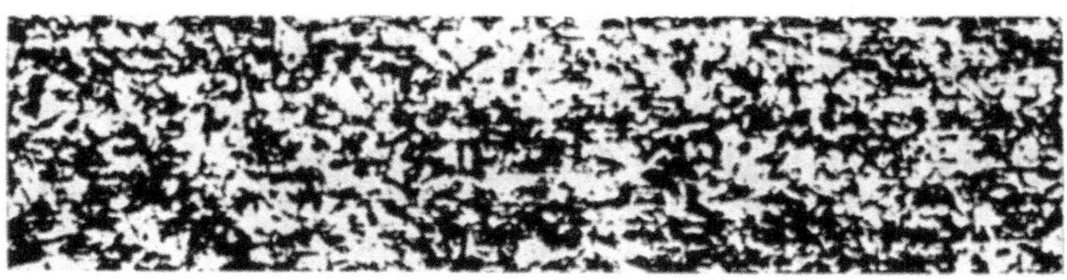

Gütewertzahl 1,5. Helle Stellen bis rd. 4 mm². Schleifrillen scharf.

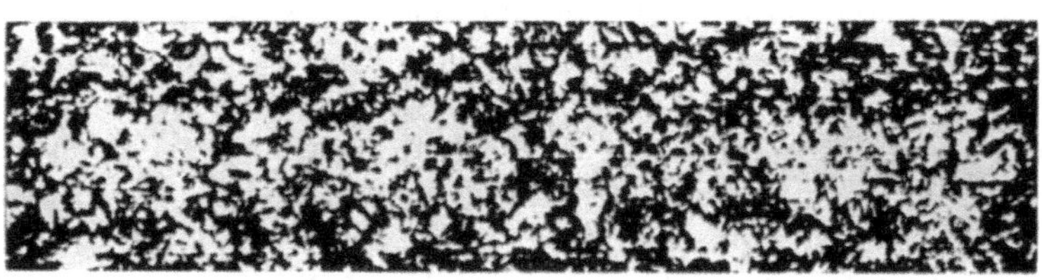

Gütewertzahl 2,0. Helle Stellen bis rd. 7 mm². Schleifrillen scharf.

Bild 6.33. Vergleichsmaßstab zur Bestimmung der Oberflächen-Gütewertzahl für die Dämpf- und

Profilkurven

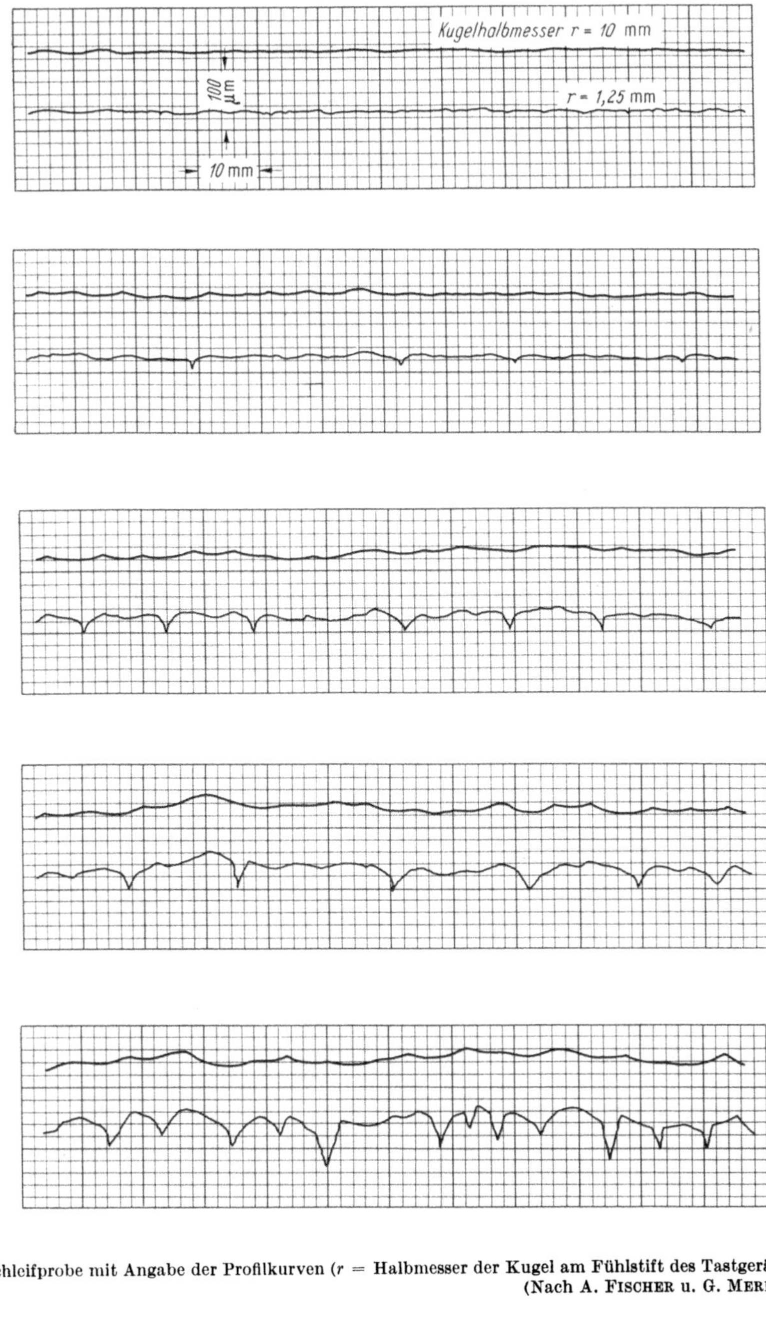

Schleifprobe mit Angabe der Profilkurven (r = Halbmesser der Kugel am Fühlstift des Tastgerätes). (Nach A. FISCHER u. G. MERKLE.)

Abreibbilder

Gütewertzahl 3,0. Helle Stellen bis rd. 15 mm². Schleifrillen noch sichtbar.

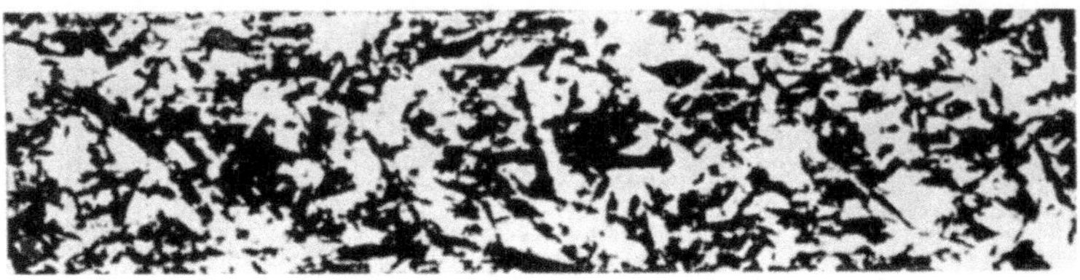

Gütewertzahl 4,0. Helle Stellen bis rd. 28 mm². Schleifrillen z. T. noch sichtbar.

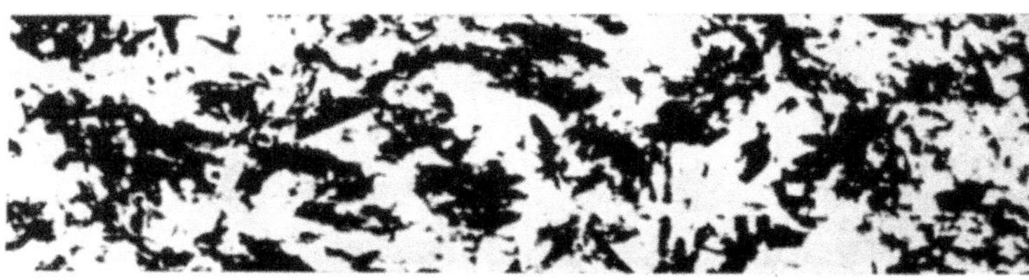

Gütewertzahl 5,0. Helle Stellen bis rd. 55 mm². Schleifrillen nicht mehr sichtbar.

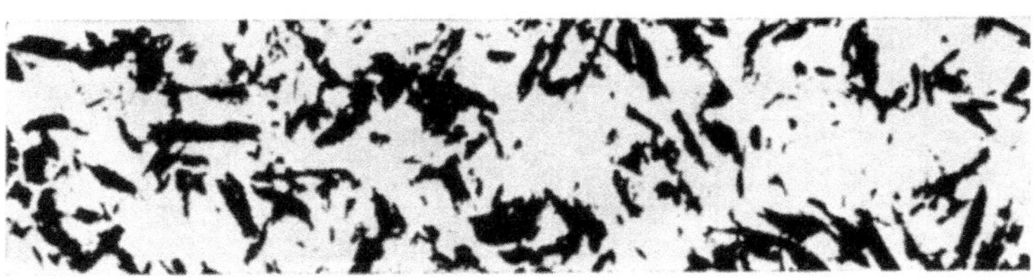

Gütewertzahl 7,0. Helle Stellen bis rd. 170 mm². Schleifrillen nicht mehr sichtbar.

Gütewertzahl 9.

Bild 6.33 (Fortsetzung). Vergleichsmaßstab zur Bestimmung der Oberflächen-Gütewertzahl für die

Profilkurven

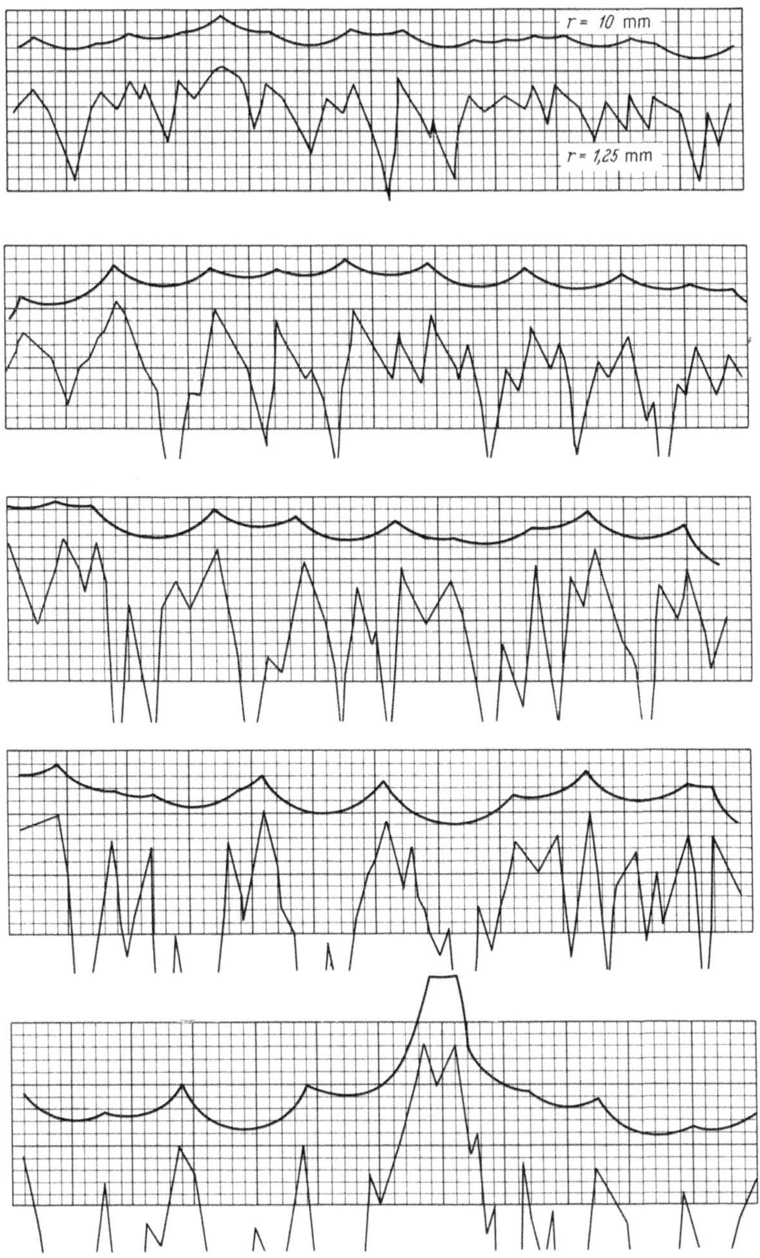

Dämpf- und Schleifprobe mit Angabe der Profilkurven (r = Halbmesser der Kugel am Fühlstift des Tastgerätes). (Nach A. FISCHER u. G. MERKLE.)

Die hellen Stellen im Abreibbild lassen sich auch flächenmäßig erfassen und als Gütezahlen darstellen (Bild 6.34). Auf Grund umfangreicher Versuche wurden Gütewertzahlen von 0 bis 9 aufgestellt. A. Fischer und G. Merkle geben nach ihrer Erfahrung an, daß Holzspanplatten für furnierte, hochglanzpolierte Flächen sowie für Flächen ohne Unterfurnier, die mit dünnen Kunststoff-Folien beklebt werden, mindestens eine Gütewertzahl < 3 haben sollen.

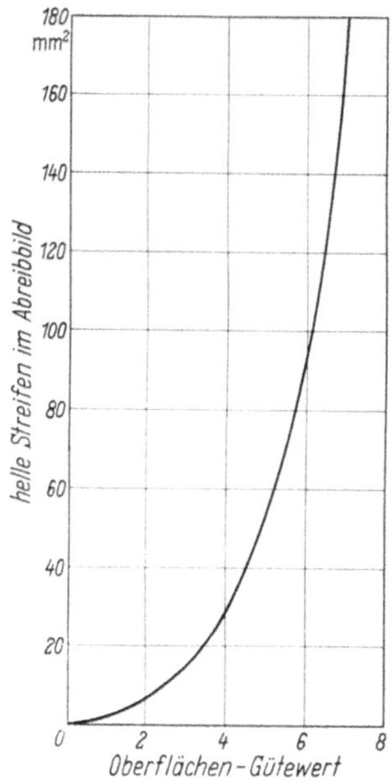

Bild 6.34. Schaubild zur Bestimmung der Oberflächen-Gütezahl. (Nach A. Fischer u. G. Merkle.)

Nach H. Flemming [*6.37*] läßt sich die Glättungstiefe mit Hilfe des *Pasten-Testverfahrens* bestimmen. Dabei wird eine bestimmte Menge gefärbter Testpaste auf die Oberfläche der Spanplatte aufgebracht, darüber eine dünne Plastikfolie gelegt und mit einer Walze ausgewalzt. Die aufgebrachte Volumenmenge der Testpaste wird dann zur Fläche des ausgewalzten Fleckes ins Verhältnis gesetzt.

Mit der Oberflächengüte von Spanplatten, ihrer Ursache und ihrer Prüfung hat sich auch H. Neusser [*6.95*] eingehend befaßt. Er kommt zu dem Schluß, daß ein Zusammenhang zwischen dem Quellverhalten der Deckschichten und der Deckschichtdichte besteht. „Die Porosität, die Unruhe sowie die Festigkeit der Oberflächen werden von der Holzart, der Spanform, den Verleimungsbedingungen, der Schüttmethodik und den Verdichtungsverhältnissen bestimmt. Wenn nicht dekorative Zwecke es anders wünschenswert erscheinen lassen, sollen die Deckschichtspäne kleinflächig und dünn sein."

H. J. Deppe und K. Ernst [*6.25*] schlagen für die Messung der Oberfläche von Spanplatten das Tastschnittverfahren vor. Die Rauhtiefe, die entlang einer Linie parallel zur Oberfläche bestimmt wird, stellt die durchschnittliche Abweichung der Oberfläche von ihrem mittleren Niveau dar. Bei einer Quadrierung der Einzelwerte und anschließender Division durch die Anzahl der Freiheitsgrade kann die Standardabweichung ermittelt werden. Für dieses Verfahren sind ein Tastschnittgerät und eine gewisse Rechenarbeit erforderlich. — Aus Bild 6.35 ist zu erkennen, wie die Rauhtiefe von Spanplatten nach Lagerung in Wasser und feuchter Luft zunimmt. Weiter konnten H. J. Deppe und K. Ernst feststellen, daß die Oberflächenquellung bei Proben, die vor dem Schleifen befeuchtet worden waren, wesentlich geringer ist als bei solchen, die nach dem üblichen Verfahren geschliffen wurden.

Mit der Frage der Oberflächenvergütung hat sich W. ENZENSBERGER [*6.33*] befaßt. Für eine einwandfreie Beschichtung sind eine erhöhte *Homogenität der Platten* sowie eine Rohdichte und ein Leimanteil, der dem Veredlungsverfahren angepaßt ist, Voraussetzung. Nach J. S. FUJII [*6.38*] werden die Biegefestigkeit und Steifigkeit von Spanplatten weitgehend durch den *Beplankungs-Effekt* beeinflußt, der durch eine Oberflächenbehandlung in Form einer Beschichtung oder durch das Aufbringen eines *Overlays* hervorgerufen wird. Weitere Anregungen zur Oberflächenveredlung von Spanplatten liegen von H. HEINER [*6.44*] vor.

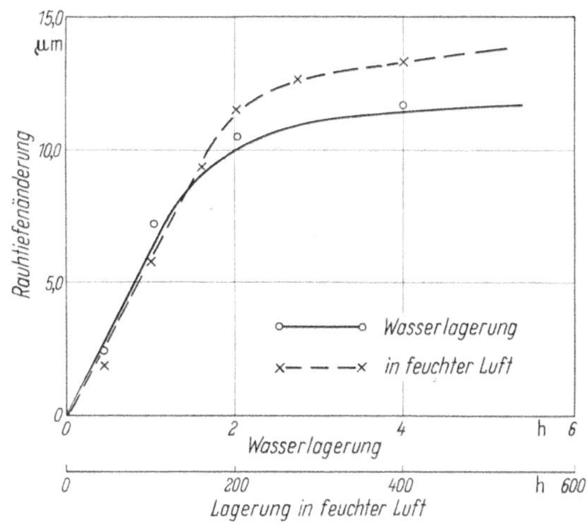

Bild 6.35. Verlauf der Rauhtiefenänderung bei Lagerung der Spanplatten in Wasser von 20 °C und in feuchter Luft (20 °C; 95% rel. Luftfeuchtigkeit). (Nach H. J. DEPPE u. K. ERNST.)

6.5.8 Dimensionsstabilität, Stehvermögen und Formbeständigkeit

Der Bestimmung und Messung der Dimensionsstabilität wird gegenwärtig noch nicht die Aufmerksamkeit geschenkt, die der Wichtigkeit insbesondere für die praktische Verwendung von Spanplatten entspricht. Schuld daran trägt weitgehend die Schwierigkeit, die Formbeständigkeit und das Stehvermögen meßtechnisch zu erfassen. Voraussetzung ist, daß die Spanplattenproben *Wechselklimaten* ausgesetzt werden, die Formänderungen hervorrufen. Hier sind bereits Schwierigkeiten vorhanden, da die Probengröße und der Klimazyklus bzw. bei einseitiger *Bewitterung* die Temperatur- und Feuchtigkeitsunterschiede festgelegt werden müssen. Weiter sind geeignete Einspannrahmen erforderlich, die gegebenenfalls auch eine *Vorspannung* im Prüfelement hervorrufen können. Außerdem wird eine größere Anzahl von Meßuhren für die Bestimmung der Längenänderung benötigt, wenn es nicht gelingt, die Maßänderungen unmittelbar aufzuzeichnen. Außer den aufwendigen Klimageräten werden dann auch noch Längen-Registriergeräte erforderlich.

Die Quellungseigenschaften von Spanplatten wurden bereits in Abschn. 6.2 behandelt. Unter mangelnder Formbeständigkeit soll in diesem Abschnitt das *Verwölben* von größeren Platten unter äußeren Einwirkungen verstanden werden, die durch ungleichmäßiges Quellen bzw. Schwinderscheinungen in Plattenebene verursacht worden sind, so daß die Platte „verworfen" erscheint. Darüber hinaus kann ungleichmäßiges Quellen in den äußeren Schichten — wie bereits ausgeführt — zu unruhigen Oberflächen führen.

Verschiedene Verfasser haben Vorschläge für Prüfverfahren zur Bestimmung der Formbeständigkeit gemacht (A. Dosoudil [*6.27*], A. Gratzl [*6.39*], R. Keylwerth [*6.47*], S. A. Lundgren [*6.84*]). Im

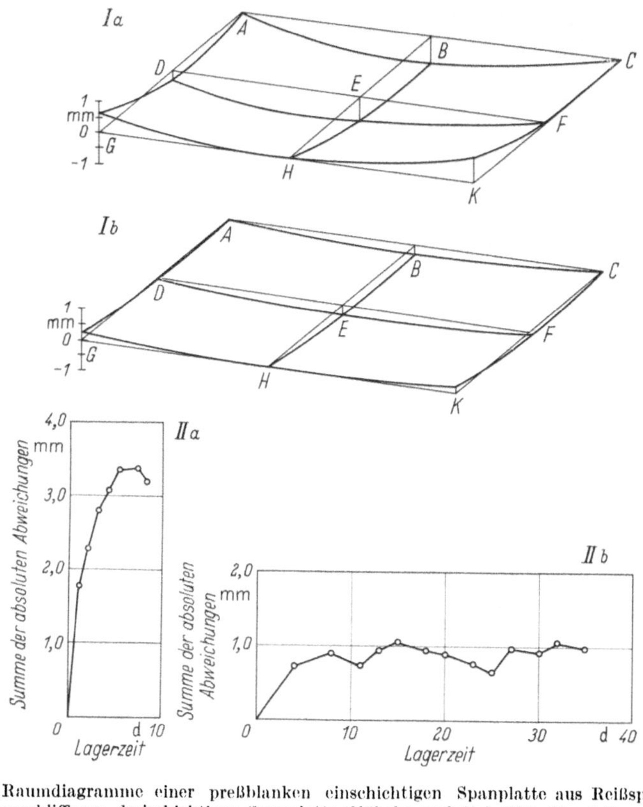

Bild 6.36. Raumdiagramme einer preßblanken einschichtigen Spanplatte aus Reißspänen (I a) und einer geschliffenen dreischichtigen Spanplatte (Möbelspanplatte) (I b); Darstellung der dazugehörigen absoluten Abweichungen der Meßpunkte in Abhängigkeit von der Zeit (II a, II b). (Nach F. Walter u. R. Rinkefeil.)

Bestreben, ein Betriebsmeßgerät zu entwickeln, schlugen F. Walter und R. Rinkefeil [*6.124*] einen Meßrahmen mit 3 Festpunkten und 6 Meßuhren vor. Die Proben haben eine Größe von 300 mm × 300 mm, der Abstand der im Rechteckverband angeordneten Maß- und Festpunkte beträgt 100 mm. Die Verwölbung der Spanplatten nach der Lagerung über Wasser läßt sich an den Meßuhren ablesen. In Bild 6.36 sind die Ergebnisse von Messungen an zwei verschiedenen Spanplatten aufgezeichnet; dabei sind die Formabweichungen zehnfach überhöht dargestellt. Nach den Erfahrungen von F. WALTER und R. RINKEFEIL erreichen die Formabweichungen nach einer bestimmten, für den untersuchten Werkstoff charakteristischen Lagerzeit ein Maximum, um dann, entsprechend dem allmählich eintretenden Feuchtigkeitsausgleich, wieder zu sinken. Diese unterschiedlichen Formänderungen lassen sich zahlenmäßig durch die Summe der Abweichungen angeben, wie Bild 6.36 zeigt. Eine weitere, eingehende Veröffentlichung liegt unter anderem von E. BRYAN [*6.17*] vor, die eine Gleichung enthält, in welche der Quotient der Elastizitätsmoduln parallel und senkrecht zur Faser und die Poissonschen Zahlen eingehen.

7. Statistische Qualitätskontrolle

Von **Detlef Noack**, Reinbek

7.1 Begriff „Qualität“

Jedes Industrieerzeugnis besitzt bestimmte Eigenschaften, die für seine Verwendbarkeit ausschlaggebend sind. Der Wert und die Gleichmäßigkeit dieser Eigenschaften sowie ihre Kombination zueinander stellen ein Maß für die Qualität des Erzeugnisses dar und bestimmen folglich nicht nur seinen Preis, sondern auch seine Stellung im Wettbewerb mit anderen Erzeugnissen und damit den wirtschaftlichen Erfolg der Produktion. Um die *Einhaltung einer bestimmten Qualität* eines Erzeugnisses zu gewährleisten, ist eine Kontrolle der Eigenschaften durch Sortierung, Prüfung oder Messung im Industriebetrieb unerläßlich und daher auch in ordentlichen Unternehmungen seit jeher üblich (R. KEYLWERTH [*7.10*]). Nach Möglichkeit erfolgt diese Qualitätskontrolle nicht nur am Ende, sondern bereits während des Produktionsprozesses, um Fehlerquellen rechtzeitig erkennen und durch geeignete betriebs- und verfahrenstechnische Maßnahmen abstellen zu können. Insbesondere bei kontinuierlichen Herstellungsverfahren läßt sich auf diese Weise das allgemeine Qualitätsniveau auf gleicher Höhe halten oder heben, der Ausschußanteil auf ein Mindestmaß beschränken und somit eine optimale Ausnutzung der Betriebskapazität erreichen.

Mit Hilfe der neuzeitlichen Fertigungstechnik ist es heute möglich, Holzspanplatten hoher und gleichmäßiger Güte herzustellen. Um diese Platten von fragwürdigen Erzeugnissen abzugrenzen und dem Verbraucher außerdem objektive Richtwerte für die technischen Eigenschaften von Qualitätsplatten zu geben, erfolgte eine *Qualitätsfestlegung für Holzspanplatten* durch die Vorschriften in DIN 68761 [*7.4*]. In dieser durch eingehende und umfangreiche Voruntersuchungen statistisch begründeten Norm wurden als Beurteilungsmerkmale Eigenschaften gewählt, die aus der *Betriebskontrolle* allgemein bekannt sind und deren Prüfung genormt ist. Außer für Plattenabmessungen, Feuchtigkeitsgehalt und Rohdichte wurden Gütebedingungen aufgestellt für

die *Biegefestigkeit* als Beurteilungsmerkmal für die Formbeständigkeit der Platten unter der Wirkung äußerer Belastungen und innerer Spannungen (Biegesteifigkeit, Stehvermögen) und somit gleichzeitig auch als Beurteilungsmerkmal für die Verleimung,

die *Dickenquellung nach Wasserlagerung* zur Beurteilung des Feuchtigkeitsverhaltens, der Verleimung und der Wirksamkeit von Quellschutzmitteln und

die *Zugfestigkeit senkrecht zur Plattenebene* zur Beurteilung der Schicht mit der geringsten Festigkeitsausbildung innerhalb der Spanplatte (Ausziehwiderstand von Schrauben, Neigung zum Spalten beim Nuten und Falzen).

Die Gütebedingungen für diese Eigenschaften wurden so festgelegt, daß sie mit den heutigen Fertigungsmöglichkeiten erreichbar und einhaltbar sind und daß Platten, die als Qualitätserzeugnis anerkannt sind und die daher mit Recht das „*Gütezeichen Spanplatten*" tragen dürfen. bei einer Gütekontrolle für gut befunden werden, während minderwertige Erzeugnisse nicht in den Qualitätsbegriff hineinfallen.

Für bestimmte Gebrauchseigenschaften, wie insbesondere Beschaffenheit der Plattenoberfläche und Verhalten der Spanplatte beim Beschichten mit Furnieren, Filmen oder Lacken gibt es zur Zeit noch keine allgemein anerkannten Prüfverfahren; hier bilden bis jetzt vorherrschend die praktischen Erfahrungen der Verbraucher die Beurteilungsgrundlage.

7.2 Statistische Arbeitsmethoden

Alle Spanplatteneigenschaften, mit deren Prüfung und Beurteilung sich eine Qualitätskontrolle zu befassen hat, sind dadurch gekennzeichnet, daß sie mehr oder weniger große *Schwankungen oder Streuungen* aufweisen, deren Ursache auf verschiedene Einflußgrößen zurückzuführen ist. So werden die natürlichen, unter den gegebenen Verhältnissen unvermeidbaren Streuungen der Platteneigenschaften, die auch die natürlichen Grenzen eines Fertigungsprozesses bestimmen, durch Ungleichmäßigkeiten der Rohstoffe, Inhomogenitäten im Plattenaufbau, Schwankungen der Verfahrensbedingungen und andere Zufallursachen hervorgerufen. Hinzu treten oft signifikante, vermeidbare Störungen im Herstellungsprozeß, die zu großen Streuungen der Platteneigenschaften führen können. Die Aufgabe der Qualitätskontrolle besteht also nicht nur darin, für einen bestimmten Herstellungsgang den Iststand der Qualität des Erzeugnisses zu messen und mit den bestehenden Gütebedingungen zu vergleichen, sondern darüber hinaus auch darin, der Betriebsleitung durch eine *Analyse der zufälligen und signifikanten Eigenschaftsschwankungen* Unterlagen darüber zu liefern, wie durch geeignete fertigungstechnische und organisatorische Maßnahmen eine Steigerung der Güte des Erzeugnisses zu erreichen ist.

Für die *Überwachung der Qualität* von Industriegütern bestehen in der Praxis grundsätzlich drei Möglichkeiten:

1. die 100%-Kontrolle,
2. die Kontrolle von Stichproben (oder Prüflosen) und
3. die laufende Kontrolle während der Fertigung.

Eine *100%-Kontrolle*, bei der jedes einzelne Stück der Fertigung geprüft wird und die theoretisch das genaueste Bild über das Produktionsergebnis gibt, falls fehlerhafte Messungen ausgeschlossen sind, wird praktisch nur bei Gütern vorgenommen, die in Einzelfertigung oder in kleineren Serien hergestellt werden, da sie für Massengüter zu teuer und zeitraubend ist und oft den Arbeitsablauf stört. Für zerstörende Prüfungen, wie sie bei Spanplatten für nahezu alle Eigenschaftsbestimmungen vorgenommen werden müssen, scheidet dieses Kontrollverfahren ohnehin aus.

Für die beiden anderen Kontrollverfahren stehen neuzeitliche, mathematisch-statistische Methoden zur Verfügung, die auf anderen naturwissenschaftlichen und technischen Arbeitsgebieten seit mehreren Jahrzehnten — vor allem in den englisch sprechenden Ländern — mit ausgezeichnetem Erfolg angewendet werden. Diese mathematisch-statistischen Methoden, bei denen ein objektives Bild der Gesamtheit durch *Prüfung repräsentativer Stichproben* erhalten wird, sind zuverlässig, weil sie auf den Gesetzen der Wahrscheinlichkeitsrechnung, einem Zweig der angewandten Mathematik, beruhen. Sie sind außerdem aber auch wirtschaftlich, weil Art und Umfang der Stichprobe so gewählt werden können, daß eine gewünschte oder geforderte Genauigkeit der Aussage mit dem geringsten Aufwand erzielbar ist (R. KEYLWERTH [*7.10*]). Da die Kosten jeder Betriebskontrolle in einem vernünftigen Verhältnis zu den Herstellkosten des Erzeugnisses stehen müssen, stellen die statistischen Methoden ein wichtiges Werkzeug jeder modernen Prozeßführung und Betriebsüberwachung dar; insbesondere bei der Spanplattenherstellung, wo man sich stets auf die Prüfung einer begrenzten Plattenanzahl beschränken muß, sind sie für eine Qualitätskontrolle unentbehrlich.

Eine *Qualitätskontrolle durch Stichproben* wird vor allem dann angewendet, wenn die Qualität einer Spanplattensorte, z. B. im Rahmen einer Werksabnahme, bei einer Fertigung geprüft werden muß, die nicht unter laufender Kontrolle steht. Hierfür wird im allgemeinen der zu prüfenden Gesamtheit von Holzspanplatten gleicher Art und Kennzeichnung eine Stichprobe in Form einer bestimmten Anzahl von Spanplatten entnommen. Die *Auswahl* dieser Platten hat *nach Zufallsgesichtspunkten* zu erfolgen [*7.3*], d. h. für jede Platte der Gesamtheit muß die Wahrscheinlichkeit, entnommen zu werden, gleich groß sein, so daß die Stichprobe ein wirklichkeitsgetreues Bild der Grundgesamtheit wiedergibt. Aus jeder gezogenen Spanplatte ist dann anschließend für die verschiedenen Eigenschaftsprüfungen eine bestimmte Anzahl von Proben herzustellen. Für den Vorteil, daß an Stelle der 100%-Kontrolle nur eine Stichprobe begrenzten Umfanges zu prüfen ist, muß ein bestimmtes Risiko in Kauf genommen werden, das von Art und Umfang der Stichprobe und vom Ausmaß der Eigenschaftsstreuungen abhängig ist, das anderseits aber genau berechnet werden kann. Für jede Qualitätskontrolle durch Stichproben läßt sich somit ein *Stichprobenplan* ausarbeiten, der unter den speziellen Verhältnissen ein optimales *Stichprobenrisiko* ergibt (N. L. Enrick [*7.5*]). Auf diese Weise ist es möglich, sowohl übertriebene Kontrollkosten zu vermeiden, wenn Spanplatten „zu guter" Qualität hergestellt werden, als auch mit Sicherheit zu erkennen, wenn die Produktion einer „zu schlechten" Qualität erfolgt.

Bei der *laufenden Kontrolle während der Fertigung* werden die für den Herstellungsprozeß wichtigsten Einflußgrößen auf allen Stufen der Produktion, vom Rohstoff bis zum Fertigerzeugnis, in bestimmten zeitlichen Abständen gemessen und mit Hilfe von *Kontrollkarten* dargestellt, um Abweichungen oder Fehler an Ort und Stelle aufdecken und ohne Zeitverlust abstellen zu können. Auf diese Weise ist die Herstellung von Ausschußplatten am sichersten zu vermeiden. Die Entnahme der Proben hat bei der laufenden Kontrolle während der Fertigung in bezug auf Wochentage, Arbeitsschichten, Fertigungsstraßen, Pressen-Etagen usw. systematisch zu erfolgen, so daß die Zufallsauswahl nur auf die Lose (Chargen) innerhalb der gewählten Zeitspanne beschränkt ist.

Auch bei der Kontrolle von Stichproben eines Fertigerzeugnisses ist die Methode der „laufenden Qualitätskontrolle" anwendbar. Während bei der normalen Stichprobenprüfung einmalig eine — verhältnismäßig große — Stichprobe aus der Gesamtheit aller Platten gezogen wird, werden bei der laufenden Qualitätskontrolle zufällig ausgewählte Stichproben kleineren Umfanges in bestimmten Zeitabständen aus der Produktion entnommen und die Meßergebnisse auf geeigneten Kontrollkarten registriert. Auf diese Weise lassen sich Trends im zeitlichen Verlauf der Qualität erkennen, so daß durch rechtzeitiges Eingreifen in den Herstellungsprozeß noch in gewissem Umfange eine Steuerung der Qualität möglich ist und nicht erst am Ende der Produktion an Hand einer Stichprobe nachträglich entschieden wird, ob die Gesamtheit aller hergestellten Platten den Anforderungen der Gütebedingungen für Qualitätsplatten entspricht oder ob sie als minderwertige Platten einzustufen sind.

Da es im Rahmen des vorliegenden Buches nicht möglich ist, eine umfassende Darstellung über das Gesamtgebiet der mathematisch-statistischen Qualitätskontrolle zu geben und auch allgemeingültige „Rezepte" für ihre praktische Anwendung nur in begrenztem Maße vermittelt werden können, soll im Folgenden vor allem auf allgemeine Grundsätzlichkeiten und Besonderheiten eingegangen werden, die bei der Qualitätskontrolle von Holzspanplatten zu beachten sind. Ohne tiefergehende Ableitungen der statistischen Zusammenhänge, die für die routinemäßige Anwendung so vorbereitet wurden, daß nur sehr einfache Rechenoperationen auszuführen sind, sollen an einigen Beispielen Möglichkeiten und Wege für die praktische Durchführung der statistischen Qualitätskontrolle und zugleich damit auch ihr Wesen und ihre Grenzen aufgezeigt werden.

Zur Lösung spezieller Fragen ist ein allgemeines Studium der statistischen Zusammenhänge erforderlich, um falsche Schlußfolgerungen zu vermeiden. Hierzu steht eine umfangreiche Fach- und Spezialliteratur zur Verfügung (K. A. Brownlee [*7.1*], O. L. Davies [*7.2*], N. L. Enrick [*7.5*], U. Graf u. M. [*7.6*], A. Linder [*7.13, 7.14*]). Für die praktische Anwendung mathematisch-statistischer Verfahren in der Holzwerkstoffforschung und der Qualitätskontrolle im Holzindustriebetrieb sei insbesondere auch auf die richtungsweisenden Veröffentlichungen von R. Keylwerth [*7.7, 7.8, 7.9, 7.10*] und E. Plath [*7.16*] verwiesen.

Neben der bisher betrachteten Güteüberwachung sind unter der betrieblichen Qualitätskontrolle im weiteren Sinne auch statistische Prüfungen zu verstehen, die im Rahmen industrieeigener *Forschungs- und Entwicklungsarbeiten* durchgeführt werden. Sie sollen Aufschluß darüber geben, ob bestimmte betriebs- und verfahrenstechnische Maßnahmen zu einer *Eigenschaftsänderung* des Erzeugnisses geführt haben. Die Planung und Auswertung solcher Versuche erfordert im allgemeinen wegen der Vielfalt der möglichen Fragestellungen und Einflußgrößen besondere mathematisch-statistische Grundkenntnisse, so daß für Prüfungen dieser Art die entsprechenden statistischen Handbücher zu Rate zu ziehen sind.

7.3 Platteneigenschaften als stochastische Größen

In Normen, Gütebedingungen oder anderen Qualitätsvereinbarungen wird normalerweise festgelegt, daß die verschiedenen Eigenschaftsmerkmale von Qualitätserzeugnissen bestimmte *Mittelwerte* aufweisen müssen. Da jeder Fertigungsvorgang allen möglichen Einflüssen und Störungen ausgesetzt ist, gilt für alle Fertigungen das allgemeine Gesetz, daß die Eigenschaften des Erzeugnisses von Einheit zu Einheit Schwankungen aufweisen, die vom Statistiker *Streuungen* genannt werden. Diese Streuungen, die nicht nur bei natürlichen Materialien, sondern auch im noch so sorgfältig gesteuerten Fabrikationsverfahren vorhanden sind, führen dazu, daß es nicht möglich ist, mit einem bestimmten Arbeitsverfahren zwei völlig identische Stücke herzustellen. Die Ursachen dieser *natürlichen Streuungen* oder Zufallsschwankungen beruhen auf unbekannten oder unvermeidlichen Inhomogenitäten der Rohstoffe, auf Schwankungen in der Stoffbilanz, auf zeitlichen und örtlichen Ungleichmäßigkeiten der Verfahrensbedingungen und auf zufälligen Streuungen anderer Einflußgrößen, deren Beseitigung aus wirtschaftlichen Gründen ebenfalls nicht möglich ist. Es liegt daher im Interesse sowohl des Herstellers als auch des Abnehmers, daß eine bestimmte Platteneigenschaft, wie z. B. die Plattendicke, nicht nur als Mittelwert den vereinbarten Sollwert erreicht, sondern daß auch die natürlichen Schwankungen der Plattendicke in möglichst engen Grenzen liegen, so daß die Dicke der einzelnen Platten möglichst wenig um den Mittelwert schwankt und auch innerhalb einer Platte keine größeren Dickenunterschiede bestehen. Mit Hilfe der statistischen Qualitätskontrolle erhält man Kenntnis von der Größe dieser Zufallsschwankungen, d. h. von der wirtschaftlich erreichbaren Gleichmäßigkeit des gewählten Fertigungsprozesses, der sog. *natürlichen Fertigungsspannweite*. Sie kann bei geeigneter Anwendung außerdem auch Aufschluß geben über Eigenschaftsschwankungen, die auf systematische Ursachen zurückzuführen sind. Diesen beeinflußbaren Ursachen ist besonderes Augenmerk zu schenken, da sie die Platteneigenschaften in einer bestimmten Richtung verändern.

7.4 Häufigkeitsverteilung von Meßwerten

Einen Überblick über die Verteilung von Eigenschaftswerten einer „repräsentativen" Stichprobe gewinnt man leicht durch ihre zeichnerische Darstellung in Form einer *Häufigkeitsverteilung* (Staffelbild), wie sie als Beispiel in Bild 7.1 für die Biegefestigkeit einer Spanplattensorte dargestellt ist. Hierzu erfolgt eine Sortierung der Meßwerte in bestimmte *Biegefestigkeitsklassen*, deren Breite in Abhängigkeit von der Zahl N der Meßwerte so zu wählen ist, daß ein charakteristisches Verteilungsbild erhalten wird. Als empirischer Richtwert für die Anzahl m der Klassen gilt die Beziehung: $m = 2 \cdot \sqrt[3]{N}$.

Biegefestigkeiten unter 140 und über 250 kp/cm² liegen in dieser Stichprobe nicht vor; sie sind daher auch in der gesamten Spanplattensorte wenig wahrscheinlich, wenn die Stichprobe repräsentativ war. Der Hauptteil der Werte gruppiert sich um den arithmetischen Mittelwert $\bar{\bar{x}} = 198$ kp/cm².

Neben dieser *säulenförmigen Häufigkeitsverteilung* der Biegefestigkeit für die Stichprobe vom Umfang $N = 100$ Biegeproben existiert noch eine theoretische, *glockenförmige Verteilung*, die sog. GAUSSsche *Normalverteilung*, von der in Bild 7.1 eingezeichneten Art, die man erhalten würde, wenn unendlich viele Biegeproben geprüft würden, so daß auch die Anzahl der Klassensäulen sehr groß gewählt werden kann (R. KEYLWERTH [*7.10*]) und die Breite der Klassen somit gegen Null geht. Diese Normalverteilung, die eine Annäherung für das empirische Staffelbild darstellt, ist mathematisch genau erfaßbar. Sie wird vollständig bestimmt durch ihre beiden Kennwerte, den „wahren“ Mittelwert μ und das *Streuungsmaß* σ (s. auch Bild 7.2).

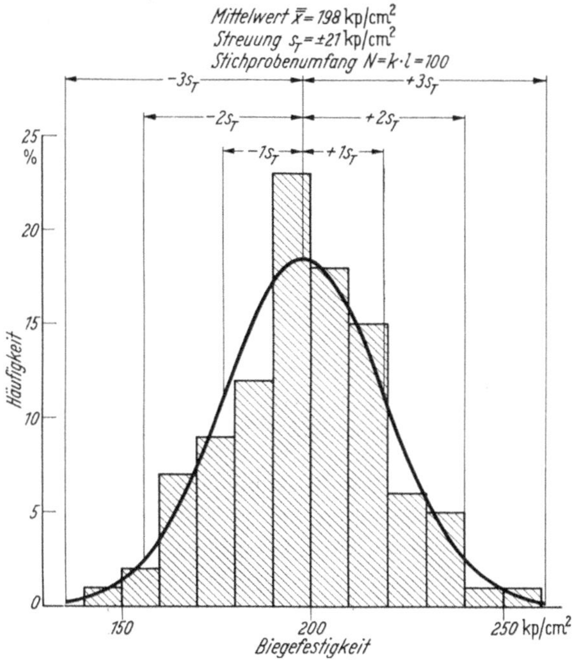

Bild 7.1. Gemessene Verteilung der Biegefestigkeit von Spanplatten in einer Stichprobe von $N = k \cdot l = 100$ Biegeproben und errechnete GAUSSsche Verteilung für die Gesamtheit der Spanplattensorte.

Aus der Stichprobe vom Umfang $N = 100$ Biegeproben wurden als Schätzwert für den wahren Mittelwert μ der arithmetische Mittelwert der Meßwerte $\bar{\bar{x}} = 198$ kp/cm² und als Schätzwert für die Streuung σ die *Standardabweichung* $s_T = \pm 21$ kp/cm² erhalten (Tab. 7.1). Solange nur *zufällige* Abweichungen der Einzelwerte vom Mittelwert vorkommen, liegen bei einer Normalverteilung innerhalb des Schwankungsbereiches $\pm 3\sigma$ um den Mittelwert 99,7% aller Werte, innerhalb der $\pm 2\sigma$-Grenzen 95,4% und innerhalb des $\pm 1\sigma$-Bereiches immer noch 68,3% aller Werte (Bild 7.2).

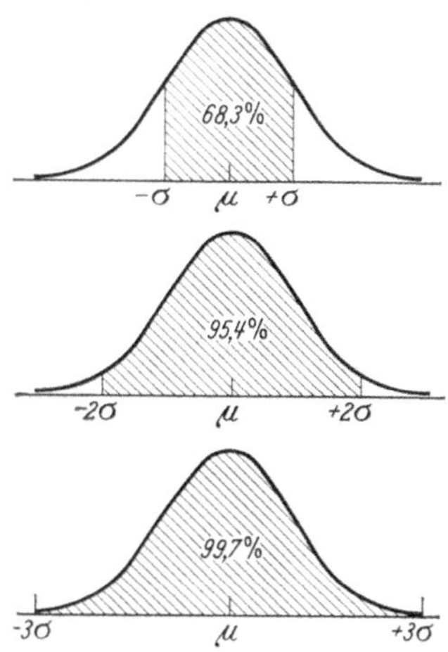

Bild 7.2. Flächenbereiche für die üblichen σ-Grenzen der GAUSSschen Verteilung.
(Nach U. GRAF u. H. J. HENNNG [76.].)

Die *Mehrzahl der Eigenschaftsmerkmale ist normalverteilt.* Daneben können aber auch *nicht-symmetrische Verteilungen* auftreten, die *durch Störeinflüsse* verschiedener Art hervorgerufen werden. Eine schiefe Verteilung der Einzelwerte kann sich z. B. dadurch ergeben, daß bei der

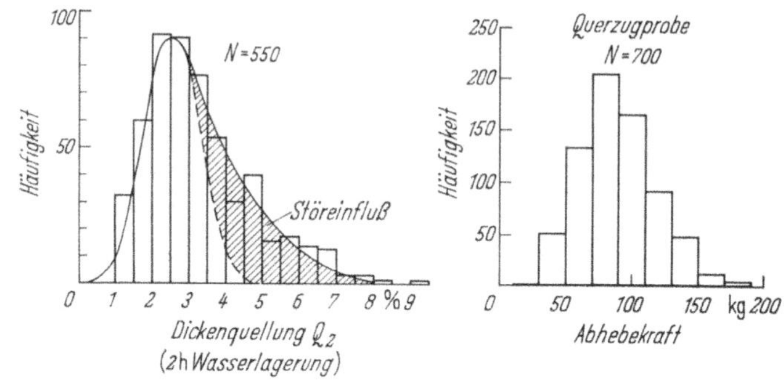

Bild 7.3. Verteilungen von Dickenquellung und Abhebekraft an Spanplattenproben. (Nach R. KEYLWERTH [7.10].)

Dickenquellung (Bild 7.3, links) das mit Paraffin-Emulsionen versetzte Leimgemisch nicht stabil genug war und die Emulsion daher teilweise ausgefallen ist oder daß bei der Querzugfestigkeit (Bild 7.3, rechts) die Proben aus Platten mit sehr kurzer Preßzeit stammen und in der Mittelzone nicht völlig gehärtet waren. Liegen stärkere Abweichungen von der Normalverteilung vor, so müssen für eine rechnerische Behandlung besondere Maßnahmen ergriffen werden. Oft ist es möglich, eine nicht-symmetrische Verteilung durch geeignete *Transformationen* des Eigenschaftsmerkmales x (in lg x, $\sqrt{x}$, x^2 usw.) in eine symmetrische Verteilung umzuwandeln (O. L. DAVIES [7.2]). Der einfachste und am häufigsten beschrittene Weg der Umwandlung in eine symmetrische Verteilung besteht darin, an Stelle von Einzelwerten x jeweils Mittelwerte $\bar{x}$ aus mehreren n Messungen zu wählen, da solche Mittelwerte nach dem zentralen Grenzwertsatz der mathematischen Statistik auch dann noch gut einer GAUSSschen Normalverteilung genügen, wenn die Einzelwerte selbst einem anderen Verteilungsgesetz folgen. Von der Streuung $\sigma_{\bar{x}}$ der Mittelwerte kann direkt auf die Streuung σ der Einzelwerte geschlossen werden, da das Wurzelgesetz $\sigma = \sigma_{\bar{x}} \cdot \sqrt{n}$ besteht.

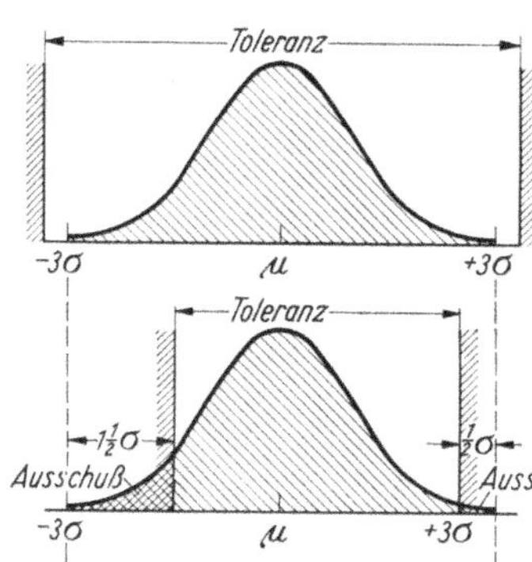

Bild 7.4. Natürliche Spannweite eines Fertigungsprozesses und Toleranzen.

Bei bestimmten Gütebedingungen kann gefordert werden, daß für eine Eigenschaft nicht nur die Einhaltung eines Mittelwertes garantiert wird, sondern daß auch bestimmte *Maximal- und Minimalwerte* (Toleranzen) eingehalten werden müssen. Ohne Ausschuß kann diese Forderung nach Bild 7.4 nur erfüllt werden, wenn die Grenzwerte $x_{Gr} = \mu \pm 3\sigma$ des Eigenschaftsmerkmals x innerhalb der Toleranzgrenzen liegen. Liegen sie außerhalb der Toleranzen, muß in den Fertigungsprozeß regelnd eingegriffen werden; bei einseitiger Toleranz genügt eine Verschiebung des Mittelwertes, bei doppelseitiger Toleranz muß beim Beispiel in Bild 7.4, unten, außerdem die Streuung vermindert werden.

7.5 Qualitätskontrolle mit Hilfe einer repräsentativen Stichprobe (Abnahmeprüfung)

Für die *Planung, Entnahme und Auswertung* einer repräsentativen Stichprobe zur Beurteilung einer Gesamtheit von Spanplatten ist zu beachten, daß diese Gesamtheit bezüglich ihrer physikalischen und technologischen Eigenschaften im allgemeinen *inhomogen* (uneinheitlich) ist, d. h. daß die Eigenschaftswerte von Proben, die nur aus einer einzigen Spanplatte entnommen sind, geringere Streuungen aufweisen als diejenigen Eigenschaftswerte, welche an Proben aus *verschiedenen* Platten ermittelt wurden (R. Keylwerth [*7.8*]). Hervorgerufen wird die Inhomogenität der Platteneigenschaften durch langwellige Schwankungen verschiedener Einflußgrößen des Herstellungsprozesses, wie Zusammensetzung des Rohholzes, Schärfezustand der Messer im Zerspaner, Feuchtigkeitsgehalt der Späne, Spänebeleimung (Verstopfung einzelner Düsen der Beleimmaschinen), Einstreuung, Preßbedingungen usw. Um einen gesicherten Überblick über die Eigenschaften einer Plattenart zu bekommen, müssen daher in der Stichprobe sowohl eine größere Anzahl Spanplatten dieser Plattenart ($= k$ Platten) als auch eine größere Anzahl Proben je Spanplatte ($= l$ Proben), also insgesamt $N = k \cdot l$ Einzelproben untersucht werden [*7.3*]. Zur Vereinfachung der Prüfung und insbesondere der rechnerischen Auswertung sollte die Probenahme stets so erfolgen, daß von jeder der k Spanplatten die gleiche Anzahl l Proben genommen wird.

Als Beispiel für eine Berechnung der verschiedenen statistischen Parameter (Mittelwerte als quantitative und Streuungen als qualitative Eigenschaftsmaße), welche für die Beurteilung einer normalverteilten Grundgesamtheit erforderlich sind, sind in Tab. 7.1 die Werte der Biegefestigkeit einer Stichprobe vom Umfang $k = 10$ Spanplatten und $l = 10$ Proben je Platte ($N = k \cdot l = 100$ Einzelproben) aufgeführt.

Tabelle 7.1. *Biegefestigkeit einer Spanplatten-*

Probe	Spanplatte				
	1	2	3	4	5
1	209	203	215	161	177
2	200	153	192	229	193
3	247	186	213	216	215
4	235	187	231	172	200
5	229	197	226	165	193
6	198	193	219	175	200
7	194	188	219	190	211
8	219	191	234	184	227
9	207	197	217	162	204
10	200	185	198	195	202
$\sum_{i=1}^{l} x_i$	2138	1880	2164	1849	2022
$_j\bar{x}$	214	188	216	185	202
$\sum_{i=1}^{l} x_i^2$	460006	355100	469866	346677	410522
$\frac{1}{l}\left(\sum_{i=1}^{l} x_i\right)^2$	457104	353440	468290	341880	408848
$\sum_{i=1}^{l} x_i^2 - \frac{1}{l}\left(\sum_{i=1}^{l} x_i\right)^2$	2902	1660	1576	4797	1674
$_js^2$	322	184	175	533	186
$_js$	± 18	$\pm 13{,}5$	± 13	± 23	$\pm 13{,}5$

$\bar{\bar{x}} = 198 \qquad \bar{\bar{x}}^2 = 39120{,}9$

$s_i^2 = 264 \qquad s_z^2 = 200 \qquad s_T^2 = 464$

$s_i = \pm 16 \qquad s_z = \pm 14 \qquad s_T = \pm 21{,}5$

sorte (*Stichprobenumfang:* $N = k \cdot l = 100$)

6	7	8	9	10	Zeilen-summe
164	182	216	190	176	
164	198	211	163	146	
196	212	239	201	178	
194	224	208	198	173	
177	189	250	207	151	
183	182	218	188	172	
184	203	227	195	190	
205	199	200	213	199	
190	167	231	200	189	
200	200	212	175	197	
1857	1956	2212	1930	1771	19779
186	196	221	193	177	1978
346643	384992	491420	374486	316521	3956233
344845	382594	489294	372490	313644	3932429
1798	2398	2126	1996	2877	
200	266	236	222	320	2644
±14	±16,5	±15,5	±15	±18	

$$s_g^2 = \frac{1}{99} \cdot (3956233 - 3912090) = 445$$

$$s_1^2 = \frac{10}{9} \cdot (393243 - 391209) = 2260$$

$$s_g = \pm 21 \qquad s_1 = \pm 47,5$$

Werden die Einzelwerte einer Meßreihe mit $x_1, x_2, x_3, \ldots, x_n$ oder x_i ($i = 1, 2, 3, \ldots, n$) bezeichnet, so ist der Mittelwert als arithmetisches Mittel definiert durch

$$\bar{x} = \frac{x_1 + x_2 + x_3 + \cdots + x_n}{n} = \frac{1}{n} \cdot \sum_{i=1}^{n} x_i. \tag{1}$$

Aus den l Einzelwerten jeder Platte erhält man somit die *Plattenmittelwerte* ${}_j\bar{x}$ ($j = 1, 2, 3, \ldots, k$), ${}_1\bar{x} = 214$, ${}_2\bar{x} = 188, \ldots, {}_{10}\bar{x} = 177$ und aus allen $N = k \cdot l$ Einzelwerten der Stichprobe den *Gesamtmittelwert* $\bar{\bar{x}} = 198$ kp/cm². Sind — wie im gewählten Beispiel — aus allen k Platten die gleiche Anzahl l Proben entnommen worden, so kann das Gesamtmittel $\bar{\bar{x}}$ auch unmittelbar aus den Plattenmittelwerten ${}_j\bar{x}$ errechnet werden, da unter dieser Voraussetzung gilt

$$\bar{\bar{x}} = \frac{{}_1\bar{x} + {}_2\bar{x} + {}_3\bar{x} + \cdots + {}_k\bar{x}}{k} = \frac{1}{k} \cdot \sum_{j=1}^{k} {}_j\bar{x}. \tag{1a}$$

Dieser Gesamtmittelwert $\bar{\bar{x}}$ der Stichprobe ist nur ein *Schätzwert* für den „wahren" Mittelwert μ der Gesamtheit aller Spanplatten, den man erhält, wenn man alle Platten der Gesamtheit prüfen würde. Ein Stichproben-Mittelwert wird daher um so mehr Vertrauen verdienen, je weniger die Einzelwerte um diesen Mittelwert schwanken. Das mathematische Maß für die Streuung von n Einzelwerten x_i einer Meßreihe um ihren Mittelwert $\bar{x}$ bezeichnet man als *Varianz* s^2. Sie wird berechnet nach der allgemeinen Definitionsgleichung

$$s^2 = \frac{1}{n-1} \cdot \sum_{i=1}^{n} (x_i - \bar{x})^2 = \frac{1}{n-1} \cdot \left[\sum_{i=1}^{n} x_i^2 - \frac{1}{n} \cdot \left(\sum_{i=1}^{n} x_i \right)^2 \right]. \tag{2}$$

Durch Wurzelziehen erhält man daraus die *Standardabweichung* (Streuung, mittlere quadratische Abweichung) s, welche dieselbe Dimension wie der Mittelwert $\bar{x}$ besitzt und somit ein anschauliches Maß für die beidseitigen Abweichungen der Einzelwerte von ihrem Mittelwert ist.

Nach Gl. (2) lassen sich für $n = l$ die Varianzen ${}_js^2$ ($j = 1, 2, 3, \ldots, k$) der Einzelwerte *innerhalb* jeder der k Platten berechnen:

$${}_1s^2 = 322, \; {}_2s^2 = 184, \; \ldots, \; {}_{10}s^2 = 320.$$

Aus diesen k Einzelvarianzen ${}_js^2$ erhält man durch Mittelwertbildung einen Schätzwert für die *durchschnittliche Varianz* s_i^2 * der Einzelwerte

* In der Norm DIN 52360, die während der Drucklegung erarbeitet wurde, sind für die Bezeichnung der Varianzen s^2 folgende, von der hier gewählten Bezeichnungsweise abweichende Indices gewählt worden: s_i^2 wurde mit „s_d^2", s_1^2 mit „s_z^2" und s_z^2 mit „s_m^2" bezeichnet.

innerhalb der k Platten

$$s_i^2 = \frac{1}{k} \cdot \sum_{j=1}^{k} {}_j s^2, \tag{3}$$

die im vorliegenden Beispiel $s_i^2 = 264$ beträgt.

Neben der Streuung der Einzelwerte innerhalb der Platten weisen auch die Plattenmittelwerte ${}_j\bar{x}$ Schwankungen um den Gesamtmittelwert $\bar{\bar{x}}$ auf. Da jeder der Plattenmittelwerte aus l Einzelwerten bestimmt wurde, ergibt sich aus den Abweichungen der Plattenmittelwerte vom Gesamtmittelwert ein Schätzwert s_1^2 für die *Varianz der Einzelwerte zwischen den Platten* nach der Definitionsgleichung

$$s_1^2 = \frac{l}{k-1} \cdot \sum_{j=1}^{k} \left({}_j\bar{x} - \bar{\bar{x}}\right)^2 = \frac{l}{k-1} \cdot \left[\sum_{j=1}^{k} {}_j\bar{x}^2 - \frac{1}{k} \cdot \left(\sum_{j=1}^{k} {}_j\bar{x}\right)^2\right] \tag{2a}$$

und damit: $s_1^2 = 2260$.

In diesem Schätzwert s_1^2 für die Streuung der Einzelwerte zwischen den Platten ist die Streuung s_i^2 der Einzelwerte innerhalb der Platten bereits enthalten. Wie sich durch eine Streuungszerlegung in die einzelnen Streuungskomponenten mit Hilfe der Varianzanalyse nachweisen läßt, ist der Schätzwert s_z^2 für die Varianz der *Plattenmittelwerte* unter der Annahme unendlich vieler Platten, die *idealisierte Varianz zwischen den Platten*, definiert als

$$s_z^2 = \frac{s_1^2 - s_i^2}{l}, \tag{4}$$

so daß im vorliegenden Beispiel gilt: $s_z^2 = (2260 - 264)/10 = 200$ oder $s_z = \pm 14$ kp/cm².

Ein weiteres Streuungsmaß für die Beurteilung einer Gesamtheit von Spanplatten ist die *Gesamtstreuung* s_g^2, welche als gesamte Varianz aller $N = k \cdot l$ Einzelwerte x_i ($i = 1, 2, 3, \ldots, k \cdot l$) um den Gesamtmittelwert $\bar{\bar{x}}$ ohne Berücksichtigung der Inhomogenität der Werte nach Gl. (2) berechnet wird:

$$s_g^2 = \frac{1}{k \cdot l - 1} \cdot \sum_{i=1}^{k \cdot l} \left(x_i - \bar{\bar{x}}\right)^2 = \frac{1}{N-1} \cdot \left[\sum_{i=1}^{N} x_i^2 - \frac{1}{N}\left(\sum_{i=1}^{N} x_i\right)^2\right] \tag{2b}$$

und im obigen Beispiel $s_g^2 = 445$ ($s_g = \pm 21$ kp/cm²) beträgt.

Zur Demonstration, wie sich die Gesamtverteilung der $k \cdot l$ Einzelwerte der Stichprobe einer Spanplattensorte aus den Einzelstreuungen ergibt, wurde in Bild 7.5 für jede der $k = 10$ Platten die individuelle Häufigkeitsverteilung gezeichnet. Auch wenn die Streuung der Einzelwerte innerhalb jeder Platte gleich groß wäre (einen Schätzwert für die durchschnittliche Varianz liefert Gl. (3)), führen die zusätzlichen Schwankungen der Plattenmittelwerte dazu, daß die resultierende Gesamtstreuung stets größer ist als die Streuung innerhalb der Platten, und zwar setzt sich die totale Ungleichmäßigkeit einer Plattensorte zusammen aus der durchschnittlichen Ungleichmäßigleit der Einzelwerte *innerhalb* der

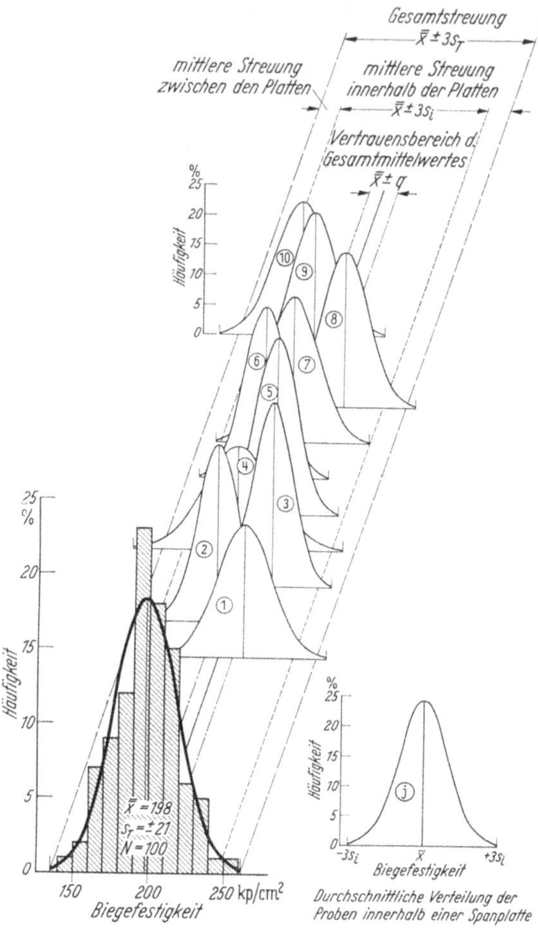

Bild 7.5. Streuungen der Biegefestigkeit einer Spanplattensorte (Stichprobenumfang $N = k \cdot l = 10 \cdot 10 = 100$ Biegeproben).

Platten und den Ungleichmäßigkeiten der Plattenmittelwerte *zwischen* den Platten, so daß ein guter Schätzwert für die *totale Varianz* s_T^2 einer inhomogenen Spanplattensorte aus den beiden Schätzwerten s_i^2 und s_z^2 der Stichprobe gemäß

$$s_T^2 = s_i^2 + s_z^2 \tag{5}$$

$$(s_T^2 = 264 + 200 = 464)$$

erhalten werden kann (R. KEYLWERTH [7.8]). Da für die Gesamtvarianz s_g^2 auch die Beziehung gilt (K. A. BROWNLEE [7.1]):

$$s_g^2 = \frac{l(k-1)}{N-1} \cdot s_z^2 + s_i^2, \qquad (6)$$

ist offensichtlich, daß stets $s_g^2 < s_T^2$, und nur wenn l und insbesondere k der Stichprobe ausreichend groß sind, wird $s_g^2 \approx s_T^2$.

Aus den Beziehungen (5) und (6) wird deutlich, daß es für die Beurteilung einer Stichprobe nicht genügt, nur die Gesamtvarianz s_g^2 zu bestimmen, da aus ihr noch keine Rückschlüsse auf die Art und Herkunft der Ungleichmäßigkeiten einer Spanplattensorte und somit auch über eine zweckmäßige Stichprobenahme gezogen werden können. Die Hersteller von Spanplatten müssen vielmehr wissen, wie sich die totale Streuung s_T^2 der Einzelwerte um das Gesamtmittel der Plattensorte aufteilt auf die Durchschnitts-Varianz s_i^2 innerhalb der Platte, die ein Maß für die erreichte Gleichmäßigkeit der Maschinenanlage ist, und auf die Varianz s_z^2 zwischen den Mittelwerten der einzelnen Platten, welche die langwelligen Schwankungen im Produktionsablauf mißt.

Eine Prüfung, ob eine Spanplattensorte hinsichtlich der untersuchten Eigenschaft als homogene oder inhomogene Grundgesamtheit aufzufassen ist, erfolgt ebenfalls durch eine Varianzanalyse. Mit Hilfe des sog. F-Testes werden die Schätzwerte s_1^2 und s_i^2, welche für die Varianzen der Einzelwerte erhalten wurden, miteinander verglichen, d. h. es wird gefragt, ob die Varianz s_1^2 der Einzelwerte zwischen den Platten gesichert größer ist als die Varianz s_i^2 der Einzelwerte innerhalb der Platten. Wenn das Material als homogen zu betrachten ist, sind s_1^2 und s_i^2 Schätzwerte ein und derselben Streuung, und es dürfen zwischen beiden nur zufällige Unterschiede bestehen. Für den Test bildet man den Quotienten $s_1^2 : s_2^2$ — wobei $s_2^2 = s_i^2$ ist — und prüft, ob dieser Wert größer ist als die Integralgrenzen der F-Verteilung bei einer statistischen Sicherheit $S\%$ für den vorliegenden Stichprobenumfang. Die F-Werte sind statistischen Tabellen zu entnehmen. Je nach dem Resultat des F-Testes ist die Spanplattensorte hinsichtlich der betrachteten Eigenschaft anzusehen als

homogen, wenn	$s_1^2 : s_2^2 < F_{S=95\%}$,
wahrscheinlich, aber statistisch nicht gesichert inhomogen, wenn	$F_{S=99\%} > s_1^2 : s_2^2 > F_{S=95\%}$,
signifikant (statistisch gesichert) inhomogen, wenn	$F_{S=99,9\%} > s_1^2 : s_2^2 > F_{S=99\%}$ und
mit sehr großer Sicherheit (Irrtumswahrscheinlichkeit $< 0,1\%$) inhomogen, wenn	$s_1^2 : s_2^2 > F_{S=99,9\%}$.

Im vorliegenden Beispiel gilt: $s_1^2 : s_2^2 = 8,6 \gg F_{S=99,9\%} = 3,6$, so daß die Biegefestigkeit mit mehr als 99,9%iger Sicherheit zwischen den Platten stärker schwankt als auf Grund der zufälligen Schwankungen innerhalb der Platten zu erwarten ist.

Ein anschauliches Maß für die Streuungen einer Eigenschaft ist der *Variationskoeffizient* V, der allgemein aus der Standardabweichung s und dem Mittelwert $\bar{x}$ berechnet wird,

$$V = \frac{s}{\bar{x}} \cdot 100\ [\%]. \tag{7}$$

Als relative Schwankungsmaße ergeben sich für das obige Beispiel folgende Variationskoeffizienten: $V_i = (s_i \cdot 100)/\bar{\bar{x}} = 8{,}2\%$, $V_z = (s_z \cdot 100)/\bar{\bar{x}} = 7{,}1\%$, $V_1 = (s_1 \cdot 100)/\bar{\bar{x}} = 24\%$ und $V_T = (s_T \cdot 100)/\bar{\bar{x}} = 10{,}9\%$.

Da der Gesamtmittelwert $\bar{\bar{x}}$ einer Stichprobe vom Umfang $N = k \cdot l$ nur ein Schätzwert für den „wahren" Mittelwert μ der Gesamtheit aller Platten darstellt, ist es für eine Beurteilung der Stichprobe wichtig zu wissen, innerhalb welches Vertrauensbereiches um den Gesamtmittelwert $\bar{\bar{x}}$ der „wahre" Mittelwert mit einer bestimmten statistischen Sicherheit zu erwarten ist. Der *Vertrauensbereich*, der sich über $\pm q$ zu beiden Seiten des Gesamtmittelwertes erstreckt, läßt sich für ein inhomogenes Material aus dem Schätzwert s_1^2 für die Varianz der Einzelwerte zwischen den Platten und dem Stichprobenumfang N berechnen:

$$\bar{\bar{x}} \pm q = \bar{\bar{x}} \pm {}_S t_{k-1} \cdot \frac{s_1}{\sqrt{N}}. \tag{8}$$

t ist ein Zahlenfaktor, der in Abhängigkeit von $k-1$ für eine statistische Sicherheit $S\%$ aus Tab. 7.2 zu entnehmen ist.

Tabelle 7.2. *Integralgrenzen der t-Verteilung in Abhängigkeit von $k-1$ und der statistischen Sicherheit $S\%$*

$k-1$	t_{k-1}	
	$S = 95\%$	$S = 99\%$
2	4,30	9,92
3	3,18	5,84
4	2,78	4,60
5	2,57	4,03
7	2,37	3,50
9	2,26	3,25
14	2,15	2,98
19	2,09	2,86
∞	1,96	2,58

Der relative Vertrauensbereich $p\%$ bezogen auf den Mittelwert ist somit:

$$\pm p = \pm \frac{{}_S t_{k-1} \cdot s_1}{\bar{\bar{x}} \cdot \sqrt{N}} \cdot 100 = \pm {}_S t_{k-1} \cdot \frac{V_1}{\sqrt{k \cdot l}}\ [\%]. \tag{8a}$$

Für das vorliegende Beispiel ergibt sich: ${}_{S=95\%}q = \pm 10{,}7\ \text{kp/cm}^2$ bzw. ${}_{S=95\%}p = \pm 5{,}4\%$.

Gl. (8a), über deren Inhalt Bild 7.6 einen anschaulichen Überblick gibt, bildet die Grundlage für die Entscheidung darüber, wie viele $N = k \cdot l$ Messungen auszuführen und insbesondere welche Kombination der Anzahl k Platten und l Proben in der Stichprobe zweckmäßigerweise zu wählen ist, um den Gesamtmittelwert $\bar{\bar{x}}$ mit der geforderten Genauigkeit $\pm p$ auf wirtschaftlich optimale Weise zu erhalten.

Werden im Rahmen der Qualitätskontrolle (Endkontrolle) für die Beurteilung einer Spanplattensorte oder für die Auswertung von Spanplattenversuchen im

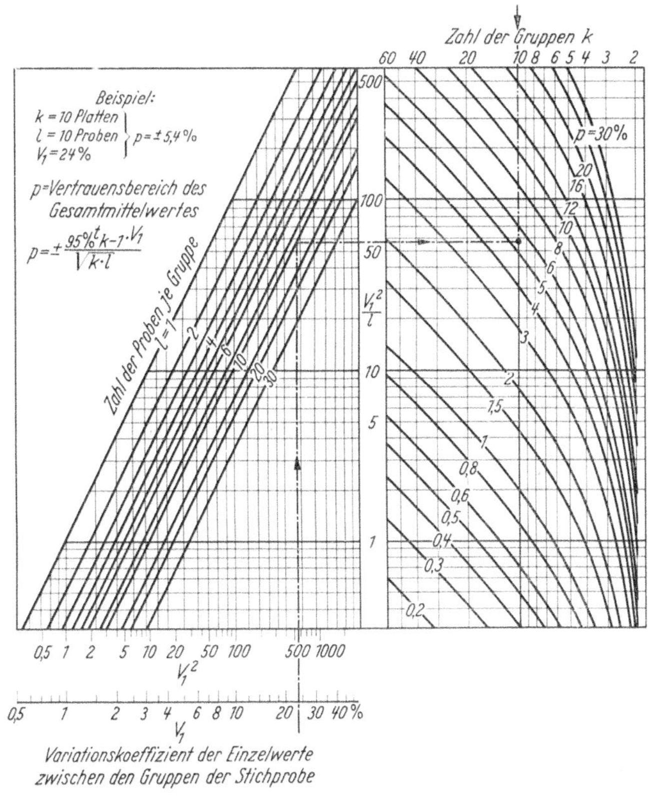

Bild 7.6. Vertrauensbereich p des Gesamtmittelwertes $\bar{\bar{x}}$ eines inhomogenen Materials bei einer statistischen Sicherheit $S = 95\%$.

Industrielabor repräsentative Stichproben aus einer Gesamtheit von Platten gezogen, so lassen sich zusammenfassend folgende Eigenschaftsgrößen aufstellen (die Zahlenangaben beziehen sich auf das in Tab. 7.1 angegebene Beispiel):

$N = k \cdot l = 100$	Stichprobenumfang
$\bar{\bar{x}} = 198\ \text{kp/cm}^2$	Schätzwert für das Gesamtmittel
$p = \pm 5{,}4\%$ $\bar{\bar{x}} \pm q = 187 \ldots 209\ \text{kp/cm}^2$	Vertrauensbereich des Gesamtmittelwertes bei einer statistischen Sicherheit $S = 95\%$
$s_T^2 = 464$	Gesamtvarianz aller $N = 100$ Einzelwerte
$V_T = \pm 10{,}9\%$	Gesamtvariationskoeffizient

$\overline{\overline{x}} \pm 3 s_T = 133 \ldots 262\,\mathrm{kp/cm^2}$	Wahrscheinliche Grenzen der Einzelwerte bei $S = 99{,}7\%$
$x_{\min}, x_{\max} = 146$ und $250\,\mathrm{kp/cm^2}$	Kleinster und größter gemessener Einzelwert der Stichprobe
$s_i^2\ (= s_2^2) = 264$	Schätzwert für die durchschnittliche Varianz der Einzelwerte innerhalb der Platten
$V_i = \pm\, 8{,}2\%$	Durchschnittlicher Variationskoeffizient der Einzelwerte innerhalb der Platten
$\overline{\overline{x}} \pm 3 s_i = 149 \ldots 246\,\mathrm{kp/cm^2}$	Grenzen der Einzelwerte bei $S = 99{,}7\%$, wenn keine Streuungen zwischen den Plattenmittelwerten bestehen würden (durchschnittliche Schwankungsbreite der Einzelwerte innerhalb der Platten)
$s_1^2 = 2260$	Schätzwert für die Varianz der Einzelwerte zwischen den Platten, ermittelt aus den Abweichungen der Plattenmittelwerte
$s_1^2 : s_2^2 = 8{,}6$	Rechenwert für den F-Test
$s_z^2 = 200$	Varianz der Plattenmittelwerte
$\overline{\overline{x}} \pm {}_S t_{k-1} \cdot s_z = 166 \ldots 230\,\mathrm{kp/cm^2}$	Wahrscheinliche Grenzen der Plattenmittelwerte bei $S = 95\%$
$\overline{x}_{\min}, \overline{x}_{\max} = 166$ und $218\,\mathrm{kp/cm^2}$	Kleinster und größter gemessener Plattenmittelwert der Stichprobe.

Durch Vergleich von zwei oder mehreren Stichproben, die aus Grundgesamtheiten gezogen wurden, welche hinsichtlich der Produktionszeit, der Stoffbilanz oder der Verfahrensbedingungen Unterschiede aufweisen, können zusätzlich Aussagen darüber gemacht werden, ob gesicherte Unterschiede zwischen den Mittelwerten (t-Test) und/oder den Streuungen (Streuungsanalyse) der untersuchten Eigenschaften bestehen. Auf diese Weise erhält der Betriebsleiter Informationen über den Erfolg oder Mißerfolg betrieblicher Veränderungen.

7.6 Laufende Qualitätskontrolle mit Hilfe von Kontrollkarten

Die einfachste und nächstliegende Qualitätskontrolle ist die besprochene Prüfung des Fertigfabrikates an Hand einer einmalig (oder selten) gezogenen Stichprobe ausreichenden Umfanges (Endkontrolle). Diese Kontrollmethode hat für eine laufende Produktionsüberwachung aber den großen Nachteil, daß Fehler und Mängel erst dann festgestellt werden, wenn die Herstellung des Erzeugnisses bereits beendet ist. Außerdem liefern einmalige Stichprobenergebnisse keine Aussagen über die *Stabilität* des Prozesses, d. h. über Verschiebungen des Mittelwertes und Änderungen der Streuungen mit der Zeit.

Aus diesem Grunde erfolgt eine wirksame Qualitätsüberwachung am besten während der Fertigung mit Hilfe von *Kontrollkarten*, die bei richtiger Anwendung mit einem Mindestmaß an Arbeitsaufwand ein Höchstmaß an Einblick in den Herstellungsprozeß gewähren. Durch die graphische Darstellung der Meßwerte werden zeitliche Abweichungen und Trends in Richtung der jeweiligen Grenzwerte der Qualität des Produktes unmittelbar aufgezeigt. Auf diese Weise können Verbesserungsmaßnahmen schon eingeleitet werden, wenn sich Qualitätsverschlechterungen nur andeuten, eine Ausschußproduktion durch Überschreiten der Gütegrenzen oder Toleranzen aber noch nicht stattgefunden hat. Kontrollkarten stellen daher ein unentbehrliches Hilfsmittel für eine gute Beherrschung der Fertigung dar.

Mit Hilfe von Kontrollkarten ist es aber weiterhin auch möglich, die verschiedenen Einflußgrößen des Herstellungsprozesses hinsichtlich Richtung und Ausmaß ihrer Wirkung zu analysieren, so daß durch gezielte, schrittweise Veränderungen der Betriebs- und Verfahrensbedingungen eine Qualitätsverbesserung des Produktes erreicht und somit der Betrieb direkt als Versuchsfeld für Entwicklungsarbeiten zur Ermittlung optimaler Herstellungsbedingungen eingesetzt werden kann (R. KEYLWERTH [*7.9*]).

Der Entwurf von Kontrollkarten, die in Art und Anlage den besonderen Aufgabenstellungen des Einzelfalles angepaßt werden, bereitet keine größeren Schwierigkeiten.

Die einfache Kontrollkarte, die sog. *x-Karte*, erhält man, wenn die Einzelwerte x der Messungen in der zeitlichen Reihenfolge ihrer Ermittlung aufgetragen werden (Bild 7.7, oben). Durch Horizontalprojektion der Meßwerte kann die Häufigkeitsverteilung der Einzelwerte dargestellt werden. Trägt man die *3σ-Grenzen als Kontrollgrenzen* in die Kontrollkarte ein, so werden bei normalverteilten Einzelwerten 99,7% aller Meßwerte innerhalb dieses Bereiches $\bar{\bar{x}} \pm 3\sigma$ liegen. Solange die Verfahrensbedingungen konstant sind, ist es sehr unwahrscheinlich, daß ein Meßpunkt außerhalb des Kontrollbereiches fällt. Signifikante Störungen im Fertigungsprozeß, die dazu führen, daß der Prozeß „außer Kontrolle“ gerät, sind während der laufenden Produktion sofort daran zu erkennen, daß mehrere Einzelwerte jenseits der 3σ-Grenzen liegen. Auch in Fällen, wo 7 aufeinanderfolgende Meßpunkte oder von 11 aufeinanderfolgenden mindestens 10 auf derselben Seite des Mittelwertes liegen, besteht der Verdacht, daß der Produktionsprozeß durch signifikante Einflüsse (wie z. B. Werkzeugabnutzung) verändert wird. Solche Warnsignale erfordern erhöhte Aufmerksamkeit bei der Beobachtung der Fertigung.

Da die x-Karte streng genommen nur für normalverteilte Grundgesamteinheiten zuverlässige Aussagen über die Streuung der Einzelwerte liefert, empfiehlt es sich meist, die in der statistischen Qualitätskontrolle am häufigsten angewandte $\bar{x}$, *R-Karte nach Shewhart* anzulegen, bei der an Stelle der Einzelmessungen x eine Kontrolle von Mittelwerten $\bar{x}$ aus n (meist unmittelbar aufeinanderfolgenden) Beobachtungen in die Kontrollkarte eingetragen wird (Bild 7.7, unten). Der Vorteil dieser $\bar{x}$-Kontrollkarte besteht vor allem darin, daß nach dem Grenzwertsatz der

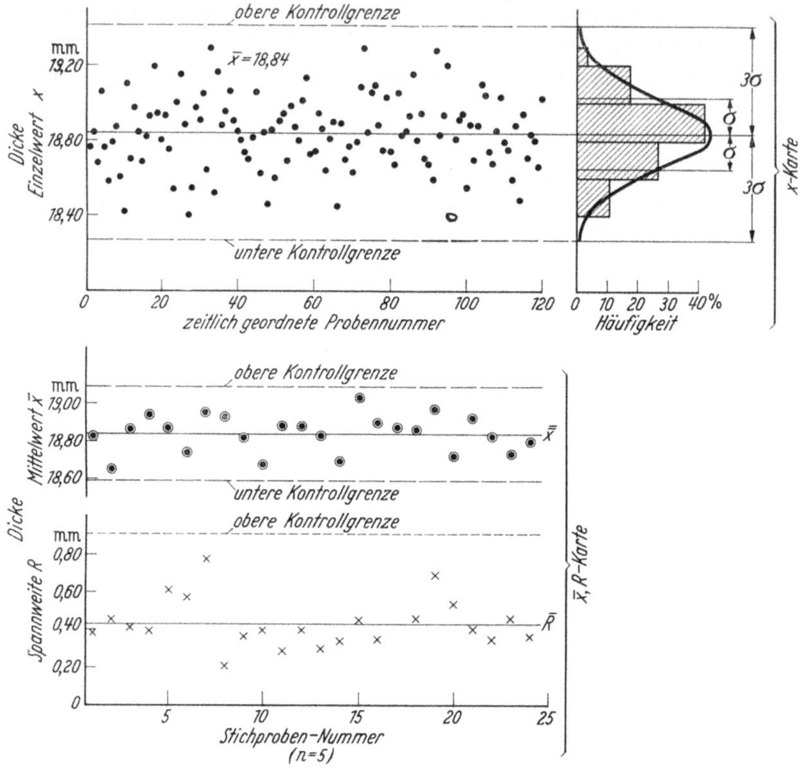

Bild 7.7. x-Karte mit Häufigkeitsverteilung von 120 Einzelmessungen der Dicke von Spanplatten während der laufenden Fertigung sowie $\bar{x}$, R-Karte derselben Meßwerte, die zu Stichproben vom Umfang $n = 5$ zusammengefaßt wurden.

mathematischen Statistik die Mittelwerte $\bar{x}$ auch dann annähernd normal verteilt sind, wenn die Einzelwerte anderen Verteilungsgesetzen folgen.

Neben den zeitlichen Schwankungen der Mittelwerte $\bar{x}$ einer laufenden Stichprobennahme sind für eine Beurteilung der Gleichmäßigkeit des Produktionsprozesses auch Ausmaß und Veränderungen der Streuung der Eigenschaftswerte von Bedeutung. Die Ermittlung der Varianz s^2 jeder Stichprobe nach Gl. (2) ist aber unbequem und unwirtschaftlich. Zur Abschätzung der Streuung einer Stichprobe vom Umfang n benutzt man daher vorteilhaft die *Spannweite* R, die als Differenz zwischen größtem und kleinstem Einzelwert innerhalb der Stichprobe definiert ist:

$$R = x_{\text{max}} - x_{\text{min}} \tag{9}$$

und sich somit sehr einfach berechnen läßt. Aus der mittleren Spannweite $\overline{R}$ aller $w > 25$ Stichproben $\left(\overline{R} = \frac{1}{w}\sum_{i=1}^{w} R_i\right)$ kann die Streuung der Einzelwerte nach der Beziehung errechnet werden

$$\sigma = \frac{\overline{R}}{d_2(n)}, \tag{10}$$

wobei $d_2(n)$ in Abhängigkeit vom Stichprobenumfang n für $n \leq 15$ aus Tab. 7.3 zu entnehmen ist.

Tabelle 7.3. *Faktoren zur Bestimmung der 3σ-Kontrollgrenzen für $\bar{x}$- und R-Karten aus dem Durchschnittswert $\overline{R}$ der Spannweiten R einer Folge von Stichproben vom Umfang n Einzelwerte*

n	$d_2(n)$	A_2	D_3	D_4
2	1,13	1,88	0	3,27
3	1,69	1,02	0	2,57
4	2,06	0,73	0	2,28
5	2,33	0,58	0	2,11
6	2,53	0,48	0	2,00
7	2,70	0,42	0,08	1,92
8	2,85	0,37	0,14	1,86
9	2,97	0,34	0,18	1,82
10	3,08	0,31	0,22	1,78
12	3,26	0,27	0,28	1,72
14	3,41	0,24	0,33	1,67

Da in die Kontrollkarte nicht die Einzelwerte x, sondern Mittelwerte $\bar{x}$ von je n Proben eingetragen werden (s. Bild 7.7), beträgt das Streuungsmaß der Mittelwerte nach dem Wurzelgesetz:

$$\sigma_{\bar{x}} = \frac{\sigma}{\sqrt{n}} = \frac{\overline{R}}{d_2(n)\cdot\sqrt{n}} = \frac{A_2\cdot\overline{R}}{3}. \tag{10a}$$

Der Prozeß ist für eine bestimmte Eigenschaft „in Kontrolle" und arbeitet somit unter den gegebenen Verhältnissen hinsichtlich dieser Eigenschaft störungsfrei, wenn die Einzelwerte nur zufällige Streuungen aufweisen. In diesem Falle schwanken auch die Mittelwerte nur zufällig, so daß 99,7% aller Mittelwerte $\bar{x}$ innerhalb der Kontrollgrenzen $\bar{\bar{x}} \pm 3\cdot\sigma_{\bar{x}} = \bar{\bar{x}} \pm A_2\cdot\overline{R}$ liegen.

Während die $\bar{x}$-Karte *Mittelwertverschiebungen* anzeigt, liefert die parallel dazu angelegte R-Karte (Bild 7.7, unten) zusätzlich *Informationen über den zeitlichen Verlauf der Eigenschaftsstreuungen*. Auch für die Spannweiten R lassen sich 3σ-Kontrollgrenzen im Abstand $D_3 \cdot \bar{R}$ (nach unten) und $D_4 \cdot \bar{R}$ (nach oben) vom Mittelwert festlegen. Unabhängig von den möglicherweise unveränderten Mittelwertanzeigen macht eine Überschreitung der oberen Kontrollgrenze auf ungewöhnliche Streuungen der Einzelwerte aufmerksam, während mehrfach nacheinander erfolgende Unterschreitungen der unteren Kontrollgrenzen (bei Stichproben mit $n > 7$) dann auf eine wirkliche Verbesserung der Qualität hinweisen, wenn gleichzeitig die oberen Grenzwerte absinken.

Um für den Entwurf einer $\bar{x}$, R-Karte den Gesamtmittelwert $\bar{\bar{x}}$ und die mittlere Spannweite $\bar{R}$ der Eigenschaft einer in Kontrolle befindlichen Fertigung mit genügender Genauigkeit berechnen zu können, ist ein „Vorlauf" von etwa 20 ··· 30 zeitlich hintereinanderfolgenden Stichproben erforderlich. Im einzelnen sind dann aus diesen Meßergebnissen nur die folgenden, sehr einfachen Rechnungen auszuführen:

1. Berechnung des Mittelwertes $\bar{x}$ und der Spannweite R jeder Stichprobe vom Umfang n und Eintragung in die Kontrollkarte,

2. Ermittlung des Gesamtmittelwertes $\bar{\bar{x}}$ und der mittleren Spannweite $\bar{R}$ aller Stichproben des Vorlaufes und

3. Berechnung folgender Kontrollgrenzen:

$$\begin{aligned}
\bar{x}\text{-Karte: } & \text{Obere Kontrollgrenze} = \bar{\bar{x}} + A_2 \cdot \bar{R}, \\
& \text{Untere Kontrollgrenze} = \bar{\bar{x}} - A_2 \cdot \bar{R}, \\
R\text{-Karte: } & \text{Obere Kontrollgrenze} = D_4 \cdot \bar{R}, \\
& \text{Untere Kontrollgrenze} = D_3 \cdot \bar{R}.
\end{aligned}$$

Für die Anwendung von Kontrollkarten gelten außerdem folgende Regeln (N. L. Enrick [*7.5*], R. Keylwerth [*7.10*], A. H. Schaafsma u. M. [*7.18*]):

a) Jede Stichprobe sollte einem bestimmten Zeitraum (z. B. Wochentag, Arbeitsschicht o. ä.) und einem bestimmten Entnahmeort (z. B. Pressen-Etage) zugeordnet sein; in der gewählten Zeitspanne ist sie dann aber nicht zu einem regelmäßigen, sondern zu einem zufällig ausgewählten Zeitpunkt zu entnehmen.

b) Der Stichprobenumfang aller Stichproben soll gleich groß sein.

c) Mit Kontrollkarten sollten bestimmte Schlüsselpositionen des Fertigungsablaufes, die als Entstehungsstellen für die Streuung der Eigenschaften bekannt sind, überwacht werden.

d) Jede betriebs- und verfahrenstechnische Maßnahme, wie z. B. Änderung der Leimrezeptur, Veränderungen in der Stoffbilanz oder den Preßbedingungen, muß in der Kontrollkarte vermerkt werden, um die hieraus resultierenden Eigenschaftsänderungen richtig deuten zu können.

e) Kontrollkarten sollten von Zeit zu Zeit überprüft und gegebenenfalls neu berechnet werden, um Veränderungen im Fertigungsprozeß zu berücksichtigen.

Während in Bild 7.7 ein Anwendungsbeispiel für die $\bar{x}$, R-Karte einer „in Kontrolle“ befindlichen Fertigung gezeigt wurde, ist in der oberen Kontrollkarte von Bild 7.8 ein Arbeitsprozeß wiedergegeben, bei dem die Stichproben-Mittelwerte einen deutlichen Trend aufweisen, der durch Änderungen in der Maschineneinstellung hervorgerufen wurde. Der bereinigte Zustand des Schleifprozesses nach Einführung der Kontrollkarte ist im unteren Teil von Bild 7.8 enthalten.

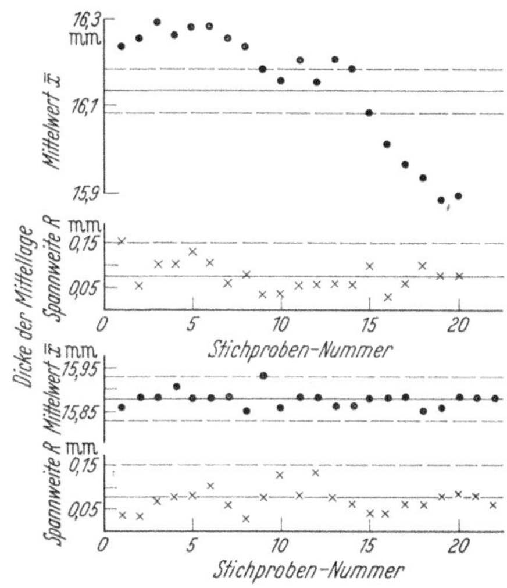

Bild 7.8. $\bar{x}$, R-Kontrollkarte beim Schleifen von Tischlerplatten-Mittellagen. (Nach J. J. LAWLOR [7.12].) Stichprobenumfang: $n = 20$ (5 Platten zu je 4 Messungen; R = Spannweite der Plattenmittelwerte).

Auch bei der laufenden Qualitätskontrolle einer Holzspanplattenfertigung ist für die Planung und Auswertung der Kontrollkarten zu beachten, daß die Eigenschaften der Platten im allgemeinen *inhomogen* sind (siehe Abschn. 7.5, S. 593). Da sich die gesamte Ungleichmäßigkeit einer Platteneigenschaft somit nach Gl. (3) aus den Streuungen der Einzelwerte *innerhalb* der Platten und den Schwankungen der Plattenmittelwerte *zwischen* den Platten zusammensetzt, müssen auch bei Kontrollkarten in einer Stichprobe sowohl mehrere (k) Platten als auch mehrere (l) Proben je Platte enthalten sein, wenn die Gesamtstreuung der Einzelwerte beurteilt werden soll. Bild 7.9 zeigt eine $\bar{x}$, R-Karte für eine inhomogene Grundgesamtheit eines in Kontrolle befindlichen Prozesses. Als Beispiel wurde die Biegefestigkeit der in Tab. 7.1 näher charakterisierten Spanplattensorte gewählt. Für die Kontrollkarte wurden Stichproben von $k = 3$ Platten zu je $l = 3$ Proben gezogen, so daß der Stichprobenmittelwert $\bar{x}$ und die gesamte Spannweite R_T der Stichprobe aus je $n = k \cdot l = 9$ Einzelwerten berechnet wurde. Die Berechnung des Gesamtmittelwertes $\bar{\bar{x}}$, der mittleren gesamten Spannweite $\bar{R}_T$ und der 3σ-Kontrollgrenzen erfolgte aus den Meßwerten der ersten 25 Stichproben. Für eine Beurteilung der Inhomogenität lassen sich innerhalb jeder Stichprobe vom Umfang n außerdem der Plattenmittelwert $\hat{x}_i$ ($i = 1, 2, \ldots, k$) und die Spannweite R_i für jede der k Platten berechnen und die Streuungen zwischen den k Plattenmittelwerten $\hat{x}$ innerhalb einer Stichprobe durch die Spannweite $R_z = \hat{x}_{\max} - \hat{x}_{\min}$ erfassen (Bild 7.9). Auf diese Weise erhält man aus den Mittelwerten $\bar{R}_i$ und $\bar{R}_z$ nicht nur Schätzwerte für die Streuungen innerhalb und zwischen den

Platten, sondern aus den Einzelwerten R_i und R_z auch Aussagen über Veränderungen dieser Streuungen mit der Zeit.

Würde die Probenahme bei einer inhomogenen Eigenschaft so erfolgen, daß alle Proben einer Stichprobe vom Umfang n nur jeweils aus

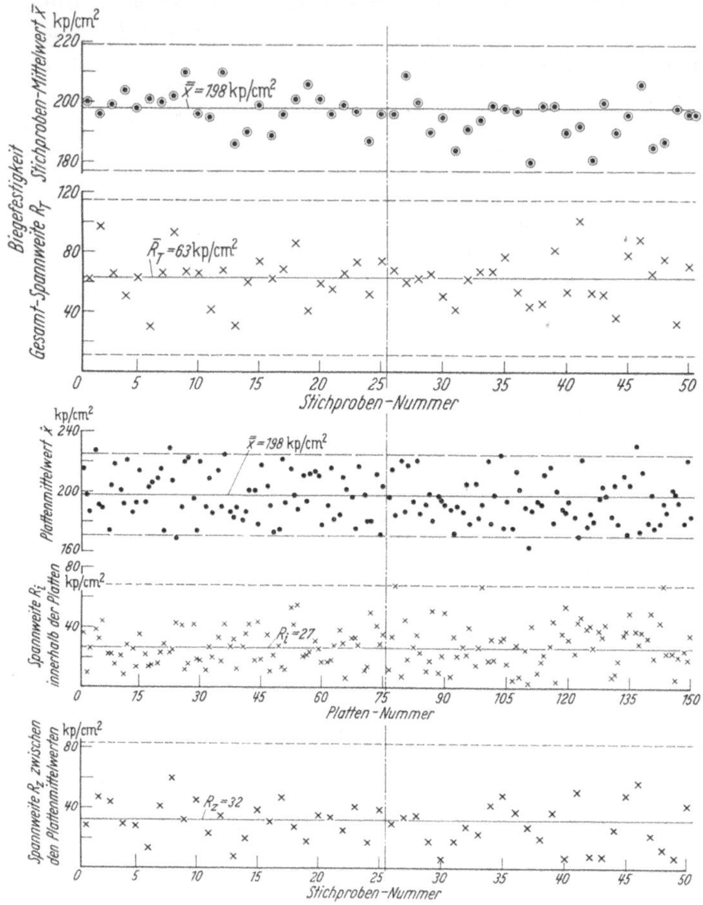

Bild 7.9. $\bar{x}$, R-Kontrollkarten für eine inhomogene Materialeigenschaft.

einer Platte stammen, so hätte man mit der Spannweite $R = x_{\max} - x_{\min}$ jeder Stichprobe nur die Streuung der Einzelwerte innerhalb einer Platte erfaßt. Es ist dann weder möglich, aus dieser Streuung unmittelbar die 3σ-Kontrollgrenzen der Stichprobenmittelwerte $\bar{x}$ zu berechnen, noch läßt sich die Streuung zwischen den Platten zeitlich verfolgen.

Bei geeigneter Stichprobenahme dagegen stellen die $\bar{x}$, R-Karten eine Art graphische Streuungsanalyse dar, bei der nicht nur ein Maß für die Mittelwerte und die einzelnen Komponenten der Streuung der

Einzelwerte erhalten wird, sondern gleichzeitig auch der zeitliche Verlauf dieser statistischen Parameter angezeigt wird, so daß signifikante Veränderungen während der Fertigung erkannt werden.

Für eine noch weitergehende Analyse der Streuungskomponenten eines Fertigungsprozesses (Erfassung der Streuung innerhalb und zwischen den Platten, zwischen Zeitabschnitten, parallel-laufenden Fertigungsstraßen usw.) wurde von L. A. SEDER und D. A. COWAN [*7.17*] die *Span-Plan-Methode*, eine halb-graphische Varianzanalyse, entwickelt. Mit dieser Methode läßt sich auf einfache und präzise Weise die Leistungsfähigkeit eines Prozesses hinsichtlich der Gleichmäßigkeit seiner Erzeugnisse ermitteln.

Falls die Eigenschaft eines Produktes nicht *gemessen* wird, sondern eine Sortierung nach bestimmten Qualitätsmerkmalen in *gut* oder *schlecht* erfolgt, kann die Kontrolle der Ausschußprozentanteile oder anderer Ereigniszahlen ebenfalls mit Hilfe von Kontrollkarten, den sog. *p-Karten*, vorgenommen werden (U. GRAF u. M. [*7.6*], R. KEYLWERTH [*7.10*]), auf die hier nicht näher eingegangen werden soll.

7.7 Kontrollorganisation und Meßwertverarbeitung

Um eine objektive Kontrolle eines Fertigungsprozesses zu gewährleisten, sollte die *Kontrollabteilung* eine möglichst neutrale Stellung im Betrieb einnehmen. Sie ist daher organisatorisch so neben dem Fertigungsbetrieb in das Gesamtunternehmen einzuordnen, daß der Leiter der Kontrollabteilung unabhängig ist und nur dem technischen Betriebsleiter unmittelbar untersteht.

Aufgabe der Kontrollabteilung ist es, die Produktion mit meß- und prüftechnischen Mitteln zu überwachen, so daß der Betriebsführung zuverlässige Unterlagen über den technischen Stand der Produktion und über die Qualität der Erzeugnisse zur Verfügung stehen. Die Einführung von *Maßnahmen zur Prozeßreinigung*, die sich aus diesen Informationen ableiten, gehört dagegen nicht in den Aufgabenbereich des Statistikers, sondern ist eine Angelegenheit der technischen Betriebsführung.

Da die Qualitätskontrolle selbst ebenfalls so rationell und wirtschaftlich wie möglich auszuführen ist, empfiehlt sich die Einrichtung eines zentralen *Meß- und Auswerteraumes*, der mit den erforderlichen technischen Hilfsmitteln auszustatten ist. Wenn die dort laufend anfallenden Meßwerte einen größeren Umfang annehmen, kann in dieser Zentrale eine rationelle, selbsttätige *Datenverarbeitung* mit einfachen elektronischen Rechengeräten vorgenommen werden (H. KÜRNER [*7.11*], W. OESINGHAUS [*7.15*], H. J. VOGT [*7.19*]). Spezielle Rechengeräte dieser Art mit Meßwertspeicher, Klassiereinrichtung, Mittelwert- und Spannweitenbestimmung sind bereits für die statistische Auswertung von

Dickenmessungen in Betrieb (Bild 7.10). Eine Anpassung dieser Auswertegeräte an andere Probleme der Meßwertverarbeitung im Rahmen der statistischen Qualitätskontrolle dürfte keine Schwierigkeiten bereiten.

Bild 7.10. Dickenmeßplatz mit automatischer statistischer Meßwertverarbeitung.

8. Kostenrechnung in der Spanplattenfertigung

Von **Günther Wüst**, Frankfurt

8.0 Allgemeines

Als jüngster Zweig der Holzwerkstoffindustrie umfaßt die industrielle Fertigung von Holzspanplatten eine nahezu 15jährige Entwicklung. Erzeugung und Absatz weisen einen steilen Anstieg von 30000 m^3 im Jahre 1951 auf über 1500000 m^3 im Jahre 1964 in der Bundesrepublik Deutschland aus. Gleiche Tendenzen sind in den Ländern Westeuropas, in Amerika und den Ostblockstaaten erkennbar (vgl. Bild 1.13, S. 27).

Die technische Entwicklung der Spanplatte, die hochmechanisierte, kontinuierliche Fertigung mit teilweise elektronisch gesteuerten Fertigungsstraßen, stellen höchste Anforderungen an das *betriebliche Rechnungswesen* der Unternehmen, um zielbewußte Anpassungsvorgänge zu ermöglichen, insbesondere im Hinblick auf die strukturellen und konjunkturellen Veränderungen der Absatzmärkte und des zunehmenden Wettbewerbs.

Kostenüberwachung, *Rentabilität*, erforderliche *Investitionen*, *Planung* und *Betriebsvergleich* als betriebsindividuelle und branchenmäßige Analysen erlangen zunehmende Bedeutung für die Dispositionen und Grundlagenentscheidungen der Unternehmensleitungen auf dem Kostensektor, unterstützt durch Untersuchungen und laufende *Beobachtungen der Absatz- und Beschaffungsmärkte*. In der Spanplattenindustrie sind auf Grund der vielfältigen Unterschiede — Betriebsgröße, Fertigungsverfahren, Produktionsprogramm, Rohstoffeinsatz, integrierte Anlagen usw. — mehrere Verfahren und Stadien der Kostenrechnung anzutreffen.

Die Ausführungen zur *Kostenrechnung* in der Spanplattenfertigung können daher nur allgemeiner Natur sein und die in der Praxis angewendeten Abrechnungsverfahren lediglich im Grundsätzlichen behandeln.

Die Darstellung zur Vereinheitlichung des Rechnungswesens in der Spanplattenindustrie für Zwecke des Betriebsvergleichs kann daher ebenfalls nur Zusammenhänge aufzeigen.

Erste Voraussetzungen wurden durch die vom Verband der Deutschen Sperrholz- und Spanplattenindustrie e. V., Frankfurt (Main), Franz-Rücker-Allee 19/21, durchgeführten Untersuchungen und Ausarbeitungen geschaffen, um verbesserte Ausgangspunkte für den Erfahrungsaustausch zu erhalten (VDSS [*8.28*, *8.29*, *8.30*]).

Es sind dies aus der betriebswirtschaftlichen Schriftenreihe des VDSS:

1. *Kontenrahmen* und *Buchführungsrichtlinien* für die Sperrholz- und Spanplattenindustrie,
2. Richtlinien zur *Betriebsabrechnung* in der Sperrholz- und Spanplattenindustrie sowie
3. *Kennzahlen* Sperrholz und Spanplatten.

8.1 Begriffliche Vorbemerkungen

Das Gesamtsystem des betrieblichen Rechnungswesens umfaßt die Hauptbereiche:

Finanzbuchhaltung,
Kostenrechnung,
Statistik,
Planung.

Die *Finanzbuchhaltung* führt kostenmäßig die Kontrolle über die Bestände an Aktiva und Passiva sowie die Bestandsveränderungen innerhalb der Rechnungsperioden und erfaßt neben den Einnahmen und Ausgaben den entstandenen *Aufwand* für Materialeinsatz, Lohn usw. und die *Erträge* der erstellten und abgesetzten Erzeugnisse. Sie dient außerdem der Ermittlung der *Vermögenslage* und der *Schuld- und Forderungsverhältnisse* zum Bilanzstichtag, vermag jedoch nicht aufzuzeigen, an welcher Stelle des Unternehmens und für welche Leistungseinheit Wertverzehr und Wertzuwachs entstehen. Diese Feststellungen werden durch die Kostenrechnung getroffen, und zwar vornehmlich durch *Betriebsabrechnung* und *Kalkulation*.

Für den organisatorischen Zusammenhang zwischen Finanzbuchhaltung und Kostenrechnung haben sich in der Praxis die verschiedensten Formen entwickelt, die sich im wesentlichen auf drei Grundtypen zurückführen lassen: Einsystem, Übergangssystem und Zweisystem (K. Mellerowicz [*8.18*]).

Das *Einsystem* umfaßt Finanzbuchhaltung und Kostenrechnung als ungeteilte Gesamtbuchhaltung. Alle Buchungen, gleichgültig, ob diese den äußeren Geschäftsverkehr oder die innerbetrieblichen Leistungsvorgänge angehen, werden in einem *Grund- und Hauptbuch* vorgenommen. Als Sonderform ist die Führung und Verbuchung von Sammelkonten, aufgegliedert in *Nebenbüchern*, für die Kostenrechnung zu erwähnen.

Bei der getrennten Finanzbuchhaltung und Kostenrechnung mit *Übergangskonten* stehen beide Buchungskreise in ständiger kontenmäßiger Verbindung. Jeder Buchungskreis wird durch ein Übergangskonto geschlossen, das in der Finanzbuchhaltung als Konto „Produktion" und in der Kostenrechnung als Konto „Verwaltung" erscheint.

Sind Finanzbuchhaltung und Kostenrechnung völlig selbständige, in sich geschlossene Bereiche, so spricht man von einem *Zweisystem*, der Organisationsform, die am häufigsten in der Spanplattenindustrie anzutreffen ist.

Um aber auch hier einen geschlossenen Buchungskreis zu erhalten, muß ein *Ausgleichskonto* eingerichtet werden, das die Gegenbuchungen aufzurechnen hat und der Finanzbuchhaltung zugeordnet ist. Diesem Konto sind alle in die Produktion eingegangenen Werte einschließlich der Vorräte und Bestände zu belasten.

Nach den allgemeinen Grundsätzen der Kostenrechnung bezeichnet man den wertmäßigen *Verbrauch von Gütern* oder die *Inanspruchnahme von Diensten* zur betrieblichen Leistungserstellung als Kosten, wobei eine Trennung zu den Begriffen Ausgaben und Aufwand der Finanzbuchhaltung erfolgen muß. Nähere Erläuterungen der grundsätzlichen Begriffe bietet die umfangreiche betriebswirtschaftliche Literatur (J. D. Auffermann [*8.1*], K. Beisel [*8.3*], Th. Beste [*8.4*], J. Greifzu [*8.7*], F. Henzel [*8.11*], W. Kalveram [*8.14*], K. Mellerowicz [*8.18*], A. Schnettler [*8.25*], F. Wille [*8.33*], F. Ziegler [*8.34*]).

Der besondere Begriffsschlüssel für die Kostenrechnung in der Spanplattenindustrie ist in den „Richtlinien zur Betriebsabrechnung in der Sperrholz- und Spanplattenindustrie" (VDSS [*8.29*]) erläutert.

8.2 Aufbau und Durchführung der Kostenrechnung

8.2.0 Allgemeines: Teilbereiche und Haupttypen der Kostenrechnung

Die Kostenrechnung umfaßt die Teilbereiche:

Betriebsabrechnung und *Kalkulation*,

wobei die Betriebsabrechnung zeitbezogen und die Kalkulation mengenbezogen sind.

In der Spanplattenindustrie wird die *Betriebsabrechnung* überwiegend tabellarisch geführt und dient folgenden Zwecken:

1. Erfassung der Kosten in den einzelnen *Kostenstellen* und für die einzelnen *Kostenträger*,
2. Überwachung der *Wirtschaftlichkeit*,
3. Ermittlung des *Betriebserfolges*,
4. Bereitstellung von Daten für die *Kalkulation*,
5. Grundlagen für die *Kostenplanung*.

Die *Kalkulation* dient der Bestimmung der Kosten je Erzeugniseinheit oder Erzeugnisgruppe und wird vielfach in Form einer *Nachkalkulation* durchgeführt. Es werden die Kosten bereits hergestellter Leistungen ermittelt und durch Vergleich der angefallenen Kosten und der erzielten Erlöse der Erfolg ausgewiesen. Hinzu kommt die Bereitstellung von Unterlagen für die Bewertung der Halb- und Fertigfabrikate.

Als Rechnungsverfahren finden überwiegend *Divisions- und Zuschlagskalkulation* Anwendung.

Wesentliche Voraussetzungen für eine aussagefähige Kostenrechnung sind:

a) Möglichst genaue und umfassende Kostenerfassung nach Menge und Wert,

b) innerhalb der Abrechnungsperioden eine zeitlich richtige Abgrenzung entsprechend der Beanspruchung durch Kostenstellen und Kostenträger,

c) Elastizität der Kostenrechnung und laufende Kostenüberwachung,

d) Übersichtlichkeit und Stetigkeit bei der Wahl eines möglichst wahrheitsgetreuen Verfahrens mit aktuellen Daten,

e) Wirtschaftlichkeit der Rechnungsführung, um die Hauptaufgabe der Kostenrechnung, Kontrolle und Verbesserung der Wirtschaftlichkeit der Unternehmung, erfüllen zu können (VDSS [*8.29*]).

Die in der Spanplattenindustrie durchgeführten betriebswirtschaftlichen Untersuchungen zeigten folgende Haupttypen der Kostenrechnungsverfahren:

1. *Divisionsverfahren mit Kostenartengliederung:*

Typ 1	Typ 2
differenziert	*reduziert*
Strom	Energie
Wärme	Abschreibungen
Abschreibungen	Gemeinkosten
Zinsen	
Löhne	
Gehälter	
Sonstiges	

2. *Gemeinkostenzuschlag (GKZ) auf den Fertigungslohn (FL):*

Typ 3	Typ 4	Typ 5
mit Lohn-aufgliederung	*mit Zweiteilung der Fertigung*	*mit Dreiteilung der Fertigung*
FL Zerspanen	FL Vorfertigung	FL Zerspanung
FL Mittelschicht	GKZ Vorfertigung	GKZ Zerspannung
FL Deckschicht	FL Endfertigung	FL Formstrang
FL Pressen	GKZ Endfertigung	GKZ Formstrang
FL Fertigmachen		FL Endfertigung
Gemeinkosten		GKZ Endfertigung

3. *Divisionsrechnung nach Fertigungsbereichen:*

Typ 6	Typ 7
mit Schichtteilung nur zweistufig	*ohne Schichtteilung mehrstufig*
Kosten Deckschicht	Zerspanung
Kosten Mittelschicht	Fremdspäne-Dosierung
Endfertigung	Trocknung
	Beleimen und Pressen
	Endfertigung

Die Betriebsabrechung im engeren Sinn umfaßt die Teilbereiche:

Kostenartenrechnung,
Kostenstellenrechnung,
Kostenträgerrechnung.

Die Betriebsabrechnung als periodische Kosten- und Leistungsrechnung hat als Bindeglied zwischen Finanzbuchhaltung und Kalkulation die Kostenarten der Kontenklasse 4 des Kontenrahmens zu ordnen und nach Kostenstellen zu gliedern. Hieraus ergibt sich die Hauptaufgabe, nämlich die Kontrolle der Wirtschaftlichkeit, Schaffung von Unterlagen für die Kostenplanung und Ermittlung des Betriebserfolges (Th. Beste [*8.4*]).

Die Ermittlung des Betriebserfolges kann nach dem Umsatzkostenverfahren oder dem Gesamtkostenverfahren erfolgen.

Das *Umsatzkostenverfahren* stellt die Kosten der umgesetzten sowie der innerbetrieblichen Leistungen den Umsatzerlösen und den abgerechneten innerbetrieblichen Leistungen gegenüber.

Das *Gesamtkostenverfahren* berücksichtigt sämtliche Kosten sowie sämtliche Betriebserträge einschließlich der Bestandsveränderungen.

8.2.1 Kostenartenrechnung

Zur Ermittlung der Kosten je Leistungseinheit ist festzustellen:

1. Welche Kosten fallen an (*Kostenerfassung*),
2. in welcher Periode erfolgt der Anfall (*Kostenabgrenzung*),
3. Bildung von Hauptkostenarten, um eine wirtschaftliche Auswertung zu erreichen (*Kostenzusammenfassung*).

Die Kostenerfassung erfolgt hauptsächlich auf Grund der Daten der Kontenklassen 3 und 4 der Finanzbuchhaltung.

Die „Richtlinien zur Betriebsabrechnung" und der „Kontenrahmen" sehen folgende Gliederung der Kostenarten vor (VDSS [*8.28*, *8.29*]):

1	Arbeitslöhne	12	Büro- und Postkosten
2	Soziallöhne	13	kalkulatorische Abschreibungen
3	Gehälter	14	kalkulatorische Zinsen
4	soziale Aufwendungen	15	kalkulatorische Wagnisse
5	Brennstoffe	16	Fertigungssonderkosten
6	Hilfs- und Betriebsstoffe	17	Umsatzsteuer
7	Werkzeuge	18	Provisionen
8	Unterhaltungsstoffe	19	Ausgangsfrachten
9	fremde Energie	20	Verpackungsstoffe
10	fremde Instandhaltung	21	bezogene Teile
11	Steuern, Versicherungen u. a.	22	Handelsware

(Vgl. Bild 8.1 Betriebs-Abrechnungsbogen)

Inwieweit eine Aufgliederung der einzelnen Kostenarten erforderlich ist, hängt jeweils von Zweck, Ausmaß und Organisation des Rechnungswesens ab.

Hinsichtlich der Kostenartenstruktur verhindern die vielfältigsten betriebsindividuellen Unterschiede eine allgemeingültige Darstellung der Gesamtkosten in DM/m³ Spanplatte.

Die erwähnten Unterschiede beinhalten Probleme der Abrechnung in Gemischtbetrieben, Anteil der Hilfsbetriebe, Produktionsprogramm, Rohholzeinsatz, Kapazitätsauslastung und Beschäftigungsgrad usw.

Tab. 8.1 zeigt eine prozentuale Aufgliederung der Gesamtkosten. Die Tabelle ist auf Grund der Ergebnisse betriebswirtschaftlicher Untersuchungen errechnet und kann lediglich als grober Anhalt dienen (VDSS [*8.31*]).

Tabelle 8.1. *Kostenartenstruktur Spanplatten in %*

Holz, Späne u. a.	30
Chemikalien, Leim u. a.	15
Materialeinsatz	45
Löhne	12
Gehälter	4
Personalkosten	16
Betriebsstoffe usw.	7
Fremde Instandhaltung	4
Betriebskosten	11
Steuern, Bürokosten	7
Kalkulat. Kosten	15
Vertriebssonderkosten	6
Sonstige Kosten	28
Gesamtkosten	100

Bezieht man die Kostenartenstruktur auf den Fertigungsbereich (Materialgemeinkosten, Spanvorbereitung, Zerspanung, Trocknung, Beleimung, Formstrang und Endfertigung), so ergibt sich — ebenfalls mit den genannten Vorbehalten — die in Tab. 8.2 enthaltene Übersicht.

Tabelle 8.2. *Kostenartenstruktur in % für den Fertigungsbereich*

1	Arbeitslöhne	23
2	Soziallöhne	3
3	Gehälter	0
4	Soziale Aufwendungen	4
5	Brennstoffe	2
6	Hilfs- und Betriebsstoffe	3
7	Werkzeuge	0
8	Unterhaltungsstoffe	5
9	Fremdenergie	10
10	Fremdinstandhaltung	1
11	Bürokosten usw.	1
12	Abschreibungen	17
1...12	Direkte Kosten	69
13	Grundstücke, Gebäude	1
14	Werkdienst	2
15	Wärme, Wasser	6
16	Strom	9
17	Werkstätten	4
18	Transport	2
19	Techn. Verwaltung	4
20	Sonstige Kosten	3
13...20	Umlagekosten	31
1...20	Gesamtkosten	100

8.2.2 Kostenstellenrechnung

Im Mittelpunkt der Betriebsabrechnung steht die Kostenstellenrechnung mit der Aufgabe, Unterlagen für die *richtige Aufteilung der Kosten*, insbesondere der Gemeinkosten auf die Kostenträger, zu erstellen. Es werden *Zuschlagssätze* für die *Selbstkostenrechnung* ermittelt sowie Daten für die Überwachung des Betriebsgebarens und damit der Wirtschaftlichkeit der einzelnen Unternehmensbereiche entwickelt. Zu diesem Zweck wird das Unternehmen in Verantwortungsbereiche (Kostenstellen) gegliedert, in denen sich Kosten und Leistungen getrennt herausstellen lassen.

„Kostenstellen nennt man also die Rechnungsbezirke des Unternehmens, die aus Gründen der Verantwortungsabgrenzung und der Betriebsüberwachung gebildet werden. Es können *Betriebsabteilungen* sein (z. B. Schlosserei, Trocknung, Zerspanung) oder *Funktionsbereiche* (z. B. innerbetrieblicher Transport, Verwaltung, Vertrieb) oder auch *Arbeitsplätze*, wenn man bis zur Platzkostenrechnung geht. Eine Kostenstellenrechnung Spanplatten kann — grundsätzlich gesehen — Formstrang-orientiert, Schichten-orientiert oder Fertigungsablauf-orientiert sein“ (VDSS [*8.31*]).

Soweit die Kostenstellenrechnung der Betriebsüberwachung dient, ist auf das *Stufenprodukt* und nicht auf das Enderzeugnis abzustellen. Hingegen ist in der Kalkulation das *Endprodukt* Bezugsgrundlage. Je nach Größe und Anforderungen des Unternehmens, insbesondere unter dem Gesichtspunkt, daß jede Kostenstelle ein für sich kostenmäßig abgrenzbarer Bereich ist, lassen sich bei der Spanplattenfertigung folgende Kostenstellen unterscheiden (VDSS [*8.29*]):

a) *allgemeine Kostenstellen*

0 Grundstücke und Gebäude
1 Allgemeiner Werkdienst
2...4 Energieversorgung
2 Wasser
3 Wärme
4 Strom
5...8 Reparaturwerkstatt
5 Schreinerei und Zimmerei
6 Schlosserei und Schmiede
7 Elektrowerkstatt
8 Sonstige Handwerker
9...11 Fuhrpark
9 LKW
10 PKW
11 Sonstige Fahrzeuge

b) *Fertigungshilfsstellen*

14 Innerbetrieblicher Transport
15 Technische Verwaltung
16 Technischer Einkauf, Magazin
17 Schärferei

c) *Materialkostenstellen*

60 Holzeinkauf
61 Holzplatz

d) *Spanvorbereitung*

62 Entrinden   63 Wässern   64 Fremdspäneaufbereitung

e) *Spanplattenfertigung*

65...66 Zerspanung
65 Deckschicht
66 Mittelschicht
67...68 Trocknung
67 Deckschicht
68 Mittelschicht

69...70 Beleimung
69 Deckschicht
70 Mittelschicht
71 Formstrang

72...73 Endfertigung
72 Besäumen
73 Schleifen
74...75 Sonderfertigung
74 Trennschneiden
75 Fixmaßschneiden

f) *Verwaltungs- und Vertriebskostenstellen*

77...78 Versand
77 Exportpackerei
78 Fertiglager und Versand

90...91 Vertrieb
90 Vertrieb
91 Werbung
92 Verwaltung

(Vgl. Bilder 8.1 und 8.2 Betriebs-Abrechnungsbogen [BAB].)

Die nicht fortlaufende Bezifferung in vorstehender Übersicht erklärt sich durch freibleibende Spalten für betriebsindividuelle Erfordernisse und für die Betriebsabrechnung in Gemischtbetrieben, z. B. mit Sperrholzfertigung.

Nach *Abgrenzung* der Kostenstellen sind nunmehr die während einer Abrechnungsperiode entstandenen und in der Betriebsabrechnung erfaßten Kosten auf diese Kostenstellen zu verteilen. Als Grundlage dienen die Zahlen der Buchhaltung, insbesondere der Kontenklasse 4, die im Betriebs-Abrechnungsbogen für die jeweilige Periode abgegrenzt und ausgesondert (neutraler Bereich) werden.

Die *Verteilung* dieser bereinigten und abgegrenzten Kosten auf die Kostenstellen soll möglichst genau, d. h. der jeweiligen Beanspruchung der Kostenstelle entsprechend, erfolgen. Bei einzelnen Kostenarten ist eine unmittelbare Zuordnung nicht möglich, da diese für alle Kostenstellen oder eine Gruppe von Kostenstellen anfallen. Solche Kosten müssen dann mittels eines Schlüssels verteilt und umgelegt werden.

In der Spalte „Verteilungsgrundlage" des Betriebs-Abrechnungsbogens gemäß Bild 8.2 sind beispielhaft Bezugsgrößen für die Hilfskostenstellen angeführt. Hinsichtlich der Kostenverteilung auf den Hauptbereich Spanplattenfertigung sei auf die Bezugsgrundlagen in „Richtlinien zur Betriebsabrechnung" verwiesen (VDSS [*8.29*]).

Die Verrechnung *innerbetrieblicher Leistungen*, d. h. solcher Leistungen, die nicht unmittelbar der Fertigung dienen (Eigenherstellung von Maschinen, Förderanlagen usw.) erfolgt entsprechend der Behandlung von Kundenaufträgen. Die Abrechnung wird also nicht im BAB, sondern in der Kostenträgerrechnung vorgenommen. Im Betriebs-Abrechnungsbogen werden nur solche innerbetrieblichen Leistungen (Reparaturen) verrechnet, die für eine Kostenstelle verbraucht wurden. Für unmittelbar erfaßte Leistungen können die geleisteten Arbeitsstunden mit einem Kostensatz den empfangenden Kostenstellen angelastet werden. Der erbringenden Kostenstelle ist eine entsprechende Gutschrift zu erteilen.

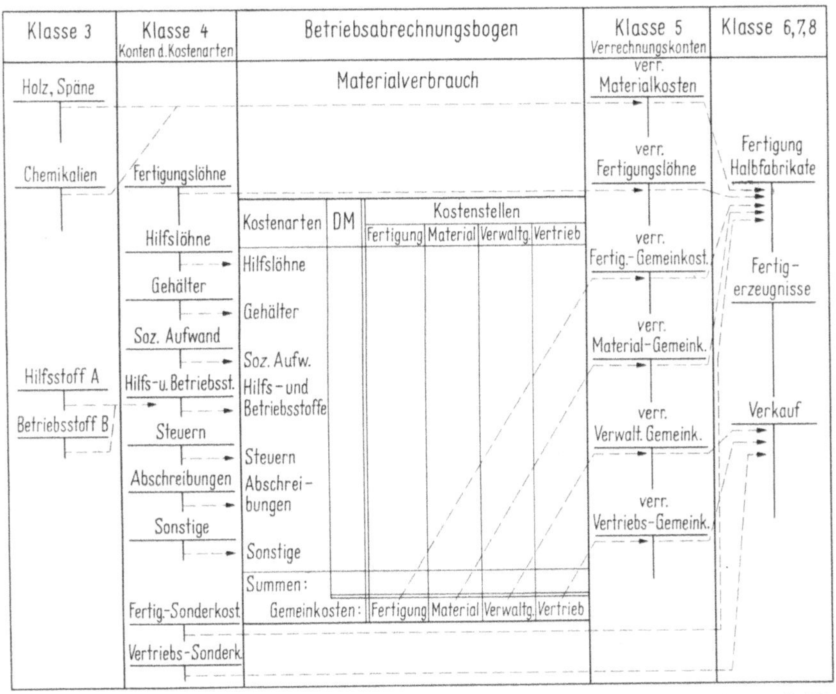

Bild 8.1. Kostenzusammenhang bei der Betriebsabrechnung mit Betriebs-Abrechnungsbogen (BAB).

Die für die Verrechnung innerbetrieblicher Leistungen angewendeten Verrechnungsverfahren sind im wesentlichen folgende:

a) Das *Einzelkostenverfahren*, das nur die Material- und Lohnkosten auf die empfangenden Kostenstellen berücksichtigt;

b) Das *Kostenstellen-Umlageverfahren*, das Einzelkosten und Gemeinkosten weiter verrechnet;

c) das *Kostenstellen-Ausgleichsverfahren*, ebenfalls mit Verrechnung von Einzelkosten und Gemeinkosten;

d) das *Verrechnungsverfahren über innerbetriebliche Kostenträger*.

In der Spanplattenindustrie ist das Kostenstellen-Umlageverfahren sowie die Verrechnung über innerbetriebliche Kostenträger vorherrschend.

Außer der Verrechnung der innerbetrieblichen Leistungen müssen die Kosten der *allgemeinen Kostenstellen* sowie der *Fertigungshilfsstellen* usw. auf die *Fertigungshauptstellen* durch Umlage zugeordnet werden. Die für die allgemeinen Kostenstellen entstandenen Kosten werden auf die Hauptkostenstellen in dem Verhältnis verteilt, in dem diese Leistungen empfangen haben. Die Umlage erfolgt gemäß den vorstehend erwähnten Bezugsgrundlagen.

Nach vollständiger Entleerung der Kosten aus den allgemeinen und Hilfskostenstellen weisen die Hauptkostenstellen die effektiv angefallenen Kosten aus. Diese müssen dann auf die produzierten Leistungen verrechnet werden, um die Kosten zu ermitteln und mit den Erträgen für

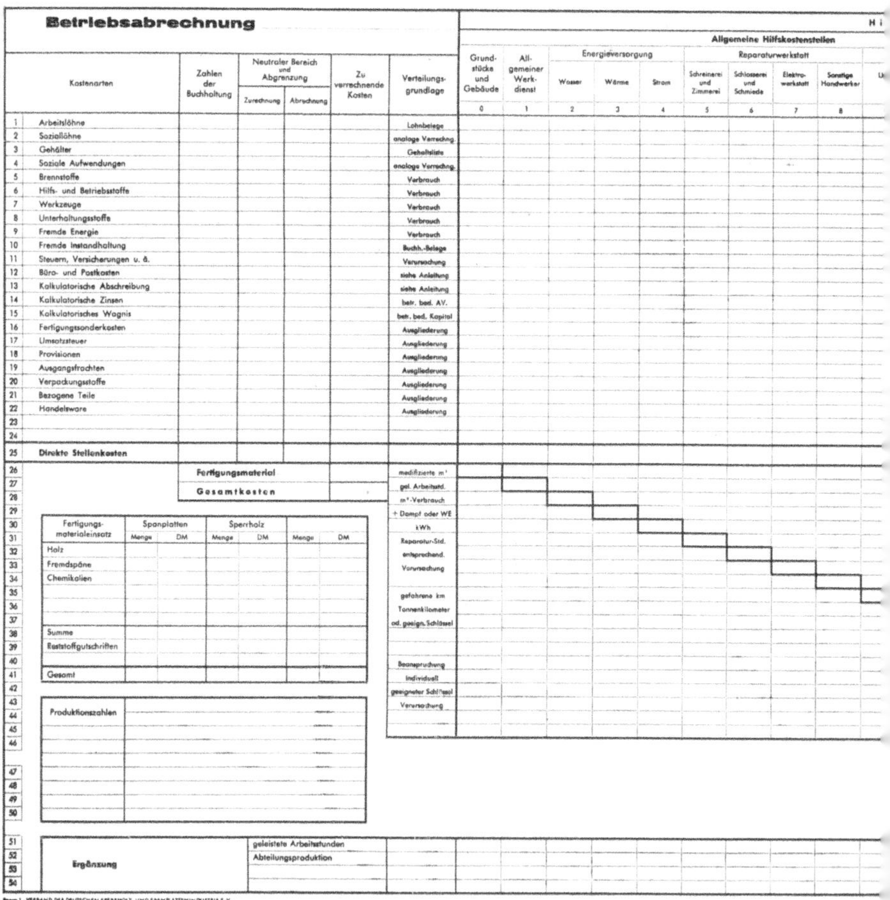

Betriebsabrechnung

Nr.	Kostenarten	Zahlen der Buchhaltung	Neutraler Bereich und Abgrenzung: Zurechnung	Neutraler Bereich und Abgrenzung: Abrechnung	Zu verrechnende Kosten	Verteilungsgrundlage
1	Arbeitslöhne					Lohnbelege
2	Soziallöhne					analoge Verrechng.
3	Gehälter					Gehaltsliste
4	Soziale Aufwendungen					analoge Verrechng.
5	Brennstoffe					Verbrauch
6	Hilfs- und Betriebsstoffe					Verbrauch
7	Werkzeuge					Verbrauch
8	Unterhaltungsstoffe					Verbrauch
9	Fremde Energie					Verbrauch
10	Fremde Instandhaltung					Buchh.-Belege
11	Steuern, Versicherungen u. ä.					Verursachung
12	Büro- und Postkosten					siehe Anleitung
13	Kalkulatorische Abschreibung					siehe Anleitung
14	Kalkulatorische Zinsen					betr. bed. AV.
15	Kalkulatorisches Wagnis					betr. bed. Kapital
16	Fertigungsonderkosten					Ausgliederung
17	Umsatzsteuer					Ausgliederung
18	Provisionen					Ausgliederung
19	Ausgangsfrachten					Ausgliederung
20	Verpackungsstoffe					Ausgliederung
21	Bezogene Teile					Ausgliederung
22	Handelsware					Ausgliederung
23						
24						
25	Direkte Stellenkosten					
26		Fertigungsmaterial				medifizierte m³
27		Gesamtkosten				gel. Arbeitsstd.
28						m³-Verbrauch
29						+ Dampf oder WE
30						kWh
31						Reparatur-Std.
32						entsprechend.
33						Verursachung
34						
35						gefahrene km
36						Tonnenkilometer
37						od. geeign. Schlüssel
38						
39						
40						Beanspruchung
41						individuell
42						geeigneter Schlüssel
43						Verursachung

H i …									
Allgemeine Hilfskostenstellen									
Grundstücke und Gebäude	Allgemeiner Werkdienst	Energieversorgung: Wasser	Energieversorgung: Wärme	Energieversorgung: Strom	Reparaturwerkstatt: Schreinerei und Zimmerei	Reparaturwerkstatt: Schlosserei und Schmiede	Reparaturwerkstatt: Elektrowerkstatt	Reparaturwerkstatt: Sonstige Handwerker	U…
0	1	2	3	4	5	6	7	8	

Fertigungsmaterialeinsatz (Nr. 30–41)	Spanplatten Menge	Spanplatten DM	Sperrholz Menge	Sperrholz DM	Menge	DM
Holz						
Fremdspäne						
Chemikalien						
Summe						
Reststoffgutschriften						
Gesamt						

Produktionszahlen (Nr. 43–50)

Nr.	Ergänzung	
51		geleistete Arbeitsstunden
52		Abteilungsproduktion
53		
54		

Bogen 1 · VERBAND DER DEUTSCHEN SPERRHOLZ- UND SPANPLATTENINDUSTRIE E. V.

Bild 8.2. Muster eines Betriebs-Abrechnu…

eine Erfolgsquellenrechnung zu vergleichen. Je Leistungseinheit ist also der Anteil der Gemeinkosten je Kostenstelle zu verrechnen, den die Fertigung dieser Leistungseinheit beansprucht hat.

Bei den *Verwaltungs- und Vertriebsgemeinkosten* werden in den überwiegenden Fällen die Relationen daher nicht zu den hergestellten Leistungseinheiten, sondern zu den abgesetzten gebildet. Hinsichtlich der Behandlung der kalkulatorischen Kosten (Abschreibungen, Zinsen, Wagnisse, Unternehmerlohn) sowie auf die Darstellung weiterer Zusammenhänge (Kontenabschluß, Umsatz- und Gesamtkostenverfahren, usw.) sei auf das umfangreiche betriebswirtschaftliche Schrifttum verwiesen (K. Beisel [*8.3*], Th. Beste [*8.4*], F. Henzel [*8.11*], K. Käfer

stenstellen											Übertrag								
rpark				Fertigungshilfsstellen									Vertrieb			Ausgliederung		
kw	Sonstige Fahrzeuge			Inner-betrieb-licher Transport	Technische Ver-waltung	Tech-nischer Einkauf Magazin	Schärferei				Bogen 2	Bogen 3	Vertrieb	Werbung	Ver-waltung	Sonder-kosten		
10	11	12	13	14	15	16	17	18	19	0–19			90	91	92	93	94	95
				Stellenkosten														
				Kostenstellenabrechnung														

ens. a) Allgemeine Kostenstellen.

		Betriebsabrechnung		Materialgemeinkosten		Spanvorbereitung			Spanplattenfertigung														
									Fertigungsstellen												Fertigungskosten	Versand	
									Zerspanung		Trocknung		Beleimung		Formstrang	Endfertigung		Sonderfertigung					
				Holzeinkauf	Holzplatz	Entrinden	Wässern	Fremdspäneaufbereitung	Deckschicht	Mittelschicht	Deckschicht	Mittelschicht	Deckschicht	Mittelschicht		Besäumen	Schleifen	Trennschneiden	Fixmaßschneiden			Exportpackerei	Fertiglager und Versand
			Übertrag	60	61	62	63	64	65	66	67	68	69	70	71	72	73	74	75	76	60 – 76	77	78
1		Arbeitslöhne																					
2		Soziallöhne																					
3		Gehälter																					
4		Soziale Aufwendungen																					
5		Brennstoffe																					
6		Hilfs- und Betriebsstoffe																					
7		Werkzeuge																					
8		Unterhaltungsstoffe																					
9		Fremde Energie																					
10		Fremde Instandhaltung																					
11		Steuern, Versicherungen u. ä.																					
12		Büro- und Postkosten																					
13		Kalkulatorische Abschreibung																					
14		Kalkulatorische Zinsen																					
15		Kalkulatorisches Wagnis																					
16		Fertigungssonderkosten																					
17		Umsatzsteuer																					
18		Provisionen																					
19		Ausgangsfrachten																					
20		Verpackungsstoffe																					
21		Bezogene Teile																					
22		Handelsware																					
23																							
24																							
25		**Direkte Stellenkosten**																					
26	Umlagen	Grundstücke und Gebäude																					
27		Allgemeiner Werkdienst																					
28		Wasser																					
29		Wärme																					
30		Strom																					
31		Schreinerei und Zimmerei																					
32		Schlosserei und Schmiede																					
33		Elektrowerkstatt																					
34		Sonstige Handwerker																					
35		LKW																					
36		PKW																					
37		Sonstige Fahrzeuge																					
38																							

39	
40	Innerbetrieblicher Transport
41	Technische Verwaltung
42	Techn. Einkauf Magazin
43	Schärferei
44	
45	
46	**Stellenkosten**
47	**Kostenstellenabrechnung**
48	
49	
50	
51	**Ergänzung**
52	
53	
54	

Bild 8.2 (Fortsetzung). Muster eines Betriebs-Abrechnungsbogens. b) Kostenstellen Spanplattenfertigung.

[*8.13*], W. Kalveram [*8.14*], K. Mellerowicz [*8.18*], H. Norden [*8.20*], E. Schneider [*8.24*], A. Schnettler [*8.25*], VDSS [*8.28*, *8.29*], F. Wille [*8.33*], F. Ziegler [*8.34*]).

Einer Übersicht der Kostenstellenstruktur für den Fertigungsbereich in % der Fertigungskosten steht die bereits in Abschn. 8.3.1 erwähnte Problematik entgegen.

Tab. 8.3 enthält ebenfalls keine Kostenaufteilung nach Deck- und Mittelschichtbearbeitung sowie keine Detaillierung von Beleimung und Formstrang.

Tabelle 8.3.
Fertigungskosten von Spanplatten

	Fertigungskosten %
Materialbereich und Spanvorbereitung	15
Zerspanung	23
Trocknung	14
Beleimung und Formstrang	33
End- und Sonderfertigung	15
	100

Tab. 8.4 kann ebenfalls lediglich Anhaltspunkte geben.

Als Bezugsgröße ist für die Kostenstelle „Formstrang" in der Praxis der m^3 erzeugte Rohplatte vorherrschend, nicht nur wegen der Handhabung als Produktions- und Verkaufseinheit, sondern hinsichtlich bestehender Schwierigkeiten bei der Kapazitätsbemessung, die abhängig ist von dem Dickensortiment, der Umtriebs- und Verlustzeit, Alter der Anlagen, vorgeschaltete Engpässe usw. (VDSS [*8.31*]).

Tabelle 8.4. *Kostengliederung nach Kostenstellen*

	Zerspanung	Trocknung	Formstrang inkl. Beleimung	Endfertigung
Personalkosten	21	13	17	33
Techn. Verwaltung	6	5	6	2
Energie	19	34	17	12
Raum- u. Instandhaltung	14	11	19	11
Abschreibungen	12	23	28	13
Schärferei	9	—	—	—
Innerbetriebl. Transport	—	—	—	10
Sonstige Kosten	19	14	13	19
Gesamtkosten in %	100	100	100	100

Bezugsgrößen: Zerspanung: zerspanter rm Rohholz
Trocknung: je 100 kg atro Späne
Formstrang: erzeugter m^3 Rohplatten oder Summe der Umtriebszeiten oder Mengenkapazität des Formstrangs
Endfertigung: je m^2 besäumt und geschliffen.

8.2.3 Kostenträgerrechnung

Die Aufgabe der Kostenträgerrechnung und/oder Kalkulation ist die Feststellung der angefallenen *Kosten je Erzeugnis bzw. Erzeugnisgruppe*. Das Ergebnis sind die *Herstellkosten* der erzeugten Einheiten, die zweckmäßigerweise nach Typen, Dicken, Absatzgebieten, Abnehmern usw. aufgeschlüsselt werden. Zur Ermittlung der Herstellkosten der verkauften Einheiten sind die Bestandsveränderungen an Halb- und Fertigerzeugnissen zu berücksichtigen. Die Herstellkosten, erhöht um die Verwaltungs- und Vertriebsgemeinkosten, ergeben die *Selbstkosten*, die gemessen an den Netto-Verkaufserlösen den *Gewinn oder Verlust* je Einheit ausweisen.

In der Praxis sind mehrere Verfahren der Kostenträgerrechnung anzutreffen. Die Kostenträgerrechnung kann z. B. auch ohne Kostenstellenrechnung durchgeführt werden, was sich aber aus Gründen der Überwachung der Wirtschaftlichkeit als nicht zweckmäßig erweist.

Je nach den Erfordernissen und dem Zeitpunkt der Durchführung sind dann Vor- und Nachkalkulationen zu unterscheiden. Die Spanplattenkalkulation ist vorwiegend eine Nachkalkulation, während die Vorkalkulation bei Rohholzpreisänderungen, Sonderangeboten und Kostenermittlungen für Fixmaße und Spezialplatten Bedeutung erlangt (VDSS [*8.31*]).

Die *Vorkalkulation* sucht die Kosten je Einheit vorausschauend zu erfassen und dient somit der Preisfixierung und der Aufstellung des Verkaufs- und Produktionsprogramms.

Die *Nachkalkulation* ermittelt hingegen die Kosten bereits hergestellter Leistungen, wobei durch den Vergleich der angefallenen Kosten und der erzielten Erlöse der tatsächliche Erfolg ermittelt wird. Aufgabe der Nachkalkulation ist somit die Kostenkontrolle der Kostenträger mit besonderer Ausrichtung auf die Analyse der Abweichungen gegenüber der Vorkalkulation sowie Erarbeitung von Unterlagen für neue Vorkalkulationen und der Bewertung der Halb- und Fertigbestände.

Bei *Massenfertigung* ist jedoch vielfach eine *Einzelnachkalkulation* unwirtschaftlich und statt dessen der periodischen Kostenträgerrechnung als *Gruppennachkalkulation* der Vorzug zu geben.

Als grundsätzliche Kalkulationsverfahren sind die *Divisionskalkulation* und *Zuschlagskalkulation* nebst Abwandlungen anzutreffen. Eine reine Divisionsrechnung ist wegen der unterschiedlichen Zahl der Plattendicken fragwürdig (VDSS [*8.31*]). ,,Beim Durchlauf niedriger Plattendicken verkürzt sich die Umtriebszeit, jedoch nicht gleichlaufend zur abnehmenden Erzeugnismenge in m^3. Infolgedessen sinkt die Kapazität mit der Herstellung schwächerer Platten" (VDSS [*8.31*]).

Ein Kalkulationsaufbau, ausgehend von den DM-Kostensätzen je Fertigungsstelle und Umlage je nach Beanspruchung durch die jeweilige Dicke, kann jedoch zur falschen Selbstkostenermittlung führen. Es ist davon auszugehen, daß bei dem hohen Anteil an *fixen Kosten* in der Spanplattenfertigung eine Produktionsstunde (z. B. eine Umtriebsstunde des Formstrangs) bestimmte Kosten verursacht, die von Beschäftigungsgradschwankungen bzw. der jeweils hergestellten Dicke unabhängig sind. Die Kosten schwanken dann je nach Ausbringungsmenge in einer Produktionsstunde für das jeweilige Erzeugnis. Bei der Produktion geringer Dicken müssen dann ebenfalls die Kosten der ungenutzten Kapazität, so z. B. in der Mittelschichtaufbereitung diesem Erzeugnis angelastet werden. Für die Zwecke der Vorkalkulation empfiehlt es sich daher, die Gesamtkosten eines Spanplattenwerkes — angefangen von der Entrindung bis einschließlich Formstrang — nur zeitabhängig zu rechnen und nach der Inanspruchnahme der Produktionszeit, bezogen und gemessen an der Presse, die Kalkulation auf Grund von *Äquivalenzziffern* durchzuführen. Die Fertigungszeiten in Minuten für eine Presse werden ohnehin laufend festgestellt, so daß umgerechnet auf 24 Stunden die erzeugten m^3 einer Dicke nach Abzug der üblichen Stillstände zu ermitteln sind.

Die Gesamtkosten des Spanplattenwerkes sind dann auf die Tagesleistung umzurechnen, wodurch eine genaue Zurechnung und Verteilung der Kosten gewährleistet wird. Unter Außerachtlassung der Zeitabhängigkeit ergeben sich daher folgende Probleme:

1. Die Kosten der ungenutzten Kapazität in den einzelnen Dicken sind nicht ausreichend berücksichtigt;

2. Die geringeren Dicken werden mit erheblich niedrigeren Kosten belastet als die effektive Kostenbelastung ergibt und umgekehrt;

3. Falsche Preisstellungen und falsche Selbstkostenermittlung führen zu Fehlschlüssen und Fehldispositionen.

Tab. 8.5 zeigt eine vereinfachte Kalkulation für verschiedene Plattendicken. Das Fertigungsmaterial wurde unmittelbar zugerechnet, während die verbleibenden Kosten über Äquivalenzziffern verrechnet wurden.

Tabelle 8.5. *Kalkulation der Herstellungskosten je m^3 in % für verschiedene Plattendicken*

Dicken in mm	13	16	19
Holz	41	38	36
Chemikalien usw.	20	22	25
Fertigungsmaterial	61	60	61
Fertigungskosten	39	40	39
Herstellkosten	100	100	100

8.3 Neuzeitliche Verfahren der Kostenrechnung

8.3.0 Allgemeines

Eine Kostenrechnung auf Grund der angefallenen effektiven Kosten bezeichnet man als *Ist-Kostenrechnung*. Viele Gründe stehen aber einer reinen Ist-Kostenrechnung entgegen, insbesondere deswegen, weil sich die Durchführung als teilweise umständlich erweist und die Ergebnisse unzureichend sind. Hinzu kommt, daß einige Kostenarten keinen reinen Ist-Kostencharakter haben, wie z. B. Abschreibungen, Gewerbesteuer usw. Außerdem treten oftmals von Zeitraum zu Zeitraum Preisänderungen ein, und man muß deshalb den Kalkulationen gleicher Erzeugnisse verschiedene Grundpreise zugrunde legen. Um diese überwiegend außerbetrieblichen Einflüsse aus der Kostenrechnung zu beseitigen, werden *feste Verrechnungspreise* verwendet, die für längere Zeiträume gelten und auch dann beibehalten werden, wenn die Ist-Preise hiervon abweichen.

Auch die Zeitfrage ist entscheidend, da Betriebe mit Zuschlagskalkulationen die Zuschlagssätze erst dann ermitteln können, wenn der Betriebsabrechnungsbogen erstellt ist, was im besten Fall ein Nachhinken der Kalkulation um mindestens einen Monat bedeutet. Zudem müssen jeder Kalkulationsperiode andere Zuschlagssätze zugrunde gelegt werden, da diese sich mit wechselndem Beschäftigungsgrad, Auftragszusammensetzung usw. verändern und eine gleichbleibende und vergleichbare Grundlage nicht gewährleistet ist. Auch die Verrechnung fester Zuschlagssätze ist nicht ohne Problematik. Eine Kostenrechnung mit „festen“ Verrechnungspreisen, Lohnsätzen und Durchschnitts- bzw.

Normalzuschlagssätzen bezeichnet man als *Normalkostenrechnung*. Da neben diesen Normalkosten selbstverständlich Ist-Kosten anfallen, entstehen Abweichungen, die als Unter- bzw. Überdeckungen auftreten.

Der Vorteil einer Normalkostenrechnung ist in der rechentechnischen Vereinfachung, der größeren *Schnelligkeit und Stabilität der Kalkulationsergebnisse* zu sehen. In Zeiten verschärften Wettbewerbs, bei eingetretenen Kostensteigerungen usw. genügt es jedoch nicht, durch die Istkosten- und Normalkostenrechnung nachträglich festzustellen, welche Unter- bzw. Überdeckungen entstanden sind, sondern entscheidend ist die Durchführung einer wirksamen Kostenüberwachung sowie die rasche Feststellung und Beurteilung der Wirtschaftlichkeit. Die Tendenzen in der Kostenrechnung zielen daher darauf ab, die in Zukunft zu erwartenden Lagen vorausschauend zu planen und zu erfassen und das Rechnungswesen in erhöhtem Maße zum Planungs- und Führungsinstrument auszubauen, um den besten Wirtschaftlichkeitsgrad zu erreichen.

8.3.1 Standard- und Plankostenrechnung

8.3.1.1 Begriffliche Vorbemerkungen

Die nachfolgenden Ausführungen sind grundsätzliche Feststellungen, da in der Spanplattenindustrie die verschiedensten Verfahren bzw. Stufen der Planungsrechnung anzutreffen sind. Auch soll auf genaue Unterscheidungen und Abgrenzungen zwischen Standard- und Plankostenrechnung verzichtet werden. Das umfangreiche betriebswirtschaftliche Schrifttum bietet unerläßlichen Aufschluß und Vertiefung der Zusammenhänge (W. Auler [*8.2*], H. Diercks u. F. Petzold [*8.6*], K. Käfer [*8.13*], W. Kilger [*8.15*], H. Müller [*8.19*], H. G. Plaut [*8.21*], K. Schwantag [*8.26*], H. Tigges [*8.27*], F. Wille [*8.32, 8.33*]).

Unter Plankostenrechnung versteht man die Art der Kostenrechnung, die durch *Kostenplanung* für Kostenstellen und Kostenträger die Kosten vorausplanend ermittelt und auf Grund von *Soll-Ist-Vergleichen* eine Überwachung der Kosten und der Wirtschaftlichkeit ermöglicht. Die Plankostenrechnung hat die Aufgabe, den *Kostenverbrauch schon vor seinem Entstehen* dispositiv zu beeinflussen.

Die Durchführung umfaßt nachstehende Stufen:

1. Planung der Kosten,
2. Ermittlung der Abhängigkeit der Kosten vom Beschäftigungsgrad,
3. Kostenvorgabe,
4. Ermittlung von Ist-Kosten und Abweichungen,
5. Analyse und Auswertung.

Unter *Standardkosten* sind die vorgegebenen Kosten der Kostenträger zu verstehen, bezogen auf die Leistungseinheit, z. B. Spanplattentyp X.

Budgetkosten sind die für einen Zeitraum vorgegebenen Kosten der Kostenstellen innerhalb einer Zeiteinheit. Der Standardkostensatz für die Kostenträger der einzelnen Kostenstellen errechnet sich durch Division der Plankosten jeder Kostenstelle durch die Leistungsmenge.

Eine *flexible Plankostenrechnung* liegt vor, wenn veränderte Verhältnisse und Preis- sowie Beschäftigungsschwankungen berücksichtigt werden. Eine *doppelt flexible Plankostenrechnung* ermöglicht darüber hinaus eine Anpassung an Auftrags- und Verfahrensänderungen durch Einbau einer *Kostenplatzrechnung* in die Kostenstellenrechnung.

Die Ermittlung der Abhängigkeit der Kosten vom Beschäftigungsgrad setzt die Festlegung der für die Normalbeschäftigung maßgebenden Kapazitätsplanung der einzelnen Maschinengruppen nach festen *Kapazitätskosten*, sprunghaft veränderlichen *Bereitschaftskosten* und *proportionalen Beschäftigungskosten* voraus. Unter *Beschäftigungsgrad* ist das Verhältnis von effektiver Leistung zu Planleistung zu verstehen.

In der Spanplattenindustrie ist die Kapazität einer Anlage hauptsächlich durch die Pressenleistung gegeben, die durch Etagenanzahl, Umtriebsgeschwindigkeit, Wirkungsgrad und Plattenformat bestimmt ist. Die Größe der Anlage beeinflußt daher in erheblichem Umfang die Kostenstruktur. Da die Fertigung bis zur Herstellung der Rohplatte in der Presse fließbandgebunden ist, sind die entstehenden Kosten praktisch Bereitschaftskosten. Die Kapazitätsausnutzung ist daher von entscheidender Bedeutung, wie Tab. 8.6 zeigt:

Tabelle 8.6. *Kapazitätsausnutzung und Kostenindex*

Kapazitätsausnutzung %	100	90	80	75
Monatsleistung m^3	10000	9000	8000	7500
Rohholzeinsatz je m^3	45	45	45	45
Sonstige Kosten je m^3	55	61	68	78
Kostenindex	100	106	113	123

Die Berechnung der Kapazitätsausnutzung kann wie folgt vorgenommen werden:

1. Die Schichten (einschließlich Reinigung) je Normalwoche werden in Beziehung gesetzt zu einer theoretisch möglichen Schichtzahl von 18 je Woche (= 6 Tage zu 3 Schichten);
2. Brutto-Produktionszeit für die Nenndicke von 19 mm;
3. Gegenüberstellung der effektiv geleisteten Stunden je Jahr mit den Sollstunden, wobei das Soll aus den möglichen 18 Schichten je Woche abzüglich Feiertage zu errechnen ist.

Bild 8.3 zeigt in vereinfachter Darstellung das System einer Standardkostenrechnung.

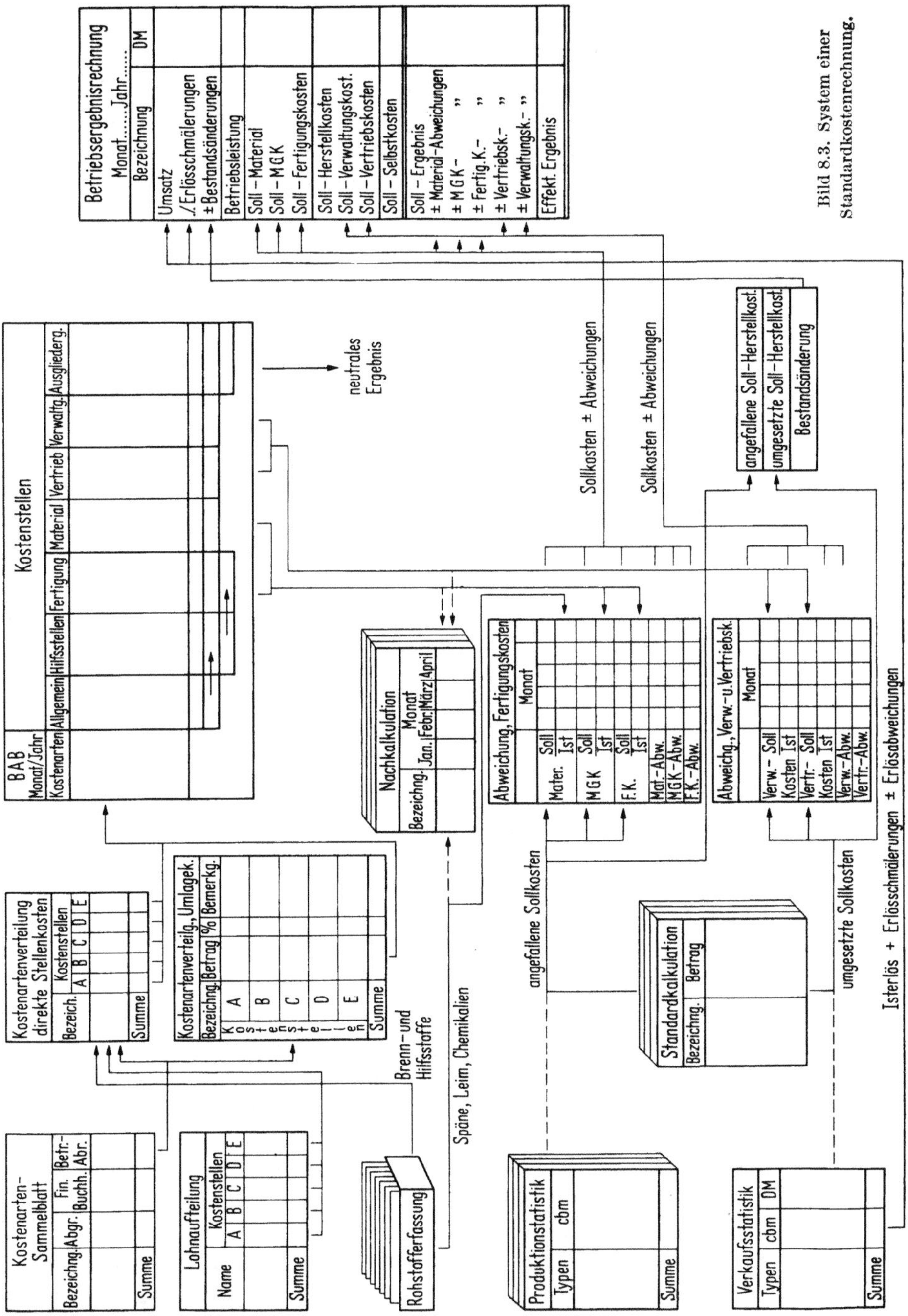

Bild 8.3. System einer Standardkostenrechnung.

8.3.1.2 Standards für Einzel- und Gemeinkosten

Als Einzelkosten können in der Spanplattenfertigung nur die Rohstoffkosten und bedingt die Energiekosten gelten. Alle verbleibenden Kosten sind den Kostenträgern nicht unmittelbar zuzurechnen und weitestgehend unabhängig vom Beschäftigungsgrad, also fixe Kosten. Auf Grund der Arbeitsmarktlage sind auch die Lohnkosten — normalerweise Einzelkosten — sinngemäß zu sehen.

Zur Ermittlung der Standards für das Fertigungsmaterial dienen die *Verbrauchsmengen* einschließlich angemessener Zuschläge für Ausschuß usw. sowie die fixierten *Einheitspreise*. Die Einsatzmenge wird über die Einstreumenge oder retrograd festgestellt, während der Einheitspreis auf Grund der zu erwartenden zukünftigen Preisverhältnisse vorgegeben ist. Die Multiplikation *Standardmenge* × *Standardpreis* ergibt den oder die *Materialkostenstandard(s)*.

Das Wesen des Standardpreises ist darin zu sehen, Preisschwankungen, die üblicherweise innerbetrieblich nicht beeinflußbar sind, auszuschalten, um eine reine Mengenrechnung zu erhalten. Die Abweichungen des mengenmäßigen Ist-Verbrauchs vom Standardverbrauch läßt dann auf rein innerbetriebliche Gegebenheiten schließen und mögliche Verlustquellen erkennen.

Die Hauptaufgabe der Standardkostenrechnung ist in der Ermittlung und Planung der Gemeinkosten zu sehen. Die mengenmäßig beanspruchten Kostenarten sind ebenfalls mit Standardpreisen je Einheit zu bewerten. Für die verbleibenden Kostenarten sind Budgetbeträge in Übereinstimmung mit dem fixierten Beschäftigungsgrad zu bilden, und zwar für jede Kostenstelle. Die Gemeinkostenplanung hat also zum Ziel:

1. Ermittlung der *Gemeinkostenstandards* nach Kostenarten und Kostenstellen für die Planbeschäftigungsgrade dieser Kostenstellen;

2. Festlegung, in welcher Weise sich die einzelnen Kostenarten mit der Beschäftigung, d. h. den Bezugsgrößen der Kostenstellen, verändern.

Letzteres ist notwendig, um die *Ist-Beschäftigung*, die nur in wenigen Fällen der *Planbeschäftigung* entspricht, zu analysieren, d. h. der Einfluß von Beschäftigungsschwankungen muß ausgeschaltet werden. Über die Technik der Planung der einzelnen Gemeinkostenarten lassen sich auf Grund der betriebsindividuellen Unterschiede der Spanplattenwerke keine allgemeingültigen Aussagen treffen.

Planbeschäftigung und Plangemeinkosten ergeben für die einzelnen Kostenstellen Verrechnungssätze, die dann zur Abrechnung dieser Kostenstellen und für die Standardkalkulationen dienen.

Unter *Standardkalkulationen* versteht man die Errechnung der den Standardkosten der Planbeschäftigung entsprechenden Kosten je Kostenträger. Diese Plankalkulation enthält die Einzelmaterialstandards und die Gemeinkostenstandards nach der Feststellung, welche Kostenstellen der Kostenträger durchlaufen hat und wie groß die geplante Inanspruchnahme ist.

Der formale Aufbau einer Standardkalkulation ähnelt also in starkem Maße der Zuschlagskalkulation.

In Anlehnung an die Praxis können für die Spanplattenfertigung Standards gemäß Tab. 8.7 angenommen werden (VDSS [*8.31*]).

Selbstverständlich sind diese Standards von vielen Faktoren wie z. B. Verfahren, Alter und Zustand der Anlagen, Rohholzeinsatz und Rohholzgüte abhängig und je nach Unternehmen mit einer erheblichen Streubreite unterschiedlich.

Tabelle 8.7. *Standards für Einzel- und Gemeinkosten bei der Spanplattenfertigung in %*

Holz, Späne u. a.	35
Chemikalien, Leim u. a.	25
Materialeinsatz	60
Personalkosten	10
Kapitalkosten	13
Strom	4
Wärme	2
Reparaturen	3
Hilfs- und Betriebsstoffe	1
Techn. Verwaltung, Labor	2
Sonstige Kosten	5
Herstellkosten	100

Nach Fertigungsbereichen unterteilt ergibt sich eine Übersicht der Fertigungskostenstandards gemäß Tab. 8.8, wobei kalkulatorische Zinsen und Wagnisse nicht berücksichtigt sind.

Tabelle 8.8. *Standards nach Fertigungsbereichen für die Spanplattenherstellung in %*

Holzplatz und Holzeinkauf	9
Spanvorbereitung, Zerspanung	32
Trocknung	12
Beleimung, Formstrang	33
Besäumen, Schleifen	14
Fertigungskosten	100

8.3.1.3 Verrechnung und Analyse der Abweichungen

Die laufende Auswertung besteht in der *Erfassung der Abweichungen zwischen Ist- und Standardkosten.* Es sind im wesentlichen folgende:

a) Preisabweichungen,
b) Verbrauchsabweichungen,
c) Beschäftigungsabweichungen,
d) Verfahrensabweichungen,
e) Verrechnungsabweichungen,
f) sonstige Abweichungen.

Preisabweichungen werden auf den Preisdifferenzkonten der Kontenklassen 2 oder 3 ausgewiesen. Eine Erfassung der Preisabweichung beim Verbrauch geschieht durch Summierung sämtlicher Einzeldifferenzen:

Menge × Istpreis — Menge × Planpreis.

Die Erfassung der Preisabweichungen beim Eingang erfolgt analog unter Zugrundelegung der Eingangsmengen.

Verbrauchsabweichungen sind die Differenz zwischen den Ist-Gemeinkosten der Planperiode und den Sollkosten der Ist-Beschäftigung. Die Abweichungen werden für jede Kostenstelle und Kostenart über den Betriebsabrechnungsbogen ermittelt.

Beschäftigungsabweichungen liegen dann vor, wenn Plan- und Ist-Beschäftigung einer Kostenstelle nicht übereinstimmen. Die Beschäftigungsabweichungen werden im BAB nach Kostenstellen durch Vergleich der verrechneten Plankosten der Ist-Beschäftigung mit den Sollkosten der Ist-Beschäftigung ermittelt.

Verfahrensabweichungen treten dann auf, wenn mehrere Fertigungsverfahren vorliegen und die Plankosten dieser Fertigungsverfahren voneinander abweichen.

Verrechnungsabweichungen entstehen dann, wenn innerhalb der Planperiode z. B. Reorganisation oder Vergrößerung von Kostenstellen zu Änderungen der Sollkosten bzw. Verrechnungssätze führen.

Für die Verrechnung der Abweichungen sind folgende Möglichkeiten gegeben:

1. auf die Kostenträger werden lediglich die Standardkosten verrechnet, die Abweichungen werden im ganzen auf dem Betriebsergebniskonto verbucht,

2. die Kostenträger werden mit den Standardkosten einschließlich der Abweichungen belastet,

3. die Abweichungen werden teils auf die Kostenträger und teils auf das Betriebsergebniskonto übernommen.

Es ist wissenschaftlich noch nicht eindeutig geklärt, welcher Möglichkeit der Vorzug zu geben ist. Eine Verteilung auf die Kostenträger ist verhältnismäßig einfach für die Preisabweichungen, die prozentual auf die entsprechenden Rohholzstandards und Planfertigungszeiten verrechnet werden. Die Preisabweichungen für Gemeinkosten sind hierbei in der Kostenstellenrechnung zu berücksichtigen.

Die Verrechnung der Beschäftigungsabweichungen auf die Kostenträger erfolgt unter Berücksichtigung der Umlage der Hilfskostenstellen auf die Fertigungsstellen, da eine Fertigungsstelle um so mehr zu der Beschäftigungsabweichung einer Hilfskostenstelle beiträgt, je mehr die Istanzahl der durch die Fertigungsstelle von der Hilfskostenstelle bezogenen Leistungseinheiten von dem Standardansatz abweicht (W. Kilger [*8.15*]).

Bei den Verbrauchsabweichungen ist festzustellen, inwieweit diese auftragsbedingt sind. Die kostenstellenbedingten Verbrauchsabweichungen werden dann proportional zu den Standards der erstellten Leistungseinheiten auf die Kostenträger verrechnet. Die vorstehend skizzierte Möglichkeit der Verrechnung auf die Kostenträger ist insbesondere hinsichtlich der kostenstellenbedingten Verbrauchs- und Beschäftigungsabweichungen fragwürdig, da eine eindeutige Zuordnung zu einem Kostenträger nicht vorgenommen werden kann. Man geht daher vielfach den Weg einer Verrechnung über das Betriebsergebniskonto, obwohl hinsichtlich der Preiskalkulationen und deren Anforderung die Verrechnung über Kostenträger hier sinnvoll ist, denn auf lange Sicht muß der Preis auch die stellenbedingten Abweichungen hereinbringen, um Substanzverluste zu vermeiden.

Abschließend sei noch stichwortartig die *Plankalkulation*, ein umstrittenes Gebiet der Plankostenrechnung, erwähnt. In der Plankalkulation sind die gleichen rechnerischen Verfahren anwendbar wie in der Ist-Kostenrechnung. Die Plangemeinkosten-Verrechnungssätze werden durch Division der einzelnen Kostenstellen-Plangemeinkosten mit den entsprechenden Planbezugsgrößen ermittelt. Die Plangemeinkosten-Verrechnungssätze werden dann mit der Planbezugsgröße je Kostenträger multipliziert.

Diese Art der Plankalkulation mit Vollkosten hat folgende Nachteile: Die Planbezugsgrößen stellen lediglich Maßgrößen für den Beschäftigungsgrad dar und damit für die proportionalen Plangemeinkosten und stehen mit den Kosten der Betriebsbereitschaft, den fixen Kosten, nicht in Zusammenhang. Es werden also fixe Kostenbestandteile verrechnet, die nicht eindeutig einem Kostenträger zuzuordnen sind und somit eine Plankalkulation mit Vollkosten erheblich verzerren können. Die *Grenzplankostenrechnung* verzichtet daher darauf, die fixen Kosten weiter zu verrechnen und zeigt die im nächsten Abschnitt erörterten Möglichkeiten auf.

8.3.2 Grenzkostenrechnung

Die Spanplattenfertigung ist auf Grund der Anlageintensität besonders durch den Anfall hoher *Bereitschaftskosten* (fixe Kosten) belastet. Der hohe Anteil der Fixkosten schließt eine erhöhte *Konjunkturempfindlichkeit* sowie *Unelastizität* ein. Ein Rückgang der Beschäftigung kann daher die Betriebe sehr schnell in die Verlustzone führen, und die *Kostenremanenz* führt zu einer zusätzlichen Beeinträchtigung.

Von besonderer Bedeutung für die Grenzkostenrechnung ist daher die Aufteilung der Kosten in fixe und proportionale Bestandteile. Diese Kostenauflösung kann auf mathematischem und buchtechnischem Weg erfolgen (W. Auler [*8.2*], Diercks u. F. Petzold [*8.6*], H. G. Plaut [*8.22*], F. Wille [*8.32*]).

Im Gegensatz zur Standardkostenrechnung ist die Fixierung der Planbeschäftigung und die Ermittlung der Vorgabekosten bei der Grenzkostenrechnung unerheblich, da der Grenzkostensatz für jeden Beschäftigungsgrad gleich bleibt. Die fixen Kosten werden ebenfalls nicht auf die einzelnen Kostenträger verrechnet, und es ist lediglich zu beachten, daß die Summe der Differenzen zwischen den Preisen und den verrechneten Grenzkosten der Erzeugnisse die Fixkosten und den Gewinn decken. Unter Grenzkosten versteht man die zusätzlichen Kosten für die Erstellung einer zusätzlichen Leistungseinheit, oder mathematisch mit den Begriffen der Differentialrechnung ausgedrückt sind Grenzkosten die erste Ableitung der Gesamtkostenfunktion:

$$K_G = K_p \cdot x + K_F,$$

$$K' = K_p.$$

Anmerkung: K_G Gesamtkosten
K_p proportionale Stückkosten
K_F fixe Gesamtkosten
x Produktionsmenge
K' Grenzkosten.

Zur Durchführung der Grenzplankostenrechnung werden je Kostenstelle für jede Kostenart Planwerte ermittelt. Der Betriebsabrechnungsbogen weist für jede Kostenstelle eine Unterteilung aus für

a) geplante Fixkosten,
b) geplante variable Kosten,
c) variable Istkosten.

Die variablen Istkosten werden durch Subtraktion der geplanten fixen Kosten von den Gesamt-Istkosten ermittelt. Durch Multiplikation von Grenzkostensatz und Beschäftigungsgrad werden die Grenzkosten errechnet.

Die geplanten fixen Kosten der Fertigungshilfsstellen werden überwiegend nicht auf andere Kostenstellen weiterverrechnet, sondern im Betriebsergebniskonto verbucht.

Sinngemäß werden in den Gemeinkostenplänen die Gesamtkosten aufgeteilt. Es würde an dieser Stelle zu weit führen, die Rechnungstechnik im einzelnen zu behandeln; es sei auf die betriebswirtschaftlichen Veröffentlichungen über die Grenzplankostenrechnung verwiesen (H. G. Plaut [*8.22*]).

Da die Grenzplankostenrechnung in ihrer Auswirkung auf die Preisstellung erhebliche Bedeutung erlangt, sei noch kurz auf das Wesen der *Grenzkostenkalkulation* eingegangen. Bei Unterbeschäftigung trägt eine Produktionserhöhung zum Ausgleich ungedeckter Fixkosten, die ohnehin anfallen, bei. Es entsteht für den Fall, für den der Verkaufspreis der zusätzlichen Produktion über den Grenzkosten liegt, ein zusätzlicher „Gewinn“. Nach der Vollkostenrechnung kann jedoch durchaus ein Verlust gegeben sein, da in der Grenzkostenkalkulation die fixen Kosten höchstens bedingt in Ansatz gebracht werden. Bei Unterbeschäftigung kann also nach der Grenzkalkulation eine Verlustminderung einsetzen, wenn die Verkaufserlöse die Grenzkosten überschreiten. Kriterien sind der Beschäftigungsgrad und Grenzkosten = Preisuntergrenze.

In der Kostenträgerrechnung erfolgt dann die Ermittlung des Dekkungsbeitrags für die fixen Kosten sowie des Erfolgs durch Errechnung der proportionalen Gesamtkosten (= Erzeugniseinheiten × Grenzkosten), die dem Gesamterlös gegenübergestellt werden. Der so errechnete Dekkungsbeitrag wird zur Ermittlung des Erfolgs um die Fixkosten vermindert.

Die Anwendungsmöglichkeiten der Grenzkostenrechnung sind mit diesen wenigen Beispielen nicht erschöpft. H. G. PLAUT [*8.22*] leitet weitere Bereiche ab, wie Verfahrensvergleich, Rationalisierungs-Investitionen, Optimierung des Produktionsprogramms usw.

Die Grenzkostenrechnung und auch die Vollkostenrechnung sind mit einer gewissen Problematik behaftet, die insbesondere bei der Fabrikate-Erfolgsrechnung zutage tritt, da der Ausweis der gewinnträchtigsten Erzeugnisse gemäß *Fabrikate-Erfolgsrechnung* auf Grenzkostengrundlage zu Fehlschlüssen für die Programm- und Verkaufsplanung führen kann und nicht unbedingt das geplante Gewinnmaximum erreichen läßt. So zeigt z. B. die Fabrikate-Erfolgsrechnung auf Grenzkostengrundlage folgendes Bild:

Dicken in mm	13	16	19
Netto-Erlöse	110	105	100
Grenzkosten	100	97	93
Grenzgewinn	10	8	7

Hieraus ist der Schluß zu ziehen, daß die 13 mm-Platte den höchsten Grenzgewinn erbringt, und demzufolge wären Fertigung und Verkauf auf diese Dicke abzustellen. Abgesehen von den marktmäßigen Gegebenheiten führt diese Annahme zu Fehlschlüssen, da bei alleiniger Fertigung der 13 mm-Dicke ein geringerer Gewinn entsteht als z. B. bei der Fertigung der 19 mm-Dicke. Die Frage der begrenzten Kapazitäten bei Vollbeschäftigung ist nämlich in nicht ausreichendem Maße berücksichtigt.

Es wird angenommen, daß mit der bestehenden Kapazität bei alleiniger Fertigung folgende Mengen einer Dicke erzeugt werden können:

13 mm: 10000 m^3
16 mm: 12000 m^3
19 mm: 15000 m^3

Hieraus leitet sich folgender Grenzgewinn ab:

13 mm: 100
16 mm: 96
19 mm: 105

Das Ergebnis besagt, daß bei alleiniger Fertigung der 19 mm-Dicke rein rechnerisch das Gewinnoptimum erreicht ist. Entscheidend ist also die Nichtberücksichtigung der begrenzten Kapazitäten. Da auf Grund der Marktlage ohnehin kaum von einer Vollauslastung der bestehenden Kapazitäten in den Werken auf lange Sicht die Rede sein kann, ist von vornherein die Anwendung der Grenzkostenrechnung von bedingtem Wert.

Der Vollständigkeit wegen soll jedoch noch kurz ein Rechnungsverfahren behandelt werden, das die begrenzte Kapazität berücksichtigt und somit die Planung und Festlegung eines gewinnoptimalen Verkaufs- und Fertigungsprogramms ermöglicht.

8.3.3 Standardgrenzpreisrechnung

Die *Standardgrenzpreisrechnung* wurde aus der Grenzkostenrechnung entwickelt und findet ausschließlich dort Anwendung, wo bei Vollbeschäftigung die bestehenden Kapazitäten nicht ausreichen, alle Typen und Dicken zu fertigen. Es werden dann die entgangenen Gewinne der Typen, die nicht gefertigt werden, den Grenzkosten der zu fertigenden Typen bzw. Dicken hinzugerechnet. Die Problematik liegt in der Schaffung eines sinnvollen Verhältnisses der zusätzlich ermöglichten Produktion der zu fertigenden Typen zu den nicht zu fertigenden. Als Bezugsgröße bietet sich die *Kapazität* an, weil die zusätzlich herzustellenden Typen die Teilkapazitäten auslasten, die sonst von den nicht zu fertigenden Typen beansprucht worden wären. Die *Grenzgewinne* der verdrängten Erzeugnisse sind dann hierauf zu beziehen und diese als Kosten der zu fertigenden Mehrproduktion der anderen Typen hinzuzurechnen. Die Summe dieser Grenzgewinne ergibt dann den Wert der begrenzten Kapazität.

Das Verfahren der Standardgrenzpreisrechnung ist in der Spanplattenindustrie nur in Ansätzen anzutreffen und hat mehr oder weniger theoretische Bedeutung, da im Hinblick auf die außerordentlichen Kapazitätsausweitungen im In- und Ausland, auch bei positiven Konjunkturverläufen der Abnehmer, die Annahme einer langfristigen Vollbeschäftigung nicht gegeben ist.

8.4 Wirtschaftlichkeits- und Investitionsrechnung

Im Gegensatz zur Kostenrechnung, die das wirtschaftliche Ergebnis festzustellen hat und die zukünftige wirtschaftliche Entwicklung planend vorausbestimmen soll, sind Wirtschaftlichkeits- und Investitionsrechnungen Sondergebiete, die insbesondere in Form von *Verfahrensvergleichen*, bei *Anschaffung neuer Anlagen*, *Kapazitätserweiterungen*, kurzum bei allen betriebswirtschaftlichen Fragen, die Alternativ-Lösungen zulassen, Anwendung finden. In dieses recht umfangreiche Gebiet der Sonderrechnungen gehören auch die Verfahren und Modelle des „Operations Research".

Bei der Durchführung von Wirtschaftlichkeitsrechnungen werden vielfach die zu vergleichenden Verfahren, Anlagen usw. wie geschlossene Kostenstellen behandelt, und zwar abgestellt auf diejenigen Kostenarten, die durch die Neuerungen beeinflußt werden. Man stellt also eine *Kostenvergleichsrechnung* auf und fixiert die Kostenverläufe für alternative Ausbringungsmengen. Dies sei in Bild 8.4 gezeigt.

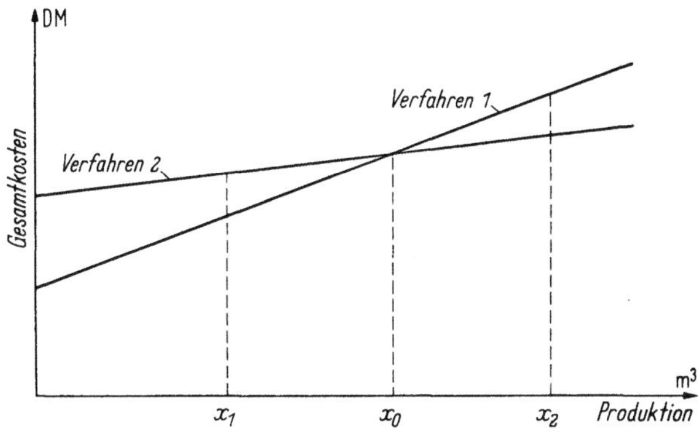

Bild 8.4. Vergleich der Kosten zweier Erzeugungsverfahren.

Die Ausbringungsmenge x_0 bezeichnet man als *kritische Menge*, d. h. eine Kosteneinsparung ist nicht gegeben. Bei dauernder Beschäftigungslage für die Ausbringung x_1 läßt Verfahren 1, bei der Ausbringungsmenge x_2 auf lange Sicht das Verfahren 2 Kostenvorteile ausnutzen. Bewegen sich jedoch die Ausbringungsmengen dauernd um x_0, so ist eine eindeutige Feststellung auf einfachem Wege nicht möglich. Hinzu kommt, daß der Kostenvergleichsrechnung erhebliche Mängel anhaften, da die Kapitalverzinsung nur unvollkommen in Ansatz gebracht werden kann, Kostenveränderungen unabhängig vom Beschäftigungsgrad eintreten können und der Restwert der vorhandenen Anlage zwar buchmäßig feststeht, aber gegebenenfalls zu den Kosten der neuen Anlage addiert werden muß. Des weiteren wird die Annahme unterstellt, daß bei einem Anlagen- oder Verfahrensvergleich keine qualitative Änderung des Erzeugnisses gegeben ist.

Auch das Verfahren der *Gewinnvergleichsrechnung*, das auf das Ergebnis vor und nach der Investition angewendet wird, ist nur bedingt brauchbar. Der Hauptmangel dieses Verfahrens ist darin zu sehen, daß die

Wirtschaftlichkeit unberücksichtigt bleibt und bei Erweiterungsinvestitionen ein Ansteigen der Erträge erzielt werden soll.

Ein Verfahren, das einige Mängel der Kosten- und Gewinnvergleichsrechnungen abstellt, ist die *Rentabilitätsrechnung* auch „return on investment" genannt, die für die Rationalisierungsinvestitionen den Vergleich *Gewinn zu eingesetztem Kapital* bildet. Ähnlich wird der Vergleich für Erweiterungsinvestitionen durchgeführt, wobei zusätzlicher Gewinn und zusätzlicher Kapitaleinsatz analysiert werden.

Diesem statischen Verfahren steht die *dynamische Investitionsrechnung* gegenüber, welche die vorstehend genannten Mängel weitgehend ausschließt bzw. berücksichtigt.

Als Rechenmethoden werden angewendet:

a) Diskontierungsmethode,

b) interne Zinsfußmethode,

c) Annuitätsmethode.

Die *Diskontierungsmethode* weist den Kapitaleinsatz aus, der aus dem Rohgewinn bei einer bestimmten Kapitalverzinsung amortisiert werden kann.

Bei der *internen Zinsfußmethode* läßt sich die Verzinsung des eingesetzten Kapitals errechnen.

Bei der *Annuitätsmethode* müssen die Kosten und Erträge nach den finanzmathematischen Grundsätzen in *uniforme äquivalente Reihen* umgeformt werden, wobei die Barwerte der zu erwartenden Leistungsreihen dann ebenso groß sind wie die sich für die Nutzungsdauer der Anlage ergebenden Kosten und Erträge. Hierzu werden die diskontierten Kosten- und Ertragsreihen mit dem Annuitätsfaktor multipliziert:

$$f_A = \frac{i(1+i)^n}{(1+i)^{n-1}}.$$

Anmerkung: f_A Annuitätsfaktor
i Zinsfuß : 100
n Nutzungsdauer.

Ausführliche Darstellungen bietet das Schrifttum (E. Gutenberg [*8.8*, *8.9*], E. Schneider [*8.23*]).

Neben den direkten kostenmäßigen Auswirkungen sind quantitativ nicht erfaßbare Faktoren zu berücksichtigen. Ein Verfahren, das sich rechnerisch als am günstigsten erweist, braucht aber nicht das optimale zu sein. „Ebenso wichtig für die Beurteilung des Unterschiedes zwischen zwei oder mehreren Investitionen sind die für die Investition charakteristischen Faktoren, die keinen quantitativen Charakter besitzen und deshalb monetär nicht ausgedrückt werden können" (E. Schneider [*8.23*]). Solche unwägbaren Faktoren sind z. B. Liquiditätsgesichtspunkte,

Arbeitskräfteprobleme, Absatzerwartung und strukturelle unvorhersehbare Absatzänderungen, Betriebssicherheit usw.

In jüngster Zeit findet eine wissenschaftliche Methode zur Beschaffung und Auswertung quantitativer Faktoren in zunehmendem Maße auch in der Wirtschaft und in den Betrieben Eingang: *Operations Research*. Typische Anwendungsbereiche sind u. a.:

Bestimmung der optimalen Lagergröße,
Ermittlung der optimalen Losgröße,
Festlegung von Reiserouten, Transportwegen,
Standortbestimmung für Zweigbetriebe und Auslieferungslager,
Verkaufs- und Programmplanung usw.

Zur Lösung dieser Fragen dienen besonders die nachstehenden Verfahren:

a) *Statistische Methoden*,
b) *Simplex-Modelle*,
c) *Lineare Programmierung*,
d) *Theorie der Spiele*,
e) *Warteschlangentheorie*,
f) *Monte-Carlo-Methode*,
g) *Logistik*.

Es würde an dieser Stelle zu weit führen, spezifische Modellfälle darzustellen. Es soll jedoch ein Beispiel aufgezeigt werden:

Ein Spanplattenwerk möchte ein Auslieferungslager errichten, um 4 Möbelfabriken zu beliefern, deren Bedarf monatlich unterteilt y_1, y_2, y_3, y_4 m^3 Spanplatten beträgt. Die Standortbestimmung des Auslieferungslagers hinsichtlich der Transportkosten erfolgt nach der Formel analog der Bestimmung des Schwerpunktes starr verbundener Massen in der Physik:

Die Standorte der Möbelfabriken werden dabei in einem Koordinatensystem festgelegt, das bestimmt ist durch die Gleichungen:

$$S_a = \frac{y_1 \cdot a_1 + y_2 \cdot a_2 + y_3 \cdot a_3 + y_4 \cdot a_4}{y_1 + y_2 + y_3 + y_4},$$

$$S_b = \frac{y_1 \cdot b_1 + y_2 \cdot b_2 + y_3 \cdot b_3 + y_4 \cdot b_4}{y_1 + y_2 + y_3 + y_4}.$$

Der Schnittpunkt der Gleichungen S_a und S_b ergibt den gesuchten Standort für das zu errichtende Auslieferungslager. Auch aus diesem Beispiel läßt sich lediglich der Grundgedanke herleiten. Der ermittelte Standort braucht nicht der optimale zu sein, da meist eine weitere Vielzahl von Veränderlichen die Lösung beeinflußt: Bodenbeschaffenheit, Grundstücksgrößen und -preise, verfügbare Arbeitskräfte, Gleisanschluß, Lage zum Hauptwerk usw.

Zur Standortbestimmung genügt dann diese einfache Formel nicht mehr. Hier bieten die verschiedensten Verfahren des Operations Research annähernd genaue Lösungen. Kernpunkt aller mathematischen Verfahren in der Anwendung auf wirtschaftliche Tatbestände ist die *Quantifizierbarkeit von Qualitäten.*

8.5 Betriebsvergleich

8.5.0 Allgemeines

„Das Wesen eines Betriebsvergleichs liegt darin, das betriebliche Zahlenmaterial systematisch zu sammeln, zu ordnen und vergleichend zu betrachten, um *Gleichheiten oder Unterschiede, Beharrlichkeiten oder Entwicklungstendenzen* herauszulesen und daraus Anregungen für betriebliche und geschäftliche Dispositionen zu gewinnen" (VDSS [*8.31*]). Der Betriebsvergleich bietet wertvolle Anhaltspunkte für die Beurteilung von Leistungsvermögen und Wirtschaftlichkeit, sowohl durch den Vergleich der *Betriebskennzahlen* des eigenen Betriebes als auch der Angaben von Unternehmen der gleichen Branche. Grundsätzlich sind zu unterscheiden:

1. Innerbetrieblicher Vergleich,
2. zwischenbetrieblicher Vergleich.

Der *innerbetriebliche Vergleich* zielt auf eine Analyse und Beurteilung von Unterlagen gleichen Charakters, jedoch verschiedener Zeiträume von Tatbeständen oder Leistungsbereichen in einer Unternehmung ab, während der *zwischenbetriebliche Vergleich* aussagefähige Kennzahlen mehrerer Unternehmen einer Branche für eine bestimmte Fragestellung zum Gegenstand hat. Die Problematik des zwischenbetrieblichen Vergleichs ist insbesondere unter den Gesichtspunkten der Vergleichbarkeit des Zahlenmaterials, der Einheitlichkeit des Rechnungswesens, der Bewertungsgrundsätze und der Aktualität der einbezogenen Daten zu sehen.

8.5.1 Innerbetrieblicher Vergleich

Die Durchführung des innerbetrieblichen Vergleichs erfolgt auf Grund von absoluten und relativen Zahlen aus den wichtigsten Bereichen des einzelnen Unternehmens und gibt der Geschäftsführung wertvolle *Dispositionshinweise*, so hinsichtlich Liquiditätsentwicklung, Umschlagshäufigkeit, Umsatzentwicklung je Kopf der Belegschaft, Kapitaleinsatz je Arbeiter, Materialausbeute, Beschäftigungsschwankung, Betriebsergebnisentwicklung, Investitionsgrad usw., um nur eine bescheidene Auswahl beispielhaft zu nennen. Je nach den Anforderungen der einzelnen Werke ist die Verfolgung, der Vergleich sowie die Auswertung der Daten für die einzelnen Bereiche unterschiedlich, so daß keine allgemeingültigen Feststellungen getroffen werden können. Eine Darstellung der wesentlichen Kennzahlen für die Spanplattenindustrie enthält die vom

Verband der deutschen Sperrholz- und Spanplattenindustrie e. V. herausgegebene Broschüre ,,Kennzahlen Sperrholz und Spanplatten" (VDSS [*8.30*]).

Diese Untersuchung stellt u. a. folgende Kennzahlen auf:

1. Finanzbereich

a) Vermögens- und Kapitalverhältnisse,
b) Umschlagskoeffizienten,
c) Investitionsgrad.

2. Absatzbereich

a) Exportquote,
b) Absatzradius,
c) Auftragsvolumen,
d) Lagervolumen,
e) Sonstiges.

3. Produktivität und Wirtschaftlichkeit

a) Kapazitätsausnutzung,
b) Produktivität,
c) Losgrößenquerschnitt,
d) Linealwechselfrequenz,
e) Stillstandszeitverlust,
f) Umtriebszeitfaktor,
g) Sonstiges.

4. Kosten

a) Kostenartenbereich,
b) Kostenstellenbereich.

5. Erfolgsquote.

Naturgemäß können nur die wesentlichsten Kennzahlen in einer Direktionsstatistik oder in Form von Sonderberichten der Geschäftsleitung vorgelegt werden. Es kommt entscheidend darauf an, ,,aus einer Fülle von Vorgängen und Zahlen die richtige ‚Auslese' auf den Tisch zu bekommen, um daran die Entscheidungen auszurichten. Markante Kennzahlen und deren kluge Kombination sind heutzutage ein unentbehrliches unternehmerisches Steuerungsmittel" (VDSS [*8.30*]).

8.5.2 Zwischenbetrieblicher Vergleich

Die in der Spanplattenindustrie durchgeführten Betriebsvergleiche sollten dazu beitragen, ,,betriebsgebundene Betrachtungsweisen aufzulockern und Impulse für rationelle Erwägungen zu geben" (VDSS [*8.30*]). Es galt zunächst die bestehenden *Unterschiedlichkeiten im Rechnungswesen* auf eine *vergleichbare Ausgangsgrundlage* zu bringen. Diesem Zweck dienten die vom Verband der deutschen Sperrholz- und Spanplattenindustrie e. V. erstellten ,,Richtlinien zur Betriebsabrechnung" (VDSS [*8.29*]), die über die Grundlagen hinaus eine Darstellung der Abrechnungsverfahren enthalten, ohne die betriebsindividuellen Erfordernisse einzuengen.

Die durchgeführten Betriebsvergleiche umfaßten die nachstehenden Fragen (VDSS [*8.31*]):

1. Produktionsprogramm
   Formate, Dicken, Fixmaße;
2. Absatzstruktur
   u. a. Absatzradius, Kundenstruktur, Exportquote, Erlöse;
3. Produktivität und Wirtschaftlichkeit
   u. a. Wirkungsgrad, Produktionswert, Kapazitätsausnutzung;
4. Bilanzanalyse
   u. a. Liquidität, Umschlagskoeffizienten;
5. Kostenstruktur
   Kostenarten, Kostenstellen;
6. Kostenstellenanalyse
   Zerspanung, Trocknung, Formstrang, Endfertigung;
7. Kalkulation
8. Sonstiges
   u. a. Investitionsvolumen, Instandhaltungsquote.

Die recht aufschlußreichen Ergebnisse der Untersuchungen erbrachten trotz mannigfaltiger Schwierigkeiten eine Fülle von Anregungen, die es den Unternehmungsleitungen ermöglichte, Schwachstellen im Betriebe festzustellen, Produktivitätsverbesserungen zu erreichen und somit Kostenvorteile zu realisieren.

8.6 Schlußbetrachtung

Die Ausführungen zur Kostenrechnung in der Spanplattenfertigung mußten sich infolge der bestehenden Unterschiede auf grundsätzliche Betrachtungen beschränken.

Die vom Verband der deutschen Sperrholz- und Spanplattenindustrie e. V. ausgearbeiteten „Richtlinien zur Betriebsabrechnung" und die durchgeführten betriebswirtschaftlichen Untersuchungen tragen dazu bei, eine bessere Vergleichbarkeit der Werke zu ermöglichen. Die gewonnenen Erkenntnisse erschließen mannigfache Möglichkeiten zur Steigerung der Wirtschaftlichkeit und erweisen sich als ein brauchbares Instrument der Unternehmungsführung. Der Wert des betrieblichen Rechnungswesens und der Nutzen betriebsvergleichender Analysen hängen darum von der Richtigkeit, der frühestmöglichen Verfügbarkeit und der systematischen Auswertung der Daten ab.

„Insgesamt gesehen ist die Kostenrechnung für Spanplatten ein interessantes betriebswirtschaftliches Grenzgebiet, das in Theorie und Praxis eine Fülle von Fragen aufwirft, die mit mehreren Varianten lösbar sind" (VDSS [*8.31*]).

9. Verarbeitung

Von **Friedrich Fessel**, Hildesheim

9.1 Voraussetzungen

9.1.0 Allgemeines

Viele Vorteile der Holzspanplatten liegen in ihrem quasi homogenen Aufbau, jedoch bleiben sie *organische Holzwerkstoffe*. Dies ist bei ihrer Anwendung und Verarbeitung zu berücksichtigen. Die meist gebräuchlichen Spanplatten haben eine Rohdichte zwischen 400 und 800 kg/m³ und werden vorwiegend in Dicken von 12 bis 25 mm als ein- bzw. dreischichtige oder wurf- und windgeschüttete Platten hergestellt.

Die Spanplatten der verschiedenen Hersteller in Deutschland haben sich im Laufe der letzten 10 Jahre sowohl in ihrer Güte als auch in ihren *Verarbeitungseigenschaften* so angeglichen, daß für alle Platten, die nach dem gleichen Grundverfahren hergestellt werden, also *Flachpreßplatten* einerseits, *Strangpreßplatten* anderseits, bei gleicher Rohdichte etwa die gleichen Verarbeitungsbedingungen vorhanden sind. Dabei ist jeweils zu berücksichtigen, ob es sich um ein- oder mehrschichtige Platten handelt (DIN 68761, Blatt 1 u. 2).

9.1.1 Wahl der Spanplattenart und -qualität nach dem Verwendungszweck

Die Auswahl der Spanplatten für einen bestimmten Zweck erfolgt nach der Aufgabe der Teile, die aus ihr hergestellt werden. Man kann vier funktionell verschiedene Elemente unterscheiden:

1. *Tragende* Elemente, zum Beispiel Schrankböden,
2. *Aufbauende* Elemente, zum Beispiel Schrankseiten,
3. *Verkleidende* Elemente, zum Beispiel obere Böden und Rückwände.
4. *Freistehende* Elemente, zum Beispiel Schranktüren.

Leichte Spanplatten mit einer Rohdichte bis etwa 450 kg/m³ eignen sich als wärme- und schalldämmende Bauelemente im Innenausbau bei gleichzeitig dekorativer Oberfläche. Halbschwere Spanplatten mit Rohdichten von 450 bis 750 kg/m³ werden vor allem im Möbelbau benutzt. Hier findet auch die dreischichtige Platte mit einer Rohdichte von etwa 600 kg/m³ Verwendung. Schwere Spanplatten mit Rohdichten von 750 bis 1000 kg/m³ und auch überschwere Spanplatten mit Rohdichten über 1000 kg/m³ finden je nach Art der Konstruktion ebenfalls Verwendung im Innenausbau als Wand- und Deckenverkleidungen sowie als Fußböden und ähnliches.

Holzspanplatten weisen gutes *Stehvermögen*, *Planheit* und *Flächenbeständigkeit* auf. Bei ihrer Auswahl und Verarbeitung sind die möglichen auftretenden Beanspruchungen zu beachten. Bei hohen Beanspruchungen sind Konstruktion und Verarbeitung entsprechend zu wählen. Dazu können auch neue Verbindungselemente und andere Werkstoffe in gemeinsamer Verarbeitung herangezogen werden.

Die *Festigkeit* der Spanplatte ist im allgemeinen für alle im Möbel- und Innenausbau sowie im Hochbau vorkommenden Zwecke ausreichend. Oft werden die Festigkeitseigenschaften gar nicht voll ausgenutzt, und die Wahl der Plattendicke ergibt sich lediglich aus dem Stehvermögen und der Formgebung.

Eine Ausnahme bilden stark belastete Einlegeböden mit Stützweiten über 1 m im Möbel- und Ladenbau sowie bis zum Boden heruntergehende Schrankseiten und ähnliche Möbelteile, die beim Verschieben hoch beansprucht werden. Falls für solche Konstruktionen nicht Sockel aus Vollholz gewählt werden, sind sie an den besonders beanspruchten Stellen zu verstärken. Bei Einlegeböden kann die Belastbarkeit durch *Querschnittserhöhung* oder Verwendung von *Anleimern* bzw. zusätzliche *Unterstützung* vergrößert werden. Durch *Furnieren* der Spanplatten mit dickerem Furnier ist eine wesentliche Verbesserung der Biegefestigkeit zu erreichen. Durch beidseitiges Furnieren mit einem 1,2 mm dicken Furnier, statt 0,7 mm, läßt sich die Biegefestigkeit, je nach Holzart des Furniers, bis zu etwa 50%, durch ein 1,5 mm dickes beidseitiges Furnier sogar bis zu 100% erhöhen. Bei einer Dreischichtspanplatte mit einer Rohdichte von etwa 600 kg/m^3 kann man mit einer Biegefestigkeit im Durchschnitt von 200 kp/cm^2 rechnen.

9.1.2 Eingangsprüfung

Hier ist zunächst auf Abschn. 6 ,,Eigenschaften und Eigenschaftsprüfung" Bezug zu nehmen. Die Beurteilung der nicht geschliffenen Plattenkante gibt Aufschluß über die *Bearbeitbarkeit* beim Sägen und Fräsen sowie über das *Schraubenhaltevermögen* und die Möglichkeit zur Kantenbearbeitung durch Beleimen, Streichen, Lackieren usw. Für die Biege- und Scherfestigkeit ist die Spanlänge in der Platte von Bedeutung.

Wenn auch heute Qualitätsspanplatten von den meisten Herstellern in sehr einheitlicher Güte und Maßgenauigkeit geliefert werden, so sollte doch, wie bei allen anderen Werkstoffen, auch bei der Spanplatte eine regelmäßige Eingangsprüfung, wenigstens als *Stichprobenprüfung* durchgeführt werden. Die Prüfungen können gegebenenfalls nach vereinfachten, praktischen Verfahren erfolgen und sollten sich auf die *Maßgenauigkeit in der Dicke*, die Feststellung der *Dickenquellung*, unter Umständen auch auf die *Oberflächenrauhigkeit* sowie den *Feuchtigkeitsgehalt* und das *Stehvermögen* der Platten erstrecken.

9.1.3 Transport und Lagerung

Der Transport der Spanplatten zum Verarbeitungsbetrieb soll nur in waagerechter Lage und in geschlossenen Fahrzeugen erfolgen. Besonders die empfindlichen Plattenkanten sind dabei gegen Stoß und Feuchtigkeit zu schützen.

Einzelne Spanplatten sind immer senkrecht zu tragen, sie sollen jedoch niemals senkrecht abgestellt werden. Spanplatten sollen vielmehr stets *waagerecht* und vollkommen *eben abgelegt* und *dicht* aufeinander *gestapelt* werden, wobei die Kanten genau übereinander liegen müssen. Die Plattenstapel sind auf eine waagerecht ausgerichtete Holzunterlage von 15 bis 25 cm Höhe zu legen und sollen einen Wandabstand von etwa 20 cm haben, um eine allseitige Luftzirkulation zu ermöglichen. Der Plattenstapel ist bei der Lagerung nach oben durch eine Platte abzudecken, damit sich die oberen Platten nicht verwerfen.

Richtige Lagerung der Platten ist Voraussetzung für die spätere Güte der Erzeugnisse. Durch Transport oder falsche Lagerung verzogene Platten können durch ebene, dichte Stapelung während mehrerer Tage wieder ausgerichtet werden.

9.1.4 Spanplatten-Feuchtigkeit

Die Spanplatten haben beim Verlassen des Herstellwerkes in der Regel eine Feuchtigkeit von 8 bis 10%. Die Lagerung von Spanplatten beim Verarbeiter muß nach den gleichen Gesichtspunkten erfolgen, wie die von Tischlerplatten oder Sperrholz, also in einem ausreichend klimatisierten Raum. Der Raum muß feste Wände und Decken sowie einen trockenen Fußboden haben. Keinesfalls dürfen die Platten in einem überdachten Schuppen mit offenen Wänden, einer Durchfahrt oder in einem feuchten Keller gelagert werden. *Luftfeuchtigkeit und Lufttemperatur* im Plattenlager sollen einer *Holzausgleichfeuchtigkeit* zwischen 6 und 9% entsprechen. Durch Hygrometer und Thermometer im Lagerraum ist der Luftzustand dauernd zu überwachen. Die Lagerraumtemperatur sollte zwischen 18 und 20 °C bei etwa 45% relativer Luftfeuchtigkeit gehalten werden, um die genannte Holzausgleichfeuchtigkeit zu gewährleisten. Um diesen Luftzustand zu erhalten, ist es notwendig, den Lagerraum in der feuchten Jahreszeit etwas zu beheizen und in der trockenen und warmen Jahreszeit gegebenenfalls während der Nachtstunden zu belüften.

Nur richtig klimatisierte Spanplatten mit einer Feuchtigkeit von 7 bis 10% können eine einwandfreie Fertigung und ein Qualitätserzeugnis ergeben.

9.1.5 Platteneinteilung und Verschnitt

Bei richtiger und überlegter Einteilung der Spanplatten und unter Ausnutzung aller *Spanplattenabschnitte* durch *Wiederverleimung* zu Platten beträgt der Verschnitt nur 3 bis 5%. Die Möglichkeiten zur Verminderung des Verschnittes beginnen bereits bei der Konstruktion. Vor dem Aufschneiden einer Spanplatte sollte man sich über deren *Aufteilung* und die *Schnittfolge* klar werden. Rechentafeln zur Ermittlung des verbleibenden Restes beim Aufteilen eines Hauptmaßes in Teilmaße und kombinierte Rechentafeln zur Ermittlung beim Aufteilen verschiedener Hauptmaße in Teilmaße sind im Fachschrifttum zu finden (C. A. v. THIELMANN u. M. [*9.8*]).

Anfallende Reste der Spanplatten können wieder miteinander stumpf verleimt und nach Schleifen der Oberfläche einer weiteren Verarbeitung zugeführt werden. Damit kann der oben angegebene Verschnitt von 3 bis 5% bei der Plattenaufteilung erreicht werden. Es ist zweckmäßig, die verleimten Restplatten zu ganz bestimmten Teilen, wie zum Beispiel Böden von Schränken, Blindstücken im Innenausbau oder Einbauteilen, die gestrichen werden, zu verarbeiten. Bei der Aufarbeitung von Spanplattenresten ist die untere noch wirtschaftlich zu verleimende Abschnittbreite zu beachten (A. SCHNEIDER [*9.7*]).

9.2 Konstruktive Maßnahmen bei der Verarbeitung von Spanplatten

9.2.0 Allgemeines

Die Verarbeitung der Spanplatten von Hand und maschinell ist wie bei Massivholz, Sperrholz oder Tischlerplatten möglich, so daß der konstruktiven Gestaltung von dieser Seite nichts im Wege steht. Bei der Spanplattenverarbeitung haben sich jedoch einige Konstruktionen und Holzverbindungen als vorteilhaft erwiesen, die auch die jeweiligen Eigenschaften des Spanplattenwerkstoffes zur Geltung bringen.

Spanplatten lassen sich sowohl durch Sägen, Fräsen, Bohren und Schleifen als auch durch Hobeln bearbeiten. Als *Verbindungselemente* werden vor allem *Dübel*, aber auch *Federn* benutzt, die eingeleimt werden, jedoch sind sowohl offene als auch verdeckte *Schwalbenschwanzzinkungen* sowie *Fingerzinkungen* bei der Verbindung von Spanplatten untereinander weniger zu empfehlen. Ebenso sollte man Spanplatten auch *nicht mit Schlitz und Zapfen* zusammenfügen. Sollen zum Beispiel Schubkastenvorderstücke aus Spanplatten mit ebensolchen Schubkastenseiten verzinkt werden, dann sind Hirnholzleisten in die Seitenkanten des Vorderstückes einzuleimen. Die Jahrringe des Einleimers müssen dabei parallel zur Oberfläche der Spanplatte liegen. Spanplatten lassen sich auch *schrauben und nageln*.

Spanplatten können ferner spanlos durch Schneiden, Stanzen oder Biegen geformt werden. Ebenso ist sowohl ein- als auch beidseitiges Furnieren möglich. Eine Oberflächenbehandlung von Spanplatten kann durch Beizen, Lackieren und Polieren sowie durch Beschichten mit Kunststoffplatten, -folien und flüssigen Kunststoffen erfolgen.

9.2.1 Kantenschutz

Spanplatten sind an ihrer Oberfläche gegenüber Luftfeuchtigkeit weniger empfindlich als Vollholz. Dies ist bei den dreischichtigen Spanplatten mit Feinspandeckschicht bedingt durch die dichte Oberfläche und den Bindemittelanteil. Die Spanplattenkanten sind jedoch vor *mechanischen Beschädigungen* und auch vor unmittelbarer *Feuchtigkeitseinwirkung* zu schützen. Dies ist schon bei der Konstruktion zu berücksichtigen.

Der Schutz der Plattenkante kann erfolgen durch:

1. *Furnieren* der Kante,
2. *Vollholzanleimer* oder *-einleimer*,
3. *Kunststoff-* bzw. *Metallprofile* und
4. *Porenfüllen* mit entsprechendem *Schutzanstrich*.

Das Abdecken der Spanplattenkanten kann bei furnierten Werkstücken, wenn die Kanten nicht weiter beansprucht werden, durch Aufleimen eines Furnieres erfolgen. Das Furnier kann sowohl aufgerieben als auch mit Vorrichtungen oder in stetigen Durchlaufverfahren aufgebracht werden. Es kommen Kantenfurniere von 1 bis 4 mm Dicke in Frage. Werden Furniere unter 1 mm Dicke benutzt, dann ist bei dickeren Spanplatten ein vorheriges Porenfüllen erforderlich. Anstelle von Furnieren werden neuerdings selbstklebende Furnierbänder (Agastrip und Agatape) auf dem Markt angeboten (F. Fahrni [*9.1*]).

Den besten Kantenschutz erhält man durch An- bzw. Einleimer in Vierkant- oder Dreikantform aus Vollholz. Solche Vollholzanleimer können zugleich auch Beschläge und Verschraubungen aufnehmen.

Rechteckige Anleimer können auf den sauberen Kreissägenschnitt stumpf aufgeleimt werden. Die Leimfestigkeit ist für den Möbelbau völlig ausreichend, so daß sich die Verwendung von Federn oder Dübeln erübrigt. Grundsätzlich wird man den Querschnitt eines Vollholzanleimers so schmal wie möglich halten, damit er sich nicht auf der furnierten Fläche abzeichnet. Eine Ausnahme ergibt sich lediglich bei zu profilierenden Anleimern. Ein *Dreikantanleimer* wird unter Umständen bevorzugt, da die Kanten eine geschlossene Holzfläche zeigen und die Spanplatte bis an die Kante erhalten bleibt. Eine einfache Fertigung ist dadurch möglich, daß Leisten mit quadratischem Querschnitt in jeweils zwei Platten gleichzeitig eingeleimt und anschließend aufgetrennt werden, wie dies Bild 9.1 schematisch zeigt. Die in der Praxis oft schwierige und fragwürdige Herstellung der Dreiecknut an der

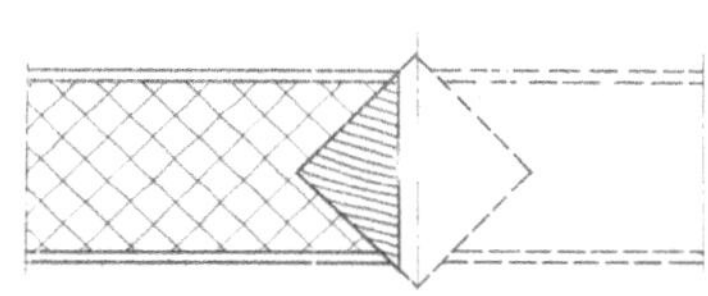

Bild 9.1. Einleimen von Dreikantanleimern in Spanplattenkanten.

Spanplatte steht der Anwendung dieses Anleimers oft im Wege, so daß man meist stumpfe Anleimer verwendet.

Die Spanplattenkante kann auch mit einem *Kunststoffanleimer* abgedeckt werden. Zur Erzielung eines ausreichenden Kantenschutzes gegen Feuchtigkeit ist die Verleimung des Kunststoffes mit einem sogenannten Weißleim auf Polyvinylacetatgrundlage zu empfehlen. Werden die Spanplattenkanten durch aufgeschraubte Leisten aus Holz, Metall oder Kunststoff geschützt, dann müssen sie durch Porenfüllen vorher abgedeckt werden.

Das *Porenfüllen* der Spanplattenkanten als Schutz gegen Feuchtigkeit erfolgt meist bei deckend gestrichenen Werkstücken und an nicht sichtbaren Kanten, wenn die Kanten nicht durch stärker belastete Verschraubungen besonders mechanisch beansprucht werden. Das Porenfüllen kann zum Beispiel mit einem *Kontakt-Kleber* oder einem *Harnstoffharzleim* mit hohem Bindemittelgehalt erfolgen. Der Porenfüller wird mit einem Spachtel oder mit einem Lappen aufgetragen und eingerieben. Nach der Trocknung werden die Kanten geschliffen und, soweit nicht sowieso ein deckender Farbanstrich aufgebracht wird, isoliert.

9.2.2 Flächenverbindungen

Auch für Flächenverbindungen von Spanplatten ist die einfachste und praktischste Art die stumpfe Verleimung des *Kanten-Sägeschnitts*. Bild 9.2a zeigt diese Verleimung schematisch im Schnitt. Es entstehen dabei keinerlei Bearbeitungsverluste. Die Fugenfestigkeit ist sehr hoch, so daß sich dieses Verfahren zur Verarbeitung von Spanplattenrestabschnitten anbietet (A. OBERLEIN [*9.5*]). Von F. FENTZAHN an Spanplatten von 12 verschiedenen Herstellerwerken durchgeführte Kantenverleimversuche ergaben Zugfestigkeiten von 46 bis 77 kp/cm^2 für die Leimbindefestigkeit an Spanplattenkanten im Gegensatz zu nur 30,5 bis 31,5 kp/cm^2 bei Kiefern- und Fichtenlangholz (H. GOLBS u. M. [*9.2*]).

In allen Fällen ist bei diesen Versuchen die Holzfaser und nicht die Leimfuge gerissen. Die Verleimung erfolgte auf Kreissägenschnittflächen, wobei der unverdünnte Leim auf beide Kanten aufgestrichen wurde. Diese Ergebnisse zeigten, daß die vorhandene Leimbindefestigkeit der stumpf verleimten Spanplattenkanten für die Möbelfertigung vollständig ausreicht. Die Porigkeit der Kanten der Spanplatten gestattet eine gute Verankerung des Leimes, d. h. die Ausbildung ausgezeichneter mechanischer Ädhäsion.

Andere Untersuchungen über die Biegefestigkeit verleimter Spanplattenkanten ergaben Werte von 60 bis 80% der Biegefestigkeit der vollen Spanplatte. Bei Verleimung mit Federn oder Dübeln wird die Biegefestigkeit der vollen Spanplatte erreicht.

Weitere Verbindungsmöglichkeiten zeigen die einzelnen Skizzen in Bild 9.2. Bild 9.2b zeigt einen *stumpfen Stoß mit eingeleimter Feder*. Hier wird durch die Feder eine Führung bei der Verleimung übernommen. Die Feder soll möglichst dünn sein, um den Spanplattenquerschnitt nicht

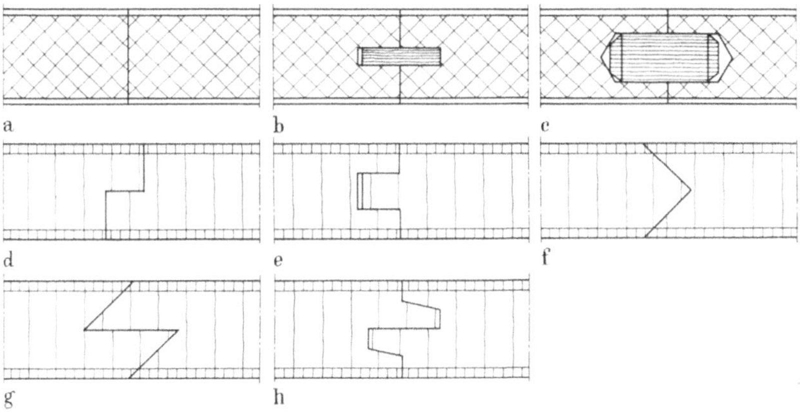

Bild 9.2a–h. Flächenverbindungen von Spanplatten.
a) Stumpfverleimung auf Sägeschnitt; b) stumpfer Stoß mit eingeleimter Feder; c) stumpfer Stoß mit eingeleimtem Dübel; d) Stoß mit einfachem Falz; e) Stoß mit Nut und Feder; f) Stoß mit keilförmigem Falz; g) Stoß mit einfacher Verzahnung; h) Stoß mit doppelter Verzahnung.

zu schwächen. Bei langen Fugen und Reihenarbeiten empfiehlt es sich, *Lamellenfedern* zu verwenden und die Plattenkante nur stückweise zu nuten. Dadurch bleibt, trotz der eingeleimten Federstücke, die gute Festigkeit der stumpfen Verbindung erhalten.

Die Federverbindung kann auch für *Rahmenverbindungen*, zum Beispiel Zimmertüren, angewendet werden, wie dies Bild 9.3b zeigt. Hier ist eine Sperrholzfeder in die Gehrung der Spanholzleisten eingeleimt.

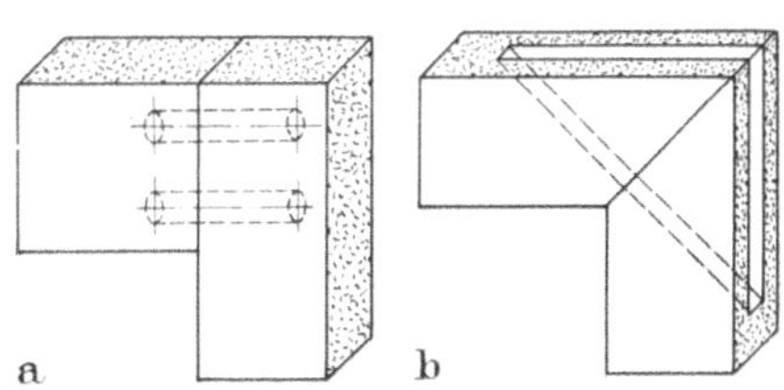

Bild 9.3a u. b. Rahmenverbindungen von Spanholzleisten a) mit Dübel und b) mit Feder.

Bild 9.2c stellt einen *stumpfen Stoß mit eingeleimten Dübeln* dar. Auch dies ergibt eine gute Flächenverbindung, wobei der Dübel, mit einem größten Durchmesser gleich der halben Spanplattendicke, die gute Haltbarkeit der stumpfen Flächenverbindung nicht beeinträchtigt, sondern lediglich eine Führung bei der Verleimung darstellt. Die Dübel dürfen nicht zu stramm sitzen, damit sie sich auf der Spanplattenoberfläche nicht abzeichnen. Auch diese Verbindungsart ist bei der Rahmenverbindung von Spanplattenleisten möglich, wie Bild 9.3a zeigt. Weitere

Flächenverbindungen von Spanplatten mit einfachem *Falz*, mit *Nut und Feder*, mit *keilförmigem Falz* und mit *einfacher* sowie *doppelter Verzahnung* bei höherer Beanspruchung sind möglich und in den weiteren Skizzen von Bild 9.2 im Schnitt dargestellt.

Ein gutes Stehvermögen der Spanplatten gewährleisten Kantenverstärkungen durch *Aufdoppelungen mit Spanplattenstreifen*. Wird eine dünne Spanplatte aufgedoppelt, dann soll die Grundplatte auch eine Spanplatte sein. Bild 9.4 zeigt dies an einem aufgedoppelten Schubkasten-Vorderstück. Muß aus konstruktionsbedingten Gründen Vollholz aufgedoppelt werden, so sollen nur gerade gewachsene feinjährige Hölzer mit 8% Holzfeuchtigkeit verwendet werden. Vollholzaufleimer sollen immer auf beiden Plattenseiten spiegelbildlich angebracht werden. Die linke Seite, das heißt, die dem Kern abgewandte Seite des Vollholzes, ist dann so an die Spanplatte zu leimen, daß die Verleimpressung von der Mitte der Aufdoppelung nach außen erfolgt. Breitere Aufleimer sind, um ihre Quellkraft zu schwächen, mit Einschnitten zu versehen. Bei dreischichtigen Spanplatten können auch *doppelseitige Aufdoppelungen* mit in der Mitte aufgeschnittenen Spanplattenstücken erfolgen. Die Aufdoppelungen sind dann mit der aufgeschnittenen Mittelspanschicht auf die Grundplatte beidseitig so aufzuleimen, daß die Feinspanschichten außen liegen.

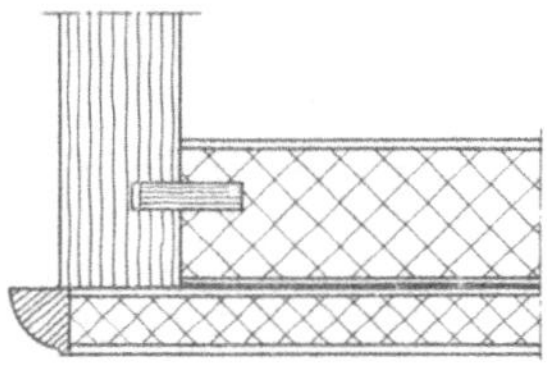

Bild 9.4. Aufdoppelung einer dünnen Spanplatte auf ein Schubkastenvorderstück aus Spanplatten.

Nur kleinere Flächen können auch einseitig aufgedoppelt werden. Für dickere *Vollholzaufdoppelungen*, wie sie zum Beispiel bei Türflächen und Türrahmen vorkommen, ist eine besondere Konstruktion notwendig. Eine dünnere Spanplatte von etwa 8 bis 13 mm Dicke übernimmt die Vollholzaufdoppelung, eine 16 bis 28 mm dicke Spanplatte dient als Trägerplatte. Die dünnere aufgedoppelte und die dickere Trägerspanplatte werden miteinander verleimt.

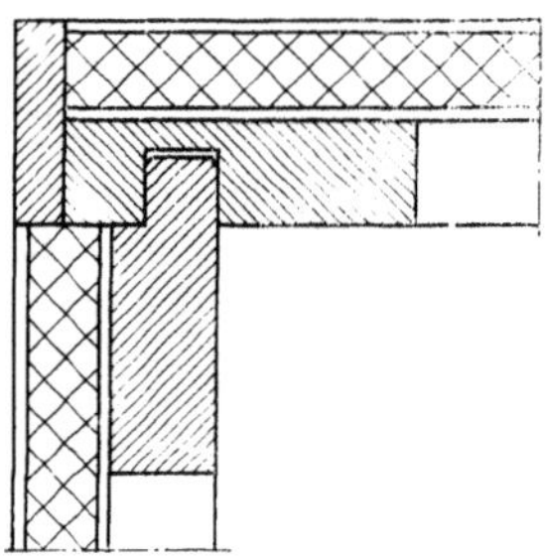

Bild 9.5. Massivholzaufdoppelung auf dünnen Spanplatten.

Die Aufdoppelung von *Vollholzleisten*, wie dies Bild 9.5 im Schnitt darstellt, empfiehlt sich für die Verbindung dünner Platten. Breitere Nutleisten dürfen nicht auf voller Breite aufgeleimt werden. Sie können jedoch zusätzlich verschraubt werden.

9.2.3 Winkel- und Eckverbindungen

Bei der Verarbeitung von Spanplatten im Möbel- und Innenausbau kommen *Eckverbindungen in T- und Winkelform* häufig vor. Verschiedene für die Spanplattenverarbeitung übliche Eckverbindungen in T-Form sind in Bild 9.6 und Eckverbindungen in Winkelform in Bild 9.7 im Querschnitt dargestellt. Die sonst im Möbelbau angewendete *Zinkenverbindung* ist aus Verarbeitungsgründen bei der Spanplatte meist nicht zweckmäßig und durch die stumpfe Gehrungsverbindung oder durch zusätzliche Verbindung mit Feder oder Dübel abgelöst worden. Reihenuntersuchungen haben gezeigt, daß eine *große Leimfläche* an den Verbindungsstellen unter Vermeidung zu starken Zerschneidens von Spänen bzw. Spangruppen die bessere Verbindung ergibt. Wichtig für solche Verleimungen ist aber ein guter Schnitt mit scharfen Werkzeugen. Durch

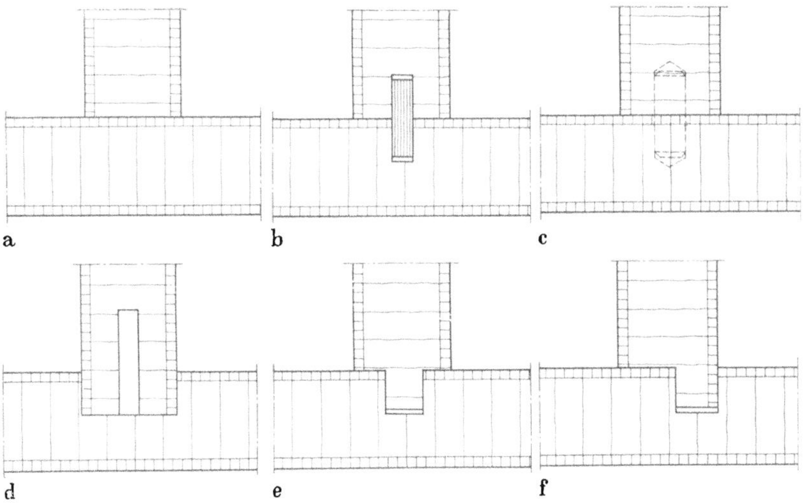

Bild 9.6a–f. Eckverbindungen in T-Form.

a) stumpfer Anschluß; b) stumpfer Anschluß mit Feder; c) stumpfer Anschluß mit Dübel; d) einfach eingenuteter Anschluß; e) Anschluß mit Nut und Feder in der Mitte; f) Anschluß mit seitlicher Nut und Feder.

Ausreißen oder Loslösen von Spänen an den Schnittflächen durch stumpfe oder ungeeignete Werkzeuge wird die Verleimfestigkeit der Verbindung unter Umständen beträchtlich herabgesetzt.

Bei Spanplattenmöbeln mit Zwischenböden oder Mittelwänden ist die *Dübelverbindung* am besten geeignet. Einschichtige, beidseitig furnierte Platten sowie dreischichtige Platten werden durch eine eingefräste Nut sehr geschwächt. Beim Graten liegen die Verhältnisse noch ungünstiger, weil eine zusätzliche keilartige Beanspruchung auftritt und die Platten verformt werden.

Unterböden von Schränken aus Spanplatten können, wie Bild 9.8 zeigt, mit Vollholzfüßen durch Dübel ausreichend fest verbunden werden. Es genügen dazu je Fuß zwei Dübel, die durch die ganze Dicke des Unterbodens hindurchgehen sollen. Ausbrechversuche durch seitliche

Schubkräfte haben gezeigt, daß ganz durchgehende Dübel die doppelte Schubfestigkeit haben wie nur halb eingelassene (H. Golbs u. M. [*9.2*]).

Verschiedene Arten von Eckverbindungen wurden an 19 mm dicken Spanplatten unter Verwendung von Polyvinylacetat-Leimen geprüft. Dabei wurde festgestellt, daß eine stumpfe Gehrungsverbindung, wie sie Bild 9.7a zeigt, von fast keiner anderen Verbindung übertroffen wird. Nur mit einer eingesetzten Hartholzkreuzfeder (Bild 9.7g) bzw. einem Winkeldübel (Bild 9.7d) wurde eine höhere Festigkeit der Verbindung erreicht. Alle anderen untersuchten Verbindungen auf Gehrung

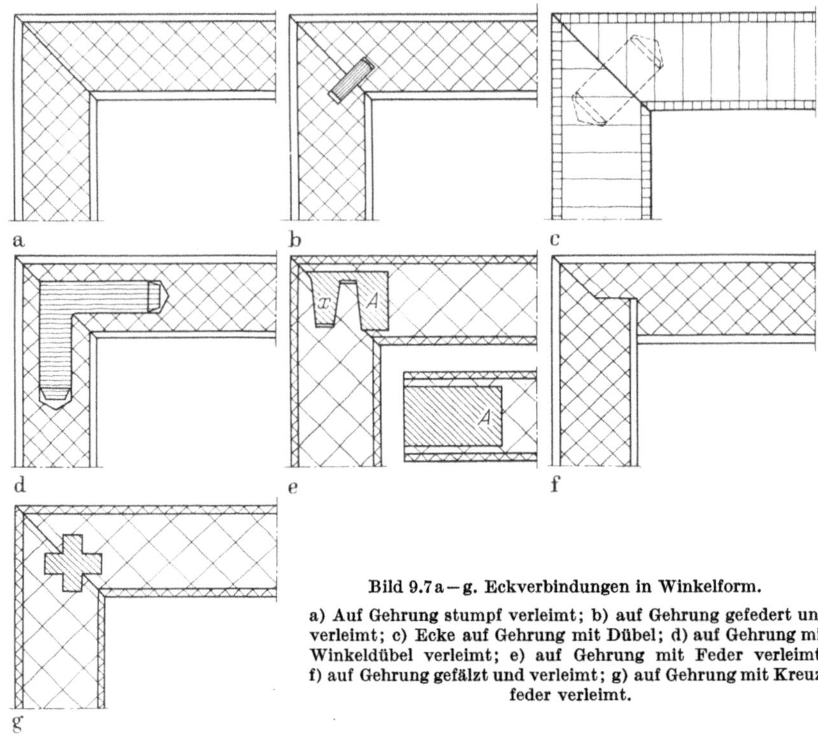

Bild 9.7a–g. Eckverbindungen in Winkelform.

a) Auf Gehrung stumpf verleimt; b) auf Gehrung gefedert und verleimt; c) Ecke auf Gehrung mit Dübel; d) auf Gehrung mit Winkeldübel verleimt; e) auf Gehrung mit Feder verleimt; f) auf Gehrung gefälzt und verleimt; g) auf Gehrung mit Kreuzfeder verleimt.

mit verdeckter Feder, Vollholzanleimer mit Nut und Feder, Graten und Fälzen der Gehrung sowie die angefederte Gehrung ergeben eine geringere Festigkeit bei Eckverbindungen (A. Oberlein [*9.5*]). Eine dünne Sperrholzfeder von 3 mm in der Gehrung erleichtert allerdings die Durchführung der Verleimung und bietet praktisch eine größere Sicherheit gegenüber der stumpfen Gehrung.

Bei der Zinkenverbindung von Spanplatten erhält man etwa dieselben Festigkeitswerte wie bei Fichtenvollholz. Man kann die Zinkung bei guten Spanplatten gegenüber Vollholz als festigkeitsmäßig gleichwertig ansehen. Die Festigkeit einer offenen Zinkung in Fichtenholz betrug bei gleicher Abmessung allerdings nur etwa 60% der einfachen Gehrungsverbindung bei Spanplatten. Dies hängt mit der Weichheit des Holzes radial zur Faser zusammen, die sich besonders im Vergleich zu mehrschichtigen Spanplatten bemerkbar macht.

Weitere Untersuchungen an verschiedenen Schubkastenverbindungen mit zum Teil eingeleimten Böden ergaben, daß auch hier die stumpfe Gehrung die größte

Festigkeit hat. Zusätzlich eingeleimte Eckleisten erhöhen die Festigkeit nur geringfügig (A. OBERLEIN [9.5]). Die Bruchfestigkeit betrug im Durchschnitt bei einer Gehrungsverbindung sowie bei stumpf angesetztem Seitenstück und Vollholzdeckleiste 15 kp je cm Schubkastenhöhe. Bei Verwendung einer Sperrholzfeder in der Gehrung war die Bruchfestigkeit sogar geringer. Durch Einleimen des Schubkastenbodens erhöht sich die Bruchfestigkeit etwa auf das Doppelte.

Gehrungen sind schwieriger herzustellen und zu verleimen. Man wird unter Umständen auf sie verzichten, wenn mit einer anderen Verbindung auszukommen ist. Bei Gehrungsverbindungen mit schräger Feder sind Dickenunterschiede der Platten nach außen auszugleichen oder vorher durch Schleifen der Platten zu beseitigen. Die auf Gehrung stumpf verleimte Eckverbindung ist nur bei Anwendung von Verleimvorrichtungen einfach durchzuführen, weil die Kanten sonst gegeneinander verrutschen.

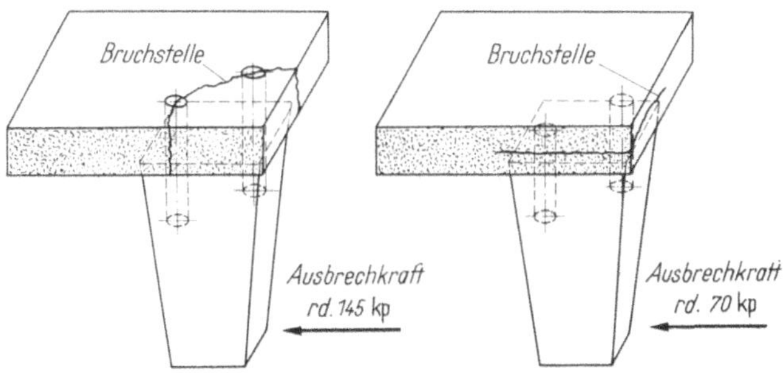

Bild 9.8. Dübelverbindungen von Spanplatten mit Massivholzfüßen.

Bei sorgfältiger Herstellung ist sie jedoch eine der haltbarsten Eckverbindungen bei Spanplatten. Die in Bild 9.7b bis d dargestellten drei Eckverbindungen auf Gehrung mit Feder, mit Dübel und mit Winkeldübel sind einfache, aber gute Eckverbindungen. Eine Gehrung mit Falz (Bild 9.7f) dient zur Führung bei der Verleimung und vergrößert die Leimfläche. Die Haltbarkeit ist jedoch geringer als bei der stumpfen Gehrung.

Bild 9.7e stellt eine Gehrung dar, bei der die Verbindung bei der Verleimung nur in einer Richtung gepreßt werden muß. Sie eignet sich für die Reihenfertigung. Der Teil *A* wird zuerst mit einem Vollholzeinleimer versehen, um ein Ausbrechen der Feder *x* zu verhindern. Die Herstellung erfolgt mit einem hartmetallbestückten Spezialfräser.

9.3 Spangebende Bearbeitung

9.3.0 Allgemeines

Voraussetzung für maßgenaue Bearbeitung und Oberflächengüte bei der Bearbeitung von Holzspanplatten ist, wie auch bei anderen Holzwerkstoffen, eine ausreichend schwere und genaue *Bauart der Maschinen.* Wichtig sind ferner geeignete *Werkzeuge* und *Schneidenformen* und die Ermittlung der jeweils günstigsten *Schnittbedingungen.* Geht man an die Neubeschaffung von Maschinen für die Spanplattenbearbeitung, dann sollte man solche mit mehreren Drehzahlen wählen. Es gibt heute schon Kreissägen mit stufenloser Drehzahlregelung zwischen 1350 und 6500 Umdrehungen je Minute, die im Zusammenhang mit der Verwendung verschiedener Sägeblattdurchmesser Schnittgeschwindigkeiten von 10 bis 100 m/s gestatten.

Holzspanplatten mittlerer Rohdichte, wie sie im Möbel- und Innenausbau Verwendung finden, lassen sich mit allen Werkzeugen bearbeiten. Der Kunstharzanteil von etwa 8% in den Spanplatten bewirkt allerdings eine etwas schnellere *Abstumpfung der Werkzeuge* im Vergleich zu Vollholz.

Spanplatten sind in der Fläche richtungslos und lassen sich deshalb in jeder Richtung gleich gut bearbeiten. Dadurch ist es auch möglich, Werkzeuge mit einheitlichen Schneidenwinkeln zu verwenden, im Gegensatz zu Vollholz.

Die *Schnittgeschwindigkeit* hängt hauptsächlich vom Verschleiß der Werkzeugschneide ab und sollte nicht unter 30 m/s liegen. Bei Oberfräsern liegt sie, bedingt durch den kleinen Werkzeugdurchmesser, nicht über 20 m/s.

Folgende Schnittgeschwindigkeiten sollen an den einzelnen Maschinen bei Bearbeitung normaler Spanplatten im Rohdichtebereich von etwa 600 kg/m³ eingehalten werden (W. SCHEIBERT [*9.6*]):

Oberfräser 5 bis 20 m/s,
Fräser mit profilierten Schneiden 35 bis 70 m/s,
Fräser mit geraden Schneiden 45 bis 85 m/s,
Kreissägen 50 bis 90 m/s.

Bei Spanplatten mit hohem Kunstharzanteil und hoher Verdichtung, also einer Rohdichte von über 800 kg/m³, sollen folgende Schnittgeschwindigkeiten eingehalten werden:

Oberfräser 5 bis 15 m/s,
Fräser mit profilierten Schneiden 30 bis 60 m/s,
Fräser mit geraden Schneiden 35 bis 70 m/s,
Kreissägen 40 bis 80 m/s.

Bei der Bearbeitung von Spanplatten soll der *Vorschub* je Fräserschneide nicht mehr als 0,1 mm betragen.

9.3.1 Werkzeuge

Um saubere Schnittflächen bei der Bearbeitung von Holzwerkstoffen und wirtschaftliche Bearbeitungszeiten ohne Nacharbeit zu erhalten, ist es besonders in der Reihen- und Massenfertigung wichtig, das jeweils richtige Werkzeug einzusetzen. Betriebe, die nur in geringem Umfang Spanplatten verarbeiten, können dies mit den gleichen Werkzeugen tun, die sie für Vollholz und abgesperrte Hölzer im allgemeinen benutzen.

Bei häufiger oder dauernder Benutzung der Werkzeuge für die Spanplattenbearbeitung empfiehlt sich jedoch die Verwendung von *Werkzeugen aus Chrom-Vanadiumstahl* oder solchen mit *hartverchromten Schneiden* bzw. mit *Hartmetallbestückung* (J. LINDNER [*9.3*]). Selbst in kleineren Betrieben sind solche Sonderwerkzeuge wirtschaftlich einzusetzen.

Als Hartmetallsorte für die Bearbeitung von Spanplatten im Rohdichtebereich von 600 kg/m³ empfiehlt W. SCHEIBERT [*9.6*] die Sorte G 1 und für Spanplatten mit stark abrasiver Wirkung, das heißt mit hohem Kunstharzanteil und hoher Verdichtung, also für schwere Spanplatten, die Hartmetallsorte G 2 (ISO TH 40). Bei Auswahl der Hartmetallsorte ist zu berücksichtigen, daß Härte und Verschleißwiderstand von H 1 nach G 3 abnehmen, während die Zähigkeit gleichzeitig zunimmt. Nach Angaben von W. SCHEIBERT [*9.6*] eignet sich auch die Hartmetallsorte H 1 (ISO TH 10) gut für die Bearbeitung von Spanplatten anstelle der Sorte G 1.

Hartmetalle sind verhältnismäßig kerbempfindlich, so daß die *Keilwinkel* an den Werkzeugschneiden wegen der Gefahr des Ausbrechens stumpfer sein müssen als bei Schnellarbeitsstählen. Die Erfahrung hat gezeigt, daß zum Beispiel bei Fräsern die arbeitsgünstigste Größe des Keilwinkels bei etwa 45° liegt. Ist der Keilwinkel kleiner, dann besteht die Gefahr, daß die Hartmetallschneiden bei der Zerspanung härterer Werkstoffe ausbrechen. Die drei Schneidenwinkel bilden zusammen einen rechten Winkel. Bei der Veränderung von zwei Winkeln ist somit der dritte Winkel zwangläufig bestimmt. Macht man den *Freiwinkel* so groß, daß ein sicheres Freischneiden gerade noch möglich ist, dann wird dieser Winkel im Durchschnitt etwa 15°. Bei sehr kleinen Werkzeugdurchmessern muß er allerdings größer gewählt werden. Der Spanwinkel wird dann im Mittel 30°.

Für die *Bearbeitung von Spanplatten mit Handwerkzeugen* können alle für diesen Zweck bekannten Handwerkzeuge benutzt werden. Meist wird es sich dabei jedoch nur um geringe Spanabnahmen handeln, da der Aufbau der Spanplatte eine maschinelle Bearbeitung voraussetzt. Zum Hobeln der Spanplattenoberfläche von Hand kann, wenn dies einmal erforderlich ist, ein *Handhobel* mit feiner Einstellung benutzt werden, wobei allerdings eine schnelle Abstumpfung der Werkzeugschneide erfolgt. Die Handbearbeitung von Spanplatten beschränkt sich meist auf Sägen, Bohren, Bestoßen sowie Fälzen bzw. Nuten.

Zum *Sägen* können die Absetz-, Schweif- und Stichsäge sowie der Fuchsschwanz benutzt werden. Das Bestoßen kann mit dem normalen Doppelhobel oder der Rauhbank erfolgen. Der Handhobel wird dabei wie bei der Bearbeitung von Hirnholz geführt. Werden Spanplatten öfters von Hand bestoßen, dann ist es zweckmäßig, dazu einen Handhobel mit kleinem Schnittwinkel und Hartmetallschneide zu benutzen. Handhobel für die Spanplattenbearbeitung sollen eine harte Sohle aus Metall oder Kunststoff haben.

Für das *Bohren* von Spanplatten von Hand bei der Montage kann für flache Bohrungen der Forstnerbohrer, für tiefere Bohrungen und Dübellöcher der Schlangenbohrer benutzt werden.

Fälzen und Nuten von Spanplatten ist mit dem Handhobel gut und sauber auszuführen. Die Vorschneidemesser des Hobels müssen dabei einwandfrei arbeiten. Beim Bearbeiten mit dem *Stecheisen* ist darauf zu achten, daß die Spanplatte nicht gespalten wird. Es ist deshalb zweckmäßig, an der Arbeitsstelle auf der Spanplatte beidseitig Zulagen aufzuspannen, wenn die Stemmarbeiten an der Spanplattenkante erfolgen. Bei Stemmarbeiten in der Plattenfläche enstehen keinerlei Schwierigkeiten.

Spanplatten lassen sich auch mit der *Feile* und mit der *Holzraspel* bearbeiten. Das Werkzeug ist dabei längs oder schräg zur Kante zu führen, damit die Oberfläche nicht aussplittert.

9.3.2 Sägen

Spanplatten werden meist an *Kreissägen* aufgeschnitten. Auch Sondermaschinen wurden für diesen Zweck entwickelt und zeichnen sich durch große Mengenleistung, entweder durch Mehrfachschnitte oder durch besondere Schnittmöglichkeiten, wie bei der senkrecht arbeitenden Plattensäge, aus.

Bandsägen werden für den Plattenzuschnitt nur benutzt, wenn geschweifte Kanten zu schneiden sind. Beim Einsatz von Bandsägen muß auf eine gute Führung und guten Lauf der Sägeblätter geachtet werden. Der Schlitz im Führungsklotz soll möglichst schmal gehalten werden. Auch beim Sägen auf der Kreissäge ist darauf zu achten, daß die Spanplatte auf einer dicht an das Sägeblatt anschließenden Unterlage aufliegt, damit keine Holzteilchen von der Oberfläche ausgerissen werden.

Bei der Festlegung der Arbeitsmaschinen für die einzelnen Arbeitsgänge bei der Plattenbearbeitung ist zu beachten, daß die Kantenbearbeitung besser durch Schneiden an Kreissägen als durch Fräsen erfolgt. Zum Erreichen einer sauberen Schnittkante kann an entsprechenden Maschinen auch mit zwei Sägeblättern kurz hintereinander gearbeitet werden, wobei das eine von unten und das andere von oben jeweils bis zur Plattenmitte schneidet.

Als Werkstoffe für Kreissägeblätter zum Spanplattenschnitt sind zu empfehlen (J. Lindner [*9.3*]):

1. Chrom-Vanadium (HSS) mit etwa 0,4% Cr und 0,12% Va, für die Sägeblätter kleine Zahnteilung und Spanwinkel von etwa 10°. Von anderer Seite wird ein Spanwinkel von etwa 18° als günstig bezeichnet.

2. Kreissägeblätter, die am Umfang hartverchromt sind. Sie haben gleiche Zahnteilung und Spanwinkel wie die unten genannten. Ihre Standzeit ist um 50 bis 100% höher gegenüber Chrom-Vanadium-Sägen.

3. Hartmetallbestückte Kreissägeblätter. Die Zähnezahlen der Blätter liegen zwischen 8 und 90. Sie werden sowohl mit gerader Zahnung als auch Kreuzverzahnung, Brust rechts bzw. links schräg, Brust und Rücken kreuzverzahnt und hohl geschliffen, als sogenannte Doppelschnittkreissägen hergestellt. Je nach den besonderen Bedingungen werden die Hartmetallsorten G 2 (TH 40) und H 1 (TH 10) benutzt. Auswahl der Sägen und der Hartmetallart hängen von der Art der Platten, der Schnittgeschwindigkeit, der Vorschubgeschwindigkeit und den Ansprüchen an die Schnittgüte ab. Als Schnittgeschwindigkeit werden im allgemeinen 60 bis 80 m/s empfohlen.

Durch Änderung des *Sägeblattüberstandes* über das zu schneidende Werkstück kann man die *Schnittgüte* verbessern. Beschichtete oder einseitig kaschierte Platten werden ausrißfrei gesägt, wenn ein größerer Sägeblattüberstand eingestellt wird. Dabei muß bei unten liegendem Sägeblatt die Kunststoffbeschichtung oben liegen. Schwingungsfreie Führung der Platte während des Schneidens verbessert die Schnittgüte und erhöht die Standzeit. Wenn Maschine und Werkstück es zulassen, kann man bei ungenügender Schnittgüte statt im *Gegenlauf* im *Gleichlauf* arbeiten. Beim Schneiden von unfurnierten und furnierten Spanplatten ist zu beachten, daß der Sägenüberstand möglichst gering ist. Das Zusammenwirken mehrerer Beziehungen beim Zerspanungsvorgang, wie zum Beispiel Schneidenverlauf zu Faserverlauf, ändert den Verschleiß an der Werkzeugschneide und beeinflußt die Sauberkeit des

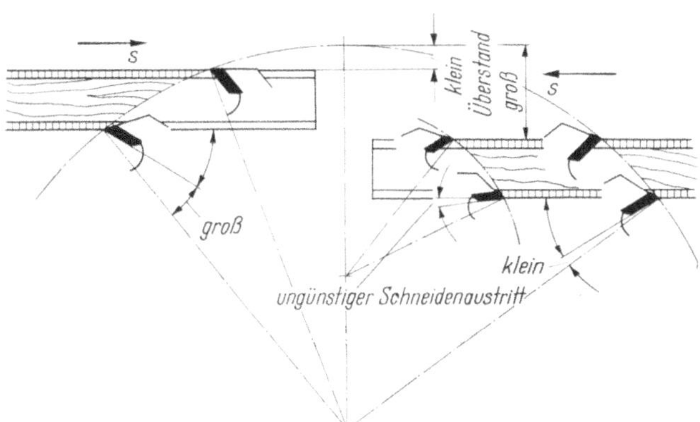

Bild 9.9. Ein- und Austrittwinkel am Sägezahn. (Nach Ledermann & Co.)

Schnittes. Während eines Schneidendurchlaufs durch das Werkstück ändern sich die Schnittbedingungen, wie Bild 9.9 zeigt, in dem vor allem die Ein- und Austrittwinkel am Sägezahn zu beachten sind. Je nach Überstand der Säge über der Werkstückoberkante, der zu schneidenden Plattendicke und dem Sägendurchmesser ändern sich Ein- und Austrittwinkel des Sägezahnes im Werkstoff und beeinflussen damit weitgehend die Schnittgüte.

Die von H. Golbs und F. Fentzahn [*9.2*] veröffentlichten Untersuchungen über das Schneiden von 20 mm dicken dreischichtigen Platten zeigen, daß mit Kreissägeblättern aus HSS-Stahl bei einer Schnittgeschwindigkeit von 45 m/s Standzeiten von 1500 m im Durchschnitt zu erreichen sind. Bei Verwendung von hartmetallbestückten Kreissägeblättern erhöht sich diese Standzeit auf das Vier- bis Fünffache.

Zum Sägen gehört auch oft noch das *gleichzeitige Zerspanen der Spanplattensäumlinge.* Dazu benutzt man einen neben dem Sägeblatt angeordneten *Fräser* von meist 25 mm Breite mit 4 Schneiden, der die Abfälle zerhackt, so daß sie durch die Absaugung abgeführt werden können.

9.3.3 Hobeln

Spanplatten sind meist schon werksseitig geschliffen. Im allgemeinen erübrigt sich deshalb das Hobeln von größeren Flächen. Eine Flächenbearbeitung mittels Schleifen ist dem Hobeln vorzuziehen. Wird in besonderen Fällen das Hobeln von Spanplatten notwendig, so muß dies *bei dreischichtigen Platten beidseitig* vorgenommen werden, damit die Spannungen durch ungleiche Dicken in der Deckschicht vermieden werden. Bei *einschichtigen Platten* mit gleichmäßigem Aufbau kann gegebenenfalls auch *einseitig* gehobelt werden.

Werden Spanplatten gehobelt, dann ist zu bedenken, daß durch Schleifkörnchen, die sich beim Schleifen in der Oberfläche der Spanplatte festgesetzt haben, und durch den höheren Kunstharzanteil der Deckschichten mit einer starken *Abstumpfung der Hobelmesser* zu rechnen ist. Die Standzeit von HSS-Messern beim Hobeln von Spanplatten wird bei einer Drehzahl von 6000 U/min und einer sich daraus ergebenden Schnittgeschwindigkeit von 48 m/s an ungeschliffenen Spanplatten mit 7 bis 8 h bei zwischenzeitlichem einmaligem Abziehen der Hobelmesser angegeben (H. Golbs u. M. [*9.2*]). Unter Umständen ist die Verwendung von hartmetallbestückten Hobelmessern zu empfehlen.

Versuche zur Einsparung von Schleifpapier beim Dickenschleifen von Spanplatten führten zum Bau der *Planfräsmaschine*. Diese Spanplatten-Egalisier- und -Planfräsmaschine ist mit hartmetallbestückten Stirnfräsköpfen ausgerüstet. Zur Zeit sind erst einige Maschinen dieser Art in Betrieb, so daß noch nichts Näheres darüber gesagt werden kann.

Beim Hobeln von Spanplatten müssen die Schneiden scharf sein, da stumpfe Schneiden die Späne nicht abscheren, sondern in die Poren der Oberfläche drücken. Es soll mit *hoher Messerwellendrehzahl* und *kleinem Vorschub* gearbeitet werden. Auch auf das Fügen von Spanplatten kann weitgehend zugunsten des Sägens verzichtet werden; gesägte Schnittkanten weisen eine bessere Fläche bei geringerem Werkzeugverschleiß auf.

Für das stumpfe Verleimen von Spanplatten miteinander und von Spanplatten mit Vollhölzern genügt im allgemeinen der einwandfreie Sägeschnitt. Ist in besonderen Fällen ein Abrichten bzw. Fügen der Kanten erforderlich, dann müssen hochtourige Maschinen gewählt werden. Bei Feineinstellung des Tisches und geringer Spanabnahme soll mit einer Schnittgeschwindigkeit von etwa 50 m/s bei kleinem Vorschub gearbeitet werden.

9.3.4 Fräsen

Auch Fräsarbeiten an Spanplatten lassen sich auf jeder neuzeitlichen Fräsmaschine mit ausreichender Drehzahl unter Verwendung normaler *Schnellschnittstahl-* oder *hartmetallbestückter Werkzeuge* durchführen. Die Schnittgeschwindigkeit soll mindestens 40 m/s betragen und kann je nach Art der Fräsarbeit bis zu 80 oder 90 m/s gehen. Fräsarbeiten an Spanplatten ohne Beschichtungen oder Furnierung lassen sich mit allen gebräuchlichen Fräswerkzeugen und in jeder Richtung auf den bekannten Fräsmaschinen oder mit Handmaschinen durchführen. Die Gefahr des Ausreißens oder Aussplitterns ist dabei geringer als bei Vollholz. Die Standzeit der Fräserschneiden ist abhängig von der Struktur und der Dichte der bearbeiteten Spanplatten sowie vom Bindemittel. Deshalb wird man auch hier zur Erzielung hoher Standzeiten hartmetallbestückte Werkzeuge verwenden.

Bei der Bearbeitung von furnierten oder beschichteten Holzspanplatten durch Fräsen, zum Beispiel beim Fügen, Nuten, Fälzen usw. können Werkzeugprobleme auftreten.

Selbst das einfache *Nuten zum Anbringen von Anleimern* aus Kunststoff ist schwierig, weil solche Anleimer oft Nuten unter 2 mm Breite verlangen. Ein Werkzeug für solche Arbeiten muß hartmetallbestückt sein, wenn wirtschaftlich gearbeitet werden soll. Eine solche Nute muß zum Beispiel 1,5 mm breit bei 10 bis 12 mm Tiefe sein. Je kleiner der Werkzeugdurchmesser sein kann, wenn es geht, 40 bis 50 mm, desto leichter ist es, ein solches Werkzeug herzustellen, denn in den meisten Fällen genügen zwei bis vier Schneiden. Die Drehzahl muß dann allerdings entsprechend hoch sein, um eine ausreichende Schnittgeschwindigkeit zu erreichen.

Soll gleichzeitig mit dem Einziehen einer solchen Nut die ganze Kante der Spanplatte bearbeitet werden, dann benötigt man eine Werkzeugkombination, für die ebenfalls hartmetallbestückte, schräg- bzw. kreuzverzahnte Werkzeuge zur Verfügung stehen, die auch Deckfurniere bzw. Kunststoffe und Beschichtungen auf der Spanplatte splitter- und ausrißfrei und quer zur Faser des Furniers bearbeiten können.

Die *Drehzahl der Fräser* soll wenigstens 6000 U/min betragen. Die Schnittgeschwindigkeit ist je nach Güte der verlangten Fräsarbeit und nach den sonstigen Bedingungen zwischen 40 und 80 m/s zu wählen bei einem *Vorschub* von etwa 5 bis 8 m/min. Von den drei möglichen Arten der Hartmetallbestückung von Fräsern, der radialen, der schrägen und der tangentialen *Schneidplattenanordnung*, eignet sich die radiale am besten. Nach Möglichkeit sollten nur Werkzeuge mit der gleichen Schneidplattenanordnung in einem Betrieb eingesetzt werden, sofern sie dort selbst geschliffen werden.

Vergrößerte *Leimflächen an Spanplattenkanten*, wenn solche überhaupt erforderlich sind, können sowohl durch Nuten als auch durch Fälzen hergestellt werden. Wanknutsägen sind abzulehnen, da mit ihnen Scharfkantigkeit nicht zu erzielen ist; dafür sollen Fräser oder Messerköpfe benutzt werden. Da aber, wie bereits erwähnt, eine Vergrößerung der Leimfläche an Spanplattenkanten die Verleimung kaum verbessert, sollte man stets versuchen, mit einer Verleimung der stumpfen Sägeschnittkante auszukommen, gegebenenfalls unter zusätzlicher Verwendung von Dübeln. Für die *Dreiecknuten* zur Aufnahme der Dreikantanleimer an Spanplatten sollen zweischneidige Hartmetallfräser mit einer Drehzahl von 12000 U/min benutzt werden.

Das *Profilieren* der Spanplattenkante ist bei nicht sehr tief ausladenden Profilen ebenfalls möglich. Auf scharfe Werkzeugschneiden und hohe Schnittgeschwindigkeiten ist dabei besonders zu achten, da schon ein geringes Nachlassen der Schneidenschärfe eine unsaubere und rauhe Fräsung ergibt. Bei weit ausladenden Profilen treten entsprechend den verschiedenen Flugkreisdurchmessern an der Schneide auch verschiedene Schnittgeschwindigkeiten und damit verschiedene Oberflächenbeschaffenheiten auf. Neuzeitliche Fräsmaschinen mit neigbarer Spindel passen sich dieser Arbeit besser an, da durch die Schrägstellung der Spindel eine geringere Profilausladung und eine gleichmäßigere Schnittgeschwindigkeit über die gesamte Profilhöhe erreicht wird.

Für *hinterdrehte Fräser* können für die Spanplattenbearbeitung die in Tab. 9.1 genannten Schneidenwinkel empfohlen werden (Walter AG [*9.9*]).

Tabelle 9.1. *Schneidenwinkel für hinterdrehte Fräser zur Spanplattenbearbeitung*

Winkel	Werkzeug- bzw. Schnellstahl	mit Hartmetall bestückt	Für Spanplatten mit höherer Rohdichte von etwa 800 kg/m³
Freiwinkel °	20	15	12
Keilwinkel °	40	60	68
Spanwinkel °	30	15	10

Der *Spanwinkel* darf um etwa 5° vergrößert werden, wenn beim Fräsen mit Handvorschub gearbeitet wird. Beim Schärfen der Fräser ist auf die Erhaltung des genannten günstigsten Keil- und Spanwinkels zu achten.

Schnell laufende *Oberfräsen* und ihre besondere Arbeitsweise ergeben auch bei der Spanplattenbearbeitung eine hohe Schnittgüte, da der exzentrisch eingespannte einschneidige Fräsbohrer einen weiten Einstellbereich für den Spanwinkel hat und der für die jeweilige Bearbeitung richtige Keilwinkel angeschliffen werden kann. Durch den kleinen Werkzeugdurchmesser werden trotz hoher Drehzahl nur Schnittgeschwindigkeiten um etwa 10 m/s erreicht, jedoch mit hoher Schnittgüte. Oberfräswerkzeuge mit einem Schneidenteil aus Hartmetall werden wenig benutzt, da sie sehr spröde und stoßempfindlich sind. Fräswerkzeuge mit aufgelöteter Hartmetallschneidplatte eignen sich jedoch gut für die Bearbeitung der Spanplatten. Zweischneidige Oberfräser und Profiloberfräser mit konzentrischer Einspannung werden ebenfalls angewendet und ergeben saubere Fräsarbeit.

Wie bereits erwähnt, kann für die Verbindung von Spanplatten auf die Zinkenverbindung meist verzichtet werden, da andere Verbindungen dafür vorhanden sind. Rein fertigungstechnisch können jedoch die Spanplatten auf den *Zinkenfräsmaschinen* bearbeitet werden. Auch *Kettenfräsarbeiten*, wie zum Beispiel zum Einlassen von Einsteckschlössern, können bei Spanplatten ausgeführt werden. Auf hohe Schnittgeschwindigkeiten, also hohe Drehzahlen der Maschinen, ist dabei zu achten.

9.3.5 Bohren

Spanplatten lassen sich bei Verwendung hochtouriger Werkzeuge in jeder Richtung gut bohren. Beim Dübeln kann das Bohrloch bis an die Deckschichten herangehen. Der *Dübeldurchmesser* soll jedoch nicht größer sein als die *halbe Spanplattendicke*, einschließlich etwaiger Beschichtungen.

Gut bewährt hat sich als Bohrwerkzeug der *Spiralbohrer* mit zentrierter Spitze und *Vorschneider* nach DIN 7487. Auch *Bohrer mit Dachspitze* ohne Vorschneider sind für die Stirnseiten der Platten in den meisten Fällen geeignet. Bei hohen Ansprüchen an die Sauberkeit der Bohrungen, beim An- oder Durchbohren, ist jedoch der Bohrer mit Spitze und Vorschneider vorzuziehen. Für Bohrungen mit größerem Durchmesser haben sich *Forstnerbohrer* bewährt. Beim Bohren ist eine glatte ebene Unterlage zu schaffen. Wird die Spanplatte beim Bohren nicht eingespannt, dann ist eine Bohrlehre zu benutzen, um ein Verlaufen des Bohrers zu vermeiden. Beim *Langlochbohren* ist zu beachten, daß im Gegensatz zum Arbeiten in Vollholz von der Mitte des Langloches nach außen gearbeitet werden soll.

Da der Dübel eines der wichtigsten Verbindungselemente für die Spanplattenbearbeitung ist, kommt dem Bohren der Dübellöcher eine besondere Bedeutung zu. Genau gebohrte Dübellöcher erleichtern bzw. ermöglichen den einwandfreien Zusammenbau. Dafür stehen heute eine ganze Reihe von Sondermaschinen zur Verfügung, wobei meist mehrere Löcher gleichzeitig in einem Arbeitsgang mit genauem Abstand hergestellt werden können. Bei umfangreicher Anwendung von Dübelverbindungen können *Dübelmaschinen* bzw. *Dübelautomaten* eingesetzt werden. Stehen solche Maschinen nicht zur Verfügung und müssen die Dübellöcher an der Langlochbohrmaschine gebohrt werden, dann ist zur Erzielung eines genauen Dübelabstandes eine Vorrichtung zu benutzen.

Beim Bohren der *Dübellöcher für Winkeldübel* ist es zweckmäßig, den Gehrungsschnitt erst nach dem Bohren auszuführen. Beim Bohren der Dübellöcher für Winkeldübel nach dem Schneiden der Gehrung ist eine Bohrlade erforderlich, um ein Verlaufen des Bohrloches zu vermeiden.

Auch für kunststoffbeschichtete Platten lassen sich normale Spiralbohrer verwenden. Bessere Ergebnisse erzielt man jedoch mit sogenannten *Kunststoffbohrern aus Schnellstahl* nach DIN 338 bzw. mit Bohrern mit Hartmetallschneiden nach DIN 8038. Am besten geeignet sind Bohrwerkzeuge mit 60° Spitzenwinkel, tiefer Nut und hoher Steigung. Für Bohrungen bis 60 mm Durchmesser verwendet man *Zylinderkopfbohrer mit Vorschneider* aus Schnellstahl und mit Hartmetall bestückt.

9.3.6 Schleifen

Spanplatten werden meist geschliffen geliefert. Das Schleifen beim Hersteller erfolgt beidseitig, meist auf *Zylinderschleifmaschinen* mit Schleifpapier-Körnung von 30 bis 40 für den ersten Schleifzylinder, 50 bis 60 für den zweiten und 80 bis 90 für den dritten Schleifzylinder. Das Nachschleifen von bereits beim Hersteller geschliffenen Platten ist meist nicht erforderlich, da die Oberflächen furnierfähig sind. Der Bezug von geschliffenen Platten ist zu empfehlen. Ein *Nachschleifen* oder *Egalisieren* zum Erreichen besonders kleiner Dickentoleranzen ist nur in Sonderfällen notwendig.

Spanplatten, die *ungeschliffen bezogen* werden, müssen geschliffen werden, um Ablagerungen von gehärteten *Bindemitteln* und *Unebenheiten* sowie vor allem auch die bei der Pressung übertragene dünne *Fettschicht* an der Plattenoberfläche zu entfernen, da sonst das Furnier bzw. die aufgebrachte Lackschicht oder Beschichtung nicht haften.

Spanplatten, die einen *Anstrich* erhalten sollen, werden unter Umständen beim Verarbeiter nochmals mit Schleifpapier der Körnung 100 bis 120 auf der *Bandschleifmaschine* oder dem *Kontaktschleifer* nachgeschliffen. Bei Spanplatten, die *lackiert* werden sollen, empfiehlt es sich, die Flächen mit warmem *Wasser*, unter Zusatz von etwa 5 g handelsüblichem *Netzmittel* auf 10 l Wasser, einzulassen. Dadurch wird die Faserquellung beschleunigt. Nach dem Trocknen wird der Feinschliff auf der Band- oder Kontaktschleifmaschine mit einem Schleifband der Körnung 120 durchgeführt.

Jeder Flächenschliff an Spanplatten muß an beiden Plattenseiten gleichmäßig erfolgen, damit die Deckschicht in gleicher Dicke auf beiden Plattenseiten erhalten bleibt und keine Spannungen in der Platte entstehen. Die Dickenabnahme beim Schleifen ist, besonders bei Platten mit Feinspandeckschicht, gering zu halten. Die Deckschicht darf keinesfalls durchgeschliffen werden. Die *Schnittgeschwindigkeit* der Bandschleifmaschine soll 25 bis 30 m/s betragen. Zum Schleifen von Spanplatten sollen Schleifpapiere und Schleifbänder mit offener Streuung benutzt werden. Durch entsprechende *Absaugung und Abkehrvorrichtungen* ist dafür zu sorgen, daß der Schleifstaub laufend entfernt wird. Dadurch kann die Standzeit der Schleifbänder wesentlich erhöht werden.

Unfurnierte Spanplatten können je nach Anforderung auf Zylinderschleifmaschinen mit *Schleifbandkörnungen* von 30, 50, 80 bzw. 50, 60, 80 auf den drei Zylindern mit einer Vorschubgeschwindigkeit von 11 bis 18 m/min geschliffen werden.

Wenn Anleimer an den zu schleifenden Platten sind, dann soll Schleifpapier mit scharfer Körnung benutzt werden, da sich sonst die meist weichen Anleimer mehr abschleifen als die härteren Spanplatten-Deckschichten. Zum Schleifen von Spanplattenkanten können die auch für Vollholz und andere Holzwerkstoffe vorhandenen Kantenschleifmaschinen benutzt werden. Zum Schleifen und Brechen von Kanten an kunststoffbeschichteten Spanplatten werden *Band- oder Tellerschleifmaschinen als Handmaschinen* verwendet. Ein *Polieren* so behandelter Kanten- und Schnittflächen ist mit *Schwabbelscheiben* unter Verwendung einer handelsüblichen Polierpaste möglich.

9.4 Spanlose Formgebung

9.4.1 Schneiden und Stanzen

Beim Stanzen bewegt sich das Werkzeug im Gegensatz zu den sonst meist vorhandenen Trennvorgängen in der Holzverarbeitung senkrecht zur Plattenebene. Das Stanzen von Spanplatten kann bei Durchbrüchen größerer Abmessung, aber auch bei seitlich an der Platte liegenden winkligen oder unregelmäßig geformten Aussparungen erfolgen. Meist werden unfurnierte Spanplatten gestanzt, da sich bei furnierten Platten durch den Faserverlauf des Furniers Schwierigkeiten ergeben können.

Zum Stanzen braucht man Spanplatten mit besonders gleichmäßigem und festem Gefüge, wobei auch die Mittelschicht der Spanplatte eine genügende Festigkeit haben muß. Sie soll aus möglichst feinen Spänen bestehen. Diese Voraussetzungen werden am besten von den graduierten Spanplatten mit kontinuierlichem Übergang von den feineren Deckschichten zu der gröberen Mittelschicht erfüllt. Dreischichtspanplatten für die Möbelverarbeitung lassen sich bei nicht zu loser Mittelschicht ebenfalls stanzen. Zwei Forderungen sind, wie sich aus Bild 9.10 ergibt, beim Stanzen von Spanplatten zu erfüllen:

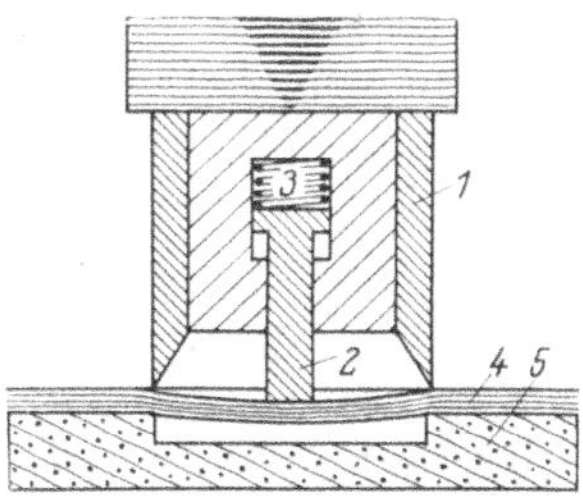

Bild 9.10. Schematische Darstellung eines Werkzeuges zum Stanzen von Spanplatten. (Nach W. MUNZ [*9.4*].) *1* Schneidwerkzeug; *2* Vorbiegestempel; *3* Feder; *4* Spanplatte; *5* Werkzeugunterteil.

1. Das *Schneidwerkzeug* ist zur Seite des Abfallstückes schräg angeschliffen, die andere Seite ist gerade. Der schräge Anschliff soll möglichst flach sein.

2. Das Abfallstück der Spanplatte muß durch einen *Vordruckstempel* nach unten leicht durchgebogen werden, bevor das Schneidwerkzeug angreift. Zwischen Preßstempel und Vordruckstempel muß ein Gummipuffer, eine Tellerfeder oder eine Schraubenfeder entsprechender Steifigkeit eingebaut sein, die sich leicht auswechseln läßt. Die Höhe des Druckes wird durch Versuche ermittelt, ebenso wie man die Schnittgeschwindigkeit durch Versuche feststellen muß. Die richtige Schnittgeschwindigkeit ist entscheidend für saubere Stanzflächen.

Zwischen der Größe der Öffnung und der Dicke der Spanplatte bestehen bestimmte Beziehungen. In 13 mm dicke Spanplatten lassen sich Öffnungen bis zu einem Mindestdurchmesser von etwa 200 mm stanzen. Bei dünneren Platten kann der Durchmesser kleiner sein, bei 6 mm dicken Spanplatten zum Beispiel etwa 110 mm (W. MUNZ [*9.4*]).

Der erforderliche *Stanzdruck* ist von Vorschubgeschwindigkeit und Werkstoffbeschaffenheit abhängig und wird im Versuch ermittelt.

Gegenüber den üblichen Zerspanungsvorgängen bringt das Stanzen eine nicht unbeträchtliche Zeiteinsparung. Die Werkzeugkosten sind jedoch höher, da ein Werkzeug immer nur für einen ganz bestimmten Stanzvorgang benutzt werden kann (W. MUNZ [*9.4*]).

Auch Spanplatten mit Kunststoffbeschichtung können gestanzt werden, wobei sich im *Warmstanzverfahren* wesentlich sauberere Stanzkanten als beim Kaltstanzen ergeben. In jedem Fall ist für eine einwandfreie Zuhaltung zu sorgen. Matrize und Patrize müssen gut passen, damit die zu stanzende Platte an der Schnittkante nicht ausbricht.

9.4.2 Biegen

Zur Herstellung gebogener Spanplattenflächen gibt es verschiedene Möglichkeiten, wobei in jedem Fall ein *Einschneiden der Spanplatten* von einer Seite aus erfolgt.

Am einfachsten läßt sich das *Biegen um Blindrahmen* durchführen. Hierbei wird die später einzuschneidende Innenseite der Biegung geschliffen, während die Außenseite nur leicht vorgeschliffen wird, da hier das Fertigschleifen erst nach dem Aufleimen auf den Blindrahmen erfolgt. Dann wird die Innenseite mit parallelen Einschnitten in gleichmäßigen Abständen mit einer Ein- oder Vielblattkreissäge versehen. Die Einschnitte müssen dem Biegeradius entsprechen und sind in der Regel 8 bis 12 mm voneinander entfernt. Die Schnittbreite soll nicht größer als 2 bis 2,5 mm sein. *Schnittbreite* und *Fugenzahl* ergeben sich aus dem Unterschied von Bogenlänge außen und Bogenlänge innen.

Für kleinere *Biegeradien* unter 200 mm müssen die Einschnitte fast bis an die gegenüberliegende Decklage heranreichen, ohne diese jedoch zu verletzen. Für größere Biegeradien ab etwa 400 mm muß nicht so tief eingeschnitten werden. Die beiden seitlichen letzten Einschnitte eines Bogens sollen nicht so tief wie die übrigen sein, um einen gleichmäßigen Übergang vom Bogen zur Geraden zu erhalten.

Die so vorbereiteten Platten werden auf Blindrahmen aufgeleimt und verschraubt. Der Leimauftrag soll sowohl auf dem Rahmenholz als auch auf der entsprechenden Stelle der geritzten Fläche erfolgen. Nach dem Biegen erfolgt das Fertigschleifen der Außenseite.

In gleicher Weise können auch einseitig furnierte Spanplatten gebogen werden, wobei das Furnieren als erster Arbeitsgang vor dem Schleifen der zu ritzenden Seite durchgeführt wird.

Bei *freistehend gebogenen Spanplattenteilen* wird zuerst die Platte beidseitig geschliffen, wenn diese beidseitig furniert werden soll bzw. eine Seite nur leicht vorgeschliffen, wenn nur einseitig furniert werden soll. Dann wird die Spanplatte einseitig geritzt und die geritzte Seite quer zu den Einschnitten mit 1,8 bis 2 mm dickem Furnier abgesperrt. Der Leimauftrag soll nur auf der geritzten Fläche erfolgen, um ein Quellen des

Furnieres zu vermeiden. Dabei ist darauf zu achten, daß nicht zu viel Leim in die Einschnitte eindringt. Bei kleineren Biegeradien empfiehlt es sich, statt eines dickeren Absperrfurniers zwei dünnere übereinanderzulegen. Nach dem völligen Austrocknen der abgesperrten Formstücke sind beide Seiten zu schleifen und ein- oder beidseitig im Modell oder in der Vakuumpresse zu furnieren (Bild 9.11a und b).

Für die Herstellung von *Schweifungen*, also nach beiden Seiten gebogenen Flächen, kann nach dem Ritzen, das auch hier nur von einer Seite erforderlich ist, so verfahren werden, daß die geritzte Seite mit einem 1,8 bis 2 mm dicken Absperrfurnier quer und mit einem dünnen Außenfurnier gleichlaufend zu dem Einschnitt in einem einzigen Arbeitsgang über einer Form verleimt wird. Ist keine heizbare Presse vorhanden, dann kann auf die geritzte Seite eine vorher angefertigte Dickte, bestehend aus senkrecht zueinander verleimtem Absperrfurnier und Edelfurnier, aufgeleimt werden.

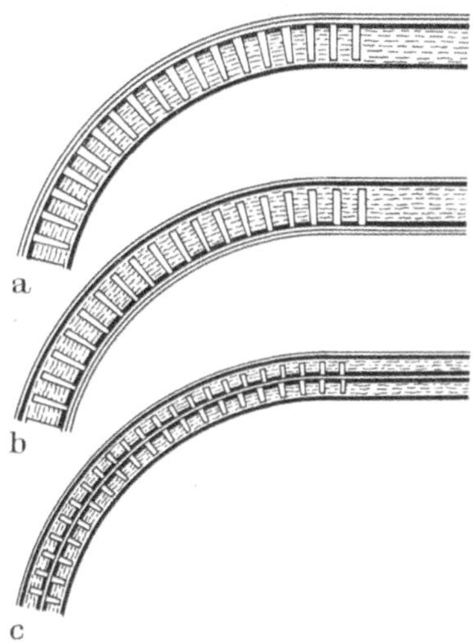

Bild 9.11a–c. Biegen von Holzspanteilen. (Nach Novopan-Nachrichten 1961, Nr. 13.) a) eine Platte außen furniert, innen Natur; b) eine Platte beidseitig furniert; c) zwei Platten außen furniert, innen Natur.

Sollen beide Seiten eines freistehend gebogenen Formstückes aus Spanplatten die Spanstruktur zeigen, dann sind zwei dünne Spanplatten, die zusammen die gewünschte Gesamtdicke ergeben, nach dem Schleifen einseitig zu ritzen und mit den geritzten Seiten aufeinander zu leimen. Es empfiehlt sich, ein etwa 1,2 mm dickes Furnier quer zu den Einschnitten zwischenzulegen, wie dies Bild 9.11c zeigt.

Spanplatten lassen sich im allgemeinen bis auf einen kleinsten Biegeradius von 200 mm biegen. Bei besonders kleinen Radien wird empfohlen, die nicht zu ritzende Seite vor dem Einschneiden leicht anzufeuchten und kurze Zeit über Wasserdampf zu halten.

Kunststoffbeschichtete Platten lassen sich kalt und warm biegen. Die Biegefähigkeit hängt von der Art und der Dicke der Kunststoffplatte ab. Um zu große Biegespannungen zu vermeiden, sollte die auf die Spanplatte aufgeleimte Kunststoffplatte nicht dicker als 3,5 mm sein. Um gleichmäßig gebogene Teile zu erhalten, ist die Benutzung von Biegeformen zu empfehlen. Der Biegeradius ist etwas kleiner zu wählen als der später gewünschte Radius, da die Platten je nach Biegeradius wieder etwas zurückspringen.

9.5 Verleimen

9.5.1 Flächenverleimung (Furnieren)[1]

Spanplatten sollen in der Regel stets beidseitig furniert werden. Werden vom Herstellwerk bereits geschliffene Qualitätsspanplatten mit $\pm 0{,}2$ mm Dickentoleranz geliefert, dann muß vor dem Furnieren nicht mehr geschliffen werden.

Für das Furnieren von Spanplatten eignen sich *Harnstoffharzleime* mit organischen Füllmitteln, wenn hydraulische Heizpressen verwendet werden, aber auch *Filmleime* und *Leime auf Phenolharzgrundlage*. Bei Verwendung von Härterleim ist das Untermischverfahren zu bevorzugen. Es ist zweckmäßig, Leime zu verwenden, die unter 100 °C abbinden; zu hohe Preßtemperaturen lassen im Innern der Platten Dampfdrücke entstehen, wodurch Aufspalten der Platten erfolgen könnte.

Nach dem Auflegen der Furniere sollen die Werkstücke möglichst schnell in die Presse gebracht werden, damit die Furniere keine Feuchtigkeit aus der Leimschicht aufnehmen und quellen. Der Leim ist deshalb an der Spanplatte und nicht am Furnier anzugeben.

Werden Spindelpressen zum Furnieren mit *Hautleim* benutzt, dann soll die beleimte Spanplattenfläche erst dann mit Furnier belegt werden, wenn der Leim etwas angezogen hat, damit stärkeres Quellen der Furniere vermieden wird.

Einseitiges Furnieren ist bei Dreischichtplatten möglich, wenn die furnierten Flächen fest verleimt oder in Rahmen eingebaut werden.

Es soll mit einem spezifischen Preßdruck von 6 bis 8 kp/cm² gearbeitet werden. Die Preßzeiten sind entsprechend den Aushärtebedingungen der verwendeten Leime, jedoch möglichst kurz, zu halten. Wichtig für gutes Furnieren ist bei Spanplatten ein zähflüssiger Leim mit einer *Viskosität* von 4000 bis 5000 cP. Der Leim soll möglichst wasserarm sein und einen entsprechend hohen Füllstoffgehalt haben. Der *Leimverbrauch* soll bei etwa 150 bis maximal 170 g/m² Leimfläche liegen.

Die *Furniere* sollen eher zu trocken als zu naß verarbeitet werden. Ihre Feuchtigkeit soll etwa 2% niedriger liegen als die der Spanplatte. Bei Verwendung von Leimen mit höherem Wassergehalt kann die Furnierfeuchtigkeit noch niedriger, bei etwa 4%, liegen. Bei zu feuchten Furnieren treten später Haarrisse in der Furnierschicht auf. Furnier und Gegenfurnier müssen in der gleichen Richtung laufen. Dies gilt auch für Kunststoffbeläge mit Textur.

Die der hydraulischen Heißpresse entnommenen Platten werden zum *Feuchtigkeitsausgleich* vor der Weiterverarbeitung einige Zeit waagerecht und dicht aufeinander bei einer Temperatur von 20 °C und einer

---

[1] Siehe hierzu auch Abschn. 3.8 „Furnieren von Spanplatten“.

Luftfeuchtigkeit von 40 bis 60% gelagert. Die Lagerzeit soll 1 bis 4 Tage, je nach Leimart und Raumklima, betragen. Einseitig furnierte Platten sollen, je zwei Platten Furnier gegen Furnier, dicht gelagert werden. Mit *Glutinleim* furnierte Platten werden wegen der höheren Feuchtigkeit mit *Stapelleisten* bei Raumklima gestapelt. Dreischichtige und graduierte Spanplatten benötigen im allgemeinen kein *Blindfurnier*, jedoch ist dies für Flächen zu empfehlen, die später hochglanzpoliert werden sollen. Es genügt aber ein *Absperrfurnier* von 0,6 bis 0,7 mm Dicke. Einschichtige und stranggepreßte Spanplatten sollen stets blind furniert werden, falls sie nicht schon vom Herstellwerk mit einem Absperrfurnier versehen sind.

9.5.2 Kantenverleimung

Bei Spanplatten können alle Kanten gleich gut miteinander oder mit Anleimern aus Vollholz verleimt werden, da sie in allen Flächenrichtungen homogen sind und nicht die Besonderheit des Hirnholzes zu berücksichtigen ist. Spanplattenkanten können außerdem mit Kunststoffanleimern versehen werden. Auf die Bedeutung des Anleimers bzw. Einleimers als oft notwendiger Kantenschutz bei Spanplatten wurde bereits

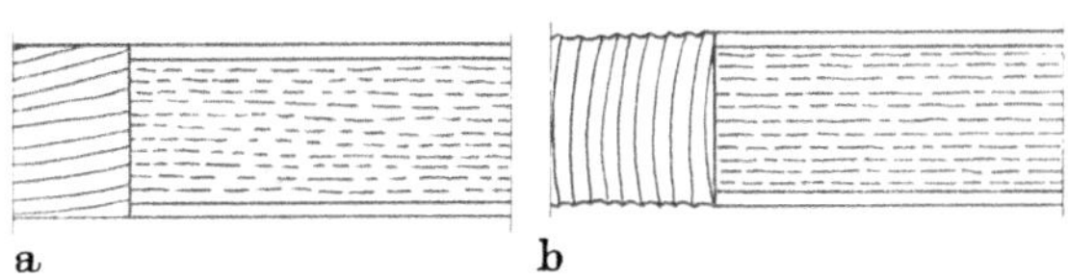

Bild 9.12a u. b. Anleimer an Spanplatten.
a) richtig: Anleimer mit liegenden Jahrringen; b) falsch: Anleimer mit stehenden Jahrringen.

in Abschn. 9.2.1 hingewiesen, ebenso auf die der Verleimung von Spanplattenabschnitten untereinander zur Verbesserung der Werkstoffausnutzung. Allerdings sollten keine Spanplattenabfälle unter etwa 50 mm Breite verleimt werden, da deren Aufarbeitung zu Platten unwirtschaftlich ist (A. SCHNEIDER [*9.7*]). Bei Vollholzanleimern ist zu beachten, daß ihre Jahrringe parallel zur Spanplattenoberfläche verlaufen müssen, wie dies Bild 9.12a zeigt, und nicht senkrecht, entsprechend Bild 9.12b, da das Vollholz senkrecht zu den Jahrringen nur etwa die halbe Quellung bzw. Schwindung bei Feuchtigkeitsänderungen hat wie parallel zu den Jahrringen. Vierkantanleimer an den Plattenkanten, die verhältnismäßig selten benutzt werden, müssen bis auf den Grund der Nut und bei mehrschichtigen Platten fast bis an die Feinspandeckschicht reichen.

Die Holzfeuchtigkeit der Anleimer muß, wie bei der *Verleimung mi Vollholz oder Tischlerplatten*, dem Feuchtigkeitsgehalt der Spanplatten entsprechen, also etwa 8% betragen, da sie sich sonst später durch Quellen oder Schwinden auf der furnierten oder lackierten Oberfläche abzeichnen. Beim stumpfen Aneinanderleimen der Schnittflächen von Platten sollen die zu verleimenden Kanten nicht geschliffen werden, da sich sonst die Poren der Platte mit Schleifstaub zusetzen und der Leim sich nicht genügend verankert. Zur Kantenverleimung können sowohl tierische Leime als auch thermohärtende Kunstharz- sowie Polyvinylacetat-Leime (sogenannte Weißleime) benutzt werden. Kunstharzleimen, wie Harnstoff-, Melamin- und Phenolleimen, ist der Vorzug zu geben, weil sie einen wesentlich geringeren Wassergehalt haben als Haut-, Knochen- und Kaseinleime. Auf jeden Fall muß die bei der Verleimung in die Platte eingedrungene Feuchtigkeit durch Nachtrocknen vor der Weiterverarbeitung beseitigt werden. Bei Verwendung von Harnstoffharzleimen mit Härter wird im Untermischverfahren gearbeitet. Bei Verwendung von thermoplastischen Leimen ist, wenn die umleimten Platten heiß furniert werden oder eine spätere künstliche Lacktrocknung der Teile erfolgen soll, darauf zu achten, daß der Leim eine ausreichend hohe Erweichungstemperatur hat, damit die Verleimung durch die nachfolgenden Temperaturen nicht an Festigkeit verliert.

Der für die Kantenverleimung benutzte Leim soll möglichst wenig Wasser enthalten und, wenn notwendig, durch Zusatz von Füllmitteln möglichst dickflüssig gemacht werden. H. Golbs und F. Fentzahn empfehlen für Kauritleim einen Füllmittelanteil von 20 bis 30% (H. Golbs u. M. [*9.2*]). Der Leim ist beim Anleimen von Vollholzkanten an der Spanplattenkante anzugeben, damit er in das Porengefüge der Spanplatten etwas eindringt und sich eine feste Verankerung und ausreichende Leimfläche ergibt. Bei geringem Preßdruck ist es zweckmäßig, den Leim sowohl am Anleimer als auch an der Spanplattenkante anzugeben. Der spezifische Preßdruck bei der Stumpfverleimung von Spanplattenkanten miteinander sollte etwa 5 bis 10 kp/cm² betragen.

Wird nur ein *Kantenfurnier* aufgeleimt, dann genügt in der Regel ein Messerfurnier von 0,7 bis 0,8 mm Dicke. Gegebenenfalls ist eine Furnierdicke von 1,0 bis 1,2 mm zweckmäßig, um die Unebenheiten im Gefüge der Spanplattenkante besser abzudecken. Bei Kanten, die später hochglanzpoliert werden, können auch zwei Furniere übereinander in einem Arbeitsgang aufgeleimt werden. Der Leim soll nur an das Furnier und nicht auf die Spanplattenkante aufgebracht werden, damit er beim Trocknen nicht das Furnier in die Hohlräume der Plattenkante zieht, wodurch eine unebene Fläche entstehen würde.

Anleimer ebenso wie die verleimten Kanten von Spanplatten dürfen erst nach vollkommener *Austrocknung der Leimfeuchtigkeit* bündig geputzt werden, da die Spanplattenkante durch die Leimfeuchtigkeit in der Dicke etwas quillt, wie dies Bild 9.13a zeigt. Das vorzeitige Verputzen der noch nicht ausgetrockneten Leimfuge führt zum Einfallen der Plattenkanten nach vollkommener Austrocknung der Leimfeuchtigkeit, entsprechend Bild 9.13b, und damit zu Fehlleimungen beim späteren Furnieren und zur Markierung auf der furnierten oder lackierten Fläche.

Es ist deshalb notwendig, die mit Anleimern versehenen Platten bis zur Austrocknung der Leimfeuchtigkeit, je nach Temperatur der Werkstatträume, ein bis zwei Tage zu lagern, bevor die Anleimer verputzt werden. Erfolgt die Kantenverleimung im Hochfrequenzfeld oder mit elektrischer Widerstandsheizung, dann kann auf längere Trockenzeit

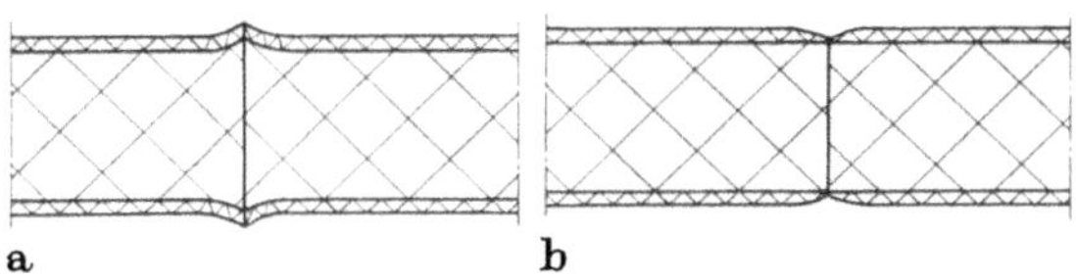

Bild 9.13a u. b. Bearbeitung verleimter Kanten.
a) Quellung an der Fuge durch die Leimfeuchtigkeit; b) Einfallen der Fuge durch Nachtrocknung.

verzichtet werden, da vor allem im Hochfrequenzfeld die Leimfeuchtigkeit durch selektive Erwärmung der Leimfuge schnell und gleichmäßig austrocknet.

Das Verleimen kann mit den üblichen Einrichtungen erfolgen. Zur Verkürzung der Leimabbindezeit auf etwa 1 bis 3 Minuten, je nach Plattendicke und Leimart, kann die Erwärmung der Leimfuge im *hochfrequenten elektrischen Kondensatorfeld* erfolgen. Beim Aufleimen von Kantenfurnieren erfolgt die Erwärmung der Leimfuge am besten durch elektrische Widerstandsheizung mit Stahlband, das als Heizwiderstand dient.

9.6 Verbindungselemente

9.6.0 Allgemeines

Verbindungen, die nur mit höherem Zeitaufwand herzustellen sind, wie zum Beispiel durch Schlitzen, Graten, Zinken usw., können bei Spanplatten durch einfaches stumpfes Verleimen ersetzt werden. Eine sorgfältig ausgeführte stumpfe Verleimung von Spanplattenkanten miteinander oder mit anderen Holzwerkstoffen hat gegenüber verwickelteren Verbindungen die gleiche, oft sogar eine höhere Festigkeit. Verbindungselemente, wie Federn, Dübel oder auch entsprechendes Anschneiden der Plattenkanten bzw. -flächen werden bei Eck- und Winkelverbindungen vorwiegend wegen der guten Führung der Teile bei der Verleimung und zur Sicherung der Fuge angewendet.

9.6.1 Leimen

Leim als Verbindungselement findet sowohl bei Stumpfverleimung von Spanplattenkanten als auch von Flächenteilen Verwendung. Über geeignete Leime und ihre Verarbeitung wurde bereits im Abschn. 9.5.2

berichtet. Auch bei der Montageverleimung kann stumpf verleimt werden, wenn die Werkstücke gegeneinander durch Vorrichtungen genau fixiert werden, so daß kein Verschieben und Ausrichten erforderlich ist.

Bei Verleimungen mit Federn, Dübel und gegebenenfalls Zinken sollen die Verbindungen nicht zu stramm hergestellt werden, da die Platten sonst aufspalten bzw. die Verbindungselemente sich auf der Spanplattenoberfläche abzeichnen. Auch bei der Montageverleimung soll der *Leimauftrag* dünn erfolgen und ein möglichst dickflüssiger Leim mit geringem Wassergehalt benutzt werden. Die aufzutragende *Leimmenge* muß der Dichte des Gefüges der Spanplatte angepaßt werden. Der Leimauftrag kann mit dem Pinsel, der Handwalze oder der Leimspritze mit entsprechend breiter Flachdüse erfolgen.

Die Festigkeit der Verleimung ist vom spezifischen *Preßdruck* und der *Preßzeit* abhängig. Bei richtiger Ausführung der Stumpfverleimung liegt die Fugenfestigkeit über der Eigenfestigkeit der Spanplatte.

9.6.2 Dübeln

Als Verbindungselement ist der Dübel für den Zusammenbau von Spanplatten am besten geeignet und auch der Verbindung mit Nut und Feder in vielen Fällen vorzuziehen. Die Dübelung kann sowohl in der Spanplattenkante als auch in der Plattenfläche erfolgen. Dübel in der Plattenfläche sollen, vor allem wenn sie hoch beansprucht werden, durch die ganze Spanplattendicke hindurchgehen. Sie halten dann die doppelte Schubbeanspruchung von Dübeln, die nicht durch die ganze Plattendicke gehen, aus (vgl. dazu Bild 9.8).

Dübel dienen bei Eck- und Winkelverbindungen in der Hauptsache zur Führung beim Zusammenbau. Die Verleimung der Kante muß deshalb genauso sorgfältig erfolgen wie bei einer Verbindung ohne Dübel. Die Dübel sollen nicht zu große Durchmesser haben und dürfen nicht zu stramm sitzen. Bei 19 mm dicken Spanplatten genügt zum Beispiel für die Kantendübelung ein Dübeldurchmesser von 8 mm, bei 16 mm dicken Spanplatten ein solcher von 6 mm.

Für Eckverbindungen auf Gehrung eignen sich außer den normalen Dübeln und der Feder auch *Winkeldübel*, die mit 8, 10, 11 und 12 mm Durchmesser hergestellt werden. Sie bestehen aus kreuzweise verleimten Hartholzdickten und haben zylindrische Schenkel, die, wenn nicht anders erforderlich, rechtwinklig zueinander stehen. Diese Dübel haben eine gezahnte Oberfläche und eine Hohlkehle am Übergang der beiden Schenkel, die ausreichende Festigkeit gegen Verdrehen und Knickung bietet. Die Dübellöcher für Winkeldübel können mit den üblichen Bohrern hergestellt werden, jedoch müssen die Bohrungen für die innere Hohlkehle des Dübels etwas versenkt werden.

Für die bei Dübelverbindungen geeigneten Leime gilt das bereits über Spanplattenleime Gesagte. In die Dübellöcher soll kein Leim gegeben werden, um eine Quellung der Spanplatte zu vermeiden. Der Leim ist an der Plattenkante und dem Dübel anzugeben. Bei Benutzung von Winkeldübeln in Gehrungsverbindungen wird der Leim nur an die Gehrungsfläche der Platte und an die beiden Schenkel der Winkeldübel angegeben. Ein Schenkel des Winkeldübels wird dann bis zum Lochrand in das Dübelloch eingeschlagen. Beim Einschlagen der Dübel in die zweite Platte bringen die Winkeldübel die Gehrung in die richtige Lage. Schnell bindende Leime sollen bei Verwendung von Winkeldübeln nicht benutzt werden. Zwingen oder Spannvorrichtungen sind bei diesen Dübeln nicht erforderlich.

Auch *Quell- oder Warzendübel* haben sich zur Verbindung von Spanplatten bewährt. Für Quelldübel werden die Dübellöcher in Spanplatten je nach Lochdurchmesser 0,2 bis 0,4 mm größer gebohrt. Bei Dübeln über 10 mm Durchmesser ist die Verwendung von Warzendübeln zu empfehlen, bei denen nach dem Einleimen warzenartige Erhöhungen aus der Dübeloberfläche herausquellen, die eine gute Verankerung ergeben.

9.6.3 Federn

Eine Verbindung von Spanplatten mit Nut und Feder ist aus Festigkeitsgründen nicht notwendig und auch bei Eckverbindungen nicht zu empfehlen. Sie bedingt einen erhöhten Arbeitsaufwand und, bei angeschnittenen oder angefrästen Federn, ein größeres Zuschnittmaß und damit einen höheren Werkstoffverbrauch. Die Verwendung von Federn hat nur dort ihre Berechtigung, wo bei der Verleimung tragender Verbindungen, wie zum Beispiel Schrankseiten, größere Belastungen und unter Umständen auftretende Biegespannungen aufzunehmen sind. Die Nut soll nicht zu tief und höchstens gleich der halben Spanplattendicke sein und die Dicke der Feder der Dicke der Spanplatte entsprechen. Es können sowohl *Längs- als auch Hirnholzfedern* benutzt werden. Auch Verbindungen mit Schlitz und Zapfen sind aus den gleichen Gründen bei der Spanplatte meist nicht angebracht. Rahmenverbindungen werden technologisch und wirtschaftlich besser durch Dübeln oder Federn hergestellt, wie dies Bild 9.3 zeigt.

9.6.4 Zinken

Zinkenverbindungen von Spanplatten miteinander sind nicht gebräuchlich, da sie nicht nur aufwendig in der Herstellung und im Werkstoffverbrauch, sondern infolge des porigen Gefüges, besonders der Mittellage mehrschichtiger Platten, keine Vorteile hinsichtlich der Festigkeit bieten. In Verbindung mit Vollholzteilen kann die Zinkung benutzt werden, wobei die Zapfen der Schwalbenschwanzzinken jedoch im Vollholzteil herzustellen sind. Aus denselben Gründen wird die Gratverbindung bei Spanplatten meist nicht angewendet.

9.6.5 Schrauben

Als Verbindungselement hat die Holzschraube besonders zur Befestigung von Beschlägen im Möbel- und Innenausbau Bedeutung. Die zu Beginn der Verwendung von Spanplatten aufgestellte Faustregel, daß bei Spanplatten anstatt zum Beispiel 3 Schrauben 4 zu benutzen sind oder auch die Schrauben um 25% länger sein sollen als bei Vollholz, hat zu guten Erfolgen geführt. Da die Holzschraube sich beim Einschrauben in die Spanplatte ebenso wie bei Vollholz das Gewinde selbst schneidet und dabei den Werkstoff zusammenpreßt, ist ein höheres *Eindrehmoment* erforderlich, als der Widerstandskraft des zu verdrängenden Holzwerkstoffes entspricht. Das Eindrehmoment ist von der Rohdichte der Spanplatte und der verdrängten Werkstoffmenge abhängig. Da der Werkstoff und seine Rohdichte bekannt sind, kann die zu verdrängende Werkstoffmenge durch Wahl des Schraubendurchmessers und der Schraubenlänge im Verhältnis zum Durchmesser des vorgebohrten Loches und der Tiefe der Bohrung gewählt werden. Aus dem Eindrehmoment für die Schraube ergibt sich das Schraubenhaltevermögen. Weitere Einflußgrößen sind *Tiefe und Schärfe der Gewindegänge* und der Schrauben. Man verwendet deshalb für Spanplatten bei besonders hohen Ansprüchen an das Schraubenhaltevermögen Schrauben mit tieferen Gewindegängen. Sie haben ein um 20 bis 30% höheres Haltevermögen.

Senkrecht zur Plattenebene ist das *Schraubenhaltevermögen* etwa das gleiche wie bei mittelhartem Vollholz und damit für normale Belastungen ausreichend. Parallel zur Plattenebene, also in der Plattenkante, ist das Schraubenhaltevermögen geringer. Das Schraubenhaltevermögen in der Plattenkante ist vom Aufbau der Mittelschicht abhängig. Schrauben halten deshalb parallel zur Plattenebene einschichtiger Platten mit dichtem Gefüge besser als in dreischichtigen Platten mit einer groben Mittelschicht. Bei unter starkem Druck verpreßten Platten, also solchen mit höherer Rohdichte, ist das Schraubenhaltevermögen in beiden Richtungen etwa gleich. Stranggepreßte Platten haben ein gutes Schraubenhaltevermögen sowohl senkrecht als auch parallel zur Plattenebene.

Je nach der Rohdichte der Spanplatten, dem Schraubendurchmesser und der -länge ist für die *Schrauben vorzubohren oder vorzustechen.* Bei Schrauben bis 3 mm Durchmesser wird nicht vorgebohrt, sondern nur auf ein Drittel bis die Hälfte der Schraubenlänge vorgestochen. Bei Schrauben über 3 mm Durchmesser ist auf zwei Drittel der Schraubenlänge vorzubohren. Der *Durchmesser der Bohrung* darf nicht größer sein als der Kerndurchmesser der Schraube. Dies gilt für Spanplatten mit einer Rohdichte von etwa 600 kg/m³. Spanplatten mit einer Rohdichte über 800 kg/m³ sind tiefer vorzubohren, solche mit niedrigerer Rohdichte (250 bis 450 kg/m³) sind überhaupt nicht vorzubohren, sondern nur vorzustechen.

Der Schraubendurchmesser sollte, vor allem bei Schrauben parallel zur Plattenebene, nicht größer als ein Fünftel der Plattendicke sein. Schrauben für Klavierbänder auf der Spanplattenkante sollen bei einer Rohdichte der Platten von etwa 450 bis 750 kg/m³ und darüber 22 mm lang sein. Die Schraube kann auch vor dem Einschrauben auf zwei Drittel ihrer Länge in dickflüssigen Leim getaucht werden, um eine Verfestigung durch Verleimen der Späne um das Schraubenloch herum zu erreichen. Allgemein sollen Schrauben parallel zur Plattenebene um etwa 50% länger gewählt werden als bei Vollholz.

Bei *besonders hoher Beanspruchung von Schraubenverbindungen*, wie zum Beispiel stark beanspruchten Beschlägen, Scharnieren oder Verschraubungen nahe dem Rand der Spanplatte sind Vollholzanleimer oder -einleimer vorzusehen. Dies gilt auch, wenn die Schrauben wieder gelöst werden müssen. In diesem Fall kann man unter Umständen *Gewindebuchsen* verwenden, die in die Spanplatten eingeschraubt werden und in welche Schrauben mit Metallgewinde eingedreht werden. Da das Schraubenhaltevermögen parallel zur Plattenebene geringer ist als senkrecht dazu, sollten Beschläge, die Belastungen auszuhalten haben, möglichst auf der Spanplattenfläche aufgeschraubt werden. Durch geeignete Ausbildung der Beschläge und Verteilung der Schraubenlöcher im Beschlag kann das Haltevermögen erhöht werden. So kann es zweckmäßig sein, die Beschläge den besonderen Bedingungen der Spanplatte anzupassen. Gute Festigkeit wurde zum Beispiel bei Beschlägen erzielt, die um die Spanplattenkante gekröpft und sowohl an der Kante als auch an der Fläche verschraubt werden. Die Schenkel solcher gekröpften Beschläge müssen so breit sein, daß die Schraubenlöcher in genügendem Abstand von der Spanplattenkante gebohrt werden können.

Beschläge, die auf der Spanplattenkante aufgeschraubt werden, sollen nicht in einer Linie dicht beieinanderliegende Bohrungen für die Holzschrauben haben. Die Bohrungen sollen etwas gegeneinander versetzt sein, um eine Aufspaltung der Mittellage der Spanplatte zu vermeiden.

Eine Sonderstellung nehmen Nagelschrauben ein, die ein steileres Gewinde bei geringerer Gewindetiefe haben. Beim Einschlagen in die Spanplatte verdrängen sie die Holzspäne und geben einen guten Halt.

Werden versenkte Schrauben auf Spanplatten benutzt, dann ist der Schraubenkopf ordnungsgemäß mit dem Bohrer zu versenken, da die Schraube sonst beim Einziehen überdreht wird, wobei die Gewindegänge in der Spanplatte abgeschert werden.

Werden leichte Spanplatten im Innenausbau auf andere Trägerwerkstoffe, wie zum Beispiel Vollholz- oder Metallrahmen aufgeschraubt, dann sind sie im Durchmesser des Schraubenschaftes zu bohren, und unter den Schraubenkopf ist eine Unterlegscheibe zu legen, damit sich dieser nicht in die Spanplatte ein- oder gar durchzieht.

Über das Schraubenhaltevermögen in Spanplatten geben die Tab. 9.2 und in Abschn. 6.5.5 die Tab. 6.12 Auskunft.

Nach den Lieferbedingungen der DDR wird für Spanplatten mit einer Rohdichte von 550 bis 650 kg/m³ ein relatives Schraubenhaltevermögen von mindestens 7,0 kg/mm senkrecht zur Plattenebene und von mindestens 3,5 kg/mm parallel dazu vorgeschrieben (W. SCHEIBERT [*9.6*]).

Die Werte der genannten Tabellen zeigen, daß keine Bedenken gegen Schraubenverbindungen von Spanplatten mit einer Rohdichte von 600 kg/m³ und darüber bestehen.

Über die Möglichkeit zur Erhöhung des Schraubenhaltevermögens durch Verbindungshilfsmittel wie Vollholzeinleimer, Gewindebuchsen und *Kunststoffdübel* geben Versuche Auskunft (Tab. 9.2; A. OBERLEIN [*9.5*]).

Tabelle 9.2. *Spezifisches Haltevermögen von Schrauben in Spanplatten mit einer Rohdichte von 550 kg/m³*

Verbindungselement	Verbindungshilfsmittel	Spezifisches Haltevermögen kg/mm
parallel zur Spanplattenebene	Gewindebuchse 10 mm ∅	4
	Kunststoffdübel 8 mm ∅	2,5
	Holzschraube 5/40 in Buchenholzeinleimer	16
	Holzschraube 5/40 in Fichtenholzeinleimer	7
	Holzschraube 5/40 in Spanplatte 38 mm dick, 2 mm vorgebohrt, eingeleimt	4
	Holzschraube 5/40 in Spanplatte 28 mm dick, 2 mm vorgebohrt, eingeleimt	5,4
senkrecht zur Spanplattenebene bei 38 mm Plattendicke	Gewindebuchse 10 mm ∅	13
	Kunststoffdübel 8 mm ∅	5,4
	Holzschraube 5/40 in die Spanplatte	6,7

Außer dem Schraubenhaltevermögen nach einmaligem Eindrehen ist aber auch dasjenige nach mehrmaligem Ein- und Ausdrehen der Schrauben von Bedeutung, wie es in bestimmten Fällen vorkommen kann. Durch die stellenweise erhöhte Verdichtung in der Spanplatte ist, bei ausreichender Dicke der Mittellagenspäne, ein *Rückfederungsvermögen* in der Platte vorhanden, das nach mehrmaligem Ein- und Ausschrauben ein ausreichendes Schraubenhaltevermögen ergibt. Auch die Härte der Deckschicht spielt dabei eine Rolle, wenn die Schrauben in der Fläche der Spanplatte sitzen.

Es zeigt sich, daß die unmittelbar senkrecht zur Plattenebene eingedrehte Schraube sogar eine höhere Kraft erfordert als die Schraube in dem Kunststoffdübel, während sich bei Benutzung einer metallischen Gewindebuchse das Schraubenhaltevermögen etwa verdoppelt. Parallel zur Spanplattenebene schneidet der Kunststoffdübel auch am schlechtesten ab, während sich bei metallischer Gewindebuchse und vorgebohrter und unmittelbar eingeleimter Holzschraube gleiches Schraubenhaltevermögen ergibt.

Es zeigt sich aber auch, daß parallel zur Plattenebene das Schraubenhaltevermögen um so größer ist, je dünner die Spanplatte ist und sogar an das Schraubenhaltevermögen im Fichtenholzeinleimer heranreichen kann. Durch entsprechende Formgebung und Abmessung der Verbindungshilfsmittel läßt sich jedoch das Schraubenhaltevermögen noch wesentlich verbessern, so daß es angebracht erscheint, besondere Verbindungshilfsmittel für Schrauben bei Spanplatten zu verwenden.

9.6.6 Nageln

Wo Nageln bei der Herstellung von Holzverbindungen üblich ist, kann es auch bei Spanplatten angewendet werden. Das *Nagelhaltevermögen* ist in Spanplatten mittlerer Rohdichte senkrecht zur Plattenebene gut und etwa doppelt so groß wie parallel dazu. Dies ist bei Konstruktionen aus Spanplatten, die genagelt werden sollen, zu berücksichtigen. Müssen Nägel nahe an der Plattenkante eingeschlagen werden, dann sollen die Nagellöcher je nach Plattendicke 5 bis 10 mm tief vorgestochen werden. Auch bei der Spanplatte ist das Haltevermögen des Nagels von seinem festen Sitz abhängig. Er muß deshalb gerade und mit wenigen Schlägen eingetrieben werden. Die Oberflächenrauhigkeit des Nagels beeinflußt die Festigkeit der Verbindung. Geriffelte oder phosphatierte, das heißt *Nägel mit chemisch aufgerauhter Oberfläche*, haben einen wesentlich festeren Sitz. Ölen oder Fetten der Nägel vor dem Einschlagen ist, da es die Festigkeit der Nagelung herabsetzt, zu vermeiden. Gegebenenfalls können die Nägel in der üblichen Weise wechselseitig schräg eingeschlagen werden.

Parallel zur Spanplattenebene sind die Nägel möglichst in der Mitte der Plattenkanten anzusetzen. Zu weit seitlich angesetzte Nägel können besonders bei Dreischichtplatten zu einer örtlichen Aufspaltung führen. Auch bei Spanplatten können die Nägel versenkt und die Nagellöcher zugekittet werden.

Die Festigkeit der Nagelverbindung steigt proportional mit der in der Platte im Eingriff stehenden Nageloberfläche. Durch Vergrößerung des *Nageldurchmessers* und der *Einschlagtiefe* kann also das Haltevermögen gesteigert werden. Als Maß für die Festigkeit der Nagelverbindung wird das Nagelhaltevermögen gemessen (s. Tab. 6.12 in Abschn. 6.4.5).

Nach den technischen Lieferbedingungen der DDR sollen Platten im Rohdichtebereich von 550 bis 650 kg/m^3 folgende Nagelhaltevermögen haben:

senkrecht zur Plattenebene 0,20 kg/mm^2,
parallel zur Plattenebene 0,12 kg/mm^2.

9.7 Oberflächenbehandlung

9.7.0 Allgemeines

Die Oberfläche der Spanplatten kann außer durch *Furnieren*, das bereits in Abschn. 3.8 und 9.5.1 behandelt wurde, durch *Klarlackierung*, *pigmentierte Anstriche* bzw. *Beschichtungen* mittels *Kunststoffplatten* oder *Kunststoffolien* (vgl. Abschn. 3.9) veredelt werden. Die Oberflächenbehandlung furnierter Spanplatten ist die gleiche wie bei anderen furnierten Holzwerkstoffen. Für die Oberflächenveredelung unfurnierter Spanplatten können verschiedene Verfahren und Werkstoffe benutzt werden. Neben der Oberflächenbehandlung selbst ist ein ausreichender *Kantenschutz* der Spanplatten notwendig, um Feuchtigkeitsänderungen der Kantenzonen durch klimatische Einwirkungen zu verhüten. Erfolgt der Kantenschutz nicht durch Vollholzan- oder -einleimer oder durch Furnieren der Kanten bzw. Kunststoffanleimer, so ist eine Abdeckung offen liegender Kanten durch Lackieren, unter Umständen mit vorhergehendem Spachteln, notwendig.

9.7.1 Lackieren

Platten mit *Feinspandeckschicht* eignen sich besonders für die Lackierung mit farblosen oder pigmentierten Lacken. Aber auch Platten mit *großflächigen Deckspänen* lassen sich lackieren. Dies geschieht meist mit Klarlacken zur Erhaltung des Spandekors. Oberflächenbehandlungen mit pigmentierten Lacken und Farben erfordern meist eine *Vorbehandlung* durch *Schleifen und Spachteln.*

Der beim Schleifen erzeugte Schleifstaub ist durch Bürsten der Oberfläche zu entfernen, um eine gute Haftung der Lackierung zu erreichen. Manchmal ist Porenfüllen vor dem Lackieren notwendig, um eine geschlossene Oberfläche zu erhalten. Der Mehraufwand wird durch geringeren Lackbedarf und durch bessere Oberfläche wieder ausgeglichen.

Das Schleifen vor dem Lackieren muß sorgfältig und gleichmäßig auf beiden Plattenseiten erfolgen, um ein Verziehen der Platten durch ungleich dicke Außenschichten zu vermeiden. Das Schleifen soll mit Schleifband der Körnung 100 bis 120 erfolgen.

Lackierfähige Spanplatten können auch durch ein gleichzeitig mit dem Verpressen der Platten aufgebrachtes Kunstharzpapier erzielt werden. Dann kann das Porenfüllen bzw. Spachteln wegfallen.

Beim Lackieren von Spanplatten kann sowohl nach den üblichen handwerklichen als auch nach industriellen Verfahren gearbeitet werden. Die Werkstoffe, die zur Oberflächenbehandlung benutzt werden, müssen sich mit den bei der Herstellung der Spanplatten benutzten *Bindemitteln* sowie etwa einverleibten *Quellschutzmitteln* vertragen. Unter Beachtung dieser Forderungen können alle Lackarten Verwendung finden.

Handwerkliche Verfahren können ohne besondere Lackiereinrichtungen angewendet werden, wobei der Farb- und Lackauftrag sowohl durch *Streichen* als auch durch *Spritzen* mit entsprechend verdünnten Farben und Lacken erfolgen kann.

Die industrielle Lackierung von Spanplatten in der Reihen- und Massenfertigung kann im *Dreischichtenverfahren* erfolgen: Zuerst wird ein Haft- und Isoliergrund in einem Arbeitsgang, meist durch Spritzen, aufgebracht. Es werden dazu, einschließlich Lackverlusten beim Spritzlackieren, 120 bis 150 g/m² verbraucht. Wird die Grundierung aufgegossen oder gewalzt, dann kann mit 70 bis 80 g/m² gerechnet werden.

Die Trocknungszeit bei Raumtemperatur beträgt für den Haftgrund etwa 12 h. Bei Einsatz eines Lacktrockners kann sie bei höheren Temperaturen wesentlich verkürzt werden. Der Isoliergrund ist zur Isolierung der Holzinhaltstoffe gegen die eigentliche Lackschicht notwendig und soll außerdem die Haftung der Lackschicht auf der Plattenoberfläche verbessern.

Anschließend werden etwa 250 bis 500 g/m² Grundierung, meist durch Spritzen, aufgebracht, die ebenfalls in 12 h bei Raumtemperatur bzw. schneller bei höherer Temperatur trocknet. Die Grundierung muß in ausreichender Menge aufgetragen werden, um die Poren der Spanplattenoberfläche zu füllen, sofern nicht ein vorhergehendes Spachteln oder Porenfüllen der Oberfläche erfolgte. Nach dem Grundieren wird nicht geschliffen.

Schließlich wird eine Decklackierung mit etwa 150 g/m² in entsprechender Schichtdicke aufgebracht. Gegebenenfalls kann die Oberfläche noch geschliffen oder geschwabbelt werden. Bei besonderen Anforderungen an die Oberfläche, zum Beispiel bei Türen, Wandverkleidungen und auch Küchenmöbeln, kann eine vierte Schicht aufgebracht werden.

Um ein Verziehen der Spanplatten zu vermeiden, sind auch die Innen- bzw. Rückseiten zum Schutz gegen Feuchtigkeitsaufnahme zu lackieren. Für diesen Zweck genügt ein zweimaliger Farb- oder Lackauftrag. Bei Rückwänden ist zum Beispiel bei Nitrolack eine Menge von 150 g/m², bei Polyesterlack von 250 bis 300 g/m² ausreichend.

Bei einfachen industriellen Lackierungen wird zunächst die rohe Spanplatte mit Spachtel grundiert, dessen Auftrag durch Ziehen oder Walzen erfolgt. Im allgemeinen wird man zweimal spachteln. Zwischen beiden Arbeitsgängen ist eine Zwischentrocknung erforderlich. Nach dem zweiten Spachtelauftrag werden die Flächen geschliffen. Die aufzubringende Menge beträgt beim ersten Arbeitsgang etwa 150 g/m², beim zweiten Arbeitsgang etwas mehr.

Nach dem Schleifen der gespachtelten Fläche wird mit Vorlack gespritzt, bei einer Auftragsmenge von etwa 150 g/m². Nach der Trocknung der Vorlackierung erfolgt wiederum ein Lackschliff. Bei geringen Ansprüchen an die Güte der Oberfläche kann auf dieses Schleifen verzichtet werden. Als Decklack auf die so grundierte Spanplatte können verschiedene Lacke aufgebracht werden, die sich jedoch mit dem Werkstoff der Vorlackierung vertragen müssen.

Auch *wetterfeste Anstriche* sind mit entsprechenden Lacksystemen und bei ausreichender Schichtdicke möglich, wobei aber besonderer Wert auf einen wirklich einwandfreien Kantenschutz gegen Witterungseinflüsse zu legen ist.

Bei Spanplatten, die farblos lackiert werden sollen, ist darauf zu achten, daß Platten mit hellfarbigen Decklagenspänen benutzt werden, die so anzuliefern sind, daß die Oberfläche nicht verschmutzt ist. Es kann auch zweckmäßig sein, in diesem Fall ungeschliffene Spanplatten zu beziehen und sie erst nach der maschinellen Bearbeitung zu schleifen. Der Schliff muß möglichst gleichmäßig und mit wenig Spanabnahme erfolgen. Je mehr abgeschliffen wird, um so feiner wird das Spanbild.

Der Auftrag von Haft- und Isoliergrund mit anschließender Grundierung sowie unter Umständen Zwischenlackierung und Decklackierung erfolgt in der gleichen Weise wie in Abschn. 9.7.1 angegeben. Wird eine porenfreie Oberfläche verlangt, dann ist auf sorgfältiges Porenfüllen und sauberes Abschleifen des überschüssigen Füllers nach dessen Trocknung zur Erzielung einer klaren Oberfläche besonders zu achten. Es kann sowohl mit Öllacken, als auch mit Nitrolacken, Härterlacken oder Polyester gearbeitet werden. Matte oder seidenmatte Oberflächen sind zu bevorzugen, da diese der Spanplattenoberfläche am besten entsprechen.

Polyester-Überzüge, die *mit Gießmaschinen* aufgebracht werden, gewinnen besonders bei der Möbelherstellung immer mehr an Bedeutung. Ein für diesen Zweck geeignetes Verfahren dürfte das von der Firma Schmutz, USA, sein.

9.7.2 Beizen

Spanplatten lassen sich auch beizen. Durch das Beizen kommt das Spanbild gut zur Geltung. Vor dem Beizen muß die von der Plattenerzeugung her vorhandene Glanzschicht durch Schleifen etwa mit Schleifpapier der Körnung 100 abgeschliffen werden, da Glanzstellen die Beize nicht annehmen. Es ist ferner zu beachten, daß die Deckspäne ein ungleichmäßiges Saugvermögen haben.

Es kann sowohl mit *Ölgrundierung und Wasserbeize* als auch mit *Vorbeizen* auf Metallsalzgrundlage und *Nachbeize* gearbeitet werden. Das Beizen mit ölhaltigen Stoffen erfordert keine Vorbehandlung mit Beizgrundierung. Die geschliffenen Spanplattenflächen sowie die mitzubeizenden Vollholzanleimer werden mit säurefreiem Halböl oder einer Mischung aus Leinöl und Terpentin eingerieben. Wenn diese nach einigen Minuten eingezogen sind, wird eine Salmiakwasserbeize aufgetragen. Um porengeschlossene Flächen zu erhalten, kann nach dem Beizen gespachtelt werden. Am besten eignet sich hierfür transparente Spachtelmasse, wobei säurehärtendem Lackspachtel wegen seiner größeren Füllkraft der Vorzug zu geben ist.

Bei einem anderen Beizverfahren wird in ähnlicher Weise wie bei einer Reihe von Vollhölzern eine Beizgrundierung als Vorbehandlung angewendet, um eine gleichmäßige Angriffsfläche der Spanplattenoberfläche für die Beize zu erhalten. Nach einer Einzugszeit wird die Grundierung vertrieben und nochmals gleichmäßig ausgestrichen. Auf der porigen Spanplattenoberfläche perlen die Beizgrundierungen meistens während des Auftragens. Die gebeizte Fläche muß deshalb so lange bearbeitet werden, bis dieses Perlen aufhört.

Auf die so vorbehandelte noch nasse Fläche wird Salmiak-Wasserbeize, am besten mit einem Schwamm, satt aufgetragen und nach kurzem Anziehen unter leichtem Druck verrieben. Nach genügender Einzugzeit wird der Überschuß mit dem Schwamm abgenommen. Anschließend werden die Flächen unter gleichmäßigem Druck mit einem Schwamm trockengerieben.

9.7.3 Lasieren

Auch Lasieren ist bei Spanplattenoberflächen möglich. Es ergibt eine weniger lebhafte Farbwirkung und Strukturzeichnung als das Beizen. Vor dem Lasieren erfolgen das Auftragen des Haft- und Isoliergrundes sowie das Grundieren in der in Abschn. 9.7.1 beschriebenen Weise. Dann wird die Lasierung als lasierender Lack oder Patinierfarbe mit der Spritzpistole oder von Hand aufgetragen. Ein nochmaliges anschließendes Lackieren mit einem Klarlack ist zu empfehlen.

9.7.4 Deckfarben

Das Aufbringen von deckenden Farben erfolgt entsprechend den Angaben in Abschn. 9.7.1. Nach Herstellung des Haft- und Isoliergrundes ist durch eine entsprechend dick aufgetragene Grundierung oder durch Aufbringen einer Spachtelmasse, handwerklich mit Spachtelmesser oder in der Reihen- und Massenfertigung durch Spritzen und nachfolgendes Schleifen, für eine porenfreie, vollkommen ebene Fläche zu sorgen. Meist kann man mit einem Auftrag auskommen. Es können dazu die gleichen Stoffe benutzt werden, wie sie für den deckenden Anstrich von Tischlerplatten benutzt werden. Die Decklackierung muß gut verlaufen und darf nicht zu dick aufgetragen werden.

Als Lackgrund können auch etwa 250 g/m² Plastikgrund mit der Rolle aufgetragen werden, der dann geschliffen und decklackiert wird. In der Regel werden für die Decklackierung 150 bis 200 g/m² benötigt. Als

Deckfarben können auch wasch- und scheuerfeste Latexanstriche benutzt werden.

Eine chemisch sehr widerstandsfähige Lackierung ergibt sich bei Verwendung von DD-Lack. Der Auftrag kann auch hier durch Spritzen oder Gießen erfolgen. Es sind etwa 150 g/m^2 erforderlich. Eine Nachbehandlung durch Schleifen ist in diesem Fall meist nicht erforderlich.

9.7.5 Beschichtungen

Spanplatten werden in immer steigendem Maße auch als *Trägerplatten für Kunststoffe* benutzt. Ausführlich ist darüber in Abschn. 3.9 berichtet. Die Beschichtung von Spanplatten kann sowohl mit Holz in Form von Furnieren als auch mit kunstharzimprägnierten Papieren, Kunststoffplatten und -folien erfolgen. Auch Glas, Metall, Textilien und Mosaik können als Beschichtungsmaterial auf Spanplatten benutzt werden. Selbst flüssiges Metall kann nach einem besonderen Verfahren auf Spanplatten aufgespritzt und zu einem Metallrelief verarbeitet werden.

Literaturverzeichnis

1. Entwicklung der Herstellung, der Eigenschaften, der Produktion und des Verbrauches von Spanplatten

[*1*] Anonymus: Titelbibliographie der Veröffentlichungen über Holzspanplatten im deutschen und ausländischen Schrifttum. 1. Folge Aug. 1957 bis April 1959; 2. Folge April 1959 bis März 1960; 3. Folge Mai 1960 bis Juni 1961; 4. Folge Juli 1961 bis Juni 1962; Berichte 58/1959, 62/1960, 70/1961 u. 80/1962 des Instituts für Holzforschung an der TH Braunschweig.

[*2*] Caryle, A. A., L. B. McGee u. R. A. McLean: Wood Particle Board Handbook. North Carolina State College, Raleigh, N. C., 1956.

[*3*] DAS 1161413/B 63533 Ic $39a^7$ 5/00 (1961). Behr, E.: Holzspanplatte, die aus mit Bindemitteln versetzten Flachspänen besteht.

[*4*] DBP 1143628, Kl. 38c 10 (1963). Gebr. Aicher: Verfahren zur Herstellung von Platten und Formkörpern aus mit Bindemitteln versetzten Holzspänen.

[*5*] Deutsche Gesellschaft für Holzforschung: Tagungen des Arbeitsausschusses „Holzspanplatten" der DGfH in Braunschweig am 26. 10. 1948, 18. 10. 1949, 4. 12. 1951, 7. 10. 1952, 7. 5. 1953, 11. 2. 1954, 28. 4. 1955, 2. 5. 1956, 3. 5. 1957, 10. 6. 1958, 12. 6. 1959, 7./8. 6. 1961. Vgl. Mitt. d. DGfH Nr. 37 (1949); DGfH-Berichte 2/1955, 2/1956, 1/1957, 3/1958, 1/1959, 1/1961.

[*6*] Fahrni, F.: Die Holzspanplatte. Holz als Roh- und Werkstoff Bd. 6 (1943), S. 277.

[*7*] Fahrni, F.: Holzspanplatte Novopan. Vortrag, Tagung der Lignum am 2. 3. 1949 in Zürich. Herstellung und Anregung zur Klassifizierung von Holzspanplatten. Vortrag, Sitzung des Arbeitsausschusses „Holzspanplatten" der DGfH in Braunschweig am 10. 10. 1949.

[*8*] Fahrni, F.: Verfahren zur Herstellung von aus Holzteilchen und Bindemitteln aufgebauten Kunstholzplatten und nach dem Verfahren hergestellte Platte. Schweizer Patent 316165, angemeldet am 13. 5. 1953, erteilt am 30. 9. 1956.

[*9*] FAO: Fibreboard and Particle Board. Report of an International Consultation on Insulation Board, Hardboard and Particle Board. Food and Agriculture Organization of the United Nations and Economic Commission for Europe, Genf 21. 1. bis 4. 2. 1957. FAO, Rom 1958.

[*10*] Fischbein, W. J.: Production of Wood Waste Boards by a Continuous Process. Northeastern Wood Utilization Council Bull. No. 31 (1959), S. 131. — Die Erzeugung von Spanplatten im „Bartrev-Verfahren". Holz als Roh- und Werkstoff Bd. 15 (1957), S. 45/47.

[*11*] Himmelheber, M.: Arbeiten der Holig-Homogenholz-Werke GmbH auf dem Gebiet der Holzwerkstoffe. Vortrag gehalten am 7. 10. 1948. Mitt. d. DGfH Nr. 37 (1949) „Tagung Braunschweig 1948", S. 111. — Entwicklung und Stand der Homogenholz-N- und -T-Verfahren. Vortrag, Tagung des Arbeitsausschusses „Holzspanplatten" der DGfH am 19. 10. 1949 in Braunschweig, Tagungsbericht S. 40.

[*12*] Himmelheber, M., u. K. Steiner: Verfahren und Einrichtungen zur Herstellung von Formlingen, Kuchen oder Vliesen aus Spänen, Fasern oder ähnlichen Schüttgütern. DBP 920209 vom 7. September 1951, Patenterteilung bekanntgemacht am 7. 10. 1954; DBP 932200 vom 6. Dezember 1953, Zusatz zu DBP 920209, bekanntgemacht am 17. Februar 1955.

[13] Institut für Holzforschung an der Technischen Hochschule Braunschweig: Zehn Jahre Tätigkeit und Forschung 1946—1956. Braunschweig 1956.

[14] Interwood AG: Holzspäne enthaltender Werkstoff sowie Verfahren und Vorrichtung eines solchen Werkstoffes. Schweizer Patent 276790, eingereicht am 22. August 1947, Patent eingetragen am 31. Juli 1951.

[15] KLAUDITZ, W.: Die Verbreiterung der Werkholzbasis durch Herstellung von Holzwerkstoffen aus forstlichem und gewerblichem Abfallholz. Mitt. d. DGfH Nr. 37 (1949) „Tagung Braunschweig 1948", S. 31.

[16] KLAUDITZ, W.: Untersuchungen über die Ergiebigkeit von Phenol- und Harnstoff-Formaldehyd-Kunstharz-Bindemitteln bei der Herstellung von Holzspanplatten. Bericht 14/1949 des Instituts für Holzforschung an der TH Braunschweig.

[17] KLAUDITZ, W.: Gesichtspunkte der Forschung zur Verfahrenstechnik der Holzspanplattenherstellung. „Tagung Braunschweig 1951", insbesondere Tagungsbericht S. 131/132 des Instituts für Holzforschung an der TH Braunschweig.

[18] KLAUDITZ, W.: Untersuchungen über die Eignung verschiedener Holzarten, insbesondere von Rotbuchenholz, zur Herstellung von Holzspanplatten. Bericht 25/1952 des Instituts für Holzforschung an der TH Braunschweig.

[19] KLAUDITZ, W.: Gutachten „Über die Verwendbarkeit von Holzspanplatten zur Möbelherstellung" vom 23. 5. 1952. Holz Bd. 7 (1953), S. 10 u. 39.

[20] KLAUDITZ, W.: Entwicklung, Stand und holzwirtschaftliche Bedeutung der Holzspanplattenherstellung. Holz als Roh- und Werkstoff Bd. 13 (1955), S. 405/421.

[21] KLAUDITZ, W.: Die Holzspanplatte, ihre Entwicklung und Herstellung. In: Die Platte — ein Holzwerkstoff. Holzwirtschaftliches Jahrbuch Nr. 4. Stuttgart: Holz-Zentralblatt Verlags-GmbH 1955, S. 107.

[22] KLAUDITZ, W.: Zur Kenntnis der Druckverleimung von Holzspänen zu Holzspanplatten in beheizten hydraulischen Etagenpressen und Beschleunigung der Verleimungsvorgänge durch Einstellung zweckmäßiger Feuchtigkeitsgehalte des beleimten Spangutes und durch Erhöhung der Temperatur bei der Verleimung. Bericht 45/1955 des Instituts für Holzforschung an der TH Braunschweig.

[23] KLAUDITZ, W.: Nutzbarmachung von schwachem Waldholz zur Herstellung von Faserplatten und Spanplatten in Europa. Sitzung des Timber Committee der ECE in Genf März 1961. Holz-Zbl. Bd. 87 (1961), S. 831/834. Nutzbarmachung von Holz und verholzten Rohstoffen zur Herstellung von Faserplatten und Spanplatten in Europa. Sitzung des Timber Committee der ECE in Genf Dezember 1962.

[24] KLAUDITZ, W.: Zur Entwicklung und zum Stande der Holzspanplattenherstellung 1955 bis 1961. Holz als Roh- und Werkstoff Bd. 20 (1962), S. 1/12.

[25] KLAUDITZ, W.: Beschleunigung der Verleimungszeit und der Produktionsgeschwindigkeit bei der Herstellung von Spanplatten, insbesondere in einetagigen Pressen. Holz-Zbl. Bd. 89 (1963), Nr. 60. Moderne Holzverarbeitung Nr. 17, S. 113.

[26] KLAUDITZ, W., u. A. BURO: Untersuchungen an Spanplatten aus Spangemischen verschiedener Holzarten. Holz-Zbl. Bd. 86 (1960), S. 1195/1197.

[27] KLAUDITZ, W., u. W. GITTEL: Eignung, Bewertung und Verarbeitung von Kunstharz-Bindemitteln bei der Herstellung von Holzfaser- und Holzspanplatten. „Tagung Braunschweig 1951". Bericht 22/1951 des Instituts für Holzforschung an der TH Braunschweig.

[28] KLAUDITZ, W., u. G. RACKWITZ: Untersuchungen über den zeitlichen Ablauf der Aushärtung von Holzspanplatten. Sitzung des Arbeitsausschusses „Holz-

spanplatten“ der DGfH in Braunschweig am 7. 10. 1952, Sitzungsbericht S. 17/18.

[29] KLAUDITZ, W., H. J. ULBRICHT u. W. KRATZ: Weitere Untersuchungen zur Beschleunigung der Verleimung von Holzspänen zu Holzspanplatten in hydraulischen Pressen. Sitzungsber. Arbeitsausschuß „Holzspanplatten“. DGfH-Bericht 2/1956, S. 12/20. Holz als Roh- und Werkstoff Bd. 14 (1956), S. 242.

[30] KLAUDITZ, W., H. J. ULBRICHT, W. KRATZ u. A. BURO: Herstellung und Eigenschaften von Holzspanwerkstoffen mit gerichteter Festigkeit. Holz als Roh- und Werkstoff Bd. 18 (1960), S. 377/385.

[31] KOLLMANN, F.: Herstellung von Holzspanplatten. In: Technologie des Holzes und der Holzwerkstoffe, Bd. II, 2. Aufl. Berlin/Göttingen/Heidelberg: Springer 1955, S. 489/556.

[32] KREIBAUM, O.: Verfahren und Presse zur Herstellung von Spanplatten oder Formstücken. Deutsches Patent 973801 vom 1. Dezember 1949. — Herstellung von Holzspanplatten nach dem Strang-Preßverfahren — Wirtschaftlichkeit, Güte und Produktion. Holz als Roh- und Werkstoff Bd. 15 (1957), S. 47/50.

[33] MEINECKE, E., u. W. KLAUDITZ: Über die physikalischen und technischen Vorgänge bei der Beleimung und Verleimung von Holzspänen bei der Herstellung von Holzspanplatten. Forschungsberichte des Landes Nordrhein-Westfalen Nr. 1053. Köln/Opladen: Westdeutscher Verlag 1962.

[34] PAHLITZSCH, G., u. J. MEHRDORF: Herstellen von Schneidspänen mit Flachscheiben-Spanern. 1. Mitt.: Einfluß von Spanungsdicke und Holzfeuchtigkeit auf die Erzeugung von Holzspänen. Holz als Roh- und Werkstoff Bd. 20 (1962), S. 314/322.

[35] PFOHL, F.: Platte für Möbel- und Bautischler und Verfahren zu ihrer Herstellung. Schweizer Patent 193139 vom 1. Dezember 1936.

[36] PRIESER, W., u. C. A. v. THIELMANN: Spanholz. Köln-Braunsfeld: R. Müller 1954.

[37] RACKWITZ, G.: Ein Beitrag zur Kenntnis der Vorgänge bei der Verleimung von Holzspänen zu Holzspanplatten in beheizten hydraulischen Pressen. Diss. TH Braunschweig 1954.

[38] SCHEIBERT, W.: Spanplatten. Herstellung, Verarbeitung, Anwendung. Leipzig: Fachbuchverlag 1958.

[39] Südostholz GmbH, Metz & Co.: Verfahren zur Herstellung von Kunstholzplatten. DBP 967328, patentiert vom 26. April 1942 an, Patentanmeldung bekanntgemacht am 24. September 1953, Patenterteilung bekanntgemacht am 17. Oktober 1957.

[40] Triangel Holzwerkstoff GmbH: Holzspanbauteil und Vorrichtung zur Erzeugung seiner Späne. DBP 975846, patentiert vom 2. Oktober 1948 an mit Priorität in der Schweiz vom 22. August 1947, bekanntgemacht am 27. November 1952, Patenterteilung bekanntgemacht am 4. Oktober 1962.

2. Rohstoffe

[1] AARO, P.: Über den Festgehalt der wichtigsten finnischen Schichtholzsortimente. Kom. ex Inst. Quaest. Forest. Finnl. Ed. 14 (1961), H. 5.

[2] ANDERSON, A. B., R. J. BREUER u. G. A. NICHOLLS: Bonding Particle Boards with Bark Extracts. For. Prod. J. Bd. 11 (1961), S. 226/227.

[3] Anonymus: Microencapsulation Turns to Adhesives. Chem. and Eng. News Bd. 38 (1960), S. 64.

[4] Anonymus: Lower Phenol Prices Stir up the Plywood Adhesive Market. Chem. Eng. Bd. 68 (1960), S. 52.

[5] Anonymus: Ein neues Hydrophobierungsmittel für Spanplatten. Holz-Zbl. Bd. 87 (1961), S. 706.

[6] Anonymus: Hydrophobierung von Spanplatten durch kationaktive Dispersionen. Holz als Roh- und Werkstoff Bd. 19 (1961), S. 325.

[7] Anonymus: So entsteht ein Fertighaus aus Holz. Holz-Zbl. Bd. 88 (1962), S. 326/327.

[8] Anonymus: Schwarten und Spreißel Stiefkinder des Holzmarkts. Holz-Zbl. Bd. 88 (1962), S. 1.

[9] Anonymus: Schwarten und Spreißel sind keine Stiefkinder des Holzmarkts. Holz-Zbl. Bd. 88 (1962), S. 287.

[10] Bavendamm, W.: Natürliche Dauerhaftigkeit der Hölzer gegenüber Termitenfraß. In: H. Schmidt: Die Termiten. Ihre Erkennungsmerkmale und wirtschaftliche Bedeutung. Leipzig: Geest & Portig 1955.

[11] Becker, G.: Verfahren zum Schutz von Faser- und Spanplatten gegen Organismen bei Verwendung in den Tropen. Holz-Zbl. Bd. 85 (1959), S. 1075.

[12] Becker, G.: Beiträge zur Prüfung und Beurteilung der natürlichen Dauerhaftigkeit von Holz gegen Termiten. Holz als Roh- und Werkstoff Bd. 19 (1961), S. 278/290.

[13] Becker, G.: Wirksamkeit gegen Hausbock- und Anobien-Larven von Fluor-Chrom- und Fluor-Chrom-Arsen-Salzgemischen vor und nach Auswaschung. Holz als Roh- und Werkstoff Bd. 19 (1961), S. 482/489.

[14] Bender, F.: Spruce and Balsam Bark as a Source of Fibre Products. Pulp Paper Mag., Canada Bd. 60 (1959), T. 276/278.

[15] Bergin, E. G.: Durability of Urea-Formaldehyde and Casein Adhesives at Elevated Temperatures. For. Prod. Lab., Ottawa, Techn. Note No. 8 (1958).

[16] Blew, J. O.: The Effects of Treatment with Wood Preservatives and Fire Retarding Chemicals on the Glue Joints in Birch Plywood. Proc. A. W. P. A. Bd. 42 (1946), S. 364/385.

[17] Blomquist, R. F.: A Progress Report. Glues and Gluing 1958. For. Prod. J. Bd. 9 (1959), S. 59/67.

[18] Blomquist, R. F.: An International Look at Glues and Gluing 1959. For. Prod. J. Bd. 10 (1960), S. 62/70.

[19] Blomquist, R. F.: Glues and Gluing Processes in 1960. For. Prod. J. Bd. 11 (1961), S. 77/85.

[20] Blomquist, R. F.: Progress in Glues and Gluing Processes 1961. For. Prod. J. Bd. 12 (1962), S. 49/58.

[21] Borisov, F. B., u. N. N. Oster-Volkow: A New Universal Synthetic Adhesive BOV-1. Plasticheskie Massy No. 9, 42—4 (1961) (russ.). Ref.: For. Prod. J. Bd. 12 (1962), S. 202.

[22] Bornemann, P.: Brandverhalten von Bauteilen aus Holzspanplatten. DGfH-Bericht 1/1961, S. 73/76.

[23] Bornstein, L. F.: Chemical Foam Extension of Urea-Formaldehyde Glues. For. Prod. J. Bd. 8 (1958), S. 51 A/54 A.

[24] British Standard Institution: B. S. 1811 (rev. 1961); B. S. 2604.

[25] Brown, G. E., u. H. M. Alden: Protection from Termites. For. Prod. J. Bd. 10 (1960), S. 434/438.

[26] Brumbaugh, J.: Effect of Flake Dimensions on Properties of Particle Boards. For. Prod. J. Bd. 10 (1960), S. 243/246.

[27] De Bruyne, N. A., u. R. Houwink: Adhesion and Adhesives. Amsterdam: Elsevier 1951.

[28] Bune, A. J.: The Compatibility of Wood Preservatives and Glue. Aero Res. Techn. Note No. 180, Cambridge Duxford 1957.

[29] BURROWS, C. H.: Particle Board from Douglas Fir Bark without Additives. Inform. Circ. Ore. For. Prod. Res. Cent. No. 15 (1960).
[30] BUSCHBECK, L., u. E. KEHR: Untersuchungen über die Eignung von Kunstharzbindemitteln verschiedener Rohstoffbasis zur Herstellung von Spanplatten. 1. Mitt.: Kresol-Formaldehyd Kunstharz. Holztechnologie Bd. 1 (1960), S. 29/38.
[31] BUSCHBECK, L., u. E. KEHR: Untersuchungen über die Verkürzung der Preßzeit beim Heißpressen von Spanplatten. Holztechnologie Bd. 1 (1960), S. 112/123.
[32] CHUGG, W. A., u. V. R. GRAY: The Durability of Acid-Setting Phenolic Resins. Timber Dev. Assoc., London, Inf. Bull. C/B1/5 (1960).
[33] CLAD, W.: Die Beurteilung von Harnstoff-Harzleimen auf Grund ihrer Prüfung. Holz als Roh- und Werkstoff Bd. 18 (1960), S. 391/400.
[34] CLAD, W.: Bedeutung und Bestimmung der Gelierzeit von Harnstoffharz-Leimen. Holz als Roh- und Werkstoff Bd. 19 (1961), S. 22/26.
[35] CLARK, I. W.: Decay Resistance of Experimental and Commercial Particle Boards. U. S. For. Prod. Lab. Rep. No. 2196 (1960).
[36] DALTON, L. K.: Tannin-Formaldehyde Resins as Adhesives for Wood. Austr. J. of Appl. Sci. Bd. 1 (1950), S. 53/70.
[37] Deutscher Normenausschuß: DIN 52360 bis 52365 (Entw. Okt. u. Nov. 1961); DIN 68761 Blatt 1 (Juni 1961) u. 2 (Febr. 1963).
[38] Division of Forest Products C. S. I. R. O.: Report on the Activities of the Forest Products Laboratory in South Melbourne, Australia, 1952/53 and 1953/54.
[39] DRUBEL, R. B., u. W. F. RUPPRECHT: Latex-Fire-Retardant Intumescent Coatings. For. Prod. J. Bd. 9 (1959), S. 152/155.
[40] FAO: Secretariat Note on Buildung Codes and Byelaws with Respect to Fire Hazards in the Use of Wood and Wood-Base Materials. Fourth Conference on Wood Technology, Madrid. FAO/WTC/58/3f—2, 1958.
[41] FAO: Development in the Test Methods for Fibre-Board and Particle Boards. FAO (WTC) 58 Suppl. Rom 1958.
[42] FAO: Fibreboard and Particle Board. Report of an International Consultation on Insulation Board, Hardboard and Particle Board. Food and Agriculture Organization of the United Nations and Economic Commission for Europe, Genf 21. 1. bis 4. 2. 1957. FAO, Rom 1958.
[43] Farbenfabriken Bayer, Leverkusen: Verfahren zur Imprägnierung von Spanplatten mit Basileum PLK 4. Bestell-Nr. 2419 (1959).
[44] FISCHER, F.: Untersuchungen über den Einfluß des pH-Wertes, der dielektrischen Eigenschaften und des Kondensationsgrades von Holzleimen und ihre Bedeutung bei der Verleimung im Kalt- und Heißverfahren unter besonderer Berücksichtigung der Hochfrequenzerwärmung. Mitt. d. DGfH Nr. 41 (1957).
[45] FLATSCHER, J. H.: Handbuch des Sägebetriebes. Berlin: Parey 1929.
[46] Forestry Commission: United Kingdom Board Mill Survey and Economic Study. London 1958.
[47] Forschungsinstitut für Holzwerkstoffe und Holzleime, Karlsruhe: Prüfung von Holzspanplatten. Merkblatt 1/1959.
[48] Forschungsinstitut für Holzwerkstoffe und Holzleime, Karlsruhe: Vorschläge zur Neufassung der Normenreihe DIN 52360 bis 52363. Techn. Mitt. 2/1960.
[49] FREEMAN, H. A.: Relation Between Physical and Chemical Properties of Wood and Adhesion. For. Prod. J. Bd. 9 (1959), S. 451/458.
[50] FREY, K.: Über die Eigenschaften und die Anwendung von Melocal. Schweizer Archiv angew. Wiss. Techn. Jg. 1947, H. 3.

[*51*] Gösswald, K.: Zum Wirkungsmechanismus von Thiodan. Z. angew. Zoologie, Berlin, Bd. 45 (1958), S. 129/151.
[*52*] Gupta, P. R., A. Rezanovich u. D. A. J. Goring: The Adhesive Properties of Lignin. Pulp Paper Mag., Canada Bd. 63 (1962), T. 21/30.
[*53*] Hadert, H.: Faserplatten- und Spanplatten-Klebemittel. Adhäsion Bd. 2 (1958), S. 147/160 u. 206/208.
[*54*] Hall, R. B., J. H. Leonhard u. G. A. Nicholls: Bonding Particles with Bark Extracts. For. Prod. J. Bd. 10 (1960), S. 263/272.
[*55*] Henkel: DRP 647303 (1935). Verfahren zur Herstellung von Kondensationsprodukten.
[*56*] Henkel: BP 455008 (1935). Verfahren zur Herstellung von Kondensationsprodukten.
[*57*] Herdey, O.: Synthetic Resin and Other Additives used in the Manufacture of Particle Boards. Fibreboard and Particle Board, Item 4.18, Vol. II. FAO, Rom 1958.
[*58*] Herrick, F. W., u. R. J. Conca: The Use of Bark Extracts in Cold-Setting Waterproof Adhesives. For. Prod. J. Bd. 10 (1960), S. 361/368.
[*59*] Höchli, O.: Der Beitrag der schweizerischen Faser- und Spanplattenindustrie zur Erweiterung des Angebots an hochwertigen Holzwerkstoffen. Diss. Handelshochschule St. Gallen 1956.
[*60*] Huber, H. A.: Preservation of Particle Boards. For. Prod. Res. Soc., Meeting Madison June 1958.
[*61*] Hunt, J. H.: Gluing of Treated Timber. N. Z. Timber J. and Wood Products Rev. Bd. 15 (1959), S. 37/38.
[*62*] International Standard Organization: ISO/TC 89/SC 2 Holzspanplatten.
[*63*] Jackson, W. F.: Termite Resistance Test on Resin Bonded Wood Waste Board Containing BHC. Malay. Forester Bd. 20 (1957), S. 49/50.
[*64*] Jalava, M.: The Measuring on Round, Piled Woodgoods. Kom. ex Inst. Quaest. Forest. Finnl. Ed. 13 (1929), H. 8.
[*65*] Jukna, A. D., u. A. P. Oozolin'sh: Reducing Water Absorption of Particle Boards by Introducing Petrolatum. Trudy Inst. Lesokhoz. Problem i Khim. Drevesiny Akad. Nauk Latv. S. S. R. 18 (1960), S. 67/90. Ref.: For. Prod. J. Bd. 11 (1961), S. 13A.
[*66*] Kaufert, F. H., u. W. F. Hutchins: Experiments on the Gluing of Wood Treated with Oil Solutions of Pentachlorophenol. U. S. For. Prod. Lab. Rep. No. 1484.
[*67*] Kehr, E.: Beitrag zur Verwertung von Abfallspänen aus holzverarbeitenden Betrieben für Spanplatten. Holztechnologie Bd. 3 (1962), S. 29/35.
[*68*] Keylwerth, R., u. N. Christoph: Beitrag zur Untersuchung der thermischen Holzzersetzung mittels Differential-Thermo-Analyse. Materialprüfung Bd. 2 (1960), S. 281/288.
[*69*] Kirst, K., u. K. F. Plomley: Influence of Arsenic Trioxide on Board Strength and Setting-time of Phenolic Glues. Holzforschung Bd. 13 (1959), S. 182.
[*70*] Kitazawa, G.: A Study of Adhesion in the Glue Line of 22 Woods of the U.S.A. New York State College of Forestry, Techn. Publ. No. 66, Syracuse, N.Y. 1946.
[*71*] Klauditz, W.: Untersuchungen zur Kennzeichnung industrieller Holzabfälle. Morphologische Kennzeichnung von Sägespänen. Bericht des Instituts für Holzforschung an der TH Braunschweig, 1947.
[*72*] Klauditz, W.: Bestimmung des Gehaltes an Harnstoff-Formaldehyd-Kunststoff (Bindemittel) in Holzspanplatten. Bericht 40/1954 des Instituts für Holzforschung an der TH Braunschweig.

[73] KLAUDITZ, W.: Entwicklung, Stand und holzwirtschaftliche Bedeutung der Holzspanplattenherstellung. Holz als Roh- und Werkstoff Bd. 13 (1955), S. 405/421.

[74] KLAUDITZ, W.: Untersuchungen über die Verleimungsvorgänge bei der Holzspanplattenherstellung. Mitt. d. DGfH Nr. 47 (1960), S. 87/90.

[75] KLAUDITZ, W.: Zur Entwicklung und zum Stande der Holzspanplattenherstellung 1955 bis 1961. Holz als Roh- und Werkstoff Bd. 20 (1962), S. 1/12.

[76] KLAUDITZ, W., u. A. BURO: Die Eignung von Sägespänen zur Herstellung von Holzspanplatten. Holz als Roh- und Werkstoff Bd. 20 (1962), S. 19/26.

[77] KLAUDITZ, W., u. W. KRATZ: Untersuchungen über Herstellbarkeit und Eigenschaften einfacher Holzspanformteile. Holz als Roh- und Werkstoff Bd. 20 (1962), S. 39/48.

[78] KLAUDITZ, W., u. E. MEINECKE: Neuere Untersuchungen über die Beleimung von Holzspänen. DGfH-Bericht 1/1961, S. 47/49.

[79] KLAUDITZ, W., u. I. STOLLEY: Entwicklung und Herstellung pilz- und termitenfester Holzspanplatten. Holz als Roh- und Werkstoff Bd. 12 (1954), S. 185/189.

[80] KLAUDITZ, W., u. H. J. ULBRICHT: Weitere Untersuchungen zur Beschleunigung der Verleimung von Holzspänen zu Holzspanplatten. DGfH-Bericht 2/1956, S. 12/20.

[81] KLEMA, F.: Melaminharze, ein Überblick über ihre Eigenschaften und Anwendungen. Mitt. Chem. Forsch. Inst. Österr. Bd. 8 (1954), S. 152/156.

[82] KLEMA, F., u. O. MONECKE: Klebstoffe und Bindemittel auf Melaminharzbasis. Garmisch-Partenkirchen: Moser 1956.

[83] KOCEL'ZER, L. J.: Über das Beimischen des Bindemittels zu den Holzpartikeln bei der Plattenherstellung. Derev. Prom. Bd. 8 (1959), S. 12/14. Ref.: Holzindustrie Bd. 13 (1960), S. 202.

[84] KÖHLER, R.: Theorie der Härtung der Melaminvorkondensate. Kunststofftechnik Bd. 11 (1941), S. 1.

[85] KÖHLER, R., u. W. ENZENSBERGER: Melaminharze in der Holztechnik. Holz als Roh- und Werkstoff Bd. 10 (1952), S. 51/56.

[86] KOLLMANN, F.: Vergütete Hölzer und holzhaltige Bau- und Werkstoffe, Begriffe und Zeichen. Erläuterungen zum Normblatt DIN 4076. Holz als Roh- und Werkstoff Bd. 5 (1942), S. 41/59.

[87] KOLLMANN, F.: Technologie des Holzes und der Holzwerkstoffe, Bd. I/II, 2. Aufl. Berlin/Göttingen/Heidelberg: Springer 1951/1955.

[88] KOLLMANN, F.: Resin Application and Equipment for Blending Resin with Raw Material Particles. Fibreboard and Particle Board, Item 5.30, Vol. IV. FAO, Rom 1958.

[89] KOLLMANN, F.: Vergleichende Prüfungen des Brandgeschehens bei Holz und Holzwerkstoffen in unbehandeltem und imprägniertem Zustand mittels verschiedener Kleingeräte. Svensk Papp. Tidn. Bd. 63 (1960), S. 208/217.

[90] KOLLMANN, F., u. R. TEICHGRÄBER: Beitrag zur Prüfung der Brandeigenschaften, insbesondere der Schwerentflammbarkeit, von Platten aus Holz und Holzwerkstoffen. Holz als Roh- und Werkstoff Bd. 19 (1961), S. 173/186.

[91] KRAMES, U.: Die Beständigkeit von Verleimungen mit Harnstoffharzen bei dauernder Beanspruchung durch höhere Temperaturen. Tischler Bd. 2 (1959), Nr. 10.

[92] KÜCH, W.: Über die Wechselwirkung von Holzschutzbehandlung und Verleimung. Holz als Roh- und Werkstoff Bd. 14 (1956), S. 58/67.

[93] KÜNZELMANN, E.: Über das Verhalten von Holzfaser- und Holzspanplatten gegenüber holzzerstörenden Pilzen und Feuer sowie die Möglichkeiten des Schutzes. Teil I u. II. Holzindustrie Bd. 1 (1960), S. 44/51 u. 129/134.

[94] LEVON, M.: The Wood Waste in the Sawmill Industry and its Utilization. Kom. ex Inst. Quaest. Forest. Finnl. Ed. 16 (1931).

[95] LIIRI, O.: Über den Einfluß der Feuchtigkeit sowie eines Hydrophobierungsmittels auf die Eigenschaften der Holzspanplatten. Vortrag auf der Sitzung der Techn. Kommission der „Europ. Föderation der Verbände der Spanplattenindustrie", Kopenhagen 16.—17. 3. 1961.

[96] MARRA, G. G.: Binders for Particle Boards. Symposium on Adhesives for the Wood Industry. U. S. For. Prod. Lab. Rep. No. 2183 (1960).

[97] MARIAN, J. E.: Adhesive and Adhesion Problems in Particle Board Production. For. Prod. J. Bd. 8 (1958), S. 172/176.

[98] MARZYMSKI, W.: Einfluß des Gehaltes an Harnstoff-Formaldehyd-Leim und des Preßdruckes auf die Schneidarbeit bei Holzspanplatten. Przemysl Drzewny Bd. 12 (1961), S. 22/25.

[99] MAXWELL, I. W.: Resins for the Manufacture of Particle Boards. Fibreboard and Particle Board, Item 4.19, Vol. II. FAO, Rom 1958.

[100] MCINTYRE, T.: Effect of Dieldrine in Glue Line of Oak Plywood Panels in Preventing Lyctus Beetle Damage. Northeast For. Exp. Station, Upper Darby, Pa., For. Res. Note No. 118 (1961).

[101] MEINECKE, E.: Über die physikalischen und technologischen Vorgänge bei der Beleimung und Verleimung der Holzspäne bei der Holzspanplatten-Herstellung. Bericht 67/1960 des Instituts für Holzforschung an der TH Braunschweig.

[102] MEYER, F. J., u. P. H. SPALDING: Anti-Termite and Anti-Fungus Treatment for Fibreboard, Hardboard and Particle Board. Fibreboard and Particle Board, Item 5.24, Vol. III. FAO, Rom 1958.

[103] MÖRATH, E.: DRP 556484, Kl. 38h, 21.11.1930. Verfahren zur Verringerung der Quellfähigkeit von Holz.

[104] MÖRATH, E.: DRP 556487, Kl. 38h, 25. 9. 1931. Nicht schwindende und hochdruckfeste Pflasterklötze.

[105] MÖRATH, E.: DRP 557566, Kl. 151, 21.11.1930. Nicht schwindende, hochdruckfeste Typen und Druckstöcke aus Laubholz. 27. 6. 1931.

[106] NAKAROY, Y., u. T. WATANABA: Studies on Urea-Formaldehyde Resins. Part I. On the Effect of Addition of Urea to the Urea-Formaldehyde Resin. Wood Industry Bd. 16 (1961), S. 21/25.

[107] NEUSSER, H.: Einiges über die praktische Verwendung von Härtern bei der Harnstoffharz-Heißverleimung. Holzforsch. u. Holzverw. Bd. 9 (1957), S. 10/11.

[108] NEUSSER, H.: Spanplattenprüfung in Versuchsanstalt und Betriebslaboratorium. Materialprüfung Bd. 2 (1960), S. 295/300.

[109] NEUSSER, H.: Einige Einflußfaktoren auf die Verleimungsqualität von Spanplatten im Spiegel der Quellversuche. Unveröffentl. Manuskript. Österr. Ges. f. Holzforschung, Wien 1962.

[110] OERTEL, J.: Die Beeinflussung der Leimbindefestigkeit durch verschiedene Holzschutzmittel. Holztechnologie Bd. 2 (1961), S. 130/137.

[111] PARRISH, J. R.: Particle Board from Wattlewood (*Acacia decurrens* var. *mollissima*) and Wattle Tannin. J. S. Afr. For. Ass. No. 32 (1958), S. 26/31.

[112] PETRI, V. N., u. I. P. PERMIKIN: The Effect of Petrolatum on the Strength of Glued Joints. Ind. Wood Processing Jg. 1959, H. 7, S. 15/16. Ref.: Holz als Roh- und Werkstoff Bd. 19 (1961), S. 457.

[113] PETRI, V. N., u. I. P. PERMIKIN: The Use of Petrolatum in Particle Board Production. Ind. Wood Processing Jg. 1959, H. 12, S. 14/16. Ref.: Holzforschung Bd. 14 (1960), S. 156.

[114] PETZ, A., u. F. FISCHER: Wärmeenergetische Vorgänge beim Abbinden von Harnstoffharzen. Holz als Roh- und Werkstoff Bd. 12 (1954), S. 96/98.
[115] PLATH, E.: Über den Einfluß der Härtung von Harnstoffharzen auf die Eigenschaften von Holzspanplatten. Holz als Roh- und Werkstoff Bd. 17 (1959), S. 490/494.
[116] PLATH, E., u. H. SCHMIDT: Zur Frage der Termitensicherung von Sperrholz. Holz als Roh- und Werkstoff Bd. 10 (1952), S. 250/251.
[117] POLLAK: DRP 448201 (1927). Kondensationsprodukte aus Harnstoff und Derivaten.
[118] PROSIŮSKI, ST., Z. CZECHOWSKI, K. LUTOWSKI u. M. LAWNICZAK: Vergleichende Untersuchungen über die Feuerbeständigkeit von Flachsplatten sowie Holzspanplatten, Faserplatten und Rohholz. Roczniki Wyzszey Szkoly Rolniczey w Poznanin Bd. 11 (1961).
[119] RACKWITZ, G.: Zur Kenntnis der Vorgänge bei der Verleimung von Spanplatten in beheizten Pressen. DGfH-Bericht 2/1955, S. 10/13.
[120] ROPELLA, L. A.: Adhesives and Procedures for Gluing Fire Retardant Treated Wood. For. Prod. J. Bd. 10 (1960), S. 513/515.
[121] RUFFIN, E. T.: Exterior Durability of Hardboard. For. Prod. J. Bd. 10 (1960), S. 336/341.
[122] RUNKEL, R. O. H.: Zur Kenntnis des thermoplastischen Verhaltens von Holz. 1. Mitt. Holz als Roh- und Werkstoff Bd. 9 (1951), S. 41/53. Ders. u. K.-D. WILKE: 2. Mitt. das., S. 260/270.
[123] SAECHTLING, H.: Einige neue Verfahren zur Erzeugung von Bauplatten aus geringwertigen Holzrohstoffen. Holzforschung Bd. 2 (1948), S. 21/24.
[124] SANDERMANN, W., u. H. H. DIETRICHS: Untersuchungen über termitenresistente Hölzer. Holz als Roh- und Werkstoff Bd. 15 (1957), S. 281/297.
[125] SANDERMANN, W., u. M. ROTHKAMM: Über die Bestimmung der p_H-Werte von Handelshölzern und deren Bedeutung für die Praxis. Holz als Roh- und Werkstoff Bd. 17 (1959), S. 433/440.
[126] SAVORY, J. G.: The Role of Microfungi in the Decomposition of Wood. Rec. Brit. Wood Pres. Assoc. (1955), S. 3/35.
[127] SCHMIDT, E.: Unkosten des Holzschälens und Manipulierens in Abhängigkeit vom Durchmesser des Papierholzes. Holz als Roh- und Werkstoff Bd. 3 (1940), S. 228/231.
[128] SCHMIDT-HELLERAU, CH.: Gegenüberstellung der Amino- und Phenoplaste als Bindemittel für Spanplatten. Holz-Zbl. Bd. 87 (1961), S. 521/523.
[129] SCHULZE, B., u. G. BECKER: Ergebnisse einer vergleichenden Prüfung der insektentötenden Wirkung von Holzschutzmitteln. I. Teil: Giftwerte. Wiss. Abh. Dt. Materialprüfungsanstalt II/3 (1942), S. 11/13, II. Teil: Giftwerte Wiss. Abh. Dt. Materialprüfungsanstalt II/7 (1950), S. 40/62.
[130] SCHULZE, B., u. J. STAMER: Einwirkung von Holzschutzmitteln auf die Holzfaser. Wiss. Abh. Dt. Materialprüfungsanstalt II/7 (1950), S. 113.
[131] SEEKAMP, H.: Die Klassifizierung der Brennbarkeit holzhaltiger Platten. Holz als Roh- und Werkstoff Bd. 12 (1954), S. 189/197.
[132] SELBO, M. L.: Summary of Information on Gluing of Wood. U. S. For. Prod. Lab. Rep. No. 1789 (1950, rev. 1955/59).
[133] SMITHSON, R. T.: Preservation of Board Materials, Part 3: The Vacuum/Pressure Impregnation of Plywood, Hardboard, Insulating Board and Chipboard. Board Bd. 4 (1961), S. 70.
[134] SOKOLOWA, T. E., u. O. G. TIMOFEEVA: Biological Protection of Wood-Chip Panels. Stroitel'nye Materialy Bd. 5 (1958), S. 35/36. Ref.: For. Abstr. Bd. 21 (1960), S. 675.

[*135*] Stamm, A. J., u. R. H. Baechler: Decay Resistance and Dimensional Stability of Five Modified Woods. For. Prod. J. Bd. 10 (1960), S. 22/26.

[*136*] Stegmann, G., u. W. Storck: Die Verwertung von schwachem Waldholz und Industrierestholz für die Herstellung von Span- und Faserplatten sowie Zellstoff und Holzschliff. Holz-Zbl. Bd. 89 (1963), S. 2547/2548 u. 2550/2553.

[*137*] Steiner, P., u. W. Gruch: Zur Toxikologie der Insektizide. Literaturübersicht 1. Teil: Diën-Gruppe. Mitt. aus der Biologischen Bundesanst. f. Land- u. Forstwirtschaft, Berlin-Dahlem, Heft 95 (1959).

[*138*] Stolley, I.: Some Methods for Treating Particle Boards to Increase their Resistance to Fungi and Termites. Fibreboard and Particle Board, Vol. IV, Paper 5.38. FAO, Rom 1958.

[*139*] Swiderski, J.: Zur Technologie der Flachsspanplatten-Erzeugung. Holz als Roh- und Werkstoff Bd. 18 (1960), S. 242/250.

[*140*] Taylor, I. R., u. C. H. Adams: Weather Aging of Styrene and Phenolic Plastics. Mech. Engineering Bd. 76 (1954), S. 803/807.

[*141*] Thielmann, C. A. von: Über die Anwendung von Spanplatten im Bauwesen. Beispiele aus dem Institutsneubau des Spanplattenlaboratoriums Dipl.-Ing. Max Himmelheber in Baiersbronn/Schwarzwald. Holz als Roh- und Werkstoff Bd. 16 (1958), S. 41/44.

[*142*] Troop, B. S., u. F. F. Wangaard: The Gluing Properties of Certain Tropical American Woods. Yale Univ. School of Forestry Techn. Rep. No. 4 (1950).

[*143*] U. S. Dept. of Commerce: Recommended Commercial Standard for Matformed Wood Particle Boards. T. S. 5463 A (1960).

[*144*] Verall, A. F.: Preservative-Moisture Repellent Treatment for Wooden Packing Boxes. For. Prod. J. Bd. 9 (1959), S. 3/4.

[*145*] Vinogradow, Y. u. N., u. M.: Pressen von Holzspanplatten mit Sulfit-Schlempe-Konzentrat. Derev. Prom. Bd. 9 (1960), S. 11/12 u. 13/14.

[*146*] Wandeberg, E.: Kunststoffe. Ihre Verwendung in Industrie und Technik, 2. Aufl. Berlin/Göttingen/Heidelberg: Springer 1959, S. 163/194 u. Lit.-Verz. S. 400.

[*147*] Weaver, J. W., J. F. Nielson u. I. S. Goldstein: Dimensional Stabilization of Wood with Aldehydes and Related Components. For. Prod. J. Bd. 10 (1960), S. 306/310.

[*148*] Wedding, K. U.: Aufkommen und Verbrauch von „Industrieholz" in der Bundesrepublik. Holz-Zbl. Bd. 89 (1963), S. 1637.

[*149*] Wyss, O.: Einige Wirtschaftlichkeitsfragen der Spanplatten-Industrie. Holz als Roh- und Werkstoff Bd. 15 (1957), S. 58/61.

3. Allgemeine Technologie der Spanplattenherstellung

[*1*] Anonymus: Die Entrindung von Rundholz. Holz-Zbl. Bd. 84 (1958), S. 257.

[*2*] Anonymus: Eine Großbündel-Füll- und -Preßvorrichtung. Verfahren zur Transportrationalisierung von Sägewerksabfällen. Holz-Zbl. Bd. 88 (1962), S. 654.

[*3*] Anonymus: Aufarbeitung und Verlad von Schichtholz. Wald und Holz Bd. 44 (1962), Nr. 2, S. 37/40.

[*4*] Beushausen, W.: Die Aufbereitung von Holz und Holzabfällen durch Zerkleinerung und Windsichtung. Holz als Roh- und Werkstoff Bd. 13 (1955), S. 121/130.

[*5*] Bott, R.: Betrachtungen über die industrielle Holzentrindung. Holz als Roh- und Werkstoff Bd. 13 (1955), S. 147/160.

[*6*] BP (angemeldet); Auslegeschrift 1127186 (1960). Greten, E.: Kombination einer Schleudermühle mit Windsichter.

[7] Brecht, W., R. Bott und M. Wenz: Untersuchung einer Karlström-Entrindungsanlage. Das Papier Bd. 8 (1954), S. 120.

[8] Brecht, W., u. G. Schuster: Über die Feuchtung von Fichtenholz. Das Papier Bd. 10 (1956), S. 271/281.

[9] Buschbeck, L., u. E. Kehr: Untersuchungen über die Verkürzung der Preßzeit beim Heißpressen von Spanplatten. Holztechnologie Bd. 1 (1960), S. 112/123.

[10] DAS 1115911 (1960). Industrie Maschinen GmbH, Hamburg: Vorrichtung zum Aufteilen und/oder Querbesäumen von aus schüttbarem Gut wie mit Bindemitteln versetzten Holzspänen oder dergl. lose aufgeschütteten Rohlingen für die Spanplattenherstellung.

[11] DAS 1127066 (1960). Hildesheimer Maschinenfabrik Behrens & Co. GmbH, Hildesheim: Vorrichtung zum volumetrischen Dosieren und gleichmäßigen Ausstreuen von schlecht oder gar nicht fließendem Schüttgut wie Holzspäne oder dergl.

[12] DBP 830879 (1952). Draiswerke GmbH: Mit einem Rührwerk ausgerüstete Mischvorrichtung.

[13] DBP 834462 (1949). B. Schilde AG: Verfahren und Vorrichtung zum Beschicken und Entleeren von Faserplattenpressen.

[14] DBP 878104 (1948). Norddeutsche Homogenholz-Gesellschaft mbH, Triangel: Vorrichtung zum Benetzen von schüttfähigem Gut, insbesondere Holzspänen mit Bindemitteln.

[15] DBP 879244 (1949). Gebr. Lödige: Mischtrommel.

[16] DBP 953008 (1953). Maschinenfabrik Becker & van Hüllen: Ein- und Ausfahrvorrichtung zum Beschicken bzw. Entladen von Etagenpressen.

[17] DBP 956350 (1952). Draiswerke GmbH: Trogmischer zum kontinuierlichen Mischen von Holzspänen oder anderen spanförmigen Stoffen.

[18] DBP 967328 (1953); Auslegeschrift F 1658 XII/38 l. Roger Ferrero: Verfahren zur Herstellung von Holzspanplatten.

[19] DBP 971067 (1951). Himmelheber, M., u. K. Steiner: Vorrichtung zum Versetzen für die Herstellung von Spanwerkstoffen bestimmter Holzspäne mit Bindemitteln.

[20] DBP 971560 (1952). Himmelheber, M., u. K. Steiner: Verfahren und Vorrichtung zur kontinuierlichen Herstellung von Spanplatten.

[21] DBP 976098 (angemeldet 1952). Himmelheber, M., und K. Steiner: Einrichtung zur Zwischenspeicherung und Weitergabe von zur Verfilzung neigendem Schüttgut wie Holzspänen.

[22] DBP 1020961 (1954). Draiswerke GmbH: Besprühungseinrichtung für Misch- und Knetmaschinen.

[23] DBP 1053176 (1952). Draiswerke GmbH: Trogmischer zum kontinuierlichen Mischen von Holzspänen und anderen spanförmigen Stoffen.

[24] DBP 1057323 (1957). Draiswerke GmbH: Misch- und Dosiereinrichtung für mehrere Flüssigkeiten, vorzugsweise einzelne Leimkomponenten zum Versetzen von Holzspänen für die Herstellung von Holzspanplatten oder dergl.

[25] DBP 1073731 (1952). Himmelheber, M., u. K. Steiner: Verfahren und Vorrichtungen zur kontinuierlichen Herstellung von Spanplatten. Zusatzpatent zu DBP 971560.

[26] DBP 1084199 (angemeldet 1955); BP 781877. The Airscrew Co. and Jicwood Ltd.: Bandbunker insbesondere für Holzschnitzel und anderes lockeres Material.

[27] DBP 1088697 (1957). Himmelheber, M., u. K. Steiner: Vorrichtung zur Herstellung von Holzspanplatten oder dergl.

[28] DBP 1127573 (1960). HIMMELHEBER, M., u. K. STEINER: Vorrichtung zur Herstellung von Holzspanplatten oder dergl. Zusatzpatent zu DBP 1088697.

[29] Deutsches Gebrauchsmuster 1819780 (angemeldet 1960). GERLACH, H.: Bunkeraustragvorrichtung für zur Brückenbildung neigendes Material.

[30] DRP 51367 (1889). WEITZ, I.: Schrägstehende Lade für Holzraspelmaschinen.

[31] DRP 666447 (1935). ROHRER, O.: Verwendung besonderer Späne für Sperrholzdeckschichten.

[32] DRP 680372 (angemeldet 1936). BLACHE, H.: Vorrichtung zum Zuführen von faserstoffhaltigen Kunstharzmassen zu der Dosiervorrichtung einer Presse.

[33] ENGELS, K.: Die Dosierung für Spänebeleimungsmischer unter Berücksichtigung von Gewichts- und Volumendosierung. Holz als Roh- und Werkstoff Bd. 17 (1959), S. 134/145.

[34] ENGELS, K.: Besprüh-Beleimung. Holz als Roh- und Werkstoff Bd. 18 (1960), S. 131/140.

[35] ENZINGER, H.: Untersuchungen zur Beleimung von Holzspänen im Besprühungsverfahren. Unveröffentl. Ingenieurarbeit. Staatl. Holztechnikum Rosenheim 1959.

[36] FLANN, I. B., J. DOBIE u. C. F. MCBRIDE: An Outline of Barking and Chipping Equipment available in Canada. Timber of Canada Jg. 1952, H. 1, S. 1/13.

[37] FLURY, PH.: Einfluß der Berindung auf die Kubierung des Schaftholzes. Mitteilungen der schweizerischen Zentralanstalt für das forstliche Versuchswesen 1897, S. 203.

[38] Food Machinery and Chemical Corp., Dapon Department: Data for Industry, No. 2 (1960).

[39] GÖHRE, K.: Werkstoff Holz. Leipzig: Fachbuchverlag 1961.

[40] Goodyear Fire & Rubber Co.: Videne — a Polyester Laminating and Surfacing Film. Paper No. 59-A-316 (1959).

[41] GRASSER, M.: Temperaturverlauf in industriell gefertigten Spanplatten. Holz-Zbl. Bd. 88 (1962), Nr. 137, Beil. Moderne Holzverarbeitung.

[42] HENKER, W.: Stetigförderer im automatischen Holzspanplattenwerk. Schenck Mitteilungen Jg. 1960, H. 8, S. 5/8.

[43] Herberts, K., & Co., Chemische Werke, Wuppertal: Werksmitteilungen 1964.

[44] HERDEY, O.: Neuzeitliche Zerspanungsmaschinen. Holz-Zbl. Bd. 79 (1953), Messe-Sonderheft, S. 10/17.

[45] Institut für Holzforschung an der TH Braunschweig: Zur Kenntnis der Druckverleimung von Holzspänen zu Holzspanplatten in beheizten hydraulischen Etagenpressen und Beschleunigung der Verleimungsvorgänge durch Einstellung zweckmäßiger Feuchtigkeitsgehalte des beleimten Spangutes und durch Erhöhung der Temperatur bei der Verleimung. Bericht 45/1955 des Instituts für Holzforschung an der TH Braunschweig.

[46] Institut für Holzforschung und Holztechnik der Universität München: Unveröffentl. Messungen.

[47] JOHNSON, E. S.: Wood Particle Board Handbook. The Industrial Experimental Program. North Carolina State College, Raleigh, N. C. 1956.

[48] KLAUDITZ, W.: Untersuchungen über die Eignung verschiedener Holzarten, insbesondere von Rotbuchenholz, zur Herstellung von Holzspanplatten. Bericht 25/1952 des Instituts für Holzforschung an der TH Braunschweig.

[49] KNORPP, W.: Späneabsaugungsanlagen. Holz als Roh- und Werkstoff Bd. 21 (1963), S. 268/272.

[50] KÖNIG, H.-J.: Herstellung, Prüfung und Eigenschaften melaminharzvergüteter Schichtpreßstoffe für dekorative Verwendung. Kunststoffe Bd. 48 (1958), S. 513/522.

[51] KOLLMANN, F.: Herstellung halbschwerer Holzspanplatten im Trockenverfahren. Holz als Roh- und Werkstoff Bd. 10 (1952), S. 121/134.

[52] KOLLMANN, F.: Herstellung und Eigenschaften von Holzspanplatten der Norddeutschen Homogenholzgesellschaft m. b. H., Triangel. Holz als Roh- und Werkstoff Bd. 10 (1952), S. 463/468.

[53] KOLLMANN, F.: Stand der Technik bei der Herstellung von Holzspanplatten. Holz als Roh- und Werkstoff Bd. 12 (1954), S. 117/134.

[54] KOLLMANN, F.: Automatisierung bei der Herstellung von Holzspanplatten. Holz als Roh- und Werkstoff Bd. 13 (1955), S. 421/433.

[55] KOLLMANN, F.: Technologie des Holzes und der Holzwerkstoffe, Bd. II, 2. Aufl. Berlin/Göttingen/Heidelberg: Springer 1955, S. 5ff.

[56] KOLLMANN, F.: Neuerungen auf dem Gebiet der Spanplattenfertigung. Holz-Zbl. Bd. 82 (1956), Nr. 50, Messe-Sonderheft, S. 12/18.

[57] KOLLMANN, F.: Über den Einfluß von Feuchtigkeitsunterschieden im Spangut vor dem Verpressen auf die Eigenschaften von Holzspanplatten. Holz als Roh- und Werkstoff Bd. 15 (1957), S. 35/44.

[58] KOLLMANN, F.: Untersuchung der wichtigsten Gebrauchseigenschaften von kunstharzbeschichteten Holzfaser- und Holzspanplatten. Forschungsberichte des Landes Nordrhein-Westfalen Nr. 905. Köln/Opladen: Westdeutscher Verlag 1960.

[59] KOLLMANN, F.: Furniere, Lagenhölzer und Tischlerplatten. Berlin/Göttingen/Heidelberg: Springer 1962.

[60] KOLLMANN, F., F. SCHNÜLLE u. K. SCHULTE: Untersuchungen zur Beleimung von Spangemischen. Holz als Roh- und Werkstoff Bd. 13 (1955), S. 440/449.

[61] KOLLMANN, F., u. R. TEICHGRÄBER: Abhängigkeit der Querzugfestigkeit der Spanplatten vom Anteil an Feingut. Holz als Roh- und Werkstoff Bd. 20 (1962), S. 404/405.

[62] KRÖLL, K.: Die Vorgänge in Trocknungs- und Erwärmungstrommeln für rieselfähige Güter. Berlin/Göttingen/Heidelberg: Springer 1950.

[63] KRÖLL, K.: Stromtrockner. VDI-Z. Bd. 94 (1952), S. 360/364.

[64] KRÖLL, K.: Trockner und Trocknungsverfahren. Berlin/Göttingen/Heidelberg: Springer 1959.

[65] KUBITZKY, C.: PVC-Oberflächen auf Möbelplatten. Holz-Zbl. Bd. 86 (1960), S. 444.

[66] KULL, W.: Die Erwärmung von parallelflächigen Stoffen zwischen Heizplatten und die Bestimmung der Heizzeit bei der Holzverleimung, insbesondere bei der Spanplattenherstellung. Holz als Roh- und Werkstoff Bd. 12 (1954), S. 413/418.

[67] KULL, W.: Der Weg zur Qualitätsspanplatte. Holz-Zbl. Bd. 81 (1955), Nr. 48, Messe-Sonderheft, S. 18/21.

[68] KULL, W.: Die Dichte von Holz und Holzwerkstoffen. Holz-Zbl. Bd. 89 (1963), S. 125/131.

[69] KUNESH, R. H.: Das unelastische Verhalten von Holz. Ein neuer Weg zur verbesserten Plattenformung. For. Prod. J. Bd. 11 (1961), S. 395/406.

[70] LAMBERTS, K., u. L. PUNGS: Anwendung von Hochfrequenzwärme bei der Spanplattenfertigung. Holz als Roh- und Werkstoff Bd. 20 (1962), S. 405/408.

[71] Letron GmbH, Aschaffenburg: Werksmitteilungen 1964.

[72] MEINECKE, E.: Über die physikalischen und technologischen Vorgänge bei der Beleimung und Verleimung der Holzspäne bei der Holzspanplatten-Herstellung. Bericht 67/1960 des Instituts für Holzforschung an der TH Braunschweig.

[73] Munk, E.: Herstellung und Verwendung moderner Spanholzformteile. Holzwirtschaftliches Jahrbuch Nr. 8. Stuttgart: Holz-Zentralblatt Verlags-GmbH 1958.

[74] Neusser, H.: Über die Veränderung des Leimes während des Produktionsvorganges in Spanplatten bzw. über einige Einflußfaktoren auf die Verleimungsqualität. Holzforsch. u. Holzverw. Bd. 14 (1962), S. 88/96.

[75] Österr. Patent 218723 (1959). Bär, E.: Formstation für Anlagen zum Fertigen von Platten und anderen Körpern aus beleimten Holzspänen oder ähnlichem Gut.

[76] Pahlitzsch, G., u. J. Mehrdorf: Herstellen von Schneidspänen mit Flachscheiben-Spanern. 1. Mitt.: Einfluß von Spanungsdicke und Holzfeuchtigkeit auf die Erzeugung von Holzspänen. Holz als Roh- und Werkstoff Bd. 20 (1962), S. 314/322.

[77] Paschke & Co., Darmstadt: Beschreibung der Paschke-Entrindungsanlage.

[78] Polovtseff, B.: Practical Aspects of Wood Chipboard Densification Patterns. Wood Chipboard. Weybridge: The Airscrew Co. and Jicwood Ltd. 1961.

[79] Rackwitz, G.: Ein Beitrag zur Kenntnis der Vorgänge bei der Verleimung von Holzspänen zu Holzspanplatten in beheizten hydraulischen Pressen. Diss. TH Braunschweig 1954.

[80] Rackwitz, G., u. M. Obermaier: Die Sichtung von Holzspänen. 1. Mitt.: Grundlagen der Sichtung und die Sichtung im waagerechten Luftstrom. Holz als Roh- und Werkstoff Bd. 20 (1962), S. 27/38.

[81] Ritter, E. J.: Verbundplatten aus Holzwerkstoffen mit Kunstschichtstoffoberflächen. Holz als Roh- und Werkstoff Bd. 15 (1957), S. 62/67.

[82] Ross Engineering, I. O.: New Panel Finishing Line. Wood and Wood Prod. Bd. 65 (1960), H. 11, S. 32/35.

[83] Samson, T.: Über das Hacken von Holz in Späne. Svensk Papp. Tidn. Bd. 35 (1942), S. 175/182.

[84] Sandermann, W.: Grundlagen der Chemie und der chemischen Technologie des Holzes. Leipzig: Geest & Portig 1956, S. 188ff.

[85] Schaffrath, H.: Elektrisches Metallsuchgerät für die Spanplattenherstellung. Holz als Roh- und Werkstoff Bd. 15 (1957), S. 146/147.

[86] Scheibert, W.: Spanplatten. Herstellung, Verarbeitung, Anwendung. Leipzig: Fachbuchverlag 1958.

[87] Schmutz Mfg. Co. Inc., Louisville: Beschreibung der Druckanlage System Schmutz. Veredelungs- und Maserdruck-Verfahren. 1964.

[88] Schmutzler, W.: Kenngrößen für die Späneabsaugung. Holz als Roh- und Werkstoff Bd. 21 (1963), S. 265/267.

[89] Schweizer Patent 248559. Fahrni, F.: Verwendung von besonderen Spänen mit bestimmten Eigenschaften für die Außenschichten von Spanplatten.

[90] Schweizer Patent 276790 (1947). Interwood AG, Zürich: Herstellung ganzer Spanplatten aus Kunstspänen.

[91] Soiné, H.: Das Fördern schwacher Rundholzsortimente. Holz als Roh- und Werkstoff Bd. 15 (1957), S. 220/228.

[92] Sorg, K. A.: Der Einsatz von Metallsuchgeräten in der Holzindustrie. Holz als Roh- und Werkstoff Bd. 17 (1959), S. 397/402.

[93] Steinemann, U., AG: Werksmitteilungen.

[94] Steiner, K.: Zerspanungsmaschinen für die Holzspanplattenfabrikation. Holzwirtschaftliches Jahrbuch Nr. 6/7. Stuttgart: Holz-Zentralblatt Verlags-GmbH 1954.

[95] Steiner, K.: Über Verfahrenstechnik und Maschinen zur Herstellung hochwertiger Holzspanplatten. Holz als Roh- und Werkstoff Bd. 12 (1954), S. 343/348.
[96] Steiner, K.: Wood Barking and its Importance in the Manufacture of Particle Boards. Fibreboard and Particle Board, Item IV, Paper 4.11/Add. 1. FAO, Rom 1958.
[97] Steiner, K.: Eine neue Spanplattenanlage nach dem System Behr-Himmelheber. Holz als Roh- und Werkstoff Bd. 16 (1958), S. 165/176.
[98] Strickler, M. D.: Einfluß der Preßbedingungen und der Holzfeuchtigkeit auf die Eigenschaften von Spanplatten aus Douglasienholz. For. Prod. J. Bd. 9 (1959), S. 203/215.
[99] Suchsland, O.: An Analysis of the Particle Board Process. Quart. Bull. of the Agric. Exp. Stat. Michigan State Univ. 42:2, S. 350/372.
[100] Sundberg, U.: The Mechanical Barking of Timber. FAO-United Nations Publ. 1957, Item II E/Mimeo. 12.
[101] Swiderski, J.: Zur Technologie der Flachsspanplatten-Erzeugung. Holz als Roh- und Werkstoff Bd. 18 (1960), S. 242/250.
[102] USP 796595 (1905). Watson, H. F.: Verwendung von Schuppen oder Plättchen zur Herstellung dicker Platten.
[103] Vorreiter, L.: Holzmehl. Eigenschaften, Erzeugung und Verwendung. Kleine Schriftenreihe Nr. 8. Stuttgart: Holz-Zentralblatt Verlags-GmbH 1960.
[104] Zieger, E.: Technologie der Holzentrindung. Leipzig: Fachbuchverlag 1960.

4. Erzeugung von Holzspanformteilen

[1] Anonymus: New Plant Converts Aspen Logs to Molded Particle Products. Wood and Wood Prod. Bd. 68 (1963), H. 5, S. 38/40 u. 86.
[2] Collipreß GmbH.: Collipreß Informationsdienst. 1961.
[3] DBP 841055 (1948). Runkel, R. O. H., u. J. Jost: Thermodyn-Verfahren.
[4] Haas, H.: Das Spanholzpreßteil. Holz Bd. 13 (1959), S. 170/172.
[5] Kollmann, F.: Technologie des Holzes und der Holzwerkstoffe, Bd. II, 2. Aufl., Berlin/Göttingen/Heidelberg: Springer 1955.
[6] Munk, E.: Herstellung und Verwendung moderner Spanholzformteile. Holzwirtschaftliches Jahrbuch Nr. 8. Stuttgart: Holz-Zentralblatt Verlags-GmbH 1958.
[7] Munk, E.: Das Spanholzformteil. Holz-Zbl. Bd. 85 (1959), S. 486/488.
[8] Prod. Development Corp.: Molded Particle Board. Wood and Wood Prod. Bd. 65 (1960), H. 12, S. 54/56.
[9] Runkel, R. O. H.: Zur Kenntnis des thermoplastischen Verhaltens von Holz. 1. Mitt. Holz als Roh- und Werkstoff Bd. 9 (1951), S. 41/53.
[10] Runkel, R. O. H., u. K.-D. Wilke: Zur Kenntnis des thermoplastischen Verhaltens von Holz. 2. Mitt. Holz als Roh- und Werkstoff Bd. 9 (1951), S. 260/270.
[11] Sherringham, J. M.: Les produits moulés Werzalit à base de copeaux de bois. Rev. du Bois Bd. 19 (1964), H. 5, S. 39/42.
[12] Wilke, K.-D.: Untersuchungen über die thermische Plastifizierung von Holz. Diss. Univ. Hamburg 1951.

5. Spezielle Herstellverfahren

[1] Ambros, J., u. V. Bigl: Spanplattenfertigung gemäß dem Bartrev-Verfahren. Dřevo Bd. 14 (1959), S. 66/69.
[2] Anonymus: Neue Wege in der Spanplattenfertigung. Doppelt furnierte Spanplatten im fließenden Arbeitsgang. Holz-Zbl. Bd. 83 (1957), S. 1543.

[3] Anonymus: Chipboard Manufacture and Use. The Hildebrand Plant H. D. 102. Board Bd. 1 (1958), S. 24/25.

[4] Anonymus: Particle Board. Plants Equipment, Engineering. Bull. of the Miller-Hofft, Inc., Richmond 26, Va. 1959.

[5] Bibby, R. D.: A Study of the Characteristics, Manufacture and Use of Particle Board from Wood and Other Vegetable Fibres. Fibreboard and Particle Board, Vol. IV, Paper 5.43. FAO, Rom 1958.

[6] BP 595423 (1947). Improvement in and relating to the manufacture of composite or multiple continuous sheet or web material (caterpillar press).

[7] BP 605806 (1946). Improvement in and relating to the heating and manufacture of sheet material from comminuted material with a plastic board (high frequency).

[8] Crafton, J. M.: Extruded Chipcore Board. For. Prod. J. Bd. 6 (1956), S. 173/175.

[9] DBP 1658 XII/381 (1942). Fahrni, F.: Verfahren zur Herstellung von Holzspanplatten.

[10] DBP 841642/38i (1952). Behr, E.: Maschine zur Herstellung von Langfaserspänen aus Holz, insbes. für Holz-Langfaserspanplatten.

[11] DBP 878104/381 (1953). Norddeutsche Homogenholz GmbH: Vorrichtung zum Benetzen von schüttfähigem Gut, insbes. Holzspänen mit Bindemitteln.

[12] DBP 907145/50d (1954). Benno Schilde AG: Windsichtverfahren und Windsichter.

[13] DBP 920209/381 (1954). Himmelheber, M., u. K. Steiner: Verfahren und Einrichtungen zur Herstellung von Formlingen, Kuchen oder Vliesen aus Spänen, Fasern oder ähnlichen Schüttgütern.

[14] DBP 932200/38 l (1955). Himmelheber, M., u. K. Steiner: Vorrichtung zur Herstellung von Formlingen, Kuchen oder Vliesen aus Spänen, Fasern und ähnlichen Schüttgütern.

[15] DBP 941155/38i (1956). Himmelheber, M., u. K. Steiner: Scheibenhobel zur Erzeugung von Spänen aus stückigem Holz.

[16] DBP 944 583/38i (1956). Himmelheber, M., u. K. Steiner: Vorrichtung zur Holzzuführung an mehreren Spanmaschinen.

[17] DBP 971560/381 (1959). Himmelheber, M., u. K. Steiner: Verfahren und Vorrichtung zur kontinuierlichen Herstellung von Spanplatten.

[18] DBP 1073731/381 (1960). Himmelheber, M., u. K. Steiner: Verfahren und Vorrichtung zur kontinuierlichen Herstellung von Spanplatten.

[19] DBP H 11219 XI/81e (angemeldet 1952). Himmelheber, M., u. K. Steiner: Verfahren und Einrichtung zur gleichmäßigen Auffüllung von Schüttgütern auf Bandbunker unter gleichzeitiger Entnahme dieser Güter aus den Bunkern.

[20] DBP H 12375 Ib/381, DAS 1061060 (angemeldet 1952). Himmelheber, M., u. K. Steiner: Kontinuierlich arbeitende Mischtrommel zur Beleimung von Holzspänen oder dgl.

[21] DBP p 4705 XII/38k (angemeldet 1948). Behr, E.: Verfahren zur Herstellung von Holzfaserplatten.

[22] DBP p 8420 XII/38i (angemeldet 1948). Norddeutsche Homogenholz GmbH: Verfahren und Vorrichtungen zur Herstellung von Holzspänen für die Erzeugung von Holzspangegenständen.

[23] DBP p 32415 XII/38c (angemeldet 1949). Behr, E.: Aus Holzfasern gepreßter Körper, Verfahren und Vorrichtung zu seiner Herstellung.

[24] Eisner, K.: Neue Erkenntnisse in der Holzspanplattenerzeugung. Dřevo Bd. 12 (1957), S. 330/335.

[25] Erickson, E. C. O.: Mechanical Properties of Laminated Modified Wood. U.S. For. Prod. Lab. Rep. R 1639 (rev. 1952).

[26] FAHRNI, F.: Das Verpressen von Spanplatten bei gefeuchteten oder feuchteren Deckspänen. Holz als Roh- und Werkstoff Bd. 14 (1956), S. 8/10.

[27] FAHRNI, F.: Die Entwicklung der Holzspanplatte in dokumentarischer Sicht und der verfahrensmäßige Beitrag von Novopan. Holz als Roh- und Werkstoff Bd. 15 (1957), S. 24/35.

[28] FISCHBEIN, W. J.: Continuous Press Manufacture of Particle Board. Economics, Quality, Production. Fibreboard and Particle Board, Vol. IV, Paper 5.35. FAO, Rom 1958.

[29] GEL'MAN, M. J., J. S. TUPICYN u. A. A. EL'BERT: Herstellung von Spanplatten nach der Bartrev-Methode. Holztechnologie Bd. 1 (1960), S. 187.

[30] HERDEY, O.: Neuzeitliche Zerspanungsmaschinen. Holz-Zbl. Bd. 79 (1953), Messe-Sonderheft, S. 10/17.

[31] HIMMELHEBER, M.: Arbeiten der Holig-Homogenholz-Werke GmbH. auf dem Gebiet der Holzwerkstoffe. Veröffentlichung Nr. 31 des Vereins für technische Holzfragen, 1948.

[32] HUTSCHNEKER, K.: Volumetrische und gewichtsmäßige Dosierung bei Beleimung und Einstreuung in der Spanplattenerzeugung. Holz als Roh- und Werkstoff Bd. 21 (1963), S. 478/482.

[33] IWASHITA, M., T. MATSUDA u. S. ISHIHARA: Studies on Particle Board. III. Studies of Hot Pressing. 1. Effect of Curing Conditions, Especially Moisture Content of Wood Particles. Bull. Governm. For. Exp. Station, Tokyo, No. 126 (1960), S. 63/89.

[34] KEYLWERTH, R.: Zur Mechanik der mehrschichtigen Spanplatte. Holz als Roh- und Werkstoff Bd. 16 (1958), S. 419/430.

[35] KEYLWERTH, R.: Über das Verfahren „mit feuchteren Außenschichten“ zur Herstellung dreischichtiger Holzspanplatten. Holzforsch. u. Holzverw. Bd. 11 (1959), S. 51/57.

[36] KLAUDITZ, W.: Gesichtspunkte der Forschung zur Verfahrenstechnik der Holzspanplattenherstellung. Tagung Braunschweig 1951. Berichte und Vorträge der Holztagung des Vereins für technische Holzfragen e. V., Braunschweig-Kralenriede 1951, S. 121/124.

[37] KLAUDITZ, W., u. H. J. ULBRICHT: Weitere Untersuchungen zur Beschleunigung der Verleimung von Holzspänen zu Holzspanplatten in beheizten hydraulischen Pressen. DGfH-Bericht 2/1956, S. 12/20.

[38] KOLLMANN, F.: Herstellung halbschwerer Holzspanplatten im Trockenverfahren. Holz als Roh- und Werkstoff Bd. 10 (1952), S. 121/134.

[39] KOLLMANN, F.: Technologie des Holzes und der Holzwerkstoffe, Bd. II, 2. Aufl. Berlin/Göttingen/Heidelberg: Springer 1955.

[40] KOLLMANN, F.: Über den Einfluß von Feuchtigkeitsunterschieden im Spangut vor dem Verpressen auf die Eigenschaften von Holzspanplatten. Holz als Roh- und Werkstoff Bd. 15 (1957), S. 35/44.

[41] KULL, W.: Die Erwärmung von parallelflächigen Stoffen zwischen Heizplatten und die Bestimmung der Heizzeit bei der Holzverleimung, insbesondere bei der Spanplattenherstellung. Holz als Roh- und Werkstoff Bd. 12 (1954), S. 413/418.

[42] MILLER, H. C. L.: Multiplaten Press Manufacture of Particle Board. Economics, Quality, Production. Fibreboard and Particle Board, Vol. IV, Paper 5.33. FAO, Rom 1958.

[43] MITLIN, L.: The Bartrev Process for Chipboard. Timber Techn. Bd. 66 (1958), S. 494/496.

[44] Pawert AG, Basel, Zwingerstr. 26: „Globiboard“, Arbeitsweise und technische Beschreibung. 1957.

[45] POLOVTSEFF, B.: Practical Aspects of Wood Chipboard Densification Patterns. Wood Chipboard. Weybridge: The Airscrew Co. and Jicwood Ltd. 1961, S. 25/30.

[46] RACKWITZ, G., u. M. OBERMAIER: Die Sichtung von Holzspänen. 1. Mitt.: Grundlagen der Sichtung und die Sichtung im waagerechten Luftstrom. Holz als Roh- und Werkstoff Bd. 20 (1962), S. 27/38.

[47] Schweizer Patent 182085 (1936). SCHMID, A., u. M. HIMMELHEBER: Holzähnliche Masse und Verfahren zu deren Herstellung.

[48] Schweizer Patent 276790 (1951). Interwood AG: Holzspäne enthaltender Werkstoff sowie Verfahren und Vorrichtung zum Erzeugen eines solchen Werkstoffes.

[49] Schweizer Patent 316165 (1956). FAHRNI, F.: Schaffung dichterer Deckschichtzonen gegenüber einer leichteren Mittelschicht bei Verwendung feuchterer Deckspäne.

[50] STEINER, K.: Eine neue Spanplattenanlage nach dem System Behr-Himmelheber, erstellt von der Firma Roddis Plywood Corp., Arcata/Kalifornien. Holz als Roh- und Werkstoff Bd. 16 (1958), S. 165/176.

[51] STRICKLER, M. D.: Effect of Press Cycles and Moisture Content on Properties of Douglas-Fir Flakeboard. For. Prod. J. Bd. 9 (1959), S. 203/215.

[52] TALBOTT, J. W.: Flapreg Flakeboard ... Resin-Impregnated Wood. Compressed Wood Flakes. For. Prod. J. Bd. 9 (1959), S. 103/106.

[53] Versuchs- und Beratungsstelle für technische Holznutzung des Vereins für technische Holzfragen e. V.: Arbeitsprogramm — Haushaltsvoranschlag 1946.

[54] ZIEDIN'SH, I. O.: A Study of Changes in the Moisture Content of Wood Particle Board During Hot Pressing. Trudy Inst. Lesokhoz. Problem i Khim. Drevesiny Akad. Nauk Latv. S. S. R. Bd. 18 (1960), S. 47/65. Ref.: For. Prod. J. Bd. 11 (1961), S. 13 A.

6. Eigenschaften und Eigenschaftsprüfung

[1] Anonymus: Gesichtspunkte zur Beurteilung und Prüfung von Holzspanplatten. Holz-Zbl. Bd. 85 (1959), S. 489.

[2] Anonymus: Neue feuerfeste Spanplatte in Finnland. Holzforsch. u. Holzverw. Bd. 11 (1959), S. 75.

[3] Anonymus: Holzspanplatten-Begriffe und Eigenschaften DIN 68761. Holz-Zbl. Bd. 86 (1960), S. 1168.

[4] Anonymus: Entwicklung einer schwer entflammbaren Holzspanplatte für den Schiffbau. Inst. f. Holztechnologie u. Faserbaustoffe Dresden. Abschlußbericht 0205i03b/V9-12/AEO-24/9/1 v. 27. 7. 1960.

[5] Anonymus: Gütezeichen für Holzspanplatten. Int. Holzmarkt Bd. 52 (1961), S. 10.

[6] Anonymus: Stranggepreßte Platten. Ihre besonderen Eigenschaften und Grenzen ihrer Verwendbarkeit. Holz Bd. 16 (1961), S. 56/57.

[7] Anonymus: Herstellung einer nichtentflammbaren Spanplatte. Holz Bd. 16 (1961), S. 57.

[8] Anonymus: Verleihung des Gütezeichens Spanplatten. Holz-Zbl. Bd. 88 (1962), S. 455.

[9] Anonymus: Holzspanplatten, Eigenschaften. Holz als Roh- und Werkstoff Bd. 20 (1962), S. 197/198.

[10] Anonymus: Ergänzende Bestimmungen zu DIN 4102 „Widerstandsfähigkeit von Baustoffen und Bauteilen gegen Feuer und Wärme“. Ministerialblatt für das Land Nordrhein-Westfalen Jg. 1963, Nr. 160, S. 2073/2077.

[11] ARSENAULT, R. D.: Fire Retardant Particle Board from Treated Flakes. For. Prod. J. Bd. 14 (1964), S. 33/39.

[12] Beničak, J.: Eine neue Form der Prüfkörper zur Ermittlung der Zugfestigkeit senkrecht zur Plattenoberfläche. Dřevo Bd. 18 (1963), S. 88/89.

[13] Bräutigam, C.: Erläuterungen zu DIN 52360 ... DIN 52365. Holz-Zbl. Bd. 87 (1961), S. 1947.

[14] Brumbaugh, J.: Directional Properties Possible in Flakeboard. Lumberman Bd. 87 (1960), H. 7, S. 46/47.

[15] Brumbaugh, J.: Effect of Flake Dimensions on Properties of Particle Boards. For. Prod. J. Bd. 10 (1960), S. 243/246.

[16] Bryan, E. L.: Maximum Strength Properties for Particle Board. For. Prod. J. Bd. 12 (1962), S. 59/64.

[17] Bryan, E.: Dimensional Stability of Particle Board. For. Prod. J. Bd. 12 (1962), S. 572/576.

[18] Buro, A., u. H.-A. May: Schnelle Bestimmung der Querzugfestigkeit von Holzspanplatten. Holz-Zbl. Bd. 86 (1960), S. 1407/1408.

[19] Buro, A., u. H.-A. May: Eigenschaften von Strangpreßplatten mit aufgepreßten Deckschichten aus Schneidspänen. Holz als Roh- und Werkstoff Bd. 19 (1961), S. 479/482.

[20] Buschbeck, L., u. E. Kehr: Untersuchungen über die Eignung von Kunstharzbindemitteln verschiedener Rohstoffbasis zur Herstellung von Spanplatten. Holztechnologie Bd. 1 (1960), S. 29/38.

[21] Buschbeck, L., E. Kehr u. U. Jensen: Untersuchungen über die Eignung verschiedener Holzarten und Sortimente zur Herstellung von Spanplatten. Holztechnologie Bd. 2 (1961), S. 99/110.

[22] Čížek, L.: Dauerfestigkeit und rheologische Eigenschaften von Holz und Holzwerkstoffen. Holz als Roh- und Werkstoff Bd. 19 (1961), S. 83/85.

[23] Cranch, R. C.: What Wood Can You Use in Particle Board? Wood and Wood Prod. Bd. 62 (1957), H. 10, S. 24.

[24] Darda, A. F.: The Properties of Chipboard. Ind. Wood Processing Jg. 1960, H. 1, S. 9/10.

[25] Deppe, H.-J., u. K. Ernst: Zur Messung der Oberfläche von Spanplatten. Holz als Roh- und Werkstoff Bd. 21 (1963), S. 129/132.

[26] Deppe, H.-J., u. K. Ernst: Phenolharzverleimte Spanplatten — Eigenschaften und Einsatzmöglichkeiten. Holz-Zbl. Bd. 89 (1963), S. 62/63.

[27] Dosoudil, A.: DIN 52367 „Prüfung von Holzspanplatten, Bestimmung des Stehvermögens". 1. Vorschlag, April 1954.

[28] Dosoudil, A.: Versuche zur Prüfung des Schraubenhaltevermögens bei Holzspanplatten. Unveröffentl. Forschungsarbeit. Institut f. Holzforschung u. Holztechnik München 1964.

[29] Dyskin, I. M.: The Influence of Particle Type and Size on the Strength of Chipboard. Ind. Wood Processing Jg. 1960, H. 12, S. 8/11.

[30] Eisner, K., u. M. Kolejak: Herabsetzung des Quellens bei Spanplatten. Dřevo Bd. 15 (1960), S. 363/365.

[31] El'bert, A. A.: Povyšenic vodostojkosti stružečnyh plit. Derev. Prom. Bd. 10 (1961), S. 21/22.

[32] Elmendorf, A., u. T. W. Vaughan: A Survey of Methods of Measuring Smoothness of Wood. For. Prod. J. Bd. 8 (1958), S. 275/282.

[33] Enzensberger, W.: Zur Frage der Oberflächenvergütung von Holzspanplatten mit kunstharzimprägnierten Papieren. Holz als Roh- und Werkstoff Bd. 19 (1961), S. 394/398.

[34] Fickler, H. H.: Hydrophobierung von Spanplatten mit kationaktiven Dispersionen. Holz als Roh- und Werkstoff Bd. 20 (1962), S. 280.

[35] Fischer, A.: Wie beurteilt man Holzspanplatten? Holz Bd. 15 (1960), S. 22/23 u. 54/56.

[36] Fischer, A., u. G. Merkle: Oberflächenprüfung von Holzspanplatten. Holz als Roh- und Werkstoff Bd. 21 (1963), S. 96/104.

[37] Flemming, H.: Die Bestimmung der Oberflächengüte an schwierigem Material. Z. f. wirtschaftliche Fertigung Bd. 56 (1957), H. 1, S. 67.

[38] Fujii, J. S.: The Effect of Overlay Materials on the Flexural Properties of Commercial Particle Boards. For. Prod. J. Bd. 8 (1958), S. 219/224.

[39] Gratzl, A.: Zur Meßmethodik bei der Prüfung des Stehvermögens plattenförmiger Körper. Int. Holzmarkt Bd. 47 (1956), S. 13/17.

[40] Grzeczyński, T., u. S. Bakowski: Verfahren zur schnellen Bestimmung der Zugfestigkeit senkrecht zur Plattenebene. Holz als Roh- und Werkstoff Bd. 21 (1963), S. 495/496.

[41] Hadert, H.: Faserplatten- und Spanplatten-Bindemittel, Kunstharze als Binde- und Verdichtungsmittel. Adhäsion Bd. 2 (1958), S. 206/208.

[42] Heebink, B. G.: A New Technique for Evaluating Showthrough of Particle Board Cores. For. Prod. J. Bd. 10 (1960), S. 379/388.

[43] Heebink, B. G., u. R. A. Hann: How Wax and Particle Shape Affect Stability and Strength of Oak Particle Boards. For. Prod. J. Bd. 9 (1959), S. 197/203.

[44] Heiner, H.: Oberflächenveredelung von Spanplatten. Plastverarbeiter Bd. 12 (1961), S. 564/566.

[45] Hlavatý, J.: O velikosti a tvaru trisek pro triskovédesky (Über die Größe und Form der Späne für Spanplatten). Dřevo Bd. 11 (1956), S. 45/47.

[46] Keylwerth, R.: Studien über die Anwendung mathematisch-statistischer Methoden in Holzforschung und Holzwirtschaft. 1.—4. Mitt. Holz als Roh- und Werkstoff Bd. 12 (1954), S. 1/3, 41/44, 77/83; Bd. 13 (1955), S. 169/178.

[47] Keylwerth, R.: Dimensionsstabilität und Gleichmäßigkeit von Möbel- und Türplatten. Holz als Roh- und Werkstoff Bd. 14 (1956), S. 353/360.

[48] Keylwerth, R.: Statistische Methoden der Qualitätskontrolle im Holzindustriebetrieb. Mitt. d. DGfH Nr. 44 (1959).

[49] Keylwerth, R.: Erreichte und erreichbare Verminderung der Anisotropie in Holzwerkstoff-Platten. Holz als Roh- und Werkstoff Bd. 17 (1959), S. 234/238.

[50] Keylwerth, R.: Über das Verfahren „mit feuchteren Außenschichten" zur Herstellung dreischichtiger Holzspanplatten. Holzforsch. u. Holzverw. Bd. 11 (1959), S. 51/57.

[51] Kitahara, K., u. K. Kasagi: Effects of Raw Chip Dimensions on the Physical and Mechanical Properties of Chipboards. Wood Industry Bd. 10 (1955), H. 8, S. 406/412. Ref.: Holz-Zbl. Bd. 81 (1955), S. 1714.

[52] Kitamura, H., J. Imata u. M. Shirie: Studies on the Chipboard Prepared With Low Pressure. I. On the Physical and Mechanical Properties of Chipboard in Relation to Chip Size. J. Japan. Wood Res. Soc. Bd. 4 (1958), S. 151/156.

[53] Klauditz, W.: Entwicklung, Stand und holzwirtschaftliche Bedeutung der Holzspanplattenherstellung. Holz als Roh- und Werkstoff Bd. 13 (1955). S. 405/421.

[54] Klauditz, W.: Zur Kenntnis der Druckverleimung von Holzspänen zu Holzspanplatten in beheizten hydraulischen Etagenpressen und Beschleunigung der Verleimungsvorgänge durch Einstellung zweckmäßiger Feuchtigkeitsgehalte des beleimten Spangutes und durch Erhöhung der Temperatur bei der Verleimung. Bericht 45/1955 des Instituts für Holzforschung an der TH Braunschweig.

[55] Klauditz, W.: Untersuchungen über die Schwerentflammbarmachung von Holzfaser- und Holzspanplatten. Mitt. d. DGfH Nr. 47 (1960), S. 84/86.

[56] KLAUDITZ, W.: Untersuchungen über die Verleimungsvorgänge bei der Holzspanplatten-Herstellung. Mitt. d. DGfH Nr. 47 (1960), S. 87/90.

[57] KLAUDITZ, W.: Untersuchungen über die Quellung und Herabsetzung der Quellung von Holzspanplatten sowie über die Herstellbarkeit von wetterfesten Holzspanplatten. Mitt. d. DGfH Nr. 47 (1960), S. 91/93.

[58] KLAUDITZ, W.: Zur Entwicklung und zum Stande der Holzspanplattenherstellung 1955 bis 1961. Holz als Roh- und Werkstoff Bd. 20 (1962), S. 1/12.

[59] KLAUDITZ, W., u. A. BURO: Untersuchungen von Spanplatten aus Spangemischen verschiedener Holzarten. Holz-Zbl. Bd. 86 (1960), S. 1195/1197.

[60] KLAUDITZ, W., u. A. BURO: Die Eignung von Sägespänen zur Herstellung von Holzspanplatten. Holz als Roh- und Werkstoff Bd. 20 (1962), S. 19/26.

[61] KLAUDITZ, W., u. W. KRATZ: Untersuchungen über Herstellbarkeit und Eigenschaften einfacher Holzspanformteile. Holz als Roh- und Werkstoff Bd. 20 (1962), S. 39/48.

[62] KLAUDITZ, W., u. K. MEIER: Zur Bestimmung des Harnstoff- und Melaminharzgehaltes von Holzspanplatten. Holz als Roh- und Werkstoff Bd. 18 (1960), S. 163/166.

[63] KLAUDITZ, W., u. G. STEGMANN: Über die Eignung von Pappelholz zur Herstellung von Holzspanplatten. Holzforschung Bd. 11 (1957), S. 174/179.

[64] KLAUDITZ, W., H. J. ULBRICHT, W. KRATZ u. A. BURO: Herstellung und Eigenschaften von Holzspanwerkstoffen mit gerichteter Festigkeit. Holz als Roh- und Werkstoff Bd. 18 (1960), S. 377/385.

[65] KOLLMANN, F.: Eigenschaften, Prüfung und Klassifizierung von Holzfaser- und Holzspanplatten. Meddelande från Wallboardindustries Centrallaboratorium Nr. 2. Svensk Papp. Tidn. Bd. 52 (1949), S. 251/260.

[66] KOLLMANN, F.: Technologie des Holzes und der Holzwerkstoffe, Bd. I, 2. Aufl. Berlin/Göttingen/Heidelberg: Springer 1951, S. 416 u. 913ff.

[67] KOLLMANN, F.: Über den Einfluß von Feuchtigkeitsunterschieden im Spangut vor dem Verpressen auf die Eigenschaften von Holzspanplatten. Holz als Roh- und Werkstoff Bd. 15 (1957), S. 35/44.

[68] KOLLMANN, F.: Bindemittel für die Holzindustrie. Holz-Zbl. Bd. 86 (1960), S. 1343/1344.

[69] KOLLMANN, F.: Internationale Konsultation der FAO über Sperrholz und andere Plattenerzeugnisse auf Holzgrundlage. Holz als Roh- und Werkstoff Bd. 21 (1963), S. 457/461.

[70] KOLLMANN, F., u. H. KRECH: Zeitfestigkeit und Dauerfestigkeit von Holzspanplatten. Holz als Roh- und Werkstoff Bd. 19 (1961), S. 113/118.

[71] KOLLMANN, F., u. L. MALMQUIST: Über die Wärmeleitzahl von Holz und Holzwerkstoffen. Holz als Roh- und Werkstoff Bd. 14 (1956), S. 201/204.

[72] KOLLMANN, F., u. R. TEICHGRÄBER: Beitrag zur Prüfung der Brandeigenschaften, insbesondere der Schwerentflammbarkeit, von Platten aus Holz und Holzwerkstoffen. Holz als Roh- und Werkstoff Bd. 19 (1961), S. 173/186.

[73] KRATZ, W., u. H.-A. MAY: Über das Schrauben- und Nagelhaltevermögen von Holzspanplatten. Möbelkultur (Hamburg) Bd. 15 (1963), S. 744/745.

[74] KREIBAUM, O.: Herstellung von Holzspanplatten nach dem Strang-Preßverfahren. Holz als Roh- und Werkstoff Bd. 15 (1957), S. 47/50.

[75] KÜHLMANN, G.: Untersuchung der thermischen Eigenschaften von Holz und Spanplatten in Abhängigkeit von Feuchtigkeit und Temperatur im hygroskopischen Bereich. Holz als Roh- und Werkstoff Bd. 20 (1962), S. 259/270.

[76] KÜNZELMANN, E.: Über das Verhalten von Holzfaser- und Holzspanplatten gegenüber holzzerstörenden Pilzen und Feuer. Teil 2. Holztechnologie Bd. 1 (1960), S. 132/134.

[77] Kumar, V. B.: Die statistische Qualitätskontrolle in der Spanplattenindustrie. 3. Mitt.: Eigenschaften der Spanplatten. Holz als Roh- und Werkstoff Bd. 18 (1960), S. 422/427.

[78] Kumar, V. B.: Untersuchungen über die Grundlagen der Dickenschwankungen beim Pressen von Spanplatten. Holz als Roh- und Werkstoff Bd. 19 (1961), S. 60/63.

[79] Ławniczak, M., K. Nowak u. St. Zieliński: Die wichtigsten mechanischen und technologischen Eigenschaften von Flachsschäbenplatten. Holz als Roh- und Werkstoff Bd. 19 (1961), S. 232/239.

[80] Ławniczak, M., u. K. Nowak: Der Einfluß hydrophobierender Imprägniermittel auf feuchtigkeitsbedingte Formänderungen der Span- und Flachsschäbenplatten. Holz als Roh- und Werkstoff Bd. 20 (1962), S. 68/72.

[81] Liiri, O.: Investigations on the Effect of Moisture and Wax Upon the Properties of Wood Particle Board. Paperi ja Puu Bd. 42 (1960), S. 43/56.

[82] Liiri, O.: Investigations on Properties of Wood Particle Boards. Paperi ja Puu Bd. 43 (1961), S. 3/18.

[83] Liiri, O.: Investigations on Particle Preparation and the Significance of Particle Properties in the Manufacture of Particle Board I. Paperi ja Puu Bd. 42 (1960), S. 57/62.

[84] Lundgren, S. A.: Fachgerechte Anwendung von Faserplatten im Bauwesen. Holzforsch. u. Holzverw. Bd. 11 (1959), S. 81/86.

[85] Lynam, F. C.: Factors Influencing the Properties of Wood Chipboard. J. Inst. of Wood Sci. Jg. 1959, H. 4, S. 14/27.

[86] Maku, T., H. Sasaki u. R. Hamada: The Effect of Paraffin Emulsion on the Hygroscopic Swelling and Mechanical Properties of Chipboards. J. Japan. Wood Res. Soc. Bd. 2 (1956), S. 130/132.

[87] Meinecke, E.: Über die physikalischen und technologischen Vorgänge bei der Beleimung und Verleimung der Holzspäne bei der Holzspanplatten-Herstellung. Bericht 67/1960 des Instituts für Holzforschung an der TH Braunschweig.

[88] Minin, A.N.: O plitach iz drevesinych otchodov, izgotovlennych bez vjažuščich veščestv (Über Platten aus Holzabfällen ohne Bindemittel). Derev. Prom. Bd. 6 (1957), H. 2, S. 11/13. Ref.: Holz als Roh- und Werkstoff Bd. 16 (1958), S. 490.

[89] Müller, H.: Erfahrungen mit Paraffin-Emulsionen als Quellschutzmittel in der Spanplattenindustrie. Holz als Roh- und Werkstoff Bd. 20 (1962), S. 434/437.

[90] Namada, S., u. H. Nakajima: On the Properties of Board as Affected by the Resin Content of Each Layer in Multiply Chipboard. Wood Industry Bd. 12 (1957), H. 10, S. 18/20.

[91] Nedbal, F.: Testorání vlastností tŕískovych desek. Dřevo Bd. 15 (1960), S. 148/149.

[92] Nedbal, F.: Přispevek ke zkoušce držení vrutů a hřebíků v třískových deskách (Beitrag zum Prüfen des Schrauben- und Nagelhaltevermögens von Spanplatten). Drevársky Výskum Bd. 6 (1961), H. 1, S. 19/24.

[93] Nedbal, F.: Gütemerkmale von Spanplatten II. Holzindustrie Bd. 16 (1963), S. 25/27.

[94] Neusser, H.: Spanplattenprüfung in Versuchsanstalt und Betriebslaboratorium. Materialprüfung Bd. 2 (1960), S. 295/300.

[95] Neusser, H.: Die Oberflächenqualität von Spanplatten, ihre Ursachen und ihre Prüfung. Holzforsch. u. Holzverw. Bd. 15 (1963), S. 83/88.

[96] Neusser, H., U. Krames u. F. Kern: Über das Verhalten von Spanplatten in Wasser. Holzforsch. u. Holzverw. Bd. 12 (1960), S. 98/107.

[97] PERKITNY, T.: Beiträge zur Ermittlung der Qualität von Spanplatten. Holztechnologie Bd. 3 (1962), S. 64/70.

[98] PERKITNY, T., u. H. SZYMANKIEWICZ: Hygroscopic Balance of Chip Boards. Przemysl Drzewny Bd. 13 (1962), S. 6/8.

[99] PLATH, E.: Über den Einfluß der Härtung von Harnstoffharzen auf die Eigenschaften von Holzspanplatten. Holz als Roh- und Werkstoff Bd. 17 (1959), S. 490/494.

[100] PLATH, E.: Development of the European Standards and the Test Methods for Particle Boards. For. Prod. J. Bd. 10 (1960), S. 556/560.

[101] PLATH, E.: Verformte Holzwerkstoffe: Furnier und Spanholzformteile. Holz-Zbl. Bd. 87 (1961), S. 1179/1181.

[102] PLATH, E.: Einfluß der Rohdichte auf die Eigenschaften von Holzwerkstoffen. Holz als Roh- und Werkstoff Bd. 21 (1963), S. 104/108.

[103] PLATH, E.: Die Betriebskontrolle in der Spanplattenindustrie. Berlin/Göttingen/Heidelberg: Springer 1963.

[104] PLATH, L.: Identifizierung und Unterscheidung von Harnstoff- und Melaminharzen mit Hilfe papierchromatographischer Methoden. Holz als Roh- und Werkstoff Bd. 19 (1961), S. 489/494.

[105] POST, P. W.: Effects of Particle Geometry and Resin Content on Bending Strength of Oak Flake Board. For. Prod. J. Bd. 8 (1958), S. 317/322.

[106] POST, P. W.: Relationship of Flake Size and Resin Content to Mechanical and Dimensional Properties of Flake Board. For. Prod. J. Bd. 11 (1961), S. 34/37.

[107] RACKWITZ, G.: Der Einfluß der Spanabmessungen auf einige Eigenschaften von Holzspanplatten. Holz als Roh- und Werkstoff Bd. 21 (1963), S. 200/209.

[108] RUNKEL, R. O. H.: Zur Kenntnis des thermoplastischen Verhaltens von Holz. 1. Mitt. Holz als Roh- und Werkstoff Bd. 9 (1951), S. 41/53.

[109] SEIFERT, K.: Beiträge zur Analyse von holzartigen Werkstoffen. 2. Mitt.: Die Bestimmung von Phenolharzen in Holzfaser- und Holzspanplatten. Holz als Roh- und Werkstoff Bd. 16 (1958), S. 335/340.

[110] STAMM, A. J., u. E. E. HARRIS: Chemical Processing of Wood. London: Thames & Hudson 1954, S. 192ff.

[111] STEGMANN, G.: Entwicklung und Herstellung von Holzspanplatten. Holz als Roh- und Werkstoff Bd. 16 (1958), S. 360/362.

[112] STORCH, K.: Feuerschutz von Holzspanplatten im Bauwesen. DGfH-Bericht 1/1961, S. 70/72.

[113] STUMPP, K.: Neue Erkenntnisse über Eigenschaften und Anwendung von chemischen Feuerschutzmitteln. Holz als Roh- und Werkstoff Bd. 14 (1956), S. 458/466.

[114] TEICHGRÄBER, R.: Vergleiche an Sorptionsisothermen von mechanisch und thermisch behandeltem Holz. Univ. Hamburg 1952. In: F. KOLLMANN: Technologie des Holzes und der Holzwerkstoffe, Bd. II, 2. Aufl. Berlin/Göttingen/Heidelberg: Springer 1955, S. 818, Bild 905.

[115] TEICHGRÄBER, R.: Eigenschaften von Holzspanplatten. Rund um die Spanplatte. Sdh.: Eigenschaften, Verarbeitung. Mering: Holz-Verlag E. Kittel 1958.

[116] THIELMANN, C. A. v., u. W. MUNZ: Handbuch der Spanplattenverarbeitung. Mering: Holz-Verlag und Holz-Fachbuchdienst E. Kittel 1960.

[117] TURNER, D. H.: Effect of Particle Size and Shape on Strength and Dimensional Stability of Resin-Bonded Wood Particle Panels. For. Prod. J. Bd. 4 (1954), S. 210/225.

[118] VAAJOENSUU, A.: Lastulevyn puuraaka aineiden vertailua (Vergleich von Holz-Rohstoffen für die Spanplattenerzeugung). Paperi ja Puu Bd. 43 (1961), S. 407/408.

[119] WALTER, F.: Untersuchungen zur Dickenquellung bei Spanplatten. Holztechnologie Bd. 1 (1960), S. 67/72.

[120] WALTER, F.: Bemerkungen zur Probengröße beim Dickenquellungsversuch von Spanplatten. Holztechnologie Bd. 1 (1960), S. 156/159.

[121] WALTER, F.: Grundsätzliche Erwägungen zur Qualitätskontrolle in der Spanplattenfertigung. Holztechnologie Bd. 3 (1962), S. 70/74.

[122] WALTER, F.: Neue standardisierte Prüfmethoden für Spanplatten. Holztechnologie Bd. 4 (1963), S. 74/77.

[123] WALTER, F., u. H.-J. DEPPE: Die Formbeständigkeit der Oberflächen von Spanplatten. Holztechnologie Bd. 1 (1960), S. 79/82.

[124] WALTER, F., u. R. RINKEFEIL: Ein Beitrag zur Bestimmung der Formbeständigkeit von Holzwerkstoffen. Holztechnologie Bd. 1 (1960), S. 159/163.

[125] WALTER, F., u. H. WIECHMANN: Dichteuntersuchungen an Faser- und Spanplatten. Holztechnologie Bd. 2 (1961), S. 172/178.

[126] WARD, D.: Particle Board is Not a Cheap Substitute for Wood. Wood Working Bd. 60 (1958), H. 7, S. 33/39.

[127] WARD, D.: Extruded Particle Board Makes Good Core Material. Wood Working Bd. 60 (1958), S. 83/88.

[128] WEICHERT, L.: Hygroskopische Isothermen von Holzspanplatten bei 20 °C. Unveröffentl. Forschungsarbeit. München 1962.

[129] WINTER, H., u. W. FRENZ: Ein Beitrag zu den Prüfverfahren für die Kennzeichnung der Eigenschaften von Holzspanplatten. Holz als Roh- und Werkstoff Bd. 12 (1954), S. 348/357.

[130] WISSING, A.: Erfarenheter från provning av spånskivor. Svenska Träforskning Inst. Trätekn. Medd. 110 B (1959), S. 85.

[131] WOLGAST, W.: Schwerentflammbare Baustoffe. Z. d. Vereinigung z. Förderung d. Deutschen Brandschutzes e. V. Jg. 1963, H. 2, S. 1/11.

7. Statistische Qualitätskontrolle

[1] BROWNLEE, K. A.: Industrial Experimentation, 4. Aufl. London: Her Majesty's Stat. Off. 1949.

[2] DAVIES, O. L.: Design and Analysis of Industrial Experiments, 2. Aufl. London: Imperial Chemical Industries Ltd. 1956.

[3] Deutscher Normenausschuß: DIN 52360 (Entwurf Oktober 1961). Prüfung von Holzspanplatten; Allgemeines, Probenahme, Auswertung.

[4] Deutscher Normenausschuß: DIN 68761 Blatt 1 (Juni 1961). Holzspanplatten. Rohdichte 450 kp/m³ bis 750 kp/m³; Begriffe, Anforderungen und Prüfung.

[5] ENRICK, N. L.: Qualitätskontrolle im Industriebetrieb — Methoden und Anwendungen. München: R. Oldenbourg 1961.

[6] GRAF, U., u. H.-J. HENNING: Statistische Methoden bei textilen Untersuchungen. Berlin/Göttingen/Heidelberg: Springer 1960.

[7] KEYLWERTH, R.: Studien über die Anwendung mathematisch-statistischer Methoden in Holzforschung und Holzwirtschaft. 1. Mitt.: Die Bedeutung der mathematischen Statistik für die Holzforschung und Holzwirtschaft. Holz als Roh- und Werkstoff Bd. 12 (1954), S. 1/3.

[8] KEYLWERTH, R.: Studien über die Anwendung mathematisch-statistischer Methoden in Holzforschung und Holzwirtschaft. 5. Mitt.: Untersuchungen über die Gleichmäßigkeit von Spanplatten und Faserplatten. Holz als Roh- und Werkstoff Bd. 13 (1955), S. 216/221.

[9] KEYLWERTH, R.: Studien über die Anwendung mathematisch-statistischer Methoden in Holzforschung und Holzwirtschaft. 6. Mitt.: Statistische Qualitätskontrolle. Holz als Roh- und Werkstoff Bd. 13 (1955), S. 266/271.

[10] KEYLWERTH, R.: Statistische Methoden der Qualitätskontrolle im Holzindustriebetrieb. Mitt. d. DGfH Nr. 44 (1959).
[11] KÜRNER, H.: Automatische Auswertung von Meßergebnissen. VDI-Z. Bd. 103 (1961), S. 1386/1392.
[12] LAWLOR, J. J.: An Application of Statistical Methods to the Thickness Control of Lumber Core Panels. J. For. Prod. Res. Soc. Bd. 3 (1953), H. 5, S. 16/18.
[13] LINDER, A.: Planen und Auswerten von Versuchen, 2. Aufl. Basel/Stuttgart: Birkhäuser 1959.
[14] LINDER, A.: Statistische Methoden, 3. Aufl. Basel/Stuttgart: Birkhäuser 1960.
[15] OESINGHAUS, W.: Automatisierung der Meßwerterfassung und Meßwertverarbeitung. VDI-Z. Bd. 103 (1961), S. 352/359.
[16] PLATH, E.: Die Betriebskontrolle in der Spanplattenindustrie. Berlin/Göttingen/Heidelberg: Springer 1963.
[17] SEDER, L. A., u. D. COWAN: The Span Method Process Capability Analysis. Amer. Soc. for Quality Control, General Publ. No. 3 (1956).
[18] SCHAAFSMA, A. H., u. F. G. WILLEZE: Moderne Qualitätskontrolle, 2. Aufl. Eindhoven: Philips 1959.
[19] VOGT, H. J.: Ein neues Verfahren zur Steuerung und Regelung von Werkzeugmaschinen. Industrielle Automatisierung (Heidelberg) Jg. 1957, H. 6, S. 17/20.

8. Kostenrechnung in der Spanplattenfertigung

[1] AUFFERMANN, J. D.: Kostenauswertung. Stuttgart: C. E. Poeschel 1953.
[2] AULER, W.: Die Plankostenrechnung als Instrument der Betriebsökonomie. Die Unternehmung. Köln/Opladen: Westdeutscher Verlag 1951.
[3] BEISEL, K.: Neuzeitliches industrielles Rechnungswesen, 4. Aufl. Stuttgart: C. E. Poeschel 1952.
[4] BESTE, TH.: Die kurzfristige Erfolgsrechnung, 2. Aufl. Köln/Opladen: Westdeutscher Verlag 1962.
[5] BESTE, TH.: Optimale Betriebsgröße als ökonomisches Problem. Leipzig: Gloeckner 1930.
[6] DIERCKS, H., u. F. PETZOLD: Betriebsüberwachung durch Plankostenrechnung. ZfHF Bd. 3 (1951), S. 490/501.
[7] GREIFZU, J.: Die Kalkulation in der Industrie, 8. Aufl. Berlin: Lesser 1943.
[8] GUTENBERG, E.: Zur neueren Entwicklung der Wirtschaftlichkeitsrechnung. ZfHF Bd. 5 (1952), S. 630/642.
[9] GUTENBERG, E.: Investitionsplanung. ZfHF Bd. 6 (1954), S. 557/574.
[10] HENZEL, F.: Der Betriebsvergleich. Wiesbaden: Th. Gabler 1951.
[11] HENZEL, F.: Die Kostenrechnung, 4. Aufl. Essen: Girardet 1964.
[12] KÄFER, K.: Fabrikbuchhaltung und Kalkulation. Zürich: Verlag d. Schweiz. Kaufm. Vereins 1949.
[13] KÄFER, K.: Standardkostenrechnung. Stuttgart: C. E. Poeschel 1955.
[14] KALVERAM, W.: Betriebsabrechnung. Wiesbaden: Th. Gabler 1949.
[15] KILGER, W.: Die Verteilung der Abweichungen auf die Kostenträger innerhalb der Plankostenrechnung. ZfB Bd. 22 (1952), S. 503/513.
[16] KILGER, W.: Die Erfolgsanalyse im Industriebetrieb. ZfHF Bd. 12 (1960), S. 299/319.
[17] LEHMANN, M. R.: Industriekalkulation, 4. Aufl. Stuttgart: C. E. Poeschel 1951.
[18] MELLEROWICZ, K.: Kosten und Kostenrechnung, Bd. 2. Berlin: de Gruyter 1958.
[19] MÜLLER, H.: Standard- und Plankostenrechnung. Stuttgart: C.E. Poeschel 1949.

[20] NORDEN, H.: Der Betriebsabrechnungsbogen, 8. Aufl. Stuttgart: Forkel 1962.
[21] PLAUT, H. G.: Die Plankostenrechnung in der Praxis des Betriebes. ZfB Bd. 21 (1951), S. 531/543.
[22] PLAUT, H. G.: Die Grenz-Plankostenrechnung. ZfB Bd. 23 (1953), S. 347/363 u. 402/413.
[23] SCHNEIDER, E.: Wirtschaftlichkeitsrechnung. Zürich/Tübingen: J. C. B. Mohr 1957.
[24] SCHNEIDER, E.: Industrielles Rechnungswesen. Zürich/Tübingen: J. C. B. Mohr 1954.
[25] SCHNETTLER, A.: Das Rechnungswesen industrieller Betriebe, 4. Aufl. Wolfenbüttel: Heckner 1949.
[26] SCHWANTAG, K.: Der heutige Stand der Plankostenrechnung in deutschen Unternehmungen. ZfB Bd. 20 (1950), S. 391/395.
[27] TIGGES, H.: Betriebsüberwachung durch Plankostenrechnung. ZfHF Bd. 3 (1951), S. 193/226.
[28] Verband der Deutschen Sperrholz- und Spanplattenindustrie: Kontenrahmen und Buchführungsrichtlinien für die Sperrholz- und Spanplattenindustrie. Frankfurt: VDSS 1960.
[29] Verband der Deutschen Sperrholz- und Spanplattenindustrie: Richtlinien zur Betriebsabrechnung in der Sperrholz- und Spanplattenindustrie. Frankfurt: VDSS 1961.
[30] Verband der Deutschen Sperrholz- und Spanplattenindustrie: Kennzahlen Sperrholz und Spanplatten. Frankfurt: VDSS 1962.
[31] Verband der Deutschen Sperrholz- und Spanplattenindustrie: Betriebsvergleich Spanplatten. Frankfurt: VDSS 1960/1963.
[32] WILLE, F.: Leitfaden zur Plankosten- und Standardkostenrechnung. Essen: Girardet 1952.
[33] WILLE, F.: Fortschrittliche Kosten- und Erfolgsrechnung. Stuttgart: C. E. Poeschel 1962.
[34] ZIEGLER, F.: Grundsätze und Gemeinschaftsrichtlinien für das Rechnungswesen, 2. Aufl. Frankfurt: Verlag für Rechnungswesen und Organisation 1952.

9. Verarbeitung

[1] FAHRNI, F.: Briefliche Mitteilung aus dem Fahrni-Institut AG vom Februar 1962.
[2] GOLBS, H., u. F. FENTZAHN: Die Verarbeitung der Holzspanplatte im Möbelbau. Holz als Roh- und Werkstoff Bd. 14 (1956), S. 68/74.
[3] LINDNER, J.: Werkzeuge für die Bearbeitung von plattenförmigen Holzwerkstoffen. Holz als Roh- und Werkstoff Bd. 19 (1961), S. 150/155.
[4] MUNZ, W.: Stanzen von Spanplatten. Holztechnik Bd. 40 (1960), S. 217/219.
[5] OBERLEIN, A.: Die Verarbeitung von Holzspanplatten im Möbel- und Innenausbau. DGfH-Bericht 1/1961, S. 62/68.
[6] SCHEIBERT, W.: Spanplatten. Herstellung, Verarbeitung, Anwendung. Leipzig: Fachbuchverlag 1958.
[7] SCHNEIDER, A. (Rationalisierungs-Kuratorium der Deutschen Wirtschaft): Rationelle Materialnutzung in der Holzindustrie. Stuttgart: Holz-Zentralblatt Verlags-GmbH 1962.
[8] THIELMANN, C. A. v., u. W. MUNZ: Handbuch der Spanplattenverarbeitung. Mering: Holz-Verlag und Holz-Fachbuchdienst E. Kittel 1960.
[9] Walter AG, Montanwerke, Tübingen: Hartmetallwerkzeuge für Holzzerspanung, 3. Aufl. 1957.

Namenverzeichnis

Bei den Seitenzahlen bedeutet a = Anmerkung (Fußnote), b = Bild, t = Tabelle

Sachwortverzeichnis

Bei den Seitenzahlen bedeutet a = Anmerkung (Fußnote), b = Bild, t = Tabelle

Verzeichnis der Hersteller von Maschinen und maschinellen Anlagen für die Spanplattenindustrie

Allgaier-Werke GmbH.
7336 Uhingen/Württ.
Alpine AG.
Eisengießerei und Maschinenfabrik
89 Augsburg 2, Postfach 126
Anthon & Söhne
239 Flensburg, Postfach 271
Arnold Dryer Company
Subsidiary of the Heil Co.
Milwaukee 1, Wis., USA, 3000 West Montana Street

Bähre Metallwerk KG.
3257 Springe/Hann., Nordstr. 19
Bahco A. B.
B. A. Hjorth & Co.
Euköping, Schweden
Bauer Bros. Co.
Springfield, Ohio, USA
Becker & van Hüllen
Niederrheinische Maschinenfabrik
415 Krefeld, Untergath 100
Behr, Erwin
Möbelfabrik
7317 Wendlingen/Neckar
Behrens & Co., GmbH.
Hildesheimer Maschinenfabrik
32 Hildesheim, Peiner Landstr. 29
Bezner, Albert
Maschinenfabrik
798 Ravensburg, Holbeinstr. 30
Buckau R. Wolf AG.
Maschinenfabrik
404 Neuß/Rhein, Aachener Allee 6
Büttner-Werke AG.
415 Krefeld-Uerdingen, Postfach 4 und 6

Condux-Werk
Herbert A. Merges AG.
6451 Wolfgang b. Hanau, Werkstr. 2

Dorsch, Claudius
8501 Allersberg b. Nürnberg
Draiswerke GmbH.
Spezialmaschinenfabrik
68 Mannheim-Waldhof, Speckweg 43/51

Eirich, Gustaf
Maschinenfabrik
6969 Hardheim/Nordbaden

Fischer, Georg, AG.
Maschinenfabrik
Brugg, Schweiz
Fredenhagen KG.
605 Offenbach/Main, Sprendlinger Landstr. 181

Göckel, Gustav
Maschinenfabrik GmbH.
61 Darmstadt, Mornewegstr. 37/39
Guilliet S. A.
28, Boulevard Vaulabelle, Auxerre, Frankreich
Gustin Fils S. A.
15, rue de l'Arquebuse, Charleville, Frankreich

Hanke-Entrinder
hergestellt von A. Bezner, Ravensburg
Hardinge Company Inc.
York, Pa., USA
Hermal Holzveredelungsgesellschaft mbH.
8 München 2, Brienner Str. 44
Hilma Hildesheimer Maschinenfabrik
siehe: Behrens & Co., GmbH.
32 Hildesheim
Holig (Firma erloschen)
Homogenholz GmbH.
7292 Baiersbronn/Württ.
Hombak
Maschinenfabrik KG.
655 Bad Kreuznach, Sandweg

Induma
Industrie-Maschinenbau GmbH.
2 Hamburg 1, Chilehaus B
Industrie-Companie Kleinewefers
Konstruktions- und Handelsgesellschaft mbH.
415 Krefeld, Melanchthonstr. 5

Jensen, Peter
2391 Maasbüll Kr. Flensburg
John & Co., GmbH.
645 Hanau, Postfach 527

Kastrup KG.
4 Düsseldorf, Postfach 5109
Keller GmbH.
Feuerungsbau
509 Leverkusen 3, Overfeldweg

Kreibaum, Otto
Maschinenbaugesellschaft
3215 Lauenstein/Hann.
Krenzler, Gustav
Maschinenbau
56 Wuppertal-Barmen, Sanderstr. 213

Lerchenmüller, A.
8942 Ottobeuren, Bahnhofstr. 85
Linck, Gebr.
Maschinenfabrik u. Eisengießerei
7602 Oberkirch/Baden, Appenweierer Str. 46

Maier, B.
Maschinenfabrik
4812 Brackwede/Westf.
Miag
Mühlenbau- u. Industrie GmbH.
33 Braunschweig, Ernst-Amme-Str. 19

Nienburger Metallwarenfabrik
Adolf Thies GmbH.
307 Nienburg/Weser, Hüttenstr. 5/7
Nolte
Möbel GmbH & Co.
484 Rheda/Westf.
Normü
Spezialmaschinenbau, Transportanlagen
2 Hamburg 48, Berzeliusstr. 7/11
Nyblad, Robert
Maschinenfabrik
449 Papenburg/Ems

Overhoff & Altmayer
415 Krefeld-Uerdingen, Bahnhofstr. 62

Pallmann, Ludwig, KG.
Maschinenfabrik
666 Zweibrücken, Wallstr. 57
Paschke & Co. (Firma erloschen)
Maschinen f. d. Herstellung v. Zellstoff, Papier, Pappe u. Faserplatten
61 Darmstadt
Ponndorf
Maschinenfabrik KG.
35 Kassel, Leipziger Str. 374

Roller, A.
Maschinenfabrik
1 Berlin 65, Prinzenallee 24
Roodor N. V.
Bronswerk
Zandvoort, de Favaugeplein 19, Holland
Rottmann
Möbelfabrik Westfalia
H. Rottmann
294 Wilhelmshaven, Postfach 7

Schenck, Carl
Maschinenfabrik GmbH.
61 Darmstadt, Landwehrstr. 55
Schilde, Benno
Maschinenbau AG.
643 Bad Hersfeld, Postfach 266
Schröter KG.
Maschinenfabrik
7062 Rudersberg/Württ., Postfach 13
Schwabedissen
F. Meyer & Schwabedissen
49 Herford/Westf.
Siebtechnik GmbH.
433 Mülheim/Ruhr, Platanenallee 46
Söderhamns Verkstäder A. B.
Söderhamn, Schweden

Tromag
Trockenapparate- u. Maschinenbau GmbH.
644 Bebra

Voith, J. M., GmbH.
Maschinenfabrik
792 Heidenheim/Brenz, Postfach 45

Wigger & Co.
Spezialfabrik für Holz-Aufbereitungsmaschinen
475 Unna/Westf., Postfach 364
Würtex
Maschinenbau GmbH.
7336 Uhingen/Württ., Postfach 46

Anhang

Anhang A

Standorte, Erzeugnisarten und Kapazitäten der Spanplattenhersteller in der Bundesrepublik Deutschland

Stand: Herbst 1964

(Nach Wilhelm-Klauditz-Institut für Holzforschung, Braunschweig)

Erklärung der Abkürzungen: FP = Flachpreßverfahren, SP = Strangpreßverfahren; Kapazitätsgrößen:

I = bis 20 m³/Tag	IV = bis 200 m³/Tag
II = bis 50 m³/Tag	V = bis 500 m³/Tag
III = bis 100 m³/Tag	VI = über 500 m³/Tag

Werke mit mehreren Fabrikationsanlagen sind jeweils nur einmal aufgeführt, sofern sich die Anlagen am selben Ort befinden.

	Plattenart Kapazität
Baden-Württemberg	
1. Mathias Butter, Kirchbierlingen üb. Ehingen	FP/II
2. Karl Danzer KG, Kehl/Rhein	SP/IV
3. Gruber & Weber, Obertsrot/Murgtal	FP/IV
4. Ch. Hespeler KG, Vereinigte Holzindustrie, Schorndorf	FP/II
5. H. D. Krages, Leutkirch	FP/III
6. Kunz & Co., Gschwend	FP/IV
7. OKAL-Werk Schwarzwald, Otto Kreibaum KG, Neustadt/Schwarzw.	SP/III
8. Ferd. Moser & Sohn, Schramberg	FP/III
9. Schütte-Lanz AG, Mannheim-Rheinau	FP/I
10. K. Schwab, Holzindustrie, Reutlingen	FP/I
11. Martin Staud, Saulgau	FP/III
12. Georg Wagenblass Wwe. Irma Wagenblass KG, Eschelbronn üb. Sinsheim	FP/I
Bayern	
1. Gebr. Aicher, Rosenheim	FP/IV
2. Gebr. Kusser, Hauzenberg üb. Passau	FP/III
3. August Moralt, Bad Tölz	FP/V
4. Nolte-Möbel, Hunderdorf üb. Straubing	SP/III
5. Holzwerke Pfleiderer, Neumarkt/Opf.	FP/IV
6. Anton Prücklmair, Schrobenhausen	FP/I
7. Wendelin Rauch & Sohn KG, Markt Bibart	SP/III
8. Albrecht Schlingmann GmbH, Nittenau üb. Regensburg	FP/IV
9. Gebr. Schweiger, Markt Schwaben	FP/III

	Plattenart Kapazität
10. Joh. Jac. Vowinckel, Georgensgmünd üb. Schwabach	FP/IV
11. Joh. Wissler GmbH, Großostheim üb. Aschaffenburg	FP/III
Hessen	
1. Allendorfer Spanplattenges., Graf zu Erbach-Fürstenau, Allendorf Kr. Marburg/Lahn	SP/III
2. Holz- und Imprägnierwerk Nidda GmbH, Nidda	FP/III
3. H. Riffer, Kassel-B.	FP/III
4. Gg. H. Schollmayer KG, Mainz-Kostheim	SP/I
5. Holzwerke Wilhelmi OHG, Dorlar üb. Gießen	FP/IV
6. F. W. Valentin & Söhne, Bicken üb. Herborn	FP/III
Niedersachsen mit Lübeck	
1. F. Bähre Holzwerk GmbH, Springe	FP/II
2. Bähre-Metallwerk KG, Springe	FP/IV
3. J. Brüning & Sohn AG, Lüneburg	FP/III
4. Wilhelm Connemann, Flachsverwertungs-GmbH, Leer/Ostfriesl.	FP/III
5. Emsland-Spanplatten GmbH & Co. KG, Papenburg	FP/III
6. Greco-Spanplatten KG, Meppen	FP/IV
7. Ilse-Werke, Uslar/Hann.	FP/I
8. F. Klasen, Möbelfabrik, Klein Süstedt üb. Uelzen	FP/II
9. W. Mende & Co., Sperrholz- und Spanplattenwerk, Teichhütte üb. Seesen	FP/II
10. Deutsche Novopan GmbH & Co., Göttingen-Grone	FP/VI
11. OKAL-Werk Niedersachsen, O. Kreibaum KG, Lauenstein/Hann.	SP/IV
12. Holzwerk Osterwald GmbH, Osterwald üb. Elze/Hann.	FP/IV
13. Heinrich Prell, Dissen/Teut. Wald	FP/II
14. H. Rottmann, Wilhelmshaven	FP/III
15. Otto Sasse GmbH, Holzminden	FP/III
16. Triangel Spanplattenwerke der Niedersachsen GmbH, Triangel üb. Gifhorn	FP/V
17. Triangel Spanplattenwerke der Niedersachsen GmbH, Werk Lübeck	FP/V und SP/III
18. Mathias Wiemann, Möbelindustrie, Oesede bei Osnabrück	FP/III
Nordrhein-Westfalen	
1. Althage und Herbrechtsmeyer, Bünde	FP/I
2. Gebr. Austermann, Möbelfabrik, Moese Post Mastholte üb. Lippstadt	FP/I
3. Bartelswerke GmbH, Langenberg/Westf.	FP/II
4. Karl Bröcker, Stromberg	FP/II
5. Gebr. Cloos KG, Homberg/Niederrhein	FP/IV
6. Geborn Sperrholzwerk, Spexard üb. Gütersloh	FP/I
7. Gegewerke GmbH, Weeze/Niederrhein	FP/III
8. Geha-Plattenwerke, Hövelhof üb. Paderborn	FP/III
9. Holzwerk Gröver KG, Rüthen/Möhne	FP/III
10. Hartmann & Sohn, Beelen üb. Warendorf	FP/I
11. W. Heidemann KG, Herford, Werk Sandebeck üb. Detmold	FP/III

	Plattenart Kapazität
12. Holzindustrie Hohenhausen, Hohenhausen üb. Lemgo	FP/III
13. K. H. Möhring, Furnier- und Spanplattenwerk, Lemgo	FP/I
14. Nolte-Möbel GmbH & Co., Rheda	FP/V
15. H. Rottmann Söhne KG, Herford	FP/III
16. Sauerländer Spanplattenges. mbH, Arnsberg	SP/IV
17. H. Stammschröer, Bad Lippspringe	FP/III
18. H. Stammschröer KG, Wiedenbrück	FP/II
19. Heinr. Wehmeyer jr., Furnierwerk, Havixbeck üb. Münster	FP/I
20. Möbelbau Welle, Paderborn	SP/III
21. Heinrich Winkels Wwe., Viersen	FP/I
22. Wirus-Werke, W. Ruhenstroth GmbH, Gütersloh	FP/III
23. Heinr. Wonnemann GmbH, Batenhorst, Post Wiedenbrück	FP/II
Rheinland-Pfalz	
1. Michael Felke GmbH, Sohren üb. Simmern	SP und FP/III
2. Karl Kübel, Worms	FP/V
3. Lud. Kuntz, Kirn	FP/II
4. Ferd. Schenck AG, Maximiliansau	FP/IV
Saarland	
1. Agepan-Holzwerke GmbH, Eiweiler	FP/IV

Aufstellung der Holzspanplattenwerke in der Bundesrepublik Deutschland nach Kapazität und Produktionsanteil (Vergleich 1956/57 und 1964)

Tageskapazität	Anzahl der Werke		Prozentanteil an der Gesamtproduktion	
	1956/57	1964	1956/57 rd.	1964 rd.
I	10	13	6	3
II	15	11	18	9
III	19	29	44	28
IV	5	16	32	30
V/VI	—	6	—	30
	49	75	100	100

Übersicht über die Anzahl der Werke und ihre Kapazität in den einzelnen Bundesländern (Stand: Herbst 1964)

Bundesländer	Anzahl – Kapazität						
	I	II	III	IV	V	VI	zus.
Baden-Württemberg	3	2	4	3	—	—	12
Bayern	1	—	5	4	1	—	11
Hessen	1	—	4	1	—	—	6
Niedersachsen mit Lübeck	1	4	6	4	2	1	18
Nordrhein-Westfalen	7	4	9	2	1	—	23
Rheinland-Pfalz	—	1	1	1	1	—	4
Saarland	—	—	—	1	—	—	1
Bundesrepublik Deutschland	13	11	29	16	5	1	75

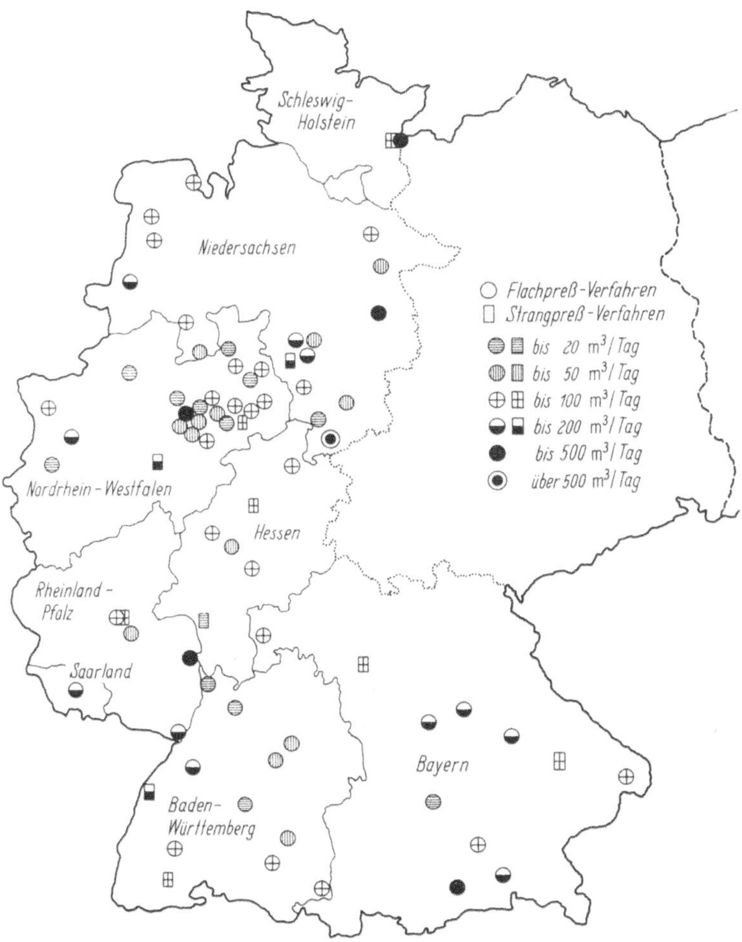

Anschriften und Produktionsprogramme der im Verband der Deutschen

Stand: Juni 1963

Anwendungsgebiete: M = Möbel, TO = Tonmöbel, NÄ = Nähmaschinen, L = Landwirtschaftliches

Hersteller	Anschrift	Marke und Typen	Herstell-Verfahren	Schichten (der Trägerplatte)	Geschliffen	Ungeschliffen
AGEPAN Holzwerke GmbH, Eiweiler/Saar	6601 Heusweiler/Saar, Postfach 6	Agepan-dekor	Fahrni-Novopan	3		UG
		Agepan-A	Fahrni-Novopan	3	GE	
		Agepan-F	Fahrni-Novopan	3	GE	
Gebr. Aicher, Holzindustrie	82 Rosenheim/Obb., Postfach 120	Aicher, Type A	Behr	3	GE	UG
		Aicher, Type K	Behr	3	GE	UG
		Aicher, furniert	Behr	3	GE	
Allendorfer Spanplattengesellschaft Graf zu Erbach-Fürstenau	3572 Allendorf Kr. Marburg/Lahn, Industriegelände	Allspan-Spanplatten	Kreibaum	1	GE	UG
		Allspan-Span-Tischlerplatten	Kreibaum	1	GE	UG
Bähre Metallwerk KG	3257 Springe/Hann.	Bison-Spanplatte	Bähre	windgeschüttet	GE	
Bartels-Werke GmbH	4831 Langenberg/Westf., Postfach 25/26	TELSA-Span	Bartels	1	GE	
Gebr. Cloos KG	4102 Homberg/Niederrhein, Postfach 120	C-Dur	Schnitzler	3	GE	
Wilhelm Connemann Flachsverwertung GmbH	295 Leer/Ostfriesl. 1, Postfach 115	Lino	Connemann	1	GE	UG

Anhang B

perrholz- und Spanplattenindustrie zusammengeschlossenen Hersteller

Nach VDSS, Frankfurt/M.)

A = Innenausbau, FA = Fahrzeugbau, S = Schiffs-Innenausbau, F = Fertigbau,
auwesen, LA = Ladenbau

Furniert	Unfurniert	Kunststoff-Beschicht.	Nenn-Rohdichte [kp/m³]	Größen [mm]	Dicke [mm]	Besonderes	Anwendung
			600...630	4100/1720	8, 10, 12, 16, 19, 22		M, TO, NÄ, IA, FA, S
			600...630	4100/1720	8, 10, 12, 16, 19, 22, 25		M, TO, NÄ, IA, FA, S
'U[1]			600...650	2050/1700 1700/2500	12/13, 16/17, 19/20, 22/23 u. a.		M, TO, NÄ, IA, FA, S
	UF		600...620	4100/1830	8, 10, 12, 13, 16, 18, 19, 22, 25, 28, 32, 38	Gütezeichen RAL	M, TO, NÄ, IA, FA, S
	UF		600...620	4100/1830	13, 16, 18, 19, 22, 25, 28, 32, 38	Gütezeichen RAL	M, TO, NÄ, IA, FA, S
FU			600...620	1730/3500	16, 19, 22, 25, 28		M, TO, NÄ, IA, FA, S
	UF		600 und 420	1250/Breite beliebig auch Fixmaße	10, 12, 14, 16, 17 19, 22, 33, 63	Röhrenplatten ab 19 mm Dicke	M, TO, NÄ, IA, S, F
FU			600 und 420	2480/1240 auch Fixmaße	12, 14, 16, 18, 19, 21, 24, 35, 65	Röhrenplatten ab 21 mm Dicke	M, TO, NÄ, IA, S, F
FU	UF	KU[2]	650...700	1250/2500; 1830/7100 und Fixmaße	8, 10, 12, 13, 14, 16, 18, 19, 22	Dekorplatten farbig, Gütezeichen RAL	M, TO, NÄ, IA, FA, S, F, L
	UF		600...650	3500/1700	14, 16, 19, 22, 25		M, TO, NÄ, IA, FA, S
	UF		610	3660/1750 4100/1850	8, 10, 12, 13, 15, 16, 18, 19, 22, 25	Gütezeichen RAL	M, TO, NÄ, IA, FA, S, F, L, LA
	UF	KU	400, 450, 500, 600	3500/1700 u. 2550/1300	8...36	Flachs-Spanplatte	M, TO, NÄ, IA, FA, S, F, L

Schäl- u. Messerfurniere

[2] Type „Bisonal“

(Forts.)

Hersteller	Anschrift	Marke und Typen	Herstell-Verfahren	Schichten (der Trägerplatte)	Geschliffen	Ungeschliffen
Karl Danzer KG	764 Kehl/Rhein, Postfach 220	DW-Vollfein-Spanplatte	Kreibaum	1	GE	UG
		DW-Röhrenplatte	Kreibaum	1	GE	UG
		DEWETON-Akustikplatte	Kreibaum	1 Röhrenpl.	GE	
Deutsche Novopan GmbH & Co.	34 Göttingen, Postfach 240	Novopan N	Fahrni-Novopan	5		UG
		Novopan F	Fahrni-Novopan	5	GE	
		Novopan W	Fahrni-Novopan	5	GE	UG
		Phenapan	Fahrni-Novopan	5	GE	
Emsland Spanplatten GmbH & Co. KG	449 Papenburg/Ems, Postfach	Emsland		3	GE	
Geborn Sperrholzwerk Gebr. Feuerborn	4831 Spexard über Gütersloh/Westf.	Geborn	Geborn	3	GE	
Gegewerke GmbH. Möbel-, Sperrholz- und Furnierfabriken	4179 Weeze/Niederrhein	GeGe-furnierte Spanplatten	GeGe Hermal	1	GE	
Holzwerk Gröver KG	4784 Rüthen/Möhne	Gröver-Spanplatte Type G und H	Gröver	3	GE	UG
		Gröver-Spanplatte Type K	Gröver	3	GE	
Ch. Hespeler KG Vereinigte Holzindustrie	706 Schorndorf/Württ., Postfach 4	Neoplax Spantischlerplatte	Neoplax	3	GE	
		Neoplax Dekorplatte	Neoplax	3		UG

Furniert	Unfurniert	Kunststoff-Beschicht.	Nenn-Rohdichte [kp/m³]	Größen [mm]	Dicke [mm]	Besonderes	Anwendung
'U	UF		600	2480/1240 2000/1700	12, 15, 18, 21		M, TO, NÄ, IA, FA, S
'U	UF		400	2480/1240 2000/1700	25, 37		M, IA, S
'U			380...440	604/604; 1208/604 1812/604; 2480/604	25	Schallschluckplatte, auch mattiert	IA, S
	UF		rd. 600	4100/1850	6, 8, 10, 13, 16, 19, 22	Dekoratives Spanbild, feuerhemmend[1] (Näheres auf Anfrage) W = spezialverleimte Platten für Schotten und Wände im Schiffsbau Gütezeichen RAL	M, TO, NÄ, IA, FA, S, F, L, LA
	UF		rd. 600	4100/1850	8, 10, 13, 16, 19, 22, 25, 28, 38		M, TO, NÄ, IA, FA, S, F, L, LA
	UF		rd. 600	4100/1850	6, 8, 10, 13, 16, 19, 22, 28, 38		M, TO, NÄ, IA, FA, S, F, L, LA
	UF		rd. 640	4100/1850	13, 19, 22	Kochfeste Verleimung; erweiterte Anwendung	IA, FA, S, F, L, LA
	UF		600...650	3500/1700	8, 10, 13, 15, 16, 18, 19, 22, 25	Besonders helle Deckschichten	M, TO, NÄ, IA, FA, S
'U	UF		630...650	4500/1600; 1600/4500 2240/1600 furniert	13, 16, 19, 22, 25		M, TO, IA
'U			580	3500/1750 u./o. 3480/1730	10, 12, 15, 18, 21, 24		M, TO, NÄ, IA, FA, S
	UF		630	2550/1320 und Fixmaße	8...24	Auf Wunsch auch Spezialplatten	M, TO, IA, FA, S, F, L
	UF	KU	650	2550/1320 und Fixmaße	8...24		M, TO, IA, FA, S, Hochbau
			600	3500/1250	8...25		M, TO, NÄ, F, L
			600	3500/1250	6...25	Farbig auf Anfrage	IA, FA, F, L

erfüllt die Anforderungen des Schiffssicherheitsvertrages hinsichtlich Feuerhemmung.

(Forts.)

Hersteller	Anschrift	Marke und Typen	Herstell-Verfahren	Schichten (der Trägerplatte)	Geschliffen	Un-geschliffen
Holzwerk Osterwald der Dörentruper Sand- und Tonwerke GmbH	3211 Osterwald-Bahnhof üb. Elze/Hann.	Osterwald Type E und P	Osterwald	3	GE	
		Osterwald, Type W für Schiffbau	Osterwald	3	GE	
		Osterwald Type H	Osterwald	1	GE	
		Osterwald Type MH und MD	Osterwald	3	GE	
Holzwerke Wilhelmi OHG	63 Gießen 2, Postfach 21540	Variantex	Wilhelmi	1 u. 2		UG
		Mikropor	Wilhelmi	2 u. 3		UG
Otto Kreibaum, Möbel- und Spanplattenfabrik	3215 Lauenstein/Hann.	Okal-Vollplatte	Kreibaum	1	GE	UG
		Okal-Röhrenplatte	Kreibaum	1	GE	UG
Lud. Kuntz, Sperrholz- und Spanplattenwerke ELKA	657 Kirn/Nahe, Postfach 149	ELKA-Spanplatte	Bähre	windgeschüttet	GE	
Kunz & Co.	7162 Gschwend/Württ.	Kuco-Spanplatte	Bähre	windgeschüttet	GE	UG
Gebr. Kusser, Sperrholzwerk – Türenwerk – Spanplattenwerk	8395 Hauzenberg üb. Passau	Kusser	Schnitzler	3	GE	
Wilhelm Mende & Co. Sperrholz- und Spanplattenfabrik	3371 Teichhütte üb. Seesen	„Harz“-Spanplatten	Bähre	windgeschüttet	GE	
August Moralt, Holzindustrie	817 Bad Tölz/Obb., Postfach 54	Moralt	Behr	3	GE	UG
		Moralt, „M-W“-Werftpl.	Behr	3	GE	UG

Furniert	Unfurniert	Kunststoff-Beschicht.	Nenn-Rohdichte [kp/m³]	Größen [mm]	Dicke [mm]	Besonderes	Anwendung
FU	UF		640...660	1300/2500	8...25	Auf Wunsch auch spezialverdichtet	M, TO, NÄ, IA, FA, S, F
FU	UF		640...660	1270/2500	8...25	Auf Wunsch auch spezialverdichtet feuerhemmend[1]	S
	UF		900...1000	1220/2440 1250/2500	3...6		M, TO, NÄ, IA, FA, S
	UF		640...660	1830/5110	8...25		M, TO, NÄ, IA, FA, S, F,
			300	1250/2500, 1250, 830	20	Akustikplatten farbig. Schwer entflammbar nach DIN 4102	IA
		KU	300	625/2500, 1250, 830, 625			
FU	UF		580...600	1250, 1750 Breite beliebig bis 2500	10...21	Bauteile, Trennwände	M, TO, IA, FA, S, Hochbau
FU	UF		300...450	1250, 1700 Breite beliebig bis 2500	22...50	Türen, Fußböden	M, TO, NÄ, IA, FA, S, Hochbau
	UF		630	4200/1850	8...25		M, TO, NÄ, IA, FA, S
FU	UF		rd. 640	4200/1850, Fixmaße bis 2100/8400	8, 10, 13, 16, 18, 19, 22, 25	furn. 2500, 3500/1850 bis 2100; Fixmaße bis 3500 mm Faserlänge; hochverdichtete Platten für Sonderzwecke	M, TO, NÄ, IA, FA, S
FU	UF		620	4100/1830	8...28		M, TO, NÄ, IA, FA, LA
	UF		630	5100/1850	6, 8, 10, 13, 15, 16, 18, 19, 22, 25		M, TO, NÄ, IA, FA, S
FU	UF		600	3500/1530 furniert 4100/1850 1730/4100 1530/3500	6, 8, 10, 12, 13, 14, 16, 18, 19, 22, 25, 28, 30, 38, 40	feuerhemmend[1] Gütezeichen RAL	M, TO, NÄ, IA, FA, S, F, L, LA
			660	3500/1530 4100/1850	19, 22	feuerhemmend[1]	M, TO, NÄ, IA, FA, S, F, L, LA

erfüllt die Anforderungen des Schiffssicherheitsvertrages hinsichtlich Feuerhemmung.

(Forts.)

Hersteller	Anschrift	Marke und Typen	Herstell-Verfahren	Schichten (der Trägerplatte)	Geschliffen	Ungeschliffen
G. A. Pfleiderer	843 Neumarkt/Opf.	GAP-Feinspanplatte	Pfleiderer	3	GE	UG
Heinrich Prell, Holzbearbeitungswerk	4503 Dissen/ Teut. Wald	Prell	Prell	windgeschüttet	GE	
Anton Prücklmair, Holzspanplattenwerk	8898 Schrobenhausen/Obb.	APS	Rottmann	3	GE	
H. Rottmann, Sperrholz- und Spanplattenwerk	294 Wilhelmshaven, Postfach 1080	Rottmann-UNIVERSAL-Spanholzplatten	Rottmann	3	GE	
		Rottmann-UNIVERSAL-Spantischlerplatten	Rottmann	3	GE	
Heinrich Riffer, Sperrholz- und Spanplattenwerk	35 Kassel-B., Leipziger Straße 184	Rifka	Behr	3	GE	
		Rifka-M	Behr	1	GE	
		Rifka-Spantischlerplatte	Behr	3	GE	
Otto Sasse GmbH, Spanplattenfabrik	345 Holzminden/ Weser, Postfach 122	Sasse	Bähre	windgeschüttet	GE	
Ferdinand Schenck AG, Spanplattenwerk	6729 Maximiliansau/Pfalz	Schenck-Duroplan	Eigenes (Bähre)	windgeschüttet	GE	UG
Schlingmann & Co. KG Spanplattenwerk	8415 Nittenau üb. Regensburg, Industriestraße 5	Schlingmann	Behr	3	GE	UG
Schütte-Lanz Holzwerke AG	68 Mannheim-Rheinau, Postfach 24	SL	SL	1	GE	
Gebr. Schweiger, Holzindustrie	8015 Markt Schwaben bei München	Bison	Bähre	windgeschüttet	GE	
Triangel Holzwerkstoff-Gesellschaft mbH	3171 Triangel üb. Gifhorn	Triangel, Type S	NHG-Behr	3	GE	UG
		Triangel, Type W	NHG-Behr	3	GE	UG

Furniert	Unfurniert	Kunststoff-Beschicht.	Nenn-Rohdichte [kp/m³]	Größen [mm]	Dicke [mm]	Besonderes	Anwendung
	UF		600	4100/1850 4100/1750	4, 6, 8, 10, 13, 16, 18, 19, 22, 25, 28	Gütezeichen RAL	M, TO, NÄ, IA, FA, S
	UF		630...650	2500/1750	10...22		M, TO, NÄ, IA
	UF		630	3500/1700	8, 10, 13, 16, 19, 22, 25		M, TO, NÄ, IA, FA, S, F
	UF		600...650	3700/1700	8, 10, 12, 13, 15, 16, 18, 19, 22, 25		M, TO, NÄ, IA, FA, S
FU			600...650	1690/3690 3690/1690	11, 13, 15, 16, 18, 19, 21, 22, 25, 28		M, TO, NÄ, IA, FA, S
	UF		rd. 600	3500/1700	8, 10, 13, 15, 16, 18, 19, 22, 25		M, TO, NÄ, IA, FA, F, L
	UF		rd. 600	3500/1700	13, 15, 16, 18, 19		M, TO, NÄ, IA, FA, F, L
FU			rd. 600	1680/3480	16, 19, 22	2,6 mm dicke Deckfurniere	M, TO, NÄ, IA, FA
FU	UF		630...660	2570/1320 und Fixmaße	8...30		M, TO, NÄ, IA, FA, S, F
	UF		580...620	3500/1700 2500/1250	8, 10, 12, 13, 15, 16, 18, 19, 22		M, TO, NÄ, IA, FA, S, F, LA
	UF		610	3660/1800...1890 und Fixmaße	8, 10, 12, 13, 16, 18, 19, 22, 25		M, TO, NÄ, IA, FA, S, F, L, LA
FU	UF		620	2500/1250 2440/1220 furniert	13, 16, 18 16, 18, 21		M, TO, NÄ, IA, FA, S, F
	UF		590...620	3530/1700	8, 10, 13, 16, 19, 22, 25		M, TO, NÄ, IA, FA, S
	UF		rd. 610	3430/1250...1340	8, 10, 12, 13, 16, 18, 19, 22, 25, 30	Gütezeichen RAL feuerhemmend[1]	M, TO, NÄ, IA, FA, S, LA
	UF		rd. 610	3430/1250...1340	8, 10, 12, 13, 16, 18, 19, 22, 25, 30, 35	Gütezeichen RAL feuerhemmend[1]	IA, S, F, L, LA

erfüllt die Anforderungen des Schiffssicherheitsvertrages hinsichtlich Feuerhemmung.

(Forts.)

Hersteller	Anschrift	Marke und Typen	Herstell-Verfahren	Schichten (der Trägerplatte)	Geschliffen	Ungeschliffen
Triangel Holzwerkstoff-Gesellschaft mbH	3171 Triangel üb. Gifhorn	Triangel, Type N	NHG-Behr	3	GE	UG
		Triangel, Type 57	Bähre	windgeschüttet	GE	UG
		Triangel (Lübeck)	Triangel-Behr	5	GE	UG
		Triangel, OKAL-V	Kreibaum	1	GE	UG
		Triangel, OKAL-R	Kreibaum	1 Röhrenpl.	GE	UG
		Triangel, Type M	Triangel-Behr	wurfgeschüttet	GE	UG
Joh. Jac. Vowinckel, Holzindustrie	8 München 15, Bavaria-Ring 24	Vowinckel, Type NF	Behr	3	GE	UG
		Vowinckel, Type MS	Behr	3	GE	UG
		Vowinckel, Type SB	Behr	3	GE	UG
Weser-Sperrholzwerke GmbH	345 Holzminden/Weser, Postfach 147	Weser-Spanplatte	Weser	1	GE	
Welle Möbelbau	479 Paderborn, Wollmarktstr. 121		Kreibaum	1	GE	
Wirus-Werke W. Ruhenstroth GmbH	483 Gütersloh/Westf., Postfach 139	Wirus-Spanplatte	Bähre		GE	
		Wirus-Furnispan	Bähre		GE	
		WIRUtex KS	Bähre			UG
		WIRUtex SW	Bähre			UG
Gerhard Wonnemann Holzwerk GmbH	4832 Wiedenbrück, Postfach 124	Wonnemann	Prell	windgeschüttet		

Furniert	Unfurniert	Kunststoff-Beschicht.	Nenn-Rohdichte [kp/m³]	Größen [mm]	Dicke [mm]	Besonderes	Anwendung
	UF		630	3430/1250...1340	13, 15, 16, 18, 19, 22, 25, 30, 35	Gütezeichen RAL	M, TO, IA, FA, F, L, LA
	UF		630	3500/1700	8, 9, 10, 12, 13, 15, 16, 18, 19, 22, 25	Gütezeichen RAL	M, TO, NÄ, IA, FA, F, L
	UF		610	5110/1880 Fixmaße Länge: 4880...5110 Breite: 1700...1940	8, 10, 12, 13, 16, 18, 19, 22, 25, 30, 35		M, TO, NÄ, IA, FA, S, F, L, LA
	UF		600	1250/ } Länge beliebig 1830/ } bis 3500	10...21		M, TO, IA, FA, S
	UF		300...450		22...50		M, TO, IA, FA, S, Hochbau
			630	1700/3500	8, 10, 13, 16, 18, 19, 22, 25		Mittellagenpl., Bauplatte
	UF		600	3600/1700 und Fixmaße	6, 8, 10, 12, 13, 14, 15, 16, 18, 19, 22, 25	Gütezeichen RAL	M, TO, NÄ, IA, FA, S, F, L, LA
	UF		600	3600/1700 und Fixmaße	8, 10, 12, 13, 14, 15, 16, 18, 19, 22, 25	Gütezeichen RAL	M, TO, NÄ, IA, FA, S, F, L, LA
	UF		600...620	3600/1700	22, 25	Gütezeichen RAL feuerhemmend[1]	M, TO, NÄ, IA, FA, S, F, L, LA
FU				1200/2400 2400/1200	16, 19, 22, 25, 28		M, IA
FU			600				M
	UF		620	2540/1820	6, 8, 10, 12, 14, 16, 19, 22, 25, 28	Gütezeichen RAL	M, TO, NÄ, IA, FA, S, F, L, LA
FU			620	2500/1800, 1800/2500 2500/1800	13, 16, 19, 22, 25, 28 14, 15, 17, 18, 20, 21, 23, 24, 26, 27	Schälfurnierdecks Messerfurnierdecks	M, TO, NÄ, IA, FA, S, F, L, LA
		KU	700	2500/1800	12, 14, 16, 18, 19, 21	Beidseitig Kunststoffbeschichtet	M, IA, FA, F, LA
		KU		2500/1800	14, 16, 18, 20, 22	Beidseitig WIRUtex-Kunststoff-Hartplatten	M, IA, F, LA
FU			630...650	2500/1700	12, 15, 18, 21	Limba- u. Makoré-Messerfurniere Auf Wunsch edelfurniert	M, TO, IA, S

erfüllt die Anforderungen des Schiffssicherheitsvertrages hinsichtlich Feuerhemmung.

Anhang C

Weltliste der Spanplattenanlagen

Stand: September 1964

(Nach Fahrni Institut AG, Zürich)

Verfahrensträger

Name	Standort	Verfahren (* Strangpreß-verfahren)
Belgien		
A. de Mets, Maschinenfabrik	Kachtem, Flandern	De Mets
Linex S. A., S. A. Verkor, Hr. Verbestel	Bruxelles	Linex
Deutschland-Ost		
VEB Zentrales Projektierungsbüro der Holz- und Kulturwarenindustrie	Leipzig	Zentr. Proj.
Deutschland-West		
Bähre Metallwerke KG Interbagasse Products Corp.	Springe, Hann.	Bähre
Erwin Behr, Möbelfabrik Laboratorium Dipl.-Ing. Max Himmelheber	Wendlingen, Neckar Baiersbronn, Schwarzw.	Behr
Hermal GmbH	München	Hermal
Robert Hildebrand, Maschinenbau GmbH	Oberboihingen, Württ.	Hildebrand
Industrie-Maschinen GmbH, H. F. Schwiertz	Hamburg	Induma
Otto Kreibaum	Lauenstein, Hann.	Kreibaum*
Reit-Holzverwertungsanlagen KG	Soltau, Hann.	Reit
Rottmann Spanplattenwerk	Wilhelmshaven	Rottmann
Carl Schenck, Maschinenfabrik GmbH	Darmstadt	Schenck
Dr. E. Schnitzler	Karlsruhe	Schnitzler
Finnland		
E. Väihkönen (N. R. Alenius)	Lahti	Enve-Raute (Anra)
Großbritannien		
International Plastics Ltd.	London	Bartrev
Simon Handling Engineers	Stockport	Simon-Lignin
Italien		
Angelo Cremona & Figlio	?	Cremona
Kanada		
Columbia Engineering Co., Peter Vajda	Vancouver, B. C.	Columbia Eng.

(Forts.)

Name	Standort	Verfahren (* Strangpreß-verfahren)
Norwegen		
Industrikonsulent A/S	Oslo	Ind. Kons.
Schweden		
AB Suntex	Orsa	Suntex
Fickler & Lundmark	Enebyberg	F & L
Schweiz (mit Liechtenstein)		
Dr. O. Wyss, Spanholz AG	Zürich	Behr
Curvi-Board, Paul Harder	Vaduz, FL	Curvi-Board
Fibrexa S. A., J. Brand	Tavannes, BE	Fibrexa
Pawert AG, Swiss Metallurgical Corp.	Basel	Globiboard
Fahrni Institut AG, Fred Fahrni	Zürich	Novopan
Ulrich Steinemann AG	St. Gallen-Winkeln	Swisspan
Tschechoslowakei		
Technoexport	Prag	Technoexport
USA		
Ralph Chapman	Corvallis, Ore.	Chapman
Chipcraft Corp.	Morristown, Tenn.	Chipcraft*
Dr. James d'A. Clark	Longview, Wash.	Clark
Columbia Engineering Co., Peter Vajda	Eugene, Ore.	Columbia Eng.
Elmendorf Research Inc.	Palo Alto, Calif.	Elmendorf
Industrial Development Co., Dale L. Schubert	Tacoma, Wash.	I. D. C.
Johnson & Johnson	Chicago, Ill.	Johnson
Adamson-United Co.	Akron, Ohio	Lanewood*
MacDonald Associates Inc.	Corvallis, Ore.	MacDonald
Miller-Hofft Inc.	Richmond, Va.	Miller-Hofft
Plaswood Corp.	Detroit, Mich.	Plaswood
Wilco Machine Works Inc.	Memphis, Tenn.	W. M. W.

Anlagen

Erläuterungen zur nachfolgenden Liste: Die Produktionsangaben wurden teilweise geschätzt. Sofern Umrechnungen notwendig waren, beruhen diese auf:

22 Std./Tag × 250 Tage/Jahr = 5500 Arbeitsstunden/Jahr
mittlere Plattendicke = 19 mm
Rohdichte der Platte = 625 kg/m³

Name	Standort
I. EUROPA	
Belgien	
De Coene Frères	Courtrai
S. A. Sovalbois	Villers-le-Gambon
S. A. Usines L. Doms	Hever-le-Malines
S. A. Usines Sedia	Malines
Usines Schipton S. A.	Malines
Usines van Lelt N. V.	Burcht-les-Anvers
Sté. Panofor	Mariembourg
Novopan S. A.	Wilrijk
Panorex P. V. B. A.	De Klinge-Waas
Himpe	Vive-St-Eloy
?	Rance
Wielexco P. V. B. A.	Wielsbeke
Aubry S. A. Industrie du Bois	Waregem
Sonalex P. V. B. A.	Deurne
Unilin N. V.	Ooigem
Linex S. A.	Wielsbeke
Eurolin	Gullegem, p. Courtrai
Fibrolin S. A.	Wielsbeke
Flaxipan P. V. B. A.	Hooglede
Interlin S. V.	Beveren/Leie
Lindal N. V.	Wielsbeke
Linopan P. V. B. A.	Wielsbeke
Menotex	Menin
Mondial-Lin P. V. B. A.	Gullegem
Placolin P. V. B. A.	Hooglede
Bulgarien	
Petar Abadshier	Teteven
Georgi Dimitrov	Velingrad
2 Anlagen	?
Hanffabrik Levski	Levski
5 Anlagen	?

Anlagen

Wenn es sich nicht um Holzspan-, sondern Flachsspan- oder andere Platten handelt, ist eine entsprechende Bemerkung angebracht.

? Angaben fehlen ○ Werk produziert nach eigenem Verfahren
* Strangpreßverfahren + Anlage im Bau ++ Anlage geplant

Verfahren	Handelsmarke	jährliche Produktion in m³	Inbetrieb-setzung	Bemerkungen
Bähre	Decopan	15000	1960	
Bähre	Valwood	10000	1958	
Behr	Sylvapan	15000	1958	
Behr	Panosedia	15000		
Behr	Schipton	8000	1958	
Behr	Atlas	5000	1958	
Linex	Panofor	20000	1962	
Novopan	Novopan	20000	1949/58	
○	Panorex	5000	1958	
?	Hizopan	8000	1958	
?	?		++	
Bähre	Wielexco	20000	1958	Holz/Flachs
Behr	Sonaply Sonalex	10000	1953/60	Holz/Flachs
Bähre	Durtex Durmix Durlin	10000	?/64	Holz/Flachs
Behr	Unilin	70000	?/64	Flachs
Linex	Linex Glinex	40000		Holz/Flachs
?	Eurolin	10000	1962	Holz/Flachs
?	Fibrolin	3000	1958	Holz/Flachs
?	Flaxipan	12000		Holz/Flachs
?	Interlin	10000	1958	Holz/Flachs
?	Lindal	3000	1958	Holz/Flachs
?	Linopan	10000		Holz/Flachs
?	Menotex			Holz/Flachs
?	Mondial			Holz/Flachs
?	Placolin	18000		Holz/Flachs

Schnitzler	?	20000	1961	
Schnitzler	?	20000	1961	
Kreibaum*	?		1962	
?	?		1963	Flachs
Technoexport	?	bis 2700	1962	

(Forts.)

Name	Standort
Dänemark	
Dansk Spaanplade Kompagni A/S	Silkeborg
Dansk Spaanplade Kompagni A/S	?, Südjütland
A/S Glumsö Spaanpladefabrik	Glumsö, Seeland
Novopan Träindustri A/S	Pindstrup
Hans Buchreitz, Spanplatten- und Türenfabrik	Silkeborg
Deutschland-Ost	
VEB Holzverarbeitung	Klosterfelde
VEB Holzverarbeitungswerk	Leipzig-Wiederitzsch
Sperrholzwerk Ilsenburg	Ilsenburg
Thaler Holzwerke	Mennicke
VEB Faserplattenwerke	Ribnitz-Damgarten
VEB Faserplattenwerke	Tangermünde
VEB Holzveredlung	Karlshorst
VEB Sachsenfurnier	Böhlitz-Ehrenberg
VEB Sperrholz- und Dübelwerke	Loitz, Meckl.
VEB Universal, Büromöbelfabrik	Berlin-Johannisthal
VEB Vereinigte Sägewerke	Dessau-Roßlau
VEB ?	Gernrode, Südharz
15 Anlagen	?
15 Anlagen	?
Deutschland-West	
Bähre Holzwerk KG	Springe, Hann.
Bähre Metallwerk KG	Springe, Hann.
Karl Bröcker	Stromberg, Westf.
Brüning & Sohn AG	Lüneburg, Nieders.
Felke, Möbelwerke	Sohren, Hunsrück
Greco-Spanplattenwerk KG	Meppen, Ems
Holzindustrie Hohenhausen	Hohenhausen, Westf.
Herman D. Krages	Leutkirch, Württ.
L. Kuntz, Sperrholz- und Spanplattenwerke Elka	Kirn, Nahe
Kunz & Co.	Gschwend, Württ.
W. Mende & Co. GmbH	Teichhütte, Harz
Otto Sasse GmbH	Holzminden, Nieders.
Gebr. Schweiger, Holzindustrie KG	Markt Schwaben, Obb.
Wirus-Werke, W. Ruhenstroth GmbH	Gütersloh, Westf.
Holzwerkstoff GmbH I. u. II.	Triangel, Nieders.
Holzwerkstoff GmbH III.	Lübeck
Holzwerkstoff GmbH, vorm. Holsatiawerke	Hamburg-Altona
Ferdinand Schenck AG	Maximiliansau, Rhein

Verfahren	Handelsmarke	jährliche Produktion in m³	Inbetriebsetzung	Bemerkungen
Bähre	Bison	10000	1960	
?	?		++	
Hermal	Bison	8000	1964	
Novopan	Novopan	25000	1950/57/60	
?	?			
Behr	?	35000	1959	
Behr	?	16000	1959	
○	?	3000	1956	
○	?	3000	1957	
○	?	9000	1962	
○	?	15000	1962	
○	?	8000	1956	
○	?	9000	1961	
○	?	9000	1961	
○	?	2000		
○	?	9000	1961	
○	?	9000	1961	
○	?	bis 1000		
○	?		+/++	
Bähre	Bison	10000	1956	
Bähre	Bison	29000	1961	
Bähre	Bröcker	8000	1960	
Bähre	Ibus	18000	1958/++	
Bähre/?*	?	14000	1960	
Bähre	Greco	19000	1960/63	
Bähre	?	15000		
Bähre	Kragospan	13000	1962	
Bähre	Elka	8000	1961	
Bähre	Kuco	8000	1958	
Bähre	Harz-Platte	13000	1962	
Bähre	Sasse	13000	1957	
Bähre	Schweiger	8000	1958	
Bähre	Wirus	18000	1946	
Behr/Bähre/○	Triangel	70000	1950/57	
Behr/Kreibaum*/○	Triangel	60000	1964	
Hermal/○	Holsatia	9000	1960	
Behr/Bähre/○	Duroplan Struktoplan	33000	1953/58	

(Forts.)

Name	Standort
Bartelswerke GmbH	Langenberg, Westf.
Gruber & Weber	Obertsrot, Baden
August Moralt	Bad Tölz, Obb.
Ferd. Moser & Sohn	Schramberg, Württ.
Nolte Produktenwerke GmbH	Rheda, Westf.
Hch. Riffer, Sperrholz- und Spanplattenwerk	Kassel
H. Rottmann Söhne KG	Herford, Westf.
Albrecht Schlingmann & Co. KG	Nittenau, Opf.
J. J. Vowinckel GmbH	Georgensgmünd, Bayern
Gg. H. Schollmayer KG	Mainz-Kostheim
Gegewerke GmbH	Weeze, Niederrh.
J. F. Werz jr. KG	Oberstenfeld, Württ.
Allendorfer Spanplatten-GmbH	Allendorf, Hess.
Karl Danzer KG	Kehl, Rhein
Otto Kreibaum, Möbel- und Spanplattenfabrik GmbH	Lauenstein, Hann.
Otto Kreibaum & Co.	Markt Bibart, Bayern
Schwarzwälder Okalwerke, Otto Kreibaum KG	Neustadt, Schwarzw.
Sauerländer Spanplatten GmbH	Arnsberg, Westf.
Welle GmbH KG	Paderborn, Westf.
Deutsche Novopan GmbH	Göttingen
Agepan Holzwerke GmbH	Eiweiler, Saar
K. H. Möhring, Furnier- und Spanplattenwerk	Lemgo-Kostheim, Westf.
Emsland Spanplatten GmbH	Papenburg, Nieders.
Geha-Plattenwerke	Höpfelhof, Westf.
Anton Prücklmair	Schrobenhausen, Obb.
Rottmann Spanplattenwerk	Wilhelmshaven
Mars Spanplattenwerk, Martin Staud KG	Saulgau, Württ.
Joh. Wissler GmbH	Großostheim, Main
Gebr. Aicher, Holzindustrie	Rosenheim, Obb.
Holzwerke Osterwald GmbH	Osterwald üb. Elze, Hann.
G. A. Pfleiderer	Neumarkt, Opf.
Gebr. Cloos KG	Homberg, Niederrh.
Holz- und Imprägnierwerke Nidda GmbH	Nidda, Hess.
Karl Kübel GmbH	Worms, Rhein
Gebr. Kusser, Sperrholz- und Türenwerk	Hauzenberg, Bayer. Wald
Althage & Herbrechtsmeyer	Bünde, Westf.
Wilh. Connemann GmbH	Leer, Ostfriesl.
Geborn-Sperrholzwerk	Spexard, üb. Güterloh, Westf.
Holzwerke Gröver KG	Rüthen, Westf.
Ch. Hespeler KG	Schorndorf, Württ.

Verfahren	Handelsmarke	jährliche Produktion in m³	Inbetriebsetzung	Bemerkungen
Behr/○	Telsa-Span	5000	1958	
	Telsatex			
Behr	Schwarzwald	35000	1958	
Behr	Moralt	60000	1953/61	
	Solaboard (GB)			
Behr	Moser	16000	1951/61	
Behr	?	50000	1954	
Behr	Rifka	12000	1956	
Behr	Harot	18000	1957	
Behr	?	18000	1962	
Behr	Vowinckel	32000	1951/58	
Globiboard*	?	4000		
Hermal/○	GeGe	12000		
Hermal	?			
Kreibaum*	Allspan	13000	1956	
Kreibaum*	DW, Deweton	25000	1958	
Kreibaum*	Okal	28000	1951	
Kreibaum*	Okal	8000	1955	
Kreibaum*	Okal	15000	1964	
Kreibaum*	Sauerländer	13000	1960	
Kreibaum*	?	16000		
Novopan	Novopan	130000	1951/58/64	
	Phenapan			
○/Novopan	Agepan/ Novopan	40000	1953/59	
Reit	?	4000		
Rottmann	Emsland	16000	1956/++	
Rottmann	Geha-Platten	14000	1956	
Rottmann	A. S. P.	8000	1956	
Rottmann	Rowi	15000	1954	
Rottmann	Mars	18000	1955	
Rottmann	Wi-De	14000	1957	
Schenck	Aicher	35000	1952/61	
Schenck/○	Owa	35000	1954/62	
	Chipboard (GB)			
Schenck/○	G. A. P.	18000	1962	
	Feinspan			
Schnitzler	C-Dur	43000	1959/62	
Schnitzler	Himmelsbach	20000	1957/61	
Schnitzler	Rhenospan	80000	1954/63	
Schnitzler	Kusser	18000	1962	
○	?	4000		
○	Lino	15000	1954	Flachs
○	Geborn	5000	1959	
○	Gröver	10000		
○	Neoplax	9000	1949	

(Forts.)

Name	Standort
Holzwerke Wilhelmi OHG	Dorlar, Hess.
Hch. Prell, Holzbearbeitungswerk	Dissen, Teut. Wald
Schütte-Lanz Holzwerke AG	Mannheim-Rheinau
Weser Sperrholzwerke GmbH	Holzminden, Nieders.
Austermann, Möbelfabrik	Mastholte, Westf.
K. Beckmann, Sperrholzwerk	Bad Lippspringe, Westf.
Fischer, Sperrholzwerk	Boffzen b. Holzminden, Nieders.
Hartmann & Sohn	Beelen b. Warendorf, Westf.
Wilh. Heidemann KG	Sandebeck b. Höxter, Westf.
Holzwerke Zapfendorf GmbH	Zapfendorf, Bayern
Ilse-Werke KG	Uslar, Hann.
F. Klasen, Möbelfabrik	Klein-Süstedt, Nieders.
Gebr. Kurse, Möbelfabrik	Melle, Hann.
Spanplattenw. Münsterland GmbH & Co. KG	Wulfen b. Dorsten
Nolte-Möbel	Hunderdorf, Bayern
Ph. Nordmann, Möbelfabrik	Gütersloh, Westf.
Peik, Möbelfabrik	Westenholz
Poggenpohl, Küchenmöbelfabrik	?
Wendelin Rauch & Sohn KG	Markt Bibart, Bayern
H. Rottwilm	Gohfeld, Westf.
Spanplattenwerk Rüthen GmbH	Rüthen, Westf.
E. Scheidt	Lemgo, Westf.
K. Schwab, Holzindustrie	Reutlingen, Württ.
H. Stammschröer KG	Wiedenbrück, Westf.
H. Stammschröer KG	Bad Lippspringe, Westf.
F. W. Valentin & Söhne KG	Bicken, Dillkr.
Wagenblass, Möbelfabrik	Neidenstein b. Heidelberg
H. Wehmeyer jr., Furnierw.	Havixbeck b. Münster, Westf.
M. Wiemann, Oeseder Möbelindustrie	Oesede b. Osnabrück
Willing & Sohn, Sperrholzwerk	Bad Oeynhausen, Westf.
H. Winkels Wwe.	Viersen, Rheinl.
H. Wonnemann GmbH	Batenhorst, Westf.

Finnland

Tivi OY	Keuruu
Hämeen Vaneri OY	Hämeenlinna
Wilh. Schaumann AB	Jyväskylä
Viiala OY	Viiala
Suomen Osuuskauppojen Keskuskunta (S. O. K.)	Vaajakoski

Verfahren	Handelsmarke	jährliche Produktion in m³	Inbetriebsetzung	Bemerkungen
○	Variantex	8000	1949	
	Mikropor			
○	Prell	5000	1960	
○	SL-Platte	3000	1940	
○	Weser	2000		
?	?	3000		
?	?			
?	?	3000		
?	?	3000		
?	?	3000		
?	?	1000		
?	?	3000		
?	?	3000		
?	?	1000		
?	?		++	
?	?	8000		
?	?	1000	1958	
?	?			
?	?			
?*	?	10000		
?	?			Flachs
?	?		++	
?	?			
?	?	4000		
?	Stammschröer	3000	1958	
?	?	18000		
?	?	8000		
?	?	2000		
?	?	2000		
?	Omidur	8000	1961	
?	?			
?	?	2000	1954	
?	?	8000	1958	

Behr	Rexboard	15000	1962	
	Tiwi			
Fibrexa	Ilves	15000	1957	
	Lynx (GB)			
Fibrexa	Wisapan	22000	1958	
	Okalpanda (GB)			
Kreibaum*	Okal	12000	1956	
Schnitzler	Vialaboard	38000	1957	
Schnitzler	Sokopan	25000	1958	

(Forts.)

Name	Standort
Jäykkälevy OY	Ilmajoki
Lännen Lastulevy OY	Vittis (Huittinen)
Metsä-Saimaa OY	Willmanstrand
Pellosniemi OY	Ristiina

Frankreich

Éts. E. Hugues S. A. R. L.	Wisches, Bas-Rhin
Éts. Landex	Rion des Landes
Sté. Mussy	Mussy s/Seine
Éts. Mussy	Salbris, Loire-et-Cher
Cie. Nantaise des Bois Déroulés & Contreplaques „OCEAN"	Rochefort s/Mer
Soc. Industrielle des Bois Moules (S. I. B. M.)	Blotzheim, Ht.-Rhin
Éts. Celogil	Labruguière, Tarn
Éts. Rougier & Fils	Niort, Deux-Sèvres
Soc. des Panneaux Landais (Sopaland)	Arengosse, Landes
Éts. Charmasson (Sté. Menuiseries Françaises)	Gap, Hts.-Alpes
Éts. Darbo & Fils	Linxe, Landes
Sté. des Emballages Triomph	Le Pouzin, Ardèche
Sté. Fontex-Hte.-Marne	Rimaucourt, Hte.-Marne
E. & A. Fontvieille	Lezoux, Puy-de-Dôme
Éts. Leroy S. A.	Azay-le-Rideau
Éts. Leroy S. A.	St-Pierre-sur-Dives
Éts. Leroy S. A.	Vitry-le-François
Multiplex	Le Havre
V. Mescle	Châtellerault, Vienne
Éts. Panoxyl S. A.	Montignac, Dordogne
Sté. Angerienne	?
G. Baradel & Cie. S. A.	Brouvelieures, Vosges
La Cellulose d'Aquitaine	St-Gaudens, Hte.-Garonne
Éts. Charles Ducret & Fils	Seyssel, Hte.-Savoie
Extrabois S. A.	Trélon, Nord
M. Jacquinot	St-Mihiel, Meuse
Marcel Merle	St-Vincent-de-Tyrosse
Niederkorn-Rayer	Provins, S.-et-M.
Sté. Panobois S. A. R. L.	La Croix-St-Ouen, Oise
Sté. Siborso S. A.	St-Médard-en-Jalles

Verfahren	Handelsmarke	jährliche Produktion in m³	Inbetrieb-setzung	Bemerkungen
?	?		1959	
?	?		+	
?	?			
?	Pellox-Board		+	

Bähre	Hugopan	4000	1960	
Bähre	Landex			
Bähre	Mussy, Isal	20000	1959	
Bähre	Mussy, Isal Castor	20000	1962	
Bähre	Panocean Placocean	12000	1959/+	
Bähre	?			
Behr	Isogil-plac, Celagil		+	
Behr	Roufipan Roufilux	45000	1959/63	
Behr	Sopaland	12000	1963	
Fibrexa	Tavarex Multipan	12000	1958	
Fibrexa	Panlinx	8000	1959	
Fibrexa	Eyriflex	5000	1958	
Kreibaum*	Fontex	8000	1956	
Kreibaum*	Fontex	10000	1956	
Novopan	Novopan/ Novoplac	105000 (zusammen mit folgender Zeile)	1954/60	
Novopan	Novopan/ Novoplac		1957	
Novopan	Novopan/ Novoplac		1963	
Schnitzler	Multipan	5000	1962	
Schnitzler	Mescopan	5000	1963	
Xylopan	Panoxyl	16000	1958/64	
?	?	5000		
?	Barapan	5000		
?	?	10000	++	
?	Ducrepan	3000		
?	Exopan			
?	Jakipan	5000		
?	Pantyr	5000		
?	Cedubo		+	
?	Panobois	3000		
?	Panoland	10000	1962	

(Forts.)

Name	Standort
Sipan	Wattrelos, Nord
Sté. De Sutter Fr.	Biville-la-Rivière, Seine-Maritime
Éts. Dalle & Lepers S. A.	Marconne, P.-de-C.
Lindal-Caen	Rots, Calvados
Linex France S. A.	Killem, Nord
Linex France S. A.	Yvetot, Seine-Maritime
Sté. Isolin	Esquelbecq, Nord
Sté. Linière de Trie-Château	Trie-Château, Oise
Sté. Linpanex	Halluin, Nord
Sté. Novolin	Crépy-en-Valois, Oise
Sté. Solic	Pont Authou, Eure
Sarmi	Vincennes, Seine
Vignafibre-France	Paris 8^{e}

Griechenland

?	?
S. A. Industrielle de Bois (ABEX)	Patras
Xylotex	?

Großbritannien und Nordirland

Ulster Chipboard Co. Ltd.	Castleroe, N. Ireland
Bartrev Board Co. Ltd. (Airscrew-Weyroc Ltd.)	Marks Tey, Essex
Bonawood Ltd.	Inverness, Scotland
F. Hills & Sons Ltd.	Stockton-on-Tees
Tyne Board Co. Ltd. (Formica Ltd.)	Wallsend-on-Tyne
Airscrew-Weyroc Ltd.	Annan, Dumfr.
Airscrew-Weyroc Ltd.	Hexham, Nth. H.
Airscrew-Weyroc Ltd.	Weybridge, Surrey
Airscrew-Weyroc Ltd.	Thetford, Norfolk
Brit. Plimber Ltd.	Rainham, Essex
?	?, Glamorgan

Verfahren	Handelsmarke	jährliche Produktion in m³	Inbetrieb-setzung	Bemerkungen
?	Sipan			
?	Linfibrex	6000	1962	
	Xilopan, Sanopan			
○/Schnitzler	Compax	10000	?/64	Holz und Flachs
Behr	Lindal-Caen		1964	Flachs
Linex	Linex	45000	1953	Flachs
Linex	Linex		1959	Flachs
Isorel	Isolin	10000		Flachs
?	Panolin	5000		Flachs
?	Linpanex	5000		Flachs
	Coramine			
?	Novolin	5000		Flachs
?	Solindex	3000		Flachs
	Solipan (GB)			
?	Sarmifor			Holz u. Reb-stöcke
?	Vignafibre			Holz u. Reb-stöcke

Linex	?		++	
?	?	3000	1962	
?	?	3000	1963	

Bähre	Spanboard	8000	1959/63	
	Insulspan			
Bartrev	Bartrev	14000	1953	
Induma	Bonawood	15000	1961	
Kreibaum*	Durabord	6000	1956	
	Melabord			
	Kreibord			
Schnitzler	Formica	28000	1959/64	
	Wood Chipboard			
Weyroc	Weyroc	16000	1955	
Weyroc	Weyroc	30000	1964	
Weyroc	Weyroc/Weydec	28000	1946/59	
Novopan/○	Novoroc	35000	1963	
○	Plimber	20000	1948/58	
?	?		++	

(Forts.)

Name	Standort
Irland	
Munster Chipboard Co. Ltd.	Tycor, Waterford
Chipboard Ltd.	Scariff, C. Clare
?	?
Italien	
Saffa	Milano
Alfieri	Pieve di Guastella, R. E.
Bosi	Roncaglia
Bosi	Rieti
Europan S. p. A.	S. Giorgio Canavese
Falco	Ravenna
Fibrotecnica	Robbio-Lomellina
Igav S. p. A.	Abbiategrasso, Milano
Ilca S. p. A.	Vercelli
Legnopan	Magliano, Asti
Massoni	Stradella
Plaxil	Osoppo, Udine
Sodele (Gallusi)	Guastella
Sacic S. p. A.	Mortara, Pavia
Saita S. p. A.	Cizzolo, Mantova
Sipav S. p. A.	Vinovo, Torino
Unione Fiamiferi S. p. A.	Bolzano
Cavallari Cesare	Cizzolo, Mantova
S. N. C. dei F'lli Saviola A.-M. & del Ton D.	Viadana, Mantova
Ferrarini	Colorno
Frattelli Cittero	Meda, Milano
Roche	Bussolengo
Silpat (Pan-Pla)	Vigevano, Pavia
Siptea (Pallotta)	Modena
Siva (Cometa)	Mantova
Pasotti	Brescia
Peveralli	Casalpusterlengo, Milano
Siag	Marcianise, Caserta
Novincisa S. p. A.	Napoli
Tre Elle	C. d'Agogna
Silla	Sustinente, Mantova
Ropal S. p. A.	Abbiategrasso, Milano
Annovati & Figli	Pinerolo, Torino
Brocca	Agnadello, Cremona

Verfahren	Handelsmarke	jährliche Produktion in m³	Inbetriebsetzung	Bemerkungen
Bähre	Truboard	25000	1962	
Behr	Aicher-Board	15000	1959	
?	?		+	

Verfahren	Handelsmarke	jährliche Produktion in m³	Inbetriebsetzung	Bemerkungen
Anra				
Bähre	?	6000	1962	
Bähre	?	4000	1963	
?	?	15000	1963	
Bähre	Duropan	15000	1963	
	Xilopress			
Bähre	Falcopan	5000	1963	
Bähre	?	5000	1963	
Bähre	Unicorn	15000	1960/++	
Bähre	Ilcaspan	10000	1960	
Bähre	?	5000	1964	
Bähre	?	5000	1963	
Bähre	Plaxil	7000	1963	
Bähre	?	7000	1963	
Bermani	Colli	8000	1954	
Bähre	Xilitex	20000	1960	
○	Lamintex	40000	1964	
Bähre	?	8000	1962	
Bähre	Durex	7000	1962	
Behr	Cellsa	10000	1954/58	
De Mets	Cataxill	5000	1962	
De Mets	Sadepan	5000	1963	
Hermal	?	7000	1963	
Hermal	Medapan	20000	1963	
Hermal	?	4000	1963	
Hermal	?	30000	1964	
Hermal	?	5000	1963	
Hermal	?	5000	1963	
Kreibaum*	?	4000	1963	
Kreibaum*	Apexil	5000	1956	
Linex	?	15000	1963	
Novopan	Novopan	9000	1953	
Schnitzler	?	5000	1963	
Schnitzler	?	7000	1963	
Schnitzler	Decorpan	8000	1961	
○	Lignoplast	18000	1955	
○	?	6000	1963	

(Forts.)

Name	Standort
Pierino Garis S. p. A.	Vinovo, Torino
Aquadro	Andorno Micca, Vercelli
Bove	?, Sardinien
Bronchi	?
Caramaschi	S. Benedetto Po
Facom	Roverbella
I. C. I. S. p. A.	Milano
?	?, Sardinien
Jugoslawien	
Drvni-Kombinat	Kavadarci
Drvni-Kombinat	Peć
Tvornica Lana i Lanit-Ploca	Petrinja
Tvornica Iverokal-Ploca	Srpske Moravice
?	Zavidovići
?	Belgrad
Iverka Brest	Cerknica
4 Anlagen	?
?	Mojkovac
?	Pljevlja
Kombinat „Spacva"	Vinkovci
4 Anlagen	Kruševac
	Sremska Mitrovica
	Zvanjica
Fabrika Furfurola	Novi Sad
Kudjeljara	Mali Idos
?	Senta
Niederlande	
?	?
EFDEBE N. V.	Dordrecht
N. V. Varsefeld	Leerdam
Berkvens' Houtindustrie	Someren
Halbertma's Fabrieken voor Houtbewerking N. V.	Grouw
N. V. Hoogezand	Leerdam
N. V. Houtindustrie Picus	Eindhoven
Houtindustrie Planawood N. V.	Leerdam
Platenfabriek Linex-Nederland N. V.	Koewacht
Plaisir	Reyen
Bouwplatenfabriek Willemsedelft N. V.	Etten
Faburtex Bouwplatenfabriek	Oosterhout
Polytex	Krabbendijke
Vlasfabriek Leuwensteyn	s'Gravendeel

Verfahren	Handelsmarke	jährliche Produktion in m³	Inbetriebsetzung	Bemerkungen
○	Superga Nobilpan	8000	1957/++	
?	?			
?	?			
?	?		+	
?	?			
?	Venco	3000	1962	
?	?	5000	1956	
?	?		++	

Behr	?	6000	1958	
Ivo Lola Ribor	?	6000	1964	
De Mets	?	4000		
Kreibaum*	?	8000		
Kreibaum*	?			
Linex	?	8000	1961	Flachs
Schnitzler	?	8000	1961	
Schnitzler	?	bis 8000	1962/63	
Schnitzler	?	8000	1961	
Schnitzler	?	8000	1961	
?	?	5000	1962	
?	?	bis 3000	1964	
Linex	?	8000	1963	Flachs
?	?	4000	1962	Flachs
?	?	8000	1962	Flachs

Curvi-Board	?	2000		
Kreibaum*	Okal	10000		
Rottmann/Swisspan	Planawood	10000		
?	B. S. Spanpl.	5000		
?	?	2000		
?	?	6000		
?	Picus	5000		
?	Planawood Volkapan (B)	2000		
Linex	Linex	16000		Flachs
?	?	2000		Flachs
?	?	3000		Flachs
?	?	2000		Flachs
?	?	2000		Flachs
?	Leuwex	3000		Flachs

(Forts.)

Name	Standort
Norwegen	
A/L Orkla Skogindustri	Orkanger
A/L Orkla Skogindustri	Røros
Salten Skogindustri A/S	Rognan, Bodø
A/S Arbor-Hattfjelldal	Hattfjelldal
Lumber Co. A/S	Kristiansand
A/S Hunton Bruk	Gjøvik
Trysil Sponplater A/L	Nybergsund
Agnes Fabrikker A/S	Stavern
Arne Qvenild	Borgstad, Skien
?	Glumsø
?	Nordøsterdal
?	Nord-Trøndelag
?	Namsskogan
Österreich	
Fritz Egger	St. Johann, Tirol
M. Kaindl, Holzindustrie	Lungötz, b. Salzburg
Danubius Holzplattenwerk GmbH	Windischgarsten
Gräfl. Foscari-Widmann-Rezzonico'sche Holzind. OHG	Freistritz, Kärnten
Holzwerke Norbertus GmbH	Schlägl, O.-Ö.
F. & E. Weikersdorfer	Ramsau, N.-Ö.
Österr. Homogenholz OHG	Kalwang, Steierm.
Österr. Novopan Holzindustrie AG	Leoben-Goeß, Steierm.
Lignospan Holzindustrie KGaA	Ötztal-Ort
Sax-Werke, A. Sachseneder	Langenlois, N.-Ö.
Polen	
Wyszkowska Fabryke Mebli	Wyszkow, Bug
Zakiadi Mebli Gistyck	Radomsko
?	Bydgoszcz
?	Witaszyce, Poznań
Faser- u. Spanplattenanlage Nida	Nida, Olsztyn
Spanplattenanlage Szczecinek	Szczecinek, Koszalin
Leinenweberei Zyrardów	Zyrardów
2 Anlagen	Pakość
?	Szczytno
?	Suwałki

Verfahren	Handelsmarke	jährliche Produktion in m³	Inbetriebsetzung	Bemerkungen
Bähre	Orkla	15000	1959/++	
Bähre	Orkla	15000	1963	
Bähre	Norspon	8000	1960	
Behr	Arbor	8000	1957	
Enve-Raute	Lumber	15000	1960	
Fibrexa	Huntospon	30000	1957/64	
Kreibaum*	Trysilplaten	5000	1958	
Stab	?	4000	1960	
?	?			
?	?		++	
?	?		++	
			++	
?	?		++	
Bähre	Egger	5000		
Bähre	Kronenspanpl.	6000	1960	
Behr	Danubius	6000	1957	
Hermal	Xylopan	6000	1962	
Hermal	Norbertus	5000	1960	
Hermal	Ergopan	6000	1958	
Induma/○	Homogen	30000	1948/61	
Novopan	Novopan	33000	1953/58	
	Superpan			
Schenck	Lignospan	10000	1961	
Schenck	Sax	8000	1958/60	
Bähre	Bipan	10000	1963	
Kreibaum	?	8000	1963	
Kreibaum	?	20000	1963	
Linex	Pollinex	30000	1959	Flachs
	Alpex (GB)			
Schnitzler	Nida	36000	1959	
Schnitzler	?	25000	1962	
?	?	5000	1964	Flachs
?	?		+	Flachs
?	?		+	Flachs
?	Alpex (Exp.)	20000	1964	

(Forts.)

Name	Standort
6 kleine Anlagen	Białystok Bydgoszcz Orzechów Morag Piotrków Sianów
Portugal	
S.I.A.F. S.A.R.L.	Lisboa
Fabrica de Madeira Aglomerada (Abreu & Cia.)	Amarante
Joao Marques Pinto & Cia. Lda. (JOMAR)	Porto
Novopan Empresa Produtora de Aglomerados de Madeira S.A.R.L.	Rebordosa-Baltar
Rumänien	
3 Anlagen	Bukarest
Holzkombinat	Galautas
Masinimport	Braila
Holzverarbeitungskombinat	Gherla
Rußland	
Kombinat	Nevskaya Dubrovka
?	Ust-Izhorski, Leningrad
5 Anlagen	?
2 Anlagen	?
Kiev Woodworking Combine	Kiew
Klaipeda Plywood and Furniture Combine	Klaipeda (Memel), Lit.
Kostopol House-Building Combine	Kostopol, Lemberg
?	?
Schweden	
AB S. P. Forssberg	Valdemarsvik
RY AB	Rydöbruk
Skogsägarnas Industri AB	Aryd, Växjö
Skogsägarnas Industri AB	Laholm
Edsbyns Träförädlings AB	Edsbyn
Jokkmokks Spanprodukter AB	Jokkmokk

Verfahren	Handelsmarke	jährliche Produktion in m³	Inbetriebsetzung	Bemerkungen
?	Bipan			

Stab	Aparite	4000	1957	
Induma	Tabopan	15000	1958/62/+	
Kreibaum*	Jomar-Okal	8000	1958	
Novopan	Novopan	5000	1958	

Behr	?	40000		
Kreibaum*	?	5000	1959/62/63	
Schnitzler	Pal	50000	1963	
?		15000		

Bartrev	?	15000	1959	
Bartrev	?	30000	1959	
Behr	?	bis 20000	1960/61	
Fibrexa	?	bis 20000		
Schnitzler	?	28000	1960	
Schnitzler	?	28000	1960	
Schnitzler	?	28000	1960	
Kreibaum*	?	15000		

Bähre	Borgskivan	8000	1962	
Bartrev, Schenck	Ryab (GB)	20000	1957/+	
Behr	S-Skivan Keyboard (GB) Essbe-Tian	35000	1958/61/++	
Suntex	Liniboard, Bygg	30000	1956/++	Holz und Flachs
F & L	Edsbyns	5000	1960/+	
F & L	4k-Skivan	5000	1964	

(Forts.)

Name	Standort
Lockner Sågverk	Lockner
AB Orsa Plattfabrik	Orsa
AB Plyfa	Hassel

Schweiz (mit Liechtenstein)

Thermopal AG	Leibstadt, AG
Spanplattenwerk O. Güdel	Porrentruy, BE
Tischler- und Sperrholzplattenfabrik AG	Tavannes, BE
Novopan AG	Klingnau, AG
Bois Homogène S. A.	St. Maurice, VS
Eco AG	Entlebuch, LU
Jago-Werke AG	Ermatingen, TG
Spanplattenwerk Fideris AG	Fideris, GR
Haering & Co. AG	Pratteln, BL
R. Rigling & Co., Spanplattenwerk	Oerlikon, ZH
Gebr. Frick	Schaan, FL
?	?, VD

Spanien

Tableros de Madera Aglomerada S. A.	Sala de los Infantes
Gonzalo Felipe	Benetuser
Maderas Aglomerados Taglosa S. A.	Burgos
Maderas Aglomerados Taglosa S. A.	Molins de Rey
Marga S. A.	?
Vilarrasa S. A.	Valencia
Cuberg (Francisco Bergaz)	Guenca
Finsa	Santiago de Compostela
Tableros de Fibras S. A.	Pontevedra
Vincente Trullols	Valencia
La Aeronautica S. A.	Bilbao
Salvador Puig Ponvehi	Pamplona
Tona y Leguineche	Bilbao

Tschechoslowakei

Jihlavske Drevarske Zavody	Jihlava, Mähren
?	?
3 Anlagen	?
5 Anlagen	?

Verfahren	Handelsmarke	jährliche Produktion in m³	Inbetrieb-setzung	Bemerkungen
F & L	?	3000	1963	
Suntex	Abo (board) Orsa	50000	1957/++	
?	?		+	

Bähre	Thermopal-Span	10000	1963	
Behr	Güdel	15000	1956	
Fibrexa	Tavapan	8000	1953/60	
Novopan	Novopan	70000	1947/56/63	
○	Homogen	9000	1956	
○	Ecospan	3000	1952	
○	Jagospan	6000	1958	
○	Homoplax	60000	1951/55/62	
Reit/○	HP-Platte	1000		
Reit	Ricospan	1000	1963	
?	?		++	
?	?		++	

Bähre	TAM	10000	1962	
Hermal	?	5000	1964	
Induma	TP	10000	1962/64	
			1964	
Kreibaum*	?		++	
Novopan	Novopan	15000	1951/63	
Schnitzler		8000	1964	
Schnitzler	?	5000	1964	
Schnitzler	Tafisa, Ebanel	8000	1964	
Schnitzler		3000	1964	
?	Lasa	15000	1963	
?	?		+	
?	?		+	

Bartrev	Ligna (GB)	30000	1960	
Linex	?	12000	1962	Flachs
?	?	bis 12000	1960	
?	?	bis 5000	1960	

(Forts.)

Name	Standort
Türkei	
Sunta Tahta Sanayil T.A.S.	Istanbul-Galata
Ungarn	
Mafor Szombathely Faforgácslap	Szombathely
?	Sopron
?	?

II. NORDAMERIKA

Kanada	
Flake Board Co. Ltd.	Milltown, N. B.
Vancouver Speciality Boards Ltd.	Northern Surrey, B. C.
Wizewood Ltd.	Hudson Bay, Sas.
Rexwood Products Ltd.	New Liskeard, Ont.
Sogefor Ltd.	Lac des Iles, P. Q.
Jamar Flakeboard Ltd.	Kirkland Lake, Ont.
Newfoundland Fiberply Ltd.	St. John's, Nfld.
Weldwood of Canada Ltd. (U. S. P.)	Sprague, Manitoba
McMillan, Bloedel & Powell River Ltd.	Vancouver
O. K. Chipboard Corp.	Rimouski, Quebec
Price Mills Ltd.	Berry Mills, N. B.
Abitibi Power & Paper Co. Ltd.	Sturgeon Falls, Ont.
USA	
Nu Plywood Corp.	Bemidji, Minn.
Kroehler Mfg. Co.	Meridian, Miss.
Cascades Plywood Co. (United States Plywood Corp.)	Lebanon, Ore.
Rock Island Millwork Co.	Rock Island, Ill.
Coos Bay Lumber Div. Georgia Pacific Corp.	Coos Bay, Ore.
Montana Hardboard Co.	Missoula, Mont.

Verfahren	Handelsmarke	jährliche Produktion in m³	Inbetriebsetzung	Bemerkungen
Rottmann/ Hermal	Sunta	3000	1956/+	
?	Mafor }	20000	1958	
?	?			
?	?	10000		Flachs
Bähre	Rezflake Rezcord	20000	1960	
Bähre	Vanboard	15000	1962	
Clark	Aspenite	15000	?/+	1/3abgebrannt
De Mets	Rex	15000	1964	
De Mets	?	20000	1964	
De Mets	Jamar Flake-board	10000	1961	
I. D. C.	Fiberply	10000	1962	
I. D. C.	Weldflake	15000	1961/64	
?	?		+	
Kreibaum*	Permaphy			
Kreibaum*	?		+	
○	Platewood Platecore Panelor	25000	1956	
I. D. C.	Nu-Ply	5000	1956	Hardboard-type
Miller-Hofft, Emerite	Chemwood, Cult. Wood	6000	1958	Hardboard-type
Uschmann	Lebanite/ Lebanex	18000	?/61	Hardboard-type
○	Resinwood, Resincore	6000	1949/+	Hardboard-type
?	Coos Bay	16000	1956	Hardboard-type
?	?	4000		Hardboard-type

(Forts.)

Name	Standort
Wisconsin Wood Products	Phillips, Wis.
Berkline Corp.	Morristown, Tenn.
Gulf Naval Stores Co.	Gulfport, Miss.
Hart Wood Products Inc.	Hart, Mich.
Owosso Manufacturing Co.	Benton, Ark.
Scottdale Wood Products	Scottdale, Pa.
Thomason Chipboard Co.	Fayetteville, N. C.
Chipboard Products Inc.	Grants Pass, Ore.
Dixie Chipboard Co.	Rural Hall, N. C.
Jasper-American Mfg. Corp.	Henderson, Ky.
Viko Corporation	Eldred, Pa.
American Furniture Co. Inc.	Martinsville, Va.
American Furniture Co. Inc.	North Wilkesboro, N. C.
Lane Co. Inc.	Altavista, Va.
U. S. Korboard Corp.	High Point, N. C.
W. M. Ritter Lumber Co. (G. P. C.)	Hallsboro, N. C.
Broyhill Furniture Factories	Lenoir, N. C. Newton, N. C.
Caldwell Furniture Co.	Lenoir, N. C.
California Wood Conversion Co. Inc.	Los Angeles, Calif.
Duraflake Co.	Albany, Ore.
Flakeboard Corp.	Jamestown, N. Y.
National Bagasse Products Corp.	New Orleans, La.
Tenn-Flake Corp.	Morristown, Tenn.
Crossett Co. (G. P. C.)	Crossett, Ark.
Weyerhaeuser Co. Silvatek Div.	Arcata, Calif.
Superwood Corp. Multiply Div.	Virginia, Minn.
Clad-Wood (formerly, Western Panel Inc.)	Sweet Home, Ore.
Pack River Lumber Co.	Sandpoint, Idaho
Big Bear Board Co.	Redlands, Calif.
Brownsville Particle Board & Assoc. Prod. Inc.	Brownsville, Ore.
Wynnewood Products Co.	Jacksonville, Tex.

Verfahren	Handelsmarke	jährliche Produktion in m³	Inbetrieb-setzung	Bemerkungen
?	Lionite	8000		Hardboard-type
Chipcraft*	?	1000	1953	
Chipcraft*	?	5000	1956	
Chipcraft*	Hart Line	1000	1956	
Chipcraft*	?	4000		
Chipcraft*	Scotbord	2000	1958	
Chipcraft*	?	5000	1955	
Kreibaum*	Chipboard	6000	1954	stillgelegt
Kreibaum*	Dean Board			
Kreibaum*	Stylemaster Chipcore	6000	1954	
Kreibaum*	Vikore	2000		
Lanewood*	Partick Board	14000		
Lanewood*	?	2000		
Lanewood*	Lanewood	18000	1953	
Lanewood*	Korboard	16000	1957	
Miller-Hofft*	Hallsboro-Particle Board	4000	1957	
?*	?	4000	1957	
?*	?	4000		
?*	?	6000		
?*	?	4000		
Bähre/ Columbia Eng.	Duraflake	67000	1960/64	
Bähre	Flakebord Panelcraft	25000	1963	
Bähre	Fibron	13000	1962	Bagasse
Bähre	Tenn-Flake	15000	1961	
Behr	Crossett G-P-Flakeboard	18000	1962	
Behr	Timblend	42000	1957	
Chapman	Superwood Multiply Board	6000	1960	
Chapman	Linn Wood	8000	1958	
Clark	Tenex Packy Board	16000	1955	
Columbia Eng.	Big Bear Board Econocore	40000	1963	
Columbia Eng.	Neopar CFI	18000	1957	
Columbia Eng.	Wynnewood Corstock Arcatex Finecor Dorcor	16000	1955	

(Forts.)

Name	Standort
Wynnewood Products Co.	Antigo, Wis.
West Virginia Forest Products Co.	Bison, Va.
Temple Industries	Pineland, Tex.
Aberdeen Plywood & Veneers Inc.	Aberdeen, Wash.
Collins Pine Co.	Chester, Calif.
Formica Corp. (Am. Cyanamid Co.)	Farmville, N. C.
Kal-Wood Inc.	Sweet Home, Ore.
Lester Cedar Prod. Inc.	Sweet Home, Ore.
Hickory Manufacturing Co.	Hickory, N. C.
Carolina Forest Products	Wilmington, N. C.
Cavalier Corp.	Chattanooga, Tenn.
Gray Products Inc.	Waverly, Va.
Nu-Woods Inc. Cavalier Div.	Lenoir, N. C.
Poinsett Lumber & Mfg. Co. (Singer Manufacturing Co.)	Truman, Ark.
Pope & Talbot Inc.	Oak Ridge, Ore.
Wabash Screen Door Co.	Minneapolis, Minn.
West Virginia Pulp & Paper Co.	Tyrone, Pa.
Weyerhaeuser Co., Silvatek Div.	Coos Bay, Ore.
Weyerhaeuser Co., Silvatek Div.	Springfield, Ore.
Wynnewood Products Co. (Am. Parboard Div.)	Black Mountain, N. C.
United States Plywood Corp.	Mt. Shasta, Calif.
United States Plywood Corp.	South Boston, Va.
United States Plywood Corp.	Gaylord, Mich.
Souhegan Wood Prod. Inc.	Wilton, N. H.
Southern Plywood Corp.	Hope, Ark.
Cascade Fibre Co. Inc.	Eugene, Ore.
Clear Fir Products of Oregon Ltd.	Springfield, Ore.
Forest Industries Inc., Pacqua Division	Dillard, Ore.
Forest Industries Inc., Pacqua Division	White City, Ore.
International Paper Co., Long Bell Division	Longview, Wash.
Storkline Corp.	Jackson, Miss.
Swain Industries Inc.	Seymour, Ind.
Standard Board Prod. Inc.	Sweet Home, Ore.
Bemis Hardwood Lumber Co.	Robbinsville, N. C.
Coast Forest Prod. Co.	Crescent City, Calif.
Columbia Wood Products	Willamina, Ore.

Verfahren	Handelsmarke	jährliche Produktion in m³	Inbetrieb-setzung	Bemerkungen
Columbia Eng.			1964	
De Mets	?	15000	1964	
Fibrexa	Temple Board	10000	1964	
I. D. C.	?		++	
I. D. C.	Collins-Flake-board	30000	1961	
I. D. C.	Formica Flakeboard	50000	1959	
I. D. C.	?	6000		
I. D. C.	Cedawood	6000	1960	
	Treetex			
Johnson	Johnson	1000	1957	
Miller-Hofft	Shav-Bond	15000	1957	
	Dina-Shav			
Miller-Hofft	Lignabond	10000	1953	
Miller-Hofft	Graco	35000	1957/+	
Miller-Hofft	Ligna Bond	9000	1962	
Miller-Hofft	?	3000	1960	
Miller-Hofft	Custom Bond	35000	1957	
	Custom Blend			
Miller-Hofft	Wabash Board	2000	1952	
Miller-Hofft	Westvaco-Flakeboard	35000	1958	
Miller-Hofft	Versabord	30000	1955	
?	?		+	
Miller-Hofft	Parflake	18000	1957	
Novopan	Novoply }	140000	1951/54	
Novopan	Novoply }		1961	
Novopan	Novoply		+	
Plaswood	Sylvacore	7000		
Plaswood	Korstok	20000	1950	
Emerite	Chemwood			
○	Casc. Fiber	38000	1962	
○	Cleartex	3000	1955	
○	Quik Flour	30000	1957/+	
	Par-Wood			
	F. R. Plank			
?	?		+	
○	Flakewood	10000	1951	
○	Nu-Tex	3000	1953	
○	Trimwood	6000	1947	
○	Westwood	13000	1953/63	
	Standbo			
?	?			
?	?		+	
?	Cedawood	13000		

(Forts.)

Name	Standort
Curtis Companies Inc.	Clinton, Iowa
Cyprus Mines Corp.	Medford, Ore.
Hudson Lumber Co. (Neal Pressed Prod.)	N. Sacramento, Calif.
Lane Pacific Wood Products	Junction City, Ore.
Mount Shasta Plywood Corp.	Mt. Shasta, Calif.
Northboards Inc.	Caspian, Mich.
Rainier Co.	?
Red Blanket Lumber Co.	White City, Ore.
Roseburg Lumber Co.	Roseburg, Ore.
Sencore Industries Inc.	Fernwood, Miss.

III. MITTEL- UND SÜDAMERIKA

Argentinien

Okal Argentina S. A. I. C.	Buenos Aires
Linera Bonaerense S. A.	Villa Flandria
Laminadora Arg. S. A.	Posadas, Misiones
Placelmar S. A.	Emp. Villa Constitucion
Cominco S. A.	Tigre, Parana Delta, B. A.
Faglomad S. A.	Parana Delta, B. A.
Samuhi S. A.	Parana Delta, B. A.
Anubis S. A.	Posadas, Misiones
Madecom S. A.	San Fernando

Brasilien

Madeiras Philipp S. A.	Maringa, Parana N.
Solidor S. A.	Sao Paulo
Movelar Industria Paulista de Moveis Ltda.	?, Parana

Chile

Maderas Aglomeradas Masisa S. A.	Valdivia
Mosso S. A., Industria de la Madera	Curacautin
Sociedad Maderas Aglomeradas Pinnihue S. A.	Chiguayante
Industrias de Madera Prensado Parfo	Calera de Tango

Dominikanische Republik

Dominicano-Suiza Corp.	Haina

Verfahren	Handelsmarke	jährliche Produktion in m³	Inbetrieb-setzung	Bemerkungen
?	Prespine	1000	1948	
?	?		+	
?	Ced-o-Board	2000		
?	?			
?	?			
?	?			
?	Rainier Board		1964	
?	?			
?	?		+	
?	?			

Kreibaum*	Okal	3000	1962	
Linex	Linex	8000	1958	
Reit	?		++	
Reit	?		++	
Schnitzler	Panelco	5000	1962/63	
Schnitzler	Fa-Plac	2000	1962	
Schnitzler	?		+	
○/Reit	Placafort	2000	1961	
○	?	500	1962	

Behr	Neoplan	5000		
Kreibaum*	Solidor	12000		
?	Fibroplan		++	

Hermal	Masisa	10000	1963	
Kreibaum*	Mossopanel/ Mossoplac		1958	
Schnitzler	Pinihue		+	
○	Parfo		+	

Globiboard	?	5000		Bagasse

(Forts.)

Name	Standort
Guatemala	
Tablex S. A.	Guatemala-City
Britisch-Guayana	
Timber Developments (B. G.) Ltd.	Georgetown
Niederländisch-Guayana	
Bruynzeel Surinam Wood Comp.	Paramaribo
Kolumbien	
Maderas y Triplex S. A.	Barranquilla
Codemaco	Cali, Dep. Valle
Madera Okal Colombiana Ltda.	Bogota
Cia. Premadera	Cali, Dep. Valle
Kuba	
Cuban Bagasse Products S. A.	Cruces, Las Villas
Mexiko	
Maderera del Tropico S. A.	Colonia Yucatan
Silva Quimico de Mexico	Morilla
Paraguay	
Salay y Cia. S. A. I. C.	Asunción
Peru	
Madera Prensada S. A. (Mapresa)	Tingo Maria
Primadera Nepena Peruana S. A.	San Jacinto, Nepena Valley
Puerto Rico	
Swiss Puerto Rican Board Corp.	?
Uruguay	
Tablacurvi	Montevideo
Compañia Industrial y Comercial del Sur S. A.	Montevideo

Verfahren	Handelsmarke	jährliche Produktion in m³	Inbetriebsetzung	Bemerkungen
Bähre	?			
Induma	Pliboard	7000	1959	
Bähre	Virola	20000	1958	
Bähre	?	5000	1963	
Curvi-Board	?	2000		
Kreibaum*	Okal	10000	1956	
Rottmann	Premadera	2000	1954	
U. S. Wallboard	Miratex	10000	1959	Bagasse
Kreibaum*/Bähre	Permaply	8000	1956/63	Bagasse
Hermal	?		++	
Kreibaum*	Okal		++	
Behr	?	5000	1963	
Taylor	?	15000	1959	Bagasse
Globiboard*	?	2000		Bagasse
Curvi Board	Tablacurvi	2000		
Linex	?	3000		

(Forts.)

Name	Standort
Venezuela	
Aserradero y Contraenchapados	Cagua, Maracay
?	Santa Teresa
Tablopan de Venezuela	Caracas
?	?
Industrial Venezolana Aglomerados de Madera C.A.	Araure

IV. AFRIKA

Ägypten

Mansura Particle Board Co.	Sandub
Tanta Flax & Oil Co.	Tanta
Soc. Sucrerie & Huilerie	?, Assuan
Soc. des Sucreries et de Destillerie	Nag Hammadi

Rhodesien und Nyassaland

African Lumber Co.	Bulawayo
Zambesi Sawmills Ltd.	Livingstone

Südafrika

Novobord Ltd.	Port Elizabeth
Plywoods (Parow) Ltd.	Parow, CP
Plywoods (Boksburg) Ltd.	Boksburg, Tvl.
Marais J. H. B.	?
Steel & Barnett	?

V. ASIEN, AUSTRALIEN, OZEANIEN

Australien

Burnie Board & Timber Pty. Ltd.	Devonport, Tas.
Pyneboard Pty. Ltd. (C. S. R.)	Oberon, NSW
Pyneboard (Gippsland) Pty. Ltd. (C. S. R.)	Gippsland, Vic.
Pyneboard (C. S. R.)	Tumut, NSW
Particleboard Co. of Australia Pty. Ltd.	Mt. Gambier, SA

Verfahren	Handelsmarke	jährliche Produktion in m³	Inbetrieb-setzung	Bemerkungen
Bähre	Visopan	15000	1959	
Bähre	?		+	Bagasse
Columbia Eng.	?	10000		Bagasse
Induma			++	Bagasse
Kreibaum*	Caivam	10000	1958	
	Triovam			
Behr	?	5000	1963	Flachs
Linex	?	3000	1962	Flachs
Fjellmann	?	3000	1963	Bagasse
?	?		++	Bagasse
?	Alcalite	1000	1959	
?	Zambaboard			
Novopan	Novobord	25000	1954/+	
	Novotan			
○	Resoply	10000	1955	
	Resocore			
	Resoboard			
○	Resoboard	10000	1964	
?	?			
?	Steelply	1000	1962	
Behr	Behrboard	6000	1963	
Behr	Pyneboard	10000	1960	
Behr	Pyneboard	8000	1964	
Behr	?		+	
Induma	Panelboard	7000	1961	

(Forts.)

Name	Standort
Coreboard Ltd.	Mt. Gambier, SA
D. G. Brims & Sons Pty. Ltd.	Brisbane, Queensl.
Cullety Timber	Perth, WA
China	
2 Anlagen	?
Formosa	
Taiwan Sugar Corp.	Kaohsiung
Taiwan Homogeneous Wood Corp.	Fongyen
Indien	
Indian Plywood Mfg. Co. Ltd.	?, N. Kamara
New Board Mfg. Co.	Rampur, U. Pradesh
Particle Boards India Ltd.	Bhandup
Plywood Prod. Ltd.	Sitapur, U. Pradesh
Indonesien	
Fibre Hardboard Industries Ltd.	Menado, Celebes
Iran	
Cherkate Tediareti et Sanati	Babolsar
Israel	
Levidei Ashkelon	Ashkelon
Etz Taal	Kwuzath Mishmaroth
Etz Lavud Ltd.	Petah Tikva
Koor Ltd.	Ashdod
Japan	
Matsushita (Lumber Co. Ltd.)	Hokkaido
Iwakura Gumi Lumber Co.	Tomakomai, Hokkaido
Ryukyu Chem. Industrial Co. Ltd.	Okinawa

Verfahren	Handelsmarke	jährliche Produktion in m³	Inbetriebsetzung	Bemerkungen
Kreibaum*	Okal	4000	1957	
	Chipcore			
Schnitzler	?		+	
○	?	1000	1962/63	
Schnitzler				

Kreibaum*	?			

Behr	Canex	8000	1961	Bagasse
	THW			

Kreibaum*	?	3000	1964	
Schnitzler				
Schnitzler	?		+	
Schnitzler	?	5000	1964	
○	?	2000	1958	
			1962	Bagasse

Behr	?			stillgelegt

Hildebrand	?			

Kreibaum*	?	8000		
Schnitzler				
Bähre	Taalit	8000	1957/61	
Rottmann	Sivit	7000	1956	
	Euborite (GB)			
?	?	5000	1963	

Bähre	National	7000	1961	
Behr	Iwakura	30000	1953/58	
	Homogen			
Behr	?		1964	Bagasse

(Forts.)

Name	Standort
Tohokuhom Board Co. Ltd.	Iwate
Tohoku Kaihatsu K. K.	Yonezawa
Ikeuchi Veneer Co. Ltd.	Shizunai, Hokkaido
Toyo Board	Yamaguchi
Japan Novopan Industrial Co. Ltd.	Sakai, Osaka
Nagoya-Mokuzai Co. Ltd.	Nagoya
Dantani Sangyo Co. Ltd.	Kokura, Kyushu
Eidai Sangyo Co. Ltd.	Osaka
Fuji Gohan	Shizuoka
Hokushin Veneer Co. Ltd.	Osaka
Nihei Veneer Co. Ldt.	Miyazaki, Kyushu
Nihon Mokkan Co. Ltd.	Osaka
Nihon Particleboard Co. Ltd.	Kamenocho, Akitashi
Nippon Gakki Seizo Co. Ltd.	Hamamatsu, Shizuoka
Noshiro Mokuzai	Akita
Sakamasa Veneer Co. Ltd.	Shizuoka
Takato Gohan	Nagano
Tenryu Board Industrial Co. Ltd.	Shizuoka
Tenryu Lumber Co. Ltd.	Shizuoka
Toyo Veneer Co. Ltd.	Osaka
Yonago Gumi	Hokkaido
Yuasa Lumber Co. Ltd.	Nagoya
Hokkaido Forest Res. Inst.	Asahikawa

Libanon

Sté. Libanaise des Industries du Bois Agglomeré	Zouk-Mousbeh

Neuseeland

New Zealand Plywood (Fletcher Industries)	Christchurch
Henderson & Pollard	Auckland

Pakistan

Adamjee Jute Mills	Dacca, Ostpakistan
?	?

Verfahren	Handelsmarke	jährliche Produktion in m³	Inbetrieb-setzung	Bemerkungen
Behr	Kaihatsu Homogen	10000	1954	
Behr	?		1964	
Kreibaum*	Ico-Ply	8000	1959	
Kreibaum*	Toyo-Board	8000	1961	
Novopan	Novopan	15000	1960	
○	Nagoya Board	7000	1956	
Suntex				
○	Yuasa Board	5000	1960	
○	Edai Board	2000	1960	
○	Fuji Top	7000	1962	
○	Star Board	7000	1961	
○	?	7000	1961	
○	Nihon Board	2000	1959	
○	Nippa Board	6000	1960	
○	Yahama Board	2000	1958	
	Yahama Fanci Board			
○	?	4000	1963	
○	Sakamasa Board	8000	1961	
○	Takato Board	1000	1962	
○	Tenryu Board	3000	1960	
○	Maruten Board	2000	1961	
○	Lion Board	2000	1960	
○	Yone Board	3000	1961	
○	Yuasa Board	5000	1960	
?	Sprintboard			

Kreibaum*	Okal	5000	1958	

○ Induma	Plycopine	6000	1958/++ 1964	

Linex	?		+	Jute
Hildebrand	?		++	

(Forts.)

Name	Standort
Philippinen	
Timber Export Co.	Zamboanga City
Transengo	?
Syrien	
?	?
Thailand	
Sriraja Shaving Board Co. Ltd.	Bangkok
Vietnam-Süd	
Usine de Tan-Mai	Bien-Hoa

Verfahren	Handelsmarke	jährliche Produktion in m³	Inbetrieb-setzung	Bemerkungen
Schnitzler Schnitzler	? ?	5000	1963	
Schnitzler	?			
Behr	Shaving Board	9000	1958	
Kreibaum*	?	2000	1962	

Anhang D

DK 674.815-411:620.113 **Deutsche Normen**[1] **April 1965**

Prüfung von Holzspanplatten

Allgemeines, Probenahme, Auswertung

DIN 52360

Testing of wood chipboards; general requirements, sampling, evaluation
Essai des panneaux de copeaux de bois; généralités, échantillonnage, évaluation

Ersatz für Abschnitte 1 bis 3 und 6 aus DIN 52 360, Ausgabe Januar 1955

1. Zweck und Anwendungsbereich

Diese Norm gilt für plattenförmige Holzwerkstoffe, die aus Spänen von Holz oder verholzten Rohstoffen mit Kunstharz als Bindemittel hergestellt sind. Sie enthält die für die Durchführung von Prüfungen allgemein geltenden Anweisungen.

Für Prüfverfahren bestehen bisher folgende Normen:

DIN 52 361 Bestimmung der Abmessungen, der Rohdichte und des Feuchtigkeitsgehaltes
DIN 52 362 Blatt 1 Biegeversuch, Bestimmung der Biegefestigkeit
DIN 52 364 Bestimmung der Dickenquellung
DIN 52 365 Bestimmung der Zugfestigkeit senkrecht zur Plattenebene

2. Beschreibung der Platten

Die Beschreibung der Holzspanplatten soll möglichst vollständig sein und — soweit feststellbar — folgende Angaben[2] enthalten:

a) Verwendung

innen (vor Witterungseinflüssen geschützt, z. B. für Möbel, Behälter, Geräte, Wand- und Deckenverkleidungen)
außen (Witterungseinflüssen ausgesetzt; z. B. für Außentüren, Wandelemente)

b) Preßverfahren

flachgepreßt
stranggepreßt (ohne oder mit Röhren)

c) Art der Späne

Laubholz
Nadelholz
andere verholzte Rohstoffe (z. B. Flachs)

[1] Die Normblätter wurden wiedergegeben mit Genehmigung des Deutschen Normenausschusses. Maßgebend ist die jeweils neueste Ausgabe des Normblattes im Normformat A 4, das bei der Beuth-Vertrieb GmbH, Berlin 15 und Köln, erhältlich ist.

[2] Begriffe siehe DIN 68 761 Blatt 1, Ausgabe Juni 1961, Abschnitt 2.

d) Form der Späne (oder Typ der Zerspanungsmaschine)

Schneidspan
Hackspan
Sägespan
Mahlspan
andere Spanform

e) Querschnittsstruktur der Platte
(Plattenaufbau)

Einschichtplatte
Zweischichtplatte
Dreischichtplatte
Vielschichtplatte
Platte mit allmählichem Übergang der Spangröße von der Mittel- zur Außenschicht (z. B. wind- oder wurfgeschüttete Holzspanplatte)

f) Oberflächenbeschaffenheit

ungeschliffen (preßblank) } visuell erkennbare Fehler
geschliffen } visuell erkennbare Fehler
furniert (Holzart, Furnierdicke, Furnierart, z. B. Schäl- oder Messerfurnier)
beschichtet (stofflicher Aufbau und struktureller Aufbau der Beschichtung, z. B. Schichtpreßstoff, Kunstharzfolie, im Gießverfahren beschichtet)

g) Besonderheiten

z. B. termitengeschützt

3. Probenahme

Aus jeder zu prüfenden Gesamtheit von Holzspanplatten mit gemeinsamer Kennzeichnung sind 10 Platten nach Zufallsgesichtspunkten so zu entnehmen, daß jede Platte der Gesamtheit die gleiche Wahrscheinlichkeit hat, entnommen zu werden. Wenn eine geringere Anzahl geprüft wird, ist dies im Prüfbericht anzugeben und zu begründen.
Für jede zu prüfende Eigenschaft (Rohdichte, Feuchtigkeitsgehalt bei Lieferung, Plattendicke, Dickenquellung, Biegefestigkeit, Querzugfestigkeit) ist die geforderte Anzahl Proben herzustellen, sofern nicht mehrere Prüfungen an den gleichen Proben durchgeführt werden dürfen. Mindestens eine Probe je Platte und Prüfverfahren muß so vom Plattenrand entnommen werden, daß sie eine Besäumkante hat (Randprobe). Die übrigen Proben sind über die Platten zu verteilen. Dabei darf der Abstand von Probenmitte zu Probenmitte nicht weniger als 50 mm betragen.

4. Probenvorbereitung

Die Proben müssen vor jeder Prüfung — mit Ausnahme derjenigen für die Bestimmung des Feuchtigkeitsgehaltes im Lieferzustand — im Normalklima 20/65 DIN 50014 [20 °C ± 2 grd und (65 ± 3) % relative Luftfeuchte] bis zur Gewichtskonstanz, erfahrungsgemäß 3 bis 7 Tage lang, gelagert (klimatisiert) werden. Gewichtskonstanz gilt als erreicht, wenn sich das Gewicht der einzelnen Proben gegenüber der vorherigen Wägung im Abstand von 16 Stunden um nicht mehr als 0,1% geändert hat.

5. Statistische Begriffe und Auswertung[1]

Bei der Prüfung von Spanplatten zeigen die Eigenschaftswerte zwischen den Platten größere Schwankungen als innerhalb einer Platte. Um einen gesicherten Überblick über die Eigenschaften einer Plattenart zu bekommen, müssen deshalb sowohl eine ausreichende Anzahl Proben (z. B. $l = 10$ Proben) je Platte als auch eine ausreichende Anzahl Platten (z. B. $k = 10$ Platten) je Plattenart, also insgesamt $n = k \cdot l$ $(= 10 \cdot 10 = 100)$ Einzelproben untersucht werden.

5.1. Mittelwerte

Als Mittelwert wird stets das arithmetische Mittel $\bar{x}$ aus n voneinander unabhängigen Einzelwerten x_i $(i = 1, 2, 3 \ldots n)$ einer Meßreihe nach der Formel berechnet:

$$\bar{x} = \frac{1}{n} \cdot (x_1 + x_2 + \cdots + x_n) = \frac{1}{n} \cdot \sum_{i=1}^{n} x_i \tag{1}$$

Man unterscheidet daher je Plattenart:

Plattenmittelwerte $\bar{x}$, die sich aus den Einzelwerten der l Proben einer Platte errechnen und

Gesamtmittelwert $\bar{\bar{x}}$ aus allen $n = k \cdot l$ Einzelwerten einer Prüfung.

Unter der Voraussetzung, daß alle k Platten mit der gleichen Anzahl l Proben vertreten sind, kann das Gesamtmittel $\bar{\bar{x}}$ auch aus den Plattenmitteln $\bar{x}_j$ $(j = 1, 2, 3 \ldots k)$ errechnet werden nach:

$$\bar{\bar{x}} = \frac{1}{k} \cdot (\bar{x}_1 + \bar{x}_2 + \cdots + \bar{x}_k) = \frac{1}{k} \cdot \sum_{j=1}^{k} \bar{x}_j \tag{1a}$$

5.2. Varianzen und Standardabweichungen

Als Maß für die Streuung der Einzelwerte um ihren Mittelwert wird die Varianz s^2 und (durch Wurzelziehen) die Standardabweichung s nach der Formel berechnet:

$$s^2 = \frac{1}{n-1} \cdot \sum_{i=1}^{n} (x_i - \bar{x})^2 = \frac{1}{n-1} \cdot \left[\sum_{i=1}^{n} x_i^2 - \frac{1}{n} \left(\sum_{i=1}^{n} x_i \right)^2 \right] \tag{2}$$

Die Standardabweichung (ausgedrückt in derselben Einheit wie der Mittelwert) stellt ein Maß für die beiderseitigen Abweichungen der Einzelwerte vom Mittelwert dar. Gleichung (2) liefert für $n = l$ die Varianz innerhalb einer Platte.

Aus einer Anzahl k solcher Einzelvarianzen ergibt sich die durchschnittliche Varianz s_d^2 innerhalb der k Platten nach:

$$s_d^2 = \frac{1}{k} \cdot \sum_{j=1}^{k} s_j^2 \tag{3}$$

Aus den Plattenmittelwerten $\bar{x}$ und dem Gesamtmittelwert $\bar{\bar{x}}$ aller Platten ermittelt man den Schätzwert der Varianz s_z^2 der Einzelwerte zwischen den Platten nach:

$$s_z^2 = \frac{l}{k-1} \cdot \sum_{j=1}^{k} (\bar{x}_j - \bar{\bar{x}})^2 = \frac{l}{k-1} \cdot \left[\sum_{j=1}^{k} \bar{x}_j^2 - \frac{1}{k} \left(\sum_{j=1}^{k} \bar{x}_j \right)^2 \right] \tag{4}$$

[1] Siehe auch DIN 1319 Grundbegriffe der Meßtechnik und DIN 53 804 Prüfung von Textilien, Auswertung der Meßergebnisse.

Für das Rechnen mit Rechenmaschinen ist folgende Gleichung zweckmäßig:

$$s_z^2 = \frac{1}{k-1} \cdot \left[\sum_{j=1}^{k} \frac{\left(\sum_{i=1}^{l} x_i \right)^2}{l_j} - \frac{1}{n} \cdot \left(\sum_{j=1}^{k} \sum_{i=1}^{l} x_i \right)^2 \right] \tag{4a}$$

Aus den Varianzen s_d^2 und s_z^2 der Einzelwerte innerhalb und zwischen den Platten wird als Schätzwert der Varianz s_m^2 der Plattenmittelwerte (unter Eliminierung der Zufallsstreuungen innerhalb der Platte) erhalten:

$$s_m^2 = \frac{s_z^2 - s_d^2}{l} \tag{5}$$

Aus den Varianzen s_d^2 und s_z^2 kann ferner durch eine Streuungsanalyse (Varianzanalyse)[1] darüber entschieden werden, ob der vorliegende Werkstoff bezüglich der untersuchten Eigenschaft mit ausreichender statistischer Sicherheit als einheitlich (homogen) anzusehen ist oder nicht.

5.3. Variationskoeffizienten

Als relatives Maß der Streuung der Einzelwerte um ihren Mittelwert kann der Variationskoeffizient V in % berechnet werden, der die Standardabweichung s im Verhältnis zum Mittelwert $\bar{x}$ ausdrückt:

$$V = \frac{s}{\bar{x}} \cdot 100 \tag{6}$$

Mit Gleichung (3) bzw. (4) und dem Gesamtmittelwert $\bar{\bar{x}}$ erhält man die Variationskoeffizienten V_d der Einzelwerte innerhalb der Platten und V_z zwischen den Platten.

5.4. Vertrauensbereich des Mittelwertes

Der Vertrauensbereich q schließt den „wahren" Mittelwert mit einer vorgegebenen Wahrscheinlichkeit ein. Seine Grenzen werden unter bestimmten Annahmen über die Wahrscheinlichkeitsverteilung bei einem inhomogenen Material aus dem Mittelwert der Stichprobe $\bar{\bar{x}}$ und der Standardabweichung s_z der $n = k \cdot l$ Einzelwerte zwischen den Gruppen (Platten) wie folgt berechnet:

$$\bar{\bar{x}} \pm q = \bar{\bar{x}} \pm t_{(k-1)} \cdot \frac{s_z}{\sqrt{n}} \tag{7}$$

Dabei bedeutet t einen Zahlenfaktor, der von $k - 1$ abhängt und für eine statistische Sicherheit von 95% aus folgender Tabelle zu entnehmen ist.

$k-1$	2	3	4	5	7	9	14	19	∞
$t_{(k-1)}$	4,30	3,18	2,78	2,57	2,37	2,26	2,15	2,09	1,96

[1] Siehe z. B. Lindner, A.: Statistische Methoden für Naturwissenschaftler, Mediziner und Ingenieure. Basel: Birkhäuser 1951 oder Graf. U.; Henning, H. J.: Statistische Methoden bei textilen Untersuchungen. Berlin, Göttingen, Heidelberg: Springer.

Werden die Grenzen des Vertrauensbereiches im Verhältnis zum Mittelwert in % angegeben, so lassen sie sich nach folgender Gleichung berechnen:

$$100 \pm \frac{q \cdot 100}{\bar{\bar{x}}} = \left(1 \pm \frac{q}{\bar{\bar{x}}}\right) \cdot 100 = \left(1 \pm t_{(k+1)} \cdot \frac{s_z}{\bar{\bar{x}} \cdot \sqrt{n}}\right) \cdot 100 =$$

$$= 100 \pm t_{(k-1)} \cdot \frac{V_z}{\sqrt{n}} \qquad (7\,a)$$

5.5. Vereinfachung der Rechenarbeit

An Stelle der Gleichungen (1) und (2) wird zur Vereinfachung der Summen- und Differenzbildungen das abgeleitete Berechnungsverfahren vorgeschlagen:

$$\bar{x} = a + \frac{1}{n} \sum_{i=1}^{n} (x_i - a) \qquad (8)$$

und

$$s^2 = \frac{1}{n-1} \cdot \left[\sum_{i=1}^{n} (x_i - a)^2 - \frac{1}{n}\left(\sum_{j=1}^{n} (x_i - a)\right)^2\right] \qquad (9)$$

Darin ist a ein passend (als runder Zahlenwert) gewählter Hilfswert.

6. Prüfbericht

Im Prüfbericht sind unter Hinweis auf diese Norm anzugeben:

Zeitpunkt der Herstellung (soweit feststellbar), der Lieferung und der Prüfung

Beschreibung der Platten nach Abschnitt 2

Auswertungsergebnisse der nach DIN 52 361, DIN 52 362, DIN 52 364 und DIN 52 365 geprüften Eigenschaften.

Anhang E

DK 674.815-411:620.1 **Deutsche Normen** **April 1965**

Prüfung von Holzspanplatten

Bestimmung der Abmessungen, der Rohdichte und des Feuchtigkeitsgehaltes

DIN 52361

Testing of wood chipboards; determination of dimensions, raw density and moisture content

Essai des panneaux de copeaux; détermination des dimensions, de la masse volumique brute et de la teneur en humidité

Ersatz für Abschnitte 1 und 3 aus DIN 52 361, Ausgabe Januar 1955, und für Abschnitte 4 und 5 aus DIN 52 360, Ausgabe Januar 1955

1. Probenahme

Die Proben werden nach DIN 52 360*, Abschnitt 3, entnommen.

2. Plattenabmessungen und Rechtwinkligkeit

2.1. Länge L und **Breite** B der zu prüfenden Platten sind an drei zufällig verteilten Stellen der Seitenflächen (Kanten) mit einer Meßunsicherheit von höchstens 1 mm zu bestimmen.

2.2. Die **Dicke** a jeder zu prüfenden Platte ist an mindestens 5 zufällig verteilten Stellen der Platte mit einer Meßuhr mit einer Meßunsicherheit von höchstens 0,1 mm zu bestimmen.
Die Tastfläche der Meßuhr und die planparallel justierte Unterlage sollen eben und kreisförmig sein und einen Durchmesser von 15 mm haben. Die Meßkraft soll 100 bis 150 p betragen.
Zur Dickenmessung können die Quellungs-, Feuchtigkeits- oder Biegeproben verwendet werden.

2.3. Rechtwinkligkeit: Die Abweichung des Kantenwinkels vom rechten Winkel ist an allen 4 Ecken über eine Länge oder Breite von 1000 mm mit einer Meßunsicherheit von 1 mm zu bestimmen.

3. Rohdichte

Die Rohdichte ϱ einer Holzspanplattenprobe (im klimatisierten Zustand) ist der Quotient aus der Probenmasse m (Gewicht) und dem Probenvolumen V. Sie wird in g/cm³ errechnet.

$$\varrho = \frac{m}{V} = \frac{m}{A \cdot a} \tag{1}$$

Die Rohdichte wird zweckmäßig an den Quellungsproben bestimmt. Da diese Proben mit einer zulässigen Abweichung von 0,1 mm herzustellen sind, darf für die

* Ausgabe April 1965.

Berechnung der mittleren Rohdichte $\bar{\varrho}$ einer Platte die Sollfläche A der Proben und die mittlere Dicke $\bar{a}$ eingesetzt werden:

$$\bar{\varrho} = \frac{\bar{m}}{A \cdot \bar{a}} \tag{1a}$$

4. Bestimmung des Feuchtigkeitsgehaltes

Geprüft wird der Feuchtigkeitsgehalt:

zum Zeitpunkt der Lieferung (innerhalb von 24 Stunden) und

zum Zeitpunkt der Prüfung der Platteneigenschaften, das ist nach Klimatisierung auf den „normalen Feuchtigkeitsgehalt" (siehe DIN 52 360*, Abschnitt 4).

4.1. Begriffe

Der relative Feuchtigkeitsgehalt u ist das Verhältnis aus der Differenz zwischen der Masse m_u der feuchten Probe und der Masse m_0 der bei 105 °C getrockneten Probe und der Trockenmasse m_0.
Es wird in % errechnet:

$$u = \frac{m_u - m_0}{m_0} \cdot 100\,\% \tag{2}$$

4.2. Probenahme

Zur Bestimmung des Feuchtigkeitsgehaltes zum Zeitpunkt der Lieferung sind jeder zu prüfenden Platte 3 Proben von 50 mm × 50 mm nach DIN 52 360*, Abschnitt 3, zu entnehmen.
Zur Bestimmung des Feuchtigkeitsgehaltes zum Zeitpunkt der Prüfung werden den Biege- und Querzugfestigkeitsproben unmittelbar nach der Prüfung Proben entnommen und sofort gewogen. Die Quellungsproben (siehe DIN 52362) werden hierfür in ihren Originalabmessungen verwendet.

4.3. Durchführung

Die Proben sind sofort nach der Probenahme mit einer Meßunsicherheit von höchstens 0,05% der Probenmasse m_u zu wägen. Falls ein sofortiges Wägen nicht möglich ist, sind die Proben gegen nachträgliche Änderung des Feuchtigkeitsgehaltes sorgfältig zu schützen, z. B. durch Einlegen in wasserdampfdichte Behälter. Nach der Ermittlung der Probenmasse m_u werden die Proben in einem gut belüfteten Wärmeschrank bei 105 °C ± 2 grd bis zur Gewichtskonstanz getrocknet. Die Gewichtskonstanz gilt als erreicht, wenn sich die Probenmasse gegenüber der vorherigen Wägung im Abstand von 4 Stunden um nicht mehr als 0,1 % ändert. Nach der Entnahme aus dem Wärmeschrank müssen die Proben bis zum Wägen (Trockengewicht m_0) vor Feuchtigkeitsaufnahme aus der Luft geschützt werden, z. B. durch Lagerung im Exsikkator.

5. Auswertung

Für jede zu prüfende Plattenart sind zu berechnen (siehe DIN 52 360*, Abschnitt 5):

5.1. Plattenmittelwerte und Gesamtmittelwert der Platten-Nennmaße und der Rechtwinkligkeit nach Abschnitt 2

---

* Ausgabe April 1965.

5.2. Plattenmittelwerte und Gesamtmittelwert der Plattendicke und Vertrauensbereich des Gesamtmittelwertes nach Abschnitt 2

Dazu Plattenmittelwerte des Feuchtigkeitsgehaltes der Proben zur Zeit der Lieferung und der Prüfung in % nach Abschnitt 4

5.3. Plattenmittelwerte und Gesamtmittelwert der Rohdichte und Vertrauensbereich des Gesamtmittelwertes nach Abschnitt 3

6. Prüfbericht

Im Prüfbericht sind unter Hinweis auf diese Norm anzugeben:

Die nach DIN 52 360*, Abschnitt 6, geforderten Angaben

Ferner:

Anzahl der geprüften Proben und Platten

Länge L und Breite B der Platten in mm auf 1 mm gerundet, Rechtwinkligkeit jeder Platte in mm, Abweichung je 1000 mm auf 1 mm gerundet

Dicke a in mm auf 0,1 mm gerundet, Plattenmittelwerte und Gesamtmittelwert sowie Vertrauensbereich des Gesamtmittelwertes; nach Bedarf weitere statistische Größen (z. B. Varianz) nach DIN 52 360*, Abschnitt 5

Feuchtigkeitsgehalt u zum Zeitpunkt der Prüfung und nach Bedarf auch Feuchtigkeitsgehalt u_L zum Zeitpunkt der Lieferung in % auf 0,1% gerundet, Plattenmittelwerte

Rohdichte ϱ in g/cm³ auf 0,01 g/cm³ gerundet, Plattenmittelwerte und Gesamtmittelwert sowie Vertrauensbereich des Gesamtmittelwertes

Prüfdatum

---

* Ausgabe April 1965.

Anhang F

DK 674.815-411:620.174 Deutsche Normen April 1965

Prüfung von Holzspanplatten

Biegeversuch
Bestimmung der Biegefestigkeit

DIN 52362 Blatt 1

Testing of wood chipboards; bending test, determination of bending strength
Essai des panneaux de copeaux de bois; essai de flexion, détermination de la résistance à la flexion

Ersatz für DIN 52 362

1. Zweck

Die Biegefestigkeit gibt Aufschluß über die Formbeständigkeit von Holzspanplatten unter Belastung. Diese Prüfung ist zur Bestimmung des Elastizitätsmoduls nicht geeignet (siehe Erläuterungen).

2. Begriff

Die Biegefestigkeit σ_{bB} ist der Quotient aus dem Biegemoment M bei der Höchstkraft $P_{\max}$ und dem Widerstandsmoment W:

$$\sigma_{bB} = \frac{M}{W} \tag{1}$$

Die Biegefestigkeit wird an Proben mit rechteckigem Querschnitt bei mittigem Kraftangriff bestimmt.

3. Proben

3.1. Probenahme

Jeder zu prüfenden Platte sind 10 Biegeproben nach DIN 52 360*, Abschnitt 3, zu entnehmen. Da die meisten industriell hergestellten Holzspanplatten parallel zur Herstellrichtung höhere Biegefestigkeiten haben als senkrecht dazu, müssen beide Richtungen mit je 5 Proben geprüft werden.

3.2. Probenabmessungen

Die Breite der Biegeproben von Span-Vollplatten beträgt für alle Plattendicken $b = 50$ mm.
Die Breite der Biegeproben von Span-Röhrenplatten beträgt:

$$b = 2 \cdot (d + s).$$

Hierin bedeuten d = Durchmesser der Röhren und s = kleinste Breite des Steges zwischen den Röhren. Bei Biegeproben parallel zu den Röhren sind die Proben so herzustellen, daß sich der im Bild gezeigte, symmetrische Probenaufbau ergibt.

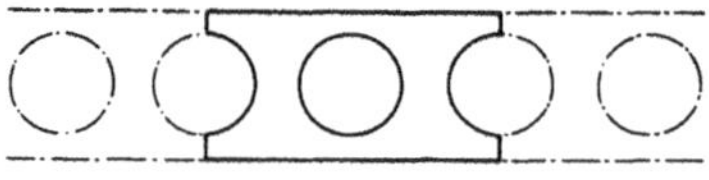

* Ausgabe April 1965.

Die Länge der Biegeproben soll mindestens gleich der Stützweite $L_s + 50$ mm sein. Die Proben sind (z. B. mit einer Präzisionskreissäge) in der Breite mit einer zulässigen Abweichung von höchstens 0,1 mm sauber und scharfkantig herzustellen.

3.3. Probenvorbereitung

Die Proben werden vor der Prüfung bis zur Gewichtskonstanz nach DIN 52 360*, Abschnitt 4, im Normalklima 20/65 DIN 50 014 gelagert.

4. Prüfgerät

Biegeprüfmaschine nach DIN 51 227 der Klasse 1 nach DIN 51 220 oder eine gleichwertige Prüfeinrichtung.

5. Durchführung

Die Probe ist als freiliegender Balken auf 2 Stützen in der Mitte der Stützweite mit einer über die ganze Probenbreite gleichmäßig verteilten Einzelkraft bei möglichst konstanter Belastungsgeschwindigkeit bis zum Bruch so zu belasten, daß der Versuch mindestens 1 Minute lang dauert.
Der Durchmesser der Biegeauflager und des Biegedorns soll 30 mm $\pm$ 5 mm betragen.
Die Stützweite soll bei Span-Vollplatten das 10fache der Probendicke, mindestens aber 200 mm betragen. Bei Span-Röhrenplatten müssen größere Stützweiten gewählt werden, wenn die Biegeproben primär durch Schubspannungen in Plattenmitte zu Bruch gehen.
Die Belastung ist so durchzuführen, daß die Biegeschneide bei etwa der Hälfte der Proben auf der einen („Ober-“) Seite und bei den restlichen Proben auf der anderen („Unter-“) Seite der Proben angreift.

6. Auswertung

Die Biegefestigkeit wird in kp/cm² nach folgender Gleichung errechnet

$$\sigma_{bB} = \frac{M}{W} = \frac{3}{2} \cdot \frac{P_{\max} \cdot L_s}{b \cdot a^2} \tag{2}$$

Hierin bedeuten:

$P_{\max}$ Bruchlast in kp
L_s Stützweite in cm
a Probendicke (Probenhöhe) in cm, gemessen in der Mitte der Stützweite
b Probenbreite in cm

Für jede zu prüfende Plattenart und für jede Prüfeinrichtung sind zu berechnen (siehe DIN 52 360*, Abschnitt 5):

6.1. Plattenmittelwerte und Gesamtmittelwert der Biegefestigkeit sowie Vertrauensbereich des Gesamtmittelwertes

6.2. Plattenmittelwerte des Feuchtigkeitsgehaltes der Proben zum Zeitpunkt der Prüfung (Bestimmung nach DIN 52 361*, Abschnitt 4).

---

* Ausgabe April 1965.

7. Prüfbericht

Im Prüfbericht sind unter Hinweis auf diese Norm anzugeben:
Die nach DIN 52 360*, Abschnitt 6, geforderten Angaben

Ferner:

Anzahl der geprüften Proben und Platten

Biegefestigkeit σ_{bB} in kp/cm² auf 1 kp/cm² gerundet, Plattenmittelwerte und Gesamtmittelwert sowie Vertrauensbereich des Gesamtmittelwerts

Feuchtigkeitsgehalt u zum Zeitpunkt der Prüfung in % auf 0,1% gerundet, Plattenmittelwerte

Prüfdatum

Erläuterungen

Bei der Überarbeitung der Norm DIN 52 362, Ausgabe Januar 1955, wurde beim Biegeversuch zur Bestimmung der Biegefestigkeit die Stützweite auf die Hälfte verringert. Da die Durchbiegung aus diesem Grunde um den Faktor 8 kleiner geworden ist, kann der Elastizitätsmodul wegen zu großer Meßunsicherheiten nicht mehr aus der Durchbiegung nach dieser Norm bestimmt werden. Es ist deshalb geplant, neben DIN 52 362 Blatt 1 für diese Norm zusätzlich ein Blatt 2 „Bestimmung des Elastizitätsmoduls" zu erarbeiten.
Bis zum Erscheinen des Blattes 2 ist zur Bestimmung des Elastizitätsmoduls vorläufig nach Blatt 1 mit folgenden Ergänzungen und Änderungen zu verfahren:
Die Durchbiegung f der Probe im Sinne dieser Prüfung ist die Änderung der Höhenlage der Kraftangriffslinie gegenüber den Auflagern während des Versuches.
Der Elastizitätsmodul E_b wird bestimmt aus dem Anstieg des geraden Teils der Kraft-Durchbiegungs-Kurve.
Die Stützweite soll abweichend von Abschnitt 5 das 20fache der Probendicke betragen.
Bei jedem Biegeversuch ist die Kraft-Durchbiegungs-Kurve aufzunehmen. Hierzu wird in der Mitte der Probe mit einer Meßuhr die Durchbiegung f möglichst bis zum Bruch mit einer Meßunsicherheit von höchstens 0,01 mm gemessen. Die Kraftstufen sind so zu wählen, daß bis zu einem Drittel der Höchstkraft mindestens 6 Ablesungen vorgenommen werden können. Abgelesen wird sofort nach Erreichen der jeweiligen Kraftstufe.
Der Elastizitätsmodul E_b wird nach folgender Gleichung in kp/cm² berechnet:

$$E_b = \frac{\Delta P \cdot L_s^3}{4 \cdot a^3 \cdot b \cdot \Delta f}$$

Hierin bedeuten zusätzlich zu Abschnitt 6:

ΔP eine beliebige Kraftdifferenz $P_1 - P_2$ im geraden Teil der Kraft-Durchbiegungs-Kurve

Δf die der Kraftdifferenz ΔP entsprechende Durchbiegung

Der Elastizitätsmodul wird in kp/cm² auf 100 kp/cm² gerundet angegeben, und zwar: Plattenmittelwerte und Gesamtmittelwert sowie Vertrauensbereich des Gesamtmittelwertes.

---

* Ausgabe April 1965.

Anhang G

DK 674.815-411 : 620.192.53 **Deutsche Normen** **April 1965**

Prüfung von Holzspanplatten

Bestimmung der Dickenquellung

DIN 52364

Testing of wood chipboards; determination of variation in thickness due to moisture

Essai des panneaux de copeaux de bois; détermination de la variation de l'épaisseur due à l'humidité

Ersatz für Abschnitt 2 aus Din 52361, Ausgabe Januar 1955

1. Zweck

Die Dickenquellung dient zum Beurteilen des Verhaltens von Spanplatten gegenüber Feuchtigkeitseinflüssen und kann Auskunft über die Wirksamkeit von Quellschutzmitteln geben.

2. Begriff

Die Dickenquellung q ist die Zunahme Δa der Dicke durch Feuchtigkeitsaufnahme der Probe, bezogen auf die Ausgangsdicke a_0, wobei Δa die Differenz zwischen der Dicke a im gequollenen Zustand und der Ausgangsdicke a_0 im nach Abschnitt 3.3 klimatisierten Zustand der Probe ist. Die Dickenquellung wird in % errechnet:

$$q = \frac{\Delta a}{a_0} \cdot 100 = \frac{a - a_0}{a_0} \cdot 100$$

3. Proben

3.1. Probenahme

Jeder zu prüfenden Platte sind 10 Proben nach DIN 52 360*, Abschnitt 3, zu entnehmen.

3.2. Probenabmessungen

Die Proben von 25 mm × 25 mm × Plattendicke sind (z. B. mit einer Präzisionskreissäge) mit einer zulässigen Abweichung von höchstens 0,1 mm sauber und scharfkantig herzustellen.

3.3. Probenvorbereitung

Die Proben werden vor der Prüfung nach DIN 52 360*, Abschnitt 4, bis zur Gewichtskonstanz im Normalklima 20/65 DIN 50 014 gelagert.

4. Versuchsdurchführung

Die Dicken a und a_0 der Proben sind mit einem in DIN 52 361*, Abschnitt 2.2, vorgeschriebenen Meßgerät in der Mitte der quadratischen Probenfläche mit einer zulässigen Abweichung von höchstens 0,01 mm zu bestimmen. Danach sind die Proben

* Ausgabe April 1965.

unter Wasser von 20 °C ± 2 grd zu lagern. Sie müssen im Wasserbad gegen Aufschwimmen leicht beschwert und vollständig mit Wasser bedeckt sein. Nach der Wasserlagerung wird die Dicke a, wie oben beschrieben, gemessen. Im allgemeinen wird die Dicke a nach einer Wasserlagerung von 2 Stunden ± 3 Minuten ermittelt. Die mit diesem Wert errechnete Dickenquellung wird mit q_2 bezeichnet. Außerdem kann die Dickenquellung q_{24} nach 24 Stunden Wasserlagerung ermittelt werden.

5. Auswertung

Für jede zu prüfende Plattenart sind zu berechnen (siehe DIN 52360*, Abschnitt 5):

5.1. Plattenmittelwerte und Gesamtmittelwert der Dickenquellung q_2 bzw. q_{24} sowie Vertrauensbereich des Gesamtmittelwertes.

5.2. Plattenmittelwerte des Feuchtigkeitsgehaltes der Proben vor der Wasserlagerung (Bestimmung siehe DIN 52361*, Abschnitt 4).

6. Prüfbericht

Im Prüfbericht sind unter Hinweis auf diese Norm anzugeben:

Die nach DIN 52 360*, Abschnitt 6, geforderten Angaben

Ferner:

Anzahl der geprüften Proben und Platten

Dickenquellung q_2 und nach Bedarf q_{24} in % auf 0,5% gerundet, Plattenmittelwerte und Gesamtmittelwert sowie Vertrauensbereich des Gesamtmittelwertes

Feuchtigkeitsgehalt u der Proben vor der Wasserlagerung in % auf 0,1% gerundet, Plattenmittelwerte

Prüfdatum

* Ausgabe April 1965.

Anhang H

DK 674.815-411 : 620.172 **Deutsche Normen** **April 1965**

Prüfung von Holzspanplatten

Bestimmung der Zugfestigkeit senkrecht zur Plattenebene

DIN 52365

Testing of wood chipboards; determination of tensile strength vertical to the chipboard plane

Essai des panneaux de copeaux de bois; détermination de la résistance à la traction perpendiculaire sur la surface des panneaux

1. Zweck

Im Zugversuch senkrecht zur Plattenebene (Querzugversuch) wird innerhalb der Holzspanplatten die Schicht mit der niedrigsten Festigkeitsausbildung ermittelt.

2. Begriff

Die Zugfestigkeit $\sigma_{zB\perp}$ senkrecht zur Plattenebene ist der Quotient aus der Höchstkraft $P_{\max}$ und der Solltrennfläche A

$$\sigma_{zB\perp} = \frac{P_{\max}}{A}$$

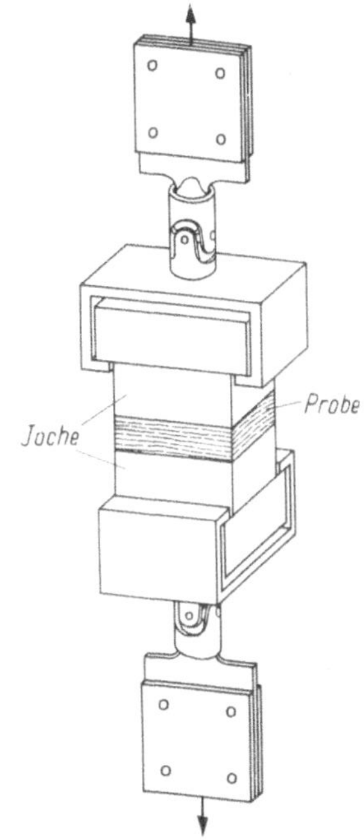

3. Proben

3.1. Probenahme

Jeder zu prüfenden Platte sind 10 Zugproben nach DIN 52 360*, Abschnitt 3, zu entnehmen.

3.2. Probenabmessungen

Die Proben von 50 mm × 50 mm × Plattendicke sind (z. B. mit einer Präzisionskreissäge) mit einer zulässigen Abweichung von höchstens 0,1 mm sauber und scharfkantig herzustellen.

3.3 Probenvorbereitung

Jede Probe wird zwischen 2 prismatische Joche aus Hartholz oder Metall bei nur mäßigem Druck (1 bis 2 kp/cm²) eingeklebt (siehe Bild). Die Leimflächen von Proben und Jochen betragen 50 mm × 50 mm. Nach dem Verleimen werden die Proben mit den Jochen mindestens 72 Stunden lang im Normalklima 20/65 DIN 50 014 nach DIN 52 360*, Abschnitt 4, gelagert.

* Ausgabe April 1965.

4. Prüfgerät

Zugprüfmaschine nach DIN 51 221 der Klasse 1 nach DIN 51 220 oder eine gleichwertige Prüfeinrichtung.

5. Versuchsdurchführung

Jede Probe wird mit ihren Jochen in 2 hierfür vorgesehene kardanisch aufgehängte Einspannvorrichtungen eingesetzt (siehe Bild) und zentrisch zum Mittelpunkt des quadratischen Querschnitts, senkrecht zur Plattenebene, in der Zugprüfmaschine gleichmäßig bis zum Bruch so belastet, daß der Belastungsversuch etwa 1 Minute nach Beginn durch den Bruch der Probe beendet ist.

6. Auswertung

Die Zugfestigkeit wird nach der Gleichung in Abschnitt 2 in kp/cm² errechnet. Für jede zu prüfende Plattenart sind zu berechnen (siehe auch DIN 52 360*, Abschnitt 5):

6.1. Plattenmittelwerte und Gesamtmittelwert der Zugfestigkeit sowie Vertrauensbereich des Gesamtmittelwertes.

6.2. Plattenmittelwerte des Feuchtigkeitsgehaltes der Proben zum Zeitpunkt der Prüfung nach DIN 52 361*, Abschnitt 4.

7. Prüfbericht

Im Prüfbericht sind unter Hinweis auf diese Norm anzugeben:

Die nach DIN 52 360*, Abschnitt 6, geforderten Angaben

Ferner:

Anzahl der geprüften Proben und Platten

Zugfestigkeit $\sigma_{zB\,\perp}$ senkrecht zur Plattenebene in kp/cm² auf 0,1 kp/cm² gerundet, Plattenmittelwerte und Gesamtmittelwert sowie Vertrauensbereich des Gesamtmittelwertes

Feuchtigkeitsgehalt u zum Zeitpunkt der Prüfung in % auf 0,1% gerundet, Plattenmittelwerte

Prüfdatum

---

* Ausgabe April 1965.

Anhang J

DK 674.816-41 : 001.4 **Deutsche Normen** **Juni 1961**

Holzspanplatten

DIN 68761 Blatt 1

Rohdichte 450 kg/m³ bis 750 kg/m³
Begriffe, Anforderungen und Prüfung

Particle boards; density 450 kg/m³ to 750 kg/m³; terminology, requirements on properties and tests

1. Geltungsbereich

Diese Norm gilt für Holzspanplatten bis 25 mm Dicke mit einer Rohdichte über 450 bis 750 kg/m³ für allgemeine Zwecke, z. B. für den Möbel-, Tonmöbel-, Geräte- und Behälterbau sowie für den Innenausbau von Räumen.

2. Begriffe

Holzspanplatten sind Holzwerkstoffe, die aus Spänen von Holz oder verholzten Rohstoffen mit Kunstharz als Bindemittel hergestellt sind. Sie werden auch furniert und/oder beschichtet geliefert.

Holzspanplatten werden unterschieden nach:

2.1. Lage der Späne

2.1.1. Flachpreßplatten

Holzspäne liegen vorzugsweise parallel zur Plattenebene.

2.1.2. Strangpreßplatten

Holzspäne liegen vorzugsweise senkrecht zur Plattenebene.

2.2. Querschnittstruktur der Platten (bei Flachpreßplatten)

2.2.1. Einschichtplatten

Gleiche Struktur über den ganzen Querschnitt.

2.2.2. Zweischichtplatten

Aufbau aus 2 Schichten unterschiedlicher Struktur.

2.2.3. Dreischichtplatten

Aufbau aus 3 Schichten (Mittelschicht und 2 Deckschichten).

2.2.4. Vielschichtplatten

Aufbau aus mehr als 3 Schichten.

2.2.5. Platten mit allmählichem Übergang in der Struktur (z. B. wind- oder wurfgeschüttete Platten)

Allmählicher Übergang von dünneren Spänen an der Oberfläche zu dickeren Spänen in Plattenmitte.

2.3. Oberflächenbeschaffenheit

ungeschliffen (preßblank)
geschliffen
furniert
beschichtet

3. Anforderungen

3.1. Zulässige Maßabweichungen (Herstellungsgenauigkeit für handelsübliche Größen, diese siehe DIN 68 760, z. Z. noch Entwurf)
Die Platten müssen scharfe Schnittkanten haben. Folgende Maßabweichungen sind zulässig:

3.1.1. Längenmaße einschließlich Abweichung von der Rechtwinkligkeit ± 5 mm

3.1.2. Breitenmaße einschließlich Abweichung von der Rechtwinkligkeit ± 5 mm

3.1.3. Rechtwinkligkeit, bezogen auf 1000 mm Schenkellänge 2 mm

3.1.4. Dickenmaße bei geschliffenen sowie furnierten Holzspanplatten untereinander als auch innerhalb einer Platte insgesamt ± 0,3 mm

3.2. Eigenschaften[1]

3.2.1. Feuchtigkeitsgehalt

Der Feuchtigkeitsgehalt von Holzspanplatten muß im Anlieferzustand 9% ± 3%, bezogen auf das Darrgewicht, betragen.

3.2.2. Die in den Tabellen festgelegten Eigenschaftswerte sind Mindest- bzw. Höchstwerte der Gesamtmittelwerte aus 3 Platten und je 10 Einzelproben (insgesamt also 30 Proben).
Die Einteilung in den Tabellen nach Plattenarten stellt keine Güteklassifikation dar.
Unter den Kurzzeichen FP/Y sind Flachpreßplatten mit hoher Biege- und normaler Querzugfestigkeit und unter FP/X solche mit normaler Biegefestigkeit und erhöhter Querzugfestigkeit zu verstehen.
Das Kurzzeichen SP gilt für Strangpreßplatten.

---

[1] Auf Spezialplatten (z. B. Akustik- und Wärmedämmplatten) sind diese Tabellen nicht anwendbar.

3.2.2.1. Biegefestigkeit

Tabelle 1[5]

Art	Dicke mm	Richtung[1]	Biegefestigkeit un-geschliffen kp/cm² min.	 geschliffen kp/cm² min.	 furniert mit 1 mm Gabun-Schälfurnier kp/cm² min.
Flachpreßplatten (FP/Y) Einschichtplatten Dreischichtplatten Vielschichtplatten Platten mit allmählichem Übergang in der Struktur	6 bis 13	∥	200		500
		⊥			175
	über 13 bis 20	∥	180		400
		⊥			150
	über 20 bis 25	∥	150		350
		⊥			120
Flachpreßplatten (FP/X) Einschichtplatten	über 13 bis 25	∥	120		350
		⊥			90
Strangpreßplatten (SP)[2]	6 bis 13	∥	—[3]	—[4]	300
		⊥	100		125
	über 13 bis 20	∥	—[3]		180
		⊥	80		120
	über 20 bis 25	∥	—[3]		180
		⊥	80		100

3.2.2.2. Zugfestigkeit senkrecht (⊥) zur Plattenebene (Querzugfestigkeit)

Tabelle 2[5]

Art	Dicke mm	Zugfestigkeit kp/cm² min.
FP/Y	6 bis 13	4,0
	über 13 bis 20	3,5
	über 20 bis 25	3,0
FP/X	über 13 bis 25	8,0
SP[2]	6 bis 25	15,0

3.2.2.3. Dickenquellung (Höchstwerte) nach 2stündiger Lagerung in Wasser

Tabelle 3[5]

Art	Dicke mm	Dickenquellung in % der Ausgangsdicke max.
FP/Y	6 bis 25	6,0
FP/X	über 13 bis 25	10.0
SP[2]	6 bis 25	3,0

[1] Die geometrischen Zeichen ∥ (parallel) und ⊥ (senkrecht) beziehen sich bei geschliffenen und ungeschliffenen Platten auf die Herstellrichtung, bei furnierten Platten auf die Faserrichtung der Furniere.

[2] Ohne Hohlräume.

[3] Nicht genormt.

[4] Unfurnierte Strangpreßplatten werden nicht geschliffen.

[5] Die Mindest- bzw. Höchstwerte in den Tabellen 1 bis 3 beziehen sich auf die Prüfverfahren, wie sie in den Prüfnormen DIN 52 360 und folgende vorgesehen sind.

4. Prüfung

Folgende Eigenschaften sind gemäß DIN 52360 bis DIN 52 365 zu prüfen:

4.1. Rohdichte ϱ kg/m³

4.2. Feuchtigkeitsgehalt u %

4.3. Biegefestigkeit σ_{bB} kp/cm²

4.4. Querzugfestigkeit $\sigma_{zB\perp}$ kp/cm²

4.5. Dickenquellung q_2 %

Für die Probenahme gilt sinngemäß DIN 52 360
Wenn die Herstellung von Holzspanplatten einer statistischen Qualitätskontrolle unterliegt, kann der Stichprobenumfang auf $k = 3$ Platten und $l = 10$ Proben vermindert werden.

5. Kennzeichnung

Holzspanplatten in handelsüblichen Größen (Lagermaßen), die dieser Norm entsprechen, sind wie folgt zu kennzeichnen: Name oder Zeichen des Herstellers, Plattenart, Dicke in mm, DIN 68 761.

Beispiel:

(Name oder Zeichen des Herstellers), FP/Y 19 DIN 68 761

Erläuterungen

1. In den Tabellen 1 bis 3 sind nur für drei Beurteilungsmerkmale — Biegefestigkeit, Querzugfestigkeit, Dickenquellung — Güteschranken festgelegt. Diese drei Eigenschaften reichen aber nicht aus, um die Qualität einer Holzspanplatte vollständig zu beschreiben. Bei der Auswahl von Holzspanplatten für einen bestimmten Zweck müssen zusätzlich Gebrauchseigenschaften berücksichtigt werden, die von verschiedenen Einflußgrößen abhängen. So werden die Eigenschaften der Holzspanplatten z. B. durch

das Spanmaterial (Spanform, Holzart)
die Lage der Späne in der Platte (Querschnittstruktur)
die Verleimung (Art und Menge des Kunstharzes, Verteilung über den Plattenquerschnitt)
und das Herstellverfahren

beeinflußt.
Zwischen den handelsüblichen Holzspanplatten bestehen daher Unterschiede, die in den drei definierten Beurteilungsmerkmalen nicht zum Ausdruck kommen.

2. Einige Eigenschaften sind mit den definierten Gütemerkmalen korrelativ verknüpft, und zwar

Biegesteifigkeit und Stehvermögen	mit Biegefestigkeit
Ausziehwiderstand von Schrauben, Spaltbarkeit beim Nuten und Falzen	mit Querzugfestigkeit
Verhalten in feuchter Luft	mit Dickenquellung nach längerer Lagerung in Wasser
Biege- und Querzugfestigkeit	mit Rohdichte

3. Für andere Gebrauchseigenschaften gibt es zur Zeit noch keine zuverlässigen Prüfverfahren, die eindeutige Zahlenwerte ergeben. Dazu gehören

Dichtheit der Oberflächen (Geschlossenheit, Porosität)
Örtliche Festigkeit der Oberflächen
Gleichmäßigkeit der Oberflächen (Ebenheit, Rauhigkeit)
Örtliche Festigkeit der Schnittflächen (Kantenfestigkeit)
Verhalten beim Beschichten (Furniere, Filme, Lacke)
Um also für einen bestimmten Zweck die geeignetste Holzspanplatte auszuwählen, muß der Verarbeiter seine praktischen Erfahrungen mit heranziehen.

4. Zu den Tabellen in Abschnitt 3. ist weiterhin zu bemerken:

Biegefestigkeit

Flachpreßplatten besitzen in allen Richtungen der Plattenebene annähernd gleiche Biegefestigkeit, so daß die Herstellrichtung für die Verwendung gleichgültig ist. Nach dem Furnieren steigt die Biegefestigkeit parallel zur Faserrichtung des Deckfurniers über die der geschliffenen Platte hinaus an; senkrecht zur Faserrichtung des Deckfurniers kann sie dagegen unter diese absinken.
Bei unfurnierten Strangpreßplatten ist die Biegefestigkeit in Herstellrichtung geringer als quer zu dieser. Strangpreßplatten werden wegen ihrer Gefügestruktur als Mittellage verwendet und furniert verarbeitet.

Querzugfestigkeit

Die Zahlenwerte der Querzugfestigkeit von Flachpreßplatten und Strangpreßplatten sind nicht miteinander vergleichbar. Die Querzugfestigkeit der Strangpreßplatte ist auf Grund ihres Aufbaus größer als die der Flachpreßplatte.

Dickenquellung und Längenquellung

Strangpreßplatten zeigen infolge ihrer Struktur eine geringere Dickenquellung, aber eine größere Längenquellung als Flachpreßplatten.

5. Holzspanplatten können nach besonderer Vereinbarung gegen Pilz- und Insektenbefall sowie gegen Feuer vorbeugend geschützt werden.

DK 674.816-41 **Deutsche Normen** **Februar 1963**

Holzspanplatten

Rohdichte bis 450 kg/m³ (Leichte Holzspanplatten)
Anforderungen und Prüfung

DIN 68 761 Blatt 2

Particle boards; density up to 450 kg/m³

1. Geltungsbereich

Diese Norm gilt für Holzspanplatten bis 40 mm Dicke mit einer Rohdichte bis 450 kg/m³ (Leichte Holzspanplatten) für besondere Zwecke im Bauwesen, z. B. für Wand- und Deckenverkleidungen, Wärme- und Schallschutz, Raumakustik, in folgender Ausführung:

1.1. Flachpreßplatten nach DIN 68 761 Blatt 1, Ausgabe Juni 1961, Abschnitt 2.2.

1.2. Beidseitig furnierte, beklebte und/oder beschichtete Strangpreßplatten nach DIN 68 761 Blatt 1, deren Plattenkörper mit Hohlräumen versehen ist.

2. Begriffe

Siehe DIN 68 761 Blatt 1, Ausgabe Juni 1961, Abschnitt 2. Holzspanplatten nach dieser Norm werden Schallschluckplatten (auch Akustikplatten) genannt, wenn sie die in Abschnitt 3.3 geforderte Schallabsorption haben.

3. Anforderungen

3.1. Zulässige Maßabweichungen

(Herstellungsgenauigkeit für handelsübliche Größen):

3.1.1. Längenmaße einschließlich Abweichung von der Rechtwinkligkeit ±2 mm

3.1.2. Breitenmaße einschließlich Abweichung von der Rechtwinkligkeit ±2 mm

3.1.3. Rechtwinkligkeit bezogen auf 1000 mm Schenkellänge 1 mm

3.1.4. Dickenmaße bei geschliffenen sowie furnierten Holzspanplatten sowohl untereinander als auch innerhalb einer Platte insgesamt ±0,3 mm

3.2. Feuchtigkeitsgehalt

Der Feuchtigkeitsgehalt von leichten Holzspanplatten muß im Anlieferzustand 9 ± 3 %, bezogen auf das Darrgewicht, betragen.

3.3. Biegefestigkeit, Wärmeleitfähigkeit, Schallabsorptionsgrad

Plattenart	Biegefestigkeit kp/cm² min. σ_{bB}	Wärmeleitfähigkeit kcal/m h grd max. λ	Schall-absorptionsgrad [1] min. α_s
Leichte Flachpreßplatten (LFP)	50	0,06	0,5
Leichte Strangpreßplatten mit geschlossener Oberfläche (LSP/G)	75 (in Richtung der Hohlräume) 50 (quer zu den Hohlräumen)	0,12	—
Leichte Strangpreßplatten mit durchbrochener Oberfläche (LSP/D)	—	—	0,5

4. Prüfung

Folgende Eigenschaften sind zu prüfen, wobei die Proben unter Berücksichtigung von DIN 52 360[2] zu entnehmen sind:

4.1. Abmessungen nach DIN 52 361[2]
4.2. Rohdichte nach DIN 52 361[2]
4.3. Feuchtigkeitsgehalt nach DIN 52 361[2]
4.4. Biegefestigkeit nach DIN 52 362[2]
4.5. Wärmeleitfähigkeit nach DIN 52 612 Blatt 1
4.6. Schallabsorptionsgrad nach DIN 52 212

5. Kennzeichnung

„Leichte Holzspanplatten" nach dieser Norm sind wie folgt zu kennzeichnen: Name oder Zeichen des Herstellers, Plattenart, Dicke in mm, DIN 68 761.

Beispiel:
(Name oder Zeichen des Herstellers), LFP 20 DIN 68 761.

Erläuterungen

Leichte Holzspanplatten nach dieser Norm sind entsprechend ihrem Verwendungszweck in der Hauptsache nach baulichen Gesichtspunkten zu beurteilen, während Festigkeitswerte, wie sie z. B. für den Möbelbau wichtig sind, bei diesen Platten eine untergeordnete Rolle spielen.
Die Platten können nach besonderer Vereinbarung gegen Pilz- und Insektenbefall sowie gegen Feuer vorbeugend geschützt werden.

---

[1] Die angegebenen Schrankenwerte für den Schallabsorptionsgrad dürfen auch von vollflächig aufliegenden Platten in einem wenigstens 2 Oktaven breiten Frequenzbereich an keiner Stelle unterschritten werden.

[2] Ausgabe April 1965.

Mechanische Eigenschaften

Alle geprüften Platten stammen aus der Bundesrepublik Deutschland. Die Prüfungen wurden im Institut für Holzforschung und Holztechnik der Universität München durchgeführt. Die Zeichen || und ⊥ beziehen sich auf die Herstellungsrichtung, auch bei furnierten Proben. Die Prüfungen wurden nach den Normen DIN 52 362 (Biege-

Hersteller	Nenndicke mm	Zahl der Schichten	Oberfläche	Rohdichte kg/m³	Feuchtigkeit %	Biege-E-Modul Probenzahl	Biege-E-Modul kp/cm²
1	10	1	geschliffen	617	10,6	10	‖ 12200···15800···17800
						10	⊥ 13100···15300···18000
	19	1	geschliffen	631	11,3	10	‖ 15500···16800···18000
						10	⊥ 11300···12200···13300
	18	1	furniert	667	11,0	10	‖ 29000···32300···34800
						10	⊥ 12200···13000···14100
	24	1	geschliffen	635	10,3	10	‖ 31800···33400···36000
						10	⊥ 15000···16100···16800
2	10	3	geschliffen	673	8,9	10	‖ 36800···40000···41800
						10	⊥ 35000···38600···40700
	19	3	geschliffen	620	10,9	10	‖ 20000···22500···25200
						10	⊥ 17600···20300···24600
	19	3	furniert*	631	10,4	10	‖ 18500···19100···20000
						10	⊥ 32300···35200···41600
	22	3	geschliffen	641	11,0	10	‖ 25000···26500···28300
						10	⊥ 22700···25200···26800
3	10	3	geschliffen	679	9,6	10	‖ 25900···28500···30700
						10	⊥ 18700···22500···26300
	19	3	geschliffen	660	10,1	10	‖ 21000···21800···23300
						10	⊥ 18800···19800···20600
	25	3	geschliffen	658	9,5	10	‖ 28200···29200···31400
						10	⊥ 21400···23900···25600
	35	3	geschliffen	655	9,1	10	‖ 32300···33600···35300
						10	⊥ 27600···28900···29700
4	10	3	geschliffen	658	9,8	10	‖ 18000···21700···25100
						10	⊥ 17100···20200···22800
	19	3	geschliffen	694	11,2	10	‖ 16600···18300···19700
						10	⊥ 15800···16700···18000
	25	3	geschliffen	615	10,0	10	‖ 17600···19000···19800
						10	⊥ 14100···15300···16100

* Faserrichtung der Furniere verläuft senkrecht zur Herstellungsrichtung. Die Zeichen || und ⊥ beziehen sich auf die Faserrichtung der Furniere.

Anhang K

von Holzspanplatten

festigkeit), DIN 52 365 (Querzugfestigkeit) und DIN 52 364 (Dickenquellung) durchgeführt; der Elastizitätsmodul wurde aus dem geraden Ast der Last-Verformungskurve beim Biegeversuch berechnet. Die Versuche wurden von den Herren Ing. H. SANZI und Ing. M. GEHRICKE sowie von Frl. D. BULLA durchgeführt.

Biegefestigkeit		Querzugfestigkeit		Dickenquellung	
Proben-zahl	kp/cm²	Proben-zahl	kp/cm²	Proben-zahl	%
10	∥ 98···129···167	10	5,2··· 8,2···11,2	10	11,1···12,3···14,2
10	⊥ 111···127···150				
10	∥ 130···134···140	10	8,1··· 8,6··· 9,5	10	9,8···10,5···12,0
10	⊥ 94···113···127				
10	∥ 282···314···338	10	5,7··· 7,6···10,3	10	5,2··· 5,5··· 6,0
10	⊥ 87···107···133				
10	∥ 317···349···408	10	7,9··· 8,4··· 9,1	10	4,6··· 5,2··· 5,8
10	⊥ 110···124···144				
10	∥ 246···279···308	10	4,5··· 6,7··· 8,3	10	1,8··· 2,6··· 4,6
10	⊥ 248···289···317				
10	∥ 198···242···281	10	4,9··· 6,0··· 7,4	10	4,7··· 5,0··· 5,4
10	⊥ 171···225···244				
10	∥ 181···211···233	10	4,3··· 4,6··· 5,1	10	1,3··· 1,6··· 1,8
10	⊥ 311···364···388				
10	∥ 237···259···293	10	6,2··· 6,7··· 7,3	10	3,1··· 3,4··· 3,7
10	⊥ 237···252···270				
10	∥ 183···201···216	10	5,8··· 7,4··· 9,9	10	8,2··· 9,8···10,6
10	⊥ 128···165···198				
10	∥ 153···172···187	10	5,8··· 6,6··· 7,3	10	1,3··· 1,8··· 2,2
10	⊥ 156···163···175				
10	∥ 219···255···272	10	2,8··· 3,3··· 4,0	10	5,1··· 6,5··· 7,4
10	⊥ 179···196···208				
10	∥ 220···251···264	10	2,4··· 3,0··· 3,7	10	5,7··· 6,4··· 7,5
10	⊥ 196···215···230				
10	∥ 140···167···190	10	6,5··· 8,4··· 9,5	10	3,2··· 4,0··· 4,9
10	⊥ 155···167···187				
10	∥ 157···177···194	10	5,6··· 7,7··· 9,8	10	2,0··· 2,8··· 3,6
10	⊥ 156···167···184				
10	∥ 124···149···171	10	2,6··· 4,5··· 6,4	10	0,7··· 1,0··· 1,2
10	⊥ 92···105···116				

(Forts.)

Hersteller	Nenndicke mm	Zahl der Schichten	Oberfläche	Rohdichte kg/m³	Feuchtigkeit %	Biege-E-Modul Probenzahl	Biege-E-Modul kp/cm²
5	10	5	geschliffen	693	9,8	10	∥ 42400 ··· 45600 ··· 49600
						10	⊥ 37600 ··· 41100 ··· 44900
	19	5	geschliffen	630	10,8	10	∥ 12600 ··· 13800 ··· 14900
						10	⊥ 11700 ··· 12800 ··· 15000
	19	5	furniert**	598	10,6	10	∥ 25700 ··· 28000 ··· 36500
						10	⊥ 26700 ··· 28300 ··· 30100
	19	5	geschliffen	618	11,4	10	∥ 23600 ··· 25700 ··· 28400
						10	⊥ 22100 ··· 22800 ··· 24400
	19	5	geschliffen	631	12,4	10	∥ 20000 ··· 20900 ··· 22200
						10	⊥ 19000 ··· 21200 ··· 22900
	25	5	geschliffen	597	10,3	10	∥ 21300 ··· 23300 ··· 24400
						10	⊥ 21400 ··· 22100 ··· 23100
	25	5	geschliffen	587	10,3	10	∥ 25900 ··· 27400 ··· 28900
						10	⊥ 22300 ··· 23100 ··· 23900
	38	5	geschliffen	552	12,6	10	∥ 17600 ··· 18100 ··· 18600
						10	⊥ 14900 ··· 15800 ··· 18100
3	10	Vielsch.	geschliffen	691	9,9	10	∥ 22900 ··· 27200 ··· 32300
						10	⊥ 23200 ··· 27600 ··· 32700
	19	Vielsch.	geschliffen	642	11,1	10	∥ 11400 ··· 16000 ··· 20000
						10	⊥ 12500 ··· 15200 ··· 17700
	25	Vielsch.	geschliffen	661	10,6	10	∥ 19700 ··· 21300 ··· 24100
						10	⊥ 21800 ··· 23500 ··· 25000
6	10	Vielsch.	geschliffen	785	9,4	10	∥ 33100 ··· 36800 ··· 40500
						10	⊥ 27700 ··· 32100 ··· 34600
	19	Vielsch.	geschliffen	700	9,8	10	∥ 21700 ··· 25300 ··· 27700
						10	⊥ 20100 ··· 22000 ··· 24300
	19	Vielsch.	furniert***	774	9,4	10	∥ 28400 ··· 30800 ··· 33300
						10	⊥ 16700 ··· 20900 ··· 21300
	19	Vielsch.	kunststoffbeschichtet	784	9,3	10	∥ 30800 ··· 34000 ··· 39200
						10	⊥ 24600 ··· 28700 ··· 36900

** Faserrichtung der Furniere ist parallel zur Längsrichtung der Biegeproben. Die Zeichen ∥ und ⊥ beziehen sich auf die Faserrichtung der Furniere.

*** Faserrichtung der Furniere und Herstellungsrichtung fallen zusammen. Die Zeichen ∥ und ⊥ beziehen sich auf die Faserrichtung der Furniere.

Biegefestigkeit		Querzugfestigkeit		Dickenquellung	
Proben-zahl	kp/cm²	Proben-zahl	kp/cm²	Proben-zahl	%
10	∥ 268···300···311	10	5,9··· 6,8··· 7,9	10	3,1··· 3,9··· 5,7
10	⊥ 213···282···341				
10	∥ 207···225···247	10	4,2··· 4,9··· 5,5	10	2,4··· 3,1··· 3,7
10	⊥ 195···208···242				
10	∥ 241···300···326	10	5,2··· 5,7··· 6,4	10	2,5··· 3,1··· 3,5
10	⊥ 280···302···321				
10	∥ 217···248···292	10	4,3··· 4,9··· 6,0	10	1,9··· 2,2··· 2,5
10	⊥ 187···222···248				
10	∥ 192···204···225	10	5,3··· 5,8··· 6,3	10	1,1··· 1,8··· 2,4
10	⊥ 189···212···225				
10	∥ 167···191···208	10	3,8··· 4,1··· 4,4	10	3,1··· 3,3··· 3,8
10	⊥ 156···176···194				
10	∥ 197···221···241	10	5,2··· 5,6··· 6,1	10	1,4··· 1,7··· 1,9
10	⊥ 184···195···211				
10	∥ 119···128···140	10	2,7··· 3,0··· 3,3	10	2,2··· 2,8··· 3,4
10	⊥ 104···113···124				
10	∥ 180···215···261	10	6,2··· 7,1··· 8,3	10	2,8··· 3,1··· 3,3
10	⊥ 180···228···279				
10	∥ 113···160···191	10	3,4··· 4,3··· 4,7	10	1,1··· 1,5··· 2,1
10	⊥ 129···151···171				
10	∥ 164···186···219	10	3,3··· 3,6··· 4,3	10	0,5··· 1,1··· 1,5
10	⊥ 198···216···236				
10	∥ 255···274···307	10	8,0···10,8···12,0	10	2,8··· 3,0··· 3,3
10	⊥ 231···251···274				
10	∥ 193···231···256	10	5,1··· 7,3··· 9,4	10	3,2··· 3,7··· 4,1
10	⊥ 168···186···209				
10	∥ 316···359···401	10	4,4··· 5,4··· 6,3	10	3,1··· 4,3··· 6,5
10	⊥ 181···192···219				
10	∥ 248···292···360	10	5,9··· 6,7··· 7,4	10	1,8··· 2,6··· 3,3
10	⊥ 193···231···265				

GPSR Compliance

The European Union's (EU) General Product Safety Regulation (GPSR) is a set of rules that requires consumer products to be safe and our obligations to ensure this.

If you have any concerns about our products, you can contact us on ProductSafety@springernature.com

In case Publisher is established outside the EU, the EU authorized representative is:

Springer Nature Customer Service Center GmbH
Europaplatz 3
69115 Heidelberg, Germany

Batch number: 10682269

Printed by Printforce, the Netherlands